国家电网有限公司
技能人员专业培训教材

输电线路运检（220kV 及以下）

上册

国家电网有限公司　组编

图书在版编目（CIP）数据

输电线路运检：220kV 及以下：全 2 册 / 国家电网有限公司组编. —北京：中国电力出版社，2020.8（2024.10 重印）

国家电网有限公司技能人员专业培训教材

ISBN 978-7-5198-4451-6

Ⅰ. ①输… Ⅱ. ①国… Ⅲ. ①输配电线路运行–检修–技术培训–教材 Ⅳ. ①TM732

中国版本图书馆 CIP 数据核字（2020）第 040815 号

出版发行：中国电力出版社
地　　址：北京市东城区北京站西街 19 号（邮政编码 100005）
网　　址：http://www.cepp.sgcc.com.cn
责任编辑：赵　杨（010-63412287）
责任校对：黄　蓓　闫秀英　朱丽芳
装帧设计：郝晓燕　赵姗姗
责任印制：石　雷

印　　刷：廊坊市文峰档案印务有限公司
版　　次：2020 年 8 月第一版
印　　次：2024 年10月北京第三次印刷
开　　本：710 毫米×980 毫米　16 开本
印　　张：75.5
字　　数：1457 千字
印　　数：2501—3000 册
定　　价：228.00 元（上、下册）

本书编委会

主　　任　吕春泉

委　　员　董双武　张　龙　杨　勇　张凡华
王晓希　孙晓雯　李振凯

编写人员　邢　军　马　骏　杜　森　周　健
王志明　李鸿泽　程登峰　曹爱民
战　杰　李　峥　马生坤

前　言

为贯彻落实国家终身职业技能培训要求，全面加强国家电网有限公司新时代高技能人才队伍建设工作，有效提升技能人员岗位能力培训工作的针对性、有效性和规范性，加快建设一支纪律严明、素质优良、技艺精湛的高技能人才队伍，为建设具有中国特色国际领先的能源互联网企业提供强有力人才支撑，国家电网有限公司人力资源部组织公司系统技术技能专家，在《国家电网公司生产技能人员职业能力培训专用教材》（2010 年版）基础上，结合新理论、新技术、新方法、新设备，采用模块化结构，修编完成覆盖输电、变电、配电、营销、调度等 50 余个专业的培训教材。

本套专业培训教材是以各岗位小类的岗位能力培训规范为指导，以国家、行业及公司发布的法律法规、规章制度、规程规范、技术标准等为依据，以岗位能力提升、贴近工作实际为目的，以模块化教材为特点，语言简练、通俗易懂，专业术语完整准确，适用于培训教学、员工自学、资源开发等，也可作为相关大专院校教学参考书。

本书为《输电线路运检（220kV 及以下）》分册，共分为上下两册，由邢军、马骏、杜森、周健、王志明、李鸿泽、程登峰、曹爱民、战杰、李峥、马生坤编写。在出版过程中，参与编写和审定的专家们以高度的责任感和严谨的作风，几易其稿，多次修订才最终定稿。在本套培训教材即将出版之际，谨向所有参与和支持本书籍出版的专家表示衷心的感谢！

由于编写人员水平有限，书中难免有错误和不足之处，敬请广大读者批评指正。

目　录

下　册

第三部分　输 电 线 路 运 行

第四部分　输电线路检修及应急处理

第五部分　输电线路生产管理系统

第六部分　输电运检规程规范

第一部分

输电线路测量

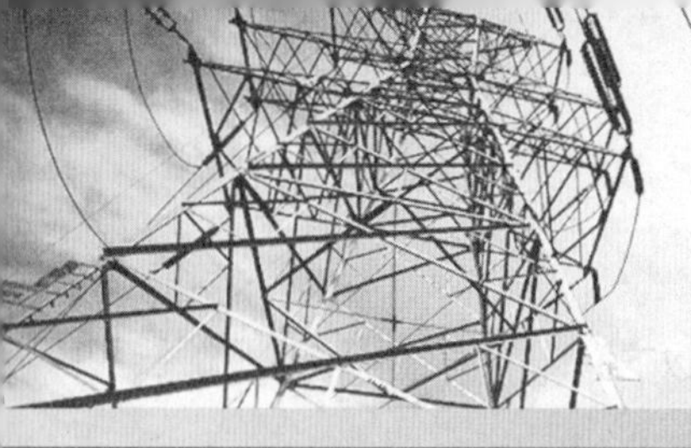

第一章

测量的基本知识

模块1　绪论（Z05E1001Ⅰ）

【模块描述】本模块包含测量的一般概念、测量在输电线路工程建设中的任务及作用、名词概念、测量工作的三个基本观测量。通过概念描述、要点讲解，了解测量的一般概念、测量在输电线路工程建设中的任务及作用、测量的常见名词概念、测量工作的三个基本观测量。

【模块内容】

一、测量的一般概念

测量是人们在长期的生产实践中发明创造的一种应用科学。它的主要任务：一方面用各种仪器和工具测定地球表面上的形状和大小，用比例尺和符号把实际地形缩小绘制成各种地图，为经济建设、国防建设以及科学研究提供技术资料；另一方面是把各种工程建设中已设计好的工程图样或建筑物的位置测设在地面上，这就叫做测量。

测量包括的范围很广，在超大地域或整个地球测量它的形状和大小，要考虑地球的曲率和重力等影响，这种测量叫做大地测量。在一个小地区内测绘地面上的形状和大小，而不考虑地球表面的曲率，把地面当作平面，这样的测量叫做普通测量。为某一个建设项目，如为修建铁路、公路、农田水利、各种类型工矿企业的建设等而测量，叫做工程测量，输电线路施工测量就是工程测量中的一种。

二、测量在输电线路工程建设中的任务及作用

输电线路工程在初步设计阶段要用地形图选择路径，经过实际勘测调查研究，找出经济合理的路径方案，测绘平、断面图作为杆塔定位的依据；在工程施工阶段，要依据平断面图对杆塔位置进行复核，依据杆塔中心桩准确地测定杆塔基础和拉线基础位置，观测架空线的弛度；在竣工验收时，要用测量方法检查导地线架设工程质量，以保证线路安全运行。可以说，在输电线路整个建设过程中，都离不开测量工作。

三、名词概念

（一）铅垂线、水平线、水平面和水准面

铅垂线就是重力方向线，可用悬挂垂球的细线方向来表示。垂球为金属制成的倒圆锥如图 1–1–1 所示。将一端打结细线的另一端穿过一个空心螺旋，并旋于倒圆锥底部用以悬挂垂球。垂球悬挂时细线的延长线应通过垂球尖端。

与铅垂线正交的直线称为水平线；与铅垂线正交的平面称为水平面。

海水面在没有风浪、潮汐影响而处于静止状态时称为水准面。湖泊的水面处于静止状态时也是一个水准面，水准面是一个曲面，如图 1–1–2 所示。其特性是：曲面上任一点的铅垂线都垂直于这个曲面，所有满足这个特性的曲面都是水准面，因此水准面可以有无限多个，其中与静止状态的平均海水面相吻合并延伸到大陆内部的水准面称为大地水准面。

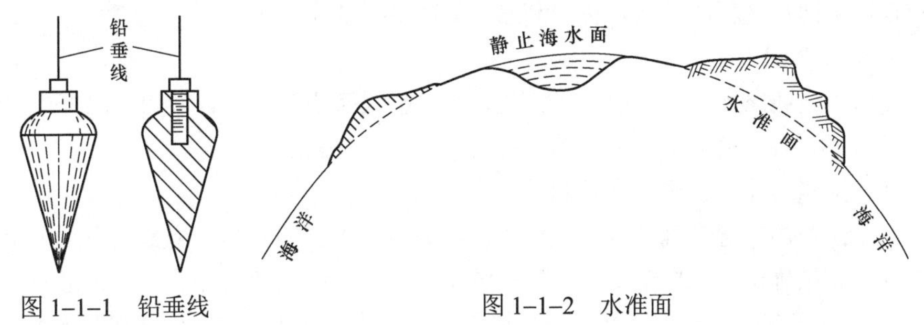

图 1–1–1　铅垂线　　　图 1–1–2　水准面

（二）地面点的高程

测量工作的根本任务是确定工程在地面点的位置，即确定它的平面位置和高程，因此，首先要确定投影基准面。在测量中一般是以大地水准面作为投影基准面。我国早期采用吴淞高程系，它是旧海关（吴淞海关港务司署）设立吴淞零点水尺，记载定出 1871～1900 年之间出现的最低潮位为零点，当时称为“吴淞零点”。新中国成立后，我国根据青岛验潮站 1950～1956 年的黄海验潮资料，求出该站验潮井里横按铜丝的高度为 3.61m，并确定为黄海平均海水面，统一规定以青岛观测站所测量的平均海水面作为大地水准面，并以它作为高程的起标面，称为黄海高程系，即国家水准原点（青岛原点）高程为 72.289m。同时吴淞高程系经过修正，我国部分地区仍然在使用。

各地的验潮结果表明，不同地点平均海水面之间还存在着差异，对于一个国家来说，只能根据一个验潮站所求得的平均海水面作为全国高程的统一起算面——高程基准面。由于 1956 年黄海高程系统的平均海水面所采用的验潮资料时间只有 6 年，未达到潮汐变化的一个周期（一个周期一般为 18.61 年），同时发现早期验潮资料中含有粗

差，必须重新确定一个新的国家高程基准，为此根据青岛验潮站1952～1979年27年间的验潮资料计算确定，新的黄海高程基准面作为全国高程的统一起算面，称为“1985国家高程基准”，其水准原点（青岛原点）高程为72.260m，即1985年高程基准面高出原1956年黄海平均海水面0.029m。

1. 绝对高程

绝对高程是指地面点投影到大地水准面的铅垂距离，简称高程，见图1–1–3中的H_A、H_B。

2. 相对高程

常以假设一个水准面作为高程的起算面，地面点到这个假设水准面的铅垂距离，称为相对高程，见图1–1–3中的H'_A、H'_B。

3. 高差

地面上两点高程的差值，称为高差，见图1–1–3中的h。

4. 假设高程

山区输电线路测量，有时为了方便，往往假设某点为零点，前后线路杆塔测量以该点计算成正负，最后与变电站的高程还原，可减轻测量工作量。

四、测量工作的三个基本观测量

测量工作的任务是确定地面点的位置，而点与点之间的相对位置关系可用距离、角度和高差来确定。三个基本观测量如图1–1–4所示，地面点A、B在投影面上的位置是a和b，实际工作中，并不能直接测出它们的坐标和高程，而是观测水平角β_1、β_2和丈量水平距离D_1、D_2，以及施测各点之间的高差，再根据已知点N的坐标及高程，推算各点的点位。由此可见，角度、距离和高差是测量工作的基本观测量，也是确定地面点位的基本要素，称为测量三要素。

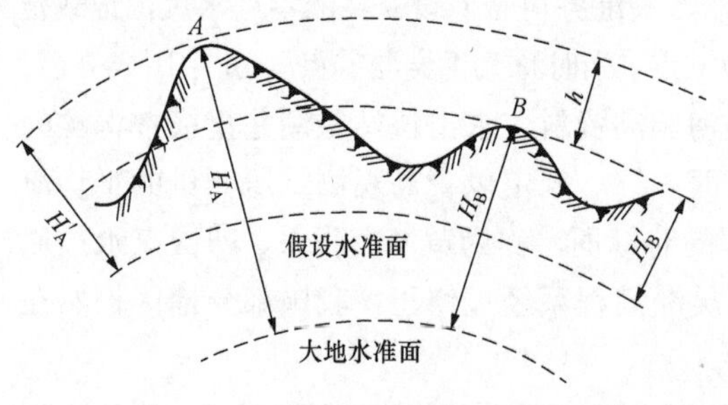

图1–1–3 绝对高程和相对高程

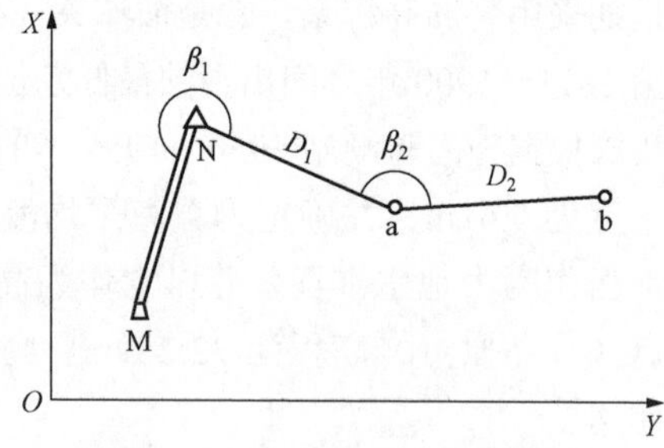

图1–1–4 三个基本观测量

【思考与练习】

1. 什么叫测量？它的主要任务是什么？
2. 什么叫普通测量？什么叫大地测量？什么叫工程测量？
3. 水平面、水准面、大地水准面有何差异？
4. 什么叫绝对高程、相对高程和高差？

模块 2　水准测量（Z05E1002 Ⅰ）

【模块描述】本模块包含水准测量原理、水准仪及其使用、水准测量的实施。通过结构分析、功能介绍、操作流程及步骤讲解，掌握水准测量原理、水准仪及其使用。

【模块内容】

一、水准测量原理

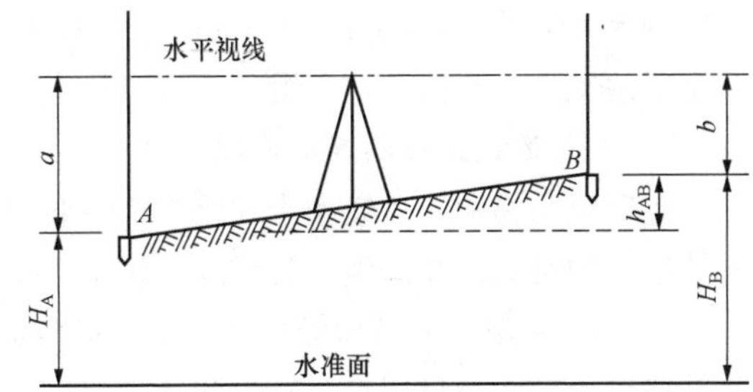

图 1–2–1　水准测量原理图

水准测量原理图如图 1–2–1 所示，已知 A 点的高程为 H_A，欲测定 B 点对 A 点的高差 h_{AB}，计算出 B 点的高程 H_B。可在 A、B 之间安置水准仪，在 A、B 点上竖立水准尺。测量方向由 A 至 B，根据水准仪提供的水平视线截于 A 尺上的读数为 a，B 尺上的读数为 b，则 B 点对 A 点差为

$$h_{AB}=a-b \tag{1–2–1}$$

式中　a——后视读数（简称后视），通常是已知高程点 A 的水平视线截尺读数；

b——前视读数（简称前视），是未知高程点 B 的水平视线截尺读数。

两点的高差等于后视读数减前视读数，高差有正负值，当后视读数 a 大于前视读数 b（即地面 B 点高于 A 点），高差 h_{AB} 为正值，反之为负值。测得 A 点至 B 点的高差后，可求得 B 点的高程

$$H_B = H_A + h_{AB} \tag{1–2–2}$$

上式是通过高差的计算而求得 B 点的高程。高程的计算也可以用视线高程的方法进行计算，即

$$H_B= (H_A+a) -b=H_i-b \tag{1–2–3}$$

式中　H_i——视线高程，它等于已知 A 点的高程 H_A 加 A 点尺上的后视读数 a。

用高差法计算点的高程，适用于在一个测站上有一个后视读数和一个前视读数；视线高程法适用于一测站上有一个后视读数和多个前视读数。每一个测站只有一个视

线高程 H_i（作为每一站的常数），分别减去各待测点上的前视读数，即可求得各点的高程。

从上述可知，水准测量原理是应用水准仪所提供的水平视线来测定两点间的高差，根据已知点的高程和两点间的高差，计算所求点的高程。

二、水准仪及其使用

水准仪是提供水平视线来测定高差的仪器，按其精度分为 $DS_{0.5}$、DS_1、DS_3、DS_{10} 多种型号，“D”和“S”分别为“大地测量”和“水准仪”汉语拼音第一个字母，数字 0.5、1、3、10 是表示仪器的精度等级，即每千米往返测量高差中数的偶然中误差分别为±0.5mm、±1mm、±3mm、±10mm。$DS_{0.5}$ 和 DS_1 为精密水准仪。水准仪主要由望远镜、水准器和基座组成，水准仪主要构造如图 1–2–2 所示。

（一）望远镜组成及其成像原理

望远镜由物镜、目镜和十字丝三个主要部分组成。它的主要作用是能使让使用者看清远处的目标，并提供一条照准读数用的视线。

图 1–2–3 是 DS_3 型微倾水准仪望远镜构造图，是内对光式倒像望远镜。图 1–2–4 是其成像原理图，目标经过物镜和对光凹透镜的作用，在镜筒内造成倒立、缩小的实像，通过调节对光凹透镜，可以清晰地成像在十字丝平面上。目镜的作用是放大，人眼经过目镜，可以看到目标的小实像与十字丝一起放大了的虚像。十字丝的作用是提供照准目标的标准。

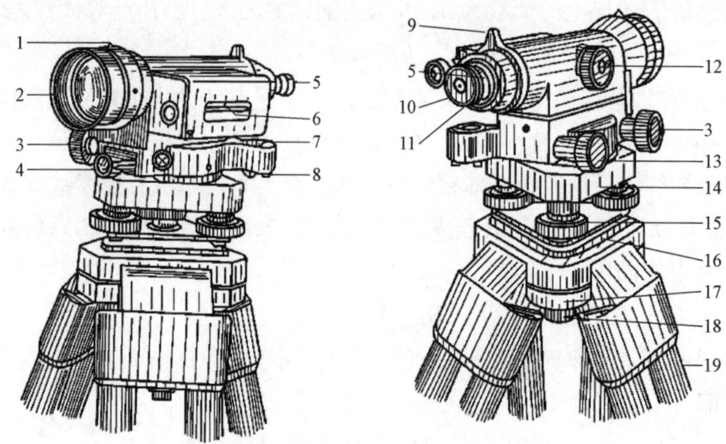

图 1–2–2 水准仪主要构造图

1—准星；2—物镜；3—微动螺旋；4—制动螺旋；5—符合水准器观测镜；6—水准管；7—水准盒；8—校正螺丝；9—照门；10—目镜；11—目镜对光螺旋；12—物镜对光螺旋；13—微倾螺旋；14—基座；15—脚螺旋；16—连接板；17—架头；18—连接螺旋；19—三脚架

为了提高望远镜成像的质量，物镜、对光透镜和目镜都是由多块透镜组合而成。物镜与对光透镜组合后的等效焦距与目镜等效焦距之比，称为望远镜放大率，即人眼通过目镜所看到的目标影像的大小与不通过目镜直接看到该目标的大小之比。DS_3 水准仪望远镜的放大率一般为 28 倍。

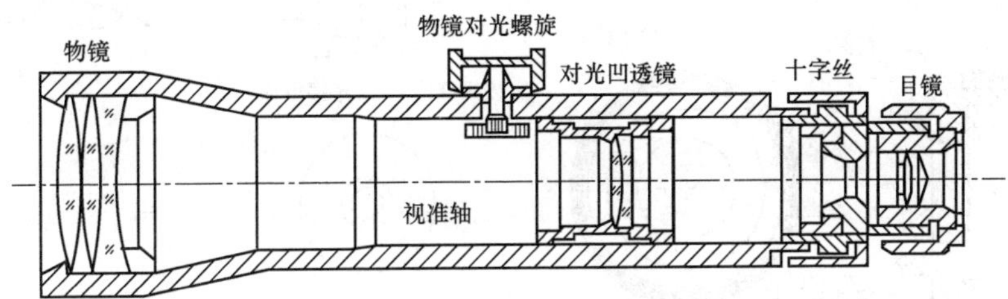

图 1–2–3　DS_3 型微倾水准仪望远镜构造图

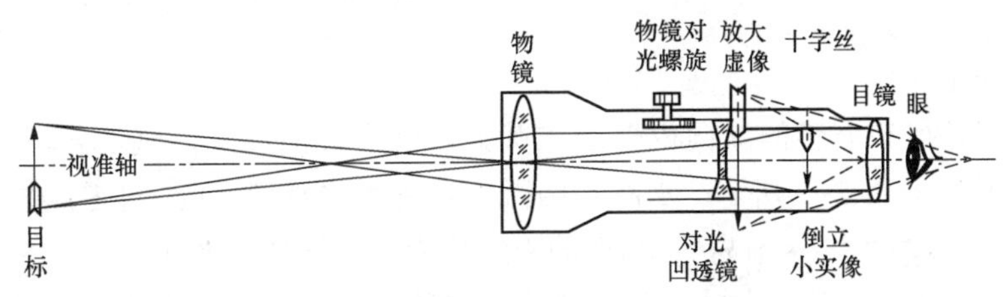

图 1–2–4　DS_3 型微倾水准仪望远镜成像原理图

十字丝分划板是一块具有刻线的玻璃片，通过校正螺丝固定在望远镜筒上，十字丝的构造如图 1–2–5 所示。十字丝中央交点和物镜光心的连线称为视准轴，即视线。十字丝玻璃片上的上、下短丝是测距离用的，称为视距丝。水准测量就是当视线水平时，用中间横丝截取水准尺读数。

为了控制望远镜的左右水平转动，以便视准轴对准目标，水准仪一般装有一套制动螺旋和微动螺旋。有些仪器是靠摩擦制动，只设微动螺旋。

（二）水准器

水准器是标志视线是否水平、竖轴是否铅垂的装置。水准器分为圆水准器和水准管两种。

1. 圆水准器

圆水准器顶面内壁是一个球面，如图 1–2–6（a）所示，球面中心的外壁刻有一个圆圈，其圆心称为圆水准器零点，零点的法线称为圆水准器轴线。当气泡中心与零点重合时，称为气泡居中。此时圆水准器轴就处于铅垂位置。气泡移动 2mm，圆水准器轴相应倾斜的角度为 τ，如图 1–2–6（b）所示，称为圆水准器分划值，是用以表示圆水准器灵敏度的标准。仪器上的圆水准器分划值为 8′/2mm。由于圆水准器地精度低，只适用于仪器的粗略整平之用。

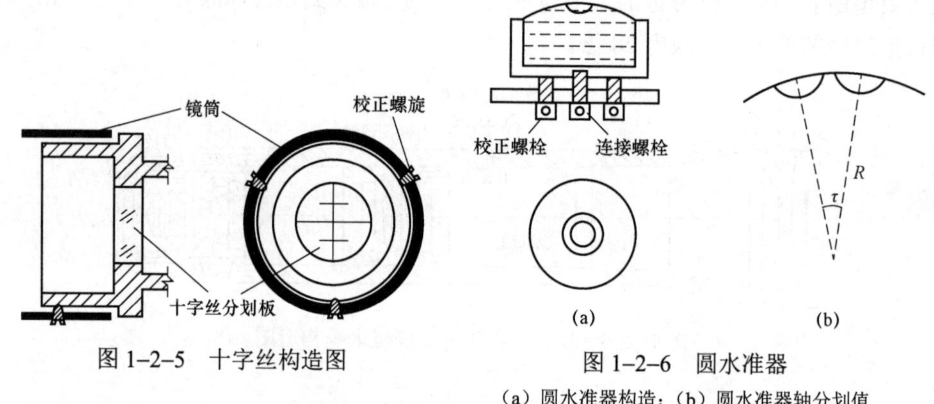

图 1–2–5 十字丝构造图

图 1–2–6 圆水准器

（a）圆水准器构造；（b）圆水准器轴分划值

2. 水准管

水准管是把玻璃管的纵向内壁磨成圆弧，管内装酒精和乙醚混合液，密封而成，其构造如图 1–2–7 所示。水准管圆弧中点称为水准管零点，过零点与内壁圆弧相切的直线称为水准管轴。水准管气泡中点与水准管零点重合时称为气泡居中，此时水准管轴处于水平位置。气泡移动 2mm，水准管轴相应倾斜的角度 τ 称为水准管的分划值。DS_3 级水准仪的水准管分划值为 20″/2mm。水准管分划值越小，水准管的灵敏度越高。因此，水准管的精度比圆水准器的精度高，适用于仪器精确整平。

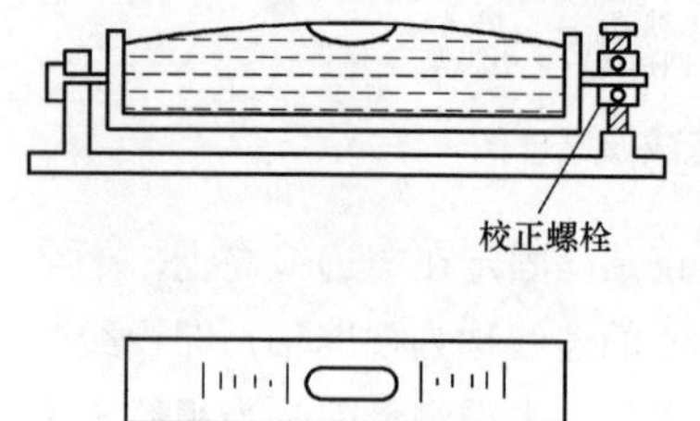

图 1–2–7 水准管构造图

为了提高判别水准管气泡居中的准确度，在水准管的上方设置一组符合棱镜，如图 1–2–8 所示，借棱镜组的反射将气泡两端的半像反映在望远镜旁边的观察窗内。图 1–2–8（b）所示为水准管气泡不居中，水准管两端的影像错开，这时可转动微倾螺旋，以使水准管连同望远镜沿竖向做微小转动达到水准管气泡居中，此时两端的影像吻合，如图 1–2–8（c）所示。这种设有微倾螺旋的水准仪称为微倾式水准仪。

（三）基座及三脚架

基座由轴座、脚螺旋和连接板组成。仪器上部通过竖轴插入轴座内，由基座承托，旋紧中心螺旋，使仪器与三脚架相连接。三脚架一般为木质或金属，脚架可伸缩，便于携带及调整仪器高度。

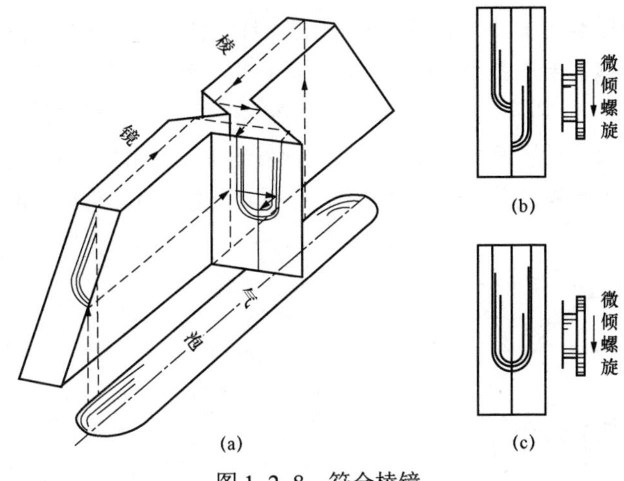

图 1–2–8　符合棱镜

（a）微倾式水准仪；（b）水准管气泡不居中；（c）水准管气泡居中

（四）水准尺及尺垫

水准尺是水准测量的重要工具，用优质木料或塑料制成，如图 1–2–9 所示。水准尺的零点一般在尺的底部，尺的刻划是黑（红）白相间，每格是 lcm 或 0.5cm，每分米（dm）处均注数字。超过 1m 有的加注红点，如有 2 个红点表示整米数为 2m；有的米数用数字表示，如 15 则表示 1.5m。

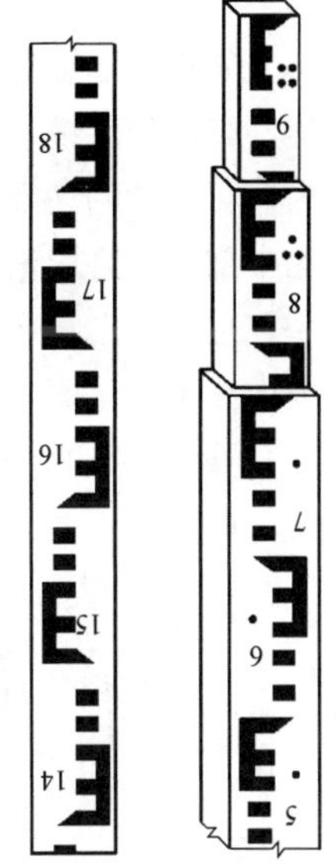

图 1–2–9　水准尺

水准尺一般分为双面水准尺和塔尺两种。双面尺尺长 3m，一面为黑面分划，黑白相间，尺底为零；另一面为红面分划，红白相间，尺底为一常数（如 4.687m 或 4.787m）。普通水准测量用黑面尺读数，三、四等水准测量用黑、红面尺读数进行校核。塔尺可以伸缩，尺长一般为 5m，适用于普通水准测量。塔尺上的“E”为厘米标记，短头端为 5cm 处，长头端为 10cm 处，即分米处。

尺垫顶面是三角形或圆形状，用生铁铸成或铁板压成，中央有凸起的半圆顶，如图 1–2–10 所示。使用时将尺垫压入土中，在其顶部放置水准尺。应用尺垫的目的是临时标志点位，避免土壤下沉和立尺点位置变动而影响读数。

（五）水准仪的使用

1. 仪器的安置

水准仪的安置主要是整平圆水准器，使仪器概略水平。做法是：选好安置位置，用连接螺旋将仪器紧固在三脚架上，先踏实两支架腿尖，前后、左右摆动另一支架腿使圆水准器气泡概略居中，然后用脚螺旋使气泡完全居中。转动脚螺旋使气泡移动的操作规律是：气泡需要向哪个方向移动，左手拇指（或右手食指）就向哪个方向转动脚螺旋。如图 1–2–11 所示，如果气泡偏离在图 1–2–11（a）的位置，首先按箭头所指方向两手同时相对转动脚螺旋①和②，使气泡移到图 1–2–11（b）的位置；再按图中箭头所指方向转动脚螺旋③，使气泡居中，一般要反复几次，直至气泡完全居中为止。

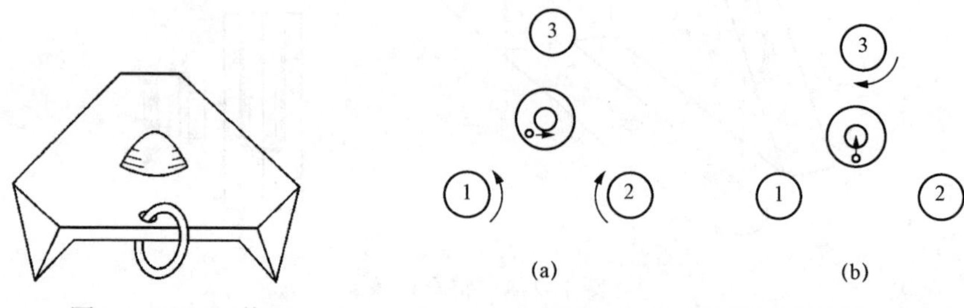

图 1–2–10 尺垫

图 1–2–11 整平圆水准器

（a）使气泡向两脚中心移动；（b）使气泡完全居中

2. 对光照准

先将望远镜对着明亮背景，转动目镜对光螺旋，使十字丝清晰。然后松开制动螺旋，转动望远镜，利用镜筒上的准星和照门照准目标后，这时尺像应已在望远镜视场内，可旋紧制动螺旋。转动物镜对光螺旋使尺像清晰，再旋转微动螺旋使尺像位于横丝中部。随之应消除望远镜视差，当观测者眼睛在目镜后上、下晃动时，如果十字丝交点总是指在尺像的一个固定位置，即横丝读数没有变化，说明无视差现象，物像已成像在十字丝面上，如图 1–2–12（a）所示；如果影像与十字丝有相互错动的相对运动现象，说明有视差，原因是物像没有成像在十字丝面上，如图 1–2–12（b）所示，对读数的准确性有影响。应继续仔细进行物镜对光，直到消除视差。

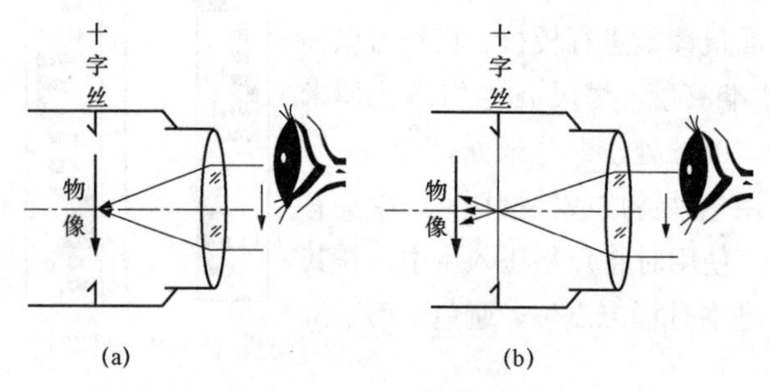

图 1–2–12 视差现象

（a）没有视差现象；（b）有视差现象

3. 精密整平

转动微倾螺旋，使符合水准气泡居中，即气泡两端的像吻合，如图 1–2–8（c）所示。转动微倾螺旋时用力要轻匀，以免符合水准气泡上下错动不停。

4. 读数

以十字丝横丝为准，读出其指示数值。读数时注意尺上注字，依次读出米、分米、厘米，估读出毫米。使用仪器前应辨认望远镜是正像还是倒像，图 1–2–13 为倒像望远镜读尺的读数。为方便读数，对于倒像望远镜，应使用倒像的水准尺，往上数字越小，往下数字越大，对于正像望远镜，应使用正像的水准尺，往下数字越小，往上数字越大。每次从望远镜内读数前及读数后都应检查符合水准气泡是否居中，以保证视线在水平时读数。

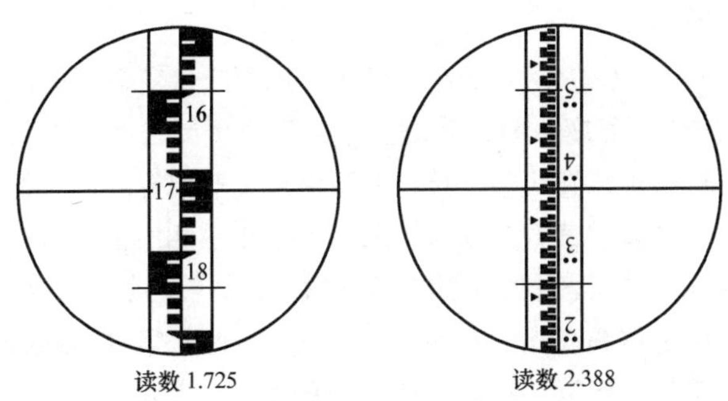

图 1–2–13　倒像望远镜读尺的读数

三、水准测量的实施

（一）水准点

为了已确定的高程能长久保存，作为水准测量的依据而设立的标志称为水准点（一般以 BM 表示）。水准点应按照水准路线等级，根据不同性质的土壤及实际需要情况，每隔一定的距离埋设不同类型的水准点标志或标石。

现将工程中常用的水准点标志简述如下：水准点有永久性和临时性两种。永久性水准点由石料或混凝土制成，顶面设置半球状标志，城镇区也有在稳固的建筑物墙上设置墙上水准点。图 1–2–14（a）所示为国家水准点，图 1–2–14（b）为墙上水准点。

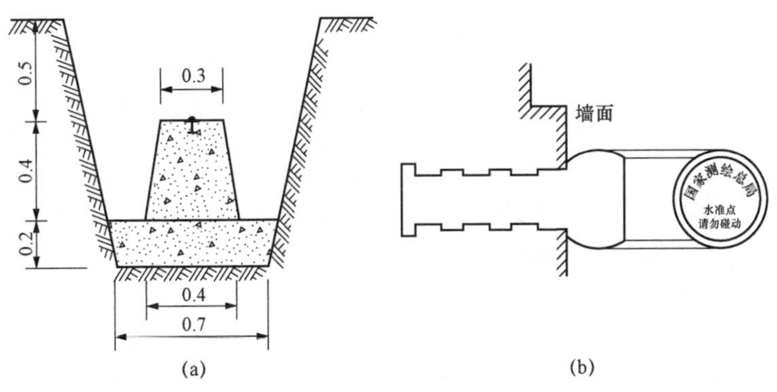

图 1–2–14　水准点

（a）国家水准点；（b）墙上水准点

水准点也可以用混凝土制成，中间插入钢筋，或选定在突出的稳固岩石或房屋的勒脚。临时性的水准点可打下木桩，桩顶用水泥沙浆保护。

（二）水准测量的实施

当地面两点间的高差较大或两点间的距离较远，超过允许的视线长度，或两点间地形复杂、通视困难，这样安置一次仪器不能测出两点间的高差，必须在其间安置多次仪器分段进行观测。

如图 1–2–15 所示，A、B 两点的距离较远，地面起伏变化较大。已知 A 点的高程 H_A，现要测定 B 点的高程 H_B。观测步骤如下：后司尺员在 A 点立尺，前司尺员视地形情况在前方选择转点 1 放置尺垫立尺，在距两尺大致相等的地面设测站 1 安置水准仪。当视线水平时先对 A 尺读数为 a_1，记入表 1–2–1 中相应的后视读数栏内；然后对转点 1 的尺读数为 b_1，记入表中相应的前视读数栏内。转点的符号为 TP，第 1 个转点为 TP_1。转点的作用是传递高程，是临时立尺点。至此，第 1 测站的工作结束。TP_1 点的尺保持不动，搬仪器到第 2 测站，持 A 点的水准尺前进，选定 TP_2 点立尺。当视线水平时，对 TP_1 点的尺读数为 a_2，记入后视读数栏内；对 TP_2 点的尺读数为 b_2，记入前视读数栏内，第 2 测站工作结束，按以上方法安置第 3、4、5 和第 6 站，测至 B 点。

计算各测站的高差。设各测站的高差顺序为 h_1、h_2、…、h_6，其中

$$\left.\begin{aligned} h_1 &= a_1 - b_1 \\ h_2 &= a_2 - b_2 \\ &\cdots \\ h_6 &= a_6 - b_6 \end{aligned}\right\} \tag{1-2-4}$$

将以上各式相加得

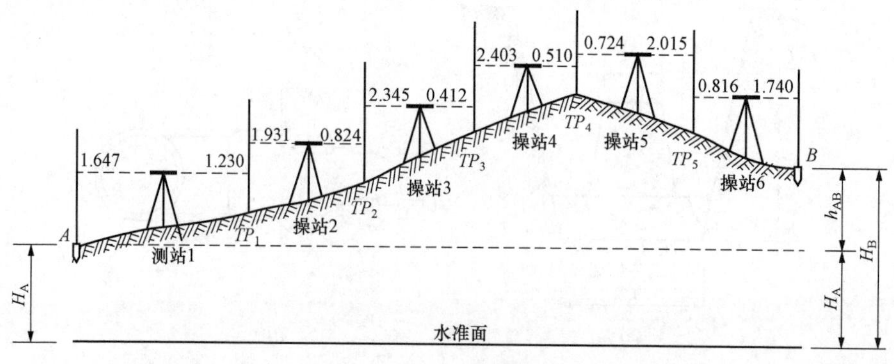

图 1–2–15 水准测量

$$\sum h=\sum a-\sum b \tag{1–2–5}$$

上式说明，两点的总高差等于各站高差之和，也等于后视读数之和减去前视读数之和。

表 1–2–1 **水 准 测 量 手 簿**

测站	点号	后视读数（m）	前视读数（m）	高差（m） +	高差（m） −	高程（m）	备注
1	A	1.647		0.417		32.432	
	TP_1		1.230				
2	TP_1	1.931		1.107			
	TP_3		0.824				
3	TP_2	2.345		1.933			
	TP_3		0.412				$H_B=H_A+\Sigma h=$ 35.558（m）
4	TP_3	2.043		1.893			
	TP_4		0.510				
5	TP_4	0.724			1.291		
	TP_5		2.015				
6	TP_5	0.816			0.933		
	B		1.749			35.558	
计算的检核	总和	9.866	6.740	+3.126			
	$\sum a-\sum b$=9.866–6.740=+3.126（m） H_B-H_A=36.558–32.432=+3.126（m）						

例：已知 H_A=32.432m，各测站观测值如图 1–2–15 所示，记录在表 1–2–1 中，A 点至 B 点的高差 $h_{AB}=\Sigma h$=+3.126m。所求点 B 点的高程为

$$H_B=H_A+h_{AB}=32.432+3.126=35.558\text{（m）}$$

计算是否有误，应予校核

$$\sum a-\sum b=9.866-6.740=+3.126\text{（m）}$$

$$H_B-H_A=36.558-32.432=+3.126\text{（m）}$$

原计算 $\sum h$=+3.126m，3 个数值结果相同，计算无误。

（三）水准测量作业应注意事项

水准测量作业是集体工作，必须互相配合，各自做好工作，测量人员认真负责，

不得粗心大意，这就能避免出错或少出错，否则，就会造成局部或全部返工。下面就水准测量容易出错的地方提出几条注意事项。

（1）每次读数之前，都应先检查一下圆水准气泡是否居中，水准管气泡影像是否吻合，然后读数。

（2）读数时要注意，尺的像有正像或倒像，均应从小到大读取读数，不要把尺上的米数、分米数、厘米数读错。例如，没有注意分米注记上的小红点，而把 1.567m 误读成 0.567m；又如把 1.025 误读成 1.25，即没有读出零分米，而把厘米、毫米当作分米、厘米读了。

（3）观测员读数要清楚，记录员要听清楚记正确，最好是记录完再复诵核对一次；记录要清楚、整齐；记录有误不准擦去及涂改，应划去重写。

（4）要把前视、后视读数记入相应的读数栏内，不要记错格。

（5）为了保证水准器测量精度，观测员一定要消除视差，走动时不要碰动三脚架，观测时不要手扶三脚架。

（6）扶尺员要把尺扶正，并应根据地势情况，要用步测尽量使前、后视距相等，以消除误差。

（7）在土质松软地方，转点处尺垫应踩实，避免观测时尺下沉，影响高差。

（8）安置仪器时，脚架一定要踩实，在烈日照射下，要撑伞遮住太阳光，以免影响水准管气泡的稳定；若迎着日光观测时，物镜应加遮光罩。

（9）测量计算必须进行检核。

【思考与练习】

1. 什么是前视、后视？水准测量中为什么要求前、后视距离相等？

2. 什么是视差？产生的原因是什么？如何发现与消除？

3. 水准测量中，什么是转点？有何作用？

4. 已知 A 点的高程为 22.202m，按表 1–2–1 格式填入图 1–2–16 水准测量数据，计算 B 点的高程，并进行计算的检核。

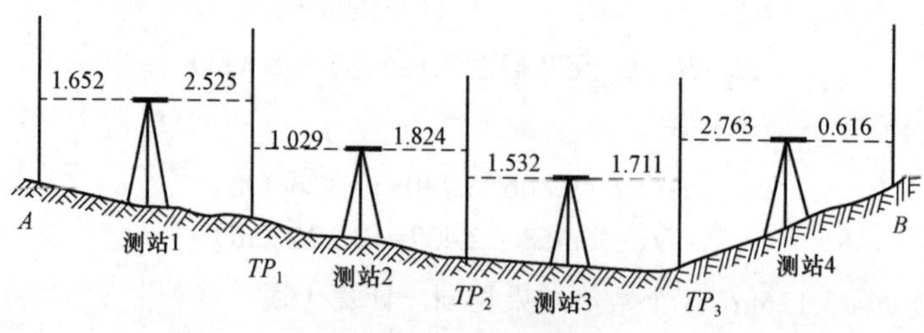

图 1–2–16 水准测量

模块3　角度测量（Z05E1003 Ⅰ）

【模块描述】本模块包含角度测量的概念、光学经纬仪的结构与使用、水平角观测、竖直角观测、电子经纬仪简介。通过概念描述、要点讲解、操作流程及步骤讲解，了解角度测量的概念、电子经纬仪构成，熟悉光学经纬仪的结构。掌握水平角观测、竖直角观测的方法。

【模块内容】

角度测量是输电线路测量的基本工作之一，它包括水平角测量和竖直角测量，常用的测量仪器为经纬仪。

一、角度测量的概念

（一）水平角的概念及测量原理

地面上一点到两个目标点的方向线，垂直投影到水平面上所形成的角称为水平角，也就是说地面上任意两条方向线的水平角是过该两条方向线的两个铅垂面所夹的二面角，如图1–3–1（a）所示，A、O、B为地面上任意三点，通过OA和OB分别作两个铅垂面，它们与水平面P的交线OA和OB的夹角β就是OA、OB所夹的水平角。

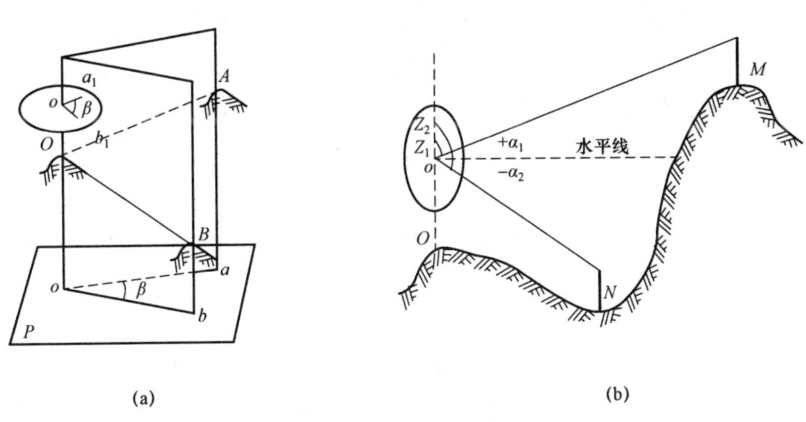

图1–3–1　角度测量的概念

（a）水平角；（b）竖直角

在过O点的铅垂线OO上水平安置一个刻度盘，中心在OO线上，再有一个照准目标的望远镜，既能绕OO水平旋转，又能在一个竖直面内俯仰，当望远镜分别照准A和B时，过A和B的两个铅垂面与刻度盘相交，设交线在刻度盘上的读数分别为a_1和b_1，则水平角为

$$\beta=a_1-b_1 \tag{1-3-1}$$

（二）竖直角的概念及测量原理

在一个竖直面内，方向线和水平线的夹角称为该方向线的竖直角（又称垂直角），如图 1–3–1（b）所示，方向线在水平线之上称为仰角，符号为正；方向线在水平线之下称为俯角，符号为负。角值变化范围为–90°～+90°。如果在安置于竖直面内的刻度盘上能得到某倾斜视线与水平线的对应读数，则两读数之差即为该倾斜视线的竖直角值。

在测量中也可用方向线与指向天顶的铅垂线之间的夹角表示竖直角，称为天顶距 Z，如图 1–3–1（b）中的 Z_1、Z_2，天顶距变化范围为 0°～180°，同一观测目标的天顶距与竖直角的关系是两者之和等于 90°，即

$$a_1+Z_1=90° \quad a_2+Z_2=90° \tag{1-3-2}$$

二、光学经纬仪的结构与使用

经纬仪是输电线路工程主要测量仪器之一，可用来测量水平角度、竖直角度、距离和高程。经纬仪的种类很多，它的结构也是多种多样的，一般常用的普通经纬仪有游标和光学两种。目前，输电线路工程测量中大多采用光学经纬仪。

工程上常用的光学经纬仪有 DJ1、DJ2、DJ6 等类型。D、J 分别为大地测量和经纬仪的汉语拼音第一个字母，数字 1、2、6 是表示仪器的精度等级，即该类仪器的一测回水平方向中的误差，以秒为单位来表示。数字越小，仪器精度越高。现以我国苏州第一光学仪器厂生产的 J2（DJ2）光学经纬仪为例介绍光学经纬仪的结构和使用。

（一）仪器结构

J2 经纬仪主要由基座、水平度盘和照准部三大部分组成，其构造如图 1–3–2 所示。

1. 基座

基座由轴座、脚螺旋和连接板等组成。转动脚螺旋可使照准部的水准器居中，从而使竖轴铅直、度盘水平。连接螺旋可使仪器与三脚架固连在一起。在连接螺旋上悬挂垂球，指示水平度盘的中心位置，借助垂球将水平度盘中心安置在所测角顶的铅垂线上。J2 经纬仪还装有光学对中器，它比垂球对中具有精度高和不受风吹而摆动的优点。使用仪器时，切勿放松连接螺旋，否则，易造成经纬仪从基座中脱落，使仪器损坏。

2. 水平度盘

水平度盘包括水平度盘及其变换手轮等。

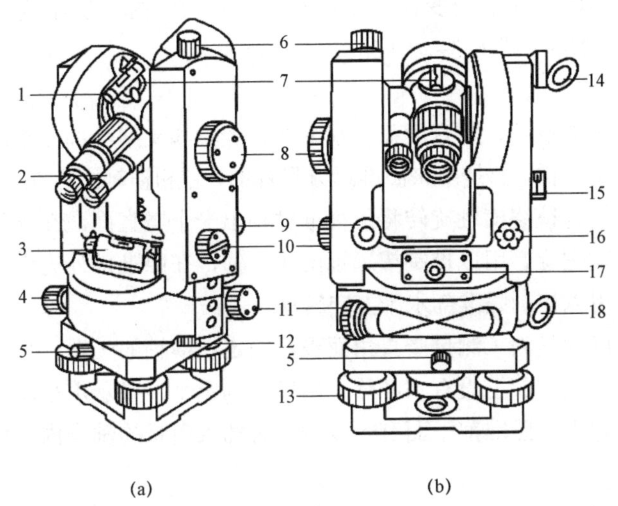

图 1–3–2　J2 经纬仪的构造

（a）盘左经纬仪结构；（b）盘右经纬仪结构

1—望远镜反光扳手轮；2—读数显微镜；3—照准部水准管；4—照准部制动螺旋；5—轴座固定螺旋；6—望远镜制动螺旋；7—光学瞄准器；8—测微手轮；9—望远镜微动螺旋；10—换像手轮；11—照准部微动螺旋；12—水平度盘变换手轮；13—脚螺旋；14—竖盘反光镜；15—竖盘指标水准管观察镜；16—竖盘指标水准管微动螺旋；17—光学对中器目镜；18—水平度盘反光镜

水平度盘用光学玻璃制成，在度盘上依顺时针方向刻注有 0°～360° 分划线，相邻两分划线所夹的圆心角，称为度盘的分划值，本类仪器度盘的分划值为 20′（或 10′）。

水平度盘的变换手轮，如图 1–3–2 中的 12，是用来转动水平度盘的。观测时，扳开安装在水平度盘外壳下方的保护盖，转动度盘变换手轮，将水平度盘转至所需的度数，随即将保护盖关闭，以防止水平度盘转动。

水平度盘的特点是换盘手轮（图 1–3–2 中 12）是嵌在轴座内的。J2 经纬仪的三角基座和照准部如图 1–3–3 所示。因此，在使用前如果仪器的照准部和三角基座未连接在一起时，应注意根据照准部下面的定位螺钉（图 1–3–3 中 2）仔细地插入三角基座上的定位孔

图 1–3–3　J2 经纬仪的三角基座和照准部

1—定位孔；2—定位螺钉；3—圆水准器

（图 1–3–3 中 1）内，才能使变换手轮正确地嵌入轴座内。仪器从基座内取出，应先放松轴座固定螺旋（图 1–3–2 中 5）。

3. 照准部

由望远镜、读数设备、竖直度盘、水准器、竖轴和支架等部分组成。望远镜的构造和水准仪望远镜一样，都是用来照准远方目标的，它和横轴固连在一起安在支架上。当横轴水平时，望远镜绕横轴旋转将使视准轴扫出一个竖直面。在支架一侧设有一套望远镜制动和微动螺旋，用以控制望远镜的俯、仰，在照准部外壳上设有一套水平制动和微动螺旋，用以控制照准部水平方向转动。

读数。竖直度盘是为了测量竖直角而设，固定在横轴的一端，另设有竖盘指标水准管和微动螺旋。照准部上设有水准管，用以精确定平，指示水平度盘是否水平。圆水准器用作概略定平。照准部下面有一竖轴，可插入筒状的轴座内，使整个照准部绕竖轴水平转动。

（二）经纬仪的使用

1. 经纬仪的安置

（1）对中。对中是把经纬仪水平度盘的中心安置在所测角的顶点铅垂线上。其方法是：先将三脚架安置在测站点上，架头大致水平，用垂球概略对中后，踏牢三脚架；然后用连接螺旋将仪器固定在三脚架上，此时若垂球尖偏离测站点较大，则将三脚架提起移动；若偏离较小，可将连接螺旋略微旋松，移动仪器基座，使仪器垂球尖准确地对准测站点标心，然后再旋紧连接螺旋。用垂球对中时，悬挂垂球的线长度要调节合适，垂球不宜过高，以免不易分辨偏差大小。对中的误差一般应小于 3mm。

如果使用带有光学对中器的仪器，对中方法是：先目估或悬吊垂球大致对中，然后整平仪器，旋转光学对中器的目镜，使分划板清晰；再拉出或推进对中器的目镜管，使测站点的标志成像清晰，然后在架头上平移仪器，直至测站点标心与对中器的刻划圈中心重合，再旋紧连接螺旋。这时应检查照准部水准管气泡是否仍然居中，如有偏离要再次整平，然后再检查对中情况并精确对中。由于整平与对中相互影响，一般要反复进行调整，直到气泡居中，同时测站点标心与对中器刻划圈中心重合为止。

（2）整平。整平是用脚螺旋使照准部水准管气泡居中，使仪器的竖轴铅直和水平度盘水平。经纬仪整平如图 1–3–4 所示。

1）使照准部水准管与任意两个脚螺旋连线平行，如图 1–3–4（a）所示。两手向相反方向相对旋转① 、② 两个脚螺旋，使水准管气泡居中，气泡移动的方向与左手大拇指转动的方向一致，如图中箭头所示。

2）将照准部平转 90°，如图 1–3–4（b）所示，调节脚螺旋③ 使水准管气泡居中。

3）将照准部转回到原来位置，重复以上操作，如此反复进行，直到气泡在此互为 90° 的两个位置都居中为止。此时如在其他位置上气泡又有偏离，则属于仪器误差，有待校正。整平后，照准部在任何位置上气泡的最大偏离量不应超过一格。

2. 对光和瞄准

用望远镜瞄准目标，包括目镜对光、物镜对光和瞄准等项基本操作。

（1）目镜对光：先松开水平制动螺旋和望远镜制动螺旋，将望远镜指向天空或白色明亮背景，调节目镜对光螺旋使十字丝清晰。

（2）初步瞄准目标和物镜对光：转动仪器，利用望远镜上的瞄准器对准目标，固定水平制动螺旋和望远镜制动螺旋。此时目标像应已在望远镜视场内，再调节物镜对光螺旋，使目标清晰并消除视差。

（3）精确瞄准目标：转动照准部水平微动螺旋和望远镜的微动螺旋，使十字丝竖丝中央部分精确瞄准目标点。光学经纬仪的十字丝如图 1–3–5 所示。

瞄准目标时要用十字丝的中央部位。如观测水平角，可视目标影像的大小情况，将目标影像夹在双纵丝内且与双丝对称，或用单纵丝与目标重合，目标点瞄准方法如图 1–3–6 所示。为了减少目标倾斜对水平角的影响，如图 1–3–6（b）、（c）所示的情况，应尽可能瞄准目标底部。如用垂球线作为瞄准的目标，应注意使垂球尖准确对正测点，并瞄准垂球线的上部，如图 1–3–6（a）所示。

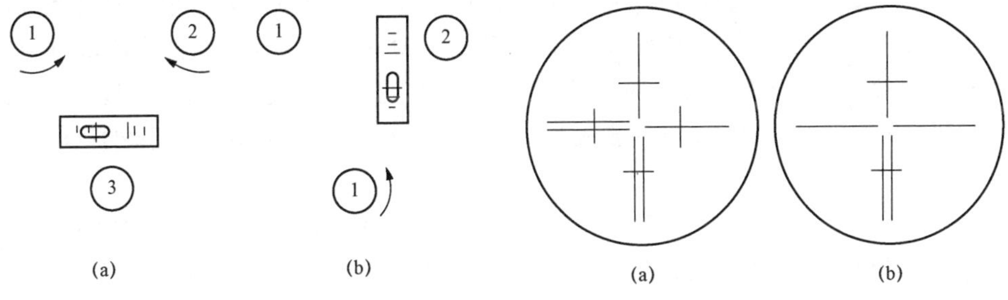

图 1–3–4　经纬仪整平

（a）水准管与任意两个脚螺旋连线平行；

（b）水准管与任意两个脚螺旋连线垂直

图 1–3–5　光学经纬仪的十字丝

（a）十字丝竖丝、横丝双丝；

（b）十字丝竖丝双丝

3. 读数方法及读数

（1）度盘读数。两个度盘读数都是用望远镜旁边的读数显微镜去读取。如图 1–3–2 所示，水平度盘影像用水平度盘照明反光镜照明，竖直度盘影像用竖盘照明反光镜照明。J2 光学经纬仪的读数窗中只能看到水平度盘或竖直度盘两者之一的影像。位于支架外侧的换像手轮，用以变换两度盘的影像，欲使显微镜中现出水平度盘影像，顺时

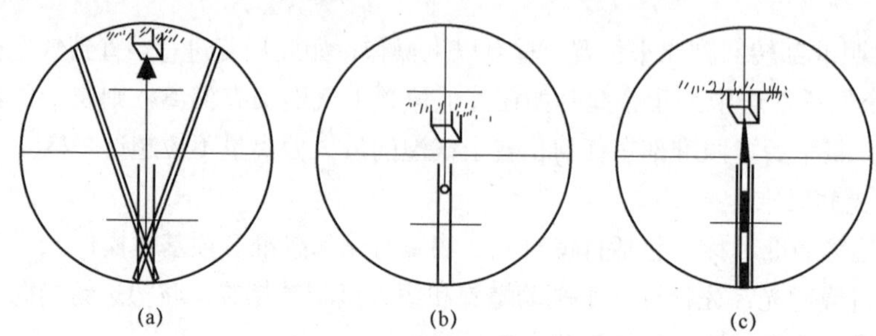

图 1–3–6 目标点瞄准方法

（a）垂球瞄准；（b）一般目标瞄准；（c）标杆瞄准

针方向转动换像手轮，到转不动为止，欲使显微镜中现出竖直度盘影像，则反时针方向转动换像手轮，到转不动为止。无论哪个度盘的影像出现于显微镜中、测微小窗的影像总是出现于度盘影像的左边，转动读数显微镜可使度盘的影像清晰。

（2）水平度盘读数。放松制动螺旋，转动照准部，用望远镜上的光学瞄准器的十字丝粗略找准目标，轻轻锁紧制动螺旋，旋转照准部微动螺旋和望远镜微动螺旋，使望远镜分划板十字丝精确照准目标。目标小于双丝之间的宽度宜用双丝瞄准，反之则用单丝瞄准。

顺时计转动换像手轮到转不动为止，使盖面白线成水平，打开与转动水平度盘照明反光镜，使水平度盘有均匀、明亮的光线照明。调节读数显微镜，使度盘影像清晰、明确。拨开水平度盘变换手轮的护盖，转动水平度盘变换手轮，使在读数窗内看到所需之度盘读数，关好护盖，应注意在转动水平度盘变换手轮时不宜用力过大，以免影响望远镜竖丝偏离目标。在置换度盘位置后，宜检查一下望远镜内见到的目标是否移动。

读数符合方法：转动测微手轮，读数显微镜内见到度盘上下两部分影像相对移动，直到上下格线精确符合为止。这时读数窗内已显出度、分、秒。当符合时，必须尽可能的小心正确，因为这直接影响着读数的精度。测微手轮的最后转动必须是同一顺时针方向的。当转动测微手轮至测微尺刻划末端时，应注意不宜再继续转动，以免损伤测微尺。

读数方法：J2 经纬仪读数窗口有两种，如图 1–3–7 所示。一种如图 1–3–7（a）所示，整度数由上窗中央或偏左的数目字读得，上窗中的小框内的数字为整十位分数；余下的个位分数与秒数从左边的小窗内读得。测微尺上下共刻 600 格，每小格为 1″，共计 10′，左边的数目字为分，右边的数目字乘以 10″，再数到指标线的格数即秒数。度盘上读得的读数加上测微尺上读得的读数之和即为全部的正确的读数。另一种如图 1–3–7（b）所示，按正像在左（中心偏左或中心），倒像在右（中心偏右或中心），相距最近的一对注有度数的对径分划（两者相差 180°）进行，正像分划线所注度数即为要读的度数；正像分划线和倒像分划线间的格数乘以度盘分划值的一半，即为度盘的整十位分数，不足 10′的个位分数和秒数则在测微尺上读得。

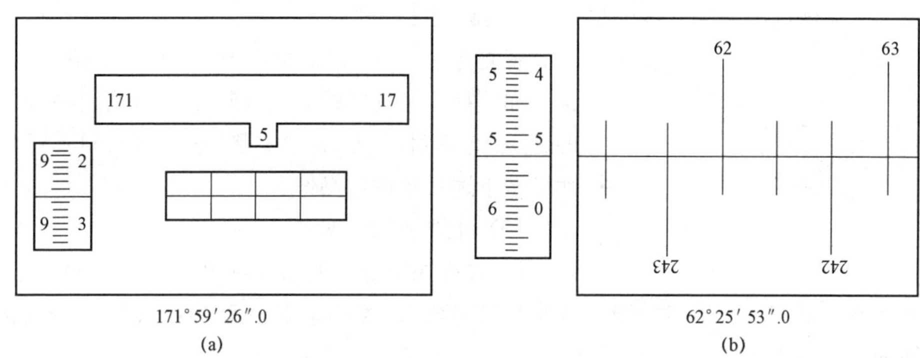

图 1–3–7 度盘读数窗口

（a）度盘读数窗口（一）；（b）度盘读数窗口（二）

（3）竖直度盘读数。反时针方向转动换像手轮至转不动为止，使盖面白线成竖直位置，打开和转动竖盘照明反光镜，使竖直度盘有均匀、明亮光线照明，按上述读数符合方法和读数方法即可读得竖直度盘的读数。但在每次读数前应旋转竖盘指标水准管微动螺旋，使在竖盘指标水准管观察镜内看到的竖盘水准器水泡精确符合。

三、水平角观测

前面介绍了水平角测量的概念。当使用经纬仪在实地观测水平角时，为了防止错误和消减仪器误差，以保证观测的结果能达到所需的精度，还必须按一定的操作程序进行观测。

在一个测站上，每次只观测一个水平角时，可采用“测回法”。如在一个测站上每次要同时观测相邻两个或两个以上的水平角时，可采用方向观测法，或称为全圆测回法。

为了叙述方便，先将一些术语说明如下：

左方点和右方点：观测者立于测站点 A，面向测点 B、C，量测水平角β，如图 1–3–8 所示，则称测点 B 为左方点，测点 C 为右方点；如要量测水平角β'，则测点 C 为左方点，B 为右方点。

盘左与盘右（或正镜与倒镜）：这是指经纬仪竖盘的位置与望远镜位置而言。当望远镜瞄向目标时，如竖盘在望远镜的左侧，称此时竖盘置位为“盘左”，或称望远镜位置为“正镜”，如图 1–3–2（a）所示。如竖盘在望远镜的右侧，则称为“盘右”或“倒镜”，如图 1–3–2（b）所示。

（一）测回法

在测站点（角顶）安置经纬仪，用盘左和盘右各观测水平角一次，盘左观测时为上半测回，盘右观测时为下半测回。如两次观测角值相差不超过允许误差，则取其平均值作为一测回的结果。这一观测法称为测回法。

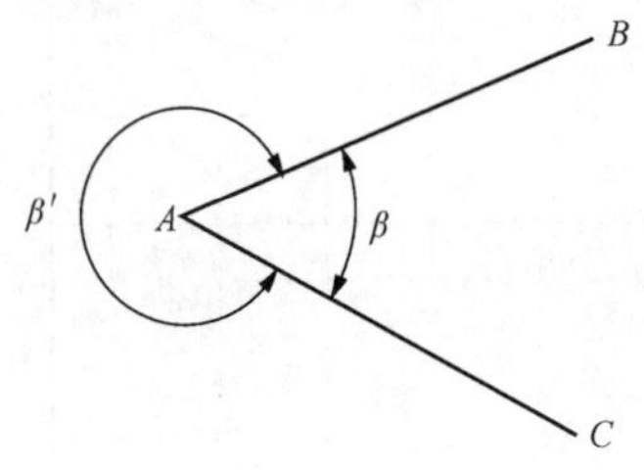

图 1-3-8 左方点、右方点的概念

观测之前，先在测点标志上垂直竖立供瞄准的目标（如测杆、吊垂球线）。在测站点（如图 1-3-8 中的 A）上安置经纬仪，对中、整平后，进行目镜对光，然后按下述步骤进行操作。

（1）上半测回，盘左。

1）瞄准左方点（如图 1-3-8 中的 B）的目标，读水平度盘读数。例如，$b_{左}$=55° 14′ 18″，记入观测手簿内，见表 1-3-1。

2）顺时针方向转动照准部，瞄准右方点（如图 1-3-8 中的 C）的目标，读数得 $c_{左}$= 117° 17′ 52″，记录，计算上半测回角值。

$$\beta_{左}=c_{左}-b_{左} \tag{1-3-3}$$

例：117° 17′ 52″−55° 14′ 18″=62° 03′ 34″

（2）下半测回，盘右。

1）倒转望远镜，逆时针方向转动照准部，在盘右位置瞄准右方点 C，读数得 $c_{右}$=297° 17′ 01″，记录。

2）逆时针方向转动照准部，瞄准左方点 B，读数得 $b_{左}$=235° 13′ 53″，记录。

计算下半测回角值

$$\beta_{右}=c_{右}-b_{右} \tag{1-3-4}$$

例：297° 17′ 01″−235° 13′ 53″=62° 03′ 08″

（3）计算上、下两半测回间角值之差 $\Delta\beta$，评定其精度，检查有无超限。上、下半测回间角值之差（称为较差）

$$\Delta\beta=\beta_{左}-\beta_{右} \tag{1-3-5}$$

使用光学经纬仪观测水平角一测回，其允许偏差为：$\Delta\beta=\pm30$

在上例中

$$\Delta\beta=62°\ 03'\ 34''-62°\ 03'\ 08''=+26''$$

因−30″＜+26″＜+30″，故符合要求。其平均值见表 1-3-1，如超限，要查明原因，加以重测。

表 1–3–1　　水平角观测手簿（测回法）

测站	测点	竖盘位置	水平度盘读数			角　值			平均角值			备　注
			°	′	″	°	′	″	°	′	″	
A	B	左	55	14	18	62	03	34	62	03	21	B A C Δβ=+26″ −30″<+26″<+30″ 符合要求
	C		117	17	52							
	B	右	235	13	53	62	03	08				
	C		297	17	01							

注意：

1）在半测回过程中，不能变动度盘。为了消除水平度盘的分划误差，在完成上半测回的观测后，可变动水平度盘约 90°，然后进行下半测回的观测，操作同前。

2）当水平角要求的精度较高时，可重复观测 2～3 测回。为了消除度盘的分划误差，各测回要改变水平度盘的起始读数，其变动值可参考方向观测法。每测回的操作方法及允许误差同前，各测回平均值间的互差视精度要求而定，一般可取其允许误差为±35″，如符合要求则取各测回平均值作为最后结果。

（二）全圆测回法（方向观测法）

如目标为三个或三个以上时，为了能一次测出各目标间的角值，同时使各个方向的观测结果具有相同的精度，则应采用全圆测回法观测，其操作步骤如下。

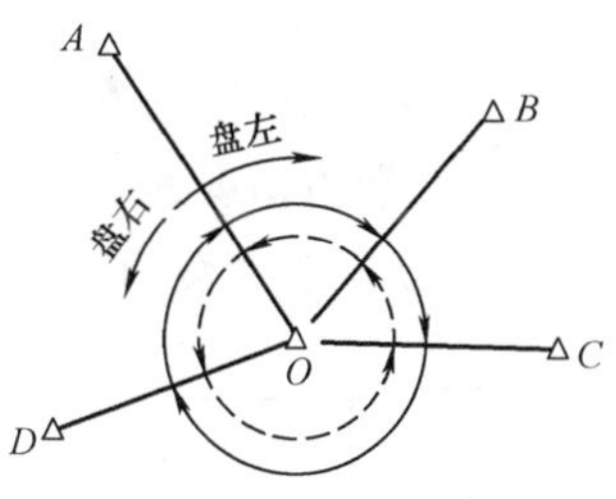

图 1–3–9　全圆测回法

（1）全圆测回法如图 1–3–9 所示，安置仪器于 O 点，盘左位置调整水平度盘读数稍大于 0° 处（仅为了计算简便），选一清晰目标 A 作为起始方向，读取读数 a 记入表 1–3–2 中。

（2）顺时针依次照准 B、C、D 分别读取读数为 b、c、d，记入表 1–3–2 中。

（3）继续顺时针再次照准 A 点方向，读取读数 a'，称为归零。读数 a 与 a' 之差称为半测回归零差，对于 J2 经纬仪不应超过±12″，对于 J6 经纬仪不应超过±18″，否则应重新观测。

以上操作称为上半测回。

（4）纵转望远镜成盘右位置，照准目标 A 并逆时针方向旋转照准部依次照准 D、C、B、A 各方向，分别读取读数记入表格，称为下半测回，半测回归零差仍不应超过限差。

表 1–3–2 水平角观测手簿（全圆测回法）

测回数	目标点	水平度盘读数						2c	$\frac{L+(R+180°)}{2}$			归零方向			平均方向值			备 注
		L			R													
		°	′	″	°	′	″	″	°	′	″	°	′	″	°	′	″	
Ⅰ									0	02	09							A, B, C, D, O, 82°45′32″, 68°36′45″, 79°25′51″
	A	0	02	12	180	02	00	+12	0	02	06	0	00	00	0	00	00	
	B	82	47	36	262	47	30	+6	82	47	33	82	45	24	82	45	32	
	C	151	24	24	331	24	12	+12	151	24	18	151	22	09	151	22	17	
	D	230	50	18	50	50	00	+18	230	50	09	230	48	00	230	48	08	
	A	0	02	18	180	02	06	+12	0	02	12							
Ⅱ									90	29	50							
	A	90	30	00	270	29	48	+12	90	29	54	0	00	00				
	B	173	15	30	353	15	32	2	173	15	31	82	45	41				
	C	241	52	18	61	52	12	+6	241	52	15	151	22	25				
	D	321	18	12	141	18	00	+12	321	18	06	230	48	16				
	A	90	29	48	270	29	42	+6	90	29	45							

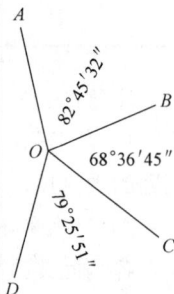

如果要求观测几个测回，则各测回仍按前述规定变换水平度盘起始读数位置。

四、竖直角观测

（一）竖直度盘构造与注记形式

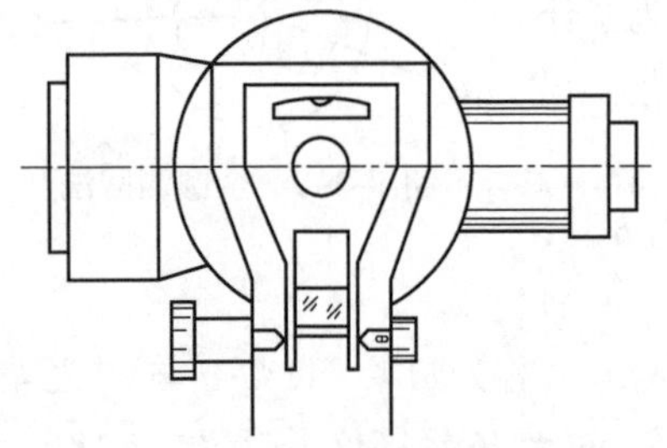

图 1–3–10 光学经纬仪竖直度盘的构造

光学经纬仪竖直度盘的构造如图 1–3–10 所示。竖直度盘固定在望远镜横轴的一端，并与横轴垂直，当望远镜在竖直面内转动时，竖直度盘在竖直面内也随着转动。竖盘指标与竖直度盘指标水准管连在一起，不随望远镜做竖直面内的运动。但通过竖盘水准管微动螺旋能使竖盘指标与水准管一起做微小转动，当指标水准管气泡居中，则竖盘指标处在正确位置。

光学经纬仪的竖盘由玻璃制作，其刻划注记有顺时针与逆时针两种类型，如图 1–3–11 所示。当竖盘指标水准管气泡居中，望远镜视线水平时，竖盘读数应为 90° 的整倍数（如 0°、90°、180°、270°）。这就是竖直角观测中水平视线所具有的竖直度盘读数的固定值。

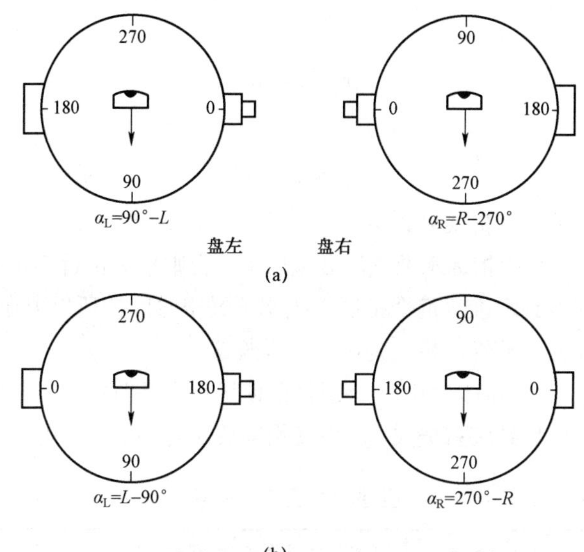

图 1–3–11　光学竖盘注记形式

（a）顺时针注记；（b）逆时针注记

（二）竖直角观测与计算

1. 竖直角观测

（1）安置仪器于测站上，盘左位置使十字丝中央交点对准目标点。

（2）整平竖盘指标水准管，读取竖盘盘左读数 L，记入观测手簿（表 1–3–3）。

（3）倒转望远镜成盘右位置，重复上述（1）、（2）步骤得盘右读数 R，并记录。

2. 竖直角计算

竖直角的计算公式应根据竖盘注记形式确定。方法是：先将望远镜大致放平，辨明水平视线的竖盘固定读数，然后将望远镜上仰，如果对应的竖盘读数增大，则用瞄准目标的竖盘读数减去水平视线的竖盘固定读数，即得到该目标的竖直角；如果读数减小，则用水平视线的竖盘固定读数减去瞄准目标的竖盘读数，得到该目标的竖直角。

如图 1–3–11（a）为顺时针注记，则竖直角计算公式为

盘左时

$$\alpha_L = 90°-L \tag{1-3-6}$$

盘右时

$$\alpha_R = R-270° \tag{1-3-7}$$

式中　α_L、α_R——盘左竖直角值、盘右竖直角值。

如图 1–3–11（b）为逆时针注记，则竖直角计算公式为

盘左时

$$\alpha_{\mathrm{L}} = L - 90^{\circ} \tag{1-3-8}$$

盘右时

$$\alpha_{\mathrm{R}} = 270^{\circ} - R \tag{1-3-9}$$

竖直角观测记录计算格式见表1–3–3。

观测竖直角时，竖盘指标水准气泡必须居中，否则指标位置不正确，读数有偏差。但每次读数时必须做到水准气泡严格居中既麻烦又费时间，所以现在采用了竖盘指标自动归零补偿器代替水准管，称之为自动归零装置。

值得注意的是，当长时间使用，特别是在使用后未及时锁紧补偿器，使吊丝受振，就会产生指标差甚至导致装置失灵，所以使用前应进行检查，使用后及时将装置锁住。

表1–3–3　　　　竖直角观测手簿

测站	目标	竖盘位置	竖盘读数			半测回竖直角			一测回竖直角			备注
			°	′	″	°	′	″	°	′	″	
A	P	左	101	15	30	11	15	30	11	15	18	盘左 270 0 180 90
		右	258	44	54	11	15	06				
	Q	左	80	16	12	–9	43	48	–9	43	42	
		右	279	43	36	–9	43	36				

五、电子经纬仪简介

与传统的光学经纬仪相比，电子经纬仪采用了光电测角手法，在精度上超过了光学经纬仪，在数据自动获取和处理上，光学经纬仪是无法与之相比拟的。未来电子经纬仪将逐渐取代光学经纬仪。电子经纬仪外形如图1–3–12所示。

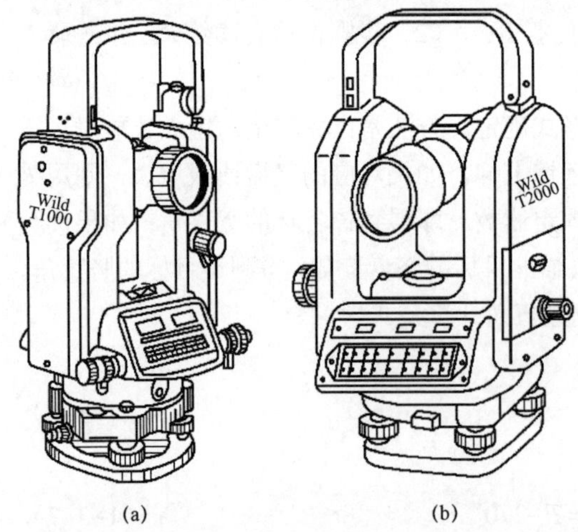

图1–3–12　电子经纬仪外形

（a）Wild T1000型外形；（b）Wild T2000型外形

电子经纬仪是电子测角仪器，它与光学经纬仪有着相似的结构特征，仍然是采用度盘，但是电子测角的度盘不是在度盘上按某一个角度单位刻上刻划线并根据刻划线读取角度值，而是在度盘上取得电信号，根据电信号再转换成角度。因此，电子经纬仪与传统经纬仪最主要的不同是读数系统。光学经纬仪是采用光学度盘、光路显示系统和目视读数；电子经纬仪则是采用光电扫描度盘自动计数、自动显示系统。它可以与电磁波测距仪组合成全站式电子速测仪，将野外电子手簿记录的数据传入计算机，以进行数据处理和绘图。

各厂所生产的不同型号电子经纬仪，采用的电子测角系统按取得电信号的方式不同而分为编码度盘测角系统、光栅度盘测角系统和光栅动态侧角系统三种。

图 1–3–12(a)为 Wild T1000 型电子经纬仪外形，水平角和竖直角测角精度为±3″，显示分辨率为 1″，水平度盘可在粗略整平的基础上自动整平，为了便于盘左、盘右观测，在仪器的两侧都有可照明的控制板，上面有两个显示窗，可同时显示出水平角和竖直角，还有 6 个多功能键，单测角时只用一个键，其他功能键主要是作为照明和连接测距仪、记录器的操作键；工作温度为 20～50℃，电源为 12V，工作电流很小，仅为 0.06A。

图 1–3–12（b）为 Wild T2000 型电子经纬仪外形，其测角模式有两种，一种是单角测量，另一种是跟踪测量，仪器可跟踪活动目标旋转而改变显示的数据。水平角和竖直角一测回的测角中误差为 0.5″。光学对中器、圆水准器和水准管设在照准部上，当竖轴倾斜时，仪器可自动测出并显示其数据，故可借此精确定平仪器，精度可达 1″。制动螺旋和两个微动螺旋同轴，两个微动螺旋用于快速瞄准和精确照准，竖直度盘指标可自动归零。中心操纵面板由一个键盘和三个显示器组成，键盘上有 18 个键，可发出不同的指令，三个显示器中一个是提示显示，两个是数据显示。

图 1–3–13 所示是 Wild T2000 型电子经纬仪动态测角系统图，是一个具有旋转光栅的动态测角系统，度盘上刻有 1024 条栅线，其栅距的分划值为 φ_0；内含栅线和缝隙，相应为不透光区和透光区，盘上刻有两个指示光栏，L_S 为固定光栏，安置在度盘外缘；L_R 为可动光栅，随照准部转动，安置在度盘内边缘。φ 为照准某方向后 L_R 和

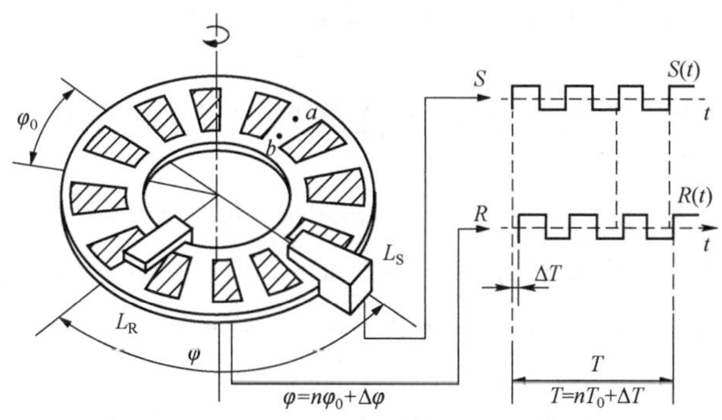

图 1–3–13　电子经纬仪动态测角系统图

L_S之间的角度，读φ角时，度盘开始旋转，计取通过光栏间的栅线数，即可求得角度值。由图可见，$\varphi = n\varphi_0 + \Delta\varphi$，即夹角为$n$个整周期$\varphi_0$和不足整周期$\Delta\varphi$之和，它们分别由粗测和精测求得。粗测和精测数据由微处理机进行衔接处理，即得角度值。

粗测是为测量求出φ_0的个数n。在度盘同一径向的外、内缘上设有两个标记a和b，度盘旋转时从标记a通过L_S时起，计数器开始记录整个间隙φ_0的个数。当另一个标记b通过L_R时，计数器停止计数，此时计数器所得到的数值就是φ_0的个数n。

精测是为测量出$\Delta\varphi$，通过光栏L_S和L_R产生R和S两个信号，$\Delta\varphi$可由S和R的相位差求得。精测开始后，度盘开始旋转，当某一分划通过L_S时，开始精测计数，计取通过计数脉冲的个数，一个脉冲代表一定的角值（例如2″）；而另一个分划继而通过L_R时停止计数。由计数器中所计的数值即可求得$\Delta\varphi$。度盘一周有1024个间隙，每一个间隙计一次$\Delta\varphi$的数，当度盘旋转一周可测得1024个$\Delta\varphi$，然后取平均值，可求出最后$\Delta\varphi$值。测角精度取决于精测精度。

粗测、精测数据由微处理器进行处理后，得角度值并自动显示。

【思考与练习】

1. 什么叫水平角？水平角的观测原理是什么？在同一竖直面内，由一点至两目标的方向线间的水平角是多少？为什么？

2. 什么叫竖直角？竖直角的观测原理是什么？在同一竖直面内，由一点至两目标的方向线间的夹角，是否为竖直角？为什么？

3. 角度观测中，经纬仪对中和整平的目的是什么？

4. 简述测回法测水平角的操作程序。方向观测法与测回法有何不同？两种方法各用于何种场合？

5. 观测水平角时，如果经纬仪的水平度盘随着照准部转动，能否测出水平角？为什么？用测回法观测水平角时，如果水平度盘是逆时针方向递增注记的，如何计算水平角？

6. 简述电子经纬仪的特点，电子经纬仪有哪些光电测角方法？

◢ 模块4　距离测量及直线定向（Z05E1004Ⅱ）

【模块描述】本模块涵盖钢尺量距、视距测量、视差法测距、三角分析法测距、电磁波测距、直线定向。通过概念描述、原理讲解、流程介绍，掌握钢尺量距、视距测量视差法测距、三角分析法测距、电磁波测距、直线定向。

【模块内容】

距离测量是测量基本工作之一，测量上的所谓距离是指两点间的直线长度，水平距离指两点连线在水平面上的投影长度。根据不同的精度要求、不同地形情况，所采用的距离丈量方法也不尽相同。本章主要介绍钢尺量距、视距测量、视差法测距、三角分析法测距及电磁波测距等方法，同时还讨论直线定向方法。

一、钢尺量距

（一）直线定线

如果地面两点之间距离大于尺的长度或地面起伏较大，需要分段丈量时，在待测距离的两点直线上，设立一些标志标明两点间的直线位置，作为分段丈量的根据，这项工作称为直线定线，一般量距用目估定线，精密量距时要用经纬仪定线。

（1）直线两端点 A、B 间能通视的定线方法。先在 A、B 两点上立好标杆，由一测量员在 A 点标杆后约 1m 处，用单眼通过 A 点标杆的一侧瞄准 B 标杆同一侧形成视线，指挥另一测量员持标杆 C 向 AB 方向线上移动，直到与 A、B 标杆形成的视线重合为一线为止。此时即可在标杆 C 处做好标志。

（2）直线两端点 A、B 间不能直接标定出直线时的定线方法。如图 1–4–1（a）及（b）所示，可采用逐次趋近使相邻三根标杆在同一直线上的方法。如图 1–4–1（c）所示，先在 A、B 处立标杆，选一个能与 B 点通视的 C 点插标杆，再在 CB 方向上选 D 点插标杆，并要求 D 与 A 通视；将 C 点处的标杆移至 DA 方向上可与 B 通视的 E 点；再将 D 点处的标杆移至 EB 方向上的 F 点；依次类推，直至 M、N、B 三点与 N、M、A 三点分别处在一条直线上，则 A、M、N、B 四点在一直线上。

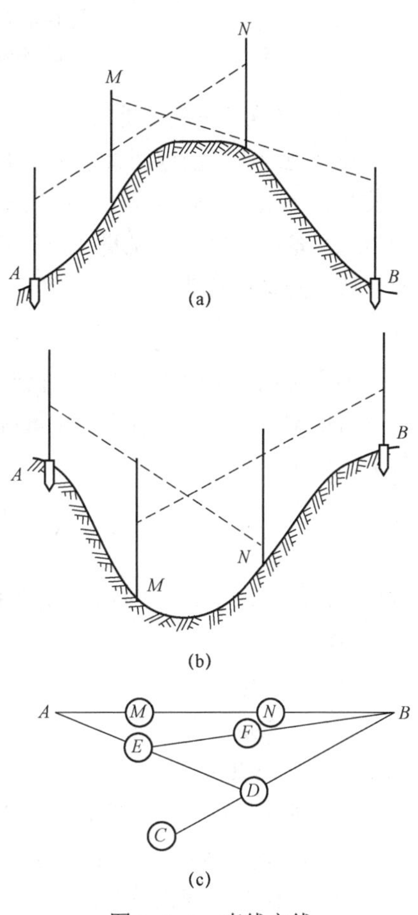

图 1–4–1　直线定线

（a）A、B 不通视；（b）中间地势太低；（c）逐次趋近法

（3）延长直线的定线方法。为了消除仪器误差，常用重转法。即是采用经纬仪正倒镜取平均的方法。如图 1–4–2（a）所示，欲将直线 AM 延长至 B 处，做法是：仪器置于 M 点，盘左时以 A 点为后视，纵转望远镜，在视线上定出 B_1，再以盘右后视 A 点，纵转望远镜，在视线上定出 B_2，若 B_1、B_2 两点重合，即是 B 的位置。若不重合，且 B_1B_2 之长在允许范围内，则取 B_1B_2 的中点 B，这时 AM 即正确延长到 B 点。在实际工作中，应尽可能地使后视边大于延长直线的长

度，以减少照准误差对延长边的影响。

延长直线定线时，若视线经常遇到障碍物，应根据实际情况组成适当的几何图形，越过障碍，如图 1–4–2（b）所示为一辅助等边三角形。也可组成矩形、正方形或组成其他可用几何关系解算边、角关系的图形。

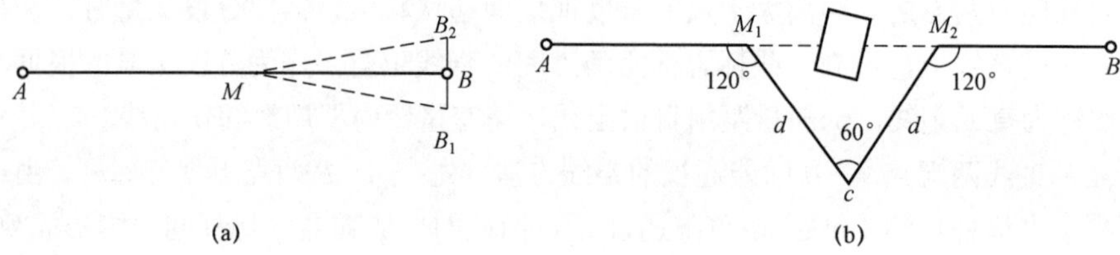

图 1–4–2 延长直线的定线方法

（a）重转法；（b）辅助等边三角形

（二）直线的一般丈量法

在平坦地段，沿地面直接丈量水平距离，可先在地面定出直线方向，也可边定线边丈量，丈量时，后司尺员持钢尺零端，前司尺员持钢尺末端，通常用测钎标志尺端位置，尽量用整尺段 l 丈量。一般仅末尺段用零尺段丈量，设其长度为 q，如共量 n 整尺段，则总长 D 为

$$D=nl+q \tag{1–4–1}$$

为了防止丈量中发生错误，同时也为了提高精度，通常采用往返丈量进行比较，若符合要求，取其平均值作为丈量最后结果。一般用相对误差形式表示成果精度，计算方法如下

$$K=\frac{|D_1-D_2|}{D_{\mathrm{eq}}}=\frac{\Delta D}{D_{\mathrm{eq}}}=\frac{1}{M} \tag{1–4–2}$$

式中 K——常化为分子为 1 的分数形式；

D_1——往丈量；

D_2——返丈量。

例如：丈量一直线段，D_1=135.235m，D_2=135.215m，则相对误差按上式计算结果为 1/6761≈1/6700。

平坦地区量距，其精度要求达到 1/2000 以上，在困难地区要求在 1/1000 以上，本例符合精度要求，取平均值作丈量得最终成果为 D=（135.235+135.215）/2=135.225m。

如果地面倾斜变化较大，丈量时可将尺子一端抬高或两端同时抬高使尺子水平。习惯做法是将尺子一端贴在地面对准测点，另一端抬高，目估水平，用垂球将抬高的一端投于地面并标定位置。倾斜地面的距离丈量如图 1–4–3 所示，则 AB 距离为

$l_1+l_2+l_3+\cdots\cdots$称为平量法。若地面均匀倾斜，可沿地面丈量斜距，再测出两点的高差或倾斜角，然后根据几何关系将倾斜距离换算成水平距离，称为斜量法。

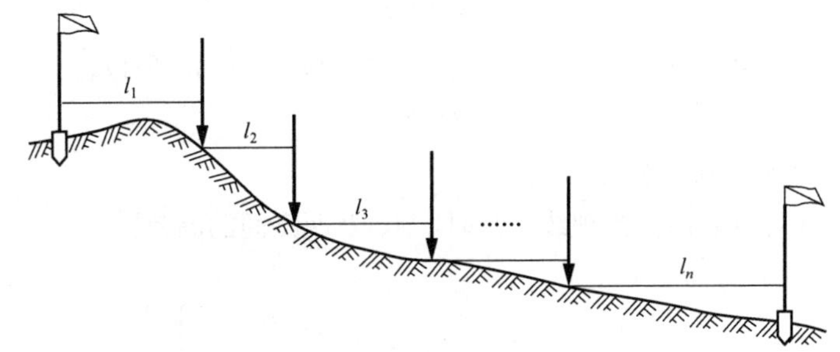

图 1–4–3　倾斜地面的距离丈量

二、视距测量

（一）视距测量的概念

视距测量是利用视距装置与视距尺，一次照准读数可同时测定地面上两点间的水平距离和高差的方法。水准仪和经纬仪望远镜上的十字丝分划板上除十字丝的竖丝和横丝外，还刻有上、下对称的两条短线，即为视距用的视距丝。视距测量中的视距尺可用水准尺，也可用特制的视距尺。

（二）视线水平时的水平距离和高差公式

1. 视线水平时的距离公式

视线水平时距离和高差的测量如图 1–4–4 所示，在 A 点安置仪器并使视线成水平，在 B 点铅直竖立视距尺，则视线与视距尺垂直。根据光学原理，经过上、下视距丝 m、n 并平行于物镜光轴的光线，经折射必通过物镜前焦点 F，而与视距尺相交于 M、N 点。因ΔMFN与ΔmFn相似，则有

$$d/l=f/p$$

$$d=lf/p \tag{1–4–3}$$

式中　d——物镜前焦点 F 到视距尺间的水平距离；

f——物镜焦距；

p——仪器上、下两视距丝的间距；

l——上、下两视距丝在视距尺上读数之差，称为尺间隔。

由图 1–4–4 可知，仪器中心到视距尺的水平距离 D 可由下式计算，即

$$D=d+f+s=lf/p+(f+s) \tag{1–4–4}$$

式中　s——仪器中心至物镜光心的长度；

f/p——常数，称为视距乘常数。通常用 K 表示，多数仪器在构造上使 K=100；

$f+s$ ——可按常数看待，称为视距加常数，通常用 C 表示。

则水平距离公式可写成

$$D=Kl+C \qquad (1\text{–}4\text{–}5)$$

目前生产的内对光望远镜，设计可使加常数 C 接近于 0，所以得

$$D=Kl \qquad (1\text{–}4\text{–}6)$$

2. 视距水平时的高差公式

由图 1–4–4 可以看出，当视线水平时，A、B 两点间的高差为

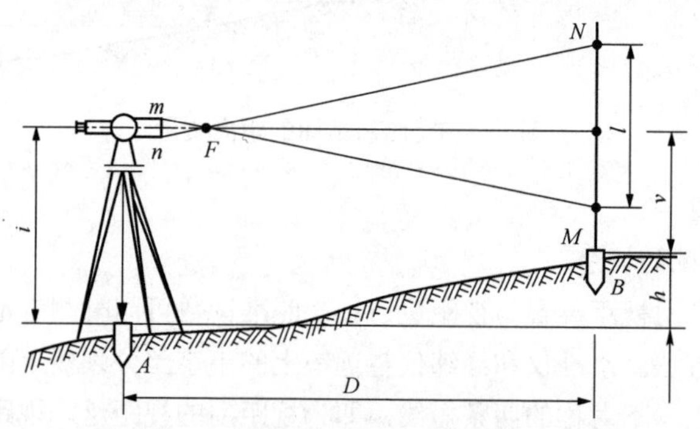

图 1–4–4 视线水平时距离和高差的测量

$$h=iv \qquad (1\text{–}4\text{–}7)$$

式中 i——仪器高，由横轴中心量至地面桩顶（高程已知点）的铅垂距离；

v——目标高，即中丝读数。

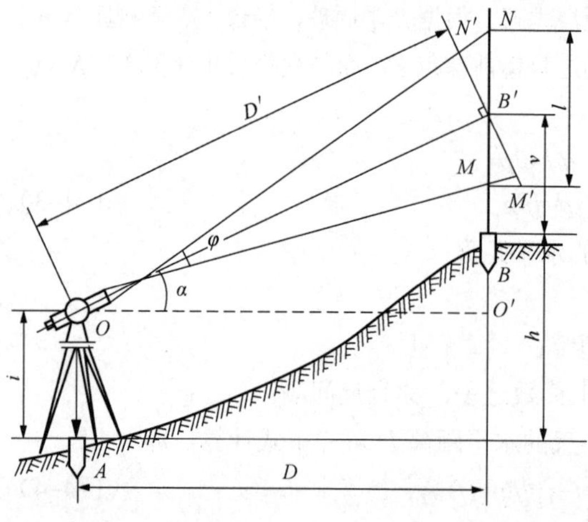

图 1–4–5 视线倾斜时距离和高差的测量

（三）视线倾斜时的水平距离和高差公式

1. 视线倾斜时的水平距离公式

视距测量时，如果地面坡度较大，则必须在视线倾斜的状态下施测，视线倾斜时距离和高差的测量如图 1–4–5 所示。视线与铅直竖立的视距尺不垂直，这时除应观测尺间隔 l 外尚应测定竖直角 α，用这两个观测数据来计算测站点到测点间的水平距离。推导视线倾斜时视距公式的步骤是，先将尺间隔 MN 换算成相当于视线和视距尺垂直时的尺间隔 $M'N'$，

然后计算斜距 D'，再利用斜距 D' 和竖直角 α 计算水平距离 D。

在图 1–4–5 中，通过视准轴与视距尺的交点 B' 作视准轴的垂线 $M'N'$，则 $\angle NB'N'$、$\angle MB'M'$ 与竖直角 α 相等。由于一般视距仪的上、下丝夹角 $\phi=34'20''$，则 $\angle NB'N'$ 和 $\angle MM'B'$ 都与 90° 相差 $\phi/2=17'10''$，若将它们近似视为直角，所引起的误差不超过 1/40 000，可略而不计。由此可得

$$MB'=MB'\cos\alpha;\ NB'=NB'\cos\alpha \tag{1–4–8}$$

则
$$MB'+NB'=(MB'+NB')\cos\alpha$$

式中　$MB'+NB'$——视距尺与视线垂直时的尺间隔，以 l' 表示；

$MB'+NB'$——视距丝在视距尺上实际读取的尺间隔，以 l 表示。

则上式可写为
$$l'=l\cos\alpha$$

应用式（1–4–6）可得

$$D'=Kl'=Kl\cos\alpha$$

由直角△$OO'B'$ 得

$$D=D'\cos\alpha=Kl\cos2\alpha \tag{1–4–9}$$

式（1–4–9）为视线倾斜时的水平距离公式。

2. 视线倾斜时的高差公式

由图 1–4–6 可以看出，当视线倾斜时，A、B 两点间的高差可由下式算出

$$h=D\tan\alpha+i-v \tag{1–4–10}$$

以式（1–4–9）代入上式

$$h=Kl\cos2\alpha\tan\alpha+i$$

$$v=\frac{1}{2}Kl\sin2\alpha+i-v \tag{1–4–11}$$

式中　$\frac{1}{2}Kl\sin2\alpha$——初算高差，通常以 h 表示，当竖直角 α 为仰角时，其值为正，俯角则为负。

（四）视距测量的实施

如图 1–4–5 所示，欲测 A、B 两点间的水平距离 D 和高差 h，其方法如下：

（1）在测站点 A 安置仪器，量取仪器高 i。

（2）盘左位置照准竖立在测点 B 的视距尺，分别读取中、上、下三丝读数并算出视距间隔 l。同时，整平竖盘指标水准管，如果仪器有竖盘自动归零装置，则应打开补偿器开关，读取竖盘读数，计算竖直角。

以上完成了半测回，如果为了提高精度并进行校核，应在盘右位置按上述方法再观测半测回，最后求得两半测回的尺间隔平均值 l 和竖直角的平均值 α，再计算水平距

离 D 和高差 h。

在视距测量观测时，根据测区中地形、通视等情况，可分别使中丝读数位置及观测形式选用以下三种方法之一：

1）在地势平坦、通视良好地区，可尽量使用水平视线（α=0）施测，其特点是计算公式简单，精度较好。

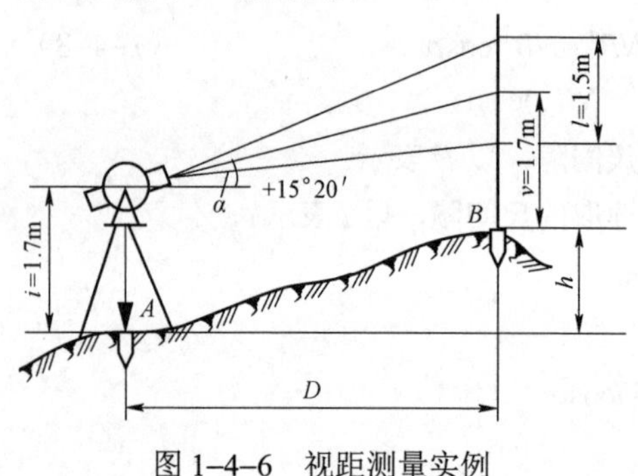

图 1–4–6 视距测量实例

2）如果地形起伏较大，不可能用水平视线施测，即可采用倾斜视线测算，但尽量使中丝读数 v 位于仪器高 i 处，即 $i=v$，则式（1–4–11）中 $i-v$ 项等于零，简化了计算。

3）如测区地形起伏较大，障碍又多，中丝读数不可能读到仪器高 i，为了简化计算可使中丝读数为仪器高加一个整米数，则式（1–4–11）中 $i-v$ 项将等于一整米数。

（五）视距测量的操作举例

（1）如图 1–4–6 所示，测 A、B 两点的水平距离和高差。

1）在 A 点安置仪器、整平、对中，量出仪器高 i。

2）在 B 点上立视距尺，尺应垂直。

3）观测人员使望远镜瞄准视距尺，并使十字横线所对尺上读数 v 等于仪器高 i。

4）使竖盘游标水准管气泡居中，测出竖直角 α（用正、倒镜各测一次取其平均值）。

5）读出上下视距线所切尺上的读数，其差即为视距 l。

以上所测数据要随时做好记录，以备计算。

设 $i=v=1.7\text{m}$，$\alpha=15°20$，$l=1.5\text{m}$。

水平距离

$$\begin{aligned} D &= Kl\cos^2\alpha \\ &= 100\times1.5\cos^2 15°20' \\ &= 139.511\text{（m）} \end{aligned} \tag{1–4–12}$$

高差

$$\begin{aligned} h &= \frac{1}{2}Kl\sin2\alpha + i - v \\ &= \frac{1}{2}100\times1.5\sin(2\times15°20') + 1.5 - 1.5 = 38.253\text{（m）} \end{aligned} \tag{1–4–13}$$

（2）测高低不同两点间的水平距离和高差时，理论上应使中线对准尺上的读数等于仪器高，读上下视距线尺上的读数而算出视距。但是在观测时，有时视距尺与仪器等高处的刻划线被障碍物遮蔽，不能读出十字中线尺上的读数。这时，可以使望远镜升高，视线越过障碍物，使十字中线和视距线对准尺上任一能读到的刻划线数字，测出竖直角，以计算其高度和水平距离，从计算高度中减去仪器高与十字中线读数之差，即得两点间的实际高差。计算水平距离时，也按上述竖直角及视距来计算，对水平距离并无影响。

三、视差法测距

视差法测距是用经纬仪和横基尺测量水平角，并通过计算求得水平距离的一种方法。一般用于控制测量中的距离测量，在量距困难地区，特别是山区可以用来代替钢尺量距。

（一）横基尺视差法测量原理

如图 1–4–7（a）所示，为求 A、B 两点间水平距离，可在 B 点安置一已知长度为 b 并垂直于 AB 的横基尺，在 A 点用经纬仪观测夹角 γ，称为视差角，则 A、B 两点的水平距离为

$$D=\frac{b}{2}\cot\frac{\gamma}{2} \tag{1–4–14}$$

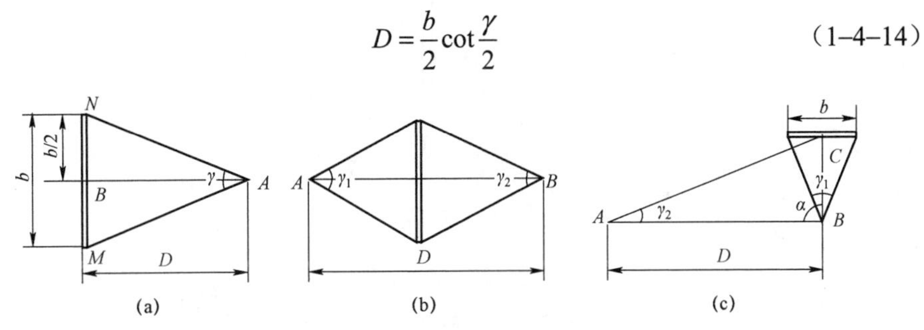

图 1–4–7　视差法测距

（a）等腰三角形；（b）菱形环节；（c）辅助基线环节

如两点间距离较长，为保证精度可沿测线连续布置菱形环节，逐个观测，分别计算求得距离总和，如图 1–4–7（b）为一菱形环节，横基尺在 A、B 之间，则其水平距离为

$$D=\frac{b}{2}\left(\cot\frac{\gamma_1}{2}+\cot\frac{\gamma_2}{2}\right) \tag{1–4–15}$$

如果两点间距离很长且两点之间不便安置仪器时，则采用增长基线方法，即在线段一端布置辅助基线环节，如图 1–4–7（c）所示，分别观测 γ_1、α 和 γ_2，则 A、B 之间的水平距离为

$$D=\left(\frac{b}{2}\cot\frac{\gamma_1}{2}\right)\frac{\sin(\alpha+\gamma_2)}{\sin\gamma_2} \tag{1–4–16}$$

（二）横基尺及其使用方法与视差角的观测

视差法测距通常使用1、2m或3m长的横基尺，图1–4–8所示为2m横基尺，二端和中间均有观测标志，中部有水准器和瞄准设备，横基尺的结构如图1–4–9所示。瞄准设备包括瞄准器和方向准直管。

观测视差角前，先将横基尺安置在测线的端点三脚架上，对中整平，以准直器瞄准经纬仪，使横基尺垂直于测线。准直器内可看到一明亮三角形，当用其尖端照准测站经纬仪时，如图1–4–9中的4，横基尺就与测线垂直了。方向准直管用于检查横基尺垂直于测线的程度，当经纬仪望远镜中看到准直管内的明亮线条呈双凹截面状，如图1–4–9 3中的a时，则表示横基尺严格垂直于测线。

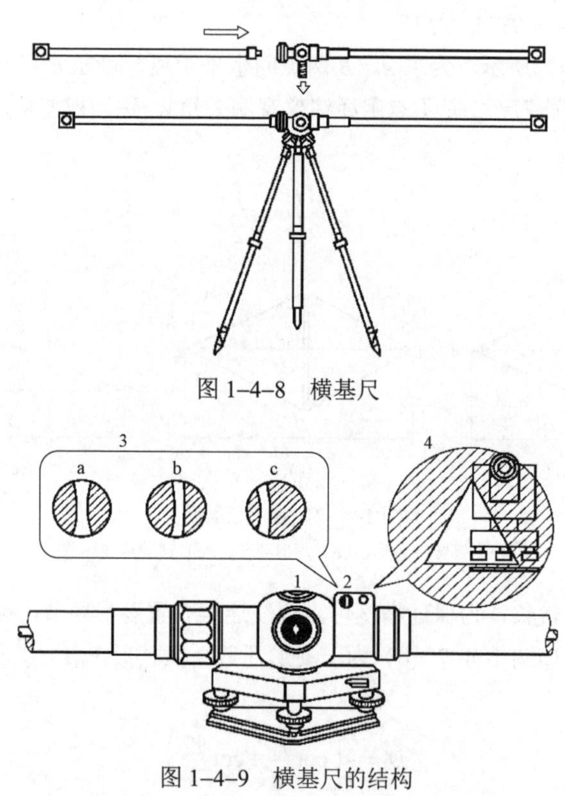

图1–4–8　横基尺

图1–4–9　横基尺的结构

1—水准器；2—方向准直管；3—镜像；4—瞄准器

（三）视差角观测方法

视差角观测的精度要求很高，通常用J2级经纬仪观测，因视差角的两个目标为横基尺的左、右标志，位于相同高度，可消除经纬仪视准轴误差和横轴不水平误差在视差角值上的影响。在观测程序上不必用盘左、盘右，仅用一个盘位即可。其观测方法有多种，下面介绍其中一种，称为全圆半测回法，程序如下：

（1）首先测小角，即视差角：照准左标志并读数；顺时针转动照准部照准右标志并读数，即完成上半测回。

（2）再测大角，即 360° 减视差角：完成上半测回后，略变动度盘，一般以测微轮使读数增加 2′，再用度盘变位螺旋使度盘上下分划对齐，重新照准右标志并读数；顺时针转动照准部照准左标志读数，则完成了下半测回。以上两个半测回为一对，至此完成了一对半测回的观测。

同法进行第 3、第 4 个半测回，组成另外一对，一般需要测两对，每半测回测微器读数增加 2′。测回允许较差为 3″（或 4″）。

四、三角分析法测距

在测距时，如果遇到要测的两点间的距离较远，而中间又有河流、高山或其他障碍物，用直接丈量法和视距法测量有困难时，可以采取三角分析法测距。

三角分析法测距如图 1–4–10 所示，若要测 F、G 两点间的水平距离 A，其测法如下。

（一）基线测量

首先选出 F、E 间的一条基线 B。这条基线很重要，因为要根据它来推算要测的距离，所以这条基线要选在地势较平坦，适合量距的地方，要用钢卷尺精确地丈量出它的长度。

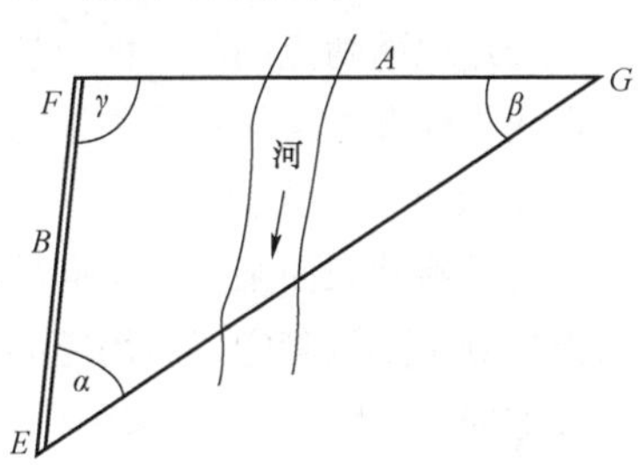

图 1–4–10　三角分析法测距

（二）水平角测量

测出α、β、γ这三个水平角，这三个内角之和应等于 180°。但实际上由于测角有误差，必定要出现角闭合差φ，$\varphi=\alpha+\beta+\gamma=180°$，当闭合差在允许范围以内时，则反其符号按 1/3 平均分配到三个角的角度值上。也就是说，如闭合差为正，则从各角度值中减去闭合差的 1/3；如为负时，则从各角度值中加上闭合差的 1/3。

（三）距离计算

根据上面已经测得三个角的角度值和基线长可以算出其余的两个边长。

在平面三角学任意三角形的边角关系中，正弦定理为

$$\frac{A}{\sin\alpha}=\frac{B}{\sin\beta}=\frac{C}{\sin\gamma} \tag{1–4–17}$$

那么，已知基线 B 和$\angle\alpha$、$\angle\beta$，则 $A/\sin\alpha=B/\sin\beta$

$$A=B\frac{\sin\alpha}{\sin\beta} \tag{1–4–18}$$

在输电线路采用本法测距时，有下列要求：

（1）基线尽可能与所求边垂直，基线长度最好不小于所求边的 1/6。如地形复杂测量困难，最小也不应小于 1/9。

（2）基线长度应用钢卷尺拉成水平往返丈量，其相对误差不应大于 1/2000。

（3）对三角形各角应用水平度盘最小读数为 1 的经纬仪。以测回法施测一测回，半测回之差不大于±1.5，三角形闭合差不大于±2。

例：如图 1–4–10 所示，设已测得基线 B=50m，3 个水平角测完平差后，$\angle\alpha=58°26'$，$\angle\beta=30°43'$，$\angle\gamma=90°51'$，求 F、G 间之水平距离 A。将上列数据代入式（1–4–18），则

$$A = B\frac{\sin\alpha}{\sin\beta} = 50\times\frac{\sin 58°26'}{\sin 30°43'} = 83.403\ \text{（m）}$$

五、直线定向

（一）直线定向概念

确定地面两点间的平面位置关系，必须知道两点的水平距离及其连线的方向，确定直线与标准方向的角度关系称为直线定向。测量中常用的标准方向有三种。

1. 真子午线方向

通过地球表面某点并指向地球南北极的方向，称为该点的真子午线方向。它可以用天文测量方法测定，或用陀螺经纬仪测定。指向北极星的方向可以近似地作为真子午线方向。一般工程常利用国家已测设的三角点成果推测出本工程各直线段的真子午线。

2. 磁子午线方向

磁子午线是用罗盘仪测定的，是磁针在地球磁场的作用下，磁针自由静止时其轴线所指的方向。磁子午线方向可用罗盘仪测定。地球磁南北极与地球南北极并不一致，磁北极在加拿大北部布提亚半岛，其位置约为西经 101°，北纬 75°；磁南极在南极大陆，其位置约在东经 114°，南纬 68°。因此，磁子午线与真子午线不一致，其夹角称为磁偏角，如图 1–4–11 所示。磁偏角大小与测站所在位置有关，偏于真子午线以东为东偏，偏于真子午线以西为西偏。地球上不同地点的磁偏角也不同，中国磁偏角变化大约在 6°～10° 之间，北京地区的磁偏角为西偏约 5°。由于两极对不同地点磁针两端吸引力不同，因而磁针静止时不水平，为此要在磁针的一端配以重物来调节。在北半球，重物应配在南端。

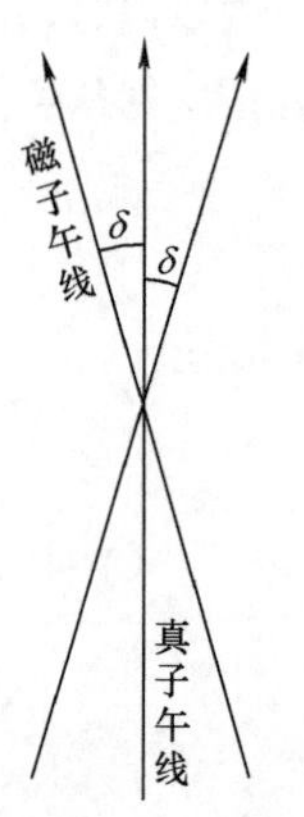

图 1–4–11 子午线方向

3. 坐标纵轴（X轴）方向

在测量工作中，通常采用平面直角坐标确定地面点的位置，因此，取坐标纵轴（X轴）作为直线定向的标准方向。

（二）直线方向的表示方法

1. 方位角

测量学中直线定向常采用方位角表示。由标准方向北端起，顺时针方向量测到某直线的水平角，称为此直线的方位角，其角值的变化范围是 0°～360°，如图 1–4–12 所示。如果标准方向 ON 采用真子午线方向，则称为真方位角，用 A 表示。标准方向 ON 如采用磁子午线方向，则称为磁方位角，用 A_m 表示。标准方向 ON 如采用坐标纵轴方向，则称为坐标方位角或称方向角，用 α 表示。

每一条直线都有两个端点，如图 1–4–12 所示，在起点 O 处所确定的直线 $O \to A$ 的方位角为 45° 32′12″，写作 α_{OA}。在终点 A 处所确定的直线 $A \to O$ 的方位角为 225° 32′12″，写作 α_{AO}。若确定直线 $O \to A$ 的方位角为正方位角，则直线 $A \to O$ 的方位角为反方位角，它们之间相差 180°，对于正、反坐标方位角，其关系式为

$$\alpha_{OA} = \alpha_{AO} \pm 180^\circ \qquad (1\text{–}4\text{–}19)$$

2. 象限角

象限角是从标准方向的北端或南端开始，依顺时针或逆时针方向量至直线的锐角，并注出象限名称，称为象限角。其角值的变化范围为 0°～90°，常用 R 表示，并注明直线所在象限，如图 1–4–13 所示，ROA=北东 60° 36′（或 N60° 36E），ROB=南东 43° 23′（或 S43° 23E）。

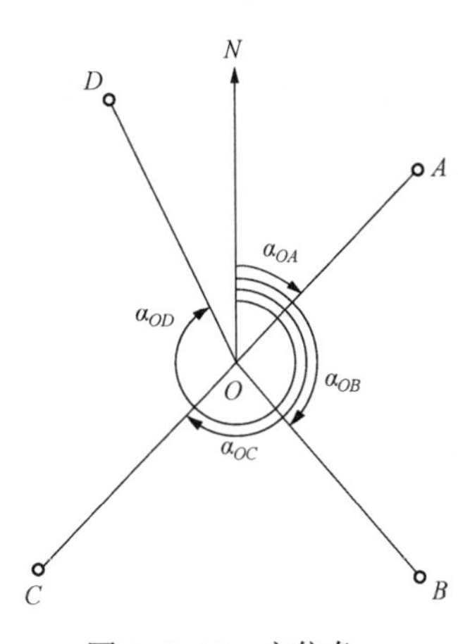

图 1–4–12　方位角

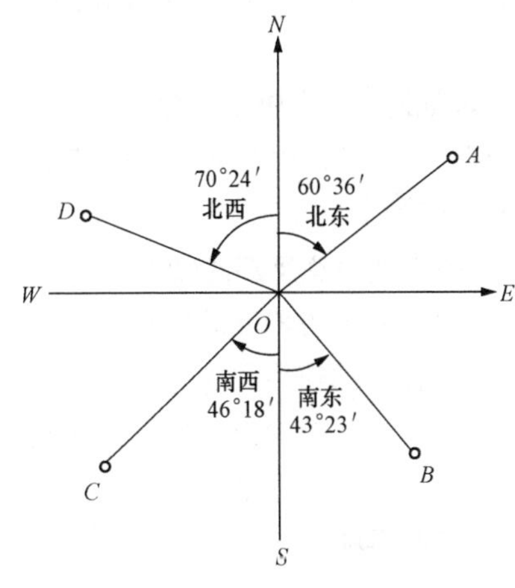

图 1–4–13　象限角

坐标方位角和象限角是表示直线方向的两种不同的方法，两者之间既有区别又有联系，其换算关系见表1-4-1。

表1-4-1 坐标方位角与象限角换算表

直线方向	由 α 推算 R	由 R 推算 α
北东（NE）第Ⅰ象限	$R=\alpha$	$\alpha=R$
南东（SE）第Ⅱ象限	$R=180°-\alpha$	$\alpha=180°-R$
南西（SW）第Ⅲ象限	$R=\alpha-180°$	$\alpha=180°+R$
北东（NW）第Ⅳ象限	$R=360°-\alpha$	$\alpha=360°-R$

【思考与练习】

1. 在距离测量时，为什么要定线？目估定线和经纬仪定线各适用于什么情况？

2. 解释下列名词：真子午线；磁子午线方向；方位角；象限角；坐标方位角。

3. 简述横基尺视差法的测量方法、使用情况和观测方法。如在 B 点安置长度为2m的横基尺，在 A 点安置经纬仪，使横基尺垂直 AB，测得视差角 $2°15'54''$，问 AB 间的水平距离为多少？

4. 什么叫直线定向？直线定向有哪几种标准方向？

5. 已知 A 点磁偏角为 $16'$，AB 直线的磁方位角 $145°30'$，求AB直线的真方位角，并绘图表示。

◢ 模块5 绝缘测量绳的应用（Z05E1005Ⅰ）

【模块描述】本模块涉及绝缘测量绳的使用方法、过程。通过概念描述、要点讲解、操作流程介绍，熟悉绝缘测量绳的使用方法，掌握绝缘测量绳的操作步骤。

【模块内容】

一、输电线路交叉跨越物的测量

（1）测试绳及工器具的选择。

（2）工器具的使用和检查。

（3）测量工作的操作步骤、技术规范及注意事项。

（4）详细记录测量数据。

二、说明事项

（1）1人测量。

（2）气象条件正常，天气干燥，且测量抛绳区域内无水。

（3）戴安全帽，穿工作服。

三、工具、材料、设备、场地

（1）50m 带标记绝缘测试绳 1 条。

（2）温度计 1 支、重锤、数据记录表、记录笔。

（3）利用现有停电线路或利用培训线路操作。

四、工器具选择

（1）测试绳：在实验周期内实验合格的绝缘测试绳。

（2）重锤：大小合适，方便工作。

（3）温度计：显示温度准确。

（4）数据记录表：提前准备，科目齐全。

五、操作步骤

（1）检查测具：重锤拧紧，测试绳刻度标示清晰。

（2）测量温度准备：将温度计放置在距交叉跨越点近处测量环境温度。

（3）准备测试绳：目测交叉跨越物上方导线距地面距离，放出多于目测距离长度的测试绳以备使用。

（4）测量Ⅰ：站在交叉跨越点水平 3m（视实际情况而定）处，右手握在距测试绳重锤 30cm 处，左手将余绳拿好。

（5）测量Ⅱ：右手抡动重锤，使其按照圆的轨迹运动，眼睛注视导线，当重锤沿着圆形轨迹向上运动时松手，利用惯性将重锤向导线上方抛出。

（6）测量Ⅲ：测试绳跃过导线后搭在被测导线上，这时继续放线到左手能握住重锤处停止。

（7）测量Ⅳ：双手捋着测试绳到交叉跨越点处，左手放开重锤，右手调节测试绳至最佳观测处，记下交叉距离读数。

（8）测量Ⅴ：记下读数后，站在距导线 3m 处，用手握住测试绳缓慢往回拽，当重锤碰到导线后，稍微用力下拽，重锤即可掉下。

（9）测量Ⅵ：盘好测试绳。

（10）记录数据：观看温度计，将交叉距离读数和环境温度记入数据记录表中。

（11）收好测量用工器具：测量工作结束。

六、数据记录表

（1）电压等级（kV）。

（2）线路名称。

（3）杆号。

（4）距离杆塔__号（大号或小号侧）水平距离___（m）。

（5）交叉跨越物名称。

（6）环境温度（℃）。

（7）测量人。

（8）交叉垂直距离___（m）。

七、安全及其他要求

（1）严格执行安全工作规程。

（2）动作熟练流畅，无野蛮作业。

绝缘测量绳常温、干燥保管即可，但按带电作业绝缘绳试验，通常这种方法用于110kV 输电线路交跨测量。

【思考与练习】

1. 使用绝缘测量绳，测量前的准备工作有哪些？
2. 使用绝缘测量绳进行输电线路交叉跨越物的测量，叙述操作步骤。
3. 绝缘测量绳的保管要求及使用范围是什么？

◢ 模块 6　测距仪的应用（Z05E1006Ⅱ）

【模块描述】本模块介绍电磁波测距仪的分类、组成、主要性能、结构与使用。通过概念描述、要点讲解、操作流程及步骤讲解，了解测距仪的构成，熟悉测距仪的结构，掌握测距仪测距的方法。

【模块内容】

电磁波测距按载波不同，一般有可分为光电测距和微波测距。测距信号采用可见光或红外光作为载波的称为光电测距，此类仪器称为光电测距仪；采用微波段的无线电波作为载波的称为微波测距仪，在工程上应用最为广泛的是以激光或红外光为载波的测距仪。

激光测距仪是利用激光对目标的距离进行准确测定的仪器。激光测距仪在工作时向目标射出一束很细的激光，由光电元件接收目标反射的激光束，计时器测定激光束从发射到接收的时间，计算出从观测者到目标的距离；激光测距仪是目前使用最为广泛的测距仪，激光测距仪又可以分为手持式激光测距仪（测量距离 0～300m）、望远镜激光测距仪（测量距离 500～3000m），价格较贵。

红外测距仪是利用调制的红外光进行精密测距的仪器，测程一般为 1～5km。利用的是红外线传播时的不扩散原理 ：因为红外线在穿越其他物质时折射率很小，所以长距离的测距仪都会考虑红外线，而红外线的传播是需要时间的，当红外线从测距仪发出碰到反射物被反射回来被测距仪接受到，再根据红外线从发出到被接受到的时间及红外线的传播速度就可以算出距离，红外测距仪与激光测距仪相比，优点是便宜、易制、安全，缺点是精度低，距离近，方向性差，仪器笨重。

国内外生产的红外测距仪型号各异，按其组成部分来说主要包括：测距仪主机、反光镜、电源及充电机等。测距仪主机主要由其内装有发射光学系统和接收光学系统的照准头和内有电子线路测相器等的控制器组成；反射镜是用作使照准头发射的光线折返，以及作为水平角和竖直角观测时的照准目标。

测距仪按结构形式可分为组合式、整体式和分离式。组合式即测距仪和经纬仪不是一个整体，当作业时将各部件组合起来安装成一整体使用；整体式即发射、接收和控制显示系统，甚至与测角系统联合制成一个整体；分离式即是照准头和控制显示部分互相分离，作业时照准头安置在经纬仪或基座上，而控制显示部分安置在附近，两者有电缆连接。

测距仪按测程，可分为测程小于 3km 的短程光电测距仪，测程在 3～15km 的中程光电测距仪和测程在 15km 以上的长程光电测距仪。

各种测距仪由于其结构不同，操作方法也各有不同，使用时应严格按照仪器出产厂家提供的使用说明书进行操作，以下仅介绍 DCH–3 型红外测距仪的构造与使用方法。

一、DCH–3 红外测距仪的主要性能

DCH–3 红外测距仪是组合式，作业时将测距仪主机安装在 J2 经纬仪上。它采用砷化镓（GaAs）发光二极管为光源，仪器内设有两个测尺频率，精测调制频率和粗测调制频率为 149 855Hz，距离读数分辨率为 1mm，测距仪自身质量为 2.5kg。仪器的主要性能如下：

（1）测程。测程是指仪器满足设计所能测量的最远距离，它与大气通视情况和所用棱镜个数有关系，DCH–3 红外测距仪在标准大气能见度条件下，一块棱镜测程为 2000m，三块棱镜测程为 3000m。

（2）精度。测距仪的精度是指一次测量中误差。DCH–3 红外测距仪一次测距中误差为±（$5mm+5\times10^{-6}D$），跟踪测距中误差为±（$10\sim20mm+5\times10^{-6}D$），$D$ 为所测的距离。

（3）功能。仪器能进行气象及各种仪器常数改正；距离变化时，仪器可以自动调整光强；光线受行人、车辆等运动物体的阻碍时，仪器会自动停止测量，而当挡光物体离开后仪器又能自动继续测量；当由键盘输入天顶距、方位角后，可显示出水平距离、高差和纵横坐标增量；可进行跟踪测量；能进行距离单位转换和角度单位转换。

二、DCH–3 红外测距仪的构造

DCH–3 红外测距仪构造主要包括安装在经纬仪上的测距主机（见图 1–6–1）、反

光镜、电源和充电设备，望远镜和测距仪一起转动进行距离、天顶距、水平角测量。DCH–3 红外测距仪构造如图 1–6–1 所示。

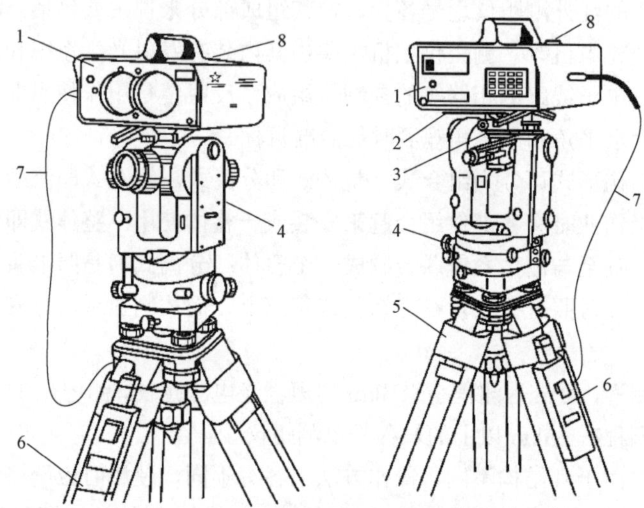

图 1–6–1 DCH–3 红外测距仪构造

1—测距仪主机；2—夹紧装置；3—连接器；4—光学经纬仪；5—三脚架；6—电池盒；7—电源电缆线；8—橡皮盖

三、仪器的操作与使用

（1）仪器的安装。在测站上安置经纬仪，对中、整平后，将经纬仪放置在盘左位置上，再把测距仪通过锁紧机构安装在经纬仪的照准部上，如图 1–6–2 所示。同时打开气压表，并将温度计放在离开地面的通风处，避免阳光直晒，做好读数准备。

按常规方法在待测距离的另一端立起三脚架，并装上三角基座，用光学对点器仔细整平、对中，再根据测程大小和大气透明情况，确定棱镜数目，将其安装在可倾斜靶上，随后将可倾斜靶插入三角基座孔中，利用靶心的瞄准器瞄准测程另一端测站上的经纬仪望远镜，然后固定好，即安装完毕。

若进行跟踪测量、地形测量或精度要求不很高的其他测量作业时，可使用可倾斜反射器，如图 1–6–3 所示。使用方法是：将测杆水准器套在测杆上，放置位置以使用者目视水准器方便为准，然后将可倾斜反射器也套在测杆上，使棱镜面朝测站方向，旋转带有角度刻度的棱镜盒，使之大致对准测站经纬仪，手扶测量标杆使水准器水准气泡居中，使测量标杆处于铅垂状态。

（2）测距仪照准与检查。检查经纬仪对中、整平情况后，用经纬仪照准可倾斜的黄色靶心，接通电源后，触按操作面板上的 ON 键，仪器进行自检，自检合格后显示

“88888888”，若不合格显示“LLLLLLLL”。触按 SIG 键，有回光信号时，显示屏上出现横道线，同时听到蜂鸣器音响信号。

图 1–6–2　测距仪反光镜

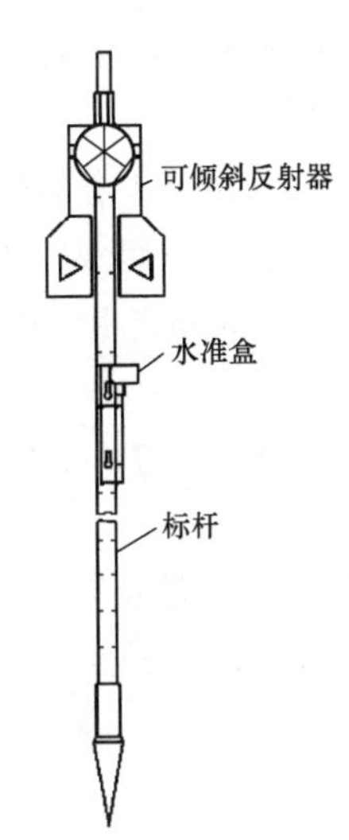

图 1–6–3　可倾斜反射器

检查是否正确照准的方法是：分别微调经纬仪的垂直和水平微调螺旋，同时通过望远镜观察上下、左右偏离中心到蜂鸣音响消失瞬间的偏离范围是否与照准中心对称。从水平度盘和竖直度盘读数左右、上下各自偏离的读数差在 01′之内为佳。或观察显示屏上横道线消失的瞬间来代替蜂鸣器的音响判断，以检验偏离范围是否与照准中心对称。准确照准使三光轴平行是减少光束相位不均匀性对测量距离精度影响的重要措施。

（3）距离测量步骤。

1）按状态键 STA 选择测量方式。共有五种状态，如单次测量、可倾斜反射器单次测量、平均值测量、可倾斜反射器平均值测量、跟踪测量等。

2）按数字键，设置参数。根据已获得的测量参数值如天顶距、水平角、温度、气压值、平均次数等一一置入，若置数不符合范围，如水平角超出 360° 或置数不符合逻辑（如 65′、75****等），将显示并闪烁，表示错误，然后迅速自动恢复初始状态，此时可重新置入正确参数。

3）按 MEAS 键启动测量显示测量结果。在测量过程中不出现符号▨，蜂鸣器也不响。在单次测量和平均值测量的首次测量过程中，显示板上有逐渐增多的横道线，表示测量正在进行；当横道增到 7 个时测量结束，自动清除横道，显示测量结果。

4）选择读数。根据测得的斜距和置入的参数，自动显示结果，继续按功能键 FUC 分别取出并显示有关结果。显示的标志不同，代表的内容不同，如：◢显示为斜距；

●为高差；⊿为水平距离；X 为 x 轴方向的坐标增量Δx；Y 为 y 轴方向的坐标增量Δy。如果数值为负，则在显示结果的同时显示出"—"号。

在新的一次测量前上述结果一直保存，可以随时取出检查。

【思考与练习】

1. 测距仪分类有哪些？各有何特点？
2. 测距仪由哪些部分组成？各自有何作用？
3. 简述 DCH–3 红外测距仪距离测量步骤。

◢ 模块7 测高仪的应用（Z05E1007Ⅱ）

【模块描述】本模块涉及超声波测高仪的结构、功能和测高仪的使用。通过概念描述、要点讲解、操作流程介绍，了解超声波测高仪的结构，熟悉测高仪的基本使用方法。

【模块内容】

超声波测高仪是根据超声波遇到障碍物反射回来的特性进行测量的。超声波发射器向某一方向发射超声波，在发射同时开始计时，超声波在空气中传播，途中碰到障碍物就立即返回来，超声波接收器收到反射波就立即中断停止计时。通过不断检测产生波发射后遇到障碍物所反射的回波，从而测出发射超声波和接收到回波的时间差 T，然后求出距离 L。

测量时，超声波测高仪垂直对准被测量的导线，波束到达导线后反射，仪器接收反射波后就能自动计算出波束行程的距离。使用该仪器时不需要接触电力（通信）架空线、手工操作，瞬时完成，大屏幕液晶数字可以显示输电线与地面最低 1～6 根线的依次对地距离，可以测量导线对地安全距离和线间交叉跨越的测量。

超声波测高仪，由于超声波受周围环境影响较大，所以一般测量距离比较短，测量精度比较低，但价格比较低，一般用于输电线路测量高度、交叉跨越，特别是水田地段线路测量交叉，比其他测量方法简单、安全。

超声波测高仪具有以下特点：可测量 6 根离地最高（低）导线的对地距离，自动换算线间（交叉跨越）垂直距离；仪器具备自检功能可很容易让用户检查仪器的精度，对着墙面就可校正仪器；进一步改进了对杂散讯号的抑制，使得性能更稳定、测量更方便，按一次键就完成全部操作。以下以爱尔兰 RIC2000E 测高仪作使用介绍，RIC2000E 测高仪结构图如图 1–7–1 所示。

快速测量：同时测量 6 根线缆高度至 30m（通过面板上的选择开关，可从下往上测量，或从上往下测量）。

测量：线缆、电力架空线路的高度；电缆（电线）垂度；和顶部余隙自动换算线缆间（交叉跨越）垂直距离。可测量室内对墙体的距离，对电杆、变压器和其他目标的距离可达25m。

安全保障：超声波测量原理。无需接触到被测量的导体。

非常精确：采用大型测量头，测量精度0.5%。比市场现有超声波测高仪精度高，测量高度可达30m。进一步改进了对杂散讯号的抑制，使得性能更稳定。

简单易用：保留简单实用的3键设计，最新设计的折弯型测量头，容易对准线缆位置并同时观看测量结果。

校验方便：仪器具备自检功能，可很容易让用户检查仪器的精度，对着墙面就可校正仪器。免维护无需调整，保证可靠。

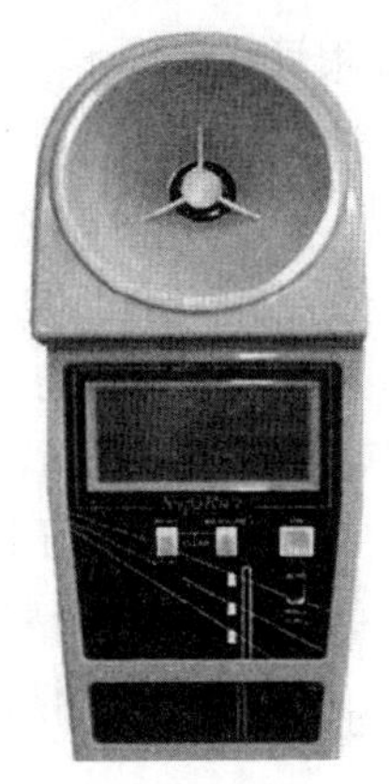

图1–7–1　RIC2000E测高仪结构图

电脑软件：Datalog功能（选项）可把现场测量结果存储在内存里，并可下载到电脑中，让用户分析一年四季线缆高度随时间、温度的变化，寻找规律。

一、RIC2000E测高仪功能键说明

R阅读键：依次读取所测6根导线的读数。M测量键：按一下即完成全部测量功能。Auto/Off电源开关：按一下打开电源，不按任何键3min后，电源自动关闭。R和M键：同时按这两个键，消除所有数据。TOP/BTM开关：在TOP位置，测离地最高第6至第1根导线。在BTM位置，测离地最低第1至第6根导线。Mea/Cal开关：在Mea位置，仪器测架空导线。在Cal位置，测室内距离或其他大物体的距离，也可以测标准物体的距离，作为检验仪器精度的依据。

二、RIC2000E测高仪操作步骤

（1）打开ON键。

（2）站在导线下方与导线平行的位置。

（3）等显示屏温度值与大气温度一致。

（4）如果测导线高度，把Mea/Cal开关定到Mea位置，如果测离地最低第1至第6根导线，把TOP/BTM开关定到下挡，如果测离地最高第6至第1根导线，把该开关定到上挡。

（5）两手水平握稳测高仪（也可置于水平地面），按下M键，约2～3s后松开。

（6）按R即显示测量值。如TOP/BTM开关在下挡，显示屏按顺序显示离地最近的导线与仪器底部的距离，第1根线与第2根线的距离，第3根线与第2根线的距离……如所测的导线数量不够6根，显示值为“——”。如TOP/BTM开关在上挡，显示屏按顺序显示离地最高的导线与仪器底部的距离，第6根导线与第5根导线的距离，第

5 根导线与第 4 根导线的距离（注：该值前面有“–”符号，表示负值）……其余依次类推。

（7）同时按 R 和 M 键，清除所有数据。

三、电池低电压报警和更换电池

电池电压低于 6V，仪器会自动报警，并在显示屏中间上方有显示。用户应及时更换电池，否则测量值不准，电池漏液会严重损坏仪器。

【思考与练习】

1. 超声波测高仪的原理是什么？

2. 超声波测高仪有哪些特点？

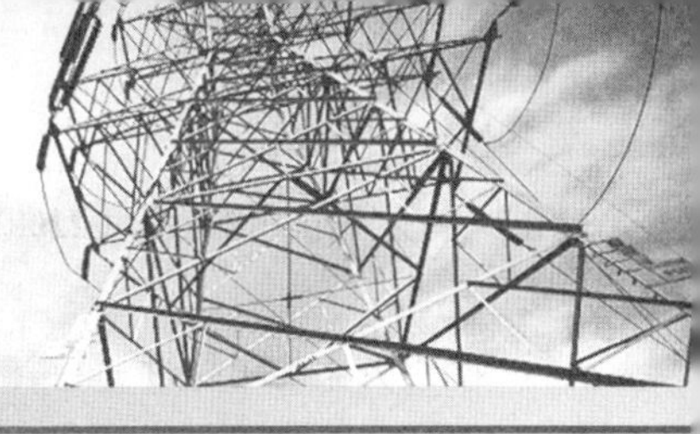

第二章

输电线路的专业测量

模块 1　输电线路设计测量简介（Z05E1008Ⅰ）

【模块描述】本模块包含线路路径方案的选择、定线量距、交叉跨越测量、视距断面测量、杆塔定位。通过操作过程介绍、案例讲解，了解线路路径方案的选择程序和要求，掌握线路定线量距、交叉跨越测量、视距断面测量、杆塔定位的方法。

【模块内容】

输电线路（以下简称线路）勘测设计是一种综合性的技术工作，包括测量、水文、地质、电气、土建等专业。在线路测量时，各专业人员要配合进行，测量是其中的一个主要部分。

一、线路路径方案的选择

线路路径的选择是线路勘测设计工作的一个重要环节。需要全面考虑线路路径与国家、部门和其他建设项目相互地理位置之间的合理关系，同时还要研究比较线路所经地带的地形、水文、地质条件，在满足上述条件的情况下，选择距离最短和转角最少、施工方便、运行安全，便于维护的路径。其工作程序如下。

（一）室内选线

（1）根据线路规划建设的起始和终端地址，利用国家编绘的地区地形图或航摄像片，选择线路的走向。在选线的过程中，首先要考虑路径经过地带已有地上的和地下的建筑设施及各项工程的建设情况。如军事设施、城市规划、重要工矿区域、农林建设，以及地形、地质、水文、交通运输，原有的输配电线路和重要的通信设施等情况。

（2）选择的路径要求最短、转角和跨越较少、运行安全、线路施工及维护方便的几个初步方案。

（3）经过经济、技术及安全等方面的综合比较，最后确定一两个诸方面都比较优越的路径方案，并在地形图上标定出线路路径的走向和起止点及转角位置。

（二）实地勘察

（1）实地勘察是把地形图上最终选定的初步方案落实到现场，逐条逐项地察看并确定方案的可行性。

（2）在实地勘察中，用罗盘仪或经纬仪定出线路的起点、各个转角和终点的位置，并在线路路径上钉桩作为标记，留作复勘线路时的测量目标。

（3）对于大跨越点或其他重要位置点还要绘制平面图。对施工运输道路、线路所经的跨越物及线路运行后影响的主要通信线路，以及线路所经地带的地质、水文等情况进行详细的调查。

（4）对路径方案沿线受影响单位协商落实解决后，并经现场勘察证实路径方案的技术性可行时，则此路径方案才能正式确定。

（5）最后进行终勘定线量距、断面测量及杆塔定位等工作。

二、定线量距

路径方案确定之后，根据既定方案测定线路中线和转角位置，同时沿线钉桩、测距，最后测定线路中线的位置，作为断面测量的依据。

（一）定线

定线是测量线路起点、转角和终点间各线段的直线，一般采用下列方法：

（1）直接定线。直接定线可用重转法，如两点间不能透视时，可用等腰三角形或矩形法定线。

（2）坐标定线。线路在出发电厂或进出变电站，以及拥挤的工业区时，转角的位置往往提供坐标数据，可以根据附近控制点（三角点或导线点）的坐标数据反算出其方位角和距离，并用控制点测定线路转角桩的位置。

坐标定线的方法如图 2-1-1 所示，P_1、P_2为已知的控制点，其方位角为β。J_1、J_2为要测设的点，从图中可以看出，P_1～J_1的方位角。

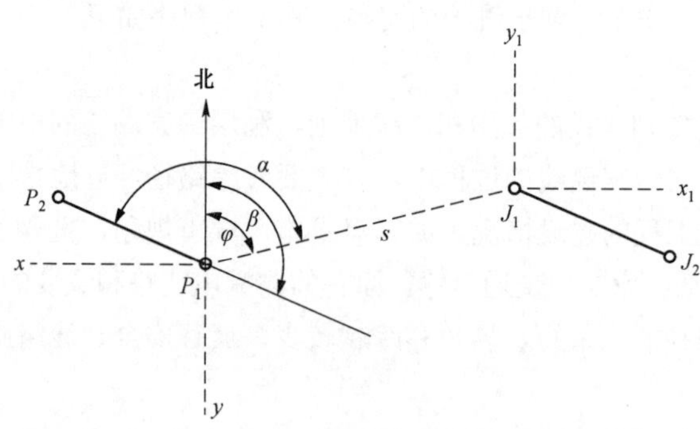

图 2-1-1 坐标定线

$$\varphi = \tan^{-1}\frac{y_1 - y}{x_1 - x} \tag{2-1-1}$$

式中 x_1、y_1——J_1的坐标；

x、y——P_1的坐标。

根据已知的P_1P_2边的方位角β与P_1到J_1的方位角φ，即可求出P_1P_2边与P_1J_1边的夹角α

$$\alpha = 180° - (\beta - \varphi) \quad (2\text{–}1\text{–}2)$$

P_1到J_1的距离s可用下式求出

$$s = \frac{y_1 - y}{\sin\varphi} \quad (2\text{–}1\text{–}3)$$

或

$$s = \sqrt{(x_1 - x)^2 + (y_1 - y)^2} \quad (2\text{–}1\text{–}4)$$

定线时，仪器安置在P_1点上，后视P_2点，测出α角，量出s距离，即测定了J_1点的位置。如果已知J_2的坐标，依同法可测出J_2点。

例：如图2–1–1所示，已知P_1的坐标x=500m，y=1000m，P_1P_2边的方位角β=120°，J_1的坐标x_1=800m，y=1500m。求φ、α和s。

解：根据式（2–1–1）、式（2–1–2）和式（2–1–3），则

$$\varphi = \tan^{-1}\frac{y_1 - y}{x_1 - x} = \tan^{-1}\frac{1500 - 1000}{800 - 500} = \tan^{-1}1.666$$

所以

$$\varphi = 59°\ 20'$$

$$\alpha = 180° - (\beta - \varphi) = 180° - (120° - 59°\ 02') = 119°\ 02'$$

$$s = \frac{y_1 - y}{\sin\varphi} = \frac{1500 - 1000}{\sin 59°\ 02'} = \frac{500}{0.857\ 47} = 583.11\text{（m）}$$

（二）钉标桩

定线测量中的观测点及观测目标点都需钉桩，一般都是用木桩。直线桩记以“Z”标志，并从送电侧的第一个直线桩起顺序编号，即为本线路的直线控制桩。有的直线桩位的本身就是杆位桩，则此直线桩仍按直线桩序号编排，而它又按杆位桩顺序排号，如Z_2号直线桩位的杆位桩编号为2号；转角桩以“J”标记并顺序编号，测站桩以“C”标记等。

直线桩应尽量设在便于安置仪器及作平断面测量的位置。杆位桩尤其是转角桩，应牢固钉立在能较长期保存处。

（三）测角

直线桩和转角桩的水平角以测回法观测一个测回，取其平均值。

线路的转角含义不是指转角点两侧线路方向之间的水平夹角，而是指在转角点的线路前进方向与原线路的延长线方向之间的水平夹角，如图2–1–2所示。转角α折向

原线路延长线的左边，称为左转α角度；α角在延长线的右边，称为右转α角度。

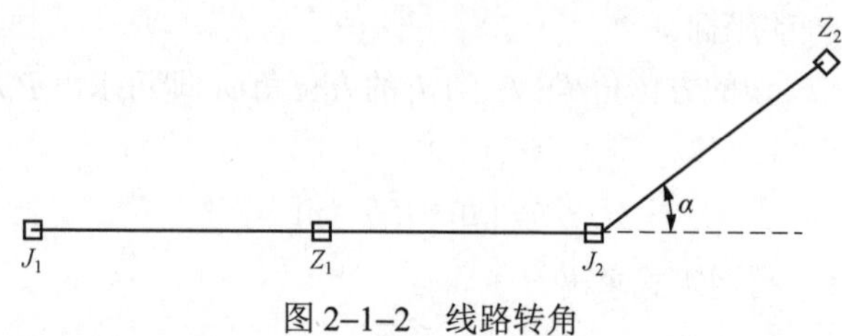

图 2–1–2 线路转角

线路转角α的测量方法是将仪器安置在转角的顶点，如图 2–1–2 中 J_2 桩上，以线路后视方向的直线桩（见图 2–1–2 中 Z_1）为依据，用测水平角的一测回法按转角的设计数据进行观测，测定出自转角点起的线路前进方向。

（四）距离及高差测量

距离及高差测量亦称控制测量，既要测出各桩位间的水平距离，又要测出它们之间的高差。一般是用视距法测量，视距的长度在平地时，应不超过 400m；在丘陵地带应不超过 600m；在山区应不超过 800m。当透视条件不好时，还应适当减少视距长度或停止观测。如用视距法有困难时，可用三角分析法和视差法，以及横基线法等法测量。

三、交叉跨越测量

线路与送配电线、弱电线（指电报、电话、有线广播、铁路信号等线路）、铁路、公路、架空管索道、通航河流等交叉跨越时，必须进行交叉跨越测量，作为线路设计参考，以免互相影响。线路跨越任何被跨越物时，都要测量线路与被跨越物的交叉角，以及被跨越物的标高。

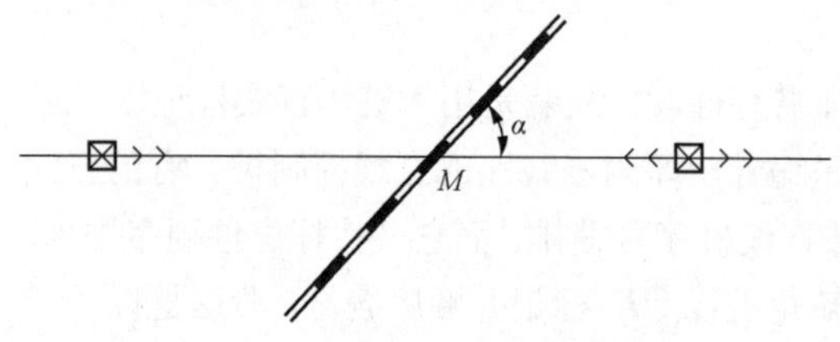

图 2–1–3 与铁路交叉跨越测量

（1）线路跨越铁路时，应测量线路中线与铁路中线的交叉角。测法如图 2–1–3 所示，把仪器安置在线路与铁路中线的交叉点 M 上，望远镜视线瞄准线路中线，读出水平度盘读数设为 5°20′；然后使望远镜瞄准铁路中线，水平度盘读数设为 74°30′，则两线路中线的交叉角α=74°30′–5°20′=69°10′。同时测出铁路轨面的标高。

（2）线路跨越河流时，应有历年最高洪水位标高、常年洪水位标高、航道位置及各种水工建筑物的位置。

（3）线路跨越送配电线或弱电线时，除测线路与被跨越中线的交叉角之外，还要测送电线的避雷线及配电线、弱电线的标高。

与电力线路交叉跨越测量如图 2–1–4 所示，线路跨越送电线时，测避雷线的标高。把仪器安置在新建输电线路中线 N 点上，把视距尺立于两线路的交叉点 M，用视距法测 MN 间的水平距离 D，旋平望远镜对准视距尺，读出中线尺上读数 R，然后使望远镜瞄准避雷线测出竖直角 α，则避雷线的标高

$$H = H' + D\tan\alpha + R \qquad (2\text{–}1\text{–}5)$$

式中　H'——交叉点 M 的标高。

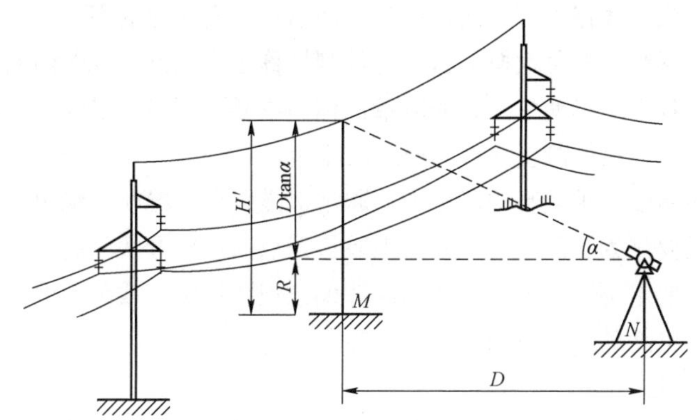

图 2–1–4　与电力线路交叉跨越测量

例：如图 2–1–4 所示，设测得 D=40m，α=18° 32′，R=1.6，H'=125m。求避雷线的标高 H。

解：按式（2–1–5）计算，避雷线的标高为

$$H = H' + D\tan\alpha + R = 125 + 40\tan 18°32' + 1.6 = 140.01\text{（m）}$$

必须指出，当被跨避雷线的左、右边存在高差时，尚需测出线路边线与避雷线较高侧交叉的标高；同理，当线路是穿过原线路时，应测出本线路的避雷线与原架空线最低导线交叉点的标高。

还必须指出，当新建线路完工后且试运行之前，需对跨越输配电线路、重要通信线路及铁路和公路、架空管索道等主要交叉跨越处的实际垂直高度按交叉跨越的施测方法进行实测，并按当时实测的数据，换算出在最高气温时导线的最大弧垂对被跨物的最小垂直距离；还需校核该垂直距离是否符合规定的电压等级电气距离的要求。

四、视距断面测量

输电线路断面测量是在线路定线及控制测量工作完成之后，还要对沿线路通道进行平断面测量，即沿线路中线及两边线方向或线路垂直方向测出各地形变化点的高度和距离。测量的目的是掌握线路通道内的地物、地貌情况及分布位置，利用这些技术资料确定杆塔的地面位置及架空导线的对地安全电气距离，为线路施工提供切实的技

术经济资料，同时也为本线路工程的整体造价提供了比较精确的概算条件。

（一）平面测量

线路的平面测量就是采用仪器或目测，把线路两侧各50m内的一切建筑设施、经济作物、自然地物以及与线路平行接近的弱电线路和其他被跨越物，按实际情况测出其范围和相对的平面位置。

（二）断面测量

沿线路方向或与线路垂直方向，测出各地形特征变化点的高度和距离，相应地反映出该线路的地形起伏变化大概形状，这种测量称之为线路的视距断面测量。沿线路中线方向测量出各点地形变化形状的测量，称为纵断面测量；沿线路中线的垂直方向测量各点地形变化形状的测量，称为横断面测量。

断面测量在精度要求较高的测量中，通常都是采用水准仪来测定，架空输电线路的断面测量，主要是为了测定出地物、地貌特征点与送电导线间的电气安全距离，因此对水准的精度要求不高。所以，使用经纬仪按视距法测定线路断面，不但速度快，而且在精度方面也能满足线路测量的技术要求。

1. 纵断面测量

纵断面测量的目的是为了绘制纵断面图，用以确定杆塔的高度及它的地面位置，鉴定导线对地、对被跨物的弧垂是否符合规定的电气安全距离。纵断面测量包括选择断面点和对断面点施测两个步骤。

（1）第一步：选择断面点。断面观测点越多，绘制出来的断面图就越能接近地反映线路地形起伏变化的真实形状。由纵断面测量的目的可知，断面测量是为了排定杆位而施测的，因此，对于地形无明显变化或明显不能确定杆位的地面点以及那些对导线弧垂无关影响的地面点，可完全不考虑施测。只需选择那些对导线弧垂有影响，同时又能反映地形变化特征的地面点，以及被跨物及各种工程设施等在线路中心线上的地面位置及标高进行视距纵断面测量，尤其是与导线对地距离有密切影响的地段，更应适当地加密选择中导线或边导线的断面施测点。

（2）第二步：对断面点的施侧，纵断面测量如图2-1-5所示，用数字标注的点及直线桩位Z，都是断面施测点。其施测方法及操作步骤如下。

1）标定测量方向。将经纬仪安置在J_2桩位上，量出仪高i；依线路后视直线桩为依据，测定出线路的前进方向，观测员指挥司尺人员立标志杆于Z_{11}处，定出测量方向。

2）测断面点，在上述固定的望远镜视线方向上，观测员指挥司尺员于图中断面点1上竖立视距尺；然后用视距测量方法测量J_2和点1的视距、竖直角读数，并把观测值记录于视距断面记录表（见表2-1-1）中。再依同样方法观测图2-1-5中点2和点Z_{11}，并把观测值记录于表2-1-1中（测站高度H=100m）。

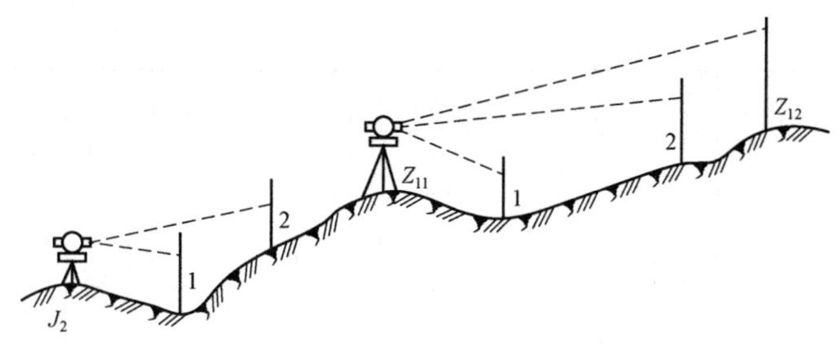

图 2–1–5　纵断面测量

3）将仪器移至桩 Z_{11} 位上安置，以后视桩 J_2 为依据测定出线路的前进方向，按上述 1)、2) 操作方法施测 Z_{11}～Z_{12} 桩间的地形变化特征点，并将观测值记录于表 2–1–1 中。

4）根据在观测站对各断面点的观测记录，计算出观测站与断面点间的水平距离、高差及标高，并填写于表 2–1–1 中。

5）绘制纵断面图。输电线路测量中，为了使排定杆位的工作顺利进行，往往都采用方格纸绘图。以方格纸的纵线代表断面点的标高，横线代表断面点间的水平距离，为了突出地形变化的特点，纵坐标通常用 1:500，横坐标用 1:5000 的比例绘制断面图，这样在同一张图上就更能突出地形的变化情况。

表 2–1–1　　　　**视 距 断 面 记 录**　　　　m

<table>
<tr><th rowspan="2">测站
仪高</th><th rowspan="2">测点</th><th rowspan="2">上丝读数
下丝读数</th><th rowspan="2">视距
间隔</th><th colspan="3">竖直角读数</th><th colspan="3">平均竖直角</th><th rowspan="2">水平
距离</th><th rowspan="2">亘长</th><th rowspan="2">初算
高差</th><th rowspan="2">中丝
读数</th><th rowspan="2">高差</th><th rowspan="2">标高</th><th rowspan="2">备注</th></tr>
<tr><th>°</th><th>′</th><th>″</th><th>°</th><th>′</th><th>″</th></tr>
<tr><td rowspan="6">$\frac{J_2}{1.5}$</td><td>1</td><td>1.76
1.24</td><td>0.52</td><td>96</td><td>12</td><td>20</td><td rowspan="2">6</td><td rowspan="2">12</td><td rowspan="2">10</td><td rowspan="2">51.39</td><td rowspan="2">51.39</td><td rowspan="2">5.58</td><td rowspan="2">1.5</td><td rowspan="2">5.58</td><td rowspan="2">94.42</td><td rowspan="2"></td></tr>
<tr><td>1</td><td>1.76
1.24</td><td>0.52</td><td>263</td><td>48</td><td>00</td></tr>
<tr><td>2</td><td>2.07
1.13</td><td>0.94</td><td>85</td><td>30</td><td>10</td><td rowspan="2">4</td><td rowspan="2">30</td><td rowspan="2">00</td><td rowspan="2">93.42</td><td rowspan="2">93.42</td><td rowspan="2">7.35</td><td rowspan="2">1.6</td><td rowspan="2">7.25</td><td rowspan="2">107.25</td><td rowspan="2"></td></tr>
<tr><td>2</td><td>2.07
1.13</td><td>0.94</td><td>274</td><td>30</td><td>10</td></tr>
<tr><td>Z_{11}</td><td>2.20
0.80</td><td>1.40</td><td>83</td><td>24</td><td>40</td><td rowspan="2">6</td><td rowspan="2">35</td><td rowspan="2">15</td><td rowspan="2">138.16</td><td rowspan="2">138.16</td><td rowspan="2">15.95</td><td rowspan="2">1.5</td><td rowspan="2">15.95</td><td rowspan="2">115.95</td><td rowspan="2"></td></tr>
<tr><td>Z_{11}</td><td>2.20
0.80</td><td>1.40</td><td>276</td><td>35</td><td>10</td></tr>
<tr><td rowspan="2">$\frac{Z_{11}}{1.6}$</td><td>1</td><td>1.635
1.575</td><td>0.06</td><td></td><td></td><td></td><td rowspan="2"></td><td rowspan="2"></td><td rowspan="2"></td><td rowspan="2">6.0</td><td rowspan="2"></td><td rowspan="2"></td><td rowspan="2">0.6</td><td rowspan="2">1.0</td><td rowspan="2">116.95</td><td rowspan="2">左边线</td></tr>
<tr><td>1</td><td>1.635
1.575</td><td>0.06</td><td></td><td></td><td></td></tr>
</table>

续表

测站仪高	测点	上丝读数 下丝读数	视距间隔	竖直角读数			平均竖直角			水平距离	亘长	初算高差	中丝读数	高差	标高	备注
				°	′	″	°	′	″							
$\frac{Z_{11}}{1.6}$	1	4.775 4.225	0.55							55	139.20		4.5	2.9	113.05	
	1	4.775 4.225	0.55													
	2	2.23 0.90	1.40	85	40	00	4	20	5	139.20	277.36	10.54	1.6	10.54	126.49	
	2	2.23 0.90	1.40	274	20	10										
	Z_{11}	3.20 1.60	1.60	83	28	00	6	32	00	157.94	296.1	18.08	2.4	17.28	133.23	
	Z_{11}	3.20 1.60	1.60	276	32	00										

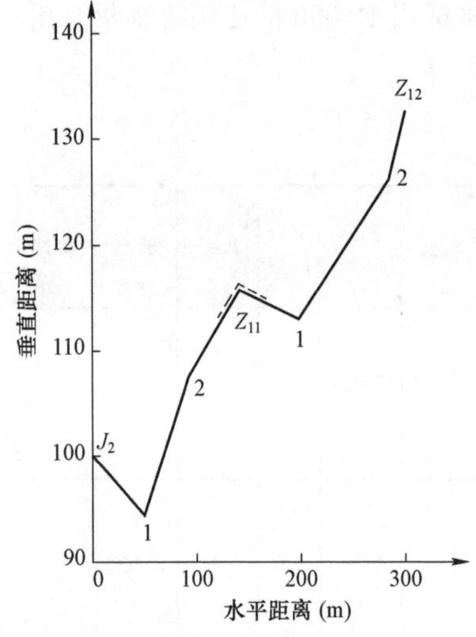

图 2-1-6　输电线路纵断面图

根据表 2-1-1 中填写的计算结果，用规定的比例在纵断面图上定出各断面点的位置，并用连线将它们连接起来，即为输电线路的纵断面图，如图 2-1-6 所示。

对线路中心断面测量时，当导线的边线断面比中线断面高出 0.5m 时，还应根据设计确定的边线间距进行边线断面的测量，必须对该边线断面进行测绘。

2. 横断面测量

横断面测量是考虑架空线的两边导线的安全对地距离以及杆塔基础的施工基面是否符合架空输电线路技术规范的要求。当线路通过高出中线和边线的陡坎或陡坡附近时，应根据情况测量风偏横断面或风偏点。

横断面测量和纵断面测量的施测方法相同，仍将仪器安置在线路的中心线上，测量线路垂直方向上各断面点间的距离及各点的标高。

横断面图的画法及比例尺的用法均与纵断面图相同。并且，横断面图也画在纵断面图上，其断面点连线在纵断面图连线的上、下方画出，横断面的中线应与施测点纵断面的中线同在一条竖线上。为了分辨两边导线的断面图，左边导线采用的图线为点划线；右边导线采用虚线。

五、杆塔定位

杆塔定位是把杆塔的位置测设到已经选好的线路中线上，并钉立杆塔桩作为标志。

定位的基本方法是，当测绘完几个耐张段或全线路的断面图时，首先在图上定位。而后将图上的杆塔位置测设到线路中线上。

（一）图上定位

图 2–1–7 是输电线路平断面图。图上已表示了线路直线（Z）、转角（J）、测站（C）和交叉跨越点（JC）等桩间的距离和断面高程以及其平面位置，图中的杆塔位置、档距和每档内导线的对地安全线。

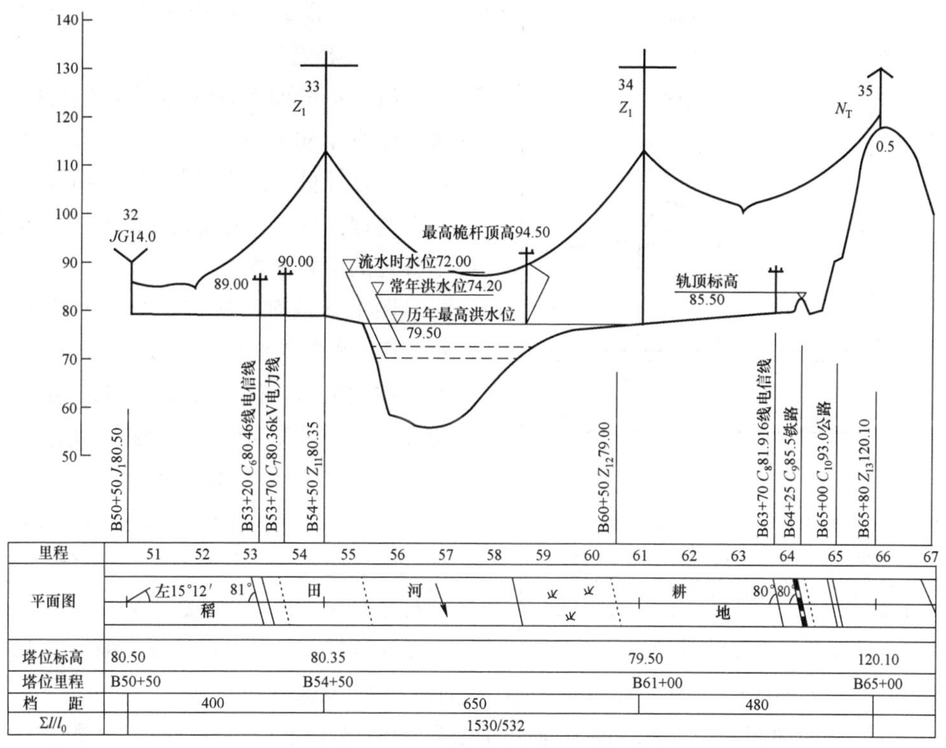

图 2–1–7　输电线路平断面图

Σl—耐张段长度；l_0—代表档距

定位时，估计代表档距，选用相应的弧垂模板（根据代表档距、弧垂预先做好的透明模板）；在断面图上比拟出杆塔的大概位置，观察模板上导线对地的安全线与地面距离，以及导线弧垂曲线对被跨物的垂直距离是否符技术规范的要求，还要选用适当的塔型。最大限度地利用杆塔强度配置适当的档距，同时要考虑施工、运行的方便与安全。在满足上列要求时，在图上确定位置。

（二）现场定位

在图上定位以后，再到现场把图上的杆塔位置测设到线路中线上，并要进行实地检查验证，如杆塔所定位置都符合定位原则并满足技术要求时，即钉杆塔中心桩、塔号桩。然后对塔位、档距、高程、施工基面等进行测量，最后将塔位、塔高、弧垂曲线、杆型、杆位序号与档距、代表档距以及线路的里程等都标注在断面图上，这就是输电线路的平断面图，如图2–1–7所示，它是线路设计测量的工作总线，也是线路施工部门必须的技术资料。

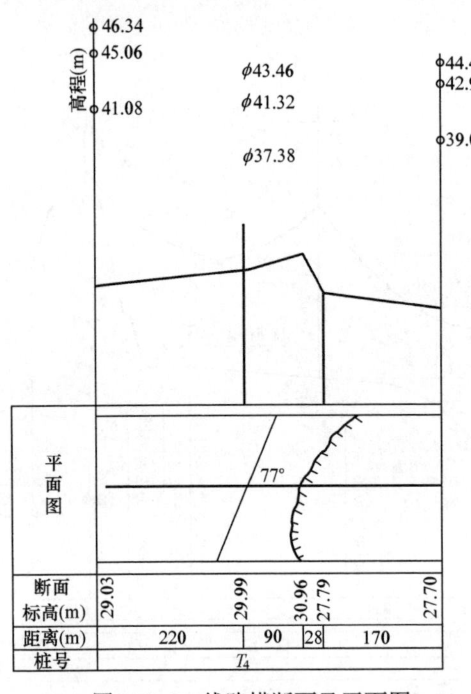

图2–1–8 线路横断面及平面图

现将某线路工程部分平断面图（见图2–1–7及图2–1–8）作为例子进行说明。

1. 内容说明

（1）纵断面图。纵断面图绘制比例一般采用纵1:500，横1:5000。要求测出定线组所订标桩，各断面点、交叉物等的平距及高程，并将它们反映在图上，作为排定杆位的主要依据。

图中标桩有直线桩、交叉桩及转角桩。直线桩钉于路径中心线上，是找寻路径方向的依据，代号为Z加上脚注编号。交叉桩钉于被交叉物（如公路、铁路、电力线、通信线等）地面与本线路中心线交点处，代号为C加上脚注编号。转角桩钉于线路转角点处，为转角杆塔或直线兼转角杆塔桩位，代号为J加上脚注编号。如图2–1–7中Z_{12}代表直线桩，编号为12，其相对平距为6050m（表示为B60+50），相对高程为79.00m。

（2）横断面图。当垂直线路方向地面坡度大于1:5或起伏不规则时，应测绘出横断面图，作为校验最大风偏时导线对地安全距离的依据，绘制比例采用纵断面纵向比例，一般为1:500。图2–1–8为横断面图。

（3）平面图。与纵断面图上下对应，将线路中心展为直线，测出中心左右各50m范围内地形地物，对线路有影响的地物，如房屋、铁路、河流、公路、池塘、树木等，均应画在平面图上，在转角桩处画上一个箭头，表示转角方向，并注明转角度数。如图2–1–7中J_1号塔的转角为左转15° 12′。

2. 标桩及其他

（1）标桩。

杆塔里程桩：沿线路用百米里程桩表示，桩上应有编号及里程数，如 B50+50。

直线桩：沿线路直线上钉的桩，两转角之间所有桩都在一条直线上，测量中经纬仪都支在直线桩上。

杆（塔）位桩：表示杆塔位置的桩，上面应写上杆（塔）号。

交叉桩：在被跨越物与本线路中心线交叉处钉的桩。

辅助桩：上述桩在工作上不能满足要求时需补钉的桩，如转角延长线上钉的桩。

转角桩：线路转角处钉的桩。由于横担有一定宽度，施工前需在内角平分线上钉上位移桩，作为转角杆塔（或直线兼转角杆塔）结构中心，位移尺寸根据杆塔结构及实际转角计算。

平断面图标桩名称及图形见表 2–1–2。

表 2–1–2　　平断面图标桩名称及其图形

名　称	图　形	名　称	图　形	名　称	图　形
直线桩		铁　路		河流	
转角桩		公　路		堤坝	
加　桩		大车道		浅滩	
左边线		人行小道		干沟	
右边线		电力线		稻田	
风偏断面	左　0	通信线		果园	

（2）其他。标高是指地面点投影到大地水准面的铅垂距离，简称高程。可以通过地面各点标高来确定它们之间的相对高差。

里程是指由起点开始算，每 100m 标注一个数字，如 100m 处标注为 1，200m 处标注为 2……以此类推。由此可找出纵断面图或平面图上某一点与起点的水平距离。

塔位标高反映出杆位处地面（如有基面下降应扣除）的水准高度。

塔位里程反映出杆位处与起点的水平距离，相邻杆位里程差值即为相邻杆位间的档距。

档距：相邻杆塔中心线间的水平距离。

耐张段长度Σl：两基耐张杆塔间各个档距组成的总体叫做耐张段，一个耐张段内各个档距长度之和叫作耐张段长度，用Σl表示。

代表档距：同一耐张段内各个档距并不相等。架线时各个档距架空线（包括导线、避雷线）张力相等，当气温变化时，架空线张力发生变化且使各个档距张力变化后不相等，这时直线杆塔悬垂绝缘子串因张力差而顺线路方向发生倾斜。架线时选择一个张力差较小的档距进行施工，这个档距就叫做代表档距或规律档距。

【思考与练习】

1. 怎样测量桩间的距离及高差？
2. 如何进行交叉跨越测量？
3. 如何进行断面测量？
4. 什么情况需要测量横断面？为什么？测量范围有何要求？
5. 什么叫杆塔定位？如何进行杆塔的定位？
6. 线路平断面图中有哪些内容？

◢ 模块2 输电线路复测和分坑（Z05E1009Ⅲ）

【模块描述】本模块包含线路杆塔桩复测、杆塔基础的分坑、拉线基础分坑和拉线长度的计算、施工基准面的测定。通过概念描述和操作过程讲解，掌握线路杆塔桩复测、杆塔基础的分坑、拉线基础分坑和拉线长度的计算、施工基准面的测定方法。

【模块内容】

一、线路杆塔桩复测

输电线路杆塔基础的位置是根据设计部门测定的杆塔桩来确定的。杆塔桩位、档距等的误差不许超过允许范围。但线路在勘测设计工作结束，到开始施工这个期间，往往因施工前各项准备工作要间隔一段时间。在这段时间里，时常因受外界影响发生杆塔桩偏移或丢桩等情况。所以在开工伊始，要会同原设计部门对线路上各杆塔桩及杆塔桩间的档距进行一次全面复测。在复测过程中，如发现档距与原设计数据不符，或杆塔桩偏移、丢桩等情况，应与设计部门研究校正档距、桩位、补钉丢失桩，然后开始施工。

（一）直线杆塔桩复测

直线杆塔桩复测，以直线桩为基准，用重转法亦即正倒镜分中法来复测。如

图 2–2–1（a）所示，Z_1、Z_2 为直线桩，5 号为直线杆塔桩。把仪器置于 Z_2 桩上，先用正镜后视 Z_1 桩上的标杆，然后竖转望远镜前视 5 号桩侧测得一点 A；望远镜沿水平方向旋转，仍瞄准 Z_1（此时为倒镜），再竖转望远镜前视 5 号桩侧测得一点 B，量出 AB 之中点 C，如 C 点恰与 5 号桩重合，则说明该直线杆塔桩是正确的。如不重合时，量出 C 至 5 号桩间的水平距离 D，D 即为杆塔桩横线偏移值，D 值一般要求应不大于 50mm（应按技术规范之规定），如不超过此限度，则认为合格；如超过时，应将杆塔桩移至 C 点上，以 C 点为改正后的杆塔桩位。

另一种方法是用测水平角的测回法来确定，如图 2–2–1（b）所示。图中 Z_2、Z_3 为直线桩，5 号为直线杆塔中心桩。将仪器安置在 5 号桩上，依据后视 Z_2 桩为基准，复核盘左、盘右测水平角∠“$Z_2 5^{\#} Z_3$”的平均角度值是否为 180°。如实测水平角平均值在 180°±1′以内时，则认为杆塔中心桩 5 号是在线路的中心线上；而实测的水平角平均值超过 180°±1′时，则杆塔中心桩位置发生了偏移，根据角度和桩间距离可计算出偏移值。如横线路方向偏移值超出允许值，需采用正、倒镜分中法予以纠正。

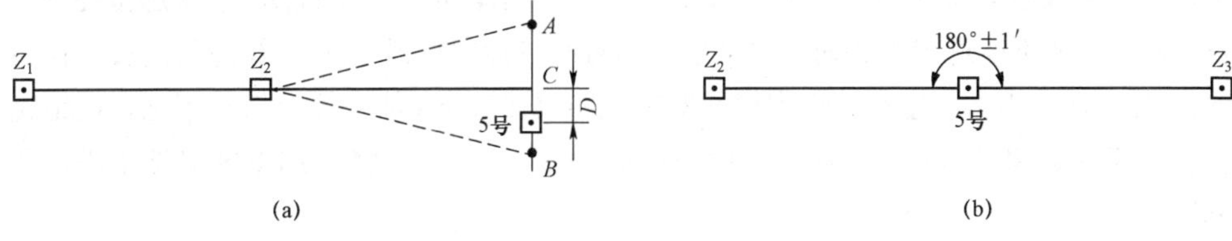

图 2–2–1　直线杆塔桩复测方法

（a）重转法；（b）测回法

（二）转角杆塔桩复测

转角杆塔桩复测，是复查转角的角度值是否与原设计的角度值相符合。转角杆塔复测方法如图 2–2–2 所示，仪器安置在转角桩 J_2 上，后视转角桩为 Z_5（如相距远不能后视为 Z_5，亦可后视中间直线桩），前视转角桩为 Z_6（或其间直线桩），测其右角 β，用测回法测一个测回。如测得的角度值与原设计的角度值之差不大于 1′30″（应按技术规范之规定），则认为合格；如大于 1′30″，则应慎重复测以求得正确的角度值，而后与设计单位研究改正原设计角度。

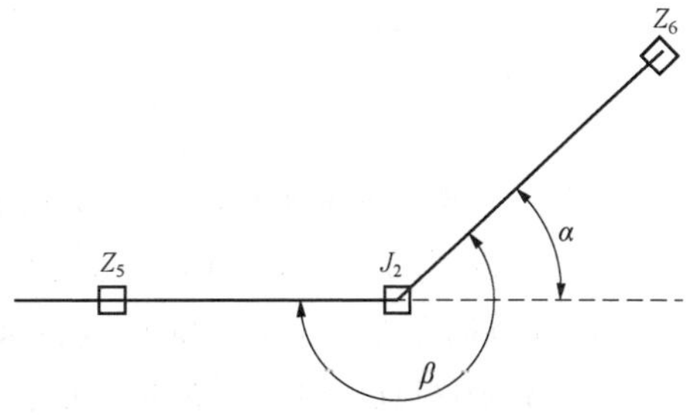

图 2–2–2　转角杆塔桩复测方法

这里有一点要说明，输电线路所说的转角杆塔桩的转角角度，是指转角桩的前一直线的延长线和后一直线（线路进行方向）的夹角（如图 2–2–2 所示）。这个角在前一直线延长线左面的角叫作左转角，在右面的角叫作右转角。图 2–2–2 中α角就是线路的左转角。要以这个角度值和原设计的角度值相对比，以判定角度是否正确。

（三）档距和标高的复测

线路塔位桩间的档距和标高要用视距法进行复测。特别是对相邻杆塔间有凸起地形和交叉跨越物（如铁路、电力线、通航河流等）时，就必须进行复测，以防止原测量成果有错误或误差较大。若在竣工后发现导线对地、对被跨越物安全距离不符合规定标准，会造成返工浪费。例如，导线对地安全距离不够，就要挖掉大量土方，导线对其他被跨越物安全距离不够，无论是改变本线路设计，还是改建被跨越物，都会造成很大的损失，所以说这项复测是很有必要的。

下面举例说明复测的方法。

档距和标高的复测如图 2–2–3 所示，A、B 杆塔桩之间有一个地形凸起点 C（这个点通常叫作危险点，因为它与导线弧垂接近）。要测 A、B、C 三点之标高和距离。其测法是，将仪器安置在 A 桩（也可安置在 C 点）上，量出仪器高 i，使望远镜瞄准 B 桩上标杆（如不能透视 B 桩时；也可以其间直线桩标定仪器方向），指挥司尺员沿视线方向立尺于 C 点上，望远镜十字横线对准视距尺读数 v（使 v 等于 i）。用正、倒镜先后测出竖直角和尺间隔的平均值。设竖直角为+5° 20′，尺间隔为 1.03m（即上下丝之间距离）。

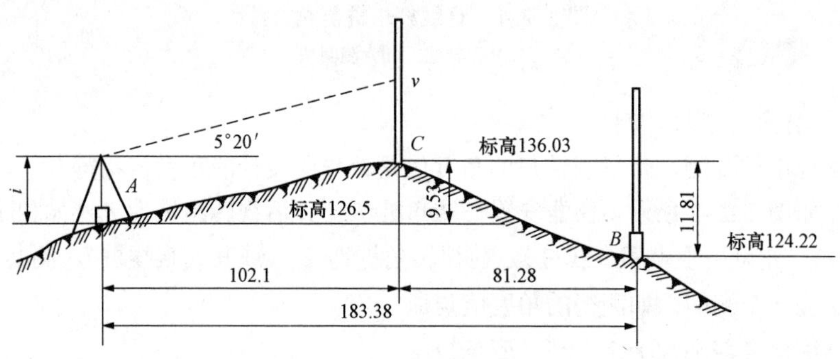

图 2–2–3 档距和标高的复测

则 A、C 两点间的水平距离为 $D=Kl\cos^2\alpha=100\times1.03\times\cos^2 5°20'=102.1$（m），$A$、$C$ 两点的高差为 $h=D\tan\alpha=102.1\times\tan5°20'=9.53$（m）。

如 A 桩标高为 126.5m，则 C 点的标高为 126.5+9.53=136.03（m）。

再将仪器移到 C 点上，在 B 桩上立尺，依同法观测，设测得的平均竖直角为 8° 16′，尺间隔为 0.83m，则 C、B 两点的水平距离为 $D=100\times0.83\times\cos^2 8°16'=81.28$m，高差为

h=81.28×tan 8° 16′=11.81（m）。

已知 C 点复测后的标高为 136.03m，C、B 两点高差为 11.81m，则 B 桩复测后的标高为 136.03−11.81=124.22（m）。A、B 桩间复测后的档距为 102.1+81.28=183.38（m）。

根据复测后各桩间的档距和标高与原设计数据相比较，档距误差一般要求应不大于设计档距的 1%，高差应不超过±0.5m。如超过允许规范，应与设计单位会同处理。

（四）丢桩补测

补桩有两种情况：一是由于设计测量到施工测量要经过一段时间，因外界影响，当杆塔桩丢失或移位时，需要补桩测量，称为丢桩补测；二是设计时某杆塔位桩由某控制桩位移得到，如 5 号的杆塔位置为 Z_5+30，即 5 号的位置由 Z_5 桩前视 30m 定位，这也需要复测时补桩测量，称为位移补桩。补桩测量应根据塔位明细表、平断面图上原设计的桩间距离、档距、转角度数进行补测钉桩，并按 DL/T 5076《220kV 及以下架空送电线路勘测技术规程》进行观测。

1. 丢桩补测

（1）补直线桩。直线桩丢失或被移动，应根据线路断面图上原设计的桩间距离，用正、倒镜分中延长直线法测定补桩。

（2）补直线杆塔位桩。直线杆塔位中心桩丢失或被移动，也应按线路杆塔明细表、平断面图上原设计的档距，采用正、倒镜分中延长直线法测量补桩。

（3）补转角杆塔位桩。当个别转角杆塔位丢桩后，应做补桩测量，补转角杆塔位桩的测量方法如图 2-2-4 所示。设图中 J_2 为丢失的转角桩，将仪器安置于 Z_5 桩上，以后视 Z_4 为依据标定线路方向，采用正、倒镜分中延长直线的方法，根据设计图纸提供的桩间距离，在望远镜的前视方向上，J_2 的前后分别钉 A、B 两个临时木桩，并钉上小铁钉。再将仪器移至直线桩 Z_6 上安置，以前视直线桩 Z_7 为依据，依上述同法，分钉立 C、D 临时木桩。

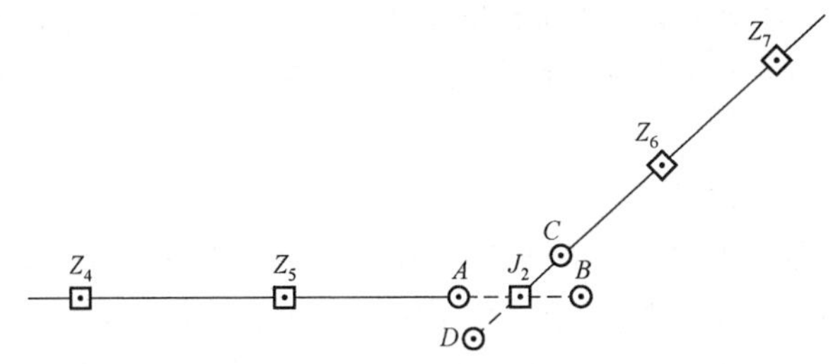

图 2-2-4　补转角杆塔位桩的测量

四个临时木桩应选在丢失的转角桩 J_2 附近，钉桩高度适中。然后用细线分别扎在 A、B 和 C、D 上小铁钉上，并且拉紧扎牢，AB 与 CD 两线相交点即为转角桩中心位置，补钉上 J_2 转角桩，再用垂球线沿交点放下，垂球尖对准桩面的点，钉上小铁钉标记，则完成补转角桩测量。

若补测的转角桩 J_2 周围地形较平，且仪器安置在 Z_6 直线桩时，通过望远镜能清楚看到 A、B 两钉连接的细线，也可不钉 C、D 临时木桩，用望远镜十字丝与 A、B 细线的交点直接钉木桩和钉小铁钉。

2. 位移补桩

位移杆塔位中心桩绝大部分都是直线杆塔位桩，但是当线路位于规划区，路径由规划确定情况下，遇到水塘等在设计测量时无法钉立转角杆塔位桩时，设计通过两线段来计算转角交点或规划提供杆塔位坐标，也需通过位移确定转角杆塔位桩。施测时根据线路杆塔明细表、平断面图上的设计位移值，采用正、倒镜分中延长直线法测量补桩。测量方法与上述补直线杆塔位桩和补转角杆塔位桩相同。

（五）钉辅助桩

当线路杆塔中心桩复测确定后，应及时在杆塔中心桩的纵向及横向钉立辅助桩。钉立辅助桩的目的是以备施工时标定仪器的方向；当基础土方开挖施工或其他原因使杆塔中心桩覆盖、丢失或被移动时，可利用辅助桩位恢复杆塔位中心桩原来的位置；再则还可检查基础根开、杆塔组立质量，因此辅助桩被称为施工控制桩。

直线杆塔辅助桩的测钉方法如图 2–2–5 所示。将仪器安置在杆塔位中心桩上，用望远镜瞄准前后杆塔桩或直线桩，指挥在视线方向上，本杆塔桩位不远处的合适位置，钉立 A 辅助桩，倒镜视线上钉立 C 辅助桩，通常 A、C 称为顺线路或纵向辅助桩；然后将望远镜沿水平方向旋转 90°，再在线路中心线垂直方向上钉立 B、D 两辅助桩，则称为横向辅助桩。

辅助桩的位置应根据地形情况和杆塔的高度而定，距杆塔中心桩一般为 20～30m。若地形较为平坦，其距离可选在大于杆塔高度。位置应选择在不易受碰动的地方为宜。当遇有特殊地形不便在杆塔桩两侧钉立桩时，也可以在同一侧钉两个桩（如图 2–2–5 中的 B' 桩）。

（六）线路复测注意事项

线路复测是线路施工的第一道重要工序，也是发现和纠正设计测量错误的重要环节，所以它关系到整个线路工程的质量。因此，在复测中应注意以下事项：

（1）在线路施工复测中使用的仪器和量具都必须经过检验和校正。

（2）在复测工作中，应先观察杆塔位桩是否稳固，有无松动现象，如有松动应先将杆塔位桩钉稳固后，再进行复测。

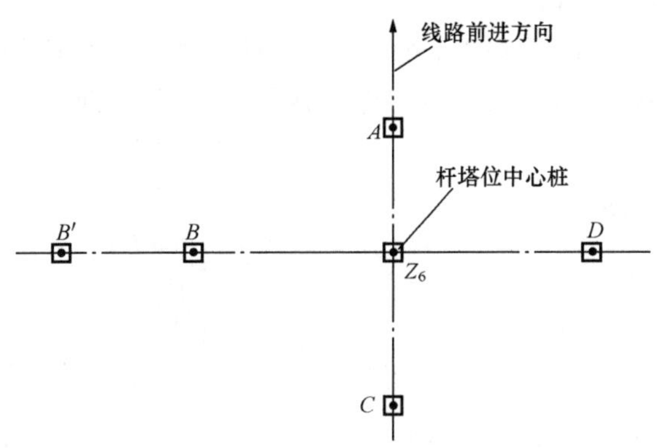

图 2–2–5　直线杆塔辅助桩的测钉

（3）复测后的杆塔位桩上，应清楚注记文字或符号，并涂与设计测量不同颜色来标识。以示区别和确认复测成果。

（4）废置无用的桩应拔掉，以免混淆。

（5）在城镇或交通频繁地区，在杆塔桩周围应钉保护桩，以防碰动或丢失。

二、杆塔的定位与基础分坑

（一）杆塔定位的方法和要求

（1）根据设计部门提供的线路平、断面图和杆塔明细表，核对现场导线桩，从始端杆桩位开始安置经纬仪，向前方逐基定位。

（2）经纬仪安置时要以桩顶圆钉中心对中，然后选择距离 500m 左右的方向桩上的圆钉，以后视或前视进行瞄准，再倒转镜筒 180° 复核前、后视方向桩有无偏差，无误后即可定位。仪器偏差不应超过 3°。如果偏差过大，应检查原因，是否认错桩位或其他原因。

应注意安置仪器对中或前、后视竖立标杆，都必须以柱顶圆钉中心为准，不允许任意凭一般导线桩的中心为准，不允许瞄准最近的桩位去测远方杆塔，否则必有较大误差。

（3）根据杆塔明细表上注明的每基杆塔的导线桩号，到达现场先进行核对，再用皮尺量出应加减的尺寸（向前方为加，向后为减），即为该杆塔的中心桩位置，若现场导线桩遗失，可参考平、断面图上的距离复测。

（4）直线杆塔定位时，安放一次仪器，可以前、后视连续定位，待前方已看不清或地形有障碍时，再依上法向前移动仪器。

（5）每基杆塔除钉立主中心桩外，还必须同时钉必要的副桩，副桩距主桩的距离一般取 3～5m。在主桩的顶端两边用红漆注明杆号，在副桩顶端两边注上“副”字，表示与主桩区别，以免认错。

（6）直线单杆定位如图 2–2–6 所示，直线双杆及直线塔定位如图 2–2–7 所示。图上主、副桩之间距离数字为参考数据，施工图另有规定时，应照施工定位图的规定。

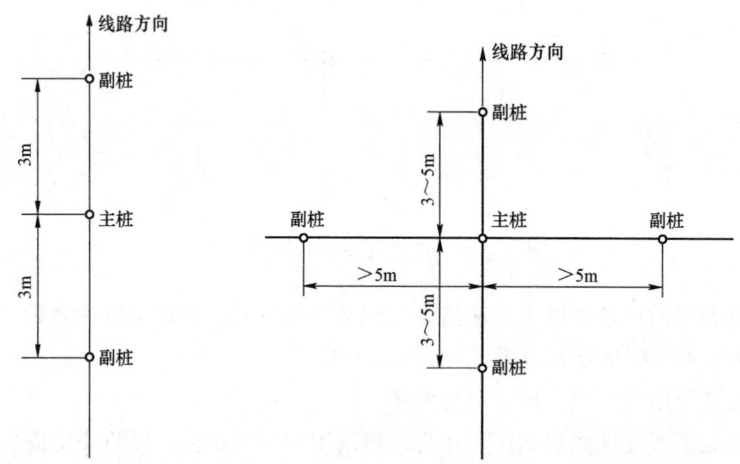

图 2–2–6 直线单杆定位图　　图 2–2–7 直线双杆及直线塔定位图

（7）转角杆塔定位时，将仪器安放在中心桩位置，瞄准转角前后两方向，依次钉好前后顺线路方向的副柱（通称顺线桩）。再根据转角度数，钉内侧角的二等分线分角桩，转角内侧合力方向的副桩，通称下风桩，外侧（受力反向）的副桩，通称上风桩。图 2–2–8 为转角杆塔定位图。图中 L_1、L_2、L_3 的距离，可参考表 2–2–1。

（8）转角杆塔应复测转角度数是否与原设计相同，若不符合时，应再复测前、后视桩位。如确非前、后视桩位所造成的偏差，并已超过 30′时，可根据前后各两个以上直线桩重行交角，重钉中心桩，并将新转角度记录上报。

（9）转角杆塔的中心位置，不允许有任何移动。直线杆塔定位时，如发现地形不利于立杆必须移位时，一般允许在顺线方向前后移动不超过 2m（110kV 线路为 5m）的范围内。若超过，应得到有关部门同意。

（10）每基杆塔定位以后，为了避免农作物等遮没木桩以致无法寻认，有条件时可在主桩（中心桩）旁插一面小旗，小旗上标明杆号与杆塔型代号。

（11）通常使用的杆塔型代号含义见表 2–2–2。

（12）每日定位的情况，应由定位负责人填写记录表格上报。

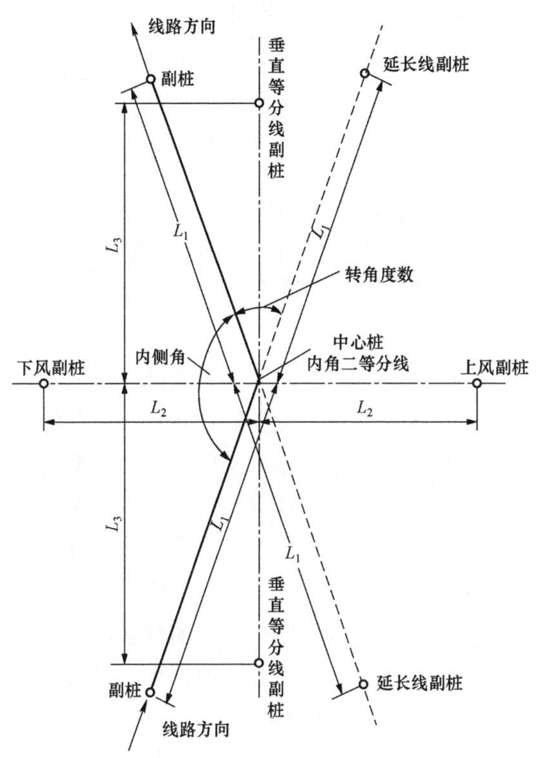

图 2–2–8　转角杆塔定位图

表 2–2–1　　转角杆塔定位桩的距离

杆塔种类		L_1（m）	L_2（m）	L_3（m）
10kV	单、双杆	5	3	
	铁塔	8	5	5
35kV	单杆	5	3	
	双杆	10	5	5
	铁塔	15	5	5
110kV	单杆	10	5	
	双杆	15	10	10
	铁塔	20	1	12

表 2–2–2 杆塔型代号

杆塔名称	代号	杆塔名称	代号
直线杆	Z	分支杆塔	F
耐张杆塔	N	钢筋混凝土杆	G
转角杆塔	J	铁塔	T
终端杆塔	D	双回路	S
换位杆塔	H	拉线式铁塔	X

（二）杆塔基础的分坑

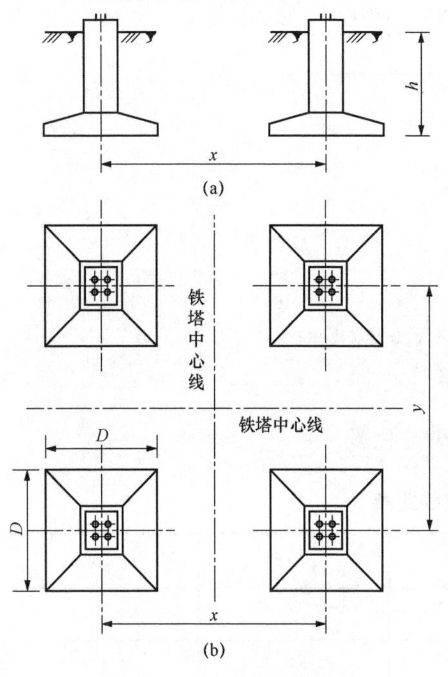

图 2–2–9 铁塔基础图

（a）正面图；（b）平面布置图

D—基础底面宽度；x—基础正面根开；y—基础侧面根开；h—设计坑深

杆塔基础分坑测量，就是把杆塔基础坑的位置测设到线路指定的杆塔位上，并钉立木桩作为基坑开挖的依据。分坑测量包括分坑数据计算和坑位测量两个步骤。

1. 分坑数据计算

一条线路上有多种杆塔类型和基础形式，同一类型的杆塔，由于配置基础形式的不同，其分坑数据也不同，所以两者组合的分坑数据繁多。

分坑测量是依据施工图设计的线路杆塔（基础）明细表的杆塔类型，查取基础根开（相邻基础中心距离）与其配置的基础形式，获得基础底面宽和坑深。在坑口放样时，还需考虑基础施工中的操作裕度和基础开挖的安全坡度，从而计算出分坑测量的数据。图 2–2–9 是铁塔基础图的一种，图 2–2–9（a）为正面图；图 2–2–9（b）为平面布置图。

坑口尺寸是根据基础底面宽、坑深、坑底施工操作裕度以及安全坡度进行计算，铁塔基础坑剖视图如图 2–2–10 所示。坑口尺寸可通过下式计算

$$a=D+2e+2\eta h \qquad (2–2–1)$$

式中 a ——坑口放样尺寸；

D ——基础底面宽度，设基础底面为正方形；

e ——坑底施工操作裕度；

η——安全坡度；

h——设计坑深。

图 2–2–10 是一个铁塔板式基础的剖视图，图中 D 和 h 是基础施工图中分别给定的基础设计宽度和埋深，e 是为施工安装模板而增加的操作裕度，η与土壤的安息角有关，也就是坑壁土坡稳定的安全坡度，根据不同的土壤性质和坑深，取值也不同。坑深在 3m 以内不加支撑的安全坡度和操作裕度 e 可参考表 2–2–3 取值。

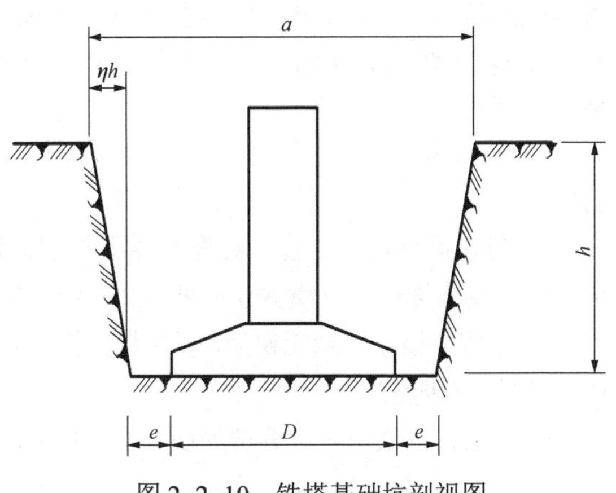

图 2–2–10 铁塔基础坑剖视图

表 2–2–3 一般基坑开挖的安全坡度和施工操作裕度

土壤类别	砂石、砾土、淤泥	砂质黏土	黏土	坚土
坡度系数 η	1:0.67	1:0.50	1:0.30	1:0.22
坑底施工操作裕度 e（m）	0.3	0.20	0.20	0.10～0.20

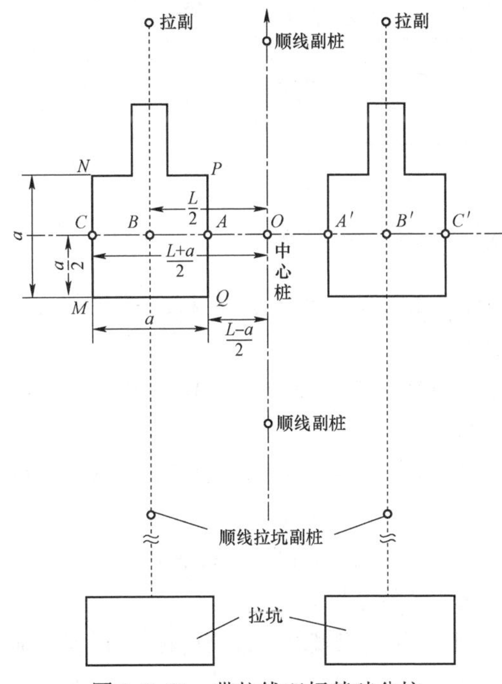

图 2–2–11 带拉线双杆基础分坑

2. 用经纬仪分坑

使用经纬仪分坑方法，比较准确，并可同时对定线桩位进行校验或补桩。以下介绍用经纬仪对双杆及铁塔分坑的基本方式。

（1）带拉线直线双杆基础分坑如图 2–2–11 所示。

1）将仪器置于中心桩 O 点，对前后副桩进行瞄准。无前后副桩时，对前后方向桩，然后钉出顺线方向的副桩。

2）将仪器镜筒旋转 90°，从 O 点垂直线路方向量（$L-a$）/2、L/2、（$L+a$）/2，得 A、B、C 三点在 B 点桩上钉圆钉，同时钉副桩及人字拉线坑位桩。

3）取 1.618a 线长，两端分别置于 A、C 两点，在距一端 a/2 处拉紧线得点 M，这时线形 A、C、M 成为直角三角形；在距另一端 $a/2$ 处拉紧线得点 N，再反向另一面同样的方法得 P、Q。沿 M、N、P、Q 连线用石灰粉在地面上画白线，即得基坑的完整四边线，并依立杆方向画出马槽线。

4）仪器镜筒向另一侧倒转 180°（即倒镜），即可钉另一边同样桩位，画出另一基坑。

5）将仪器移置于 B 点，对垂直线路方向瞄准以后，镜筒旋转 90°，钉出顺线方向前后的拉线坑位桩。拉线坑分坑见后文介绍的用皮尺分拉坑。

6）最后要核对图纸无误后，再用铁锹沿白粉线开挖。这时对施工不需要的木桩 A、B、C 等均可拔除。

（2）正方形铁塔基础分坑如图 2–2–12 所示。

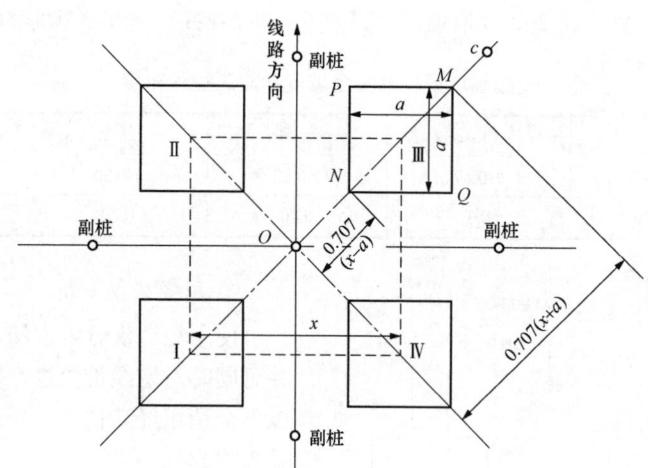

图 2–2–12 正方形铁塔基础的分坑示意图

1）将仪器置于中心桩 O 点，与双杆同样钉出顺线方向的前后副桩。

2）镜筒旋转 90°，钉垂直线路的两边副桩。

3）镜筒回转到 45° 钉副桩 C，在 OC 上取 $ON=0.707（x-a）$，$OM=0.707（x+a）$，得 M、N 两点。x 为坑心间距离，a 为基坑边长。

4）取 $2a$ 线长，将两端分别置于 M、N 两点，拉紧中心点即得 P 点，反方向即得 Q 点。

5）取石灰粉沿 N、P、M、Q 各点在地面上画白线，即得第三只基坑。

6）镜筒反转 180°，即可用同样方法得第一只塔基坑。

7）再以镜筒右转 90°，同样可在地面上画出第二只基坑；镜筒反转 180° 即可画出第四只基坑。

8）最后复核图纸及整个塔基尺寸完全正确无误之后，用铁锹沿白线挖土。

分开式铁塔基础的顺序，通常以面向前进方向，左边的后方为第一只，依次顺时针方向左前方为第二只，右边前方为第三只，右后方为第四只。

（3）矩形铁塔基础分坑如图 2–2–13 所示。

1）将仪器置于中心桩 *O* 点，瞄准前、后视，钉下 *A*、*B* 桩，使 $AO=BO=(x+y)/2$。*x*、*y* 分别为不同的矩形坑长边与短边坑心间的距离。

2）将仪器镜筒旋转 90°，钉 *C*、*D* 桩，同样使 $CO=DO=(x+y)/2$。

3）将仪器移置于 *A* 点，瞄准 *D* 点即得 *AD* 线，在此线上量取 $PD=0.707(y+a)$，$QD=0.707(y-a)$，得 *P*、*Q* 两点。*a* 为基坑边长。

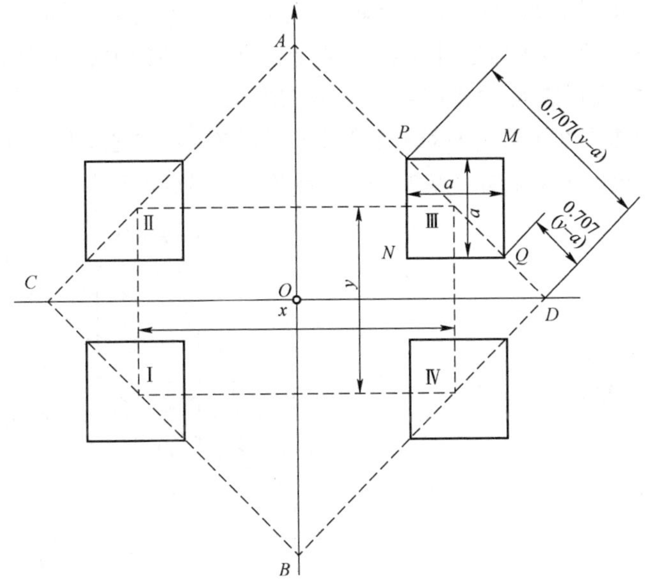

图 2–2–13 矩形铁塔基础分坑示意图

4）取 2*a* 线长，将两端分别置于 *P*、*Q* 两点，拉紧线的中点即得 *M* 点，反方向即得 *N* 点。

5）取石灰粉沿 *N*、*P*、*M*、*Q* 在地面上画白线，即得第三只基坑。

6）将仪器镜筒从 *D* 点旋转 90°，可观测到 *C* 点，同样从 *AC* 线上可以画出第二只基坑白粉线。

7）将仪器置于 *B* 点，依同样方法画第一只和第四只基坑。

8）复核图纸及整个塔基尺寸，完全正确无误后，用铁锹沿粉线在四周挖土。

9）在 *AD* 线上，若自 *A* 点开始量取 *P*、*Q* 两点，使 $AP=0.707(x-a)$，$AQ=0.707$

$(x+a)$，同样可得基坑的四角 N、P、M、Q。从 B 点起量亦相同。

（4）不等高塔腿的基础分坑。当塔基在坡地时，短腿之间的根开为 b_1，长腿之间的根开为 b_3，短腿与长腿之间的根开为 $b_2=(b_1+b_3)/2$，基础坑口宽度为 a，b_1 小于 b_3，不等高塔腿基础分坑如图 2–2–14 所示。

分坑前首先计算以下各值

$$F_1=0.707(b_3+a), F_2=0.707(b_3-a), F_0=0.707b_3$$

$$F_1'=0.707(b_1+a),\ F_2'=0.707(b_1-a),\ F_0'=0.707b_1$$

将经纬仪置于 O 点，调好后前视线路方向的前一个中心桩，顺时针方向转 45°，在此方向线上定出 C 点。倒镜定出 A 点。再逆时针转 90°，在此方向定出 D 点，倒镜定出 B 点。在 OC 方向线上从 O 点起量出水平距离 F_2 得点 1，再量出水平距离 F_1 得点 3。取 $2a$ 线长，使其两端分别与点 1、点 3 重合，在线的中点把线向一侧拉紧得点 2，再向另一侧拉紧得点 4，如图 2–2–14（b）所示。

同样在 OD 方向线上量出 D 坑口的四个角顶，在 OB 方向线上从 O 点起量出水平距离得点 4，再量出水平距离得点 2。取 $2a$ 线长，得出点 1 和点 3。

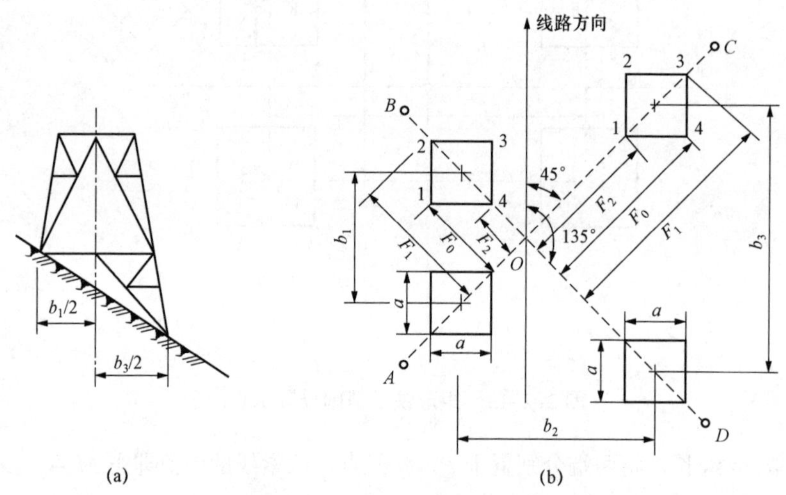

图 2–2–14　不等高塔腿基础分坑示意图

（a）不等高塔腿；（b）不等高基础分坑示意图

同样在 OA 方向线上量出 A 坑口的四个角顶。

（5）转角杆塔基础的分坑。转角杆塔的杆塔位桩有两种形式：一种是杆塔位中心桩即是转角杆塔的杆塔位桩，称为无位移转角杆塔；另一种是杆塔位中心桩不是转角杆塔的杆塔位桩，转角杆塔位桩与杆塔位中心桩之间有一段距离，称为有位移转角杆塔。这两种杆塔的分坑测量的方法不尽相同，下面简要介绍它们的施测方法。

1）无位移转角杆塔基础的分坑测量。如图 2–2–15 所示是一基右转角无位移转角塔的示意图，其转角值设为α。分坑测量方法如下：

a）在线路转角α的角平分线上通过塔位桩 O 点测定出两条 A、B 和 C、D 相互垂直的线，以这两条相互垂直的线作为分坑的基准线。

b）将仪器安置在转角塔位中心桩 O 点上，望远镜瞄准线路前视或后视方向的杆塔桩或直线桩，同时将水平度盘调至整 0° 位置，即置零。然后顺时针或逆时针旋转照准部，测出（180°－α）/2 水平角，沿视线方向钉 D 辅助桩，倒转望远镜钉 C 辅助桩；再使望远镜水平旋转 90° 角［此时水平度盘角值为（180°－α）/2+90°］，沿正、倒视线方向钉 A、B 辅助桩。转角塔一般为等根开等坑口宽度，因此，接下来按直线塔基础分坑方法进行测量。

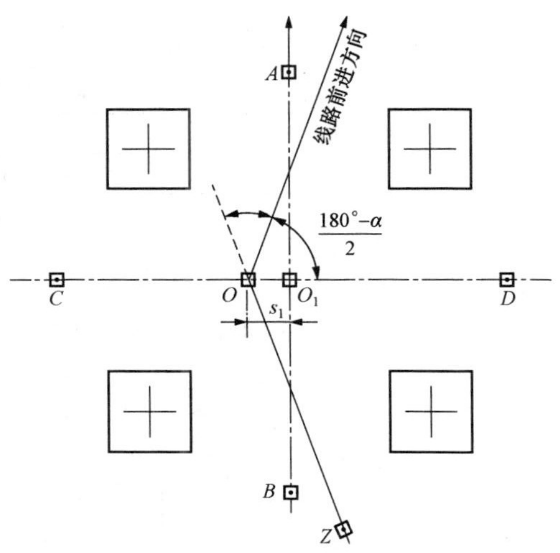

图 2–2–15　无位移转角塔基础的分坑

2）有位移转角杆塔基础的分坑测量。杆塔的位移是由于转角、横担宽度、不等长横担以及直线杆塔换位等原因引起的。当转角杆塔的转角值较大，导线横担较宽或不等长时，使导线挂线后，会引起线路实际角度的变化；当直线杆塔换位时，由于导线位置的变换（相当于转角）而引起直线杆塔及其绝缘子串上的附加水平分力。为了消除这种影响，必须将塔位中心桩向设计确定的位移方向上平移一段距离。

下面将介绍转角塔的等长宽横担和不等长宽横担的分坑测量方法。

a）等长宽横担转角塔基础的分坑。如图 2–2–16 所示是等长宽横担转角塔位中心桩位移图，图中 s_1 是转角桩 O 至塔位桩 O_1 之间的位移距离，其值按下式计算

$$s_1=\left(\frac{b}{2}+c\right)\tan\frac{\alpha}{2} \qquad (2\text{–}2\text{–}2)$$

式中　b——横担宽度；

c——绝缘子金具串挂线板长度；

α——线路转角。

图 2–2–17 是等长宽横担转角塔基础的分坑示意图。将仪器安置于线路转角桩 O 点上，以后视杆塔桩或直线桩为依据，将水平度盘置零，测出（180°－α）/2 水平角，

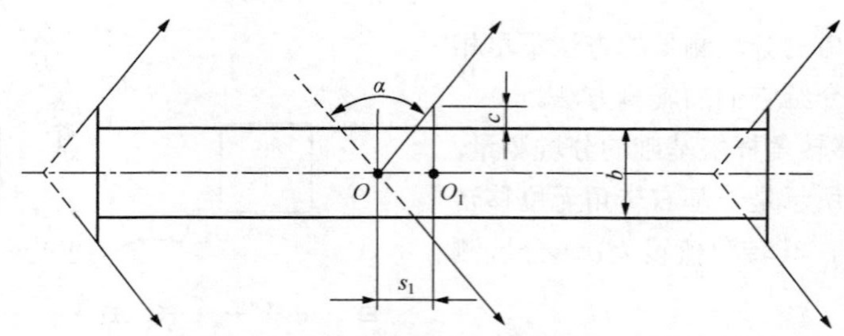

图 2-2-16 等长宽横担转角塔塔位中心桩位移图

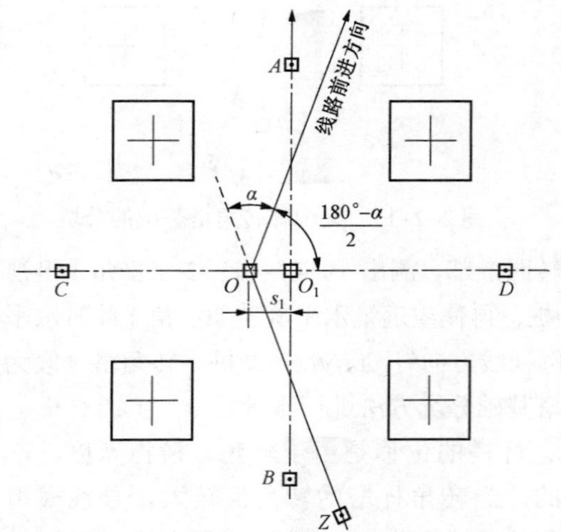

图 2-2-17 等长宽横担转角塔基础的分坑示意图

在望远镜正、倒镜的视线方向上钉 C、D 辅助桩；在线路转角的内角 OD 连线上，量取 $OO_1=s_1$，钉立转角塔位中心 O_1 桩，如图 2-2-17 所示。

将仪器移至 O_1 桩上，望远镜瞄准 D 桩，水平旋转 90°，在正、倒镜的视线方向上钉立 A、B 辅助桩。

最后，根据上述钉立的 A、B、C、D 四个辅助桩，按前述的铁塔基础的分坑方法进行施测。

b）不等长宽横担转角塔基础的分坑测量。图 2-2-18 所示不等长宽横担转角铁塔塔位中心桩位移图，外角横担长，内角横担短，塔位中心桩位移距离 s 按下式计算

$$s=\left(\frac{b}{2}+c\right)\tan\frac{\alpha}{2}+s_2 \tag{2-2-3}$$

$$s_2=\frac{1}{2}(L_2-L_1)$$

式中 s_2——悬挂点设计预偏距离；

L_1——转角杆塔短横担长度；

L_2——转角杆塔长横担长度；

b、c、α 的意义与前面相同。

对于图 2-2-18 所示的三相导线水平排列，且横担等宽转角杆塔的位移值按上式计算；当三相导线的横担宽度或悬挂点设计预偏距离各不相等时（如 A 字形转角杆、三角形转角塔），其位移方向和数值应以两侧直线杆塔上的控制相的转角最小为原则进行位移，或以各相转角最小为原则做平均位移。位移值计算后，其位移桩、辅助桩的测

量以及基础的分坑方法，与上述等长宽横担转角塔的施测方法完全相同。

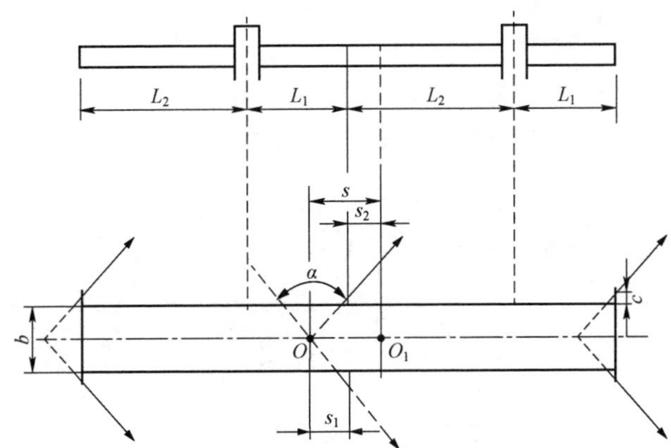

图 2–2–18 不等长宽横担转角塔塔位中心桩位移图

例：如图 2–2–18 所示，该线路转角为 60°，已知横担宽为 0.8m，长横担侧为 3.1m，短横担侧为 1.7m，绝缘子金具串挂线板长度为 0.1m。求杆塔中心桩位移值，并说明位移方向。

解：按题意求解，得

$$s_1=\left(\frac{b}{2}+c\right)\tan\frac{\theta}{2}=\left(\frac{0.8}{2}+0.1\right)\tan\frac{60^\circ}{2}=0.289\text{（m）}$$

$$s_2=\frac{a-b}{2}=\frac{3.1-1.7}{2}=0.7\text{（m）}$$

$$s=s_1+s_2=0.289+0.7=0.989\text{（m）}$$

答：向内角侧位移 0.989m。

3. 用皮尺分坑

各地在输电线路施工实践中，创造出很多简单实用的分坑方法。下面介绍一种用皮尺分坑的办法，可供参考。

（1）直线单杆分坑如图 2–2–19 所示。

1）用细铅丝将主、副桩的圆钉连成一线。

2）沿铅丝从主桩中心点量出 $a/2$，得前后 A、B 两点。a 为坑口边长。

3）将皮尺上 $0.5a$ 处与 A 点重合，$2.5a$ 处与 B 点重合。

4）拉紧皮尺，在皮尺 O 起点和 a、$2a$、$3a$ 处各插一个铁丝钎，并使 $4a$ 处与 O 点重合，即成一正方形。

5）沿皮尺方框四周撒石灰粉，在马槽处约留 50cm 的缺口。

6）量出马槽，撒石灰粉。

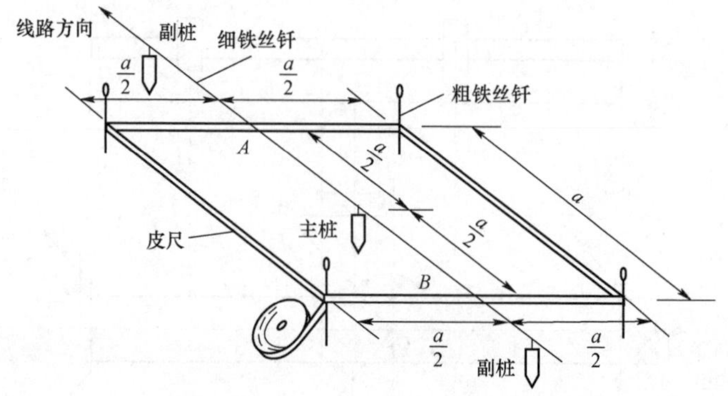

图 2–2–19 用皮尺分坑示意图

7）最后用铁锹沿灰粉线向内挖 10～15cm 深的一层面土。注意主、副桩均应保留，不应有移动，分坑挖土示意图如图 2–2–20 所示。

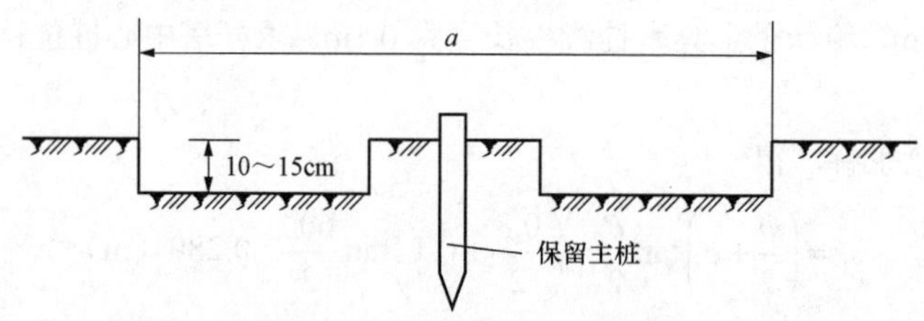

图 2–2–20 分坑挖土示意图

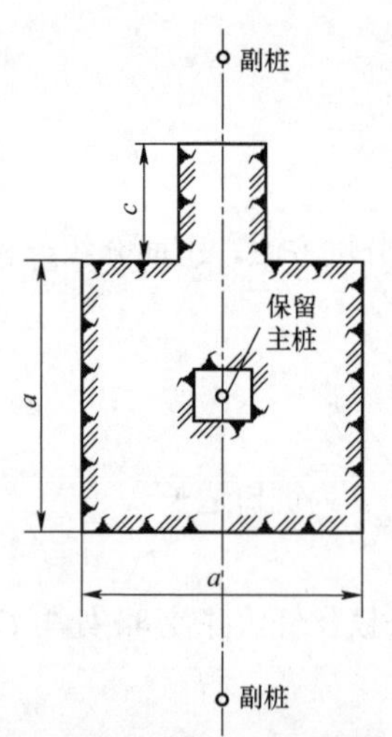

图 2–2–21 直线单杆分坑俯视图

8）分坑完成后，直线单杆分坑俯视图如图 2–2–21 所示。

（2）直线双杆分坑如图 2–2–22 所示。

1）用细铅丝将线路垂直方向的两边副桩，与中心桩的圆钉连接成一线。

2）从中心桩圆钉中心向两边各量出 $L/2$，即为两主坑中心。L 为双杆根开。

3）从中心桩圆钉向两边各量出（$L-a$）/2 与（$L+a$）/2，即得 A、B、C、D 四点。

4）将 A、B、C、D 四点以两只单杆坑看待，用上面单杆分坑方法即得双杆基坑。

5）马槽方向应配合立杆需要而定，可以向前或向后。

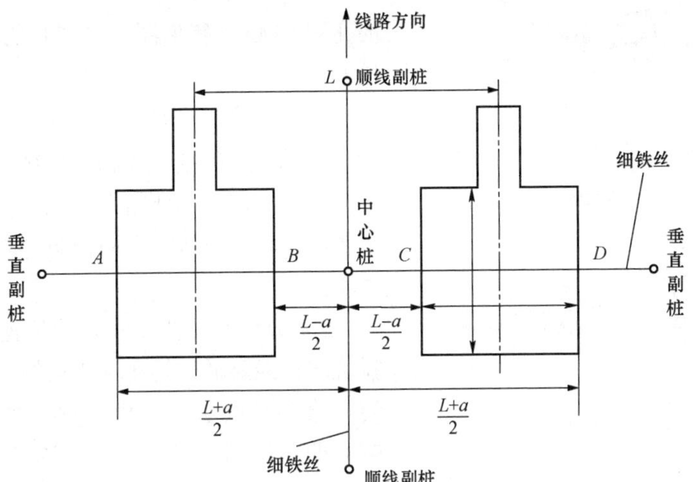

图 2–2–22　直线双杆分坑示意图

（3）拉线坑分坑如图 2–2–23 所示。

1）拉线坑是根据定位时的拉线方向副桩和坑位桩进行分坑的。无坑位桩时，可根据分坑图规定的尺寸，沿拉线副桩的方向量出拉坑位置。无拉线副桩时，则应根据杆型图或组装图上的拉线角度和安装高度，计算拉坑位置。拉坑的方向必须对准主杆中心。

2）图 2–2–23 为带四角拉线的单杆拉坑分坑图。分坑时，以主杆中心 *O* 和拉线副桩 *M* 或拉坑坑位桩 *A* 相连的直线为拉坑中心线。*B* 点为此线延长线上的一点，*AB*=坑宽 *b*。

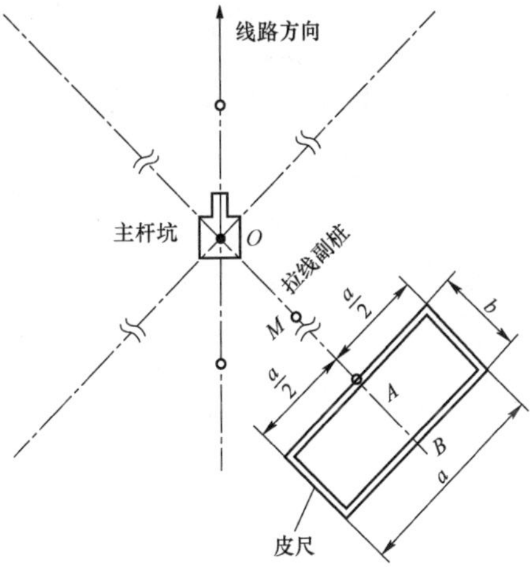

图 2–2–23　拉线坑分坑示意图

3）将皮尺 0.5*a* 处与 *A* 点重合，将（1.5*a*+*b*）处与 *B* 点重合。*a* 为拉坑坑口的长度，*b* 为坑口的宽度。

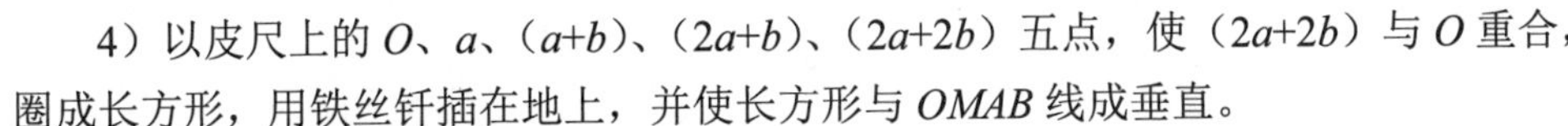

4）以皮尺上的 *O*、*a*、（*a*+*b*）、（2*a*+*b*）、（2*a*+2*b*）五点，使（2*a*+2*b*）与 *O* 重合，圈成长方形，用铁丝钎插在地上，并使长方形与 *OMAB* 线成垂直。

5）沿皮尺四周撒石灰粉，用铁锹挖去粉线内面土 10～15cm。

6）其余各拉坑的分坑分法相同。

7）拉坑一般不先开马槽，等到拉盘放入以后，在内边中心点处开一马槽式深沟，放入拉线棒。拉线棒的对地夹角应符合设计规定。

8）双杆拉坑的分坑方法，基本与单杆相同。但注意拉坑方向要对准相应拉线

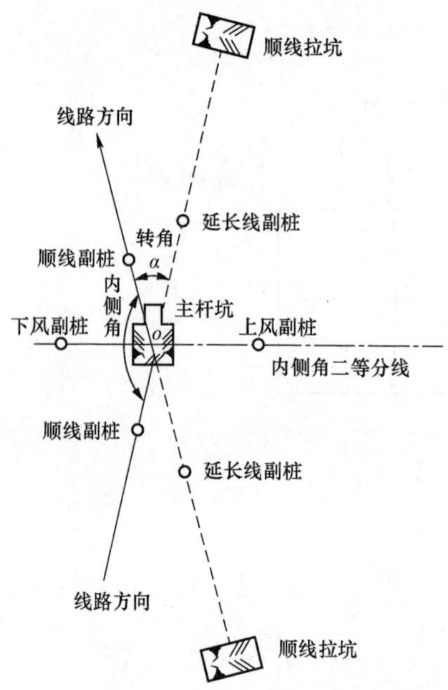

图 2–2–24 转角单杆分坑示意图

的主杆中心，参见图 2–2–11 的顺线拉坑副桩与拉坑。

（4）转角杆分坑。

1）以转角的内侧角二等分线为基线（即通称上风、下风的这一条线），杆坑必须与基线垂直，拉线方向应指向对应拉线的主杆中心。

2）分坑时应注意拉坑的位置，一般顺线拉坑应在线路通过转角中心点的延长线方向。转角合力拉线坑应在内侧角二等分线的反向侧（即上风侧）。设计另有规定时，应照设计图纸分坑。

3）图 2–2–24 为转角单杆分坑示意图。

4）图 2–2–25 为转角双杆分坑示意图。主坑中心至顺线拉坑中心的连线应与顺线延长线平行。设计另有规定时，应按照设计规定。

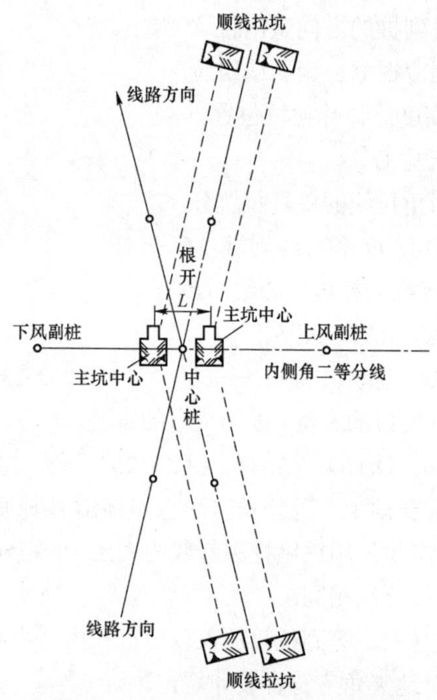

图 2–2–25 转角双杆分坑示意图

5）转角杆若为不等边横担，按照规定应先将原转角中心桩沿内侧角二等分线，向下风侧位移偏心距离 a，然后将新中心桩当作主桩进行分坑，不等边横担的转角杆如图 2–2–26 所示。偏心距离按式 $a=(L-l)/2$ 进行计算。式中 a 为偏心距离（由原转角中心应向下风侧偏移距离）。

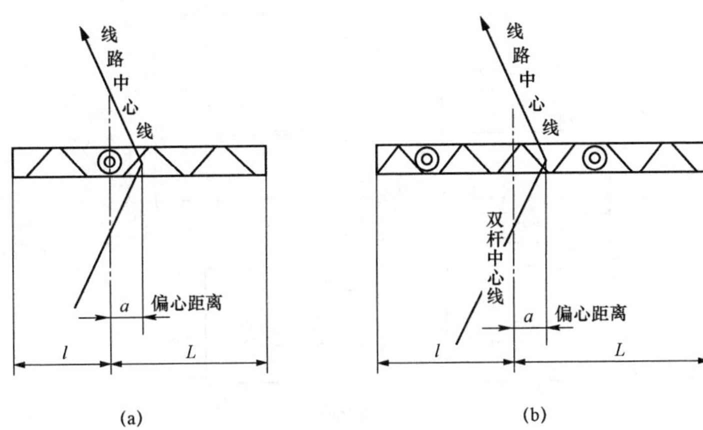

图 2–2–26　不等边横担的转角杆

（a）转角单杆；（b）转角双杆

（5）窄基础铁塔分坑示意图如图2–2–27所示。窄基础铁塔多为整体式基础（通称大块基础），分坑方法与直线单杆相同，不需要开马槽。

（6）宽基铁塔分开式基础分坑示意图如图 2–2–28 所示。

1）根据定位的顺线副桩和垂直副桩，在 OA、OB 线上量任一整数 y，得 A、B 两点。

2）以 $2y$ 长的皮尺，两端分别置 A、B 两点，手持皮尺中点，拉紧即得 C 点，连 OC 即为 45° 分角线。

3）同上面用经纬仪分方形铁塔基坑的方法，在 OC 线上量 OM 及 ON 距离，定出 M 及 N 两点

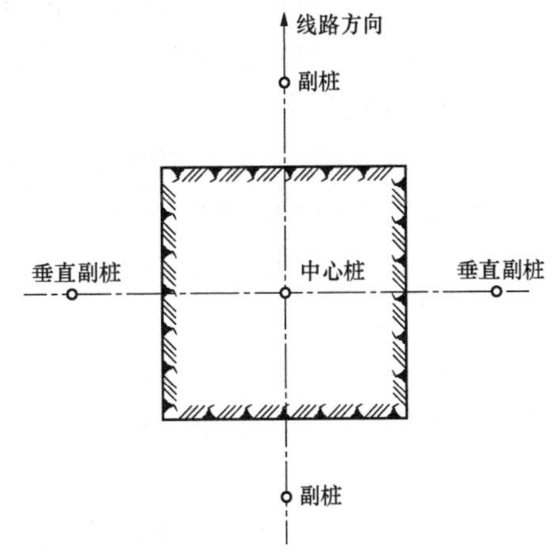

图 2–2–27　窄基础铁塔分坑示意图

$$OM=0.707(x+a)$$

$$ON=0.707(x-a)$$

式中　x ——塔腿根开或设计基坑中心间距离；

a ——基坑边长。

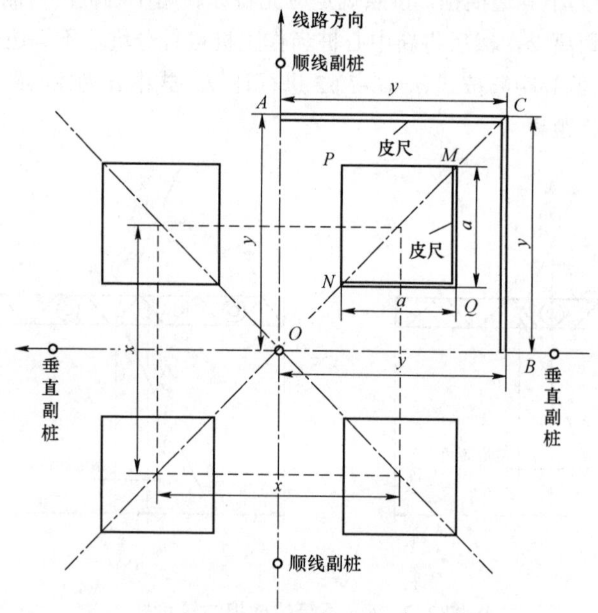

图 2-2-28 分开式铁塔基础分坑示意图

4）取 $2a$ 长皮尺，两端置 M、N 两点，拉紧皮尺的中点，即得 P、Q 两点。

5）取石灰粉沿 M、P、N、Q 画线并分坑。

【思考与练习】

1. 为什么要进行线路复测？其内容及注意事项是什么？
2. 怎样进行转角测量？
3. 杆塔定位的要求和方法是什么？
4. 分坑的要求和方法是什么？
5. 如何利用经纬仪进行正方形、矩形铁塔的分坑？并画出某正方形、矩形铁塔和带位移转角双杆基础分坑具体尺寸布置图，写出分坑步骤。

◢ 模块 3 杆塔基础操平找正和杆塔检查（Z05E1010Ⅲ）

【模块描述】本模块包含杆塔基础操平找正、钢筋混凝土电杆拨正及杆塔检查。通过概念描述和操作过程介绍、图表对比、计算举例，掌握杆塔基础操平找正、钢筋混凝土电杆拨正及杆塔检查的要求及方法。

【模块内容】

一、杆塔基础操平找正

基础的操平找正工作，按基础的不同型式一般分为混凝土杆基础、铁塔地脚螺栓基础和插入式基础等几种。

下面分别说明各种类型基础的操平找正方法。

（一）混凝土电杆基础

混凝土电杆基础分为单杆和双杆两类，一般都设有底盘，操平找正就是将底盘按设计要求放在坑底的正确位置，具体操作步骤如下。

1. 双杆基础

（1）检查坑深及坑底操平。

1）将仪器安置在杆位中心桩或中心桩前后的线路中心线上适当位置。

2）调整经纬仪（或水准仪）使视线水平，固定垂直度盘，量取仪器高。如图 2–3–1 所示，将塔尺竖立于坑底，以中心桩处基面为准，塔尺上的读数 H 按下式计算。

$$H=s+h \qquad (2\text{–}3\text{–}1)$$

式中　s——视线高（中心桩处基面至水平视线的垂直距离，当仪器安置在中心桩上时，视线高等于仪器高 i，即 $s=i$）；

h——设计坑深加上底盘厚度。

3）将塔尺立于两基础坑内的四角及中心进行操平。按计算出的 H 值，若仪器水平视线与塔尺上 H 值处重合，则表示坑深满足设计要求并且坑底平整。

4）操平时，如果塔尺上的 H 值处高于水平视线时，表示坑深不够，应再挖至标准位置；如果塔尺上的 H 值处低于水平视线，则表示坑深超过要求的深度。

基础坑深度的允许误差为+100mm、50mm，坑底应平整，同基基础坑在允许误差范围内按最深一坑进行操平。基础坑深度超过规定值在 100～300mm 之间时，超深部分以填土夯实处理；深度超过规定值在 300mm 以上时，其超深部分以铺石灌浆处理。

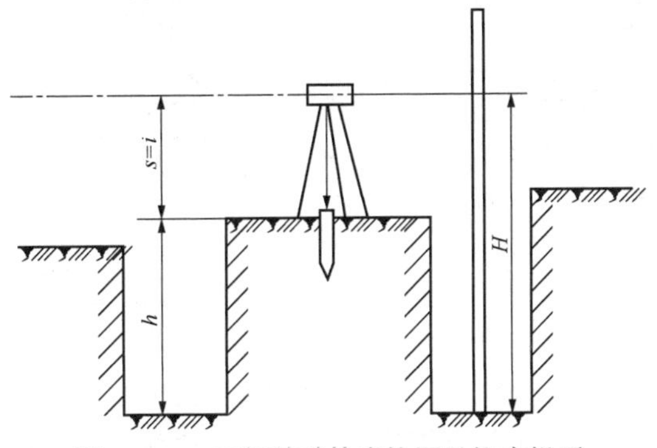

图 2–3–1　双杆基础检查坑深及坑底操平

（2）底盘找正。

1）将底盘画好中心线并确定中心点，然后放入坑内，进行找正。

2）仪器安置在杆位中心桩上，前视或后视相邻杆塔位中心桩，水平度盘对零。然后仪器转90°，在此方向线上，两基础坑的外侧各钉一辅助桩。

3）在两辅助桩上拉一细铁线，以中心桩为零点，用钢尺在线上向两侧各量1/2根开距离，并画一记号。

4）在记号处悬吊一垂球，垂球尖端应为底盘的中心位置。移动底盘使盘中心与垂球尖端对准即可。

5）底盘找正后，应再进行操平，若有误差，则再进行调整及找正，直至两底盘找正并且处于同一深度为止。

2. 单杆基础

单杆的杆位中心桩就是杆本身的中心位置，在分坑时已将中心桩移出，在线路方向适当距离钉有两个辅助桩，以便控制中心桩的位置。单杆的操平找正方法和双杆基本相同，操平找正时，可参照双杆的操平找正方法进行操平找正。

（二）地脚螺栓基础

地脚螺栓基础有等根开和不等根开基础两种，它们的操平找正方法基本相同。不同的是进行找正时，等根开基础用的是地脚螺栓内对角线找正，而不等根开基础用的是外对角线找正，地脚螺栓基础找正如图2–3–2所示。其他的操平找正方法及步骤基本相同。下面以等根开基础为例，说明地脚螺栓基础的操平找正方法。

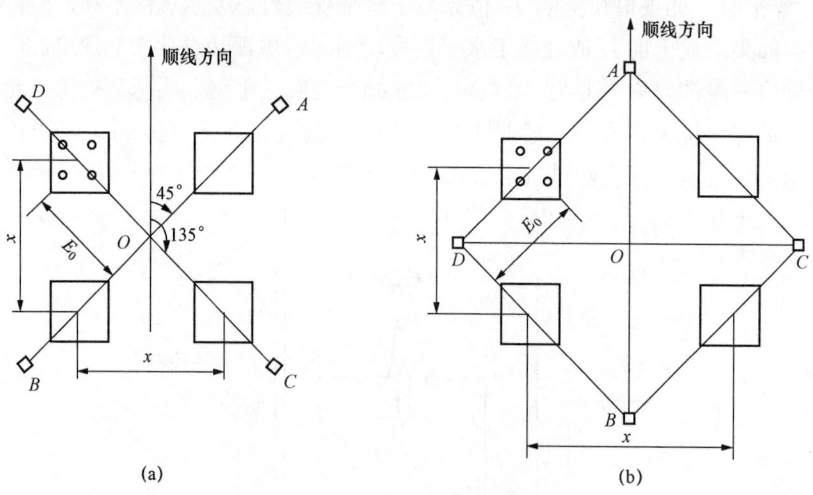

图2–3–2 地脚螺栓基础找正

（a）内对角线找正；（b）外对角线找正

1. 底盘模板找正

（1）安置仪器于塔位中心桩 O 点，在与线路中心线成45°、135°的方向，分别钉出四个水平桩 A、B、C、D。水平桩顶部要求高出地脚螺栓5～10cm。

（2）对四个基础坑按混凝土杆基础坑的操平方法进行操平。但基础坑深度误差超过+100mm时，其超深部分以铺石灌浆处理，并将四坑基础中心位置找出。

（3）地脚螺栓基础模板如图2–3–3所示，将底盘模板放入基坑内，对成正方形并且固定。在模板四边中点各钉一小钉，用线绳拉成十字，十字交点为底盘模板的中心位置。

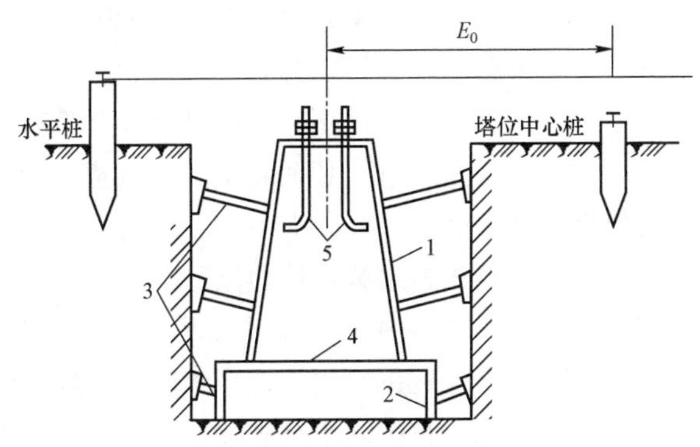

图2–3–3　地脚螺栓基础模板

1—立柱模板；2—底盘模板；3—模板撑木；4—固定立柱模板的横木；5—地脚螺栓

（4）将四个水平桩顶的小钉，用细铁线A与B、C与D分别相连，并拉紧固定。

（5）用钢尺从水平桩上两条铁线的交点（即塔位中心桩 O 点）起，沿铁线量至坑口中心距离 $EO=0.707x$，画一个找正用的标记。

（6）底盘模板找正时，在标记处悬吊垂球，移动和调整底盘模板，使中心对准垂球尖，并使底盘模板的对角线与铁线的方向一致。多阶梯的模板找正方法相同。

2. 立柱模板找正

（1）调整立柱模板下口的中心位置，使之与底盘模板中心相重合，并用撑木固定。

（2）找正立柱模板上口位置同底盘模板找正基本相同。找正时调整撑木，使上口中心与垂球尖端重合，并使上口对角线与铁线方向一致。

（3）模板安装完后应检查立柱模板的垂直度，并检查四个基础立柱模板上口中心的相互距离，对角线距离及基础顶面高差等项，使它们与规定的数据相符合。

（4）地质较好时，可不用底模，将阶梯或立柱用垫块支承，找正方法相同。

3. 地脚螺栓找正

地脚螺栓找正大多采用小样板法找正。

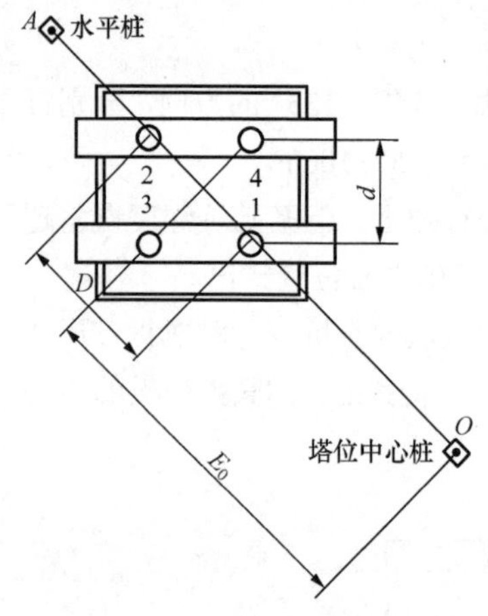

图 2–3–4 小样板找正

小样板找正方法如图 2–3–4 所示，小样板是用两条木板，按地脚螺栓的规格，基础主柱对角线以及地脚螺栓相互间的距离 d，对角线距离 D 做成的样板。利用小样板进行地脚螺栓找正的步骤如下：

（1）将地脚螺栓套入小样板内，并放在立柱模板上。检查并校正，使水平桩上两铁线相交点与塔位中心桩上小钉在同一铅垂线上。

（2）以两铁线的相交点为零点，用钢尺在 OA 铁线上量距离 $E_0+0.5D$、$E_0-0.5D$（D 为地脚螺栓对角线距离），得 1、2 两点。

（3）找正时，使对角线上两地脚螺栓中心分别与 1、2 点在一铅垂线上。再调整 3、4 螺栓，使 3 到 2、4 和到 1 地脚螺栓距离都等于 d。

按以上办法找正另外三个小样板上地脚螺栓的位置。

（4）地脚螺栓找正完后，对四个主柱的小样板操平，力求在同一平面上。然后用钢尺测量，使各个基础地脚螺栓相互间的距离、四个基础地脚螺栓相互间的距离和各个地脚螺栓的位置都符合设计要求。再把四个小样板固定在立柱模板上。

（5）小样板固定后，按基础立柱标高测出基础面应在的位置，并作记号。然后按此记号适当调整各地脚螺栓，露出基础面的长度不能小于设计要求，并使它们处于同一高度。如果设计的转角塔等有内角基础面抬高的要求时，其坑底标高、基础面及地脚螺栓相应要抬高。

（三）插入式基础

插入式基础种类较多，有浇制和预制装配式、等根开和不等根开、等高腿和不等高腿基础等。它们的操平找正的方法基本相同，但各有自己的特点。现以浇制式为主，介绍插入式基础的操平找正方法。

1. 浇制式基础

（1）坑底和垫块操平找正。

1）按混凝土杆的操平方法操平坑底，超深部分处理按地脚螺栓基础。然后将混凝土垫块放入坑内，并在垫块中心作一标记以便找正。

2）垫块操平找正如图 2–3–5 所示，在塔位中心桩安置仪器，测量出对角线方向，在坑外侧钉辅助桩 A、B、C、D。

3）从中心桩 O 点到各辅助桩拉一钢尺，在塔脚半对角线处（坑位中心 EO 处）悬吊垂球，移动垫块使其中心与垂球尖端对准。

4）四个基础坑的垫块找正好后进行操平，使垫块均在同一水平面上。

（2）塔脚操平找正。

1）塔脚操平找正如图 2–3–6 所示，将塔腿上部第一层塔材组装好，然后进行塔腿的操平找正。

2）找正时，先在各塔腿主材位于基础面半根开处作一印记 E、F、G、H。经纬仪安置在中心桩 O 点，将 E、F、G、H 点控制在对角线上，并用钢尺测量，使任一面相邻两塔腿印记间的距离符合图纸尺寸要求。若不满足要求，则应拨动塔脚调整到正确位置。

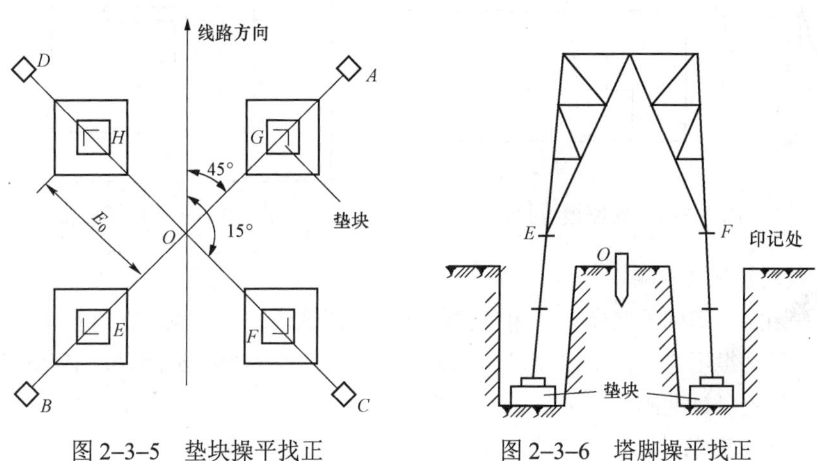

图 2–3–5　垫块操平找正　　　图 2–3–6　塔脚操平找正

3）各塔脚找正后，在四个塔腿的同一高度处（或印记处）沿塔腿拉一钢尺，将仪器镜头调平，测量各塔腿高差，直至使四个塔腿处于同一平面上或不超过允许误差为止。

4）找正塔腿位置或调整塔腿高差时，各塔腿互相有影响。因此每次找正或调整后必须全部复查一次。

（3）模板找正。插入式基础的底模板和立柱模板位置是根据塔脚主材位置决定的。

底座模板找正如图 2–3–7 所示，底座模板找正首先应算出 e 值，测量出四个 A 点位置并拉线绳，使线绳与塔脚的两边相切，然后将四个底模板操平。即

$$e=0.5L+h\cdot M-d \qquad (2\text{–}3\text{–}2)$$

式中　L——底座模板上口尺寸；

h——垫块顶面至底模上口的高度；

d——角钢准距；

M——塔腿设计坡度比，$M=X_1/X_2$。

立柱模板找正如图 2–3–8 所示，立柱模板上口的找正与底座模板找正一样。它的 e 值是 1/2 的立柱模板上口宽减去角钢准距。

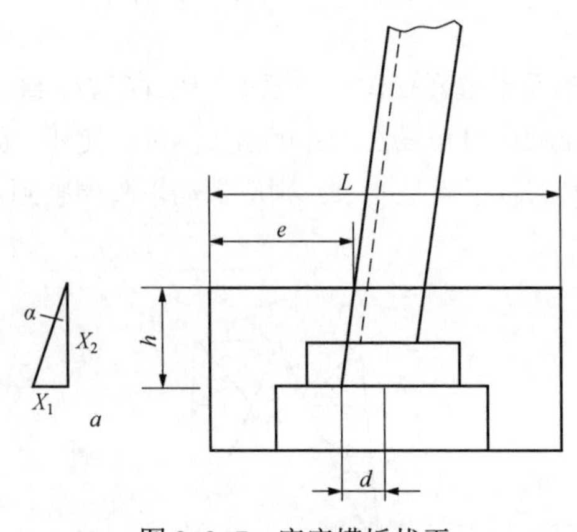

图 2–3–7 底座模板找正

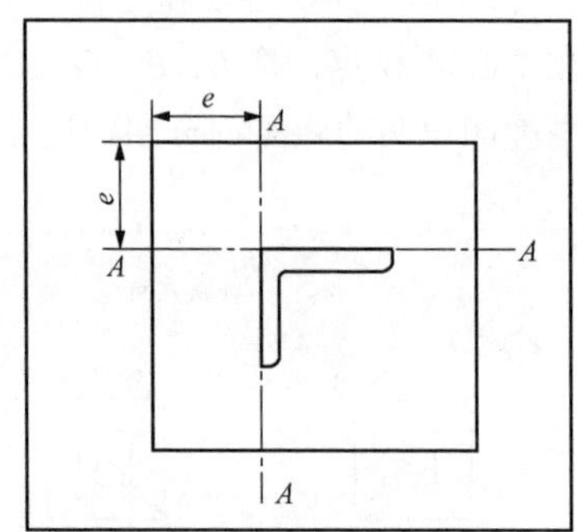

图 2–3–8 立柱模板找正

2. 预制装配式基础

预制装配式基础的底座一般用角钢或混凝土预制块装配而成。在进行拨正或调整高差时，移动很不方便，所以要求在坑底操平或下底座时要仔细测量。必须使坑底平整且底座位置尽量准确。

3. 不等根开基础

不等根开基础的塔腿部正侧两面的根开数不同，找正时很容易弄错。所以，操平找正时要作出明显的标记，并做到随时检查。

4. 不等高塔腿基础

因不等高塔腿基础的长腿坑中心斜距离与短塔腿中心斜距离不相等，所以坑底根开和对角线也不相等，下垫块或底座时应特别注意。找正时因长短腿基础处印记不在同一高度，可以从长短腿上端同一位置的螺丝孔往下量同一距离作印记进行拨正。

以上预制装配式基础、不等根开基础及不等高塔腿基础的操平找正方法，与浇制式基础有关部分的操平找正方法基本相同，可按相应的方法进行操平找正。

关于基础的操平找正，应严格达到准确无误。但是实际操作时，由于各方面因素的影响，不可能达到十分准确。所以在不影响工程质量的前提下，在规范中定出了允许误差值。

表 2–3–1 列出了整基铁塔基础尺寸施工允许误差值，施工时应按要求执行。

表 2-3-1　　整基基础尺寸施工允许偏差

项目		地脚螺栓式		主角钢插入式		高塔基础
		直线	转角	直线	转角	
整基基础中心与中心桩间的位移（mm）	横线路方向	30	30	30	30	30
	顺线路方向		30		30	
基础根开及对角线尺寸（‰）		±2		±1		±0.7
基础顶面或主角钢操平印记间相对高差（mm）		5		5		5
整基基础扭转（′）		10		10		5

注　1. 转角塔基础的横线路方向是指内角平分线方向，顺线路方向是指转角平分线方向。

2. 基础根开及对角线是指同组地脚螺栓中心之间或塔腿主角钢准线间的水平距离。

3. 相对高差是指抹面后的相对高差。转角塔及终端塔有预偏时，基础顶面相对高差不受 5mm 的限制。

4. 高低腿基础顶面标高差是指与设计标高之比。

5. 高塔是指按大跨越设计，塔高在 80m 以上的铁塔。

二、钢筋混凝土电杆拨正及杆塔检查

（一）钢筋混凝土电杆拨正

钢筋混凝土电杆（以下简称电杆），按照不同材料、种类和使用条件，设计成多种型式，有带拉线的和不带拉线的单杆、A 型杆、门型杆。图 2-3-9 是拉线单杆，图 2-3-10 是 A 型拉线杆，图 2-3-11 是门型拉线杆，另外还有主杆带有外斜坡度 A 型拉线杆（见图 2-3-12）等。这里只介绍一般常用的门型杆拨正方法。

门型杆用作直线杆也用作转角、耐张杆，但设计强度不同。当门型杆用于大转角时，在转角外侧还另设有拉线（见图 2-3-11）。

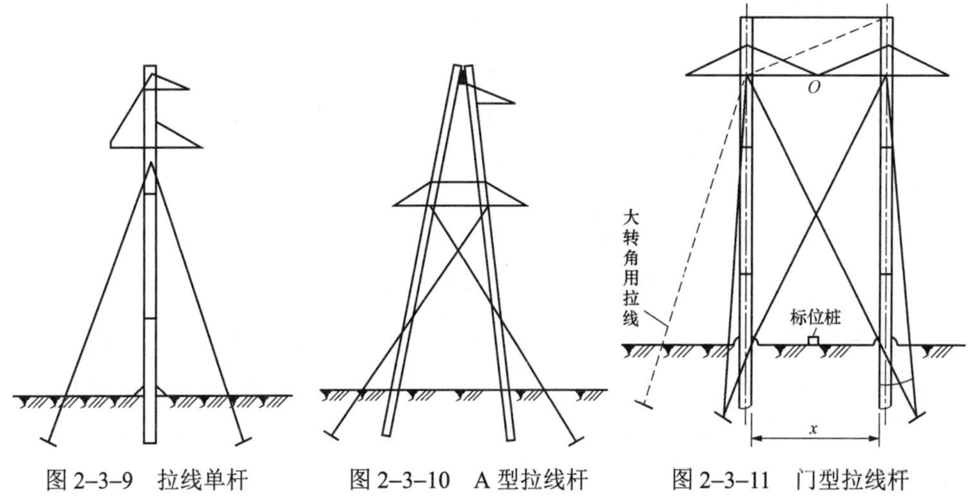

图 2-3-9　拉线单杆　　图 2-3-10　A 型拉线杆　　图 2-3-11　门型拉线杆

1. 门型直线杆拨正

（1）下底盘。下底盘之前，应先检查坑深，使其符合设计数据，而后将底盘下到坑内。

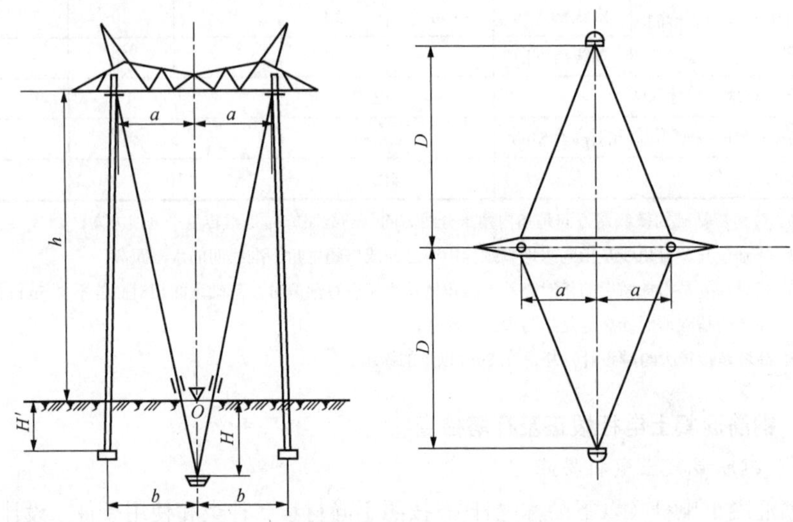

图 2-3-12 主杆带有外斜坡度 A 型拉线杆

底盘的拨正方法是，在杆位桩左右两侧（垂直线路方向）测钉辅助桩 B、C，如图 2-3-13 所示，并使桩顶在同一水平面上。在桩顶小钉上绑上拉线，根据两底盘中心间距离 x（即设计根开），在线绳上悬挂垂球，当垂球静止时，拨动底盘中心对准垂球尖端，底盘即处于正确位置。而后再操平底盘。

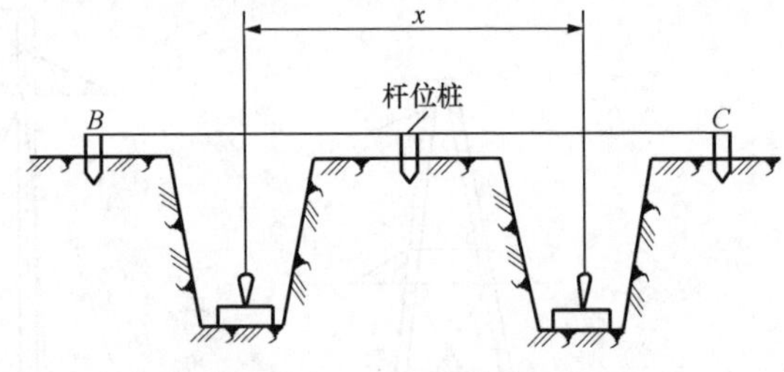

图 2-3-13 门型直线杆正面拨正

（2）拨正。经纬仪安置在线路中线辅助桩上，望远镜瞄准杆位桩，当杆立起之后，拨动杆身，使横担中点 O 和杆的根开 x 中点与望远镜视线恰巧重合（见图 2-3-11），则杆的正面即拨正。再将仪器移到杆的侧面 C 辅助桩上，如图 2-3-14 所示，望远镜瞄准 C 辅助桩，拨动杆身，使望远镜十字竖线平分杆身，并使两杆正相重合，则侧面即拨正。拨正侧面有时影响正面，所以拨正侧面之后，还要检查正面是否有偏差，直至正、侧面都拨正为止。

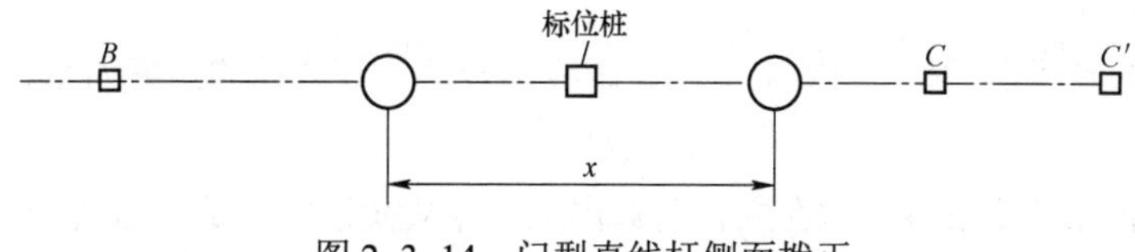

图 2–3–14　门型直线杆侧面拨正

2. 门型转角杆拨正

门型转角杆（见图 2–3–11）的拨正方法与门型直线杆基本相同，所不同的是，门型杆位置在线路转角 θ 的二等分线 FF 的垂直线 GG 线上，门型转角杆拨正如图 2–3–15 所示。如转角杆无位移距离时，两个杆对称立在转角桩两侧。在拨正杆的正面时，仪器安置在 FF 线上，拨正杆的侧面时仪器安置在 GG 线上。这样，拨正及观测方法就和门型直线杆相同了。

3. 倾斜门型转角杆拨正

倾斜门型转角杆拨正如图 2–3–16 所示，当杆组立后，杆结构要向转角外侧倾斜一个角度 θ（按设计规定），所以转角外侧坑要比转角内侧坑深一些，而使受拉侧杆稳定。如图 2–3–16 所示，设转角内侧坑深为 h，转角外侧坑深为 h_1，则

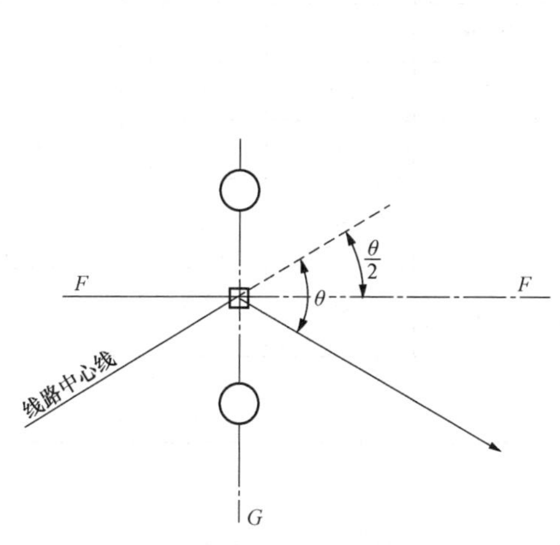

图 2–3–15　门型转角杆拨正

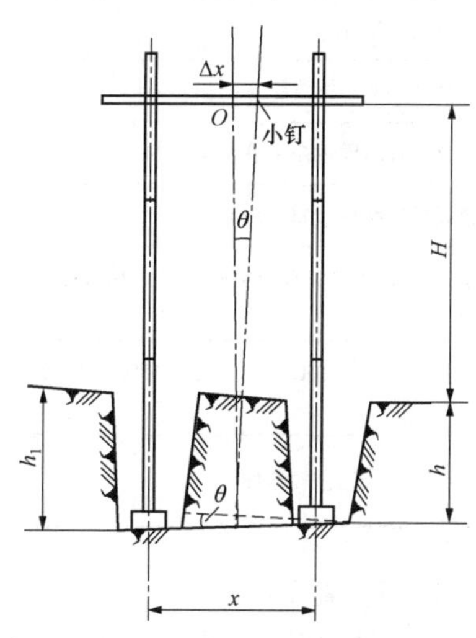

图 2–3–16　倾斜门型转角杆拨正

$$h_1=h+x\tan\theta \tag{2-3-3}$$

式中　x——杆根开；

θ ——杆结构倾斜角。

下底盘之前，应先检查坑深 h、h_1，要使其符合设计数据，才能保证杆结构倾斜θ角。

杆结构倾斜了θ，那么，横担中点偏离线路转角二等分线的距离为Δx，即

$$\Delta x=(H+h)\tan\theta \tag{2-3-4}$$

为了拨正和检查方便，常在立杆前算出Δx，并从横担中点量出Δx距离处钉一小钉或划记号作为标志。拨正杆的正面时，仪器安置在线路转角二等分线上，望远镜瞄准转角桩。当杆起立时，望远镜仰视横担。此时，拨动杆身使横担上小钉或记号与视线恰相重合，则杆结构即倾斜了θ，这样杆正面即拨正完毕。侧面拨正方法与门型转角杆相同。

（二）混凝土杆检查

为保证质量，杆组立后，要进行下列各项检查，杆塔组立后的安装尺寸允许误差表参见表2–3–2。

表2–3–2　杆塔组立后的安装尺寸允许误差表

误差名称	电压等级（kV）			
	110	220～330	500	高塔
电杆结构根开	±30mm	±5‰	±3‰	
电杆结构面与横线路方向扭转（即迈步）	30mm	1%	5‰	
双立柱杆塔横担在主柱连接处的高差（‰）	5	3.5	2	
直线杆塔结构倾斜（‰）	3	3	3	1.5
直线杆塔结构中心与中心桩之间横线路方向位移（mm）	50	50	50	
转角杆塔结构中心与中心桩之间横、顺线路方向位移（mm）	50	50	50	
等截面拉线塔主柱弯曲	2‰	1.5‰	1‰，最大300mm	

1. 门型直线杆检查

（1）结构根开检查。检查实测杆的根开是否与设计根开数据相符合。

（2）结构倾斜检查。杆结构倾斜有两种情况：一种是杆结构横线路倾斜，另一种是杆结构顺线路倾斜。

杆结构横线路倾斜的检查方法如图 2–3–17 所示，经纬仪安置在线路中线上，使望远镜视线瞄准横担中点 O，然后俯视根开中点 O_1，如视线恰与 O_1 重合，这说明杆正面没有倾斜；如不重合，而视线偏于 O_2，量出 O_1 与 O_2 间的距离 Δx，Δx 即为横线路倾斜值。

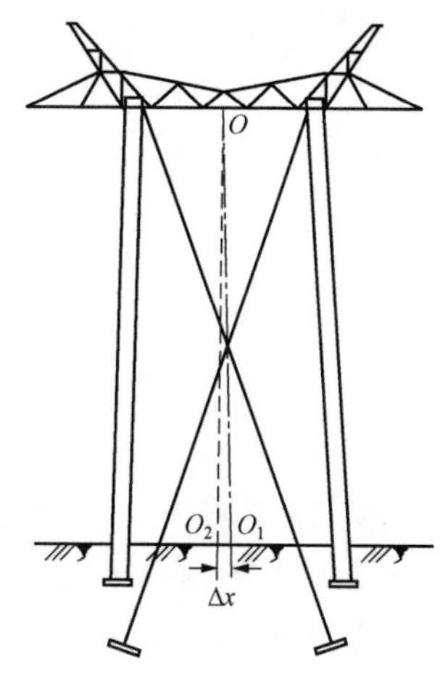

图 2–3–17　横线路倾斜的检查

杆结构顺线路倾斜的检查方法如图 2–3–18 所示，经纬仪安置在线路垂直方向 C_1 补助桩上，使望远镜视线平分横担处之杆身，然后俯视杆根，如视线仍平分杆根，则无倾斜，要视线偏于 a 点，量出视线与杆根中线间距离 y_1，则 y_1 即为顺线路一侧杆的倾斜值。经纬仪移置于杆的另一侧，依同法测出倾斜值 y_2，则

顺线路倾斜值

$$\Delta y=(y_1-y_2)/2 \tag{2-3-5}$$

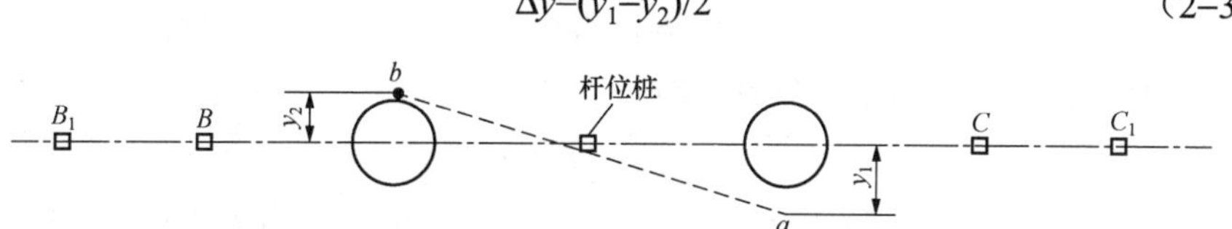

图 2–3–18　杆结构顺线路倾斜的检查

如偏值在同侧，则相加除以 2。

$$杆的结构倾斜值=\sqrt{\Delta x^2+\Delta y^2}\ /\ H \tag{2-3-6}$$

式中　H——杆的呼称高。

（3）结构在线路中心线垂直面内的扭转（即迈步）检查。如图 2–3–19 所示，杆组立后，两杆应对称地位在杆位桩的两侧，也就是说，两杆中心的连线通过杆位桩垂直线路中线。如不垂直时，则一杆在前，一杆在后。所谓迈步是一种形象的说法，就像人走路一样，一脚在前，一脚在后。

结构在线路经纬仪安置在垂直线路方向 C_1 辅助桩上，望远镜瞄准 C 辅助桩，然后观测杆根中心线是否与视线相重合，如不重合时，应量出视线与杆根中心线的垂直距离 D_1；再将仪器移到杆的另一侧，仪器安置在 B_1 辅助桩上，望远镜瞄准 B 辅助桩，依同法测出 D_2，则电杆结构在线路中心线垂直面内的扭转。

$$D=D_1-D_2 \tag{2-3-7}$$

（4）结构中心与中心桩（杆位桩）位移的检查。如图 2–3–20 所示，杆的结构中心 O 应与中心桩相重合，如不重合，则出现结构中心向横线路或顺线路方向位移。

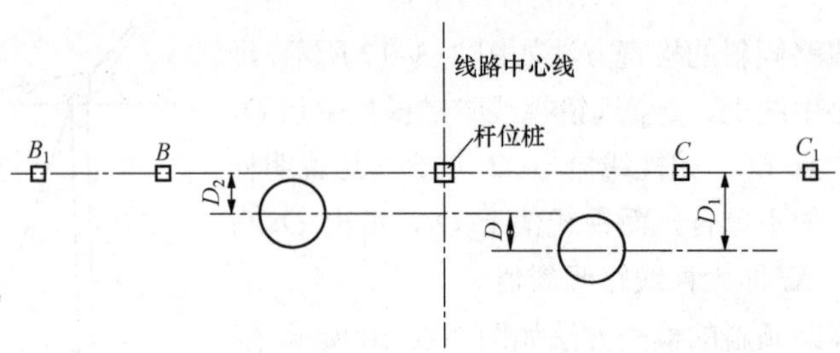

图 2-3-19 结构在线路中心线垂直面内的扭转检查

横线路位移的检查。如图 2-3-20 所示，将经纬仪安置在线路中线辅助桩上，望远镜视线瞄准杆位桩，如视线不与杆的实际根开中点 O 相重合，量出线路中线与 O 点间的垂直距离Δx，Δx 就是横线路位移距离。

顺线路位移的检查。将仪器安置在杆位桩两侧的辅助桩上，按照迈步检查方法测出线路垂线至杆中心的垂直距离 D_1、D_2，则顺线路位移距离

$$\Delta D=(D_1+D_2)/2 \tag{2-3-8}$$

如果 D_1、D_2 在杆位桩的两侧时，则

$$\Delta D=(D_1-D_2)/2$$

另一种简便检查方法是不用经纬仪，如图 2-3-20 所示，在杆的根部用线绳绕成∞字形，绳的交点 O 即是杆结构中心。如 O 点不与杆位桩重合，自 O 点起向线路垂线和线路中线可以直接量出Δx、ΔD 位移距离。

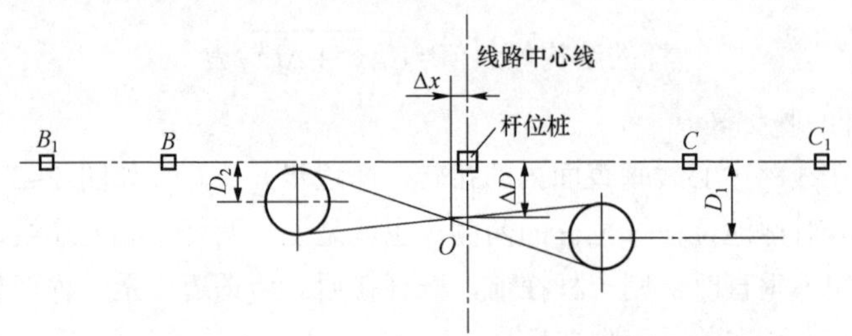

图 2-3-20 结构中心与中心桩位移的检查

（5）横担歪扭检查。横担歪扭检查和铁塔横担歪扭检查方法相同。

2. 门型转角杆检查

门型转角杆的检查项目和方法，基本上与门型直线杆相同。检查时仪器安放的位置也和拨正时一样，要安置在线路转角二等分线和二等分线的垂直线上。

安放的位置也和拨正时一样，要安置在线路转角二等分线和二等分线的垂直线上。

3. 倾斜门型转角杆检查

倾斜门型转角杆，要检查杆结构正面倾斜角θ是否符合设计数值（见图 2–3–16）。

检查时，仪器安置在线路转角二等分线上，望远镜瞄准转角桩（无位移转角），然后上视横担，如视线正与横担上原来钉的小钉或记号重合（也可直接量视线与横担中点间的距离），则说明杆结构倾斜角符合设计距离，并根据此距离计算出倾斜角，然后以计算角度与设计角度比较，求出其误差值。

假设实测横担中点与视线间距离为Δx，计算角度为θ，则

$$\theta' = \tan^{-1}\frac{\Delta x}{H+h} \qquad (2\text{–}3\text{–}9)$$

其他检查项目和方法与门型转角杆相同，但不检查横担高差。

（三）铁塔检查

这里只介绍杆塔组装后杆塔结构的检查项目和检查方法。关于质量标准应按有关技术规范的规定，参见表 2–3–2。

铁塔检查的主要项目包括结构根开及对角线、结构倾斜、横担扭转三项。

1. 结构根开及对角线的检查

检查时，用钢卷尺量度塔脚实际根开及对角线距离，看它是否与设计数据相符合，如果不符合，其误差应不超过技术规范的规定。对于全方位铁塔，由于各接腿不等长，各基础顶面高差较大，用钢卷尺量度塔脚实际根开和对角线距离困难，可采取通过量取塔腿底脚螺栓中心至塔位中心桩之间的斜距，并用水准仪或经纬仪量取两点间的高差，用勾股定理计算对角线距离和根开距离。

2. 结构倾斜检查

经纬仪安置在线路中线和通过塔位中心桩的线路垂线方向上（转角塔仪器安置在线路转角二等分线和二等分线的垂线上），也可以在铁塔的正面及侧面透视前后主材、斜材，如相重合时，在此方向上估略确定安置仪器的位置。仪器距塔的距离为 60～70m。

图 2–3–21 是铁塔的正面图，图中 a、b、c 分别为正面横担、平口、接腿的中点。图 2–3–22 为铁塔结构倾斜检查，图中 a、b、c 分别为横担、平口、接腿横断面中心点。如果铁塔结构无倾斜现象时，仪器在塔的四侧观测 a、b、c 和 a、b、c 时，各应在一条竖直线上。如不在一条竖直线上，则说明结构有倾斜现象。下面介绍两种检查方法。

（1）铁塔接腿、平口有水平交叉斜材时，铁塔结构倾斜检查如图 2–3–22 所示。仪器安置在线路中线上，望远镜瞄准横担横断面中心点 a，固定度盘，然后俯视接腿 c 点，如视线不与 c 点重合，而落于 c_1 点上。量出 c 至 c_1 间的距离Δx，Δx 即是铁塔正面

向 AB 侧的倾斜值。再将仪器移到铁塔的侧面（通过塔位中心桩与线路中线的垂线上），望远镜瞄准横担中心点 a，固定度盘，然后俯视接腿 c 点，如视线不与 c 点重合，而偏于 c_2，量出 c 与 c_2 间的距离 Δy，Δy 就是铁塔向 AD 侧的倾斜值。整基铁塔结构倾斜值按下式计算

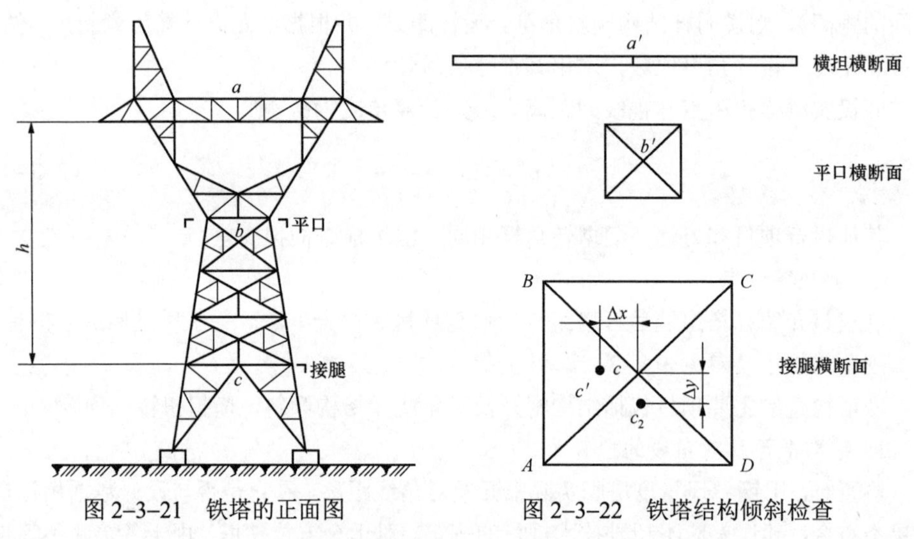

图 2-3-21 铁塔的正面图　　图 2-3-22 铁塔结构倾斜检查

$$铁塔结构倾斜值=\sqrt{\Delta x^2+\Delta y^2}\ /\ h \quad (2\text{-}3\text{-}10)$$

式中　h——自横担中心至接腿中心的垂直距离。

（2）铁塔结构在平口、接腿处没有水平交叉斜材时，其中点是不易找到的，分别测出铁塔四侧的倾斜值，以平均值法计算出整基铁塔结构倾斜值。整基铁塔结构倾斜值如图 2-3-23 所示，仪器分别安置在铁塔正面前后位置上，望远镜瞄准横担中点 a，然后俯视接腿水平铁中点 c，如视线都不与 c 点重合而偏于 c_1、c_2，量出其偏差值 d_1、d_2；再将仪器移到铁塔的两侧，依同法测出其侧面偏差值 d_3、d_4，依下列各式计算正、侧面及整基铁塔结构的倾斜值。

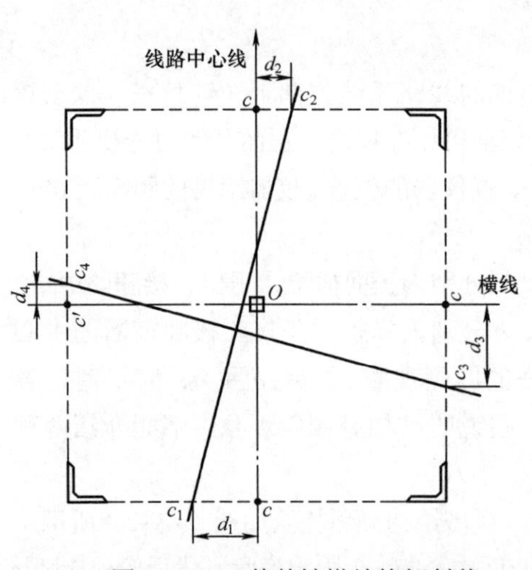

图 2-3-23 整基铁塔结构倾斜值

正面倾斜值

$$\Delta x=(d_1-d_2)/2 \tag{2-3-11}$$

侧面倾斜值

$$\Delta y=(d_3-d_4)/2 \tag{2-3-12}$$

当偏差值在接腿中点同侧时，结构倾斜值应相加除以 2。整基铁塔结构倾斜值按公式（2–3–10）计算。

例：如图 2–3–23 所示，设测得的 d_1 为 30mm，d_2 为 10mm，d_3 为 26mm，d_4 为 10mm，横担至接腿中心间的垂直距离 h 为 12.8m。试求整基铁塔结构的倾斜值。

解：按式（2–3–10）及式（2–3–11）、式（2–3–12）计算，则

$$\Delta x=(d_1-d_2)/2=(30-10)/2=10\text{（mm）}$$

$$\Delta y=(d_3-d_4)/2=(26-10)/2=8\text{（mm）}$$

整基铁塔结构的倾斜值

$$=\sqrt{\Delta x^2+\Delta y^2}\ /\ h$$

$$=\sqrt{10^2+8^2}\ /\ 12800=0.001$$

转角塔和非转角塔结构倾斜的允许值为3/1000，而该塔的倾斜值为1/1000，是符合质量要求的。

3. 横担歪扭检查

横担歪扭检查是检查横担与铁塔结构面的歪扭情况。在测铁塔结构倾斜的同时，在正面测横担两端的高差，在侧面测量横担两端的扭转距离。

图 2–3–24 为横担歪扭检查方法。图 2–3–24（a）是从仪器望远镜里看到的检查横担的形象。在检查时，仪器安置在铁塔正面，使望远镜十字线交点对准横担一端 M 点；仰角不变，转动经纬仪，使望远镜十字线交点对准横担另一端 M，如 M 仍与十字线交点相重合，则说明横担是水平的，如不重合时，测出其两端相对高差Δh。仪器移置在铁塔侧面，如图 2–3–24（b）所示，使望远镜十字竖线对准横担一端 M，如另一端 M 与十字竖线重合，则说明横担不歪扭，如不重合，应测出其歪扭距离 d。横担歪扭值按下式计算

$$\text{横担歪扭值}=\sqrt{\Delta h^2+d^2}\ /\ L \tag{2-3-13}$$

式中 L——横担长。

例：如图 2–3–24 所示，设测得Δh 为 20mm，d 为 18mm，L 为 8m。求横担歪扭值。

解：将上列数据代入式（2–3–13），则

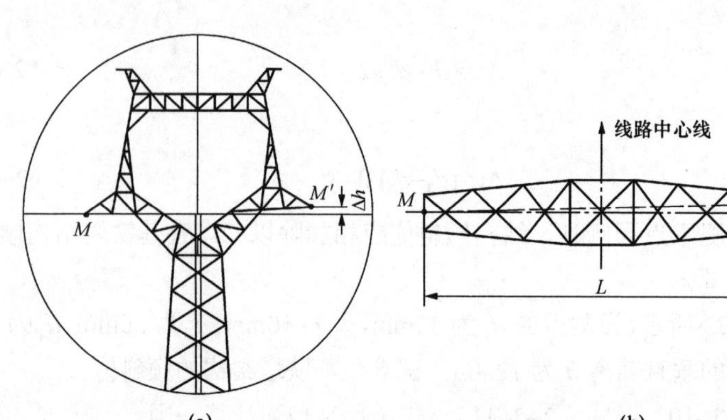

图 2-3-24 横担歪扭检查

（a）检查横担水平；（b）检查横担歪扭

$$横担歪扭值=\sqrt{\Delta h^2+d^2}/L=\sqrt{20^2+18^2}/8000=0.003$$

横担歪扭允许值规定为 5/1000，在上例中歪扭值为 3/1000，在允许范围内，认为合格。

【思考与练习】

1. 对双杆基础如何检查坑深及坑底操平？
2. 试述等根开地脚螺栓基础的操平找正方法。
3. 试述浇制式基础的操平找正方法。
4. 门型直线杆的底盘如何拨正？
5. 门型转角杆、倾斜门型转角杆如何进行拨正？
6. 钢筋混凝土杆组立后需进行哪些检查？如何进行检查？
7. 铁塔组立后，需进行哪些检查？如何进行检查？

◢ 模块 4 交叉跨越垂距测量（Z05E1011Ⅱ）

【模块描述】本模块介绍交叉跨越垂距测量。通过概念描述、操作过程详细介绍、计算举例，熟悉中点高度法的测量方法、过程，掌握交叉跨越垂距和导线对地距离测量的方法。

【模块内容】

一、中点高度法

该方法适用平地，中点高度法测量导线弧垂方法如图 2-4-1 所示，测量步骤如下：

（1）将经纬仪安平在档距中央(即 1/2)外侧约 50m 并垂直线路方向的 E 处，待经纬仪调平后测量档距中央 c 点的导线垂直角 θ_1，水平距离为 l_1。

（2）测导线悬挂点 a 的垂直角 θ_2，水平距离为 l_2。

（3）测导线悬挂点 b 的垂直角 θ_3，水平距离为 l_3。

则

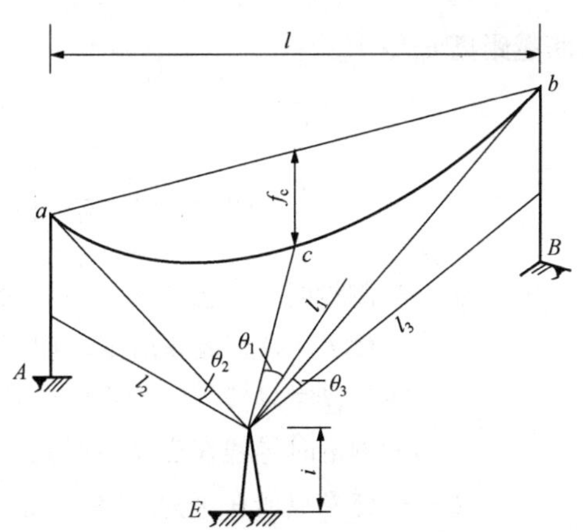

图 2–4–1　中点高度法测量导线弧垂

$$H_a=l_2\tan\theta_2+i+H_E \tag{2–4–1}$$

$$H_b=l_3\tan\theta_3+i+H_E \tag{2–4–2}$$

$$H_c=l_1\tan\theta_1+i+H_E \tag{2–4–3}$$

$$f=(H_a+H_b)/2-H_c$$
$$=(l_2\tan\theta_2+l_3\tan\theta_3)/2-l_1\tan\theta_1 \tag{2–4–4}$$

式中　H_E ——E 点的标高，m；

H_a、H_b、H_c ——分别为 a、b、c 相对 E 点的标高，m；

f ——c 点弧垂，m；

i ——仪高，m。

二、测量交叉跨越垂距

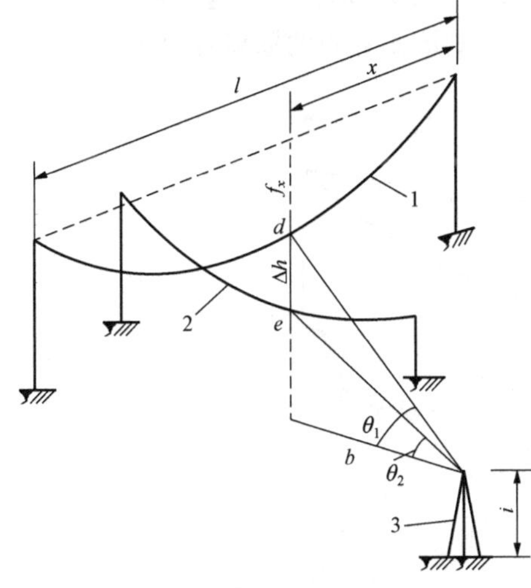

图 2–4–2　交叉跨越距离测量布置示意图

1—导线；2—被跨越的通信线；3—经纬仪

图 2–4–2 为交叉跨越距离测量布置示意图。导线 1 与通信线 2 的交叉跨越距离 h 按图 2–4–2 所示进行测量。

测量时可将经纬仪安平在交叉跨越大角二等分线方向并距交叉点约 50m 处，调平经纬仪后在交叉点的地面上竖立塔尺作为方向，这时经纬仪测量交叉点导线 d 点和通信线 e 点的垂直角分别为 θ_1 和 θ_2，水平距离为 b，根据测量结果，交叉跨越距离

$$\Delta h=b(\tan\theta_1-\tan\theta_2) \tag{2–4–5}$$

因为测量时导线的弧垂并不一定是最大弧垂情况，因此导线在最大弧垂时的交叉

跨越距离 h_0 等于

$$h_0=\Delta h-\Delta f_x \tag{2-4-6}$$

$$\Delta f_x=4\left(\frac{x}{l}-\frac{x^2}{l^2}\right)\left[\sqrt{f^2+\frac{3l^4}{8l_0^2}(t_m-t)a}-f\right] \tag{2-4-7}$$

式中 Δf_x——测量时导线弧垂 f_x 换算为最高温度时导线弧垂的增量，即由测量时的温度 t 升高到最高温度 t_m 时导线弧垂的增量，m；

f——测量时导线档距中央的弧垂，m；

f_x——测量时导线在交叉点的弧垂，m；

l——交叉点所在电力线路的档距，m；

l_0——代表档距，m；

t_m——最高温度，℃；

t——测量时的温度，℃；

a——导线热膨胀系数，1/℃；

x——交叉点到最近杆塔的距离，m。

三、测量导线与地面任意点的对地距离

测量导线与地面任意点 C 的垂直距离，可按图 2-4-3 所示进行测量。首先将经纬仪安置在测点线路垂直方向并距线路约 50m 处。调平经纬仪后在 C 点竖立塔尺，经纬仪对准塔尺读数为 h，垂直角为 θ_2，水平距离为 b，则地面 C 点的标高 H_c 等于

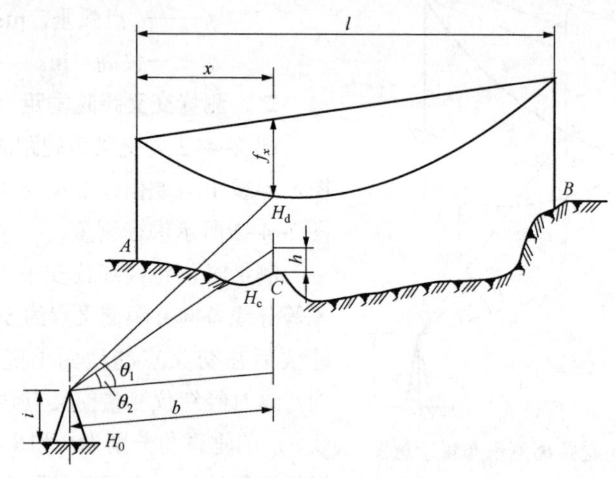

图 2-4-3 导线对地任意点的距离测量

$$H_c=H_0\pm b\tan\theta_2+i-h \tag{2-4-8}$$

式中　H_c——地面任意点 C 的标高，m；

H_0——经纬仪地面标高，m；

i——仪高，m；

h——塔尺上的读数，m；

b——C 点距经纬仪的水平距离，m；

θ_2——垂直角（°），仰角取“+”，俯角取“–”。

然后经纬仪望远镜筒沿塔尺方向向上移动，当镜筒内的中线与导线相切时读取角 θ_1 为垂直角，相切点 d 的标高

$$H_d=H_0+b\tan\theta_1+i \tag{2-4-9}$$

则导线对地面任意点 C 的垂直距离等于

$$H=H_d-H_c=b\tan\theta_1 \pm b\tan\theta_2+h \tag{2-4-10}$$

式中　H——导线与地面任意点 C 的垂直距离，m；

H_d——相切点 d 的标高，m；

θ_1——垂直角，（°）。

上式中 H 为任意温度时的值，最高温度时

$$H_{max}=H-\Delta f_x \tag{2-4-11}$$

式中　H_{max}——最高温度时导线与地面任意点的垂直距离，m。

【思考与练习】

1. 如何测量交叉跨越距离？
2. 如何测量导线与地面任意点的对地距离？
3. 输电线路交叉跨越测量的方法有哪几种？

◢ 模块 5　弧垂的观测（Z05E1012Ⅲ）

【模块描述】本模块介绍弧垂的观测。通过概念描述、操作过程详细介绍、计算举例，熟悉各种弧垂的观测过程、适用范围及注意事项，掌握各种弧垂的观测方法。

【模块内容】

导线弧垂观测的方法一般有异长法、等长法（平行四边形法）、角度法和平视法。在实际操作时，为了操作简便，不受档距、悬挂点高差在测量时所引起的影响，减少观测时大量的现场计算量以及掌握弧垂的实际误差范围，应首先选用异长法和等长法。当客观条件受到限制，不能采用异长法和等长法观测时，可选用角度法进行观测。

（一）异长法

1. 观测方法

观测档内不连有耐张绝缘子串的异长法观测导线的弧垂如图2–5–1所示，A、B是观测档不连耐张绝缘子串的导线悬挂点，A_1B_1是导线的一条切线，其与观测档两侧杆塔的交点分别为A_1和B_1。a、b分别为A至A_1点，B至B_1点的垂直距离，f是观测档所要观测的弧垂计算值。

异长法观测导线的弧垂是一种不用经纬仪观测弧垂的方法，在实际观测时，将两块长约2m，宽10～15cm红白相间的弧垂板水平地绑扎在杆塔上，其上缘分别与A_1、B_1点重合。当紧线时，观测人员目视（或用望远镜）两弧垂板的上部边缘，待导线稳定并与视线相切时，该切点的垂度即为观测档的待测弧垂f值。

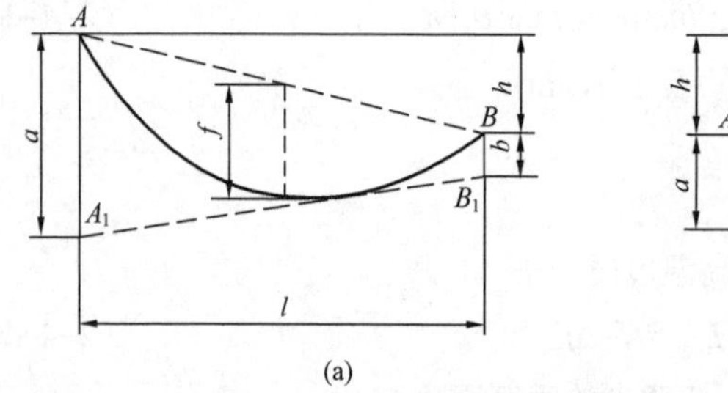

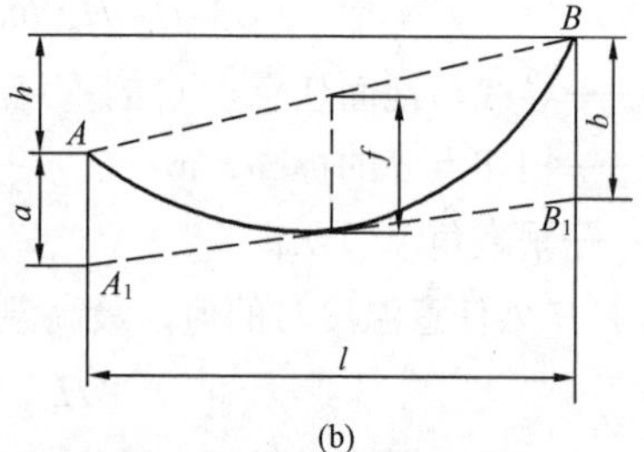

图2–5–1 观测档内不连有耐张绝缘子串的异长法观测弧垂

（a）低悬挂点观测弧垂；（b）高悬挂点观测弧垂

异常法观测弧垂时，当两端弧垂板上缘A_1和B_1等高，即A_1B_1连线与导线相切的线水平，此时又称为平视法观测弧垂，可见平视法是异常法的特例，其观测和计算方法完全相同。

2. 观测档的弧垂观测数据计算

（1）弧垂值f的计算。观测档的弧垂值f要根据输电线路施工图中的塔位明细表，按观测档所在耐张段的代表档距和紧线时的气温查取安装弧垂曲线中对应的弧垂值，再根据观测档的档距进行计算。在计算时，还需考虑观测档内有、无耐张绝缘子串，悬挂点高差以及观测点选择的位置等条件。

观测档观测弧垂值的计算公式如下。

1）观测档导线悬挂点高差h＜10%l时

$$f=\frac{gl^2}{8\sigma_o}=f_o\left(\frac{l}{l_o}\right)^2 \qquad (2\text{–}5\text{–}1)$$

2）观测档导线悬挂点高差h≥10%l时

$$f_{\varphi}=\frac{gl^2}{8\sigma_o\cos\varphi}=\frac{f_o}{\cos\varphi}\left(\frac{l}{l_o}\right)^2=f\left[1+\frac{1}{2}\left(\frac{h}{l}\right)^2\right] \tag{2-5-2}$$

式中　f——悬挂点高差 h＜10%l 时，档距中点弧垂，m；

f_{φ}——悬挂点高差 h≥10%l 时，档距中点弧垂，m；

l_o——耐张段导线代表档距，m；

f_o——对应于代表档距的导线弧垂，m；

φ——观测档导线悬挂点的高差角；

l——观测档导线的档距，m；

σ_o——导线的水平应力，MPa；

g——导线的比载，N/（m·mm²）。

（2）a、b 值的确定。根据计算的弧垂值，选定一适当的 a 值，然后按下列关系计算 b 值。

1）导线悬挂点高差 h＜10%l 时

$$b=(2\sqrt{f}-\sqrt{a})^2 \tag{2-5-3}$$

2）导线悬挂点高差 h≥10%l 时

$$b=(2\sqrt{f_{\varphi}}-\sqrt{a})^2 \tag{2-5-4}$$

3. 适应范围

异长法观测弧垂方法是以目视或借助于低精度望远镜进行观测，由于观测人员视力的差异及观测时视点与切点间水平、垂直距离的误差等因素，因此本观测法一般适应于观测档导线两端挂点高差较大、档距较短、弧垂较小且导线悬挂曲线不低于两侧杆塔根部连线。

在选取 a 和 b 值时，应注意两数值不要相差过大，通常取 $a=(2\sim3)b$ 为最宜。如视线倾斜角过大或档距太大，b 点的弧垂板看不清楚时，可采用角度法观测。

4. 弧垂调整

在实际施工中，观测档的弧垂值都是在紧线前，按当时气温计算，并按计算的弧垂值绑扎好两侧弧垂板。但是，往往在紧线画印时与实际气温存在差异，这个气温差将引起导线的实际弧垂与原计算弧垂值之间存在Δf的变化值，为了使测定的弧垂及时调整到气温变化后所要求的弧垂值，必须调整观测档一侧的弧垂板的垂直距离Δa，其正确的调整量按下式计算

$$\Delta a=2\sqrt{\frac{a}{f}}\Delta f \tag{2-5-5}$$

例：设原绑扎弧垂板时的弧垂值 f=7.0m，取 a=3.5m，因气温变化弧垂改变为 7.3m，改变量 Δf=0.3m。试求 Δa 值。

解：用式（2–5–5）计算

$$\Delta a = 2\sqrt{\frac{a}{f}}\Delta f = 2\sqrt{\frac{3.5}{7}} \times 0.3 = 0.424 \text{（m）}$$

由以上计算结果可知，本例目测侧的弧垂板由原绑扎点向下移动 0.42m 距离。

（二）等长法

1. 观测方法和计算公式

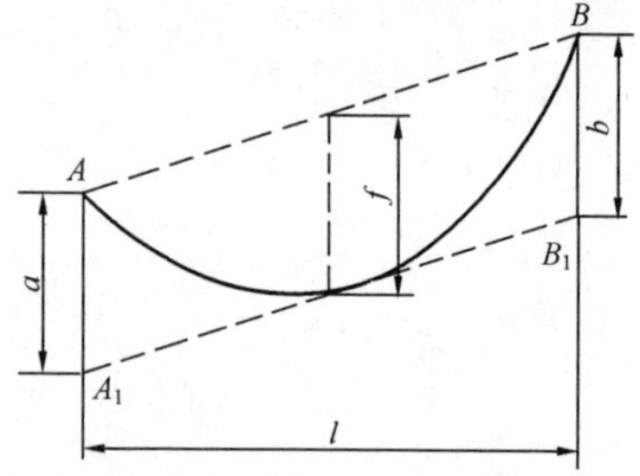

图 2–5–2 等长法观测弧垂

等长法又称平行四边形法，也是一种用目视观测弧垂的方法，等长法观测孤垂如图 2–5–2 所示。观测时，自观测档内两侧杆塔的导线悬挂点 A 和 B 分别向下量取垂直距离 a 和 b，并使 a、b 等于所要测定的弧垂 f 值（即 a=b=f）。在 a、b 值的下端边缘 A_1 及 B_1 处，各绑一块弧垂板。在紧线时，从一侧弧垂板上部边缘透视另一侧弧垂板上部边缘，调整导线的张力，当导线稳定并与 A_1B_1 视线相切，此时导线弧垂即测定了。

观测档内弧垂值的计算，按式（2–5–1）或式（2–5–2）相应的公式，计算出观测档的观测弧垂 f 值。

2. 弧垂调整

使用等长法观测弧垂时，同样存在紧线前后的气温变化而引起的弧垂有 Δf 值变化的问题。为使测定的弧垂，由原计算弧垂 f 值及时地调整到气温变化后的所要求弧垂值，可只移动任一侧杆塔上的弧垂板进行弧垂调整。弧垂板的调整值按下式计算。

当气温上升时弧垂板的调整量为

$$\Delta a_{\mathrm{M}} = 4\left(1+\frac{\Delta f}{f}-\sqrt{1+\frac{\Delta f}{f}}\right)f \tag{2–5–6}$$

当气温下降时弧垂板的调整量为

$$\Delta a_{\mathrm{N}} = 4\left(\sqrt{1-\frac{\Delta f}{f}}-1+\frac{\Delta f}{f}\right)f \tag{2–5–7}$$

例：设原绑扎弧垂板的弧垂 f=5m，a=3.6m。因气温上升，观测时的弧垂值为 5.2m。试求弧垂板的调整量 Δa 值。

解：Δf=5.2–5=0.2m

用式（2–5–6）计算

$$\Delta a_{\mathrm{M}}=4\left(1+\frac{\Delta f}{f}-\sqrt{1+\frac{\Delta f}{f}}\right)f=4\left(1+\frac{0.2}{5}-\sqrt{1+\frac{0.2}{5}}\right)\times 5=0.403\ 92\text{（m）}$$

如上述可知，实际施工中，一般习惯于调整一侧弧垂板，以 2 倍Δf值作为弧垂板调整量的方法，如图 2–5–3 所示。其适用范围为

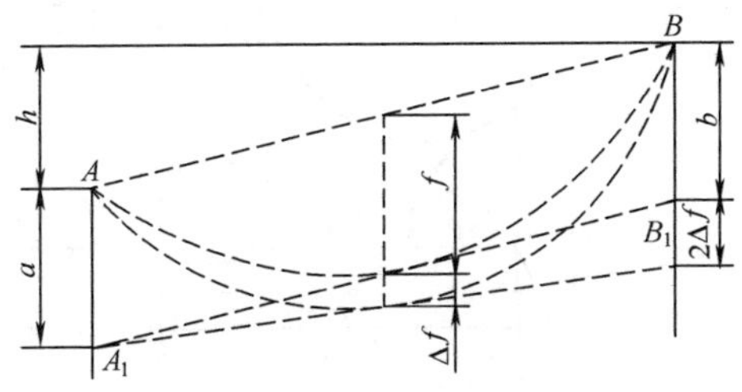

图 2–5–3　等长法弧垂调整

当气温上升时　$\dfrac{\Delta f}{f}\leqslant 16.36\%$

当气温下降时　$\dfrac{\Delta f}{f}\leqslant 12.31\%$

当超过以上范围时，按变化后的弧垂值同时调整两侧弧垂板。

3. 等长法观测弧垂的范围

等长法适用于导线悬挂点高差不太大的弧垂观测档。

（三）角度观测法

角度观测法是用仪器（经纬仪、全站仪）测竖直角观测弧垂的一种方法。该方法适用山区或跨河档距，不仅解决了目测误差和视力限制无法使用其他观测方法时的观测问题，而且可根据不同情况将仪器支在不同位置进行观测。紧线时，调整导线的张力，使导线稳定时的弧垂与望远镜的横丝相切，观测档的弧垂即为确定。角度观测法有档端观测法、档内观测法和档外观测法。

1. 角度法弧垂观测方法和计算公式

（1）档端观测法。档端观测法如图 2–5–4 所示，操作步骤如下：

1）将经纬仪支在导线悬点 A 的下方，求出 a 值。

$$a=AA'-i \tag{2–5–8}$$

式中　a——架线悬点与经纬仪横轴的高差，m；

i——经纬仪高度，m。

再求出 b 值及观测角θ为

$$b=(2\sqrt{f}-\sqrt{a})^2 \tag{2–5–9}$$

$$\theta=\tan^{-1}\left(\tan\alpha-\frac{b}{l}\right) \tag{2–5–10}$$

式中　θ——经纬仪观测角，仰角为正，俯角为负，（°）；

α——导线远方悬点 B 的垂直角，（°）。

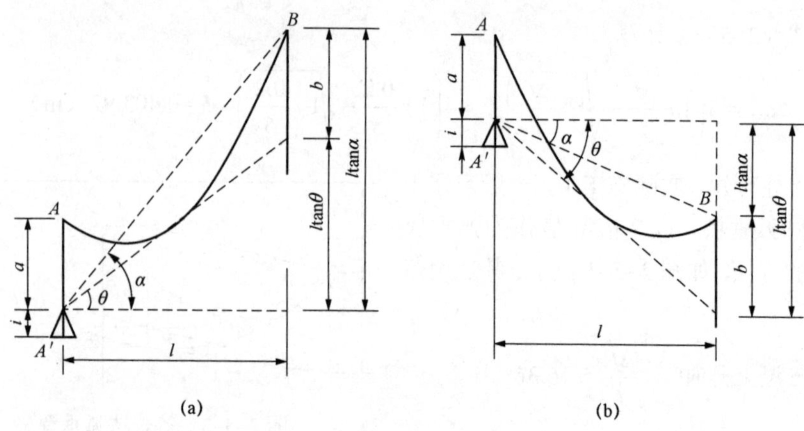

图 2-5-4 档端观测法示意图

（a）仰角；（b）俯角

2）调好经纬仪观测角，收紧导线使之与经纬仪中丝相切，这时弧垂达到设计要求值。

3）根据边线弧垂值修正要求（见弧垂观测注意事项），调整经纬仪观测角，对边线进行观测。

这种方法不适用于 b 值较小的情况。

（2）档外、档内观测法。档外、档内观测法如图 2-5-5 所示，观测角为

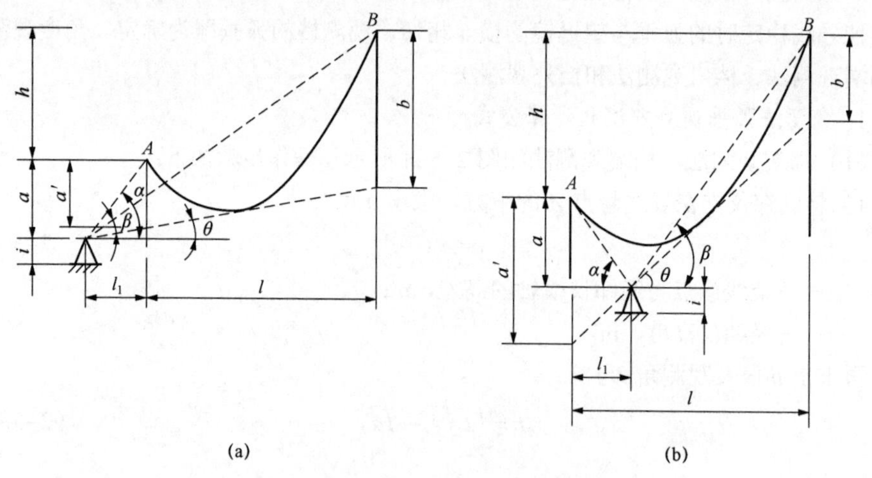

图 2-5-5 档外、档内观测法示意图

（a）档外观测法；（b）档内观测法

$$\theta=\tan^{-1}\frac{h+a-b}{l+l_1} \tag{2-5-11}$$

$$b=(2\sqrt{f}-\sqrt{a'})^2 \tag{2-5-12}$$

$$a'=a-l_1\tan\theta \tag{2-5-13}$$

式中　l_1——经纬仪与近方杆塔水平距离，档外观测法取正，档内观测法取负（以下同），m。

$$b=4f-4\sqrt{a'f}+a'=4f-4\sqrt{(a-l_1\tan\theta)f}+a-l_1\tan\theta \tag{2-5-14}$$

将式（2-5-14）代入式（2-5-11），并整理，得

$$\tan^2\theta+\frac{2}{l}\left(4f-h+8\frac{l_1f}{l}\right)\tan\theta+\frac{1}{l^2}[(4f-h)^2-16af]=0 \tag{2-5-15}$$

设

$$A=\frac{2}{l}\left(4f-h+\frac{8l_1f}{l}\right) \tag{2-5-16}$$

$$B=\frac{1}{l^2}[(4f-h)^2-16af] \tag{2-5-17}$$

则式（2-5-15）成为

$$\tan^2\theta+A\tan\theta+B=0 \tag{2-5-18}$$

$$\theta=\tan^{-1}\left[-\frac{A}{2}+\sqrt{\left(\frac{A}{2}\right)^2-B}\right] \tag{2-5-19}$$

式中　A、B 分别为两点导线悬挂高度。

2. 观测的操作步骤

（1）将经纬仪支在合适的观测位置，测出 a 值

$$a=l_1\tan\alpha \tag{2-5-20}$$

式中　a——近方导线悬点与经纬仪横轴的高差，m；

α——近方导线悬点 A 的垂直角，（°）。

（2）测出远方导线悬点 B 的垂直角β，求出高差 h（h 有正负之别）。计算式为

$$h=(l+l_1)\tan\beta-a \tag{2-5-21}$$

式中　h——导线悬点高差，m。

（3）由式（2-5-16）、式（2-5-17）求出 A、B 后，再用式（2-5-19）求出不同气温时的观测角θ。

档外、档内观测法是在档端无法支架经纬仪或档端观测 b 值太小才使用的方法。为提高准确度，选择观测点应使$\theta<\tan^{-1}h/l$。

（四）观测弧垂注意事项

（1）为争取工作主动，事先应将所用观测数据测好，并按最近出现气温，用计算器算好有关观测参数。

（2）为使导地线弧垂符合设计要求，弧垂观测档的选择很重要，其选择原则应按照 GB 50233《110～500kV 架空送电线路施工及验收规范》第 7.5.3 条的要求执行。

（3）观测弧垂应顺着阳光由低处向高处观测，并尽量避免弧垂板背面有树木等物。

（4）温度计应放在阳光照射不到的地方，这样测得气温方可代表实际气温。观测时实际气温与计算弧垂气温相差不超过 2.5℃时可不调整弧垂板。

（5）经纬仪置于中线下方观测边线的观测角 θ' 为

$$\theta' = \tan^{-1}\left[\sqrt{\frac{\left(\frac{1}{2}l\sqrt{\frac{a-l_1\tan\theta}{f}}+l_1\right)^2}{\left(\frac{1}{2}l\sqrt{\frac{a-l_1\tan\theta}{f}}+l_1\right)^2+D^2}}\tan\theta\right] \tag{2-5-22}$$

式中 D——边线与中线的距离，m。

档外观测时 l_1 为正，档内观测时 l_1 为负，档端观测时 l_1 为 0。经纬仪观测边线的水平转角为

$$\alpha' = \frac{D}{\frac{1}{2}l\sqrt{\frac{a-l_1\tan\theta}{f}}+l_1} \tag{2-5-23}$$

（五）弧垂调整时导线长度调整量的计算

观测弧垂后，将导线放下画印，安装耐张绝缘子串或避雷线金具串并挂线后，有时因操作失误使实际弧垂与观测值不符。如果弧垂超出允许误差，需对导线长度做调整，确保弧垂达到要求。

任何一个档距内导线长度为

$$L = \frac{l}{\cos\varphi} + \frac{g^2 l^3}{24\sigma_o^2}\cos\varphi \tag{2-5-24}$$

整个耐张段内导线长度为

$$\sum_{1}^{i=n} L_i = \sum_{1}^{i=n}\frac{l_i}{\cos\varphi_i} + \frac{g^2}{24\sigma_o^2}\sum_{1}^{i=n} l_i^3\cos\varphi_i \tag{2-5-25}$$

式中 L_i——耐张段内第 i 档导线长度，m；

l_i——耐张段内第 i 档档距，m；

φ_i——耐张段内第 i 档悬点高差角，(°)。

观测档弧垂为

$$f_g = \frac{gl_g^2}{8\sigma_o \cos\varphi_g} \tag{2-5-26}$$

式中 f_g——观测档要求弧垂，m；

φ_g——观测档悬点高差角，(°)；

l_g——观测档档距，m。

由式（2–5–25）、式（2–5–26）可得

$$\sum_1^{i=n} L_i = \sum_1^{i=n} \frac{l_i}{\cos\varphi_i} + \frac{8}{3} \times \frac{f_g^2 \cos^2\varphi_g}{l_g^4} \sum_1^{i=n} l_i^3 \cos\varphi_i \tag{2-5-27}$$

挂线后实际弧垂为 $f_g+\Delta f$，耐张段内导线长度为

$$\sum_1^{t-n} L_i + \Delta L = \sum_1^{i=n} \frac{l_i}{\cos\varphi_i} + \frac{8}{3} \times \frac{(f_g + \Delta f)^2 \cos^2\varphi_g}{l_s^t} \sum_1^{t-n} l_i^3 \cos\varphi_i \tag{2-5-28}$$

式中 ΔL——耐张段内导线长度增量，m。

由式（2–5–27）、式（2–5–28）可得

$$\Delta L = \frac{8}{3} \times \frac{\cos^2\varphi_g}{l_g^4} (2f_g + \Delta f)\Delta f \sum_1^{i=n} l_i^3 \cos\varphi_i \tag{2-5-29}$$

又由于耐张段代表档距为 $l_0 = \sqrt{\dfrac{\sum_1^{i=n} l_i^3 \cos^2\varphi_i}{\sum_1^{i=n} \dfrac{l_i}{\cos\varphi_i}}}$，故式（2–5–29）可近似写成

$$\Delta L = \frac{8}{3} \times \frac{l_0^2 \cos^2\varphi_g}{l_g^4} (f_{g0}^2 - f_g^2) \sum_1^{i=n} \frac{l}{\cos\varphi_i} \tag{2-5-30}$$

式中 f_{g0}——弧垂观测档的实测弧垂，m。

ΔL 为正时应将导线收紧，反之应将导线放松。

【思考与练习】

1. 简述各种弧垂观测方法的施测步骤及适用范围。
2. 观测弧垂应注意哪些事项？
3. 弧垂调整时导线长度调整量的计算方法是什么？

第三章

全站仪及全球定位系统简介

模块 1　全站仪的基本知识（Z05E1013Ⅲ）

【模块描述】本模块涉及全站仪的内部结构、全站仪的分类、光电测距原理、电子测角系统和全站仪的使用。通过概念描述、要点讲解、操作流程介绍，了解全站仪的内部结构、全站仪的类型、光电测距原理、电子测角系统，熟悉全站仪基本使用的方法。

【模块内容】

一、概述

全站仪又称全站型电子速测仪，是近几年发展和普及起来的先进测量仪器，它主要由光电测距仪、电子微处理机、数据终端等组成。这种仪器既可测距，又能测角，而且能自动记录测量数据，可以进行程序控制和数据存储，进行数据的自动转换，计算出测站点之间的高差和坐标增量，通过仪器上的液晶显示器显示出测算结果，通过配置适当的接口可使野外采集的测量数据直接传输到计算机进行数据处理或进入自动化绘图系统。

全站仪具有与光学经纬仪类似的结构特征，测角的方法和步骤与光学经纬仪基本相似。但是由于生产厂家的不同，外部结构和应用软件也有所差异，其使用操作也不完全一样，因此本节仅以 NTS–660 型全站仪为例介绍其结构、仪器的操作使用及其注意事项。

二、全站仪的结构和功能

1. 仪器主要技术参数

该型号仪器在气象条件良好时，使用一块棱镜的测程为 1.8km，三块棱镜为 2.6km。其测距精度可达±（$2+2\times10^{-6}D$）mm。测距时间：精测模式时，每次用时为 3s，最小显示距离为 1mm；跟踪测量模式时，每次用时为 1s，最小显示距离为 10mm。角度最小读数为 1，精度为 2 级。双轴液体电子传感补偿，工作范围 3，精度 1。配备可充电的镍氢电池，充满后连续工作时间可达 8h。

2. 全站仪的基本构造和功能

（1）主机。

1）NTS–660 型全站仪结构示意图如图 3–1–1 所示。

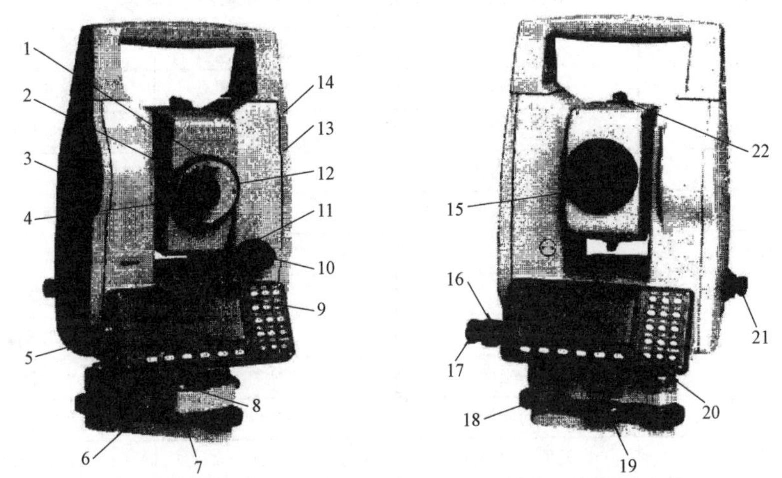

图 3–1–1　NTS–660 型全站仪结构示意图

1—望远镜把手；2—目镜调焦螺旋；3—仪器中心标志；4—目镜；5—数据通信接口；6—底板；7—圆水准校正螺旋；8—圆水准器；9—管水准器；10—垂直制动螺旋；11—垂直微动螺旋；12—望远镜调焦螺旋；13—电池 NB–30；14—电池锁紧杆；15—物镜；16—水平微动螺旋；17—水平制动螺旋；18—整平脚螺旋；19—基座固定钮；20—显示屏；21—光学对中器；22—粗瞄准器

2）操作面板及显示屏如图 3–1–2 所示。

a）显示屏。一般上面几行显示观测数据，底行显示软键功能，它随测量模式的不同而变化。

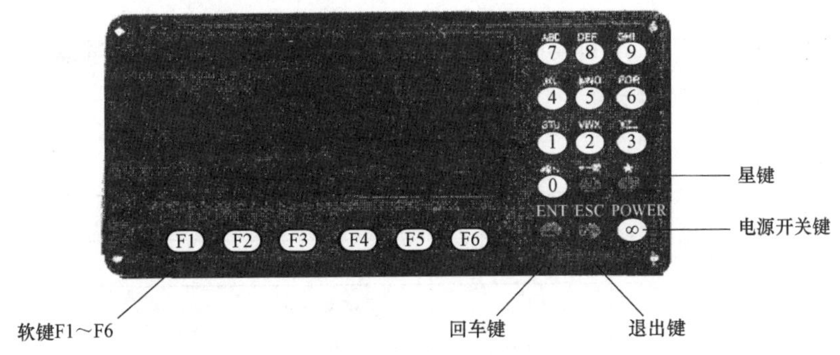

图 3–1–2　操作面板及显示屏

b）对比度。利用星键（★）可调整显示屏的对比度和亮度。

c）显示符号。仪器中显示和出现的符号及其含义见表 3–1–1。

表 3–1–1 仪器中显示和出现的符号及其含义

符号	含义	符号	含义
V	垂直角	*	电子测距正在进行
V（%）	百分度	m	以米为单位
HR	水平角（右角）	ft	以英尺为单位
HL	水平角（左角）	F	精测模式
HD	平距	T	跟踪模式（10mm）
VD	高差	R	重复测量
SD	斜距	S	单次测量
N	北向坐标	N	*N* 次测量
E	东向坐标	10^{-6}	大气改正值
Z	天顶方向坐标	psm	棱镜常数值

3）操作键。显示面板上的各操作键的功能见表 3–1–2。

表 3–1–2 显示面板上的各操作键功能表

按键	名称	功 能	按键	名称	功 能
F1～F6	软键	功能参见所显示的信息	★	星键	用于仪器若干常用功能的操作
0～9	数字键	输入数字，用于欲置数值	ENT	回车键	数据输入结束并认可时按此键
A～/	字母键	输入字母	POWER	电源键	控制电源的开/关
ESC	退出键	退回到前一个显示屏或前一个模式			

4）功能键（软键）。软键功能标记在显示屏的底行。该功能随测量模式的不同而改变，具体功能见表 3–1–3。

表 3–1–3 功 能 键 表

模式	显示	软键	功 能
角度测量	斜距	F1	倾斜距离测量
	平距	F2	水平距离测量
	坐标	F3	坐标测量
	置零	F4	水平角置零

续表

模式	显示	软键	功 能
角度测量	锁定	F5	水平角锁定
	记录	F1	将测量数据传输到数据采集器
	置盘	F2	预置一个水平角
	R/L	F3	水平角右角/左角变换
	坡度	F4	垂直角/百分度的变换
	补偿	F5	设置倾斜改正，若打开补偿功能，则显示倾斜改正值
斜距测量	测量	F1	启动斜距测量，选择连续测量/*N* 次（单次）测量模式
	模式	F2	设置单次精测/*N* 次精测/重复精测/跟踪测量模式
	角度	F3	角度测量模式
	平距	F4	平距测量模式，显示 *N* 次或单次测量后的水平距离
	坐标	F5	坐标测量模式，显示 *N* 次或单次测量后的坐标
	记录	F1	将测量数据传输到数据采集器
	放样	F2	放样测量模式
	均值	F3	设置 *N* 次测量的次数
	m/ft	F4	距离单位米或英尺的变换
平距测量	测量	F1	启动平距测量，选择连续测量/*N* 次（单次）测量模式
	模式	F2	设置单次精测/*N* 次精测/重复精测/跟踪测量模式
	角度	F3	角度测量模式
	斜距	F4	斜距测量模式，显示 *N* 次或单次测量后的倾斜距离
	坐标	F5	坐标测量模式，显示 *N* 次或单次测量后的坐标
	记录	F1	将测量数据传输到数据采集器
	放样	F2	放样测量模式
	均值	F3	设置 *N* 次测量的次数
	m/ft	F4	米或英尺的变换
坐标测量	测量	F1	启动坐标测量，选择连续测量/*N* 次（单次）测量模式
	模式	F2	设置单次精测/*N* 次精测/重复精测/跟踪测量模式
	角度	F3	角度测量模式
	斜距	F4	斜距测量模式，显示 *N* 次或单次测量后的倾斜距离

续表

模式	显示	软键	功 能
坐标测量	平距	F5	平距测量模式，显示 N 次或单次测量后的水平距离
	记录	F1	将测量数据传输到数据采集器
	高程	F2	输入仪器高/棱镜高
	均值	F3	设置 N 次测量的次数
	m/ft	F4	米或英尺的变换
	设置	F5	预置仪器测站点坐标

5）星键（★键）模式。按下（★）键即可看到仪器的若干操作选项。这些选项分两页屏幕显示，星键（★键）模式屏幕显示如图 3–1–3 所示。按［F5］（P1↓）键查看第 2 页屏幕，再按［F5］（P2↓）可返回第 1 页屏幕。

由星键（★）可做如下操作第 1 页屏幕：① 查看日期和时间。② 显示器对比度调节［F1］和［F2］。③ 显示器背景灯照明的开/关［F3］。④ 显示内存的剩余容量［F4］。

第 2 页屏幕：① 电子圆水准器图形显示［F2］。② 接收光线强度（信号强弱）显示［F3］。③ 设置温度、气压、大气改正值（PPM）和棱镜常数值（PSM）［F4］。

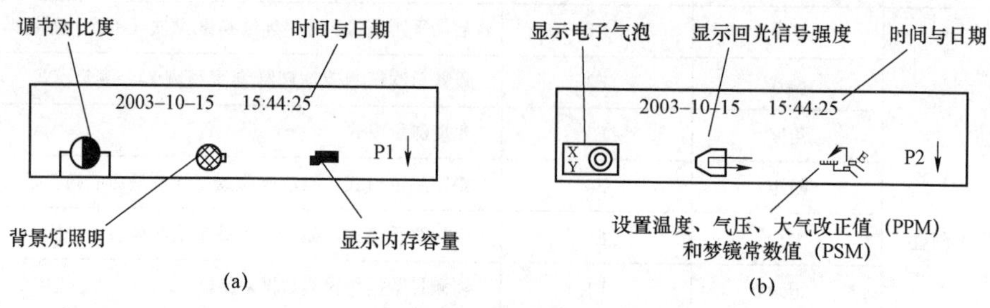

图 3–1–3 星键（★键）模式屏幕显示

（a）第 1 页屏幕；（b）第 2 页屏幕

（2）反射棱镜。全站仪在进行距离测量等作业时，需在目标处放置反射棱镜。反射棱镜有单（三）棱镜组，可通过基座连接器将棱镜组与基座连接，再安置到三脚架上，也可直接安置在对中杆上。棱镜组由用户根据作业需要自行配置，棱镜组如图 3–1–4 所示。

（3）电源。本机采用可充电镍氢电池，配用 NC–30 充电器。

(a)

(b)

(c)

图 3–1–4 棱镜组

（a）单棱镜组；（b）三棱镜组；（c）对中杆

三、全站仪的分类

（1）全站仪按其结构，分为整体型和组合型（又称积木型）两种。

1）整体型。测距、测角与电子计算单元和仪器的光学、机械系统设计成一个整体。

2）组合型。电子测距仪、电子经纬仪各为一独立的整体，既可单独使用，又可组合在一起使用。

（2）全站仪的测距仪部分，是一种利用电磁波进行测量的仪器。因此，按载波和发射光源的不同，可分为微波测距仪、激光测距仪和红外测距仪三种。按测程分类，可分为三类：

1）短程测距仪。测程小于 3km，用于普通工程测量和城市测量，送电线路工程测量就属于这类测距仪。

2）中程测距仪。测程为 3～15km，通常用于一般等级的控制测量。

3）长程测距仪。测程为大于 15km，通常用于国家控制网及特级导线测量。

按照我国国家计量检定规程的规定，全站仪中电子测距仪和电子经纬仪的准确度等级划分见表 3–1–4。

表 3–1–4　　电子测距仪和电子经纬仪的准确度等级划分表

准确度等级	测角标准偏差（″）	测距标准偏差（mm）
Ⅰ	$\lvert m_\beta \rvert \leqslant 1$	$\lvert m_\beta \rvert \leqslant 5$
Ⅱ	$1 < \lvert m_\beta \rvert \leqslant 2$	$\lvert m_\beta \rvert \leqslant 5$
Ⅲ	$2 < \lvert m_\beta \rvert \leqslant 6$	$5 < \lvert m_\beta \rvert \leqslant 10$
Ⅳ	$6 < \lvert m_\beta \rvert \leqslant 10$	$\lvert m_\beta \rvert \leqslant 10$

注　测角标准偏差为一测回水平方向标准偏差；测距标准偏差为每千米测距标准偏差。

四、光电测距原理

光电测距即电磁波测距，它是以电磁波作为载波，传输光信号来测量距离的一种方法。它的基本原理是利用仪器发出的光波（光速 c 已知），通过测定出光波在测线两端点间往返传播的时间 t 来测量距离 D。光电测距原理如图 3–1–5 所示，当 A 点仪器发射的电磁波，经 B 点棱镜反射后返回到 A 点，则 AB 间的距离为

$$D=\frac{1}{2}ct \tag{3–1–1}$$

式中 D——AB 间的距离，m；

c——电磁波在空气中传播的速度，约为 3×10^8m/s；

t——电磁波在 AB 间传播的时间，s。

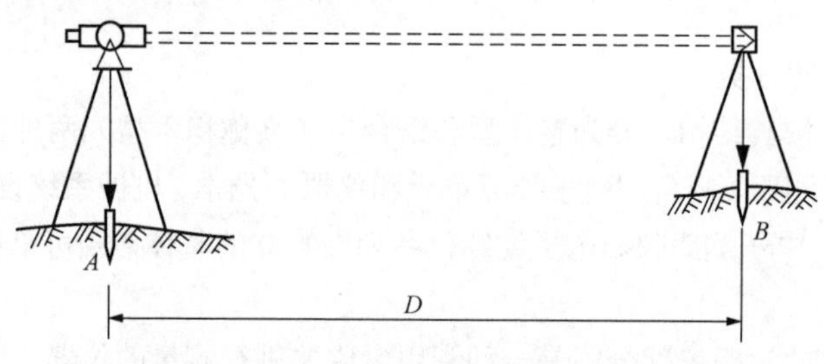

图 3–1–5 光电测距原理

根据测定时间的方式不同，又分为脉冲式测距仪和相位式测距仪。脉冲式测距仪是直接测定光波传播的时间，由于这种方式受到脉冲的宽度和电子计数器时间分辨率限制，所以测距精度不高，一般为 1～5m。相位式光电测距仪是利用测相电路直接测定光波从起点出发经终点反射回到起点时，因往返时间差引起的相位差来计算距离，该法测距精度较高，一般可达 5～20mm。目前短程测距仪大都采用相位法计时测距。

五、全站仪的使用（以 NTS–660 型全站仪为例）

1. 测量前的准备工作

（1）安置仪器。将全站仪安置在测站点上，并进行对中、整平，过程与经纬仪基本相同。

（2）开机设置。确认显示窗中显示有足够的电池电量，当电池电量不多时，应及时更换电池或对电池进行充电。

1）设置温度和气压。设置大气改正时，须量取温度和气压，由此即可求得大气改正值。

2）设置棱镜常数。根据不同厂家的棱镜，应预先设置相应的棱镜常数。

2. 角度测量

将测量模式切换为角度测量（一般开机的默认模式为角度测量模式，可以根据工作需要设置开机默认模式）（以下操作均可依据显示屏上的中文操作菜单进行）。

（1）水平角（右角）和垂直角测量。盘左照准后视目标，按［F4］（置零）键和［F6］（设置）键，设置后视目标的水平角读数为 0°0′0″。顺时针旋转照准部，照准前视目标，仪器显示该目标的水平角和垂直角。

（2）水平角测量模式（右角/左角）的转换。在角度测量模式下，按［F6］（P1↓）键，进入第 2 页显示功能，按［F3］键，水平角测量右角模式转换成左角模式，可类似右角观测方法进行左角观测。每按一次［F3］（R/L）键，右角/左角便依次切换。在参数设置模式，右角/左角转换开关可以关闭。

（3）垂直角与百分度模式的转换。在角度测量模式下，按［F6］（P1↓）键，进入第 2 页功能菜单，按［F4］（坡度）键，每按一次［F4］（坡度）键，垂直角显示模式便依次转换。垂直角零起算点位于天顶位置。

3. 距离测量

（1）设置。在角度测量模式下，照准棱镜中心，按［F1］（斜距）键或［F2］（平距）键，并按［F2］（模式）键，选择连续精测模式，显示在窗口第四行右面的字母表示如下测量模式：F 为精测模式（这是正常距离测量模式，观测时间约 3s，最小显示距离为 1mm）；T 为跟踪模式（此模式测量时间要比精测模式短，主要用于放样测量中，在跟踪运动目标或工程放样中非常有用）；R 为连续（重复）测量模式；S 为单次测量模式；N 为 *N* 次测量模式。若要改变测量模式，按［F2］（模式）键，每按下一次，测量模式就改变一次。

（2）距离测量。当预置了观测次数时，仪器就会按设置的次数进行距离测量并显示出平均距离值。若预置次数为 1，则由于是单次观测，故不显示平均距离。仪器出厂时设置的是单次观测。

在角度测量模式下，设置观测次数：按［F1］（斜距）键或［F2］（平距）键。按［F6］（P1↓）键，进入第 2 页功能。按［F3］（均值）键，输入观测次数。按［ENT］键，进行 *N* 次观测。照准棱镜中心。按［F1］（斜距）键或［F2］（平距）键，选择斜距或平距测量模式，显示出平均距离并伴随蜂鸣声，同时屏幕上“*”号消失。观测结束后按［F1］（测量）键可重新进行测量。若测量结果受到大气折光等因素影响，则自动进行重复观测。按［F3］（角度）键返回到角度测量模式。

（3）放样。该功能可显示测量的距离与预置距离之差。

显示值=观测值−标准（预置）距离

可进行各种距离测量模式如平距（HD）、高差（VD）或斜距（SD）的放样。如高差的放样：在距离测量模式下按［F6］（P1↓）键进入第2页功能，按［F2］（放样）键，输入待放样的高差值并按［ENT］键，观测开始，移动棱镜直到距离之差接近零为止。一旦将标准距离重新设置为“0”或关机，即可返回到正常距离测量模式。

4. 坐标测量

坐标测量是全站仪的常用功能之一，是根据已知测站点和后视的坐标或已知测站点坐标及后视方位角，通过角度和距离的测量求出未知点坐标的方法（即极坐标法）。

在程序菜单中按［F6］键，进入该菜单的第2页，再按［F3］键进入放样菜单，按［F3］（坐标数据）键。在坐标数据菜单中，按［F3］键，进入采集新点坐标选择项，按［F1］（极坐标）键。按［F6］键进行设置后视方位角。输入测站点点号，如作业中没有该点的坐标数据，输入该点坐标。如作业中存在该点的坐标便显示方位角，若后视方位角正确，用仪器瞄准后视点后按［F5］（是）键设置后视方位角。输入仪器高，按［ENT］键。

输入观测点的点号，按［ENT］键。输入棱镜高并按［ENT］键，用仪器瞄准观测点，按［F5］（是）键便进行测量，采集该点坐标。按［F5］（是）键保存坐标。屏幕便显示输入另一观测点的点号的输入屏幕。点号自动加一。

5. 后方交会

后方交会程序从存储在作业中的两个已知坐标的点计算新采集点（测站点）的坐标，会显示测站至每一已知点上测量的角度和距离，并显示平距和高差的残差。如果软件不能计算新点的坐标，会显示“错误!”信息。如接受显示的残差，下一屏幕便显示新点的坐标。

将仪器安置在新点上，在程序菜单中按［F6］键，进入该菜单的第2页，再按［F3］键进入放样菜单。在显示的放样菜单中按［F3］（坐标数据）键。在坐标数据菜单中，按［F3］键，进入采集新点坐标选择项，按［F2］（后方交会）键。输入后方交会的测站点点号，按［ENT］键，输入仪器高，按［ENT］键，输入测量的第一个点的点号，该点用于后方交会计算中。输入棱镜高后按［ENT］键。用仪器瞄准第一个观测点，按［F5］键测量角度和距离，显示水平角、平距和高差。输入要测量的第二点点号后并按［ENT］键。

输入第二点棱镜高并按［ENT］键，用仪器瞄准第二点，按［F5］（是）键便测量角度和距离，显示水平角、平距和高差，在仪器完成测量后便显示残差，如合格按［F5］（是）键后，便显示新的坐标。按［F5］键将该点坐标存储到作业中，按［F6］键重新开始后方交会。

6. 坐标放样

坐标放样就是把一个已知点的坐标在地面上标识出来。按［F1］键进入程序菜单，按［F6］键翻页，选择屏幕上的［F2］键坐标放样，进行放样之前应该新建一个作业来保存所测量的数据，这样才方便调用所测量的数据。选择F4选项进入，按［F1］键可以查看内存，上面显示出文件名以及文件里面的坐标点的个数，返回按［ESC］键。选择［F1］键设置方向角，输入测站点的记录号，按［ENT］键，如该点未知，则需要输入测站点的坐标；输入后视点的记录号，输入测站点仪器高，按［ENT］键；输入所放样点的记录号，按［ENT］键；输入放样点的棱镜高，按［ENT］键。进入坐标放样的模式，按［F1］键（角度），则显示出仪器望远镜和放样点的夹角，按［F2］键（距离），则显示出测站点到放样点的距离，按［F3］键则可以改变测量的模式，如精测、跟踪等模式，按［F4］键坐标，则可以测量出棱镜点的坐标值，按［F5］键指挥，则显示出棱镜到放样点之间的一个差值，通过移动棱镜的位置和不断的测量出棱镜的位置来逐渐缩小差值。当测量出来的差值为0时，则放样点被找到。放样结束，按［ENT］键。

7. 面积测量

该程序可利用测点或文件中的数据计算出某区域的面积。按［F1］键进入程序菜单的第一页，再按［F1］键进入标准测量菜单，选择程序菜单，再选择解析坐标，选择面积计算。若按［F5］键（是），即是在面积计算中使用具体的点号，屏幕则显示内存中所存储的坐标点，按［F2］键查找功能，输入点名，按［ENT］键可以找到想要点名的数据，按［F6］键翻到第二页，按［F4］键开始可显示文件中第一个点的数据，按［F5］键结尾可显示最后一个点的数据，再按［F6］键翻到第一页，如果该点是进行面积计算的点，通过［F5］键标记对该点做标记，按标记键后在该点的末尾显示“M”，按［F3］键（或［F4］键）寻找下一个点，并对该点做标记，至少对三个点做了标记后，再按［ENT］键，则显示面积计算的结果，屏幕中显示计算机面积的点数和该点数所形成的封闭区域的面积。计算完成后按［F5］键确定，便退出该屏幕返回到解析坐标菜单。

六、全站仪使用的注意事项

1. 检验与校正

仪器在出厂时均经过严密的检验与校正，符合质量要求。但仪器经过长途运输或环境变化，其内部结构会受到一些影响。因此，新购买本仪器以及到测区后在作业之前均应对仪器进行检验与校正，以确保作业成果精度。

2. 注意事项

（1）日光下测量应避免将物镜直接对准太阳。建议使用太阳滤光镜以减弱这一影响。

（2）避免在高温和低温下存放仪器，亦应避免温度骤变（使用时气温变化除外）。

（3）仪器不使用时，应将其装入箱内，置于干燥处，并注意防震、防尘和防潮。

（4）若仪器工作处的温度与存放处的温度差异太大，应先将仪器留在箱内，直至适应环境温度后再使用。

（5）若仪器长期不使用，应将电池卸下分开存放，并且电池应每月充电一次。

（6）运输仪器时应将其装于箱内进行，运输过程中要小心，避免挤压、碰撞和剧烈振动。长途运输最好在箱子周围使用软垫。

（7）架设仪器时，尽可能使用木脚架，因为使用金属脚架可能会引起振动影响测量精度。

（8）外露光学器件需要清洁时，应用脱脂棉或镜头纸轻轻擦净，切不可用其他物品擦拭。

（9）仪器使用完毕后，应用绒布或毛刷清除仪器表面灰尘。仪器被雨水淋湿后，切勿通电开机，应用干净软布擦干并在通风处放一段时间。

（10）作业前应仔细全面检查仪器，确定仪器各项指标、功能、电源、初始设置和改正参数均符合要求时再进行作业。

（11）若发现仪器功能异常，非专业维修人员不可擅自拆开仪器，以免发生不必要的损坏。

【思考与练习】

1. 何为全站仪？全站仪由哪几部分组成？

2. 简述全站仪进行角度测量、距离测量、坐标测量和放样的基本过程。

3. 全站仪使用有哪些注意事项？

◢ 模块2 全球定位系统简介（Z05E1014Ⅲ）

【模块描述】本模块介绍全球定位GPS系统的组成、定位原理、作业模式和误差源。通过概念描述、原理讲解，了解全球定位GPS系统的组成、定位原理、定位作业模式，熟悉影响GPS定位精度的因素。

【模块内容】

一、全球定位

随着全社会的进步，传统燃料已经由柴禾改为煤或液化气、沼气、电等，由于无人砍伐，大部分地区，地表植被越来越茂盛，树木高大，在电力线路测量中，由于不好通视，使用传统的测量仪器（如全站仪、经纬仪等）进行测量会越来越困难。一方面，随着国民经济发展，环境保护越来越受到重视，砍伐通道越来越难以获得林业部门的审批；另一方面，砍伐通道的赔偿费用也越来越高，由于全球定位（GPS，以下用简称）测量方式无需通视，特别适合山区、林区、地表植被多、建筑物多等地区的输电线路测量。

二、全球卫星定位系统简介

GPS 系统作为新一代卫星导航定位系统，经过二十多年的发展，已经成为一种被广泛采用的系统。它是一种借助于分布在空中的多个 GPS 通信卫星确定地面点位置的新型定位系统。在测量中采用卫星定位技术，主要用于高精度大地测量和控制测量，以建立各种类型和等级的测量控制网；它还被用于各种类型的工程施工放样、测图及工程变形观测等测量工作中，尤其是在建立测量控制网方面，卫星定位技术已基本上取代了常规测量手段，成为主要的技术手段。目前，我国采用卫星定位技术布设了新的国家大地测量控制网，很多城市也都采用该技术建立了城市控制网。现在在各种类型的工程测量中，已开始大量采用卫星定位技术，如北京地铁 GPS 网、云台山隧道 GPS 网、秦岭铁路隧道施工 GPS 控制网等。

GPS 系统能独立、迅速和精确地确定地面点的位置，与常规控制测量技术相比，有许多优点：不要求测站间的通视，因而可以按需布点，且不需建造测站觇标；控制网的网形已不再是决定精度的重要因素，点与点之间的距离可以自由布设；可以在较短时间内以较少的人力消耗来完成外业观测工作，观测（卫星信号接收）的全天候优势更为显著；由于 GPS 接收仪器的高度自动化，内外业紧密结合，软件系统的日益完善，可以迅速提交测量成果；精度高，用载波相位进行相对定位，可达到±（$5\text{mm}+10^{6}\times D$）的精度；节省经费和工作效率高，用卫星定位技术建立测量控制网，要比常规测量技术节省 70%～80%的外业费用，同时，由于作业速度快，使工期大大缩短，所以经济效益显著。

三、全球卫星定位系统的组成

全球卫星定位系统由三部分组成，即空中 GPS 卫星星座、地面监控部分和用户设备部分（GPS 接收机）。

（一）GPS 卫星星座

GPS 卫星星座由 24 颗卫星构成，其中 21 颗工作卫星、3 颗备用卫星、24 颗卫星均匀分布在 6 个轨道面上，轨道面倾角为 55°，各轨道面之间相距 60°，轨道平均高度 20 200km，卫星运行周期为 11h58min12s（恒星时）。此种 GPS 卫星星座卫星的空间布置保证了在地球上任何地点、任何时刻至少均能同时观测到 4 颗（及以上）卫星，以满足精密导航与定位的需要。每颗 GPS 卫星上装备有 4 台高精度原子钟，它为卫星定位提供高精度的时间标准，另外还携带无线电信号收发机和微处理机等设备。

所谓恒星时（ST），是由春分点的周日视运动所确定的时间，它是以地球自转周期为基础，并与地球自转角度相对应的一种时间系统。春分点连续两次通过本地子午圈的时间间隔为一恒星日，含24恒星时，所以恒星时在数值上等于春分点相对于本地子午圈的时角。一恒时为60恒星分，一恒星分为60恒星秒。

（二）地面监控部分

地面监控部分主要由分布在全球的9个地面站组成，其中包括卫星观测站、主控站和信息注入站。监控站5个，在主控站的直接控制下对GPS卫星进行连续观测和收集有关的气象数据，进行初步处理并储存和传送到主控站，用以确定卫星的精密轨道。主控站1个，协调和管理所有地面监控系统的工作，推算各卫星的星历、钟差和大气延迟修正参数，并将这些数据和管理指令送至注入站。注入站3个，在主控站的控制下，将主控站传来的数据和指令注入到相应卫星存储器，并观测注入信息的正确性。

（三）GPS接收机

GPS接收机包括接受机主机、天线和电源，其主要功能是接收GPS卫星发射的信号，以获得必要的导航和定位信息及观测量，并经初步数据处理而实现实时导航和定位。目前国内常用的静态定位GPS接收机主要有Trimble、Leica、Ashtech、Novatel、Sokkia、中海达、南方等厂家生产的接收机。

GPS接收机按其用途和使用频率的不同具有多种形式。

1. 按卫星信号频率分类

（1）单频接收机。只能接收L1载波信号，测定载波相位观测值进行定位。由于不能有效消除电离层延迟影响，因此精度较低。只适用于短基线（小于20km）的测量。

（2）双频接收机。可以同时接收L1、L2载波信号（L1和L2是GPS卫星发射两种频率的载波信号，即频率为1575.42MHz的L1载波和频率为1227.60MHz的L2载波，波长分别为19.03cm和24.42cm）。利用双频技术，消除或减弱电离层的影响。用于差分定位时其精度可达亚米级至厘米级。

2. 按接收机的用途分类

（1）导航型接收机。此类型接收机主要用于运动载体的导航，它可以实时给出载体的位置和速度。这类接收机一般采用C/A码伪距测量，单点实时定位，精度较低。

（2）测量型接收机。主要用于精密大地测量和精密工程测量。这类仪器主要采用载波相位观测值，进行相对定位，定位精度高。仪器结构复杂。送电线路工程测量就使用这类仪器。

在L1和L2载波信号上又分别调制着多种信号，这些信号主要有：

1）C/A码又被称为粗捕获码（粗码），它被调制在L1载波上。

2）P码又被称为精码，它被调制在L1和L2载波上。

导航信息被调制在L1载波上，其信号频率为50Hz，包含有GPS卫星的轨道参数、卫星钟改正数和其他一些系统参数。用户一般需要利用此导航信息来计算某一时刻

GPS 卫星在地球轨道上的位置，导航信息也称为广播星历。

四、GPS 定位原理

GPS 定位的方法是多种多样的，用户可以根据不同的测量要求采用不同方法。

伪距定位所采用的观测值为 GPS 伪距观测值，采用的伪距观测值既可以是 C/A 码伪距（粗码），也可以是 P 码伪距（精码）。伪距定位的优点是数据处理简单，定位条件要求低，能非常容易地实现实时定位；其缺点是观测值精度低，C/A 码伪距观测值精度约 3m，而 P 码伪距的观测值精度在 30cm 左右。

载波相位定位所采用的观测值为 GPS 载波相位观测值，即 L1、L2 或它们的某种线性组合。其优点是观测值精度高，一般达到 2mm；缺点是数据处理复杂。

五、GPS 定位作业模式

静态定位作业是由两台或两台以上 GPS 接收机设置在待测基线端点上，在捕获和跟踪 GPS 卫星的过程中固定不变，接收机高精度地测量 GPS 信号的传播时间，利用 GPS 卫星在轨的已知位置，解算出接收机天线所在位置的三维坐标。

动态定位作业是用 GPS 接收机测定一个运动物体的运行轨迹。GPS 接收机所安置于运动载体上（如航行中的船舰、空中的飞机、行走的车辆等）。载体上的 GPS 接收机天线在跟踪 GPS 卫星的过程中相对地球而运动，接收机用 GPS 信号实时地测得运动载体的状态参数（瞬间三维位置和三维速度）。

相位差分定位作业技术又称为 RTK（Real Time Kinematic）技术，如图 3–2–1 所示，作业方法是在基准站上安置一台 GPS 接收机，对所有可见 GPS 卫星进行连续地观测，并将其观测数据通过无线电传输设备实时地发送给用户观测站，在用户观测站上，GPS 接收机在接收 GPS 卫星信号的同时，通过无线电接收设备，接收基准站传输的观测数据，然后根据相对定位的原理，实时地提供观测点的三维坐标，并达到厘米级的高精度。满足了一般工程测量的要求，目前送电线路的 GPS 定位大多采用这种作业模式。

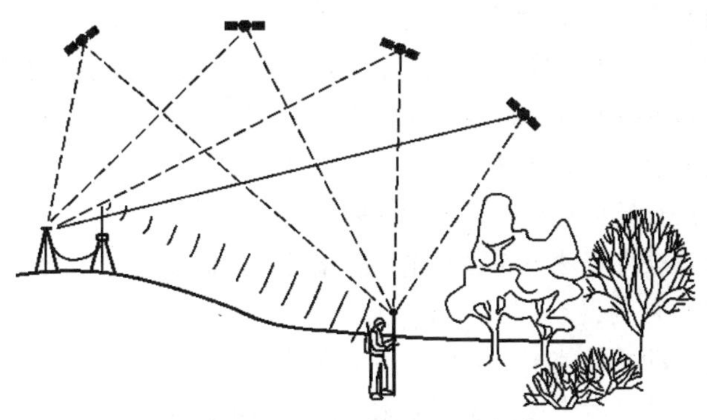

图 3–2–1　相位差分定位示意图

六、GPS 定位的误差源

在利用 GPS 进行定位时，会受到各种因素的影响，影响 GPS 定位精度的因素有以下五个方面：

1. 与 GPS 卫星有关的因素

（1）卫星星历误差。在进行 GPS 定位时，计算某时刻 GPS 卫星位置所需的卫星轨道参数是通过星历提供的，所计算出的卫星位置会与真实位置有所差异，这种差异就是星历误差。

（2）卫星钟差。GPS 卫星上所安装的原子钟的钟面时与 GPS 标准时间之间的钟差。

（3）卫星信号发射天线相位中心偏差。GPS 卫星上信号发射天线的标称相位中心与其真实相位中心之间的差异。

2. 与接收机有关的因素

（1）接收机钟差。GPS 接收机所使用钟的钟面时与 GPS 标准时间之间的钟差。

（2）接收机天线相位中心偏差。GPS 接收机天线的标称相位中心与其真实相位中心之间的差异。

（3）接收机软件和硬件造成的误差。在进行 GPS 定位时，定位结果会受到处理与控制软件和硬件的影响。

3. 与传播途径有关的因素

（1）电离层延迟。由于地球周围的电离层对电磁波的折射效应，使得 GPS 信号的传播速度发生变化，这种变化称为电离层延迟。电磁波所受电离层折射的影响与电磁波的频率以及电磁波传播途径上的电子总量有关。

（2）对流层延迟。由于地球周围的对流层对电磁波的折射效应，使得 GPS 信号的传播速度发生变化。这种变化称为对流层延迟。电磁波所受对流层折射的影响与电磁波传播途径上的温度、湿度和气压有关。

（3）多路径效应。由于接收机周围环境的影响，使得 GPS 接收机所接收到的卫星信号中包含反射和折射信号的影响。

4. 数据处理软件方面的因素

（1）用户在进行数据处理时引入的误差。

（2）数据处理软件算法不完善对定位结果的影响。

5. 操作因素引起的误差

（1）基站、流动站的整平、对中产生的误差。

（2）采点时收敛精度未达到观测要求所产生的定位误差。

七、GPS 进行输电线路测量的方法

设计阶段的测量工作主要包括选线、平断面测量和定位、塔基断面测量三个部分；施工复测则较简单，根据设计单位提供的平断面图对档距、高差、转角角度进行复核即可。

选线时一般是事先确定线路路径沿线各个转角桩的位置，通过 GPS 测量获得各个转角桩的坐标和高程，然后通过室内计算或手簿的计算功能确定线路在各个转角桩上的转角度数。

在进行平断面和定位测量时，事先将各转角桩的坐标及高程输入手簿，然后通过 GPS 直线放样功能根据前后两个转角桩的坐标确定直线方向，在直线方向上和直线两侧一定范围内采集地形点数据，并在直线上合适的塔位打桩并测定桩位的坐标及高程数据，这样逐个耐张段进行测量，就完成了整条线路的平断面和定位测量。

平断面测量和定位测量完成后，通过排位确定杆塔位置，然后在各杆塔中心桩周边一定范围内（根据选用杆塔的根开不同确定测量范围，一般测量范围为杆塔根开外 5m 范围内）均匀地测量地形数据，就完成了塔基测量。通过室内工作生成塔基地形图并根据基础摆放方位切断面，即可生成塔基断面。

在施工复测阶段，一般是根据设计部门提供的平断面图和杆塔坐标数据，逐塔测量坐标和高程，并与设计部门提供的数据进行校核，无误后在各塔位前后与中心桩通视的位置打上方向桩，给分坑测量提供参照点。

1. 不同地形情况下应用 GPS 进行选线测量时方法的选择

GPS 测量虽不要求通视，但进行动态测量时由于基站和流动站之间的电台数据链为甚高频，其波长一般只有十几厘米，基本无绕射能力，要求基站和流动站之间不能有高山遮挡；而动态测量时基站一般要求摆放在坐标和高程已知的点位上，为获得较高的精度，基站点最好摆放在进行过静态测量的点位上。基于以上特点，GPS 选线测量在不同地形地区需要采用不同的测量方法，下面将分别按照平原及一般丘陵地区和山区的 GPS 选线测量方法进行论述。

（1）平原及一般丘陵地区 GPS 的选线测量方法。平原及一般丘陵地区由于地形缓和，运输方便，可直接选取转角塔位作为静态测量控制点；线路转角之间的直线上无高的遮蔽物，动态测量较方便，一般一个基站可控制两侧各 6～8km 的直线。因此采用 GPS 动静态选线均较方便，一般可采用动静态结合的方式进行选线工作。

具体测量时可根据杆塔坐标测量的允许误差来确定静态测量点位的数量和间距，并非每个转角位置均需进行静态测量。一般可每隔 5km 左右选择一个转角位置进行静态测量以得到精确的坐标和高程数据并求得转换参数，其间的直线塔位和转角塔位均可采用动态测量方式进行测量。由于 GPS 动态测量的误差一般在 20mm+1ppm 边长，

且两个静态控制点之间的动态测量误差不传递，在5km的范围内采用动态测量的方式获得直线和转角塔位的坐标和高程数据其精度完全可以满足要求。在实际测量过程中，在两个静态测量的转角塔位之间确定转角塔位并测量其坐标、高程数据，然后进行每个耐张段的断面、定位测量工作，这些工作可一次性完成，提高了工效。最后采用GPS动态测量方式进行塔基断面测量，采用测高仪或全站仪补测跨越。

（2）山区GPS测量。山区线路受地形限制，往往无法保证所有转角均位于沿线制高点，可能转角之间的直线上有很高的高山，而GPS动态测量要求基站和流动站之间无高山遮蔽基站和流动站之间的数据链连接，并且基站电台功耗较大，常要求采用较大的蓄电池以提供稳定的供电，而大蓄电池往往较重，较难运上高山，在山岭密集地区即使在一个山顶制高点也控制不了多远的距离，因此山区线路宜采用GPS动态测量方法进行选线工作。

其具体方式为沿交通较为方便的山区道路路侧及其附近做一系列的静态控制点，基站摆放在这些控制点上，用动态测量的方式进行选线、平断面和定位测量、塔基断面测量，最后用测高仪或全站仪测量跨越情况。单个静态点控制的范围在方圆5km左右，这样可大大方便作业，测量精度也可得到保证。选取点位的时候要尽量靠近线路路径，以保证基站和流动站之间的数据链传输，具体位置需要现场视地形和遮挡物的情况确定。

2. 图上选线的重要性

无论任何地形、在任何地区进行终勘测量，先期室内的图上选线工作都是外业工作的重要依据。因此，初勘工作十分重要，要在图上仔细描出各种跨越点的具体位置；同时，进行室内图上选线是要仔细考量地形等各种因素的影响，尽量选择最优的路径，以避免外业工作时发现路径不合理的现象，从而对图上选出路径做出过多改动从而降低工效。图上选线工作是否合理是决定终勘测量工效的关键因素。

3. 外业工作流程

GPS测量外业工作的一般流程如下：

（1）根据图上选线定出的重要转角位置或控制点位置打下转角桩、点记。

（2）GPS至各点进行静态测量。

（3）下载数据后进行室内计算，求得静态点的坐标、高程、转换参数等数据。

（4）根据室内计算结果进行后续动态测量。

（5）当需要提供塔基地形图以备征地时，GPS静态测量尚须联测至已知坐标控制点，以便将坐标控制点引至线路全线，同时与塔基断面测量数据一起上机绘制塔基地形图。流程中的后续测量指动态选线测量、定位测量、断面测量、塔基地形测量等。

4. GPS 静态测量的组网方式

GPS 静态测量时可采用连续三角锁的方法很方便地将线路各个转角或控制点纳入网中，线路上各个三角形之间只需一条边即可。进行坐标联测时至少需要三个点，最好有四个点。当三个已知坐标点位于线路一端时（现场较多的情况），与已知点之间的网形可加密以提高测量精度。如网形一，三个已知点分别位于线路两端及中间时，可参照网形二。如无需提供塔基地形图时，可采用任意坐标系，此时无需进行已知点的联测工作，组网也很简便，只需采用连续三角锁即可。

【思考与练习】

1. 全球卫星定位系统有何用途？
2. 全球卫星定位系统由哪几部分组成？
3. 平原及一般丘陵地区 GPS 的选线测量方法是什么？

第二部分

输电线路施工及验收

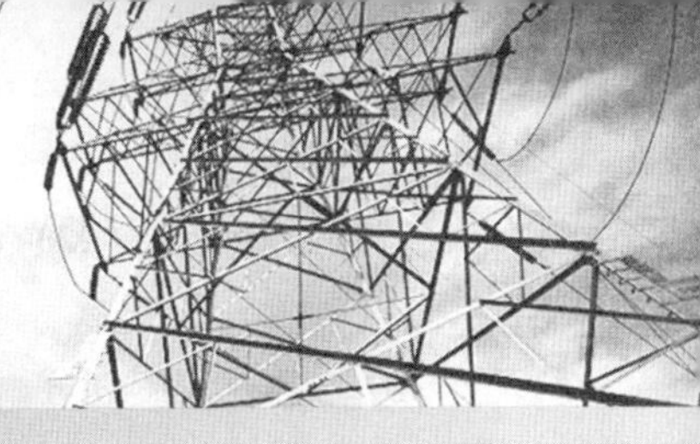

第四章

基础施工

模块1　土的分类及性质（Z05F1001Ⅰ）

【模块描述】本模块包含土的工程分类、土的性质及岩石等。通过内容介绍、图表对比、计算举例，了解土的工程分类、土的物理性质，掌握土的现场鉴别方法，熟悉输电线路工程中岩石的分类。

【模块内容】

了解土的分类及土的物理性质，掌握土的现场鉴别方法，是进行线路基础施工应具备的知识。下面就介绍这几方面的内容。

一、土的分类

1. 土的工程分类

工程中将土分为岩石、碎石土、砂土、黏性土及人工填土。

（1）岩石。岩石的种类很多，按不同的分类方法有不同的类型。工程勘察规范中的岩石分岩浆岩、沉积岩和变质岩。输电线路工程设计中，岩石一般以其坚固性和风化程度来划分。

1）按坚固性划分。岩石分为硬质岩石和软质岩石，见表4–1–1。

表4–1–1　按岩石坚固性分类表

石分类		R_b（×9.8N/cm²）	代表性岩石
硬质岩石	极硬岩 硬质岩	＞600 300～600	1）流纹岩、安山岩、花岗岩、闪长岩、玄武岩、辉绿岩等； 2）硅质、钙质胶结的砾岩、砂岩、灰岩、白云岩等； 3）片麻岩、石英岩、大理岩等
软质岩石	软质岩 极软岩	50～300 ≤50	1）凝灰岩等喷出岩； 2）泥质的砾岩、砂岩、页岩、炭质页岩、泥灰岩、泥岩、黏土岩等； 3）绿泥石片岩、云母片岩、千枚岩、板岩等

注　R_b为极限抗压强度。

2）按风化程度划分。岩石按风化程度划分，分为微风化、中等风化和强风化，见表 4–1–2。

表 4–1–2　　岩石按风化程度分类表

岩石类别	风化程度	野外观测的特征	开挖或钻探情况
硬质岩石	微风化	岩石表面和裂隙面稍有风化迹象	开挖需爆破。钢砂钻进，岩芯采取率 75%
	中等风化	部分矿物风化变质，颜色变浅。锤击声脆，不易击碎	开挖用撬棍或爆破。钢砂钻进，岩芯采取率 40%～75%
	强风化	大部分矿物显著风化变质，部分长石、云母等已风化为黏土矿物。原岩结构、构造仍保存可辨。岩块可用手折断	开挖用镐或撬棍，用土钻不易钻进
软质岩石	微风化	岩石表面和裂隙面稍有风化迹象	开挖用撬棍或爆破。钨钢砂钻进，岩芯较完整
	中等风化	部分矿物风化变质，颜色变浅。裂隙附近的矿物多风化成土状。裂隙常被黏性土充填，锤击易击碎	开挖用镐或撬棍。钨钢砂钻进，岩芯破碎
	强风化	含大量黏土矿物，干时多呈碎块状，浸水或干湿交替时可较快软化或泥化，在地表多呈数厘米的松散碎片	开挖用锹或镐，可用土钻钻进

3）岩石允许承载力[*R*]。输电线路工程设计中，岩石的允许承载力取值，一般按岩石类别结合风化程度取用，具体数值见表 4–1–3。

表 4–1–3　　岩石允许承载力[*R*]　　kN/m^2

岩石类别	强 风 化	中 等 风 化	微 风 化
硬质岩石	500～10 000	1500～2500	≥4000
软质岩石	200～500	700～1200	1500～2000

（2）碎石土。粒径大于 2mm 的颗粒含量超过全质量 50%的土称碎石土。根据颗粒级配及形状碎石土分为漂石、块石、卵石、碎石、圆砾和角砾，碎石分类见表 4–1–4。其中碎石又分密实、中密和稍密三种。

表 4–1–4　　碎 石 分 类 表

碎石土的分类	颗粒形状	颗粒级配
漂石（块石）	圆形及亚圆形为主（棱角状为主）	粒径大于 200mm 的颗粒超过全质量 50%
卵石（碎石）	圆形及亚圆形为主（棱角状为主）	粒径大于 20mm 的颗粒超过全质量 50%
圆砾（角砾）	圆形及亚圆形为主（棱角状为主）	粒径大于 2mm 的颗粒超过全质量 50%

（3）砂土。粒径大于 2mm 的颗粒含量不超过全质量 50%，塑性指数 I_p 不大于 3 的土称为砂土。根据颗粒级配不同砂土分为砾砂、粗砂、中砂、细砂和粉砂，砂土按颗粒级配分类表见表 4–1–5。砂土根据天然空隙比的不同，分为密实、中密、稍密和松散，砂土按密实度（天然空隙比）分类表见表 4–1–6。砂土的孔隙率一般为 30%～40%，透水性较大，当砂土的孔隙完全被水充满时，即成饱和状态，此时挖坑时就可能发生流砂现象，坑壁可能出现坍塌，施工较为困难。

表 4–1–5　砂土按颗粒级配分类表

砂土的名称	颗粒级配
砾砂	粒径大于 2mm 的颗粒质量占全质量 25%～50%
粗砂	粒径大于 0.5mm 的颗粒质量超过全质量 50%
中砂	粒径大于 0.25mm 的颗粒质量超过全质量 50%
细砂	粒径大于 0.1mm 的颗粒质量超过全质量 75%
粉砂	粒径大于 0.1mm 的颗粒质量不超过全质量 75%

表 4–1–6　砂土按密实度（天然空隙比）分类表

砂土的名称	密实程度			
	密实	中密	稍密	松散
砾砂、粗砂	$e<0.6$	$0.6\leqslant e\leqslant 0.75$	$0.7\leqslant e\leqslant 0.85$	$e>0.85$
中砂、细砂、粉砂	$e<0.7$	$0.7\leqslant e\leqslant 0.85$	$0.85\leqslant e\leqslant 0.95$	$e>0.95$

（4）黏性土：黏性土颗粒很细，具有黏性和可塑性。黏性土按工程地质特征分老黏性土、一般黏性土、红黏性土。老黏性土为第四纪晚更新世及其以前沉积的黏性土，该黏性土沉积年代久，有很好的物理性质。一般黏性土为第四纪全新世沉积的黏性土，它分布最广，工程性质变化范围很宽。红黏性土是碳酸盐类岩石经风化后残积、坡积形成的褐红色（亦有棕红、黄褐色）黏土。

黏性土按塑性指数 I_p 分为：

黏土　　$I_p>17$

亚黏土　　$10<I_p\leqslant 17$

轻亚黏土　　$3<I_p\leqslant 10$

黏性土按液性指数 I_L 分为：

坚硬　　$I_L\leqslant 0$

硬塑　　$0<I_L\leqslant 0.25$

可塑　　$0.25<I_L\leqslant 0.75$

软塑　　0.75<I_L≤1

流塑　　I_L>1

黏性土定名时，应先按工程地质特性划分类型，再按塑性指数确定。

（5）人工填土。人工填土分为下列三种：

1）素填土：由碎石、砂土、黏性土等组成的填土，经分层压实者统称为压实填土。

2）杂填土：含有建筑垃圾、工业废料、生活垃圾等杂物的填土。

3）冲填土：由水力冲填泥砂形成的沉积土。

2. 土的现场鉴别方法

为了简易、方便、及时区分土的类别，可用开挖、钻探、刀切捻摸、浸水等方法观察其特征、状态、颜色、含有物等情况。

（1）岩石的野外鉴别方法。各类岩石的鉴别，一般都采取开挖、钻探、槽探等方法，取岩土样送试验室鉴别确定。

在现场粗略的鉴别可用简易方法进行。

（2）碎石土野外鉴别方法。碎石土类型鉴别方法见表4–1–7。碎石土密度野外鉴别方法见表4–1–8。

表4–1–7　碎石土类型鉴别方法

类　别	土的名称	观测颗粒粗细	干燥状态及强度	湿润时用手拍击状态	黏着程度
碎石土	卵（碎）石	一半以上颗粒超过20mm	颗粒完全分散	表面无变化	无黏着感觉
	圆（角）砾	一半以上颗粒超过2mm（小高粱粒大小）	颗粒完全分散	表面无变化	无黏着感觉

表4–1–8　碎石土密度野外鉴别方法

密实度	骨架颗含和排列	开挖情况	钻探情况
密　实	骨架颗粒含量大于总质量的70%，呈交错排列，连续接触	锹镐挖掘困难，用撬棍方能松动；坑壁一般较稳定	钻进极困难，冲击钻探时，钻杆、吊锤跳动剧烈，孔壁较稳定
中　密	骨架颗粒含量等于总质量的60%～70%，呈交错排列，大部分接触	锹镐可挖掘，坑壁有掉块现象，从坑壁取出大颗粒处，能保持颗粒凹面形状	钻进极困难，冲击钻探时，钻杆、吊锤跳动不剧烈，孔壁有坍塌现象
稍　密	骨架颗粒含量等于总质量的60%，排列混乱，大部分不接触	锹可挖掘，坑壁易坍塌，从坑壁取出大颗粒后，砂性土立即塌落	钻进较容易，冲击钻探时，钻杆稍有跳动，孔壁易坍塌

（3）砂土的野外鉴别方法。砂土的类别鉴别方法见表4–1–9。砂土密实度野外鉴别见表4–1–10。

表 4–1–9　　砂土的类别鉴别方法

类别	土的名称	观测颗粒粗细	干燥状态及强度	湿润时用手拍击状态	黏着程度
砂土	砾砂	约有 20%～50%的颗粒超过 2mm（小高粱粒大小）	颗粒完全分散	表面无变化	无黏着感觉
	粗砂	约有一半以上的颗粒超过 0.5mm（细小米粒大小）	颗粒完全分散，但有个别胶在一起	表面无变化	无黏着感觉
	中砂	约有一半以上的颗粒超过 0.25mm（白菜籽粒大小）	颗粒基本分散，局部胶结但一碰即散	表面偶有水印	无黏着感觉
	细砂	大部分颗粒与粗豆米粉（>0.1mm）近似	颗粒大部分分散，小量胶结，部分稍加碰撞即散	表面有水印（翻浆）	偶有轻微黏着感觉
	粉砂	大部分颗粒与小米粉近似	颗粒小部分分散，大部分胶结，稍加压力即散	表面有显著翻浆现象	有轻微黏着感觉

表 4–1–10　　砂土密实度野外鉴别方法

砂的密度	挖坑情况及特征	砂的密度	挖坑情况及特征
松散	用手可以挖动，铁铲可以自由插入	密实	坑壁很稳定，铁铲难以插入土中
中密	坑壁易发生掉块，以脚压铁铲可以进入土中		

（4）黏土的野外鉴别方法。一般黏性土野外鉴别方法见表 4–1–11，新近沉积性黏土野外鉴别方法见表 4–1–12。

表 4–1–11　　一般黏性土的野外鉴别方法

土的名称	湿润时用刀切	用手捻摸时的感觉	黏着程度	湿土搓条情况
黏　土	切面非常光滑规则，刀刃有黏滞阻力	湿土用手捻有滑腻感觉，当水分较大时极为黏手，感觉不到有颗粒存在	湿土极易黏着物体，干燥后不易剥去，用水反复洗才能去掉	能搓成小于 0.5mm 土条（长度不短于手掌），手持一端不致断裂
亚黏土	稍有光滑面，切面规则	仔细捻摸感到有少量细颗粒，稍有滑腻和黏滞感	能黏着物体，干燥后较易剥掉	能搓成小于 0.5～2mm 土条
轻亚黏土	无光滑面，切面比较粗糙	感觉有细颗粒存在或粗糙，有轻微黏滞感	一般不黏着物体，干燥后一碰剥掉	能搓成小于 2～3mm 土条，土条很短

表 4–1–12　　新近沉积性黏土野外鉴别方法

沉积环境	颜色	结构性	含有物
河漫滩和山前洪冲积扇（锥）的表层，古河道，已填塞的湖、塘、沟、谷；河道泛滥区	颜色较深而暗，呈褐、暗黄或灰色，含有机质较多时带灰黑色	结构性差，用手扰动原状土时极易变软，塑性较低的土还有振动析水现象	在完整的剖面中无原生的粒状结核体，但可能含有圆形的钙质结构体（如姜结石）或贝壳等，在城镇附近可能含有少量碎砖陶片或朽木等人活动的遗物

（5）人工填土、淤泥、黄土、泥炭的野外鉴别方法。人工填土、淤泥、黄土、泥炭的野外鉴别方法见表 4–1–13。

表 4–1–13　　人工填土、淤泥、黄土、泥炭的野外鉴别方法

土的名称	观察颜色	夹杂物质	形状（构造）	浸入水中的现象	湿土搓条情况
人工填土	无固定颜色	砖瓦碎块、垃圾、炉灰等	夹杂物显露于外，构造无规律	大部分变为稀软淤泥，其余部分为碎瓦炉渣在水中单独出现	一般能搓成 3mm 土条但易断，遇有杂质甚多即不能搓条。一般淤泥质土接近轻亚黏土，能搓成 3mm 土条（长至 3mm）容易断裂
淤泥	灰黑色有臭味	池沼中半腐朽的细小动物遗体，如草根、小螺壳等	夹杂物轻，仔细观察可以发现构造常呈层状，但有时不明显	外观无显著变化，在水面出现气泡	搓条情况与正常的亚黏土相似
黄土	黄褐两色的混合色	有白色粉末出现在纹理之中	夹杂物质常清晰显见（肉眼可见）	即行崩散而分成散的颗粒集团，在水面上出现很多白色液体	一般能搓成 3mm 土条，但残渣甚多时，仅能搓成 3mm 以下的土条
泥炭（腐植土）	深灰或黑色	有半腐朽的细小动物遗体，其含量超过 60%	夹杂物有时可见，构造无规律	极易崩碎，变为稀软淤泥，其余部分分为植物根动物残体渣滓悬浮于水中	

二、土壤的性质

1. 土壤的物理性质

（1）土的容重。土壤在天然状态下，单位体积土的质量叫土的容重。土的容重实际就是土的密度。土的容重随所含水分的多少而变，一般在 1.2～2.0t/m^3。

（2）土的上拔角。基础埋在土壤中，当基础受到上拔力作用时，基础上的土壤成倒截锥台体拔出，它和柱体所成的夹角称上拔角。拔出的土体形状如图 4–1–1 所示。

（3）土的摩擦力。土体在剪刀作用下，就产生一部分土对另一部分土相对滑动的趋向，这个滑动受到土粒之间的摩擦力所阻止，这个摩擦力称为土的内摩擦力。

（4）许可耐压力。单位面积土壤允许承受的压力，单位为 Pa。

（5）土的抗剪角。土的抗剪试验如图 4–1–2 所示，给土样施以垂直压力 N，再逐渐施以水平力为 T，直到土样剪断为止。试验证明不同的垂直压力 N，使土样剪断的水平力 T 不同，它们之间的关系是

$$T=N\tan\beta \tag{4–1–1}$$

式中　T——土的剪切力或称土的抗剪力，kN；

N——相应的土壤压力，kN；

β——土的抗剪角。

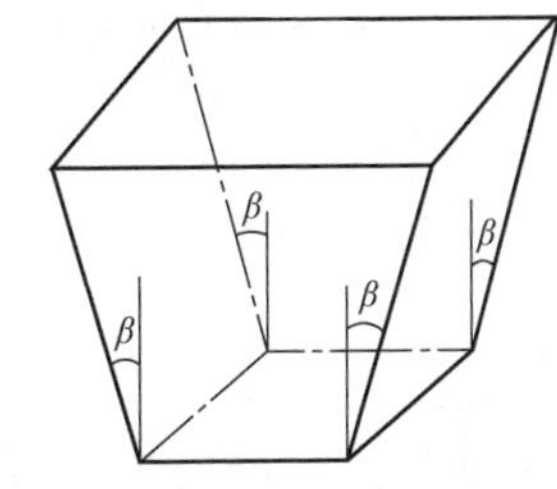

图 4–1–1　拔出的土体形状

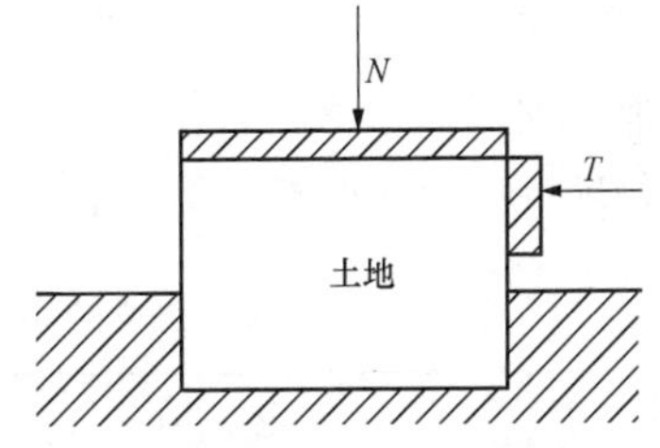

图 4–1–2　土的抗剪试验

对砂性土抗剪力等于土的内摩擦力，所以抗剪角等于内摩擦角，而黏性土其抗剪力等于凝聚力与内摩擦力之和。土的抗剪特性如图 4–1–3 所示，在实际工程中，杆塔或拉线坑，都是用填土夯实，基本上破坏了原状土的状态，故亦视为非黏性土。所以，为安全计，宜将土壤的抗剪角按内摩擦角考虑。

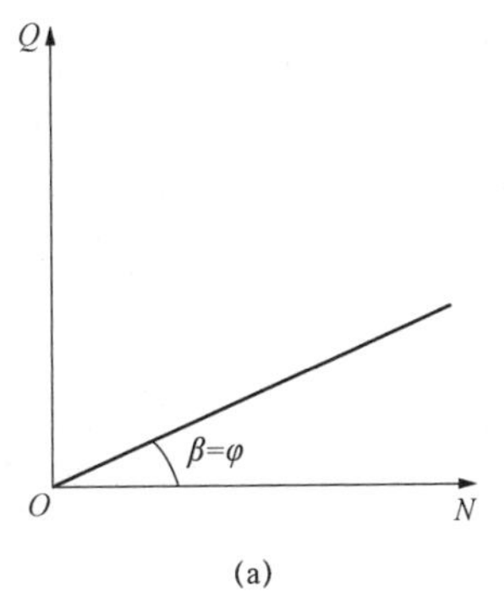

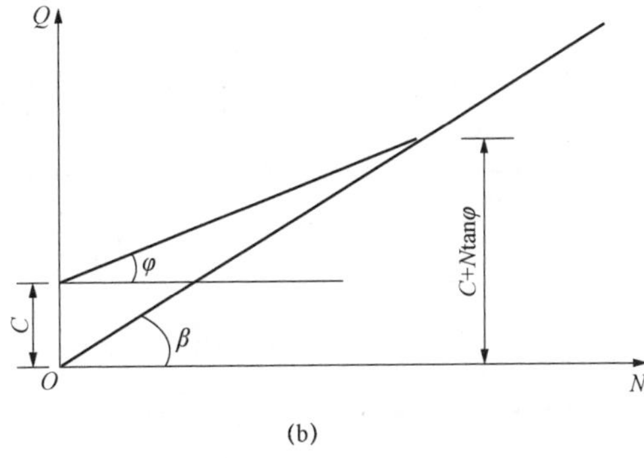

图 4–1–3　土的抗剪特性

（a）非黏性土；（b）黏性土

（6）被动土压力（或称被动土抗力）。土体对基础侧面的压力称为主动压力。当基础受到外力作用时，基础即对土壤施以推力，此时土体对基础产生反力，此反力称为被动土抗力。

（7）边坡度和操作裕度。当地质条件较好，土质均匀且无地下水，无挡土设施，停留时间较短时，一般基坑的边坡度和操作裕度见表 4–1–14。

表 4–1–14　　一般基坑的边坡度和操作裕度

土质分类	砂土、砾土、淤泥	砂质黏土	黏土、黄土	坚　土
边坡度（深:宽）	1:0.75	1:0.5	1:0.3	1:0.15
操作裕度（m）	0.3	0.2	0.2	0.2

2. 土壤的物理特性参数

土壤的物理特性参数见表 4–1–15。

表 4–1–15　　土壤的物理特性参数

土壤名称	土壤状态	计算密度（t/m^3）	计算上拔角（°）	计算抗剪角（°）	被动土抗力（kN/m^3）	许可耐压力（kN/m^2）
黏土及亚黏土	坚硬 硬塑 可塑 软塑	1.8 1.7 1.6 1.5	30 25 20 10～15	45 35 30 15～20	105.0 62.6 48 27.2～35.2	250～300 200～250 150～200 100～150
亚砂土	坚硬 可塑	1.8 1.7	27 23	40 35	82.8 62.6	250 150～200
大块碎石类	不论夹砂或黏土	2.0	32	40	92	300～500
砾砂 粗砂 中砂 细砂 粉砂	不论湿度	1.8 1.7 1.6 1.5	30 28 26 22	37 35 32 25	72.0 62.5 52.2 36.9	350～450 250～350 150～300 100～250

【思考与练习】

1. 工程中将土分为哪几类？野外如何鉴别各类土壤？
2. 工程勘察规范中的岩石分哪几类？岩石按风化程度分哪几类？

3. 什么叫碎石土？根据颗粒级配及形状，碎石土分为哪几类？

4. 什么叫砂土？根据颗粒级配不同，砂土分为哪几类？

5. 黏性土按工程地质特征分为哪几类？人工填土分为哪几类？

6. 一般基坑的边坡度和操作裕度是多少？

◢ 模块 2　开挖型基础施工（Z05F1002Ⅰ）

【模块描述】本模块包含基础材料、基础开挖、钢筋混凝土基础施工、预制基础安装等。通过内容介绍、要点归纳、作业流程介绍、图表对比，掌握基础开挖方法、钢筋混凝土基础施工方法及预制基础安装方法。

【模块内容】

一、作业内容

1. 现浇基础施工

（1）施工前的准备。

（2）钢筋的加工与钢筋笼、模板及地脚螺栓（或插入角钢）的安装。

（3）混凝土的搅拌、浇灌与捣固。

（4）基础的养护及拆模。

2. 预制基础施工

（1）电杆基础安装。

（2）铁塔混凝土预制装配式基础安装。

（3）铁塔金属支架装配式基础安装。

二、作业前准备

（一）技术准备

（1）技术资料。技术资料包括杆塔明细表、基础型式配制表、基础施工图、基础施工手册。

（2）对施工人员进行技术交底的内容有基础的型式、尺寸、施工方法、安全措施、质量要求等。

（二）工器具的准备

（1）基础施工工器具（例如模板等）运往现场前必须进行检查、维修，确保合格的工器具运往现场。

（2）基础施工阶段使用的计量仪器及量具（例如钢尺等）应在施工前送计量检测单位校验，确保使用的计量仪器及量具正确无误且在校验有效期内。

（3）基础施工用的机械设备（例如搅拌机、振捣器等）必须选择适用的规格、型号。施工前必须试机检查。现浇钢筋混凝土基础施工过程中所用到的工具主要包括混凝土搅拌机，发电机，乙炔气焊机（电焊机），钢筋加工机，配电箱，插入式振捣器，测量工具（包括经纬仪、塔尺、钢卷尺、垂球等），磅秤，生熟料推车，溜槽，试块盒，塌落度筒，模板等。预制基础安装中所用到的工具主要包括木杆、麻绳、钢绳、滑车组、地滑车、钢绳套、铁锹、木杠挂钩、绞磨（人工吊装法工器具）；起重机、钢绳套、挂钩、铁锹（起重车吊装法）；撬棍、枕木、千斤顶、经纬仪或水平仪、垂球、鱼弦、钢尺、塔尺、花杆、十字样板等（操平找正工器具）。

（三）场地布置

现浇钢筋混凝土基础施工场地布置要求如下：

（1）搅拌机布置在坑边附近，但不应对坑边有扰动。

（2）发电机布置在场区内边缘，配电箱布置在搅拌机附近，电源线架空布置，避免与运输道路交叉。用电设备要有可靠的接地装置。

（3）水泥、砂、石、水运输到位。砂、石料单独堆放，堆放下部铺垫彩条布，保证不落地；水泥堆放要避开积水或雨水冲刷的位置，必须下有支垫和上有防雨遮盖，防止受潮，并就近布置在搅拌台周围。

（4）生熟料运输通道应平整，松软通道应铺垫板。

（5）地脚螺栓（插入式角钢）、模板、钢筋等材料工具运输到位，且分类堆放整齐，布置在临时工棚附近。

（6）检查、确认到位原材料符合规范要求；作业机具和安全防护用具满足使用并符合安规要求。

现浇钢筋混凝土基础施工的场地布置平面图如图 4–2–1 所示。预制基础安装场地布置比较简单，这里不做介绍。

（四）基础材料

配制混凝土的原材料包括水泥、沙、石、水、钢筋和外加剂等。其一般要求如下：

1. 水泥

水泥是一种无机粉状水硬性胶凝材料，水泥加水搅拌后成塑性浆体，能在空气和水中硬化，并把砂石等材料牢固地胶结在一起，具有一定的强度。水泥的质量是影响混凝土强度的关键因素之一。配置输电线路工程上的混凝土用水泥，可选用硅酸盐水泥、普通硅酸盐水泥、矿渣硅酸盐水泥，很少使用火山灰质硅酸盐水泥和粉煤灰硅酸盐水泥。

（1）硅酸盐水泥。硅酸盐水泥是由硅酸盐水泥熟料、0～5%石灰石或粒化高炉矿渣、适量石膏磨细制成的水硬性凝结材料。硅酸盐水泥的特点是快硬、早强、标号较高，其早期强度较掺混合材料的普通硅酸盐水泥高 5%～10%，其抗冻性，耐磨性也好，可配置高标号混凝土，适用于重要工程及高强度混凝土构件，但不适用于厚大体积的混凝土。

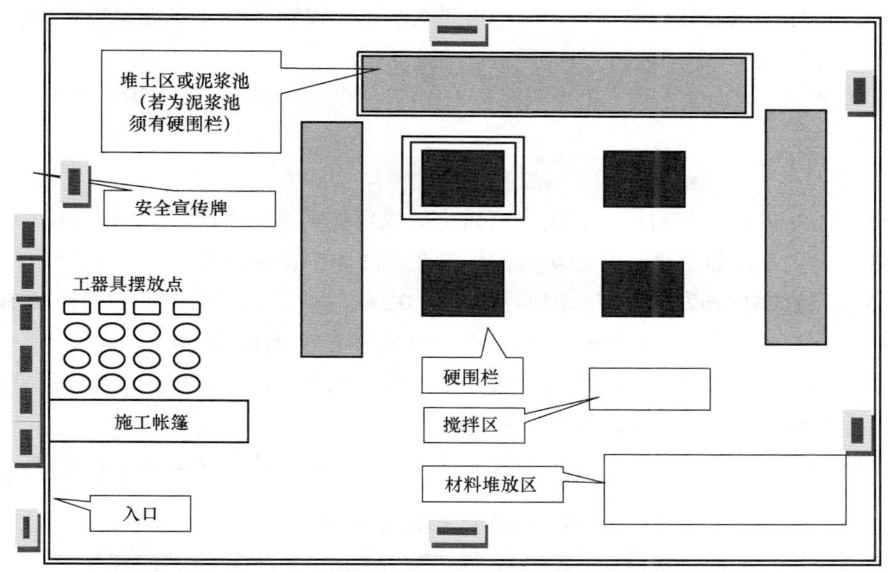

图 4–2–1 现浇钢筋混凝土基础施工平面布置图

硅酸盐水泥按 GB 175—2007/XG1《（通用硅酸盐水泥）国家标准第 1 号修改单》分为 42.5、42.5R、52.5、52.5R、62.5、62.5R 六个强度等级。强度等级中有“R”代号的，表示为早强型水泥，这类水泥具有较高的早期强度，其 3 日后，强度应能达到 28 日强度的 50%水平上。

（2）普通硅酸盐水泥（普通水泥）。普通硅酸盐水泥是由硅酸盐水泥熟料、6%～15%混合材料、适量石膏磨细制成的水硬性胶凝材料，代号 P•O。

普通水泥，按 GB 175/XG1 标准分为 32.5、32.5R、42.5、42.5R、52.5、52.5R 六个强度等级，应用于各种构件的生产及配置各种钢筋混凝土工程的施工，优先用在干燥环境中的混凝土、严寒地区露天混凝土、处在水位升降范围内的混凝土、有抗渗性要求的混凝土，也可使用在高温度环境中或永远处于水下的混凝土、厚大体积的混凝土、要求快硬的高强度混凝土，但不宜高温蒸汽养护。

（3）矿渣硅酸盐水泥。矿渣硅酸盐水泥是由硅酸盐水泥熟料和粒化高炉矿渣、适量石膏磨细制成的水硬性胶凝材料，代号 P•S。

（4）火山灰质硅酸盐水泥。火山灰质硅酸盐水泥是由硅酸盐水泥熟料和火山灰质混合材料、适量石膏磨细制成的水硬性胶凝材料，简称火山灰水泥，代号 P•P。水泥中火山灰质混合材料掺加量按质量百分比计为 20%～50%。

（5）粉煤灰硅酸盐水泥。粉煤灰硅酸盐水泥是由硅酸盐水泥熟料和粉煤灰、适量石膏磨细制成的水硬性胶凝材料，简称粉煤灰水泥，代号 P·F。水泥中粉煤灰掺量按质量百分比计为 20%～40%。

矿渣水泥、火山灰水泥、粉煤灰泥按 GB 175/XG1 分为 32.5、32.5R、42.5、42.5R、52.5、52.5R。

2. 砂

砂是石质的细粒状材料，系由岩石风化而成。按其产源不同，分为河砂、海砂、江砂及山砂四种，以河砂、江砂质量为好。在混凝土中作细骨料。

砂按颗粒大小分为粗砂，平均粒径不小于 0.5mm；中砂，平均粒径为 0.35～0.5mm；细砂，平均粒径为 0.25～0.35mm；特细砂，平均粒径小于 0.25mm。

砂粒粗，表面积小，所需用胶合表面的水泥量也少。因此，拌制混凝土用粗砂或中砂。平均粒径小于 0.25mm 的砂不宜使用。

砂必须颗粒坚硬、洁净，砂中的含泥量和泥块含量应符合表 4–2–1 的规定。

表 4–2–1 砂中的含泥量和泥块含量

混凝土强度等级	大于或等于 C30 级	小于 C30	混凝土强度等级	大于或等于 C30 级	小于 C30
含泥量（按重量计，%）	≤3.0	≤5.0	泥块含量（按重量计，%）	≤1.0	≤2.0

对于有抗冻、抗渗或其他特殊要求的混凝土用砂，含泥量应不大于 3.0%，泥块含量应不大于 1.0%。

对于 C10 号和 C10 号以下的混凝土用砂，应根据水泥标号及含泥量和泥块含量予以放宽。

砂不宜混有草根、树叶、树枝、塑料品、煤块、炉渣等杂物。砂中若含有云母、轻物质、有机物、硫化物及硫酸盐等有害物质，砂中的有害物质限值应符合表 4–2–2 的规定。有抗冻、抗渗要求的混凝土，砂中云母含量不应大于 1.0%。砂中如发现含有颗粒状的硫酸盐或硫化物杂质时，则要进行专门检验，确定能满足混凝土耐久性要求时，方能采用。

表 4–2–2 砂中的有害物质限值

项　目	质量指标
云母含量（按质量计）	≤2.0%
轻物质含量（按质量计）	≤1.0%

续表

项　目	质量指标
硫化物及硫酸盐含量（折算成 SO_3 按质量计）	≤1.0%
有机物含量（用比色法试验）	颜色不应深于标准色，如深于标准色，则应按水泥胶砂强度试验方法，进行强度对比试验，抗压强度比不应低于 0.95

3. 石

混凝土所用的石按来源不同分碎石和卵石。石是混凝土中的粗骨料。碎石是经过人工或机械加工破碎而成，有棱角、表面粗糙，和水泥浆胶合比较好，在同样条件下，碎石混凝土比卵石混凝土强度高，但和易性差。卵石由天然风化而成无棱角，按产地不同可分为河卵石、海卵石和山卵石。河卵石比较洁净。

石子按其粒径分为细石，粒径 5～20mm；中石，粒径 20～40mm；粗石，粒径 40～100mm。

送电线路的钢筋混凝土基础，一般采用中石，为便于浇灌，在钢筋混凝土中，石子的最大粒径不得大于钢筋间最小净距的 3/4。无筋混凝土基础采用粗石，粗石的最大粒径不得大于基础最小断面最小边长的 1/4。掺入无筋混凝土基础的大块石，不得有裂缝、夹层，其强度不得低于混凝土用石标准，尺寸宜为 150～250mm，且不得使用卵石。碎石和卵石比重随着岩石种类不同而异，大多在 2.5～2.7 之间。它们密度为 1400～1800kg/m^3。不论用何种石子，其强度必须大于混凝土强度。

预制混凝土构件及现场浇制基础使用的碎石或卵石，必须符合 JGJ 52—2006《普通混凝土用砂、石质量及检验方法标准（附条文说明）》的规定。

4. 水

混凝土浇筑用水必须符合 JGJ 63《混凝土用水标准（附条文说明）》的规定。按此规定，输电线路现浇混凝土宜使用饮用水，当无饮用水时，可使用河溪水或清洁的池塘水。水中不得含有油、盐、糖、酸、碱等有害的化学物质，其上游亦无有害化合物流入，有怀疑时应进行检验。不得使用海水拌制混凝土。

5. 钢筋

（1）输电线路基础施工时所采用到的钢筋有普通钢筋和预应力钢筋。普通钢筋系指用于钢筋混凝土结构中的钢筋和预应力混凝土结构中的非预应力钢筋。这两种钢筋应按下列规定选用：

1）普通钢筋宜采用 HRB400 级和 HRB335 级钢筋，也可采用 HPB235 级钢筋和 RRB400 级钢筋；对 C15 强度等级的钢筋混凝土采用 HPB 235 钢筋，多用于现浇钢筋混凝土基础；C20 及以上强度等级的钢筋混凝土采用 HRB335、HRB400 和 RRB400

钢筋。

2）预应力钢筋宜采用预应力钢绞线、钢丝，也可采用热处理钢筋。

（2）对钢筋的一般规定如下：

1）混凝土结构所采用的各种钢筋的质量，应符合现行国家标准规定，并应有出厂质量证明书或试验报告单。

2）钢筋表面或每捆（盘）钢筋应有标志。

3）钢筋在加工过程中，如发现脆断、焊接性能不良或力学性能显著不正常等现象，应根据现行国家标准对该批钢筋进行化学成分检验或其他专项检验。

4）对有抗震要求的框架结构纵向受力钢筋应进行检验，检验所得的强度实测值应符合下列要求：① 钢筋的抗拉强度实测值与屈服强度实测值的比值不应小于 1.25。② 钢筋的屈服强度实测值与钢筋的强度标准值的比值，当按一级抗震设计时，不应大于 1.25；当按二级抗震设计时，不应大于 1.4。

5）钢筋在运输和储存时，不得损坏标志，应按批分别堆放整齐，避免锈蚀或油污。

6）钢筋的级别、种类和直径应按设计要求采用。当需要代换时，应征得设计单位的同意，并应符合下列规定：① 不同种类钢筋的代换，应按钢筋受拉承载力设计值相等的原则进行。② 当构件受抗裂、裂缝宽度或挠度控制时，钢筋代换后应进行抗裂、裂缝宽度或挠度验算。③ 钢筋代换后，应满足混凝土结构设计规范中所规定的钢筋间距、锚固长度、最小钢筋直径、根数等要求。④ 对重要受力构件，不宜用Ⅰ级光面钢筋代换变形（带肋）钢筋。⑤ 梁的纵向受力钢筋与弯起钢筋应分别进行代换。⑥ 对有抗震要求的框架，不宜以强度等级较高的钢筋代替原设计中的钢筋；当必须代换时，其代换的钢筋检验所得的实际强度，尚应符合抗震的要求。⑦ 预制构件的吊环，必须采用未经冷拉的Ⅰ级热轧钢筋制作，严禁以其他钢筋代换。

7）冷拉钢筋可采用热轧钢筋加工制成。冷拉Ⅰ级钢筋适用于钢筋混凝土结构中的受拉钢筋，冷拉Ⅱ、Ⅲ、Ⅳ级钢筋可用作预应力混凝土结构的预应力筋。

（3）钢筋加工应满足下列要求：

1）钢筋加工的形状、尺寸必须符合设计要求。钢筋的表面应洁净、无损伤，油渍、漆污和铁锈等应在使用前清除干净。不得使用带有颗粒状或片状老锈的钢筋。

2）钢筋应平直，无局部曲折。调直钢筋时应符合规定。

3）钢筋的弯钩或弯折应符合下列规定：① HPB235（Q235）钢筋（即原Ⅰ级钢筋）末端需要作 180°弯钩，其圆弧弯曲直径 D 不应小于钢筋直径 d 的 2.5 倍，平直部分长度不宜小于钢筋 d 的 3 倍，钢筋末端 180° 弯钩如图 4–2–2 所示；用于轻骨料混凝土结构时，其弯曲直径 D 不应小于钢筋直径 d 的 3.5 倍。② HRB335（20MnSi）、HRB400

（20MnSiV、20MnSiNb、20MnTi）钢筋（即原Ⅱ、Ⅲ级钢筋）末端需作90°或135°弯折时，HRB335（原Ⅱ级）钢筋弯曲直径 D 不宜小于钢筋直径 d 的4倍；HRB400（原Ⅲ级）钢筋不宜小于钢筋直径 d 的5倍，钢筋末端90°及135°弯钩如图4–2–3所示，平直部分长度应按设计要求确定。③ 弯起钢筋中间部位弯折处的弯曲直径 D，不应小于钢筋直径的5倍，钢筋弯折加工如图4–2–4所示。

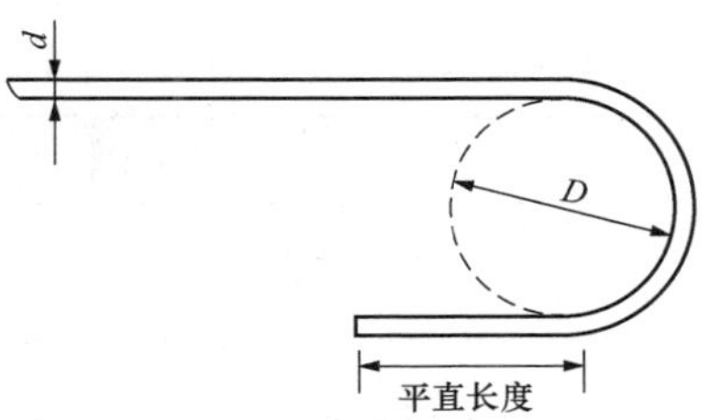

图4–2–2　钢筋末端180°弯钩

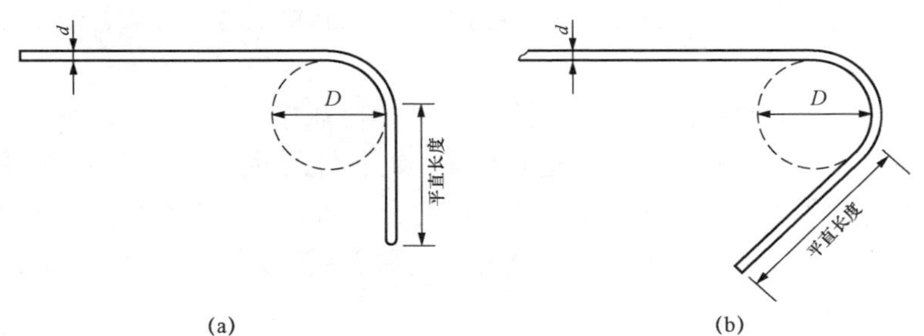

图4–2–3　钢筋末端90°及135°弯钩
（a）90°弯钩；（b）135°弯钩

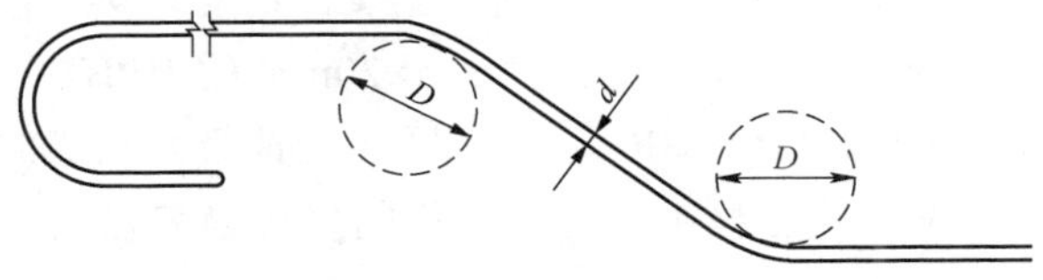

图4–2–4　钢筋弯折加工

4）箍筋的末端应作弯钩，弯钩形式应符合设计要求。当设计无具体要求时，用Ⅰ级钢筋或冷拔低碳钢丝制作的箍筋，其弯钩的弯曲直径应大于受力钢筋直径，且不小于箍筋直径的2.5倍；弯钩平直部分的长度，对一般结构，不宜小于箍筋直径的5倍，对有抗震要求的结构，不应小于箍筋的10倍。

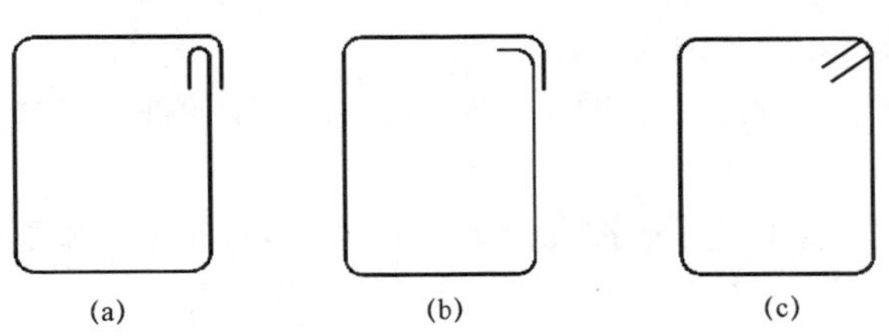

图4–2–5　箍筋示意图
（a）90°/180°；（b）90°/90°；（c）135°/135°

箍筋示意图如图4–2–5所示，对有抗震要求和受扭的结构，可按图4–2–5（c）加工。

5）钢筋加工的允许偏差，应符合表4–2–3的规定。

表 4–2–3 钢筋加工的允许偏差 mm

项　目	允许偏差	项　目	允许偏差
受力钢筋顺长度方向全长的净尺寸	±10	弯起钢筋的弯折位置	±20

（4）钢筋焊接应满足下列要求：

1）钢筋焊接的接头形式焊接工艺和质量验收，应符合国家现行标准 JGJ 18—2003《钢筋焊接及验收规程》的有关规定。

2）钢筋焊接前，必须根据施工条件进行试焊，合格后方可施焊。焊工必须有焊工考试合格证。

3）热轧钢筋的对接焊接，可采用闪光对焊、电弧焊、电渣压力焊或气压焊。钢筋骨架和钢筋网片的交叉焊接宜采用电阻点焊。钢筋与钢板的T形连接，宜采用埋弧压力焊或电弧焊。钢筋焊接接头的试验方法应符合 JGJ/T 27《钢筋焊接接头试验方法标准》的有关规定。采用钢筋气压焊时，其施工技术条件和质量要求应符合 GB 12219《钢筋气压焊》的规定。

4）冷拉钢筋的闪光对焊或电弧焊，应在冷拉前进行；冷拔低碳钢丝的接头不得焊接。

5）轴心受拉和小偏心受拉杆件中的钢筋接头，均应焊接。普通混凝土中直径大于 22mm 的钢筋和轻骨料混凝土中直径大于 20mm 的 HPB 235（原Ⅰ级）钢筋及直径大于 25mm 的 HRB 335、HRB 400（原Ⅱ、Ⅲ级）钢筋的接头，均宜采用焊接。对轴心受压和偏心受压柱中的受压钢筋的接头当直径大于 32mm 时，应采用焊接。

6）对有抗震要求的受力钢筋的接头，宜优先采用焊接或机械连接。钢筋接头不宜设置在梁端、柱端的箍筋加密区范围内。

7）当受力钢筋采用焊接接头时，设置在同一构件内的焊接接头应相互错开。在任一焊接接头中心至长度为钢筋直径 d 的 35 倍且不小于 500mm 的区段 l 内，焊接接头位置如图 4–2–6 所示，同一根钢筋不得有两个接头。

8）焊接接头距钢筋弯折处，不应小于钢筋直径的 10 倍，且不宜位于构件的最大弯矩处。

9）装配式框架结构预制柱的钢筋外露长度，应按设计要求采用，当设计无具体要求时，应符合表 4–2–4 的规定。

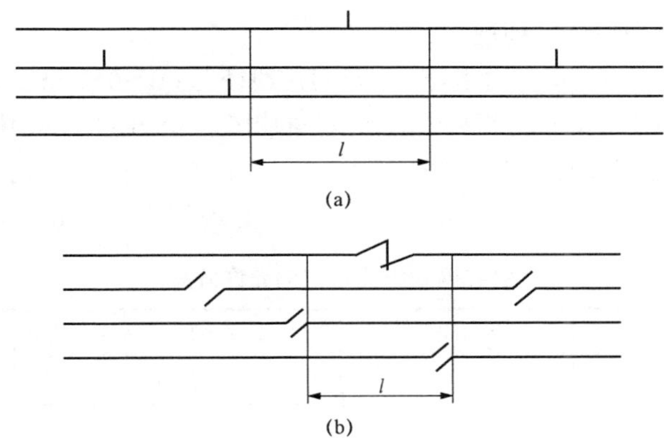

图 4–2–6　焊接接头位置

（a）对接焊接头；（b）搭接焊接头

注　1. 接头宜设置在受力较小部位，且在同一根钢筋全长上宜少设接头。

2. 承受均布荷载作用的屋面板、楼板、檩条等简支受弯构件，当在受拉区内配置的受力钢筋少于 3 根时，可在跨度两端各 1/4 跨度范围内设置一个焊接接头。

表 4–2–4　　**预制柱钢筋外露长度**　　mm

接头形式	受力钢筋根数		接头形式	受力钢筋根数	
	≤14 根	＞14 根		≤14 根	＞14 根
坡 口 焊	250	350	搭 接 焊	250+∫w	350+∫w

注　w 为焊缝长度，mm。其值应按 JGJ 18—2003 确定。

10）焊接网和焊接骨架的焊点应符合设计要求；当设计无具体要求时，应按下列规定进行焊接：① 焊接骨架的所有钢筋相交点必须焊接。② 当焊接网片只有一个方向受力时，受力主筋的全部相交点必须焊接；当焊接网两个方向受力时，则四周边缘的两根钢筋的全部相交点均应焊接；其余的相交点可间隔焊接。

11）焊接网及焊接骨架外形尺寸的允许偏差，应符合表 4–2–5 的规定。

表 4–2–5　　**焊接网及焊接骨架的允许偏差**　　mm

<table>
<tr><th>项　目</th><th>允许偏差</th><th colspan="2">项　目</th><th>允许偏差</th></tr>
<tr><td>网的长、宽</td><td>±10</td><td colspan="2">骨架的长</td><td>±10</td></tr>
<tr><td rowspan="2">网眼的尺寸</td><td rowspan="2">±10</td><td colspan="2">箍筋间距</td><td>±10</td></tr>
<tr><td rowspan="2">受力钢筋</td><td>间距</td><td>±10</td></tr>
<tr><td>骨架的宽及高</td><td>±5</td><td>排距</td><td>±5</td></tr>
</table>

（5）钢筋绑扎应符合下列规定：

1）钢筋的交叉点应采用铁丝扎牢；铁丝可用线径为 1.0～0.8mm（18 号～20 号）线。

2）板和墙的钢筋网，除靠近外围两行钢筋的相交点全部扎牢外，中间部分交叉点可间隔交错扎牢，但必须保证受力钢筋不产生位置偏移；双向受力的钢筋必须全部扎牢。

3）绑扎网和绑扎骨架外型尺寸的允许偏差，应符合表 4–2–6 的规定。

表 4–2–6　　绑扎网和绑扎骨架的允许偏差　　mm

<table>
<tr><th>项　目</th><th>允许偏差</th><th colspan="2">项　目</th><th>允许偏差</th></tr>
<tr><td>网的长、宽</td><td>±10</td><td colspan="2">骨架的长</td><td>±10</td></tr>
<tr><td rowspan="2">网眼的尺寸</td><td rowspan="2">±20</td><td colspan="2">箍筋间距</td><td>±20</td></tr>
<tr><td rowspan="2">受力钢筋</td><td>±10</td><td>±10</td></tr>
<tr><td>骨架的宽及高</td><td>±5</td><td>±5</td><td>±5</td></tr>
</table>

4）钢筋的绑扎接头应符合下列规定：① 搭接长度的末端距钢筋弯折处，不得小于钢筋直径的 10 倍，接头不宜位于构件最大弯矩处。② 钢筋搭接处，应在中心和两端用铁丝扎牢。③ 受拉钢筋绑扎接头的搭接长度，应符合表 4–2–7 的规定；受压钢筋绑扎接头的搭接长度应取受拉钢筋绑扎接头搭接长度的 0.7 倍。④ 焊接骨架和焊接网采用绑扎连接时，应符合：焊接骨架和焊接网的搭接接头，不宜位于构件的最大弯矩处；焊接网在非受力方向的搭接长度宜为 100mm。

表 4–2–7　　受拉钢筋绑扎接头的搭接长度

<table>
<tr><th colspan="2" rowspan="2">钢　筋　类　型</th><th colspan="3">混凝土强度等级</th></tr>
<tr><th>C20</th><th>C25</th><th>高于 C25</th></tr>
<tr><td colspan="2">HPB 235（原Ⅰ级）钢筋</td><td>35d</td><td>30d</td><td>25d</td></tr>
<tr><td rowspan="2">月牙纹</td><td>HRB 335（原Ⅱ级）钢筋</td><td>45d</td><td>40d</td><td>35d</td></tr>
<tr><td>HRB 400（原Ⅲ级）钢筋</td><td>55d</td><td>50d</td><td>45d</td></tr>
<tr><td colspan="2">冷拔低碳钢丝（mm）</td><td colspan="3">300</td></tr>
</table>

注　1. 当 HRB 335、HRB 400（原Ⅱ、Ⅲ级）钢筋直径 d 大于 25mm 时，其受拉钢筋的搭接长度应按表中数值增加 $5d$ 采用。

2. 当螺纹钢筋直径 d 不大于 25mm 时，其受拉钢筋的搭接长度应按表中值减少 $5d$ 采用。
3. 当混凝土在凝固过程中受力钢筋易受扰动时，其搭接长度宜适当增加。
4. 在任何情况下，纵向受拉钢筋的搭接长度不应小于 300mm；受压钢筋的搭接长度不应小于 200mm。
5. 轻骨料混凝土的钢筋绑扎接头搭接长度应按普通混凝土搭接长度增加 $5d$，对冷拔低碳钢丝增加 50mm。
6. 当混凝土强度等级低于 C20 时，HPB 235、HRB 335（原Ⅰ、Ⅱ级）钢筋的搭接长度应按表中 C20 的数值相应增加 $10d$，HRB 400（原Ⅲ级）钢筋不宜采用。
7. 对有抗震要求的受力钢筋的搭接长度，对一、二级抗震等级应增加 $5d$。
8. 两根直径不同钢筋的搭接长度，以较细钢筋的直径计算。

各受力钢筋之间的绑扎接头位置应相互错开，受力钢筋绑扎接头如图 4–2–7 所示。

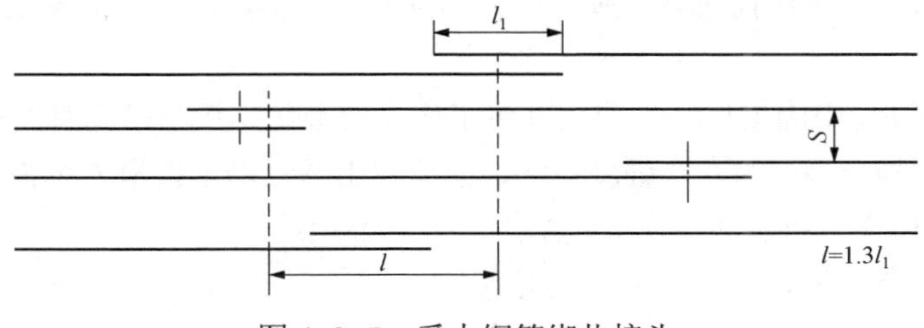

图 4–2–7　受力钢筋绑扎接头

6. 外加剂

混凝土掺用的外加剂，应采用符合标准的产品。首次使用时应经试验，符合质量要求后方投入使用。

（五）模板

（1）在输电线路工程施工中积极推广选用胶合板、塑料板，也使用组合钢模板。

（2）模板及其支架必须符合下列规定：

1）符合工程结构各部分形状尺寸，位置正确。

2）具有足够的承载能力、刚度和稳定性，厚度不宜少于 2.5mm。

3）构造简单，装拆方便，并便于钢筋的绑扎、安装和混凝土的浇筑等要求。

4）模板的接缝不应漏浆。

（3）组合钢模板等的设计制造和施工应符合 GB 50214《组合钢模板技术规范》的规定。

（4）模板与混凝土接触面应涂隔离剂。

（5）对模板及其支架应定期维修，钢模板及钢支架应防止锈蚀。

（6）组合钢模板及配件，宜选用标准化定型制成品。

三、危险点分析与控制措施

1. 现浇基础施工中存在的危险点及控制措施

（1）挖掘基坑时砸伤、工具伤人及触电。控制措施有：

1）在超过 1.5m 深的坑内挖坑时，抛土要特别注意防止土回落坑内，并且要清除坑边的余土。

2）在土质松软的地方挖坑时，要有防止塌方的措施，如采用挡板并加撑木等。

3）在居民区或交通道路附近挖坑，应设坑盖板或可靠围栏，夜间挂红灯，防止行人及牲畜掉进坑内。

4）坑内外传递工具时不许乱扔。

5）在泥水坑、流沙坑施工所用抽水的电气设备必须合格，防止漏电伤人。

6）在市内或居民区内挖坑，应与有关单位取得联系，查明地下设施，防止刨坏电缆伤人。

（2）支模过程中因模板倒塌或跌落将工作人员砸伤。控制措施有：

1）采用的挡土板、撑木等强度足够，模板应用绳索沿木板滑入坑内，不得在坑边上下直接用手传递，以防脱手伤人。

2）模板支撑牢固，连接可靠，防止倾覆。

3）不得沿模板撑木上下或在撑木上放置重物。

（3）混凝土浇注过程中砸伤、碰伤、触电。控制措施有：

1）检查搅拌机料斗挂钩情况时，料斗下方不得有人。

2）搅拌机必须装设支架，不能以轮胎代替支架；搅拌机运转时，严禁将工具伸入滚筒内扒料；清洗搅拌机时，人身体不得进入滚筒内。

3）搅拌机应可靠接地。

4）搭设的下料平台应牢固可靠。

5）坑边不准堆放工具和材料，并经常检查坑边有无裂缝。

6）用手推车向坑内倾倒混凝土时，倒料平台口应有挡车设施，倒料时不得将手推车撒把。

7）操作电动振捣棒的人员应戴绝缘手套，坑下人员应戴安全帽。

8）施工人员禁止在横木和模板支撑木上行走。

（4）拆模和养护时模板脱落伤人、炭火燃烧伤人、液化气爆炸伤人、养护液挥发毒气伤人。控制措施有：

1）拆装模板时应用绳索或起吊工具吊运，不能用手直接传递。装模板时，各部位应连接牢固，并用支撑撑牢。

2）冬季采用炭火暖棚养护时，火源不得靠近易燃物，并应设置人员看护。工作人员不能在坑内睡觉。

3）采用液化气保暖时，应采取防止液化气罐爆炸的措施，并要防止液化气罐漏气。

4）采用养护液自然养护时，涂刷养护液的工作人员必须戴防毒面具。自然养护期间人员进入坑内检查应防止中毒。

2. 预制基础安装中存在的危险点及控制措施

预制基础安装中存在的危险点有因为绳索断裂、预制构件跌落而造成碰伤、砸伤。控制措施有：

（1）吊装预制构件的绳索强度应足够。

（2）预制构件不得直接将其推入坑内。

（3）吊装构件时，坑内不得有人，作业人员不得随吊件上下。

（4）坑内预制构件找正时，作业人员应站在吊件侧面。

四、操作步骤和质量标准

（一）现浇钢筋混凝土基础施工

现浇钢筋混凝土基础施工按以下程序进行：基坑开挖→钢筋笼安装→模板组装→混凝土的搅拌→混凝土的浇灌与捣固→基础的养护与拆模→混凝土质量检查与表面缺陷修补。

1. 基坑开挖

（1）一般基坑土方的挖掘。一般基坑土方的挖掘是指杆塔基础坑、拉线坑、接地槽、排水沟和一般的施工基面土方的挖掘。土体类别只限于碎石土、砂土、黏土和人工填土，且地下水位应在挖掘深度以下。施工方法可用人工直接挖掘和用机械挖掘，在施工条件许可时，应尽量采用新技术和机械化施工。

基坑开挖基本要求：① 按设计施工要求先降低基面后进行基坑开挖，对于降基量较小的，可与基坑开挖同时完成。② 作业人员在开挖前应熟悉设计图纸，如杆塔明细表、基础配置表、基础施工图等。③ 作业人员在开挖前应检查现场分坑结果：杆位桩、控制桩是否完好；转角方向，中心桩位移，上拔下压基础布置是否正确；基坑坑口尺寸及相互几何尺寸；核对地表土质、水情，判断地下水状态。④ 杆塔基础坑深应以设计施工基面为基准。拉线基础坑深在设计未提出施工基面时，应以拉线基础中心地面标高为基准。⑤ 杆塔基坑深度允许偏差为+100mm，–50mm；同一基基坑深度在允许偏差范围内按最深一坑操平。⑥ 岩石基坑及拉线坑不允许有负误差。⑦ 实际坑深偏差超深 100mm 以上时，按以下方法处理：铁塔现浇基础坑，其超深部分应采用铺石灌浆处理。对于混凝土电杆基础、铁塔预制基础、铁塔金属基础等，其坑深与设计坑深偏差值在+100～+300mm 时，其超深部分应采用填土或砂、石夯实处理。当不能以填土或砂、石夯实处理时，其超深部分按设计要求处理，设计无具体要求时，按铺石灌浆处理。当坑深超过规定值在+300mm 以上时，其超深部分应采用铺石灌浆处理。拉线基础坑超深，对拉线基础的安装位置与方向有影响时，其超深部分应采用填土夯实处理。⑧ 基坑底面应平整。

（2）土坑开挖。送电线路基坑分散，交通不便，一般采用人工开挖。挖坑时，作业人员直接用铲分层分段平均往下挖掘。土方量少时，可直接抛掷土块，土方量较大时，则用三脚架或置摇臂抱杆吊筐出土。开挖时，根据不同土质适当放边坡，防止坑壁坍塌。每挖 1m 左右即应检查边坡的斜度，进行修边，随时控制纠正偏差。开挖时，要做到坑底平整。基坑挖好后，为防止坑底扰动应尽量减少暴露时间，及时进行下道工序的施工。如不能立即进行下道工序，则应预留 150～300mm 土层，在铺石灌浆时或基础施工前开挖。

（3）流动性淤泥土质开挖。流动性淤泥土质开挖时容易坍塌，可参照下列方法选用开挖。

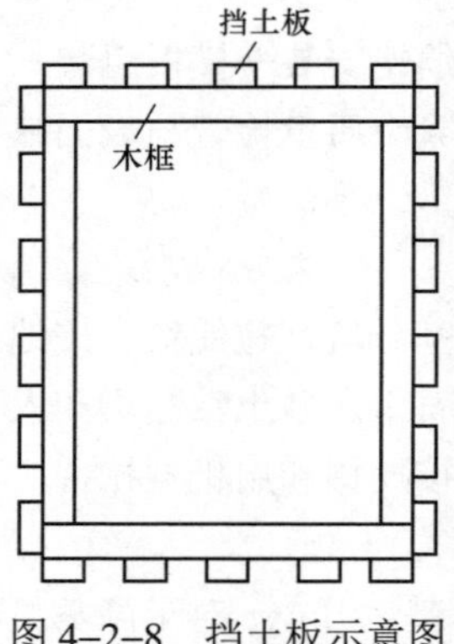

图 4–2–8 挡土板示意图

1）阶梯式边坡。开挖时，把边坡挖成阶梯状，阶梯比例为 1:1，阶梯高度小于 500mm。

2）采用挡土板。按基础底层尺寸每边加 200mm 做上下两个方木框架，上下框间距 1m 左右，四周外侧铺木板（下端削尖，以便打入），与两框架用扒钉联成整体，作为框架柱，起挡土作用，如图 4–2–8 所示。一边挖土，一边将框架柱打入土中，框架柱入土深度必须大于 300mm。上下框架也可用槽钢替代，木板用钢板替代。基坑断面尺寸较大时，可在框架中间加一根拉线，通过调节装置固定到锚桩上。

3）锚定式钢板支撑。在坑四周每 lm 左右打入角钢桩或钢管桩，在桩与坑壁间插入钢板（或木板钢模板），桩的上端，通过拉线、调节装置固定在锚桩上。桩打入坑底 300mm 以上，边挖土边打桩，边将挡土板插入桩与土之间，直至设计深度。锚定式钢板支撑如图 4–2–9 所示。

4）短桩横隔板支撑。一些基坑刚开始挖掘时，不易坍塌，往往挖至坑底时才坍塌，所以可在坑底四周，每隔 lm 用短桩（角钢或钢管）打入土中 300～400mm，在坑壁与桩间横插入钢模作挡土板，防止坑底坑壁坍塌，短桩横隔板支撑如图 4–2–10 所示。

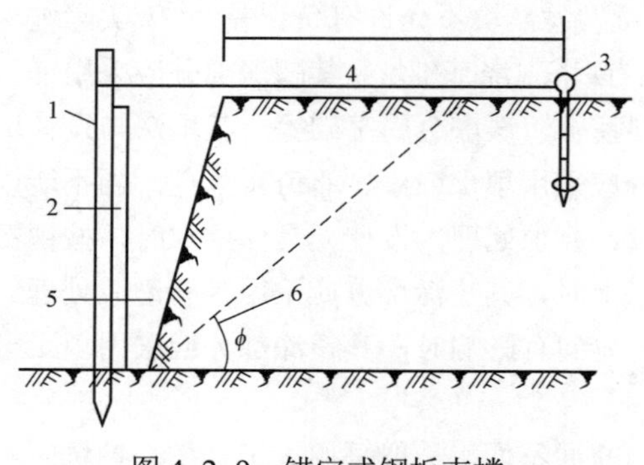

图 4–2–9 锚定式钢板支撑

1—角钢桩；2—钢模板；3—地钻；4—拉线装置；5—回填土；6—土的内摩擦角

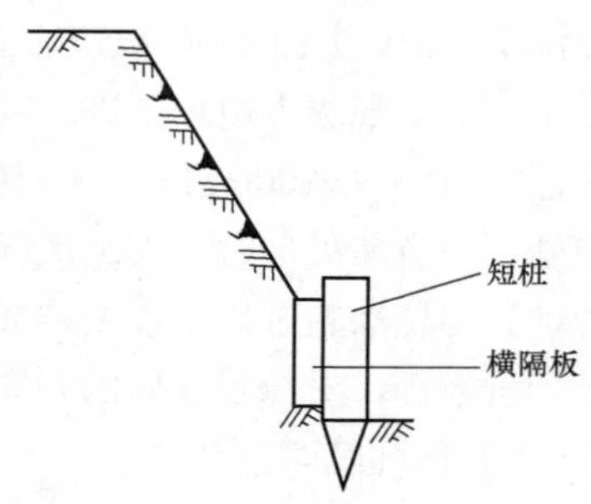

图 4–2–10 短桩横隔板支撑

5）袋装土护壁。用草包或编织袋灌土，在坑底筑成临时挡土墙，以加固坑壁，防止坍塌，袋装土护壁如图 4–2–11 所示。流动性淤泥土质开挖时，地下水位一般较高，所以要采取排水措施，并尽可能地避免雨季施工。如果有地面水，就应在来水方向截水，截不住的话，则应在坑口 3m 以外开挖排水沟或尽量利用原有天然沟道排水。坑内水则应用手揿水泵（俗称“皮老虎”）、机动式电动水泵排水。排水前，应先在坑底内角或对角挖集水坑，集水坑可挖深些，坑壁可用竹片作临时加固，并随基坑挖深而加深，以便于水泵抽水。渗透性强的基坑，出水要引得远些，以防渗回坑内，抽水时要注意不挖动坑壁，抽水设备安置离开基坑边 2m 以外，如坑较深，该距离还应加大。

开挖时弃土的处理：① 在平地，土堆放坑的四周，距坑口 1m 以外；② 土质较差的，距离应更远些，土的堆高宜小于 2m；③ 在山坡，弃土应堆放在基坑下坡，并设置挡土栅板。

（4）流砂土质开挖。流砂土质的基坑开挖，可采用前述的挡土板方法施工，另可采用下述方法。

1）井点法。井点法就是沿基坑四周将许多直径较细的井点管沉入地下蓄水层，以总管（集水管）连续抽水，带动井点管不断地抽吸地下水，改变地下水压力的渗透方向，使地下水位沿井点形成稳定的“下降漏斗”，从而带来井点管相互作用范围的水位降低，便于基础施工，轻型井点降低地下水位的原理图如图 4–2–12 所示。

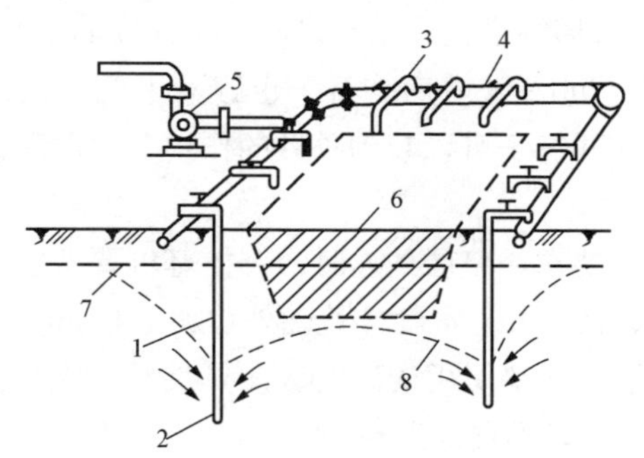

图 4–2–11　袋装土护壁

1—井点管；2—滤管；3—弯连接管；4—集水总管；5—水泵；6—基坑；7—原有地下水位线；8—降低后地下水位线

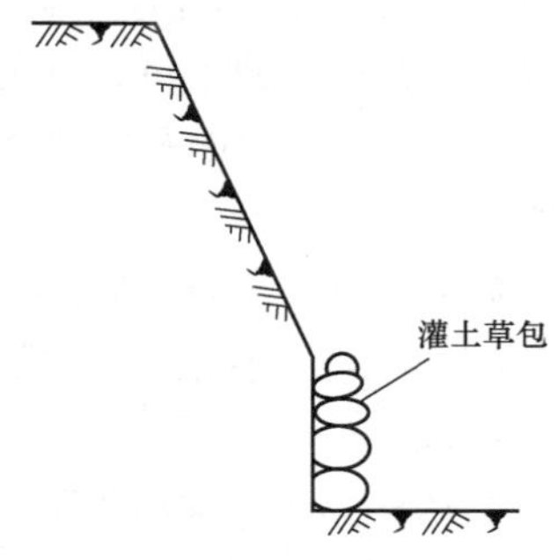

图 4–2–12　轻型井点降低地下水位

井点管由直径 38～50mm 的钢管做成，长约 2.5m（根据需要而定），下端间隔钻有 10mm 左右的小孔，并用滤网包扎做成滤管，上端通过透明软管与总管连接。

井点的布置一般根据基坑大小、土质和地面水的流向、降低地下水的深度要求而定，通常采用环形布置。沿基坑边每隔 0.8～1.6m 设一个井点，井点距坑边不应小于 0.8m，其入土深度应比基坑底深 0.9～1.2m。

井点管一般用冲水管冲孔后再将井点管沉放。冲孔必须保持垂直，上下均必须有适当孔径，冲孔深度须比井点管深0.5m左右。井点管与孔壁之间应及时用粗砂灌实，距地面下0.5～1m的深度内，应用黏土填严密，防止漏气。

井点管通过透明塑料管与集水总管连接起来，总管宜选用100～127mm的钢管，分节连接，每节长4m左右。集水管与抽水设备连接，通过抽水设备把地下水抽出。

管井系统各部件均应安装严密，防止漏气。在人工降低地下水位的过程中，应对整个井点系统加强维护和检查，防止漏气及“死井”，保证不间断地进行抽水。

抽水设备可选用QJD–60轻型井点水喷射泵，该泵所需动力7.5kW，排水量$60m^3/h$，抽水深度96m，适用于一般输电线路基础施工。

2）混凝土护管。混凝土护管的方法，也称为沉井法。护管是内径1.8m，高为0.8m，壁厚为0.1m，有上下企口的圆形管，沉井底部有45°刃口，内壁应为麻面（也可根据基础形式不同，设计不同规格的护管）。混凝土护管应有足够的强度。

将混凝土护管置于坑位上，护管中心与基坑中心重合。在护管内挖土，使护管自然下沉，为避免护管倾斜、偏移，应沿护管内周均匀向下开挖，不能沿护管一侧下挖。使用两节以上护管时，必须等前一护管已下到与地面相平时再按企口对接第二节护管。混凝土护管不作回收，而作为基础的外周。

为防止流砂流入管内，在开挖前先在护管周围堆上一定数量和一定高度的小石子。开挖后，随着护管的下沉，管外一部分砂子进入管内后，石子也跟着下沉，使护管下端外周约0.5m厚的范围被石子占据，这样石子可以起到隔砂的作用，砂涌现象大大减少。

（5）垫层处理。当地基强度不足，设计要求作垫层处理时，开挖基坑要考虑垫层深度。垫层一般采用铺石灌浆的方式，厚度150mm，宽度按基础外边加150mm。对土质很差的基础坑，可先抛毛石，然后铺石灌浆。垫层用的碎石级配要良好，碎石最大粒径不宜大于5mm，含泥量不宜大于3%，砂浆不宜低于50号。

2. 钢筋笼安装

基础的钢筋笼（包括钢筋骨架、钢筋网、地脚螺栓、插入式塔脚等），在地面上已绑扎或焊接完成后，即可用起重机或抱杆将其安装在基抗或模板内，安装应遵守下列有关规定：

（1）对于大型基础的钢筋笼，吊点处应予补强避免变形。吊点应选在钢筋笼重心以上处。钢筋笼起吊应用大绳控制，平稳放入基坑或模板内。操作人员应互相配合，确保安全。

（2）对于大型基础的地脚螺栓安装，由于质量较大，固定地脚螺栓的十字样板必须有足够的强度和稳定性，以免发生变形或下沉。这种十字架样板宜用槽钢制作，并在地脚螺栓丝扣上涂以黄油包好保护。

（3）对于插入式塔腿的安装，应按设计图纸在坑底设置垫块定位，用起重机或抱杆吊入基坑或模板内，按规定的高度、根开、对角线及基础的相对位置尺寸，进行操平找正，用找正架牢靠固定。

（4）受力钢筋的混凝土保护层厚度，应符合设计要求；当设计无具体要求时，不应小于受力钢筋直径，并应符合钢筋混凝土层厚度的规定，见表 4–2–8。

表 4–2–8 钢筋混凝土层厚度 mm

环境与条件	中构件名称	混凝土强度等级		
		低于 C25	C25 及 C30	高于 C30
室内正常环境	板、墙、壳	15		
	梁和柱	25		
露天或室内高湿度环境	板、墙、壳	35	25	15
	梁和柱	45	35	25
有垫层	基 础	35		
无垫层		70		

注 1. 轻骨料混凝土的钢筋保护厚度应符合国家现行标准 JGJ 12《轻骨料混凝土结构设计规程》的规定。

2. 处于室内正常环境由工厂生产的预制构件，当混凝土强度等级不低于 C20 且施工质量有可靠保证时，其保护层厚度可按表中规定减少 5mm，但预制构件中的预应力钢筋（包括冷拔低碳钢丝）的保护层厚度不应小于 15mm；处于露天或室内高湿度环境的预制构件，当表面另作水泥砂浆抹面层且有质量保证措施时，保护层厚度可按表中室内正常环境中构件的数值采用。

3. 钢筋混凝土受弯构件钢筋端头的保护层厚度一般为 10mm 预制的肋形板，其主肋的保护层厚度可按梁考虑。

4. 板、墙、壳中分布钢筋的保护层厚度不应小于 10mm；梁性中箍筋和构造钢筋的保护层厚度不应小于 15mm。

（5）安装钢筋时，配置的钢筋级别、直径、根数和间距均应符合设计要求。绑扎或焊接的钢筋网和钢筋骨架，不得有变形、松脱和开焊。钢筋位置的允许偏差应符合钢筋位置的允许偏差规定，见表 4–2–9。

表 4–2–9 钢筋位置的允许偏差 mm

项 目	允许偏差
受力钢筋的排距	±5
钢筋弯起点位置	20

续表

项目		允许偏差
箍筋、横向钢筋间距	绑扎骨架	+20
	焊接骨架	±10
焊接预埋件	中心线位置	5
	水平高差	+3 0
受力钢筋的保护层	基础	±10
	柱、梁	±5
	板、墙、壳	±3

3. 模板的组装

（1）安装前的准备工作如下。

1）安装前应做好技术交底。有关操作人员应熟悉施工设计图纸和说明书，对运到现场的模板及配件，应按品种规格数量逐项清点和检查，不符合质量要求的不得使用。周转使用的钢模板及配件修复后的质量标准见表 4–2–10。

表 4–2–10　　周转使用的钢模板及配件修复后的质量标准

项目		允许偏差（mm）	项目		允许偏差（mm）
钢模板	板面平面度	≤2.0	配件	U 形卡卡口残余变形	≤1.2
	凸棱直线度	≤1.0		钢楞及支柱直线度	≤l*/1000
	边肋不直度	不得超过凸棱高度			

* 钢楞及支柱的长度。

2）采用预组装模板施工时，装模板的组应在组装平台或经平整处理过的场地上进行。组装完毕后应予编号，并应按表 4–2–11 的组装质量标准逐块检验后进行试吊，试吊完毕后应进行复查，并再检查配件的数量、位置和紧固情况。

表 4–2–11　　钢模板施工组装标准质量标准　　mm

序号	项目	允许偏差
1	两钢模板间的拼缝宽	≤2.0
2	相邻模板的高低差	≤2.0
3	组装模板板面平面度	≤2.0（用 2m 长平尺检查）

续表

序号	项 目	允 许 偏 差
4	组装模板板面的长宽尺寸	≤长度和宽度的 1/1000，最大±4.0
5	组装模板两对角线长度差值	≤对角线长度的 1/1000，最大≤0.7

3）检查合格的大模板，应按照安装程序进行堆放或装车。当大模板平行叠放时，每层立向应加垫木，上下对齐，底层模板应垫离地面 100mm 以上。装车时应整堆捆紧。立放时，应采取措施，保证稳定。

4）隔离剂宜在钢模板安装之前涂刷。

5）模板落在土地面时，应将地面预先整平夯实，并应有可靠的定位措施，基柱的模板应有可靠的支承点，其平直度应用仪器校正。

（2）模板的安装。

1）基础最低层断面的处理：① 按基础底层尺寸配制好的钢模板放入坑内，连接成整体，用水平尺调平，以基础桩校正。② 土质较好，地下水位低，可用土模代钢模。③ 坑壁易坍塌，钢模板不易取出的坑位，可用混凝土预制砌块代替模板，并将混凝土砌块作为基础的一部分。

2）阶梯模逐层安装。把配制好的钢模放入坑内，连接成整体，用水平尺操平，以控制桩校正。为使阶梯模设置在设计规定的位置，必须解决模板层间连接问题，具体方法有：① 用混凝土预制砌块搁阶梯模板。砌块强度等级同现浇混凝土，砌块厚度同底层模板高，放置于阶梯四角下。混凝土浇灌后，砌块作为基础的一部分。② 直托梁。模板断面尺寸小于 3m 的模板可搁于直托梁上。直托梁一般可用槽钢制作。③ 斜托梁。模板断面尺寸大于 3m 的模板可搁于斜托梁上。斜托梁一般是由角钢组成的桁架结构。模板长度大于 4m，可在斜托梁中部增设角钢支撑，一并浇入基础。④ 角钢支架。承托较小钢模板时，可用角钢支架，即在底层模板上平面四角，连四根角钢，上层模板搁在角钢上。

3）立柱模板安装。把拼装好的立柱安装在指定位置。立柱的层间连接一般用直托梁，或采用悬吊的方法。立柱安装后，以控制桩校正，同时要检查立柱倾斜，不能超过规定值。

4）安装钢筋笼。将绑扎好的钢筋笼放入或吊入模盒内，用铁丝将钢筋笼多点固定于地脚螺栓的十字样架上，钢筋笼下面用铁丝多点固定于模板上或用砌块垫钢筋笼。为了保证钢筋保护层厚度，钢筋与模板间的间隙应符合设计要求。施工中可采用水泥砂浆块垫在钢筋与模板之间。钢筋笼的安装或现场绑扎应与模板安装配合。

5）地脚螺栓安装。地脚螺栓一般采用十字样架及连接板将地脚螺栓固定在立柱模板上。利用地脚螺栓的丝扣，用上下两只螺帽将地脚螺栓固定在十字样架上，螺帽拧紧前调整好地脚螺栓的小根开尺寸和露出基础顶面的尺寸，然后将十字样架用连接板固定在立柱模板上，并调整好地脚螺栓大根开及地脚螺栓与立柱的相对位置。为了防止混凝土浇制过程中地脚螺栓与主筋的倾斜，可用10号铁丝将地脚螺栓和主筋的下端固定在模板上。

地脚螺栓露出的丝扣部分需抹上黄油，并用水泥袋纸包扎，防止生锈腐蚀和粘上砂浆。

6）钢模板的支撑。钢模板组合后，其整体刚性很差，为了保证模板承受混凝土的侧压力，必须对模板支撑。支撑前，应以控制桩为基准，对整基模板、地脚螺栓安装尺寸检查调整，并做好记录。支撑时应根据基坑实际情况布置模板支撑，做到支撑稳固可靠，防止浇制捣固混凝土时模板晃动、移位与变形。

底层模和阶梯模可用木方条支撑，立柱可用杂木棍或圆杉木条支撑，支撑点间距要适中，撑木与坑壁间垫以小方木板。

基坑边坡较大，支撑困难时，可用拉的方法固定，即在基础四个立柱外侧的四个角，按对角方向用钢绞线通过调节装置锚固在地锚上。四个立柱内侧的四个角，用钢绞线对拉，保证基础大根开的正确性，从而达到固定立柱的目的。

基坑需要大开挖，四个腿或两个腿的基坑挖通时，可采用模板夹具，夹具装在模板上，达到补强的目的。

7）基础预偏。当等高腿转角塔基础、终端塔基础设计要求采取预偏措施时，基础的四个基础顶面应按预偏值抹成斜平面，并应共在一个整斜平面内。为此，可在浇筑混凝土前，根据预偏要求在立柱钢板内侧划上斜线，做好标记，以便施工时掌握。

（3）安装模板时应注意：

1）应将已按设计图纸尺寸拼装成片的模板，安装在规定的位置，对于最下层台阶，可立在垫层上，如无垫层可直接立在已整平的坑底。为防止倾倒，两侧要撑牢。支立第二层和第三层以及立柱模板时，应将拼装好的模板坐在横挡上，横挡两端搁在下层已支好的模板上。横挡一般利用槽钢或方木制作，基础模板组合示意图如图4-2-13所示。

2）在泥水坑内，对比较大的基础，为防止钢模板变形或下沉，应在方框的四个角上加角钢斜撑，模板下侧适当垫以垫块，以保证在浇制过程中不坍塌，如图4-2-14所示。

3）在向基坑内运送较大块组合钢模板时，宜用吊车或抱杆吊运，以保证人身和设备安全，如系较小块模板可用人力传递，但不得抛扔。对于所使用的柱箍、斜撑、支柱等，宜选用定型标准件。

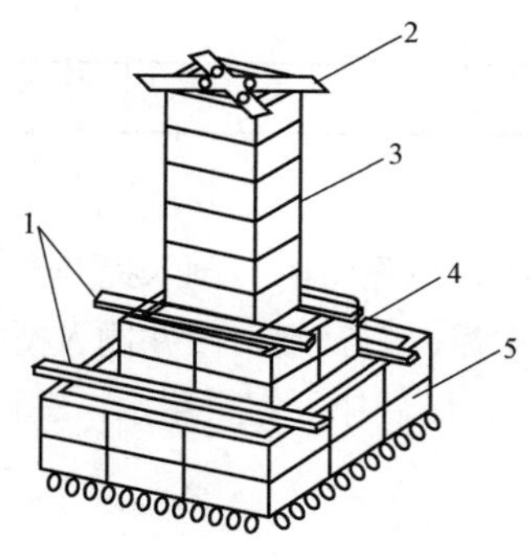

图 4–2–13　基础模板组合示意图
1—固定角钢；2—角钢斜撑；3—铁模板；4—第二层铁模板；5—底层铁模板

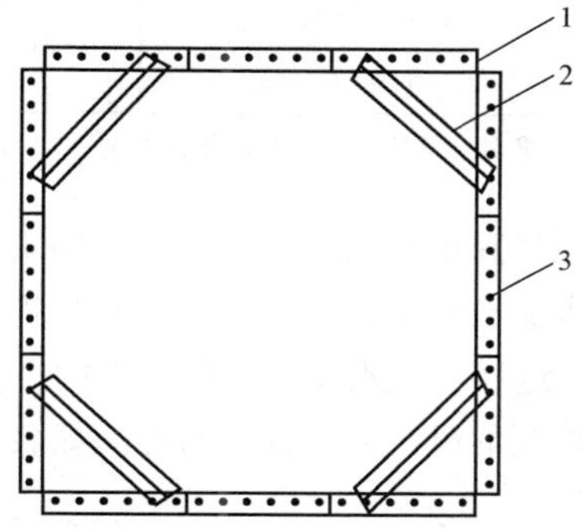

图 4–2–14　在方框上加角钢斜撑
1—横挡；2—固定地脚螺栓支架；3—立柱铁模板

4）为防止模板变形或发生倾倒，模板与坑壁之间应用定型标准件支撑牢固，坑壁端应加垫板，以保证可靠。基础立柱较高或坑壁土质较软应增加斜撑数量。必要时，沿主柱的支撑点设长垫板并加两个或以上槽钢柱箍（0.8m 设一处）。在柱箍处也应设斜撑。斜撑应对称布量，受力要均匀，保证浇筑及捣固过程中安全可靠不走动。模板支撑示意图如图 4–2–15 所示。

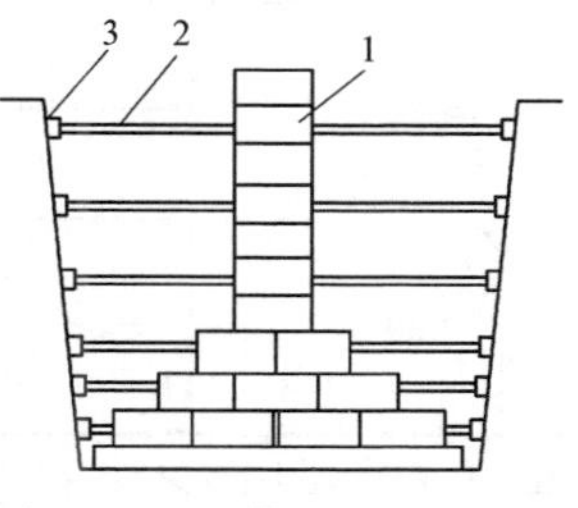

图 4–2–15　模板支撑示意图
1—钢模板；2—支撑木；3—垫木板

5）模板支立以后，应按设计图纸尺寸进行操平找正和测量检查，保证根开、对角线尺寸及结构尺寸正确，模板间接缝应严密堵塞，以防漏浆。

4. 混凝土的搅拌

（1）输电线路工程现场拌制和浇筑混凝土施工，其施工条件比较差，应实行严格的质量控制。在一般地区应实施台秤配料、机械搅拌、机械振捣三原则，即采用混凝土各成分用量的质量比以及用台秤称量的各成分质量比，以自落式搅拌机（机动或电动）拌制，以动力式振捣器振捣。在特大山区大型搅拌浇筑机械难以运达时，可选用小型机具，在个别地方也可采用人工拌制和浇筑方法。在搅拌混凝土的过程中，应遵守下列规定：混凝土原材料每盘称量的偏差，不得超过表 4–2–12 中允许偏差的规定。骨料含水率应经常测定，雨天施工应增加测定次数。

表 4–2–12 混凝土原材料称量的允许偏差 %

材料名称	允许偏差	材料名称	允许偏差
水泥、混合材料	+2	水、外加剂	+2
粗、细骨料	±3		

注 各种衡器应定期校验，保持准确。

（2）采用机械拌制混凝土，即采用倒落式搅拌机，应先将砂料倒入提升斗中，然后将水泥、石料亦倒入斗中，再将提升斗内的砂、水泥、石升起，一并倒入搅拌机滚筒中，这样可把水泥夹在砂石之间，使水泥不致飞扬，最后加入定量用水，进行拌制。机械拌制混凝土的搅拌最短时间如表 4–2–13 所示。

表 4–2–13 机械拌制混凝土的搅拌最短时间 s

混凝土坍落度（mm）	搅拌机机型	搅拌机出料量（L）		
		＜250	250～500	＞500
≤30	强制式	60	90	120
	自落式	90	120	150
＞30	强制式	60	60	90
	自落式	90	90	120

注 1. 混凝土搅拌的最短时间系指自全部材料装入搅拌筒中起，到开始卸料止的时间。
2. 当掺有外加剂时，搅拌时间应适当延长。
3. 全轻混凝土宜采用强制式搅拌机搅拌，砂轻混凝土可采用自落式搅拌机搅拌，但搅拌时间应延长 60～90s。
4. 采用强制式搅拌机轻骨料混凝土的加料顺序是：当轻骨料在搅拌前预湿时，先加粗、细骨料和水泥搅拌 30s，再加水继续搅拌；当轻骨料在搅拌前未预湿时，先加 1/2 的总用水量和粗、细骨料搅拌 60s，再加水泥和剩余用水量继续搅拌。
5. 当采用其他形式的搅拌设备时，搅拌的最短时间应按设备说明书的规定或经试验确定。

5. 混凝土的浇灌与捣固

（1）在浇灌混凝土前，应检查下列内容：

1）模板扣件规格与对拉螺栓、钢楞的配套和坚固情况。

2）斜撑、支柱的数量和着力点。

3）钢楞、对拉螺栓及支柱的间距。

4）各种预埋件和预留孔洞的规格尺寸、数量、位置及固定情况。

5）模板结构的整体稳定。

（2）混凝土的浇灌与捣固遵守下列规定：

1）混凝土运至浇筑地点，应符合浇筑时规定的坍落度，当有离析现象时，必须在浇筑前进行二次搅拌。

2）混凝土应以最少的转载次数和最短的时间，从搅拌地点运至浇筑地点。

混凝土从搅拌机中卸出到浇筑完毕的延续时间不宜超过表 4–2–14 的规定。

表 4–2–14　　混凝土从搅拌机中卸出到浇筑完毕的延续时间　　min

混凝土强度等级	气温		混凝土强度等级	气温	
	不高于 25℃	高于 25℃		不高于 25℃	高于 25℃
不高于 C30	120	90	高　于 C30	90	60

注　1. 对掺用外加剂或采用快硬水泥拌制的混凝土，其延续时间应按试验确定。
2. 对轻骨料混凝土，其延续时间应当缩短。

3）采用泵送混凝土应符合下列规定：① 混凝土的供应必须保证输送混凝土的泵能连续工作。② 输送管线宜直，转弯宜缓，接头应严密，如管道向下倾斜，应防止混入空气，产生阻塞。③ 泵送前应选用适量的与混凝土内成分相同的水泥浆或水泥砂浆润滑输送管内壁；预计泵送间歇时间超过 45min 或当混凝土出现离析现象时，应立即用压力水或其他方法冲洗管内残留的混凝土。④ 在泵送过程中，受料斗内应具有足够的混凝土，以防止吸入空气产生阻塞。

4）在地基或基土上浇筑混凝土时，应清除淤泥和杂物，并应有排水和防水措施。对干燥的非黏性土，应用水湿润；对未风化的岩石，应用水清洗，但其表面不得留有积水。

5）对模板及其支架、钢筋和预埋件必须进行检查，并做好记录，符合设计要求后方能浇筑混凝土。

6）在浇筑混凝土前，对模板内的杂物和钢筋上的油污等应清理干净；对模板的缝隙和孔洞应予堵严；对木模板应浇水湿润，但不得有积水。

7）混凝土自高处倾落的自由高度，不应超过 2m。

8）在浇筑竖向结构混凝土前，应先在底部填以 50～100mm 厚与混凝土内砂浆成分相同的水泥砂浆；浇筑中不得发生离析现象；当浇筑高度超过 3m 时，应采用串筒、溜管或振动溜管使混凝土下落。

9）在降雨雪时不宜露天浇筑混凝土。当需浇筑时，应采取有效措施，确保混凝土质量。

10）混凝土浇筑层的厚度，应符合表 4–2–15 的规定。

表 4–2–15 混凝浇筑层厚度 mm

捣实混凝土的方法		浇筑层的厚度
插入式振捣		振捣器作用部分长度的1.25倍
表面振动		200
人工捣固	在基础、无筋混凝土或配筋稀疏的结构中	250
	在梁、墙板、柱结构中	200
	在配筋密列的结构中	150
轻骨料混凝土	插入式振捣	300
	表面振动（振动时需加荷）	200

11）浇筑混凝土应连续进行。当必须间歇时，其间歇时间宜缩短，并应在前层混凝土凝结之前，将次层混凝土浇筑完毕。混凝土运输、浇筑及间歇的全部时间不得超过表 4–2–16 的规定，当超过时应留置施工缝。

表 4–2–16 混凝土运输、浇筑和间歇的允许时间 min

混凝土强度等级	气温		混凝土强度等级	气温	
	不高于25℃	高于25℃		不高于25℃	高于25℃
不高于C30	210	180	高于C30	180	150

注 当混凝土中掺有促凝或缓凝型外加剂时，其允许时间应根据试验结果确定。

12）采用振捣器捣实混凝土应符合下列规定：① 每一振点的振捣延续时间，应使混凝土表面呈现浮浆且不再沉落。② 当采用插入式振捣器时，捣实普通混凝土的移动间距，不宜大于振捣器作用半径的 1.5 倍；捣实轻骨料混凝土的移动间距，不宜大于其作用半径；振捣器与模板的距离，不应大于其作用半径的 0.5 倍，并应避免碰撞钢筋、模板、芯管、吊环、预埋件或空心胶囊等；振捣器插入下层混凝土内的深度应不小于 50mm。③ 当采用表面振动器时，其移动间距应保证振动器的平板能覆盖已振实部分的边缘。④ 当采用附着式振动器时，其设置间距应通过试验确定，并应与模板紧密连接。⑤ 当采用振动台振实干硬性混凝土和轻骨料混凝土时，宜采用加压振动的方法，压力为 1～3kN/m²。

13）在混凝土浇筑过程中，应经常观察模板、支架、钢筋、预埋件和预留孔洞的情况，当发现有变形、移位时，应及时采取措施进行处理。

14）在浇筑与柱和墙连成整体的梁和板时，应在柱和墙浇筑完毕后停歇 1～1.5h，再继续浇筑。

15）大体积混凝土的浇筑应合理分段分层进行使混凝土沿高度均匀上升；浇筑应在室外气温较低时进行，混凝土浇筑温度（指混凝土振捣后，在混凝土 50～100mm 深处的温度）不宜超过 28℃。

16）浇筑混凝土应填写施工记录，其格式可按照输电线路施工记录表要求填写。

17）当混凝土浇筑到基础立柱上表面（基面）时，即应进行操平，达到浇筑和抹面一次完成，避免二次抹面可能出现的起皮现象。

6. 大体积混凝土基础的浇筑

（1）水化热对大体积混凝土的影响。对于大体积混凝土来说，由于水泥水化热的作用，同时因混凝土内部不易散热，温度升高，而外部容易散热，温度较低，产生内外温差，使混凝土内部产生膨胀，而外部产生收缩，内部混凝土和外部混凝土互相约束，产生不均匀的内应力。当外部混凝土因收缩而产生的拉应力超过混凝土的抗拉强度时，就产生裂缝，使结构的功能受到损害，使用年限缩短。

（2）大体积混凝土结构的灌筑。大体积混凝土结构的灌筑方案可采用图 4–2–16 所示的方法。

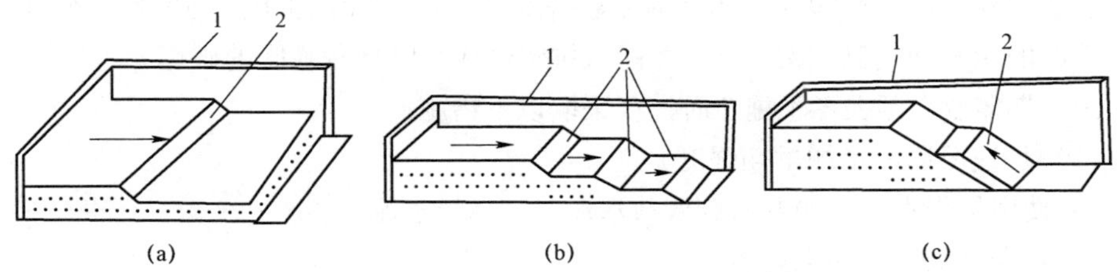

图 4–2–16　大体积混凝土基础浇筑方案

（a）全面分层；（b）分段分层；（c）斜面分层

1—模板；2—新灌基础

1）全面分层法：在整个基础内全面分层灌筑混凝土，做到第一层灌筑完后再浇第二层，但浇筑第二层时，第一层还未初凝。适用结构平面不太大的基础。

2）分段分层法：混凝土从底层开始灌筑，进行一定距离后回来灌筑第二层，如此依次向前灌筑以上各层，适用厚度不太大而面积或长度较大的基础。

3）斜面分层：振捣工作从灌筑层下端开始，逐步上移，适用结构的长度超过厚度三倍的结构。

分层的厚度决定于振动器的棒长和振动力的大小，也要考虑混凝土供应量大小和浇筑量的多少，一般有 20～30cm。

（3）大体积混凝土浇筑时采用的措施。在浇筑大体积混凝土时，由于混凝土水化热温度高、凝结快，施工上必须的处理时间也相应缩短，可以采用以下一些措施：

1）浇筑混凝土应在室外气温较低时进行（如夏天利用早晚气温较低时灌筑），混凝土的最高灌筑温度不宜超过 28℃。

2）选用水化热较低的水泥，如矿渣水泥、火山灰水泥、粉煤灰水泥等。

3）选择合宜的砂、石级配，尽量减少水泥用量，使水化热相应降低。

4）尽量降低每立方米混凝土用水量。

5）降低混凝土入模温度，具体做法：砂、石被免日光直晒，必要时砂石上洒水，以利散热，在夏季可用低温水（井水）或冰水拌制混凝土。

6）采用适当缓凝剂。

7. 混凝土冬季施工

寒冷季节，当室外日平均气温连续五天稳定低于 5℃或最低温度低于–3℃时，混凝土工程的施工即进入冬季施工。

混凝土工程不宜在冬季施工，因为混凝土依靠水泥与水发生水化作用而产生强度。当温度低于混凝土冰点温度（新浇混凝土的冰点为 –0.3～0.5℃）以下时，混凝土中的水就开始结冰，不仅水泥不能与冰发生化学反应，而且因水结成冰之后，产生体积膨胀，引起混凝土内部结构的破坏，强度显著降低。只有当混凝土的强度增长至混凝土强度等级的 40%或达到 5MPa 时，才能抵抗水结成冰时体积膨胀的破坏。

因工期需要必须在冬季施工时，要采取以下措施：

（1）加速凝固，增加早期强度。

1）使用早强水泥，如普通硅酸盐水泥，高标号水泥。

2）减少水灰比，加强捣固。

3）增加混凝土搅拌时间。

4）加热材料温度至 15～20℃。

5）使用早强剂，但不能使用含氯盐的早强剂。

（2）采用保温养护。

1）蓄热法：混凝土基础浇灌完毕后，立即用适当的保温材料如木锯屑、生石灰或干砂覆盖在混凝土上面，保证混凝土有一定的温度和湿度，达到养护的目的。

2）暖棚法：在浇灌完毕的基础上部搭设暖棚，暖棚内生有火炉，控制温度在 20～25℃。

此外还有蒸气加热、电气加热养护等方法，但在线路基础上施工较困难，故一般不采用。

（3）大体积混凝土基础养护。所谓大体积混凝土，是指混凝土实体最小尺寸不小于 1m 的大体量结构物。根据以往施工经验，大体积混凝土养护过程中，采用强制或不均匀的冷却降温措施成本较高，且容易产生裂缝。浇筑完毕后，初凝前应进行喷雾养护工作。初凝后，及时按照温控技术措施的要求进行保湿养护，始终保持混凝土表面湿润。考虑大体积混凝土长时间暴露容易产生微裂缝，影响工艺和外观质量，应及时进行回填，基础上表面给予适当覆盖。

8. 基础的养护与拆模

输电线路工程现浇混凝土的养护，有自然养护和过氯乙烯薄膜养护等。自然养护混凝土就是在自然气候条件下，采取浇水润湿或防风保湿等措施进行养护；过氯乙烯薄膜养护混凝土（简称薄膜养护），就是在基础混凝土拆膜后，随即在混凝土外表面全部涂刷一层过氯乙烯溶液并形成薄膜，防止混凝土体内自身水分的蒸发，达到自身养护的目的。

（1）混凝土自然养护。

1）对已浇筑完毕的混凝土，应加以覆盖和浇水，并应符合下列规定：① 应在浇筑完毕后的12h以内（当天气炎热，干燥有风时，应在3h以内）对混凝土加以覆盖和浇水。② 混凝土的浇水养护的时间，对采用硅酸盐水泥、普通硅酸盐水泥或矿渣硅酸盐水泥拌制的混凝土，不得少于7日（GB 50233—2005《110～500kV架空送电线路施工及验收规范》规定不得少于5日），对掺用缓凝型外加剂或有抗渗性要求的混凝土，不得少于14日。③ 浇水次数应能保持混凝土处于润湿状态。④ 混凝土的养护用水应与拌制用水相同。⑤ 基础拆模后经表面检查合格后应立即回填土，并应按规定加以覆盖和浇水。

注意，当日平均气温低于5℃时，不得浇水；当采用其他品种水泥时，混凝土的养护应根据所采用水泥的技术性能确定。

2）对大体积混凝土的养护，应根据气候条件采取控温措施，并按需要测定浇筑后的混凝土表面和内部温度，将温差控制在设计要求的范围以内；当设计无具体要求时，温差不宜超过25℃。

3）在已浇筑的混凝土强度未达到1.2N/mm^{2}以前，不得在其上踩踏或安装模板及支架。

（2）混凝土薄膜养护法。为了解决山区混凝土基础养护用水缺少问题，可采用过氯乙烯塑膜养护法（简称薄膜养护法）。基础混凝土在拆模并经表面检查后即在其敞露的全部表面涂刷薄膜养生液，形成塑料薄膜保护层，可防止混凝土内部水分的蒸发，达到混凝土内部水分自身养护的目的。

过氯乙烯薄膜养生液的配方：过氯乙烯树脂（基料）10%；粗苯（溶剂）86%；邻苯二甲酸二丁酯（助溶剂）3%；丙酮（溶剂）1%。

过氯乙烯薄膜养生液的配制方法：按上述配方的比例，分别算出树脂、粗苯、二丁酯、丙酮的质量。根据容器的大小先将一定量的粗苯倒入容器内，然后把二丁酯和丙酮倒入粗苯内，最后再边加树脂边搅拌把树脂加完，这时溶液逐渐变稠，但由于树脂溶解较慢，不能立即全部溶解，可每隔 10～20min 搅拌一次，直到溶解液没有悬浮颗粒为止。另外应注意，因苯等挥发性强，除了在搅拌时外，必须将容器严格密封。

涂刷基础方法：在工地上按“配制方法”配制好的树脂溶液，储装在密封的铁皮桶内，同时准备密封的铁皮小桶，供施工时领取使用，领取一桶现装一桶，施工人员即可带小桶和油刷，在基础拆模检查后，随即涂刷。涂刷程序是自上而下，基础各表面均需涂刷。涂刷时刷子不得拉得过长，以免漏刷而造成薄膜不完整。根据经验，每千克树脂溶液可刷 3～4m^2。基础的试体块也同样涂刷树脂溶液保护。

安全注意事项：配方中粗苯、丙酮是燃点很低、挥发性特强的危险品，且对人体的呼吸道和神经系统有刺激作用，因此在配制和涂刷过程中，必须采取有效的安全措施，防止火灾和中毒事故发生，其要求如下：

1）应单独存放，可设在远离建筑物的下风向侧。

2）配制应在露天开阔的地方进行。

3）配制和涂刷人员，必须佩戴防毒的过滤口罩，盒内的活性炭要按规定定期更换。

4）存放和配制地点，要设置一定数量的四氯化碳灭火器及其他消防器材。

5）工作完毕要把手清洗干净。

6）操作过程中不允许一人单独进行作业。

（3）基础模板的拆除。基础模板的拆除应遵守以下规定：

1）拆除模板时，应保证混凝土表面及棱角不受损坏，且强度不低于设计强度的30%（或 2.5MPa）。

2）拆模时间随养护时的环境温度及所用的水泥品种而有所不同。在不同气温自然养护条件下的基础模板允许拆模时间参考表见表 4–2–17。

表 4–2–17 在不同气温自然养护条件下基础模板允许拆模时间参考表

水泥品种 \ 时间（日） \ 平均温度（℃）	+5	+14	+15	+20	+25	+30
硅酸盐水泥或普通硅酸盐水泥	7	5	4	3.5	3.0	2.5
矿碴硅酸盐水泥	10	8	7	6	5	4

3）拆模应自上而下进行，轻轻敲击减少对混凝土的振动，要使混凝土表面四周棱角不受损坏。

4）拆除的模板及配件应立即将表面残留的水泥、砂浆清除干净，对变形和损坏的钢模板及配件，应及时修理校正。对暂不使用的钢模板，板面应涂防锈油，背面补涂防锈漆，并按规格分类堆放，底面应垫离地面，妥善遮盖。

5）基础拆模后应立即进行其质量检查，并作好检查记录。

6）严禁将钢模板用作脚手板、铺路、垫物等其他用途。

7）装车运输时，钢模板应装入集装箱，支承件应捆成捆，连接件应分类装箱，不得散乱装运。

9. 混凝土质量检查与表面缺陷修补

（1）混凝土在拌制和浇筑过程中应按下列规定进行检查：

1）检查拌制混凝土所用原材料的品种、规格和用量，每一工作班日或每基基础至少两次。

2）检查混凝土在浇筑地点的坍落度，每一工作班日或每个基础腿至少两次。

3）在每一工作班日内，当混凝土配合比由于外界影响有变动时，应及时检查。

4）混凝土的搅拌时间应随时检查。

（2）混凝土的强度通过试块进行检查。

（3）基础尺寸检查。

1）现浇铁塔基础：① 立柱断面尺寸用钢尺测量允许偏差为：1%。② 钢筋保护层厚度用钢尺测量允许偏差为5mm。③ 整基基础中心位移允许偏差，顺线路为30mm；横线路为30mm。④ 整基基础扭转：一般塔 10′；高塔 5′。⑤ 同组地脚螺栓中心对立柱中心偏移用钢尺测量允许偏差为 10mm。⑥ 基础顶面间高差允许偏差为 5mm。⑦ 基础根开及对角线尺寸允许偏差，一般塔为±2‰；高塔为±0.7‰。

2）铁塔拉线基础：① 底板断面尺寸用钢尺测量允许偏差为1%。② 钢筋保护层厚度用钢尺测量允许偏差为 5mm。③ 拉线基础拉环中心与设计位置偏移用钢尺测量允许偏差为20mm。

（4）混凝土缺陷修整。

混凝土表面缺陷的修整，应符合下列规定：

1）面积较小且数量不多的蜂窝或露石的混凝土表面，可用 1:2～1:2.5 水泥砂浆抹平，在抹砂浆之前，必须用钢丝刷或加压水洗刷基层。

2）较大面积的蜂窝、露石和露筋应按其全部深度凿去薄弱的混凝土层和个别突出的骨料颗粒，然后用钢丝刷或加压水洗刷表面，再用比原混凝土强度等级提高一级的细骨料混凝土填塞，并仔细捣实。

3）对影响混凝土结构性能的缺陷，必须会同设计等有关单位研究处理。

（二）装配式基础安装

1. 前期检查

（1）预制件入现场材料库后，应进行以下检查工作：

1）品种、规格、结构尺寸，预埋件位置及尺寸，预应力和普通混凝土预制构件加工尺寸允许偏差见表 4–2–18。

2）连接用铁附件的配合尺寸、表面镀层状况。

3）混凝土预制件的表面有无裂纹。放置平地检查时不得有纵向裂纹，横向裂纹宽度不得超过 0.05mm。

4）出厂时混凝土强度不得低于设计强度 80%。

表 4–2–18　　预应力和普通混凝土预制构件加工尺寸允许偏差表

<table>
<tr><th colspan="2">项　目</th><th>底盘、拉线盘、卡盘</th><th>其他装配式预制构件</th></tr>
<tr><td colspan="2">长度（mm）</td><td>−10</td><td>±10</td></tr>
<tr><td rowspan="2">断面尺寸（mm）</td><td>宽</td><td>−10</td><td>±5</td></tr>
<tr><td>厚</td><td>−5</td><td>±5</td></tr>
<tr><td colspan="2">弯曲</td><td></td><td>1/750</td></tr>
<tr><td rowspan="3">预埋铁件（预留孔）对设计位置的偏有效期（mm）</td><td>中心线位移</td><td>10</td><td>5</td></tr>
<tr><td>安装孔距</td><td>±5</td><td>±5</td></tr>
<tr><td>螺栓露出长度</td><td>+10，−5</td><td>+10，−5</td></tr>
</table>

注 1. 本表不包括环形混凝土电杆。
2. 用肉眼不能直接明显看出的网状纹、龟纹与水纹不算裂缝。
3. 底盘、拉线盘、卡盘的中心线位移是指拉线盘的 U 形环，拉线盘、卡盘的安装孔及底盘子圆槽的实际加工位置与图纸位置的偏差。

（2）合格品按品种规格放置，不合格品须作好标记，另行堆放。

1）装配式预制基础，为保证现场安装方便，宜随机取样在现场材料库进行试装。

2）预制件采用吊车或人工滑杆卸车，不得从车箱内直接翻甩卸车。

2. 底拉盘安装

（1）安装前的检查内容。

1）主杆坑控制桩、拉线控制桩、杆位中心桩。

2）主杆坑、拉线坑深，双杆根开。

3）拉线坑马道及方位，斜埋拉盘坑底坡度。

（2）底盘安装。

1）吊盘法。在坑口设置三脚架，架顶绑好滑车组，吊起底盘，慢慢放入坑内，安装底盘的吊盘法如图 4–2–17 所示，也可用人字抱杆或摇臂抱杆吊底盘入坑。吊盘法适用于较重的底盘。

2）滑盘法。用两根木杠或钢管，搁于坑底和坑壁之间，用撬棒将底盘前移，底盘后端带上反向拉绳，将底盘沿木杠滑到坑底，再抽出木杠，使底盘置于坑底，滑盘法如图 4–2–18 所示，滑盘法多用于边坡较大的基坑。

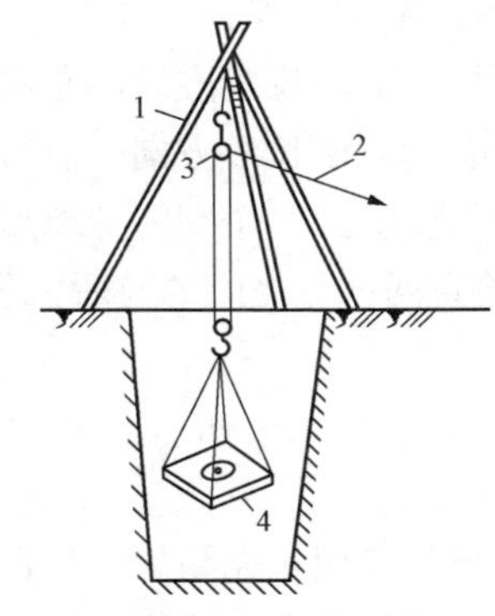

图 4–2–17 安装底盘的吊盘法

1—三脚架；2—牵引钢绳；3—滑轮；4—底盘

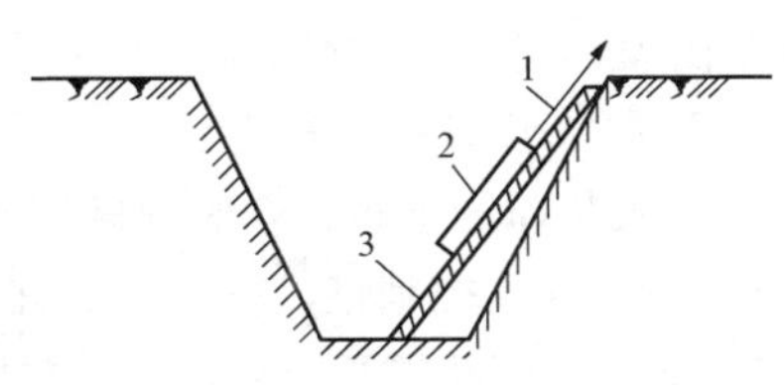

图 4–2–18 滑盘法

1—牵引绳；2—底盘；3—木板

底盘入坑前，两基坑底必须操平，底盘入坑后利用控制桩校正底盘中心位置，底盘四周以填土夯实，杆塔组立允许偏差应符合表 4–2–19 规定。

表 4–2–19　　杆塔组立允许偏差

偏差项目	电压等级			
	110kV	220～300kV	500kV	高塔
电杆结构根开	±30mm	±0.5%	±0.3%	
电杆结构面与横线路方向扭转（即迈步）	30mm	1%	0.5%	
双立柱杆塔横担在主柱连接处的高差	0.5%	0.35%	0.2%	
直线杆塔结构倾斜	0.3%	0.3%	0.3%	0.15%
直线杆结构中心与中心桩间横线路方向位移（mm）	50	50	50	
转角杆结构中心与中心桩间横、顺线路方向位移（mm）	50	50	50	
等截面接线塔立柱弯曲	0.2%	0.15%	0.1%，最大30mm	

（3）拉线盘安装。

1）较重的拉盘可用吊盘法，即利用三脚架或人字抱杆、摇臂抱杆吊盘入坑，较轻的拉盘可人工放置，即利用绳索、撬棒将拉盘放入坑内。

2）拉盘安装时要做到以下几点：① 拉盘有足够的埋深，拉盘在坑底斜放，使拉盘与拉线方向垂直。② 开好“马道”，使拉棒只受拉力，不受弯曲力。③ 受力侧原状土尽量不要破坏。④ 认真搞好回填土，回填时拉棒要拉挺。

3）拉线盘入坑后，校正拉线盘安装位置，应满足：① 沿拉线方向，左右偏差不超过拉线盘中心至相对应电杆拉线挂点水平距离的 1%。② 沿拉线方向，前后允许位移值应满足拉线安装后对地夹角值与设计值之差，不应超过 1°，个别特殊地形不能满足时，由设计提出具体办法。③ 对于交叉拉线，应检查两拉盘之间的前后位移。

3. 装配式预制基础安装

（1）安装前的检查。安装前做好下述检查：

1）检查基坑控制桩、杆塔中心桩及方向桩。

2）基坑深度及根开尺寸，坑底面平整情况，基坑操平前应预先测量一下各预制件厚度及立柱高度，组合后的两坑基础构件高度应基本一致，如稍有差值，在坑底操平时有意识调节坑深，以保证立柱顶面成同一标高。

3）按施工图检查预制件及连接件的规格、数量、表面质量。

（2）预制件的吊装。

1）预制基础预制件运达现场桩位时，应按各坑位置分别堆放，离坑口不宜太远（一般控制在 3m 以内，以利抱杆吊装），同时应核对件号与规格是否与设计要求符合。

2）装配式预制基础的构件，必须用构架（人字抱杆、摇臂抱杆）滑车组将预制构件吊装入坑，严禁抛掷和将杠棒构件滑入坑内。

3）先吊装底部结构，安装无误后，在底部结构四周对称地回填土并夯实，将其固定，然后吊装上部结构（立柱），按设计要求的方法将预制件之间的连接铁件连接可靠。

（3）安装要求。

1）底部结构安装后，以控制桩校正，并在其四周填土夯实。

2）进行上部结构组合安装，以控制桩校正立柱中心，检查根开尺寸。

3）预制件之间连接铁件，必须按照设计图要求方式进行连接件的防锈处理。

4）进行立柱顶面整基操平，如需用细骨料混凝土抹面垫平，其强度应不低于立柱混凝土强度，厚度不小于 20mm，并按规定养护。

5）钢筋混凝土预制件组装时不得敲打和强行组装。

6）整基基础安装完毕，对包括防腐处理及立柱顶抹平处理，进行全面检查，符合要求后，填写施工记录，申请隐蔽工程验收检查。

4. 基础防腐

装配式预制基础的底座与立柱连接的螺栓、铁件及找平用的垫铁，必须采取有效的防锈措施，常用方法有以下几种。

（1）热镀锌。埋置于土壤中的构件和连接铁件，均应在工厂经热镀锌，热镀锌是一种比较好的防腐方法。

（2）浇制混凝土保护层。基础构件的连接铁件，可以浇灌混凝土或水泥砂浆，制成保护层，又称保护帽。浇筑水泥砂浆或混凝土时应与现场浇筑基础同样养护，回填土前应将接缝处以热沥青或其他有效的防水涂料涂刷。

（3）涂刷沥青。沥青在常温下是固体，加温即溶成液体，有较好塑性。能抵抗酸、碱、盐的侵蚀。在工程上，常用沥青液体涂刷铁件表面或缠以麻丝等物，再在麻丝上涂刷沥青。

（4）环氧沥青漆。环氧树脂未固化前是液体，加入固化剂后即固化为固体。固化后的环氧树脂具有良好的物理机械性能、电绝缘性能、耐化学腐蚀性能，并对金属和非金属材料有优异的粘结力。环氧沥青漆多用于具有碱性或酸性土壤及地下水位较高的基础防腐上。使用方法是在基础铁件上先涂刷锌黄底漆一遍，再刷2～3遍环氧沥青漆，必须注意清底干净，涂刷严密。

（三）回填土施工

回填是项重要的工作，它直接影响杆塔基础上拔力或倾复力的大小，特别是装配式基础，应该引起施工单位的重视。

基坑的回填夯实，按其重要性不同，可将不同型式的基础分为三类：铁塔预制基础、拉线预制基础、铁塔金属基础及不带拉线的混凝土电杆基础属第一类；现场浇筑铁塔基础、现场浇筑拉线基础属第二类；重力式基础及带拉线的杆塔本体基础属第三类。

（1）第一类基础的基坑回填夯实，必须满足下列要求：

1）对适于夯实的土质，每回填300mm厚度夯实一次，夯实程度应达到原状土密实度的80%及以上。

2）对不宜夯实的水饱和黏性土，回填时可不夯，但应分层填实，其回填土的密实度亦应达到原状土的80%及以上。

3）对其他不宜夯实的大孔性土、砂、淤泥、冻土等，在工期允许的情况下可采取二次回填，但架线时其回填密实程度应符合上述规定。工期短又无法夯实达到规定的，应采取加设临时拉线或其他能使杆塔稳定的措施。

（2）第二类基础的基坑回填方法应符合第一类的要求，但回填土的密实度应达到原状土密实度的70%及以上。

（3）第三类基础的基坑回填可不夯实，但应分层填实。

坑内有水时，回填时应先排出坑内积水。石坑回填应以石子与土按 3:1 掺合后回填夯实。

杆塔及拉线基坑的回填，凡夯实达不到原状土密实度时，都必须在坑面上筑防沉层。防沉层的上部不得小于坑口，其高度视夯实程度确定，并宜为 300～500mm,，经过沉降后应及时补填夯实，在工程移交时坑口回填土不应低于地面。

接地沟的回填宜选取未掺有石块及其他杂物的好土，并应夯实。在回填后的沟面应筑有防沉层，其高度宜为 100～300mm。工程移交时回填处不得低于地面。

五、注意事项

1. 现浇基础安全注意事项

（1）模板应用绳索和木杠滑入坑内。

（2）模板的支承应使用钢支撑架或方木，采用吊梁应有足够的强度，搁置应稳固。

（3）模板支撑应牢围，并应对称布置；高出坑口的加高立柱模板应有防止倾覆的措施。

（4）拆除模板应自上而下进行；拆下的模板应集中堆放；木模板外露的铁钉应及时拔掉或打弯。

（5）人工搅拌混凝土的平台应搭设稳固、可靠。

（6）人工浇筑混凝土遵守下列规定：

1）浇筑混凝土或投放大石时，必须听从坑内捣固人员的指挥。

2）坑口边缘 0.8m 以内不得堆放材料和工具。

3）捣固人员不得在模板或撑木上走动。

（7）机电设备使用前应进行全面检查，确认机电装置完整、绝缘良好、接地可靠。

（8）搅拌机应设置在平整坚实的地基上，装设好后应由前、后支架承力，不得以轮胎代替支架，机械传动处应设防护罩。

（9）搅拌机在运转时，严禁将工具伸入滚筒内扒料。加料斗升起时，料斗下方不得有人。

（10）用手推车运送混凝土时，倒料平台口应设挡车措施；倒料时严禁撒把。

（11）基础养护人员不得在模板支撑上或在易塌落的坑边走动。

（12）使用过氯乙烯塑料薄膜养护基础时，应有防火、防毒措施。

（13）采用暖棚养护，应采取防止废气窒息、中毒措施。

2. 装配式基础安全注意事项

（1）人力安装三盘的规定。

1）人力往坑内下落三盘时，应用滑杠和绳索溜放，不得直接将其翻入坑内。

2）人力往坑内溜放底拉盘时，坑内不得有人。坑内调整底拉盘方位时，应使用铁钎或撬杠。往坑内传递安装部件时应直接传递，严禁抛扔。

3）溜放三盘时的操作人员（拉绳人及撬扛人）都必须站在三盘后侧用力，不得站在三盘前侧或坑边危险处。

（2）吊装法安装三盘的规定。

1）吊装用的工器具使用前应经检查合格。

2）抱杆根应视土质情况与坑口保持不少于 0.5m 的距离。抱杆根应挖小坑（深度约 0.2m）并埋土固定，防止受力后滑移。

3）三盘吊起时应设控制绳，预防三盘离地碰撞抱杆，三盘吊至坑口时，坑内不得有人；作业人员不得站在吊起的三盘上下坑操作。

4）在坑内进行三盘找正时，作业人员应站在三盘侧面。

（3）预制基础。

1）用人力在坑内安装预制构件，应用滑杠和绳索溜放，不得直接将其翻入坑内。

2）吊装预制构件遵守下列规定：① 工器具和预埋吊环在使用前应进行检查。② 抱杆根部应视土质情况与坑口保持适当距离，并采取防止抱杆倾倒及坑口塌落的措施。③ 吊件应设控制绳，吊件临近坑口时，坑内不得有人。④ 作业人员不得随吊件上下。⑤ 坑内预制构件吊起找正时，作业人员应站在吊件侧面。

【思考与练习】

1. 名词解析：混凝土的和易性、坍落度、耐久性、配合比、水灰比。

2. 混凝土的强度与哪些因数有关？关系如何？线路杆塔基础对组成混凝土的各成分有什么要求？对钢筋有什么要求？

3. 钢筋的绑扎应符合哪些规定？钢模板在组装时，应符合哪些质量标准？

4. 一般基坑土方的挖掘有哪几种方法？对于渗水速度不同的水坑应如何开挖？流砂坑如何开挖？淤泥坑如何开挖？

5. 现场浇制钢筋混凝土基础前应做哪些准备？混凝土在浇灌与捣固过程中应遵守哪些规定？基础养护到什么时候可以拆模？拆模时应注意哪些事项？

6. 铁塔混凝土预制装配式基础如何安装？

◢ 模块 3　灌注桩基础施工（Z05F1003 Ⅰ）

【模块描述】本模块包含灌注桩基础施工一般规定、施工准备、施工等。通过内容介绍、流程图示例、要点归纳，能够掌握灌注桩基础施工。

【模块内容】

一、作业内容

（1）桩的作用和分类。桩的作用是将上部建筑结构的荷载传递到深处承载力较大的土层上，并使软土层挤实，以提高土壤的承载力和密实度，保证建筑物的稳定和减少沉降量。

桩的种类很多，按桩在土壤中工作的性质分端承桩和摩擦桩。端承桩是穿过软土层并达到岩石或坚硬土层上的桩；摩擦桩是完全设置在软质土层中的桩，它除桩尖处有一定的反力外，主要靠桩身表面与土之间的摩擦阻力来支持建筑物荷载。按桩的制作方式分为预制桩和灌注桩。灌注桩根据成孔方法不同分为旋转钻机钻孔灌注桩、冲击振动钻孔灌注桩和爆扩桩。

（2）冲击钻孔灌注桩的施工流程如图4–3–1所示。

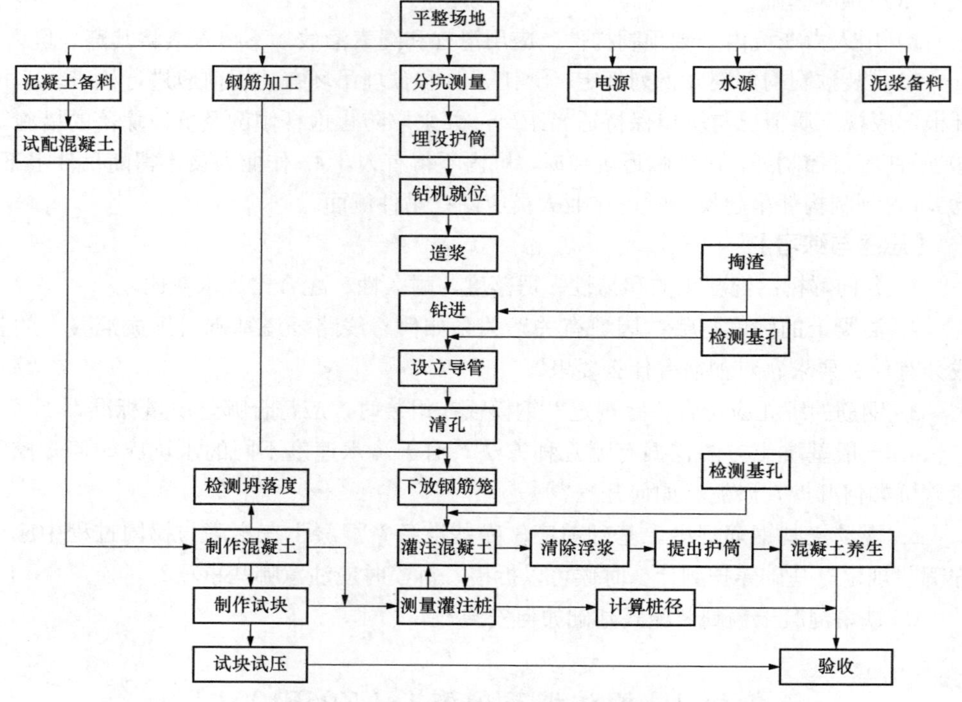

图4–3–1 冲击钻孔灌注桩的施工流程图

（3）旋转钻机和利用泥浆循环系统成孔灌注桩的施工流程如图4–3–2所示。

（4）桩基地上部分施工。桩基地上部分施工流程如图4–3–3所示。

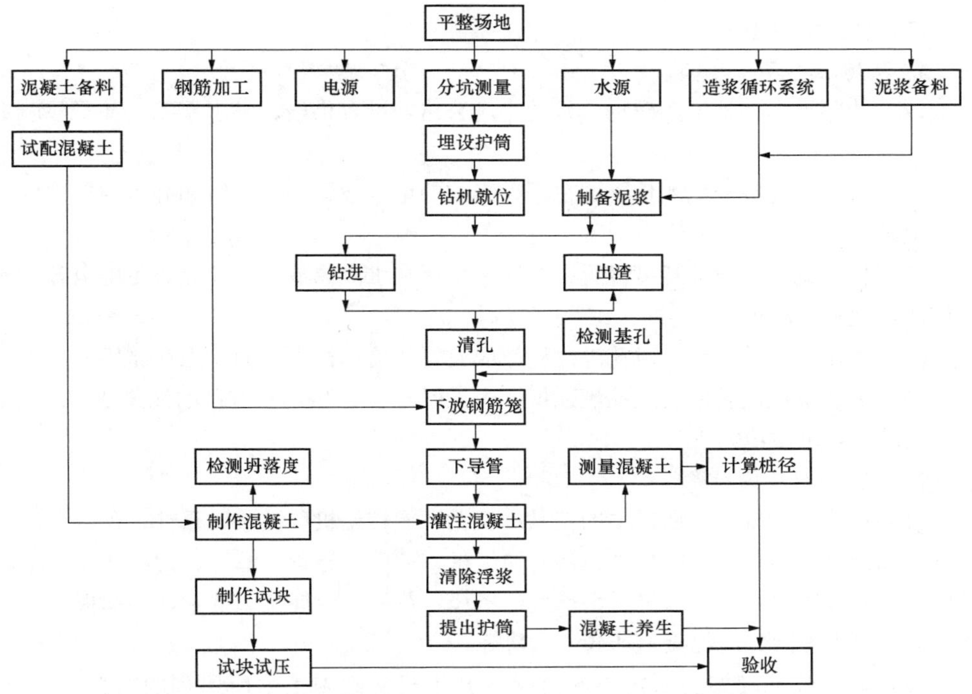

图 4–3–2 旋转钻机和利用泥浆循环系统成孔灌注桩的施工流程图

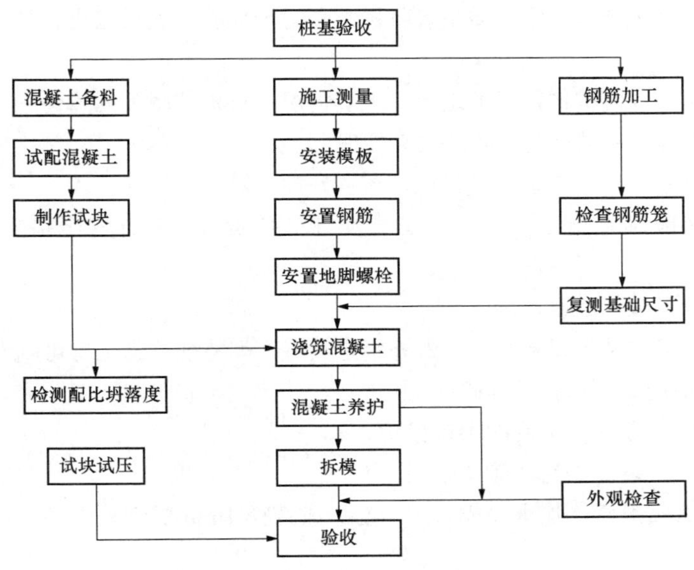

图 4–3–3 桩基地上部分施工流程

二、作业前准备

1. 现场准备

（1）清除地上、地下障碍物，修通进场公路，设置供电、供水系统，并平整施工场地。

（2）按设计图纸分坑测量，并在不受影响的地点设置桩基轴线和高程的控制桩，做好记录。

（3）根据钢筋的设计长度设置钢筋笼加工棚和水泥储放棚，并设置备用电源、砂石堆放场地及出渣场地。

（4）泥浆护壁冲击钻机成孔灌注柱，应设置2倍单柱方量的黏土存储场地。

（5）泥浆护壁旋转钻机成孔灌注桩，应设置一个3倍单桩方量的泥浆池和一个2倍方量的泥浆沉淀池。

2. 工具、材料的准备

（1）灌注桩基础施工所需要的工具：反循环旋转钻机、泥浆比重计、黏度计、含砂仪、搅拌机、卷扬机、电焊机、钢筋加工机、护筒、导管、漏斗、储料斗、斗车、发电机、测锤、台秤、水准仪、水平尺、塔尺、花杆、经纬仪、枕木、钢模板、振动棒、泥浆泵、捣固钎、混凝土球塞、大剪等。

（2）灌注桩基础施工所需要的材料同开挖式基础施工中所用到的材料。

3. 技术准备

（1）熟悉施工图纸，掌握质量验收标准，对全体施工人员应进行技术交底和安全教育。

（2）查勘和复测桩位，了解地形、地质情况，对桩位附近的障碍物（如电力线、电缆、电话线等）应进行调查并做妥善处理。

（3）复核中心桩，平基放样分坑，布置好控制桩。

（4）桩队应确定施工人员、质安员及桩机负责人，制订安全措施及桩机操作规程。

4. 黏土与制浆

（1）野外鉴定黏土制浆特征。野外鉴定具有下列特征的黏土均可制造泥浆。

1）风干后用手不易扒开捏碎。

2）破碎时，断面有坚硬的尖锐棱角。

3）切开时，表面光滑、颜色较深。

4）湿后有黏滑感，加水和成膏后，易搓成直径1mm的细长泥条，用手指揉捻，感觉砂粒不多。

（2）制浆性能和指标。制浆的性能和技术指标一般由泥浆比重、黏度、含砂量和胶体率等四项指标来确定。

密度指泥浆与4℃时同体积水的质量比。泥浆用泥浆目睹计测。

黏度指液体间相对移动所发生的内摩擦力。黏度用1006型野外黏度计测定，即以 $500cm^3$ 泥浆通过5mm漏斗孔所需时间（s）表示。

含砂量泥浆内所含砂和黏土颗粒的体积百分比，含砂量可用含砂仪测定。

胶体率是泥浆一昼夜的沉淀率。用量杯盛满 $100cm^3$ 泥浆液，盖好玻璃片，静置24h后，从 $100cm^3$ 中减去量杯上部澄清体体积数，称为胶体率。

（3）调制钻孔泥浆。调制钻孔泥浆时，根据钻孔方法和地质情况采用不同性能指标，钻孔用泥浆性能指标可参照表4–3–1选用。

表4–3–1　钻孔用泥浆性能指标

地质情况	密度	黏度（s）	含砂量（%）	胶体率（%）
一般地层	1.1～1.3	16～22	<8～4	>95
松散易坍地层	1.4～1.6	19～28	<8～4	>95

注 1. 正循环旋转钻、冲击钻用上限值，反循环旋转钻用下限值。
2. 土层砂性大用上限值，黏性大用下限值。
3. 地质较好、孔径较小、桩深浅者，用上限值；反之用下限值。

5. 按桩位挖坑并埋设护筒

挖坑时，基坑直径应大于护筒直径100～150mm，护筒一般用4～8mm钢板制作，护筒埋设应符合下列规定：

（1）护筒直径应大于钻头直径，用旋转钻机时，护筒直径宜大于钻头直径100mm；用冲击钻机时，护筒直径宜大于钻头直径200mm。护筒内径应大于设计桩径50mm，以便核正桩中心。

（2）护筒中心与桩位中心偏差不得大于 50mm。单桩基础护筒偏差应满足验收规范中整基基础尺寸允许偏差的规定。

（3）护筒周围应用黏土填实，以防地表水浸入孔内和孔内泥浆流水。

（4）护筒长度应不少于2m，若在较厚的松散层上开孔时，护筒长度应适当增大到2.5m。护筒顶面宜高出地面150～200mm。

（5）护筒埋设深度在黏土中不宜小于1m，在砂土中不宜小于1.5m，并保持孔内泥浆面高出地下水位1m以上，受江河水位影响的桩基工程，应严格控制护筒内外的水位差。

6. 挖设泥浆池、沉淀池和泥浆循环槽

（1）泥浆池的容积应不小于单根桩体积的3倍，为了有利于泥浆在池中充分沉淀，应将泥浆池分做成制浆池、沉淀池、储浆池三级设置，沉淀池大小为单根桩体积的2倍。

（2）进浆：采用泥浆泵，将储浆池中的熟泥送入孔内。

（3）出浆：通过泥浆槽返回沉淀池，泥浆槽长度宜大于15m，槽底坡度在1%左右。

（4）泥浆循环净化系统布置如图4–3–4所示。

（5）制备的泥浆要有一定的备用量。

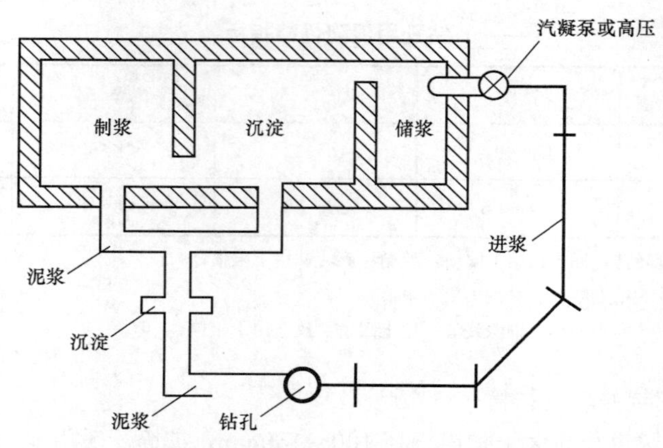

图4–3–4　泥浆循环净化系统布置图

（6）开钻前，施工现场应备有足够的钢筋、水泥、砂石。现场材料的堆放应使水泥不受潮；砂、石不受污，钢筋笼不变形。

（7）钻机易损零件应有足够的备件，泥浆泵应有两台，一台工作，一台备用。

（8）稳机前要检查复核桩位中心。天轮、立轴、桩位中心应在同一垂直线上（前后、左右两个方向检查）。桩机安装平稳、牢固，试机运转正常后检查各项工作，就绪后才能开始。

三、危险点分析与控制措施

桩基础施工中存在的危险点主要有工具使用不当、机具使用不当引起倒架、设备损坏、砸伤工作人员、工作人员触电等。

控制措施：

（1）应设专人指挥，作业人员听从统一指挥。

（2）作业前全面检查机电设备，确保电气绝缘和制动装置良好，传动部分有防护罩。

（3）钻机和打桩机运转时不得进行检修。

（4）打桩时，起吊速度应均匀，被吊桩下方严禁有人；吊装前应将装锤提起，并固定牢靠；发现异常应停止锤击，检查处理后方可继续作业；停止作业或转移桩架时，应将桩锤放到最低位置。

（5）电钻应使用封闭式防水电机，电缆不得破损、漏电。

（6）接钻杆时，应先停止电钻转动，后提升钻杆。

（7）严禁作业人员进入没有护筒或其他防护设施的钻孔中工作；坑边应有防护措施，夜间应有照明，防止人员掉入坑内。

（8）吊放、焊接网笼时，应防止伤人。

四、操作步骤和质量标准

（一）冲击钻成孔施工

（1）首先将钻架平稳地立于桩位。立钻架时钻机的安装应符合下列要求：

1）钻机中心与桩基中心偏差不得大于 50mm，钻杆中心偏差应控制在 20mm 以内。

2）钻机底座下方用道木垫实，钻杆用扶正器固定，扶正器用地锚固定，确保钻机找正后不发生移动。

3）安装钻机时，为补偿钻架吊锤时前部出现的下沉，在垫塞钻架时，要让钻架前部高于后部，使钻架横梁上的钻绳滑轮槽口向后 10cm 左右，以防止移锤出渣时钻架前移，而造成斜孔或偏孔，同时，要经常检查钻架工作情况，及时做好调整。

（2）冲击钻成孔。当一切准备工作完成后，即用第一节钻杆接好钻头，另一端接上钢丝绳，吊起潜水钻对准埋好的护筒，徐徐放下至地面桩位标记处，即可先空转，然后缓慢钻入土中，至整个钻头基本入土内，并检查无误后，才能正常钻进。每钻进一节钻杆前，应准备好下一节并随即与前节钻杆接好，以便迅速钻进。

冲击钻成孔应遵守下列规定：

1）开孔时应低锤勤击。如地面为淤泥、细砂等软土层，可在加 0.5mm 左右厚的小块片石和黏土后，再往下干打 1m 左右，反复冲击造壁，以使护筒脚密实。

2）在钻孔过程中，严禁冲锤在桩孔内长时间停留，停工时，必须将冲锤提出孔口。

3）一般黏土和亚黏土，开钻时无需加土，即可放水湿打，使其成浆。并在进钻的同时向桩孔内补充进水，使桩孔内不断溢出泥砂水，以防止吸锤和减少出渣次数。但应注意进水、出水不能太大，使桩孔内泥浆密度在 1.3～1.5 之间为宜。

4）开始钻基岩时应低锤勤击，以免偏斜。如发现钻孔偏斜，应立即回填厚为 30～

50cm片石，之后重新钻进。

5）遇孤石时可以抛填近似硬度的片石或卵石，用高冲程冲击或高低冲程交替冲击，将大孤石击碎挤入孔壁。

6）在各种不同土层中施钻时，可按表4–3–2冲击钻成孔施工要点进行施工。

表4–3–2 冲击钻成孔施工要点

适用土层	施工要点	效果
在护筒中及护筒脚下3m	小冲程高1m左右，泥浆密度1.4～1.5；土层不好时加入小片石和黏土块	造成坚实孔壁
黏土层	中、小冲程高1～2m；加精水；经常清除钻头上的泥块	防粘钻、吸钻、提高钻进效率
粉砂或中粗砂层	中、小冲程高1～2m；泥浆密度1.3～1.5；抛粘土块、勤冲、勤掏碴	反复冲击造成坚实孔壁，防止坍落
卵石层	中、高冲程2～3m；泥浆密度1.3～1.5；掏碴	加大冲击能量，提高钻进效率
基岩	高冲和3～4m；泥浆密度1.3～1.5；勤掏碴	加大冲击能量，提高钻进效率
坍塔回填重钻	小冲程1mm左右，反复冲击；加黏土块及片石；泥浆密度1.3～1.5	造成坚实孔壁

7）必须准确控制松绳长度，既要勤松、少松；又要免打空锤，并经常检查钢丝绳磨损情况、卡扣松紧程度、转向装置等是否灵活，以免掉钻。

8）一般每进尺1m应出碴一次，出碴时应出净。出碴以后，应立即加入黏土，且应一次加足。加黏土时，应是先浸湿的，最好是将黏土合成泥团投入。

（3）冲击钻施工中常见的故障及处理。

1）偏锤和斜孔。因糊钻造成偏锤或斜孔时，将钻锤提出水面，清除粘结的泥土；因遇孤石或墙石、有倾斜地层或软硬交界地层造成偏锤或斜孔时，可向偏锤侧投入片石块，再行施钻。

2）卡锤。因不规则孔形未处理、坍孔落石、掉工具，钻锤尺寸突变、落锤太猛等，都可造成卡锤。出现卡锤时绝对不能用快速猛提锤方法处理，而应以慢速反复试提，使锤松动，用钻锤拉动。而后将钻锤提出水面向孔内投入片石块，用低锤勤击通过卡锤段。

3）吸锤。吸锤多发生在强风化岩层和白胶泥层中时的高锤猛击。其处理方法同卡锤一样，不同之处是每次投入的片石较多，且在该地质层每出碴一次，需投石块一次。

4）掉锤。发生掉锤时应尽快组织力量捞锤。其方法是：对称下打捞钩。严禁为了打捞方便，采用空压机清孔或排水清孔的办法，否则会造成埋锤事故。

5）坍孔。坍孔的现象有钻空内水位突然下降、孔口冒出细密水泡、出碴量显著增加、进尺不大或根本不进尺，甚至负进尺、钻机负荷显著增大等，这些现象均表明孔壁已有坍塌，发现坍孔后应先分析判断坍孔位置，用片石、黏土混合回填到坍塌段 0.5m 以上，待水位稳定，沉淀密实，再继续钻孔。如坍塌严重，应将钻孔全部回填重钻。

（二）旋转钻机成孔施工

（1）钻头选择。一般黏土、亚黏土、淤泥和砂土层可用双裙笼式合金钻头，配合泵吸反循环钻进排碴；进入基岩时，可换用牙轮合金钻头，配合泵吸反循环钻进排碴。

（2）安装旋转钻机。旋转钻机的安装要求同冲击钻机的安装要求。

（3）钻进。钻进时应注意下列事项：

1）为使钻进成孔正直，扩孔率小，应使钻头旋转平稳，力求钻杆垂直无偏晃地钻进，即钻杆尽量在受拉状况下工作。

2）控制钻进速度。在硬黏土层钻进时，可用一挡转速，并放松起吊钢丝绳，自由进尺；在普通黏土和砂黏土层钻进时，可用二、三挡转速，自由进尺；在砂土或含少量卵石层钻进时，宜用一、二挡转速，并控制进尺，以免陷没钻头或吸钻渣速度跟不上；在遇地下水丰富和易坍孔的粉砂土层钻进时，宜用抵挡慢速钻进，减少钻头对粉砂土的搅动；在加大泥浆密度和提高水头情况下，进尺可稍快，以期较快通过粉层；在淤泥层钻进时，转速为二、三挡，但应控制进尺，以免抽吸钻碴速度跟不上而出现糊钻。在开孔和钻进至岩土分层时，要特别注意合理选择成孔工艺参数。

3）当一节钻杆钻完时，应先停止转盘转动，然后吊起钻头至距底 20～30cm，并继续使用反循环系统将孔底沉碴排净，再接钻杆继续钻进。每钻进 2m 或地层变化处，应捞碴查明土质，以确定桩长。

4）启动真空泵后，如发现循环不正常，泵身抖动，泥水减少，甚至中断。其原因多为管路漏气或钻头钻杆堵塞，应及时检查钻杆法兰盘螺栓有无松动，泥浆泵石棉垫处有无漏气，水龙头填料压盖有无松动。

5）在施工过程中，若发现工作平台下沉或倾斜应及时调整。

6）如遇憋钻时，可停止进尺或以逆时针方向转动。当情况严重时，应停钻提升钻具，分析原因。

7）应加强泥浆管理，勤清理循环系统，保持泥浆有好的技术性能，以保证成孔质量和施工进度。

8）泥浆循环系统的总电源线要求架空，电动机和电气箱需接地良好。

（4）旋转钻机施工常见故障及其处理如下：

1）钻孔偏斜。查明孔偏斜位置和程度。在偏斜处将钻头上下反复扫孔，使钻孔正直。偏斜严重时，回填砂砾土或黏土混合到偏斜处以上，待沉密实后重钻。

2）糊钻。在软塑黏土层中旋转钻进时，因进尺快、钻碴大、出浆口堵塞等易造成糊钻（吸钻）。一般应控制进尺，以防糊钻。如发生糊钻严重，应将钻头提出孔口，清除钻头黏糊物等。

3）缩孔。塑性土层遇水膨胀会造成缩孔卡钻时，采用上下反复扫孔处理。因严重磨损的钻头使得钻孔小于设计桩径时，应焊补钻头后再行扫孔。

4）钻杆折断或掉钻。钻杆折断后，应防止留置时间过长、发生埋钻或埋杆的事故，发生掉杆时应尽快将其打捞上来。

（三）清孔

（1）冲击钻成孔多采用空气机清孔。清孔时一般先下放钢筋笼，再放浇制导管，浇制导管最下节带有高压进气嘴，并与空压机相连，利用空气压力将孔底渣石抽到孔口外。如桩基地质良好，又不用钻架吊装钢筋笼时，可先放浇制导管清孔，后吊装钢筋笼。

（2）空压机清孔应按下列规定进行：

1）清孔开始时，先送水，后送气，严格保证孔内水位。供水时，不要让水直接冲孔壁。

2）导管未送气时，不可将导管插入孔底，应离孔底泥浆 2.0m 左右，以防泥浆沉淀而堵塞气管。

3）清孔过程中，应视出渣浓度慢慢下放导管。当导管下放至孔底 0.5m 时，要将导管前后左右移动，但移动时要避免碰孔壁。

4）当孔内排出的泥浆用手触及无粗粒感觉，密度在 1.3 以下，含砂量不大于 4% 时，清孔即达到要求。

5）停止清孔时，应将导管提升 1m 左右，再按先停气、后停水的规定停机。

（3）旋转钻孔清孔。在一般地质条件下，优先采用反循环系统清孔。在粉砂层和软流塑的淤泥地质条件下采用正循环系统清孔。采用正循环系统清孔，一般清孔时间需 2h 以上；如用反循环系统清孔，由于真空泵抽吸力较大，一般 20min 左右即可。当孔内泥浆密度≤1.5kg/m^3，孔底沉渣厚度≤5cm 时为合格。

（4）终孔后需将钻头稍稍提起使其空转，并启动泥浆循环系统将孔内沉渣排出。

（5）清孔取样应选在距孔底 20～50cm 处，其密度不是必备指标，对软地质其值可以偏高；清孔的保证指标是沉渣厚度应满足桩基础施工质量及检测的要求。

（6）清孔达到标准后，应尽快转移钻机进行后道工序。

（四）钢筋骨架的制作与安装

（1）钢筋骨架的制作。钢筋骨架可以集中加工制作。大型钢筋骨架宜就地制作，以免装卸、运输中变形。主筋应尽可能用整根的。必须连接时宜用搭接焊接，并注意接头方向，以免钩挂导管。主筋的连接及组装示意图如图 4–3–5 所示。

钢箍圆度要求准确，接头宜用电焊；钢筋与主筋的连接应用点焊，每隔一定的距离（2m 左右）设置一根直径 10mm 的圆箍，以增强钢筋骨架的刚性。为确保主筋的位置正确，组装钢筋骨架可用木样板。木样板有两块半圆形木板拼成，上面开有与主筋数量相等的凹槽。

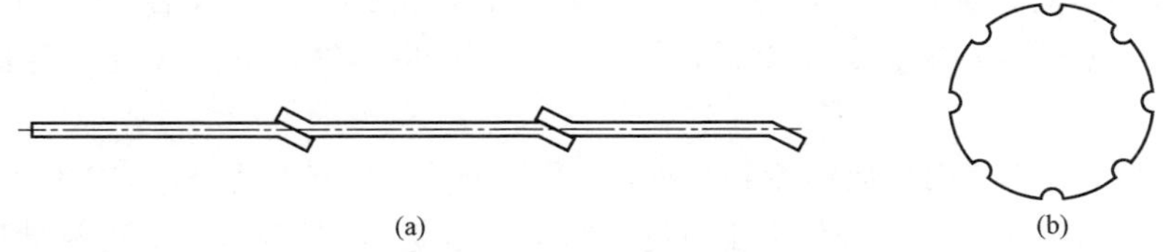

图 4–3–5 主筋的连接及组装示意图

（a）搭接焊接；（b）木样板

（2）主筋接头处理。按设计要求，采用平面搭接焊。在搭接时，采用双面焊，其焊长不小于 5*d*（*d* 为钢筋直径），同时在同一截面内接头不超过 50%。吊装时，利用钻机和 2–2 滑车组起吊钢筋笼，如果钢筋笼刚度不够，可临时用 8 号线绑扎补强钢筋，待起吊吊件垂直后，就可去掉补强钢筋。在坑口处两钢筋笼对接时。应采用单面立焊，其焊长不小于 10*d*，同时往同一截向内接头不超过 50%。

（3）镦粗直螺纹连接技术。近年来，随着桩基础的普遍应用，镦粗直螺纹连接技术对较粗的钢筋，如ϕ18 及以上的钢筋在质量、工效方面具有优势，在满足 JGJ 107—2010《钢筋机械连接技术规程》要求的前提下，钢筋越粗优势越明显。线路工程镦粗方式采用方式主要为冷镦粗，冷镦是通过机械模具的挤压而使钢筋端头变粗，镦粗过渡段坡度不大于 1:5。当加工后镦粗头不合格时，应切掉镦粗头再重新进行镦粗（切除部分应包括钢筋夹持段和镦粗段）。镦粗后允许镦粗段有纵向裂纹，但不允许有横向裂纹。停车前模具应处于开户状态，停车程序应先卸工作的压力，再停控制电源，最后切断总电源。

加工钢筋丝头时，应采用水溶性切消液，不得在不加切削液的情况下套丝。首先根据钢筋直径选择走刀次数，钢筋直径 12～32mm 一次走刀，钢筋直径 32mm 以上二次走刀，同时根据钢筋规格确定螺纹的大小，并对旋刀进行调试，先大后小，适中调试确定无误后，紧固微调定位螺钉，防止松动，同时合刀定位装置一定要到位。当套丝完毕，需回倒车时首先要开启刀壳，使刀具涨开，然后才能倒退反转，回腿结束后，再闭合刀具。松开轧头取出钢筋，每个钢筋端头直螺纹应用环规检查，并用护套保护。旋切刀具一副为 4 片，按顺序 1、2、3、4 排列，装刀不能装反与混乱。旋切刀装入刀架后，4 片刀具的高度要保持一致。并使刀具架内做 1/4 的等距排列，对中相等，同时刀架箱与刀架及刀具的接触面保持清洁，不能有杂物或铁屑。完整螺纹部分牙形饱满，牙顶宽度超过 0.25*P* 的秃牙部分。由于在输电线路灌注桩基础施工中，考虑到钢筋笼分节段制作时存在着加工误差，加之主筋焊连成整体后，不能进行转动，因此采用扩口加长型连接套筒来连接主筋，则丝头一端采用标准型，另一端采用加长型。丝头加工质量控制主要有三个要素：一是螺纹中径尺寸，二是螺纹加工长度，三是螺纹牙型。其检验量具和检验方法根据规程进行，丝头加工完成后，应立即加以保护，在加长型丝头端旋入连接套筒，并用塑料布包裹防锈，在标准型丝头端旋上塑料保护帽。

镦粗时，套筒使用优质碳素结构钢，如采用 45 号钢，其性能符合 GB/T 699—1999《质碳素结构钢》规定，其强度大于所连接的主筋强度，其外观质量检测无裂缝或其他缺陷，并应进行防锈处理。外形尺寸符合 JG 171—2005《镦粗直螺纹钢筋接头》规定，其内螺纹应均匀，能保证螺纹塞规的顺利旋入。

在坑口焊接钢筋笼时，制筋笼须用钢管或方木架住，以便焊接，在吊装过程中，钢筋笼应保持垂直，徐徐下落，不能碰撞孔臂。灌注混凝土前，钢筋笼应用吊环临时固定，固定时应找正位置。

（五）水下灌注混凝土

1. 施工配合比设计

（1）施工混凝土配合比按《普通混凝土配合比规程》并经实验确定。

（2）按施工配合比计算施工用料时，还应乘 1.2 的充容系数。现场应用时，如遇雨天，还应根据砂、石含水率进行砂、石、水的调整。

（3）坍落度为 16～20cm，碎石粒径不得大于 3cm。

（4）为了改善混凝土的流动性，减少或消除混凝土的离析，延长混凝土的初凝时间，防止堵塞导管等现象，在有条件时可在混凝土中加入缓凝型减水剂（木质素磺酸钙），也称木钙粉，其掺量不大于 0.25%，减水率 15%。这样可在水灰比不变的情况下节约水泥用量。

2. 压水冲灌

压水冲灌混凝土是水下灌混凝土的关键。一般采用隔水球法进行冲灌。压水过程中混凝土浇灌不得中断，直到导管下端埋入混凝土 1.0m 以上。压水冲灌成功的标志是导管内没有泥浆水。

压水冲灌所需最小混凝土量的计算公式为

$$Q=\frac{\pi}{4}D^2h\varphi+\frac{\pi}{4}d^2\frac{\gamma_1}{\gamma_2}H \tag{4-3-1}$$

式中 D——桩径，m；

h——压水冲灌所必须的灌注深度，即埋管深度加导管端余量；

φ——充容系数，一般取 1.2；

d——导管内径，m；

γ_1——泥浆密度；

γ_2——冲灌混凝土密度；

H——孔内泥浆水深，一般取孔深值，m。

冲灌后应用测绳实测灌注深度 h，并计算相应埋管深度。分别为

$$h=H-H_0 \tag{4-3-2}$$

$$h_1=H_1-H_0$$

式中 h——实测灌注深度，m；

H——压水冲灌前测量孔深，m；

H_0——压水冲灌后的测量孔深，m；

H_1——导管在孔中总长度，m；

h_1——埋管深度，m。

3. 灌注

压水冲灌成功后继续将混凝土从导管向孔内浇灌，随着混凝土的上升，应适当提升和拆卸导管。提管时，应保证导管始终埋入混凝土 1.0～1.5m，最多不超过 6m。在混凝土灌注过程中，还应设专人经常测量导管的埋深。

4. 桩径计算

每拆管一次应计算一次相应的桩径，其计算公式为

$$D=\sqrt{\frac{4(Q-Q_1)}{\pi h}} \tag{4-3-3}$$

式中 D——桩径，m；

Q——该段浇灌混凝土量，m；

Q_1——导管内高出管外混凝土量，m；

h——孔内混凝土的上升高度，m。

5. 混凝土浇注高度

为保证桩顶的浇制质量，混凝土的浇注高度一般要超过设计标高 1.2m。当采用空压机清孔时，混凝土的浇注高度可以减少至超过设计标高 0.6m 左右。一般在钢护筒还未拔出前，先用人工将混浆层挖出。如条件不许可，就应立即将钢护筒拔出，待开挖桩基上部基坑时，再将混浆层截除。

6. 水下灌注混凝土技术要求

（1）检查灌注工具应符合下列要求：

1）使用的隔水栓或隔水球应有良好的隔水性能，宜采用预制的砼球塞（砼标号 C25），并确保球塞在开灌时能顺利排出。

2）导管应采用直径为 200～250mm 的钢管制作，其直径偏差不应超过 2mm，内壁表面应光滑并有足够的强度和刚度，壁厚度不小于 3mm，导管的分节长度视工艺要求而定，底管长度不宜小于 4m，导管接头应密封良好不能渗水和便于拆装，宜用法兰或双螺纹方扣快速接头。导管使用前应试拼装，试水压。试水压力为 0.6～1.0MPa，导管提升时不得挂住钢筋笼，为此设置防护三角形加劲板或锥形法兰护罩。导管下部应焊设加强箍。

（2）灌注过程应遵照下列要求进行：

1）为使隔水栓能顺利排出，导管底部至孔底距离（沉渣面）宜为 300～500mm；桩直径小于 600mm 时可适当加大导管底部至孔底距离。当球塞排出后，不得将导管插入到孔底。

2）应有足够的混凝土储备量，压水过程混凝土浇注不得中断，使导管下端一次埋入混凝土面下 1m 以上，压水冲灌所需最小混凝土量应经计算确定。

（六）承台、横梁的浇制

（1）施工完毕的桩，需经中间验收合格后，才能进行承台和横梁施工。在施工时需按施工缝处理新旧混凝土接合面。当设计有要求时，按设计要求进行。当设计无要求时，应按 GB 50204《混凝土结构工程施工质量验收规范》的规定执行。

（2）模板需有足够的强度、刚度和稳定性，不得产生变形；模板面应平整光滑、拼缝严密、不漏浆、支撑牢固。

（3）地脚螺栓要固定牢固，单腿尺寸误差和整基基础尺寸允许误差应满足 GB 50233《110～500kV 架空送电线路施工及验收规范》规定。

（4）承台、横梁的浇制应连续浇筑，不应留施工缝。

（5）当基础承台较大时，经设计单位同意，可填充大卵石或块石，但应遵守下列规定：

1）充填卵石或块石的强度不能低于混凝土粗骨料的强度。

2）充填数量不得超过混凝土体积的 25%。

3）充填石料之间及石料与钢筋的距离不得小于 100mm。

（6）大型承台、横梁的浇制，应采取措施以防止因混凝土水化热产生温差裂缝。

（7）浇制完后的养护、拆模及继续养护应按 GB 50204 的规定执行。

（8）混凝土试块制作，同一配合比每基不得少于一组；当单基混凝土量超过 $100m^3$ 时，每个承台做一组；大型承台每班组做一组。所做试块的养护，需在相同条件下进行。

质量标准见模块 4–4。

五、注意事项

（1）桩式基础的施工场地应平整，附近障碍物应清除，作业有明显标志或围栏。

（2）作业前应全面检查机电设备，电气绝缘和制动装置必须良好，传动部分应有防护罩，电缆应有专人收放。

（3）钻机运转时不得进行检修。

（4）灌注桩施工遵守下列规定：

1）潜水钻机的电钻应使用封闭式防水电机，接入电机的电缆不得破损、漏电。

2）孔顶应埋设护筒，埋深应不小于 1m。

3）不得超负荷进钻。

4）应由专人收放电缆线和进浆胶管。

5）接钻杆时，应先停止电钻转动，后提升钻杆。

6）严禁作业人员进入没有护筒或其他防护设施的钻孔中工作。

7）应按规定排放泥浆，保护好环境。

【思考与练习】

1. 灌注桩基础根据成孔方法的不同分为哪几种？桩基础施工流程包括哪两大部分？

2. 桩基础施工中存在哪些危险点？控制措施有哪些？

3. 冲击钻孔灌注桩，其施工流程如何？冲击钻成孔施工要注意哪些事项？

4. 桩基地上部分施工流程如何？桩基础施工现场准备要做哪些准备？

5. 泥浆护壁成孔灌注的护筒埋设应符合哪些规定？钢筋笼吊装应符合哪些规定？

6. 冲击钻成孔多如何清孔？旋转钻孔清孔怎样清孔？空压机清孔应按哪些规定进行？

模块4 桩基础施工质量检测及施工记录（Z05F1004Ⅱ）

【模块描述】本模块包含桩基础施工质量检测、施工记录等。通过知识讲解，掌握桩基础施工质量要求及检测方法、施工记录的填写、评级及移交资料的准备。

【模块内容】

一、桩基础施工质量检测

（一）桩基础施工质量要求

1. 桩基础施工原材料的质量要求

（1）水泥应有出厂合格证明书及化验报告，不同厂家、不同品种、不同强度等级的水泥按采购的批次、批量进行取样检验，各项化学指标应符合国家相关标准的规定。包装应完整，注明生产日期，封口紧密，无受潮、结块、硬化现象。水泥每200t为验收批量。因保管不善受潮结块时，必须进行标号试验，并在使用时将受潮结块剔出。在选择和使用时必须遵守下列规定：

1）不得将不同种类和不同标号的水泥混合存放。

2）不同种类和不同标号的水泥，不准在同一基础腿内使用。

3）水泥标号通过查看包装标志及合格证应符合混凝土配合比设计要求。水泥存放时间通过查看出厂日期应在三个月以内。

（2）砂必须颗粒坚硬、洁净，砂中的含泥量应≤5%，砂不宜混有草根、树叶、树枝、塑料品、煤块、炉渣等杂物。砂中若含有云母、轻物质、有机物、硫化物及硫酸盐等有害物质，其含量（按质量计）应≤2.0%；轻物质含量（按质量计）≤1.0%；硫化物及硫酸盐含量（折算成SO_3按质量计）≤1.0%；有机物含量（用比色法试验）颜色不应深于标准色，如深于标准色，则应按水泥胶砂强度试验方法，进行强度对比试验，抗压强度比不应低于0.95。选择货源后，应取样到有检验资格的单位检验合格后方可采用。

（3）石的强度、规格通过检查试验报告应符合JGJ 52—2006《普通混凝土用砂、石质量及检验方法标准（附条文说明）》规定。石的粒径：卵石不宜大于 50mm，碎石不宜大于40mm，用于配筋桩的不宜大于30mm，且不大于钢筋间最小净距的3/4。骨料必须清洁，不允许有泥土，并用清水冲洗附着的外层。选择的石场货源应充足并取样到有检验资格的单位检验合格后方可采用，若改变货源，必须重新取样试验。

（4）混凝土浇制及养护用水应符合下列规定：

1）饮用水及清洁的河溪水可不用化验，只进行外观检查。水中不应含有油脂及影响水泥正常凝结与硬化的有害杂质或糖类。

2）污水和 pH 值少于 4 的酸性和含硫酸盐超过水重 1%的均不准使用。

3）选取的水源必要时应取样以专门试验室进行化验鉴定，合格后才能使用。

（5）用于工程的钢材，其钢种、规格应符合国家规定，且满足设计要求，表面不得有折叠、裂缝、刮痕、结疤、麻点、分层等缺陷。如无出厂证明时，应按设计要求的钢种进行下列试验。

1）机械强度试验：抗拉强度、屈服点、延伸率等。

2）化学分析：碳、硫、磷、锰、硅等的含量。

3）设计要求的其他试验。

2. 成孔质量及清孔要求

（1）为了保证成孔质量，防止扩大钻径，应使钻头旋转平稳，力求钻杆垂直无偏晃地钻进，即钻杆尽量在受拉状态下工作。在钻进过程中要随时掌握钻头所刮刻地层的性质、状态，选择不同的钻头采用正或反循环钻进成孔，并合理地控制好钻机转速、泵量、钻头压力及钻进速度。

1）不同地质的不同钻头：对黏土、粉土、强风化岩石采用刮刀钻头，对中粗砂砾采用焊齿钻头，对砾石、卵石、孤石采用滚刀钻头，对弱风化软质岩石采用牙轮钻头。

2）钻孔方法：对黏土、淤泥质土、强风化岩石等采用正循环钻进成孔，工效低；对中粗砂、砾石、卵石等地质条件采用反循环钻进成孔，工效高。在工程桩施工时为避免塌孔事件，桩施工时应远距离跳打。

3）钻进速度：① 对于淤泥和黏土质，钻进速度不宜大于 1m/1min。② 对于松砂岩层，钻进速度控制在 3m/h。③ 对于卵石、砾石层，以中慢速钻进。④ 对于风化岩或其他硬质土应以钻头不跳动为准。

（2）在钻进时，要保持桩孔内泥浆的比重为 1.1～1.3，不同地层有不同的造浆性，因此应加强泥浆管理，勤清理循环系统，随时调节加入的泥浆比重，使孔内泥浆比重、浓度（含砂率）及胶体率（黏度）保持正常。

（3）当钻进中发现土层与设计地质资料出入较大时，应及时报告技术主管。

（4）若发现工作平台（基础垫木）下沉或倾斜应及时调整，增加支垫面积。

（5）泥浆泵放入泥浆池沉没的深度，应使液面平泵窗口一半即可。泵下端吸水口距泥浆池底不小于 400mm。

（6）钻进达到桩的设计深度时，桩队应先自行校正，然后与质检人员一起测量桩深，合格后才能停钻清孔。

（7）在一般地质条件下，旋转钻机清孔应优先采用反循环系统。只有在粉砂层和淤泥地质条件下，才采用正循环系统。采用正循环清孔一般需 2h 以上，采用反循环系统清孔，一般需 20min 左右。清孔用泥浆泵冲孔换浆，把孔底沉渣、碎石残块清除干净，同时降低桩孔泥浆比重，减少孔内泥浆的含砂量。清孔的要求，要使孔底沉渣的厚度不超过 200mm，清孔后泥浆的比重≤1.15，含砂率≤8%，黏度≤28s。清孔后须将钻杆稍稍提起使其空转，并启动泥浆循环系统，将孔内沉渣排出。清孔取样应选在孔底 500mm 以内的泥浆。

（8）清孔前如果停钻时间较长，应重新下钻头至桩的深度，慢速转动以搅松孔底沉渣，以利清孔。

（9）成孔的质量有四个指标（即钻孔中心偏差、钻孔直径、倾斜度和孔深），应达到要求。

3. 钢筋的加工焊接要求

（1）桩基工程焊接应由持证焊工施焊，所用焊条应符合 GB 50233《110～500kV 架空送电线路施工及验收规范》的规定。焊条必须有出厂证明书，在使用前应做外观检查，选用的焊条应与被焊金属的强度性能相当；受潮的焊条必须经过处理，并经工艺性能试验，合格后方可使用。焊药剥落者不准使用。

（2）钢筋混凝土预制桩的钢骨架制作规定如下。

1）钢筋骨架的主筋连接宜采用电焊对焊，当采用搭接焊时，应确保接头上下主筋轴线在同一直线上。双面焊的搭接长度不小于 $5d$，单面焊的搭接长度不小于 $10d$，其中 d 为钢筋直径。

2）同一截面内主筋接头数量不得超过主筋根数 50%，同一钢筋两个接头的距离应大于 $30d$，最小不小于 500mm。主筋间距应均匀，间距误差不应超过±10mm。

（3）灌注桩钢筋骨架制作规定如下。

1）主筋接头用电焊，当采用搭接焊时，按上述（2）点 1）、2）要求执行。

2）钢筋笼制作的允许偏差应符合表 4–4–1 的规定。

表 4–4–1 钢筋笼制作的允许偏差 mm

项 次	项 目	允许偏差	项 次	项 目	允许偏差
1	主筋间距	±10	3	直 径	±10
2	箍筋间距	±20	4	长 度	+100

3）内、外箍采用闪光对接焊接，如采用双面搭接焊，搭接长度不小于 $6d$，焊缝厚度不小于 $0.4d$，宽度不小于 $0.8d$；桩主筋与内箍筋点焊成笼，外箍筋与主筋点焊成笼或绑扎。

4. 浇筑要求

（1）坍落度。水下灌注的宜为16～22cm；干作业成孔的宜为8～10cm；套管成孔的宜为6～8cm。

（2）灌注桩各工序应连续施工，且应遵守下列规定。

1）灌注桩的成孔深度需符合设计要求。以摩擦力为主的桩，沉碴厚度不得大于300mm；以端承力为主的桩，沉碴厚度不得大于100mm。

2）浇筑混凝土时，同一配合比的试块，每班不得少于1组，且每根不得少于1组。

3）灌注混凝土的实际浇制量不得小于计算体积，按体积换算的平均直径或直测桩径，不得小于设计桩径。

4）钢筋笼保护层厚度：水下灌注混凝土桩允许偏差–20mm；非水下灌注混凝土桩的允许偏差–10mm；灌注桩的平面位置及垂直度的允许偏差应符合表4–4–2的规定。

表4–4–2　　灌注桩的平面位置及垂直度的允许偏差

项　目	允　许　偏　差	
	1～2根，单排桩基垂直于中心线和群桩基础的边桩	条形桩基沿顺中心方向和群基础的中间桩
灌注桩	1/6桩径	1/4桩径

5）室外日平均气温连续5天稳定，且低于5℃时，灌注混凝土应按冬季施工有关规定采取保温措施。

（二）桩基础施工质量检测

1. 桩基础施工质量检测要求

（1）桩基工程是高压架空送电线路工程中大型隐蔽工程，其质量检测与验收是全过程的，应在隐蔽前就开始进行。

（2）桩基础质量检测的另一个重要内容：对施工过程中各工序工艺执行情况进行检查与监督，对施工过程出现过的异常情况进行分析其对质量的影响程度。

灌注桩成孔、清孔、冲灌是否严格按施工工艺标准实施；是否出现过斜孔、缩孔或坍孔现象；灌注混凝土各阶段计算直径是否均大于设计直径，混凝土灌注量是否大于计算体积。

（3）单腿及整基尺寸偏差和整基基础尺寸允许误差应满足GB 50233—2005的规定。全部试块强度不小于设计强度。

（4）施工中出现过施工工艺失误、出现过严重影响质量的异常现象或试块强度不符合设计要求、实际地质情况与设计严重不符，而对桩基工程质量或承载能力有疑问时，可采用荷载试验和用水电效应法等其他检测手段进行检查。其试验桩别、试验数量是由设计、施工及其他有关单位共同研究决定。当设计、建设和运行单位对施工质量检测有特殊要求时，应增加检测。

2. 桩基础施工质量检查方法及检测标准

（1）用钢尺测量并与设计图纸核对地脚螺栓、钢筋规格数量应符合设计要求，且制作工艺良好。

（2）检查试块试验报告，混凝土强度不小于设计值。

（3）清孔后用吊垂法测量桩深不小于设计值。

（4）测量实际灌注混凝土量，充盈系数≥1。

（5）用钢尺测量桩径，其偏差不超过设计值–50mm。

（6）用经纬仪测量连梁（承台）标高，应符合设计要求。

（7）用超声波检测钢筋保护层厚度水下偏差不超过设计值–20mm，非水下偏差不超过设计值–10mm。

（8）用钢尺测量连梁（承台）断面尺寸偏差不超过设计标准的–1%。

（9）用钢尺测量连梁（承台）保护层厚度偏差不超过设计值–5mm。

（10）用经纬仪或钢尺测量整基基础中心位移横、竖线路偏差不超过30mm。

（11）用经纬仪或钢尺测量整基基础扭转一般塔偏差不超过10′，高塔偏差不超过5′。

（12）用钢尺测量同组地脚螺栓中心对立柱中心偏移不超过10mm。

（13）用经纬仪测量基础顶面间高差不超过5mm。

（14）用钢尺测量基础根开及对角线螺栓式铁塔偏差不超过±2‰；插入式铁塔偏差不超过±1‰；高塔偏差不超过±0.7‰。

（15）外观观察混凝土表面应平整光滑，无缺陷。

二、施工记录填写及移交资料

1. 施工记录

施工记录应真实、齐全，填写应标准、正确。

2. 移交资料

（1）灌注桩验收，应移交下列资料。

1）混凝土材料检验或材料合格证。

2）灌注桩结构图。

3）钢筋（加工及吊装）隐蔽验收记录见表4–4–3。

表 4–4–3　　　　钢筋笼（加工及吊装）隐蔽验收记录表

工　程　　　　　　　　　　　　　　　　　钢筋笼设计外径
桩　号　　　　　　　　　　　　　　　　　钢筋设计长度
脚　别　　　　　　　　　　　　　　　　　钢筋笼主筋设计规格

节序编号	成笼日期	节长（m）	主筋规格及数量（数量×直径×长度）	内钢箍规格及数量（个数×直径）	外箍规格数量（数量×直径）	吊装日期	桩端间距（m）	焊接长度（m）	备注

记录：　　　　　　　　　　　　　　质检员：　　　　　　　　　　　施工负责人：

注 1. 最下节为“1”。

2. 焊接长度系指塔部分，并需注明单面或双面施焊。

3. 端部间距距孔底用“+”表示，伸入台阶用“–”表示。

4）泥浆护壁成孔灌注桩成孔记录见表 4–4–4。

表 4–4–4　　　　泥浆护壁成孔灌注桩成孔记录

施工单位　　　　　　　　　　　　　　　　工 程 名 称
施工班组　　　　　　　　　　　　　　　　气　候
钻机类型　　　　　　　　　　　　　　　　设计桩顶标高
设计桩径　　　　　　　　　　　　　　　　自然地面标高

施工日期	班次	桩位编号	钻孔时间（min）	钻孔直径（cm）		护筒埋深（m）	孔底沉渣厚度（cm）	孔底标高	泥浆种类	泥浆指标			备　注
				设计	实测					密度	黏度	含砂量	

工程负责人：　　　　　　　　　　　　　质检员：　　　　　　　　　　　记录：

5）混凝土灌注桩施工记录见表 4–4–5。

表 4–4–5　　　　混凝土灌注桩施工记录

工　程＿＿＿＿＿＿＿＿　　　　设 计 孔 深
桩　号＿＿＿＿＿＿＿＿　　　　设 计 桩 径
施工日期＿＿＿＿＿＿＿　　　　灌注平均桩径
设计标号＿＿＿＿＿＿＿　　　　实 际 标 号

钻孔深度			清孔开始时间			清孔完成时间			清孔后坑深	
清孔管长			灌注管长			管端间距			开灌时间	
导管编号	灌注管长（e_0）	桩管长度（e_1）	空管长度（e_2）	剩余长度（H）	潜注深度（h）	末管深度（H_0）	埋管深度（h_1）	灌混凝土量（Q）	灌注直径（D）	管内超管外混凝土（Q_1）

施工负责人：　　　　质检员：　　　　记录：

注　$h_1=H-H_0$ 或 $h_1=H_1-H_2$；$h=H_{01}-H_{02}$；$D=\sqrt{\dfrac{4(Q-Q_1)}{\pi h}}$；$Q_1=(H_0-e_2)d^2\pi/4$。

6）桩检测记录。

7）混凝土试块强度报告。

（2）桩基础工程验收，应移交下列资料。

1）工程地质勘测报告（地质竣工图）。

2）桩位测量放线图（施工测量记录）。

3）设置变更通知单。

4）桩基结构竣工图。

5）事故处理及遗留缺陷记录。

6）灌注桩基础检查及评级记录见表 4–4–6。

表 4–4–6　　　　灌注桩基础检查及评级记录

桩　号		塔　号		基础型		桩孔号	
现场负责人				灌注日期	年　月　日　时止		浇制湿度
技术负责人		成孔方式			年　月　日　时止		

续表

桩　号		塔　号		基础型		桩孔号	
钻孔直径	m	钻孔深度	m		孔底沉淀厚度		cm
混凝土设计标号	级	材料用量（kg/m³）	水　水泥　砂子　石子				
水泥品种		砂子规格			石子粒径		cm
坍落度	cm	试块强度	MPa		钢筋骨架长度		m
钢筋骨架直径	m	箍筋间距	mm				
主筋规格、数量及间距							
扩筒顶标高	m	漏斗体积	m^3		导管截面积		m^2
导管编组情况							m
封水方法				隔水栓前断拉线时下降深度			m
灌注时间（h/min）	拆管次序	混凝土灌注量		孔内混凝土面标高（m）	折管长度（m）	埋管深度（m）	图例
		斗数	折算盘				
							漏斗 护筒 导管 护筒标高 混凝土面标高 导管埋深
混凝土量	合计		m^3				
备　注	此记录每次填写一份				评级		

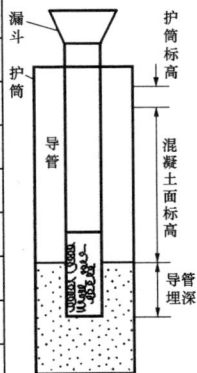

施工负责人：　　　　　　　　　　　　　检查人：

【思考与练习】

1. 桩基础施工质量要求有哪些？
2. 桩基础施工质量检测应在什么时候进行？

3. 灌注桩验收，应移交哪些资料？

4. 桩基础工程验收，应移交哪些资料？

模块 5 掏挖型基础开挖（Z05F1005Ⅱ）

【模块描述】本模块包含掏挖型基础施工的一般要求、施工基面的平整、全掏挖基础的开挖、半掏挖基础的开挖等。通过内容介绍、流程讲解，熟悉掏挖型基础施工的一般要求，掌握施工基面的平整、全掏挖基础及半掏挖基础的开挖方法。

【模块内容】

一、作业内容

掏挖型基础是指在杆塔基础施工时，保证紧贴基础周围的原状土全部或大部分不被破坏而成型的基础。

常见的掏挖型基础可分为以下两类。

（1）全掏挖型基础如图 4–5–1（a）、（b）和（c）所示。图 4–5–1（c）又称嵌固式基础。

（2）半掏挖型基础如图 4–5–1（d）所示。

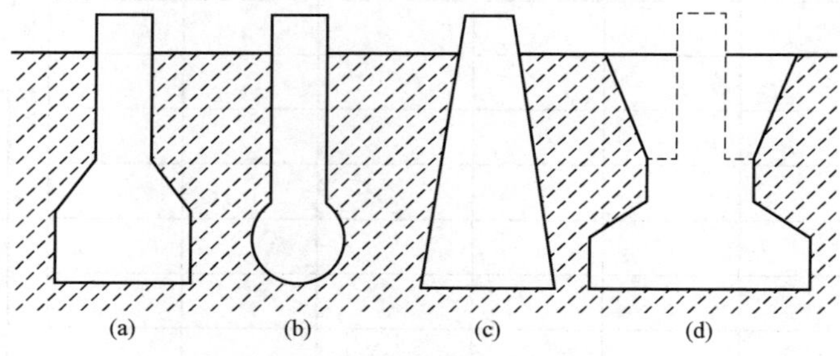

图 4–5–1　掏挖型基础

（a）、（b）、（c）全掏挖型基础；（d）半掏挖型基础

二、作业前准备

（1）查找基础施工图纸，弄清基础型式、基础埋深。

（2）根据杆塔基础坑中心桩进行基础分坑，找到基础坑开挖的位置。

（3）根据基础坑所在位置的土壤情况准备好相应的挖坑工具。如黏土、亚黏土、松砂石等地区应准备短把镐、铲或其他工具；岩石地区则要准备钻孔用的凿岩机或钢钎、铁锤、掏勺及硒药、雷管、导火索等。

三、危险点分析与控制措施

掏挖型基础开挖中存在的危险点：

（1）土石回落坑内砸伤坑内工作人员。控制措施：

1）基坑施工的全过程必须设安全监护人。

2）挖坑时，应及时清除坑口附近浮土、石块，坑边禁止外人逗留，工作人员不得在坑内休息。

3）在超过 1.5m 深的坑内工作时，向外抛土石应防止土石回落坑内。

4）坑深超过 2m 时，应设爬梯，供施工人员上下用。

5）基坑施工人员一律戴安全帽。

6）在施工过程中，应随时注意土质条件有无变化、裂缝等异常现象。隔夜再重新开挖基坑之前，应检查坑壁有无变形、裂缝等异常现象，经确认安全无误后再继续掏挖。

7）基坑开挖后不能当天浇制混凝土时，坑口应设置防水土坎，高出地面 0.2m，且必须用防雨水用具覆盖，以防雨水流入，造成坍方。在易坍方的地区，如当天不能浇制混凝土时，应缓挖扩大头部分。

（2）挖破地下管线，造成触电。控制方法是进行土石方开挖前应调查清地下管线情况，防止损坏其他管线，造成人员触电伤害。

（3）挖坑工具伤人。控制措施：

1）距坑口边 1m 范围内不准堆土及工器具等，以防止土及工具掉落坑内伤人。

2）基坑内只允许一人挖掘。挖掘应采用特制的短把镐、铲或其他工具。挖掘工具用手或绳索传递，严禁抛掷。

（4）其他行人或动物掉入坑内受伤。控制措施：

1）在居民区和交通道路附近开挖基础，开挖现场白天应设醒目标志，夜间应挂红灯，并设坑盖。

2）城镇地区施工时必须设置安全围栏。

（5）有毒有害气体伤人。控制方法是在下水道、煤气管线、潮湿地、垃圾或有腐质物等附近挖坑，坑深超过 2m 时，应戴防毒面具，向坑中送风等。

（6）炸药、雷管运输不当，爆炸伤人。控制措施：

1）炸药、雷管应由专门人员押运。

2）炸药、雷管应分别运输、携带和存放，严禁和易燃物品放在一起，并设专人保管。

3）运输中雷管应有防震措施，如在车辆不足的情况下，允许同车携带少量炸药（不超过 20kg），携带雷管人员应坐在驾驶室内，车上炸药应有专人管理。

4）携带电雷管时，应将引线短路，电雷管与起爆器不得由同一人携带，雷雨天不应携带电雷管。

5）运送炸药时，不得使炸药、雷管受到强烈冲击挤压。

（7）炸药和雷管保管、使用不当，爆炸伤人。控制措施：

1）爆破工作必须由有爆破资质的人员担任。

2）爆破施工必须有专人指挥，设置警戒员，防止危险区内有人通行或逗留。

3）装填炸药时不得使炸药、雷管受到强烈冲击挤压。

4）雷管和导火索连接时，应使用专用的钳子夹雷管口，严禁碰雷汞部分和用牙咬雷管。

5）在强电场下严禁用电雷管。

6）使用电雷管时，起爆器由专人保管，电源由专人控制，闸刀箱应上锁；放爆前严禁将点火钥匙插入起爆器；引爆电雷管应使用绝缘良好的导线，其长度不得小于安全距离，电雷管接线前，其脚线必须短接。

7）使用的导火索要有足够的长度，点火后点火人员要迅速离开危险区；如需在坑内点火时，应事先考虑好点火人能迅速撤离坑内的措施。

8）遇有哑炮时，应等20min后再去处理，不得从炮眼中抽取雷管和炸药；重新打眼时深眼要离眼0.6m，浅眼要离原眼0.3～0.4m，并与原眼方向平行。

9）爆破时应考虑对周围建筑物、电力线、通信线等设施的影响，必要时应采取保护措施。

四、操作步骤和质量标准

1. 施工基面的平整与降低

（1）当设计图纸有降低基面要求时，应在杆塔中心桩的前、后、左、右钉上副桩，以便施工基面平整和降低（简称平降基）后恢复中心桩。

（2）根据杆塔基础根开、基础底阶边宽、基础边坡最小距离及设计降低基面等尺寸，确定平降基边缘线。

（3）平降基一般采用人工开挖，当土方量较大或遇岩石时，应采用松动爆破法施工。应注意不因降基而将基坑四周土壤振松。

（4）为了保证接地装置施工质量，可在平降基的同时将弃土方向的接地沟挖至设计深度并埋好接地线，然后降基弃土，并注意接地线接头位置应设置标记。

（5）如果设计图纸有护面要求，则在施工降低基面时，应考虑护面厚度，以便清理基面浮土。

（6）平降基弃土应采取适当措施，以避免损害建筑物和占用农田。

（7）平降基完成后，应用经纬仪恢复杆塔位中心桩。

2. 全掏挖型基础的开挖

（1）根据确认的杆塔中心桩及基础尺寸，测量定出基础坑口开挖尺寸线。

（2）基坑施工分为开挖和清理两个步骤。基坑施工一般采用人工挖掘。

（3）基坑初挖时，宜比设计规定尺寸小 30～50mm，以便中间修整基坑。

（4）基坑开挖至接近设计深度时，再挖掘扩大头部分。在基坑底部钉立基坑中心桩，边挖边检查尺寸。各部分尺寸应预留 50mm 左右，待清理基坑时再修整。

（5）基坑清理应从上而下进行，严格按设计图纸的基础外形尺寸施工。

（6）基坑清理完毕后，应测量断面尺寸及坑深，并做好记录。整基基坑清理完毕后，应立即测量基础根开及对角线等项尺寸，其误差在确认符合 GB 50233—2014《110～750kV 架空送电线路施工及验收规范》的规定后，方可进行下一道工序施工。

（7）对于中等强风化或风化的Ⅲ、Ⅳ类岩石地区的掏挖型基础，可采用人工挖掘与放小炮开挖相结合的方法成型。

（8）岩石地区的掏挖型基础施工，除执行岩石基础开挖有关技术规定外，其基坑开挖应按如下步骤操作。

1）根据确认的杆塔中心桩及基础尺寸测量定出基础坑口开挖尺寸线。

2）按开挖尺寸线挖掘样洞，深度为 50～100mm。

3）经检查复核，确认样洞无误后，视岩石坚硬程度挖掘基坑护洞：较坚硬的岩石可放小炮，挖深 0.2～0.3m，注意装药量要适当，不要炸松洞壁；强风化的岩石，人工挖掘 0.3～0.5m 或者更深。

4）基坑开挖可采用松动爆破法。人工掏挖修整坑壁及坑底，岩碴应清除干净。

（9）在试验试点的基础上，积极推广光面微差爆破的先进施工工艺。

3. 半掏挖型基础的开挖

（1）根据确认的杆塔中心桩、基础上阶边宽尺寸及设计要求的放坡系数，测量定出基础坑口开挖尺寸线。

（2）人工开挖基坑。当基坑挖至上阶顶面高度时，应竖直向下挖掘至设计深度，然后进行扩大头的掏挖。

（3）阶台部位及扩大头部位的开挖，宜预留 50mm 左右，以便清理基坑时修整。

（4）基坑开挖和清理，应同时遵守以下规定：

1）基坑初挖时，宜比设计规定尺寸小 30～50mm，以便中间修整基坑。

2）基坑开挖至接近设计深度时，再挖掘扩大头部分。在基坑底部钉立基坑中心桩，边挖边检查尺寸。各部分尺寸应预留 50mm 左右，待清理基坑时再修整。

3）基坑清理应从上而下进行，严格按设计图纸的基础外形尺寸施工。

4）基坑清理完毕后，应测量断面尺寸及坑深，并做好记录。

5）岩石地区的掏挖型基础施工，执行岩石基础开挖有关技术规定。

6）基坑开挖和清理过程中，还应执行掏挖型基础施工中安全措施的要求。

五、注意事项

（1）本模块适用于330kV以上高压架空电力线路的掏挖型基础。

（2）掏挖型基础必须按设计的基础图组织施工。当需要将其他基础形式改为掏挖型基础时，应经现场设计代表签证同意后，方准施工。

（3）掏挖型基础适用于地质条件为黏土、亚黏土（硬塑）、松砂石及不同风化程度的岩石。当地下水位高于坑底时，不宜用掏挖型基础。

（4）为了保证掏挖型基础尺寸准确，地表土及杂物必须清理干净，并平整。

（5）如遇基础尺寸有增大或超深时，其增大或超深部分应用混凝土填充，并保证钢筋笼在立柱中的尺寸准确。

（6）地质条件为岩石的掏挖型基础，除执行本规定外，还必须执行岩石基础开挖有关的技术规定。

（7）掏挖型基础的施工质量应符合GB 50233—2005《110～500kV架空送电线路施工及验收规范》的有关规定。

【思考与练习】

1. 什么叫掏挖型基础？掏挖型基础有哪两种类型？
2. 掏挖型基础坑开挖的一般规定有哪些？
3. 全掏挖型基础坑开挖要注意哪些事项？
4. 半掏挖型基础坑开挖要注意哪些事项？

◢ 模块6　掏挖型基础浇制（Z05F1006Ⅱ）

【模块描述】本模块包含掏挖型基础施工混凝土的浇制、安全预控措施等。通过内容介绍，掌握掏挖型基础浇制施工方法。

【模块内容】

一、作业内容

（1）掏挖型基础施工适用于地质条件为黏土、亚黏土、松砂石及不同风化程度的岩石。当地下水位高于坑底时，不宜用掏挖型基础。

（2）钢筋的加工绑扎、模板的组装。

（3）混凝土的搅拌、浇灌与振捣。

（4）基础的养护与拆模。

二、作业前准备

1. 技术准备

（1）技术资料：技术资料包括杆塔明细表、基础型式配制表、基础施工图、基础施工手册。

（2）对施工人员进行技术交底。内容有基础的型式、尺寸、施工方法、安全措施、质量要求等。

2. 工具器的准备

掏挖型基础浇制需用到的工具器有混凝土搅拌用的工具（如小型搅拌机或钢板、铁锹等）、钢筋加工机器（包括拉、弯、割）、插入式振捣器、磅秤、坍落度筒、试块盒、测量工具（如经纬仪、垂球、钢尺）及模板等。

3. 材料准备

掏挖型基础浇制所用到的材料与现浇混凝土基础相同。

三、危险点分析与控制措施

掏挖型基础浇制时存在的危险点与现浇混凝土基础施工时存在的危险点相类似，主要有：

（1）支模过程中因模板倒塌或跌落将工作人员砸伤，控制措施是：模板应连接牢固、可靠，防止倾覆。

（2）混凝土浇注过程中砸伤、碰伤、触电，控制措施：

1）检查搅拌机料斗挂钩情况时，料斗下方不得有人。

2）搅拌机必须装设支架，不能以轮胎代替支架；搅拌机运转时，严禁将工具伸入滚筒内扒料；清洗搅拌机时，人身体不得进入滚筒内。

3）搅拌机应可靠接地。

4）搭设的下料平台应牢固可靠。

5）坑边不准堆放工具和材料，并经常检查坑边有无裂缝。

6）用手推车向坑内倾倒混凝土时，倒料平台口应有挡车设施，倒料时不得将手推车撒把。

7）操作电动振捣棒的人员应戴绝缘手套；坑下人员应戴安全帽。

四、作业步骤与质量标准

（1）配置钢筋骨架。针对掏挖型基础型式、特点配置钢筋骨架并进行焊接或绑扎。

（2）安装主柱模板。全掏挖型基础浇制前，应在地面以上部分安装主柱模板。半掏挖型基础也应安装主柱模板，其方法执行模板安装的有关规定。

（3）混凝土的搅拌、浇灌与振捣。

1）混凝土的搅拌。掏挖型基础混凝土用量较少，现场宜采用机械搅拌，也可用人工搅拌。当采用人工搅拌混凝土料时，应严格执行“三干四湿”的搅拌方法，确保混凝土配料拌和均匀。其中，三干四湿是指水泥和砂子先干拌 2 次，加人石料后干拌 1 次，加水后湿拌 4 次。

2）混凝土的浇灌与振捣。混凝土浇制前应复查基础根开、对角线、地脚螺栓根开及地脚螺栓中心偏移等尺寸符合要求后，方可浇制混凝土。

为保证掏挖型基础扩大头部位的混凝土容易捣固密实，可将其混凝土坍落度适当选大一级，机械振捣选用 5～7cm。为满足混凝土和易性要求，可适当调整含砂量或增减水泥浆量，保持水灰比不变。

浇制混凝土的振捣管理，具体措施如下：① 使用插入式振捣器振捣，以提高混凝土的强度和密度性。振捣器应由有经验的技工人员操作，并设专人监督检查。② 使用插入式振捣器的振捣方法有两种：一种是垂直振捣，另一种是斜向振捣。使用时要快插慢拔，插点要均匀排列、逐点移动、顺序进行，不得遗漏，达到均匀振实。③ 振捣器插点移动间距，应不大于振捣棒作用半径（一般半径为 300～400mm）的 1.5 倍。④ 振捣上一层，振捣器应插入下一层 30～50mm，以消除层间的接缝。⑤ 振捣器的振捣深度，一般不应超过振捣器长度的 1.25 倍和振捣棒的上盖接头处。⑥ 振捣器在每一位置上的振捣延续时间，以混凝土表面呈水平并出现水泥浆和不再出现气泡、不再显著沉落为宜。振捣时间一般为 20～30s。⑦ 用手持捣件分层插捣时，应由高处向低处插捣、均匀布点、顺序进行，直到出现水泥浆为止。

（4）混凝土基础的养护管理及拆模。

1）基础浇制完后，应将露出基础的地脚螺栓表面上的砂浆等杂物清除干净，并涂黄油保护。

2）及时将基础顶面用砂浆抹面：直线塔四个基础顶抹成平面；转角及终端塔应根据设计提出预偏要求，抹成斜面。

3）加强混凝土基础的养护管理。注意保护基础周边使其湿润。养护时间执行钢筋混凝土基础施工中的有关技术规定。

4）基础养护到规定的强度时即可拆模。混凝土基础浇筑的质量检查（包括坍落度、配合比和强度等）按现浇钢筋混凝土基础施工中的有关规定执行。

五、注意事项

（1）为保证掏挖基础的浇制质量，粗骨料宜用 0.5～4cm 的连续级配骨料，也可用 85%的 2～4cm 石子掺 15%的 0.5～1cm 石子混合使用。

（2）混凝土的强度等级应按设计图纸规定执行。

（3）在基础养护到期后，应填写养护记录。

（4）基础拆模后，应立即对整基基础根开、对角线及地脚螺栓根开、对角线等尺寸进行复检，在符合规范要求后填写施工技术记录。

【思考与练习】

1. 为保证掏挖基础的浇制质量，粗骨料宜选用什么样的骨料？

2. 为保证掏挖型基础扩大头部位的混凝土容易捣固密实，混凝土坍落度怎样选择？

3. 什么叫“三干四湿”的搅拌方法？

4. 为加强浇制混凝土的振捣管理，具体措施有哪些？

5. 掏挖型基础施工中存在哪些危险点？

模块 7　岩石基础施工（Z05F1007Ⅱ）

【模块描述】本模块包含岩石基础施工的一般规定、岩石基础的强度和构造要求、施工基面的清理和分坑定位、岩石孔的开挖、砂浆和混凝土的浇灌与养护等内容。通过内容介绍、流程讲解，了解岩石基础的强度和构造要求，掌握岩石基础施工的一般规定和施工工艺。

【模块内容】

一、作业内容

（1）岩石基础是通过水泥砂浆或混凝土在岩孔内胶结，使锚筋与岩体结成整体以承受杆塔传来外力的基础。

（2）岩石基础具有如下优点：

1）土石方开挖量小，不存在基础施工回填的工作量。

2）基础浇制的混凝土量小，节约钢筋、水泥等原材料；减少了人力运输工作量。

3）抗上拔、下压力高，安全可靠。

4）不需要加工和安装模板（除承台外），施工方便、周期短，具有一定的经济效益。

（3）岩石基础常用形式有直锚式、承台式、嵌固式、掏挖式，另外还有拉线岩石基础。

1）直锚式岩石基础如图 4–7–1 所示，一般用于裸露或覆盖层薄的Ⅰ类，即未风化或微风化的硬质岩石中。它是将铁塔地脚螺栓直接锚入用钻机钻成的岩石孔内，顶部浇以不小于塔脚底板尺寸的混凝土承台，其厚度应满足设计要求。

2）承台式岩石基础如图 4–7–2 所示，一般用于覆盖层稍厚的轻风化或中等风化的Ⅱ、Ⅲ类岩石中。它是将群锚型锚筋锚固在下部基岩中，作为基础底盘，基础的立柱地脚螺栓则安装浇制在承台中；锚桩用砂浆或细石混凝土锚固，承台用钢筋混凝土浇成。

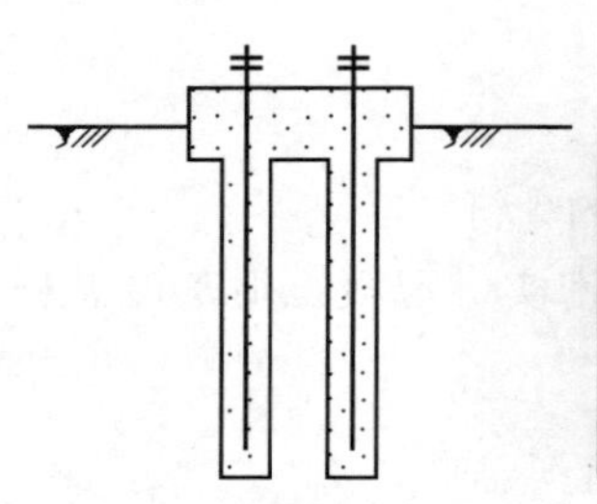

图 4–7–1 直锚式岩石基础

图 4–7–2 承台式岩石基础施工

3）嵌固式和掏挖式岩石基础如图 4–7–3、图 4–7–4 所示，一般用于中等风化或强风化的Ⅲ、Ⅳ类岩石地区。它是采用人工开挖或放小炮开挖成型，安装地脚螺栓和钢筋后进行浇制。

4）拉线岩石基础如图 4–7–5 所示，一般用于微风化或中风化的岩石处。它是将拉线棒用水泥砂浆或细石混凝土直接锚在拉线棒岩孔内。

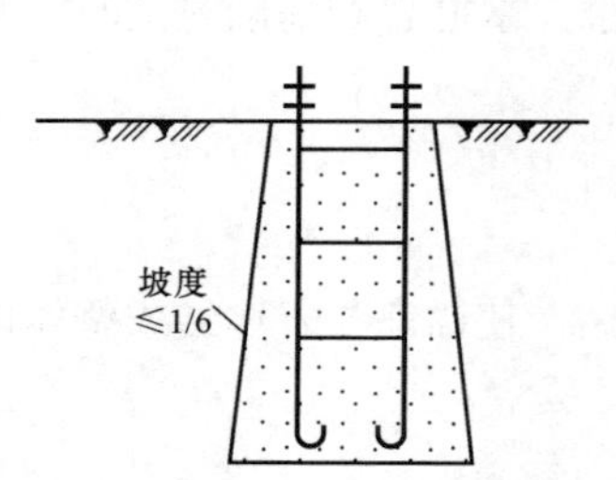

图 4–7–3 嵌固式岩石基础

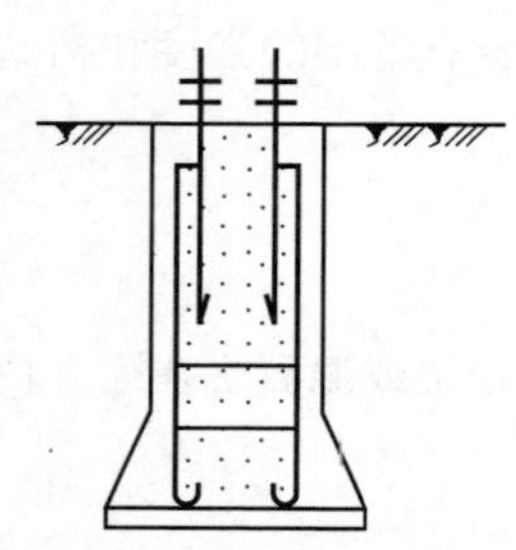

图 4–7–4 掏挖式岩石基础

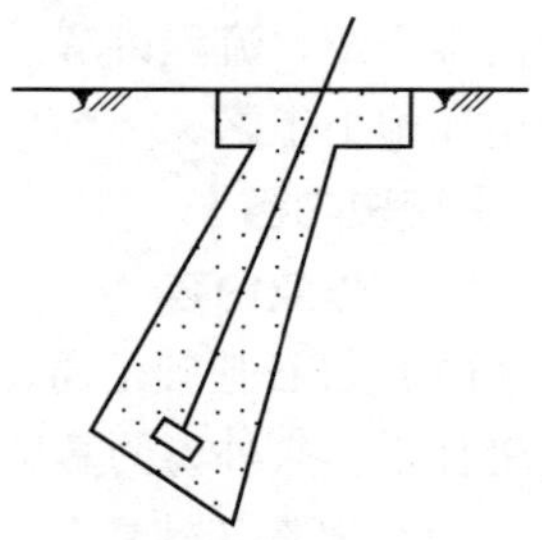

图 4–7–5 拉线式岩石基础

二、作业前准备

（1）工具、材料的准备：准备合格的钻孔机、铁锤、钢钎、掏勺、搅拌混凝土的锹、拌板、捣固工具等；准备好符合要求的混凝土材料、符合设计规定的钢筋。

（2）根据设计规定查找岩石基础构造要求。岩石基础构造上的要求如下：

1）锚筋直径不得小于 16mm，根部必须设有可靠的锚固措施，一般采用绑条式、锚板式、焊螺帽式和弯钩式加固端头，钢筋根部加固形式如图 4–7–6 所示。

2）直锚式和承台式岩石基础的底脚螺栓和锚筋，在基岩中的锚固深度 h 值应符合下列要求：① 对Ⅰ、Ⅱ类轻微风化岩石：$h \geq 25d$；② 对Ⅲ类中等风化岩石：$h \geq 35d$；③ 对Ⅳ类强风化岩石：$h \geq 45d$；其中，d 为地脚螺栓或锚筋的直径。

3）锚孔直径 D，一般取用 $2d \sim 3d$，对软质岩石钻孔不宜小于 d+50mm。

4）群锚桩的间距，要求Ⅰ类岩石处不小于 $4D$，Ⅱ、Ⅲ类岩石中不小于 $6D$，最小孔距不应小于 160mm，其中，D 为锚孔直径。

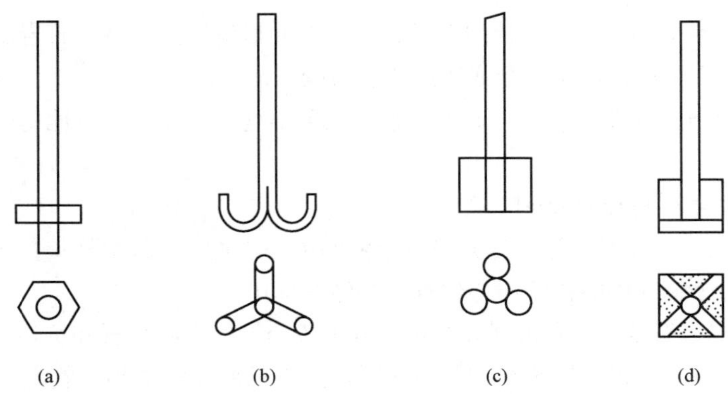

图 4–7–6 钢筋根部加固形式

（a）焊螺帽式；（b）弯钩式；（c）绑条式；（d）锚板式

5）岩石基础填充的水泥砂浆或混凝土强度等级应符合规定。

三、危险点分析与控制措施

岩石基础施工存在的危险点：

（1）因工具、机械使用不当造成粉尘伤人、风压伤人、机械伤人。

控制措施：

1）钻机和空压机操作人员与作业负责人之间应保持通信畅通。

2）钻孔前应对设备全面检查，进出风管不得绞结，连接良好，注油器及各部螺栓坚固可靠。

3）采用钻架钻空时，钻架必须可靠固定，防止坍塌。

4）钻机工作中发生冲击声或机械运转异常时，必须立即停机检查。

5）装拆钻杆时，操作人员站立的位置应避开风马达回转机和滑轮箱。

6）风管控制阀操作架应加装挡风护板，并应设置在上风向。

7）吹气清洗风管时，风管端口严禁对人。

（2）砸药爆砸伤人、误爆伤人。控制措施同桩基础开挖。

四、操作步骤与质量标准

1. 清理施工基面、分坑定位

（1）根据复测后的杆塔中心桩，定出各基础的位置，按设计要求，开挖和清理施工基面。清理的范围应比基坑坑口或锚筋孔边各放出 0.5m。当覆盖层较厚时，为了防止坍塌，应放出坡度以保证安全。

（2）清理施工基面过程中，应尽量保护好杆塔中心桩使其不移动。如要清理掉或可以移动时，则应在其四周适当位置打上控制桩，以便在清理施工基面后恢复桩位。

（3）清理后的施工基面应使岩石暴露出来，并尽量开挖平整。若岩石不易铲平，地面标高的差别可以在浇制承台或防风化层时操平。

（4）清理施工基面过程中，如需爆破，应用小炮，以保证岩石地基的整体性和稳定性。

（5）各种岩石基础的分坑定位方法如下：

1）直锚式岩石基础。先测量分出各个腿的中心位置，并打上标记；再根据地脚螺栓根开定出每个腿地脚螺栓的中心位置，并做好标记。

2）承台式岩石基础。先根据分坑尺寸分出各个坑的中心位置和坑口位置；然后在承台坑开凿完成后，再根据锚筋的分布情况，定出锚筋孔的中心位置。

3）嵌固式和掏挖式岩石基础。按分坑尺寸定出各个坑的中心位置和坑口位置，并做好标记。

（6）分坑时如发现坑口或岩孔位于岩石裂隙处，应停止开凿，及时与设计单位联系，研究处理措施。

2. 岩石基础坑开挖

开挖应逐基核查岩石地基的表面覆盖层厚度和岩体的稳定性、坚固性、风化程度、层理和裂隙情况。当发现与设计不符合时，可根据本节的要求进行验算，并会同设计单位及时采取措施，因地制宜地做好修改方案，一般常有以下几种：

（1）将直锚式改为嵌固式。

（2）增加锚筋根数，或增大孔径和锚筋直径。

（3）各塔腿处岩石表面标高不同时，可调整承台高度，岩石表面标高不同时承台高度调整图如图4–7–7所示。

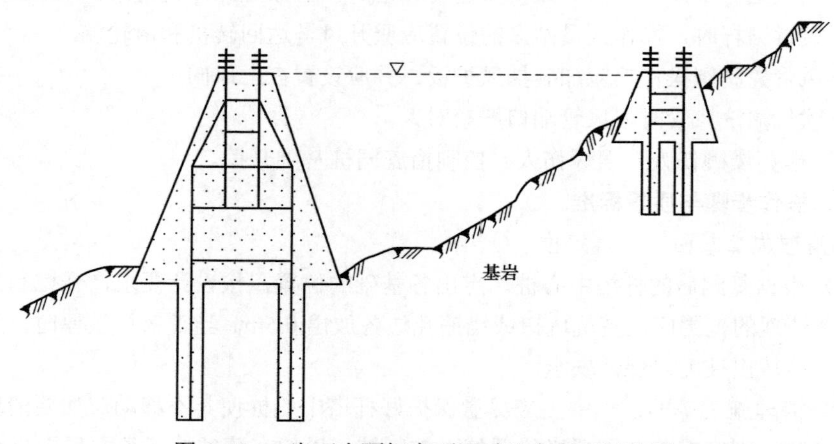

图4–7–7 岩石表面标高不同时承台高度调整图

（4）当基岩覆盖层较厚，覆盖土已能满足基础抗拔和抗压要求时，则可不用岩石基础或按图 4–7–8 所示进行开挖处理。

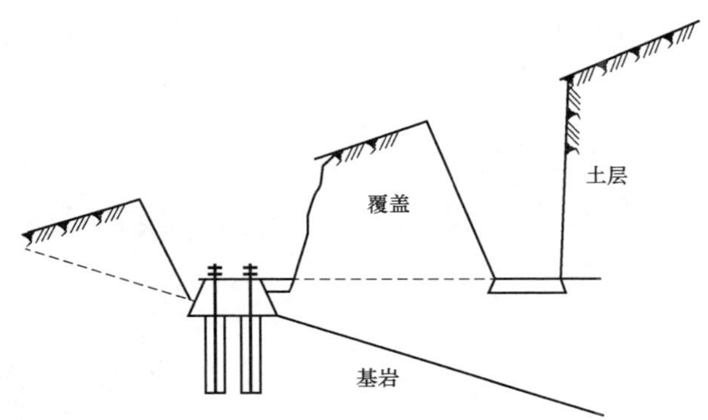

图 4–7–8 基岩覆盖土时岩石基础坑开挖处理

3. 岩石坑孔的开凿

（1）岩石坑的开凿。

1）嵌固式和掏挖式岩石基础一般用在风化较严重的岩石上，基坑一般采用人工开挖，如果需用爆破，宜采用松动爆破。爆破不应破坏岩石坑壁的完整性和基岩的稳定性。

2）岩石基坑开挖爆破前，可进行松动爆破漏斗试验。松动爆破指数一般取 0.8，松动爆破漏斗半径尺可按式（4–7–1）计算，松动爆破按最小抵抗线长度凿出炮孔，最小抵抗线长度按式（4–7–2）计算。炮孔可装入 0.2kg 的炸药，再按爆出的漏斗半径修正装药量，由式（4–7–3）计算单位用药量

$$R=R_1-0.1 \quad (4\text{–}7\text{–}1)$$

$$w=R/n \quad (4\text{–}7\text{–}2)$$

$$Q=E(0.4+0.6n^3)w^3 \quad (4\text{–}7\text{–}3)$$

式中 R——爆破漏斗半径，m；

R_1——岩石基坑半径，m；

w——最小抵抗线长度，m；

n——爆破指数；

Q——炸药量，kg；

E——单位用药系数，kg/m³。

松动爆破漏斗示意图如图 4–7–9 所示。

3）在风化比较轻的岩石地区，当采用爆破开挖基坑时，可在基础中心打一个主炮孔，再在基础坑内圈打一些防振孔，以控制放炮时坑壁的振裂破坏范围，保证基础岩石的整体稳定性。主炮孔直径一般取ϕ30～ϕ36mm，深度为 0.5～1.0m；防振孔一般为 10～14 个，直径可以与主炮孔相同，深度控制在 0.5m 左右。主炮眼与防振孔示意图如图 4–7–10 所示。

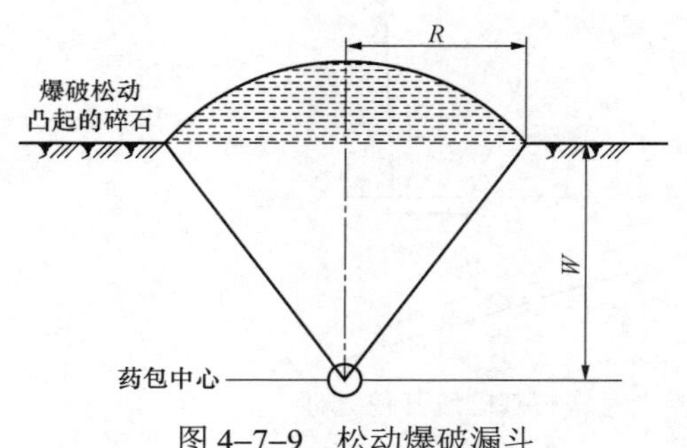

图 4–7–9　松动爆破漏斗

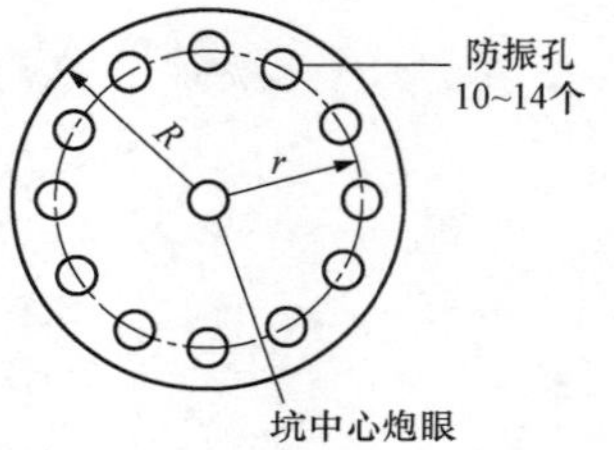

防振孔
10~14个
R
r
坑中心炮眼

图 4–7–10　主炮眼与防振孔

4）用于岩石爆破的岩石钻孔，其成孔直径较小，一般采用人工打孔或内燃凿岩机钻孔。用内燃凿岩机钻孔时应注意以下几方面：① 凿岩机启动后，应让机器先空转 1min 左右，使机体温度稍为升高，再开始钻孔。② 钻孔时，应使钎子竖直对准炮眼中心，双手应紧握凿岩机把手，适当加些压力，使机器不至在钎尾上跳动。另外，不得用人身压机器，以免断钎时发生人身事故。③ 开始钻孔时用短钻杆，炮眼较深时再换长钻杆，并钻成口大底小的眼孔，以免卡钎。④ 操作时，必须戴好风镜、口罩和安全帽，并应随时注意机器运转情况，一旦发现不正常现象，应立即停止运转和进行检修。

5）岩石坑的开挖要保证设计的锥度，不得开凿成上大下小或鼓肚形。石坑不应产生负误差。开凿成形后，应将坑内浮土及坑壁上松散的石块清除干净。

（2）岩石锚桩钻孔。

1）用于岩石基础锚固地脚螺栓和钢筋的锚桩岩石钻孔，直径较大，一般为ϕ60～ϕ120mm，深度可达 2m 或更深，一般采用专用钻机钻孔。钻孔时要及时排出岩粉，以免钻头难以拔出。

2）对锚桩钻孔的要求如下：① 孔位正确。施钻前要准确测定孔位，可用 10mm 厚钢板制成模板固定在地面上，施钻时从模板孔中钻进。② 成孔倾斜度不得超过 2%。在钻机就位后，必须将底座调平、垫稳，以防止钻孔时钻机因振动而倾斜。③ 成孔深度不小于设计值。④ 成孔直径不得产生负误差，正误差为+20mm。

3）岩石基础锚孔钻成后，要进行清孔。孔中的石粉、浮土及孔壁上的松石必须清除，要用清水将孔清洗干净，并用泡沫将水吸干。如果清孔后，暂不安装、浇制，则应盖好孔口，以防止风化或杂物进入孔中。

4. 砂浆和混凝土的浇注与养护

（1）锚筋和地脚螺栓的安装。

1）锚筋和地脚螺栓安装前，应将锚孔和岩坑清理干净，超深部分要用细石混凝土充填。锚筋和地脚螺栓上的浮锈要清除掉。对易风化岩石，从开孔到浇注的间歇时间应尽量缩短。

2）地脚螺栓安装时，必须找正，其根开距离、外露部分长度应符合设计要求。

3）锚筋和地脚螺栓在锚孔中的位置要求居中，埋入深度不得小于设计值，钢筋保护层的厚度应符合设计要求，安装后要有临时固定措施，以防止松动。

4）对于承台式岩石基础，要先将锚筋安装入锚孔后，再绑扎承台钢筋，使其成为一体，承台钢筋与锚筋交叉点要用细铁线绑扎。

5）对于拉线岩石基础，要先将拉线棒放入坑内，使其下端固定在锚坑中心，然后找正拉线棒地面出土处的位置。

（2）砂浆和混凝土的浇注与养护。

1）岩石基础浇注用的砂浆和混凝土的强度等级按设计要求执行，一般直锚式和承台式锚桩填充用的水泥砂浆或细石混凝土强度等级不得小于 C20 级；嵌固式和掏挖式锚桩的混凝土强度等级不得小于 C15 级。

2）锚孔浇注前，要将锚孔岩石壁用水湿润，以保证砂浆（或细石混凝土）与坑壁的黏结力。

3）水泥砂浆的水灰比应由试验确定，一般可以控制在 0.4～0.5。水泥与砂的比例范围可采用 1:1～1:1.5，砂浆稠度取 3～7cm，水泥标号不应低于 525 号。

4）拌制砂浆和混凝土时，原材料要过秤，要严格控制水灰比和坍落度，搅拌宜采用机械搅拌。采用减水剂时用量应控制好。

5）灌注时要分层捣固密实，一次不应浇灌得太多，以防石子卡住形成空隙。岩孔内的浇注量不得少于设计规定值。捣固时要防止锚筋或地脚螺栓位置移动。

6）对于承台式岩石基础、锚筋和承台的浇注可以分别进行，也可以一次连续浇注完成。采用一次浇注完成时，应先支模板，安装好承台钢筋和地脚螺栓，再进行锚孔灌浆，最后浇注承台。承台浇制应在锚桩浇注的初凝时间内进行。

为了保证承台与岩石黏结牢固，承台下部岩石面应打毛，应用钢刷或扫帚清扫，并用清水冲洗，坑内积水应排净。

7）掏挖式岩石基础混凝土浇制参照本章模块 2 的技术规定执行。

8）对浇制的砂浆和混凝土的强度检查，应以同条件养护的试块为依据，试块制作数量为每基每种标号各一组。

9）水泥砂浆和混凝土浇制完毕，应做好养护工作，基础顶面要覆盖草袋或其他遮盖物，定时浇水保护湿润，养护时间不得少于五昼夜。冬季施工养护要采取相应的保温养护措施，如采用暖棚法、蓄热法养护，可以加入早强剂、减水剂，以减小水灰比，加强振动捣固，加速混凝土硬化。

10）基础浇制完成后，应再对每个塔腿的尺寸和整基基础的尺寸进行检查，其尺寸允许误差应符合 GB 50233—2005《110～500kV 架空送电线路施工及验收规范》中的要求，并做好施工技术记录。

（3）防风化处理。

1）为了防止岩石基面继续风化，保证岩石基础稳定可靠，应按设计要求对基础周围表面进行防风化处理。通常的办法是，在基础周围岩面上浇一层混凝土保护层。设计无明确要求时，要求保护层范围不得小于 1.2 倍坑（孔）深，厚度不小于 25mm，岩石基础防风化如图 4–7–11 所示。

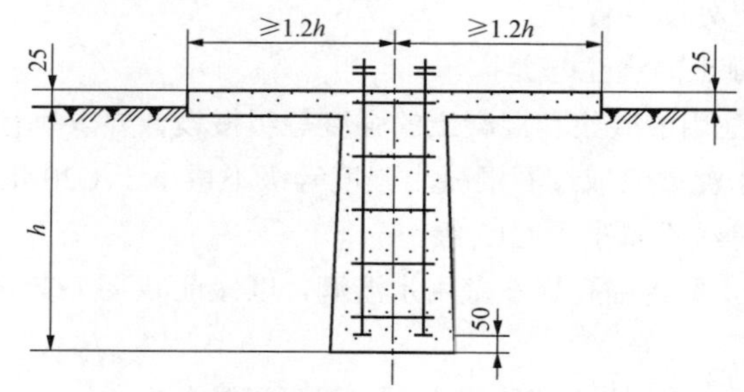

图 4–7–11　岩石基础防风化

2）防风化保护层一般采用细石素混凝土进行浇制，强度等级按设计要求执行。

3）浇层防风化层前，应将岩石基面打毛并用清水清洗干净，以保证混凝土的黏结强度。

4）防风化层浇制完成后，要认真进行养护，以防止层薄干裂。

五、注意事项

（1）各类岩石基础施工的基本程序如下：

1）直锚式岩石基础。清理施工基面、分坑、浇灌水泥砂浆（或细石混凝土）、浇制小承台、养护、拆模。

2）承台式岩石基础。清理施工基面、分坑、打锚筋孔、安装锚筋、浇灌锚孔水泥砂浆（或细石混凝土），待达到设计强度的 70%后，绑扎承台钢筋，安装承台模板和地脚螺栓，浇制承台混凝土，养护、拆模、回填土，亦可一次浇注完成。

3）嵌固式和掏挖式岩石基础及拉线岩石基础。清理施工基面、分坑、挖凿坑孔、安装地脚螺栓和钢筋或拉线棒、浇灌混凝土养护。

（2）岩石基础应按设计要求施工。基础施工开挖后，应逐基核查岩石地基的表面覆盖层厚度和岩体的稳定性、坚固性、风化程度、层理和裂隙情况。

（3）铁塔基础边坡距离的控制是保证塔位稳定性的重要因素，应按设计要求予以保证。当塔位临近悬崖陡壁时，若设计无明确规定，则对边坡的最小距离可参考表 4–7–1 的要求予以控制。

表 4–7–1　　基础边坡最小距离要求（坑、孔深的倍数）

边坡地形	直锚和承台式		嵌固式和掏挖式	
	岩石坚固完整	岩石风化破碎	岩石坚固完整	岩石风化破碎
一面临空	1.5	2.0	2.5	3.0
二面临空	2.0	2.5	3.0	3.5
三面临空	2.5	3.0	3.5	4.0

注　表中的数值，系从单腿基础中心算起。

（4）岩石基础施工开挖、爆破、下钢筋笼及浇制过程均应确保安全，其具体措施应按有关安全规程和规定执行。

【思考与练习】

1. 岩石基础具有哪些优点？岩石基础常用的型式有哪些？各类岩石基础适用于哪些场所？

2. 直锚式岩石基础的施工程序如何？承台式岩石基础的施工程序如何？嵌固式和掏挖式岩石基础及拉线岩石基础的施工程序如何？

3. 岩石基础构造上的要求有哪些？

4. 用内燃凿岩机钻孔时应注意哪些事项？岩石锚桩钻孔有哪些要求？锚筋和地脚螺栓的安装应注意哪些事项？

5. 直锚式岩石基础如何分坑定位？承台式岩石基础如何分坑定位？嵌固式和掏挖式岩石基础如何分坑定位？

6. 砂浆和混凝土的浇注与养护有哪些规定？

模块8 岩石基础强度试验方法（Z05F1008Ⅱ）

【模块描述】本模块包含岩石基础强度试验一般方法、加荷试验、破坏型式等。通过内容介绍，掌握岩石基础强度试验方法。

【模块内容】

一、岩石基础强度试验一般方法

岩石基础强度主要是看它的上拔力是否足够，故对岩石基础强度试验一般做上拔力强度试验。试验的方法步骤如下：

1. 现场布置试验的仪器、设备

岩石基础上拔试验布置图如图4–8–1所示。在基础的两端对称地布置油压千斤顶顶升装置，油压千斤顶间距7～8m，在油压千斤顶上装有油压表，通过油压表可将油压换算为顶升力。再在油压千斤顶上安放加荷钢梁，钢梁中间采用钢丝绳或连接杆与地脚螺栓连接，这样能使地脚螺栓在加荷载时受力。然后，在地脚螺栓顶部和紧靠基础的岩面上装上四个百分表测量地脚螺栓和基础两侧岩面在各个加荷阶段的变形情况。

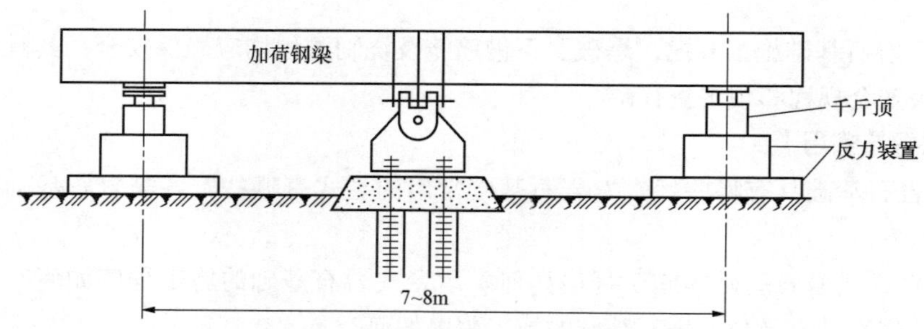

图4–8–1 岩石基础上拔试验布置图

2. 岩石基础加荷试验

试验加荷时，从40%荷载开始加荷，每级荷载加大10%，采取每间隔5～10min加荷一次，观测基础变形情况。以最大设计上拔力为100%，验收性试验加大到100%为止，测出岩石基础的上拔强度；破坏性试验加到100%以后，每次增加20%的荷载，直至破坏，测出岩石基础的破坏强度。

二、岩石基础破坏型式

试验中岩石基础破坏一般有以下五种型式。试验中岩石基础破坏的五种型式如图4–8–2所示。

（1）锚筋或地脚螺栓被拉断。原因是上拔力超过了锚筋或地脚螺栓的抗拉强度，破坏的外形如图 4–8–2（a）所示。

（2）锚筋被拔起。原因是上拔力超过了锚筋与砂浆（或混凝土）的黏着力，破坏的外形如图 4–8–2（b）所示。

（3）锚筋连同砂浆（混凝土）一起被拔起。原因是上拔力超过了砂浆（混凝土）与岩孔壁的黏着力，出现的现象，如图 4–8–2（c）所示。

（4）地面隆起，剖面上出现反喇叭形破裂。原因是上拔力超过了岩体的强度，岩面出现以孔为中心的同心圆状裂隙，出现的现象如图 4–8–2（d）所示。

（5）岩体被抬起。原因是上拔力超过岩体中先成的结构面（层面、裂隙、节理等）所围起来的结构体质量及相邻岩块对它的阻力，从而产生岩体被抬起，外形如图 4–8–2（e）所示。

图 4–8–2（a）、（b）、（c）三种破坏可以人为地提高其强度从而满足设计要求，而图 4–8–2（d）、（e）两种破坏则很大程度上受岩石强度和其完整性来控制，因此岩体抗拔力是岩石基础设计的关键。

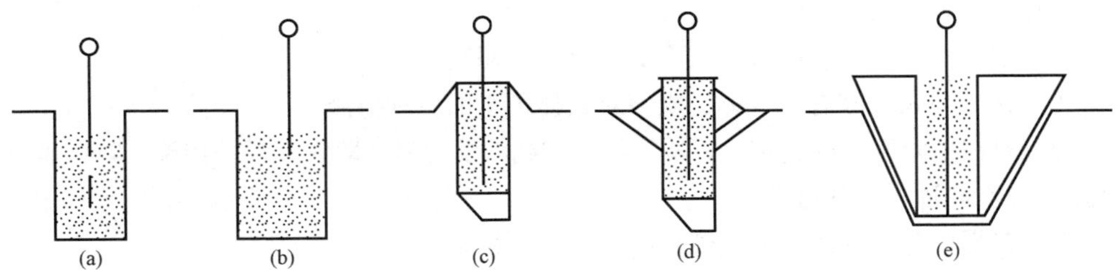

图 4–8–2　试验中岩石基础破坏的五种型式

（a）锚筋或地脚螺栓被拉断；（b）锚筋被拔起；（c）锚筋连同砂浆一起被拔起；（d）地面隆起，剖面上出现反喇叭形破裂；（e）岩体被抬起

【思考与练习】

1. 怎样检验岩石基础上拔强度？
2. 怎样对岩石基础做加荷试验？
3. 岩石基础的破坏型式有哪几种？

◢ 模块 9　岩石爆破法（Z05F1009Ⅱ）

【模块描述】本模块包含岩石爆破的基本规定、爆破材料、爆破药包的计算、爆破方法等。通过内容介绍、流程讲解，掌握岩石爆破的工艺标准和质量要求。

【模块内容】

一、作业内容

（1）普通爆破法。该爆破方法是当炸药引爆后转化为大量的气体膨胀，在瞬间产生几千至几万兆帕压力和 2000～5000℃高温，致使周围介质遭受强烈的破坏。破碎特点是高压、瞬时，有震动、噪声、飞石、瓦斯。炸药爆破是化学爆炸。

（2）微差爆破法。此爆破法是在普通爆破法基础上发展起来的，当炸药引爆后转化为气体膨胀，在 0.1～1s 产生几百兆帕压力和 3000～5000℃高温。破碎特点是高压、瞬时，有震动、噪声、飞石较少。炸药爆破是气体膨胀。

（3）静态破碎法。静态破碎是采用一种无声破碎剂的固体膨胀原理进行开裂型破碎方法的爆破。它是将 SCA 用水拌成浆体，填在岩石或混凝土钻孔中，经水化作用后，在常温下产生约 30MPa 以上的膨胀压，待 10～24h，便在无震动、无噪声、无飞石、无毒气的情况下，把整体岩石或混凝土破碎。破碎特点是低压、慢加载（速度是 104～105m/s）全无公害。炸药爆破是固体膨胀。

二、作业前准备

（1）作好安全准备工作。

1）建立指挥机构，明确爆破人员的分工、职责。

2）作好防止爆破有害气体、噪声对人体危害的各项措施。

3）对在危险区内的建筑物、构筑物、管线、设备等采取安全保护措施，防止爆破地震、飞石和冲击波的破坏。

4）在爆破危险区的边界设警戒哨岗和警告标志。

5）将警告信号的意义、警告标志和起爆时间通知所有工作人员和当地单位的居民。起爆前，督促人、畜撤离危险区。

（2）选定爆破材料。

1）炸药。爆破施工中常用到的炸药主要有硝铵炸药、硝化甘油炸药及黑火药等。炸药的品种选择因地制宜。

2）雷管。按起爆方式的不同雷管有火雷管及电雷管。电雷管又分为即发雷管和迟发雷管。雷管一般选用 6 号或 8 号雷管。

3）导火索。导火索是用于传递火焰引燃火雷管或黑火药的起爆材料，它是用黑火药做心药，用麻、线和底做包皮。导火索的规格应与雷管相适应，长度要足够（最短不少于 1m）。

4）传爆线。它又称导爆线，外表与导火索相似，是用高级烈性炸药制成，主要用于深孔爆破和大量爆破药室的起爆，不用雷管。

5）无声破碎剂（soundless cracking agent，SCA）。凡是在不允许产生飞石、巨大的震动、巨大的声响和不允许有毒气体的场所，如居民区、水库、构筑物附近和有旅游区等地方，均可采用无声破碎技术。

（3）确定爆破方法。爆破方法应根据爆破场地地形情况、周围设施及各种爆破方法的特点灵活考虑。当爆破地点周围环境条件和施工条件允许时（即对爆炸没有防护要求），一般建筑工程岩石爆破多采用普通爆破法，也可采用微差爆破法。普通爆破类型按以下方法选择：

1）荒野地带及远离建筑物处，可采用抛掷爆破。

2）临近建筑物、农田处，可采用松动爆破。

3）因成孔条件情况差，宜采用分层爆破。

凡在不允许产生飞石、巨大的震动、巨大的声响和不允许有毒气体的场所，如居民区、水库、构筑物附近和有旅游区等地方，均可采用无声破碎法。

（4）爆破药包药量的计算。

1）标准抛掷药包药量计算式如下

$$Q = qw^3e \tag{4–9–1}$$

式中　Q——药包质量，kg；

q——岩石单位体积炸药消耗系数，kg/m^3，标准抛掷药包的炸药单位消耗量见表 4–9–1；

w——最小抵抗线，m；

e——不同炸药的换算系数。

表 4–9–1　　标准抛掷药包的炸药单位消耗量

土的分类	一～二	三～四	五～六	七	八
q（kg/m^3）	0.95	1.10	1.25～1.50	1.60～1.90	2.00～2.20

爆破漏斗断面图如图 4–9–1 所示。

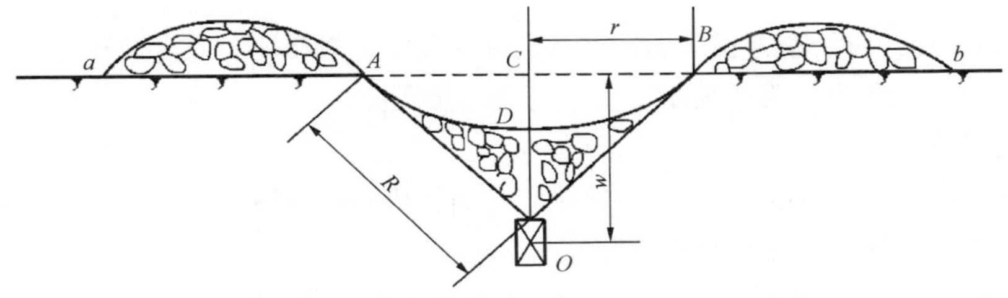

图 4–9–1　爆破漏斗断面图

R—破坏半径；w—最小抵抗线；r—漏斗半径；O—药包

各种炸药的换算系数见表4–9–2。

表4–9–2 各种炸药换算系数

炸药种类	换算系数	炸药种类	换算系数
二号岩石硝铵	1.0	62%硝化甘油	0.75
威力强大硝铵	0.84	黑火药	1.70

2）松动爆破药包药量计算

$$Q = 0.33qw^3e \tag{4–9–2}$$

3）加强抛掷爆破药包药量计算

$$Q = qw^3 f(n)e \tag{4–9–3}$$

其中
$$f(n) = 0.4 + 0.6n^2，n = \frac{r}{w}$$

式中 n ——爆破作用指数；

$f(n)$ ——爆破作用指数函数。

三、危险点分析与控制措施

岩石爆破存在的危险点有以下三个方面。

（1）爆破器材运输危险点：炸药、雷管运输不当，爆炸伤人。

控制措施：

1）炸药、雷管应由专门人员押运。

2）炸药、雷管应分别运输、携带和存放，严禁和易燃物品放在一起，并有专人保管。

3）运输中雷管应有防震措施，如在车辆不足的情况下，允许同车携带少量炸药（不超过20kg），携带雷管人员应坐在驾驶室内，车上炸药应有专人管理。

4）携带电雷管时，应将引线短路，电雷管与起爆器不得由同一人携带，雷雨天不应携带电雷管。

5）运送炸药时，不得使炸药、雷管受到强烈冲击挤压。

（2）打孔危险点：工具使用不当，造成人身误伤。

控制措施：

1）钢钎打孔时，应检查锤把与锤头固定是否可靠；打锤人严禁站在扶钎人侧面，并不得戴手套；扶钎人应戴好安全帽。

2）风（电）钻打孔时，操作人员应佩带护目眼睛，带耳塞，操作人员应站在上风侧，且不得触及钻杆。

（3）爆破施工危险点：炸药和雷管保管、使用不当，爆炸伤人。

控制措施：

1）爆破工作必须由有爆破资质的人员担任。

2）爆破施工必须有专人指挥，设置警戒员，防止危险区内有人通行或逗留。

3）装填炸药时不得使炸药、雷管受到强烈冲击挤压。

4）雷管和导火索连接时，应使用专用的钳子夹雷管口，严禁碰雷汞部分和用牙咬雷管。

5）在强电场下严禁用电雷管。

6）使用电雷管时，起爆器由专人保管，电源由专人控制，闸刀箱应上锁；放爆前严禁将点火钥匙插入起爆器；引爆电雷管应使用绝缘良好的导线，其长度不得小于安全距离，电雷管接线前，其脚线必须短接。

7）使用的导火索要有足够的长度，点火后点火人员要迅速离开危险区；如需在坑内点火时，应事先考虑好点火人能迅速撤离坑内的措施。

8）遇有哑炮时，应等 20min 后再去处理，不得从炮眼中抽取雷管和炸药；重新打眼时深眼要离原眼 0.6m，浅眼要离原眼 0.3～0.4m，并与原眼方向平行。

9）爆破时应考虑对周围建筑物、电力线、通信线等设施的影响，必要时采取保护措施。

四、作业步骤与质量标准

（一）普通爆破法

1. 炮眼位置、孔深、孔距的确定

（1）炮眼的位置应选择在有较大、较多的临空面处，避免选择在岩石裂缝处或是石层变化的分界线上。炮眼的布置，一般为交错梅花形，依次逐排起爆，如图 4–9–2 所示。

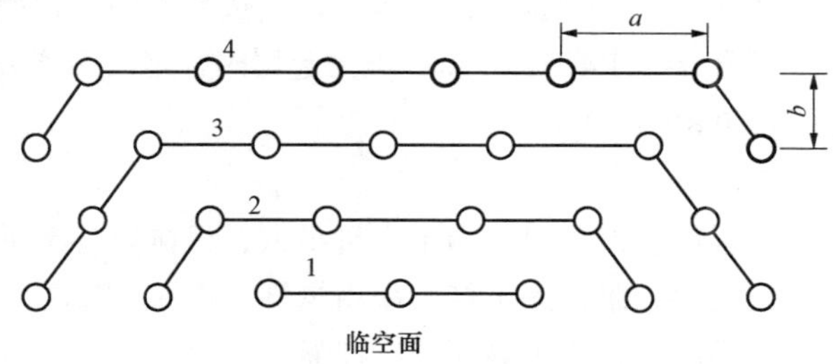

图 4–9–2 爆破顺序示意图

a—眼距；*b*—排距

（2）炮眼深度与最小抵抗线的确定。炮眼深度是随着岩石软硬的性质来确定的，一般按以下方法确定：

1）坚硬岩石炮眼深度

$$L=(1.1\sim1.5)H \tag{4-9-4}$$

式中 H——爆破层厚度。

2）中硬岩石炮眼深度

$$L=H \tag{4-9-5}$$

3）松软岩石炮眼深度

$$L=(0.85\sim0.95)H \tag{4-9-6}$$

计算抵抗线 w，也是随着岩石硬度和爆破层厚度来确定的，炮眼深度与计算抵抗线的位置如图 4–9–3 所示，一般取

$$w=(0.6\sim0.8)H \tag{4-9-7}$$

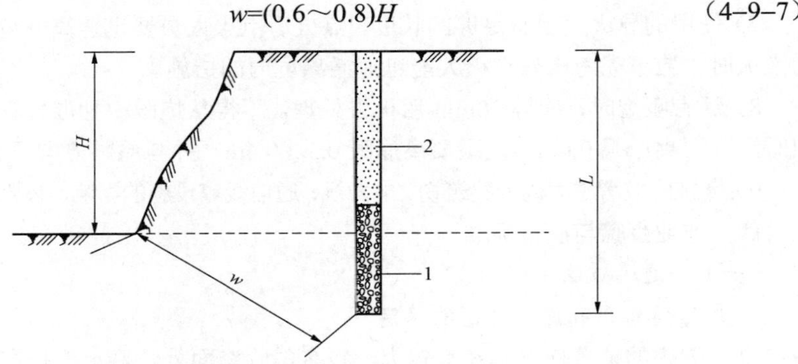

图 4–9–3 炮眼深度与计算抵抗线的位置

1—炸药；2—填塞物；L—炮眼深度；H—爆破层厚度；w—最小抵抗线

（3）炮眼距离的确定。它是根据具体要求，以及按照不同的起爆方法确定的，其中火花起爆时，炮眼距离 a=（1.4～2.0）w；电力起爆时，炮眼距离 a=（0.8～2.0）w。炮眼爆破时，排距 b=（0.8～1.2）w。

2. 凿岩施工

凿岩可采用人工打眼或机械打眼。当土方量不大、机械设备不足或受施工条件限制的狭窄地形，可采用人工打眼。人工打眼采用钢钎、铁锤、掏勺等工具。机械打眼采用风动凿岩机（又称手风钻）和风镐（铲）打眼。

3. 装药

（1）炮眼爆破法装药前必须检查炮眼位置、深度与方向是否符合规定要求，同时将炮眼中的石粉、泥浆除净（可用风吹法），如炮眼内有水要掏净，为防止炸药受潮，可以在炮眼底部放一些油纸或使用经防潮处理的炸药。

在干眼中可装粉药，粉药可用勺子或漏斗分批装入，每装一次，必须用木制炮棍

轻轻压紧，如装卷药时，可用木制炮棍将药卷顺次送入炮眼并轻轻压紧；起爆药卷（雷管）设在装药全长的 1/3～1/4 位置上（由炮眼口部算起）。

装药时，应特别小心，严禁使用铁器。不准用炮棍用力挤压或撞击。

（2）药壶爆破法。装药在主药包未装入炮眼前，先用少量炸药将炮眼底部扩大成药壶型，然后埋设炸药进行爆破。

（3）裸露药包爆破药包应设置在岩块表面有凹陷的地方，对岩块体积大于 1 m³的石块，药包可分数处放置，药包上使用草皮、黏土或不易燃烧的柔软物体覆盖。

4. 填塞炮泥

炮泥应就地取材，可用一份黏土、两至三份粗砂及适量的水混合而成。填塞要密实，不能用力挤压，在炮眼内轻轻捣实中，要注意保护导火索或电雷管的脚线。

5. 放炮

装药、填塞完毕后，应对爆破线路进行最后一次检查，同时按照爆破安全操作的有关规定，发出信号，人员撤离，设置警戒，才由放炮负责人指挥放炮。

（二）微差爆破法

1. 微差爆破特点

（1）为普通爆破发展起来的浅孔控制爆破。

（2）采用多炮眼的分层爆破。

（3）每排炮眼，对平行的临空面方向为抛掷爆破；对垂直的临空面方向为松动爆破。

（4）当前排炮眼起爆进入抛掷状态时，次后炮眼起爆达到控制前排炮眼的抛掷作用，其要求时间间隔很小。

（5）电雷管的时限为秒级，不能达到控制效果。采用 DH–1 系列非电毫秒雷管，相邻段号时间差为 25ms。

（6）非电毫秒雷管以导爆管连接，可按需要长度订货。

2. 炮眼布置

炮眼布置如图 4–9–4 所示，其方法如下：

（1）同排炮眼孔距 a 为

$$a = 2n_1 w_1 \tag{4–9–8}$$

式中　w_1——顺炮眼方向的最小抵抗线；

n_1——爆破指数，$n_1 \leqslant 0.75$。

（2）炮眼排距 b 为

$$b = w_2 \tag{4–9–9}$$

式中 w_2——平行炮眼方向的最小抵抗线。

炮眼布置可为棋盘型、梅花型、等腰三角形等几种。

（3）炮眼深按成孔直径的25～35倍，且不宜大于1.2m，分层爆破的层高为H，则炮眼深应满足

$$l=(1.1\sim1.15)H \tag{4-9-10}$$

其他步骤同普通爆破法。

（三）静态破碎法

1. 炮眼位置、孔深、孔距的确定

（1）最小抵抗线w：无钢筋和少钢筋混凝土w=30～40cm，多筋混凝土w=20～30cm。

（2）孔距和排距：无筋混凝土，a=30～40cm；钢筋混凝土，a=15～30cm。排距b=(0.6～0.9)a。多排布孔，钻孔采用梅花形。多排布孔示意图如图4-9-5所示。

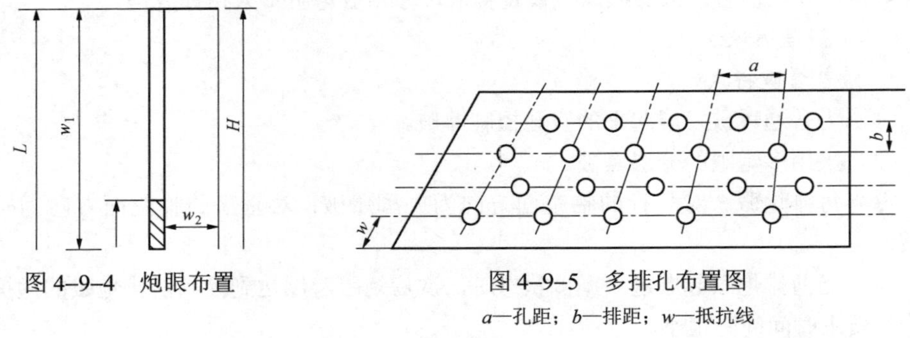

图4-9-4 炮眼布置

图4-9-5 多排孔布置图

a—孔距；b—排距；w—抵抗线

（3）孔径和孔深：孔径宜为30～55mm。孔深无筋混凝土，L=（0.75～0.8）H；钢筋混凝土，L=（0.95～1.0）H。

2. 搅拌无声破碎剂（SCA）

SCA每袋为5kg，加水量为SCA质量的30%～50%，每袋即加入1500～1700mL干净的水。搅拌时先把量好的水倒入桶中，再把SCA倒进去，随即开动手持式搅拌机拌至均匀，搅拌时间一般为40～60s。在施工温度低于10℃时，要用40℃的热水搅拌。

3. 填充

搅拌好的SCA浆体，要在10min内用完，因为它的流动度损失较快，久置使灌孔困难。对于垂直的孔，可直接将SCA倾倒进去。对于斜孔或水平孔，可用挤压式灰浆棒将SCA压入孔中，为防止倒流出来，可用塞子堵口。向上孔的填充可

用灰浆棒压入孔中。多排孔先灌在周边的一、二排孔，经 10～20h 再灌三、四排孔，依次类推。

4. 养护

（1）在春、秋、夏季，SCA 填充后，一般不用覆盖（除雨天外），发生裂纹后，可用水浇缝，以加快 SCA 的膨胀作用。

（2）在冬季，SCA 填充后，要用草席或油毡等覆盖保温。

5. 操作要求

（1）必须按环境温度选用破碎剂。

（2）按生产厂提供的使用说明书进行作业。

（3）控制水灰比，拌和要均匀，填充时孔口留 20mm 不填塞。

（4）日光直射时孔口应覆盖，环境温度低于 100℃要覆盖保温，环境温度低于 0℃应增温养护。

（5）裂缝出现时，可向裂缝内灌水，裂缝不再发展时即可进行清渣。

五、注意事项

（1）大中型爆破施工，特别是在城镇、风景名胜区和重要工程设施附近进行爆破施工时，施工单位必须事先编制好作业方案，报经县、市以上主管部门批准，并征得所在地县、市公安部门同意后，方可进行爆破作业。

（2）石方爆破应根据工程要求、地质条件、工程大小和施工机械等合理选用爆破方法。

（3）爆破工程施工应指定专人负责，爆破工作人员必须受过爆破技术训练，熟悉爆破器材性能和安全规则，并经县、市公安局考试合格，方可参加爆破工作。

（4）爆破工程所用的爆破材料，应根据使用条件选用并符合现行国家标准、部标准。

（5）爆破材料的购买、运输、储存、保管，应遵守国家关于爆破物品管理条例的规定。

（6）在水下或潮湿的条件下进行爆破时，宜采用抗水炸药。

（7）露天爆破如遇浓雾、大雨、大风、雷电或黑夜，均不得起爆。

（8）处理哑炮应严格按国家有关规定执行。

（9）SCA 施工时，为了安全最好戴防护眼镜，SCA 填充后 5h 内不要靠近孔口直视孔口，以防万一发生喷出时伤害眼睛。

（10）SCA 对皮肤有轻度腐蚀性，碰到皮肤后立即用水清洗。

（11）SCA 要存放在干燥场所，切勿受潮。

（12）按实际施工温度选择合适的 SCA 型号，不可互用。

【思考与练习】

1. 线路岩石基坑有哪几种爆破方法？
2. 普通爆破法爆破类型怎样选择？炮眼位置如何确定？装药量如何计算？
3. 微差爆破法有哪些特点？炮眼位置如何确定？装药量如何计算？
4. 静态破碎爆破法有哪些特点？布孔设计如何设计？操作上有哪些要求？

模块 10 基础检验方法及标准（Z05F1010Ⅲ）

【模块描述】本模块包含混凝土的坍落度检查、混凝土的试块检查、回弹仪现场检验及半破损检验方法等。通过内容介绍、图形示例、原理讲解，掌握基础检验方法及标准。

【模块内容】

一、混凝土坍落度的检查

混凝土在浇筑地点的坍落度，每一工作班日或每个基础腿至少检查两次。实测的混凝土坍落度与要求坍落度之间的允许偏差应符合表 4–10–1 的要求。

表 4–10–1 混凝土坍落度与要求坍落度之间的允许偏差 mm

要求坍落度	允许偏差	要求坍落度	允许偏差
＜50	+10	＞90	±30
50～90	+20		

混凝土的坍落度是评价混凝土和易性及混凝土稀稠程度的指标。坍落度的测定方法用白铁皮做成一个截头圆台形筒，上口直径 10cm，底口直径 20cm，高度 30cm，坍落度测定如图 4–10–1 所示。

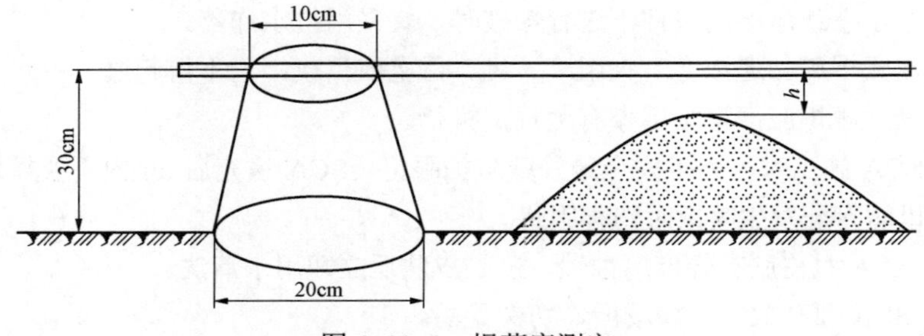

图 4–10–1 坍落度测定

坍落度测定时，把圆筒放在铁板上，将拌和好的混凝土分三次放入，每次放入筒高的三分之一，用直径 15mm、长 50cm 的铁棒捣固 25 次。如此连续操作三次，使混凝土与筒口相平，然后把筒轻轻提起，这时混凝土就自然坍落下来，用尺量坍落下来的高度就是混凝土的坍落度。为保证测定准确，必须试验三次，取其平均值。

二、混凝土的试块检查

混凝土的强度可通过试块去近似检查。

1. 混凝土的试块制作及强度检查

混凝土的试块应采用钢模制作，钢模应做成可拆卸的铁制模盒。在将混凝土注入模合之前，应先在钢模内壁涂一层脱模剂，再将拌和好的混凝土分三次注入特制的边长为 150mm 钢模内，并用铁棒捣实，在钢模内静放两昼夜，然后按与现场基础相同的条件养护 28 天，拆模后就做成了边长为 150mm 的标准尺寸的立方体试件。

试件做成后，将其放到耐压机上作抗压试验，测得每平方毫米面积上所受到力的牛顿数，即为混凝土的强度。如混凝土强度等级为 C20，即指该试件强度 $f_{cu.k}$ 为 $20N/mm^2$。

2. 混凝土的试块制作数量及试块强度取值

（1）用于检查结构构件混凝土质量的试件，应在混凝土的浇筑地点随机取样制作。其养护条件与构件（基础）相同。试件的留置应符合下列规定：

1）转角、耐张，终端及悬垂转角塔的基础，每基应取一组，每组 3 个试件。

2）一般直线塔基础，同一施工班组每 5 基或不满 5 基应取一组（为了减少对基础怀疑范围，宜每基取一组），单基或连续浇筑混凝土量超过 $100m^3$ 时亦应取一组。

3）按大跨越设计的直线塔基础及拉线塔基础，每腿应取一组，但当基础混凝土量不超过同工程中大转角或终端塔基础时，则应各基取一组。

（2）每组三个试件应在同盘混凝土中取样制作，并按下列规定确定该组试件的混凝土强度代表值：

1）取三个试件强度的平均值。

2）当三个试件强度中的最大值或最小值之一与中间值之差超过中间值的 15%时取中间值。

3）当三个试件强度中的最大值和最小值与中间值之差均超过中间值的 15%时，该组试件不应作为强度评定的依据。

3. 混凝土强度的评定应按下列要求进行

（1）混凝土强度应分批进行验收。同一验收批的混凝土应由强度等级相同、生产工艺和配合比基本相同的混凝土组成，对现浇混凝土结构构件，尚应按单位工程的验收项目划分验收批，每个验收项目按现行国家标准 GB 50300—2001《建筑工程施工质量验收统一标准》确定。对同一验收批的混凝土强度，应以同批内标准试件的全部强度代表值来评定。

（2）当混凝土的生产条件在较长时间内能保持一致，且同一品种混凝土的强度变异性能保持稳定时，应由连续的三组试件代表一个验收批，其强度应同时符合下列要求

$$m_{fcu} \geqslant f_{cu \cdot k} + 0.70\sigma_0 \tag{4-10-1}$$

$$f_{cu \cdot min} \geqslant f_{cu \cdot k} - 0.70\sigma_0 \tag{4-10-2}$$

当混凝土强度等级不高于 C20 时，尚应符合下式要求

$$m_{cu \cdot min} \geqslant 0.85 f_{cu \cdot k} \tag{4-10-3}$$

当混凝土强度等级高于 C20 时，尚应符合下式要求

$$m_{cu \cdot min} \geqslant 0.9 f_{cu \cdot k} \tag{4-10-4}$$

式中 m_{fcu} ——同一验收批混凝土强度的平均值，N/mm^2；

$f_{cu \cdot k}$ ——设计的混凝土强度标准值，N/mm^2；

σ_0 ——验收批混凝土强度的标准差，N/mm^2；

$f_{cu \cdot min}$ ——同一验收批混凝土强度的最小值，N/mm^2。

验收批混凝土强度的标准差，应根据前一检验期内同一品种混凝土试件的强度数据，按下列公式确定

$$\sigma_0 = \frac{0.59}{m}\sum_{i=1}^{m}\Delta f_{cu \cdot i} \tag{4-10-5}$$

式中 $\Delta f_{cu \cdot i}$ ——前一检验期内第 i 验收批混凝土试件中强度的最大值与最小值之差；

m ——前一检验期内验收批总批数。

注意，每个检验期不应超过 3 个月，且在该期间内验收总批次不得超过 15 组。

（3）当混凝土的生产条件不能满足本条（2）款的规定，或在前一检验期内的同一品种混凝土没有足够的强度数据用以确定验收批混凝土强度标准差时，应由不少于 10 组的试件代表一个验收批，其强度应同时符合下列要求

$$m_{fcu} - \lambda_1 s_{fcu} \geqslant 0.9 f_{cu \cdot k} \tag{4-10-6}$$

$$f_{cu \cdot min} \geqslant \lambda_2 f_{cu \cdot k} \tag{4-10-7}$$

式中 s_{fcu} ——验收批混凝土强度的标准差，N/mm^2。当 s_{fcu} 的计算值小于 $0.06 f_{cu \cdot k}$ 时，取 $s_{fcu} = 0.06 f_{cu \cdot k}$；

λ_1、λ_2 ——合格判定系数。

验收批混凝土强度的标准差 s_{fcu} 应按下式计算

$$s_{f_{cu}}=\sqrt{\frac{\sum_{i=1}^{n}f_{cu\cdot i}^{2}-nm_{f_{cu}}^{2}}{n-1}} \qquad (4\text{–}10\text{–}8)$$

式中 $f_{cu\cdot i}$ ——验收批内第 i 组混凝土试件的强度值，N/mm²；

n ——验收批内混凝土试件的总组数。

合格判定系数应按表 4–10–2 取用。

表 4–10–2 **合 格 判 定 系 数**

试件组数	10～14	15～24	≥25
λ_1	1.70	1.65	1.60
λ_2	0.90	0.85	

（4）对零星生产的预制构件的混凝土或现场搅拌批量不大的混凝土，可采用非统计法评定。此时，验收混凝土的强度必须同时符合下列要求

$$m_{f_{cu}} \geqslant 1.15 f_{cu\cdot k} \qquad (4\text{–}10\text{–}9)$$

$$f_{cu\cdot min} \geqslant 0.95 f_{cu\cdot k} \qquad (4\text{–}10\text{–}10)$$

当对混凝土试件强度的代表性有怀疑时，可采用非破损检验方法或从结构、构件中钻取芯样的方法，按有关标准的规定，对结构构件中的混凝土强度进行推定，作为是否应进行处理的依据。非破损检验方法，可采用回弹仪进行，并遵守 JGJ/T 23—2001《回弹法检测混凝土抗压强度技术规程》的规定。

三、回弹仪现场检验

（一）外形

混凝土回弹仪及数字型混凝土回弹仪外形如图 4–10–2 及图 4–10–3 所示。

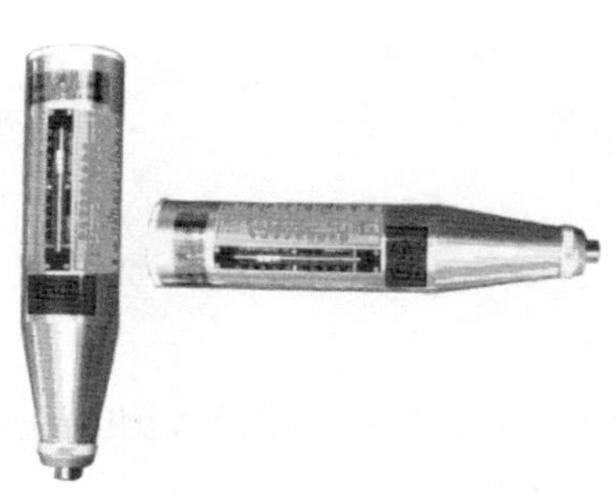

图 4–10–2 混凝土回弹仪

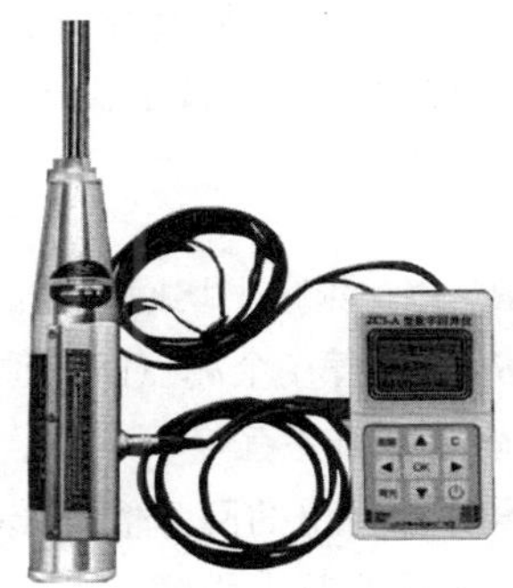

图 4–10–3 数字型混凝土回弹仪

（二）回弹仪测混凝土强度原理

当回弹仪的弹击锤被一定的弹力打击在混凝土表面时，混凝土的反力使弹击锤回弹，其回弹高度（可通过回弹仪读出）与混凝土表面硬度成一定的比例，因此通过测得的回弹值及混凝土的碳化深度可推求出混凝土的抗压强度。

（三）回弹仪测混凝土强度方法

1. 选择测点

测点宜在混凝土结构面上选择（最好是侧面），所选的每个测点距外露钢筋、预埋件不宜小于 30mm，测点不应在气孔或外露石子上，且所有的测点应在测区范围内均匀分布，相临两测点间距不宜小于 30mm。

2. 测回弹值

检测时，将弹击杆顶住混凝土表面，使回弹仪的轴线始终垂直于构件的混凝土检测面，缓慢均匀施压，待弹击锤脱钩冲击弹击杆后，弹击锤回弹带动指针移动，在示值刻度线上指示出回弹值。

读出回弹值后，逐渐对仪器减压，使弹出杆自仪器内伸出复位，待下一次使用。

测回弹值时应注意：同一测点只应弹击一次，每一测区应记取 16 个回弹值，每一测点的回弹值读数估读至 1。

3. 测碳化深度

采用适当的工具在测区表面有代表性的位置形成直径约 15mm、深度大于混凝土碳化深度的孔洞，孔洞形成后将孔洞中的粉末和碎屑除净（不得用水擦洗），然后用浓度为 1%的酚酞酒精溶液滴在孔洞内壁的边缘处，当已碳化与未碳化界线清楚时，再用深度测量工具测出已碳化深度。测量不应少于 3 次，取其平均值，每次读数精确至 0.5mm。

4. 回弹值计算

计算测区平均回弹值时，应从该测区的 16 个回弹值中删除 3 个最大值和 3 个最小值，余下 10 个回弹值按下式计算

$$R_{\mathrm{m}} = \sum_{\frac{i=1}{10}}^{10} R_i \tag{4-10-11}$$

式中 R_{m} ——测区平均回弹值，精确至 0.1。

R_i ——第 i 个测点回弹值。

5. 确定混凝土强度

根据计算得出的回弹值及碳化深度查 JGJ/T 23—2001 中的附录 A 测区混凝土强度换算表，可得混凝土强度。

四、半破损检验法

半破损检验基础混凝土强度方法有回弹法、钻芯法等。钻芯法是用金刚石空心薄壁钻头或钻芯机，从混凝土结构构件中钻取混凝土芯样，然后将该芯样拿去做抗压强度试验，得到的抗压强度即为该基础的抗压强度。由于芯样直接从结构中钻取，因而更能直接反映混凝土的真实情况。

【思考与练习】

1. 如何测定混凝土的坍落度？
2. 如何通过试块检查混凝土强度？
3. 如何用回弹法检验基础混凝土的强度？

第五章

杆　塔　组　立

模块1　杆塔组立概述（Z05F2001Ⅱ）

【模块描述】本模块包含混凝土电杆组立、铁塔组立、杆塔组立常用的工器具及选择，通过概念讲解、工艺介绍、图形举例，了解杆塔型式及其组立方法。

【模块内容】

一、钢筋混凝土电杆组立概述

（一）混凝土电杆的分类

（1）根据杆体截面的不同，混凝土电杆可分为等径杆和锥形杆，等径杆常用直径有ϕ300mm 和ϕ400mm 两种规格；锥形杆主杆锥度为 1/75，梢径常有ϕ190、ϕ230、ϕ270mm 等几种规格。

（2）根据组装方式，混凝土杆又可分为单杆、“A”型杆、“Π”型杆和三联杆等，钢筋混凝土电杆型式如图 5–1–1 所示。

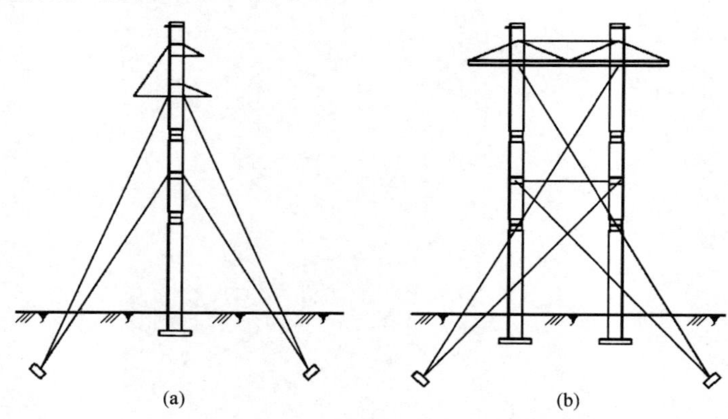

图 5–1–1　钢筋混凝土电杆型式

（a）上字型单杆；（b）Π型双杆

（3）根据在架空线路中的作用，可分为直线杆、耐张杆、特种杆等三类。直线杆用于线路直线段中，主要承受架空线路的垂直和水平荷载；耐张杆用于线路直线耐张、转角、终端等杆位，此类杆可以控制事故范围，并承受事故情况下的断线拉力；特种杆则用于线路分支、换位、跨越等特殊用途杆位。

（二）混凝土电杆组立方法

混凝土电杆组立方法可分为整体组立和分解组立，整体组立混凝土电杆的主要方法有倒落式人字抱杆整体立杆、吊车整体起吊等方法。在混凝土电杆无条件整体组装的地形情况下可使用冲天单抱杆、吊车分解组立的方法。

1. 倒落式人字抱杆整体立杆

倒落式人字抱杆整体立杆方法一般是先将焊接好的电杆与横担及附件在地面顺线路方向整体组装完毕，在电杆根部附近按一定的初始角预立人字抱杆，抱杆头部与电杆吊点之间用钢丝吊绳相连，用钢丝绳牵引抱杆顶端使抱杆转动，电杆整体随之绕地面支点扳转起立。它是借抱杆的旋转倒落，钢筋混凝土杆的旋转和吊点系统、牵引系统、制动系统、拉线控制系统等设备共同配合来完成立杆工作的。此方法简单、方便，高空作业少，安全性高，施工速度快，是目前送电线路杆塔施工中广泛使用的一种方法。钢筋混凝土杆整体起吊布置图如图 5–1–2 所示。

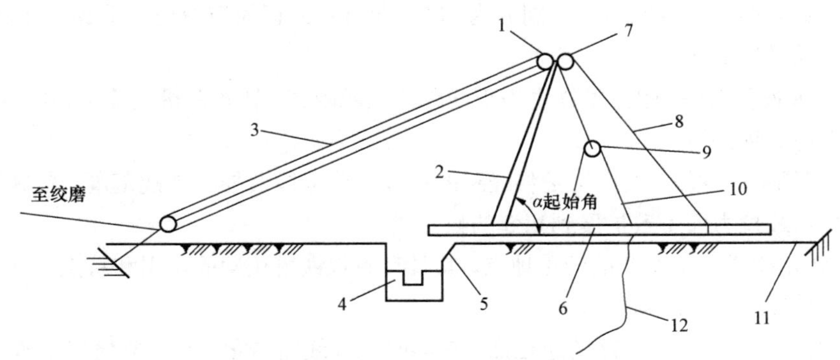

图 5–1–2 钢筋混凝土杆整体起吊布置图

1—抱杆帽；2—抱杆；3—牵引滑车组；4—底盘；5—马槽；6—钢筋混凝土杆；7—第一吊点滑车；8—第一吊点绳；9—第二吊点滑车；10—第二、三吊点绳；11—制动系统；12—临时拉线

2. 冲天单抱杆起吊电杆

适用于 10～35kV 线路的常见单柱电杆。整体吊装是按设计的杆高，将钢筋混凝土杆段在地面排直焊好，一次吊装完毕。这种钢筋混凝土杆的一般高度可达 21m，但它需要有较高的抱杆，因此受到工具设备的限制。混凝土电杆在无条件整体组立的地形情况下，将杆段按设计的杆高在地面排直焊好，选定抱杆坐落的位置，安装四侧临时拉线，利用冲天单抱杆分解将杆身起吊完毕，高空组装横担、附件。

3. 用吊车起吊电杆

适用于10～110kV线路电杆。该种方法多用于施工地点交通便利，吊车可到达的地点，该方法可以很好地保证施工质量和施工安全，减少高空作业，施工效率高，但受交通、起吊重量和吊臂高度的限制。

（三）立杆方法的选择原则

（1）在施工现场地形条件许可时，应采用倒落式人字抱杆整体立杆的方法。

（2）对于杆高为21m及下的电杆，交通便利的地点应采用吊车整体起吊。

（3）对于地形条件差，施工作业面狭窄无法采用上述两种方法的，采用冲天单抱杆起吊电杆的方法。

二、铁塔组立概述

（一）铁塔的分类

1. 按用途分类

（1）直线型铁塔。直线型铁塔（含悬垂转角塔）用于线路的直线地段或小转角处，主要承受导线及地线的垂直荷重和水平风压荷重。

直线型铁塔名称分类如下：单回路中分别分为ZB—酒杯塔（平腿）、ZBC—酒杯塔（长短腿）两种，双回路中分别分为SZ—同塔双回直线鼓型塔（平腿）、SZC—同塔双回直线鼓型塔（长短腿）两种。

（2）耐张型铁塔。耐张型铁塔用于线路的直线耐张、转角及进出变电站终端等处，它包括下述三种铁塔：

1）直线耐张铁塔，其作用是将线路的直线部分分段及控制事故范围。在事故情况下，承受断线拉力而不致扩展到相邻的耐张段。

2）转角铁塔用于线路的转角地点，其具有耐张铁塔相同的作用和特点。在正常情况下，承受导地线向内角的合力。

3）终端铁塔，位于线路的起止点，它同时允许线路转角。在正常情况下承受线路侧与构架侧的架空线不平衡张力；在事故情况下它承受架空线的断线张力。

耐张型铁塔名称分类如下：

单回路：ZJ—直线转角塔（平腿）、ZJC—直线转角塔（长短腿）、J—耐张转角塔（平腿）、JC—耐张转角塔（长短腿）、DJ—终端塔。

同塔双回路：SZJ—同塔双回直线转角塔（平腿）、SZJC—同塔双回直线转角塔（长短腿）、SJ—同塔双回耐张转角塔（平腿）、SJC—同塔双回耐张转角塔（长短腿）、SDJ—同塔双回终端塔。

（3）特殊型铁塔。包括用于跨越、换位、分支等特殊要求的铁塔。

1）跨越铁塔，当线路跨越河流、铁路、公路或其他电力线等障碍物时，常常需要较高的直线塔或耐张塔，一般以直线塔较多。跨越塔分为普通跨越塔和大跨越塔，后者是指跨越档档距超过 1000m 且高度在 100m 以上的铁塔。

2）换位铁塔，主要起导线换位作用，有直线换位塔和耐张换位塔两种。

3）分支铁塔，用于线路分支处，有直线分支和耐张分支两种。

2. 按导线回路数分类

（1）单回路铁塔，导线仅有一回（交流三相、直流两相），无地线或为一至两根地线的铁塔。

（2）双回路铁塔，导线为两回（交流六相、直流四相）同塔架设，地线为一至两根的铁塔。

（3）多回路铁塔，导线为三回及以上同塔架设的铁塔。

3. 按结构型式分类

（1）拉线塔，铁塔的拉线一般用高强度钢绞线做成，能承受很大的拉力，因而使拉线塔能充分利用材料的强度特性而减少钢材耗用量，但其占地面积较大。

（2）自立式铁塔，指不带拉线的铁塔，因其塔身较宽大，刚性好，也称刚性铁塔。

（3）自立式钢管铁塔，此类铁塔近年来在国内城市电网中应用较为普遍。

（二）铁塔型号及型式

铁塔型号以名称代号表达，其名称代号一般是按 GB 2695《输电线路铁塔型号编制规则》的要求规定。

1. 表示铁塔用途分类的代号

表示铁塔用途分类的常用代号见表 5–1–1。

表 5–1–1　　铁塔用途分类常用代号表

序号	种　类	代　号	序号	种　类	代　号
1	直线塔	Z	6	换位塔	H
2	耐张塔	N	7	分支塔	F
3	转角塔	J	8	直线转角塔	ZJ
4	终端塔	D	9	拉线塔	L
5	跨越塔	K			

2. 表示铁塔外形或导地线布置形式的代号

铁塔外形或导地线布置形式代号见表 5–1–2。

表 5-1-2 铁塔外形或导地线布置形式代号表

序号	种 类	代 号	序号	种 类	代 号
1	上字型	S	8	V 字型	V
2	三角型	J	9	干字型	G
3	叉骨型	C	10	鼓 型	Gu
4	猫头型	M	11	伞 型	Sn
5	桥型	Q	12	羊字型	Y
6	酒杯型	B	13	倒伞型	Sd
7	门型	Me			

3. 拉线塔简介

拉线塔按电压等级分为 110、220kV 等。

拉线塔按其外形分为单柱式、门型等。110kV 单柱式及门型拉线塔单线图如图 5-1-3 所示。新建 110kV（66kV）及以上架空输电线路在农田、人口密集地区不宜采用拉线塔。

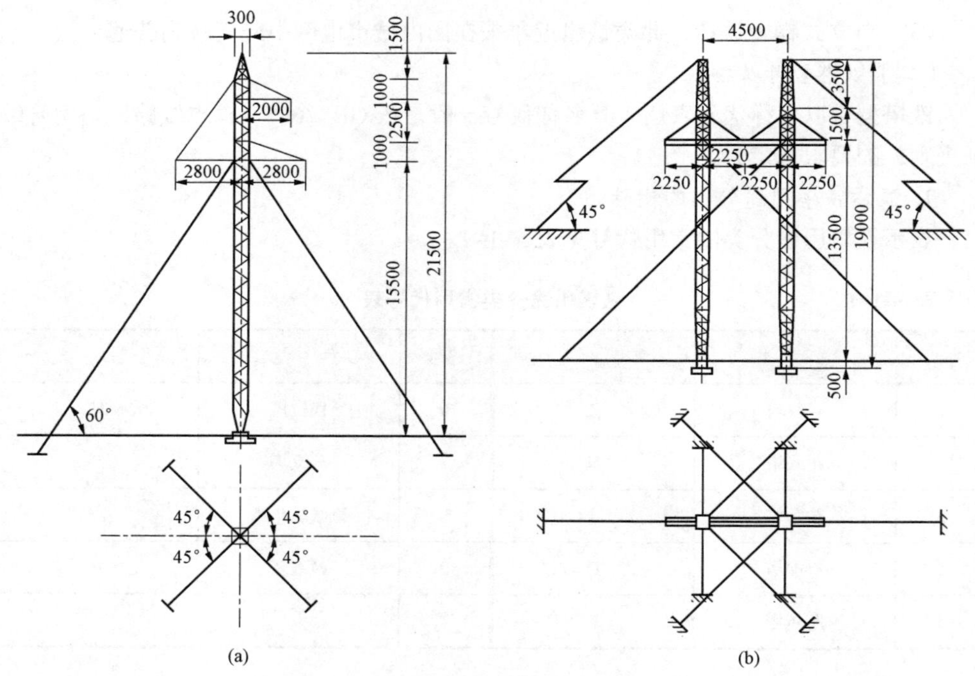

图 5-1-3 110kV 单柱式及门型拉线塔单线图

（a）Z 型杆；（b）J（0°～10°）耐张杆

4. 自立式塔铁塔由于电压等级、回路数的不同，铁塔有多种型式常用各种塔型如图 5–1–4～图 5–1–13 所示。

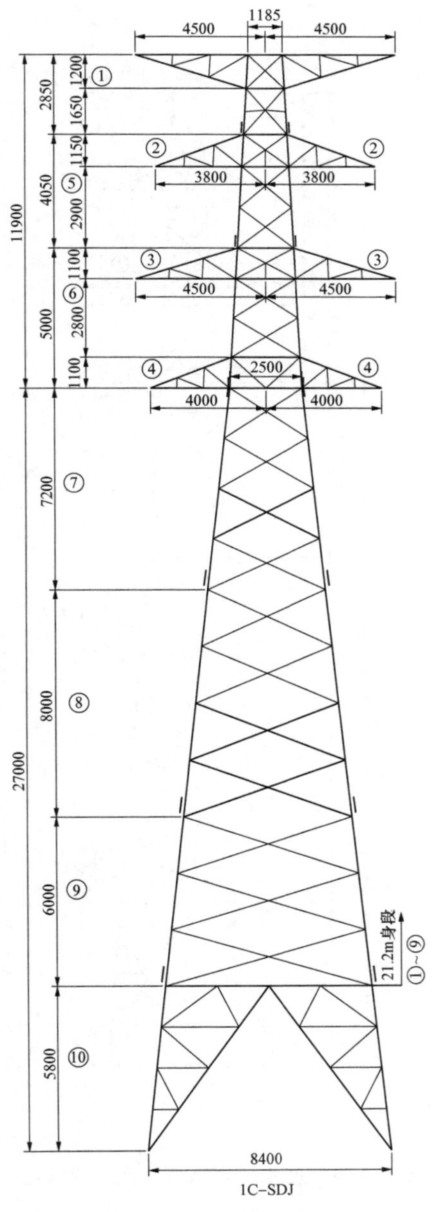

图 5–1–4 110kV SDJ 双回终端兼分支塔单线图

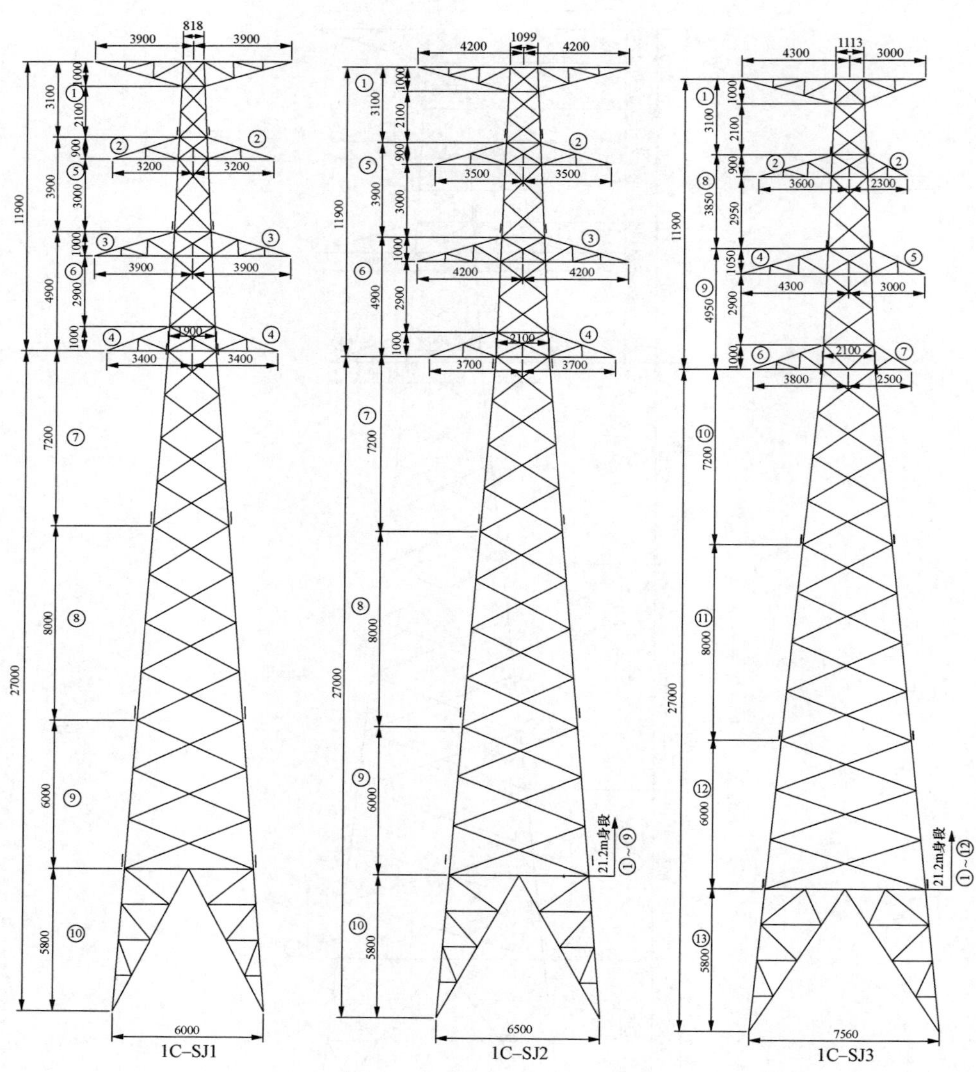

图 5-1-5 110kV SJ 双回转角塔单线图

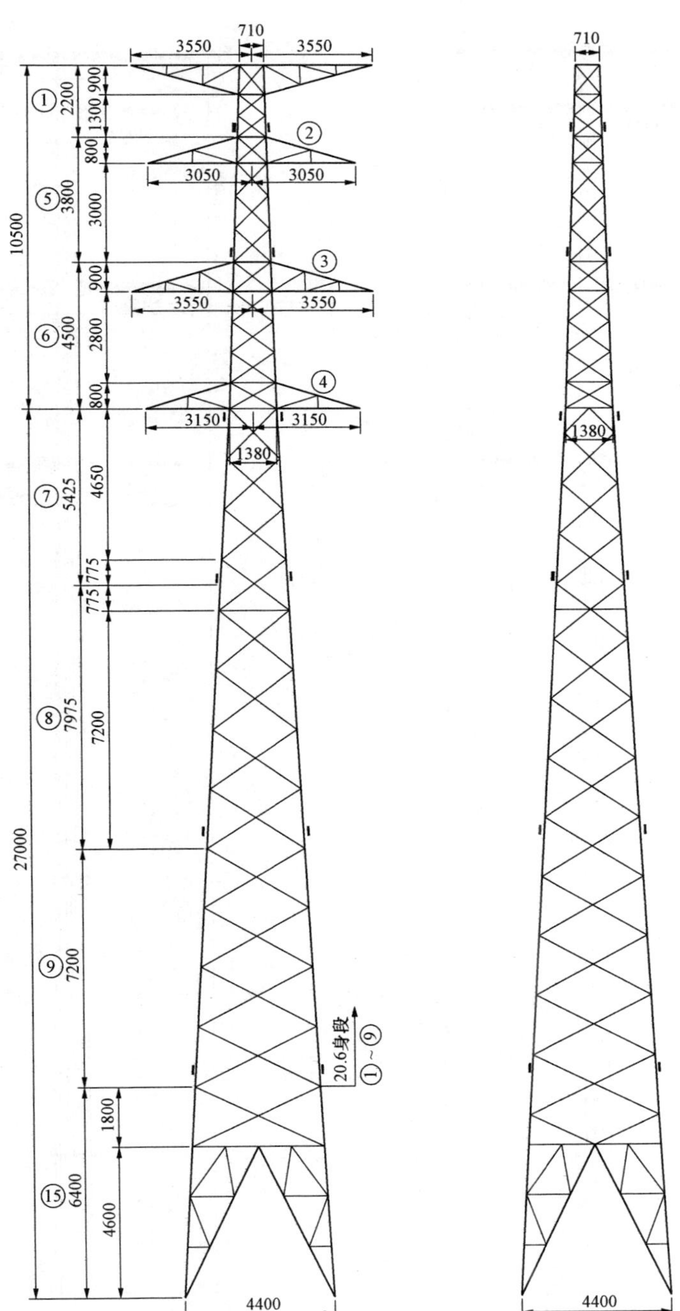

图 5-1-6 110kV SZ 双回直线塔单线图

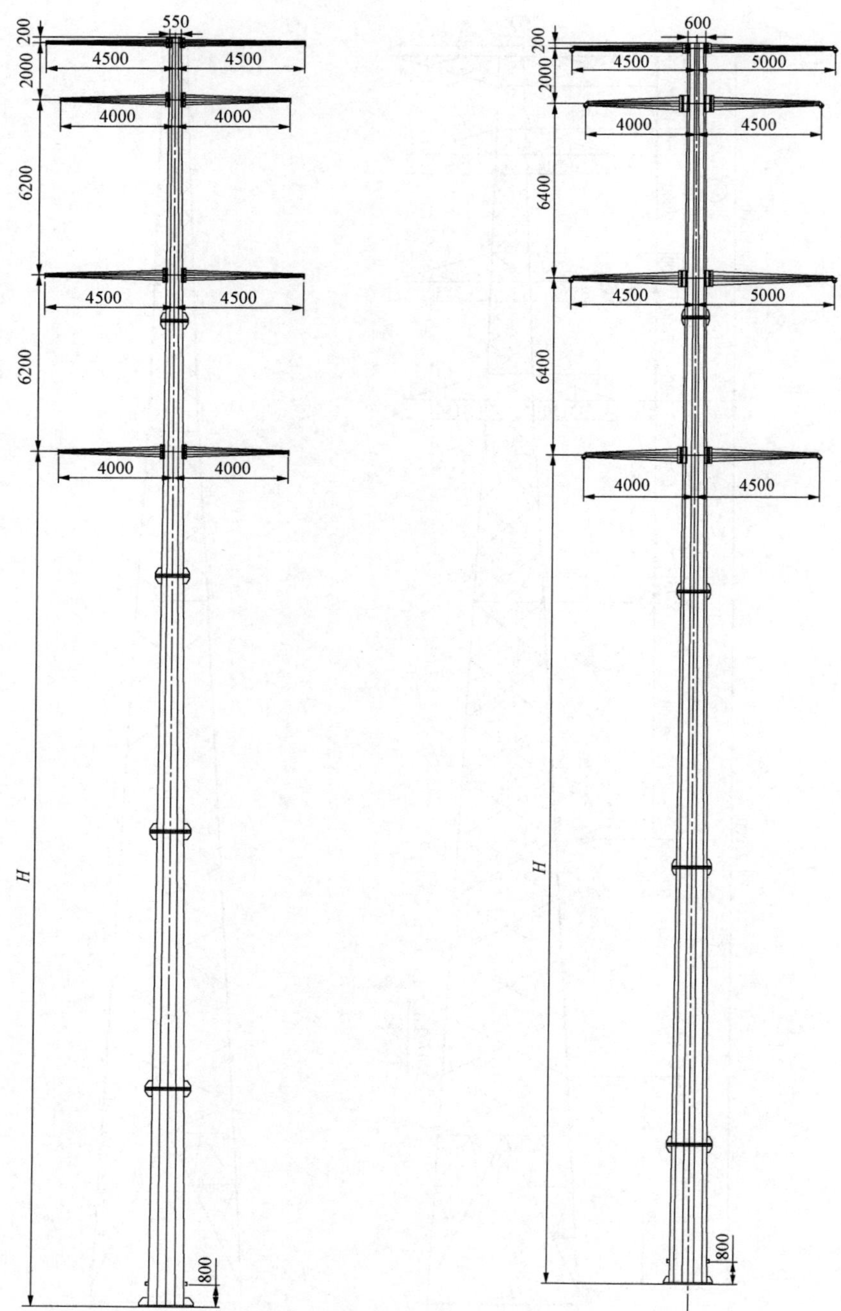

图 5-1-7 220kV SZG 双回直线钢管杆单线图

图 5-1-8 220kV SZJG 双回直线转角钢管杆单线图

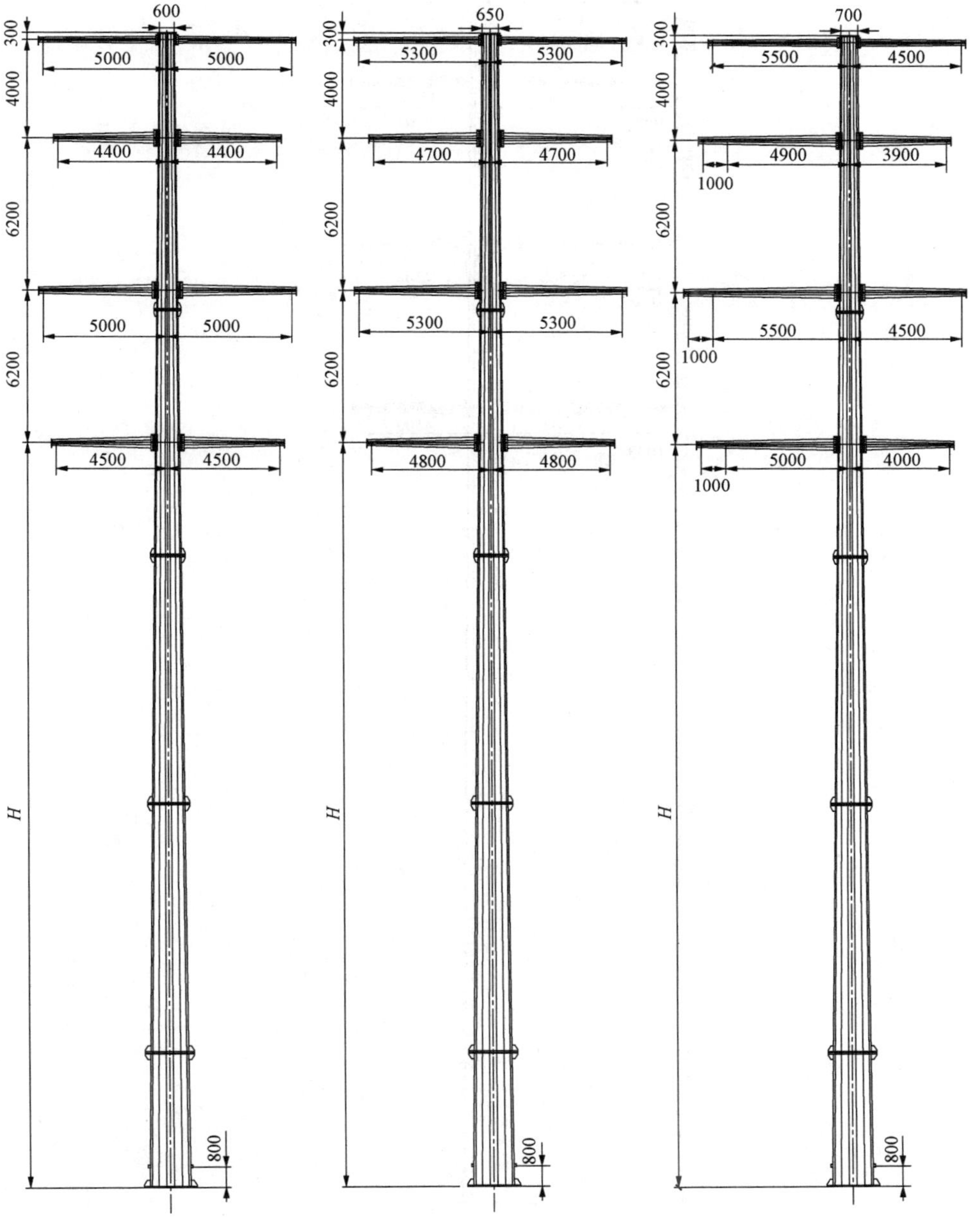

图 5-1-9　220kV SJG 双回转角钢管杆单线图

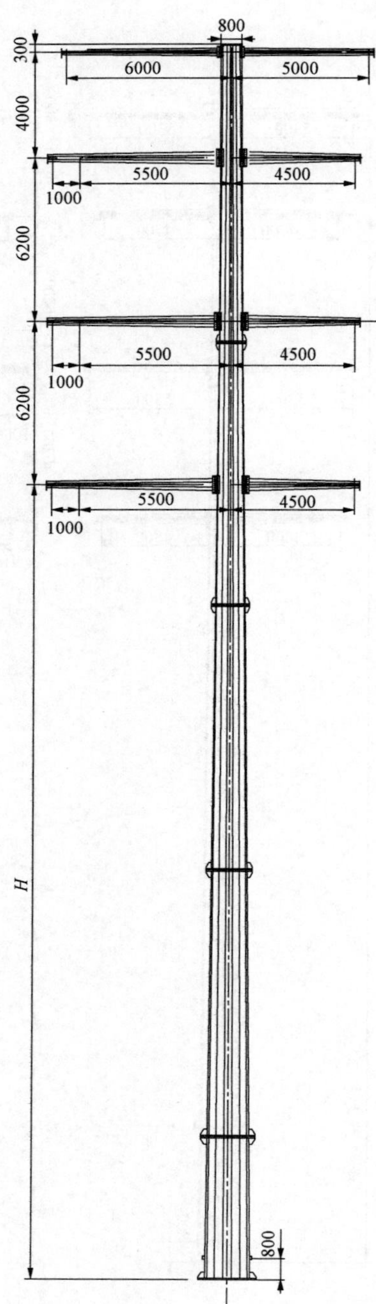

图 5-1-10 220kV SDJG 双回终端兼分支钢管杆单线图

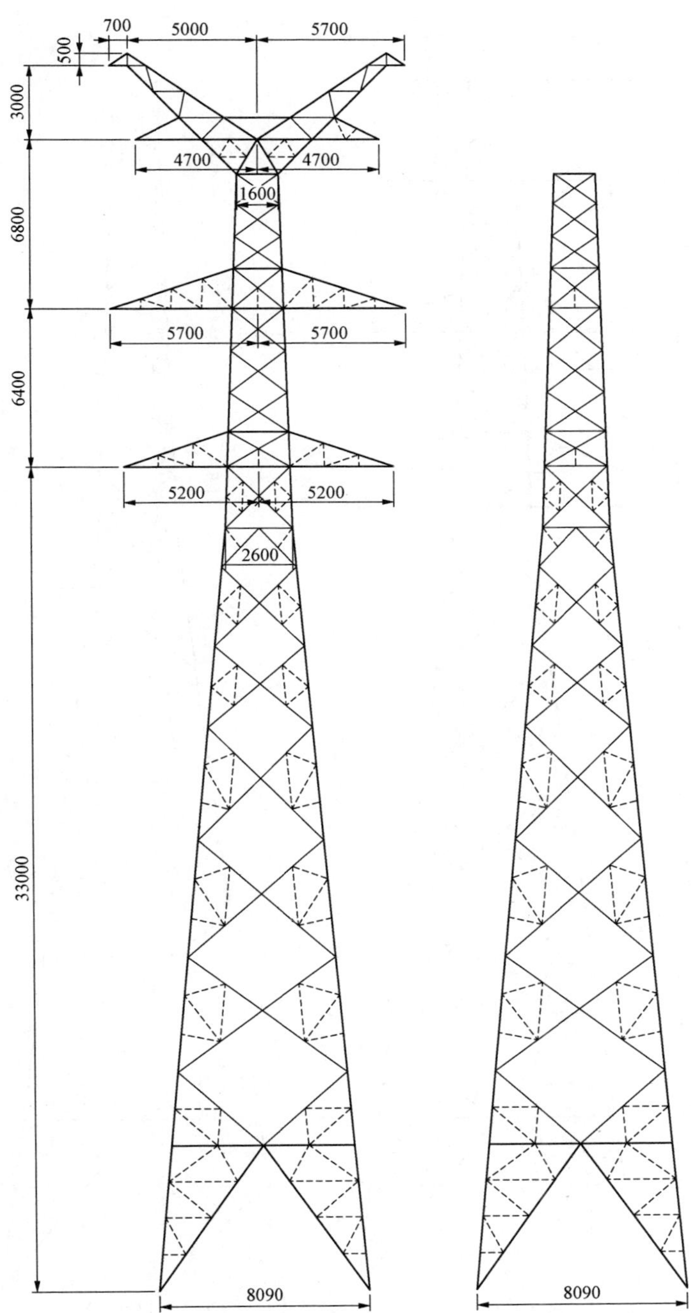

图 5–1–11 220kV 双回鼓型直线塔单线图

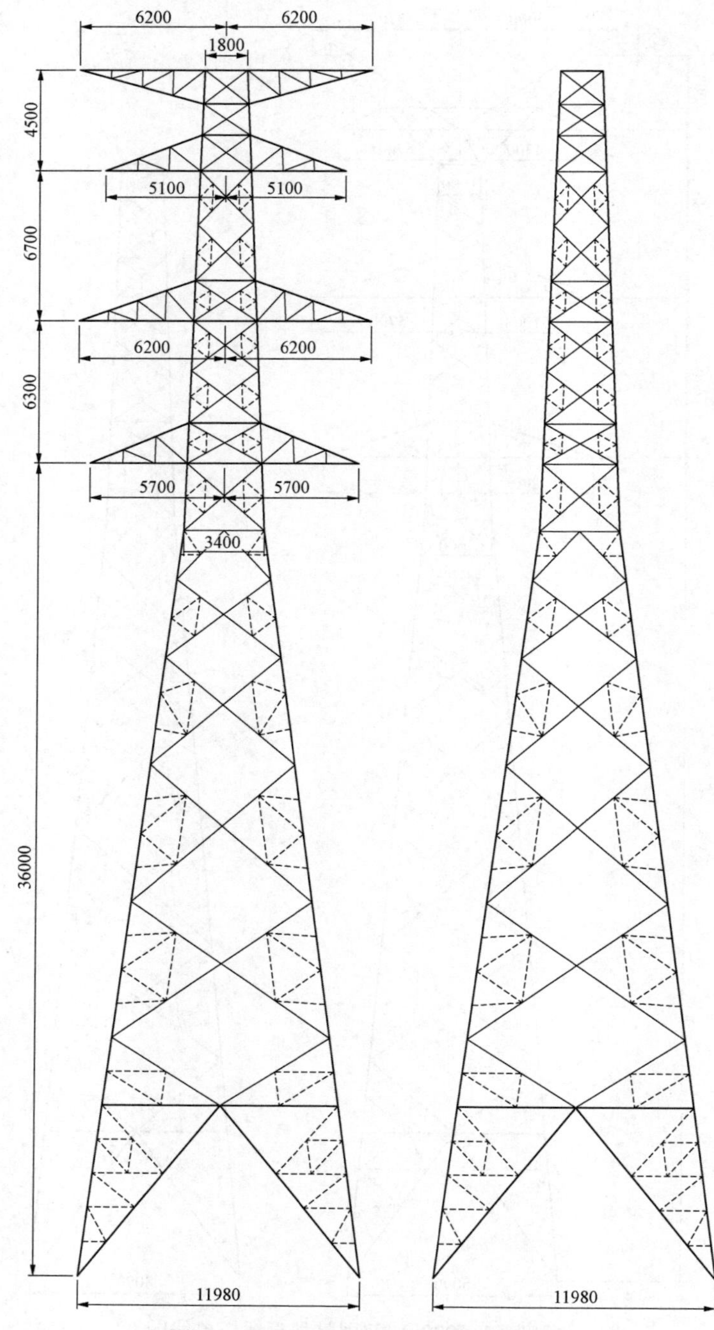

图 5-1-12 220kV 双回转角塔单线图

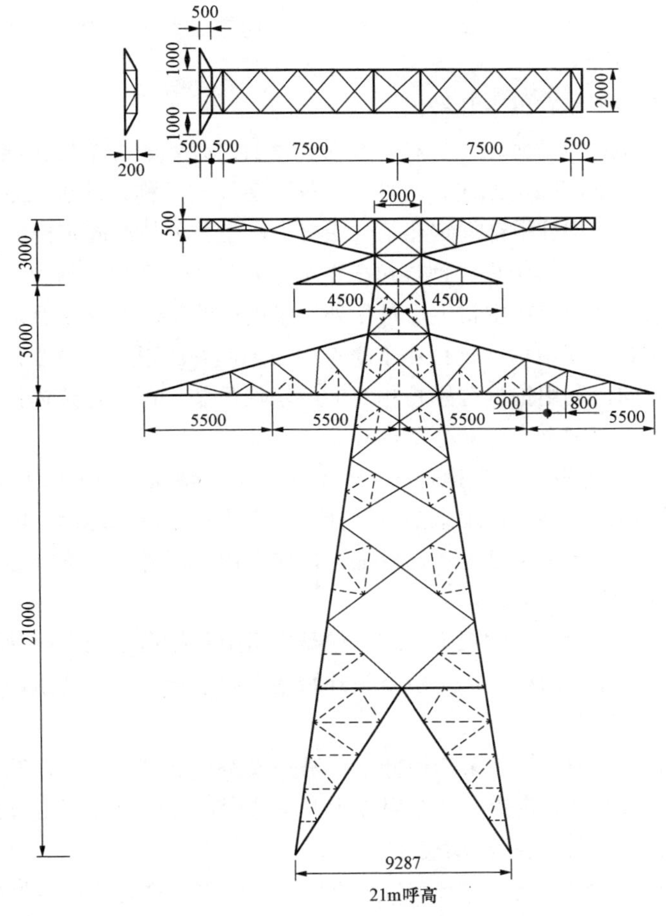

图 5-1-13　220kV 双回耐张塔单线图

（三）铁塔组立方法概述

目前架空送电线路铁塔组立一般采用整体组立和分解组立两种方法。

1. 整体组立铁塔

整体组立铁塔方法，主要有下列几种：

（1）倒落式人字抱杆整体立塔，在带拉线的单柱型或双柱型（拉 V、拉门）铁塔组立中应用广泛。

（2）座腿式人字抱杆整体立塔，该方法仅适用于宽基的自立式铁塔。

（3）倒落式单抱杆整体立塔，一般用于质量较轻的铁塔。

（4）大型吊车整体立塔，适用于道路畅通、地形开阔平坦地段的各类型铁塔。

（5）直升飞机整体立塔。适用于各种铁塔，但施工费用昂贵，一般应用较少。

2. 分解组立铁塔

分解组塔方法主要有以下几种：

（1）外拉线抱杆分解组塔。抱杆拉线落在塔身之外，也称落地拉线。抱杆随塔段的组装而提升，其根部固定方式有两种：一种是悬浮式，称为外拉线悬浮抱杆组塔；另一种是固定式，即抱杆根部固定在某一主材上，也称外拉线固定抱杆组塔。

（2）内拉线抱杆分解组塔。抱杆拉线下端固定在塔身四根主材上，抱杆根部为悬浮式，靠四条承托绳固定在主材上，是在外拉线抱杆的基础上演变而来的新方法。

（3）通天抱杆分解组塔。抱杆座于塔位中心地面并配以落地拉线，吊装的塔片可以组装于任何方向，利用抱杆分别将相对的两塔片吊装，再进行整体拼装。此法适用于高度在 30m 以下的铁塔。

（4）摇臂抱杆分解组塔。在抱杆的上部对称布置四副或两副可以上下变幅的摇臂，摇臂抱杆又分两种：一种是落地式摇臂抱杆，即主抱杆坐落在地面，随塔段的升高，主抱杆随之接长；另一种是悬浮式摇臂抱杆，如同内悬浮外拉线抱杆一样，抱杆根靠四条承托绳固定铁塔主材上。

（5）倒装组塔。上述分解组塔方法顺序是由塔腿开始自下向上组装，倒装组塔的施工次序恰好与上述方法相反，是由塔头开始逐渐向下接装，倒装组塔分为全倒装及半倒装两种。

全倒装组塔是先利用倒装架作抱杆，将塔头段整立于塔位中心，然后以倒装架作倒装提升支承，其上端固定提升滑车组以提升塔头段，并由上而下地逐段接装塔身各段，最后接装塔腿，直至整个铁塔就位。

半倒装组塔是先利用抱杆或起重机组立塔腿段，再以塔腿段代替抱杆，将塔头段整立于塔位中心；然后由上而下逐段按顺序接装塔身各段，直至塔腿以上的整个塔身与塔腿段对接合拢就位。

（6）吊车分解组塔。利用合适型号的吊车分片或分段进行铁塔组立，该方法使用工具最少，但需要有较好的道路运输条件和合适的吊装场地。

（7）无拉线小抱杆分件吊装组塔。利用一根小抱杆分片或单件吊装塔材，进行高空拼装。适用于塔位地形险峻、无组装塔片的场地及运输条件极为困难的塔位。

（8）混合组塔法。混合组塔有两种方式：一是先将铁塔下部用抱杆整体组立，铁塔上部再利用分解组塔法继续组立，这个方法称为整立与分解混合组塔法。二是吊车与轻便机具混合组塔，铁塔下部用吊车整体或分片、分段吊装；铁塔上部再利用抱杆分解组塔法完成。

（9）直升飞机分段组塔。适用于各种铁塔，尤其适用于地形极为险峻地段的铁塔，但施工费用较昂贵。

3. 选择立塔方法的基本原则

（1）基本原则：根据塔型结构、地形条件等选择安全技术上可靠、经济上合理、操作上简便、使用工具较少且有利于环境保护的组塔方法。

（2）凡是带拉线的铁塔，包括带拉线轻型单柱塔、拉门塔、拉猫塔、拉 V 塔等均应优先选用倒落式人字抱杆整体立塔。因为带拉线的铁塔在设计终勘定位时基本上考虑了地形起伏不大或虽起伏较大但塔身较轻，这就为整体立塔创造了条件。

（3）地形平坦、连续使用同类型铁塔较多时也宜优先选用整体立塔的方法。

（4）自立式铁塔以分解组塔的方法为主。分解组塔的方法较多，推荐使用内悬浮内拉线或内悬浮外拉线抱杆立塔，其他方法视机具条件、施工习惯和环保要求等具体选用。

（5）对于高度为 100m 以上的跨越铁塔，应根据塔型结构、地形条件、机具条件及环保要求等进行组立铁塔方案的比较，选择优化的立塔方案。

（四）常用工器具及选择

1. 钢丝绳

钢丝绳简称钢绳，是线路施工中最常用的绳索。钢丝绳柔性好，强度高，而且耐磨损，常作为固定、牵引、制动系统中作为主要受力绳索。

（1）钢丝绳的分类。按制造过程中绕捻次数不同可分为：

1）单绕捻钢丝绳（螺旋绕捻）。它是直接由一层或几层钢丝，依次围绕一中心绕城绳，如线路上常用的钢绞线即这种结构。

2）双重绕捻钢丝绳（索式绕捻）。它是先由一层或几层钢丝绕成股，再由几股钢丝围绕绳芯绕捻成钢绳，这两个绕捻过程是同时进行的。绳芯一般由油浸的棉、麻等纤维组成，可油润钢丝，使钢绳比较柔软，容易弯曲。双重绕捻钢绳的绕性和耐磨性适中，故在线路施工中大都采用这类钢绳。

3）三重绕捻钢丝绳（缆式绕捻）。它是把双重绕捻钢绳作为股，几股再围绕绳芯绕成钢绳，它绕性好，宜做捆绳用，但钢丝太细，工作中磨损太快，因此在起重中用得不多。

按钢丝直径螺距分类：① 普通结构钢绳，即每根钢丝单丝直径相同，而相邻各层钢丝螺距不同。② 复式结构钢绳，相邻各层钢绳直径不同而螺距相同的钢丝绳。

所谓螺距（捻距）是指每一层股在钢丝绳上环绕一种的轴向距离。送电线路施工一般用普通结构钢绳。

按绕捻方向分类：① 顺绕钢绳，即钢丝绕成股和股绕成绳的方向一致的钢绳。这种钢绳捻性好，表面平滑一致，磨损少，耐用，但易扭转、松散，悬吊重物时易旋转，适用于拉线、制动绳。② 交绕钢绳，钢丝绕成股和股绕成绳方向相反的钢绳。这种钢绳耐用程度差些，但不易自行松散和扭转，使用方便，应用最多。③ 混绕钢绳，相邻层股的钢丝绕捻方向是相反的，这种钢绳受力产生的扭转变形在方向上具有相抵消的作用，兼有前两种钢绳的优点。

普通结构钢丝绳规格如表5–1–3和表5–1–4所示。

表5–1–3　普通钢丝绳规格［钢丝6X19（1+6+12）.纤维绳芯］

钢丝绳直径（mm）	钢丝直径（mm）	钢丝总面积（mm^2）	每百米质量（kg）	破断拉力（kN）
6.2	0.4	14.32	13.53	16.7
7.7	0.5	22.37	21.14	26.5
9.3	0.6	32.22	30.45	37.2
11.0	0.7	43.85	41.44	51.0
12.5	0.8	57.257	54.12	66.6
14.0	0.9	72.49	68.50	84.3
15.1	1.0	89.49	84.57	103.9
17.0	1.1	108.28	102.3	126.4
18.5	1.2	128.87	121.8	150.0
20.0	1.3	151.24	142.9	176.4

注　钢丝绳的公称抗拉强度按1.372kN/mm^2考虑。

表5–1–4　普通钢丝绳规格［钢丝6X37（1+6+12+18）.纤维绳芯］

钢丝绳直径（mm）	钢丝直径（mm）	钢丝总面积（mm^2）	每百米质量（kg）	破断拉力（kN）
8.7	0.4	27.88	26.21	31.4
11.0	0.5	43.57	40.96	49.0
13.0	0.6	62.74	58.98	70.6
15.0	0.7	85.39	80.27	96.0
17.5	0.8	111.53	104.8	125.4
19.5	0.9	141.16	132.7	158.8
21.5	1.0	174.27	163.8	196.0

注　钢丝绳的公称抗拉强度按1.372kN/mm^2考虑。

（2）钢丝绳的选用。钢丝绳会承受荷重或绕过滑轮或卷筒时，同时受有拉伸、弯曲、挤压和扭转多种应力，其中主是拉伸应力和弯曲应力。通常按允许应力计算选择钢绳时，仅按拉伸力计算，而对于因弯曲引起的弯曲应力影响及材料疲劳影响时，则以耐久性的要求检验选用。

1）按允许拉力计算

$$[T]=\frac{T_b}{KK_1K_2}=\frac{T_b}{K_\Sigma} \tag{5-1-1}$$

式中　$[T]$——钢丝绳的允许拉力，N；

T_b——钢丝绳有效破断力，N；

K——钢丝绳安全系数；

K_1——动荷系数；

K_2——不平衡系数；

K_Σ——综合安全系数。

钢丝绳的安全系数如表 5-1-5 所示。

表 5-1-5　　钢丝绳的安全系数

<table>
<tr><th>工作性质</th><th colspan="2">工作条件</th><th>K</th><th>K_1</th><th>K_2</th><th>K_Σ</th></tr>
<tr><td rowspan="4">起立杆塔或收紧导、地线时的牵引绳，作其他起吊、牵引用的牵引绳</td><td colspan="2">通过滑车组用人力绞磨</td><td>4</td><td>1.1</td><td>1</td><td>4.5</td></tr>
<tr><td colspan="2">直接用人力绞磨</td><td>4</td><td>1.2</td><td>1</td><td>5</td></tr>
<tr><td colspan="2">通过滑车组用机动绞车、电动绞车</td><td>4.5</td><td>1.2</td><td>1</td><td>5.5</td></tr>
<tr><td colspan="2">直接用机动绞车、电动绞车、拖拉机或汽车</td><td>4.5</td><td>1.3</td><td>1</td><td>6</td></tr>
<tr><td rowspan="2">起吊杆塔时的固定绳</td><td colspan="2">单杆</td><td rowspan="2">4.5</td><td rowspan="2">1.2</td><td>1</td><td>5.5</td></tr>
<tr><td colspan="2">双杆</td><td>1.2</td><td>6.5</td></tr>
<tr><td rowspan="4">制动绳</td><td rowspan="2">通过滑车组用制动器制动</td><td>单杆</td><td rowspan="2">4</td><td rowspan="2">1.2</td><td>1</td><td>4.8</td></tr>
<tr><td>双杆</td><td>1.2</td><td>5.76</td></tr>
<tr><td rowspan="2">直接用制动器制动</td><td>单杆</td><td rowspan="2">4</td><td rowspan="2">1.2</td><td>1</td><td>5</td></tr>
<tr><td>双杆</td><td>11.2</td><td>6</td></tr>
<tr><td>临时固定用拉绳</td><td colspan="2">用手扳葫芦或人力绞车</td><td>3</td><td>1</td><td>1</td><td>3</td></tr>
</table>

2）按耐久性要求检验。

滑轮、卷筒最小直径 D 可按下式计算：

$$D=(e-1)d \tag{5-1-2}$$

式中　e 决定于起重牵引设备型式和工作条件系数。对起重滑车，e 取 11～12，对于手推绞磨卷筒 e 取 10～11。d 为钢丝绳直径。

（3）影响钢丝绳强度的因素。

虽然钢丝绳本身强度高、耐磨损，但使用中影响钢丝绳强度的因素也是很多的，必须引起足够重视。

1）钢丝绳产品手册提供的不同规格的钢丝绳破断力仅是钢丝绳能够达到的最大破断力，在现场我们使用钢丝绳的实际破断力往往小于最大破断拉力。

2）钢丝绳使用时，端部常常要插成绳套使用，钢绳破断力就要下降，如做成各种绳扣（绳结）连接，对破断力的影响就更大。

3）弯曲对钢丝绳也会产生影响。钢丝绳使用时，经常要通过滑轮、滚筒，钢丝绳在弯曲情况下承受荷载，破断力明显下降，特别是滑轮或滚筒直径与钢丝绳直径之比小于十倍时，钢丝绳破断力明显下降。如果钢丝绳与角钢等接触而成直角弯曲时，影响更是明显，必须采取措施，衬入圆形物。

4）钢丝绳会产生疲劳现象。钢丝绳反复通过滑轮会产生疲劳现象，导致断股。据试验，钢丝绳经滑轮超过 600 次后大量出现断钢丝的现象。

5）钢丝绳在使用中发生磨损。钢丝绳经常使用，表面必然会有磨损，如直接磨损达 5%～7%时，即使是均匀磨损，钢丝绳的强度也将下降 14%～50%，如果是局部磨损，对钢丝绳强度的影响更大。

6）滑轮槽形对钢丝绳也有影响。钢丝绳的直径与通过的滑轮槽型应相匹配，如不匹配，将影响到钢丝绳强度。

7）钢丝绳扭转对其强度也有影响。普通钢丝绳受张力后，会在钢丝绳断面上产生扭力，从而使钢丝绳的节距发生变化，当节距变化量达到原节距的 15%时，钢绳破断力明显下降，如由扭转而引起劲钩，则对钢绳强度影响更大。

此外，钢丝绳的锈蚀、外伤、摩擦、受到高温等因素均可能影响钢绳的强度，所以使用钢丝绳必须按有关规定选取合适的安全系数。

（4）钢丝绳的使用和维护。

1）钢丝绳使用中不许扭结，不许抛掷。

2）钢丝绳使用中如绳股间有大量的油挤出来，表明钢丝绳的荷载已很大，必须停止加荷检查。

3）钢丝绳端头应编插连接，或用低熔点金属焊牢。钢丝绳末端与其他物件永久联接时，应采用套环或鸡心环来保护其弯曲最严重的部分。

4）为了减少钢丝绳的腐蚀和磨损，应该定期加润滑油（四个月加一次）在加油前，先用煤油或柴油洗去油污，用钢丝刷去铁锈，然后用棉纱团把润滑油均匀地涂在钢丝绳上。新钢丝绳最好用热油浸，使油浸达麻心，再擦去多余油脂。

5）存放仓库中的钢丝绳应成卷排列，避免重叠堆置，库中应保持干燥，防止生锈。

2. 白棕绳

（1）白棕绳的分类。根据麻股的数量和绞捻次数，麻绳可分为索式和缆式两种。送电线路施工一般采用索式白棕绳，索式白棕绳由三股麻股捻成，每股由很多麻丝捻成，两者捻向相反。根据抗潮措施的不同，麻绳又有浸油和不浸油之分。前者系用松脂浸透，抗潮和防腐能力较好，但机械强度比不浸松脂的约减少 10%，后者在干燥状态下强度和弹性均较好，但受潮后强度约减少 50%。根据所采用原料不同麻绳还可分为白棕绳、混合绳和麻线绳三种，白棕绳以龙舌兰麻捻成，抗拉及抗扭力强，滤水性强且耐摩擦。在线路中可起吊重物，其他两种不宜作起重用。

（2）白棕绳的选用。

1）白棕绳的允许拉力按式（5–1–3）计算，国产起重麻绳（白棕绳）规格标准见表 5–1–6。

$$[T]=\frac{T_b}{KK_1K_2}=\frac{T_b}{K_\Sigma} \tag{5–1–3}$$

式中 $[T]$ ——钢丝绳的允许拉力，N；

T_b ——钢丝绳有效破断力，N；

K ——钢丝绳安全系数；

K_1 ——动荷系数；

K_2 ——不平衡系数；

K_Σ ——麻绳的综合安全系数，可按表 5–1–7 选用。

表 5–1–6　　国产起重麻绳（白棕绳）规格标准

绳直径（mm）	质量（kg/m）	最小破断力（kN）			绳直径（mm）	质量（kg/m）	最小破断力（kN）		
		Ⅰ级	Ⅱ级	Ⅲ级			Ⅰ级	Ⅱ级	Ⅲ级
6	0.03	3.969	2.626	1.725	26	0.48	48.708	33.124	21.854
8	0.06	6.527	4.312	2.842	28	0.55	55.958	38.122	25.088
10	0.08	9.016	5.978	3.842	30	0.63	64.876	43.61	29.302
12	0.11	11.427	7.595	4.988	32	0.72	72.912	49.098	33.026
14	0.14	15.974	10.682	7.705	34	0.81	80.752	54.488	36.652
16	0.18	19.208	13.132	8.536	36	0.91	88.20	59.682	40.18
18	0.23	24.108	16.268	10.78	40	1.12	107.506	72.912	49.098
20	0.28	30.576	20.678	13.622	44	1.36	117.698	79.968	53.802
22	0.34	36.848	24.892	16.464	48	1.61	137.20	93.688	63.014
24	0.40	42.924	29.008	19.208	52	1.90	158.76	108.094	72.618

表 5-1-7 麻绳的综合安全系数

序号	工作性质及条件	K	K_1	K_2	K_Σ
1	通过滑车组整立杆塔或紧导、地线时的牵引绳	5.5	1.1	1	6
2	起立杆塔时的吊点固定绳（单杆/双杆）	6	1.2	1/1.2	7.2/8.6
3	起立杆塔时的根部制动绳（单杆/双杆）	5.5	1.2	1/1.2	6.6/7.9
4	起立杆塔时的临时拉线（单杆/双杆）	4	1.2	1.1	5.3
5	做其他起吊及牵引用的牵引绳及吊点固定绳	5.5	1.2	1	6.6

注 1. 对于旧的起重麻绳，在考虑安全系数时，应按本表所列数值加大 40%～100%；
2. 对于受潮的素麻绳，安全系数应按本表所列数值加大 1 倍。

2）按允许最小卷绕直径选用：起重用麻绳（白棕绳）除了满足安全系数要求外，还必须满足最小卷绕直径的要求。

滑轮（或卷筒）槽底的直径 D 与起重白棕绳标称直径（外接圆直径）d 之比，在人力驱动方式应大于或等于 10，在特殊场合降低到 7 时，必须减少起重麻绳的使用应力 25%。

3. 起重滑车

起重滑车亦称滑轮是利用杠杆原理制成的一种简单机械，它能借起重绳索的作用而产生旋转运动，以改变作用力的方向或省力。仅仅能改变力的方向的滑车，称为定滑车（或称导向滑车）；能起省力作用的滑车，称为动滑车，动滑车本身随荷重之升降而升降。在实际应用中，为了扩大滑车的效用，往往把一定数量的动滑车和一定数量的定滑车组合起来，这便是滑车组，滑车组也有省力滑车组和省时滑车组之分，在起重机械和起重工作中采用的主要是省力滑车组。输电线路施工中，滑车和滑车组的应用是非常广泛的，在组立杆塔、架线以及其他有起重作业的工序中，往往都要用到它。

（1）滑车组牵引力的计算。

1）牵引端从定滑车绕出。牵引绳从定滑车绕出滑车组如图 5-1-14 所示，如果不考虑摩擦力，则拉力 F 为

$$F = \frac{Q}{n} \tag{5-1-4}$$

式中 Q——荷重；

n——滑车组的滑车数。

如果考虑摩擦力，则拉力 F 计算很复杂。为简化计算，可按无摩擦阻力计算，如用钢丝绳再增加荷重 Q 的 10%，如用麻绳再增加荷重的 15%。

2）牵引端从动滑车绕出。牵引绳从动滑车绕出滑车组如图 5–1–15 所示。如果不考虑摩擦力，则拉力 F

$$F=\frac{Q}{n+1} \tag{5–1–5}$$

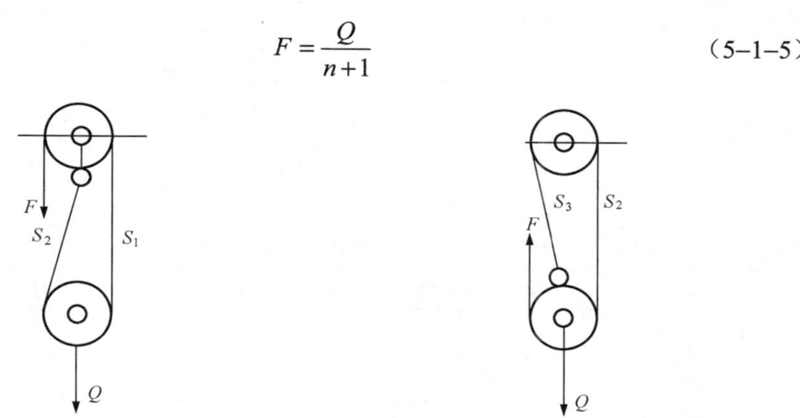

图 5–1–14　牵引绳从定滑车绕出滑车组　　图 5–1–15　牵引绳从动滑车绕出滑车组

如果考虑摩擦力，则拉力 F 可按无摩擦阻力计算再增加荷重 Q 的 10%。

牵引端从定滑车、动滑车引出的钢丝绳滑车组的主要性能如表 5–1–8、表 5–1–9 所示。滑车组牵引力可按表 5–1–8 和表 5–1–9 要求计算。

表 5–1–8　　牵引端从定滑车引出的钢丝绳滑车组的主要性能

滑车组的滑轮数 n	1	2	3	4	5	6	7	8
滑车组的连接方式	F Q	F Q	F Q	F Q	F Q	F Q	F Q	F Q
每个单滑车的效率 η	0.95	0.95	0.95	0.95	0.95	0.95	0.95	0.95
牵引端的拉力 F	1.05Q	0.540Q	0.369Q	0.284Q	0.233Q	0.198Q	0.174Q	0.156Q
牵引端通过导向滑车的拉力 F'（导向滑车效率 η_a=0.96）	1.09Q	0.562Q	0.384Q	0.295Q	0.242Q	0.206Q	0.182Q	0.162Q
牵引端通过导向滑车的拉力 F'（导向滑车效率 η_a=0.98)）	1.07Q	0.551Q	0.376Q	0.289Q	0.237Q	0.203Q	0.178Q	0.159Q
每个单滑车的效率 η	0.98	0.98	0.98	0.98	0.98	0.98	0.98	0.98
牵引端的拉力 F	1.02Q	0.515Q	0.347Q	0.263Q	0.212Q	0.178Q	0.155Q	0.137Q
牵引端通过导向滑车的拉力 F'（导向滑车效率 η_a=0.98）	1.05Q	0.526Q	0.354Q	0.268Q	0.216Q	0.182Q	0.158Q	0.140Q

表 5–1–9 牵引端从动滑车引出的钢丝绳滑车组的主要性能

滑车组的滑轮数 n	1	2	3	4	5	6	7	8
滑车组的连接方式								
每个单滑车的效率 η	0.95	0.95	0.95	0.95	0.95	0.95	0.95	0.95
牵引端的拉力 F	0.505Q	0.350Q	0.270Q	0.221Q	0.189Q	0.166Q	0.148Q	0.135Q
牵引端通过导向滑车的拉力 F'（导向滑车效率 η_a=0.96）	0.546Q	0.365Q	0.380Q	0.230Q	0.196Q	0.172Q	0.154Q	0.141Q
牵引端通过导向滑车的拉力 F'（导向滑车效率 η_a=0.98））	0.536Q	0.358Q	0.275Q	0.225Q	0.193Q	0.169Q	0.151Q	0.138Q
每个单滑车的效率 η	0.98	0.98	0.98	0.98	0.98	0.98	0.98	0.98
牵引端的拉力 F	0.510Q	0.340Q	0.258Q	0.208Q	0.175Q	0.151Q	0.134Q	0.120Q
牵引端通过导向滑车的拉力 F'（导向滑车效率 η_a=0.98）	0.520Q	0.347Q	0.263Q	0.212Q	0.179Q	0.155Q	0.137Q	0.123Q

（2）滑车组绳的穿法。滑车组有普通穿法和花穿法两种。普通穿法是将钢绳自第一轮起顺序地从各轮中穿过，牵引端从最后一个轮子穿出。由于滑轮中存在阻力的缘故，这种滑车组在起重时，各根钢丝绳会产生受力不均的现象，牵引端的拉力 F 最大，固定端钢绳受力最小。因此，在使用走三走三或更多的滑车组时，将出现更不均匀的现象。花穿法将可避免上述这种现象。花穿法就是使牵引端由中间轮子穿出，如图 5–1–16 所示。一般送电线路施工中由于起重物体的重量相对比较小，所以一般都是普通穿法。但如果遇到起吊物很重时，要用走三走三或更多的滑车组时，就宜采用花穿法。

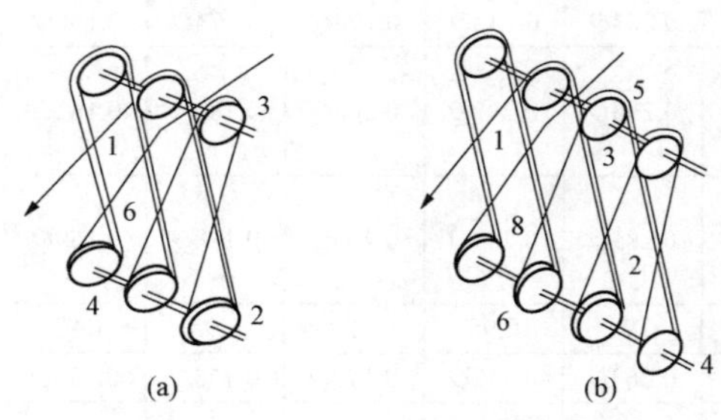

图 5–1–16 滑车组花穿法

（a）走三走三；（b）走四走四

（3）滑车使用和保养注意事项。

1）使用前首先应检查滑车的铭牌所标起吊质量是否与所需相符，其大小应根据其标定的容许载荷量使用。

2）使用前应检查滑车轮槽、轮轴、护夹板和吊钩等各部分有无裂纹、损伤和转动不灵活等现象，有存在上述现象者不准使用。

3）滑车的轮槽直径不能太小，铁滑轮的直径应大于或等于钢丝绳直径的 10 倍。

4）滑车穿好后，先要慢慢地加力，待各绳受力均匀后，再检查各部分是否良好，有无卡绳之处。如有不妥，应立即调整好之后才能牵引。

5）滑车吊钩中心与重物重心应在一条直线上，以免重物吊起后发生倾斜和扭转现象。

6）滑轮和轮轴要经常保持清洁，使用前后要刷洗干净，并要经常加油润滑。

（4）起重滑车型号和选用。滑车的滑轮固定在轮轴上可以自由转动，在轮毂内装有青铜轴套、粉末冶金轴套的滑动轴承或滚动轴承。在输电线路施工中，一般采用滚动轴承。当采用滑动轴承时，必须定期注油润滑：以减少磨损，提高传动效率。

H 系列滑车产品型号规格均用一组文字代号表示，代号由 4 部分组成。

H △ × △ □

滑车型式代号如表 5–1–10 所示。

表 5–1–10　　滑车的型式代号

型式	开口	闭口	吊钩	链环	吊环	吊梁	挑式开口
代号	K	不加 K	G	L	D	W	K_B

选用滑车是先根据起吊重量和需要的滑轮数，按表 5–1–11 查得滑车滑轮槽底的直径和配合使用的钢丝绳直径，核查所选用的钢丝绳是否符合规定。

表 5–1–11　　H 滑车系列表

轮槽底径（mm）	起重量（t）														使用钢丝绳（mm）	
	0.5	1	2	3	5	8	10	16	20	32	50	80	100	140		
	滑轮数														适用的	最大的
70	1	2													5.7	7.7
85		1	2	3											7.7	11
115			1	2	3	4									11	14
135				1	2	3	4								12.5	15.5
165					1	2	3	4	5						15.5	18.5
185							2	3	4	6					17	20
210						1			3	5					20	23.5
245							1	2		4	6				23.5	25
280								1	2	3	5	7			26.5	28
320											4	6	8		30.5	32.5
360									1	2	3	5	6	8	32.5	35

为保证钢丝绳或麻绳的耐久性，使用钢丝绳的滑车，滑轮槽底直径和配合使用的钢丝绳直径之比，应符合前述钢丝绳选用的规定。如果所选用的滑轮和钢丝绳，不符合规定，则应选用大一号的滑车。

4. 地锚

在输电线路施工中，用来固定牵引铰磨，固定牵引复滑车、转向滑车及固定各种临时拉线等都会应用临时地锚。输电线路施工中常用的临时地锚有深埋式地锚、板桩式地锚和钻式地锚（地钻）。

（1）深埋式地锚。地锚受力达到极限平衡状态时，在受力方向上，沿土壤抗拔角方向形成剪裂面，地锚的极限抗拔计算中，土壤是按匀质体考虑的，即认为设置地锚过程中扰动土经过回填夯实后，其特性已恢复到与附近的未扰动土接近一致。实际在送配电施工中所用的深埋式地锚很难满足上述条件，因此将地锚的极限抗拔力除以安全系数 2～2.5 之后作为地锚的允许抗拔力。

按受力方向来分，深埋式地锚有垂直受力地锚和斜向受力地锚，如图 5–1–17 和图 5–1–18 所示。

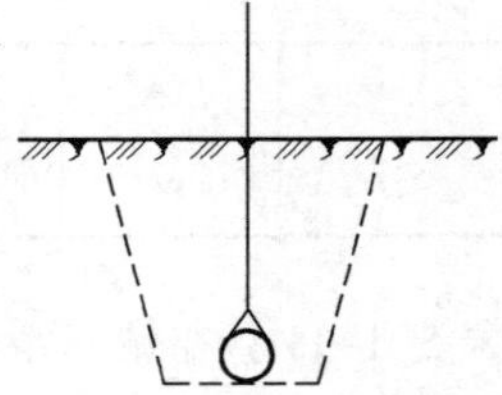

图 5–1–17 地锚垂直受力图

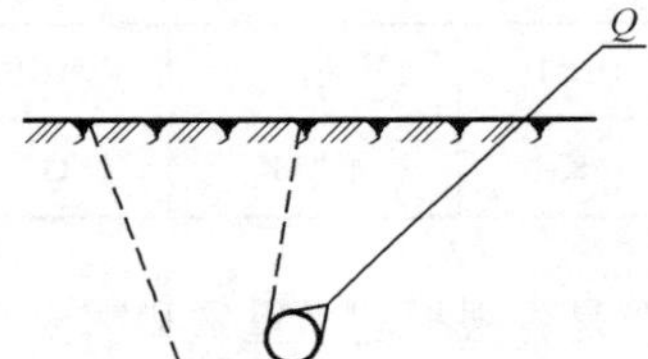

图 5–1–18 地锚斜向受力图

1）垂直受力地锚抗拔计算。垂直受力地锚的极限抗拔力，为地锚带动一直立的截四棱锥形体积木块重量如图 5–1–19 所示，其允许抗拔力按（5–1–6）计算

$$[Q]=\frac{G}{K} \qquad (5\text{–}1\text{–}6)$$

式中 $[Q]$——地锚允许抗拔力，kN；

G——地锚带动的截四棱锥形体积土块重力，kN；

K——地锚抗拔安全系数。

截四棱锥形土壤重量：

$$G=V\gamma=\left[dlh+(d+l)h^2\tan\phi+\frac{4}{3}h^3\tan^2\phi\right]\gamma \qquad (5\text{–}1\text{–}7)$$

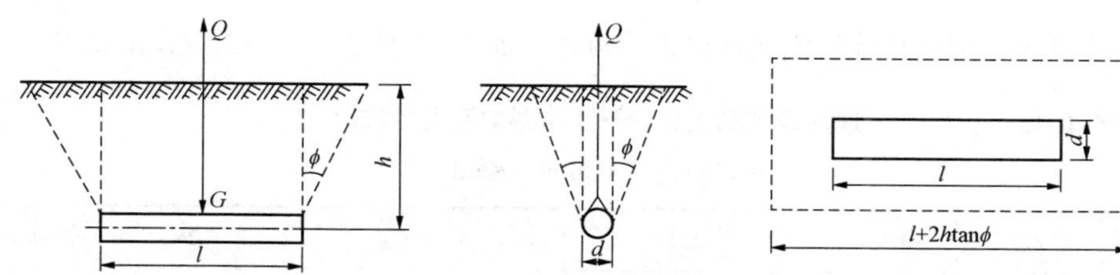

图 5–1–19　垂直受力地锚抗拔力图

式中　V——被拉出土壤体积，m^3；

γ——土壤单位容重，t/m^3；

d——地横木直径，m；

l——地横木的长度，m；

h——地横木距地面的距离，m；

ϕ——土壤计算抗拔角。

除以安全系数，得容许抗拔力为

$$[Q]=\frac{G}{K}=\frac{1}{K}\left[dlh+(d+l)h^2\tan\phi+\frac{4}{3}h^3\tan^2\phi\right]\gamma \tag{5-1-8}$$

2）斜向受力地锚抗拔力计算。斜向受力地锚的极限抗拔力为地锚受力方向上带动一截四棱锥形体积土块质量 G，在受力方向上的分力，斜向地锚抗拉力图如图 5–1–20 所示，其允许抗拔力为

$$[Q]=\frac{G\sin\alpha}{K} \tag{5-1-9}$$

$$[Q]=\frac{1}{K}\left[dlt+(d+l)h^2\tan\phi+\frac{4}{3}h^3\tan^2\phi\right]\gamma \tag{5-1-10}$$

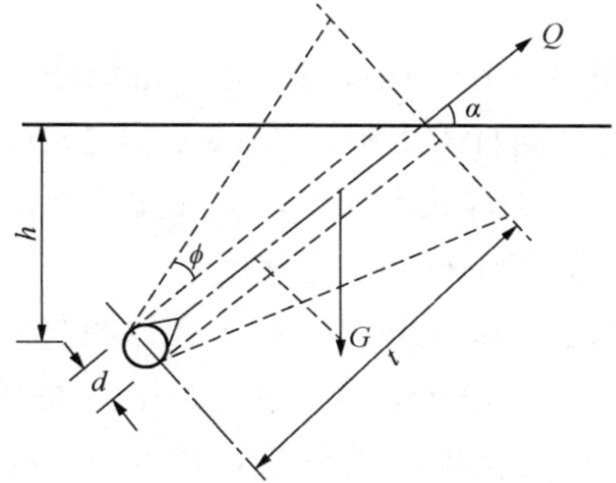

图 5–1–20　斜向地锚抗拉力图

对于几种常用长度地锚的允许拉力，可在表 5–1–12 或表 5–1–13 中直接查取。

表 5–1–12 埋入硬塑黏土或亚黏土中斜向受力地锚的允许拉力（×10kN，K=2）

d(m) / l(m) / h(m)	0.15	0.18				0.20				0.22				0.25				2×0.15
	1.00	1.00	1.20	1.50	1.80	1.00	1.20	1.50	1.80	1.00	1.20	1.50	1.80	1.00	1.20	1.50	1.80	1.00
0.80	0.75	0.78	0.87	1.02	1.16	0.80	0.90	1.04	1.19	0.84	0.94	1.09	1.24	0.87	0.97	1.13	1.29	0.92
1.00	1.23	1.28	1.42	1.63	1.84	1.31	1.45	1.67	1.88	1.36	1.51	1.73	1.96	1.40	1.56	1.79	2.02	1.47
1.20	1.88	1.94	2.13	2.42	2.72	1.97	2.17	2.47	2.77	2.06	2.26	2.58	2.88	2.11	2.32	2.64	2.96	2.20
1.50	3.22	3.29	3.59	—	—	3.35	3.64	4.09	—	3.47	3.80	4.25	4.70	3.55	3.82	4.30	4.75	3.68
1.80	—	5.30	—	—	—	5.34	5.78	—	—	5.40	5.85	6.50	—	5.51	5.95	6.61	7.28	5.68
2.00	—	—	—	—	—	6.97	—	—	—	7.03	7.57	—	—	7.17	7.70	8.50	—	—

表 5–1–13 埋入硬状黏土中斜向受力地锚的允许拉力（×10kN，K=2）

d(m) / l(m) / h(m)	0.15	0.18				0.20				0.22				0.25				2×0.15
	1.00	1.00	1.20	1.50	1.80	1.00	1.20	1.50	1.80	1.00	1.20	1.50	1.80	1.00	1.20	1.50	1.80	1.00
0.80	1.06	1.09	1.21	1.39	1.57	1.11	1.24	1.42	1.60	1.14	1.26	1.45	1.64	1.17	1.30	1.50	1.70	1.24
1.00	1.78	1.82	2.00	2.27	2.55	1.86	2.05	2.31	2.59	1.90	2.08	2.36	2.63	1.94	2.13	2.42	2.71	3.02
1.20	2.76	2.82	3.06	3.45	—	2.86	3.11	3.50	0.88	2.90	3.16	3.55	3.95	2.96	3.24	3.64	4.04	3.08
1.50	—	4.90	—	—	—	4.95	5.33	—	—	5.00	5.40	6.00	—	5.05	5.50	6.10	6.70	5.25
1.80	—	—	—	—	—	7.82	—	—	—	7.70	8.50	—	—	8.05	8.60	9.45	—	—
2.00	—	—	—	—	—	—	—	—	—	10.3	—	—	—	10.5	11.2	—	—	—

（2）板桩式地锚。板桩式地锚一般简称桩锚。桩锚是以圆木、圆钢、钢管、角钢垂直或斜问（向受力反方向倾斜打入土中），依靠土壤对桩体嵌固和稳定作用，承受一定拉力。板桩式地锚承载力比深埋式地锚小，但设置简便，省力省时，所以在输配电线路施工，尤其是配电线路施工中得到广泛使用。

送电线路上用得最多是圆木和圆钢桩锚。圆木桩锚一般选用强度好，有韧性杂木、檀木作桩体，直径 10～12cm，长 1.1～1.5m，桩体上端加套铁箍，以防桩体在打击下开裂，用于土质较软处。圆钢桩，直径 4～6cm，长 1.1～1.5m，用于土质较硬处。

桩锚可垂直或斜向打入土中，无论哪种型式，其受力方向最好与锚桩垂直，且拉力的作用点，最好靠近地面，这样受力较好。如在桩锚前适当位置加横木，抗拔力将更好。

桩锚可单个布置，也可采用两个或多个桩锚联用，但须注意，桩与桩之间距离不应小于 0.8m，桩与桩间用白棕绳或钢绳联牢，使桩锚受力时各桩锚能同时受力，桩的入土深度不小于全长的 4/5。

（3）钻式地钻。钻式地锚，一般称地钻，结构简单，如图 5–1–21 所示。

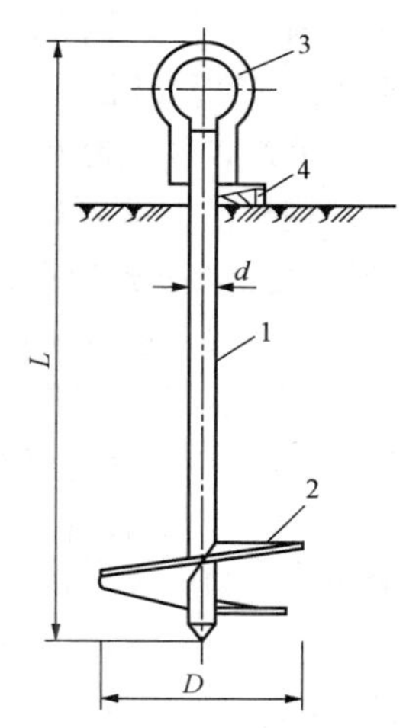

图 5–1–21 钻式地锚

1—钻杆；2—钻叶；3—拉线孔；4—垫木

地钻一般有钻杆、螺旋片、拉环三部分组成。根据需要可做成不同规格的地钻，较常见地钻长 1.5～1.8m，螺旋片直径 250～300mm，拉力有 1、3、5t 等。

地钻使用方便简单，只须在拉环内穿入木杠，推动旋转即可将地钻钻入地层内，且不破坏原状土。使用地钻时，须在受力侧加放横木，避免地钻受力后弯曲。当采用多个地钻组成地钻群使用时，地钻与地钻的连接应使用钢丝绳、圆钢拉棒或双钩，尽可能使地钻群中每个地钻的受力均匀，且地钻间应保持一定距离。

地钻适用于软土地带，对过硬土质和地下有较大粒径卵石时不宜使用。

5. 抱杆

抱杆是线路施工中起重吊装的主要工具之一，它可以在空间造成一个支点，绳索通过支点改变受力方向，吊装杆塔或装卸材料、设备。

（1）抱杆分类。

1）圆木抱杆：用径缩率较小的杉木或红松木材制成。它的使用历史最久，但因木材的抗压强度低，抱杆的容许承载能力受限制，故目前在输电线路整体组立杆塔时已较少采用，只是在配电线路施工中及分解组塔时仍有采用。

2）角钢抱杆：用 3 号或 4 号普通碳素结构钢的角钢制作而成。为适应输电线路施工的特点，设计成分段式的桁架结构，以螺栓连接，在现场能组合和解体，便于搬运和转移。

3）钢管抱杆：应用无缝钢管作为抱杆本体制作的，往往设计成分段式的杆段，以内法兰连接，在现场能组合和解体，便于搬运和转移。

4）薄壁钢板抱杆：应用 3 号或 4 号普通碳素钢板，经弯曲后焊成薄壁圆筒状或拔梢圆锥筒状，以作为抱杆本体而制成的，并设计成分段式的，以内法兰连接，在现场能组合和解体，便于搬运和转移。

5）铝合金抱杆：铝合金的比重约为钢的 1/3，而其机械强度与 3 号钢近似，且温度适应范围大，因此输电线路施工上已采用其制作抱杆，并设计成分段式桁架结构，以螺栓连接，在现场能组合和解体，便于搬运和转移。

按使用方式可分为单抱杆和人字抱杆。

（2）抱杆的支承方式。抱杆端部的支承方式，也就是其端部受约束情况，对其纵向受压稳定情况影响很大。

理想的杆端支承方式有以下三种：

1）铰支式：只允许杆端截面有转动而不允许有任何横向移动。

2）嵌固式：不允许杆端截面有任何转动与移动。

3）自由式：允许杆端截面自由转动与横向移动而无约束。

在实际使用中，不可能都是理想的杆端支承，多数只是在近似理想的支承方式下进行工作。输电线路施工中使用的各种抱杆，按近似理想杆端支承方式可分为：

1）两端铰支抱杆。直立式独抱杆、倒落式抱杆、内拉线抱杆的根部有的直接着地，有的具备绞型支座，有的以拉线固定，其顶端以拉线固定，或牵引绳固定。这些抱杆可算两端绞支抱杆，计算时，抱杆折算长度系数μ取 1.0～1.1。

2）根端嵌固，顶端铰支抱杆。外拉线抱杆组塔时，其根端以钢绳绑扎嵌固于塔身，根据绑扎的松紧程度不同，对杆根截面约束情况也不同，实际上为近似嵌固端或铰支端，其顶端以地面拉线固定，实际为弹性铰支。对于这种抱杆可近似地按根端嵌固，顶端铰支处理，计算时抱杆折算长度系数μ取 0.7～0.8。

3）根端嵌固，顶端自由抱杆。小抱杆组塔时，其根部以钢绳绑扎嵌固于塔身，顶端不受任何支承作用。这种抱杆即倚靠其杆根之嵌固作用而维护其顶端承重，但实际其根端截面在极限状态下可有转动，是不可能绝对嵌固的。对这种抱杆，可近似地按根部嵌固，顶端自由处理，计算时抱杆折算长度系数μ取 2.0～2.2。

（3）抱杆的稳定。抱杆按其长度与截面比属细长杆件，这种杆件的受压强度不仅由材料压应力决定，而且还受杆件抗弯曲能力而定，通常杆件细长程度用长细比λ来表示：

$$\lambda = \frac{\mu L}{i} \tag{5-1-11}$$

$$i = \sqrt{\frac{J}{F}} \tag{5-1-12}$$

式中 μ——抱杆折算长度系数；

L——抱杆长度，cm；

i——抱杆截面回转半径，cm；

F——抱杆截面积，cm^2；

J——抱杆的截面惯性矩，cm^4。

对于圆木抱杆，抱杆截面回转半径等于抱杆中部直径的1/4。

根据欧拉公式进行压杆稳定计算：

$$[\delta]_{稳} = \phi[\delta] \tag{5-1-13}$$

式中　$[\delta]$——材料允许下压应力，N/cm^2。

ϕ——折减系数，可按细长比λ查表5-1-14得出。

表5-1-14　　中心受压截面压杆允许压应力折减系数ϕ

细长比 λ	60	70	80	90	100	110	120	130	140	150	160	170	180	190	200
3号钢	0.86	0.81	0.75	0.69	0.60	0.52	0.45	0.40	0.36	0.32	0.29	0.26	0.23	0.21	0.19
锰钢16	0.78	0.71	0.63	0.54	0.46	0.39	0.33	0.29	0.25	0.23	0.21	0.19	0.17	0.15	0.13
木材	0.71	0.60	0.48	0.38	0.31	0.25	0.22	0.18	0.16	0.14	0.12	0.11	0.10	0.09	0.08
硬铝16	0.455	0.353	0.269	0.212	0.172	0.142	0.119	0.101	0.087	0.076					

在选择抱杆时，高度要适当，抱杆选得长，可使起吊工作改善，但圆木抱杆中部截面面积变大，压应力变小，抱杆受力就要减小，抱杆的长度与受力是相互制约的。

（4）抱杆的强度计算。

1）单抱杆。

$$[R]=\phi A[\delta]-G_1 \tag{5-1-14}$$

式中　$[R]$——抱杆轴向压力，N；

ϕ——折减系数；

A——圆木抱杆中部截面面积，cm^2；

$[\delta]$——材料允许压应力，N/cm^2；

G_1——圆木中部截面以上上段自重力，N。

当抱杆两端绞支（μ=1），整杆长细比λ＞75时，不同规格圆木抱杆允许轴向力见表5-1-15和表5-1-16。

表 5-1-15　　径缩率 0.8%圆木抱杆允许轴心受力　　kN

长度（m）\ 梢径（cm）	10	11	12	13	14	15	16	17	18	19	20
5	12.25	16.856	22.736	29.988	38.808	49.49	62.23	77.322	94.962	115.44	139.16
6	9.604	13.132	17.542	23.03	29.596	37.534	47.04	58.114	71.148	86.14	103.684
7	7.938	10.78	14.308	18.62	23.814	30.086	37.436	46.158	56.252	68.012	81.438
8	6.762	9.114	12.054	15.582	19.894	24.99	31.066	38.122	46.354	55.958	66.836
9	5.978	7.938	10.486	13.462	17.052	21.364	26.46	32.34	39.20	47.138	56.154
10	5.292	7.056	9.212	11.858	14.896	18.62	23.03	28.028	33.908	40.67	48.516
11	4.90	6.37	8.33	10.682	13.426	16.562	20.482	24.892	29.988	35.868	42.434
12	4.41	5.88	7.546	9.604	12.054	14.994	18.326	22.246	26.754	31.85	37.632
13	4.116	5.39	6.958	8.82	11.074	13.622	16.66	20.188	24.206	28.714	34.006
14	3.822	4.998	6.468	8.184	10.192	12.544	15.288	18.424	22.05	26.166	30.87
15	3.528	4.508	5.978	7.546	9.408	11.564	14.011	16.954	20.286	24.01	28.224

表 5-1-16　　径缩率 1%圆木抱杆允许轴心受力　　kN

长度（m）\ 梢径（cm）	10	11	12	13	14	15	16	17	18	19	20
5	12.25	16.856	22.736	29.988	38.808	49.49	62.23	77.322	94.962	115.44	139.16
6	9.604	13.132	17.542	23.03	29.596	37.534	47.04	58.114	71.148	86.14	103.684
7	7.938	10.78	14.308	18.62	23.814	30.086	37.436	46.158	56.252	68.012	81.438
8	6.762	9.114	12.054	15.582	19.894	24.99	31.066	38.122	46.354	55.958	66.836
9	5.978	7.938	10.486	13.462	17.052	21.364	26.46	32.34	39.20	47.138	56.154
10	5.292	7.056	9.212	11.858	14.896	18.62	23.03	28.028	33.908	40.67	48.516
11	4.90	6.37	8.33	10.682	13.426	16.562	20.482	24.892	29.988	35.868	42.434
12	4.41	5.88	7.546	9.604	12.054	14.994	18.326	22.246	26.754	31.85	37.632
13	4.116	5.39	6.958	8.82	11.074	13.622	16.66	20.188	24.206	28.714	34.006
14	3.822	4.998	6.468	8.184	10.192	12.544	15.288	18.424	22.05	26.166	30.87
15	3.528	4.508	5.978	7.546	9.408	11.564	14.011	16.954	20.286	24.01	28.224

角钢抱杆的允许轴心受力见表 5-1-17，钢管抱杆允许轴心受力见表 5-1-18，铝合金抱杆的允许轴心受力见表 5-1-19。

表 5–1–17　　角钢抱杆的允许轴心受力

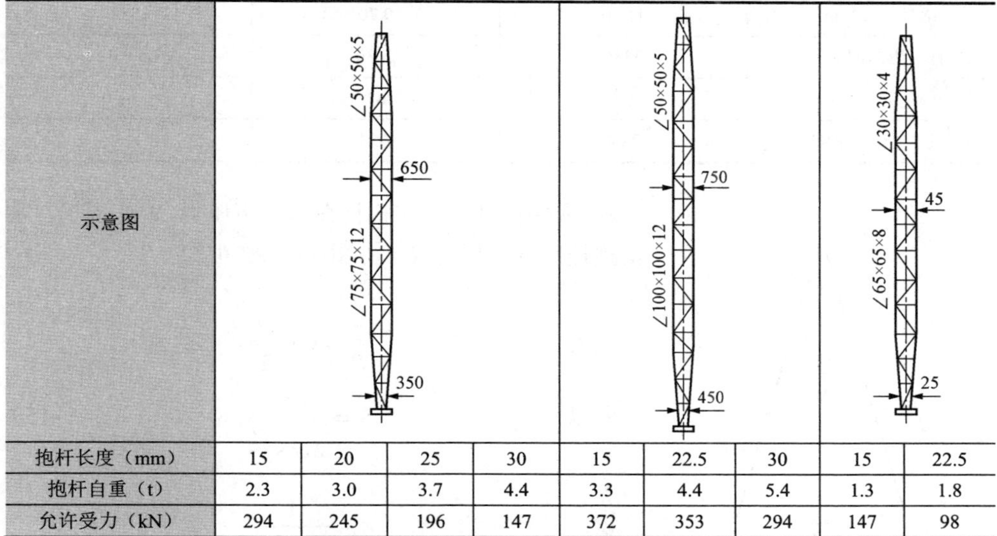

示意图									
抱杆长度（mm）	15	20	25	30	15	22.5	30	15	22.5
抱杆自重（t）	2.3	3.0	3.7	4.4	3.3	4.4	5.4	1.3	1.8
允许受力（kN）	294	245	196	147	372	353	294	147	98

表 5–1–18　　钢管抱杆的允许轴心受力

允许轴心受力（kN）	抱　杆　长　度（m）			
	8	10	15	20
29.4	159/6	159/6	273/8	325/8
49	219/8	219/8	273/8	325/8
98	219/8	219/8	273/8	325/8
147	273/8	273/8	325/8	377/10
196	273/8	273/10	325/8	426/10

注　表中分子为钢管外径（mm），分母为钢管壁厚（mm）。

表 5–1–19　　铝合金抱杆的允许轴心受力

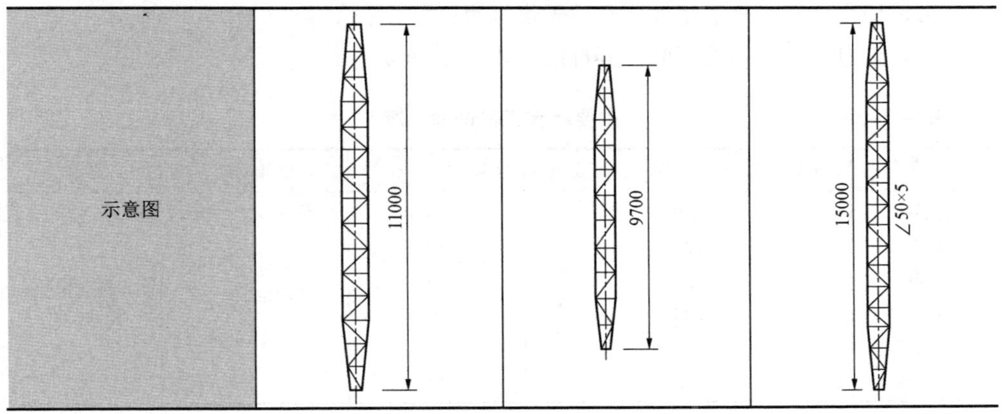

续表

抱杆全长（m）	11.10	9.70	15.00
抱杆最大断面（cm^2）	3535	3030	5050
自重（kg）	97	83	—
允许受力（kN）	78.4	78.4	118

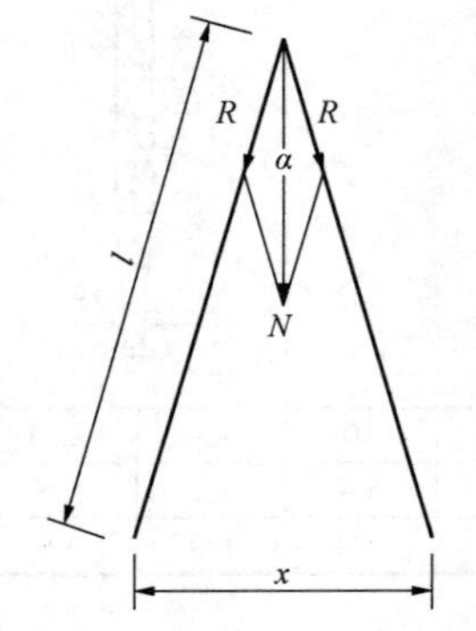

图 5-1-22 人字抱杆受力图

2）人字抱杆。人字抱杆在垂直下压力 N 作用下，每一根抱杆所分担压力 R，由图 5-1-22 可知

因为

$$\frac{\frac{N}{2}}{R}=\cos\frac{\alpha}{2}$$

所以

$$R=\frac{N}{2\cos\frac{\alpha}{2}} \tag{5-1-15}$$

设

$$k=\frac{1}{2\cos\frac{\alpha}{2}}$$

$$R=kN$$

式中 k——人字抱杆的夹角系数。

6. 受力工具使用注意事项

（1）起重工具均必须有出厂合格证，铭牌标明允许荷重，勿超载工作。

（2）使用前应仔细检查，有裂纹、弯曲、不灵活、卡线器钳口斜纹不明显等，均不得使用。

（3）定期润滑、维修、保养，损坏零件应及时更换。

（4）使用完毕，轻放防摔，存放干燥地点。

（5）起重工具应定期试验，其标准见表 5-1-20。

表 5-1-20 主要起重工具试验标准

名称	试验静荷重（允许荷重的百分数，%）	持荷时间（min）	试验周期	备注
抱杆	200	10	每年1次	包括脱帽环 包括吊钩
滑车	125	10		
绞磨	125	10		
钢丝绳	200	10		
卡线器	200	10		
双钩紧线器	125	10		

【思考与练习】

1. 杆塔的主要作用是什么？

2. 杆塔按其作用有哪些分类？

3. 常用杆塔的施工组立方法有哪些？

◢ 模块 2　钢筋混凝土电杆整体组立（Z05F2002Ⅱ）

【模块描述】本模块涵盖混凝土电杆的排杆、焊接、地面组装、整体起吊的工艺设计及相关受力计算和安全措施。通过施工工序介绍、知识讲解、计算举例，掌握混凝土电杆组立操作过程及方法。

【模块内容】

一、工作内容

杆塔组立是输电线路施工中的重要工序之一，整体组立是钢筋混凝土电杆组立施工的主要方法。在电杆底盘、拉盘就位，基础转序验收结束、电杆安装图纸会审完成，且现场作业人员、作业方案、技术交底、材料运输、工器具等准备工作就绪后，进入电杆组立阶段。在完成场地平整、电杆运输任务后，其现场主要工作内容有排杆、焊杆、地面组装以及电杆整体组立操作施工。

（一）施工工艺流程

钢筋混凝土电杆整体组立施工工艺流程如图 5–2–1 所示。

（二）排杆

1. 场地准备

根据施工方案，清理平整场地，去除障碍物。

2. 检查

按有关规定，对混凝土杆检查，合格后方能使用，同时须了解杆号、杆型、各基混凝土电杆的数量编号，了解各段混凝土杆的螺栓孔等位置和尺寸，符合要求才能使用。

3. 混凝土杆的排列位置

（1）直线单杆宜沿线路中心线方向布置，直线双杆必须沿线路中心两侧对称布置。转角单杆宜沿线路转角平分线布置，转角双杆应沿线路转角平分线两侧对称布置，转角杆双杆排示意图如图 5–2–2 所示。

（2）等径杆每段垫两点，支点距杆端距离约为杆长的 0.21 倍，9m 及以下拔梢杆用两个支点，9m 以上拔梢杆一般用三个支点。当支点位置有碍组装时，允许前后调整 100～200mm，垫起高度应便于组装作业（一般用大于 15cm），支垫应平稳可靠。

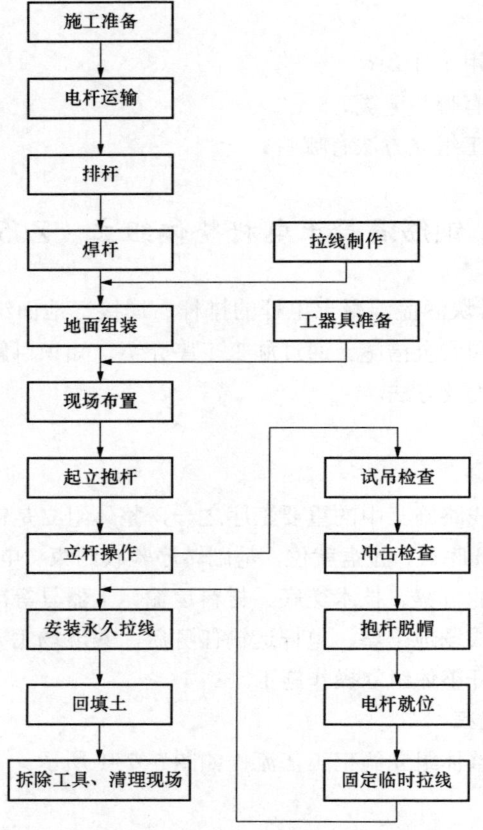

图 5-2-1 钢筋混凝土电杆整体组立施工工艺流程

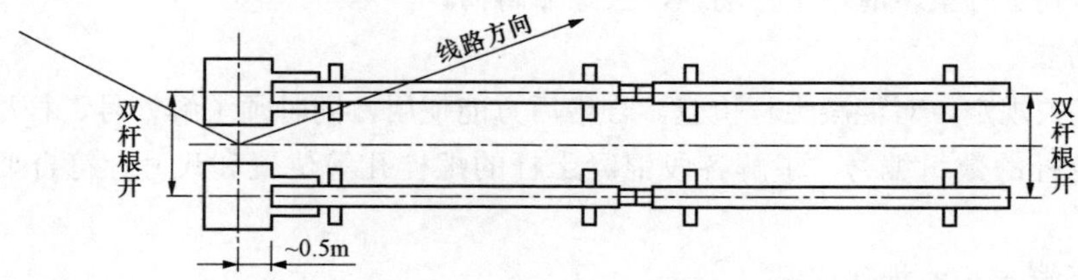

图 5-2-2 转角杆双杆排杆示意图

（3）杆根对着底盘中心，杆根部距底盘中心 0.5～1.5m，杆与杆之间保持 2～5mm（焊接时）。

4. 电杆找正

使全杆上、下和左右均成一直线，同时应保持预埋钢管，接地螺母与脚钉螺母的方位正确。钢圈应对齐，当钢圈偏心时，应以钢圈为准，找正混凝土杆。若钢圈面不与混凝土杆轴线垂直，而使焊口间隙不均匀时，在不妨碍钢管，脚钉螺母方位的前提下，可以转动杆段调整间隙，否则应修理坡口，再找正混凝土杆。焊口调整好后，应再检查杆段是否成一直线，钢管、脚钉螺母和接地螺母等的位置是否正确，如有偏差，应再调整，直到符合要求为止，最后用木塞将主杆塞牢。有坡度地形还须考虑防滑措施。

5. 混凝土杆的移动

（1）当混凝土杆需沿轴线方向移动时，操作人员对称地排列在杆两侧，每侧 3～5 人，每人用撬杠插入电杆下方，撬杠下加以支垫，然后统一指挥，同时用力，使杆前后移动。

（2）当杆需横向移动时，可用铁撬杆在道木处，用撬杠支点对着电杆，往上往前移动即可。

（3）当电杆需抬高时，可在支垫处加薄木片，当电杆太高需调低时，可在支垫道木下挖去一些土或用大锤打道木，使支垫下调。

（4）当电杆需扭转时，不得将铁撬插进眼孔里，必须用大绳和木杠，在电杆三个以上部位绕两圈后进行旋转。

排双杆时，无论是整根的还是分段的，均应在排完第一根以后再排第二根。排第三根时应测量两电杆的相对位置，使电杆根开和对角距离基本符合设计图纸的要求，同时还应实测各段电杆长度误差，使整杆组合后的累计误差最小。

（三）连接

混凝土杆段的连接是电杆组装中的一道重要工序，质量要求高，耗工量大，施工也较困难。目前常用的连接方法有三种，即法兰盘螺栓连接，钢圈对口焊接和射钉连接。

1. 法兰连接

法兰盘一般用铸钢浇成，然后分别焊在混凝土杆的主筋架上，在组装时用螺栓连接。

铸钢圈与法兰盘的厚度以及连接螺栓的数量应由计算确定。连接螺栓一般用 3 号钢制成。当用法兰盘连接混凝土杆时，坚固接头处的连接螺栓要从四周轮换进行，无需保持主杆正直并力求连接处紧密，在组装时允许在法兰盘间加铁垫片调查杆身，但垫片的数量不宜太多，一般不应超过三个，且总厚度不大于 5mm。

用法兰盘连接杆段的主要优点是施工简便、适用范围广，并且接头操作过程中不影响混凝土的质量。它的缺点是耗钢量较多，造价也比用其他接头方法要高，运行中也易产生变形。近年来，不少制造厂已生产用于预应力杆的球墨铸铁法兰盘，降低了耗钢量和造价。

2. 焊接连接

焊接连接的接头是用钢圈制成的，该接头在电杆混凝土浇制前，就预先焊接在电杆自主筋骨架上。排杆后一般采用气焊或电弧焊接的方法将各段连接成一个整体。

气焊接头的主要优点是制造简单、成本较低，运行中接头不易变形，缺点是在施工中要有气焊设备，这相应地增加了运输量，同时施工也较困难，特别是由于焊接时钢圈的毒膨胀，形成钢圈附近的混凝土裂纹，甚至混凝土脱落。而电弧焊无此毛病，因此宜采用电弧焊接，但需有电源。不论气焊还是电弧焊，焊接操作应符合下列规定：

（1）必须由经过电杆焊接培训并考试合格的焊工操作，焊完的焊口应及时清理，自检合格后应在规定的部位打上焊工的代号钢印。

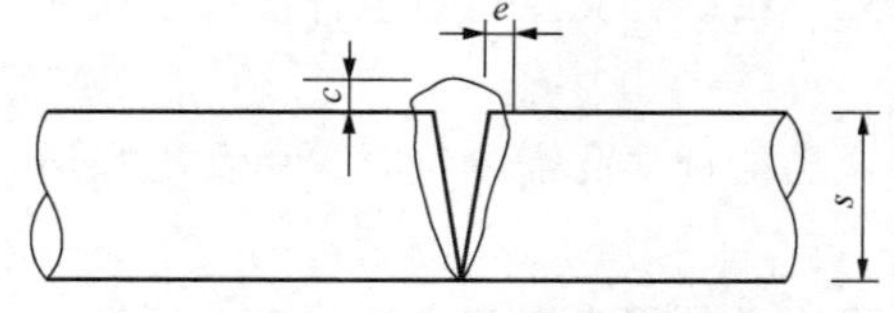

图 5–2–3　焊缝加强面尺寸图

（2）应清除焊口及附近的铁锈及污物。

（3）钢圈厚度大于 6mm 时应采用 V 形坡口多层焊。

（4）焊缝应有一定的加强面，其高度和遮盖宽度应符合表 5–2–1 及图 5–2–3 的规定。

表 5–2–1　　焊缝加强面尺寸　　mm

项　目	钢圈厚度 s	
	＜10	10～20
高度 c	1.5～2.5	2～3
宽度 e	1～2	2～3

（5）焊前应做好准备工作，一个焊口宜连续焊成，焊缝应呈平滑的细鳞形，其外观缺陷允许范围及处理方法应符合表 5–2–2 的规定。

表 5–2–2　　焊缝外观缺陷允许范围及处理方法

缺陷名称	允许范围	处理方法	缺陷名称	允许范围	处理方法
焊缝不足	不允许	补焊	咬边	母材咬边深度不得大于 0.5mm，且不得超过圆周长的 10%	超过者清理补焊
表面裂缝	不允许	割开重焊			

（6）采用气焊时应遵守下列规定：

1）钢圈宽度不应小于 140mm。

2）应减少不必要的加热时间，并应采取必要的降温措施，以减少电杆混凝土因焊接而产生的纵向裂缝。当产生宽为0.05mm以上的裂缝时，应采取有效的补修措施，予以补修。

3）因焊口不正造成的分段或整根电杆的弯曲度均不应超过其对应长度的2%，超过时应割断调直，重新焊接。

3. 射钉连接

射钉连接的基本方法是将需要连接的两段水泥杆钢圈套入接头钢圈内，用射钉枪击发射钉，射钉穿透钢圈，从而使两段水泥杆连接起来，射钉个数和在钢圈上的排列位置应根据接头的强度要求经计算确定。

射钉连接的显著优点解决了焊接钢圈时混凝土出现裂纹的质量问题，且设备简单，施工简便，连接可靠，尤其适宜于山区施工。

（四）组装

（1）在组装电杆前，应先将已连接后的混凝土杆拔正。拔正时要注意杆上各预埋螺栓孔（接地孔、脚钉孔、穿钉螺栓孔、挂线孔等）的位置是否正确。拔杆后的根开尺寸应符合设计要求，组装位置应符合整立要求。

（2）杆段拔正后，用钢尺在杆上正确量出横担、叉梁等部件的安装位置，并用红笔划好标志，以便组装。

（3）混凝土杆一般组装顺序为：先组装导线横担，再组装地线横担、电杆叉梁，最后组装其他附件（如拉线金具及拉线、脚钉管等）。

（4）组装导线横担时，将导线横担移至安装位置并大致就位。安装时应注意挂线板的角度和位置：直线杆挂线点在下方；耐张杆挂线板的角度一般向下（绝缘子串倒挂时其角度向上）。有吊杆时，应调节吊杆长度，使横担端部略微翘起。有长短横担时，长横担安装在转角外侧。

（5）叉梁安装。

1）在叉梁中间节点处垫道木，使四段叉梁处于同一平面内。

2）先装上叉梁抱箍并拧紧螺栓，后装下叉梁抱箍且呈松动状态。

3）将叉梁移至两杆中间，大至就位，安装上叉梁上端螺栓，同时将其下端放在支垫上，将上、下叉梁以连接板连在一起，最后将下叉梁下端连在下叉梁抱箍上。

4）调整下叉梁抱箍位置，使上下段叉梁成两条斜线，连接板平整，各部受力均匀。

5）影响立杆时，下叉梁下段可立杆后再安装。

（6）注意事项如下：

1）组装时要综合考虑底盘高差，混凝土杆长度误差，横担穿心螺栓标高位置，保证双杆整立后横担保持水平，其在主柱连接处的高差小于允许值。

2）安装有困难时，应查明原因，严禁强行组装。

3）不能用杆塔构件当撬杠，以免构件变形或裂纹。

4）全部构件组装完毕后，应使全杆平整地放在地上，复核无误后拧紧螺栓。螺栓、梢钉穿向要符合规定。组装电杆的铁件应良好、平整、无弯曲、裂纹损伤等缺陷。

5）电杆顶端应封堵。

（五）电杆整体组立

电杆地面焊接和附件组装工作结束后，进入整体组立阶段。其方法是本模块的核心内容，在后续内容中将进行重点介绍。

二、电杆整体组立作业前准备工作

（一）作业人员准备

作业人员组成：整体立杆作业应按照现场交通情况、地形环境条件和作业方案的复杂程度，合理配置作业人员。一般每个作业点应配置工作负责人 1 名、安全监护人 1 名、测工 2 名、高空作业人员 4 名、技工 6 名和普工 25 名左右为宜。

（二）作业工具器准备

钢筋混凝土电杆整体组立，以长度 21mΠ型钢筋混凝土等径杆常规作业，所需主要工器具有角钢人字抱杆、脱落环、锁脚钢绳、单（双）起重滑车、大（小）棕绳、U 型环、地锚、机动绞磨、防翻转重锤、手搬葫芦、光学经纬仪、撬杠、各种规格型号钢丝绳及钢绳套、安全警示牌等。

三、危险点分析和控制措施

（一）排杆作业

在排杆过程中主要有挤压伤人和坡地杆子滚动伤人等危险点，需要采取以下防范措施：

（1）杆段移动就位时应保持杆段有两个支点，支垫处两侧应随时用木楔掩牢。

（2）滚动杆段时应有一人指挥，统一行动，滚动前方不得有人。

（3）滚动电杆的前方为下坡或陡坎时，必须有制动措施。

（4）用撬棍拨动杆段时，应防止滑脱伤人。不得将铁撬棍入预埋孔转动杆身。

（5）杆段对接调整焊缝间隙时，严禁用手置于两段的钢圈之间。

（二）焊接作业

在焊接过程中主要有触电、火灾、乙炔、氧气瓶爆炸伤害等危险点，需要采取以下防范措施：

（1）焊接人员作业时应戴专用劳动保护用品。

（2）作业点 5m 内的易燃易爆物应清除干净。

（3）对两端封闭的混凝土电杆，应先在其一端凿排气孔，然后施焊。

（4）施焊过程中应设专人监护，必要时应设立焊接危险区，严禁非工作人员围观。

（5）严格按气焊、电焊施工的安全工作规定布置现场和组织施工。

（三）地面组装作业

在地面组装过程中主要有挤压伤害等危险点，需要采取以下防范措施。

（1）现场搬运物件时应遵循下列规定：

1）搬运前应观看周围是否有人工作及其他障碍物，避免相互碰撞。

2）搬运时注意观察行走道路有无沟坎，避免踩空、踩滑、跌倒。

3）两人抬运构件时，应用同侧肩抬，并做到同起同落。

4）多人抬运构件时，应步调一致，有一人指挥。

（2）地面组装必须设置现场指挥人，负责现场的全面安全工作。现场组装人员应戴手套及安全帽。找正螺孔时，严禁将手指伸入孔内。地面相互传递或上下传递工具、构件、螺栓、垫圈等，一律禁止抛掷。上下层同时作业时，上层作业人员应备工具袋，严禁工具及铁件向下抛掷。

（3）在面组装中，需要用木抱杆起吊构件时，应专人指挥、明确分工，各位应有专人控制绳索。各处锚桩应经指挥人检查认可后方准使用。起吊构件的下方不得有人逗留。

（四）整体组立作业

在整体组立操作过程中主要有倒杆、高空坠落、挤压伤害等危险点，需要采取以下防范措施。

（1）总牵引地锚中心、抱杆顶、杆塔结构中心、制动地锚中心必须在同一垂直平面内。

（2）各部位的工器具规格、绑扎点、连接方式等必须符合施工设计要求，每次立杆前均应检查。

（3）加强电杆头离地 0.5m 冲击检验、抱杆失效脱帽时的震动、立杆至 70° 的后方拉线、立杆至 80° ～85° 时停止牵引等四个关键时刻的电杆安全控制。

（4）正在起吊的构件及抱杆下方严禁人员逗留。

（5）不准用麻绳代替临时拉线，不准用不可靠的露出地面的岩石或树桩作立杆地锚。

（6）不准未打好临时拉线就拆换永久拉线。

（7）遇有雷电、暴雨、浓雾及大风天气不得进行起吊工作。

四、混凝土杆整体组立施工工艺步骤及质量标准

（一）施工计算

1. 电杆重心高度的确定

（1）电杆重心位置。电杆重心计算以 O 点为力矩中心，所有外力对 O 点之力矩代

数和除以电杆所有质量之和，即为电杆重心 X_0，电杆荷重作用图如图 5–2–4 所示。

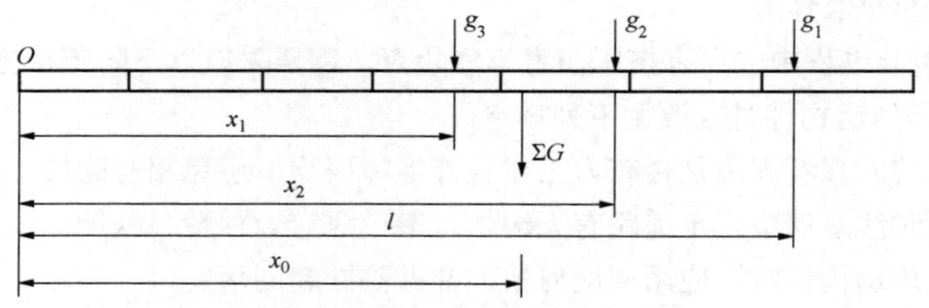

图 5–2–4 电杆荷重作用图

（2）电杆重心高度计算。已知混凝土电杆型式、总重量及全高度和各部的结构尺寸等。混凝土电杆重心高度

$$X_O = \frac{\Sigma M_O}{\Sigma G} \tag{5–2–1}$$

式中 ΣG ——混凝土电杆总重；

ΣM_O ——混凝土电杆各部分质量对混凝土电杆起立支点处中心位置 O 点的力矩之和。

2. 现场布置参数选择

（1）抱杆的有效高度。抱杆的有效高度选择，主要考虑起吊的难易程度和抱杆失效的时间早晚来确定，一般取杆高的 0.4～0.45 倍或杆重心高度的 0.8～1.1 倍。

（2）人字抱杆的根开。人字抱杆的根开选择，应根据抱杆本身的稳定强度、有效高度和电杆的根开大小等因素来考虑，一般取抱杆高度的 0.35～0.4 倍为其根开。

（3）抱杆倾角。抱杆的初始倾角选择，对抱杆的有效高度、本身强度、脱帽时间和杆的受力有直接关系，一般取 60°～65°。

（4）抱杆根至杆坑中心的距离。抱杆底部至杆坑中心距离的大小，影响抱杆失效的时间和吊点合力位置的移动，为了使两者的变化不影响立杆工作的顺利进行，并使钢筋混凝土杆在 55°～60° 间脱帽，抱杆底部至杆坑中心的距离一般取用以下数值。

1）杆高在 30m 以下时，取 0.16～0.2 倍的杆高。

2）杆高在 30～38m 以上时，取 0.13～0.16 倍的杆高。

3）杆高在 38m 以上时，取 0.1～0.13 倍的杆高。

（5）总牵引地锚的位置。总牵引地锚的位置一般以总牵引绳对地夹角小于 20° 来确定，平地一般取杆高加 5～8m 为杆坑至总牵引地锚坑的距离。

（6）制动与后侧控制位置。制动和后侧控制点一般距地线支架 3～4m 处埋设地锚，后控制临时拉线应绑在上吊点处；若为 38m 以上的特高杆，杆身的中上部应再设一层临时拉线。

（7）侧面临时拉线位置。侧面临时拉线在垂直杆身平面的两侧大于 1.2 倍杆高，宜取杆高加 10m 来确定其地锚的位置。

3. 混凝土杆整体组立施工设计实例

参数确定采用解析法计算或是图解法计算。计算时必须首先确定已知和一些假定条件，根据这些计算条件，算出各部的受力情况，再根据受力情况，验证假定条件的合理性，对不合理部分应重新假定条件后重新进行计算，直到选出最佳的施工方案。

例：有一Π型钢筋混凝土等径杆，电杆长度 21m，导线横担重 360kg，四根叉梁重 400kg，电杆每米重 110kg，两杆根开 4.5m，如图 5–2–5 所示。设定采用倒落式人字抱杆整体组立，取钢抱杆长度 12m，抱杆根开为 3m，抱杆初始角 60°，采用 2 点起吊，第一固定吊点距杆顶 3m，第二固定吊点距杆顶 10m，抱杆根部距杆根 4m，牵引地锚距杆坑位置距离 35m，试求：① 整体组装后电杆的重心高度。② 抱杆的有效高度。③ 绘制现场起吊布置立体简图并标注名称和位置距离。

解：由图 5–2–6 所知，导线横担距杆根距离为 21–3=18m；电杆中心距杆根距离为 21/2=10.5m；叉梁中心距杆根距离为 8/2+7.5=11.5m；电杆总重量为 110×21×2=4620kg。以杆根为支点根据力矩平衡原理，则

（1）混凝土电杆重心高度

$$X_O=\frac{\sum M_O}{\sum G}=\frac{360\times18+110\times21\times2\times10.5+400\times11.5}{360+110\times21\times2+400}=11.08\text{m} \quad (5\text{–}2\text{–}2)$$

Π型钢筋混凝土等径杆两点吊示意图，如图 5–2–5 所示。

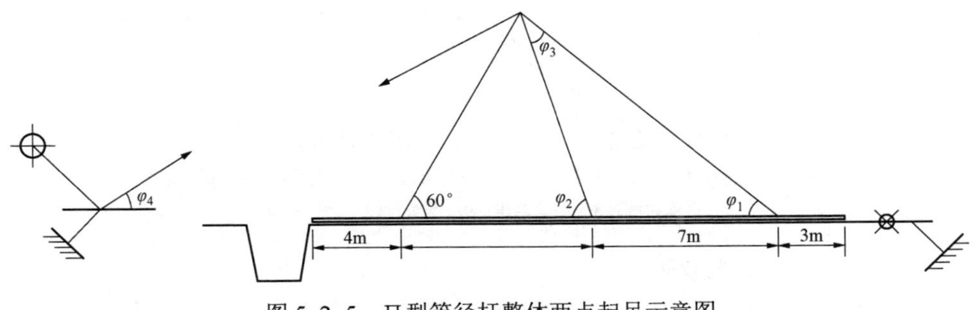

图 5–2–5 Π型等径杆整体两点起吊示意图

（2）抱杆有效高度 H

$$H=\sqrt{(12^2-1.5^2)}\sin60^\circ=10.3\text{m} \quad (5\text{–}2\text{–}3)$$

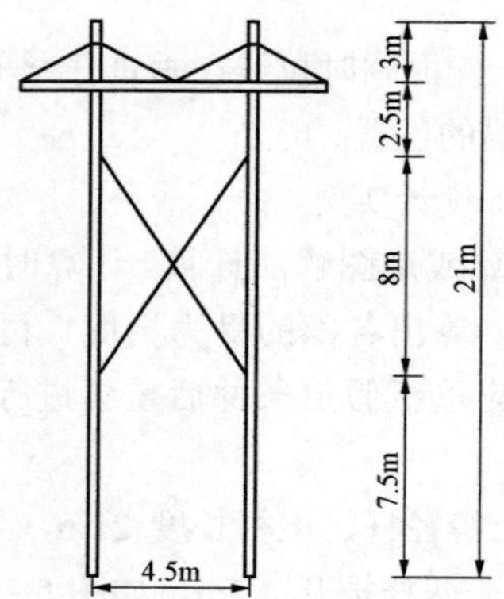

图 5–2–6 Π 型等径杆示意图

（3）倒落式人字抱杆两点起吊现场布置立体图如图 5–2–7 所示。

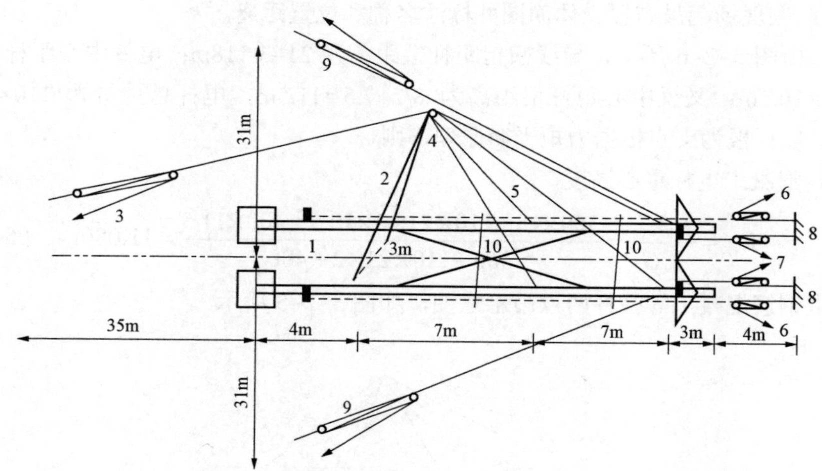

图 5–2–7 倒落式人字抱杆两点起吊现场布置立体图

1—电杆；2—人字抱杆；3—主牵引系统；4—起吊滑车；5—起吊绳；6—制动系统；7—后侧拉线；8—制动地锚；9—两侧拉线；10—补强木

（二）施工作业工艺步骤

1. 现场平面布置

倒落式人字抱杆整体组立混凝土电杆现场平面布置如图 5–2–8 所示。

整立电杆吊点位置参考表见表 5–2–3。

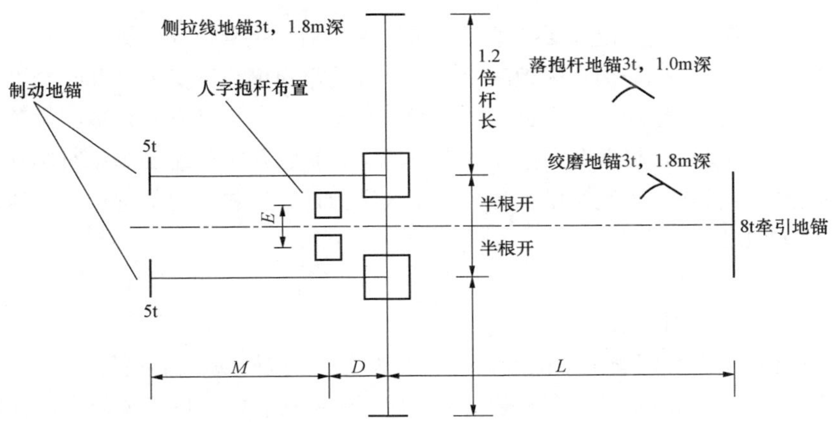

图 5–2–8　倒落式人字抱杆整体组立混凝土电杆现场布置平面图

表 5–2–3　　　　整立电杆吊点位置参考表

杆长（m）	吊点布置			抱杆布置				总牵引地锚			制动地锚			
	A（m）	*B*（m）	*C*（m）	座脚 *D*（m）	根开 *E*（m）	长度 *H*（m）	α	*L*（m）	规格（t）	埋深（m）	*M*（m）	规格（t）	埋深（m）	数量（个）
15	2	5		3	3	8	70°	25	8	2.0	26	5	1.8	2
18	2.5	6		4	3.5	10	70°	30	8	2.0	28	5	1.8	2
21	2.5	8.5		4	3.5	10	70°	35	8	2.0	28	5	1.8	2
22.5	2.5	6.0	5.5	4	3.5	10	70°	35	8	2.2	30	5	1.8	2

注　1. 侧拉线地锚 2 个：3t 埋深 1.8m。
2. 绞磨地锚 1 个：3t 埋深 1.8m。
3. 落抱杆地锚 1 个：3t 埋深 1.0m。

2. 起立人字抱杆

在整体组立电杆现场平面布置中，应同时做好起立人字抱杆的准备工作，人字抱杆常用钢管或格构式钢抱杆，现场一般采用木质小抱杆单独牵引起立人字抱杆，如图 5–2–9 所示。

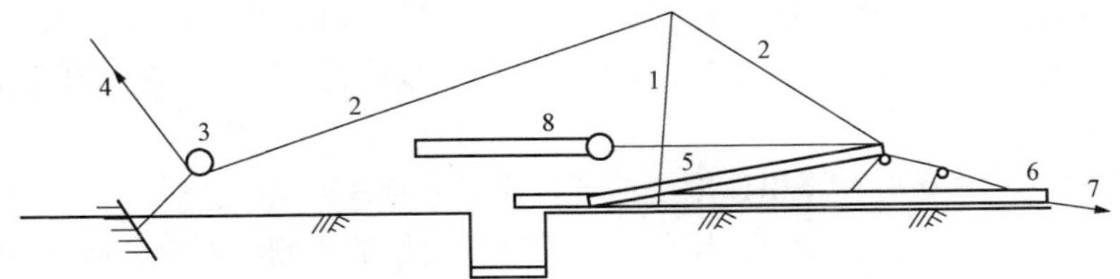

图 5–2–9　整体起立人字抱杆示意图

1—小抱杆；2—立抱杆牵引及吊绳；3—地滑车；4—绞磨；5—抱杆；6—电杆；7—制动绳；8—立杆总牵引滑车

启动机动绞磨，使大抱杆缓缓离开地面约 3m 后，接着启动电杆起吊绞磨，以收紧总牵引钢绳。当小抱杆接近失效时，应使立杆总牵引绳完全受力。此时牵引小抱杆的机动绞磨应暂停，继续启动立杆机动绞磨，直至人字钢抱杆立到合适的倾角。为防止抱杆底座前后滑移，起立人字抱杆前应在其底座前后方向布置 V 型临时制动绳。为防止人字抱杆杆根在松软地质中沉降，起立人字抱杆前应将其地基进行夯实处理或在其底座下铺垫枕木。

3. 整体立杆操作

（1）各作业点的检查。

1）立杆指挥人会同安全监护人负责检查的项目：抱杆顶、总牵引地锚中心、制动地锚中心、杆身结构中心是否在一条线上；电杆组装是否符合图纸要求；电杆接头防腐措施是否已完成；作业区围栏等安全设施是否齐全，严禁非作业人员进入 1.2 倍杆高作业区。

2）杆根操作人员应检查的项目：Π 型双杆的两侧吊点绳受力是否一致，绑扎位置是否正确、牢靠；吊点绳的平衡滑车挂钩及活门是否封闭；抱杆位置是否正确，抱杆脱帽的控制绳是否绑好。

3）制动系统操作人应检查的项目：制动绳有无叠压；制动绳在主杆根部绑扎位置是否正确、牢固；制动绳与地锚的连接是否牢固。

4）总牵引系统操作人应检查项目：总牵引的双滑车组钢丝绳是否打扭；绞磨绳是否经过地滑车进入机动绞磨；牵引装置是否运转可靠，尾部是否固定，方向是否正确。

5）临时拉线系统操作人检查项目：侧拉线与反向拉线长度是否满足立杆要求，控制装置是否可靠。

（2）牵引操作步骤。

1）当电杆头部起立至离开地面约 0.5m 时，应停止牵引，做冲击检验，同时检查各地锚受力位移情况，各索具间的连接情况及受力后有无异常，抱杆的工作状况，电杆各吊点及跨间有无明显弯曲现象等。

2）随电杆的缓缓起立，制动绳操作人，应根据指挥缓缓松出，使杆根，逐渐靠近底盘。两侧拉线应根据指挥人的命令进行收紧或放松。制动绳的最大受力出现在抱杆已脱落，杆根还没有落在底盘上，在施工中应避免这种现象出现。在抱杆脱落前使杆根落入底盘。

3）抱杆接近失效时，牵引速度应放慢且将后方拉线适当收紧。

4）抱杆失效时应停止牵引，操作人必须站在抱杆的外侧缓慢松出抱杆脱帽拉绳，使抱杆，缓缓落地后继续牵引起立电杆。

5）电杆起立至 60°～70° 时，继续调整制动绳，使电杆，杆根，对准底盘中心就位。后方临时拉线应稍微受力，并随电杆起立而慢慢松出。

6）当电杆起立 80°～85° 时应停止牵引。缓慢松出后方拉线，利用牵引索具张力和人工辅助使电杆立正。

7）用经纬仪在顺线路和横线路两个方向上观测电杆是否垂直地面，符合要求后再安装永久拉线。

（3）电杆调整。

1）单杆不在线路中心线上时，应用千斤顶顶推，使电杆达到设计位置。调杆前将拉线稍松并进行控制，调杆后，再收紧拉线。

2）单杆的横担偏离垂直线路方向位置应用ϕ25 棕绳和木杠缠在杆身上，推动木杠使杆身扭转，直至横担符合实际位置为止。

3）双杆迈步超过允许偏差时，可用千斤顶推移底盘，以消除迈步。

4）转角杆立杆后应向转角外侧按要求预留一定倾斜。

（4）电杆回填。检查电杆已立正，永久拉线已安装完毕，制动绳已拆除后，应及时进行杆坑回填。回填土均应分层夯实，每回填 300mm 厚度夯实一次，回填土防沉层高度宜为 100～300mm。

凡有卡盘的电杆，应当先安装下卡盘再进行回填，待回填土达到一定高度时再安装上卡盘，然后再次回填。卡盘下方的回填土必须夯实。基坑回填后尽量可能做到恢复原来的地形地貌，保护自然植被，便利耕作和排水。

（5）工器具拆除。凡靠永久拉线稳定的电杆，必须在永久拉线安装完毕并收紧后，方准拆除工器具。无拉线的电杆必须回填土夯实后，方可拆除工器具。拆除工器具前应将抱杆抬运到距 1.2 倍杆高的距离外。拆除工器具的工序是：先地面，后杆上；杆上作业应由上至下顺序进行。临时补强木的拆除应由棕绳由上向下慢慢落下，不得抛掷。

（6）清理施工现场。施工结束后，清点整理工器具并转场，及时回填地锚坑、清理现场垃圾杂物。按文明施工、环境保护与水土保持等要求检查现场，做到工完、料尽、场地清洁。

（三）混凝土电杆整体组立的质量标准要求

1. 电杆焊接的质量要求

（1）一个焊口宜连续焊成，施焊的焊缝应有一定的加强面，其高度和遮盖宽度应符合验收规范的规定。

（2）钢圈厚度大于 6mm 时应用 V 形坡口多层焊。焊缝应有一定的加强面，其高度和遮盖宽度应符合表 5–2–4 规定。

表 5-2-4 电杆焊接焊缝质量要求

焊缝加强面尺寸（mm）	钢圈厚度 s	
	<10	10～20
高度 c	1.5～2.5	2～3
宽度 e	1～2	2～3
焊缝加强面尺寸图		

（3）焊缝表面应呈平滑的细鳞形，其外观缺陷允许范围及处理方法应符合验收规范。

（4）焊前应做好准备工作，一个焊口宜连续焊成。焊缝应成平滑的细鳞形，其外观缺陷允许范围及处理方法应符合表 5-2-5 规定。

表 5-2-5 焊缝外观缺陷允许范围及处理方法

缺陷名称	允许范围	处理方法
焊缝不足	不允许	补焊
表面裂缝	不允许	割开重焊
咬边	母材咬边深度不得大于 0.5mm 且不得超过圆周长的 10%	超过者清理补焊

（5）焊完的电杆，其分段或整根电杆的弯曲度均不应超过对应长度的 2‰，超过时应割断调直，重新焊接。

（6）电杆钢圈焊接头应按设计规定进行防锈处理。

2. 地面组装的质量要求

（1）以螺栓连接构件时，应符合下列规定：

1）螺杆应于构件面垂直，螺栓头平面与构件间不应有空隙。

2）螺帽拧紧后，螺杆露出螺帽的长度：单螺帽者不应少于两个螺距；双螺帽者允许与螺帽相平。

3）必须加垫片者，每端不宜超过两个垫片。

4）各构件的装配应紧密，交叉构件在交叉处留有空隙者，应装设相应厚度的垫圈或垫片。

5）电杆的连接螺栓应逐个紧固，在立杆完毕复紧后检查，其扭紧力矩不应小于表 5–2–6 的规定。

表 5–2–6　　螺栓紧固扭矩标准值

螺　栓　规　格	扭矩值（N·m）
M16	≥80
M20	≥100
M24	≥250

6）螺栓数量不得缺少，规格必须符合设计图纸要求。

7）螺杆、螺帽的螺纹有滑牙或螺帽的棱角磨损以至扳手打滑的螺栓必须更换。

（2）电杆部件组装有困难时应查明原因，严禁强行组装。个别螺孔需扩孔时，扩孔部分不应超过 3mm。当扩孔需超过 3mm 时，应先堵焊再重新打孔，并应进行防锈处理。严禁用气割进行扩孔。

（3）以抱箍连接的叉梁，其上端抱箍组装尺寸的允许偏差应为±50mm。分段组合叉梁，组合后应正直，不应有明显的鼓肚、弯曲。横梁组装尺寸允许偏差为±50mm。

（4）地面组装完成后，应对组装质量作一次全面检查，其内容包括：

1）构件是否齐全。缺少的构件应查明原因，是送料缺件还是原构件加工尺寸错误装不上。

2）各部位尺寸是否正确。

3）组装的构件有无歪扭和弯曲，是否有空隙未加垫圈。

4）螺栓是否齐全、紧固。

5）防锈层有无剥落。

6）拉线线夹舌板应与拉线紧密接触，受力后无滑动现象。

7）拉线线夹内的拉线弯曲部分不应有明显松股。

3. 地面组立的质量要求

（1）混凝土电杆组立的允许偏差应符合表 5–2–7 的规定。

表 5–2–7　　混凝土电杆组立允许偏差值

偏　差　项　目	电压等级（kV）		备注
	35～110	220～330	
电杆结构根开	±30mm	±5‰	
电杆结构面与横线路方向扭转（迈步）	30mm	1%	
双立柱杆塔横担在主柱连接处的高差（‰）	5	3.5	

续表

偏 差 项 目	电压等级（kV）		
	35～110	220～330	备注
直线杆塔结构倾斜（‰）	3	3	
直线杆结构中心与中心桩横线路方向位移（mm）	50	50	
转角杆结构中心与中心桩横、顺线路方向位移（mm）	50	50	
等截面拉线塔立柱弯曲（‰）	2	1.5	

（2）拉线转角杆、终端杆、导线不对称布置的拉线直线单杆，在架线后拉线点处的杆身不应向受力侧倾斜。向受力反方向（或径载侧）的偏斜不应超过拉线点高度的3‰。

（3）拉线杆塔组立后，拉线安装的质量应满足相关验收规范要求。

五、注意事项

1. 一般规定

（1）施工人员应熟悉施工区域内的环境。作业前，先清除附近障碍物或采取其他措施。

（2）组立（拆、换）杆塔应设安全监护人。

（3）非施工人员不得进入作业区。

（4）组立铁塔时，地脚螺栓应及时加垫片，拧紧螺帽，并应及时连上接地线。

（5）组立杆塔过程中，吊件垂直下方严禁有人。

（6）作业现场除必要的施工人员外，其他人员应离开杆塔高度的1.2倍距离以外。

（7）杆塔组立的加固绳和临时拉线必须使用钢丝绳。

（8）在受力钢丝绳的内角侧严禁有人。

（9）钢丝绳与铁件绑扎处应衬垫软物。

（10）使用卧式地锚时，地锚套引出方向应开挖马道，马道与受力方向应一致。

（11）不得利用树木或外露岩石作牵引或制动等主要受力锚桩。

（12）组立的杆塔，不得用临时拉线过夜；需要过夜时，应对临时拉线采取安全措施。

（13）临时拉线必须在永久拉线全部安装完毕后方可拆除，拆除时应由现场负责人统一指挥。严禁采用安装一根永久拉线、拆除一根临时拉线的做法。

（14）调整杆塔倾斜或弯曲时，应根据需要增设临时拉线；杆塔上有人时，不得调整临时拉线。

（15）组立220kV及以上杆塔时，不得使用木抱杆。

（16）拆除受力构件必须事先采取补强措施。

（17）立塔前应先检查抱杆正直、焊接、铆固等情况。

（18）杆塔材、工具严禁浮搁在杆塔及抱杆上。

（19）高塔施工应及时与气象部门取得联系，掌握气象情况。

（20）组立（拆）高塔必须使用速差自控器及安全自锁器。

（21）拆除抱杆应事先采取防止拆除段自由倾倒措施，然后逐段拆除，严禁提前拧松或拆除部分连接螺栓。

（22）拆或换杆塔时应遵守本部分的有关规定。

2. 排杆

（1）排杆处地形不平或土质松软，应先平整或支垫坚实，必要时杆段应用绳索锚固。

（2）杆段应支垫两点，支垫处两侧应用木楔掩牢。

（3）滚动杆段时应统一行动，滚动前方不得有人；杆段顺向移动时，应随时将支垫处用木楔掩牢。

（4）用棍、杠撬拨杆段时，应防止滑脱伤人；不得用铁撬棍插入预埋孔转动杆段。

3. 焊接与切割

（1）进行焊接与切割作业时，作业人员应穿戴专用劳动防护用品。

（2）作业点周围 5m 内的易燃易爆物应清除干净。

（3）对两端封闭的钢筋混凝土电杆，应先在其一端凿排气孔，然后施焊。

（4）高处焊接与切割作业遵守下列规定：

1）应遵守高处作业的有关规定。

2）作业前应对熔渣有可能落入范围内的易燃易爆物进行清除，或采取可靠的隔离、防护措施。

3）严禁携带电焊导线或气焊软管登高或从高处跨越。

4）应在无电源或无气情况下用绳索提吊电焊导线或气焊软管。

5）地面应有人监护和配合。

（5）电焊机的外壳接地必须可靠，接地电阻不得大于 4Ω，其裸露的导电部分必须装设防护罩。电焊机露天放置应选择干燥场所，并加防雨罩。

（6）电焊机一次侧、二次侧的电源线及焊钳必须绝缘良好；二次侧出线端接触点连接螺栓应拧紧。

（7）电焊机倒换接头、转移作业地点、发生故障或电焊工离开工作场所时，必须切断电源。

（8）工作结束后必须切断电源，检查工作场所及其周围，确认无起火危险后方可离开。

（9）气瓶不得靠近热源或在烈日下曝晒，乙炔气瓶表面温度不应超过 40℃。乙炔气瓶使用时必须直立放置，严禁卧放使用。

（10）气瓶必须装设专用减压器，不同气体的减压器严禁换用或替用。

（11）严禁敲击、碰撞乙炔气瓶。

（12）瓶阀冻结时，严禁用火烘烤，可用浸 40℃热水的棉布解冻。

（13）乙炔气管堵塞或冻结时，严禁用氧气吹通或用火烘烤。

（14）焊接时，氧气瓶与乙焕气瓶的距离不得小于 5m，气瓶距离明火不得小于 10m。

（15）气瓶内的气体严禁用尽。氧气瓶应留有不小于 0.2MPa 的剩余压力；乙炔气瓶必须留有不低于表 5–2–8 规定的剩余压力。

表 5–2–8　　乙炔气瓶内剩余压力与环境温度的关系

环境温度（℃）	0＜	0～15	25～25	25～40
剩余压力（MPa）	0.05	0.1	0.2	0.3

（16）氧气软管为红色、乙炔软管为黑色；氧气软管与乙炔软管严禁混用；软管连接处应用专用卡子卡紧或用软金属丝扎紧。

（17）氧气、乙炔气软管严禁沾染油脂。

（18）软管不得横跨交通要道或将重物压在其上。

（19）软管产生鼓包、裂纹、漏气等现象应切除或更换，不得采用贴补或包缠等方法处理。

（20）乙炔软管着火时，应先将火焰熄灭，然后停止供气；氧气软管着火时，应先关闭供气阀门，停止供气后再处理着火软管；不得使用弯折软管的方法处理。

（21）点火时应先开乙炔阀、后开氧气阀，嘴孔不得对人；熄火时顺序相反。发生回火或爆鸣时，应先关乙炔阀，再关氧气阀。

（22）焊接与切割应严格执行 GB9448 的规定。

4. 杆塔整体组立

整体组立杆塔和分解组立杆塔施工方法相同的部分，应按分解组立杆塔的安全规定执行。

（1）起吊前，施工负责人必须亲自检查现场布置情况，作业人员认真检查各自操作项目的现场布置情况。

（2）立杆塔指挥人员不得站在总牵引地锚受力的前方。

（3）总牵引地锚、制动系统中心、抱杆顶点及杆塔中心四点必须在同一垂直面上，不得偏移。

（4）杆塔起立前应挖马道；两个马道的深度和坡度应一致。

（5）用人字倒落式，抱杆起立杆遵守下列规定：

1）两根抱杆的根部应保持在同一水平面上，并用钢丝绳相互连接牢固。

2）抱杆支立在松软土质处时，其根部应有防沉措施。

3）抱杆支立在坚硬或冰雪冻结的地面上时，其根部应有防沉措施。

4）抱杆受力后发生不均匀沉陷时，应及时进行调整。

5）起立抱杆用的制动绳，锚在杆塔身上时，应在杆塔刚离地时拆除。

6）抱杆脱帽绳应穿过脱帽环由专人控制其脱落。

（6）起立前杆塔螺栓必须紧固，受力部位不得缺少铁件。无叉梁或无横梁的门型杆塔起立时，应在吊点处进行补强，两侧用临时拉线控制。

（7）杆塔顶部吊离地面约 0.8m 时，应暂停牵引，进行冲击试验，全面检查各受力部位，确认无误后方可继续起立。

（8）杆塔侧面应设专人监视，传递信号必须清晰畅通。

（9）根部监视人应站在，杆根侧面，下坑操作时应停止牵引。

（10）倒落式抱杆脱帽时，杆塔应及时带上反向临时拉线，随起立速度适当放出。

（11）杆塔起立约 70° 时应减慢牵引速度；约 80° 时应停止牵引，利用临时拉线将杆塔调正、调直。

（12）带拉线的转角杆塔起立后，在安装永久拉线的同时，应在内角侧设置半永久性拉线，该拉线应在架线结束后拆除。

【思考与练习】

1. 钢筋混凝土电杆组立，主要有哪几个步骤？
2. 排杆的基本要求是什么？
3. 请画出倒落式抱杆整体组立混凝土电杆的施工工艺流程图。
4. 请画出倒落式抱杆整体组立混凝土电杆的现场布置图。

◢ 模块 3　铁塔组立（Z05F2003Ⅱ）

【模块描述】本模块涵盖铁塔组立的常用施工方法、质量要求、检查评级以及安全措施。通过知识讲解、典型方案介绍、工艺流程图解、图表对比，掌握铁塔组立施工工艺、质量要求、检查方法以及安全措施。

【模块内容】

一、作业内容

铁塔组立的方法很多，内、外拉线悬浮抱杆分解组塔、内摇臂落地式抱杆分解组塔和倒落式人字抱杆整体立塔是通常使用较为普遍的几种方法，是多年施工现场立塔经验的积累，工艺较成熟，已形成了各自的标准化工艺流程和操作方法，但在实际应用中应根据塔型结构、地形等条件灵活选择应用。

（一）铁塔组立施工方法及特点

1. 内悬浮内拉线抱杆分解组塔

内拉线抱杆是指抱杆根部利用承托绳置于铁塔结构中心呈悬浮状态，抱杆上端的四根拉线固定于铁塔的四根主材上，因此称其为内拉线。抱杆随着铁塔起吊高度而提升，此方法主要适用于场地狭窄的各种自立式铁塔。

其施工优点是适用于场地狭窄的各种自立式铁塔，减少了拉线地锚，缩短了临时拉线长度，需用的工器具简单；且施工现场紧凑，不受地形、地物的制约；当铁塔处于陡坡、山脊、河岸或电力线、铁路等附近时，均可施工；吊装过程中抱杆处于铁塔结构中心，铁塔主材受力较均衡，宜于保证安装质量；减少了地面拉线操作人员，有利于提高工作效率。其施工缺点是高空作业量较多。

2. 内悬浮外拉线抱杆分解组塔

内悬浮外拉线抱杆与内拉线抱杆不同点就是将抱杆上端的四根拉线落地，固定在地面预埋的地锚上，适于起吊较重的塔片。在地形允许的条件下，该方法广泛使用于输电线路工程各种自立式铁塔的组立。

其施工优点是能广泛使用于输电线路工程各种自立式铁塔的组立，采用外拉线减少了抱杆受的轴向力，可增加起吊重量；抱杆顶部偏移对上拉线的倾角不敏感，因此抱杆顶部的活动裕度较大，便于铁塔安装。其施工缺点是外拉线受地形的影响较大；所需外拉线较长，增加了地锚数量和地面拉线操作人员。

3. 内摇臂落地抱杆分解组塔

内摇臂落地式抱杆分解组塔就是将抱杆落地直立组装在铁塔中心位置，随着铁塔起立高度抱杆杆段随之增高，抱杆杆身分段利用腰环控制垂直地面，抱杆顶端安装四副摇臂，塔片起吊时可调整摇臂起伏角度，方便塔片就位。

其施工优点是该方法适用于各种型式的直线塔、耐张塔，施工速度快、效率高、安全可靠。对500kV及以上电压等级线路的各种类型铁塔，特别是酒杯型、猫头型塔横担的吊装，更显现其优越性。其施工缺点是高空作业多、工器具繁杂，铁塔高度不宜大于50m。

4. 倒落式人字抱杆整体立塔

倒落式人字抱杆整体立塔广泛适用于地形平坦、铁塔整体组装方便的各种轻型塔型，各种拉线铁塔组立施工应优先采用。

其施工优点是高空作业少，劳动强度低，施工较为安全；与分解组立法相比，速度快、效率高。其施工缺点是施工场地要求平坦宽畅，且占地面积大，工器具复杂。

（二）施工工艺流程

1. 分解组塔施工流程

内悬浮内、外拉线抱杆分解组塔施工工艺流程基本相同，只在抱杆起立与塔腿组立前后顺序上视现场情况有可以不同，内悬浮外拉线抱杆分解组塔工艺流程图如图 5–3–1 所示。

内摇臂落地式抱杆与内悬浮外拉线抱杆，在分解组塔工艺流程上的主要区别是用不断地接续抱杆代替提升抱杆以达到同样的起吊高度，其流程如图 5–3–2 所示。

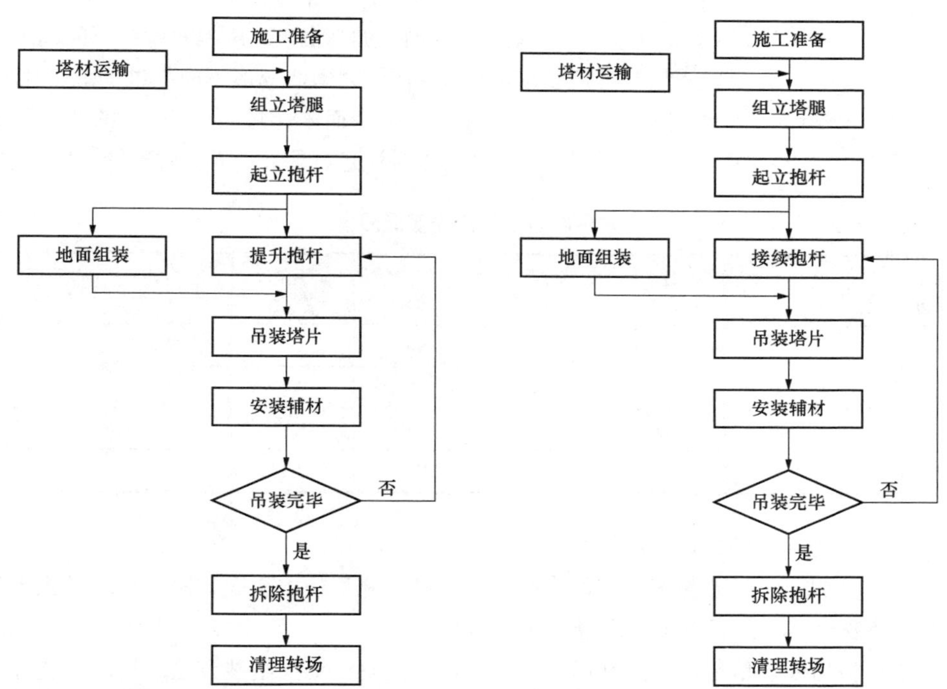

图 5–3–1　内悬浮外拉线抱杆分解组塔工艺流程图

图 5–3–2　内摇臂落地抱杆分解组塔工艺流程图

2. 整体组塔施工流程

倒落式人字抱杆整体立塔工艺流程如图 5–3–3 所示。

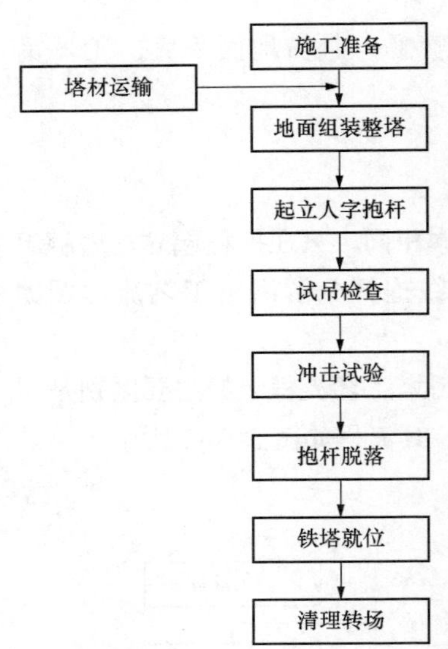

图 5–3–3 倒落式人字抱杆整体立塔工艺流程图

（三）杆塔地面组装

1. 对料

铁塔组立前，应先根据铁塔结构图清点运至桩位的构件及螺栓、脚钉、垫圈等，此称为对料，对料时应注意以下几点：

（1）清点构件的同时，应逐段按编号顺序排好。

（2）清点构件时应了解设计变更及材料代用引起的构件规格及数量的变化。

（3）构件应镀锌完好。如因运输造成局部锌层磨损时，应补刷防锈漆，其表面再涂刷银粉漆。漆刷前，应将磨损处清洗干净并保持干燥。

（4）检查构件的弯曲度。角钢的弯曲不应超过相应长度的2%，且最大弯曲变形不应超过5mm。若变形超过上述允许范围而未超过表 5–3–1 的变形限度时，允许采用冷矫法进行矫正，矫正后严禁出现裂纹。

表 5–3–1 采用冷矫法的角钢变形限度

角钢宽度（mm）	变形限度（%）	角钢宽度（mm）	变形限度（%）	角钢宽度（mm）	变形限度（%）	角钢宽度（mm）	变形限度（%）
40	3.5	65	2.2	90	1.5	140	1.0
45	3.4	70	2.0	100	1.4	160	0.9
50	2.8	75	1.9	110	1.27	180	0.8
56	2.5	80	1.7	125	1.1	200	0.7

2. 铁塔地面组装前的准备工作

（1）参加地面组装的施工人员均经组塔工序的施工技术交底。民工由现场施工负责人交待安全施工注意事项及现场操作基本知识。

（2）根据现场地形，确定铁塔组立方法，进而确定地面组装方法。地面组装方法主要有两种：一种是以汽车吊为主的机械吊装方法；一种是以人力为主，用小木抱杆或三脚架配合吊装。

（3）根据确立的铁塔组立方法及地面组装方法，选择配套合适的工器具。各类工器具使用前均应认真检查，不合格者不得使用。

（4）地面组装，铁塔组装场地应进行平整，以免构件受力变形。

3. 分解组塔的地面组装

由于分解组塔时，一般采用分段吊装、分片吊装或分角吊装的方法组立铁塔，所以分解组塔地面组装时采用分段组装、分片组装或分角组装。

（1）分段组装。分段组装时应先摆好主材，两主材间距离应等于塔身宽度加两主材宽度。然后逐件组装两个侧面。侧面翻转竖起后再组装上层和底层。当塔身宽度小于 2m 时，可以先组装底层，再组装侧面，最后组装上层。分段组装适用于窄身铁塔如拉线塔、110kV 直线塔等。

（2）分片组装。分片组装时将每段塔材分成相对（即前与后或左与右）两片来进行组装，另外两个面的斜材，水平材分别带到相应的主材上。

分片组装的地面布置有两种方式：一是重叠式，二是铺开式。重叠式组装就是按照吊装的顺序，将各单片构件进行重叠组装；后吊的放在下层，先吊的放在上层。各片主材所带的辅铁（包括斜材、水平材）用麻绳绑牢，以防止上下层之间相勾住。重叠式组装主要用于地形条件差的塔位。铺开式组装就是把各片构件铺在地面进行组装，用于地形平坦处。分片组装适用身部较宽及重量较大的塔。

（3）分角组装。将塔身中的每段分成四个角，以每根主角钢为一单元进行组装。铁塔各个面的斜材、水平材都可分别带到四根主角钢上，具体方法是每根角钢带一个面的外铁及另一个面的里铁。分角吊装多用在铁塔根开大或起吊重量大的铁塔。

（4）不论何种组装方法，地面组装前应注意构件布置：

1）根据抱杆可能提升的高度、抱杆的允许承载能力等，合理确定吊装构件的分段、分片、分角及应带附铁的数量。

2）根据现场地形，塔段本身有无方向限制，以及地面组装与构件吊装是否同时进行等，确定构件的布置方位。

3）构件的分段，原则上按铁塔主材的分段进行组装。当抱杆提升高度及承载能力允许时，也可将两段主材组成一片进行吊装，以减少吊装次数。

4）吊装的构件要尽可能组装于塔基周围，不可距塔基过远或过近。

（5）地面组装注意事项：

1）每根主材下支点不小于两处，以便于组装。

2）如果发现铁塔的部分构件容易变形时，应用圆木进行补强。

3）每段塔片两主材之间的各种辅助材应尽可能装齐，连接螺栓要拧紧。两塔片之间的各种辅助材尽可能地连带在主材上。附铁在两片之间的分配要均衡。附铁与主材连接螺栓不要拧得太紧，螺帽盖平即可。附铁与主材应用麻绳绑扎在一起。

4）组装时应注意导线横担、地线横担的方位必须符合设计图要求。对线路转角塔横担两端有长短区分者，必须注意长横担在转角外侧，短横担在转角内侧。地线横担相反，长的在内侧，短的在外侧。

5）组装中，脚钉安装位置、螺栓的使用规格及穿入方向、垫圈的加垫位置及数量均应符合图纸或 GB 50233—2014《110～750kV 架空输电线路施工及验收规范》的规定。

6）塔件吊装前，应按设计图纸做一次检查，发现问题要及时在地面进行处理，切忌留待高空作业处理。

（四）螺栓的紧固

现场施工铁塔均采用螺栓连接。螺栓紧固程度对杆塔的安装质量影响较大。如果紧固程度不够，杆塔受力后部件会较早产生滑动，力的传递就有可能出现不正常现象，对结构受力不利，但如螺栓拧得过紧也会造成螺栓本身应力过大而提早破坏。所以组塔时重视螺栓紧固非常重要。

（1）当采用螺栓连接构件时，应符合下列规定：

1）螺杆应与构件面垂直，螺栓头平面与构件不应有空隙。

2）螺帽拧紧后，螺杆露出螺帽的长度：对单螺帽不应小于两个螺距，对双螺帽可与螺帽相平。

3）必须加垫者，每端不宜超过两个垫片。

4）螺栓的防松、防盗应符合设计要求。

（2）螺栓的穿入方向应符合下列规定。

1）对立体结构：① 水平方向由内向外；② 垂直方向由下向上；③ 斜向者宜由斜下向斜上穿，不便时，应在同一斜面内统一方向。

2）对平面结构：① 顺线路的方向，由送电侧穿入或按统一方向穿入；② 横线路方向，两侧由内向外，中间由左向右（指面向受电侧）或按统一方向；③ 垂直方向由下向上；④ 斜向者宜由斜下向斜上穿，不便时，应在同一斜面内统一方向。

个别螺栓不易安装时，其穿入方向可予以变动。

（3）杆塔部件组装有困难时应查明原因，严禁强行组装。个别螺孔需扩孔时，扩孔部分不应超过 3mm。当扩孔需超过 3mm 时，应先堵焊再重新打孔，并应进行防锈处理。严禁用气割进行打孔或烧孔。

（4）杆塔连接螺栓应逐个紧固，其扭紧力矩不应小于表 5–3–2 的规定，4.8 级以上螺栓扭矩标准由设计规定，若设计无规定时，宜按 4.8 级螺栓扭紧力矩标准执行。螺杆与螺帽的螺纹有滑牙或螺帽的棱角磨损以至扳手打滑的螺栓必须更换。

表 5–3–2　　螺栓紧固扭矩标准

螺栓规格	扭矩值（N·cm）
	4.8 级
M12	4000
M16	8000
M20	10 000
M24	25 000

（5）杆塔连接螺栓在组立结束时必须全部紧固一次，检查扭矩合格后才能架线，架线后还应复紧一遍。复紧并检查扭矩合格后，应随即在杆塔顶部至下导线以下 2m 之间及基础顶面以上 3m 范围内的全部单螺帽螺栓的外露螺纹上涂以灰漆，或在紧靠螺帽外侧螺纹相对打冲两处，以防螺帽松动。使用防松螺栓时不再涂漆或打冲。

二、作业前准备工作

（一）作业人员准备

铁塔组立作业应按照现场交通情况、地形环境条件和作业方案的复杂程度，合理配置作业人员。一般每个作业点应配置工作负责人 1 名、安全监护人 1 名、测工 1 名、高空作业人员 8 名、技工 6 名和普工 30 名左右为宜。

（二）作业工具器准备

输电线路铁塔的设计型式、作业环境、施工方案，决定了工器具配置。不同的作业方案工器具配置主要区别在于抱杆参数的选择，参数常用有 350、500mm 和 700mm 截面格构式钢抱杆。通过起吊重量计算配置其他各受力系统相应的工器具。以内拉线内悬浮抱杆分解组塔，一次起吊重量不超过 2000kg 时，根据此重量选择的主要工器具有抱杆系统（抱杆、抱杆帽、抱杆底座、抱杆连接螺栓），抱杆控制和稳定系统（小双钩、U 形环、钢丝绳、承托绳），拉线及起吊系统（手扳葫芦、U 形环、控制大绳、机动绞磨、地锚、滑车、钢丝套、圆木、小棕绳、角钢桩）和梅花扳手、扭矩扳手、尖扳手、尖橇扛、大锤、红白旗、口哨等。

三、危险点分析与控制措施

铁塔组立阶段具有施工工艺复杂、所用工器具繁多、高空作业频繁等特点，影响安全的因素众多，危险点分析与控制显得极为重要。

1. 铁塔组装危险点分析与控制措施

地面组装方式与地形环境关系密切，作业区域因邻近塔基，有时与起吊交叉作业，铁塔组装危险点分析与控制措施见表 5–3–3。

表 5–3–3　　铁塔组装危险点分析与控制措施

序号	作业内容	危险点	预防控制措施
1	地面组装	搬运材料碰撞伤人	搬运材料防止碰撞他人，两人同抬一根塔材时，必须同肩，同起同落，步伐一致
2		塔片倾倒伤人	拼装塔片必须用绳索控制，防止塔片倾倒伤人
3		螺栓眼孔找正伤害	应用尖扳手或小撬杠进行找正螺栓眼孔，严禁用手指找正螺栓眼孔
4		地脚螺帽脱落	单插塔腿部分时，地脚螺栓应及时加垫片，拧紧螺帽表面打铆
5		塔腿主材过长倾倒	主材连接不得超过两段，最高不得超过 10m，在四根主材未联成整体前，严禁拆除控制绳
6		绳索断裂	牵引绳、控制绳必须使用钢丝绳，严禁棕绳或其他绳索代替钢丝绳
7		高空落物打击	施工人员严禁在起吊物下方走动、逗留

2. 铁塔组立危险点分析与控制措施

铁塔组立不管采用何种起吊方案，其主要特点是起重系统复杂、高空作业量大、相互协作性很强，是安全控制重点环节。铁塔组立危险点及预控措施见表 5–3–4。

表 5–3–4　　铁塔组立危险点及预控措施

序号	作业内容	危险点	预防控制措施
1	高空组装	高处作业人员无证操作	高处作业人员必须持证上岗，无证人员不得进行高处作业
2		登高人员移动过程中失去保护	安全带要系在作业上方牢固的主材上；移动过程中根据实际情况使用攀登自锁器、速差自控器、水平防坠器
3		高处作业无安全监护	现场必须设安全监护人。在转移作业位置时不得失去保护，手扶的构件必须牢固
4		抱杆固定不当	抱杆提升高度到位后，承托绳应绑扎在塔身节点上方，紧靠节点处。起吊前应检查抱杆倾斜角，其角度最大不宜超过 10°
5		提升抱杆未使用腰环	提升抱杆时必须打好两道腰环，腰环之间相距应符合技术要求，提升滑车必须用钢丝套悬挂，严禁直接挂在角铁、联板和角钉上；塔身斜材及内撑铁未安装好前严禁提升抱杆
6		起吊前抱杆反向拉线设置不当	抱杆起吊前应打好反向控制拉线；起吊时腰环不得受力；指挥人员要密切监视各部受力情况，防止吊件挂、磨塔身
7		起吊过程未监控抱杆的承受力	吊装塔头和横担时，应特别注意调整抱杆的倾斜度及稳定状况，以及控制绳的对地夹角，防止增加抱杆的承受力
8		抱杆起立前未对抱杆连接螺栓、工器具进行检查	抱杆起立前，应对抱杆连接螺栓、滑车悬挂、钢绳连接等作全面检查，凡是高处悬挂的滑车都必须封口
9		超负荷起吊	起吊塔片或塔段时，应严格控制起吊重量，起吊时，控制绳必须用锚桩或地锚固定控制，严禁直接用人拉来控制

续表

序号	作业内容	危险点	预防控制措施
10	高空组装	高空遗留工具、浮铁和活头铁	每段塔身就位完整后，应将各部构件装齐、螺栓紧固后方可进入下道工序；严禁在抱杆及铁塔上遗留工具、浮铁和活头铁等
11		工器具传递不当	高处作业人员随身所用的小型工具（如扳手、小撬杠、榔头等），必须放在专用工具袋内。上下传递物件使用绳索吊送，严禁抛掷。严禁乱插、乱放、乱挂，严防落物伤人
12		塔材绑扎、起吊安装简化	高空就位要有专人指挥、监护；吊件就位螺栓未穿齐、紧固前任何人不得在吊件上作业；所有钢丝绳与塔材绑扎点都要内垫方木外包麻袋片
13		作业人员冒险登高空	在抱杆起吊重物时，严禁在起吊构件下方向上攀登。严禁顺抱杆上下
14		上下交叉作业	高处作业人员必须做到先拴安全带后再工作，并且应尽量避免双层作业。霜冻、雨雪后高处作业必须要有防滑措施
15		ZM 塔曲臂安装开口扩大	应及时用ϕ12.5 钢丝绳和 3t 双钩将两上曲臂互连，避免开口扩大并利于调节顶架横担就位
16		起重工具使用不当	现场所用的起重工具，应按技术规定使用，严禁以小代大，以次充好
17		起重物下方有人站立或逗留	塔片起吊过程中，高处作业人员应选择合理的安全位置。待塔片到位后再进行就位安装。起重物下方严禁有人站立或逗留
18		地锚埋设不当	立塔使用的地锚必须按施工技术措施要求埋设。地锚埋设要采取防雨水冲刷、渗淹措施，防止进水后被拔出；严禁利用树桩等作锚桩用
19		机械带病运行	机械操作人员在工作开始前，应对机械进行全面检查，严禁机械带病运行
20		高空检修未设置安全监护人	高空检修、消缺工作人员不得少于两人，且必须设置安全监护人。作业时应严格按照高空检修安全工作票的要求进行操作
1	起重作业	无证人员操作机械设备	起重作业所使用的机械必须完好，保证其有效率达到 100%。起重机械操作人员应按国家有关操作规定严格操作。严禁无机械操作证人员操作机械设备
2		工器具损坏	工器具应定期检查和保养，不合格的坚决更换
3		超重起吊	起重作业时，起吊重量严格按照作业指导书中规定的重量进行起吊，严禁超重起吊
4		钢丝绳受割	起吊物件的绑扎工作，必须由专人进行绑扎。绑扎点要有防止钢丝绳受割的措施，棱角处要垫软物
5		吊件和起重臂下方有人	吊件和起重臂下方严禁有人，起重臂及吊件上严禁有人或有浮置物
6		吊件悬空停留指挥人员离开现场	吊件不得长时间悬空停留；短时间停留时，操作人员、指挥人员不得离开现场。工作结束后，起重机械的各部应恢复原状
7		电力线下方或临近处起重作业	在电力线下方或临近处起重作业，必须办理安全作业票，设安全监护人，严禁起重臂跨越电力线进行作业
8		恶劣气候吊装作业	铁塔组立时接地连接及时可靠，遇有雷雨、浓雾及六级以上大风时，不得进行铁塔吊装作业

四、作业步骤和质量标准

（一）内拉线内悬浮抱杆分解组塔

内拉线抱杆分解组塔是依靠联结于已组好塔身四角顶端主材节点处的承托钢绳和抱杆拉线，使抱杆悬浮于塔身桁架中心来起吊待装塔构件的，故又称悬浮抱杆组塔。起吊塔构件提升钢绳则通过抱杆顶部的朝天滑车，塔身上的腰滑车、塔下的地滑车引出塔身之外而连向牵引设备（对于单吊组塔）或连向牵引钢绳（对于双吊组塔）。启动牵引设备，收卷提升钢绳（对于单点组塔）或连向牵引钢绳（对于双吊组塔），使塔构件徐徐吊起。待一段塔身吊装完毕，则利用已组装好的塔身提升抱杆，增大抱杆悬浮高度以继续吊装塔构件，按此重复交替作业，直到整个铁塔吊装完毕。

内拉线抱杆分解组塔按每次吊装构件数的不同，分为单吊和双吊两种组塔。内拉线抱杆单片组装现场布置见图 5–3–4 所示。内拉线抱杆双片组装现场布置如图 5–3–5 所示。

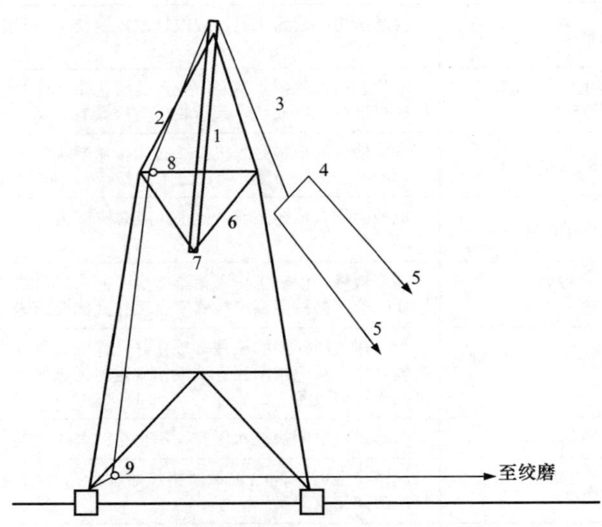

图 5–3–4 内拉线抱杆单片组装现场布置示意图

1—抱杆；2—内拉线；3—起吊绳；4—起吊塔片；5—控制绳；6—承托绳；7—承托底座；8—转向滑车；9—地滑车

1. 主要工具及现场布置

（1）内拉线抱杆。常用的内拉线抱杆有钢管抱杆、薄壁钢板抱杆、角钢抱杆、铝合金抱杆等。

1）抱杆的结构。内拉线抱杆的上端装有朝天滑车。单吊法用单轮朝天滑车，双吊法用双轮朝天滑车。朝天滑车与抱杆的连接，一般采用套接方式。要求朝天滑轮还能

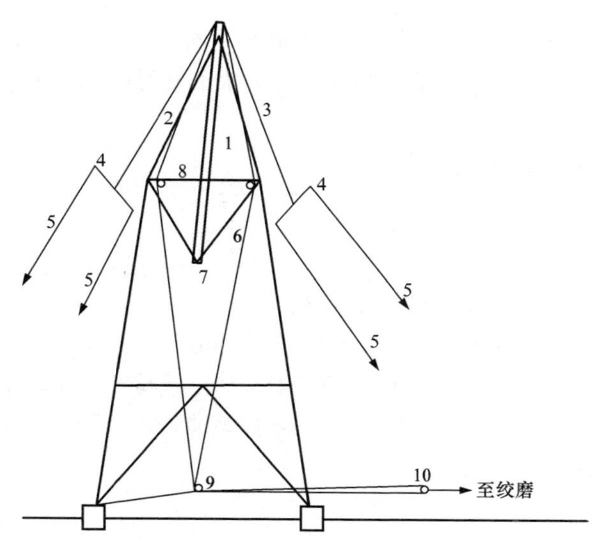

图 5-3-5　内拉线抱杆双片组装现场布置示意图

1—抱杆；2—内拉线；3—起吊绳；4—起吊塔片；5—控制绳；6—承托绳；7—承托底座；8—转向滑车；9—地滑车；10—平衡滑车

在抱杆顶端沿抱杆轴线水平转动，以适应起吊绳在任何方向都能顺利通过。朝天滑轮的下面，抱杆上端适当位置设置连接上拉线的固定装置（拉环）。抱杆下端连接朝地滑车，其作用在于提升抱杆。在抱杆下端两侧焊两块带螺孔钢板用以连接下拉线的平衡滑车。抱杆宜分段连接。当用法兰连接时，应使用内法兰，以便在提升抱杆时，能顺利通过腰环。

2）抱杆的长度可由下述经验公式确定。

$$L=KH \tag{5-3-1}$$

式中　L——抱杆长度，m；

H——最长铁塔吊件长度，m；

K——系数，一般取 1.5～1.75。

3）抱杆的布置。组塔中抱杆升得高，塔材安装就方便，但升得过高，抱杆下部拉线受力随着增大，而且抱杆的稳定性也较差。所以抱杆应悬浮在塔内中心，且露出已组塔段的抱杆长度 L1 与塔身内抱杆长度 L2 之比在 2.33～2.5 间为宜。双吊时，抱杆应垂直地面，单吊时，为方便构件安装就位，抱杆可以稍向吊件侧倾斜，其倾角不得大于 15°。

（2）抱杆拉线。抱杆拉线包括上拉线、下拉线（承托系统）。

1）抱杆上拉线的布置。抱杆上拉线由四根钢绳及相应卡具所组成。钢绳的一端用卡具或 U 形环固定于抱杆顶部，另一端用卡具分别固定于已组塔段四根主材上端。上拉线与塔身的连接点，一定要选在分段接头处的水平材附近，或颈部 K 节点的连接板附近。

上拉线长度可用下述公式计算：

$$L_s=\sqrt{L_1^2+\left(\frac{E}{2}\right)^2} \tag{5-3-2}$$

式中 L_s——上拉线长度（不包括绑扎长度），m；

E——钢绳与主材绑扎点断面对角线长度，m。

上拉线不但起到固定抱杆的作用，还起到控制抱杆露出塔身高度的作用。

2）下拉线布置。下拉线即承托系统，由承托钢绳、平衡滑车、卡具和双钩等组成。承托布置平面图如图 5-3-6 所示。

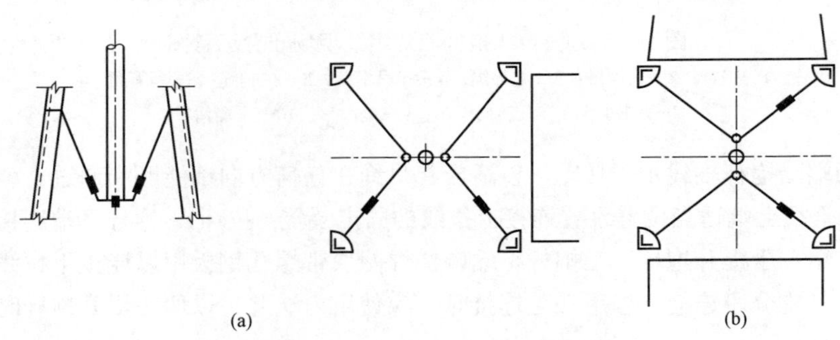

图 5-3-6 承托布置平面图

（a）左右布置；（b）前后布置

下拉线由两根绳穿越各自的平衡滑车，其端头直接缠绕在已组塔段主材上端，用 U 形环固定。也可通过专用具固定于铁塔主材上。下拉线在已组塔段上的固定点，一定要选择在铁塔接头处的水平材附近，或者颈部的 K 节点附近。为了保持抱杆根部处于铁塔结构中心，应尽可能使承托的两分肢拉线及双钩为等长。

两平衡滑车根据吊物位置可以前后或左右布置。当被吊构件在左右侧起吊时，平衡滑车应布置在抱杆的左、右方向，即左、右布置方式；当被吊构件在塔的前、后侧起吊时，平衡滑车应布置在抱杆的前、后方向，即前、后布置方式。采取这样的布置方式，在起吊过程中可使抱杆的下拉线受力接近均匀，还可以防止抱杆在提升过程中其底部沿平衡滑车滑动。

下拉线长度可由下式计算：

$$L_x = \sqrt{L_2^2 + \left(\frac{E}{2}\right)^2} X_2 \qquad (5\text{–}3\text{–}3)$$

式中 L_x——下拉线长度，m；

L_2——塔身内抱杆长度，m；

E——下拉线与主材绑扎点断面对角线长度，m。

由于下拉线的长度变化较大，在组塔工作中，如果以最小计算值作为基本长度（即取在施工设计时的最小计算长度），其下拉线长度不足部分，按事先已准备好的钢绳套给延长；如果以最大计算长度作为基本长度，在组塔工作中，其下拉线多余部分，可分别缠绕于铁塔主材上。

（3）腰滑车。腰滑车是内拉线抱杆组中的一个重要工具，腰滑车的作用是为了减少抱杆所受轴向力，避免牵引钢绳与铁塔或抱杆发生摩擦与碰撞，同时设置腰滑车后可使牵引绳在抱杆两侧保持平衡，减少由于牵引钢绳在抱杆两侧的夹角不同而产生的水平力。每根牵引绳都应有自己的腰滑车，不可共用。腰滑车的布置：当吊装铁塔腿部、身部构件时，腰滑车应布置在已组塔段上端接头处的主材上；当吊装颈部、横担等“并口”以上构件时，腰滑车应布置在“并口”处主材上。无论腰滑车布置在何处，其位置应互相对称，且与抱杆起吊构件在地面上的投影角度为135°，另外，固定滑轮的钢绳套尽量短些（＜300mm），尽量靠近主角铁。

（4）地滑车。地滑车一般布置在塔底中心，用钢绳固定在塔腿主材上。地滑车的作用是将通过塔身内腰滑车的牵引绳向塔外的平衡滑车（双吊）或铰磨（单吊），双吊时可用双轮地滑车，单吊时用单轮地滑车。

（5）铰磨。铰磨应尽可能顺线路或横线路方向设置，避免45°方向布置，距离25～35m，在地势平坦地方，铰磨的固定用地钻也可用二联桩。铰磨操作人员应能观测到起吊构件的操作。

（6）牵引钢绳。牵引钢绳的布置有直接起吊和加动滑轮起吊两种形式，如图5–3–7所示。直接起吊就是将牵引钢绳通过抱杆朝天滑轮后直接绑扎在被吊构件上，其特点是抱杆受力大，起吊速度快，加动滑轮起吊就是牵引钢绳不直接与被吊构件绑扎，中间加一个动滑轮，其特点是牵引力减少近一半，抱杆受到的轴向力减少，但其起吊速度慢。一般当起吊重量较大时，采用加动滑轮的起吊方式，起吊重量较轻时，采用直接起吊方式。

牵引绳与抱杆夹角宜小于30°，不能满足要求时，可考虑单面吊。单面吊时，为方便吊件就位，抱杆可向受力侧倾斜，但抱杆对铅垂线的倾角不宜大于15°。

（7）控制绳。控制绳或称调节绳，主要作用是使被吊构件不与已组好的塔身摩擦、

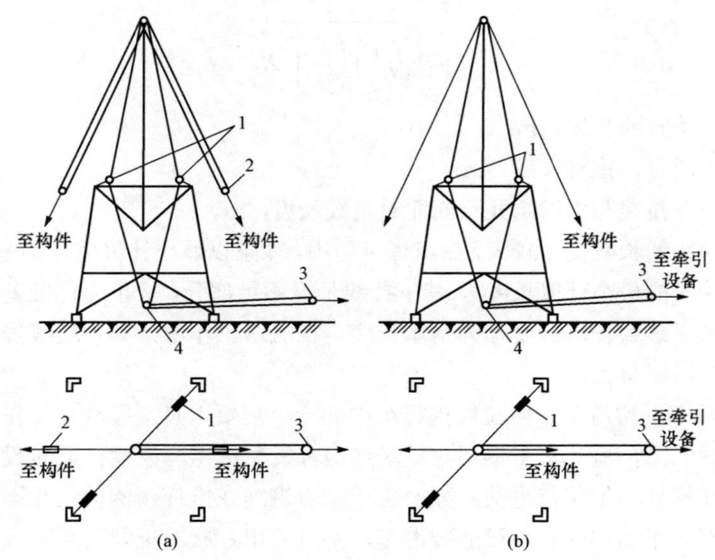

图 5–3–7 牵引钢绳的布置

（a）动滑车起吊时；（b）定滑车起吊时

1—腰滑车；2—动滑车；2—平衡滑车；4—地带车

碰撞，还具有增加抱杆稳定性的作用，同时还有调正吊件位置，协助塔上操作人员在吊件就位时对孔找正的作用。

控制绳一般使用白棕绳或钢绳，当吊件重量不满 500kg 时，一般通常选用ϕ16～ϕ18 白棕绳，当吊件重量超过 500kg，通常选用ϕ11～ϕ12.5 钢绳。

控制大绳受力的大小，对抱杆及上、下拉线的受力有较大的影响，而控制大绳与地面夹角的大小，又直接影响着控制大绳的受力，为此，在布置控制大绳时，应尽可能使控制绳在抱杆两侧对称，对地夹角不大于 45°。操作时，两侧控制绳松紧适度，避免一侧紧一侧松、或两侧紧、或两侧松的情况。

在吊装腿部、身部及颈部等竖长构件时，每片构件上下端各绑一条控制绳；当起吊构件较宽而且长时，应考虑每侧使用三条大绳。此时上端绑一条，下端主材上各绑一条；吊装横担时每片两端各绑一条，这样即便于安装构件，又可减少构件本身在吊装过程中可能产生的变形。

（8）腰环。内拉线抱杆提升过程中，采用上下两副腰环以稳定抱杆，使抱杆始终保持竖直居中。腰环构造随抱杆断面不同而不同，一般都用圆钢或钢管做成正方形，每边套一钢管，使抱杆提升时由滑动摩擦变为滚动摩擦，腰环四角一般设置拉环，以便通过白棕绳将腰环固定在塔中间，腰环构造如图 5–3–8 所示。

在一副抱杆上应使用上、下两只腰环，腰环间至少应有 2.5m 的距离，抱杆越长，腰环间的距离也应越大。一般总是将上腰环设置在已组完塔段的最上部，而将下腰环设置在抱杆提升后的根部位置。

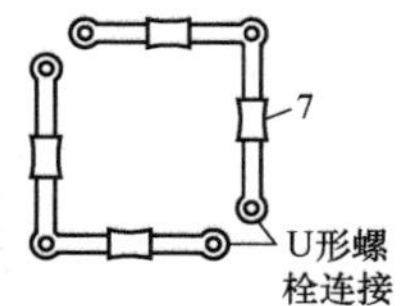

图 5–3–8 腰环构造图

在某些情况下，当被吊构件组完后已高出抱杆顶时，则上、下腰环的位置在抱杆提升过程中需倒换一次，第一次应设置在抱杆头部，待抱杆头部提升超过已组完的塔段后，再将上腰环移设至已组完塔段的最上部，下腰环也随之上移，使上下腰环间保持要求的距离。

腰环一般通过白棕绳或尼龙绳固定在铁塔主材上。抱杆提升完毕，应将腰环放松，以免抱杆受力倾斜而将其拉断。

2. 操作方法

（1）塔腿组立。塔腿组立见外拉线抱杆组塔。

（2）竖立抱杆。

1）准备工作。竖立抱杆之前，应做好如下准备工作：① 将运到现场的各段抱杆按顺序组合起来并进行调整，使其成为一个完整而正直的整体。连接抱杆的螺栓要拧紧。② 将提升抱杆用的腰环套在抱杆上。③ 将朝天滑轮、朝地滑车、承托系统平衡滑车等装在抱杆上，把各部连接螺栓及止动螺栓拧紧。④ 将起吊钢绳穿入朝天滑车。⑤ 将抱杆临时拉线（上拉线）与抱杆头部连接。⑥ 按确定的竖立抱杆方法作好起吊及相应的滑车、牵引设备的布置。

2）竖立抱杆方法。竖立抱杆有以下三种方法，可根据设备及地形条件选用其中一种。① 人字抱杆整立法。人字抱杆整立内拉线抱杆现场布置见图 5–3–9 所示。该法的操作注意事项同倒落式人字抱杆整立混凝土杆。人字小抱杆为自动脱落式，起吊过程应注意监护，当抱杆立至约 80° 时，可在塔上收紧拉线使抱杆立正，然后用腰环及绳套固定抱杆，拆除牵引工具。② 利用塔腿扳立法。利用塔腿扳立内拉线抱杆的布置图如图 5–3–10 所示。利用塔腿吊立内拉线抱杆，当抱杆立至 80° 时，停止牵引，在塔腿

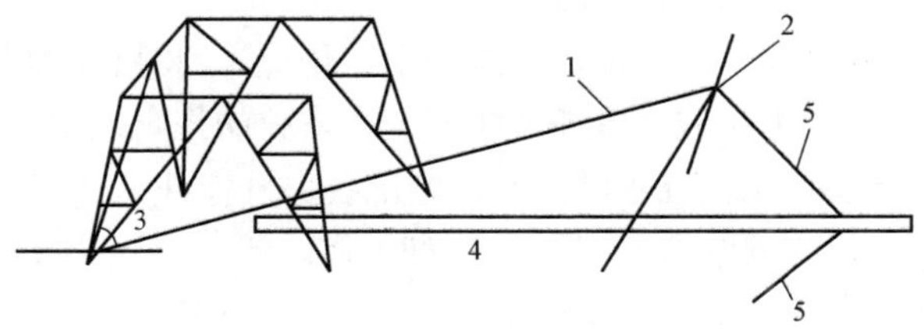

图 5–3–9 人字抱杆整立内拉抱杆布置图

1—牵引绳；2—人字小抱杆；3—地滑轮；4—抱杆；5—侧面大绳

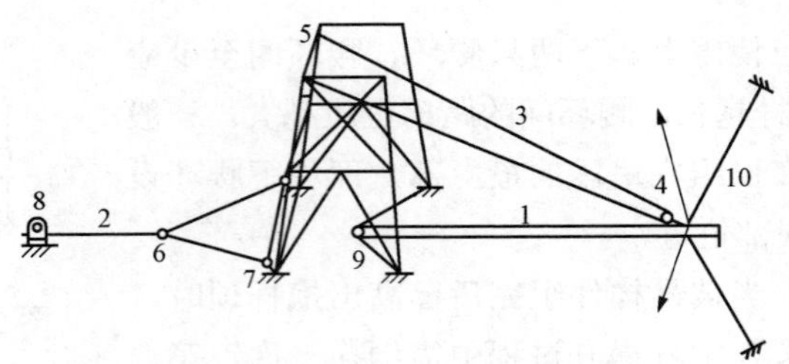

图 5–3–10 利用塔腿扳立内拉抱杆布置图

1—内拉抱杆；2—牵引绳；3—起吊绳；4—吊点滑车；5—转向滑车；
6—平衡滑车；7—地滑轮；8—机动绞磨；9—制动绳；10—抱杆拉线

上方收紧抱杆拉线达到抱杆立正的目的，同时将抱杆拉线固定于塔腿主材上。然后利用腰环及绳套固定抱杆，拆除牵引工具。③ 利用塔腿吊立法。利用塔腿吊立抱杆有两种方法。当抱杆较轻时按图 5–3–11 布置；当抱杆较重时按图 5–3–12 布置。

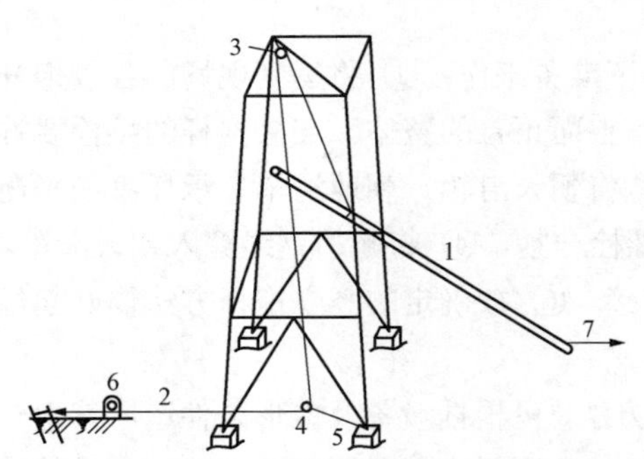

图 5–3–11 利用塔腿起吊抱杆（抱杆较轻时）

1—抱杆；2—牵引绳；3—起吊滑车；4—地滑车；
5—钢绳套；6—机动绞磨；7—控制绳

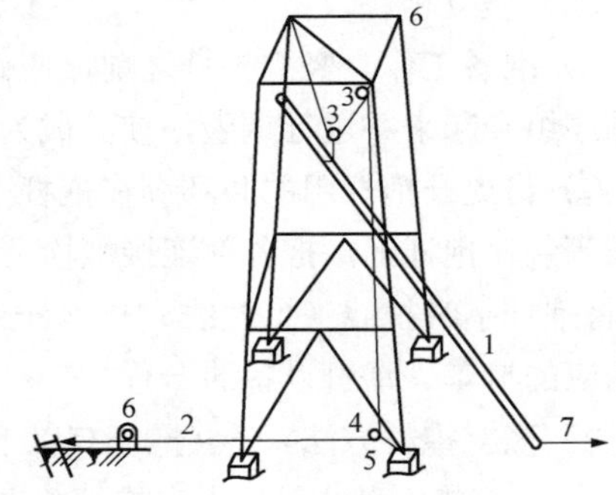

图 5–3–12 利用塔腿起吊抱杆（抱杆较重时）

1—抱杆；2—牵引绳；3—起吊滑车；4—地滑车；
5—钢绳套；6—机动绞磨；7—控制绳

抱杆根应用攀根绳控制，使抱杆慢慢移向塔身内。抱杆立正后，利用腰环及套绳调正抱杆，然后拆除立抱杆的牵引绳索。

3）扫尾工作。抱杆竖立后，还应完成如下工作：① 将塔腿的开口面辅助材补装齐全并拧紧螺栓。② 将上拉线及承托系统固定在塔腿的规定位置上。③ 如抱杆够高时，可作吊装构件准备，如抱杆不够高时，则准备提升抱杆。

（3）铁塔吊装。铁塔吊装参见外拉线抱杆组塔。

（4）提升抱杆。提升抱杆的现场布置如图 5–3–13 所示。

布置时注意：将提升抱杆的提升钢绳的一端绑扎在已组塔段上端的主材节点处，反向腰滑车（起吊滑车）布置在已组塔段上端，与提升钢绳绑扎点成对角。这样，抱杆可在提升中始终处在铁塔结构中心。另外，地滑车应位于腰滑车下方的塔腿上。

提升抱杆操作步骤如下：

1）绑好上腰环及下腰环，使抱杆在铁塔结构中心位置直立。

2）将四根上拉线由原绑扎点解下，提升到新的绑扎位置予以固定。一般情况下，上拉线固定在已组塔段各主材最上端的节点处，各拉线固定方式应相同，拉线呈松弛状态。

3）启动绞磨，牵引提升钢绳子，使抱杆提升一小段高度，解去原抱杆受力状态下的承托系统。

4）继续启动绞磨使抱杆逐步升高至四根上拉线张紧为止。

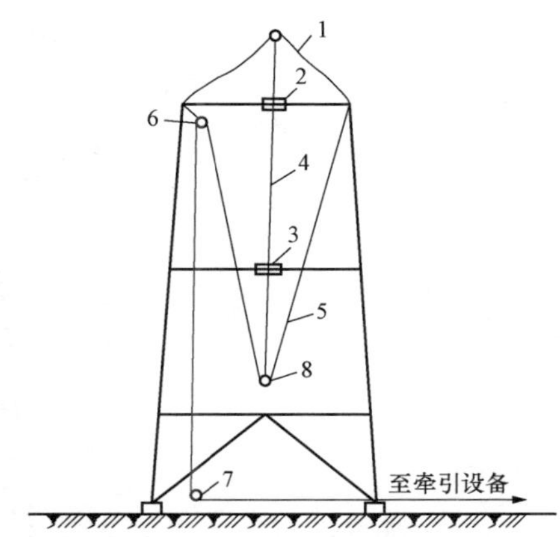

图 5-3-13 提升抱杆布置图

1—上拉线；2—上腰环；3—下腰环；4—抱杆；5—提升钢绳；6—反向腰滑车；7—转向滑车；8—朝地滑车

5）将承托钢绳串联双钩后固定于已组塔段主材顶端的上拉线绑扎点之下，收紧承托钢绳，使之受力一致。

6）放松上下腰环，拆去提升抱杆的工器具，为起吊塔件做好准备。

（5）抱杆的拆除。

1）在横担中点挂一只开口滑车作起吊滑车，利用起吊钢绳，一端经起吊滑车绑扎在抱杆 1/3 高度位置，另一端经塔底转向滑车引向绞磨。

2）在抱杆根部绑一根ϕ18 的棕绳，拉至地面，用以控制抱杆降落的方位。

3）启动绞磨，收紧起吊绳，解开抱杆根部的固定钢绳和腰绳。缓降抱杆，松开四根外拉线。

4）当抱杆头部降到横担滑车时，暂停绞磨，用一抱腰绳将抱杆上部与牵引绳捆绑，以防松抱杆时翻转。

5）用人力收紧抱杆根部的白棕绳，使抱杆根部按其预定位置拉到塔身外部，直至落地为止。如果抱杆引出塔身外有困难，可拆除部分辅助材，待抱杆落地后，再将辅助材重新安装好。

（二）外拉线内悬浮抱杆分解组塔

内悬浮外拉线抱杆组塔就是将抱杆上端的四根拉线落地，固定在地面预埋的地锚上，其余操作及施工均与内悬浮内拉线抱杆组塔相同。

1. 现场布置

（1）内悬浮外拉线抱杆分解组塔的现场布置示意如图 5-3-14 所示。

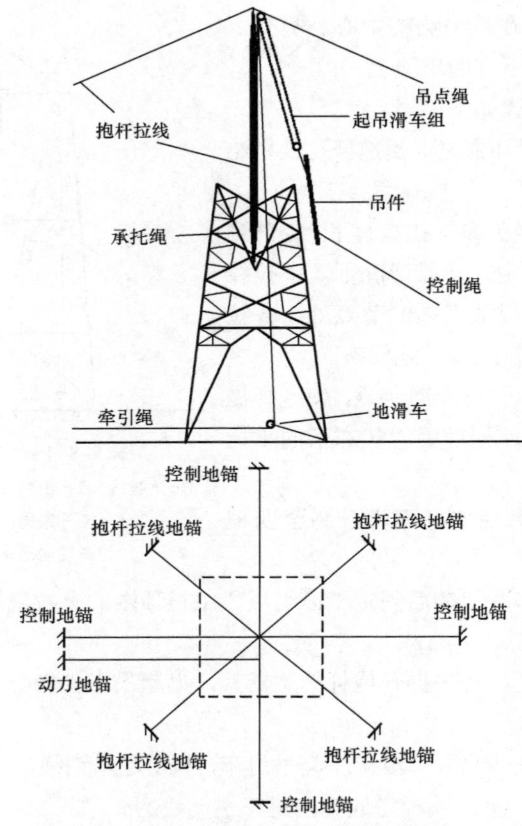

图 5-3-14 内悬浮外拉线抱杆分解组塔现场布置示意图

（2）计算抱杆长度。

1）对于干字型塔，抱杆长度应满足吊装塔身各片的要求。其长度应满足

$$L_A \geqslant \frac{2}{3}L_1+L_2+H_D+H_x \tag{5-3-4}$$

式中 L_A——按塔身段长度计算的抱杆长度，m；

L_1——塔身各段中最长的一段段长，m；

L_2——抱杆插入已组塔段的长度，可近似取已组塔体上端根开，m；

H_D——吊点绳的垂直高度，可近似取被吊构件上端的根开，m；

H_x——起吊滑车组收缩后的最小长度，一般取 2～4m。

2）对于酒杯型和猫头型铁塔，抱杆长度应满足吊装横担的需要。其长度应满足

$$L_B \geqslant H_h+L_3+L_{2B}+H_D+H_x \tag{5-3-5}$$

式中 L_B——按吊装酒杯塔横担计算的抱杆长度，m；

H_h——酒杯塔横担的立面高度，m；

L_3——酒杯塔平口至横担下平面的高度，m；

L_{2B}——抱杆插入塔身部分的长度，可近似取平口的根开，m。

当抱杆根部的承托绳能挂在下曲臂靠上端时可取 $L_{2B}=0$，此时抱杆长度会稍短些。

（3）抱杆拉线布置。

1）抱杆拉线地锚应位于基础对角线方向的延长线上，拉线的对地夹角不宜大于45°。

2）抱杆拉线下端与地锚连接应用拉线控制器，以方便拉线能随时松出；若需要收紧时应另配手扳葫芦。

3）拉线地锚应根据拉线受力大小和土质条件选用，常用地锚有钢地锚、圆木地锚、螺旋地钻及铁桩等，应优先选用钢地锚。坚硬土质使用铁桩时拉线拉力应不超过 15kN，每根拉线铁桩不得少于 2 根，2 根铁桩应用花篮螺钉或双钩紧线器可调工具和钢丝绳套连接牢固。软土地质使用地钻时每根拉线不得少于 2 根。

（4）起吊滑车组的布置。

1）起吊滑车组的绳数应根据受力计算选择，在一般情况下，起吊绳采用ϕ13mm钢丝绳时，单绳受力不应超过 15kN，采用ϕ11mm 钢丝绳不应超过 11kN。

2）起吊滑车组的定滑轮挂于抱杆上帽的侧面。起吊绳沿抱杆外缘引下时应防止磨碰抱杆。

3）起吊绳通过地面的转向底滑车进入绞磨。底滑车的位置应选择适当，防止起吊绳与其他构件相摩擦。底滑车的钢丝绳套与塔脚底座连接时绳套长度应适当，塔腿主材靠基础面处尽可能设置挂板或预留施工孔。

（5）其他布置。牵引装置、承托系统等布置与内悬浮内拉线抱杆组塔布置相同。

2. 塔身下段的组立

塔身下段的组立应根据塔腿质量、根开及地形条件等选择合适的方法。主材较重或者为主角钢插入式基础时宜选用单根吊装；塔腿较轻、地形较平坦且为地脚螺栓式基础时宜选用分片吊装。

如采用先起立抱杆后组立塔腿方案时，可用已立起的主抱杆起吊塔腿单根主材，起吊主材现场布置示意如图 5–3–15 所示。将塔腿主材吊离地面后再与基础主角钢或塔脚板对接，然后再安装塔腿四个侧面辅材。

分片吊装塔腿，一种是用主抱杆吊装半边塔身，另一种是用主抱杆分别吊装四根主材及其相应的辅材，然后组合连接成为一个完整的塔身。

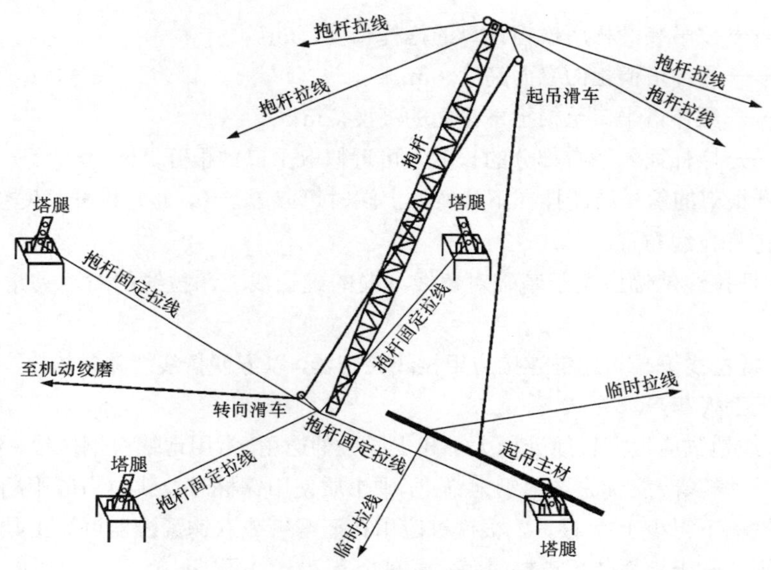

图 5–3–15 起吊主材现场布置图

塔腿吊装均应选择合理的吊点位置，防止构件变形，必要时吊点处用圆木或圆钢管进行补强。塔腿组立后均应设置临时拉线，防止塔腿因自重力向内侧倾斜变形。设置临时拉线有利于塔腿的合拢。塔身下段组立后，地脚螺栓的螺帽应装齐、拧紧，接地引下线应及时与铁塔连接，以保证组塔安全。

3. 吊装塔身

吊装塔身的现场布置示意如图 5–3–16 所示。

吊装塔身应遵循下列规定：

（1）塔身分片后的起吊质量应不超过抱杆的允许起吊质量。塔型不同选用的抱杆规格不同，其允许起吊质量也不相同。因此，现场施工中应根据铁塔安装图核对实际的起吊质量。当塔材代用资料不明时，应在设计起吊质量的基础上乘以 1.1 的增重系数。

（2）为了方便塔片就位，吊装前应调整抱杆顶向吊件侧适当倾斜，倾斜角不宜大于 10°。调整抱杆倾斜时应考虑拉线受力后的伸长影响，避免过量倾斜。

（3）当抱杆置于地面开始起吊时，应将抱杆根部用承托绳与铁塔基础连接，使抱杆固定在四个基础的中心位置。

（4）吊点绳的绑扎位置及补强方式见内拉线内悬浮抱杆组塔。

4. 抱杆的提升和拆除

（1）抱杆的提升。

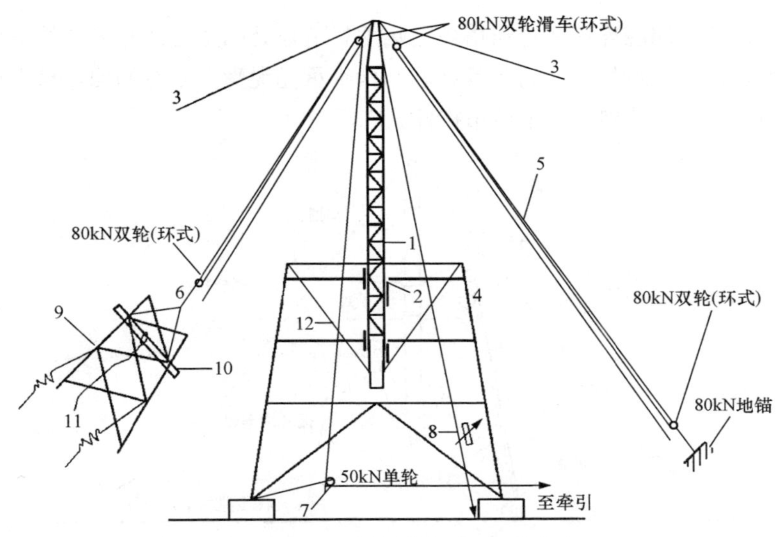

图 5-3-16 悬浮抱杆立塔正视图

1—抱杆；2—腰环；3—外拉线；4—已起立塔片；5—反向拉线；6—起吊滑车组；7—50kN 转向滑车；8—30kN 手扳葫芦；9—塔片；10—补强抱杆；11—控制绳；12—承托绳

1）提升抱杆的准备工作：塔腿或塔身四面辅材应全部装齐并拧紧螺栓，抱杆拉线下端通过拉线控制器进行调整，按提升布置图做好现场布置，起吊塔片的起吊滑车组尾端应临时固定在抱杆身部。

2）提升抱杆有两种布置方式：一种是采用双挂点单绳提升，适用于抱杆自重不超过 1500kg 的情况，双挂点单绳提升现场布置示意图见图 5-3-17 所示。另一种是四挂点双绳提升。四挂点双绳提升现场布置示意图见图 5-3-18 所示。

3）提升过程中的操作要点：检查准备工作完毕后，启动绞磨缓慢牵引提升抱杆。提升约 1m 后暂停牵引，将承托绳由塔身主材绑扎点处解开，松挂在主材某节点上再继续提升。抱杆提升过程中四根外拉线应随之均匀缓慢松出但不得完全解开，以防止抱杆倾倒。随着抱杆的提升，承托绳上端应随之向上移动，直至达到预定绑扎点再固定。抱杆高出塔体的高度应满足待吊构件能顺利就位。抱杆提升至略高出设计高度后应停止牵引。

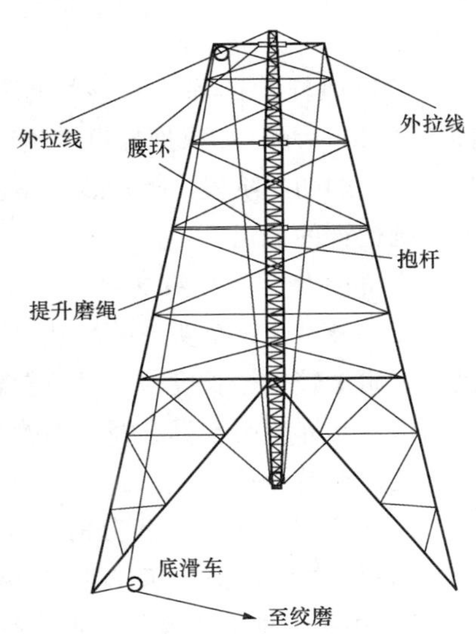

图 5-3-17 双挂点单绳提升抱杆布置图

收紧承托绳，其上端应连接在已组塔体上端主材节点处的上方或相应的挂板上。缓慢松出绞磨绳，使承托绳处于受力张紧状态，检查承托绳受力是否均匀。松出提升绳，调整抱杆四侧拉线，使抱杆处于待吊构件状态。

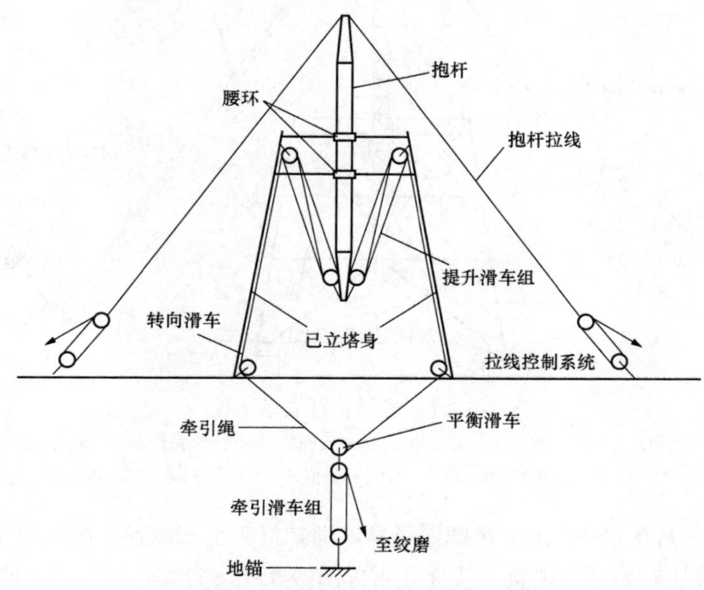

图 5–3–18　四挂点双绳提升抱杆布置图

（2）抱杆的拆除。直线塔抱杆的拆除如图 5–3–19 所示，耐张塔抱杆拆除如图 5–3–20 所示。如果抱杆自重超过 1500kg 时，应采用滑车组或用双绳双吊点拆除抱杆。拆除的初始阶段，外拉线应带住；抱杆下落 1～2m 后完全松出外拉线，利用起吊绳控制抱杆的稳定。

5. 吊装横担及地线支架

在各种型式铁塔头部的吊装中，以酒杯型塔的导线横担和地线支架吊装较为困难，因为它质量较大、长度较长且位置较高。横担的吊装有分片分段吊装和整体吊装，应根据抱杆允许起吊重量选择适当的吊装方法。

（1）分片分段吊装法。

1）吊装顺序：第一步分前后片吊装中横担，第二步将地线支架和边导线横担绑扎到一起同时吊装，第三步先就位边导线横担，再就位地线支架。

2）吊装中横担的操作要点：将中横担分前后两片组装于顺线路方向，利用顺线路的起吊滑车组进行吊装。调整抱杆露出横担上平面，且向受力反侧略有倾斜，当起吊滑车组受力后，抱杆宜在铁塔结构中心线位置。横担片吊装前，横担片的螺栓必须全

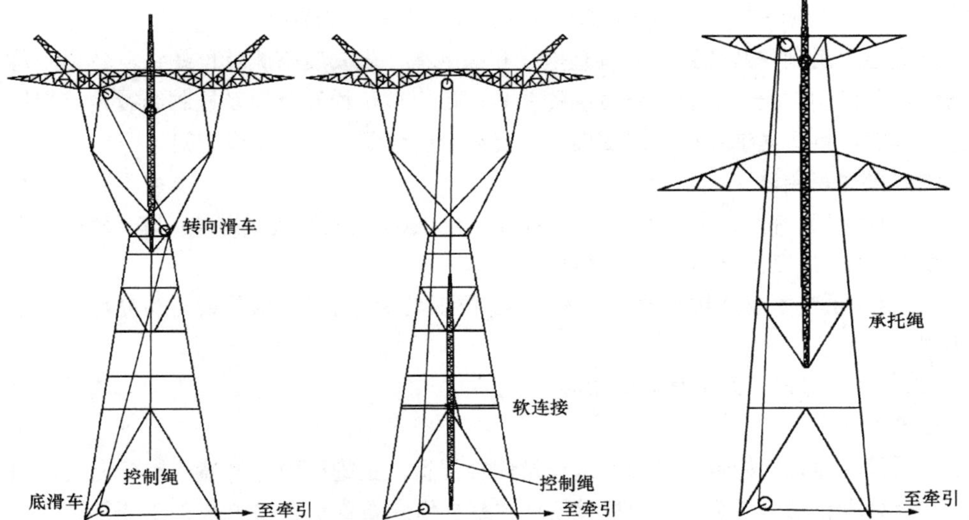

图 5-3-19 直线塔抱杆拆除示意图　　图 5-3-20 耐张塔抱杆拆除示意图

部达到紧固标准。吊装过程中，尽量避免绳受力过大。应根据吊件的提升而适时松出控制绳，以吊件不触碰塔体为原则；两根控制绳应同步松出，使横担始终处于水平状态。吊装过程中，抱杆应始终保持在顺线路方向的塔体中心面上。横担片吊至设计位置时，调整攀根绳，使横担低端先就位，再调整上曲臂根开加固绳使高端就位。上曲臂与横担片连接处的顺线路方向交叉铁安装完毕且螺栓全部紧固后，再松出绞磨绳及吊点绳，按相同方法和步骤吊装另一片中横担。

3）吊装地线支架的操作要点：地线支架与导线边横担组装时就要组装在一起，并且要将地线支架和导线横担用钢丝套连接，并用螺栓将地线支架和横担连接，如图 5-3-21 所示。

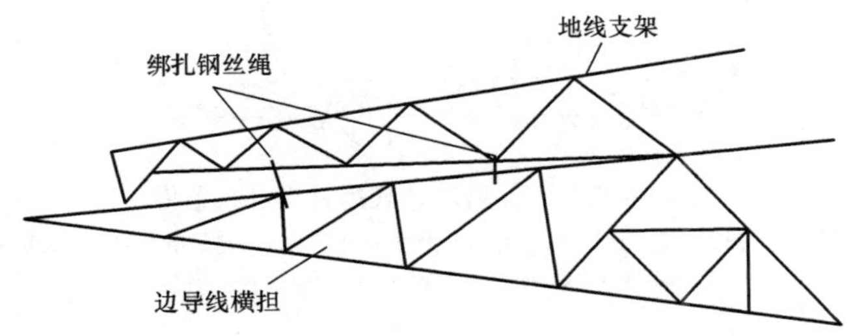

图 5-3-21 边导线横担和地线支架组装示意图

控制大绳采用两点绑扎，在边导线横担端头绑扎。吊点采用一点吊，吊点绳采用

ϕ21 钢丝套，平衡滑车采用 50kN 单轮环式滑车和起吊系统连接。

边横担起吊到安装位置后，调整抱杆和控制绳，先安装高侧就位螺钉，然后回落绞磨，安装低侧螺栓，安装好就位螺栓并紧固后，放可松开磨绳及控制绳。调整抱杆使抱杆垂直，将磨绳绑扎在地线支架上，启动牵引设备，就位地线支架。

（2）整体吊装法。

1）整体吊装有两种组装方式：一种是横担及地线支架组装成整体；另一种是将中横担及地线支架组装成整体，边横担再单独吊装。

2）整体吊装主要是起吊质量增大，各部位工具受力增大，操作要点与分片吊装基本相同。

（三）内摇臂落地式抱杆分解组塔

1. 现场布置

内摇臂落地式抱杆包括一根主抱杆及四根摇臂。主抱杆由抱杆帽、抱杆上段、加强段、接续段和底座等组成。内摇臂落地式抱杆组立布置示意如图 5–3–22 所示。

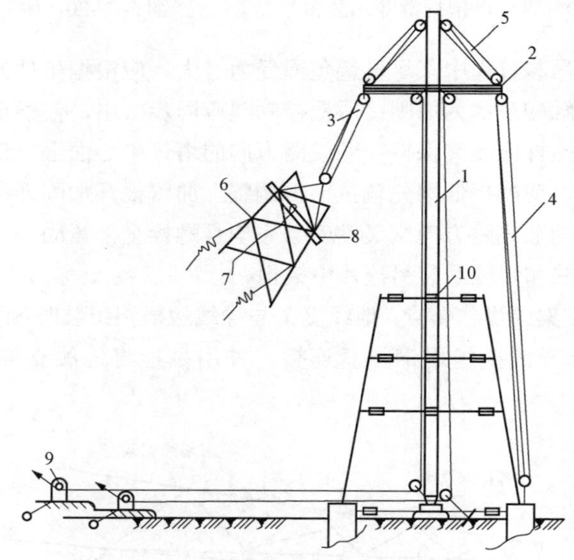

图 5–3–22 内摇臂落地式抱杆组立布置图

1—抱杆；2—摇臂；3—起吊滑车组；4—平衡滑车组；5—起伏滑车组；6—塔片；7—控制绳；8—补强木；9—机动绞磨；10—腰环

抱杆底座通过四条ϕ11mm 钢丝绳固定在铁塔基础中心。在抱杆加强段上通过长螺杆安装四个长 4m 的摇臂，分别布置在横、顺线路方向。摇臂端头与抱杆顶部通过起伏滑车组相连，使摇臂与铅垂线在 5°～80°范围内活动。摇臂端头与抱杆顶之间用

ϕ15mm 保险钢丝绳连接，使摇臂保持在水平位置。

当塔片采用左右两侧起吊时，前后方向摇臂的起伏滑车组可以省略。省略起伏滑车组后，应另挂一条钢丝绳连至地面并收紧。

摇臂端头下方悬挂起吊滑车组，作起吊塔材或平衡拉线用。起吊绳经滑车组后穿过挂在抱杆杆身的转向滑车及地面处的地滑车直至绞磨。

抱杆杆身由下至上每隔 8～10m 布置一道腰环，每个腰环用四条ϕ11mm 钢绳（腰拉线）及四副双钩收紧在已组塔段的四根主材上。四根腰拉线应在同一水平面内，且受力均衡，以保证抱杆在吊塔片及倒装提升时不致倾斜。

2. 施工方法

（1）抱杆的组立。

1）抱杆组立前的准备工作。当利用塔腿起立抱杆，塔腿段高度为 6～9m 时，可组立顶部四段抱杆高度约 17m 左右；塔腿段高度为 13m 时，可组立顶部五段抱杆约为 21m。将抱杆底座用四根钢绳固定于铁塔基础的中心。对于岩石等坚硬地基，底座位置的地面应平整；对于松软土质，底座下方应垫方木，防止抱杆下沉。在进行地面组装时，摇臂及起伏滑车组组装后应与主抱杆捆绑在一起，待抱杆立正后再调整摇臂位置。应在面向牵引方向的两侧及后方的抱杆上部绑扎临时拉线。抱杆的最下道腰拉线应与抱杆临时绑扎固定，防止抱杆起立过程中腰环下滑。

2）抱杆的起立。根据现场条件决定抱杆与塔段的吊装顺序，可选择先立抱杆再利用抱杆组立塔腿、塔身等；也可以先组立塔身下段，利用塔身组立抱杆再利用抱杆继续组立其他塔段。

（2）抱杆的提升。

1）提升抱杆的准备工作。将已吊装好的塔段辅材装齐并拧紧螺栓，防止塔材受力变形。在已组塔段的合适高度装好顶层的腰拉线。提升过程中腰拉线总数应不少于 2 道，以保证抱杆提升的稳定。各道腰拉线中心应与铁塔中心在同一铅垂线上。落地抱杆接续提升现场布置如图 5–3–23 所示。提升滑车布置在已组塔段呈对角线的主材节点处。两提升滑车高度应选择适当且应等高，第一次

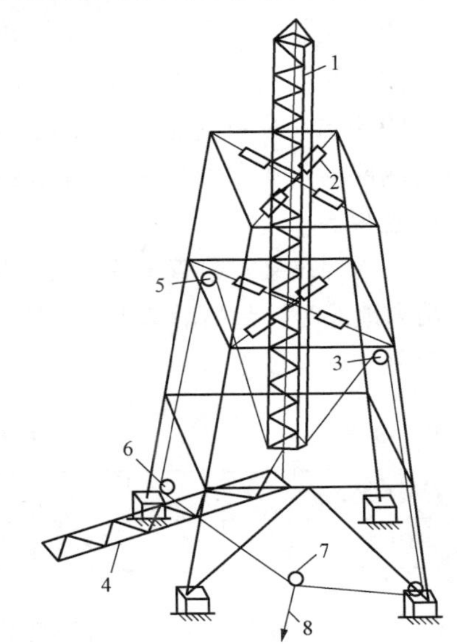

图 5–3–23 落地抱杆接续提升布置图

1—抱杆；2—腰环；3—提升钢绳；4—抱杆接续段；5—提升滑车；6—地滑车；7—平衡滑车；8—牵引钢绳

提升应不小于 12m。提升钢绳的两个尾端固定在被提升的抱杆下端，再经塔段顶端的提升滑车、塔脚处的地滑车直至平衡滑车。牵引绳由平衡滑车引至绞磨。将待接的抱杆段用钢丝绳套与提升的抱杆下端相连接。接长抱杆时，每次以一段为限。

2）提升抱杆。提升抱杆时，四方起吊滑车组应通过尾绳挂在塔脚上，配合抱杆的提升由人力均匀松出。抱杆接续段用钢绳套连接在主抱杆下端，当抱杆提升到一段高度后，慢慢将上部抱杆落下，使接续段下端对准底座并固定好；继续回落使接续段与提升段的连接螺孔对正，安装连接螺栓，最后全部松出提升钢绳。每次提升接高一段后，将提升钢绳下移以备下次再提升。接长后的抱杆伸出最上一道腰环的高度，以满足继续吊装塔片的高度为限度，但不得超过 20m。提升完毕后，重新调直抱杆，固定好腰拉线，将作为平衡拉线用的起吊滑车组收紧，准备继续进行吊装作业。

3）调整抱杆。起吊塔片前必须调直抱杆，再打好各道腰拉线，各道腰环中心应与抱杆中轴线重合，腰环每隔 8～10m 装设一道，总数不得少于 2 道。一侧起吊塔片时，与之垂直的两个摇臂应平放，并将起吊滑车组的起吊钢绳与挂在塔脚上的两条等长的 13mm 钢绳套连接，钢绳套的长度为 0.75～0.8 倍的铁塔根开，使两尾绳间夹角不大于 90° 将起吊滑车组尾绳收紧并在塔脚处绑牢，以代替两侧拉线，保持抱杆垂直地面。起吊反侧的起吊滑车组，同样按两垂直摇臂起吊滑车组固定于塔脚处，但起吊滑车组尾绳应引接至机动绞磨，使抱杆顶向起吊反侧预偏 200～300mm。起吊过程中，尽可能使抱杆保持与地面垂直或向起吊侧倾斜不超过 200mm。根据塔片就位的要求，尽可能将起吊侧摇臂收起，改善抱杆受力状况。调整摇臂的起伏钢丝绳尾端应通过抱杆根部的地滑车后，固定在塔脚上。调整抱杆必须有测工用经纬仪配合监视。

（3）塔片吊装。检查塔片组装位置是否在摇臂的下方或允许的偏离范围内。要求塔片吊离地面时，起吊滑车组中心线对抱杆轴线的偏角应不大于 10°，塔片允许最大偏出距离见表 5–3–5。

表 5–3–5 塔片允许最大偏出距离

摇臂高度（m）	12	16	20	24	28	32	36	40	44
允许偏出距离（m）	2.1	2.8	3.5	4.2	4.9	5.6	6.3	7.0	7.7

在塔片起吊过程中应随时监视抱杆的变形状态，如变形较大时应停止牵引再作适当调整。塔片接近就位时，应用摇臂起伏滑车组调整塔片就位，不得用压控制绳的方法调整塔片就位。第一副塔片吊装就位后，应将起吊侧摇臂放平，并将该起吊滑车组的起吊绳下移挂在塔脚上，作为平衡拉线使用。而用原平衡摇臂进行吊装另一侧塔片。

当待吊塔身段根开小于 4m，且起吊重力不超过 15kN 时，可将该段组成一节不封口的塔段进行起吊。起吊时，开口向外，就位时通过控制绳使开口向内，就位后补齐开口面塔材。吊装酒杯型塔的塔头及横担时，最上一道腰环宜打在下曲臂顶部位置。拉线应交叉与节点相连，如图 5–3–24 所示。

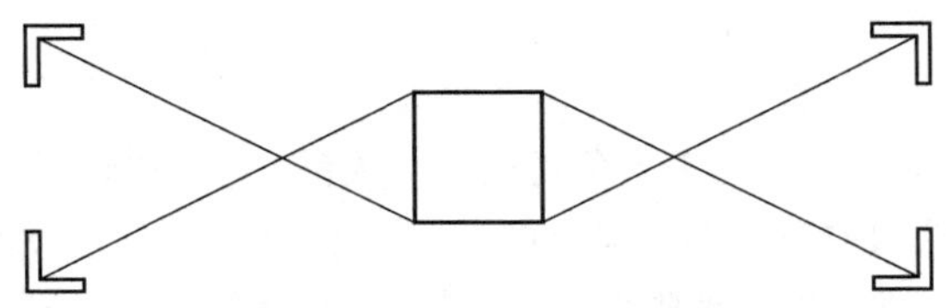

图 5–3–24　铁塔曲臂节点部位腰环布置图

（4）抱杆的拆除。内摇臂落地式抱杆的拆除方式，可以先拆卸前后摇臂，然后将左右摇臂与抱杆上段合拢捆绑，将摇臂与抱杆一起拆除。拆除抱杆本体与提升抱杆次序相反，采用吊起后从底部分段拆除。

内摇臂落地式抱杆的拆除至只有一道腰环时，为避免抱杆在拆除过程中倾倒，应将固定于横担中部的起吊绳挂于抱杆头部。当抱杆临近地面时，用人力将其向塔体外拖出，再分段拆解以便运输。抱杆拆除后，必须随即补齐铁塔各断面的水平辅材并拧紧螺栓。塔上作业全部结束后，整理工器具、恢复现场转场。

（四）倒落式人字抱杆整体立塔

1. 现场布置

用倒落式人字抱杆整立拉线铁塔现场布置和操作方法，与整立混凝土电杆基本相同。当用倒落式人字抱杆整立自立式铁塔时，现场布置有以下几点不同：

（1）起立抱杆的布置方式。整体组立自立铁塔的抱杆布置方式一种是与铁塔朝向相同，此时应在距抱杆头部约 1m 位置的塔身上方绑扎一根ϕ150mm 的圆木，以便将抱杆搁在上面进行抱杆头部工具的组装。抱杆头部在组装时已被抬高，因此人字抱杆可直接用总牵引绳及相应的机动绞磨进行起立。

另一种抱杆布置与铁塔朝向相反，将抱杆组装在与铁塔布置相对称的地面上。在铁塔腿部固定一根独抱杆，利用立塔制动绳地锚用为人字抱杆的牵引绳地锚。单独设置起立抱杆的牵引绳、制动绳、临时拉线等起立人字抱杆。

（2）制动系统的布置方式。由于整体立塔时制动绳调整范围很小，而且制动绳最大受力值出现在铁塔起立时塔头离开地面一刻，因此制动绳系统布置时一定要收紧，避免损坏地脚螺栓。制动绳的布置方式根据塔型的不同有单制动方式和双制动方式两种。单制动方式适用于 ZLV、单柱铁塔等；双制动方式适用于四脚铁塔基础和门型塔基础。

（3）为了防止自立式铁塔整立时发生塔腿变形，应对塔腿予以补强。

（4）自立式铁塔整立前，应在后方的两个基础上安装塔脚铰链，在前方的两个基础上垫以道木。垫木高度应略高出地脚螺栓的外露长度。当塔脚就位时先坐落在垫木上，避免损坏地脚螺栓。

2. 整立铁塔过程的操作

（1）铁塔起立前的检查。

1）立塔指挥人会同安全监护人负责检查的项目。总牵引地锚中心、抱杆顶、制动绳地锚中心、塔身结构中心是否在同一直线上。各岗位人员是否均已到位。铁塔组装是否符合设计图纸要求。铁塔地脚螺帽及垫板是否已配齐全并经试安装。铁塔需要补强的部位是否按施工措施规定进行补强。

2）塔根操作人检查的项目。吊点绳受力是否一致，规格是否符合要求。绑扎位置是否正确、牢固。吊点绳的平衡滑车挂钩及活门是否封闭。抱杆位置是否正确，防沉防滑措施是否可靠，抱杆脱帽的控制绳是否绑好。塔脚铰链安装是否到位，连接是否可靠。

3）制动系统操作人应检查的项目。制动器上的分制动钢绳有无叠压，有无妨碍操作的绳索或物件。制动绳在立塔前应收紧，使塔脚绞链位于基础上。制动绳与地锚的连接是否牢固，滑车组钢绳是否理顺。检查后临时拉线钢绳与塔头绑扎是否牢固，位置是否正确。

4）总牵引系统操作人应检查的项目。总牵引滑车组钢绳是否理顺，滑车组的定滑轮与地锚的连接是否牢固，动滑轮的防翻转重物是否绑扎牢固。绞磨绳是否经过地滑车进入机动绞磨。滑车组的收缩长度能满足铁塔立正后仍有一定长度，防止动、定滑车碰头。牵引设备是否运转可靠，尾部是否固定，方向是否正确。

5）临时拉线系统操作人应检查的项目。临时拉线长度能否满足立塔要求，调节装置是否可靠，与其他绳索有无交叉叠压，所在地面及上方有无其他障碍物，是否影响立塔操作。

（2）整体立塔操作。

1）当铁塔头部起立至离开地面约0.5m时应停止牵引，对杆塔作冲击试验，同时检查各部位地锚受力位移情况，各索具间的连接情况及受力有无异常、抱杆的工作状态、杆塔各吊点及跨间有无明显弯曲现象等。

2）随着杆塔的缓慢起立，制动绳操作人员应根据塔根负责人的指挥，使塔脚铰链始终靠近地脚螺栓又不紧贴。两侧拉线应根据指挥人的命令进行收紧或放松，使拉线松紧适度。

3）抱杆接近失效时，牵引速度应放慢且将后方的临时拉线带住。后方拉线如为永久拉线时，应将钢绞线理顺，防止交叉、弯勾或叠压。

4）抱杆失效时应停止牵引，缓慢松出抱杆脱落控制绳使抱杆缓慢落地。控制绳操作人员必须站在抱杆的外侧。如果抱杆脱落不顺利应查明原因，采取有效措施使抱杆缓慢脱落。两根抱杆落地后抽出控制绳。

5）铁塔起立 70° 时，应减慢牵引速度，后方临时拉线应随铁塔的起立而跟随松出，制动绳应根据现场情况确定是否继续放松。

6）当铁塔立至 80° ～85° 时应停止牵引，制动绳适度松出，缓慢松出后方临时拉线，利用牵引系统的重力及张力使铁塔调正。

（3）铁塔就位。

1）拉线塔塔脚与基础为绞接，可以在铁塔立正后直接就位。就位后拆除绞链，用经纬仪监测调直铁塔后，打好永久拉线。

2）自立式铁塔就位的操作顺序：铁塔立正后，控制好后方临时拉线，启动绞磨使铁塔向牵引侧稍有倾斜，让牵引侧的两塔脚落在基础的垫木上，然后拆除塔脚铰链。收紧后方临时拉线，总牵引绳随之稍松出，让已拆除铰链的两只塔脚板螺孔对准地脚螺栓，落至基础顶面，并安装地脚螺帽。继续收紧后方临时拉线，总牵引绳随之慢慢松出，让铁塔向后方侧稍有倾斜，直至牵引侧的两塔脚离开垫木，并随即抽出垫木。慢慢松出后方临时拉线，利用塔身及总牵引系统的重力，使牵引侧的两塔脚板螺孔对准地脚螺栓，直至落至基础顶面，安装地脚螺帽。铁塔就位后，应将所有地脚螺栓的螺帽及垫板安装齐全并拧紧，再拆除工器具，清理现场。最后应将铁塔螺栓全部复紧一遍，并用扭力扳手进行自检，直到全部合格为止。

（五）钢管杆、塔的吊装就位与角钢塔的不同

（1）对直线钢管塔基础须找出位于顺线路方向上的两只地脚螺栓、对转角钢管塔基础须找出位于横担方向上的两只地脚螺栓，并作好标记，立塔前应再次检查确定，立塔时应仔细对正，严防出错。

（2）杆段吊离地面不宜过高，略微高过地脚螺栓即可，缓慢移动吊臂，按照所划好的印记对准基础地脚螺栓上印记，使塔底盘吊装就位。

（3）塔底盘孔与地脚螺栓不对齐时，可用一根短钢丝绳头圈住塔身，一头套在接地鼻上，一头套住大撬棍，利用别劲慢慢转动塔身对正、就位。钢管杆底盘就位示意图如图 5–3–25 所示。

（4）螺孔对正后，缓慢松下塔段，完全落至立柱顶面并使之自然正直，带上地脚螺帽，注意在地脚螺帽未完全紧固前，应定位并略带劲绷紧起吊钢丝绳。等地脚螺帽完全紧固后人员方可登塔作业、松卸吊绳。

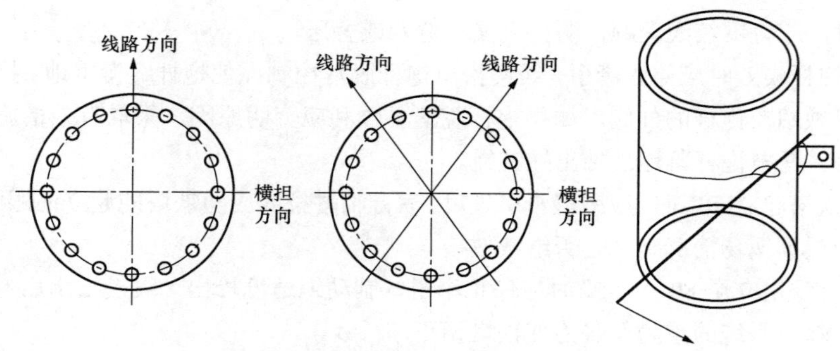

图 5-3-25 钢管杆底盘就位示意图

（六）铁塔组立的质量标准要求

铁塔组立施工质量应符合 GB 50233—2014《架空输电线路施工及验收规范》、设计图纸和工艺要求，各部件应齐全，螺栓紧固合格率达到 95%（螺栓架线后应再复紧一次，紧固合格率达到 97%），检查扭矩合格后应及时安装防盗螺栓和防松螺帽。

（1）铁塔各构件的组装应齐全、牢固，交叉处有空隙者，应装设相应厚度的垫圈或垫板。

（2）当采用螺栓连接构件时，应符合下列规定：

1）铁塔螺栓应使用防卸、防松装置。

2）螺栓应与构件平面垂直，螺栓头与构件间的接触处不应有空隙。

3）螺帽拧紧后螺杆露出螺帽的长度：对单螺帽，不应小于两个螺距；对双螺帽，可与螺母相平。

4）螺杆必须加垫圈，每端不宜超过两个垫圈。

（3）螺栓的穿入方向应符合下列规定：

1）对立体结构：水平方向由内向外；垂直方向由下向上。

2）对平面结构：面向受电侧顺线路方向由送电侧穿入；横线路方向两侧由内向外，中间由左向右；垂直地面方向由下向上；呈倾斜平面时，由下向上。

注意个别螺栓不易安装时，穿入方向允许变更处理。

（4）铁塔部件组装有困难时应查明原因，严禁强行组装。个别螺孔需扩孔时，扩孔部分不应超过 3mm，当扩孔需超过 3mm 时，应先堵焊再重新打孔，并应进行防锈处理。严禁用气割进行扩孔或烧孔。

（5）铁塔连接螺栓应逐个紧固，4.8 级螺栓的扭紧力矩不应小于表 5-3-6 的规定。4.8 级以上的螺栓扭矩标准值由设计规定，若无设计规定时，宜按 4.8 级螺栓的扭紧力矩标准执行。

表 5–3–6　　螺栓紧固扭矩标准

螺栓规格	扭矩值（N·m）	螺栓规格	扭矩值（N·m）
M12	40	M20	100
M16	80	M24	250

（6）铁塔组立及架线后，其允许偏差应符合表 5–3–7 的规定。

表 5–3–7　　铁塔组立的允许偏差

偏差项目	一般铁塔	高塔
直线塔结构倾斜	3‰	1.5‰
直线塔结构中心与中心桩间横线路方向位移	50mm	—
转角塔结构中心与中心桩间横、顺线路方向位移	50mm	—

（7）自立式转角塔、终端塔应组立在倾斜平面的基础上，向受力反方向产生预倾斜，预倾斜值应视塔的刚度及受力大小由设计确定。架线后塔顶端不应超过铅垂线而偏向受力侧。

（8）铁塔组立后，各相邻节点间主材弯曲度不得超过 1/750。

（9）铁塔组立后，塔脚板应与基础面接触良好，有空隙时应垫铁片，并应浇筑水泥砂浆。

（10）铁塔脚钉安装位置和方向符合工艺要求。

（11）塔材表面麻面面积不超过钢材表面总面积（内处侧）的 10%。

（12）塔材镀锌颜色基本一致，镀锌层不允许有面积超过 200mm^2 的脱落；小于 200mm^2 的脱落只允许有一处，出现时应用环氧富锌漆进行防锈处理。

（13）螺栓紧固合格率达到 97%以上，穿向应符合工艺统一要求，按规定安装防盗螺栓，其余螺栓均安装防松罩（双帽螺栓除外）；当遇接点时包括节点处所有螺栓。

（14）螺杆与螺母的螺纹有滑牙或螺母的棱角磨损以致扳手打滑的，螺栓必须更换。

（15）铁塔应保持洁净，不应有锈蚀、油渍、污泥、附着杂物等。

五、注意事项

铁塔组立是输电线路工程施工、检修中的常见作业，由于施工工艺复杂、空作业任务繁重，且受施工地形环境和自然气候条件的影响很大，因此安全风险较大，在施工中要引起高度重视。除严格按经审批的作业方案和安全工作规定组织施工外，并重点注意以下事项。

（1）经基础转序验收合格、铁塔组立施工图纸会审结束、作业方案编制审批完毕，人员、工器具、材料物资等准备工作就绪，方可进入现场铁塔组立阶段。

（2）在施工和检修前必须先进行详细的现场勘察，优化施工方案、合理选择工器具、精心规划现场布置。并要根据工程特点和工作环境条件制定切实可行的安全、质量保证措施。

（3）起吊作业应进行严格的受力验算，根据计算选择起吊方案，控制抱杆高度、起吊重量，正式吊装前必须经过首基试点，确保组塔施工的安全。

（4）全体施工人员必须经安全、技术交底熟知作业方案，特殊工种经培训合格持证上岗，工作负责人、安全监护人应由具有相应资格经验丰富的人员担任。

（5）所选用的工器具、仪器仪表必须经检验合格、有效方可进入现场使用。

（6）组塔工器具要经常检查、维修和保养，严禁以小代大或带病作业。吊点钢丝绳、起重滑车，承拖钢丝绳、抱杆等重要受力工器具要在起吊前后进行详细检查，严禁使用变形、受损的工器具。

（7）所有钢丝绳绑扎点采取内垫外包保护措施，绑扎钢丝绳套挂胶处理。

（8）铁塔组立期间接地连接可靠，施工作业应在良好天气下进行，如遇雷、雨、雪、浓雾、沙尘暴、六级及以上大风时不得进行高空起吊作业。

（9）施工现场整齐、清楚，工器具、材料分类堆放，各类施工标牌齐全清晰，作业区域、孔洞周围安全设施完备，设立安全围栏及警示标志，不得超越围栏作业，闲杂人员严禁进入施工作业区，做到安全文明施工。

【思考与练习】

1. 简要说明分解组塔地面组装构件布置应遵循的原则。
2. 试画出内拉线抱杆分解组立铁塔现场布置示意图。
3. 简要说明外拉线抱杆分解组塔的施工操作工艺。
4. 试分析铁塔组立主要的危险点及安全预控措施。
5. 简要说明铁塔组立的质量标准。

第六章

架 线 施 工

模块1 架线施工前准备工作（Z05F3001Ⅰ）

【模块描述】本模块包含技术准备、施工机具的准备、施工现场的准备。通过内容介绍、原理分析、流程讲解、图表对比，掌握区段划分、场地选择、施工机具的配置，能够进行现场的各项准备工作。

【模块内容】

一、技术准备

1. 放线区段的划分

（1）传统放、紧线以耐张段为放、紧线区段长度，根据此长度将导（地）线布置在区段内各布线点，然后采用人力或机械牵引进行展放。紧线时采用一端在耐张塔挂线，另一端进行紧线的方式。

（2）张力放线施工区段的划分主要考虑以下因素。

1）通过放线滑车（包括通过转向滑车）的导线不超过16个放线滑车的放线长度，当选择牵、张场困难时最多不应超过20个放线滑车。有时受地形或跨越物的限制，必须加大放线区段长度时，要根据区段长度和跨越控制点对施工机具等进行受力分析计算，采取可靠的安全措施后方可进行。

2）与数盘导线累计线长相近的长度，以减少导线的损耗。

3）便于跨越施工，停电、影响交通等作业时间最短的长度。

4）在有上扬杆塔的反向侧作为施工段的起止杆塔。

5）非特殊情况尽量不以耐张塔作为施工段的起止杆塔。

6）避免选择不允许导地线接头的档内作施工段的起止点。

根据以上原则，放线施工区段的长度一般在6～8km为宜。

2. 牵引场、张力场的选择

传统架线工艺的放线场除放紧线两端的耐张塔外，耐张段的中间可能也要运送导线，张力场的选择相对较为灵活。而张力放线（包括无张力机械的牵引放线）的牵引场和张力场的选择就复杂多了，一般应按下列条件选取。

（1）牵、张机能运达的地方。

（2）场地面积、地形能满足设备、导线布置及施工操作要求。

（3）相邻直线杆塔允许作过轮临锚，即锚线角不大于设计规定和锚线作业及压接接续、升空无特殊困难。

（4）下列情况不宜作牵、张场。

1）直线转角塔作过轮临锚塔时。

2）档内有重要交叉跨越或交叉跨越次数较多时。

3）档内不允许导地线接头时。

4）临塔悬点与牵张机的进出口高差较大时。

5）耐张塔的前后侧。

6）地势低洼、容易积水的场地。

（5）受地形限制，牵引场可通过转向滑车引向线路外侧任何方位或调转 180 进行布场。牵引场转向布场应注意以下几点。

1）采用多个转向滑车时，各转向滑车的承载应均衡，即转向角度相等，滑车的承载不得超过滑车的允许承载能力。

2）靠近临塔的最后一个转向滑车应在线路中心或分相布置，与地面的夹角不大于设计规定。

3）靠近牵引机的第一个转向滑车应对准牵引机卷筒。

4）转向滑车应使用允许连续高速运转的大轮槽专用滑车，每个转向滑车均应可靠锚定。

5）转向滑车围成的区域为危险区，存在牵引绳突然脱位的危险，工作人员不应进入，不得布置其他设备材料。

（6）牵、张场的转移是采用“翻跟斗”的方法，牵引场、张力场布置如图 6-1-1 所示。由于张力场的布置比牵引场的布置复杂，所以牵引场尽可能设在线路的起端和终端，以减少张力场的数目。

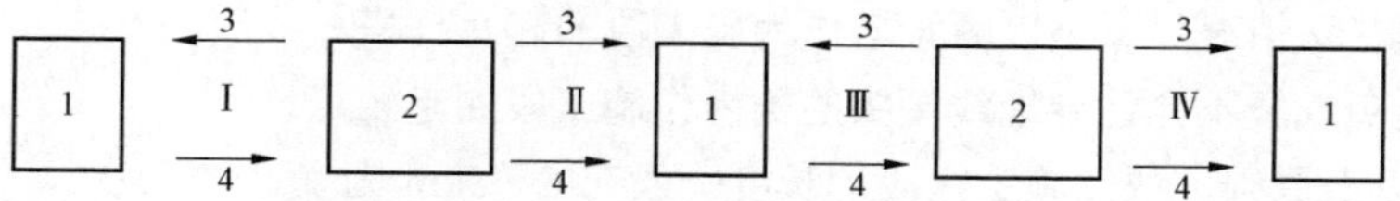

图 6-1-1 牵引场、张力场布置图

Ⅰ、Ⅱ、Ⅲ、Ⅳ—放线区段

1—牵引场；2—张力场 1；3—放线方向；4—紧线方向

3. 布线

放线前应作一个放线计划，即布线。布线的方法是根据每个线盘的线长，综合考虑接续管位置、接续次数等因素，合理安排线盘展放次序，以求停机次数最少、接头最少，提高放线效率、降低导地线损耗，紧线后接续管避开不允许有连接的档内。布线一般应考虑以下内容。

（1）放线裕度。根据地形，放线段内的布线长度，当采用人力放线时，平地增加3%，丘陵增加5%，山区增加10%放线裕度；当采用固定机械牵引放线时，平地增加1.5%，丘陵增加2%，山区增加3%放线裕度。

（2）紧线后接续管避开不允许有接续管的线档。不允许接头的线档有标准轨距的铁路，高速公路和一级公路，有轨电车和无轨电车，一、二级通信线路，110kV 及以上电力线路，管道，索道以及设计和运行上提出的不允许有接头的线档等。

（3）根据施工方法将导地线放置在合适的位置。

1）导地线的布放位置与放线方法有关，应根据选定的放线方法确定导地线的布放位置。

2）导地线布置在交通方便、地势平坦处。

3）导地线放置的位置是拖线距离最短的，达到即省力又减少导线磨损的要求。

4）地形有高低时，尽可能将线盘布置在地势较高处，从高处往低处放线，以减轻放线牵引力。

5）三相导线的放线位置应尽可能布置在一起，地线最好也和导线布置在一起，这样放线作业时便于统一指挥。

6）张力场集中布放导线时，要提前排好线盘展放次序，按照展放次序布放导线，每相导线为二分裂或多分裂子导线时，在关注展放次序的同时还要做好线盘分组。

7）导地线的布放位置要考虑吊车和放线架的位置，以方便导地线的吊装。

二、施工机具的准备

（一）放线滑车

放线滑车从轮数分有单轮、三轮、五轮等数种，但都需装滚动轴承以减少摩擦力。三轮和五轮滑车的中间轮作牵引轮用，其两边为导线轮，三轮滑车的中间轮也可作导线轮进行一牵三放线。施工前应根据线路的设计选用适合轮数的滑车。如 500kV 线路采用大流水作业，则一个架线施工队约需五轮导线放线滑车 160 个，避雷线放线滑车 90 个。滑轮的直径和槽形应符合部颁《放线滑轮直径和槽形》的规定，常用放线滑车直径和槽形见表 6–1–1，其摩擦系数不得大于 1.015。

表 6-1-1 常用放线滑车直径和槽形

滑轮直径 D_S（mm）	适用导线		槽形	
	截面积（mm^2）	直径 D_C（mm）	槽底半径（mm）	轮槽深度（mm）
400	185～240	18～22.4	18	50
560	300～400	23.01～25.2	22	50
710	500～630	30～34.82	26	56

注 1. 滑轮直径是指滑轮径向槽底之间的距离。
2. 滑轮轮槽倾角一般为 15°，特殊需要（如为满足牵引板通过滑轮的需要）时，可增加至 20°。

此外，滑轮槽形还应保证牵引绳的抗弯连接器、旋转连接器和接续管保护套等从轮槽中通过，为此，槽底半径一般需加大 10mm。

对放线滑车滑轮轮槽的材料有如下要求：① 轮槽表面不损伤导、地线。在轮槽表面上挂合一层橡胶或橡胶合成物（最好不绝缘），当轮槽橡胶绝缘时，为使滑车仍适用于平行带电线路进行张力放线，滑车上需装专用的接地滑轮；对于支撑牵引绳的中间轮槽，同样应不易损伤导引绳和牵引绳。② 应尽量不受导引绳、牵引绳磨损，使其有较长的使用寿命。滑轮至滑车横梁有 150～200mm 的高度，轮槽间距应与牵引板的各线间距相同，以便顺利通过牵引板。③ 架线前应按上述要求对滑车进行认真检查，合格后方能使用。④ 轮槽挂胶破损或可能脱落时，应重新挂胶后才能使用。⑤ 滑车应定期清洗，加注润滑油，做好例行维护保养。

（二）压接机具

1. 液压机

液压机分手动、机动、电动等数种。送电线路工程中导、地线截面积较大的压接，多用机动液压机。常用的液压机有 100t 和 200t，当导线截面积超过 $400mm^2$、钢绞线截面积超过 $100mm^2$ 时，以采用 200t 的液压机为宜。

液压泵与液压钳连接的高压油管长度在地面压接时为 4m，当高空压接需将液压泵放在横担处时高压管长度为 8m。

一个大流水作业的架线施工队需配备液压机 6～8 台，且应配备易损件，以便及时修复损坏的液压机。施工前应检查液压机是否处于良好状态。

2. 钢模

钢模分为铝管钢模和钢管钢模。根据工程中使用的导地线规格和液压机吨位，施工前应准备足量和规格适宜的钢模，并在钢模侧面用红铅油等标明，以便现场核对使用。

钢模制造时，其压模六角对边距 s 应比规程规定小 0.3～0.4mm。这是因为内径较小的钢模容易压出符合要求的管子尺寸；另外，钢模的内径经使用后会逐渐增大，当增大至等于要求压后管子的尺寸时，钢模便不能继续使用。

（三）锚固机具

1. 卡线器

卡线器（卡头）分导线卡线器和地线（钢绞线）卡线器两大类。从现场施工经验来看，钢绞线的卡线器还不太过关，有时有跑滑现象。对导线卡线器应检查其压条毛刺是否太尖利，如有此种缺陷，应用砂纸将其磨平。卡线器不得变形，如有变形应报废更新。此外，还应准备导引绳、牵引绳卡线器等。

2. 临锚绳

临锚绳有镀锌钢绞线和钢丝绳两种，其作用是进行导地线的临时锚固。临锚绳分高空和地面用两类。高空临锚因其张力较大，应使用镀锌钢绞线，两端压耐张线夹，一端或全长包胶。地面临锚可使用钢丝绳，但不得接续使用，且尾线要作可靠封固。

3. 临锚架

临锚架是在导线张力放线中，分别将从牵引场侧的牵引板和张力场的张力机上展放出的导线，锚定在地锚拉线棒前面的专用锚线架。锚线架用 ϕ25mm 圆钢焊接成“V”形，长 420mm，开宽 320mm。其上端用 ϕ48mm，长 240mm 的铁管支撑。一个临锚架临锚两根导线。一个大流水作业架线队至少需 48 个临锚架方可满足施工需求。

4. 手扳葫芦

手扳葫芦是张力架线中张力机、牵引机，临锚导地线，微调导地线弧垂、导地线过轮临锚和附件安装提线等使用的工具。操作时有提升闸和下降闸，在不受力情况下提起中间小轮，链条可以自由来回抽动。应注意提升闸和下降闸在带负荷的情况下千万不能操作，以避免出现危险和将内部零件损坏而报废的情况。当手扳链条葫芦质量不过关时，会出现卡链现象，为此，在使用前要认真检查，使用中不得让泥沙进入内部，当不受力侧的链条较长时应将其打结。

（四）保护机具

1. 开口胶管

开口胶管是将内径比导线直径小 1～3mm 的圆盘胶管切成约 800mm 长的短管，再从管弯曲的内侧破开而成的，开口胶管如图 6–1–2 所示。如果开口方向不正则使用不便，如从管弯曲的外侧破开，在胶管套在导线上时，会自行开口而导致脱落。

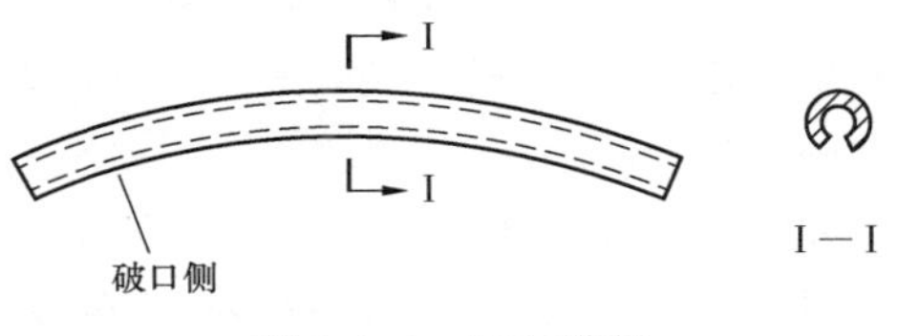

图 6–1–2　开口胶管

开口胶管安装在卡线器的后侧等处，保

护导线不会被卡线器的拉紧环和卸扣等工具磨伤。直线杆塔附件安装提线时，提吊钩处导线上应事先套上开口胶管，其长度约 200mm。直线杆塔附件安装，当线提起离开滑车槽时，应将导线套上开口胶管，防止放线滑车拆除时碰伤导线。

2. 接续管保护钢甲

接续管保护钢甲（钢护套）是由完全相同的两个钢制材料半圆体组成，保护钢甲如图 6–1–3 所示，两端加硬橡胶衬垫，扣在压好的接续管处，两端口凹槽上用直径 2mm 的铁丝捆扎数匝（与钢甲面平）后，用黑胶布缠绕，以免鞭击时损伤相邻导线。钢甲在紧线完毕安装间隔棒时拆除。

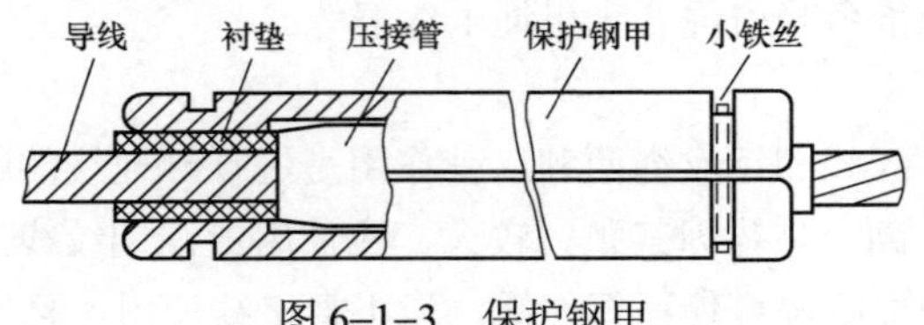

图 6–1–3　保护钢甲

（五）牵张设备

1. 张力机和线盘架

（1）用途和种类。在张力放线中起控制导线或地线或牵引绳放线张力的施工机械，叫做张力机。张力机上盘绕导线或其他被牵引线索的机构称张力轮。大张力机的张力轮又称导线轮。

张力机的主要用途是控制放线张力。除此以外，当张力机的张力轮设计成具有主动驱动能力时，也能用于收卷已放出的线索，如收卷经集中压接后的导线，完成压接后的松锚作业。当驱动能力足够时，还可用于放完线后作紧线前抽余线的作业。有的张力机即为线盘架提供制动能源，还为压接管压接提供压力油源。有的张力机可将两根线张力轮的张力加起来，以便展放大规格的导线，此时需将张力轮上的线槽更换。

按导线轮的构造形式，大张力机可分为双摩擦卷筒式、靴链式、线挑列摩擦压块式等张力机。用得最广泛的张力机是采用液压制动的双摩擦卷筒式张力机。意大利 TESMC 公司制造的四线 811/140/31 张力机，属一牵四（二）张力机，其外如图 6–1–4 所示。其自重 9t，总张力 140kN，长×宽×高为 5.05m×2.5m×3m。意大利 TESMC 公司制造的单线 513/20/10 小张力机和国家电网公司北京电力建设研究院研制的单线 T50–4AH 型张力机的最大张力为 20kN，属无动力设备，靠手动和线轮转动后自行产生压力进行制动。

张力放线中使用的线盘架应使其放出的线有一定的、可控制的张力，该张力称张力机的尾部张力。尾部张力保证线在线盘上不松套，不会在线轮上打滑。对线盘的制动，一般采用摩擦式制动装置。

（2）张力机工作原理。现以采用液压制动的双摩擦卷筒式张力机为例，绘出张力机的工作原理如图 6–1–5 所示。

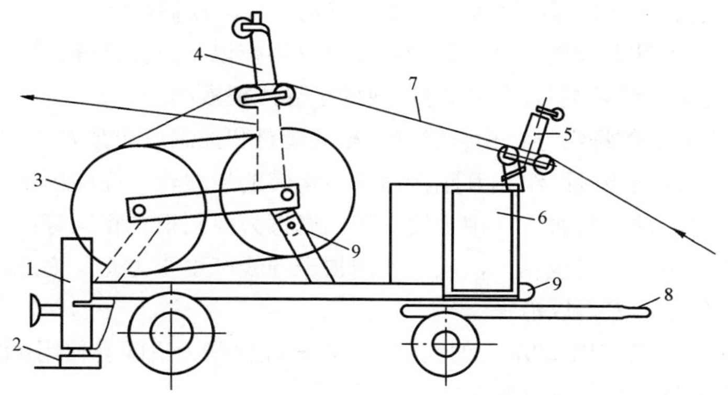

图 6–1–4　一牵四（二）张力机外形（意大利制造）

1—液压千斤顶；2—固定支撑底板；3—导线张力轮；4—前导轮；5—后导轮；6—发动机及操作系统；7—导线；8—拖运三脚架；9—临锚板

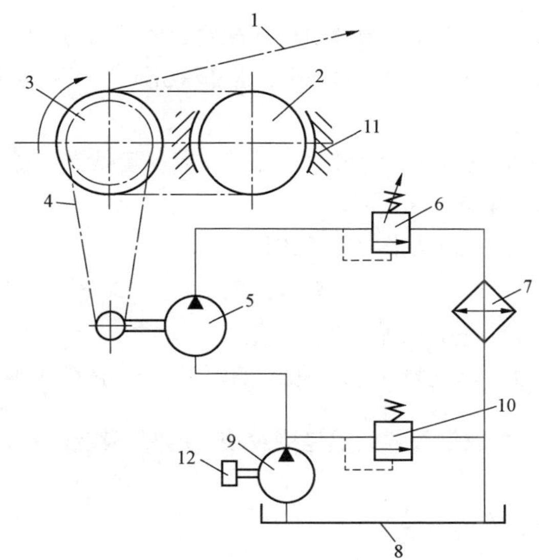

图 6–1–5　张力机工作原理图

1—导线；2—从动卷筒；3—主动卷筒；4—增速机构；5—液压泵；6—调压阀；7—散热器；8—油箱；9—补油及驱动液压泵；10—系统安全阀；11—停车刹车；12—发动机

在双摩擦卷筒中，一个是主动卷筒，能带动液压回路中的液压泵转动；另一个则是从动卷筒。导线1用穿复滑车相同的方法（先用棕绳进行盘绕，绳头与导线头连接，开机后卷筒旋转，导线便盘绕在卷筒上）盘绕在两个摩擦筒上。牵引机牵动线索后，导线1按图示箭头方向作直线运动，带动主卷筒和从动卷筒旋转。

（3）张力机及线盘架的选择。张力机及线盘架按以下条件选择。

1）大张力机导线轮组数应与同时展放的子导线根数相同。

2）大张力机上的每组导线轮应能分别独立调整和控制放线张力。有的大张力机设计成用一个液压回路控制两组相互刚接而同步运转的导线轮，亦即由一个液压回路同时控制两根子导线的放线张力，由于线盘架的摩擦力控制很难相同等原因，使放出的两根子导线长度不可能完全相同，从而使两根子导线产生张力差，为此，在牵引板上安装平衡轮，使张力差得以消除。

3）不由张力机供应制动动力的线盘架，可与任何张力机配套使用；由张力机供应制动动力的线盘架应按原设计配套方式使用。

4）大张力机导线轮直径不宜小于导线直径的40倍。

5）张力机应适应施工环境。在使用地区气象条件下，张力机应能迅速投入作业，并能连续进行牵放作业。

6）张力机的允许牵放速度应与牵引机相配合。牵引机为额定牵放速度时，张力机中的液压泵应接近最佳转速。牵引机以最低速度牵引时，该液压泵应仍能平稳均匀的工作。

7）张力机所使用的液压油、润滑油、燃料油应尽量做到货源充足，易于采购；易损件应尽量通用，符合标准。

8）张力机的单线额定制动张力按下式选择

$$F=K_T F_P \tag{6-1-1}$$

式中 F——张力机的单线额定制动张力，N；

K_T——选择张力机单线额定制动张力的系数，一般牵放钢锌铝绞线时取 $K_T=\frac{1}{6}\sim\frac{1}{5}$；牵放钢绞线、铝包钢绞线、钢铝混绞线时取 $K_T=\frac{1}{10}$；牵放各种钢丝绳时取 $K_T=\frac{1}{15}$；

F_P——被制动线索的计算拉断力保证值或综合破断力，N。

9）线盘架应与线盘的几何尺寸及结构形式相配合。几何尺寸包括线盘宽度、线盘半径、法兰孔直径。三者均需符合线盘架的有关部位的尺寸。结构形式主要是指线盘架上的制动装置应能方便地与线盘相连接。架线前线盘架应与线盘试安装，如有不配合，应采取过渡装置等办法进行解决。

2. 牵引机和钢绳卷车

在张力放线中起牵引作用的机械叫做牵引机，包括大牵引机和小牵引机。牵引机和钢绳卷车成套设计和成套使用。

（1）牵引机的用途。牵引机是一种特殊形式的卷扬机，所以除主要用于张力放线牵引作业外，还能用于线路施工中需由绞磨等卷扬设备完成的其他各种牵引作业。牵引机在张力放线中只控制放线速度，不控制放线张力，为钢绳卷车提供动力。

（2）牵引机的种类。牵引机上盘绕钢丝绳的机构叫卷扬轮，也叫牵引轮。卷扬轮是一种通过式卷扬机构，并且均已悬臂方式安装，以便能从导引绳、牵引绳的任意中间部位向卷扬轮上盘车和随时拆除盘车。按卷扬轮形式，牵引机可分为双摩擦卷筒式和鼓轮（磨芯）式两种。有些牵引机的卷扬轮有两部相同但可分别操作的卷扬轮组成，因此可以同时或单独牵引两根或一根牵引绳。

按动力传动方式，牵引机可分为机械传动式、液压传动式、液力传动式和混合传动式四种。

配合牵引机将牵来的钢绳回盘到绳盘上的机械或机构统称为钢绳卷车，它必须对牵引机严格伺服。牵引机正向运转收进钢绳时，钢绳卷成回盘钢绳；牵引机反向运转即倒车时，钢绳卷车松出钢绳。在上述两种运行方式中，钢绳卷车须始终保持牵引机后部的钢绳上有适当的尾部张力，保证钢绳与卷扬轮间不产生相对滑移。按钢绳卷车与牵引机的装配关系，牵引机还可分为以下两类。

1）钢绳卷车与牵引机同机体安装式（此时钢绳卷车仅为牵引机的一个回盘机构）。

2）钢绳卷车与牵引机分机独立安装式。

意大利TESMC公司制造的621/150/33型大牵引机也称一牵四牵引机，如图6–1–6所示，以及521/30/21型的小牵引机一牵一牵机，如图6–1–7所示，均为钢绳卷车与牵引机同体安装式。大牵引机的自重7.3t，牵引力为150kN，其体积长×宽×高为

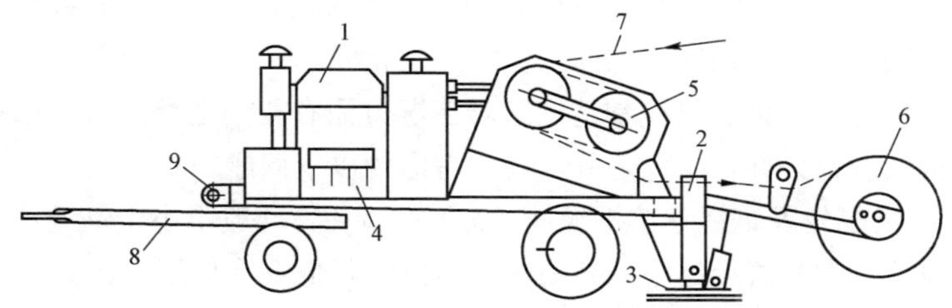

图6–1–6 一牵四牵引机外形（意大利制造）

1—发动机；2—液压千斤顶；3—固定支撑底板；4—操作系统；5—牵引轮；6—卷绳架及卷绳车；7—导线；8—拖运三脚架；9—临锚板

5m×2.5m×2.95m。小牵引机的自重 1.94t，牵引力为 30kN，其体积长×宽×高为 3.7m×1.7m×2.6m。

（3）牵引机工作原理。

1）机械传动式双摩擦卷筒牵引机工作原理如图 6–1–8 所示。牵引机卷扬轮双摩擦卷筒中的两个卷筒均为主动卷筒。卷扬轮的工作方式为：开动内燃发动机 1，接合离合器 2，发动机动力经机械式传动系统 3 减速和变速，传输至开式齿轮 4 中的中心齿轮，该齿轮如图 6–1–8 所示箭头方向旋转，旋转方向各为图示箭头方向，故两者为同一转向。

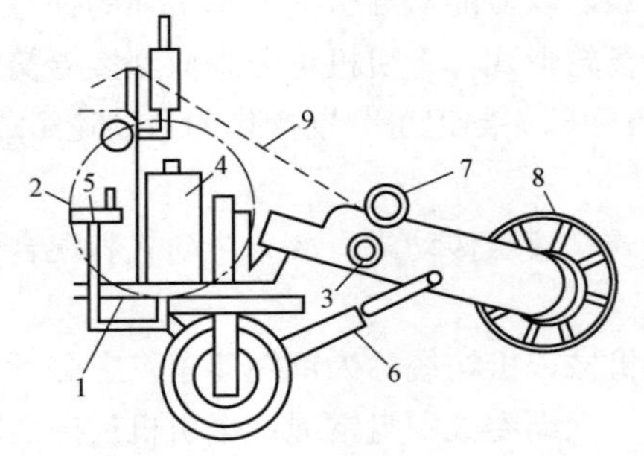

图 6–1–7 一牵一牵引机（意大利制造）

1—支撑架；2—牵引轮；3—滚筒；4—发动机及操作系统；5—排线器手柄；6—导引钢丝绳盘液压升降机构；7—排线器；8—导引钢丝绳盘；9—导引钢丝绳

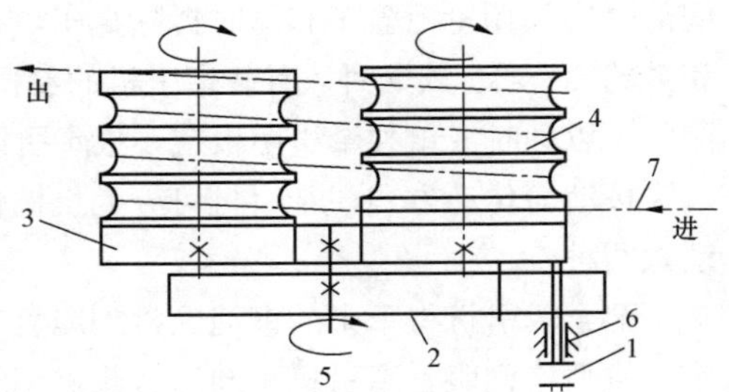

图 6–1–8 机械传动式双摩擦卷筒牵引机工作原理图

1—离合器；2—减速传动系统；3—开式齿轮；4—卷扬轮；5—液压泵；6—停车刹车；7—牵引绳

2）液压传动式双摩擦卷筒牵引机工作原理如图 6–1–9 所示。

此种牵引机与机械传动式的牵引机有许多相似之处，此种牵引机的工作方式为：开动发动机 1，接合离合器 2，主液压泵 3 开式工作。该液压泵输出的压力油驱动液压电动机 4，液压电动机 4 带动开式齿轮 5 中的中心齿轮旋转。自开式齿轮以下，传动方式与机械传动式牵引机相同，因而工作方式也相同。

因为牵引机与张力机在机械制造、运转工况方面有相同之处，所以选择牵引机时应参照张力机的选择条件。除此之外，尚应考虑的以下问题。

a）牵引机卷扬轮及钢绳卷车钢绳筒（盘）的直径，一般不小于钢绳直径的 40 倍。卷扬轮、钢绳筒（盘）直径过小，容易损伤钢绳，降低钢绳使用寿命。

b）卷扬轮上应设钢绳槽。绳槽槽形、间距、两个摩擦卷筒上绳槽的相互位置等，均应有利于钢绳和卷扬轮本身，有利于钢绳连接器（抗弯连接器）通过卷筒。

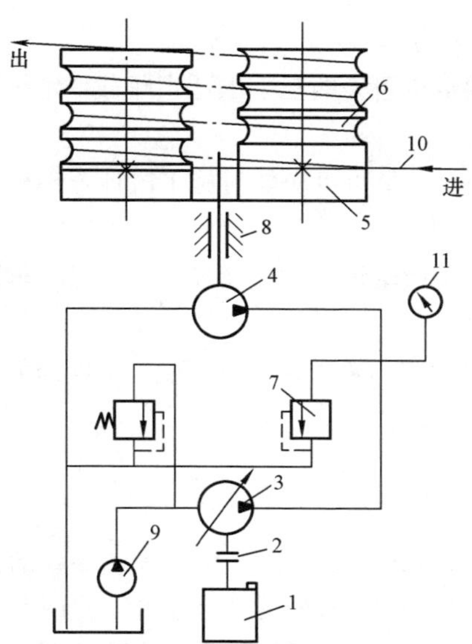

图 6–1–9　液压传动式双摩擦卷筒牵引机工作原理图

1—内燃发动机；2—离合器；3—主液压泵；4—液压电动机；5—开式齿轮；6—卷扬轮；7—系统安全阀；8—停车刹车；9—辅助液压泵；10—牵引绳；11—张力表

c）牵引机的额定牵引速度，不宜低于 60m/min，也无需高于 180m/min，且应与配套使用的张力机的允许牵引速度相配合（牵引机达到最佳速度时，张力机也达到最佳速度）。牵引机的最低稳定牵引速度不宜高于 5m/min。

d）牵引机的额定牵引力可按下式计算

$$F_n \geqslant nK_p \cdot F_p \tag{6–1–2}$$

式中 F_n——牵引机的额定牵引力，N；

n——同时牵放的子导线根数；

K_p——选择牵引机额定牵引力的系数，对牵放钢芯铝绞线，取 $K_p=\frac{1}{4}\sim\frac{1}{3}$；对牵放钢绞线、铝包钢线、钢铝混绞线取 $K_p=\frac{1}{7}$；对牵放各种钢丝绳取 $K_p=\frac{1}{10}$；

F_p——钢芯铝绞线计算拉断力的保证值和其他线索的计算拉断力保证值或综合破断力，N。

同时牵放不同种类线索时，可用式（6–1–2）分别计算各分牵引力，诸分牵引力之和为所需牵引机的额定牵引力。

e）牵引机应允许在额定牵引力的基础上适当超载，允许超载部分可作为尖峰负荷考虑。

f）为确保张力放线安全，牵引机应能对施工段计算牵引力的过载进行限制。这种限制通常称为牵引力过载保护。

g）钢绳卷车应和牵引力成套设计并成套使用。钢绳卷车为牵引机提供的尾部张力2000～5000N。

h）钢绳卷车的几何尺寸应与钢绳筒（盘）配合，钢绳筒的容量应与导引绳、牵引绳的单根长度相配合。

（六）其他机具

1. 导引绳和牵引绳

用于牵放避雷线的钢绳叫地线牵引绳，用于牵放导线的钢绳叫导线牵引绳，它们统称为牵引绳。用于牵放牵引绳、二级及以上导引绳的钢绳一律统称导引绳。

（1）常用导引绳、牵引绳的形式及优缺点。实践证明，导引绳和牵引绳的机构形式必须是受拉后断面扭矩较小或不产生扭结的钢绳（俗称无扭钢绳）。普通结构 6×19、6×37 的钢绳受拉后断面扭矩较大，原结构易受损坏，不能用作导引绳和牵引绳。常用的导引绳、牵引绳结构形式及各自的优缺点如下。

1）编织式无扭钢绳。其结构形式如图 6–1–10（a）所示。它由 8 股钢丝束相互穿编而成，钢绳断面呈正方向，其直径由斜对边测得。此种钢绳受拉后不产生断面扭矩，也不传递扭矩，本身柔软不易出金钩，是最理想的导引绳和牵引绳，但此种钢绳的编织比较困难，价格较高。

2）三股捻合加碾压抗扭钢绳。其结构形式如图 6–1–10（b）所示。它由三股三种直径的钢丝捻成束后捻合成整绳并碾压成圆形，股与绳的捻向相反。此种钢绳受拉后股与绳产生的断面扭矩方向相反，因此综合扭矩较小，加之其形状保持性能较强，受扭力作用后原结构不易改变，价格较低，因此用作导引绳、牵引绳较普遍。缺点是比较坚硬，不易盘绕，易造成金钩，易损伤放线滑车、牵引机导向轮和卷扬轮，并能因蕴存部分扭力而局部产生麻花式变形，且变形后不易修复。

(a) (b)

图 6–1–10 导引绳和牵引绳的结构形式

（a）编织式无扭钢绳；（b）三股捻合抗扭钢绳

（2）导引绳、牵引绳的选择。一般情况下，导引绳及牵引绳的最小安全系数均取

3。当施工段内有重要被跨越物时，为了提高牵放作业的可靠性，宜将两者的安全系数均提高为 3.5。

为了满足上述安全系数，导引绳和牵引绳的整绳综合破断力，不得小于以下两式计算出的最小破断力

$$F_{QP} \geqslant \frac{3}{5} n F_p \tag{6-1-3}$$

$$F_{PP} \geqslant \frac{1}{4} F_{QP} \tag{6-1-4}$$

式中 F_{QP}——用于牵放钢芯铝绞线的牵引绳的最小破断力，N；

n——同时牵放钢芯铝绞线的根数；

F_p——钢芯铝绞线计算拉断力的保证值，N；

F_{PP}——用于牵放钢绳的导引绳的最小破断力，N。

由于导、地线规格是按一定关系配合使用的，所以对于使用分裂导线的超高压输电线路的张力放线，当用式（6–1–4）选择导引绳规格时，该导引绳可直接用作地线牵引绳牵放地线。

（3） 导引绳和牵引绳的分段长度。

1）导引绳一般按 800～1200m 分割成段，两端制成插接式端环，展放后段与段之间用抗弯连接器连接。

2）牵引绳的分段长度，视其钢绳卷车的形式而定。有的钢绳卷车要求牵引绳也按 1000m 左右分段，有的则用较长的牵引绳，其长度达 3000m，甚至可大 5000m，牵引绳两端亦制成插接式端环，用抗弯连接器连接。

3）抗弯连接器用许用载荷选用。

2. 绳盘和绳盘架

长度约 1000m 的导引绳和牵引绳，用图 6–1–11（a）所示的钢管焊接成的绳盘缠绕，用图 6–1–11（b）所示的左右对称、用钢管焊接成整体的绳盘架支撑，绳盘架上支撑绳盘的位置有两个，下侧的用于支撑导引绳绳盘。上侧的支撑牵引绳绳盘。绳盘的直径也有两种，小直径的用于缠绕导引绳，大直径的用于缠绕牵引绳。

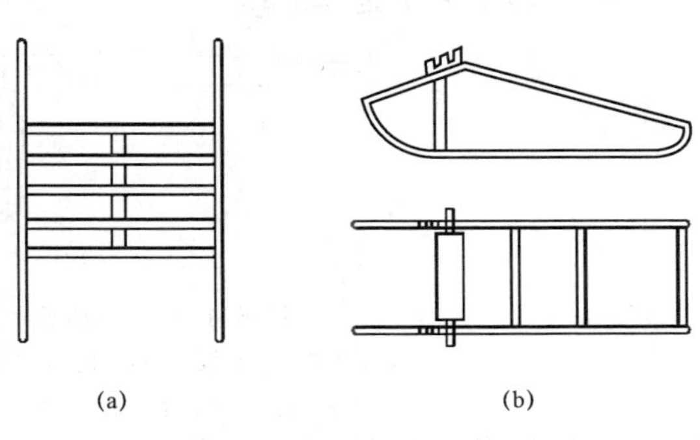

图 6–1–11 绳盘及绳盘架

（a）绳盘；（b）绳盘架

长度3000m或5000m的牵引绳，用特制的绳筒，放在钢绳重绕机上缠绕和展放。

3. 抗弯连接器

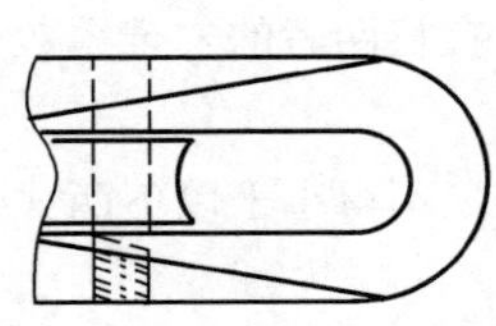

图6-1-12 抗弯连接器

图6-1-12所示为抗弯连接器，它用于导引绳、牵引绳各段之间的连接。连接时注意连接器的圆环要靠牵引机侧；销钉应拧至最深处并拧紧。

4. 牵引板和旋转器

图6-1-13所示为牵引板和旋转器。张力放线用一根牵引绳同时牵放数根导线，就是通过牵引板实现的。牵引板从张力场开始，前端通过旋转器与牵引绳连接，如牵引绳受力后产生扭矩便会通过旋转器而释放，不会传至牵引板，以保持牵引板不会翻转。

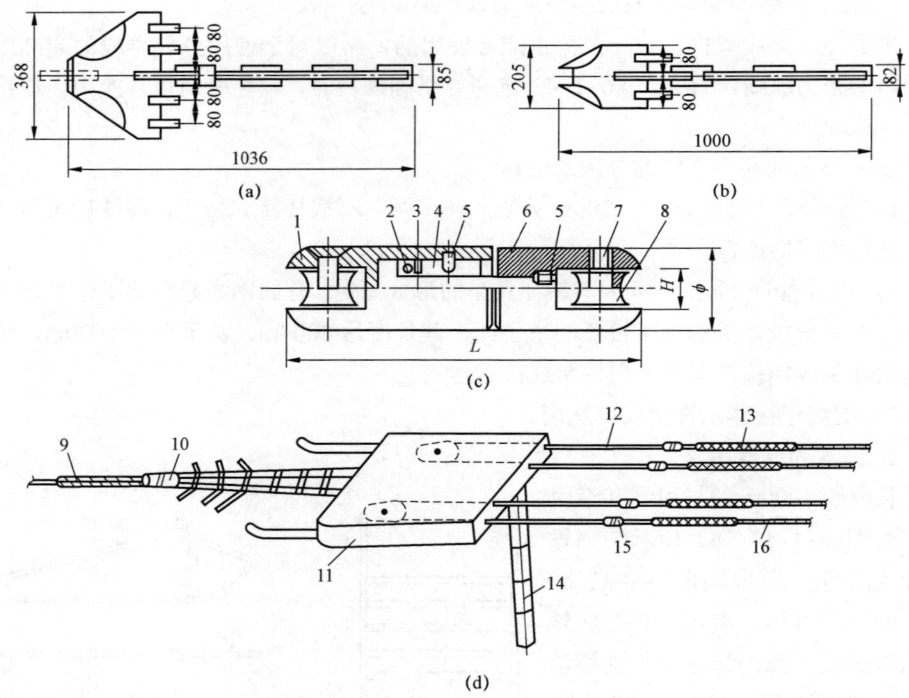

图6-1-13 牵引板和旋转器

（a）加拿大四线牵引板；（b）加拿大二线牵引板；（c）旋转器；
（d）牵引板、牵引绳与导线连接图（意大利四线式）

1—套筒；2—轴承；3—旋转轴；4—挡块；5—螺钉；6—套筒；7—销轴；8—滚轮；9—牵引绳；
10—8t旋转器；11—牵引板；12—平衡绳；13—连接网套；14—节鞭重锤；15—3t旋转器；16—导线

5. 连接网套（蛇皮套）

连接网套用于导线、避雷线端头与牵引板或牵引绳和线与线之间的临时连接。连接网套按线的规格和种类选用，分单头和双头两种，连接网套示意图如图 6–1–14 所示。

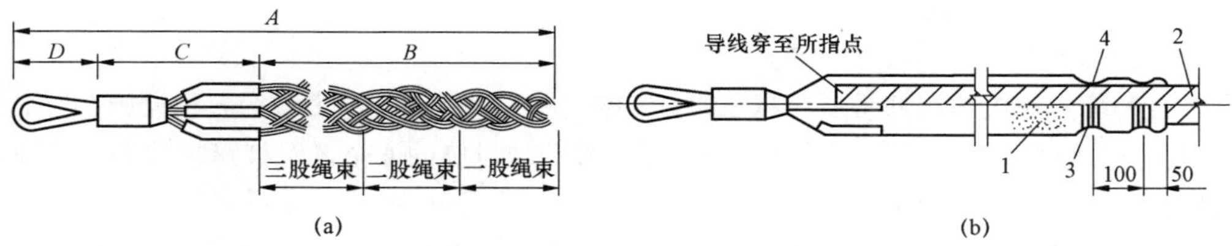

图 6–1–14 连接网套示意图

（a）外形；（b）连接方法

1—网套；2—导线；3—金属带； 4—插孔

6. 提线器

提线器作为直线杆塔提起导、地线进行附件安装之用。导线提线器分二线式和四线式两种，两线之间安装有滚轮，以便于子导线的升降。导线接触的提线钩除有足够的强度外，其长度还应比导线直径大三倍，两端出口有圆弧，包垫橡胶等物，以保护导线不被磨损。当提升大跨越的导线时，提线钩应改用悬垂线夹。

地线提线器一般用螺杆式，前后各用一根，旋转螺帽，用螺杆将地线带起；或用手扳葫芦，加转向滑车将地线提起。

当地线要安装预绞丝时，可在滑车的前后侧安装卡线，同时收紧便可将放线滑车拆除。

三、施工现场的准备

（一）通道清理

架线施工前，必须对杆塔进行中间验收，符合有关规程规范要求才可进入架线施工阶段。架线前，对线路走廊内，按照设计要求需要拆迁的建筑物应处理完毕。线下方有影响施工及安全运行的树木、竹林应进行砍伐，对果树等经济类植物应尽量少砍伐，500kV 线路下方应清理出三条通道，做展放导引绳之用。通道尽量直，边线取导线与地线 1/2 处。此外，对施工人员和车辆必须通行的桥梁和道路要进行检查，必要时要进行补强和填修。

（二）搭设跨越架

1. 制订跨越方案

根据架线施工方法和被跨物的种类及地理环境等，制订跨越方案。跨越方案除工艺方法外还应提出施工起止日期和安全措施等。

2. 与被跨越物业主的联系

对铁路、通信、河流、高速公路、输电线路等，要根据当地的实际情况和行业要求，提前进行联系，加强与相关部门的沟通协调，以求顺利地完成架线任务。

3. 跨越架的搭设

（1）跨越架的形式。

1）新建送电线路通常要跨越公路、铁路、通信线及高压电力线等各种设施。为了不使导、地线在架设过程中受到损伤并保证被跨越设施的安全，对被跨越的上述各种设施均需搭设跨越架。

2）跨越架的形式、高度和宽度，应根据被跨越设施的类别、大小及其重要性确定。对重要跨越架及高度超过15m的跨越架，应编制搭设方案，并通过一定的审批手续。

3）跨越架一般有以下几种架构。

a）单面跨越架。它是在靠近被跨越物的一面搭设纵向的单面跨越架，如图6–1–15所示。一般适用于跨越简单架设的通信线、不带电的电力线及建筑物等，此类设施即使与线相碰也不致发生危险。

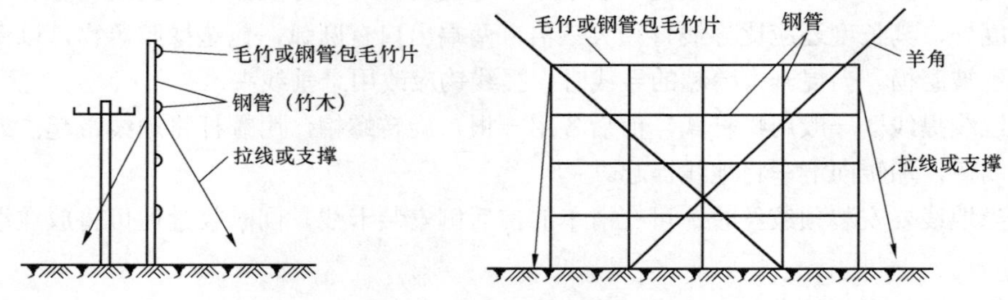

图6–1–15 单面跨越架

b）双面跨越架。它是在被跨越物两侧搭设的纵向跨越架且上面封顶，如图6–1–16所示。一般适用于跨越10kV及以下的电力线、多回路通信线、一般公路等，使架设的导地线不碰及被跨越物。

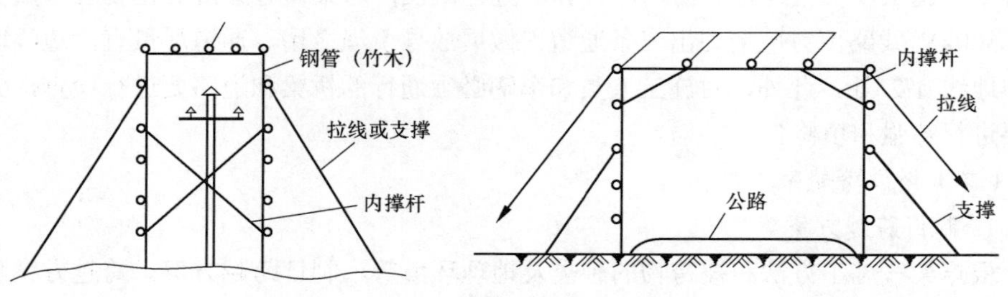

图6–1–16 双面跨越架

c）桁架式跨越架。它是在被跨越物的两侧各搭成一个立体桁架，以增强跨越架整体的稳定性，其顶面由毛竹或钢管包毛竹片封顶。这种跨越架，一般适用于跨越比较宽的一级公路和铁路等。对复线铁路，由于跨距较大，中间应增加一个构架，如图 6–1–17 所示。

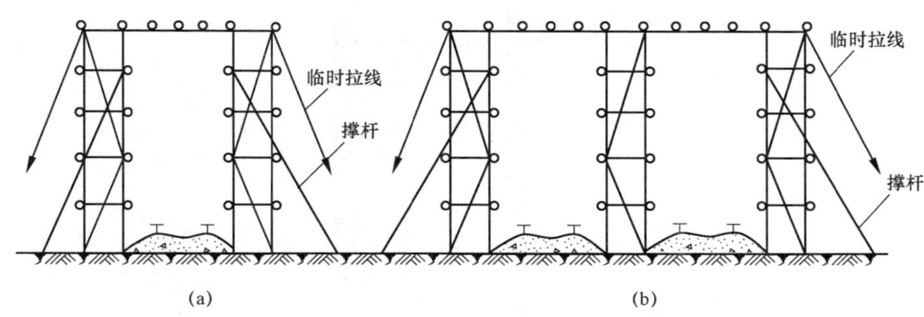

图 6–1–17 桁架式跨越架

（a）跨越铁路、一级公路；（b）跨越复线铁路

d）跨越架的正面结构应根据跨越架的高度和宽度而定。除纵横搭设外，并要有适当数量的“×”形斜杆和支撑。对立体结构还要设内斜杆，以确保架构的稳定，如图 6–1–18 所示。

e）搭设跨越架的材料，一般多使用 50 钢管或毛竹。为防止磨伤导线，封顶材料多采用杉木、毛竹或钢管外包裹毛竹片搭设。

f）钢结构装配式跨越架。在送电线路架线施工中，对跨越高速公路、多条铁路、不能停电的高压电力线路、重要架空通信线路等，必须搭设较高的跨越架进行架线施工，而且跨越架必须绝对安全可靠。钢结构装配式跨越架能较好地满足上述各种跨越施工的要求。该跨越架的立柱和横梁为角钢结构，断面为 250mm×280mm，主材用∟30×3，每段长度 5m，约重 78kg。按需要可组成高度为 10m 或 15m。钢结构装配式跨越架单侧结构外形如图 6–1–19 所示。

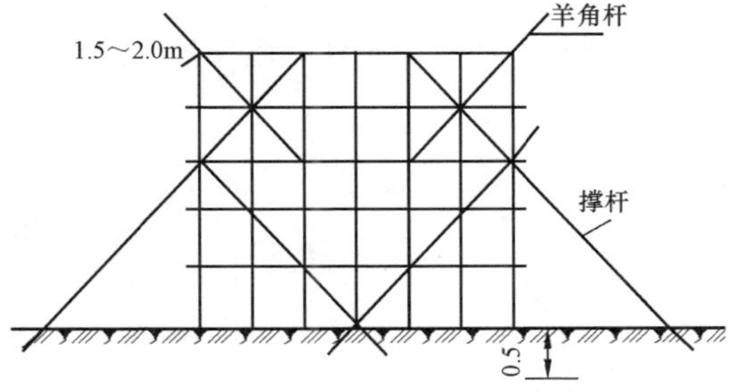

图 6–1–18 正面构架结构示意图

为确保单面跨越架的稳定，在 A_1、A_2 处各自设置临时拉线，对地夹角为 45°。在 A_1、A_2、B_1、B_2 处各自设置上、下层 V 形拉线，上层 V 形拉线对地夹角为 20°，下层 V 形拉线对地夹角为 30°。若因地形限制无法打设临时线时，可将单面结构改为双面 $A\pi$形结构，必要时增设前、后侧临时拉线。

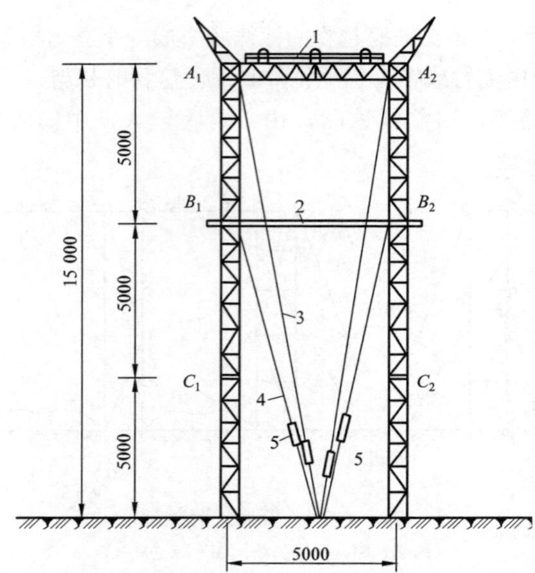

图 6–1–19 钢结构装配式跨越架单侧结构外形图

1—滚杠；2—补强横木；3—上层 V 形拉线；4—下层 V 形拉线；5—双钩

为整体组立跨越架的需要，先在地面组装成单面桁架，在 B_1、B_2 处绑一根横木，A_1、A_2 横梁上绑一根滚杠，以保护导线在展放时不被磨伤。当跨越架整体起立好后，按设计要求即打临时拉线并锚固，以防倾倒。

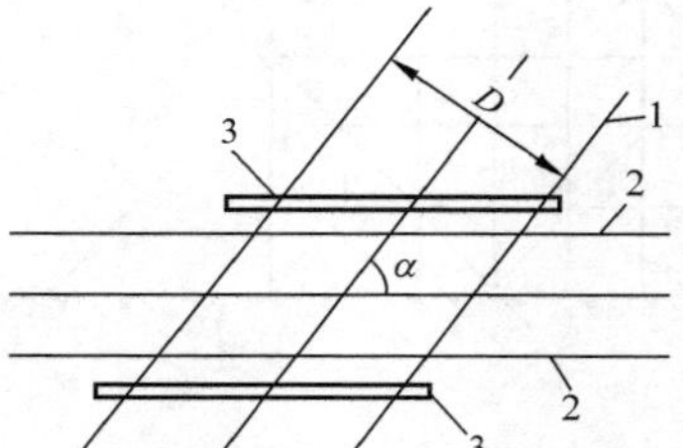

为确保跨越架的使用安全，设计时要进行垂直荷重和水平荷重试验。

（2）搭设跨越架的要求。

1）跨越架的中心位置应在线路中心线上，跨越架的宽度应超出导线两侧 1.5～2m。对重要跨越架应用经纬仪测定跨越架的位置和方向，并打好标志桩。

图 6–1–20 跨越架的宽度与在建线路两边导线间的距离

1—在建线路；2—被跨越线路；3—跨越架

2）跨越架的宽度与在建线路两边导线间的距离和对被跨越物的交叉角有关，如图 6–1–20 所示，其宽度按下式计算

$$L=\frac{D+2b}{\sin\alpha} \tag{6-1-5}$$

式中 L——跨越架的宽度，m；

D——在建线路两边导线间的距离，m；

α——在建线路与被跨越物的交叉角；

b——两端伸出边线外面的距离，按《国家电网公司电力安全工作规程》（电力线路部分）规定为1.5m。

3）跨越架的高度，按下式计算

$$H=h_1+h_2 \tag{6-1-6}$$

式中　H——跨越架搭设高度，m；

h_1——被跨越物的高度，m；

h_2——跨越架与被跨越物的最小安全距离，具体数值应符合 DL 5009.2—2004《电力建设安全工作规程　第2部分：架空电力线路》的规定，m。

4）对 500kV 线路，因相间距离较大，宜分相搭设，两边相的跨越架中心定在边相与地线的等分线上。

中相跨越架的宽度 L_1 为

$$L_1=\frac{4}{\sin\theta} \tag{6-1-7}$$

边相跨越架的宽度 L_2 为

$$L_2=\frac{A+4}{\sin\theta} \tag{6-1-8}$$

式中　θ——施工线路与被跨越物的交叉角；

A——边相与地线横线路方向的水平距离，m。

5）跨越架与带电体之间的最小安全距离，在考虑到施工期间风速10m/s时的风偏后，应符合表6–1–2的规定。

表6–1–2　　跨越架与带电体的最小安全距离

距离说明	被跨越带电体的电压等级（kV）			
	10及以下	35	110	220
架面与导线带电体水平距离（m）	1.5	1.5	2.0	2.5
无地线时，封顶杆（网）与导线带电体的垂直距离（m）	2.0	2.0	2.5	3.0
有地线时，封顶杆（网）与地线的垂直距离（m）	1.0	1.0	2.0	2.5

6）跨越架与铁路、公路及通信线的最小安全距离，应符合表6–1–3要求。

表6–1–3　　跨越公路、铁路、通信线的最小安全距离

被跨越设施名称	铁路	公路	通信线
距架面水平距离（m）	至路中心3.0	至路边0.6	至边线0.6
距封顶杆垂直距离（m）	至路轨顶7.0	至路面6.0	至上层线1.5

7）跨越架搭设的要求如下：① 跨越架应牢固可靠，稳定性好。如使用钢管搭设，每个节点均应用专用接头螺栓固定。如用毛竹搭设，每个节点应间隔的用竹篾和铁线绑扎。② 架构立杆在干地内应埋入 0.5m，杆坑应夯实；在泥沼地应在立杆根部垫小道木或大块石，立杆水平间距为 1.5～2.0m，横杆垂直间距为 1.2～1.5m，以便工作时登爬。③ 跨越架两端及每隔 6～7 根立杆应设剪刀撑、支杆或拉线。架构正面和立体桁架中间应设“×”形撑杆，对角应有斜撑，上部两侧应有外伸羊角杆，架子平面用钢管作横杆，封顶杆务必用毛竹。两侧面应有支撑或拉线稳定。④ 搭跨越架属高空作业，操作时按高空作业要求进行工作。在架子上面工作或走动，应有构件作扶手，不得在横向构件上徒手立行，更不得在顶面通过。

（3）搭设、拆除跨越架的方法。

1）搭设或拆除高压电力线跨越架时应按停电作业的规定指派专人办理停电手续，经电力部门派人到现场进行验电接地后，施工单位方可进行搭设或拆除跨越架工作。工作时，工作点两端应做好工作接地，地面应设监护人。

2）重要设施的特殊跨越架，搭设前应与被跨越设施的单位取得联系，必要时应邀请其派员监督检查。

3）搭设跨越架应由下向上依次进行，不得上下同时进行或先搭框架后装中间构件。搭设时，所用材料下面应有人递送，上面应用绳索提吊。不准任意掷杆，以防伤人和损坏杆子。

4）带电搭设低压配电线跨越架时，上下传递物件应严格按照 DL 5009.2—2004《电力建设安全工作规程　第 2 部分：架空电力线路》中的最小安全距离控制其接近距离，以防发生闪络和触电。工作时，下面应设专人监护。

5）拆除跨越架时，不论钢管或毛竹都应由上向下逐根进行，不得上下无次序的同时拆除或采用成片推倒的办法。拆下来的杆件应用绳索吊送，不得向下抛扔。

6）跨越架搭设完毕，应在架子上的醒目位置悬挂警告标志牌。

7）跨越架应经安全员或有经验的技工验收，合格后方可投入使用。

（三）悬挂绝缘子串和放线滑车

1. 避雷线放线滑车

（1）直线塔地线放线滑车，根据悬垂串组装图，将线夹取下换成放线滑车即可。

（2）耐张塔地线放线滑车要根据各塔型，考虑滑车在放线和紧线过程中，地线和滑车能否刮碰塔身来决定其固定的位置和悬挂的高度，并尽量靠近挂线孔点，以减小因划印产生的弧垂误差。

2. 导线滑车

（1）直线杆塔包括直线转角杆塔。

1）在杆塔各相线悬挂点下方，自立塔中相在塔身的前、后侧地面铺上编织布。

2）按杆塔明细表及悬垂绝缘子串组装图，除线夹和均压环外开始进行组装，绝缘子外观检查合格和清洗干净后用 5000V 的绝缘电阻表逐个进行绝缘测定，在干燥情况下绝缘电阻不小于 500M。

3）在杆塔上各相挂线孔旁挂起吊滑车，当中相为 V 形串时，其滑车应挂在挂线孔的上方。

4）直线转角塔的挂线点应根据设计说明和左、右转方向及转角数值的大小，确定挂点位置。

5）用卡瓶器卡在第三片绝缘子的钢帽上进行起吊，待悬垂串全部离地后挂上放线滑车，滑车连板上的螺栓应由张力场方向穿入，预防牵引板上的平衡锤打坏螺杆的螺纹。

6）自立铁塔中相在起吊前应做好偏拉，以防碰撞塔身。

7）挂双联悬垂串时，应用两个卡瓶器、两绝缘子串间垫以麻布木板后捆成整体，以防碰撞。

8）挂双滑车时，前后两滑车间用角钢将其撑开。

9）220kV 双分裂导线悬挂两只单轮滑车时，在悬垂串下方挂一个二联板，然后再挂滑车。为防止滑车轮扭转，一般可用长竹竿进行绑扎后固定在杆塔上。

（2）耐张塔。

1）利用挂线点下侧的 U 形螺栓，通过卸扣和拉棒或千斤绳将放线滑车挂起；如为转角塔采用张力放线，需将滑车横梁上带链条的插销安在转角外侧，以防其进入轮槽内，影响牵引板顺利通过。

2）前后两滑车用角钢撑开。

3）滑车在地面组装后，用 8～12m 的千斤绳，在前后两滑车的第 1、5 轮槽上来回交叉绑扎，交至中间位置后，再与起吊绳固定。滑车横梁用两根短麻绳，分别绑扎在起吊绳上，以便塔上作业人员解开麻绳后进行就位。

对于垂直档距较小水平转角又较大的耐张塔，由于滑车重力较大，在牵放牵引绳或展放导线过程中，导引绳或牵引绳不能处于滑轮槽的底部而容易发生跳槽或掉辙，转角塔放线滑车预倾斜图如图 6–1–21 中的虚线所示。为此应对此种滑车采取预倾斜措施，即以横担（内相加绑支撑杆）为吊点，将滑车从侧面的架下端，向上吊起一段高度，直至线绳的方向基本与滑车平面的方向一致为止，如图 6–1–21 的实线所示。

（3）放线滑车上端的连接螺栓穿向，为防牵引板的平衡锤打坏螺杆螺纹，必须从张力场穿向牵引场。

（四）设置临时拉线

耐张杆塔临时拉线的设置以耐张杆塔作为放紧线的施工区段时，为平衡放紧线的部分水平张力，保证施工安全和紧线弧垂质量，根据设计说明设置临时拉线。对临时拉线设置的要求如下。

（1）临时拉线对地的夹角应小于 45°，其方向为紧线施工方向的反方向，耐张杆临时接线布置如图 6–1–22 所示。

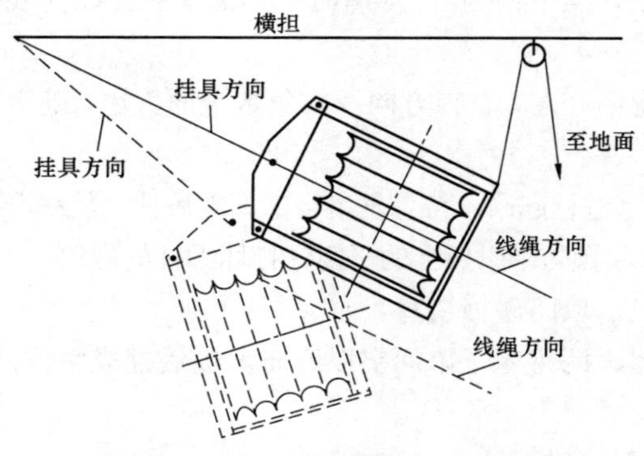

图 6–1–21　转角塔放线滑车预倾斜图

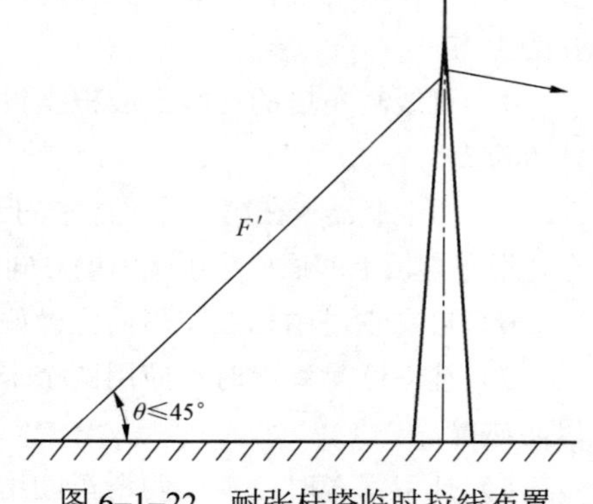

图 6–1–22　耐张杆塔临时拉线布置

（2）临时拉线在杆塔上应固定在设计规定的位置上。如无拉线固定孔而用绑扎法时，施工前应在角钢上垫方木，并包外层轮胎，绑扎点应在结点上。

（3）拉线上须串联张力调整装置，如双钩、UT 形可调式线夹或法兰螺栓等，施工准备阶段只制作拉线，把拉线张力调至最低。紧线时在锚线端，根据紧线顺序，将各相拉线的张力调至要求值。在紧线杆塔，待某相画完印，在挂线前再将该相拉线调至要求值，以保持两端耐张杆塔在紧线画印时的正直，即档距的准确。干字形耐张塔的中相不设临时拉线。

（4）临时拉线的张力计算。输电线路的耐张杆塔不论是刚性的或是可挠性的，均可认为其本身是可以承受部分线向荷载的（设计一般按耐张杆塔可承受 70%的线向荷载，余 30%由临时拉线承受），临时拉线布置如图 6–1–22 所示。

实际紧挂线施工作业中，耐张杆塔本身和临时拉线所受的张力并不完全按 7:3 来分配，当杆塔上的螺栓紧固较好、永久拉线调得较紧时，其所受的紧挂线张力可能大于 70%。如果杆塔上的螺栓不紧，永久拉线没拉紧，则临时拉线所承受的紧挂线张力必定要大于 30%，基于上述情况，从安全的角度出发，按平衡架空线最大紧挂线张力的 50%考虑。计算公式为

$$F' = \frac{0.5nF}{\cos\theta\cos\gamma} \tag{6–1–9}$$

式中　F' ——临时拉线张力，N；

F——导、地线挂线张力，根据施工经验，F 按比紧线张力大 10%（孤立档 20%）计算，N；

n——子导线根数；

θ——临时拉线对地夹角；

γ——临时拉线与紧线段的水平偏角。

选择临时拉线钢绳或镀锌钢绞线规格时，只考虑安全系数 3.0，而不再考虑动荷系数。

（5）临时拉线调紧后，应连同张力调整装置，用铁线绑扎牢固，防止外力损坏。

（五）牵张场的布置

（1）施工段长度主要根据放线质量要求确定，导线通过放线滑车越多，受损伤的程度就越大。当所通过的滑车达到一定数量时，损伤程度会急剧增加；另外，也应考虑综合放线效率及其他因素。施工段的理想长度为包含 16 个放线滑车（包括通过导线的转向滑车在内）的线路长度。当选择牵、张场非常困难时，施工段所包含的放线滑车数量不宜超过 20 个。

（2）当设场位置较多时，施工段可参照如下各点优选。

1）优先使用长度接近理想长度的方案。

2）选用施工段长与数盘导线累计线长相近的方案，以减少直线压接管数量。

3）选用施工段代表档距与所在耐张段或所在主要耐张段代表档距接近的方案，以利紧线。

4）选用便于跨越施工、停电作业时间最短的方案。

5）选用以上扬杆塔作施工段起止塔的方案。

6）尽量不以耐张塔作施工段起止塔。

（3）牵、张场按如下条件选择。

1）符合下述条件可作牵、张场：① 牵引机、张力机能直接运达，或道路桥梁稍加修整加固后即可运达；② 场地地形及面积满足设备、导线布置及施工操作要求；③ 相邻直线塔允许作过轮临锚，作过轮临锚的条件是要符合设计和施工操作的要求：锚线角不大于设计规定值；锚线及压接导线作业无特殊困难。

2）下列情况不宜用作牵、张场：① 需以直线转角塔作过轮临锚塔时；② 档内有重要交叉跨越或交叉跨越次数较多时；③ 档内不允许导线、避雷线接头时；④ 邻塔悬挂点与牵、张机进出口高差较大时。

（4）布置牵、张场应注意：

1）牵、张机一般布置在线路中心线上。根据机械说明书的要求确定牵、张机出线所应对准的方向。

2）牵、张机进出口与邻塔悬挂点的高差角不宜超过 15°，牵、张机进出线接近水平方向时，牵、张场位置为理想位置。

3）牵引机卷扬轮、张力机导线轮、导线线轴、导引绳及牵引绳卷筒的受力方向均必须与其轴线垂直。

4）钢丝绳卷车与牵引机的距离和方位，线轴架与张力机的距离和方位应符合机械说明书要求，且必须使尾绳、尾线不磨线轴或钢丝绳卷筒。

5）牵引机、张力机、钢丝绳卷车、线轴架等均必须按机械说明书要求进行锚固。

6）下一施工段导线线盘的堆放位置不应影响本段放线作业。

7）小牵引机应布置在不影响牵放牵引绳和牵放导线同时作业的位置上。

8）锚线地锚坑位置尽可能接近弧垂最低点。

9）牵、张场必须按施工设计要求设置接地系统。

10）尽量使牵、张场不出现或少出现危险区，危险区内不得布置设备和进行作业。

11）应尽量减少青苗损失。

（5）牵、张场的布置：钢丝绳卷车与主牵引机分离时的牵引场平面布置如图 6-1-23 所示，张力场平面布置如图 6-1-24 所示。

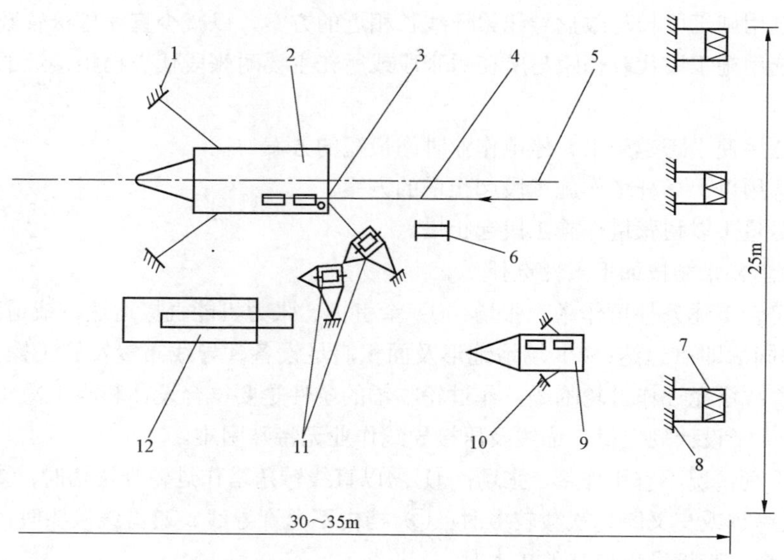

图 6-1-23 牵引场平面布置图（转向 180° 后，即可作为另一施工段的牵引场）

1—主牵引机地锚；2—主牵引机；3—高速导向滑车；4—牵引绳；5—线路中心线；6—空牵引绳卷筒；7—锚线架；8—锚线地锚；9—小张力机；10—小张力机地锚；11—钢绳卷车；12—起重机

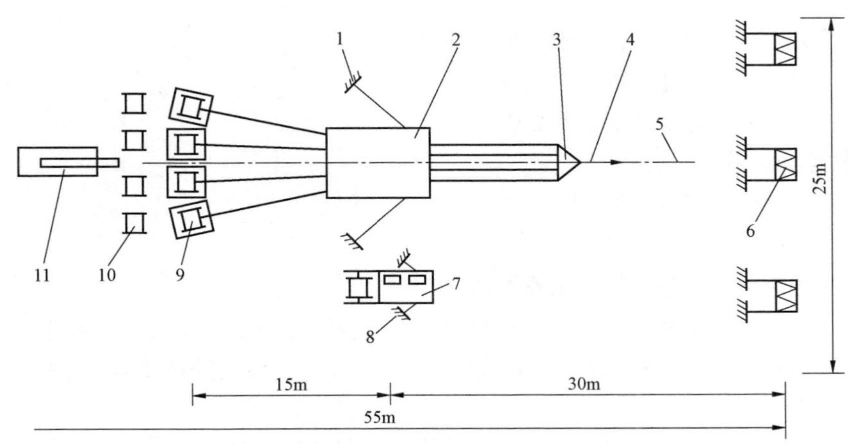

图 6–1–24　张力场平面布置图（转向 180°后，即可作为另一施工段的张力场）

1—主张力机地锚；2—主张力机；3—走板；4—牵引绳；5—线路中心线；6—锚线架；7—小牵引机；8—小牵引机地锚；9—导线尾车；10—导线轴；11—起重机

（6）受地形限制，牵张场困难时，牵引场可通过转向滑车转向布场。牵引场转向布场应注意：

1）每一个转向滑车荷载不得超过所用滑车的允许承载能力。各转向滑车荷载均衡，即转向角度相等。

2）靠近邻塔的最后一个转向滑车应接近线路中心线。

3）靠近牵引机的第一个转向滑车应使牵引机受力方向正确。

4）转向滑车应使用允许连续高速运转的大轮槽专用滑车，每个转向滑车均应可靠锚定。

5）转向滑车围成的区域为危险区，不得布置其他设备材料，工作人员不应进入。牵引场转向平面布置如图 6–1–25 所示。

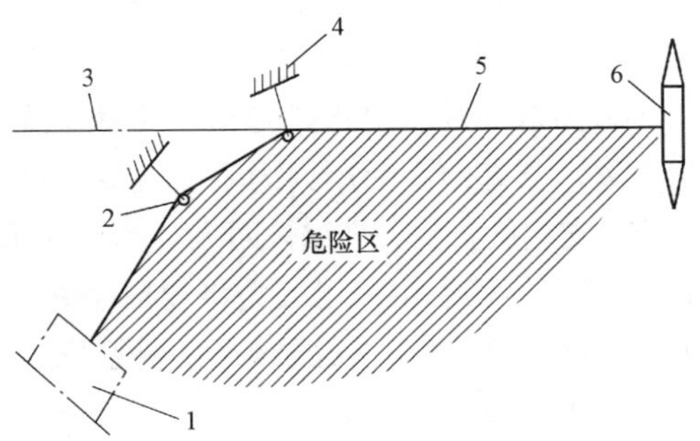

图 6–1–25　牵引场转向平面布置图

1—牵引场；2—转向滑车；3—线路中心线；4—转向滑车地锚；5—牵引绳；6—铁塔

四、其他准备工作

除上述准备工作之外，尚应包括下列几项准备工作，由于下述工作在其他模块中皆有详述，在这里只列出项目名称。

（1）线路通道调查，重点是交叉跨越及障碍物的情况调查。

（2）编写架线施工作业指导书。

（3）编写架线施工安全技术措施。

（4）进行导地线压接管检验性压接试验。

（5）对已组立的杆塔进行质量复检。

（6）进行架线施工安全技术交底。

【思考与练习】

1. 张力放线施工区段的划分应重点考虑哪些因素？

2. 布线应掌握哪些原则？

3. 简述牵引机、张力机的工作原理。

4. 导引绳及牵引绳的最小安全系数取值是多少？选择导引绳及牵引绳时，其综合破断拉力应满足什么条件？结合工作实际进行计算，以验算现场使用导引绳及牵引绳的正确性。

5. 常用跨越架的形式有哪些？对搭设跨越架有哪些要求？

模块2 导地线展放（Z05F3002Ⅱ）

【模块描述】本模块包含人力放线、张力放线。通过工序介绍、流程讲解，掌握放线施工的一般方法，能够进行放线施工。

【模块内容】

一、工作内容

输电线路架线施工中导地线展放的方式可分为两大类，即人力放线和张力及机械牵引放线（简称张力放线）。考虑到保护农作物和架线质量及施工效率的需要，人力放线目前使用的较少，本部分重点介绍张力放线的工艺步骤和要求，使读者对导引绳的展放、利用导引绳展放牵引绳、展放导线、通信指挥以及导地线展放工序中常见故障的预防和处理等有一个全面的掌握。

1. 人力放线

人力放线是以耐张段为施工区段，根据线长和接头位置，将线盘分散运至布线所选位置，支起线盘后用人力牵引展放。对线盘无法运到的地方，可将线盘运至靠近的地方，支起线盘后，将线按两人能抬运的重量分成几捆或几十捆，捆与捆之间留有3～4m的线长，然后用多组人力将线抬起进行展放。此项作业盘线时应注意释放其内在扭力，以防出现金钩、松股等不良现象。

2. 张力放线

张力放线是在某一选定的放线区段内，两端分别放置张力机、牵引机，在张力机施加一定张力的情况下，由牵引机通过牵引钢绳进行导地线展放。根据每相子导线的根数，分为一牵一、一牵二、一牵四、一牵六等。其主要工作内容为以下几项：

（1）牵引场、张力场机具设备就位。根据放线区段整体规划和地形地貌等现场实际，选定牵引场和张力场，根据场地平面布置将牵引机、张力机及其他机具设备就位。

（2）展放导引绳。在放线区段内人力展放导引绳，并将导引绳用连接器进行连接。

（3）展放牵引绳。用已展放的导引绳用小型牵、张机，牵引牵引绳。

（4）在牵张设备的作用下，通过牵引绳，进行张力放线。

二、作业前准备工作

1. 牵引场、张力场的机具设备就位

张力场和牵引场的机具设备就位，首先是大张力机和大牵引机，由拖挂车牵入场地进行就位，然后将小张力机、小牵引机分别就位，并用地锚进行锚固。随后固定线盘架、进线和吊装线盘，线头穿入连接网套并与已绕于张力轮上的麻绳连接后，开动张力机，将导线缠绕入张力轮内，线头引出后连接在牵引板上。

2. 通信联络

（1）张力场与牵引场各配一台式对讲机，要求该台式对讲机能直接联系并能清楚地听到放线区段内所有对讲机的信号，且区段内的对讲机亦能听到牵张场的信号。

（2）在放线区段内的控制档、压线滑车设置点、转角塔、重要跨越处以及转向牵引时的转向滑车处均设置监护通信人员。在一般地段，每三基设一点，每点配一台对讲机。

（3）通信联络指挥设在张力场。

（4）作业前指挥人应明确规定每个监护人员工作地点、范围及工作内容。若牵引绳与导线同时进行牵放，应同时进行监护。

（5）所有通信设备在使用前均应检查其灵敏度和频道的一致性，由指挥人逐一点名询问。放线的频道与紧线的频道应分开，以免造成混乱和误会。

三、危险点分析和控制措施

1. 人力放线及展放导引绳

（1）防止人员跌倒。人力放线时应由有经验的员工领线，放线时相互间应保持适当的距离，人员分布均匀，以防一人跌倒影响别人。拖线人员要行走在放线方向同一直线上，放线速度要均匀。

（2）防止导地线出现金钩。人力展放较长的导地线时，如果现场整盘搬运比较困难，可从整盘线盘上分段盘绕出来，此时应注意释放导地线的内在扭力，避免出现金钩。

（3）防止浮石滚落伤人。在有浮石的山坡地区放线时，事先应清理掉浮石，以防滚石伤人。

（4）防止线头掉落伤人。在引绳接头过滑车时，拉线人员不得在垂直下方拉绳，杆塔下面不得有人逗留，以免当绳头连接处脱开时，线头掉落伤人。

（5）避免展放的导地线或引绳在带电线路下方穿过。导地线或牵引绳不得在带电线路下方穿过。遇有特殊情况必须穿过时，必须在带电线路下方设置压线滑车，压线滑车不得使用开口式滑车，用地钻或地锚可靠锚固，并派专人监护。

2. 张力放线

（1）保证通信畅通。所有通信设备在使用前均应检查其灵敏度和频道的一致性。检查工作由指挥人逐一点名询问。不讲与工作无关的话，避免由于通信不畅延误工作甚至造成事故。

（2）防止感应电伤人。由于放线区段较长和跨越带电线路，在放线过程中牵引绳和导地线上可能产生较高的感应电压，要在牵引机、张力机的进出口侧装设接地滑车，并保证全过程可靠连接。

（3）防止导引绳被树枝等卡住。在初始牵引阶段，导引绳未完全升空前，指挥人应随时了解沿线情况，开始用慢速牵引，沿线监护人监护导引绳的升空，如有被树枝等卡住的情况，应妥善处理。

（4）防止牵引板过转角塔翻转。牵引板在过转角塔、上扬塔时容易引起牵引板翻转，转角塔的监护人员应根据牵引绳和导线在滑轮中的受力情况及时调整滑车的偏角。当发生牵引板翻转、平衡锤压在线上、导线断股等异常情况时，应立即停止牵引并进行处理。

（5）防止跑线伤人。在牵引过程中，由于连接器、蛇皮套连接不牢等原因，可能造成跑线事故，此时线路下方如果有人，极易造成人员伤害，放线过程中监护人员要站在线路外侧，同时要保护过往人员，在跨越道路处，要采取搭设跨越架等可靠的防护措施。

四、作业步骤和质量标准

1. 人力展放导引绳

在施工区段内分相人力展放导引绳，导引绳可成盘分散运至线路下方，支起绳盘后进行展放，亦可在牵、张场先盘成捆，用人力抬运至线路下方再展放。展放工作尽量从小张力机侧开始，至小牵引机时将剩余的导引绳留在小牵引机旁。展放后的导引绳用抗弯连接器进行连接，安装抗弯连接器时应注意：抗弯连接器的圆弧部分应朝牵引机的方向；螺栓应用螺丝刀拧紧。如避雷线亦用张力或牵引放线时，边相和避雷线的导引绳要防止绞扭和互相压住。

2. 展放牵引绳

（1）将牵引线盘支于小张力机后侧约 6m，绳头引入张力机的张力轮，方向为由内向外、上进上出，绕满全轮。引出绳头与导引绳头用相应吨位的旋转连接器进行连接。

（2）在小牵引机侧，将导引绳穿入牵引轮，其方向为由内向外，上进上出，绳头固定至绳架上绳盘的挂钩上。

（3）指挥人得到沿线监护人允许牵引的许可后，发布牵引指令，开始用慢速牵引，沿线监护人监护导引绳的升空，如有被树枝等卡住，应妥善处理。

（4）当整个区段内的导引绳都离地，牵引绳开始放出时，应将小张力机的控制张力逐渐提高，直至所要求的控制值，牵引速度亦可提高至 40～60m/min。

（5）当抗弯连接器接近小牵引机时，应放慢牵引速度。当抗弯连接器绕入绳盘两圈时，可停机，用人力拉紧牵引轮后侧的导引绳。回转绳盘、拆下抗弯连接器，卸下已缠满的绳盘，装上空盘，将导引绳头挂在绳盘的挂钩上，通知小张力机侧，便可继续牵引。

（6）当牵引绳放至剩余 50m 左右时，通知牵引机放慢牵引速度。当剩余两圈时停止牵引，在小张力机的后侧用人力拉住，卸下空盘，装上满盘，绳头用相应抗弯连接器连接，其圆弧应向着大牵引机，余绳绕入新盘后便可通知牵引机继续牵放。

（7）牵引绳展放完毕，在牵、张场两端，用钢绳卡线器将其临锚在地锚上。

3. 地线展放

地线的展放方法与展放牵引绳基本相同，增加的作业内容主要有以下几点。

（1）地线线头通过钢绳连接网套和旋转连接器与导引绳连接。

（2）当上一盘地线快放完，要与下一盘地线连接时，需用双头连接网套连接，中间用抗弯连接器连接。

（3）当连接网套展放至张力机前约 10m 时，停止牵引，在张力机前约 20m 处安装卡线器进行临锚。压接接续管，安装钢护套，拆除临锚后继续牵引。

（4）当地线牵引至牵引机前时停止牵引，使旋转器不进入牵引轮。在牵张两端将地线临锚在地锚上，在牵引侧回松牵引机，拆除连接网套；在线盘侧适当的位置切断多余的地线。在剩余的地线线头装上连接网套，展放另一相地线。

4. 导线展放

（1）牵引场操作和布置。

1）用ϕ11mm 钢绳由内向外、上进下出缠绕至牵引轮，绳尾与牵引绳用抗弯连接器连接，开动牵引机，将牵引绳引入牵引轮。当牵引绳绕满全轮并引出约 4m 后，拆除抗弯连接器，将牵引绳头挂在绳盘的挂钩上。

2）在牵引绳入口侧挂接地滑车。

3）收紧锚定牵引机的临锚手扳葫芦。牵引场布置如图 6–2–1 所示。

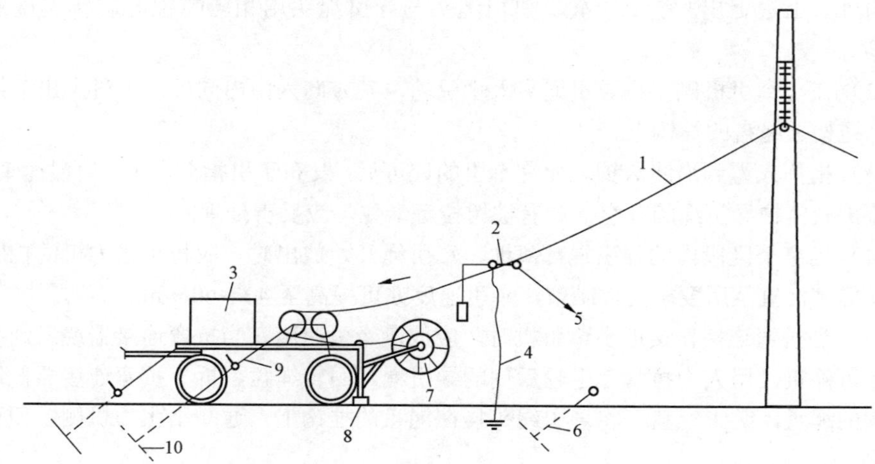

图 6–2–1　牵引场布置图

1—牵引绳；2—重捶式接地滑车；3—大牵引机；4—接地；5—ϕ13mm 白棕绳；6—导地线临锚地锚；7—牵引绳盘；8—道木；9—6t 手扳葫芦；10—0.5m×2m 地锚

（2）张力场操作和布置。

1）就位导线盘架，应使各线盘架正对张力机上的引轮，使导线在放出过程中不与线盘侧板摩擦。

2）根据导线布线计划所列线盘编号，将线盘吊装在线盘架上，注意线头从上方引出。

3）拆除线盘包装板和拔净钉子等杂物，检查外层导线质量是否良好，如有缺陷应及时处理或做好标记；如需切除应计算接头变动位置，是否会靠近滑车或移至不允许有接头的档内。

4）引出导线头套入连接网套，套的末端用ϕ2mm 铁丝绑扎 50mm，铁丝尾向后压平。

5）用ϕ13mm 棕绳缠绕在张力机的导线轮上，绳头与连接网套连接后，驱动张力机，人力拉紧棕绳，随着张力轮出线端吐出棕绳，导线便缠绕在导线轮上，在此作业过程中，线盘架应适当制动线盘，使导线在轮上不会太松。

6）导线在导线轮上的缠绕方向如图 6–2–2 所示。为防止导线通过导线轮时发生松股，导线在导线轮上的缠绕方向应与其外层线股捻回方向相同。国产钢芯铝绞线的外层采用右捻，因此，站在线盘架处面向张力机看，导线应由导线轮的左边最外一槽进线，由右边出线，如图 6–2–2（a）所示。

7）将从导线轮引出的线头通过旋转器按编号顺序与牵引板的后侧连接。牵引板的前侧通过旋转器与牵引绳连接。

8）当牵引绳牵动导线，张力机出口侧的导线悬空时，在导线上分别挂接地滑车。

9）收紧张力机、线盘架的手扳葫芦和法兰螺栓。将线盘架的刹车调至使张力轮的尾张力在 2～3kN，但所有线盘应一致，不得有大有小。张力场布置如图 6–2–3 所示。

10）在展放导线过程中，张力机根据导线对地、对被跨越物、跨越架距离的大小调整张力，但必须保持牵引板的平衡，以防其翻转或线混绞。

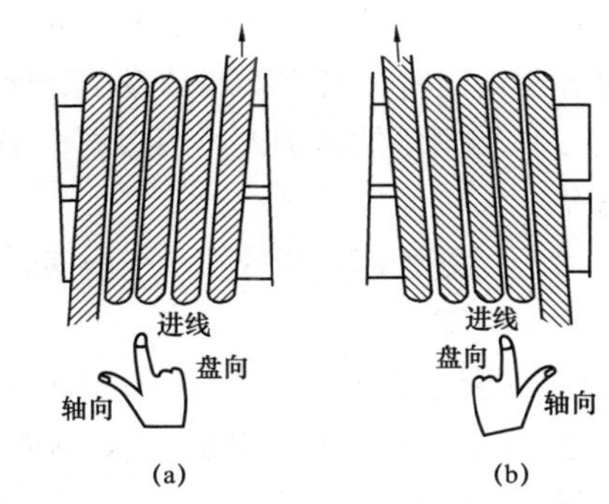

图 6–2–2　导线在轮导线轮上的缠绕方向图

（a）右捻—右手；（b）左捻—左手

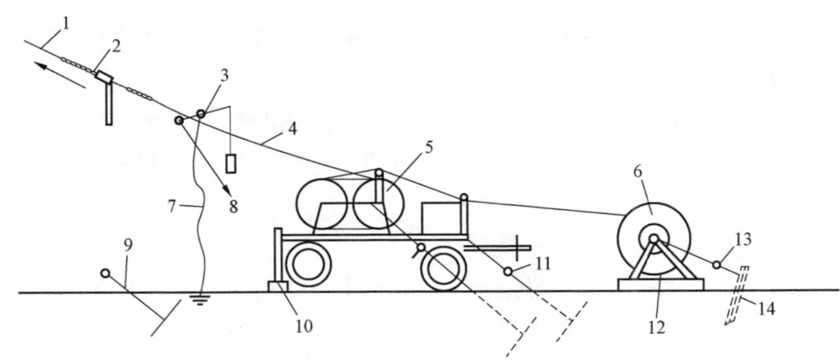

图 6–2–3　张力场布置图

1—牵引绳；2—一牵四牵引板；3—重锤式接地滑车；4—导线；5—大张力机；6—导线盘；7—接地线；8—ϕ13 白棕绳；9—导地线临锚地锚；10—道木；11—6t 手扳葫芦；12—线盘架；13—ϕ20 法兰螺栓；14—角铁柱

11）当导线线盘的线长剩余 100m 左右时，通知牵引场放慢牵引速度，至余线 8m 左右时停止牵引。张力轮后的导线用卡线器卡住后再用白棕绳固定在线盘架上，卸下空盘，装上新盘。线头用双头连接网套连接后绕入线盘上，拆除卡线器，通知牵引场慢速牵引；当线头展放至张力机前侧约 15m 时进行临锚，压接接续管，检查合格后安装保护钢甲。张力机收紧导线，拆除临锚后，便可继续牵引，展放第二盘导线。

5. 沿线监护和牵张场地面临锚

（1）与展放牵引绳、地线一样，在放线区段内的转角塔、上扬塔、重要跨越处等设监护人员，监护牵引板通过滑车的情况，当牵引板翻转、平衡锤压在线上、导线断股等异常情况时，应立即通知停车进行处理。

（2）转角塔的监护人员应根据牵引绳和导线在滑轮中的受力情况，及时调整滑车的偏角。

（3）当导线即将牵放至牵引场时，应放慢牵引速度，适当提高张力，使导线对地有较大的距离。

（4）导线展放完毕后，在牵引场和张力场，分别将导线按顺序临锚在临锚架上。为了增大档距中各子线间的距离，减轻线间鞭击，锚线时子导线应斜向排列。

五、注意事项

1. 人力放线注意事项

（1）展放时要对准方向，中间不能形成大的弯折。

（2）放线过程中，工作人员不得站在线圈里面。线盘转动时，如果线盘向一侧移动，应及时调节线盘高低，使其不向两侧移动。展放时应有可靠的刹车措施。导线头应由线盘上方引出。

（3）领线人员要辨明自己所放线的位置，不得发生混绞。穿越杆塔放线滑车时，引线应在拉线上方通过。换位杆塔放线时，放线施工顺序要认真辨别，不要发生相互压线现象。

2. 常见张力放线故障的预防和处理

（1）线盘架与张力机之间的导线产生周期性上下跳动，主要原因是线盘架刹车磨偏或刹车盘与盘轴不垂直，刹车不均。修正刹车盘，使尾部张力接近恒定时，即可避免这一问题。

（2）牵放线开始时张力较小，导线在张力机导线轮的进（出）线槽以及牵引绳在牵引机卷扬轮的进（出）口槽处发生频繁跳槽，说明跳槽的进（出）线方向和位置不正确，应调整进（出）线导向滚筒或导向滑车的位置和方向，或调整牵、张机出线所对准的方向（对准邻塔放线滑车）。

（3）线绳在导线轮、卷扬轮的所有槽位上均容易跳槽，其原因如下：

1）两个摩擦卷筒安装位置不正确（应相互错开半个槽距），应进行调整。

2）尾部张力过小，需适当加大。

（4）在导线轮进口处附近导线发生松股，严重时出现“赶灯笼”现象，其原因如下：

1）导线制造质量差，节距不正确，回捻较松。

2）导线在张力轮上缠绕时，缠绕方向与外层铝股捻向相反。

3）尾部张力过小，导线在张力轮上打滑。

针对上述原因进行处理后，故障即可消除。

（5）张力轮、卷扬轮已刹车，但仍慢速转动。其原因是刹车的制动扭矩小于放线张力的扭矩，调整刹车行程或更换刹车片，增大制动扭矩后即可刹住。

（6）张力轮、卷扬轮已刹车，并确已停止转动，但导线、牵引绳仍在滑动，原来的架空线绳在逐渐落地。其故障原因及排除方法如下：

1）导线、牵引绳在张力轮、卷扬轮上的缠绕圈数少于要求圈数。先在机械前方将线绳临锚，然后松掉张力，拆除原缠绕，重新按正确方法或圈数缠绕。

2）尾部张力过小，需适当加大。

3）张力轮、卷扬轮表面油污过多，减小了线绳与轮表面的摩擦力，应予以清理。

（7）抗弯连接器通过卷扬轮时断裂，或钢绳端环破断、断股。其原因是连接器直径大于钢绳直径且有一定的长度，连接器位于两个摩擦卷筒之间和处于摩擦卷筒之上时的周长不同。因此，连接器由卷筒间进入卷筒上时，需增加一小段绳长。当连接器位于进口槽或出口槽附近时，需增加的绳长可通过绳在卷筒的滑动得到补偿。但当抗弯连接器进入两槽和尚离出槽仍有两槽的中间部分，钢绳在槽上的滑动便很微小，此时只能靠钢绳弹性伸长和节点变形来补偿。由此产生的附加应力，往往使接头断裂，造成跑线事故。

目前还没有能够完全避免产生附加应力的连接方式，因此在施工中应采取如下措施：

1）钢绳头采用插接法而不用压接法，经常检查端环的弯形损伤情况，如有断丝等现象应切去重插。

2）选用长度短、直径小、可挠性好的抗弯连接器，每次使用前需经严格检查。

3）连接器通过卷扬轮时，减慢牵引速度，必要时和有可能时降低张力机的张力。

4）在牵引轮上增设护罩、挡板等，用于保护操作人员和机械。操作人员站在安全位置操作，其他人员离开机械和线路下方。

（8）牵引机和张力机的导向滚轮、导向滚筒磨损过快，或其盘向产生弯曲变形。这主要是由于滚轮、滚筒处导线、牵引绳转角太大。需调整进（出）线方向或滚轮、滚筒位置。

（9）子导线间虽已调平放线弧垂，但牵引板板身仍不平，平衡锤不垂直于地面。其原因可能是牵引板上的旋转器不灵活或已损坏，或牵引板不对称受力。

（10）小牵引机已收紧导引绳一段时间后，线路上已没有多余的导引绳，但小张力机处仍未被牵动。其原因是导引绳有个别地方未连接，需找出断开点，补放一段导引绳并重新连接好。

（11）小牵引机已收卷一段时间后，靠近小牵引机的部分线档的导引绳已经架空至一定高度，而靠近小张力机的线档导引绳仍未架空；当继续牵引时，小牵引机的牵引力迅速增加，而小张力机处的绳、线仍然未被牵动。其原因是导引绳在某个放线滑车上掉辙或被树木等杂物卡住。需放松牵引力，寻找卡点，待处理后方可继续牵引。

（12）正常情况下，导引绳、牵引绳的升空过程是缓慢连续的，如个别线档突然出现快速升空并随之出现线绳舞动，说明线绳在舞动前被卡住。此时应停止牵引，检查线绳在滑车中是否跳槽、掉辙，如无上述问题，也需待线绳不再舞动时继续牵引。

（13）当牵引绳的抗弯连接器和接续管通过放线滑车时，其向前的倾斜角为5°～10°；当通过牵引板时，其向前的倾斜角在30°左右。如超过上述范围，可能是由于放线滑车转动不良，综合阻力太大，或线绳在滑车中已掉辙等原因。

（14）杆塔虽无线路水平转角，但放线滑车明显倾斜。其原因是线绳已在滑车中跳槽，滑车受力不对称，应停止牵引，将线绳吊回中间槽位。

（15）放线滑车在顺线路方向前后摆动。其原因是该滑车滑轮边缘有局部变形，变形部位与邻轮或侧架相摩碰或轴承损坏，此种滑车应立即更换。

（16）牵引板过滑车后，平衡锤压在导线上。此现象多发生在转角塔上，因转角塔的放线滑车向内倾斜，子导线呈倾斜状态。发现后应立即停机处理。

【思考与练习】

1. 简述张力放线的危险点和控制措施。
2. 简述张力场操作和布置的工艺步骤。
3. 张力展放导线时沿线监护人员应重点监护哪些内容？
4. 简述张力场操作布置的作业步骤。

◢ 模块3 导地线连接前的准备（Z05F3003Ⅱ）

【模块描述】本模块包含器材检验和压接前准备工作。通过工艺流程介绍，熟悉导地线压接前器材检验的过程、方法和相关的准备工作。

【模块内容】

一、器材检验

1. 导地线连接的一般规定

（1）不同金属、不同规格、不同绞制方向的导线或避雷线严禁在一个耐张段内连接。

（2）当导线或避雷线采用液压或爆压连接时，必须由经过培训并考试合格的技术工人担任。操作完成并自检合格后应在连接管上打上操作人员的钢印。

（3）导线或避雷线必须使用现行的电力金具配套接续管及耐张线夹进行连接。连接后的握着强度在架线施工前应进行试件试验，试件不得少于三组（允许接续管与耐张线夹合为一组试件）。其试验握着强度对液压及爆压都不得小于导线或避雷线设计使用拉断力的 95%。

对小截面导线采用螺栓式耐张线夹及钳接管连接时，其试件应分别制作。螺栓式耐张线夹的握着强度不得小于导线设计使用拉断力的 90%。钳接管直线连接的握着强度不得小于导线设计使用拉断力的 95%。避雷线的连接强度应与导线相对应。

当采用液压施工，工期相邻的不同工程采用同厂家、同批量的导线，避雷线、接续管、耐张线夹及钢模完全没有变化时，可以免做重复性试验。

（4）导线及避雷线的连接部分不得有线股绞制不良、断股、缺股等缺陷。连接后管口附近不得有明显的松股现象。

（5）一个档距内每根导线或避雷线上只允许有一个接续管和三个补修管。当张力放线时不应超过两个补修管，并应满足下列规定：

1）各类管与耐张线夹间的距离不应小于 15m。

2）接续管或补修管与悬垂线夹的距离不应小于 5m。

3）接续管或补修管与间隔棒的距离不宜小于 0.5m。

4）宜减少因损伤而增加的接续管。

（6）采用液压或爆压连接时，在施压或引爆前后必须复查连接管在导线或避雷线上的位置，保证管端与导线或避雷线上的印记在压前与定位印记重合，在压后与检查印记距离符合规定。

2. 器材检验的质量要求

（1）工程中使用的导地线和耐张管、接续管必须有符合相关标准的出厂质量检验合格证明书。

（2）钢接续管和耐张管内径及外径尺寸偏差应符合表 6–3–1 的规定。

（3）铝管做外观和尺寸检查时应符合下列要求：

1）表面应光滑、平整、清洁，不应有裂纹、起泡、起皮、夹渣、压折、气孔、砂眼、严重划伤及分层等缺陷。允许轻微的局部的不使板厚（或管壁厚）超出允许偏差的划伤、斑点、凹坑、压入物及修理痕迹等缺陷。

2）电气接触平面不允许有碰伤、划伤、斑点、凹坑、压印等缺陷。

3）铸件应清除飞边、毛刺，但规整的合模缝允许存在。

4）浇冒口清除后，允许有个别针孔存在，其面积不大于浇冒口面积的 5%，深度不超过 1mm。

5）钻孔应倒棱去刺。

6）挤压铝管内径及外径尺寸极限偏差应符合表6–3–2的规定。

（4）压接管的长度，其允许极限偏差为基本尺寸的±2%。

表6–3–1 钢接续管和耐张管内径及外径尺寸偏差

外径（mm）		内径（mm）	
基本尺寸	极限偏差	基本尺寸	极限偏差
≤14	±0.2	≤9	±0.15
>14～22	+0.3 –0.2	>9～15	±0.2
>22～34	+0.4 –0.2		

表6–3–2 挤压铝管内径及外径尺寸极限偏差

外径（mm）		内径（mm）	
基本尺寸	极限尺寸	基本尺寸	极限尺寸
≤32	+0.4 –0.2	≤22	–0.3
>32～50	+0.6 –0.2	>22～36	–0.4
>50～78	+1.0 –0.2	>36～55	–0.5

二、压接前准备工作

（1）检查导线、避雷线的结构及规格是否与设计要求相符，严防缺股。进入压接管部分应平整完好，离管口15m内不应有需做补修管处理的缺陷。

（2）不同金属、不同规格、不同绞制方向的线材，不得在同一耐张段内连接。

（3）事先将待压的管清洗干净，并清除影响穿管的锌疤和焊渣等，洗后应将管口临时封堵并用塑料袋封装。

（4）根据使用情况将管进行编号，测量其内外径并做好记录，划上压接部位印记。

（5）制作线头并清洗。断线前应将线头理直，保留钢芯去除铝股时应注意以下几点：

1）不伤及钢芯。

2）铝股断面与轴线垂直（即不成马蹄形）。

3）长度应准确，其误差应在±1mm以内。

4）线的清洗长度。对耐张管和接续管先套入铝管端，应不短于铝管套入部位；对接续管的另一端不短于半管长的1.5倍。

5）对运行过的旧线和进行爆压的带油线，必须进行散股清洗。散股清洗时不应改变各线股的节距，以免恢复时困难。线头清洗后应头朝上放在木板上，让其干燥。如采用爆压，线头进水必须进行烤干处理。

（6）液压设备或爆破器材的准备。

1）当采用液压设备时，应根据需压导地线规格的大小，选用100t或200t级的设备。当线路采用 LGJ—400/65 及以内的导线时，用 100t 级的液压机能完成压接工作；当采用 LGJ—500/45 及以上的导线时，以用 200t 级的液压机为宜。

2）当采用外爆压器材时，可采用普通导爆索或太乳炸药和火雷管，它们的性能必须符合使用要求。对采用普通导爆索作如下介绍。

a）普通导爆索主要性能有以下几点：

外壳：棉、麻纤维缠绕，红色。

药量：12～149/m。

直径：≤6.2mm。

爆速：大于 6500m/s。

爆轰感度：把多段导爆索按规定方法连接后，用 8 号雷管起爆应爆轰完全。

b）普通导爆管的检验方法如下：

外壳：目测。

药量：任意抽取 200mm 导爆索段，依次将外防潮层、棉纱、纸头、内防潮层、中层棉纱、内层棉纱和芯线剥除，将药芯——黑索金收集在一张清洁的纸上，用天平称量再折合为 1m 的药量。

爆速：用导爆索法（即道特里计法）测定，其测定的组装情况如图 6–3–1 所示。

图 6–3–1 中的 3、4 是长度均为 1120mm 的导爆索，4 为已知爆速的标准导爆索，3 为被测的导爆索，在每根导爆索距一端面 30mm 处做上第一标志，距第一标志 1000mm 处做上第二标志，再取一块长 180mm、厚 5mm、宽 50mm 的铅板，在其中心处刻上一条垂直于铅板轴线的 0 线，使两段导爆索的第二标志同铅板上的 0 线重合后，用细绳扎牢在铅板上，带有第一标志的导爆索端分别从铅板左右两端伸出来，再把两端导爆索的第一标志和一个 8 号雷管底端三者对齐，用黑胶布贴牢。

雷管引爆后，铅板上便得到一条两段导爆索的爆轰波相遇而造成的刻痕，用钢直尺测量刻痕和 0 线的距离，就可以计算出被测导爆索的爆速。

设标准导爆索的爆速为 v，被测导爆索的爆速为 v_x，如测得爆轰波相遇刻痕同 0 线距离为 s，并且是在铅板上被测导爆索一侧（即 O 线右侧），则

$$v_x=\frac{(1000-s)v}{1000+s} \tag{6–3–1}$$

如刻痕在铅板上标准导爆索一侧（即 O 线左侧），则

$$v_x=\frac{(1000+s)v}{1000-s} \tag{6–3–2}$$

爆轰感度和传爆性能：把几段导爆索用搭接和套接方法接起来，在一端用一个雷管起爆，如果所有导爆索都完全爆轰，没有残留，则说明该导爆索的感度传爆性能均

合乎使用要求。

检查的具体方法是取 8m 长导爆索，切成 1m 长的 5 段、3m 长的 1 段，用 8 号雷管起爆导爆索感度和传爆性能试验和组装示意图见图 6-3-2。

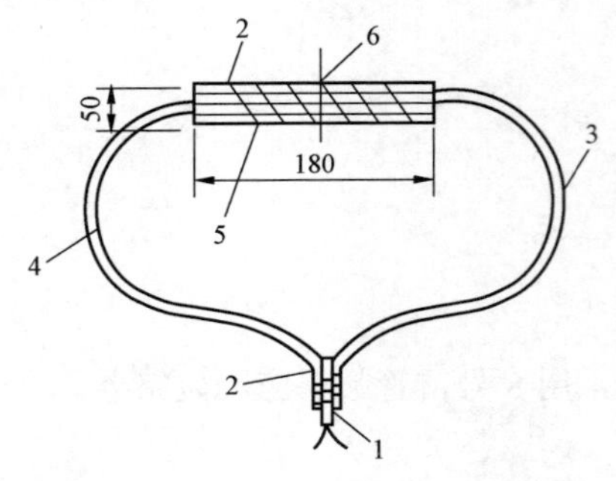

图 6-3-1 导爆索爆速测定的组装示意图

1—雷管；2—细绳；3—被测导爆索；4—标准爆速的导爆索；5—铅板；6—0 线

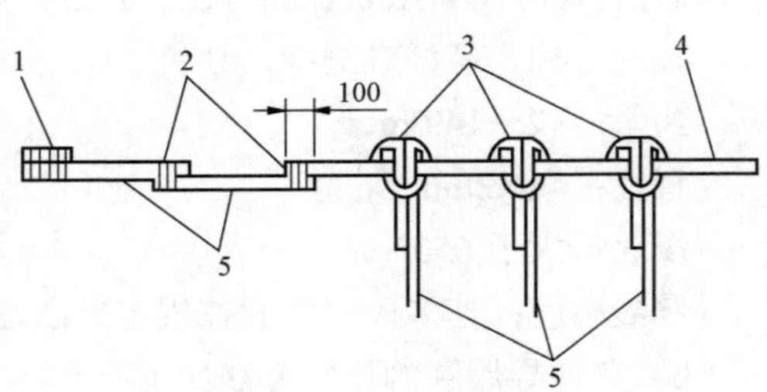

图 6-3-2 导爆索感度和传爆性能试验和组装示意图

1—8 号雷管；2—线或细绳搭接；3—束接；4—3m 长导爆索；5—1m 长导爆索

直径：用游标卡尺在索干上任意测量 5 处即可。

【思考与练习】

1. 对导地线连接所做试件的技术要求有哪些？
2. 压接前准备工作的内容有哪些？
3. 如何测定导爆索的爆轰感度和传爆性能？

◢ 模块 4 导地线连接（Z05F3004 Ⅱ）

【模块描述】本模块涵盖钳压法、液压法、外爆压法连接，导地线损伤及处理。通过要点介绍工艺流程讲解、图形示例、图表对比，掌握导线压接工艺和损伤导地线的处理方法。

【模块内容】

一、工作内容

导地线连接是架线施工中的重要工序环节之一，导地线连接质量直接关系线路投运以后的安全运行水平。导地线连接的工艺方法包含钳压法、液压法、外爆压法三种。外爆压压接方式受三个方面因素的影响使其使用受到限制：一是由于爆压后压接管会受到不同程度的损伤，导致送电后电晕增大；二是其产生的冲击波造成农作物受损和噪声污染；三是国家对爆炸物品的严控措施使其在保管领用方面受到严格限制。钳压连接方式受其握着力和电晕的影响，主要适用于中小截面导线（240mm^{2}以下）的直线接续。在送电线路建设中普遍使用的连接方式为液压连接。本模块重点介绍液压连接的工艺方法，对钳压法和外爆压法连接方式只作简单介绍。

1. 钳压法连接

钳压法连接是将钳压型接续管用钳压器把导线进行直线接续。钳压连接的主要原理是利用钳压器的杠杆或液压顶升的方法，将力传递给钳压钢模，把被连接导线端头和钳接管一起压成间隔凹槽，借助管壁和导线的局部变形，获得摩擦阻力，从而达到把导线接续的目的。

2. 液压法连接

液压法连接是将液压管用液压机和钢模把架空线连接起来的一种传统工艺方法。架空线的直线接续、耐张连接，跳线连接以及损伤补修等，都可以用液压进行。目前，液压法连接一般用于240mm^{2}以上钢芯铝铰线及钢绞线（避雷线）的连接。

3. 外爆压法连接

爆压连接是在炸药爆炸压力作用下，压力施加于接续管或耐张线夹管上，使管子受到压缩而产生塑性变形，将导线或避雷线连接起来，从而使连接体获得足够机械强度。

爆压连接必须按《架空电力线路爆炸压接施工工艺规程》进行。过去曾采用过太乳炸药（又称塑 B 炸药），由于其本身质量问题现已被淘汰，故不予介绍，本节只介绍导爆索爆压。

二、作业前准备工作

1. 钳压法连接

钳压器按使用动力的不同，分为机械传动和液压顶升两种。图 6–4–1 所示为 SDQ 型机压钳，使用时操作手柄带动丝杠，使拉力变为压力，推动加力块，从而达到钳压的目的。

SDQ 机压钳有关数据列于表 6–4–1 中。

表 6–4–1　　SDQ 机压钳数据表

型号	最大压力（kN）	最大行程（mm）	适用导线型号	外形尺寸（长×宽×高，mm）	主要尺寸（mm）			质量（kg）
					a	*b*	*c*	
SDQ–12 SDQ–20	120 200	20 30	LGJ—25～185 LGJ—35～240 LGJ—185～400	325×300×65 490×460×90	60 90	45 68	32 48	6.5 15

野鸭式钳接器由压接钳和手摇泵两部分组成。使用时摇动手柄，使压力上升，推动钢模，达到钳压目的。液压式钳压器如图 6–4–2 所示，其数据见表 6–4–2。

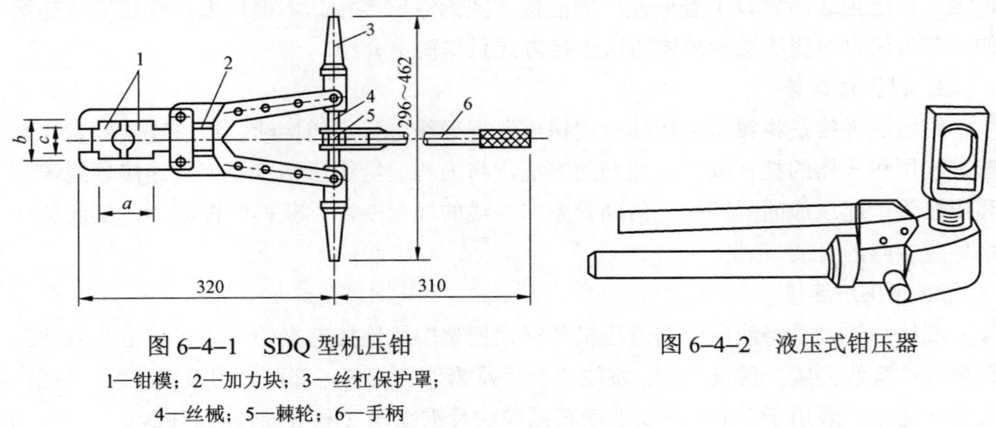

图 6–4–1 SDQ 型机压钳

1—钳模；2—加力块；3—丝杠保护罩；4—丝械；5—棘轮；6—手柄

图 6–4–2 液压式钳压器

表 6–4–2 液压式钳压器数据表

型　号	YG7.5	YG16	型　号	YG7.5	YG16
输出压力（kN/cm^2）	5.9	5.9	钢模宽度（mm）	5.9	5.9
适用导线截面积（mm^2）	16～240	16～240	油液	10 号机械油或 YH10 号红油	
储油量（cm^3）	100	125	制造厂	上海飞机制造厂	

钳压用钢模，分为上模和下模，模形如图 6–4–3 所示，其规格数据见表 6–4–3。

表 6–4–3 钳压钢模规格及数据表

钢模型号	适用导线	主要尺寸（mm）			钢模型号	适用导线	主要尺寸（mm）		
		R_1	R_2	c			R_1	R_2	c
QML–25	LJ–25	6.00	6.8	4.2	QMLG–35	LGJ–35	7.35	8.5	7.0
QML–35	LJ–35	6.65	7.5	5.0	QMLG–50	LGJ–50	8.30	9.5	9.0
QML–50	LJ–50	7.45	8.2	6.3	QMLG–70	LGJ–70	9.00	10.5	12.5
QML–70	LJ–70	8.25	9.0	8.5	QMLG–95	LGJ–95	11. 00	12.0	15.0
QML–95	LJ–95	9.15	10.0	11.0	QMLG–120	LGJ–120	12.45	13.5	17.5
QML–120	LJ–120	10.25	11.0	13.0	QMLG–150	LGJ–150	13.45	14.5	19.5
QML–150	LJ–150	11.25	12.0	17.0	QMLG–185	LGJ–185	14.75	15.5	21.5
QML–185	LJ–185	12.25	13.0	18.5	QMLG–240	LGJ–240	16.50	17.5	23.5

注 钢模材料为 55 号钢。

2. 液压法连接

（1）液压机。液压机分手动、机动、电动等数种。送电线路工程中导、地线截面较大的压接，多用机动液压机。常用的液压机有 100t 和 200t，当导线截面积超过 $400mm^2$、钢绞线截面积超过 $100mm^2$ 时以采用 200t 的液压机为宜。

液压泵与液压钳连接的高压油管长度，在地面压接时为 4m，当高空压接需将液压泵放在横担处时高压管长度为 8m。

一个大流水作业的架线施工队需配备液压机 6～8 台，且应配备易损件，以便及时修复损坏的液压机。施工前应检查液压机处于良好状态。

（2）钢模。钢模分为铝管钢模和钢管钢模。根据工程中使用的导地线规格和液压机吨位，施工前应准备足量和规格适宜的钢模，并在钢模侧面用红铅油等标明，以便现场核对使用。

钢模制造时，其压模六角对边距 *S*，应比规程规定小 0.3～0.4mm。这是因为内径较小的钢模容易压出符合要求的管子尺寸；其次是钢模的内径经使用后会逐渐增大，当增大至等于要求压后管子的尺寸时，钢模便不能继续使用。

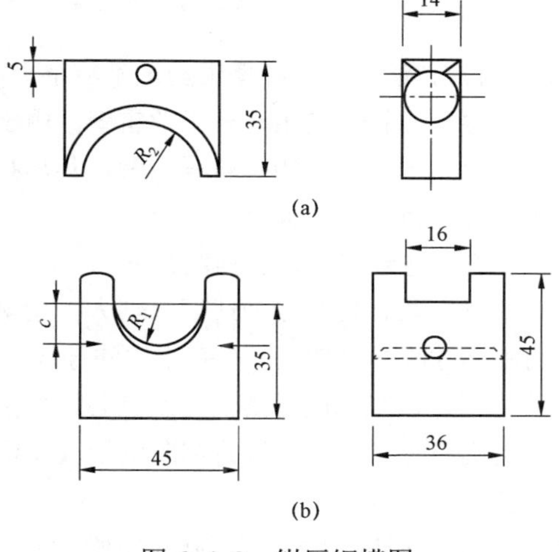

图 6–4–3　钳压钢模图

（a）上模；（b）下模

3. 外爆压法连接

（1）导爆索。导爆索是以猛性炸药（黑索金或太恩）为索芯，以棉麻纤维等为覆包材料，能够传递爆轰波的索状炸药。

1）导爆索由索芯（药芯）和外壳构成。索芯直径为 3～4mm，由粉状猛性炸药太恩或黑索金组成，外壳是用棉麻等纤维材料缠绕制成，包裹着索芯，直径为 5.6～6.2mm。有的导爆索在纤维外涂覆一层薄树脂。

2）普通导爆索结构如图 6–4–4 所示。普通导爆索结构同导火索基本相似，主要不同点只是药芯的装药，导爆索芯药是白色的黑索金，导火索芯药是黑色的黑火药。为了便于识别，在导爆索外层防潮层涂料中掺有红色染料，而导火索外层是白色涂料。

3）导爆索外径为 5.6～6.2mm 和 5.2～5.8mm 两种，每卷长度为 50m±0.5m，索体外观应呈红色，涂料应均匀一致，不应有油脂、严重折伤和污垢。索头应套有一个金属防潮帽或涂有防潮剂。

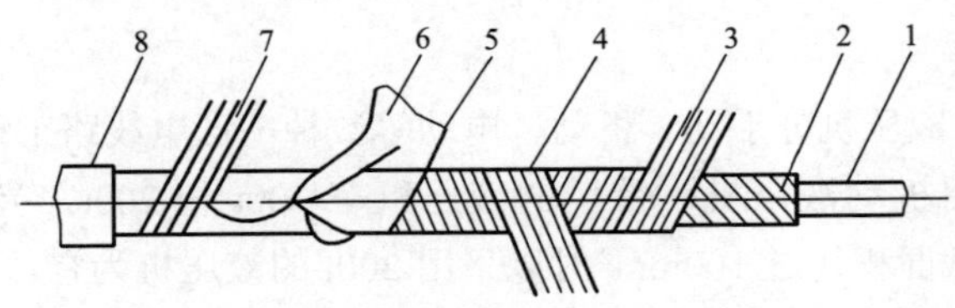

图6-4-4 普通导爆索结构

1—芯线；2—黑索金药芯；3—内层棉纱；4—中层棉纱；5—内防潮层（沥青层）；6—纸条；7—外层棉纱；8—外防潮层

4）普通黑索金导爆索药量不应小于12～14g/m，爆速不低于6500m/s。

（2）雷管。使用8号工业雷管，用于引爆导爆索。

（3）导火索。用于引爆雷管，其形状与导爆索基本相同，其切割长度要满足人员撤至安全距离的要求。

三、危险点分析和控制措施

（1）防止切割导地线回弹伤人。切割导线及避雷线以前，先用细铁丝扎牢，以防切割后散股弹击伤人。在有张力的导线上割断时，开断处两端应绑住，以防回弹伤人。

（2）切割铝股时防止伤及钢芯。切割导线铝股时应分层切割，在切割靠近钢芯的一层铝股时，不要直接将铝股割断，在铝股即将割断时，用手将铝股掰断，避免伤及钢芯。

（3）防止压接时人员站在压钳上方。施压人员在操作液压钳时，特别是压接钳活塞起落时，应避开高压油管和钳体顶盖，人体不得位于压接钳上方，防止爆裂冲击伤人。

（4）防止压力过载。液压泵操作人员应与压接钳操作人员密切配合，在施压过程中要随时注意压力表指示值不得超过规定值，不得过载。如果上下钢模已经合拢而未达到规定压力值，应立即停止施压，并进行检查，如有故障应停止使用。

（5）使用电动压接设备应采用绝缘良好的电缆作电源线，设备外壳应有可靠的接地。

（6）严禁用剪刀或钳子剪切导爆索。使用导爆索时，应用锐利的刀片先在木板上切除索端的防潮帽和中间的连接管，然后按需要的长度切割。切割时应随时清除粘在木板上或刀片上的药粉和碎屑。

（7）防止爆压时碎石伤人。应选择相对平坦且地面无碎石的场地作为爆压场地，在引爆导爆索前，应将药包连同两侧线材支离地面约1m，适当绑扎并将其埋直。

（8）防止雷管金属垫伤人。绑扎引爆雷管时，应将雷管底部朝向人员撤离的反方向，避免雷管的金属垫伤人。

（9）防止爆炸冲击波伤人。导火索的最小长度应满足人员撤至安全距离的要求，避免由于导火索过短人员来不及撤离至安全距离以外。

四、作业步骤和质量标准

（一）钳压法连接

1. 钳压操作

（1）将导线连接部分的表面用钢丝刷清洗，再用汽油擦洗干净，擦洗长度为连接长度的 1.25 倍。

（2）将钳接管用汽油洗净，然后将净化的导线从两端插入钳接管内，管两端露出导线 20mm。

（3）准备就绪后，将插入导线的钳接管放入钢模内，按图 6–4–5 所示的编号顺序钳压，上、下钢模接触后，应停留片刻（约 10s）再松开，以减少导线的弹性影响，得到较为稳定的压接后尺寸。

（4）导线端部的绑线应予保留。

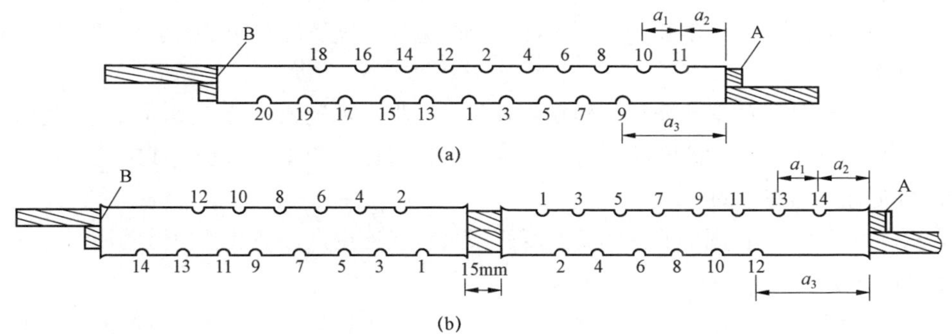

图 6–4–5 钳压连接图

（a）LGJ–95/20 钢芯铝绞线；（b）LGJ–240/40 钢芯铝绞线

A—绑线；B—垫片；1、2、3、…—操作顺序

2. 质量标准

（1）钢芯铝绞线钳压管压口数及压后尺寸的数值必须符合表 6–4–4 的规定。

表 6–4–4 钢芯铝绞线钳压管压口数及压后尺寸

管型号	适用导线		压模数	压后尺寸	钳压部位尺寸（mm）		
	型号	外径（mm）		D（mm）	a_1	a_2	a_3
JT–95/15	LGJ–95/15	13.61	20	29.0	54	61.5	142.5
JT–95/20	LGJ–95/20	13.87	20	29.0	54	61.5	142.5
JT–120/20	LGJ–120/20	15.07	24	33.0	62	67.5	160.5

续表

管型号	适用导线		压模数	压后尺寸	钳压部位尺寸（mm）		
	型号	外径（mm）		D（mm）	a_1	a_2	a_3
JT–150/20	LGJ–150/20	6.67	24	33.6	64	70.0	166.0
JT–150/25	LGJ–150/25	17.10	24	36.0	64	70.0	166.0
JT–185/25	LGJ–185/25	18.90	26	39.0	66	74.5	173.5
JT–185/30	LGJ–185/30	18.88	26	39.0	66	74.5	173.5
JT–240/30	LGJ–240/30	21.60	14×2	43.0	62	68.5	161.5
JT–240/40	LGJ–240/40	21.66	14×2	43.0	62	68.5	161.5

（2）压后尺寸 D 应使用精度不低于 0.1mm 的游标卡尺测量，允许误差为±0.5mm。

（二）液压法连接

1. 液压操作

（1）切割导线及避雷线以前，先用细铁丝扎牢，以防切割后散股弹击伤人。在有张力的导线上割断时，开断处两端应绑住，以防回弹伤人。导地线切割断面应整齐无毛刺，切割铝股时禁止伤及钢芯。连接管口附近的线股不应有明显松股或超出补修处理的损伤。

（2）耐张杆塔的导线及避雷线切割长度，是根据观测弧垂后所画印记减去耐张绝缘子金具实际丈量长度确定的。对此必须仔细认真计算和丈量，在割线前应用钢尺丈量，以免挂线后影响弧垂。

（3）对使用的各规格的接续管及耐张线夹管，应用汽油清洗管内壁的油垢，并清除影响穿管的锌疤与焊渣。

（4）避雷线的压接部分穿管前应以棉纱擦去泥土，如有油垢应以汽油清洗，清洗长度应不短于穿管长的 1.5 倍。

（5）钢芯铝绞线的压接部分穿管前，应以汽油清除其表面油垢，清除的长度对先套入铝管端应不短于铝管套入部位，对另一端应不短于半管长的 1.5 倍。

（6）对轻型防腐型钢芯铝绞线的清洗，应按下列规定进行：

1）对外层铝股应以棉纱蘸少量汽油（以用手攥不出油滴为适度）擦清表面油垢。

2）当将防腐型钢芯铝绞线割断铝股裸露钢芯后，用棉纱蘸汽油将钢芯上的防腐剂擦洗干净。

（7）钢芯铝绞线清洗后，涂 801 电力脂及清除铝股表面氧化膜的操作程序如下：

1）涂 801 电力脂及清除铝股氧化膜的范围为铝股进入铝管部分。

2）按前述第 1 条之（5）将外层铝股用汽油清洗干燥后，再将 801 电力脂薄薄地均匀涂上一层，以将外层铝股覆盖住。

3）用钢丝刷沿钢芯铝绞线轴线方向，对已涂电力脂部分进行擦洗，将压接后能与铝管接触的铝股表面全部刷到，保留电力脂进行压接。

（8）对已运行的导线，应先用钢丝刷将表面灰、黑色物质全部刷去，至显露出银白色铝为止，然后再按前述规定操作。

（9）用补修管补修导线前，其覆盖部分的导线表面应用干净棉纱将泥土脏物擦干净（如有断股，应在断股两侧涂刷少量 801 电力脂），再套上补修管液压。

（10）压接前必须检查管端在线上的位置，应确保管端和线上印记重合。

（11）镀锌钢绞线接续管的液压部位及操作顺序如图 6–4–6 所示。第一模压模中心应与钢管中心相重合，然后分别依次向管口端施压。

（12）镀锌钢绞线耐张线夹的液压部位及操作顺序如图 6–4–7 所示。第一模自 U 形环侧开始，依次向管口端施压。

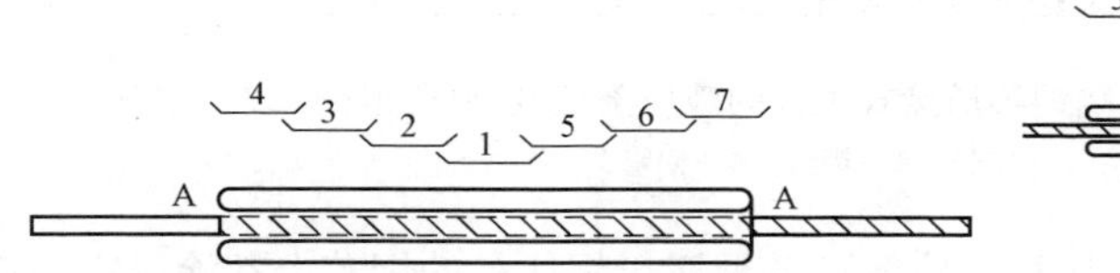

图 6–4–6　镀锌钢绞线接续管的施压顺序

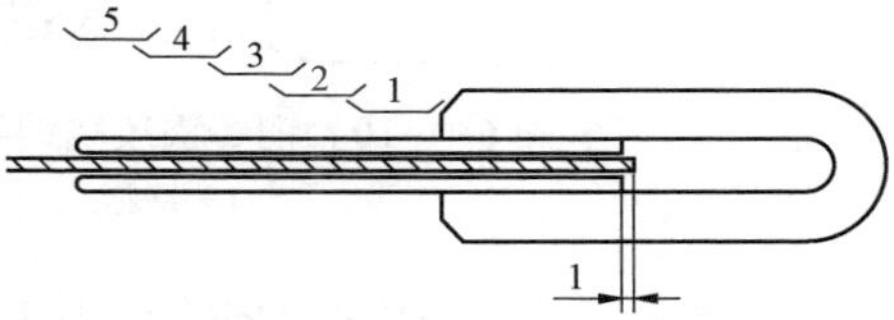

图 6–4–7　镀锌钢绞线耐张线夹的施压顺序

（13）钢芯铝绞线钢芯对接式钢管的液压部位及施压顺序如图 6–4–8 所示。第一模压模中心与钢管中心 O 重合，然后分别向管口端部依次施压。

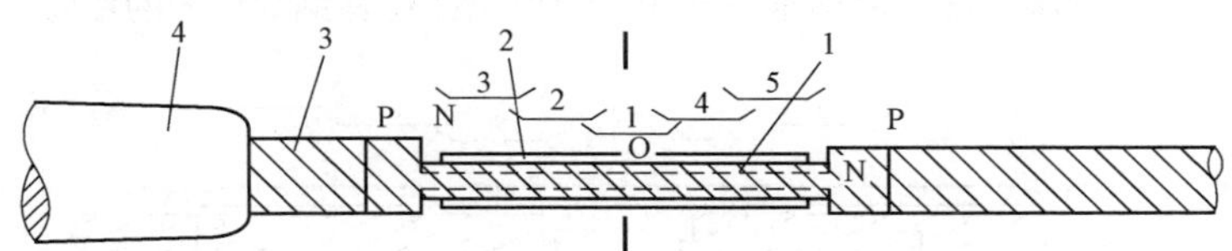

图 6–4–8　钢芯铝绞线钢芯对接式钢管的液压部位及施压顺序

1—钢芯；2—钢管；3—铝线；4—铝管

（14）钢芯铝绞线钢芯对接式铝管的液压部位及施压顺序如图 6–4–9 所示。

首先检查铝管两端管口与定位印记 A 是否重合。内有钢管部分的铝管不压。自铝管上有 N_1 印记处开始施压，一侧压至管口后再压另一侧。如铝管上无起压印记 N_1 时，在钢管压后测量其铝线两端头的距离，在铝管上先画好起压印记 N_1。

（15）钢芯铝绞线钢芯搭接式钢管的液压部位及操作顺序如图 6–4–10 所示。第一模压模中心压在钢管中心，然后分别向管口端部施压。一侧压至管口后再压另一侧。如因凑整模数，允许第一模稍偏离钢管中心。

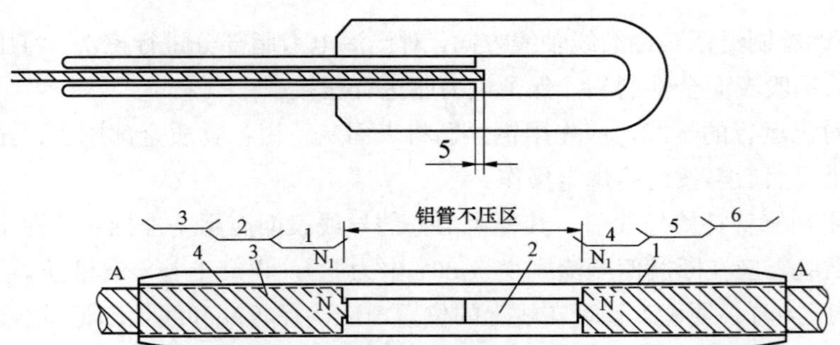

图 6-4-9 钢芯铝绞线钢芯对接式铝管的液压部位及施压顺序

1—钢芯；2—已压钢管；3—铝线；4—铝管

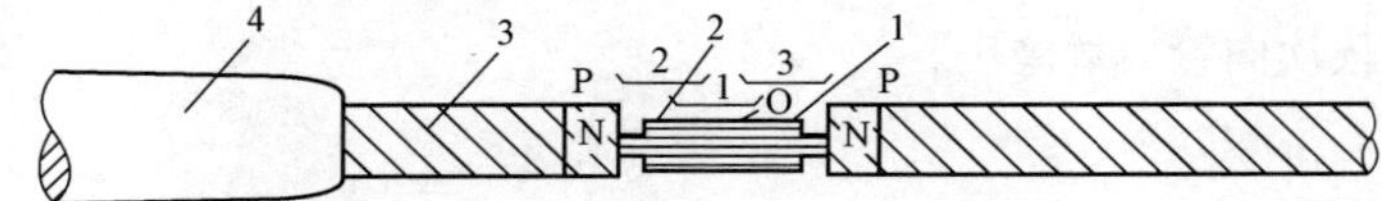

图 6-4-10 钢芯铝绞线钢芯搭接式钢管的液压部位及施压顺序

1—钢芯；2—钢管；3—铝线；4—铝管

对清除钢芯上防腐剂的钢管，压后应将管口及裸露于铝线外的钢芯上都涂以富锌漆，以防生锈。

（16）钢芯铝绞线钢芯搭接式铝管的液压部位及操作顺序如图 6-4-11 所示。首先检查铝管两端管口与定位印记 A 是否重合。第一模压模中心压在铝管中心。然后分别向管口端部施压，一侧压至管口后再压另一侧，但也允许对有钢管部分的铝管不压的做法。

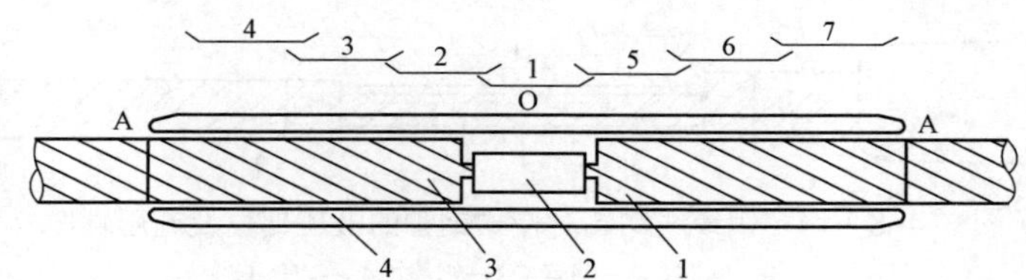

图 6-4-11 钢芯铝绞线钢芯搭接式铝管的施压顺序

1—钢芯；2—已压钢管；3—铝线；4—铝管

（17）GB 1179—1974 规格的钢芯铝绞线耐张线夹的施压操作如图 6-4-12 所示。

1）钢锚液压部位及操作顺序如图 6-4-12（a）所示。自 U 形环侧开始向管口连续施压，凸凹部分不压。

2）铝管液压部位及操作顺序如图 6-4-12（b）所示。首先检查铝管管口与印记 A 是否重合。第一模压在钢锚凹槽处，然后连续向管口施压。最后自第一模向引流板侧再压一模。

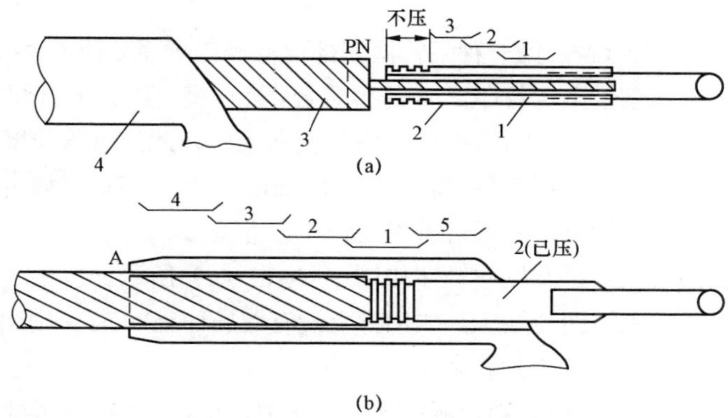

图 6-4-12　GB 1179—1974 钢芯铝绞线耐张线夹的施压顺序

（a）钢锚液压部位及操作顺序；（b）铝管液压部位及操作顺序

1—钢芯；2—钢锚；3—铝线；4—铝管

（18）GB 1179—1983 规格的钢芯铝绞线耐张线夹的液压操作如图 6-4-13 所示。

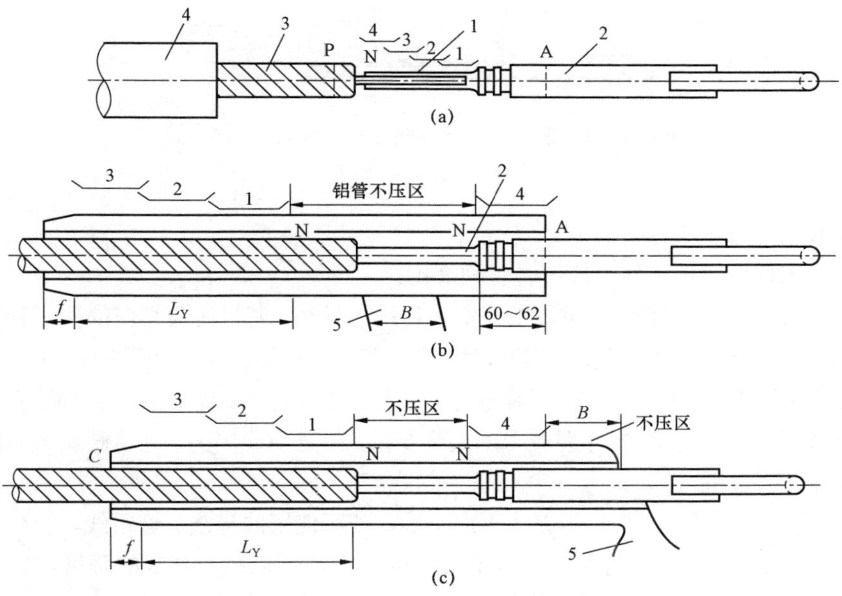

图 6-4-13　GB 1179—1983 钢芯铝绞线耐张线夹的施压顺序

（a）钢锚液压部位及操作顺序；（b）第一种铝管液压部位及操作顺序；（c）第二种铝管的液压部位及操作顺序

1—钢芯；2—钢锚；3—铝线；4—铝管；5—引流板

1）钢锚液压部位及操作顺序如图 6–4–13（a）所示。白凹槽前侧开始向管口端连续施压。

2）铝管分两种管形时，第一种铝管液压部位及操作顺序如图 6–4–13（b）所示。首先检查右侧管口与钢锚上定位印记 A 是否重合。第一模自铝管上有起压印记 N 处开始，连续向左侧管口施压。然后自钢锚凹槽处反向施压，此处所压长度对两个凹槽的钢锚最小为 60mm，对三个凹槽的钢锚最小为 62mm。在压铝管时，如引流板卡液压机油缸，不能按以上要求就位时，可将引流板转向上方施压。

第二种铝管的液压部位及操作顺序如图 6–4–13（c）所示。自铝线端头处向管口施压，然后再返回在钢锚凹处施压。如铝管上没有起压印记 N 时，则当钢锚压完后，用尺量出 L_Y+f，在铝管上画上起压印记。

（19）钢芯铝绞线耐张线夹铝管液压时，其引流连板与钢锚 U 形环的相对角度位置应符合该工程施工技术措施上的有关规定。

（20）与各种钢芯铝绞线耐张线夹连接的引流管的液压部位及操作顺序如图 6–4–14 所示，其液压方向为自管底向管口连续施压。

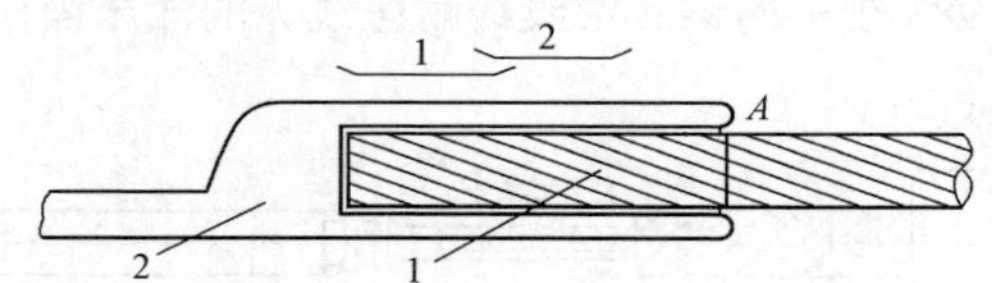

图 6–4–14 钢芯铝绞线耐张线夹引流管的施压顺序

1—铝线；2—引流管

2. 质量标准

（1）工程检验性试件，应符合下列规定：

1）架线工程开工前，应对该工程实际使用的导线、避雷线及相应的液压管同配套的钢模，按前述液压操作工艺制作检验性试件。每种型式的试件不少于 3 根（允许接续管与耐张线夹做成一试件）。试件的握着力均不应小于导线及避雷线保证计算拉断力的 95%。

2）如果发现有一根试件握着力未达到要求，应查明原因，改进后做加倍的试件再试，直到全部合格。

3）相邻的不同工程，若所使用的导线、避雷线、接续管耐张线夹管及钢模等均没有变动时，可以免做重复的强度试验，但不同厂家及不同批号的产品不在此例。

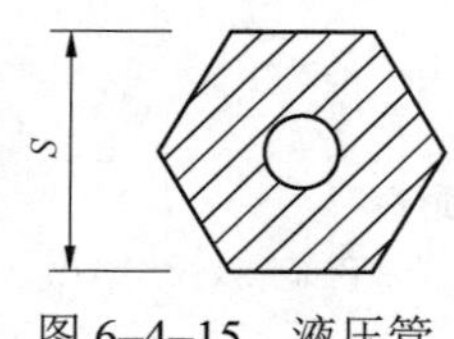

图 6–4–15 液压管

（2）各种液压管压后对边距尺寸 S 如图 6–4–15 所示，其最大允许值由下式计算

$$S=0.866\times(0.993D)+0.2\ (\text{mm}) \quad (6\text{–}4\text{–}1)$$

式中　D——管外径，mm。

三个对边距只允许有一个达到最大值，超过此规定时应更换钢模重压。

（3）液压后管子不应有肉眼可看出的扭曲及弯曲现象，有明显弯曲时应校直，校直后不应出现裂缝。

（4）各种液压管施压后，应认真填写记录。液压操作人员自检合格后，在管子指定部位打上自己的钢印。质检人员检查合格后，在记录表上签名，导线液压接成品如图 6–4–16 所示。

(a)

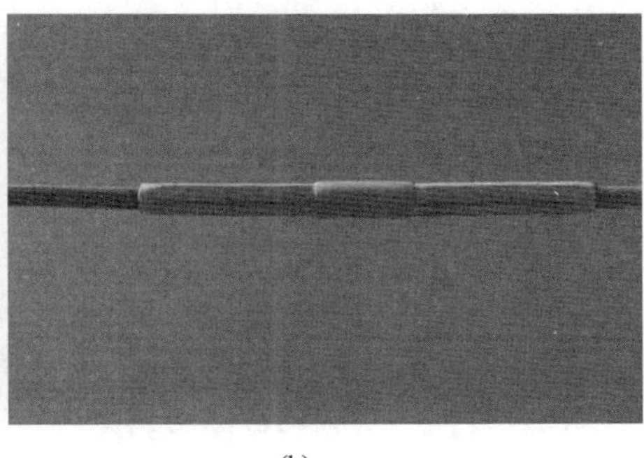

(b)

图 6–4–16　导线液压接成品

（a）耐张线夹；（b）直线接续管

（三）外爆压法连接

1. 爆压操作

（1）管外加保护层。为使外爆压管爆后表面美观、光洁，防止烧伤，管外表面应加保护层，其厚度和长度应满足下列要求：

1）采用导爆索时，可用滤油纸、石蜡松香溶液或用水浸透的黄板纸。

2）用厚度大于 0.5mm 的黄板纸时，起始端头应锉成坡 1:1，以免爆压时铝管表面烧伤。用黄板纸时须完全浸透，缠上导爆索后即进行爆压，如停留时间长，纸上水分不足，则保护效果不佳。

3）铝质压接管和耐张线夹 1.5～3.0mm。

4）铝（钢）质补修管和 T 形线夹大于 3.0mm。

5）钢质压接管和耐张线夹 0.5～1.0mm。

6）长度应比药包长 5～10mm。

7）所有铝管药包两端，在包药前均需从管口起，在药包与保护层之间增绕 3～4

层黑胶布，以改善管 1:1 缩径（缩颈）形态，缠绕长度约 30mm。

（2）药包制作。

1）各种管型所用的基准药包、附加药环尺寸、层数、位置及雷管位置和朝向都必须按 SDJ 276–1990《架空电力线外爆压接施工工艺规程》执行。

2）采用普通导爆索时，必须紧密缠绕，并严禁硬弯和硬折。

3）引爆补修管和 T 形线夹药包的雷管应固定在抽匣盖板的侧面。

（3）引爆与清理。

1）引爆前，应将药包连同两侧线材支离地面约 1m，适当绑扎并将其埋直，呈松弛状态。

2）引爆前必须再次复核药包和雷管位置以及管口与线材上标志重合情况，如发现不符，应立即纠正。

3）管口线材应用黑胶布包绕 2～3 层，其长度为 20～30mm，以防爆炸产物损伤线材表面。钢芯铝绞线耐张线夹引流板及弯头内侧亦应采取保护措施，防止烧伤和变形。

4）引爆后管的外表残存的保护层应擦抹干净。钢绞线压接管和耐张线夹爆压后，管体表面及外露的线头均应涂防锈漆。

2. 质量标准

（1）制作试件。制作 3 根试件，其操作按有关规范要求进行。试件的握着力均不应小于该种线材保证计算拉断力的 95%。钢芯铝绞线的圆形接续管和耐张线夹试件还应进行轴向解剖检查，其钢芯应无损伤。试件中如有一件不合格，应查明原因，改进并加倍再试，待全部合格后方可进行正式施工。

（2）施工现场的外观检查。

1）外爆管上两层炸药发生残爆时，应割断重接。单层炸药发生残爆时允许补爆，但补爆的药包厚度不得改变，且补爆范围应稍大于残爆范围。补爆部分的铝管表面，应加保护层，以防烧伤。

2）管口外线材明显烧伤、断股；管体穿孔、裂纹；圆形接续管、耐张线夹管口与线材上所作管口端头位置尺寸线误差超过 4mm；发现存在上述现象应割断重接。

3）钢芯铝绞线接续管爆后弯曲不大于管长 2%时允许校直；超过 2%或校直后有裂纹及显槌痕者，应割断重接。

4）爆压管表面烧伤可用砂纸磨光，但烧伤面积和深度有下列情形之一者，应割断重接：① 烧伤面积超过爆压部分总面积 10%者；② 圆形接续管和耐张线夹烧伤深度大于 1mm 的总面积超过 5%者；③ 椭圆形接续管烧伤深度大于 0.5mm 的总面积超过爆压部分 5%者。

（四）导地线损伤及处理

采用人力放线或机械牵引放线的导线及避雷线，展放以后要进行一次查线，以检查导线及避雷线的损伤情况，及时作出补修处理。

1. 无需修补

导线在同一处的损伤同时符合下列情况时，可不作补修，只需将损伤处棱角与毛刺用 0 号砂纸磨光。“同一处”指损伤截面积在该损伤处的一个节距内的每股铝线沿铝股损伤最严重处的深度换算出截面积总和，如损伤深度达到直径 1/2 时，按断股论。

（1）铝、铝合金单股损伤深度小于直径的 1/2。

（2）钢芯铝绞线及铝合金绞线损伤截面积为导电部分截面积的 5%及以下（不断股），且强度损失小于 4%。

（3）单金属绞线损伤截面积为 4%及以下（不断股）。

2. 需要修补

导线在同一处损伤需要补修时，应按下列规定执行：

（1）导线（铝股）损伤补修处理标准，应符合表 6–4–5 的规定。

表 6–4–5　　导线损伤补修处理标准

处理方法	线别	
	钢芯铝绞线与钢芯合金绞线	铝绞线与铝合金绞线
以缠绕或补修预绞丝修理	导线在同一处损伤的程度已经超过前条的规定，但因损伤导致强度损失不超过总拉断力的 5%，且截面积损伤又不超过总导电部分截面积的 7%时	导线在同一处损伤的程度已经超过前条的规定，但因损伤导致强度损失不超过总拉断力的 5%时
以补修管补修	导线在同一处损伤的强度损失已超过总拉断力的 5%，但不足 17%，且截面积损伤也不超过总导电部分截面积的 25%时	导线在同一处损伤的程度已经超过前条的规定，但因损伤导致强度损失不超过总拉断力的 5%时

注　导线的总拉断力是指保证计算拉断力。

（2）采用缠绕处理时，应符合下列规定：

1）将受伤处线股处理平整。

2）缠绕材料应为铝单丝，缠绕应紧密，其中心应位于损伤最严重处，并应将受伤部分全部覆盖；缠绕长度必须超出损伤范围两端各 30mm，最短缠绕长度不得小于 100mm。

（3）采用补修预绞丝处理时，应符合以下规定：

1）将受伤处线股处理平整。

2）补修预绞丝长度不得小于 3 个节距，或符合 GB/T 2314—2008《电力金具通用技术条件》预绞丝中的规定。

3）补修预绞丝应与导线接触紧密，其中心应位于损伤最严重处，即损伤最严重处位于预绞丝两端各50mm以内，使损伤部位全部被覆盖。

（4）采用补修管补修时，应符合下列规定：

1）将损伤处的线股先恢复原绞制状态。

2）补修管的中心应位于损伤最严重处，需补修的范围应位于修补管两端以内各20mm。

3）补修管可采用液压或爆压，其操作应符合本节二、三的规定。

3. 需要重新连接

导线在同一处损伤符合下述情况之一时，须将损伤部分全部割去，重新以接续管连接：

（1）导线损失的强度或损伤的截面积超过上述采用补修管补修的规定时。

（2）连续损伤的截面积或损伤强度都没有超过上述以补修管补修的规定，但其损伤长度已超过补修管能补修范围时。

（3）复合材料的导线钢芯有断股时。

（4）导线出现灯笼的直径超过导线直径的1.5倍而又无法修复时。

（5）金钩、破股已使钢芯或内层铝股形成无法修复的永久变形时。

4. 避雷线损伤处理

用作避雷线的镀锌钢绞线，其损伤应按表6–4–6的规定予以处理。

表6–4–6 镀锌钢绞线损伤处理规定

绞线股数	处理方法		
	以镀锌铁线缠绕	以补修管补修	锯断重接
7	—	断1股（无补修管时割断重接）	断2股
19	断1股	断2股（无补修管时割断重接）	断3股

五、注意事项

（1）必须按导线规格选择相应的钳压钢模，并调整钳压器止动螺丝，使两钢模间椭圆槽的长径比钳压管压后标准直径D小0.5～1.0mm。

（2）必须按顺序号码进行操作，两导线间应加接触用垫片。

（3）液压使用的钢模应与被压接管相配套，凡上模与下模有固定方向时，则钢模上有明显标记，不得错放。液压机的缸体应垂直地面，并放置平稳。

（4）各种液压管在第一模压好后应检查压后对边距尺寸（也可用标准卡具检查）。符合要求后再继续进行液压操作。压接时相邻两模至少应重叠5mm。液压机的操作必须使每模都达到规定的压力，而不以合模为压力的标准。

（5）导爆索和雷管不得同车运输，雷管应使用带有软质内衬的专用木盒保管。

【思考与练习】

1. 导地线连接有哪些方法？各适用什么范围？

2. 导地线压接前清洗的工艺步骤有哪些？

3. 导地线液压连接操作应遵守哪些规定？

4. 液压管压后对边距尺寸是如何规定的？在实际操作中如何控制？

5. 导线在同一处的损伤同时符合哪些情况时，可不作补修？不作修补的应如何处理？

6. 切割导爆索时，为什么严禁用剪刀或钳子剪切？

模块 5　紧线（Z05F3005Ⅱ）

【模块描述】本模块涉及直线塔紧线、耐张塔紧线、直线塔粗紧、耐张塔微调紧线。通过内容介绍、流程讲解，掌握紧线施工的操作程序，能够进行紧线施工。

【模块内容】

一、工作内容

在一个施工区段的导地线展放完毕并进行连接后，接下来的一道工序就是紧线，即将展放后的导地线在施工区段的一端进行固定，在另一端用绞磨通过紧线牵引绳和滑轮组将导地线收紧，按照观测档的计算弧垂将导地线调整至满足弧垂要求，其主要工作内容为：

（1）区段内固定端挂线或与前一区段导地线接续升空。

（2）在固定端和紧线端装设临时拉线，并按要求将拉线调紧。

（3）按照施工规范的要求选择观测档，并根据相应的弧垂观测方法设置弧垂观测点。

（4）设置绞磨和滑轮组，将待紧导地线用卡线器与紧线滑轮组连接。

（5）在弧垂观测人员的配合下将导地线紧至相应弧垂。

二、作业前准备工作

（1）检查放线质量，如有缺陷进行处理。

（2）检查接续管、补修管位置，紧线后如有可能进入直线塔前后 5m、耐张塔的耐张线夹 15m 以内时，应在牵、张场连接接续管前切除一段导线。

（3）在牵、张场压接续管，拆除地面临锚后，将线升空。

（4）选择弧垂观测档，弧垂观测档的选择应符合下列规定：

1）紧线段在5档及以下时靠近中间选择一档。

2）紧线段在6～12档时靠近两端各选择一档。

3）紧线段在12档以上时靠近两端及中间各选择一档。

4）观测档宜选档距较大和悬挂点高差较小及接近代表档距的线档。

5）弧垂观测档的数量可以根据现场条件适当增加，但不得减少。

（5）复测弧垂观测档的档距；如用角度法，要复测悬挂点高差；绑扎弧垂板等。

（6）耐张塔设置临时拉线，紧线后的划印、锚线及压接挂线准备工作。

（7）埋设紧线总牵引地锚、绞磨地锚、绞磨就位、穿设滑轮组。

三、危险点分析和控制措施

（1）防止临时拉线装设不合理导致横担受扭。在装设临时拉线时，要根据杆塔高度和施工规范合理选择埋设地锚的距离和深度，根据导线的应力合理选择临时拉线的直径，要将临时拉线调整至合理的张力，避免由于过松或过紧而导致在紧线时横担扭转。

（2）防止过牵引造成跑线伤人。在紧线过程中，紧线指挥人一定要和弧垂观测人员保持密切联系，不可出现超过允许值的过牵引现象，如果过牵引距离较多，紧线张力将急剧增加，可能导致卡头或牵引绳断裂，造成跑线事故。

（3）防止卡头滑脱造成跑线事故。这种现象多出现在紧地线（钢绞线）时，由于钢制卡头与钢绞线的摩擦力较小，易造成卡头滑脱。先在钢绞线外层缠绕一层铝包带，再打上卡头，即可避免卡头滑脱。

（4）防止绞磨尾线控制人员站在余线圈内。在紧线过程中，牵引绳的余线一般盘成圆圈，如果人员站在线圈内侧，一旦绞磨跑线，牵引绳极易将人员抽倒造成人身伤害。

四、作业步骤和质量标准

（一）作业步骤

1. 直线塔紧线

直线塔紧线、耐张塔平衡挂线是张力架线所特有的施工工艺。这里只介绍锚固端为直线塔，紧线端亦为直线塔的紧线工艺，直线塔紧线段的划分如图6–5–1所示。

（1）直线塔紧线的施工特点。

1）紧线方向只能向同一方向，即挂线端（固定端）和收紧端不能互相换位。

2）挂线端（即固定端）是通过已紧段的导线张力取得平衡。

3）紧线端当紧线段内所有塔均已划印后，通过紧线段最后一基塔的过轮临锚和在紧线塔的地面临锚取得张力平衡。

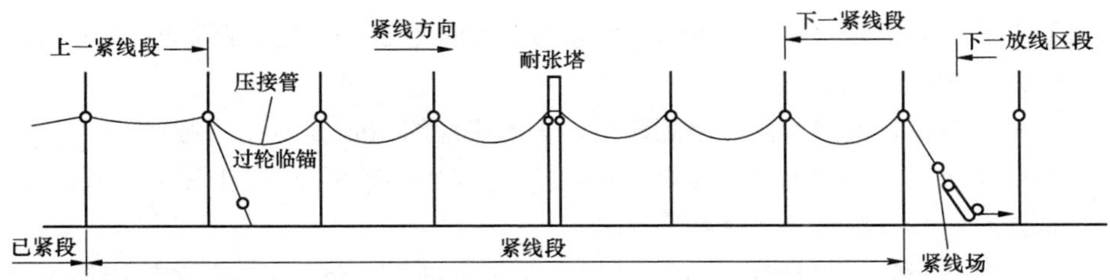

图 6–5–1　直线塔紧线紧线段的划分

4）上一紧线段的过轮临锚，在紧线段的导线张力接近设计值时予以拆除，这样做便保护了已紧段的弧垂基本不变动，而紧线段内所有滑轮亦无其他外力，使各档弧垂都能按设计值进行调整。

5）在牵、张场前、后放线区段的线头接续后，需带张力进行升空。

6）耐张塔不再紧线，两端用临锚绳锚固后进行断线，压耐张线夹后进行平衡挂线，挂线后拆除临锚绳。

（2）子导线收紧次序。子导线收紧次序，应综合考虑如下几方面因素：

1）为了保持放线滑车的平衡受力，避免滑车因垂直荷载不对称而倾斜引起导线跳槽，应对称收紧子导线，并尽可能先收紧两边最外侧的子导线。

2）宜先收紧张力较大、弧垂较小的子导线。

3）如果在紧线前某线档中已存在驮线现象，则应先收紧被驮的子导线。

4）同相各子导线应基本同时收紧，避免因受力过程不同造成子导线间塑蠕变形的残存量不同而最终影响子导线间的弧垂误差。

（3）直线塔紧线的程序。如图 6–5–1 所示，直线塔紧线的程序如下：

1）在紧线塔安装绞磨，在地面临锚卡线器的远侧安装紧线用卡线器，挂 3t 单轮滑车，穿钢绳后进行收紧。

2）拆除放线时设置的地面临锚，继续收紧导线。

3）当弧垂接近设计值时，将上一紧线段所设置的过轮临锚拆除。

4）弧垂调平可采用先观测好 1 根子导线，其余 3 根以该根为准进行调平。

5）所有观测档的弧垂已调好，观测档的前后档用望远镜等进行监视，各子导线间亦平时，则除紧线场的邻塔外所有塔进行划印，划印后在紧线场邻塔设过轮临锚，之后在紧线场设地面临锚。

2. 耐张塔紧线

耐张塔紧线按其布置方式可分为塔外和塔内两种紧线。

（1）塔外紧线。

1）在紧线段的延长方向、耐张塔塔高约3倍的地方，设置紧线绞磨，与非张力放线紧线方法相似进行紧线。

2）弧垂观测，紧线段内各塔划印后，离耐张塔约40m进行空中临锚。

3）回松绞磨并相应调紧紧线塔的临时拉线，导线头落地，压耐张线夹后进行挂线。挂线后拆除高空临锚。

（2）塔内紧线。在紧线段的延长方向，如地势低洼、鱼塘或有其他障碍而无法设置紧线地滑车时，可在塔身内设置绞磨，紧线钢绳从横担引至塔身，再从塔身引至塔底，如图6–5–2所示。

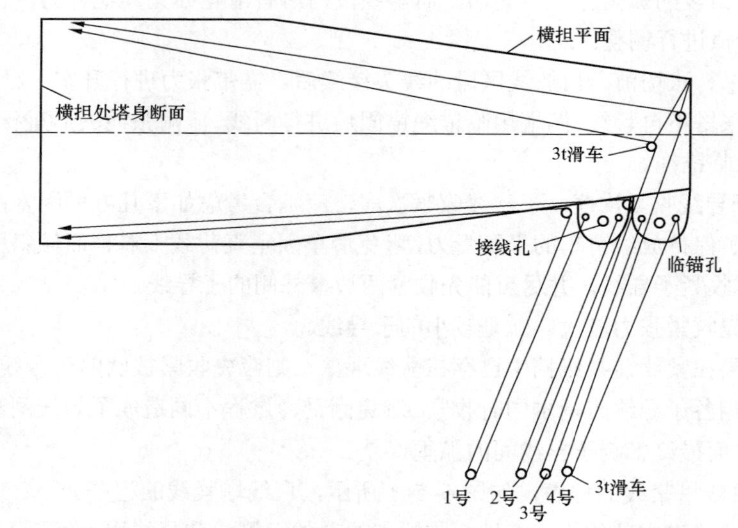

图6–5–2 塔内紧线布置图

3. 直线塔粗紧、耐张塔微调紧线

当紧线段内有耐张塔时，可将调整弧垂的工作分两段进行。如图6–5–1所示，其紧线步骤如下：

（1）在紧线场收紧余线。在紧线场设置绞磨收紧余线，当弧垂接近设计值时，拆除上一紧线段设置的过轮临锚。

（2）在耐张塔进行微调。在耐张塔挂线板的临锚孔上设置手扳葫芦，对各子导线的弧垂进行微调，合格后从过轮临锚塔至耐张塔进行划印。划印后的作业程序有以下两种：

1）从过轮临锚塔至耐张塔进行附件安装和平衡挂线，之后再从耐张塔至紧线塔观测弧垂，并进行划印、设置过轮临锚和地面临锚。

2）先不对过轮临锚塔至耐张塔进行附件安装而继续调整耐张塔至紧线场的弧垂，待整个紧线段都划印后，再进行附件安装和耐张塔的平衡挂线。

后一种作业程序需对耐张塔后侧的导线进行准确划印和计算切线长度，才能保证耐张塔至紧线场的第一档弧垂的准确，而第一种作业程序则无此弊端。

（二）质量标准

（1）紧线弧垂在挂线后应立即在该观测档检查，其允许偏差为：110kV 线路为+5%，–2.5%；220kV 及以上线路为±2.5%。跨越通航河流的大跨越档其弧垂允许偏差不应大于±1%，其正偏差值不应超过 1m。

（2）导线或避雷线各相间的弧垂应力求一致，当满足上条的弧垂允许偏差标准时，各相间弧垂的相对偏差最大值不应超过：一般情况下 110kV 线路为 200mm；220kV 及以上线路为 300mm。跨越通航河流大跨越档的相间弧垂最大允许偏差为 500mm。

（3）相分裂导线同相子导线的弧垂应力求一致，在满足 1 条弧垂允许偏差标准时，其相对偏差应符合：不安装间隔棒的垂直双分裂导线，同相子导线间的弧垂允许偏差为 0～100mm；安装间隔棒的其他形式分裂导线同相子导线的弧垂允许偏差应符合：220kV 线路为 80mm；330～500kV 线路为 50mm。

五、注意事项

（1）总牵引地锚与紧线操作杆塔之间的水平距离应不小于挂线点高度的两倍，且与被紧架空线中相方向一致。

（2）紧线滑车要尽量靠近挂线点。

（3）当施工区段采用多档观测档时，应先满足最远一个观测档的弧垂要求，使其合格或略小于弧垂值；再满足较远档，使其合格或略大于弧垂值；由远及近，最后满足最前端观测档，使其合格。

（4）紧线顺序：先紧地线，后紧导线。导线为水平或三角排列时，先紧中相，后紧边相。导线为垂直排列时，按上、中、下的顺序紧线。

（5）在对孤立档进行紧线时，要特别注意过牵引长度，要严格遵照 GB 50233—2014《110～750kV 架空输电线路施工及验收规范》的规定进行。

【思考与练习】

1. 试写出直线塔紧线的程序步骤。
2. 直线塔紧线施工有哪些特点？
3. 直线塔紧线后如何在耐张塔进行微调？

模块6 弧垂调整及挂线（Z05F3006Ⅲ）

【模块描述】本模块包含弧垂观测、调整和划印、耐张塔平衡挂线、牵张场导地线对接升空。通过内容介绍、流程讲解，掌握弧垂调整及挂线的方法。

【模块内容】

一、工作内容

弧垂调整与挂线是架线施工的关键工序环节，弧垂调整是影响架线质量的关键点之一。其主要工作内容：

（1）选择观测档。按照GB 50233—2014《110～750kV架空送输电线路施工及验收规范》的规定，根据施工区段的长度，合理选择观测档。

（2）进行弧垂计算。根据设计图纸提供的应力弧垂曲线表和降温要求，计算出各观测档的弧垂值。

（3）选择弧垂观测方法，并按照选定的方法做好弧垂观测的相应准备。

（4）进行弧垂调整及划印。

（5）进行耐张塔平衡挂线。

二、作业前准备工作

1. 弧垂观测档的选择

弧垂观测档的选择应符合下列规定：

（1）紧线段在5档及以下时靠近中间选择一档。

（2）紧线段在6～12档时靠近两端各选择一档。

（3）紧线段在12档以上时靠近两端及中间各选择一档。

（4）观测档宜选档距较大和悬挂点高差较小及接近代表档距的线档。

（5）弧垂观测档的数量可以根据现场条件适当增加，但不得减少。

2. 温度测量

温度测量应采用棒式测线温度表，将其挂在弧垂观测档平均导地线高度的杆塔上，让太阳晒，然后读取其数值作为导地线的实测温度值。

3. 人力资源配置

根据架线施工区段的长度、观测档的数量，耐张塔平衡挂线的方式合理配置人力资源。尤其是针对该工序高空作业较多的实际，要选配好技术熟练的高空作业人员。

4. 工器具配置

弧垂调整和耐张塔平衡挂线的主要工期具为压钳、手扳葫芦、临锚钢绞线、卡头、断线钳、牵引绳、绞磨等。现场施工要根据实际情况提前做好工器具的准备与检验。

三、危险点分析和控制措施

（1）防止弧垂观测错误，发生过牵引而导致跑线事故。在紧线及弧垂调整过程中，弧垂观测者要精力集中，密切关注弧垂变化情况，在弧垂接近计算值 0.5m 时，要减速牵引至计算值，当弧垂小于计算值后，导线应力将急剧增加，如发现不及时将发生导致跑线事故。

（2）防止高空坠落。弧垂调整及挂线工序涉及高空作业较多，且工序繁杂，易造成高空坠落事故。施工人员应佩戴有后备保护绳的双保险安全带或使用速差自控器。高空作业人员要衣着灵便，穿软底胶鞋，并正确佩戴个人防护用具。

（3）防止作业人员站在导线内圈侧作业。在进行弧垂调整或划印时，由于导线张力较大，一旦跑线将造成对人员的严重伤害。

（4）防止高空临锚器材失效造成跑线伤人。平衡挂线使用的卡头、临锚线、手扳葫芦、等锚线器材施工前必须进行受力试验，在收紧导线后，要进行人力冲击试验后，再将导线开断，防止跑线伤人。

四、作业步骤和质量标准

（一）紧线和弧垂观测顺序

紧线顺序按先地线后导线和先中相后边相的原则。弧垂观测的前后顺序为先挂线端（即远方），后紧线场端（即近方）。

（二）弧垂观测的简单计算

从设计图纸提供的应力弧垂曲线表查出相关数据，用插入法换算出各观测档在相应温度下的观测弧垂，如新导地线注意设计说明需降低多少温度进行观测，一般情况钢芯铝绞线的导线降温 20～25℃，良导体避雷线降温 15℃，镀锌钢绞线降温 10℃。弧垂观测值确定时，当现场气温与计算温度大于±10℃时，应重新计算观测弧垂。

由应力弧垂放线表查得的数值为一个耐张段内的代表档距的导地线弧垂，而观测档的弧垂 f_φ 需按式（6–6–1）求得

$$f_\varphi = \left(\frac{l}{l_{db}}\right)^2 \frac{f_{db}}{\cos\varphi} \tag{6–6–1}$$

其中

$$\varphi = \tan^{-1}\frac{h}{l}$$

式中 f_{db}——代表档距的架空线弧垂，m；

φ——观测档架空线悬挂点高差角；

l——观测档档距，m；

h——观测档架空线悬挂点高差，m；

l_{db}——耐张段架空线的代表档距，m。

（三）弧垂观测的方法

1. 平行四边形（等长法）观测弧垂

平行四边形（等长法）弧垂示意图如图 6–6–1 所示，在观测当的两端，从放线滑车槽底，垂直向下量取f_φ值，一端绑扎弧垂板，另一端用弧垂镜或望远镜进行弧垂观测。

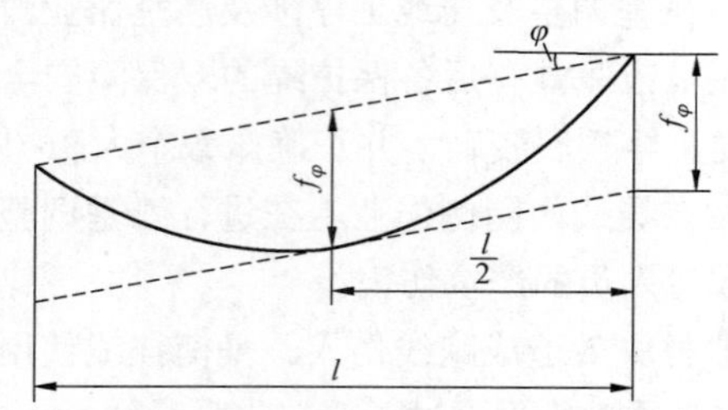

图 6–6–1　平行四边形（等长法）弧垂示意图

当温度变化在 3℃以内时，可在观测点一端，按$\Delta\alpha=2\Delta f$进行调整，平行四边形法弧垂示意图如图 6–6–2 所示。

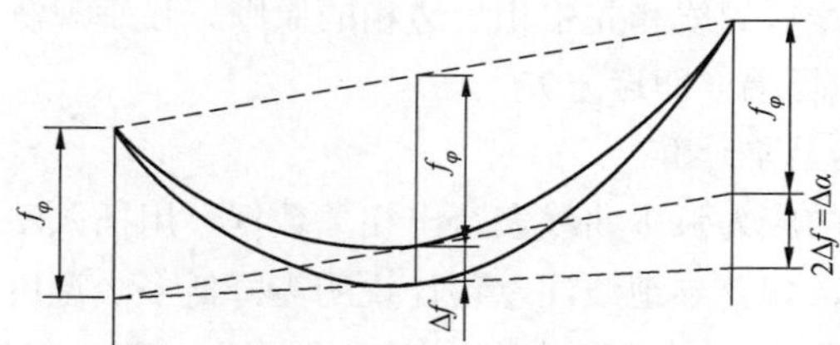

图 6–6–2　平行四边形法（按$\Delta\alpha$）弧垂示意图

如温度变化大于 3℃时，则按式（6–6–2）和式（6–6–3）计算其调整值。

当温度上升时

$$\Delta\alpha=4\left(1+\frac{\Delta f}{f_\varphi}-\sqrt{1+\frac{\Delta f}{f_\varphi}}\right) \tag{6–6–2}$$

当温度下降时

$$\Delta\alpha=4\left(1-\frac{\Delta f}{f_\varphi}-\sqrt{1+\frac{\Delta f}{f_\varphi}}\right) \tag{6–6–3}$$

2. 档端角度法观测弧垂

将经纬仪支于塔中心桩处，边相支于边线悬点下方，档端角度法观测弛度如图 6–6–3 所示。先测得弧垂观测档的另一端线悬挂点（即滑车槽）的角度β，并复测

观测档的档距 l，则线的弧垂观测角 θ 为

$$\theta=\arctan\left(\frac{\pm h-4f+4\sqrt{\alpha f_{\varphi}}}{l}\right)=\arctan\left(\frac{\pm h}{l}-4\frac{f_{\varphi}}{l}+4\sqrt{\frac{\alpha}{l}\cdot\frac{f_{\varphi}}{l}}\right) \qquad (6\text{–}6\text{–}4)$$

$$f_{\varphi}=\frac{1}{4}(\sqrt{\alpha}+\sqrt{\alpha-l\tan\theta\pm h})^2 \qquad (6\text{–}6\text{–}5)$$

令 $A=\frac{\pm h}{l}-4\frac{f_{\varphi}}{l}$，$B=\sqrt{\frac{\alpha}{l}\cdot\frac{f_{\varphi}}{l}}$，则 $\theta=\arctan$（A+4B）

式中 f_{φ}——观测档的观测弧垂值，m；

h——观测档架空线悬挂点高差，m，近方（对仪器而言）悬挂点较远方悬挂点为低时取“+”号；近方悬挂点较远方悬挂点为高时取“−”号，$h=|l\tan\beta-\alpha|$；

α——仪镜中心至近方架空线悬挂点的垂直距离，可直接量得，m；

θ——仪镜观测角，正值表示仰角，负值表示俯角。

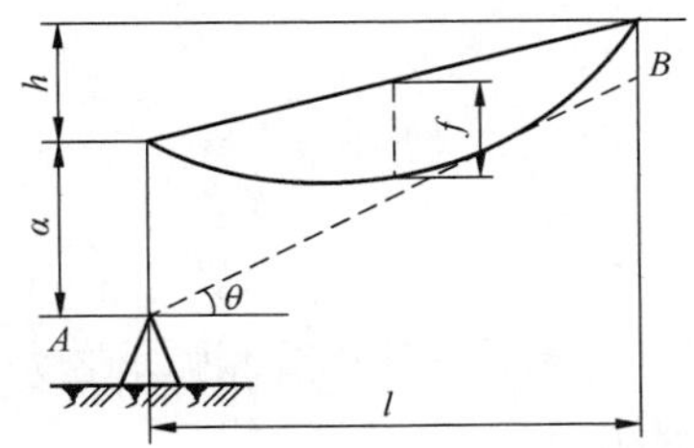

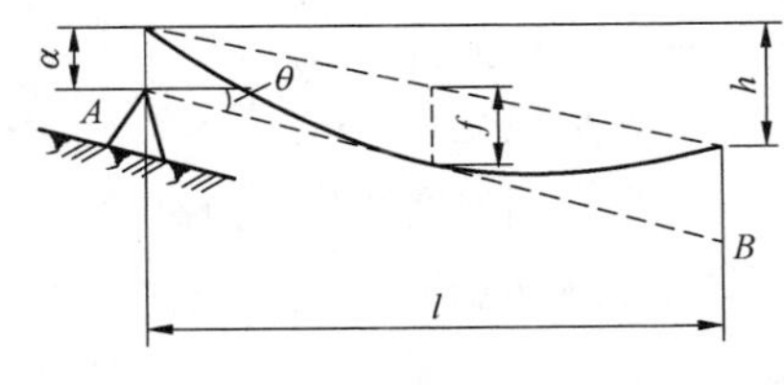

图 6–6–3　档端角度法观测弛度（档内未联耐张绝缘子串）

档端角度法不是任何情况下都可采用的，当 α 值太大和过小，弧垂值又小时，仪镜切至档距中线的位置便偏离档距中央太多而容易产生观测误差。要根据相关公式具体确定。

3. 平视法弧垂观测

平视法观测弧垂的方法示意如图 6–6–4 所示。按下式算出小平视弧垂值 f_1 或平视弧垂值 f_2。置仪器的测镜于水平状态，并使测镜中心至低悬挂点的垂直距离为 f_1，至高悬挂点的垂直距离为 f_2。观测时，调整线长，使水平视线 AB 与架空线最低点 O 相重合，则架空线的弧垂即为所要求的观测值 f_{φ}。

$$f_1=f_{\varphi}\left(1-\frac{h}{4f_{\varphi}}\right)^2 \qquad (6\text{–}6\text{–}6)$$

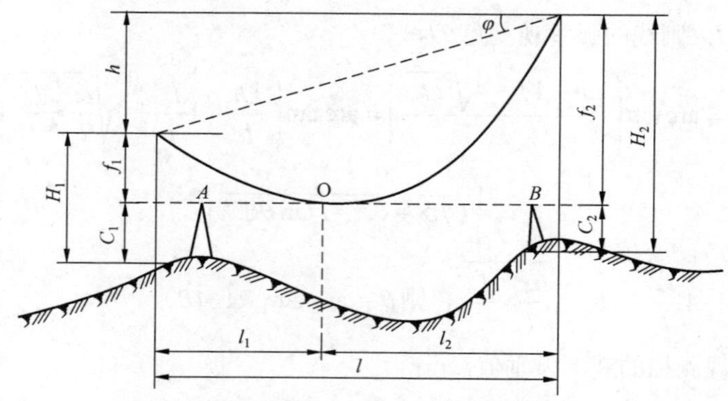

图 6-6-4 平视法观测弧垂（档内未联耐张绝缘子串）

$$f_2 = f_\varphi\left(1+\frac{h}{4f_\varphi}\right)^2 \tag{6-6-7}$$

式中 f_φ——观测档架空线档距中点的弧垂，m；

f_1——小平视弧垂，m；

f_2——大平视弧垂，m；

h——观测档架空线悬挂点高差，m。

采用平视法观测弧垂的极限条件是 $4f>h$。 （6-6-8）

因此，采用平视法前，一定要核对架空线悬挂点高差与该档观测弧垂之大小，只有符合式（6-6-8）条件的情况下，才可采用平视法。

4. 异长法观测弧垂

异长法观测弧垂如图 6-6-5 所示，选定一适当的 a 值，按式（6-6-9）算出相应的 b 值。分别置弧垂板于观测档两侧架空线悬挂点以下垂直距离为 a 及 b 处，调整架空线长度，使 AB 视线与架空线相切，则架空线的弧垂即为所要求的观测值 f_φ

$$b=(2\sqrt{f_\varphi}-\sqrt{a})^2 \tag{6-6-9}$$

其中

$$f_\varphi=\frac{l^2 g}{8\sigma\cos\varphi}=\left(\frac{l}{l_{db}}\right)^2\frac{f_{db}}{\cos\varphi}$$

$$\varphi=\arctan\frac{h}{l}$$

式中 a、b——档端视点 A、B 至架空线悬挂点的垂直距离，m；

f_φ——观测档架空线未联耐张绝缘子串时，档距中点的弧垂，m；

a——架空线的水平应力，N/mm²；

g——架空线的重力比载，N/（m·mm²）；

l——观测档档距，m；

l_{db}——耐张段架空线的代表档距，m；

f_{db}——对应于代表档距的架空线弧垂，m；

φ——观测档架空线悬挂点高差角；

h——观测档架空线悬挂点高差，m。

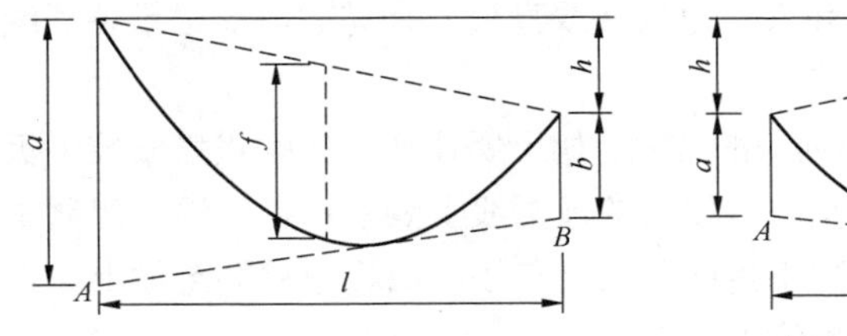

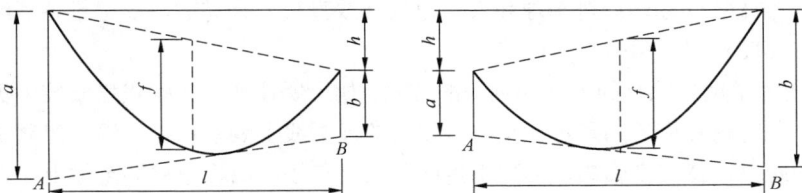

图 6–6–5　异长法观测弧垂

用异长法检查弧垂，可在检查档两端杆塔上，分别定出与架空线相切的位置，然后测出该位置与架空线悬挂点的垂直距离分别为 a 及 b，则该档的弧垂为

$$f=\frac{1}{4}(\sqrt{a}+\sqrt{b})^2 \tag{6–6–10}$$

由于目测切点的垂直高度误差将导致弧垂误差，在实际工程计算中，要根据相关公式具体确定。

（四）弧垂调整和划印

输电线路的弧垂，尤其是四分裂导线线路的弧垂，要较容易地达到 GB 50233—2014《110～750kV 架空输电线路施工及验收规范》的规定，必须采取合理的、合适的、严密的施工方法和合格的放线滑车及观测仪器，其主要内容有以下几点：

（1）合理地选择弧垂观测档。观测档的数目一般都比规范要求多 1～2 个。

（2）合理地选择弧垂观测方法，优先选用平行四边形法，因其观测的是档距中点的最大弧垂。如采用异长法、角度法亦应尽量观测到接近档距中点的弧垂。

（3）除观测档的各子导线弧垂需调平外，非观测档各子导线弧垂也应调平。

（4）弧垂观测从远方开始，逐步向紧线场。

（5）弧垂调整方法或步骤可采用粗调、细调、微调等几步，使其各项误差控制在允许值的 1/2 或 1/3 后才进行划印。

（6）为了便于进行微调，牵引系统最好挂 1—1 滑车，使导线的调整线长只为绞磨磨绳松紧长度的 1/3，或者在绞磨旁并联手扳葫芦进行微调。

（7）如果紧线段较长且弧垂不易调整时可分二段或三段进行调整和划印及附件安

装。如紧线段内有耐张塔，则以耐张塔进行分段紧线和附件。

（8）弧垂调整合格后，在紧线段内，除与紧线场相邻的需设过轮临锚的杆塔外，其余的杆塔均应逐基进行划印。直线杆塔于横担上的挂线孔垂直向下交于线上的点即为划印点。如为分裂导线，先划一根线，然后用三角板，一边与边线平行，另一边与已划线的该点（线）重合后，再划出其他导线上的点（线）。如不用三角板，分裂导线上的点（线）很难与线路垂直，因而影响子线间的弧垂。

（9）耐张塔的划印通过垂球和大三角板（或直尺）来完成，要记录各子线与挂线孔的垂直高度和向内角的水平位移。

（10）为了调整弧垂的方便和划印的准确，如上所述亦可在耐张塔安装手扳葫芦进行微调，此时耐张塔的划印可在空中卡线器的前侧线上划一点，用钢卷尺测量该点与挂线孔的距离，待高空临锚，拆除手扳葫芦后，将该距离数值移划至线上，该点即为划印点，省去测量高差与水平距离的工作。

（五）耐张塔平衡挂线

1. 高空临锚和断线

（1）耐张塔高空临锚、断线如图 6–6–6 所示。首先测量临锚线加手扳葫芦链条长度 60%的数值定为 A。如采用地面压接临锚绳长约 45m，如采用高空压接临锚绳长约 10m。

（2）用挂梯带米绳或皮尺测量卡线器的安装位置并划印，其位置比 A 值少 0.6m。

（3）卡线器与临锚绳连接后安装在划印点上，在卡线器的后侧套上开口胶管并加绑扎。注意卡线器的安装位置应一致。

（4）用小白棕绳在卡线器的后侧与导线进行绑扎，以防断线后导线在卡线器尾部出现金钩。

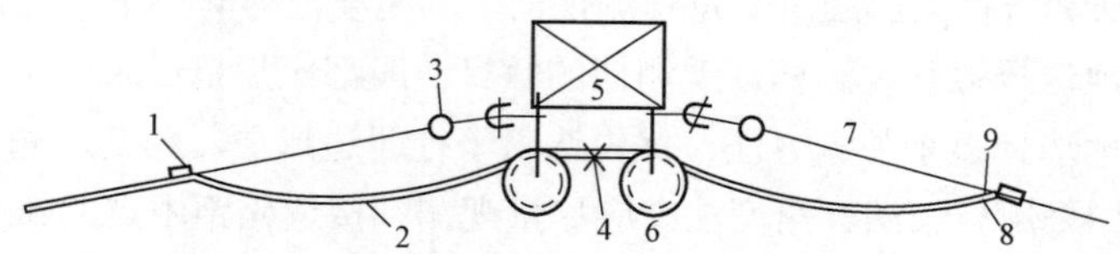

图 6–6–6 耐张塔高空临锚、断线示意图

1—卡线器；2—导线；3—手扳葫芦；4—断线点；5—横担；6—放线滑车；7—临锚绳；8—开口胶管；9—短白棕绳绑扎点

（5）出线人员回塔后将手扳葫芦挂在临锚孔上，注意先挂转角外侧的子线，后挂转角内侧的子线。

（6）前、后侧同时收紧手扳葫芦，注意先收转角外侧的子导线。

（7）当滑车中的导线张力在 1kN 左右时，用两根ϕ20mm 白棕绳，分别从两放线滑车中间穿在卡线器方向，与欲断线的轮槽内绑扎导线，用人力拉住白棕绳后进行断线。

（8）断线后线头由白棕绳控制慢慢放至地面，按 1、2、3、4 的顺序排好和编好号码，切不可弄错。

（9）如放线滑车向转角内侧偏移较大时，由于放线滑车较重，很难使滑车上的导线松弛，为避免过多地收紧锚绳，过大地增加导线的张力，可将放线滑车的底部吊起。

（10）耐张塔平衡挂线作业时，其前后侧相邻的直线塔应先不附件。

（11）在塔上进行断线的作业人员应扎好安全带，站好位置，以防止线头蹦起刮伤和滑车的摇动。

2. 去线长度计算

为了保证弧垂质量，划印完毕后，耐张塔从划印点要切除一段线长，压耐张线夹后随耐张串进行挂线，完成架线作业。因此去线长度必须十分准确，才能保证竣工弧垂。去线的长度包括：耐张串的实测长度λ（算至钢芯部位）、导线在滑车槽中与挂线孔间的高差和偏移。当导线悬垂角不等于零时，上下导线因二联板引起的加减值。

（1）因高差Δh 引起的调整值ΔL_1。

1）耐张塔导线挂线点低于邻塔导线悬挂点时

$$\Delta L_1 = \frac{h\Delta h + \frac{1}{2}\Delta h^2}{l} \tag{6-6-11}$$

式中 l——挂线档档距，m；

h——挂线档导线悬挂点高差，m；

Δh——导线在放线滑车轮槽内时与导线挂点之间的高差，m。

式（6-6-11）的计算结果为去线值，即减少档内线长。

2）耐张塔导线挂线点高于邻塔导线悬挂点时

$$\Delta L_1 = \frac{h\Delta h - \frac{1}{2}\Delta h^2}{l} \tag{6-6-12}$$

式（6-6-12）的计算结果为正值时增加档内线长，若为负值时为去线值即减少档内线长。

3）耐张塔导线挂线点与邻塔导线悬点等高时

$$\Delta L_1 = \frac{\Delta h^2}{2l} \tag{6-6-13}$$

式（6-6-13）的计算结果为去线值，即减少档内线长。

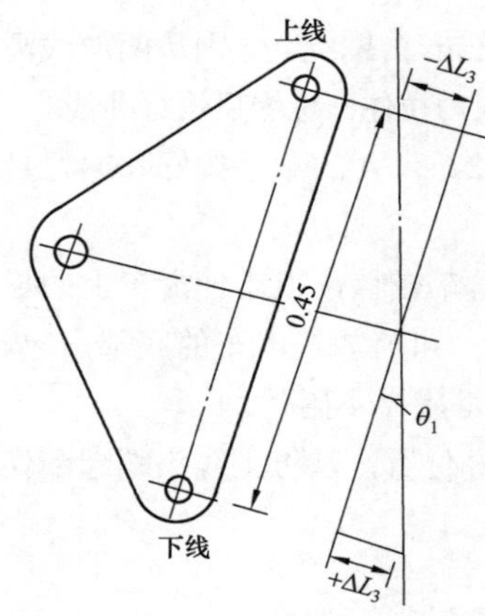

图 6–6–7 上下线因二联板倾角影响线长量

（2）因滑车在导线上的角度分力作用下朝内角偏离挂线点所引起的需增加档内线长的计算公式为

$$\Delta L_2 = \Delta l \sin\frac{\theta}{2} \qquad (6\text{–}6\text{–}14)$$

式中 Δl——导线对导线挂点偏移的水平距离，m；

θ——线路转角。

（3）上、下线因二联板倾角而影响线长调整量，如图 6–6–7 所示。

其计算式为

$$\Delta L_3 = \frac{0.45}{2}\arctan\theta_1 \qquad (6\text{–}6\text{–}15)$$

式中 θ_1——导线悬垂角，其算式为

$$\theta_1 = \arctan\frac{G}{F}\left(\frac{l}{2} \pm \frac{\mathrm{F}h}{Gl}\right)$$

当悬挂点高差 $h > 0.1l$ 时，则

$$\theta_1 = \arctan\frac{G}{F}\left(\frac{l}{2} \pm \frac{\mathrm{F}}{G}\sin\varphi\right) = \arctan\left(\frac{GL}{2F} \pm \sin\varphi\right)$$

$$\varphi = \arctan\frac{h}{l}$$

式中 G——架空线单位长度的重力，N/m；

F——架空线的水平张力，N。

（4）去线长度ΔL，通式为

$$\Delta L = （长）［或（短）］\pm \Delta L_1 \quad \Delta L_2 \pm \Delta L_3 \qquad (6\text{–}6\text{–}16)$$

去线时，应按式（6–6–16）分别计算 1、2、3、4 各子线的去线长度，经核对无误后才可从划印点将多余的线切除。

（5）当采用耐张塔通过短临锚和手扳葫芦固定于临锚进行弧垂微调，划印采用从卡线器前端至挂线点时，去线长度则无上式中的ΔL_1和ΔL_2值。

3. 耐张线夹的压接与挂线

根据地形条件和操作工艺、耐张线夹压接的操作地点、耐张绝缘子串的悬挂方法和线的牵引地锚的位置不同，可分以下三种方式。

（1）地面压接和高空压接。

1）地面压接是断线后线头降至地面，在地面进行压接。

2）高空压接是在临锚绳上悬挂吊笼，吊笼上放置液压机具进行压接，空中操作平台悬挂示意图如图 6–6–8 所示。

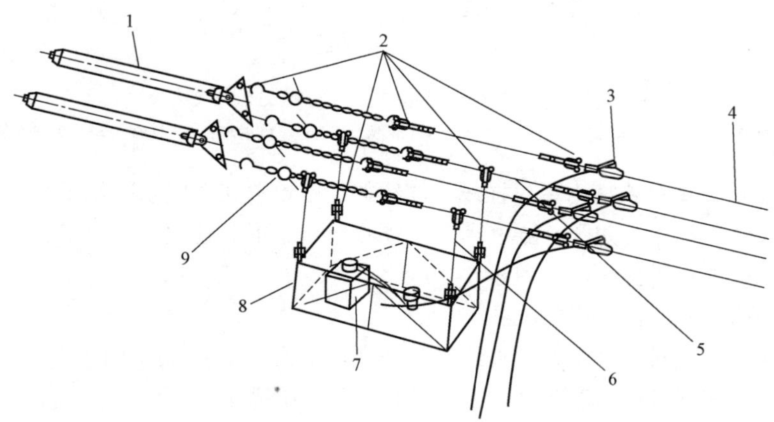

图 6–6–8　空中操作平台悬挂示意图

1—耐张绝缘子串；2—特制工具环；3—卡线器；4—导线；5—锚线绳；6—钢丝绳套；7—液压机具；8—压接平台；9—手扳葫芦

（2）耐张绝缘子串的悬挂。

1）耐张绝缘子串在地面与导线连接后一起悬挂，简称地面组装挂线，地面组装法挂线示意图如图 6–6–9 所示。

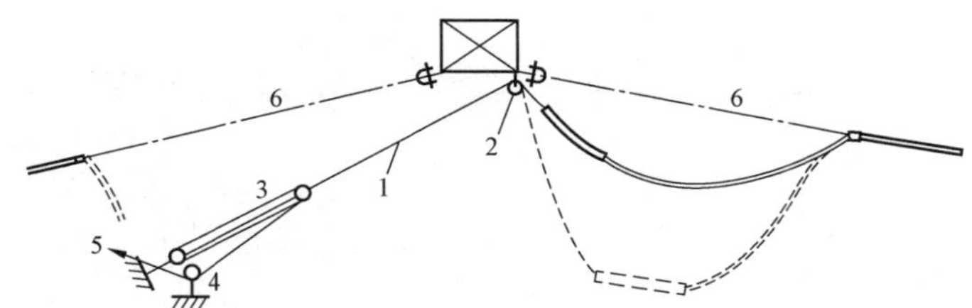

图 6–6–9　地面组装法挂线示意图

1—牵引绳；2—固定滑车；3—牵引滑车组；4—转向滑车；5—牵引设备；6—空中临锚

2）高空对接挂线。塔内挂线示意图如图 6–6–10 所示，先将耐张绝缘子串 1（不带耐张线夹）吊挂在挂线孔上，用两根绞磨钢绳 2 分别将其始端固定在二联板 3 的施工孔上，在子导线离耐张线夹管口约 0.8m 处安装卡线器 4，在卡线器上安装 3t 起重滑车 5，在横担处安装挂线滑车 6，钢绳引至绞磨，收紧后耐张串从垂直状态向水平方向变化，最后作业人员出线至耐张线夹处，将耐张线夹安装至扇形调整板的中间孔位上。此法也称空中对接法挂线。

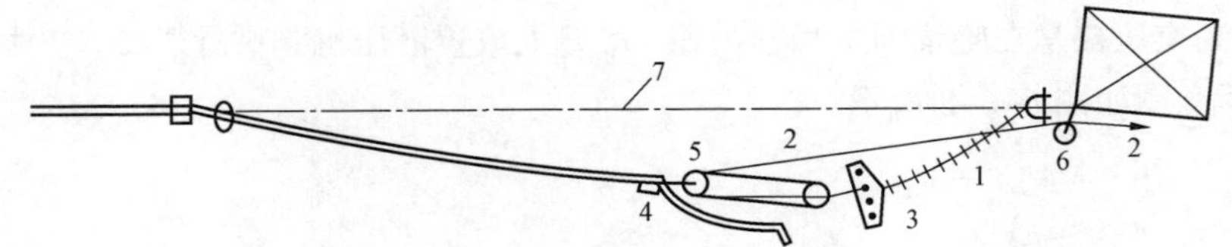

图 6–6–10 塔内挂线示意图（省略另一子导线）

1—绝缘子串；2—绞磨钢绳；3—二联板；4—卡线器；5—起重滑车；6—挂线滑车；7—临锚绳

（3）延长线牵引或塔内牵引挂线。挂线的绞磨设置在紧线段的延长线方向的地面称为延长线牵引挂线，如图 6–6–9 所示。如将牵引钢绳从挂线点引至塔身后再引至塔内地面称为塔内牵引挂线，如图 6–6–10 所示。

（六）牵张场导地线对接升空

牵张场导地线对接升空亦称直线松锚升空。根据松锚方法的不同，升空作业可分为分别松锚法和同时松锚法两种。下面仅介绍分别松锚法。

分别松锚法的现场布置如图 6–6–11 所示，但未画出绞磨牵引设备，其操作步骤如下：

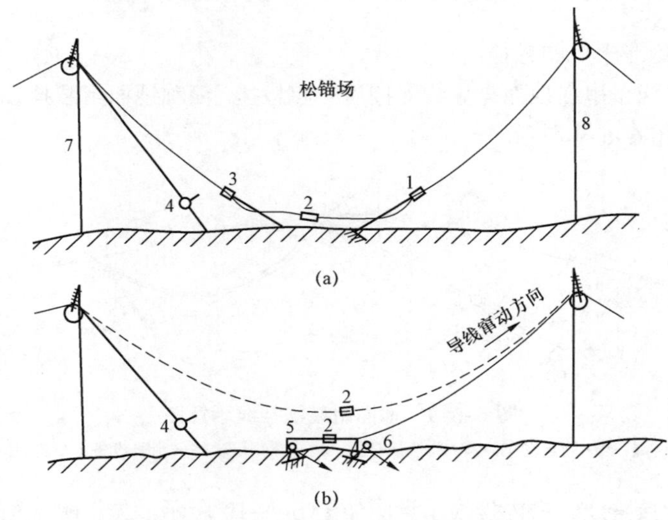

（a）

（b）

图 6–6–11 分别松锚法现场布置图

（a）松锚前；（b）松锚过程和松锚后

1—放线段临锚；2—压接管；3—已紧线段临锚；4—过轮临锚；5—压线白棕绳；6—转向滑车；7—已紧线段；8—待紧线段

（1）安装绞磨于已紧线段地面临锚地锚上，磨绳通过放线段临锚地锚处的底滑车与卡线器的下侧新安的卡线器连接。

（2）收紧磨绳，拆除放线段地面临锚系统。

（3）在 1、3 地面临锚地锚上安装压线白棕绳 5 和转向滑车 6，并用人力拉紧绳尾，如导线上升时将线压住。

（4）回松磨绳，将张牵场内的余线松至待紧线段内。如余线过多，待紧线段内的线对地距离小于 5m 时，紧线场应进行收线。

（5）当磨绳不受力时，拆除磨绳卡线器。

（6）当已紧线段的地面临锚系统不受力时，亦进行拆除。

（7）回松压线白棕绳，使导线慢慢升空，至白棕绳不受力时予以拆除。

（8）当升空场的地势较低，而两侧导地线悬挂点较高时，线升空的向上力必然较大，升空时有可能外层铝股产生变形或升空发生困难。此时可用如图 6–6–12 的方法进行升空作业。

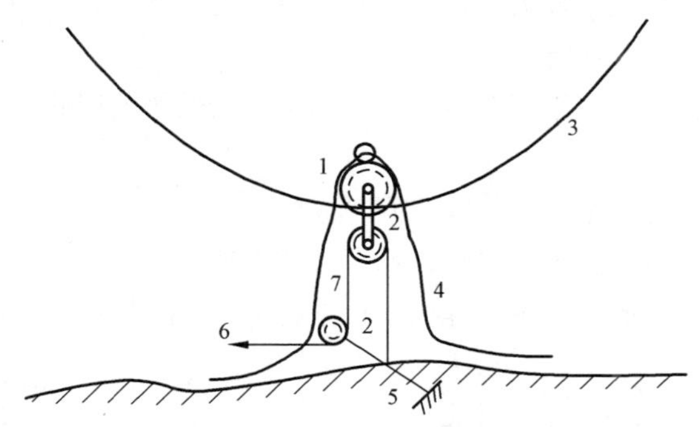

图 6–6–12　用压线滑车升空示意图

1—开口压线滑车；2—单轮起重滑车；3—导地线；4—ϕ13mm 白棕绳；5—地锚；6—制动设备；7—钢绳

用开口压线滑车 1 压线，在该滑车下端挂单轮起重滑车 2 和钢绳 7，钢绳始端固定于地锚 5，另一端经地滑车至制动设备 6，在开口压线滑车的顶端圆环孔上绑扎 ϕ13mm 白棕绳。当线升空后拉住白棕绳两端，当非缺口端的拉力大于缺口端的拉力时，则开口压线滑车脱离导地线，在白棕绳的控制下慢慢将其降落至地面。

（9）两边相导线升空时，为防止压线需先升边线，后升内侧线。

（10）压接接续管时应注意以下几点：

1）不接错线号。

2）线不绞接。

3）两端卡线器至线端头的线应无缺陷，并用砂纸磨光导线表面的毛刺。

（七）质量标准

（1）紧线弧垂在挂线后应立即在该观测档检查，其允许偏差为：110kV 线路为+5%，2.5%；220kV 及以上线路为±2.5%。跨越通航河流的大跨越档其弧垂允许偏差不应大于±2.5%，其正偏差值不应超过 1m。

（2）导线或避雷线各相间的弧垂应力求一致，当满足上条的弧垂允许偏差标准时，各相间弧垂的相对偏差最大值不应超过：一般情况下 110kV 线路为 200mm；220kV 及以上线路为 300mm。跨越通航河流大跨越档的相间弧垂最大允许偏差为 500mm。

（3）相分裂导线同相子导线的弧垂应力求一致，在满足（1）弧垂允许偏差标准时，其相对偏差应符合不安装间隔棒的垂直双分裂导线，同相子导线间的弧垂允许偏差为 0～+100mm 的要求；安装间隔棒的其他形式分裂导线同相子导线的弧垂允许偏差应符合：220kV 线路为 80mm；330～500kV 线路为 50mm。

五、注意事项

（1）观测档宜选择档距较大、悬挂点高差较小的线档作为观测档；尽量避免选择邻近转角塔的线档作为观测档。

（2）弧垂观测优先选用平行四边形法，当遇到大档距使用此方法不能观测到弧垂时，使用角度法。

（3）同相子导线应基本同时收紧或同时放松。

（4）滑车悬挂高度对弧垂的影响在弧垂调整中消除。

（5）高空作业人员的安全带应挂在横担主材上，不应挂在临锚线或手扳葫芦上。

【思考与练习】

1. 弧垂观测档选择的原则是什么？
2. 常用的弧垂观测的方法有哪几种？简述平行四边形法观测弧垂的操作方法。
3. 请写出耐张塔平衡挂线高空临锚和断线的操作步骤。
4. 请写出导线对接升空分别松锚法操作的步骤。
5. 紧线弧垂的允许偏差是如何规定的？

◢ 模块 7　附件安装（Z05F3007Ⅲ）

【模块描述】本模块包含直线杆塔附件安装，间隔棒、阻尼线、跳线安装。通过内容介绍、操作方法讲解，熟练进行线路附件安装。

【模块内容】

一、工作内容

附件安装是架线施工的最后一道工序，紧线后导线已达设计张力，各子导线在放线滑车中的间距较小，档距中的导线容易产生鞭击，因此应尽快完成附件安装。附件安装的主要工作内容：

（1）直线塔附件安装。用倒链及提线器将导线提起，将导线从放线滑车中移出，将导线通过悬垂线夹、联板等与悬垂绝缘子相连。有防振锤的按照设计距离要求安装防振锤。

（2）间隔棒安装。按照设计的次档距，采用飞车或人力走线的方式，由档距的一端向另一端逐个安装间隔棒。

（3）阻尼线安装。阻尼线一般安装在大跨越的两端杆塔上，阻尼线安装前，应先安装预绞丝护线条，按设计规定在架空线上丈量固定卡位置并划印，然后将阻尼线中点与线夹中心对应，沿架空线留出要求弧垂后用固定卡固定，按“花边”再装释放形阻尼线夹，悬挂于线夹两侧的架空线上。

（4）跳线安装。将导线按照设计或实际模拟的跳线长度截割后，进行引流板压接，分项安装跳线，跳线的安装质量直接影响带电体与塔身的电气距离和架线的工艺水平，对导线的选用和制作工艺要特别注意。

二、作业前准备工作

（1）附件安装前，对绝缘子和金具的质量进行全面检查。

（2）对导地线作全面检查，将导地线上的所有遗留问题处理完毕。

1）打磨光导线上未处理的局部轻微磨伤，并特别注意线夹两侧及锚线点。

2）安装补修管。

3）拆除直线压接管保护套。

4）拆除导各种线上的各种标志物、保护物及其他异物。

（3）每一个附件安装工作点，均应在正式作业开始前设置好工作接地。工作接地可使用面积不小于16mm^{2}的个人保安线（铜编线）。

（4）绝缘子串、导线及避雷线上各种金具上的螺栓、穿钉及弹簧销子除有固定的穿向外，均应符合《施工及验收规范》或设计要求。

（5）紧线后如因特殊原因不能及时进行附件安装，应采取下列临时防震措施：

1）放松架空线锚线张力。

2）在放线滑车处的架空线上临时装上护线条。

3）临时加装防振锤、阻尼线。

（6）附件安装前，对弧垂再次目测检查，如发现弧垂超差，要进行调整。

（7）人力资源配置。根据附件安装的具体工作项目，提前选派好合适的工作人员。尤其是针对该工序高空作业较多的实际，要选配好技术熟练的高空作业人员。

（8）工器具配置。根据附件安装的具体工作项目，提前列出工器具清单并由使用者亲自进行检查。

三、危险点分析和控制措施

（1）防止感应电伤人。附件安装时，由于导地线已架空一段时间，作业线路与带电线路交叉或平行接近时，可能产生较高的感应电压，附件安装前，应先挂设接地线或个人保安线，消除感应电压，而后再进行附件安装。

（2）防止导地线脱落。直线塔附件安装，在吊起导地线前，应先用钢丝绳索将导地线揽起，做好后备保护，防止因起吊工具失效而导致导地线脱落。

（3）作业工具和安全用具在每次使用前，都应由使用者亲自进行检查。高空作业的安全带必须挂在横担的主材上。走线或飞车作业的安全带应绑在导线上，禁止绑在飞车上。

（4）相邻塔不准同时在同一相导线上进行起吊导线、拆除放线滑车的工作。

（5）如使用飞车安装间隔棒，使用前应检查各部件连接是否牢固，刹车装置是否良好，导线的张力应进行计算，其安全系数不得小于2.5。飞车越过电力线路，一律视为从带电体上飞越，必须保证对带电体的安全距离，飞越时应有专人监护。

四、作业步骤和质量标准

1. 直线塔附件安装

（1）悬垂线夹的安装位置不作调整时为紧线后的画印点，如需作调整，应先按位移印值移位确定线夹安装位置中心，然后由中心算起前后侧画半线夹长度加10mm，以便缠绕铝包带或安装线夹作为标准。

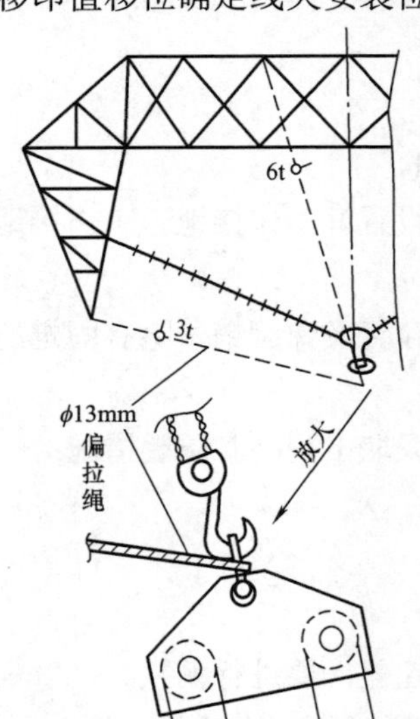

图6-7-1 直线转角塔中相V形串起吊图

（2）相邻塔不准同时在同一相导线上进行起吊导线、拆除放线滑车的工作。

（3）吊装导线的吊钩，应使用承托两较大且两端有较大圆弧的吊钩，吊钩沿线长方向的承托宽度不得小于导线直径的2.5倍，接触导线部分应衬胶，防止导线挤压受伤和内部压伤。

（4）吊具应固定在施工孔上，如无施工孔则必须经验算，确认安全后才可采用。

（5）直线转角塔起吊导线，当吊具开始受力后，应用白棕绳将悬垂绝缘子串拢绑在吊具上，防止当导线全部吊离放线滑车时，因其自重作用而离开安装位置。

（6）直线转角塔中相采用V形串时，前后侧应各用两套吊具，一套固定在横担上以承受垂直荷重；另一套固定在上曲臂以承受导线的向内力，如图6-7-1所示。

（7）因四线提线器上 1 线与 4 线的距离大于五轮放线滑车第一轮槽与第五轮槽的距离，为防止导线吊离滑车后与滑车侧板相碰而损伤，在起吊前，应用小棕绳将四根子导线绑扎起来。

（8）导线提离滑车槽后分别套入长 0.8m 的开口胶管进行保护。

（9）用起吊设备吊起五轮滑车横担的闭开侧，当滑车横梁开口侧的插销活动后即行拔除。此时应扶住滑车以减少其摇摆而碰伤导线，将滑车脱离导线后放至地面。

（10）将水平的四根导线移位成上两下两的方形布置时，为使上两根的导线有较大的间距，以便套入四联板安装线夹，习惯的做法是：作业人员脚踩 2 号线手提 1 号线和脚踩 3 号线手提 4 号线，就可将四线变成四方形排列。

（11）拆去开口胶管，按画印点缠铝包带或预绞丝护线条，安装线夹并固定在四联板上，注意将横线路穿向的螺栓均由线的外侧穿入。回松手扳葫芦的过程要检查与拨正绝缘子串的碗口朝向。拆除吊具后安装均压环和防振锤。

（12）均压环由两个半圆或半椭圆形管组成，安装前在地面将其拆开，拆开进行试组装，其对接应当方便容易，两端管口如有错位造成不易安装时应进行校正，或与另一组对换，直至合适后才吊至塔上正式安装。

（13）防振锤的安装，首先要准确测量安装尺寸，其偏差应小于 30mm，画印后对导线缠绕铝包带。安装时注意螺栓穿入方向，对四分裂导线的线路，要求螺栓从线的外侧向线内侧穿，其埋头螺母要用套筒扳手或梅花扳手拧紧，防止由于螺栓不紧导致防振锤在运行中窜动。防振锤安装后从顺线路观察应与线的垂直方向重合，即不能上翻；从横线路观察，两端重锤应与线平行，不可下垂或上翘。

2. 间隔棒安装

档距中间隔棒与间隔棒之间的距离叫次档距，其允许安装距离偏差为±3%；杆塔中心桩与第一个间隔棒之间的距离称端次档距，其允许安装距离偏差为±1.5%；间隔棒安装位置还应考虑与接续管或补修管的距离不宜小于 0.5m。

（1）复测子导线间的弧垂，其误差应在 50mm 以内。

（2）如采用飞车，使用前应检查各部件必须牢固，刹车装置良好，导线的张力应进行验算，其安全系数不得小于 2.5。作业人员登杆塔后，在飞车套入的导线上安装开口胶管，以防刮伤导线，作业人员上飞车后系好安全带才可行走。

（3）间隔棒的安装位置可用下述方法测量。

1）飞车上的计数器。

2）导线长度测量车。

3）档内地势平坦时，可在地面进行丈量。

4）如地形复杂，且有河流等情况时，可采用中相与边相作业人员在线上进行测量的方法，相间高空丈量示意图如图 6–7–2 所示。

丈量尺寸 S 的计算公式为

$$S=\sqrt{L_1^2+X^2+Y^2} \tag{6–7–1}$$

式中 L_1——设计提供的次档距值，m；

Y——三角形排列时，边相与中相的垂直高度差，m；

X——中相与边相的相间距离，由塔图中查得，m。

当档距两端相间距离不等（如图 6–7–3 所示）时，X 值用式（6–7–2）求得

$$X=X_1+(X_2-X_1)\frac{l_1}{l} \tag{6–7–2}$$

式中 X_1——中相与边相小相间距，m；

X_2——中相与边相大相间距，m；

l_1——间隔棒安装档档距，m；

l——从小相间距侧算起的档距距离，m。

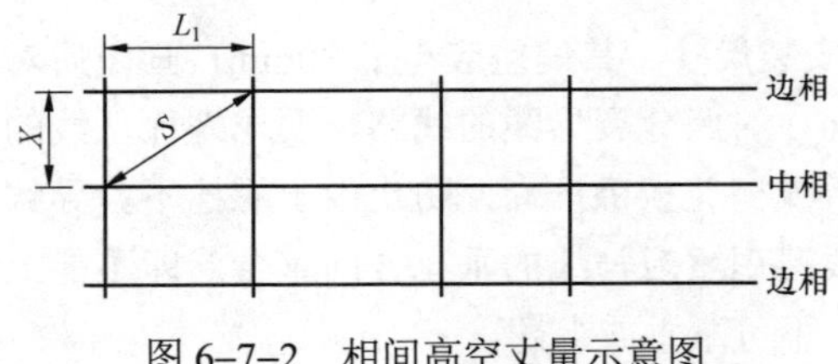

图 6–7–2 相间高空丈量示意图

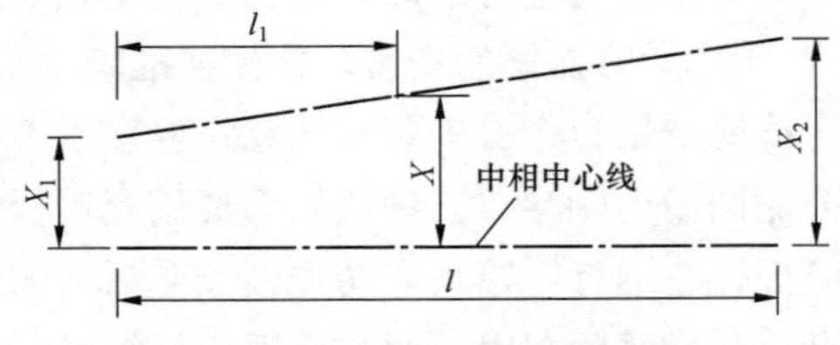

图 6–7–3 相间水平距离不等时示意图

（4）地面作业人员站在线路的外侧，指挥两边相的线上作业人员找准安装位置，使三相间隔棒与线路垂直，避免有前有后不整齐。

（5）间隔棒的上、下朝向应正确，如 JZX 4—45400 间隔棒，其握手的固定端应在上侧，活动端应在下侧。

（6）间隔棒的结构面应与导线垂直。双阻尼间隔棒用专用卡器夹握紧手后应安装销钉。

（7）间隔棒不得缺少零部件，螺栓和穿钉方向必须符合 GB 50233—2014《110～750kV 架空输电线路施工及验收规范》或设计要求。

（8）间隔棒安装人员在行走中应检查导线质量，如有毛刺等缺陷应用砂纸磨光或做相应处理。

（9）飞车通过接续管或补修管前应减速，下坡时应慢速行驶，以防发生意外。

（10）拆除飞车前应在线上套入开口胶管，严防刮伤导线。

（11）当采用人力走线方式时，作业人员手扶两根上线，脚踩一根子导线稳步前行，防止晃动过大或翻扭。

3. 阻尼线安装

（1）阻尼线安装吊笼的加工。阻尼线安装需两名操作人员进行，因此必须有专门的操作平台，此操作平台可制成吊笼的形式，吊笼上配置两个铝滑轮，使吊笼能在导线上滑动，阻尼线安装示意图如图 6–7–4 所示。吊笼通过钢丝绳进行控制。

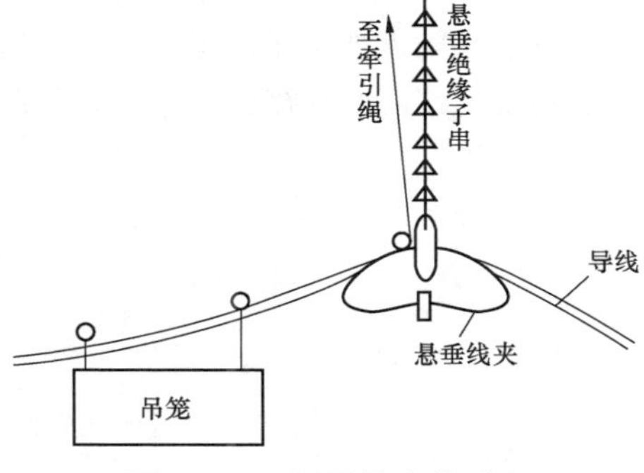

图 6–7–4 阻尼线安装示意

（2）阻尼线的准备。阻尼线是采用与导线、地线同规格的材料。为了使安装后的阻尼线比较顺直和垂直导地线，因此导地线的阻尼线不能用紧线后的导地线，一定要用原盘剪下的导地线作为阻尼线。阻尼线的长度，可根据图纸要求的安装尺寸及弧垂值计算每根阻尼线的长度并做好记号。阻尼线的切割宜采用切割机（或手锯）进行。每根阻尼线应根据图纸压接好两端的连接金具，并在地面拉直松劲盘好。

（3）悬挂吊笼。通过塔下的牵引设备将吊笼吊上横担并悬挂在导线上（阻尼线及阻尼线夹等均放在吊笼内）。

（4）阻尼线的安装。安装时按照图纸要求的安装尺寸，先由滚轮线夹挡板处开始向外用钢尺量尺寸，并画好清晰的印记，然后由外向线夹处安装。安装时先在画印处装上预绞丝护线条，再装释放型阻尼线夹，并在阻尼线夹上连接好阻尼线和按图纸位置安装上释放型防振锤，最后将阻尼线接在滚轮线夹挡板处。

（5）阻尼线的安装应与导地线垂直，阻尼线的弧垂及安装尺寸应满足图纸要求。

（6）施工时不得用脚踩释放型阻尼线夹及释放型防振锤，以防误动作引起人身事故。

（7）为加快阻尼线的安装速度，宜用两个吊笼在直线塔的两侧同时进行安装。

（8）耐张塔的阻尼线及防振锤的安装可在挂线前进行。

4. 跳线安装

（1）用接近导地线直径的旧棕绳实测所需跳线之长度，或直接使用设计提供的跳线长度。在导线测量时，作业人员应走横担而不可在耐张串上走。

（2）将测得的跳线长度与设计提供的长度进行比较，并加 0.5～1.0m 的裕度后截取跳线长度。

（3）用作跳线的导线，尤其是 500kV 线路的跳线必须是未经展放的导线。跳线从线盘中取出至吊到塔上安装，不应使其产生永久变形。

（4）引流管压接，应注意引流连板的方向正对耐张管上的连接抛光面，对挤压成型的耐张线夹引流管与跳线方向图如图 6–7–5 所示。如引流板方向不对，则跳线安装后便会产生歪扭。

（5）四根跳线的引流管均压好后，分别用铝股与吊装的白棕绳连接。两边相分别在耐张线夹附近挂单轮滑车将跳线吊起。中相跳线需用三根白棕绳进行起吊。引流板安装前要用钢刷刷其接触面并涂刷电力脂。

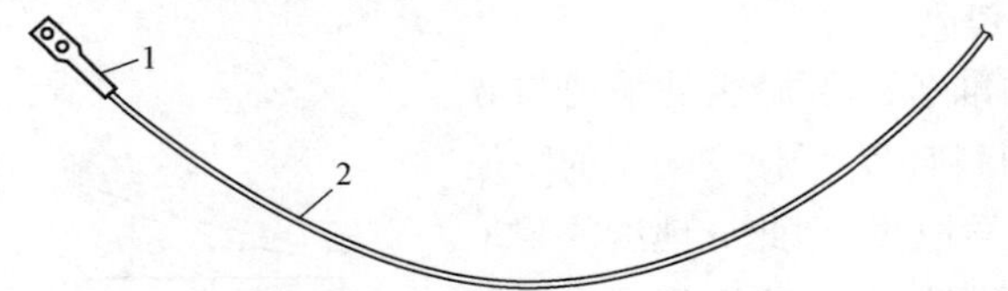

图 6–7–5 对挤压成型的耐张线夹引流管与跳线方向图

1—引流管；2—跳线

（6）在跳线串上悬挂挂梯，操作人员在挂梯上将跳线装入线夹内。

（7）分别测量各跳线的弧垂值和跳线串的倾斜角，此时由于跳线未装重锤，所测得的倾斜角会小些，跳线弧垂亦会大些。

（8）中相的间隔棒当垂直式的挂梯不能达到安装点时，可将挂梯改成走廊式安装在跳线的下方，一端固定在耐张线夹附近，另一端固定在跳线串下方。

（9）跳线间隔棒的平面一定要与跳线垂直。跳线线夹的连板，尤其是中相的跳线线夹连板，一定要在跳线的分角线上。

（10）双孔式的 TJ—12400 或 TJ—12300 跳线间隔棒。当跳线与拉棒间的距离过小或太大时均无法使用。如距离过小可在跳线上缠绕铝包带再套上开口胶管后用铝股将两者绑扎在一起而不发生摩擦。如距离过大，但又不会与其他部位摩擦时，则不作处理。

五、注意事项

（1）紧线后完毕后，应尽快进行附件安装。避免导线在滑车中因风震和在档距中相互鞭击而受损。

（2）垂直档距较小时，可用一套吊具，垂直档距较大时可用两套吊具，分别固定在横担的前后侧，使横担不会扭转。

（3）附件安装的质量直接影响线路投运后的安全稳定运行，施工时的质量问题就是投运以后的安全问题，要高度重视施工质量和工艺美观度。

（4）安装后的跳线应呈悬链自然下垂，不得扭曲和出现金钩，其对杆塔及拉线、金具等的电气间隙以及跳线的弧垂要符合设计规定。

（5）悬垂线夹安装后，绝缘子串应垂直地平面。个别情况其顺线路方向的位移不应超过 5°，且最大偏移值不应超过 200mm，连续上下山坡处杆塔上悬垂线夹的安装距离应符合设计规定。

（6）如悬垂串使用合成绝缘子，要特别注意对其保护，拆开包装后，要放在帆布上面。严禁施工人员作为梯子攀爬合成绝缘子。

【思考与练习】

1. 直线塔附件安装对吊装导线的吊钩有什么技术要求？

2. 间隔棒安装的距离误差是如何规定的？

3. 阻尼线安装有哪些注意事项？

4. 四分裂导线跳线的安装应注意哪些关键环节？

模块 8 光纤电缆的架设（Z05F3008Ⅲ）

【模块描述】本模块包含复合光缆架空地线（OPGW）及缠绕光纤电缆（GWWOP）的架设。通过内容介绍、图形示例、操作流程介绍，能够进行光纤电缆架设。

【模块内容】

一、工作内容

光纤通信与电缆或微波等通信方式相比，具有传输频带宽、通信容量大、传输距离远、抗电磁干扰性强等特点。因此，在输电线路架设施工中同时敷设电力通信光缆已是不可缺少的重要分部工程。电力通信光缆可以分为复合光缆架空地线 OPGW、全介质自承式光缆 ADSS、缠绕光纤电缆 GWWOP 三种。ADSS 光缆是架设在已建线路上，只作通信用而没有避雷线的功能。GWWOP 缠绕光纤电缆是将光缆缠绕在原有避雷线上，可在已建的架空避雷线上使用。由于 OPGW 具有普通避雷线和通信光缆的双重功能，实现防雷、通信的双重效果，并且承受拉力大，对风、水、雷击等气候有较好的耐受能力，架设施工也较方便，所以目前新建的架空高压输电线路上多架设复合光缆架空地线 OPGW。本模块对 GWWOP 缠绕光纤电缆只在工作内容部分作简单介绍，主要以 OPGW 为例介绍光纤电缆的架设。

1. GWWOP 缠绕光纤电缆

（1）GWWOP 缠绕光纤电缆结构。GWWOP 缠绕光纤电缆的缠绕方向与避雷线外层线股捻制方向一致，如图 6–8–1（a）所示。缠绕光纤电缆结构如图 6–8–1（b）所示。

（2）GWWOP 缠绕光纤电缆的牵引机和缠绕机。GWWOP 缠绕光纤电缆的缠绕作业是通过安装于架空避雷线上的光缆缠绕机来完成的，而光缆缠绕机的缠绕作业则是通过安装于架空避雷线上的牵引机的牵引来进行的。

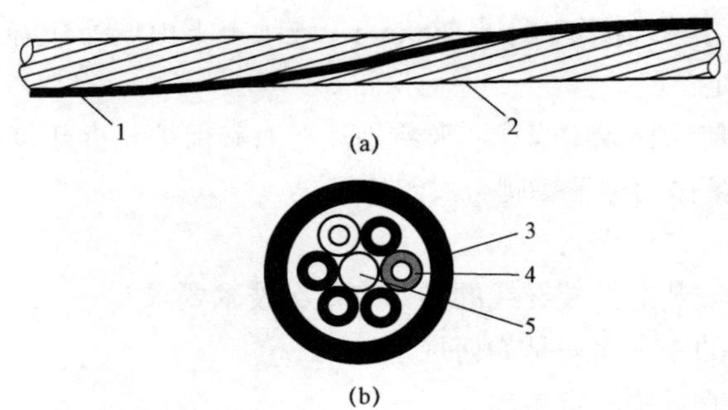

图 6–8–1 避雷线上缠绕的光缆及光缆的结构

（a）缠绕方向；（b）结构图

1—光纤电缆；2—地线；3—碳氧（氟碳乙烯）树脂；4—氟化物树脂光纤；5—玻璃钢（FRP）加强芯

牵引机作业如图 6–8–2 所示，重约 45kg，总长 740mm，当悬垂坡度为 30° 时牵引力可达 1kN，进行速度 0～25m/min。

光缆缠绕机如图 6–8–3 所示，重约 58kg，外形尺寸为长 750mm、宽 500mm，最大转动半径 680mm，机旁安装的光缆线轴尺寸为外径 700mm、内径 300mm、宽度 200mm，可绕光缆长度 3500m。

（3）缠绕作业和附件安装。缠绕工作由线路的一端开始。将牵引机、缠绕机安至避雷线上开始缠绕后，分三个过渡小组，分别在第二、第三、第四基杆塔上安装“过渡吊杆”和“工作小梯”，拆除防振锤，按金具组装图在避雷线上画出金具安装位置，做好机具过渡及光缆附件安装的准备工作，如图 6–8–4 所示。

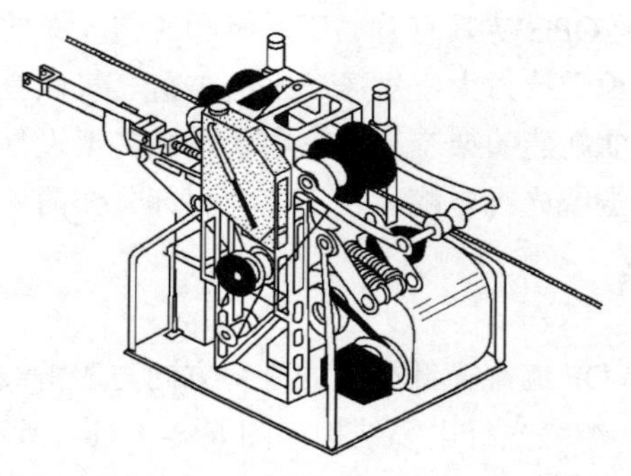

图 6–8–2 牵引机作业

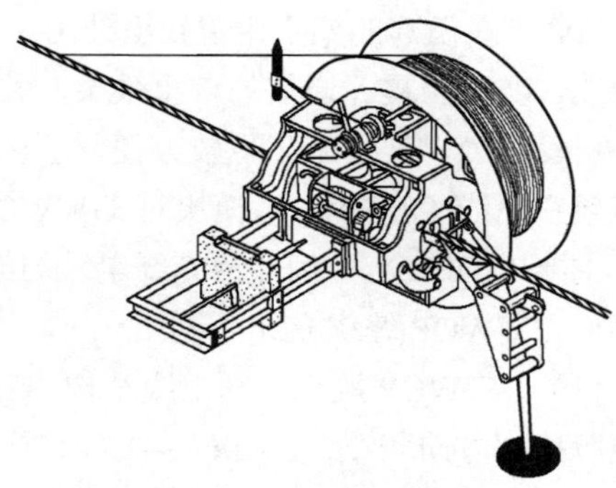

图 6–8–3 光缆缠绕机

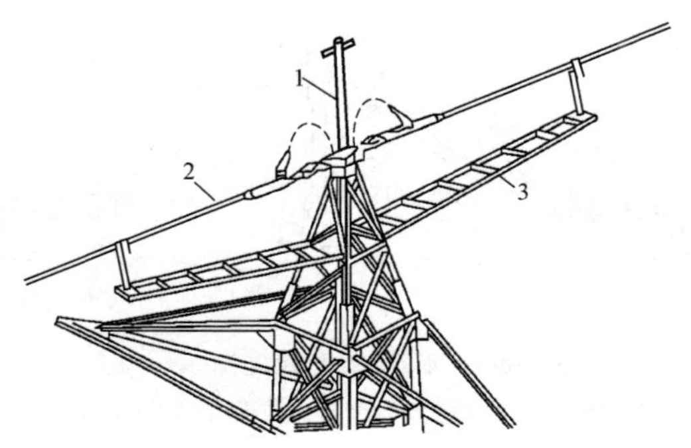

图 6–8–4　安装到位的工作小梯和过渡用吊杆

1—过渡用吊杆；2—架空地线；3—工作小梯

当缠绕到第二基杆塔时慢慢将机具停下，将光缆松出 5～7m，取下光缆轴并将其牢固地固定在塔身不妨碍作业的地方，然后用过渡吊杆分别将牵引机和缠绕机吊过杆塔，如图 6–8–5 所示。

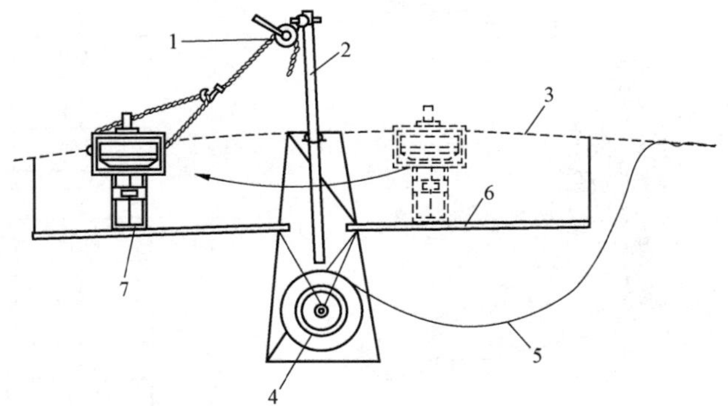

图 6–8–5　通过一个直通塔（跨接塔）

1—杠杆式滑轮；2—过渡用吊杆；3—架空地线；4—光缆线轴；5—光缆；6—工作小梯；7—缠绕机

缠绕机移过杆塔后便可安装后侧的附件及杆塔跳线，检查缠绕机处于正常状态后用卡线器在前侧。

将光缆临时锚固便可开机继续缠绕。当缠绕机离开杆塔约 30m，即可安装前侧的附件。跨接线后杆塔两侧附近安装也完毕后的光缆安装示意如图 6–8–6 所示。

光缆的接头都在杆塔处用专用仪器制作。首先将前后侧的接头引入杆塔身，如图 6–8–7 所示，分段固定后穿入专用箱，将多余的光缆切除后，缆头插入专用接续仪器进行自动接通，接头处卷入杆塔中适当高度的专用箱内。线路两端的光缆则引至地面，与地沟光缆相接后进入机房。

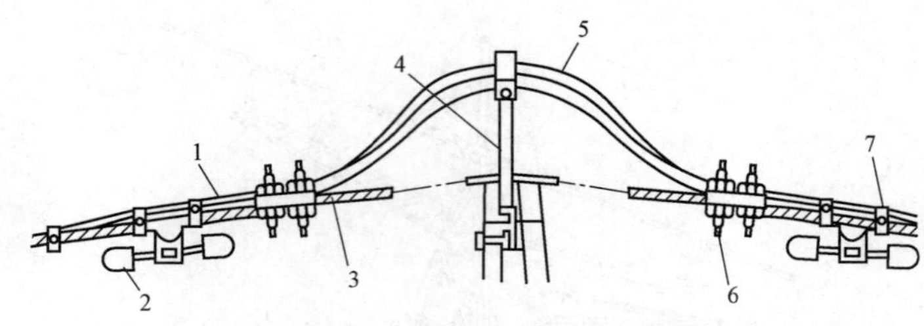

图 6-8-6 跨接线的光缆安装示意

1—保护管；2—缓冲器；3—架空地线；4—跨接线夹；5—用钢线加强的保护管；6—终端线夹；7—固定线夹

2. OPGW 复合光缆架空地线

OPGW 架设工艺流程如图 6-8-8 所示。

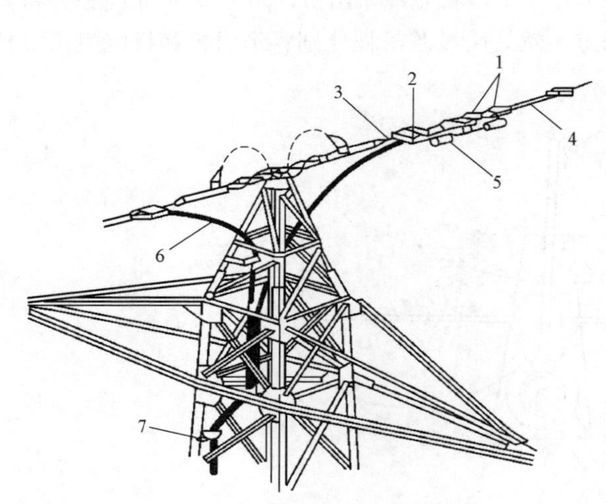

图 6-8-7 终端安装示意

1—固定线夹；2—终端线夹；3—架空地线；4—保护管；5—缓冲器；6—用钢线加强的保护管；7—保护管支撑线夹

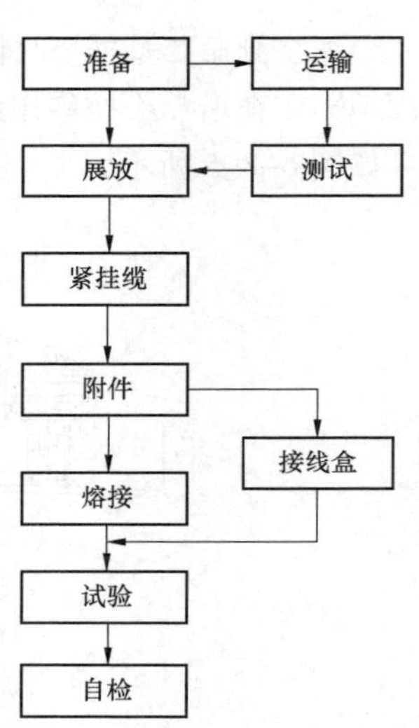

图 6-8-8 OPGW 架设施工工艺流程图

二、作业前准备工作

1. 施工人员准备

除应遵照线路本体张力架线施工对人员的要求之外，还应特别做好如下准备：

（1）结合 OPGW 架设施工，组建专门的劳动组织和岗位责任制。

（2）进行专门的 OPGW 架设施工和确保施工质量及施工安全的技术交底，有关人员必须真正掌握其施工技术与工艺方法。

（3）对熔接人员和测试人员应进行专门的技术培训和实际操作训练，并经考试、试验合格和领导批准者，才能上岗。

2. 工程材料准备

OPGW 金具除部分采用国产的普通连接金具如直角挂板、U 形环等外，其他多为进口配套金具，如预绞丝耐张线夹、悬垂线夹、防振锤、并沟线夹及接线盒等。在验收检查时应注意，由于 OPGW 供货厂家不同，其提供的配套金具也有所不同。

（1）耐张线夹。它是一种铝合金预绞丝缠绕式的耐张线夹，绞线内侧有一层金刚砂，当绞线缠在 OPGW 外层时可保证其握着力，因此该线夹也称金刚砂耐张线夹。OPGW–95 型耐张线夹组装示意如图 6–8–9 所示。它包括以下三个部分。

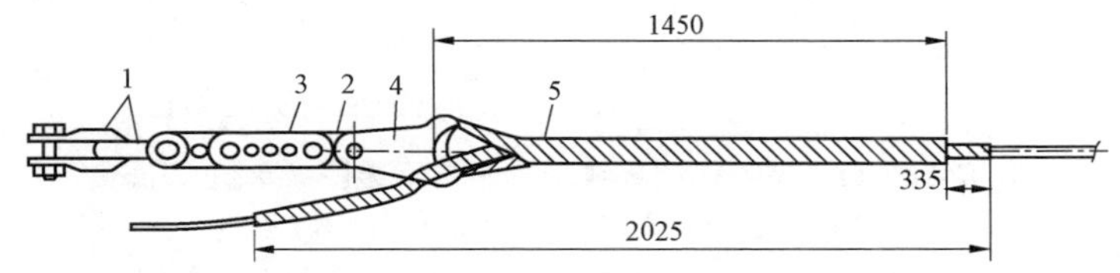

图 6–8–9 OPGW–95 型耐张线夹组装示意图（单位：mm）

1—U 形环；2—单联板；3—调节板；4—拉环；5—耐张线夹

1）外层铝合金预绞丝。OPGW–95 型及 OPGW–124 型分别由两倍 8 股 ϕ3.75mm 及两倍 7 股 ϕ4.68mm 的铝合金绞丝构成，内侧贴金钢砂。

2）内层铝合金预绞丝即护线条。OPGW–95 型及 OPGW–124 型分别由 14 股 ϕ2.88mm（长 2025mm）及 15 股 ϕ3.39mm（长 2450mm）的铝合金绞丝构成，内外侧均贴金钢砂。

3）外层铝合金预绞丝的挂线端套入特制拉环。拉环由铸钢制造，将铝绞丝耐张线夹与耐张挂线金具相连接。

这种线夹在施工时不用任何特殊工具，质量轻、省料、握着力大。安装时先装护线条，再装线夹。护线条能保证 OPGW 受到均匀的机械压力，使铝管等单元不会发生明显变形。

（2）预绞丝悬垂线夹。OPGW–95 型直线悬垂金具组装图如图 6–8–10 所示。预绞丝悬垂线夹由以下四个部分组成。

1）船体形的钢夹。装于线夹最外侧，与悬挂金具相连接。

2）外层预绞护线条。OPGW–95 型为 11 根 ϕ6.12mm 护线条组成，它能增加线夹刚度和保护 OPGW 不会损伤。

3）圆筒形衬垫。由两个半圆形的胶套组合而成，置于内外层护线条之间，长度约 30cm。它能有效地减轻局部弯曲对铝管及光纤的影响，以及由于微风振动、舞动带来的损害。

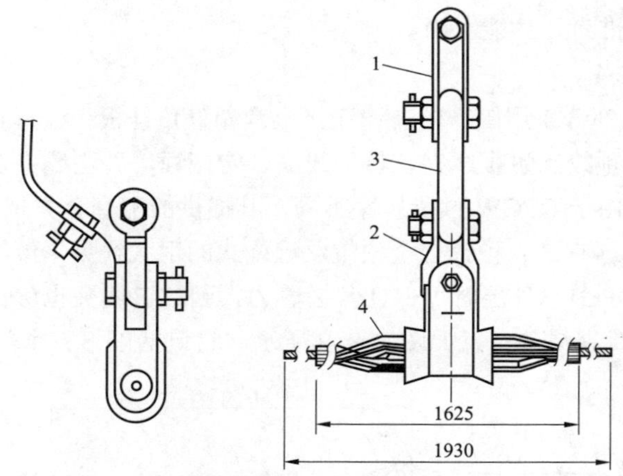

图 6-8-10 OPGW-95 型直线悬垂金具组装图（单位：mm）

1—直角挂板；2—延长环；3—U 形环；4—悬垂线夹

4）内层预绞丝护线条。OPGW-95 型为 10 根 ϕ4mm 护线条组成，紧贴 OPGW 缠绕。

（3）防振锤。防振锤为多频音叉式，其锤头较短，防锈措施用镀锌，对夹板的紧固要求严格，需用扭力扳手检验安装效果。OPGW-95 型防振锤安装示意如图 6-8-11 所示。

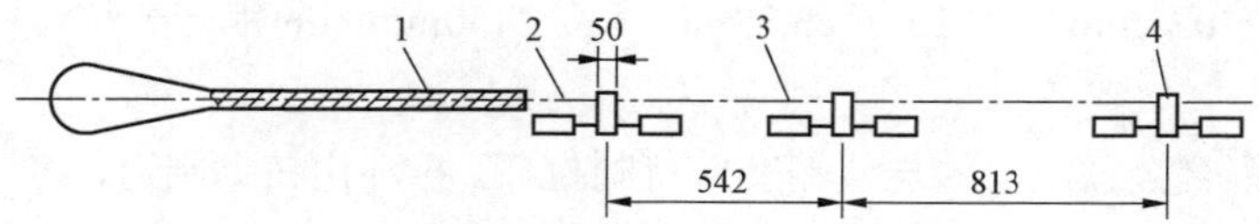

图 6-8-11 OPGW—95 型防振锤安装示意（单位：mm）

1—耐张线夹 FODEA；2—线夹护线条；3—OPGW-651FT12；4—防振锤 SBVD

（4）并沟线夹及固定线夹。并沟线夹、固定线夹及专用接地线的安装示意如图 6-8-12 所示。

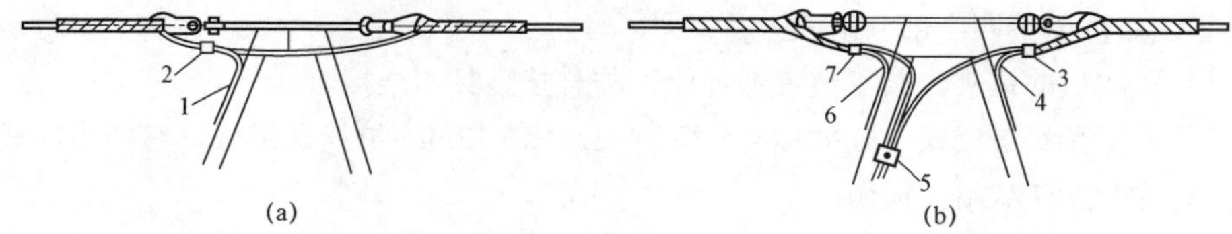

图 6-8-12 并沟线夹、固定线夹及专用接地线安装示意

（a）OPGW 耐张不断开；（b）OPGW 耐张断开

1、4、6—接地专用线；2、3、7—并沟线夹；5—固定线夹

（5）接线盒。接线盒外形如图 6–8–13 所示，接线盒置于一个圆筒形罩内，不仅质量轻，易于接续操作，而且不易腐蚀，可以防止雨水进入接线盒内。接线盒分为接续盒和终端盒两种。接续盒装在线路中 OPGW 断开的杆塔上。终端盒一般装在变电所进出线门型架上，它是用来将 OPGW 与普通光缆连接后置于盒内。

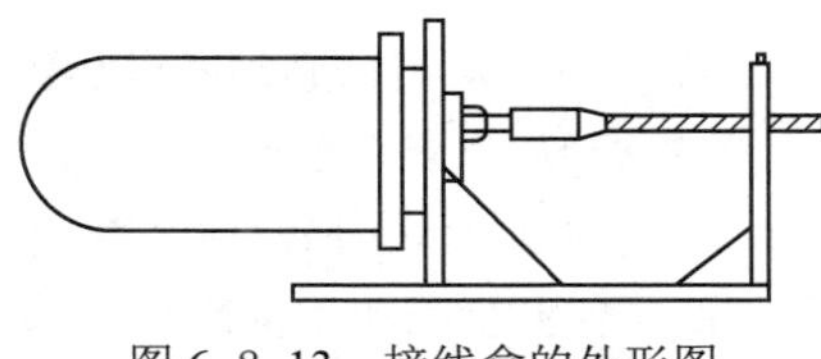

图 6–8–13 接线盒的外形图

3. 施工机具准备

OPGW 架设施工所用的工器具分为两部分，一部分是 OPGW 专用工器具，一般在订货时由 OPGW 制造厂家提供，另一部分是普通工器具。但无论是厂家提供还是施工单位自筹的工器具均应对其型号、规格、性能和质量等进行认真检查及试验，合格的才能发至现场使用。常用 OPGW 专用工器具见表 6–8–1。

表 6–8–1 常用 OPGW 专用工器具表

序号	名　称	规　格	单位	数量
1	紧线器	OPGW 专用	个	10
2	放线滑车	轮径不小于 600mm（尼龙）	个	70
3	防扭鞭	OPGW 专用	条	6
4	旋转连接器	OPGW 专用（30kN）	个	4
5	网套连接器	2m 长，OPGW 专用	个	4
6	扭力扳手	OPGW 专用	个	10
7	熔接设备	OPGW 专用	套	1
8	测试设备	OPGW 专用	套	1

三、危险点分析和控制措施

（1）对于 OPGW 装卸均应采用起重机械，轻吊轻放，对露出缆盘的 OPGW 在吊装时垫设方木，防止钢丝绳压伤 OPGW，运输时将光缆加以固定，坚决杜绝侧面放置。

（2）OPGW 必须经单盘测试后方准使用。

（3）OPGW 在展放时，应当天由材料站运到现场，当天展放，当天将线紧好，严禁在现场存放缆盘。

（4）OPGW 紧线完毕应立即安装防振锤，OPGW 在滑轮上停留时间最多不得超过 48h。

（5）OPGW 在施工过程中必要的弯曲必须严格遵循供货厂家提供的最小弯曲半径要求。一般安装时 OPGW 最小弯曲半径为 500mm，并不得与架好的导线、避雷线交叉摩擦。

（6）在放线过程中，所使用的网套连接器必须与 OPGW 固定牢固，不得跑线与滑移。

（7）OPGW 展放必须经过小张力机进行张力放线，不能直接从缆盘上牵引。

（8）架线人员在展放过程中，必须派专人看护防扭鞭，并随时报告通过滑车情况。沿线跨越的监护人员应随时注意 OPGW 展放牵引情况，发现问题及时报告处理。

四、作业步骤和质量标准

（一）OPGW 展放

1. 展放 OPGW 操作要点

（1）首先将 OPGW 置于线盘架上，OPGW 从线盘上方引向张力机，进入张力轮时，应上进上出，右进左出（缠绕方向与 OPGW 外层线股捻向一致），并应绕满张力轮槽（张力轮槽数至少应有六道）。

（2）OPGW 用ϕ16mm 尼龙绳穿过张力轮后，其端头套入网套连接器，网套连接器通过抗弯连接器与防扭牵引板相连，防扭鞭再经防捻连接器与牵引绳相连至牵引机。

（3）防扭牵引板一般由供应 OPGW 厂家提供，一般结构示意如图 6–8–14 所示。

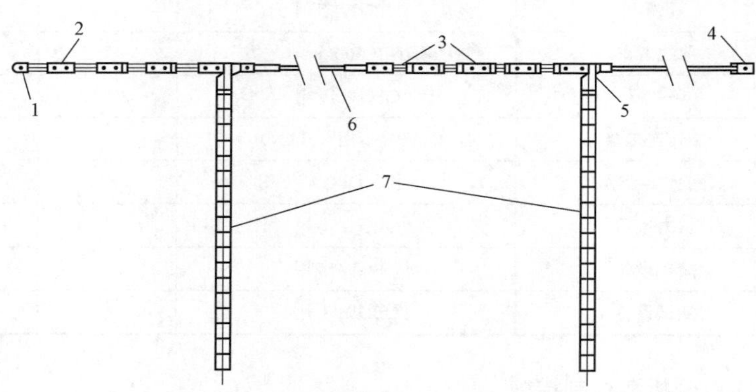

图 6–8–14　防扭牵引板示意图

1—系于转环头；2—防扭元件；3—滑轮校正链；4—系于缆线牵引孔；
5—可以方便拆开；6—钢丝绳；7—摆重链

（4）一切连接及准备妥当之后，即可开始牵放 OPGW。开始牵放和连接机具（连接工具、防扭牵引板等）通过放线滑车时，均应放慢牵引速度。

（5）正常牵引速度为 20m/min，最大速度不得超过 30m/min。

（6）线盘架制动力，一般情况下不宜超过 800N。

（7）展放过程中，应始终监视 OPGW 是否发生扭转，如有发生应立即停止展放，查明原因进行处理，且应控制每百米旋转次数不得超过五次。

（8）张力机设定张力越小越好，以能使 OPGW 避开跨越架等障碍物和对地面 5m 以上为原则。张力机的设定张力一般宜为 OPGW 标称拉断力的 13%～15%。

（9）牵引机牵引力最大不得超过 OPGW 标称拉断力的 18%。

（10）OPGW 展放至接头塔后，应再牵引一段预留尾线，预留尾线长度约为杆塔高度的 1.3 倍。尾线应盘好，盘绕直径应不小于 1.2m。然后，放置在塔顶平面处，用铁线绑扎牢靠，并在与塔材及绑扎接触处垫以麻袋片等纺织物。

2. 临锚及安装始端线夹

（1）临时锚线。一个放线段的 OPGW 展放完后，即应在始端（张力机端）及终端（牵引机端）将 OPGW 临时锚固（临锚），临锚在塔上以过轮临锚方式进行。临锚张力为紧线张力的 50%，OPGW 端头余线（尾线）应保持为塔高的 1.3 倍以上，始端及终端塔侧的 OPGW 锚固卡具一般应使用由 OPGW 制造厂家提供的专用卡线器，以免 OPGW 内部铝管变形而损坏光纤。

（2）安装始端线夹。在临锚完成后，即可在始端塔安装预绞丝耐张线夹。预绞丝的安装方法如下：由中间向两端有序地缠绕内层铝合金预绞丝，其缠绕方向与 OPGW 外层绞制方向相反，其位置按尾线控制长度确定，缠绕时必须一次缠紧缠好，与 OPGW 贴合紧密，不允许拆开再缠绕。

外层铝合金预绞丝缠绕前必须将其与内层预绞丝相应的划印记号对齐。然后由拉环出口处向线档中央方向的 OPGW 缠绕，必须一次缠紧。然后将特制铸钢拉环套入外层预绞丝弯环内。一人握住拉环，另一人由另一方向（与第一次缠绕方向相反）缠绕另一半预绞丝，直至缠完为止，然后再安装锚线塔其他耐张连接金具。

将预先准备好的吊装耐张线夹的钢丝绳用卸扣与调节板连接，用绞磨及牵引钢丝绳将耐张线夹挂至避雷线横担挂孔为止。牵引过程中，应当先松张力机上的 OPGW 再进行牵引，一边松出 OPGW 一边牵引，尽量减少 OPGW 向下的压力，锚线塔挂线布置示意图如图 6–8–15 所示。

（二）紧线与挂线

（1）OPGW 紧线弧垂观测档的选择与一般导线、避雷线弧垂观测档选择要求基本相同，但在选择观测档弧垂时，一定要查 OPGW 弧垂表，因为 OPGW 耐张段与一般导线、避雷线耐张段有可能不同，其代表档距和观测档距的弧垂也不同，应特别注意。

（2）弧垂观测方法，与导线、避雷线弧垂观测方法相同。

（3）OPGW 紧线的观测弧垂达到设计值后，应继续保持紧线机的拉力不变，时间为 1h，使 OPGW 扭转应力消失。

（4）OPGW 紧线方法，可以用牵引机直接牵引也可以用手扳葫芦在塔上紧线。

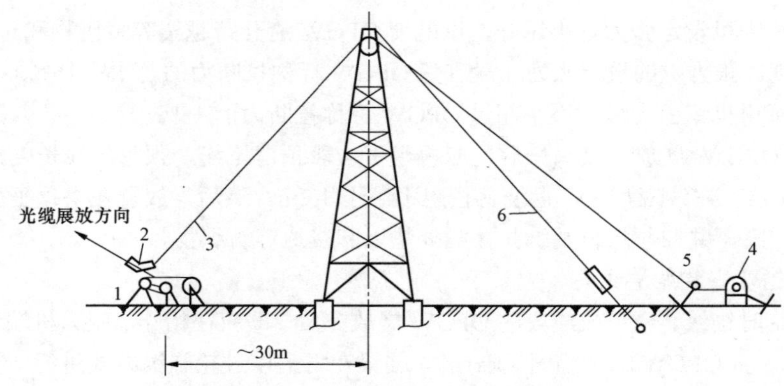

图 6-8-15 锚线塔挂线布置示意

1—小张力机；2—耐张金具串；3—牵引绳；4—机动绞磨；5—地滑车；6—临时拉线

1）牵引机牵引紧线。当始端塔处已安装好预绞丝耐张线夹后，此时牵引机等机具未拆除，即可再起动牵引机缓缓牵引 OPGW，使其弧垂达到设计标准值。即在紧线塔和该紧线段所有直线塔放线滑轮处划印。

2）手扳葫芦紧线。即在紧线塔避雷线支架处打好反向平衡拉线，并安装手扳葫芦和专用卡线器等索具，调整手扳葫芦进行紧线操作，如图 6-8-16 所示，弧垂调整好之后，即按前述要求划印。

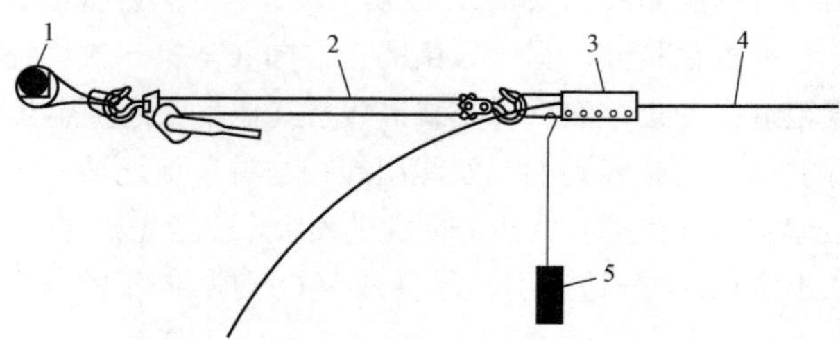

图 6-8-16 塔上手扳葫芦紧线索具连接示意

1—地线横担主材；2—手扳葫芦；3—卡线器；4—OPGW；5—重锤

（5）紧线侧预绞丝耐张线夹安装完毕即可进行挂线，挂线可利用手扳葫芦等索具（见图 6-8-16）或牵引机进行，但应注意以下事项：

1）挂线牵引力不得超过 OPGW 额定拉断力的 18%，一般过牵引长度应小于 0.1m。

2）挂线后即进行弧垂复测。若弧垂超过允许误差时，应在耐张塔挂线塔处利用调整板孔位调整，若仍不能达到要求时，可增减 U 形环等金具并配合调整板孔位调整。严禁采取解开预绞丝耐张线夹再重新安装的办法。

3）紧线弧垂达到规范允许值之后，应将 OPGW 的余线盘成直径为 1.2m 以上小盘，放置在铁塔横材的平面处，并用绳线绑扎固定，但要注意与铁塔构件及铁线接触处应垫以麻袋片等织物，严禁将 OPGW 的余线悬挂在塔腿上。

（三）附件安装及熔接

附件安装及熔接的工作内容包括直线塔 OPGW 悬垂线夹的安装、直通式耐张线夹的安装、防振锤的安装、接地引流线安装、OPGW 引下线安装、OPGW 熔接和测试、接线盒的安装等。

1. 附件安装操作要点

（1）直线塔悬垂线夹的安装，如图 6–8–17 所示。

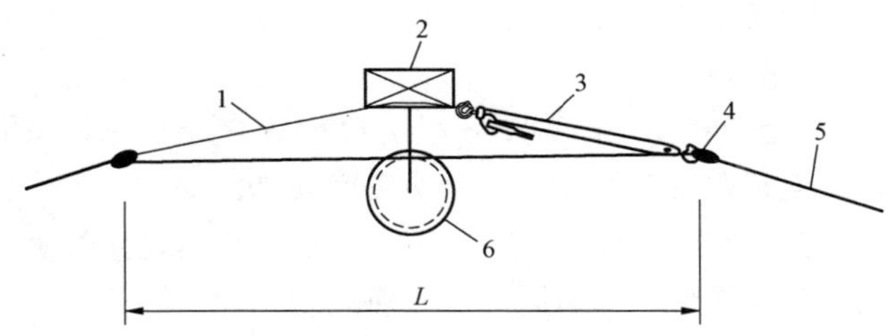

图 6–8–17　直线塔悬垂线夹安装示意

1—ϕ15.5mm 钢绳套；2—地线支架；3—手扳葫芦；4—专用卡线器；5—OPGW；6—放线滑车

1）按 OPGW 观测弧垂时确定的划印处安装。

2）在避雷线横担前后侧的 OPGW 上的适当对称位置，各装一只专用卡线器。利用在避雷线横担下主材固定的一根ϕ15.5mm 钢丝绳套和一个 30t 手扳葫芦，将上述两只卡线器相连。两只卡线器间的距离为 L，使用单线夹时 L 取 2m，使用双线夹时 L 取 2.4m。

3）收紧手扳葫芦，使 OPGW 的张力转移到钢绳套和手扳葫芦上。

4）卸掉放线滑车，按划印点安装预绞丝和悬垂线夹。

5）拆除手扳葫芦、钢绳套和卡线器。

（2）直通式耐张线夹的安装。

1）直通式（即 OPGW 不断开）的耐张线夹安装方法，与 OPGW 断引的安装方法相似，亦用手扳葫芦和专用卡线器等索具进行安装，过牵引长度亦应控制在 0.1m 以内。

2）直通式耐张串的 OPGW 弧垂（即跳线）取 0.8～1.0m，并保证 OPGW 最小弯曲半径不得小于 0.5m，且需用特制接地线夹将 OPGW 固定在杆塔上。

3）预绞线耐张线夹安装受力后，不得再重复使用。

（3）防振锤安装。

1）防振锤的型号、规格及安装距离应按设计规定。

2）防振锤安装不得直接卡在OPGW上，应安装在缠绕好的护线条上。护线条及防振锤的安装，均应用工作平台。可用ϕ60mm×3.5m竹竿或铝合金梯子做工作平台。

3）防振锤卡紧螺栓的扭矩值宜为40～50N·m。

（4）接地引流线的安装。

1）OPGW均应与全线铁塔逐基接地。专用接地引流线一般由OPGW制造厂家提供，专用接地引流线一端连接在OPGW的并沟线夹内，另一端连接至塔身接地夹具内。具体的连接方式依照设计图纸。

2）接地线一般统一安装在避雷线支架的大号侧，并在OPGW的上方。接地线安装要松弛，保证悬垂线夹向塔身内、外摆动60°不受力。

（5）OPGW引下线安装。

1）分段塔或架构处OPGW引下时，一般用OPGW制造厂家提供的引下线固定夹具固定于塔材上，而无须在塔上打孔。固定夹具每隔2m安装一个，引下线自避雷线支架沿塔身主材引至铁塔下方接线盒，但多余的OPGW仍盘在接线盒上方的铁塔平面构件上，临时固定，不得切断，由熔接人员处理。

2）在操作过程中，OPGW的弯曲半径均应保证大于0.5m，若OPGW到第一个夹子前，有可能与铁塔构件相摩擦时，应加缠护线条保护。

3）为了一致美观，引下线应统一在铁塔的一个指定塔腿上。

2. 接线盒安装和OPGW的熔接及测试

（1）接线盒及余缆的安装。

1）接线盒应固定在塔身统一的主材上，其高度应距铁塔基础面不小于6m。安装接线盒时螺栓应紧固，橡胶封条必须安装到位。

2）OPGW对接后的多余长度（即余缆）按OPGW的允许弯曲直径盘成一捆，置放在接线盒的上方，并用8号镀锌铁线或专用线夹固定在塔身水平材上。OPGW绑扎的外层应垫以胶垫，且绑扎点不少于三处，确保余缆在风吹时不会晃动。

（2）PGW光纤的熔接与测试。

1）OPGW 架设后在耐张塔通常是断开的，必须通过光纤熔接实现两段光纤芯的连通，熔接好光纤的OPGW置于接线盒内，并在塔上固定。

2）光纤熔接是通过两金属电极电弧放电实现熔接。光纤熔接操作步骤是：首先用砂轮锯锯开外层铝股及钢股，再用专用工具逐层剥开套管和光纤被覆，用无水酒精清洁光纤，用光纤专用刀切割光纤，然后将光纤放入熔接机的光纤固定座中，选择“寻找光纤”进行光纤端面检查，如光纤切口端面符合要求，则屏幕上显示端面与轴向相垂直且平整；如果端面品质不佳，则显示端面楔形或其他不规则形，应将光纤重新切割。

3）光纤熔接是由熔接机自动进行的。熔接完毕，应进行光纤衰减值测试。每接好一条纤芯，应立即进行测试，以便立即检查接头熔接质量。测试的光纤衰减值符合要求时，将光纤由熔接机移出固定。标准单模允许熔接损耗应小于 0.03dB 处。

4）光纤线路的损耗包括光纤损耗和接头损耗。其损耗的测试方法有剪断法、插入法、背向散射法。剪断法和插入法使用的是光功率计，背向散射法常用的是光时域反射仪。目前，使用后一种方法较广泛，因为它获得的技术数据较多，便于建立档案资料及运行维护。

5）光纤的熔接操作应符合下列要求：① 光纤的熔接应由专业人员操作。② 剥离光纤的外层铝套管、塑料套管、骨架时不得损伤光纤。③ 雨天、大风、沙尘或空气湿度过大时不应进行熔接作业。

6）每千米线长的损耗为 0.368dB（由厂家保证）。

7）每个接头的损耗为 0.1dB（由施工单位保证）。

五、注意事项

（1）严禁使用网套连接器进行紧线，必须采用专用卡线器。

（2）紧完线后余缆应盘好（直径不小于 1.2m）并包以麻袋片，固定在塔顶平面上，做到防磨、防盗、防破坏。

（3）OPGW 展放必须经过小张力机进行张力放线，不能直接从盘上牵引。

（4）接头引下线及进入接头盒的弯曲半径，应严格按要求施工，严防弯曲半径过小，损坏光纤。

（5）OPGW 外层铝合金线及铝包钢线损伤的处理规定。

1）铝合金线断一股，可用单铝丝缠绕。铝合金线磨损超过单股直径 1/3 时，按断股处理。

2）铝包钢线磨损露钢时，应先刷防锈漆，再用铝单丝缠绕，再刷防锈漆。

（6）安装线夹、固定夹具、并沟线夹及防振锤等金具时必须使用厂商认可的力矩扳手，并控制线夹对 OPGW 的压应力符合相关要求。

（7）OPGW 金具多数为进口产品，备量有限，施工人员领取后必须妥善保管、使用。

（8）展放及安装过程中，必须严格组织管理，严守技术纪律，保证通信畅通，避免 OPGW 过张力牵引，不得扭曲、折弯、挤压和冲击，保证光纤及铝管不受损伤，OPGW 通过放线滑车时，其包络角（光缆在滑车上的包络区间所对的圆心角称为包络角）不得大于 60°。

【思考与练习】

1. 简述 GWWOP 缠绕光纤电缆缠绕作业的操作步骤。

2. 简述OPGW复合光缆架空地线附件安装的操作要点。

3. OPGW复合光缆架空地线施工应注意哪些事项？

模块9 施工要求及工程验收（Z05F3009Ⅲ）

【模块描述】本模块包含施工及验收的基本规定、导地线架设质量等级评定标准及检查方法两部分内容。通过内容介绍、操作流程讲解、图表对比、图形示例，掌握架线施工及验收的基本规定、导地线架设质量等级评定标准及检查方法。

【模块内容】

一、施工及验收的基本规定

1. 放线的一般规定

（1）放线前应有完整有效的架线（包括放线、紧线及附件安装等）施工技术文件。

（2）放线过程中，对展放的导线或架空地线（也称地线，下同）应进行外观检查，且应符合下列规定：

1）导线或架空地线的型号、规格应符合设计。

2）对制造厂在线上设有损伤或断头标志的地方，应查明情况妥善处理。

（3）跨越电力线、弱电线路、铁路、公路、索道及通航河流时，必须有完整可靠的跨越施工技术措施。导线或架空地线在跨越档内接头应符合设计规定。当设计无规定时，应符合表6–9–1的规定。

表6–9–1 导线或架空地线在跨越档内接头的基本规定

<table>
<tr><th>项 目</th><th colspan="2">铁 路</th><th>公 路</th><th>电车道（有轨或无轨）</th><th>不通航河流</th></tr>
<tr><td>导线或架空地线在跨越档内接头</td><td colspan="2">标准轨距：不得接头
窄轨：不限制</td><td>高速公路、一级公路：不得接头
二、三、四级公路：不限制</td><td>不得接头</td><td>不限制</td></tr>
<tr><th>项 目</th><th>特殊管道</th><th>索道</th><th>电力线路</th><th>通航河流</th><th>弱电线路</th></tr>
<tr><td>导线或架空地线在跨越档内接头</td><td>不得接头</td><td>不得接头</td><td>110kV及以上线路：不得接头
110kV以下线路：不限制</td><td>一、二级：不得接头
三级及以下：不限制</td><td>不限制</td></tr>
</table>

（4）放线滑车的使用应符合下列规定：

1）轮槽尺寸及所用材料应与导线或架空地线相适应。

2）导线放线滑车轮槽底部的轮径应符合DL/T 685《放线滑轮基本要求、检验规定及测试方法》的规定。展放镀锌钢绞线架空地线时，其滑车轮槽底部的轮径与所放钢绞线直径之比不宜小于15。

3）对严重上扬、下压或垂直档距很大处的放线滑车应进行验算，必要时应采用特制的结构。

4）应采用滚动轴承滑轮，使用前应进行检查并确保其转动灵活。

2. 非张力放线

（1）由于条件限制不适于采用张力放线的线路工程及部分改建、扩建工程可采用人力或机械牵引放线。

（2）导线在同一处的损伤同时符合下列情况时可不作补修，只将损伤处棱角与毛刺用 0 号砂纸磨光。

1）铝、铝合金单股损伤深度小于股直径的 1/2。

2）钢芯铝绞线及钢芯铝合金绞线损伤截面积为导电部分截面积的 5%及以下，且强度损失小于 4%。

3）单金属绞线损伤截面积为 4%及以下。

说明：① 同一处损伤截面积是指该损伤处在一个节距内的每股铝丝沿铝股损伤最严重处的深度换算出的截面积总和（下同）。② 损伤深度达到直径的 1/2 时，按断股处理。

（3）导线在同一处损伤需要补修时，应符合下列规定：

1）导线损伤补修处理标准应符合表 6–9–2 的规定。

表 6–9–2　导线损伤补修处理标准

处理方法	线别	
	钢芯铝绞线与钢芯铝合金绞线	铝绞线与铝合金绞线
以缠绕或补修预绞丝修理	导线在同一处损伤的程度已经超过 2 中的第（2）条的规定，但因损伤导致强度损失不超过总拉断力的 5%，且截面积损伤又不超过总导电部分截面积的 7%时	导线在同一处损伤的程度已经超过 2 中的第（2）条的规定，但因损伤导致强度损失不超过总拉断力的 5%时
以补修管补修	导线在同一处损伤的强度损失已经超过总拉断力的 5%，但不足 17%，且截面积损伤也不超过导电部分截面积的 25%时	导线在同一处损伤，强度损失超过总拉断力的 5%，但不足 17%时

2）采用缠绕处理时应符合下列规定：① 将受伤处线股处理平整。② 缠绕材料应为铝单丝，缠绕应紧密，回头应绞紧，处理平整，其中心应位于损伤最严重处，并应将受伤部分全部覆盖。其长度不得小于 100mm。

3）采用补修预绞丝处理时应符合下列规定：① 将受伤处线股处理平整。② 补修预绞丝长度不得小于 3 个节距，或符合 GB/T 2337—1985《预绞丝》中的规定。③ 补修预绞丝应与导线接触紧密，其中心应位于损伤最严重处，并应将损伤部位全部覆盖。

4）采用补修管补修时应符合下列规定：① 将损伤处的线股先恢复原绞制状态，线股处理平整。② 补修管的中心应位于损伤最严重处，需补修的范围应位于管内各 20mm。③ 补修管可采用钳压、液压或爆压，其操作必须符合本模块中有关压接的要求。

说明：导线总拉断力是指计算拉断力。

（4）导线在同一处损伤出现下述情况之一时，必须将损伤部分全部割去，重新以接续管连接：

1）导线损失的强度或损伤的截面积超过本模块表 6–9–2 采用补修管补修的规定时。

2）连续损伤的截面积或损失的强度都没有超过表 6–9–2 以补修管补修的规定，但其损伤长度已超过补修管的能补修范围。

3）复合材料的导线钢芯有断股。

4）金钩、破股已使钢芯或内层铝股形成无法修复的永久变形。

（5）作为架空地线的镀锌钢绞线，其损伤应按表 6–9–3 的规定予以处理。

表 6–9–3　　镀锌钢绞线损伤处理规定

绞线股数	处理方法		
	以镀锌铁线缠绕	以修补管补修	锯断重接
7		断 1 股	断 2 股
19	断 1 股	断 2 股	断 3 股

3. 张力放线

（1）在张力放线的操作中除遵守以下规定外，尚应符合 SD JJS 2《超高压架空输电线路张力架线施工工艺导则》中的规定：

1）电压等级为 330kV 及以上线路工程的导线展放必须采用张力放线。

2）良导体架空地线及 220kV 线路的导线展放也应采用张力放线。110kV 线路工程的导线展放宜采用张力放线。

（2）张力展放导线用的多轮滑车除应符合 DL/T 685《放线滑轮基本要求　检验规定及测试方法》的规定外，其轮槽宽应能顺利通过接续管及其护套。轮槽应采用挂胶或其他韧性材料。滑轮的磨阻系数不应大于 1.015。

（3）张力机放线主卷筒槽底直径 $40d \leqslant D < 1000$mm（d 为导线直径）。张力机尾线轴架的制动力与反转力应与张力机匹配。

（4）张力放线区段的长度不宜超过 20 个放线滑轮的线路长度，当难以满足规定时，必须采取有效地防止导线在展放中受压损伤及接续管出口处导线损伤的特殊施工措施。

（5）张力放线通过重要跨越地段时，宜适当缩短张力放线区段长度。

（6）张力放线时，直线接续管通过滑车应防止接续管弯曲超过规定，达不到要求时应加装保护套。

（7）一般情况下牵引场应顺线路布置。当受地形限制时，牵引场可通过转向滑车进行转向布置。张力场不宜转向布置，特殊情况下须转向布置时，转向滑车的位置及角度应满足张力架线的要求。

（8）每相导线放完，应在牵张机前将导线临时锚固，为了防止导线因风震而引起疲劳断股，锚线的水平张力不应超过导线保证计算拉断力的16%，锚固时同相子导线间的张力应稍有差异，使子导线在空间位置上下错开，与地面净空距离不应小于5m。

（9）张力放线、紧线及附件安装时，应防止导线损伤，在容易产生损伤处应采取有效的防止措施。导线损伤的处理应符合下列规定：

1）外层导线线股有轻微擦伤，其擦伤深度不超过单股直径的1/4，且截面积损伤不超过导电部分截面积的2%时，可不补修。用不粗于0号细砂纸磨光表面棱刺。

2）当导线损伤已超过轻微损伤，但在同一处损伤的强度损失尚不超过总拉断力的8.5%，且损伤截面积不超过导电部分截面积的12.5%时为中度损伤。中度损伤应采用补修管进行补修，补修时应符合上述规定。

3）有下列情况之一时定为严重损伤：① 强度损失超过保证计算拉断力的8.5%；② 截面积损伤超过导电部分截面积的12.5%；③ 损伤的范围超过一个补修管允许补修的范围；④ 钢芯有断股；⑤ 金钩、破股已使钢芯或内层线股形成无法修复的永久变形。

达到严重损伤时，应将损伤部分全部锯掉，用接续管将导线重新连接。

4. 连接

（1）不同金属、不同规格、不同绞制方向的导线或架空地线，严禁在一个耐张段内连接。

（2）当导线或架空地线采用液压或爆压连接时。操作人员必须经过培训及考试合格、持有操作许可证。连接完成并自检合格后，应在压接管上打上操作人员的钢印。

（3）导线或架空地线必须使用合格的电力金具配套接续管及耐张线夹进行连接，连接后的握着强度应在架线施工前进行试件试验。试件不得少于三组（允许接续管与耐张线夹合为一组试件）。其试验握着强度对液压及爆压都不得小于导线或架空地线设计使用拉断力的95%。

对小截面导线采用螺栓式耐张线夹及钳压管连接时，其试件应分别制作。螺栓式耐张线夹的握着强度不得小于导线设计使用拉断力的90%。钳压管直线连接的握着强度不得小于导线设计使用拉断力的95%。架空地线的连接强度应与导线相对应。

（4）采用液压连接，工期相近的不同工程，当采用同制造厂、同批量的导线、架空地线、接续管、耐张线夹及钢模完全没有变化时，可以免做重复性试验。

（5）导线切割及连接应符合下列规定：

1）切割导线铝股时严禁伤及钢芯。

2）切口应整齐。

3）导线及架空地线的连接部分不得有线股绞制不良、断股、缺股等缺陷。

4）连接后管口附近不得有明显的松股现象。

（6）采用钳压或液压连接导线时，导线连接部分外层铝股在洗擦后应薄薄地涂上一层电力复合脂，并应用细钢丝刷清刷表面氧化膜，应保留电力复合脂进行连接。

（7）各种接续管、耐张管及钢锚连接前必须测量管的内、外直径及管壁厚度，其质量应符合GB/T 2314《电力金具通用技术条件》的规定。不合格者，严禁使用。

（8）接续管及耐张线夹压接后应检查外观质量，并应符合下列规定：

1）用精度不低于0.1mm的游标卡尺测量压后尺寸，其允许偏差必须符合SDJ 276—1990《架空电力线路外爆压接施工工艺规程》或SDJ 226《架空送电线路导线及避雷线液压施工工艺规程》的规定。

2）飞边、毛刺及表面未超过允许的损伤，应锉平并用0号砂纸磨光。

3）爆压管爆后外观有下列情形之一者，应割断重接：① 管口外线材明显烧伤，断股。② 管体穿孔、裂缝。

4）弯曲度不得大于2%，有明显弯曲时应校直。

5）校直后的接续管如有裂纹，应割断重接。

6）裸露的钢管压后应涂防锈漆。

（9）在一个档距内每根导线或架空地线上只允许有一个接续管和三个补修管，当张力放线时不应超过两个补修管，并应满足下列规定：

1）各类管与耐张线夹出口间的距离不应小于15m。

2）接续管或补修管与悬垂线夹中心的距离不应小于5m。

3）接续管或补修管与间隔棒中心的距离不宜小于0.5m。

4）宜减少因损伤而增加的接续管。

（10）钳压的压口位置及操作顺序应按图6–9–1所示进行，连接后端头的绑线应保留。

（11）钳压管压口数及压后尺寸的数值必须符合表6–9–4的规定，压后尺寸允许偏差应为±0.5mm。

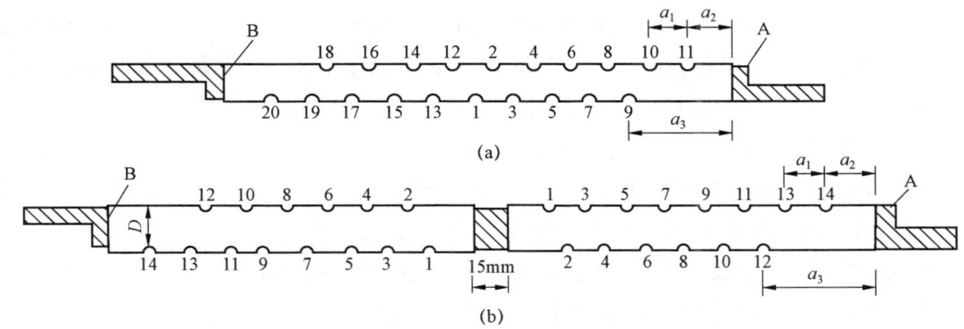

图 6–9–1　钳压管连接图

（a）LGJ–95/20 钢芯铝绞线；（b）LGJ–240/40 钢芯铝绞线

A—绑线；B—垫片；1、2、3、…—表示操作顺序

表 6–9–4　　钢芯铝绞线钳压压口数及压后尺寸

管型	适用导线		压模数	压后尺寸 D（mm）	钳压部位尺寸（mm）		
	型号	外径（mm）			a_1	a_2	a_3
JT–95/15	LGJ–95/15	13.61	20	29.0	54	61.5	142.5
JT–95/20	LGJ–95/20	13.87	20	29.0	54	61.5	142.5
JT–120/20	LGJ–120/20	15.07	24	33.0	62	67.5	160.5
JT–150/20	LGJ–150/20	16.67	24	33.6	64	70.0	166.0
JT–150/25	LGJ–150/25	17.10	24	36.0	64	70.0	166.0
JT–185/25	LGJ–185/25	18.88	26	39.0	66	74.5	173.5
JT–185/30	LGJ–185/30	18.90	26	39.0	66	74.5	173.5
JT–240/30	LGJ–240/30	21.60	14×2	43.0	62	68.5	161.5
JT–240/40	LGJ–240/40	21.66	14×2	43.0	62	68.5	161.5

（12）采用液压导线或架空地线的接续管、耐张线夹及补修管等连接时，必须符合 SDJ 226《架空送电线路导线及避雷线液压施工工艺规程》的规定。

（13）当采用爆压导线或架空地线的接续管、耐张线夹及补修管等连接时，必须符合 SDJ 276—1990《架空电力线路外爆压接施工工艺规程》的规定。

5. 紧线

（1）紧线施工应在基础混凝土强度达到设计规定，全紧线段内杆塔已经全部检查合格后方可进行。

（2）紧线施工前应根据施工荷载验算耐张型、转角型杆塔强度，必要时应装设临时拉线或进行补强。采用直线杆塔紧线时，应采用设计允许的杆塔做紧线临锚杆塔。

（3）弧垂观测档的选择应符合下列规定：

1）紧线段在 5 档及以下时靠近中间选择一档。

2）紧线段在 6～12 档时靠近两端各选择一档。

3）紧线段在 12 档以上时靠近两端及中间可选 3～4 档。

4）观测档宜选档距较大和悬挂点高差较小及接近代表档距的线档。

5）弧垂观测档的数量可以根据现场条件适当增加，但不得减少。

（4）观测弧垂时的实测温度应能代表导线或架空地线的温度，温度应在观测档内实测。

（5）挂线时对于孤立档、较小耐张段及大跨越的过牵引长度应符合设计要求；设计无要求时，应符合下列规定：

1）耐张段长度大于 300m 时过牵引长度不宜超过 200mm。

2）耐张段长度为 200～300m 时，过牵引长度不宜超过耐张段长度的 0.5‰。

3）耐张段长度为 200m 以内时，过牵引长度应根据导线的安全系数不小于 2 的规定进行控制，变电所进出口档除外。

4）大跨越档的过牵引值由设计验算确定。

（6）紧线弧垂在挂线后应随即在该观测档检查，其允许偏差应符合下列规定：

1）一般情况下弧垂允许偏差应符合表 6–9–5 的规定。

2）跨越通航河流的大跨越档弧垂允许偏差不应大于±1%，其正偏差不应超过 1m。

（7）导线或架空地线各相间的弧垂应力求一致，当满足上一条的弧垂允许偏差标准时，各相间弧垂的相对偏差最大值不应超过下列规定：

1）一般情况下相间弧垂允许偏差最大值应符合表 6–9–6 的规定。

表 6–9–5　　弧垂允许偏差

线路电压等级	110kV	220kV 及以上
允许偏差	+5%，–2.5%	±2.5%

注　对架空地线是指两水平排列的同型线间。

表 6–9–6　　相间弧垂允许偏差最大值

线路电压等级	110kV	220kV 及以上
相间弧垂允许偏差值（mm）	200	300

2）跨越通航河流大跨越档的相间弧垂最大允许偏差应为500mm。

（8）相分裂导线同相子导线的弧垂应力求一致，在满足上一条弧垂允许偏差标准时，其相对偏差应符合下列规定：

1）不安装间隔棒的垂直双分裂导线，同相子导线间的弧垂允许偏差为100mm。

2）安装间隔棒的其他形式分裂导线同相子导线的弧垂允许偏差应为220kV为80mm。

（9）架线后应测量导线对被跨越物的净空距离，计入导线蠕变伸长换算到最大弧垂时必须符合设计规定。

（10）连续上（下）山坡时的弧垂观测，当设计有规定时按设计规定观测。其允许偏差值应符合本节的有关规定。

6. 附件安装

（1）绝缘子安装前应逐个将表面清洗干净，并应逐个（串）进行外观检查。安装时应检查碗头、球头与弹簧销子之间的间隙。在安装好弹簧销子的情况下球头不得自碗头中脱出，验收前应清除瓷（玻璃）表面的污垢。有机复合绝缘子伞套的表面不允许有开裂、脱落、破损等现象，绝缘子的芯棒与端部附件不应有明显的歪斜。

（2）金具的镀锌层有局部碰损、剥落或缺锌，应除锈后补刷防锈漆。

（3）采用张力放线时，其耐张绝缘子串的挂线宜采用高空断线、平衡挂线法施工。

（4）为了防止导线或架空地线因风振而受损伤，弧垂合格后应及时安装附件。附件（包括间隔棒）安装时间不应超过5天。大跨越永久性防振装置难于立即安装时，应会同设计单位采用临时防振措施。

（5）附件安装时应采取防止工器具碰撞有机复合绝缘子伞套的措施，在安装中严禁踩踏有机复合绝缘子上下导线。

（6）悬垂线夹安装后，绝缘子串应垂直地平面，个别情况其顺线路方向与垂直位置的偏移角不应超过5°，且最大偏移值不应超过200mm。连续上、下山坡处杆塔上的悬垂线夹的安装位置应符合设计规定。

（7）绝缘子串、导线及架空地线上的各种金具上的螺栓、穿钉及弹簧销子，除有固定的穿向外，其余穿向应统一，并应符合下列规定：

1）单、双悬垂串上的弹簧销子均按线路方向穿入。使用W弹簧销子时，绝缘子大口均朝线路后方。使用R弹簧销子时，大口均朝线路前方。螺栓及穿钉凡能顺线路方向穿入者均按线路方向穿入，特殊情况两边线由内向外，中线由左向右穿入。

2）耐张串上的弹簧销子、螺栓及穿钉均由上向下穿；当使用W弹簧销子时，绝缘子大口均应向上；当使用R弹簧销子时，绝缘子大口均向下，特殊情况可由内向外，由左向右穿入。

3）分裂导线上的穿钉、螺栓均由线束外侧向内穿。

4）当穿入方向与当地运行单位要求不一致时，可按运行单位的要求，但应在开工前明确规定。

（8）金具上所用的闭口销的直径必须与孔径相配合，且弹力适度。

（9）各种类型的铝质绞线，在与金具的线夹夹紧时，除并沟线夹及使用预绞丝护线条外，安装时应在铝股外缠绕铝包带，缠绕时应符合下列规定：

1）铝包带应缠绕紧密，其缠绕方向应与外层铝股的绞制方向一致。

2）所缠铝包带应露出线夹，但不超过 10mm，其端头应回缠绕于线夹内压住。

（10）安装预绞丝护线条时，每条的中心与线夹中心应重合，对导线包裹应紧固。

（11）安装于导线或架空地线上的防振锤及阻尼线应与地面垂直，设计有特殊要求时应按设计要求安装。其安装距离偏差不应大于±30mm。

（12）分裂导线间隔棒的结构面应与导线垂直，安装时应测量次档距。杆塔两侧第一个间隔棒的安装距离偏差不应大于端次档距的±1.5%，其余不应大于次档距的±3%。各相间隔棒安装位置应相互一致。

（13）绝缘架空地线放电间隙的安装距离偏差，不应大于±2mm。

（14）柔性引流线应呈近似悬链线状自然下垂，其对杆塔及拉线等的电气间隙必须符合设计规定。使用压接引流线时其中间不得有接头。刚性引流线的安装应符合设计要求。

（15）铝制引流连板及并沟线夹的连接面应平整、光洁，安装应符合下列规定：

1）安装前应检查连接面是否平整，耐张线夹引流连板的光洁面必须与引流线夹连板的光洁面接触。

2）应用汽油洗擦连接面及导线表面污垢，并应涂上一层电力复合脂。用细钢丝刷清除有电力复合脂的表面氧化膜。

3）保留电力复合脂，并应逐个均匀地拧紧连接螺栓。螺栓的扭矩应符合该产品说明书的要求。

7. 光缆架设

（1）光缆盘运到现场后，应进行下列检查和验收：

1）光缆的品种、型号、规格。

2）光缆盘号。

3）光缆长度。

4）光纤衰减值（由指定的专业人员检测）。

5）光缆端头密封的防潮封口有无松脱现象。

（2）光缆盘应直立装卸、运输及存放，不得平放。

（3）光缆架线施工必须符合下列规定：

1）光缆架线施工必须采用张力放线方法。

2）选择放线区段长度应与光缆长度相适应。

（4）张力放线机主卷筒槽底直径不应小于光缆直径的 70 倍，且不得小于 1m。设计另有要求的除外。

（5）放线滑轮槽底直径不应小于光缆直径的 40 倍，且不得小于 500mm。滑轮槽应采用挂胶或其他韧性材料。滑轮的磨阻系数不应大于 1.015。设计另有要求的除外。

（6）牵张场的位置应保证进出线仰角满足制造厂要求。一般不宜大于 25°，其水平偏角应小于 7°。

（7）放线滑车在放线过程中，其包络角不得大于 60°。

（8）牵引绳与光纤复合架空地线的连接宜通过旋转连接器、防捻走板、专用编织套或出厂说明书要求连接。

（9）张力牵引过程中，初始速度应控制在 5m/min 以内。正常运转后牵引速度不宜超过 60m/min。

（10）应控制放线张力。在满足对交叉跨越物及地面距离时的情况下，尽量低张力展放。

（11）牵张设备必须可靠接地。牵引过程中导引绳和光纤复合架空地线必须挂接地滑车。

（12）牵张场临锚时光缆落地处必须有隔离保护措施，以保证光缆不得与地面接触。收余线时，禁止拖放。

（13）紧线时，必须使用专用夹具。

（14）光纤的熔接应由专业人员操作。

（15）光纤的熔接应符合下列要求：

1）剥离光纤的外层套管、骨架时不得损伤光纤。

2）防止光纤接线盒内有潮气或水分进入，安装接线盒时螺栓应紧固，橡皮封条必须安装到位。

3）光纤熔接后应进行接头光纤衰减值测试，不合格者应重接。

4）雨天、大风、沙尘或空气湿度过大时不应熔接。

（16）光缆引下线夹具的安装应保证光缆顺直、圆滑，不得有硬弯、折角。

（17）紧完线后，光缆在滑车中的停留时间不宜超过 48h。附件安装后，当不能立即接头时，光纤端头应做密封处理。

（18）附件安装前光缆必须接地。提线时与光缆接触的工具必须包橡胶或缠绕铝包带，不得以硬质工具接触光缆表面。

（19）施工全过程中，光纤复合架空地线的曲率半径不得小于设计和制造厂的规定。

（20）光缆的紧线、附件安装，除本规定外应符合上述 5 和 6 的有关规定。

（21）光纤复合架空地线在同一处损伤、强度损失不超过总拉断力的 17%时，应用光纤复合架空地线专用预绞丝补修。

二、导地线架设质量等级评定标准及检查方法

关于导地线架设质量等级评定标准及检查方法，在 DL/T 5168—2002《110～500kV 架空电力线路工程施工质量及评定规程》、DL/T 5235—2010《±800kV 及以下直流架空输电线路工程施工及验收规程》中作了详细描述，主要内容为：表 5.4.1 导线、避雷线展放质量等级评定标准及检查方法（线表）；表 5.4.2 导线、避雷线连接质量等级评定标准及检查方法（线表）；表 5.4.3 紧线质量等级评定标准及检查方法（线表）；表 5.4.4 附件安装质量等级评定标准及检查方法等四部分内容。需要说明的是，该规程所引用的 GB 233—1990《110～500kV 架空电力线路施工及验收规范》标准已废止，应将其更换为 GB 50233—2014《110～750kV 架空输电线路施工及验收规范》，本模块按照 DL/T 5168—2002 标准的表号全文引用上述四个表格，见表 6–9–7～表 6–9–10。

表 6–9–7　导地线展放质量等级评定标准及检查方法（线表）

序号	性质	检查（检验）项目	评级标准（允许偏差）		检查方法
			合　格	优　良	
1	关键	导地线规格	符合设计要求		与设计图纸核对，实物检查
2	关键	因施工损伤补修处理	符合 GB 50233—2005 第 7.2.3、7.2.5、7.3.9 条规定	平均每 5km 单回线路不超过 1 个，无损伤补修档大于 85%	检查记录，现场检查
3	关键	因施工损伤接续处理	符合 GB 50233—2005 第 7.2.4、7.2.5、7.3.9 条规定	平均每 5km 单回线路不超过 1 个，无损伤接续档大于 90%	检查记录，现场检查
4	关键	同一档内接续管与补修管数量	符合 GB 50233—2005 第 7.4.9 条规定	每线只允许各有一个	检查记录，现场检查
5	一般	压接管与线夹间隔棒间距	符合 GB 50233—2005 第 7.4.9 条规定	间距比 GB 50233—2005 规定的大 0.2 倍	检查记录，现场检查
6	外观	导地线外观质量	符合规定	无任何损伤导地线之处	检查记录，现场检查

注　该表引自 DL/T 5168—2002 表 5.4.1。

表 6–9–8 导地线连接质量等级评定标准及检查方法（线表）

序号	性质	检查（检验）项目	评级标准（允许偏差）		检查方法
			合　格	优　良	
1	关键	压接管规格、型号	符合设计和 GB 50233—2005 要求		与设计图纸核对
2	关键	耐张、直线压接管试验强度（%P_b）①	95		拉力试验
3	关键	压接后尺寸	符合 GB 50233—2005 要求或推荐值		游标卡尺量
4	关键	爆压后铝管表面烧伤	符合 GB 50233—2005 要求	无烧伤	观察
5	一般	压接后弯曲（%）	2	1.6	钢尺测量
6	外观	压接管表面质量	无起皱、无毛刺、防腐处理	整齐光洁，美观	观察

注　该表引自 DL/T 5168—2002 表 5.4.2。

①　P_b 为导线或避雷线的保证计算拉断力。

表 6–9–9 紧线质量等级标准及检查方法（线表）

序号	性质	检查（检验）项目		评级标准（允许偏差）		检查方法
				合　格	优　良	
1	关键	相位排列		符合设计要求		与设计图纸及现场标志核对
2	关键	对交叉跨越物及对地距离		符合设计要求		经纬仪测量
3	关键	耐张连接金具绝缘子规格、数量		符合设计要求		与设计图纸核对
4	重要	导地线弧垂（紧线时）	110kV（%）	+5，–2.5	+4，–2	经纬仪和钢尺弛度板
			220kV 及以上（%）	±2.5	±2	
			大跨越（%）	±1（最大 1m）	±0.8（最大 0.8m）	
5	重要	导地线相间弧垂偏差（mm）	110kV	200	150	经纬仪和钢尺弛度板
			220kV 及以上	300	250	
			大跨越	500	400	
6	一般	同相子导线间弧垂偏差（mm）		无间隔棒双分裂导线	+100	经纬仪和钢尺弛度板
				有间隔棒其他分裂形式导线 220kV 330～500kV	80 50	
7	外观	导地线弧垂		符合设计要求	线间距均匀协调美观	观察

注　该表引自 DL/T 5168—2002 表 5.4.3。

表 6–9–10　　附件安装质量等级评定标准及检查方法（线表）

<table>
<tr><th rowspan="2">序号</th><th rowspan="2">性质</th><th rowspan="2" colspan="2">检查（检验）项目</th><th colspan="2">评级标准（允许偏差）</th><th rowspan="2">检查方法</th></tr>
<tr><th>合 格</th><th>优 良</th></tr>
<tr><td>1</td><td>关键</td><td colspan="2">金具及间隔棒规格、数量</td><td colspan="2">符合设计和 GB 50233—2005 要求</td><td>与设计图纸核对</td></tr>
<tr><td>2</td><td>关键</td><td colspan="2">跳线及带电导体对杆塔电气间隙</td><td colspan="2">符合设计和 GB 50233—2005 要求</td><td>钢尺测量</td></tr>
<tr><td>3</td><td>关键</td><td colspan="2">跳线连接板及并沟线夹连接</td><td>符合 GB 50233—2005 第 7.6.15 条要求</td><td>平整光洁</td><td>检查螺栓紧固</td></tr>
<tr><td>4</td><td>关键</td><td colspan="2">开口销及弹簧销</td><td>符合设计要求</td><td>齐全并开口</td><td>现场检查</td></tr>
<tr><td>5</td><td>关键</td><td colspan="2">绝缘子的规格、数量</td><td>符合设计和 GB 50233—2005 要求</td><td>干净、无损伤</td><td>用 5000V 绝缘电阻表在安装前测试</td></tr>
<tr><td>6</td><td>重要</td><td colspan="2">跳线制作</td><td>符合 GB 50233—2005 要求</td><td>曲线平滑美观，无歪扭</td><td>观察</td></tr>
<tr><td>7</td><td>重要</td><td colspan="2">悬垂绝缘子串倾斜</td><td>5°（最大 200mm）</td><td>4°（最大 150mm）</td><td>经纬仪观测及钢尺测量</td></tr>
<tr><td>8</td><td>重要</td><td colspan="2">防振锤及阻尼线安装距离</td><td>±30</td><td>±24</td><td>钢尺测量</td></tr>
<tr><td>9</td><td>重要</td><td colspan="2">铝包带缠绕</td><td>符合 GB 50233—2005 第 7.6.9 条要求</td><td>统一、美观</td><td>观察</td></tr>
<tr><td>10</td><td>重要</td><td colspan="2">绝缘避雷线放电间隙（mm）</td><td colspan="2">±2</td><td rowspan="4">钢尺测量</td></tr>
<tr><td rowspan="2">11</td><td rowspan="2">一般</td><td rowspan="2">间隔棒安装位置</td><td>第一个（% l′[①]）</td><td>±1.5</td><td>±1.2</td></tr>
<tr><td>中间（% l′）</td><td>±3.0</td><td>±2.4</td></tr>
<tr><td>12</td><td>一般</td><td colspan="2">屏蔽环、均压环绝缘间隙</td><td>±10</td><td>±8</td></tr>
<tr><td>13</td><td>外观</td><td colspan="2">瓷瓶开口销子螺栓及弹簧销穿入方向</td><td>符合 GB 50233—2005 第 7.6.7 条规定</td><td>穿向一致、整齐美观</td><td>望远镜观察</td></tr>
</table>

注　该表引自 DL/T 5168—2002 表 5.4.4。

①　l′ 是指次档距。

【思考与练习】

1. 放线的一般规定有哪些？
2. 什么情况下采用张力放线？
3. 导地线连接应遵守哪些规定？
4. 导地线连接质量等级评定有哪些关键项目？

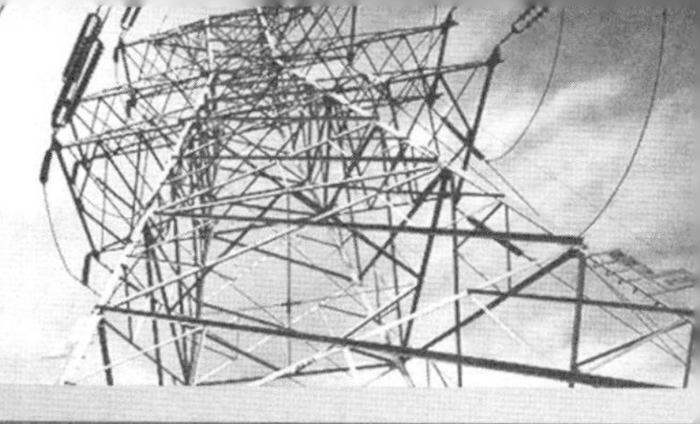

第七章

接地工程施工

模块1　接地体埋置（Z05F4001Ⅰ）

【模块描述】本模块包含接地体埋置形式、土壤电阻率及其杆塔接地电阻等内容。通过内容介绍、流程讲解，了解接地体的埋置形式，熟悉各类土壤的土壤电阻率及其与杆塔工频接地电阻之间的关系，掌握大跨越塔接地电阻的要求。

【模块内容】

一、作业内容

接地体埋置形式有单杆及单基础铁塔水平敷设接地装置、双杆水平敷设接地装置和铁塔水平敷设接地装置。

1. 单杆及单基础铁塔水平敷设接地装置

单杆及单基础铁塔水平敷设接地装置正面及平面图如图7–1–1所示。

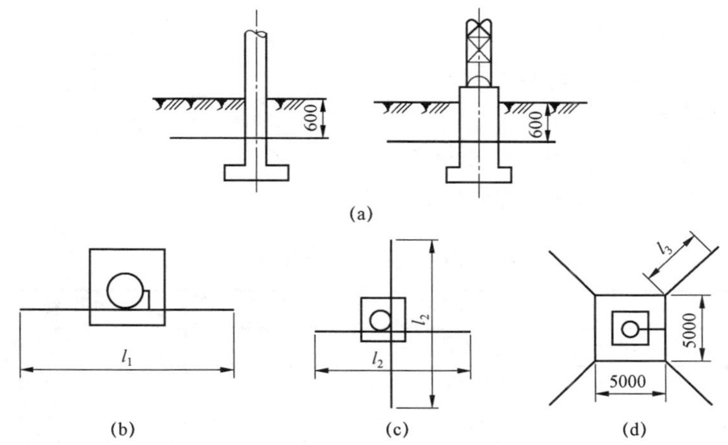

图7–1–1　单杆及单基础铁塔水平敷设接地装置图

（a）单杆及单基础铁塔水平敷设接地装置正面图；（b）、（c）、（d）单杆及单基础铁塔水平敷设接地装置平面图

l_1，l_2，l_3—接地体长度

2. 双杆水平敷设接地装置

双杆水平敷设接地装置正面及平面如图 7–1–2 所示。

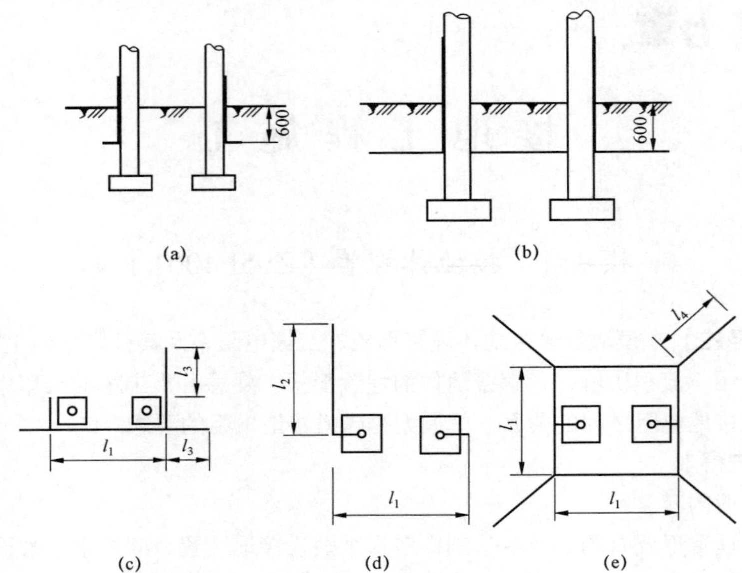

图 7–1–2 双杆水平敷设接地装置正面及平面图

（a）、（b）双杆水平敷设接地装置正面图

（c）、（d）、（e）双杆水平敷设接地装置平面图

3. 铁塔水平敷设接地装置

铁塔水平敷设接地装置如图 7–1–3 所示。

二、作业前准备

1. 判断杆塔基础所在地区的土壤电阻率

工程设计中，各类土壤的电阻率见表 7–1–1。

表 7–1–1　　常用土壤计算用电阻率

土 壤 类 别	电阻率（Ω·m）
耕土、腐植土、黏土、淤泥、黑土、泥沼地带、盐渍土	1×10^2
石质黏土、潮湿沙土、黄土、细沙混合土、亚沙土、亚黏土	3×10^2
湿砂、风化砂、砂质土壤、砾石混合砂土、河砂淤积土	6×10^2
砂子（干砂）、含有卵石和碎石的砂土、含硬质砂岩的亚黏土	10×10^2
卵石、碎石、风化岩石、风化泥质页岩	20×10^2
花岗岩、石英岩、石灰岩	20×10^2 以上

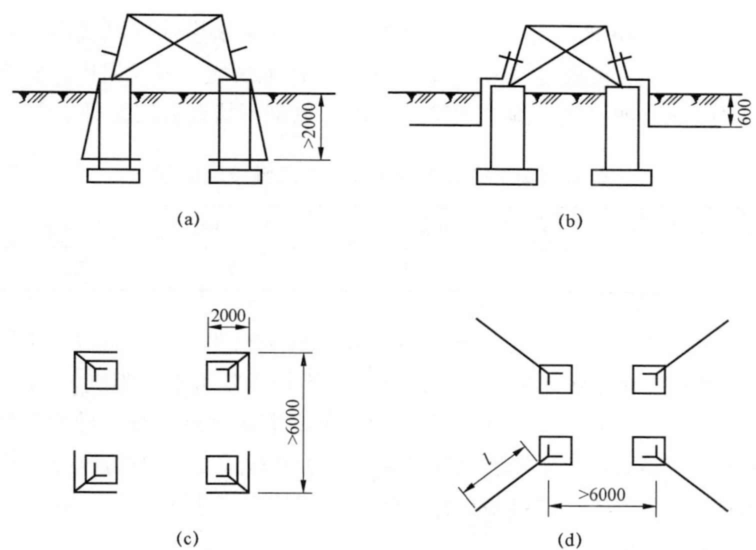

图 7–1–3　铁塔水平敷设接地装置图

（a）、（b）接地装置正面图；（c）、（d）接地装置平面图

计算防雷接地装置所采用的土壤电阻率，GB/T 50064《交流电气装置的过电压保护及绝缘配合设计规范》规定，应取雷季中最大可能的数值，建议按式（7–1–1）计算

$$\rho = \rho_0 \psi \tag{7–1–1}$$

式中　ρ——土壤电阻率，Ω·m；

ρ_0——雷季中无雨水时所测得的土壤电阻率，Ω·m；

ψ——考虑土壤干燥所取的季节系数。

季节系数ψ根据规程规定，可采用表 7–1–2 所列数据。测定土壤电阻率时，如土壤比较干燥，则应采用表中较小值，如比较潮湿，则应采用较大值。

表 7–1–2　　防雷接地装置的季节系数ψ

埋深（m）	ψ	
	水平接地体	2～3m 的垂直接地体
0.5	1.4～1.8	1.2～1.4
0.8～1.0	1.25～1.45	1.15～1.3
2.5～3.0（深埋接地体）	1.0～1.1	1.0～1.1

2. 根据土壤电阻率与杆塔工频接地电阻确定接地体型式

（1）在土壤电阻率$\rho \leqslant 100\Omega \cdot m$ 的潮湿地区，塔的自然接地电阻不大于表 7–1–3

的规定，可利用铁塔和钢筋混凝土杆的自然接地（包括铁塔基础以及钢筋混凝土杆埋入地中的杆段和底盘、拉线盘等），不必另设人工接地装置，但发电厂、变电站的进线段除外。在居民区，如自然接地电阻符合要求，也可不另设人工接地装置。

表 7-1-3　　有避雷线架空输电线路杆塔的工频接地电阻

土壤电阻率ρ（Ω·m）	100 及以下	100～500	500～1000	1000～2000	2000 以上
工频接地电阻（Ω）	10	15	20	25	30

（2）如土壤电阻率很高，接地电阻很难降低到 30Ω 时，可采用 6～8 根总长不超过 500m 的放射形接地体或连续伸长接地体，其接地电阻可不受限制。

（3）在 $100<\rho\leqslant 300\Omega\cdot m$ 的地区，除利用杆塔和钢筋混凝土杆的自然接地外，还应加设人工接地装置。接地体埋设深度不宜小于 0.6m。在 $300<\rho\leqslant 2000\Omega\cdot m$ 的地区。一般采用水平敷设的接地装置，接地体埋设深度不宜小于 0.5m。在耕地中的接地体，应埋设在耕作深度以下。

（4）在$\rho>2000\Omega\cdot m$ 的地区，可采用 6～8 根总长度不超过 500m 的放射形接地体，或连续伸长接地体。放射形接地体可采用长短结合的方式。接地体埋设深度不宜小于 0.3m。

（5）大跨越高塔为了减少接地电阻值，常采用两个接地装置的形式，一个接地装置是环型与放射型组合型的外接地装置；另一个接地装置是利用基础的钢筋（如灌注桩的钢筋）作为接地体，称为内接地装置，这两个接地装置分别用接地引下线接在铁塔塔脚的角钢处。

三、危险点分析与控制措施

接地体埋置过程中存在的危险点有以下两点。

（1）挖破地下管线，造成触电。控制方法是进行土石方开挖前应调查清地下管线情况，防止损坏其他管线，造成人员触电伤害。

（2）爆破施工危险点：炸药和雷管保管、使用不当，爆炸伤人。

针对以上危险点的控制措施如下：

（1）爆破工作必须由有爆破资质的人员担任。

（2）爆破施工必须有专人指挥，设置警戒员，防止危险区内有人通行或逗留。

（3）装填炸药时不得使炸药、雷管受到强烈冲击挤压。

（4）雷管和导火索连接时，应使用专用的钳子夹雷管口，严禁碰雷汞部分和用牙咬雷管。

（5）在强电场下严禁用电雷管。

（6）使用电雷管时，起爆器由专人保管，电源由专人控制，闸刀箱应上锁；放爆前严禁将点火钥匙插入起爆器；引爆电雷管应使用绝缘良好的导线，其长度不得小于安全距离，电雷管接线前，其脚线必须短接。

（7）使用的导火索要有足够的长度，点火后点火人员要迅速离开危险区；如需在坑内点火时，应事先考虑好点火人能迅速撤离坑内的措施。

（8）遇有哑炮时，应等 20min 后再去处理，不得从炮眼中抽取雷管和炸药；重新打眼时深眼要离原眼 0.6m，浅眼要离原眼 0.3～0.4m，并与原眼方向平行。

（9）爆破时应考虑对周围建筑物、电力线、通信线等设施的影响，必要时采取保护措施。

四、作业步骤质量标准

（一）接地沟位置测定及开挖

（1）根据设计图纸，进行接地沟位置测定。

（2）因避开道路、地下管道、电缆和岩石等障碍物必须改变接地沟的形状时，应符合以下要求：

1）接地装置为环型的改变后仍为环型。

2）接地装置为放射型的，改变后可不受限制，但应尽量减少弯曲。

3）若不能按设计图纸开挖接地沟敷设接地体，应根据具体情况，在施工记录上绘制接地装置敷设简图，并标明其位置和尺寸。

4）在倾斜地形应按等高线开挖接地沟，避免被雨水冲刷或受其他侵害。

（3）确定沟位置后，即可进行接地槽开挖。接地沟的开挖应按下列要求进行：

1）挖掘深度应符合设计要求。挖掘宽度以方便挖掘和敷设为原则，一般为 0.3～0.4m。

2）接地沟应尽量减少弯曲。

3）挖掘方法可采用人工挖掘或爆破施工，可根据现场具体情况确定。

4）接地沟底面应平整，并清除沟中一切可能影响接地体与土壤接触的杂物。

（二）接地体敷设

1. 接地体的敷设步骤

（1）检查接地槽的深度是否符合设计规定。

（2）对接地体进行质量检查和必要的调整工作，连接焊口不得有开焊或裂纹等缺陷，否则应进行补焊。

（3）按设计的接地型式敷设接地体，接地体为扁钢时，则扁钢应立放。

（4）带有垂直接地极的接地装置，应先将接地极打入土壤中，然后再进行接地带和极管的连接（焊接）。打入极管的方法如下：

1）置接地极于指定的位置上，使用适当夹具扶正接地极；扶接地极者应站锤击方向的侧面，防止误击或击偏伤人。

2）锤击接地极，将接地极打入土壤至要求的深度为止。当利用大锤打击时，应先检查锤头是否牢靠，锤把是否结实，禁止使用不符合安全要求者；开始打击时，应轻轻进行，待接地极稳定后再用力。

2. 接地体的敷设要求

（1）接地体的规格及埋深不应小于设计规定。

（2）接地体敷设后，应保持平直，不得有明显的弯曲、裂纹等缺陷。

（3）采用扁钢接地体时，应将扁钢置于沟内，采用打入式垂直接地体时应垂直打入，并防止晃动。

五、注意事项

（1）接地沟位置在测定时，应尽量避开道路、地下管道和电缆等建筑物。

（2）不能按原设计图形敷设接地体时，应在施工记录上绘制接地装置敷设简图。

（3）敷设水平接地体时，在倾斜地形宜沿等高线敷设，两接地体间的平行距离不应小于 5m。

（4）挖好接地槽后，应及时敷设接地体和培土夯实。

【思考与练习】

1. 画出单杆及单基础铁塔水平敷设的接地装置正面图和平面图。
2. 画出双杆水平敷设接地装置的正面图及平面图。
3. 画出铁塔水平敷设接地装置的正面图及平面图。
4. 如何敷设接地体？接地体敷设有什么要求？

◢ 模块 2 降阻剂应用（Z05F4002 Ⅰ）

【模块描述】本模块涵盖降阻剂类型、降阻剂的埋设等。通过内容介绍、流程讲解，熟悉各类降阻剂的降阻机理，掌握降阻剂的使用方法。

【模块内容】

一、作业内容

（一）降阻剂类型

1. 物理降阻剂

（1）组成：由电解质、固化剂、导电混凝土和填充材料等组成，是一种黑色优质矿物复合材料，如图 7–2–1 所示。含有大量的半导体元素和钾、钙、铝、铁、钛等金属化合物。

（2）主要技术参数、性能。

图 7–2–1　物理降阻剂

1）降电阻率：60%～90%（土壤电阻率越高，降电阻越显著）。

2）稳定性：有效期 25 年以上。

3）保水性、吸水性高。

4）温度适应范围：–40～1000℃试样不爆裂，无自然和焦化物产生。

5）pH 值：7～8.5。

6）表面凝固时间：15～45min。

7）密度：干密度 1.05g/cm^3，湿密度 1.4～1.6g/cm^3。

2. 降阻原理

降阻剂中的高分子有机物与强电解质等混合，加入固化剂后，发生化学反应，生成固、液共存状态的硬化树脂凝胶体，强电解质水溶液被网络结构的高分子所包围，不易溶解和流失，因此形成良好的导电性，同时由于降阻剂具有像水一样的流动性，在施工浇筑后，形成一个很强的密实体，产生了较好的“树枝效应”，有效地扩大了导体与土壤的接触面积，进一步降低了接触电阻。从而，使接地装置的接地电阻得到降低。

（二）接地模块

1. 接地模块的组成

以 TK 系列为例，它是由一种以碳素材料为主体的导电性、稳定性较好的非金属矿物质组成。TK 系列接地模块分为 TK—01 三孔三棱形、三孔六棱形、实心六棱形、圆柱形等各种型号。TK—02 为方形接地模块。TK—01 型净重为 60kg，TK—02 型净重为 24kg。TK 系列降阻模块外形如图 7–2–2 所示。

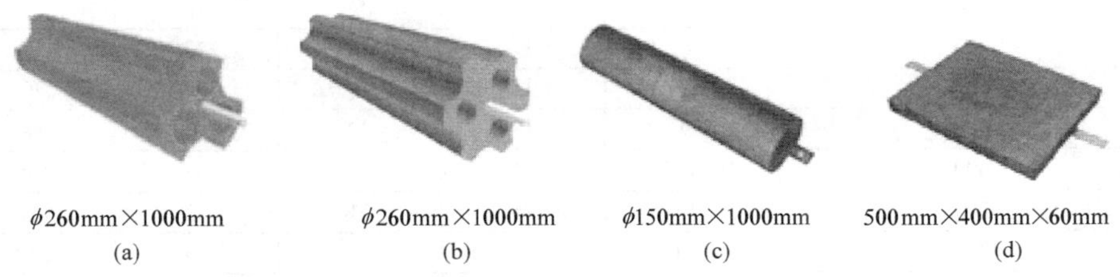

图 7–2–2　TK 系列降阻模块

（a）三孔六棱形；（b）实心六棱形；（c）圆柱形；（d）方形

2. 接地模块的降阻原理

接地模块埋入大地后，其中的非金属材料与大地构成一个接触良好的整体。一方面它能够与土壤紧密接触，扩大散流面积，降低与土壤间的接触电阻；另一方面它向周围土壤孔隙中流动渗透，降低周围土壤电阻率，在接地体四周形成一个电阻率变化平缓的低电阻区域，使整个地网接地电阻显著降低。由于 TK 系列接地模块具有很强的保湿性、吸湿性和稳定的导电性，金属接地体通过外围的非金属的模块材料与大地的接触电阻将大大减小，达到良好的降阻作用。

二、作业前准备

1. 材料用量的确定

（1）物理降阻剂用量视不同土壤而定，在接地体上应敷设5～15cm厚度的降阻剂，推荐用量如下：

1）水平敷设的接地体降阻剂用量：当土壤电阻率 $\rho \leqslant 500\Omega \cdot m$ 时，用量为 10～15kg/m；当土壤电阻率 $500 < \rho \leqslant 1000\Omega \cdot m$ 时，用量为 15～20kg/m；当土壤电阻率 $1000 < \rho \leqslant 2000\Omega \cdot m$ 时；用量为 20～30kg/m；当土壤电阻率 $\rho > 2000\Omega \cdot m$ 时，用量为 30～35kg/m。

2）垂直敷设的接地体降祖剂用量：当土壤电阻率 $\rho \leqslant 500\Omega \cdot m$ 时，用量为 12～16kg/m；当土壤电阻率 $500 < \rho \leqslant 1000\Omega \cdot m$ 时，用量为 16～22kg/m；当土壤电阻率 $1000 < \rho \leqslant 2000\Omega \cdot m$ 时；用量为 22～32kg/m；当土壤电阻率 $\rho > 2000\Omega \cdot m$ 时，用量为 32～40kg/m。

（2）高分子化学降阻剂用量：垂直接地极用量为 50L；水平接地极用量 25L。

（3）接地模块的用量视土壤电阻率及接地电阻数值而定，推荐用量见表 7–2–1。

表 7–2–1　　接 地 模 块 用 量　　块

接地电阻值（Ω） 土壤电阻率（Ω·m）	10	5	4	2	1
100	2	4	5	9	18
200	4	7	9	18	35
300	6	11	14	27	53
400	7	14	18	35	70
500	9	18	22	44	88
600	11	21	27	53	105
700	13	25	31	62	123
800	14	28	35	70	140
900	16	32	40	79	158
1000	18	35	44	88	175

2. 施工前检查

（1）降阻剂应是同一品牌、同一型号的产品。

（2）水清无污染，水中无泥沙等杂质。

三、作业步骤、质量标准

（一）物理降阻剂的施工

1. 采用水平接地体时物理降阻剂的施工

（1）挖 0.8～1.2m 深的水平长坑，其长度按接地体长度而定，在沟底部形成 200mm×200mm 的凹槽，接地体部分用小金属或钢筋头支起，然后将接地引下线按设计要求涂刷防锈漆。

（2）现场将降阻剂料、水按 3:2 的比例放在一大口容器中搅拌均匀，拌成浆糊状后倒入已放好接地体的坑中（切记不可固化后放入），待降阻剂表面凝固后，在靠近降阻剂表面处填上约 0.3m 厚的细土，再填其他土并夯实。采用水平接地体时物理降阻剂的施工图如图 7–2–3 所示。

2. 采用垂直接地体时物理降阻剂的施工

（1）人工开挖一大口接地坑，将加工好的钢管作为外模放入接地坑中，再把接地极放在钢模中央，使它们处于垂直位置，钢模外用细土回填。

（2）按水平接地体调制降阻剂方法将降阻剂调制好，调好后将其倒入钢模与接地极之间，然后用起重机向上将钢模拉出，再浇水夯实。采用垂直接地体时物理降阻剂的施工方法如图 7–2–4 所示。

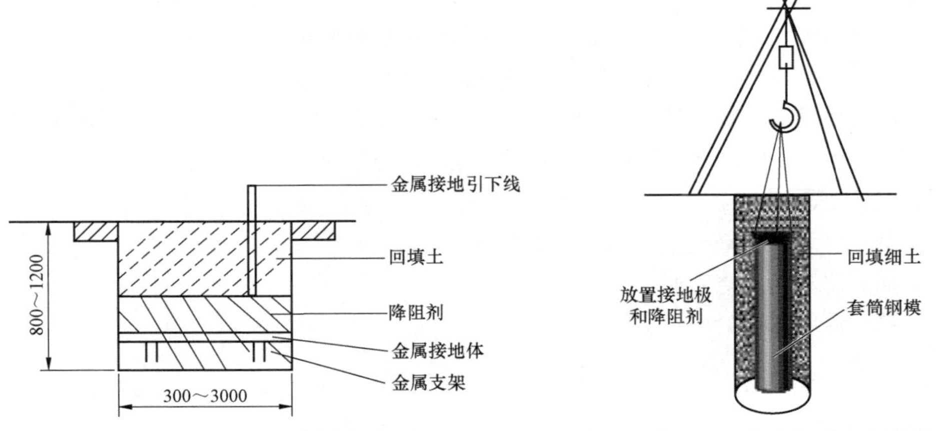

图 7–2–3　水平接地体降阻剂施工图　　图 7–2–4　敷设垂直接地极降阻剂的施工图

3. 回填及测试

回填上层土壤并夯实，恢复地面形状。24h 后可进行接地电阻的定性测试，一周后，可进行接地电阻的稳定测试。

（二）接地模块的施工

1. 接地极

按图 7–2–5 所示，将深 2.5m 直径 1m 的接地极坑挖好，再将接地模块插在坑中央，焊接好接地引线与接地模块的接地极，然后盖上细土用力踩实后，再用原土回填。

2. 水平接地带

按图 7–2–6 所示挖好深 1m、宽 0.5m 的水平接地沟，铺设好接地模块，扁钢接头部分用焊接焊牢。焊接长度为 0.08m，再在其上盖上细土，用力夯实，然后用原土回填。

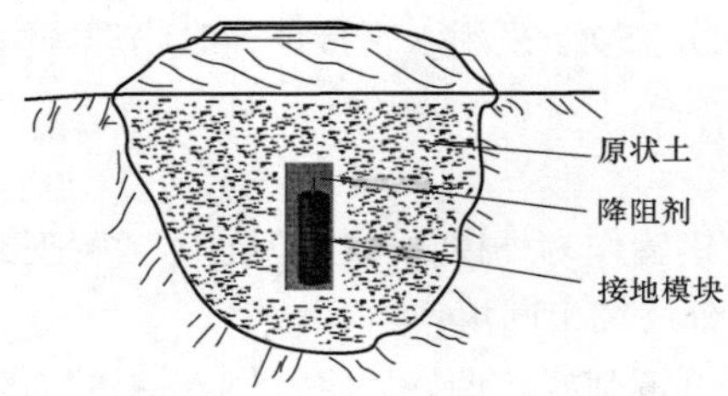

图 7–2–5 接地极接地模块施工图

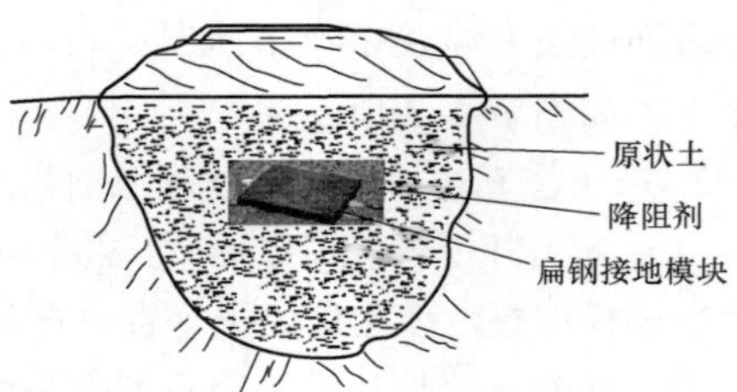

图 7–2–6 水平接地带接地模块施工图

四、注意事项

（1）无论是采用降阻剂还是采用降阻模块，都应将接地装置埋在冻土层以下。

（2）接地模块的扁钢应焊接牢靠，焊接部位应被降阻剂包围。

（3）回填土时，不能用力过度，以防原土或沙土掺入降阻剂内。

（4）接地模块在铺设时一定要轻拿轻放，以防接地模块在铺设过程中断裂、破损。

（5）接地扁钢引出地面部分，要采用涂底漆的方法进行防腐处理。

【思考与练习】

1. 降低杆塔的接地电阻有哪些方法？
2. 简述降阻剂的降阻原理。
3. 简述降阻模块的降阻原理。
4. 简述物理降阻剂的埋设方法。

◢ 模块 3 接地装置施工（Z05F4003 Ⅰ）

【模块描述】本模块包含接地装置的材料、敷设、连接、回填等。通过内容介绍、流程讲解，掌握接地装置施工方法及要求。

【模块内容】

一、作业内容

1. 接地装置的材料

接地装置是由接地体及接地引线两部分组成，对这两部分的要求：

（1）接地体的材料要求。

1）接地体的材料一般采用钢材。

2）人工接地体水平敷设的可采用圆钢、扁钢，垂直敷设的可采用角钢、钢管、圆钢等。

3）接地体的导体截面应符合热稳定与均压的要求，且不应小于表 7–3–1 所列规格。

表 7–3–1 钢接地体和接地引下线的最小规格

种类	规格及单位	地上（屋外）	地下
圆钢	直径（mm）	8	8/10
扁钢	截面（mm^2）	48	48
	厚度（mm）	4	4
角钢	厚度（mm）	2.5	4
钢管	管壁厚度（mm）	2.5	3.5/2.5

注 1. 电力线路杆塔的接地体引下线截面积不应小于 $50mm^2$，并应热镀锌。
2. 地下部分圆钢直径，分子对应于架空线，分母对应于发电厂及变电站。钢管壁厚：分子对应于埋于土壤，分母对应于埋于室内素混凝土地坪中。

4）敷设在腐蚀性较强场所的接地体，应根据腐蚀的性质采取热镀锡、热镀锌等防腐措施，或适当加大截面。

5）对非腐蚀性地区，一般采用有 ϕ10mm 圆钢作接地体。

（2）接地引下线材料要求。

1）在实际线路工程中，接地引下线采用 ϕ12mm 圆钢。

2）接地体引下线的截面不应小于表 7–3–1 的规定。

3）接地引下线应与钢筋混凝土杆的避雷线支架、导线横担有可靠的电气连接。

4）利用钢筋兼作接地引下线的钢筋混凝土杆，其钢筋与接地螺母、铁横担或瓷横担的固定部分应有可靠的电气连接。外敷的接地引下线可采用镀锌钢绞线，其截面不应小于 $50mm^2$。

2. 接地体敷设、连接及回填

接地体敷设的内容已在模块 1 中作过介绍。接地体的连接有焊接及爆炸压接。当接地体敷设、连接完成后即可进行地槽的回填。

二、作业前准备

（1）按设计规定准备好合格的接地装置材料。

（2）选用合格的施工工具并进行检查，合格后方可使用。接地装置施工所需用的主要工具有钢筋加工机、电焊机、配电箱、氧气瓶、乙炔瓶、锹、镐、钢丝钳、扳手等。

（3）检查接地体、接地引线是否已按要求敷设完毕，降阻措施是否符合规定。

（4）接地装置施工应准备齐全施工技术资料。接地装置施工的人员应经过技术交底，并熟练掌握接地装置施工技术。焊工应由考试合格的正式工担任。

三、危险点分析与控制措施

接地装置施工过程中存在的危险点如下：

（1）进行接地体、接地引线连接时爆炸伤人、烧伤及触电。控制措施如下：

1）焊接工作必须由有资质证的人员担任。

2）禁止使用有缺陷的电焊工具和设备，防止电焊机、电源线和焊把漏电。

3）运输和放置氧气瓶时应套配橡皮圈，防止滚动和暴晒等引起爆炸。

4）焊接时，焊工应穿帆布工作服，戴工作帽，上衣不准扎在裤子里，口袋须有遮盖，脚面应有鞋罩，戴防护皮手套，戴防护目镜。

5）进行焊接工作时，必须设有防止金属渣飞溅的措施。

（2）工具、材料伤人。控制措施如下：

1）现场埋设接地体时防止弹伤脸和眼睛。

2）挖地槽时注意防止尖镐伤脚或磕伤手。

四、作业步骤和质量标准

1. 接地体的连接

接地装置的连接必须可靠，除设计规定断开处用螺栓连接外，其他均应用焊接或爆压连接，并应将连接处的铁锈等附着物清理干净。

（1）焊接连接：

1）焊接操作要点应遵守焊接施工操作规程。

2）搭接长度：圆钢为直径的6倍，并双面施焊；扁钢带为其宽度的两倍，并应四面施焊。

3）带有垂直极管的接地装置，垂直极管与钢带或圆钢的连接应按设计规定进行，若设计无规定时，可按图7–3–1所示的连接方式进行。

（2）爆炸压接的连接宜在现场进行，并符合下列规定：

1）爆炸压接连接操作应遵守外爆压接施工工艺规程的有关规定。

2）爆压管壁厚不得小于 3mm，长度不得小于：当采用搭接时，为圆钢直径的 10 倍；当采用对接时，为圆钢直径的 20 倍，如图 7–3–2 所示。

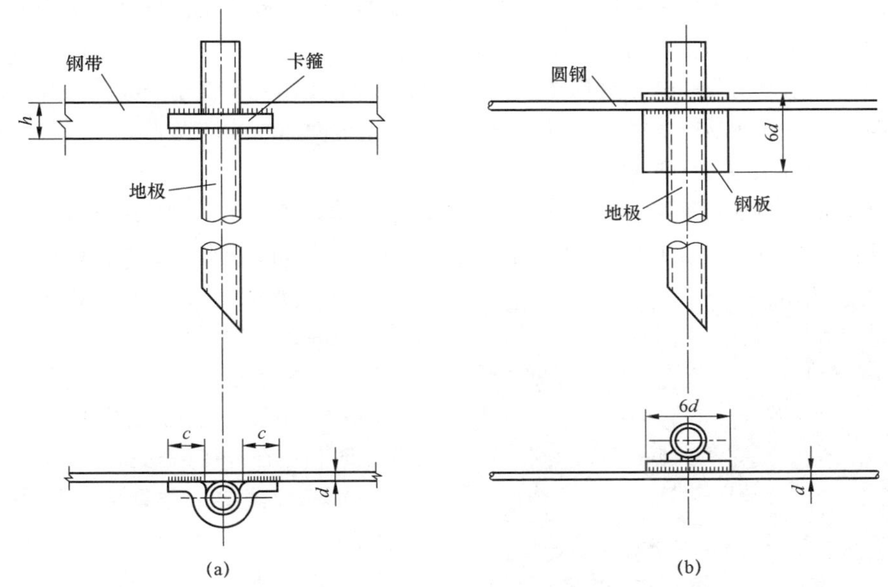

图 7–3–1　垂直极管与钢带或圆钢的连接

（a）垂直极管与钢带的连接；（b）垂直极管与圆钢的连接

h—钢带宽度；c—卡箍伸出部分的宽度；d—接地体直径

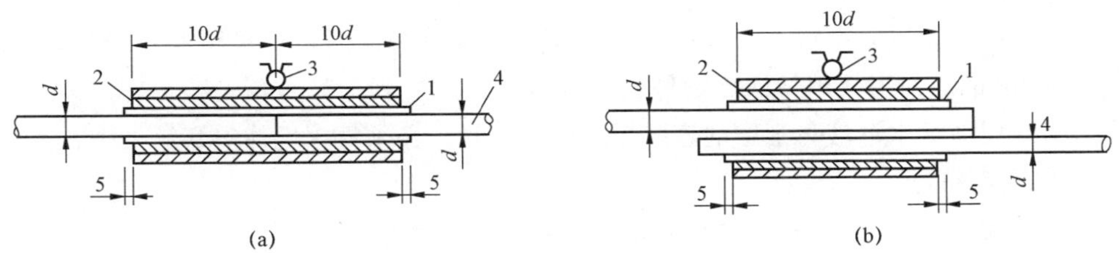

图 7–3–2　爆压连接圆钢示意图（单位：mm）

（a）圆钢对接爆压；（b）圆钢搭接爆压

1—钢管；2—炸药包；3—雷管；4—圆钢；5—炸药边线到压接管边线的距离；d—圆钢直径

接地装置加工后，应妥善保管，并在施工前按照各桩号设计型式运往现场。在运输中，应谨慎装卸，避免焊缝损坏或出现不易修复的硬弯。

接地引下线与杆塔的连接应接触良好，并应便于打开测量接地电阻。当引下线直接从架空避雷线引下时，引下线应紧靠杆身，并应每隔一定距离与杆身固定一次。

2. 接地体的回填土

（1）接地沟的回填土应尽量使用好土，土中不得掺杂石块、树根和其他杂物。对于在山区地带，如无好土回填则应将接地体周围200～300mm范围内从其他地方运来好土回填。冻土块应打碎后再回填。

（2）回填土必须夯实，并应依次夯打。回填后，应留有不低于100mm高的防沉层（回填冻土及不易夯实的土壤时，防沉层应高出地面200mm）。

3. 接地体引下线的连接

接地体引下线应采用热镀锌导体，下端与接地体焊在一起，上端用连板与杆塔用螺栓连接，如图7–3–3所示。接地引下线及其地下300mm部分，必须做防腐处理。为了测量接地装置的接地电阻，引下线应在设计规定的位置预留断开处。

图7–3–3 接地引下线与杆塔连接方式图

五、注意事项

（1）在山区，当接地槽需要采用爆破法施工时，应在杆塔组立前完成。

（2）深埋式接地装置应和杆塔施工同时完成。

（3）在雷雨季节，接地装置的施工应在架线前完成。

（4）接地装置的施工应遵照设计单位确定的措施施工。

（5）如土壤电阻率很高，接地电阻很难降到30Ω以下时，可采用6～8根总长不超过500m的放射形接地体或连续伸长接地体。

（6）用盐类水溶液与土壤混合降低接地电阻时，必须将接地体热镀锌处理。

【思考与练习】

1. 对接地体和接地引下线材料有哪些要求？

2. 接地装置施工过程中存在哪些危险点？如何控制？

3. 接地体的连接有哪几种方法？接地体焊接应符合哪些规定？接地体爆炸压接应符合哪些规定？

4. 接地体的引下线如何连接？接地体的回填土时应遵守哪些规定？

模块4 接地电阻及土壤电阻率测量（Z05F4004Ⅰ）

【模块描述】本模块包含接地电阻及土壤电阻率测量等。通过内容介绍、图形示例、流程讲解，熟悉土壤电阻率的测量方法，掌握接地电阻的测量方法。

【模块内容】

一、作业内容

1. 杆塔接地电阻测量

杆塔接地电阻测量的目的是检查杆塔接地电阻是否合格，是否能保证当线路产生雷击过电压时能迅速将雷电流泄入大地，从而使线路不遭受过电压的危害。

杆塔接地电阻测量方法很多，本书主要介绍普遍使用的 ZC—8 型接地电阻测量仪测接地电阻及数字式钳型接地电阻测试器测接地电阻。ZC—8 型接地电阻测量仪外形及结构如图 7–4–1 所示，钳型接地电阻测试仪结构如图 7–4–2 所示。

其中，测量钳口可张合，用于钳绕被测接地线；（POWER）为电源开关按钮，控制电源的接通及断开；（HOLD）为保持按钮，按此钮可保持仪表的读数，再按一次则脱离 HOLD 状态；数字（液晶）显示屏用于显示测量结果以及其他功能符号；钳柄可控制钳口的张合；测试环用于检验钳型接地电阻测量仪的准确度。

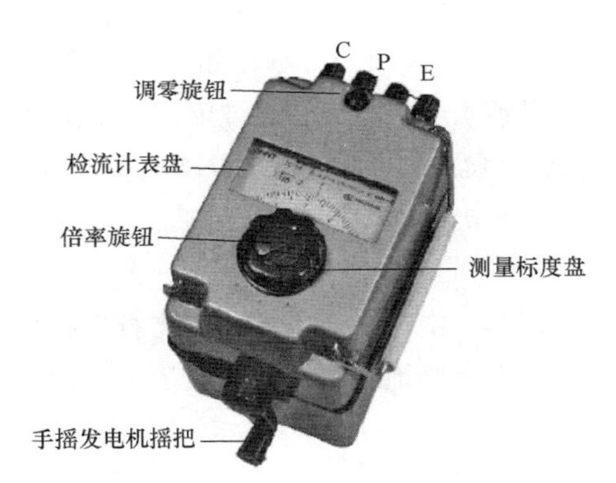

图 7–4–1 ZC—8 型接地电阻测量仪外形及结构

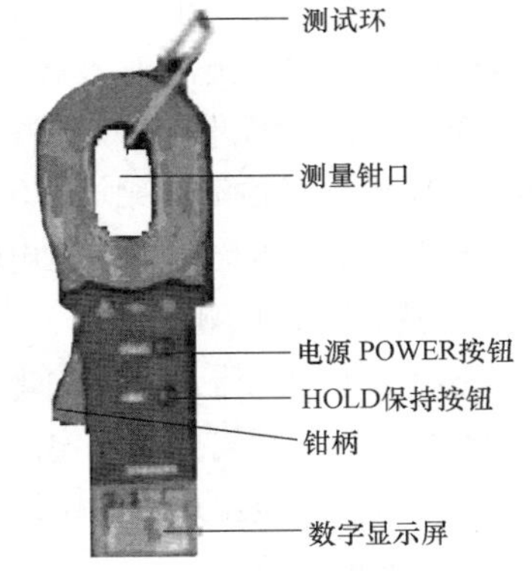

图 7–4–2 钳型接地电阻测量仪结构

钳型接地电阻测试仪是利用电磁感应原理通过其前端卡口（内有电磁线圈）所钳入的导线（该导线已构成了环向）送入一恒定电压 U，该电压被施加在接地装置所在的回路中，钳型接地电阻测试仪可同时通过其前端卡口测出回路中的电流 I，根据 U 和 I，即可计算出回路中的总电阻，即

$$\frac{U}{I}=R_x+\frac{1}{\left(\frac{1}{R_1}+\frac{1}{R_2}+\cdots+\frac{1}{R_n}\right)} \tag{7–4–1}$$

式中 U——钳型接地电阻测试仪所加的恒定电压；

I ——钳型接地电阻测试仪卡口测出的回路中电流；

R_x——被测接地电阻。

$1/R_1+1/R_2+\cdots+1/R_n$ 为 R_1、R_2，…，R_n 并联后的总电阻，在分布式多点接地系统中，通常有被测接地电阻 R_n 远远大于 R_1、R_2，…，R_n 并联后的总电阻，所以 $U/I=R_n$。

事实上，钳型地阻表通过其前端卡环这一特殊的电磁变换器送入线缆的是 1.7kHz 的交流恒定电压，在电流检测电路中，经过滤波、放大、A/D 转换，只有 1.7kHz 的电压所产生的电流被检测出来。正因这样，钳型地阻表才排除了商用交流电和设备本身产生的高频噪声所带来的地线上的微小电流，以获得准确的测量结果，也正因为如此，钳型地阻表才具有了在线测量这一优势。实际上，该表测出的是整个回路的阻抗，而不是电阻，不过在通常情况下它们相差极小。钳型地阻表可即刻将结果显示在 LCD 显示屏上，当卡口没有卡好时，它可在 LCD 上显示“open jaw”或类似符号。

ZC—8 型接地电阻测量仪测接地电阻时，当发电机摇柄以 150r/min 的速度转动时，产生 105～115Hz 的交流电，测试仪的 E 端经过 5m 导线接到被测物接地引下线上，P 端钮和 C 端钮接到相应的两根辅助探棒上。电流 I 由发电机出发经过电流线由探棒 C' 至大地，电压 U 由发电机出发经过电压线由探棒 P' 至大地，被测物和电流互感器 TA 的一次绕组回到发电机，由电流互感器二次绕组感应产生电流 I' 通过电位器 R_s，借助调节电位器 R_s 可使检流计到达零位，从而通过标度盘及倍率旋钮即可读出接地电阻。这样测出的接地电阻比钳型接地电阻测试仪测得的接地电阻准确度要高。

2. 土壤电阻率的测量

线路经过不同地区，各地的土壤是千差万别的。由于土壤不同，使得杆塔接地电阻大小不同，为使杆塔的接地电阻符合规定，在进行接地装置施工前，应测量出土壤的电阻率，从而确定出适合的接地体形式。

二、作业前准备

准备好合格的测量工具、仪表，并对测量仪表进行检查，合格后方可使用。

（1）进行杆塔接地电阻测量所需的工具、仪表有接地电阻测量仪一只、接地探针两根、多股的铜绞软线三根、扳手两把、榔头一把、凿刀一把、钢丝刷一把。

（2）检查测量仪表的好坏。对 ZC—8 型的接地绝缘电阻表使用前一是要进行静态检查。检查时，看检流计的指针是否指“0”，如果指针偏离“0”位，则调整调零旋扭，使指针指“0”。二是要进行动态测试。动态测试时，可将电压接线柱“P”和电流接线柱“C”短接，然后轻轻摇动摇把，看检流计的指针是否发生偏转，如指针偏转，说明仪表是好的，如指针不发生偏转，则仪表损坏。

对国产 701 型接地电阻测试器使用前必须检查干电池和蜂鸣器是否正常，如干电池良好，但揿下 C 钮时耳机内听不到蜂音，这是由于蜂鸣器内炭精受潮凝结的缘故。

此时可启开右侧箱盖，用钢笔杆轻敲数下，以帮助引起振动。当插入耳机揿下按钮，耳机内发出蜂音，则表示仪器良好。

（3）断开接地引下线与杆塔的连接，并在接地引下线上除锈，以保证线夹与接地引下线连接良好。

（4）根据接地装置施工图查出接地体的长度。

三、危险点分析与控制措施

接地电阻测量过程中存在的危险点主要是电击，其控制措施如下：

（1）雷雨天气严禁测量杆塔接地电阻。

（2）测量杆塔接地电阻时，探针连线不应与导线平行。

（3）测量带有绝缘架空地线的杆塔接地电阻时，应先设置替代接地体后方可拆开接地体。

四、作业步骤、质量标准

（一）接地电阻测量

1. 用 ZC—8 型接地电阻测量仪测接地电阻

（1）布线、连线。在离接地引下线距离为接地体长度 2.5 倍的地方打入一电压接地探针 P′，离接地引下线距离为接地体长度 4 倍的地方打入一电流接地探针 C′，并用绝缘连接线分别将 P′与仪表上的 P 端钮相连、C′与仪表上的“C”端钮相连，接地引下线与 E 端钮相连。ZC—8 型接地绝缘电阻表测量接线如图 7–4–3 所示。

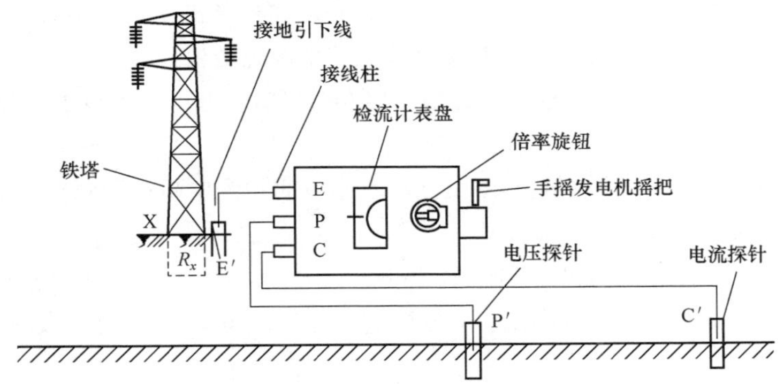

图 7–4–3 ZC—8 型接地绝缘电阻表测量接线

为保证测量的准确性，P′C′的连线不能与线路方向平行，也不能与地下热力管道平行，且 P′C′打入地下的深度不得小于 0.5m。当地下接地体很长，无法使测量连接线达到接地体长度的 2.5 及 4 倍时，可采用经验数据长度，即电压线采用 20m，电流线采用 40m。

（2）测量。先将仪表倍率旋钮调在最高挡，慢慢匀速摇动手摇发电机的摇把，同时旋动“测量标度盘”使检流计指针指于中心线，当检流计指针接近平衡时，加快摇把的转速，应使之达到120r/min，并调整“测量标度盘”使检流计指针指于中心线上。此时，测量标度盘上的读数乘倍率旋钮的倍数即为所测得的接地电阻。如果此时测量标度盘上的读数小于1，则应减小倍率旋钮的倍数重新按上述方法测量。

2. 用数字式钳型接地电阻测试器测接地电阻

（1）按下“POWER”按钮后，仪表通电。此时钳表处于开机自检状态。应注意在开机自检状态时一定要保持钳表的自然静止状态，不可翻转钳表，钳表的手柄不可施加任何外力，更不可对钳口施加外力，否则将不能保证测量精度。

（2）开机自检状态结束后，液晶的显示为“OL”，此时说明自检正常完成，并已进入测量状态。

如果开机自检时出现了“E”符号或自检后未出现“OL”，而是显示其他一些数字，则说明自检错误，不能进入测量状态。出现这种情况有以下两种可能：

1）钳口在钳绕了导体回路（而且电阻较小）的情况下进行自检。此时只须去除此导体回路后，重新开机即可。

2）钳表有故障。

（3）自检正常结束后（即显示“OL”），用随机的测试环检验一下仪表的准确度，检验时，显示值应该与测试环的标称值一致，例如：测试环的标称值为5.1Ω时，显示为5.0Ω或5.2Ω都是正常的。

（4）按住钳柄，使钳口张开，用钳口钳住被测接地体的接地引下线，然后松开钳柄，此时，显示屏上即会显示出被测接地体的接地电阻数值。

1）如果在测量电阻时，显示“OL”，则说明被测电阻超过1000Ω。已超出本仪表的测量范围。

2）如果在测量时，液晶屏显示“L0.1”，则说明被测电阻小于0.1Ω，已超出本仪表测量范围。

3）如果在测量过程中液晶显示屏上出现了电池符号，则说明电池电压已低于5.3V，此时测量结果已不十分准确，应立即更换电池。当电池电压低于5.3V时，测量结果往往偏大。

4）如果在开机自检后，并没有显示电池符号，但每当压动钳柄时即自动停机，这也说明电压过低，应立即更换电池。

5）本仪表在开机5min后，液晶屏即进入闪烁状态，闪烁状态持续30s后自动关机，以降低电池消耗。如果在闪烁状态按压POWER按钮，则仪表重新进入测量状态。

这两种接地电阻测量方法，根据《110（66）～500kV架空输电线路运行规范》（2005版）提出如下要求：

采用普通电压电流比率计型接地电阻表（俗称“接地摇表”）测量接地电阻时，通过铁塔的接地装置应将接地引下线与铁塔分开后进行测量；通过非预应力钢筋混凝土电杆的接地装置，应从杆顶将接地引下线与避雷线脱离后进行测量。

采用钳型接地电阻测量仪（俗称“钩表”）测量接地电阻时，不得将接地引下线与铁塔分开进行测量，但应通过摸索和使用该型接地测量仪的经验，消除可能产生的误差。对架设有绝缘地线的线路，不得使用钳型接地电阻测量仪测量杆塔的接地电阻。

接地电阻季节换算系数，在没有取得经验数据的情况下，可参考表 7–4–1 按月度系数换算。

表 7–4–1　　接地电阻月度系数换算表

测试月	2、3 月	4、9 月	5、6 月	7、8 月	10、11 月	1、12 月
系数	1.0	1.6	1.95	2.4	1.55	1.2

注　本表系参考原东北电管局《架空配电线路安装检修规程》并结合国外经验提出，仅作为推荐使用。

（二）土壤电阻率测量

测量土壤电阻率时，在被测地区按照直线埋在土内四根棒，它们之间的距离为 S，棒的埋入深度不应低于 $S/20$。打开 C_2 和 P_2 的连接片，用四根导线连接到相应的探测棒上，如图 7–4–4 所示。

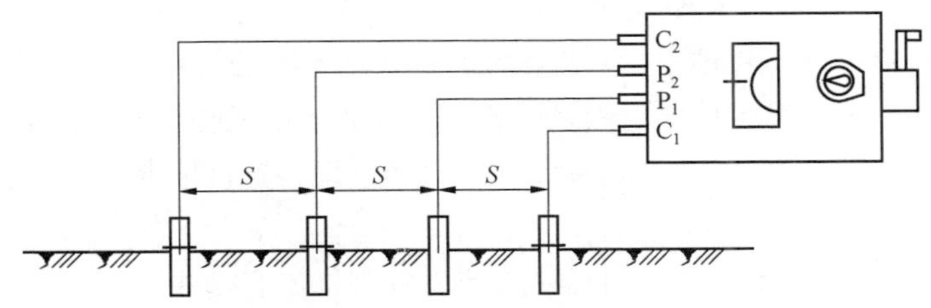

图 7–4–4　ZC—8 型接地绝缘电阻表测量土壤电阻率接线布置图

接好线后按测接地电阻的方法测出接地电阻的数值 R，则土壤电阻率为

$$\rho=2\pi SR\times10^{-2} \tag{7–4–2}$$

式中　ρ——土壤电阻率，Ω·m；

R——接地电阻测量的读数，Ω；

S——棒间距离，cm。

五、注意事项

（1）用 ZC—8 型接地电阻测量仪测接地电阻时，仪表应放置平稳。

（2）用 ZC—8 型接地电阻测量仪测接地电阻时，至少应测量两次，如两次测量结果误差不大，则取这两次测量的平均值，如两次测量结果误差较大，则应分析原因，重新测量。

（3）当检流计的灵敏度过高时，可将电位探针插入土壤中浅一些，当检流计的灵敏度不够时，可沿电流探针、电压探针注水湿润。

（4）钳型接地电阻测试器开机自检时应使仪表处于松弛的自然状态，单手握持仪表时手指不可接触钳柄。这对保证测量精度是很重要的。

（5）当被测电阻较大时（例如大于 100Ω），为保证测量精度，最好在按 POWER 按钮之前（即仪表通电之前），按压钳柄使钳口开合 2～3 次，再启动仪表。这对保证大于 100Ω 电阻的测量精度是很重要的。

（6）任何时候都要保持钳口接触平面的清洁。

（7）长时间不使用仪表时应从电池仓中取出电池。

（8）ZC—8 型接地电阻测量仪测接地电阻精确，打需要至少 2 人操作，且需要打开接地装置连接螺栓，钳表可以单人，且不需要打开接地装置连接螺栓，到对于接地电阻小于 0.75Ω，统一显示为 0.75Ω，建议使用中先用钳表测量，对用问题的接地装置再用 ZC—8 型接地电阻测量仪复测。

【思考与练习】

1. 试述 ZC—8 型接地电阻测量仪测的结构。使用 ZC—8 型接地电阻测量仪测杆塔接地装置的接地电阻前应做哪些检查？如何检查？

2. 画出用 ZC—8 型接地电阻测量仪测杆塔接地电阻的接线图。

3. 简述用 ZC—8 型接地电阻测量仪测杆塔接地装置接地电阻的方法。

4. 简述用数字式钳型接地电阻测量仪测杆塔接地装置接地电阻的方法。

5. 土壤电阻率如何测量？

6. 接地电阻测量过程中存在什么危险点？控制措施有哪些？

第八章

特殊施工方法及新工艺

模块 1　带电跨越及大跨越导地线展放（Z05F5001Ⅲ）

【模块描述】本模块涉及跨越带电线路、不封航直升机放线施工等。通过内容介绍、图形示例、流程讲解，了解跨越带电线路和不封航放线施工方法。

【模块内容】

一、输电线路跨越施工概述

导地线由于型号或结构不同，放线的方法也不尽相同，并且截面积越大，所需要的牵引力也越大。放线时通常先施放导引绳，再由导引绳施放牵引绳，最后由牵引绳施放导地线。如果导线截面积较大，牵引绳还会有大牵引绳取代小牵引绳的改换过程，此时新换上来的大牵引绳称为二级牵引绳，同样道理有时还会用到三级牵引绳。

传统的跨越施工采用的导引绳主要有尼龙绳或钢丝绳等，由于其抗拉强度和绝缘性能较低，特别是其受力状态下的自重比载（指线缆材料单位长度质量折算到单位截面积上的荷载，单位为 $N/m \cdot mm^2$）较大等原因，一般使用在停电或停航情况下的跨越施工中。自从迪尼玛（Dyneema）绳出现，由于其具有抗拉强度高、自重比载小、弹性变形小、绝缘性能好等特性，很快就被应用到了输电线路带电跨越或轻型直升机施放导引绳的大跨越施工中，并显示了无比的优越性。

二、迪尼玛缆绳介绍

（1）迪尼玛（高分子聚乙烯纤维）缆绳技术特性。

1）质量小，密度小于水（仅为 $0.97g/cm^3$），比同等直径的钢丝缆绳轻 87.5%。

2）强度高，是同等直径钢丝绳强度的 1.5 倍。

3）耐腐蚀和耐用性，可长期耐受海水及化学品的腐蚀，在紫外线照射下性能不变。

4）超强耐磨性，在所有化工材料制品中耐磨性最好，且摩擦系数小。

5）超强耐低温，在 269℃液态氦中仍能保持应有的耐冲击性、韧性和延展性，在温差反复变化条件下性能基本不变。

6）吸水性，基本不吸水。

7）绝缘性能，一根长 3.7m 的迪尼玛绳在 640kV 的试验电压下 5min 不被击穿（被雨淋湿后绝缘性能将明显降低）。

（2）迪尼玛缆绳主要规格及技术参数见表 8–1–1。

表 8–1–1　　迪尼玛缆绳主要规格及技术参数表

序号	直径 ϕ（mm）	股数	断裂强度（tf）	每 100m 理论质量（kg）
1	6	12	3.0	2.5
2	12	12	10.0	8.5
3	16	12	18.0	16.0
4	20	12	24.0	25.0
5	22	12	28.0	29.0
6	25	12	35.0	38.0
7	28	12	48.0	50.0

注　生产厂家不同，以上参数可能会略有不同。

三、带电跨越施工方法介绍

下边以一个工程为例，具体介绍用迪尼玛绳作绝缘吊桥进行带电跨越的施工方法。

1. 工程概况

本工程为某 500kV 线路在 N_x～N_y 号塔间跨越某 500kV 直流线路（K_x～K_y 号塔）工程，交叉跨越基本情况示意如图 8–1–1 所示。

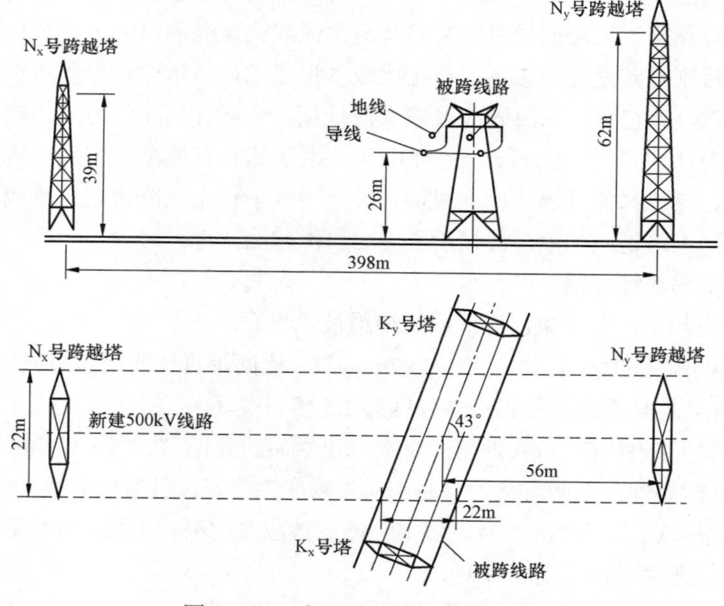

图 8–1–1　交叉跨越基本情况示意

2. 施工过程

以一侧边导线为例。

（1）安装承力索滑车。N_x和N_y号跨越塔上采用50kN专用尼龙滑车作承力索滑车，并用专用挂具和钢丝绳悬挂于铁塔横担上。

（2）安装迪尼玛承力索。施放承力索（ϕ12mm迪尼玛绳，拉断力不小于100kN，长度570m）。承力索在两端的N_x号、N_y号塔处通过承力索滑车锚固于地面。

（3）安装绝缘吊桥。在跨越带电线路的正上方位置，于承力索上加挂绝缘吊桥，绝缘吊桥由形似梯子的一系列托架组成，绝缘吊桥构成示意图如图8–1–2所示。

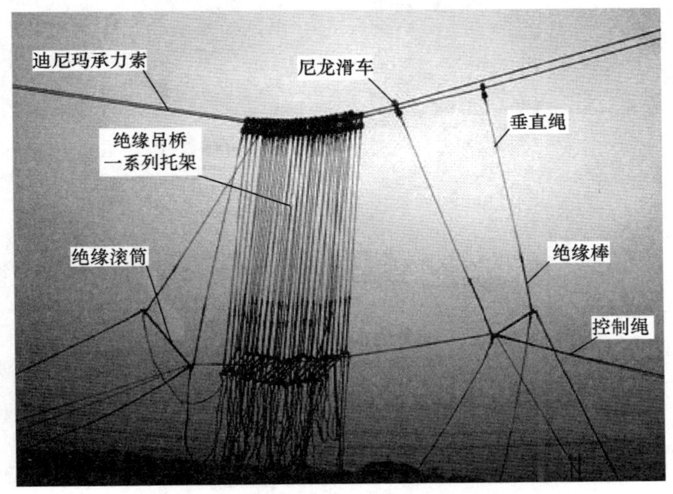

图8–1–2　绝缘吊桥构成示意图

安装绝缘吊桥的方法是先将绝缘吊桥预挂在两根迪尼玛承力索上，然后将承力索腾空，再用控制绳拉动绝缘吊桥使所有托架张开，当绝缘吊桥被拉到带电线路的正上方后将其固定，至此绝缘吊桥安装完毕，安装后的情况如图8–1–3所示。

后续的导地线放线、紧线等均与正常施工相同，但放线过程中应注意绝缘吊桥与带电线路必须保持一定的安全距离。

3. 拆除绝缘吊桥及其构件

当放线区段内导线已在两侧耐张塔上挂好，N_x和N_y号塔上附件及跨越档导线间隔棒安装完毕后即可拆除绝缘吊桥。

（1）拆除绝缘吊桥。绝缘吊桥的拆除方法与安装时的顺序相反，按如下步骤进行，如图8–1–4所示。

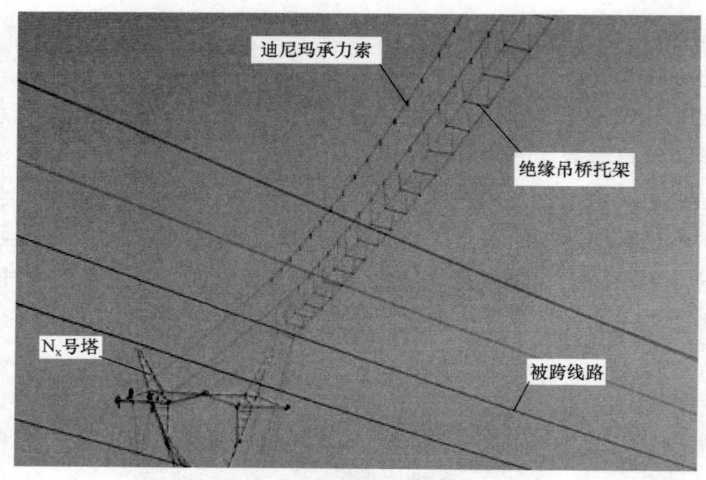

图 8–1–3 交叉跨越施工现场布置图

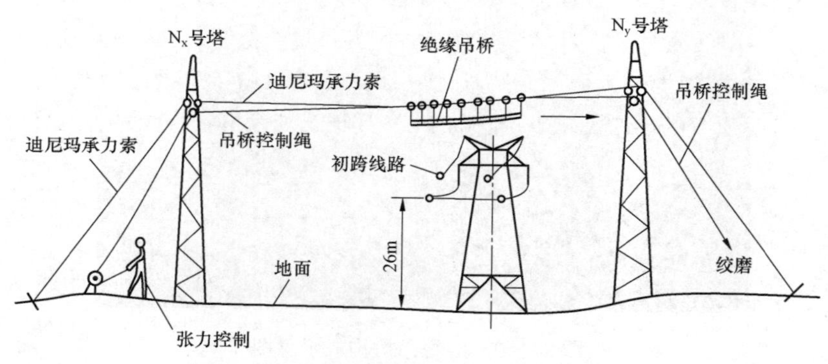

图 8–1–4 拆除绝缘吊桥示意图

1）首先在 N_y 号塔侧牵引绝缘吊桥控制绳，使绝缘吊桥越过被跨线路，牵引过程中 N_x 号塔侧应保持有适当的张力，确保绝缘吊桥与被跨线路不发生接触。

2）当绝缘吊桥拉至 N_y 号塔时，塔上操作人员依次拆下吊桥滑车，然后将绝缘吊桥落至地面。

（2）拆除承力索。绝缘吊桥拆除后，即可在 N_x 号塔侧，用ϕ6mm 迪尼玛绳抽回承力索，在 N_y 号塔侧施加适当张力并在承力索尾端连接ϕ12mm 绝缘绳，当承力索全部越过被跨线路后，可松开ϕ6mm 迪尼玛绳，并在 N_x 号塔侧进行回收，并一同抽下ϕ12mm 绝缘绳。

（3）拆除其余器具。吊桥和承力索拆除后，即可拆除其他器具，包括承力索滑车、工具滑车、绳套等。至此，拆除工作全部完成。

四、不封航大跨越放线施工介绍

跨越江河架设输电线路采取临时封航的办法，在一定程度上可以减少船只航行带来的风险，但却存在影响正常水运、施工费用高、施工期长等问题。例如，某地 500kV 长江大跨越工程，该工程虽然工期比计划提前 8 天完成，但仍用了 23 天时间，施工期间封航 14 次，有关部门出动巡艇 98 艘次，禁航时间累计达 46h，参加封航的工作人员多达 3120 人次。因此，有的施工单位开始研究并采用不封航的施工方法。特别是近年来这样的事例越来越多，并且逐步成为大跨越施工中的主要施工方法。

下面以 500kV 某线路长江大跨越工程为例，具体介绍不封航进行大跨越放线施工的方法。

1. 工程简介

该项工程跨江段铁塔按“耐—直—直—耐”分布，共有 6 基塔，其中，直线跨越塔 2 基，均为双回路跨越塔，耐张塔 4 基（两岸各 2 基），图 8–1–5 所示为跨江现场实照。2 基直线跨越塔档距为 2303m，两岸直线塔至耐张塔均为 700m，2 基跨越塔全高均为 346.5m，线路跨长江工程示意图如图 8–1–6 所示。该项工程导线采用四分裂 AACSR—500 型铝包钢芯铝绞线，下导线挂线点高度为 292m；地线一根为 AC—360 型铝包钢绞线，另一根为 OPGW。

图 8–1–5 跨江段现场实照

该项工程除去高塔电梯井安装及天气等的影响，架线施工有效作业时间为 25 天。由于采取了不封航作业方案，仅封航费用就节省了 200 余万元。该工程不仅是我国输电线路施工史上跨距最大的一次跨越施工，也创造了当时跨越塔世界最高的纪录，曾

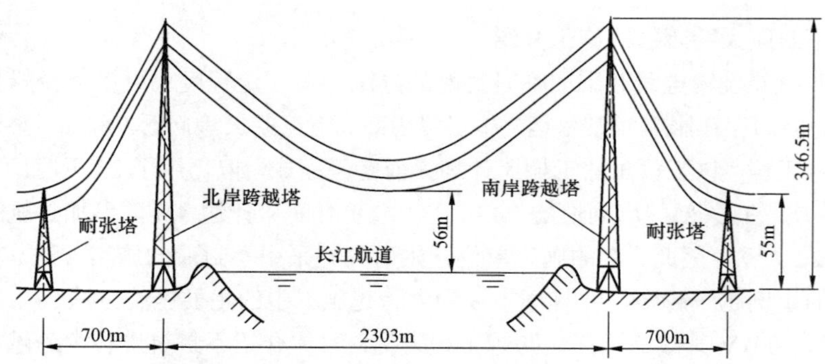

图 8–1–6 500kV 某线路跨长江工程越示意图

被誉为“世界输电第一跨越工程”。

2. 不封航跨越施工关键技术

（1）导引绳的选择。本次不封航跨越施工采用轻型直升机施放导引绳，由于轻型机牵引力较小，故选用迪尼玛绳作导引绳，一级导引绳为ϕ5mm 迪尼玛绳。

（2）特制专用小张力机。本工程采用ϕ5mm 迪尼玛绳作一级导引绳，需要能加载 900N 力的小型张力机 1 台。经过施工单位认真研究、试验，制成了所需张力机。该张力机最大运行速度 2.5m/s，绳盘可容纳ϕ5mm 迪尼玛绳 4500m，并能自动调节转速，保证提供稳定张力。专用小张力机的结构形式如图 8–1–7 所示。

（3）研制专用对口滑车。直升机开始牵引作业后中间不能停止或返回，滑车必须可靠，因此特研制出一种专用滑车。

该滑车采用两侧封闭的结构，可防止迪尼玛绳跳槽或被卡滞情况的发生。这种专用滑车由上下两个大轮槽小轮径的滑车组成，并使两个滑车槽口相对。迪尼玛绳专用对口滑车的结构形式，如图 8–1–8 所示。

图 8–1–7 专用小张力机外形图

图 8–1–8 迪尼玛绳专用对口滑车

3. 施工过程

先展放上游侧的地线，然后再展放其他导线及另一根 OPGW。一级导引绳用直升机牵引施放，然后用张牵机逐次牵引二级导引绳、牵引绳及导（地）线。展放导线采用一牵二方式。

（1）展放一级导引绳（ϕ5mm 迪尼玛绳）。

1）将小张力机布置在北岸耐张塔和跨越塔之间，距跨越塔约 400m，并将 4200m ϕ5mm 迪尼玛绳装入绳盘。

2）将ϕ5mm 迪尼玛绳拉向跨越塔，然后在塔上用人工将其从对口滑车的两滑车之间槽口中穿过，继续向南牵引，当牵引至直升机预定停机坪后将其临时锚地。

3）在ϕ5mm 迪尼玛绳的前端，加入保险后串接一根 20m ϕ9mm 钢丝绳，并在钢丝绳首末端分别挂上 70kg 和 150kg 重锤，将钢丝绳首端再与一段牵引绳相连（其首端装有挂钩，以便与直升机挂接）。

4）直升机飞至停机坪上空后缓缓下降，到达适当高度后悬停，地面操作人员将牵引绳前端的挂钩挂接到直升机腹部的吊钩上，然后将临时锚固松开。锚固松开后先进行全面检查，一切无误后即可指挥直升机爬升并开始向南岸牵引，如图 8–1–9 所示。

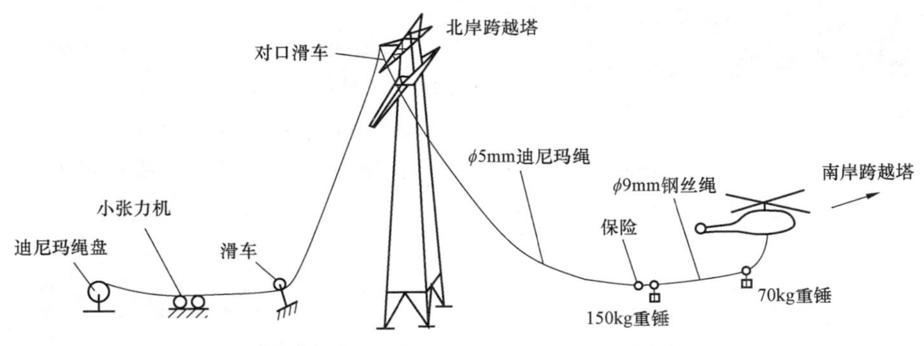

图 8–1–9　直升机挂接迪尼玛导引绳

5）当直升机飞越南岸跨越塔上空时，将迪尼玛绳放落于塔顶中间部位的朝天滑车槽口中，如图 8–1–10 所示。

6）当导引绳准确落入朝天滑车槽口后，直升机即可一边下降高度一边继续向南岸耐张塔方向飞行，当下降到适当高度时将重锤抛落地上，然后悬停在预定位置并释放牵引绳挂钩，随后直升机就可以飞离现场。图 8–1–11 所示为直升机抛放重锤的照片。

7）将ϕ5mm 迪尼玛导引绳与 1.5t 小张力机上的ϕ13mm 迪尼玛绳相连接，此后便可逐级牵放二级导引绳、牵引绳及导地线等。

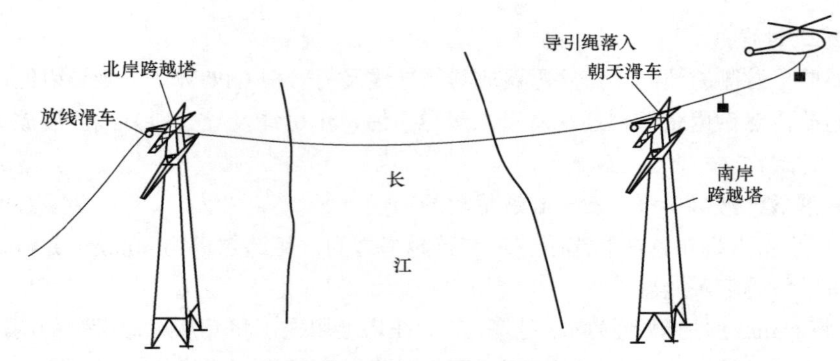

图 8-1-10 迪尼玛绳落入朝天滑车

图 8-1-11 直升机抛放重锤

（2）高空移位。一级导引绳是从北跨越塔一侧地线支架滑车和南跨越塔朝天滑车上通过的，在南岸先将导引绳从朝天滑车移到地线滑车，此后即可展放地线。但其他导线、地线（OPGW）必须将牵引绳在高空中移位才能展放。

以下介绍移位的方法。首先做好张牵机的现场布置。两岸张牵机布置情况如图 8-1-12 所示。

1）左右回路间转移牵引绳。以地线牵引绳从下游侧移位到上游侧为例。开始移位前的预备状态：靠下游侧一条ϕ16mm 牵引绳已穿挂于两岸跨越塔地线支架上的滑车中，两侧受北岸 25t 牵引机和南岸 20t 张力机控制，保持牵引绳对江面保持一定的安全距离。移位分五步骤进行，如图 8-1-13 所示。

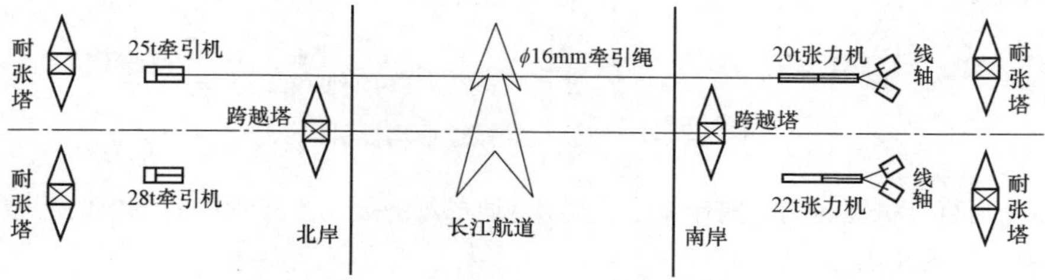

图 8-1-12 两岸张牵机布置平面示意图

第①步，将待连接牵引绳（ϕ13mm 迪尼玛绳）从 22t 张力机上施放到南岸跨越塔，穿过上游侧地线支架滑车后引至下游侧地线支架放线滑车旁，然后临时加以固定。

第②步，在北岸用相同方法，将北岸ϕ13mm 迪尼玛绳牵至北岸跨越塔并临时固定在地线支架放线滑车旁。

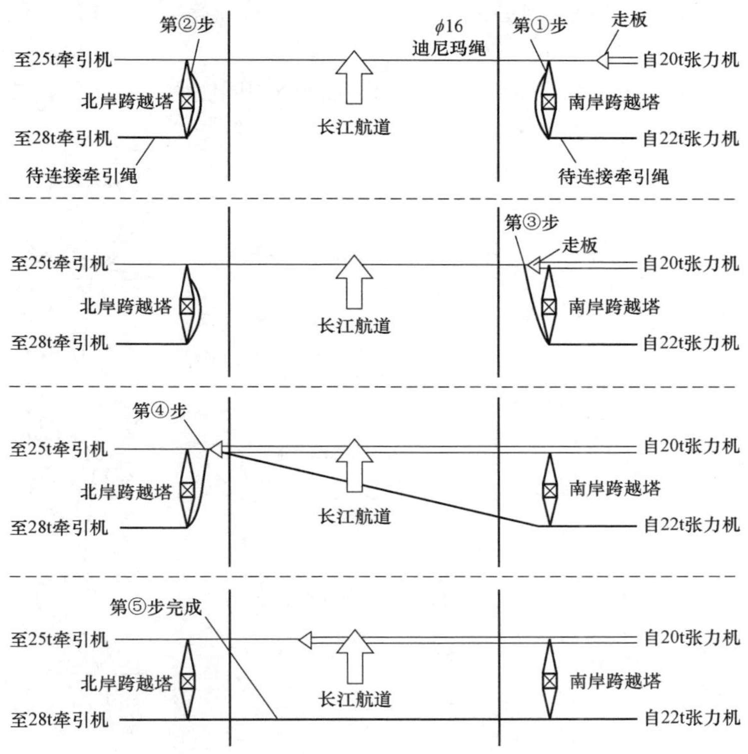

图 8–1–13 左右回路间牵引绳移位施工过程示意图

第③步，将预先已放置在下游侧地线支架滑车中的ϕ16mm 迪尼玛牵引绳，在南岸侧连接在一牵二走板前端，走板后端与两根ϕ16mm 牵引绳连接。然后用 25t 牵引机从北岸牵引，当走板刚刚通过南岸跨越塔地线支架放线滑车时，将第①步临时固定在塔上的ϕ13mm 迪尼玛绳与走板连接，然后继续牵引。

当走板离开南岸跨越塔约 300m 时，上游侧 22t 张力机将张力加至 800kg 左右，保持ϕ13mm 迪尼玛绳始终处于两根ϕ16mm 牵引绳的上方。

第④步，当走板行至北岸跨越塔滑车附近时，将第②步已经准备好的ϕ13mm 迪尼玛绳与被牵过来的ϕ13mm 迪尼玛绳进行相连。然后，将预先准备的 2t 卷扬机缆绳（图中未画）与从南岸牵来的ϕ13mm 迪尼玛绳连接，卷扬机缆绳吃力后即拆除迪尼玛绳与走板的连接。接着慢慢放松卷扬机，此时南岸的 22t 张力机同步回收。第⑤步，在卷扬机放松过程中，北岸侧ϕ13mm 迪尼玛绳逐渐由松弛变为张紧，当达到两边ϕ13mm

迪尼玛绳受力均匀时及时启动北岸 28t 牵引机，当将卷扬机缆绳与ϕ13mm 迪尼玛绳的连接点牵至滑车附近时，将缆绳拆下。至此，左右回路间牵引绳的转移工作便全部完成。

2）同侧导地线牵引绳上下转移。以下游侧地线向同侧的上导线位置转移为例，如图 8-1-14 所示。施工分四个步骤进行：

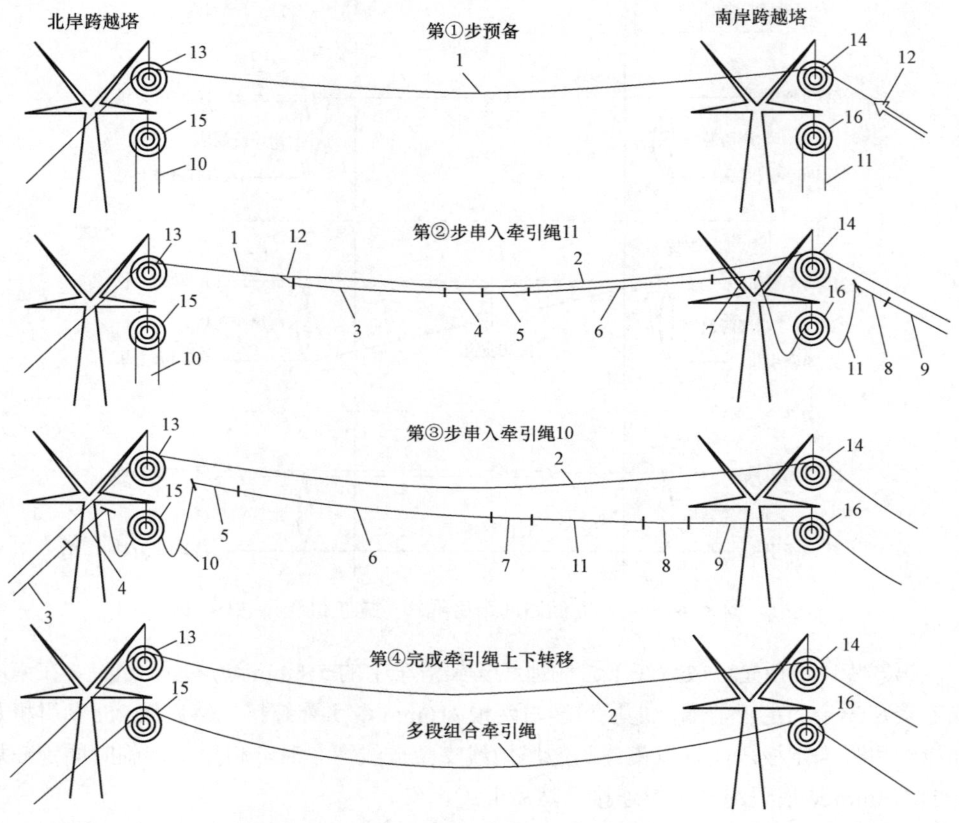

图 8-1-14 同回线路上下间牵引绳移位施工过程示意图

1、2—ϕ16mm 牵引绳；3—500m 牵引绳；4、5—5m 牵引绳；6—2×1000m 牵引绳；7、8—5m 牵引绳；9—1000m 牵引绳；10、11—55m 牵引绳；12—一牵二走板；13、14、15、16—三只滑轮组合的滑轮组

第①步预备。将先期在下游侧地线支架上放置的ϕ16mm 牵引绳，与一牵二走板 12 的前端连接，走板后端连接两根牵引绳，靠下游的一根为ϕ16mm 迪尼玛绳，靠塔身的一根由多段ϕ16mm 迪尼玛绳组成，组合情况为 500m+5m+5m+2×1000m+5m+5m+

1000m+267m。另外，在两岸跨越塔导线放线滑车 15、16（分别由 3 只滑轮并排组合而成）的中滑轮上，各穿挂一根 55m ϕ16mm 牵引绳 10 和 11。

第②步串入牵引绳 11。启动张牵机拉动牵引绳，将走板 12 拉过滑车 14，至第三段 5m 牵引绳 7 和第四段 5m 牵引绳 8 的结点到达滑车 14 附近时，用两台 8t 卷扬机（图中未画出），将两根 5m 牵引绳 7、8 放松并解结后将 55m ϕ16mm 牵引绳 11 串接于其中。将滑车 14 中的ϕ16mm 牵引绳 2 移入中间滑轮槽口中，在两岸张牵机的配合下拆除两台 8t 卷扬机，从而完成南跨越塔牵引绳转移工作。

第③步串入牵引绳 10。在北岸用同样方法将牵引绳 10 串入 5m ϕ16mm 牵引绳 4、5 之间。然后，在两岸张牵机的配合下拆除北岸的两台 8t 卷扬机。

第④步牵引绳完成上下转移。将已经穿入滑车 15 和 16 的多段组合牵引绳进行适当调整，完成牵引绳转移工作。

【思考与练习】

1. 迪尼玛缆绳有哪些技术特性？
2. 如何应用迪尼玛缆绳进行带电跨越放线施工？
3. 简述带电跨越电力线路施工过程。

模块 2　倒装分解组塔施工工艺（Z05F5002Ⅲ）

【模块描述】本模块包含倒装分解组塔的施工工艺流程、操作方法、施工机具的配置和使用、倒装组塔的受力分析计算等。通过内容介绍、工艺流程讲解、计算举例，掌握倒装组塔的特点、基本步骤和施工要求。

【模块内容】

铁塔组立正常情况下都是从塔腿开始，自下而上依塔段排列次序逐段加装塔身，最后安装塔头完成全塔组立。倒装组塔指的是先把塔头组装好，然后提升塔头至一定高度加进并连接与之相接续的塔段，接下来就是将已组装部分提升，再次加进后续塔段，重复进行以上操作，直至加装完塔腿为止。倒装组塔可以降低作业人员登塔高度，是一种较安全、工作效率较高、安装质量较易控制的施工方法。我国从 20 世纪 70 年代开始采用此法，其后在全国各地得到应用。20 世纪 80 年代，随着液压提升装置的出现，倒装组塔工艺水平有了更大的提高。

一、倒装组塔法概述

倒装组塔法分为半倒装和全倒装两种施工方法，其提升过程可以采用钢丝绳和滑轮提升，也可采用液压提升。前者是广为熟悉且较经济的方法，应用也较多。

全倒装组塔法是利用专门的倒装架作提升支承，它较适用于拉线塔、窄基塔等较轻型的铁塔。例如：220kV 某双回输电线路跨越某江的 26 号、27 号塔，它们均为钢管拉线塔、全高 159m、塔重 159.8t，如图 8–2–1（a）所示。

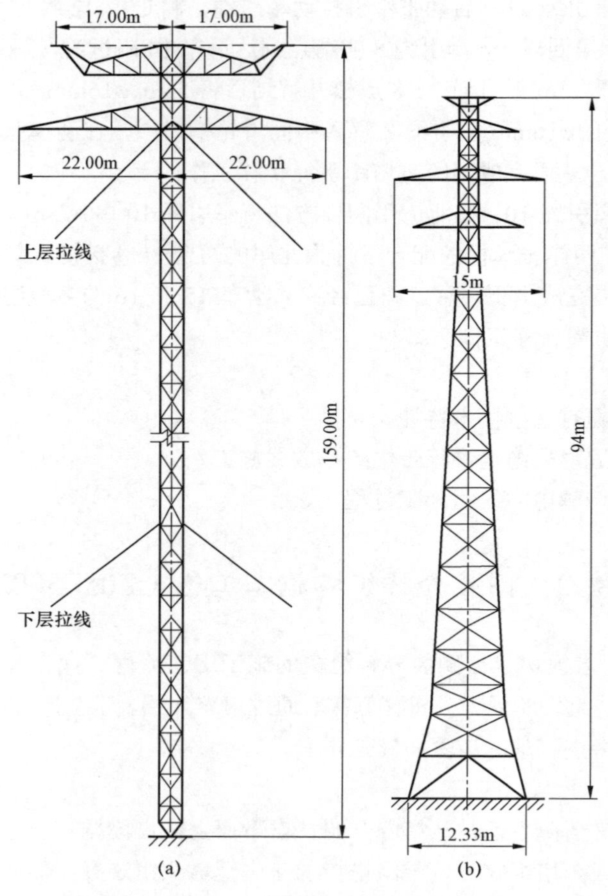

图 8–2–1 倒装组立的铁塔

（a）全倒装组塔；（b）半倒装组塔

半倒装组塔是以铁塔腿部作为提升支承（这也是与全倒装的根本区别），然后再从塔头段开始每提升一次便接装一段后续塔段，最后连接塔腿完成全塔组立。为方便对接，可在上部塔身底端安装“假腿”，用以提高塔身底端高度，或者在塔腿的上部安装起吊抱杆，用以提高吊点高度。半倒装组塔较适用于宽基自立式铁塔或较高的跨越塔。例如：110kV 某线跨越某江的 3 号和 4 号跨越塔，全高均为 94m，塔重 74.6t，塔身主材为双并角钢结构，铁塔根开 12.33m，如图 8–2–1（b）所示。

倒装组塔与正常组塔虽然组装顺序相反，但分解而成的每个塔段仍为正常组装方法，对此不再赘述。

二、半倒装分解组塔

此处介绍的是在塔腿上加装起吊抱杆的施工方法。

1. 组立塔腿

塔腿有四个面，预留一个开口面不装辅材，以便将塔头移入或组立于塔位中心。另外，在安装塔腿之前，预先将起吊抱杆的支座安装在主材的指定位置。预留开口面根据地面组装塔头的方位及起吊的牵引方向而定。组装辅助材时，一并在四面将起吊抱杆的平支撑和底座安上。塔腿主材的接头连扳也要事先装好，并只安装下部的两个螺栓，尽量减少螺栓以避免给提升增加障碍。

为保证总提升时塔身底部能顺利通过塔腿顶部达到预定高度，主材间的水平材应临时安装在主材接头连扳的外侧，待总提升完成后再将其安装于主材内侧。

2. 塔头组装

塔头组装应使塔头中心线与开口方向垂直，其底部的位置应确保塔头起立后位于塔位中心。塔头的高度以塔头组立时各个部位均不碰触到塔腿为宜；酒杯、猫头等塔形的塔头组装高度还应保证塔头最宽构件（通常是横担）起立后应超出塔腿顶部 1～2m。

为了减少起立塔头的荷重，挂导线的横担可暂不安装，待合拢后再安装。对于“干”、“上”字形铁塔，在塔头段的上部（例如地线支架）最好预先挂上滑轮，以备吊装抱杆及横担之用。

3. 整体起立塔头

整体起立塔头是利用已经安装好的塔腿作支撑进行的，塔头整体组立现场布置如图 8–2–2 所示。起立塔头的绑扎点通常选在横担与主材的连接点处或“K”节点位置。

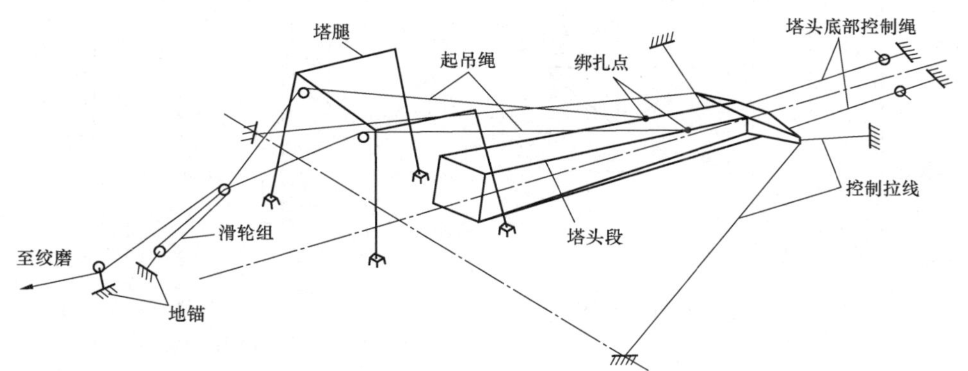

图 8–2–2　塔头整体组立现场布置示意图

起立前，塔头底部在接触地面位置应铺放垫板，塔头立直后应使四根主材立于垫板上。起立后，将塔头用四条临时拉线固定在相应塔腿主材上，然后拆除起立塔头时使用的各种用具，补齐塔腿开口面的所有塔材。

4. 安装起吊抱杆

临时加装在塔腿上的起吊抱杆，应事先在地面与斜撑杆组合好，然后一起吊装上去。起吊抱杆为ϕ108/5mm长3m的钢管制成，下端球脚置于底座的球窝内，上端装配两只滑轮，具体结构如图8–2–3所示。

斜撑杆是由ϕ40/2mm长3m的钢管和两端各长300mm的ϕ28/3mm钢管焊接而成，然后分别装上具有正、反丝扣的连接头，其结构形式如图8–2–4（a）所示。

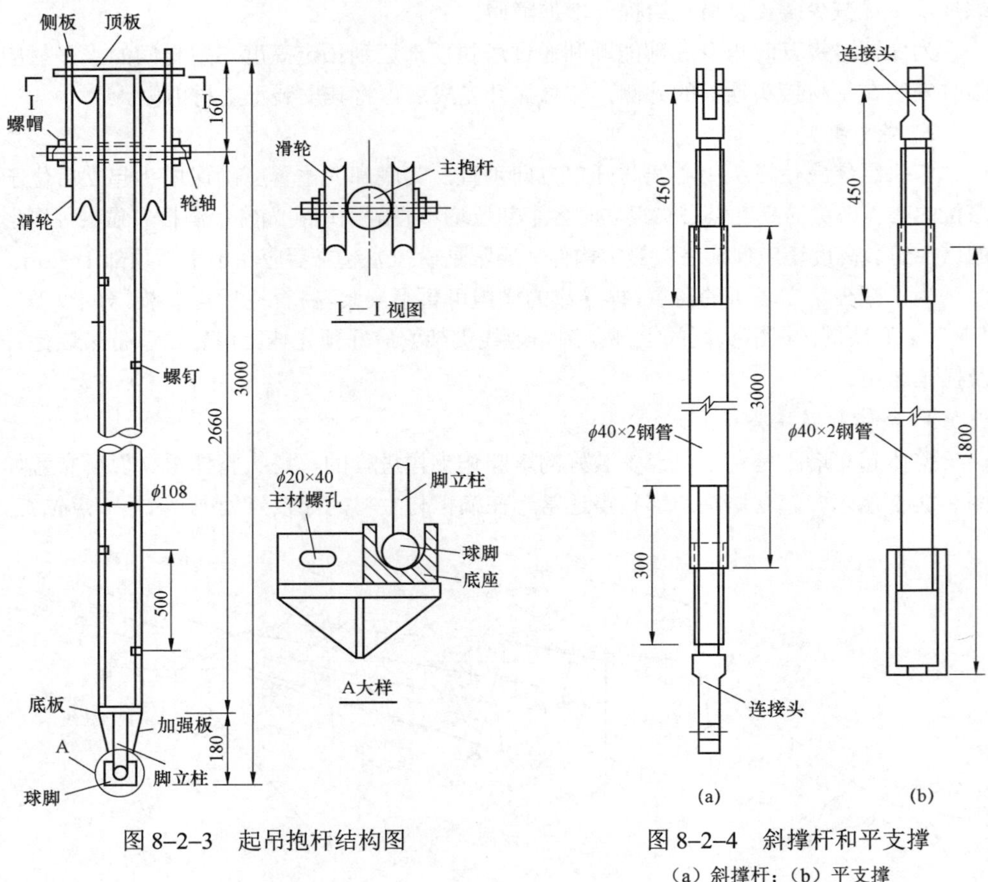

图8–2–3 起吊抱杆结构图

图8–2–4 斜撑杆和平支撑
（a）斜撑杆；（b）平支撑

平支撑由长1.8m的ϕ40/2mm钢管和槽形钢板焊接而成，上端装上长450mm

ϕ28/3mm 并带有丝扣的连接头，用以连接塔腿顶面的水平材，结构形式如图 8–2–4（b）所示。

起吊抱杆吊装前，在塔头顶部地线支架（或横担）两端悬挂的 10kN 滑轮槽内穿以起吊绳。然后，用牵引装置将起吊抱杆和斜撑杆一并吊上去。

抱杆的球脚落入抱杆底座后，将两根斜撑杆固定在水平材上，然后转动斜撑杆端部的连接头，使起吊抱杆与塔腿主材间形成一个微小的倾角。

抱杆底座的安装位置根据不同塔型设计，主要应考虑抱杆的有效高度和强度，如塔腿主材上无螺孔可利用时，应在铁塔加工时在每根主材上增加两个专用螺孔。吊装起吊抱杆的现场布置如图 8–2–5 所示。

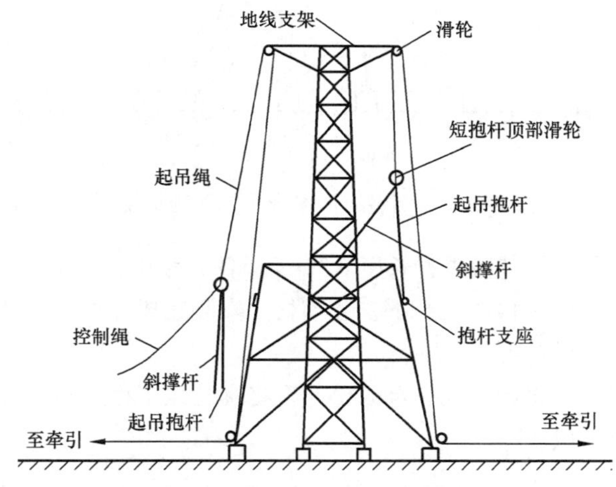

图 8–2–5　吊装起吊抱杆和斜撑杆示意图

5. 提升塔段

塔段的每次提升操作过程基本相同，下边仅以提升塔头为例进行说明。

起吊系统由起吊抱杆、起吊绳、牵引机构等组成。起吊前先将起吊绳穿过抱杆顶部滑轮，一端绑扎于塔头段的底部，另一端引至牵引机构。四条起吊绳的松紧度应一致，以保证塔头段平稳升起。一切准备停当即可指挥起吊，起吊时现场布置情况如图 8–2–6 所示。

提升过程中，应控制塔头在顺线路和横线路两个方向的偏移均不大于 200mm。

塔头段离地约 1m 时暂停牵引，将牵引绳临时固定。这时，将下段各主材分别接装至提升段的相应主材上，每根主材用一个长螺栓连接，然后携带接装段主材继续提升。为了方便下段塔材接装，在提升段的四个绑扎点处各挂一个单滑轮，滑轮内穿入一根ϕ16mm 棕绳以便吊装辅材。

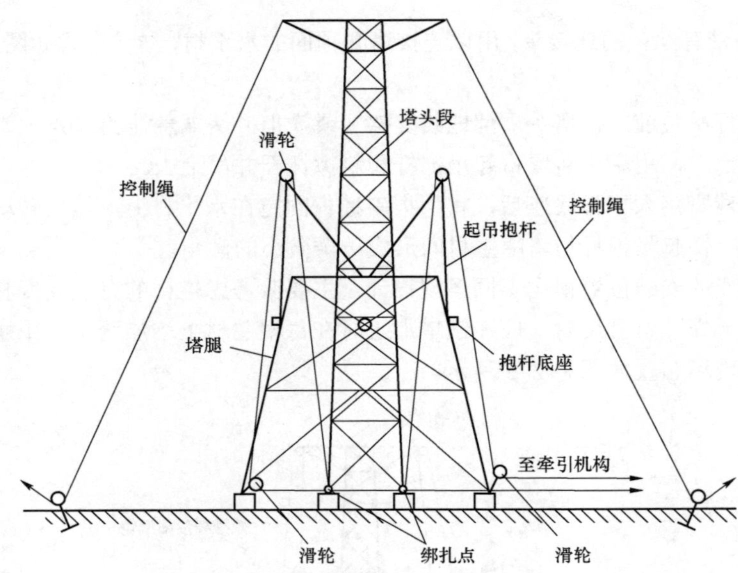

图 8-2-6 倒装组塔提升布置现场示意图

塔头段提升至超过接装段主材长度 0.3m 后，停止牵引进行接装段的组装。组装顺序是先装上端连接螺栓，再由上至下安装辅材，安装完毕后拧紧全部螺栓。缓慢放松牵引绳，使接装段慢慢落地。

上述工作完成后，将起吊绳完全放松，再将绑扎点下移至新接装塔段的根部，然后继续提升安装下一段。

6. 连接塔腿

一般提升 3～4 次即可完成铁塔的组立，其中最后一次提升称为“总提升”。此时抱杆、起吊绳、牵引绳等将处于最大受力状态。总提升的目的是将上部塔段与塔腿进行连接。

当提升段主材接近塔腿高度时放慢牵引，然后暂停调整并对位后，即可放落起吊绳，使提升段主材落入塔腿上端的接头板内，随后，立即将接头螺栓安上并初步拧紧，待全部就位后再统一拧紧一次。

7. 拆除起吊抱杆

塔腿连接完毕后，先拆除起吊绳，然后拆除起吊抱杆等。

8. 吊装横担

如果事先没有把全部横担安装在塔头上，最后还要进行横担安装。对于“干”字形塔，横担的吊装分为单边吊装和双边吊装两种，横担吊装前应在与横担连接的铁身主材间临时用双钩紧线器收紧，当横担就位时立即穿上螺栓，随后松开双钩。至此，铁塔全部安装完毕。

三、全倒装组塔

全倒装组塔是利用所谓的倒装架将铁塔从塔头段开始，不断提升不断接入下一段，最终接入塔腿完成全塔组立的施工方法。全倒装组塔与半倒装组塔有许多异同点，本文仅介绍与半倒装组塔不同之处。

全倒装组塔的施工布置示意如图 8–2–7 所示。

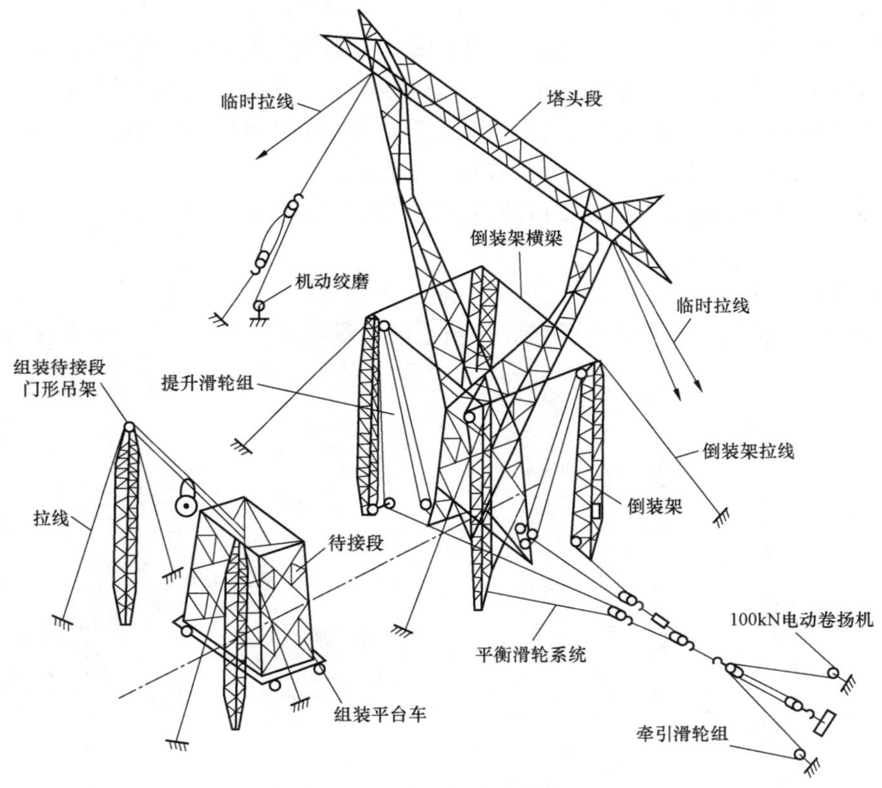

图 8–2–7　全倒装组塔施工现场布置示意图

1. 倒装架安装

倒装架的安装通常有以下两种方法。

（1）利用塔头段组立倒装架。塔头段已立于铁塔的中心位置，螺栓全部拧紧并且四面已打好临时拉线并收紧。然后就可利用塔头段组装倒装架，组装过程一般选择单侧吊装，一侧立起后用拉线固定，再吊装另一侧，倒装架吊装完成后四面应打上固定拉线。

（2）利用抱杆起立倒装架。首先，在准备组立倒装架的位置进行地面操平、夯实并垫上枕木，也可事先修筑倒装架混凝土基础。然后，即可用“人”字抱杆逐一吊装倒装架立柱，最后安装横梁。倒装架立好后，同样四面应打上固定拉线。

2. 倒装提升

全倒装组塔的提升方法与半倒装基本相同，但应注意以下几点：

（1）待接段应在预定地点事先组装好。

（2）上部塔身的提升高度应略大于待接装段的高度。

（3）提升过程中应密切监视避免发生刮碰，如有问题随时停止提升并进行处理。

（4）待接段入位后下落提升段，当完全对位后立即安装所有螺栓并拧紧。

（5）待接段接好后经检查确无问题后，即可拆卸提升系统的下滑轮及吊挂件，将吊点下移至新提升段的底端，做好接装下一段的准备。

（6）如当天不能完工，过夜前应将安装完的塔体落地，封好拉线，设专人看守现场。

3. 滑轮组布置

提升使用的滑轮分为提升系统、平衡系统和牵引系统三个滑轮组，如图 8-2-8 所示。

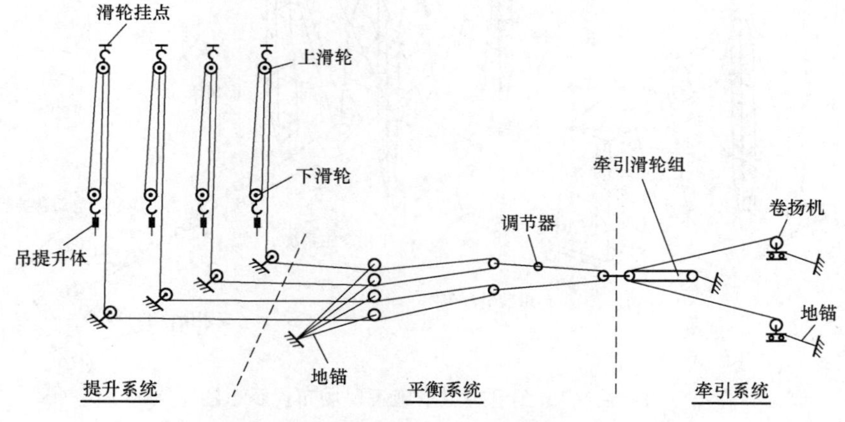

图 8-2-8 提升牵引滑轮系统布置方案

提升系统滑轮组各腿钢丝绳的穿法及上、下滑轮的吊挂方向应一致。提升时，不得妨碍提升或磨损塔体。

牵引、平衡系统滑轮组均应布置在较平坦的地面上，钢丝绳移动不得受阻，必要时可布置在平整的垫板上。平衡系统滑轮组应确保工作时各条钢丝绳能灵活走动。

提升过程中应随时检查所有滑轮是否有卡滞、扭转、转动不灵活或钢丝绳扭绞等情况，发现问题应及时处理。

4. 铁塔临时拉线的操作

铁塔临时拉线无论是人工还是自动控制，均应有效。铁塔提升过程中应随升随放，确保提升体正直平稳上升。

铁塔临时拉线如使用滑轮组控制，滑轮组应有防扭措施，避免钢丝绳扭绞。

5. 观测与监视

施工中应从横、顺线路两个方向观测提升过程中塔体是否倾斜，塔体顶端偏移应控制在 0.3～0.5m 以内（视塔高而定），如偏差较大应及时调整临时拉线。

6. 指挥及通信

指挥所应选在能够观察到整个施工现场，并且接近塔位和牵引机械的位置。通信联络应确保畅通、可靠。

四、倒装组塔施工计算

（一）整立塔头段的受力分析

以半倒装组立铁塔为例，整立塔头段的受力情况如图 8–2–9 所示。为简化计算，忽略塔头段坡度和滑轮摩擦阻力的影响。

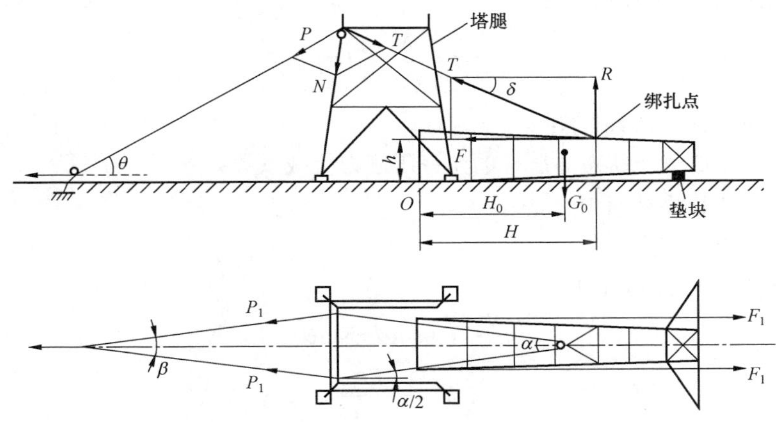

图 8–2–9　整立塔头段的受力情况

（1）起吊绳的受力按式（8–2–1）计算。

$$T=\frac{9.807G_0H_0}{H\sin\delta+h\cos\delta} \qquad (8\text{–}2\text{–}1)$$

式中　T ——起吊绳所受力的合力，N；

G_0 ——塔头段质量，kg；

H_0 ——塔头段重心高度，m；

H——塔头段起吊绳绑扎点高度，m；

h——塔头段起吊绳绑扎点至塔头段底部着地点水平面的垂直距离，m；

δ——起吊绳与塔头（平卧）轴线间的夹角。

（2）牵引绳受力按式（8–2–2）计算。

$$P_1 = \frac{T}{2\cos\frac{\beta}{2}} \tag{8–2–2}$$

式中 P_1——牵引绳受力，N；

β——两牵引绳间的夹角。

（3）制动绳的受力按式（8–2–3）计算。

$$F_1 = \frac{T\cos\delta}{2} \tag{8–2–3}$$

式中 F_1——制动绳的受力，N。

（4）塔腿支承强度的验算。在整立塔头过程中，塔腿起支承作用，这时应考虑塔腿主材及水平材受压后强度能否满足要求。

压杆的稳定压应力应满足

$$\sigma = \frac{N}{\varphi A} \leqslant [\sigma] \tag{8–2–4}$$

式中 N——压杆外荷载，N；

φ——中心受压状态下压杆的允许压应力折减系数；

A——压杆横截面积，cm^2；

$[\sigma]$——许用应力，N/cm^2。

塔腿主材的外荷载 N 为

$$N=T_1（\sin\delta+\sin\theta） \tag{8–2–5}$$

其中

$$T_1=\frac{T}{2\cos\frac{\alpha}{2}} \tag{8–2–6}$$

式中 θ——牵引钢绳与地平面间的夹角；

T_1——单根起吊绳的受力，N；

α——两起吊绳间的夹角。

由于起吊绳的作用，塔腿顶端水平材承受压力，其荷载为

$$N_s=\frac{1}{2}T\left(\tan\frac{\alpha}{2}+\tan\frac{\beta}{2}\right) \tag{8–2–7}$$

式中　N_s——塔腿顶端水平材的轴向压力，N。

根据施工经验，由于主材规格较大，外荷载对于主材不起控制作用，因此主要应验算水平材的稳定应力能否满足要求。

（二）总提升牵引力分析与计算

总提升时，提升段的荷重应包括被提升塔段自身荷重、风压荷重、偏心荷重及附加工具荷重。其中，风压及偏心荷重予以省略，附加工具总质量取 300kg。总提升时牵引力的计算分析，如图 8-2-10（a）所示。

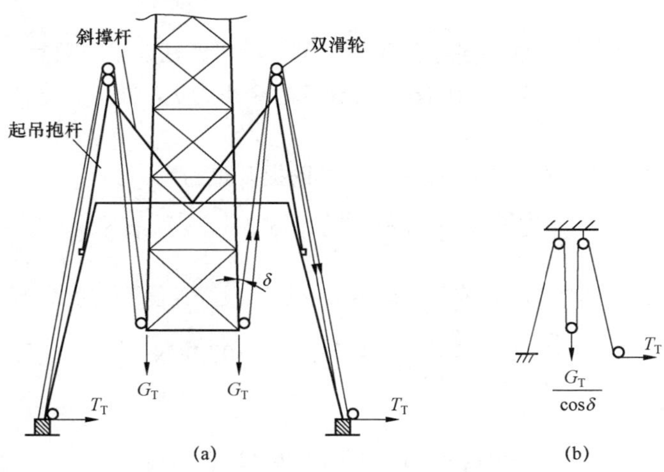

图 8-2-10　总提升牵引力计算分析

（a）总提升牵引力系；（b）滑轮组力系

（1）一个腿提升重力的计算。

$$G_T=\left(\frac{G}{4}K_1K_2+G_2\right)\times 9.807 \tag{8-2-8}$$

式中　G_T——一个塔腿的提升重力，N；

G——总提升塔体质量，kg；

G_2——一个塔腿的附加工具质量，kg；

K_1——动荷系数，一般取 1.2；

K_2——不平衡系数，一般取 1.2。

（2）起吊绳受力 T_T 的计算。

起吊系统为一对 2 滑轮组，如图 8-2-10（b）所示，T_T 的计算公式为

$$T_T=\frac{G_T}{n\cos\delta}\frac{1}{\eta^n} \tag{8-2-9}$$

式中 δ——起吊绳与吊件铅垂线间的夹角；

η——起吊滑轮组的效率，一般取 0.95；

n——起吊绳的数目。

（3）总牵引力 P。

$$P=NT_T=\frac{NG_T}{n\cos\delta}\times\frac{1}{\eta^n} \tag{8-2-10}$$

式中 N——受牵引绳牵引作用的塔腿数量，通常为 4。

（三）例题计算

现有一基 220kV JK–23 跨越塔，采用半倒装组塔方法，全塔总重 11 804kg，总提升质量（除去塔腿重量）G 为 9100kg，试计算总牵引力 P，施工布置情况如图 8–2–10 所示。

解：将 G 代入式（8–2–8），则每根抱杆的提升重力为

$$G_T=\left(\frac{9100}{4}\times1.2\times1.2+\frac{300}{4}\right)\times9.807=32\,863.3\text{（N）}$$

设 δ=6°，起吊绳数为 2，应用式（8–2–9），则起吊绳受力为

$$T_T=\frac{32863.3}{2\cos6^\circ}\times\frac{1}{0.95^2}=18\,307.1\text{（N）}$$

总牵引力为

$$P=4T_T=4\times18\,307.1=73\,228.4\text{（N）}$$

【思考与练习】

1. 什么是全倒装组塔和半倒装组塔？
2. 半倒装组塔如何进行塔腿连接？
3. 全倒装组塔如何布置提升牵引滑轮系统？

◢ 模块 3　直升机吊装组塔（Z05F5003Ⅲ）

【模块描述】本模块包含直升机吊装飞行特性、基本理论计算、吊挂机构与连接方式、吊装过程及吊装作业注意事项等。通过内容介绍、公式推导、图形示例、流程讲解，了解国内外直升机组塔方法。

【模块内容】

直升机由于具有可在空中悬停和平稳爬高的技术性能，用它可以执行其他类型飞机或施工机械难以完成的工作，因此在不同领域获得了广泛应用。在输电线路施工及运行中，可以用来展放导地线、线路巡视，还可用于吊装运载等。

本文通过某工程实例，介绍直升机吊装组塔施工工艺及技术特点。

一、直升机吊运飞行特性

1. 直升机飞行的力学特性

直升机能够利用旋翼的旋转实现爬升或下降，也可在一定高度上悬停，直升机工作原理如图 8–3–1 所示，其工作时的力学特性为

（1）悬停时：$T=G$。

（2）垂直爬升：$T>G$。

（3）垂直下降：$T<G$。

为使直升机能够获得前进的拉力，可适当控制直升机旋翼的旋转平面有一定的倾斜角，旋翼拉力 R 由两部分组成：

（1）T（上升力），用以平衡重力 G。

（2）P（水平拉力），用以克服机体所受阻力 I。

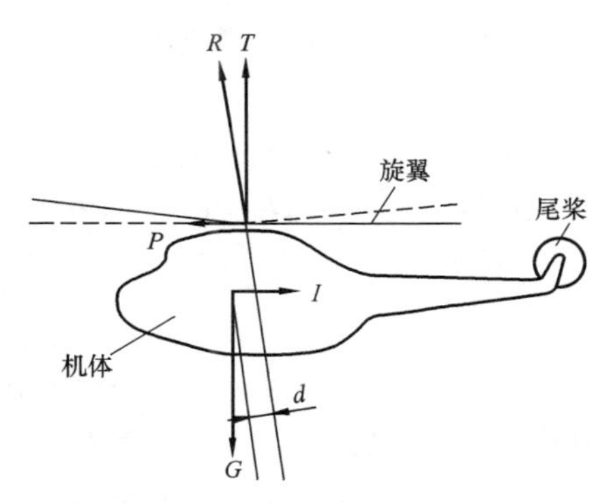

图 8–3–1　直升机工作原理示意图

由于 R 产生了一个相对于重心的力矩“$d \cdot R$”将导致机头向下倾斜。当$|T|<|R|$时，垂直升力减小。对于旋翼拉力 R 而言，旋翼平面的任何倾斜（前进、转弯或侧滑）都将使上升力减小。

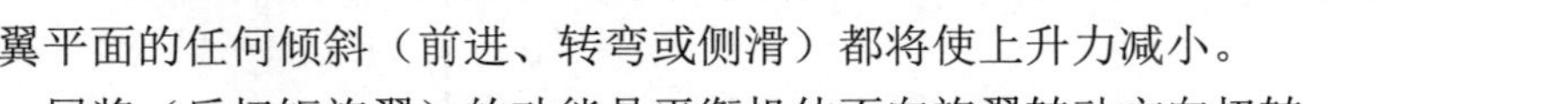

尾桨（反扭矩旋翼）的功能是平衡机体不向旋翼转动方向扭转。

2. 直升机吊装组塔作业特点

（1）受地形影响，飞行高度多变。

（2）受气流影响，易造成直升机颠簸、侧倾或侧滑，易引起吊挂物摆动。

（3）直升机在吊装时，功率消耗大，旋翼处于大扭矩工作状态。

（4）施工中受地形或场地影响，有时须临时着陆，飞行员要有灵活的驾驶技术。

（5）直升机悬停时稳定性差，而吊装组塔的整体就位与分段对接作业要求吊件稳定，飞行员必须与现场指挥密切配合。

（6）直升机作业效率与飞行高度、气温等有关，高海拔及高温度地带，直升机吊运能力将有所下降。

3. 直升机吊塔飞行的特性

（1）吊塔飞行直接影响到直升机飞行的姿态，直升机吊塔时平衡力系如图 8–3–2 所示，这时的力平衡关系为

$$\sum y=0 \quad T-(G+q)\cos\theta-I\sin\theta=0 \tag{8–3–1}$$

$$\sum x=0 \quad P+(G+q)\sin\theta-I\cos\theta=0 \tag{8–3–2}$$

$$\sum M_z = 0 \quad Tx + Py - qx_1 - M_z - \Delta M_z = 0 \tag{8-3-3}$$

式中 M_z——平衡力矩；

I——直升机前行所受阻力；

G——直升机重力；

θ——直升机俯角；

P——直升机旋翼水平拉力；

q——塔重；

ΔM_z——直升机抬头力矩。

由于θ很小，$\sin\theta \approx \theta$；$\cos\theta = 1$；将式（8-3-3）进行替代整理得到

$$\theta = \frac{I - P}{G + q} \tag{8-3-4}$$

从式（8-3-4）可见，直升机吊塔飞行时影响到仰俯角θ变化的因素增加了塔重 q。当直升机重心移至旋翼轴前边时，随着吊重的增加将使直升机抬头力矩增大，仰俯角θ减小。

（2）考虑塔身受空气阻力影响，直升机吊塔飞行时的平衡力系如图 8-3-3 所示，直升机力和力矩的平衡关系如下。

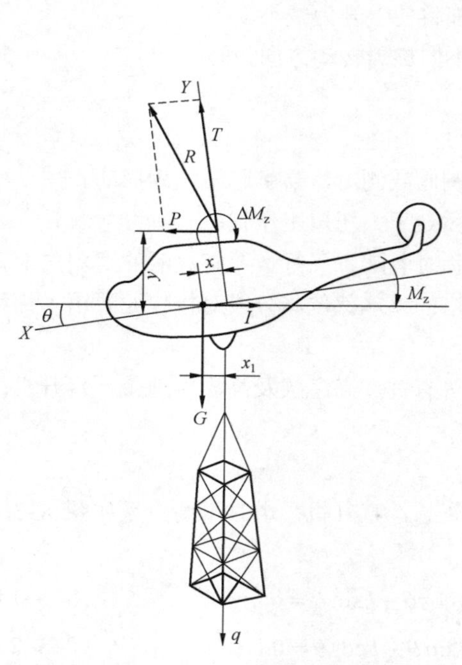

图 8-3-2 直升机吊塔时平衡力系

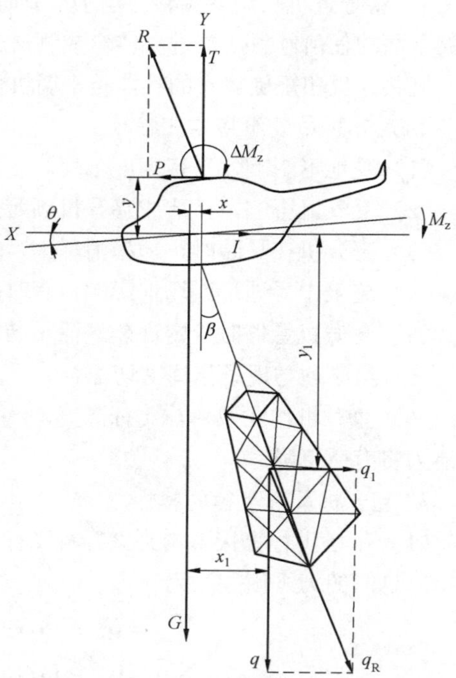

图 8-3-3 直升机吊塔飞行时的平衡力系

$$\sum y=0: \qquad T-(G+q)\cos\theta-I\sin\theta-q_1\sin\theta=0 \tag{8-3-5}$$

$$\sum x=0: \qquad P+(G+q)\sin\theta-I\cos\theta-q_1\cos\theta=0 \tag{8-3-6}$$

$$\sum M_z=0: \qquad Tx+Py-qx_1+q_1y_1-M_z-\Delta M_z=0 \tag{8-3-7}$$

式中　q_1——塔身所受空气阻力。

当θ很小时，近似计算可用式（8–3–8）

$$\theta=\frac{I+q_1-P}{G+q} \tag{8-3-8}$$

当阻力q_1较大时，将会使直升机增加一个低头力矩，俯角θ将增加。

二、吊挂索具及连接方式

1. 吊挂索具及吊挂连接方式

直升机吊挂索具由吊索、挂具、脱扣装置、主吊索、吊钩五个部件构成，吊挂索具及连接方式如图 8–3–4 所示。吊钩具有自动脱扣功能，脱扣时只要操作脱扣装置即可将主吊索和吊钩一起脱掉。这种专业索具在紧急情况下应能自动脱钩，能自动脱扣的吊钩如图 8–3–5 所示。

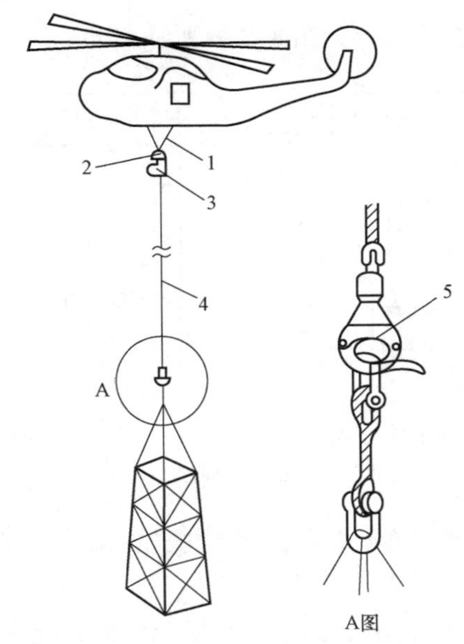

图 8–3–4　吊挂索具及连接方式

1—吊索；2—挂具；3—脱扣装置；4—主吊索；5—吊钩

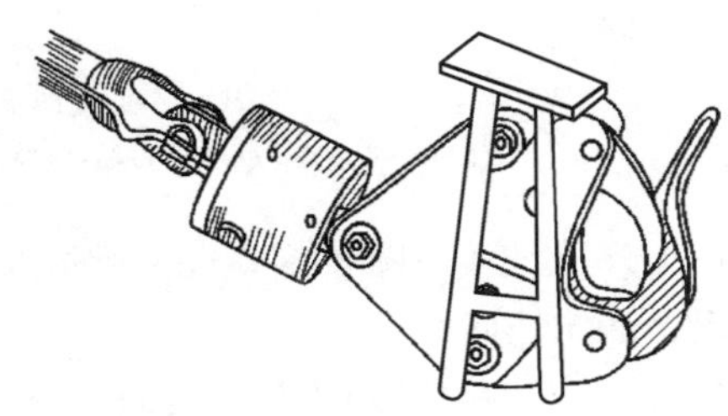

图 8–3–5　能自动脱扣的吊钩

2. 主吊索长度

主吊索长度关系到吊装就位的准确性和安全性。直升机吊运过程中重物的摆动周期为

$$T = 2\pi\sqrt{\frac{L}{g}} \tag{8-3-9}$$

$$f = \frac{1}{T} = \frac{1}{2\pi\sqrt{\frac{L}{g}}} \tag{8-3-10}$$

式中 L——主吊索长度，m；

g——重力加速度，9.807m/s^2。

如果 L 越大，则 f 越低，但 T 增加。理论上，L 越大越有利直升机控制摆动以保持正常飞行，但太长也是不必要的。当 L=30m 时，吊件的摆动频率为 0.09Hz，摆动周期为 11s，这个周期已能满足飞行员在操作上修正直升机的飞行状态了。实践证明，主吊索过短会导致吊件就位困难。

3. 吊挂索具及吊挂方式

直升机吊运时，吊件的稳定除与上述主吊索长度有关外，还与吊件重量、外形尺寸及所采用的吊挂方式有关。直升机有几种吊挂方式，如图 8-3-6 所示。

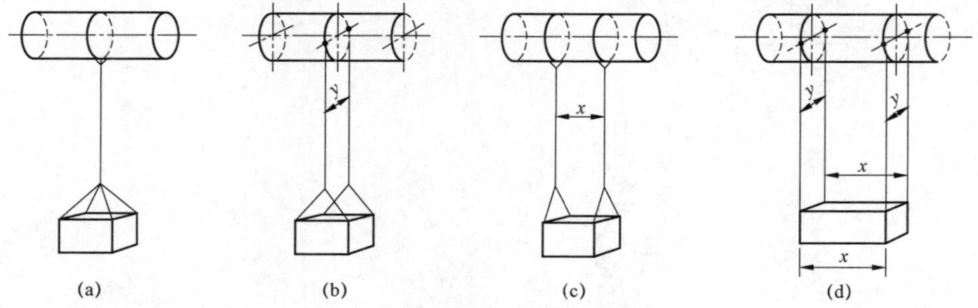

图 8-3-6 吊索的几种吊挂方式

（a）单点连接；（b）双点横列连接；（c）双点纵列连接；（d）四点连接

（1）单点连接。图 8-3-6（a）所示为一种最简单、常用的吊挂方式，吊件仅有较小摆动，稳定性尚好。

（2）双点连接。双点吊挂有两种，横列连接如图 8-3-6（b）所示，纵列连接如图 8-3-6（c）所示。其中前者对偏航有稳定作用，后者对仰俯有稳定作用。这两种吊挂方式产生的稳定力矩，可按式（8-3-11）和式（8-3-12）计算。

横列连接时

$$M_s = \frac{Gy^2}{57.3L} \qquad (8\text{–}3\text{–}11)$$

纵列连接时

$$M_s = \frac{Gx^2}{57.3L} \qquad (8\text{–}3\text{–}12)$$

式中 G——吊件重量，kN；

L——吊索长度，m。

（3）四点连接。四点连接如图 8–3–6（d）所示，它可同时对仰俯、偏航起稳定和抑制作用，适合于吊装车辆、集装箱等，其稳定力矩按式（8–3–13）计算

$$M_s = \frac{G(x^2 + y^2)}{57.3L} \qquad (8\text{–}3\text{–}13)$$

式（8–3–12）和式（8–3–13）表明：吊件越量，吊挂点距离越大，吊挂索具越短，则吊件的稳定性越好。

三、吊装铁塔

直升机吊装铁塔，分为起吊、运输、就位组装三个阶段。

1. 起吊阶段

直升机在待吊铁塔（段）上方悬停，地面工作人员将铁塔通过吊索挂于直升机自带的工作钩上，然后直升机按地面指挥命令徐徐上升、移位，使塔体逐渐立起。塔体立直后直升机继续上升，当铁塔底部离地 3～4m 时悬停，待稳定后即可吊运至安装地点。

2. 运输阶段

运输飞行应均匀加速，保持速度在 50～60km/h 之间。当受气流影响铁塔可能出现摆动时，飞行员应设法加以抑制。

3. 就位组装阶段

这是直升机吊装组塔的关键工序，分为整体吊装就位和分解吊装就位两种情形。具体做法将在后续内容中介绍。

直升机吊装铁塔，应注意的事项如下：

（1）直升机悬停应考虑风向影响，直升机逆风悬停可使旋翼输出功率减少，加之尾桨的方向稳定作用，易于使直升机保持稳定。而顺风悬停尾桨作用不佳，方向难以保持。侧向风会使直升机沿风向飘移，旋翼受侧风影响会引起直升机仰俯状态发生变化，并朝迎风方向倾斜，右侧风悬停比左侧风会更有利。

（2）避免发动机出现单发工作状态，单发悬停是指直升机有一台发动机失效的工作状态，这时作业将是十分危险的。一旦出现单发悬停，直升机应果断偏离作业地点，

尽快摘开工作钩，同时地面施工人员也应紧急撤离。

（3）飞行前对吊装过程可能出现的种种不利条件应充分予以估计，必要时应进行计算验证。

四、施工现场布置及准备工作

（一）前期准备

1. 料场及临时停机坪的选择

料场和停机坪应就近选择，如条件有限也可分开，但停机坪附近必须设有加油系统。料场和停机坪应能“通电、通交通、通信息”，地势平坦并能存放施工所需器材，满足摆放塔材和组装铁塔的需要。

2. 提前掌握气象情况

在制订施工作业计划前，应认真搜集和调查相关气象资料，作业尽量选在晴好天气进行。

3. 机型的选择

目前，国内的航空运输公司多拥有中、轻型直升机。整体吊装应使用中、重型机，如波音—234、S—64、波音—107 等机型。分解吊装可使用中、轻型机，如 S—61、波音—107、贝尔—205、米—171、米—8、海豚等机型。总之，选择机型应根据实际情况，力求经济合理、安全可靠。

4. 办理飞行手续

使用直升机作业应按《中华人民共和国民用航空法》《中华人民共和国飞行基本规则》《通用航空飞行管制条例》等法规，提前办好相关手续，经批准后在指定地域内进行飞行作业。

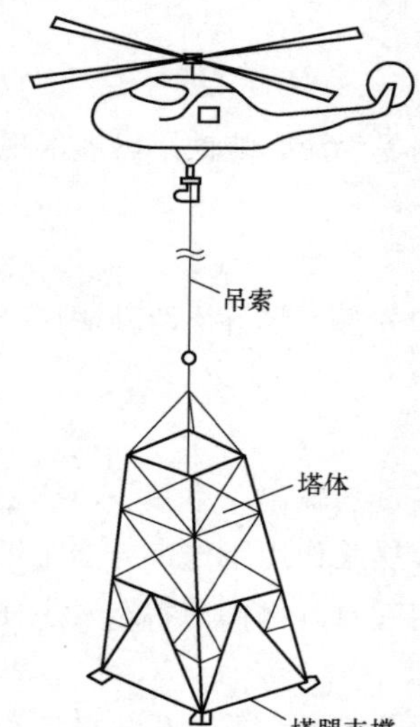

图 8-3-7 整体吊装示意图

（二）施工现场的准备

（1）停机坪及供油系统已准备好。

（2）铁塔或塔段组装完毕，或虽未组完但不致影响直升机作业。

（3）备齐全部机具，包括索具、导轨、地脚螺栓保护帽等。

（4）安全技术注意事项：整体吊装或分段吊装的底段，由平卧吊起至直立过程中须防备塔材变形；塔脚板进入基础地脚螺栓时，须防备地脚螺栓或基础被碰坏；在塔脚主材间加装临时支撑，整体吊装示意图如图 8-3-7 所示；将地脚螺栓涂油，试好螺帽后在地脚螺栓顶部加装螺栓保护帽（防止螺栓受损）。

五、吊装就位

（一）整体或铁塔底段吊装就位

直升机吊运铁塔至安装地点上空悬停，稳定后指挥直升机缓慢下降，至铁塔接近基础面时，由地面人员配合使塔脚板螺孔正好套进地脚螺栓，然后迅速安装螺帽。一切正常后，即可令飞行员脱去工作钩飞离现场。

（二）分解（分段）吊装

当铁塔较重或现有直升机的承载能力不足时，应采用分解吊装法。分解吊装的关键是就位对接。施工方法有以下三种：

1. 导轨自动就位法

这是一种不需要人上塔配合就可自动就位的方法，此法既安全可靠，效率又高，但直升机须加装防止塔段扭转装置。为了实现安全自动就位，专门设计了一种限制吊件旋转的装置，使用它可阻止铁塔在空中旋转，便于飞行员调整铁塔方位使之沿导轨准确就位。所谓“导轨”根据塔形结构的不同，有多种形式，对于自立塔有内导轨和外导轨。内导轨固定于塔段顶端主角钢的内侧，同时在外侧加装定位挡板，使上部待接塔段能准确入位，如图 8–3–8 所示。这种导轨可用于普通塔或酒杯塔曲臂以下塔身的自动对接，分解吊装自动就位的施工情况，如图 8–3–9 所示。外导轨固定于塔段顶端主角钢的外侧，用于酒杯塔曲臂以上塔头部分的自动对接。

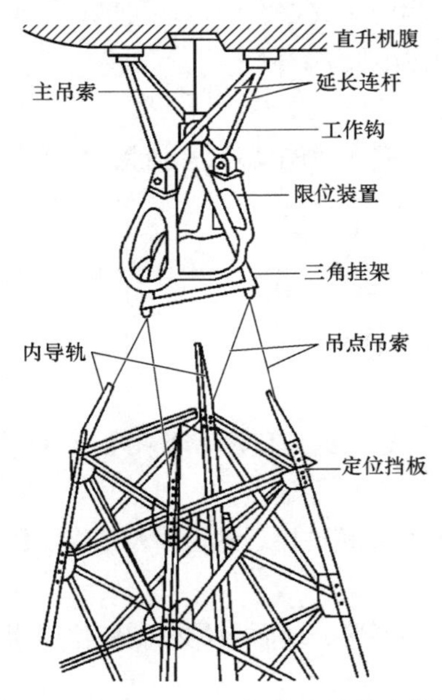

图 8–3–8　分段吊运带有内导轨的塔段

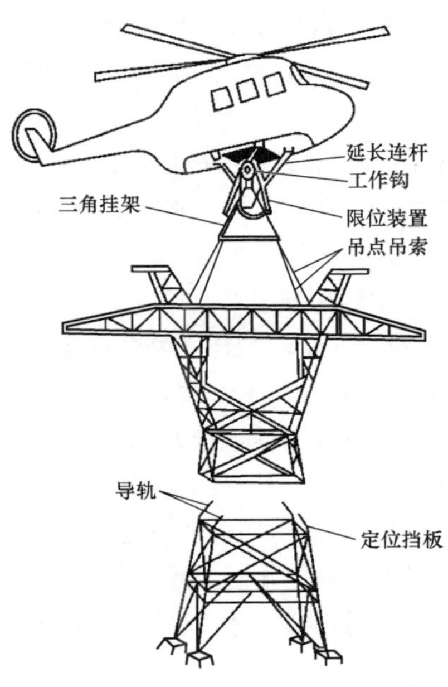

图 8–3–9　分段吊装自动就位示意图

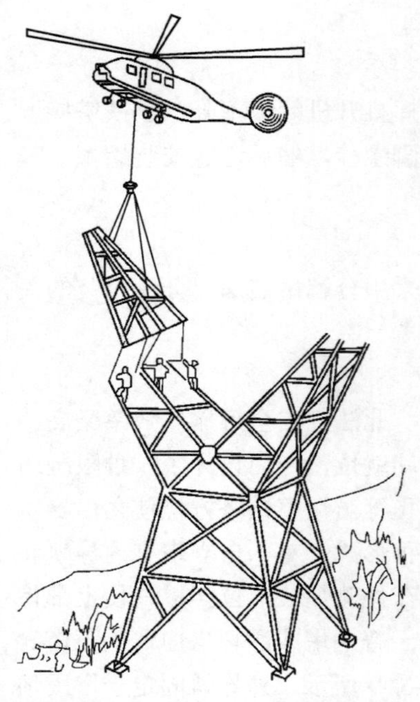

图 8-3-10 塔上人工就位示意图

采用导轨自动就位方法施工时，直升机吊运塔段到达塔位上空即悬停，调正方位后慢慢下降，使塔段底部沿导轨下滑与下部塔身准确对正。就位完毕后，直升机即可脱开工作钩离去，之后施工人员上塔安装螺栓。

2. 塔上人工就位法

此种方法与我国传统的分解组塔法类似。直升机吊挂的塔段底部四根主角钢分别都绑有一根控制绳，塔上人员牵引绳头控制塔段方位。当直升机将塔段吊运至塔位上空时，在塔上指挥人员指挥下，缓慢下降同时调整位置使塔段准确就位，具体情况如图 8-3-10 所示。

采用这种方法塔上需有人配合，有一定危险性，要求飞行员操作精准并密切与塔上人员配合。施工注意事项如下：

（1）塔段吊点布置要正确，要求吊挂塔段悬空时与就位时的状态一致，确保四角同时就位。

（2）塔上人员在接触即将就位的塔段之前，为防止其在空中运动可能产生的静电电击，须用带有接地线并做好接地的金属钩先钩住吊件。

3. 有导轨半自动就位法

应用此种方法虽然下段塔顶有导轨，但仍需要靠人控制就位绳才能使塔段就位。具体做法，结合某单位的施工实践，简要介绍如下：

（1）选用机型：如 S—61。

（2）主要配套工具：

1）对接导轨，二合式内导轨及其附件（另行设计制造）。

2）主吊索（含工作钩）。

（3）索具及附件连接方式见吊运带半自动就位导轨的塔段图，如图 8-3-11 所示。

（4）就位操作程序：

1）直升机吊运塔段至塔位上空悬停，下降至吊件底端接近地面，人工将已配置好的就位绳挂在限位耳板上并将余绳收回。

2）直升机升高、移位至目标塔位的上空，平稳下降，地面人员控制就位绳引导被吊塔段进入导轨。

（5）内导轨及附件的布置，如图 8-3-12（a）所示。内导轨 6 与外挡板 8 通过螺

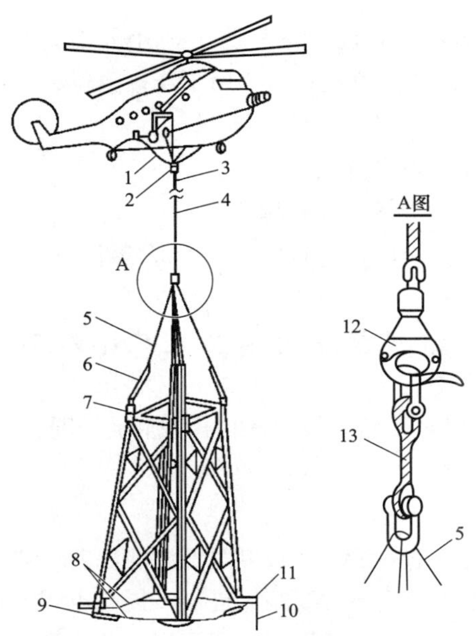

图 8-3-11　吊运带半自动就位导轨的塔段

1—连身绳；2—安全钩；3—旋转器；4—主吊索；5—吊点绳；6—内导轨；7—绑扎麻袋片；8—限位绳；9—限位板；10—辅助就位绳；11—挂绳耳板；12—工作钩；13—短绳套

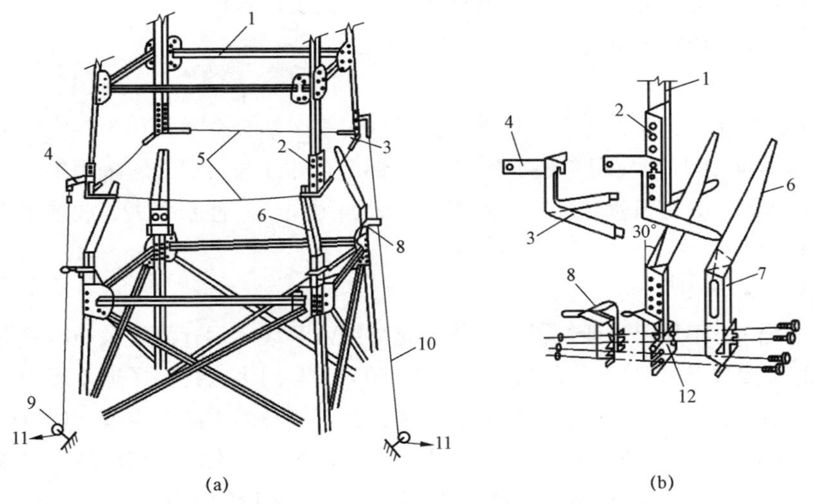

图 8-3-12　上下塔段通过导轨就位示意图

（a）导轨及附件安装布置图；（b）两合式内导轨结构组装图

1—上段主材；2—主材连板；3—限位板；4—限位板耳板；5—限位绳；6—内导轨；7—下段主材；8—外挡板；9—滑轮；10—辅助就位绳；11—控制拉绳；12—固定外挡板辅助材

栓连接固定于主材上，如图 8–3–12（b）所示。利用外挡板 8 控制被吊塔段下部限位板 3 准确到位，限位板 3 上的限位板耳板 4 用于连接限位绳。

【思考与练习】

1. 直升机的飞行力学特性是什么？
2. 直升机吊装组塔前期准备工作有哪些？
3. 直升机吊装铁塔分几个阶段进行？每个阶段应注意什么？

模块 4 新型导线的施工工艺（Z05F5004Ⅲ）

【模块描述】本模块包含了新型导线的提出及特点；通过对新型导线的介绍；掌握新型导线的施工工艺。

【模块内容】

随着电源容量、用电需求的迅速增长以及资源能源的日益紧张和环境保护的限制不断加大，需要新建线路或改造已有线路，进一步提高电网的输电能力，尤其在经济发达地区，这个问题就更加突出。低损耗、环保型、节约型、大容量的新型材料输电技术随着科学技术、材料技术、制造水平以及工艺水平的不断提高，将发挥越来越重要的作用。

本文通过某工程实例，介绍新型导线施工工艺及技术特点。

一、新型导线技术及特点

1. 全铝合金导线

目前在西欧、北欧、北美、日本、南亚等国家，铝合金导线作为架空输电线路已广泛应用，但我国目前应用量还不到 1%。全铝合金导线与目前普遍采用的钢芯铝绞线（ACSR）相比，具有弧垂特性高、耐腐蚀、表面耐损伤、伸长率大、线损小以及抗蠕变性能好等优点。

2. 耐热铝合金导线

20 世纪 60 年代日本研制了耐热铝合金导线，其连续运行温度及短时允许温度比常规 ACSR 要提高 60℃，分别为 150℃和 180℃，从而大大提高了输电能力。耐热铝合金是由 EC 级铝、少量锆和其他元素组成，具有较高的重结晶温度，所以耐热铝合金连续工作温度可达 150℃，载流量可提高 1.4～1.6 倍。同时加锆对改善导线的耐软化性和耐蠕变性有显著的效果。为减少电腐蚀，钢芯采用铝包钢。

3. 倍容量导线

倍容量导线也叫超耐热铝合金导线。该导线除具有耐热铝合金导线的优点外，最大的特点为导线允许温度可达 230℃，载流量提高约 2 倍；导线钢芯采用铝包 INVAR

线，显著地限制了导线弧垂。倍容量导线的线径、质量、张力、弧垂等特性与常用的ACSR基本相同，所以线路改造时，原有杆塔、基础可完全利用。

4. 新型复合材料合成芯导线

新型复合材料合成芯导线充分发挥了有机复合材料的特点，与目前各种架空导线相比，具有重量轻、强度高、热稳定性好、弛度低、载流量大、耐腐蚀的特点，从节能、节地、节材、环保、提高输电能力等方面看，具有很好的应用前景，特别适用于老线路的改造。

新型复合材料合成芯导线一般分为碳纤维芯铝绞线（ACFR）和耐热碳纤维芯耐热铝合金绞线（TACFR）两种。碳纤维芯铝绞线主要由碳纤维和热硬化性树脂构成，质量是常规钢芯的约1/5，线膨胀系数约为1/12。试验证明，这种新型复合材料芯导线的抗拉强度远远超过了 ACSR，在常温下的应力——伸长特性呈现弹性体，没有塑性变性，破断时的伸长量比钢绞线小，约为1.6%，耐热性基本与ACSR相同；耐热碳纤维复合芯铝绞线芯线是由碳纤维为中心层和玻璃纤维包覆制成的单根芯棒，碳纤维采用聚酰胺耐火处理、碳化而成，具有高强度、高韧性、耐冲击、耐抗拉应力和弯曲应力等特点。

碳纤维复合芯导线（简称ACCC导线）的特点：

（1）强度大。ACCC导线的抗拉强度为2399MPa，是一般钢丝抗拉强度的1.97倍，是高强度钢丝的1.7倍。试验证明其破断力比常规ACSR提高了30%。

（2）导电率高，载流量大。由于复合材料不存在钢丝材料引起的磁损和热效应，而且输送相同电力的条件下，具有更低的运行温度，可以减少输电线损6%左右。另外，相同直径时 ACCC 导线的铝材截面积为常规 ACSR 的 1.29 倍。因此可以提高载流量29%。在180℃条件下运行，其载流量理论上为常规ACSR的两倍。

（3）线膨胀系数小，弛度小。ACCC导线与ACSR导线相比具有显著的低弛度特性，在相同的试验条件下，温度从26.1℃上升到183℃时，常规ACSR导线的弛度从236mm增加到1422mm，提高了5倍；而ACCC导线的弛度仅从198mm增加到312mm，提高仅0.57倍，其弛度变化量仅为常规ACSR的9.6%，在高温下弧垂不到ACSR的1/10。

（4）重量轻。复合材料的密度约为钢的 1/4。单位长度总量约为常规 ACSR 的70%～80%。

（5）耐腐蚀、使用寿命长。碳纤维复合材料与环境亲和，而且又避免了导体在通电时铝线与镀锌钢线之间的电化腐蚀问题，较好地解决铝导线长期运行的老化问题。

二、新型导线施工工艺

新型导线施工主要以张力架线为主，此处结合工程实例，讲述碳纤维复合芯铝绞线JRLX/T（ACCC/TW）导线施工工艺。

执行标准DL/T 5284—2012《碳纤维复合芯铝绞线施工工艺及验收导则》（附条文说明）。

（一）JRLX/T（ACCC/TW）导线张力架线一般规定

1. 导线张力架线基本特征

（1）导线展放方式全过程应处于架空状态。

（2）导线不受设计耐张段限制，可以直线塔作施工段起止塔，在耐张塔上直通放线。

（3）在直线塔上紧线并作直线塔锚线，凡直通放线的耐张塔也直通紧线。

（4）在直通紧线的耐张塔上作平衡挂线或半平衡挂线。

2. 张力放线的基本程序

（1）将牵引绳分段展放，逐基穿过放线滑车。

（2）牵引机卷牵引绳，逐步展放导线。

（3）可以用旧导线牵引新导线。

3. 放线须采用橡胶或尼龙等韧性材质轮槽的滑车，并正确悬挂放线滑车以改善导线在滑车中畅通

4. 选择合适的放线张力，确保导线不与跨越物硬摩擦，加强每一操作环节中的导线保护等

5. 张力机、牵引机前必须设接地滑车，架空线路在施工期间始终保持接地，新工序接地未装设，原工序接地不得拆除，严格执行DL 5009.2

6. JRLX/T（ACCC）导线张力架线施工应具备的施工条件

（1）张力场选择在线路中心线或延长线上，防止导线出现转角。

（2）耐张塔允许不打临时拉线作带张力半平衡挂线，带张力平衡挂线时，横担承受的不平衡张力为相张力的1/2。

（3）耐张金具组合串中应具有较大调整范围的调整金具。

（4）直线塔宜设附件安装作业孔，耐张塔宜设锚线孔，孔径与施工工具相配合，承载能力满足施工荷载要求。

（二）施工准备

1. 机具准备

（1）牵引机的变速机构以无级变速为优，牵引机的额定牵引力大于或等于被牵放导线的保证计算拉断力与牵引机额定牵引力的系数之积（单位：N，系数 K_r=0.25～0.33）。

（2）张力机能连续平衡地调整放线张力，能与牵引机同步运转，张力机单根导线

额定制动张力：单根导线额定制动张力与单导线额定制动张力的系数（单位：N，K_r=0.17～0.20）。

（3）张力架线特种受力工器具：蛇皮套、耐张专用预绞丝、专用卡线器等要与导线、主要机具相匹配。

2. 跨越施工准备

（1）张力架线中的跨越施工，各连接点处于架空状态，确保施工和被跨越物的安全。

（2）张力架线跨越的几何尺寸应按 SDJJS2 执行。

（3）跨越架顶部或能与导线接触部位应采取防磨保护措施。

3. 放线滑车准备

（1）JRLX/T（ACCC）导线放线滑车应满足的要求

1）轮槽底部直径，应该大于导线直径的 20 倍。

2）轮槽深度大于导线直径 1.25 倍。

3）轮槽口宽度大于导线直径 2.4 倍，且能保证顺利通过各种联接器。

4）滑车轮槽接触导线部分应使用韧性材料，减轻导线与轮槽接触部分的挤压和提高导线防振性能。

（2）一牵一放线采用单轮滑车，牵引绳与导线同走一个滑槽。

（3）一牵二放线采用三轮滑车，牵引绳走中间滑槽，导线走两边滑槽。

（4）直线塔将放线滑车挂在悬垂绝缘子串下，耐张塔和耐张转角塔用钢绳套将放线滑车直接挂在横担下面。

（5）放线张力正常，导线在放线滑车上的包络角超过 30°，要求加挂双滑车，减小导线在滑车上散股。

（6）耐张塔挂双滑车应计算滑轮顶悬挂点的高度差或挂具长度差。

（三）张力放线

1. 张力场选择原则

（1）下列情况不宜用作张力场：

1）需以直线转角塔用过轮临锚时。

2）档内有重要交叉跨越或交叉跨越较多时。

3）设计要求档内不允许有接头时。

4）邻塔悬点与张力机进出口高度差较大时。

（2）张力场布置应注意：

1）张力机一般布置在线路中心线上，确定张力机出线所应对准的方向。

2）张力机进出口与邻塔悬点的高度差角不宜超过 15°。

3）张力机导线轮、导线线轴的受力方向均必须与其轴线垂直。

4）牵引机、张力机、线轴架等均必须按机械说明书要求进行锚固。

2. 张力放线工操作

（1）张力放线主要计算按 SDJJS2。

（2）导线盘绕方向与导线外层线股捻回方向相同，即导线处层采用右捻时，在张力机上盘绕应为左进右出。

（3）牵放前必须检查的项目。

1）跨越架牢固程度。

2）临时接地是否符合要求。

3）人员是否全部到岗，通信联络是否畅通。

4）受力部件连接情况。

5）牵引绳或旧导线在放线滑车上有无掉槽。

（4）开始牵放时应慢速牵引，询问线路有无异常现象。全部架空后，方可逐步加快牵引速度。

（5）牵引时应先开张力机，待张力机刹车打开后，再开牵引机；停止牵引时应先停牵引机，后停张力机。

（6）放线时牵引绳、旧导线、导线过越线架时，张力应缓慢增大，以不磨遗址架为准，避免牵引绳、导线产生大幅度波动。

（7）接续管不得在张力机前进行压接，因接续管太长，不允许过滑车，应根据耐张段长和线长合理布线，确定在适宜档接续。

3. 压接

（1）接续管。

1）确认导线接续位置，压接现场导线不得接触地面。

2）应采用临时锚线的方式进行压接。

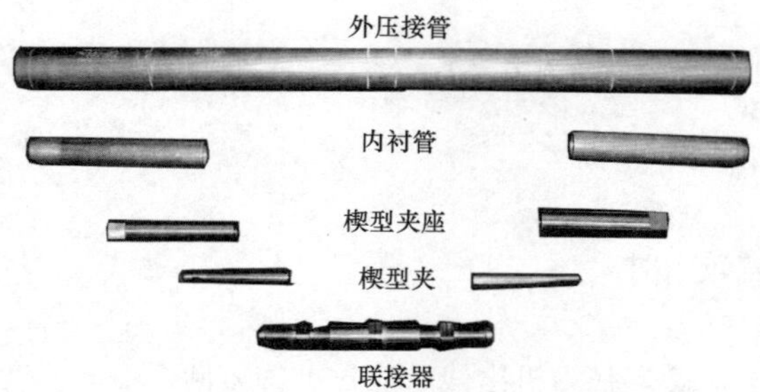

图 8–4–1 JRLX/T（ACCC）导线接续管配件

3）锚线长度应距导线端头处 16m 以外。

4）接续管包括如下配件：外压接管、内衬管、楔型夹座、楔型夹、联接器。JRLX/T（ACCC）导线接续管配件如图 8–4–1 所示。

5）穿管。用洁布将导线表面擦净，长度不小于外压接管长度的 3 倍，将导线两端头穿入内衬管，然后，再把任一导线端头穿入外压接管。

6）画印。在导线端头处用楔型夹座量取等长的导线长度，并画好印记，印记处导线侧用胶布把导线缠绕，防止导线散股。JRLX/T（ACCC）导线画印如图 8–4–2 所示。

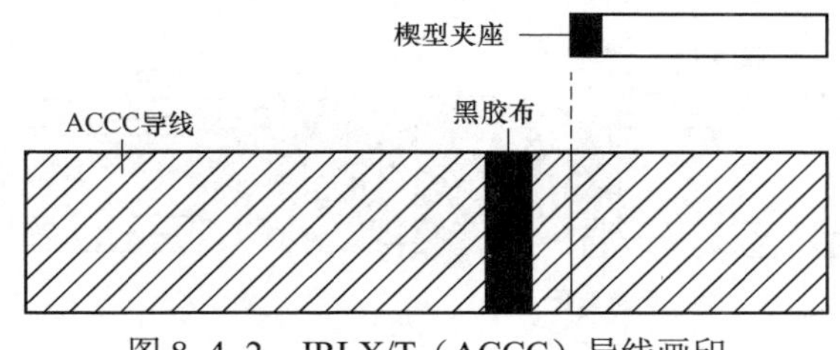

图 8–4–2　JRLX/T（ACCC）导线画印

7）剥线。在印记处将铝股分层锯割，不准损伤碳芯；用干布擦去碳芯上的油渍，并用专用细砂纸轻轻打磨碳芯，然后，再用干布将粉末擦除干净，如图 8–4–3 所示。

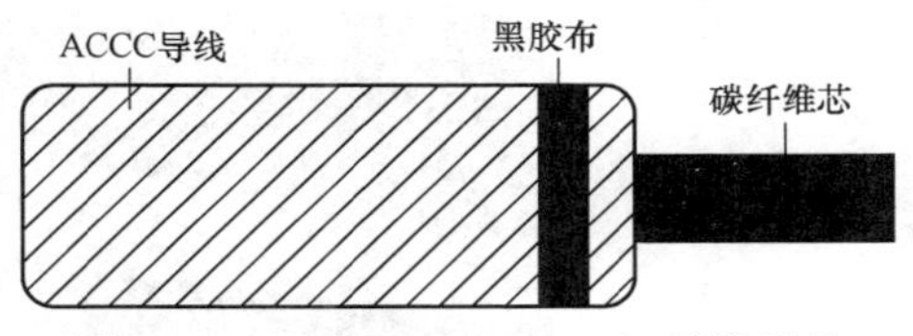

图 8–4–3　JRLX/T（ACCC）导线剥线

8）安装：① 把碳纤芯穿入楔型夹座，然后将碳芯穿入楔型夹，并夹住碳芯，整体滑进楔型夹座内，碳芯露出楔型夹 5mm，安装联接器。JRLX/T（ACCC）导线碳纤芯穿管如图 8–4–4 所示。② 将联接器拧入楔型夹座内。用扳手拧紧。拧紧联接器如图 8–4–5 所示。③ 拧紧联接器与楔型夹座，检查靠近导线一端，应该有 35～40mm 左右的碳芯露出，楔型夹锥形端头应从楔型夹座端向外拉出 5mm。另一端的安装过程与此完全相同，最后用两把扳手把联接器同步紧紧。JRLX/T（ACCC）导线连接管安装如图 8–4–6 所示。④ 用尺量出外接管的中心点的距离，在导线端头两侧铝线上画好印记（联接器中主至外压接管端口距离）。JRLX/T（ACCC）导线外接铝管画印如图 8–4–7 所示。⑤ 用钢刷清除导线进入内衬管部分铝股氧化膜。⑥ 对导线铝股进行均匀涂刷电力脂，并完全覆盖。用钢丝刷沿碳纤维复合芯铝绞线捻绕方向对已涂电力脂部分进行擦刷，然后用洁布擦去多余电力脂。⑦ 按印记将外压接管安装到位，然后在中心印记处施压一模。JRLX/T（ACCC）导线压接如图 8–4–8 所示。⑧ 用钢刷清除内衬管表

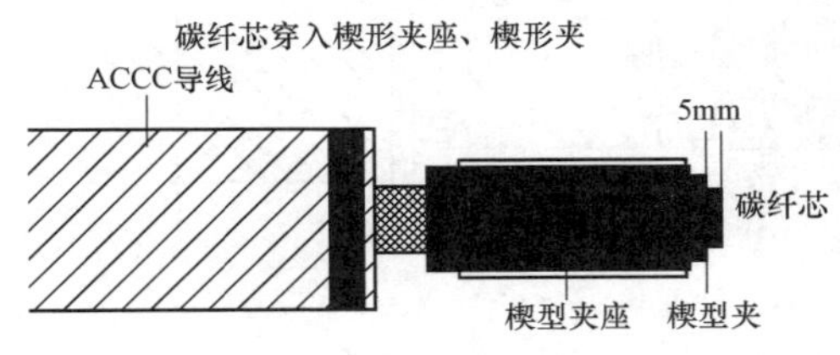

图 8–4–4　JRLX/T（ACCC）导线碳纤芯穿管

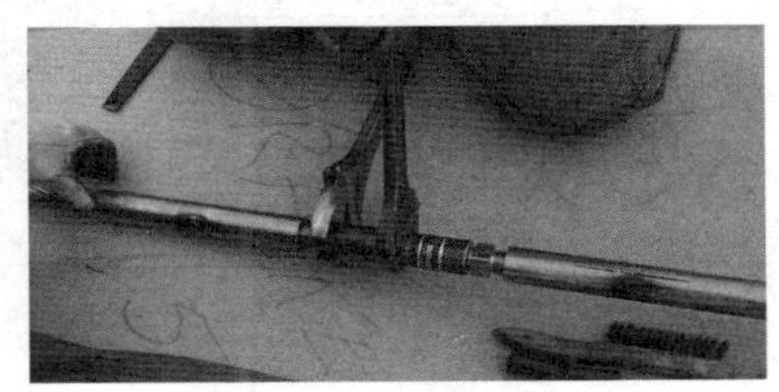

图 8–4–5　拧紧联接器

面氧化膜，均匀涂刷电力脂，将内衬管推到外压接管内。⑨ 将外压接管表面涂脱模剂。⑩ 在外压接管两端标记线外 8mm 开始向管口端部依次施压。施压时模与模之间的重叠处不应小于 5mm，实测压后对边距及管长，如图 8-4-9～图 8-4-11 所示。

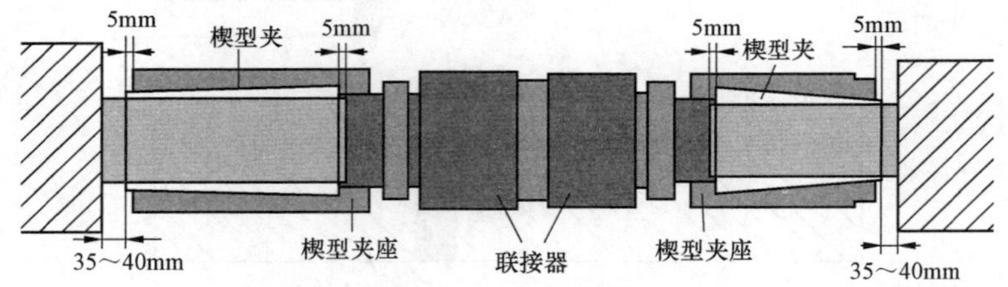

图 8-4-6　JRLX/T（ACCC）导线连接管安装

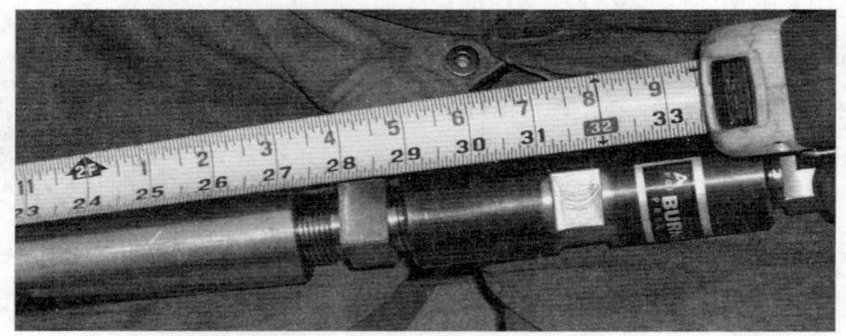

图 8-4-7　JRLX/T（ACCC）导线外接铝管画印

图 8-4-8　JRLX/T（ACCC）导线压接

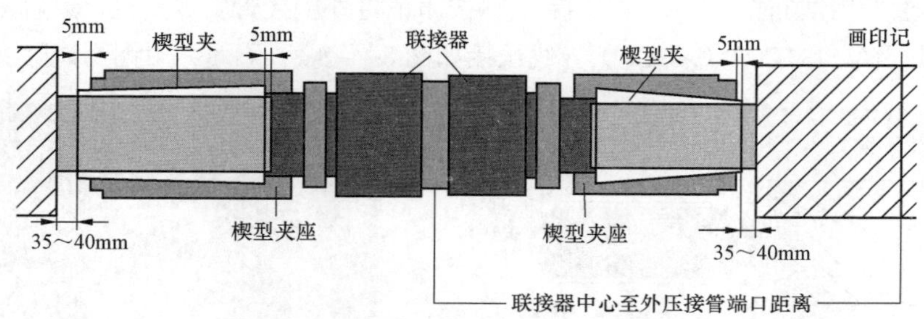

图 8-4-9　JRLX/T（ACCC）导线外压接管中心至导线端头距离

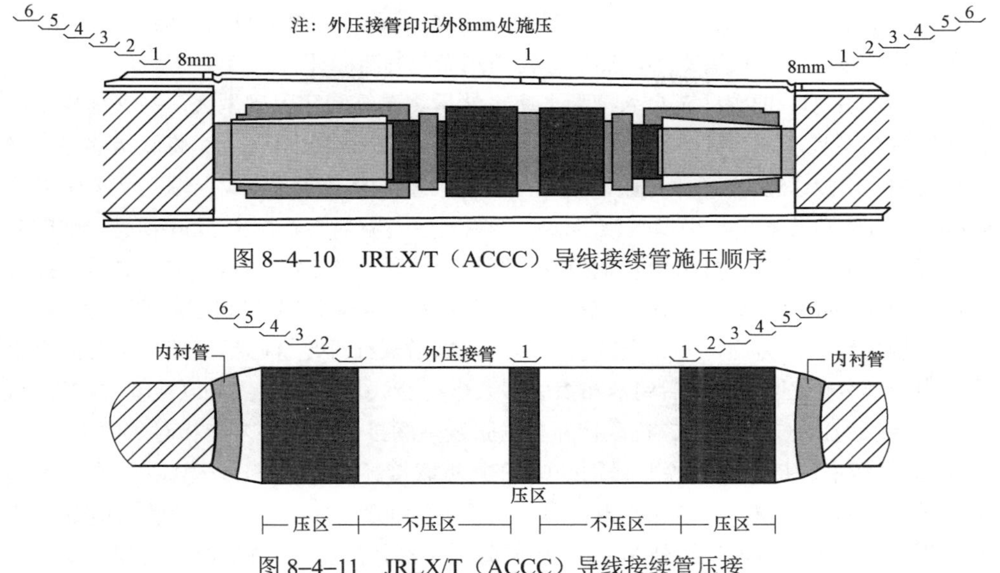

图 8–4–10 JRLX/T（ACCC）导线接续管施压顺序

图 8–4–11 JRLX/T（ACCC）导线接续管压接

（2）耐张线夹。

1）耐张线夹包括如下配件：耐张线夹联接套、联接环、楔型夹、楔型夹座、内衬管。JRLX/T（ACCC）导线耐张线夹配件如图 8–4–12 所示。

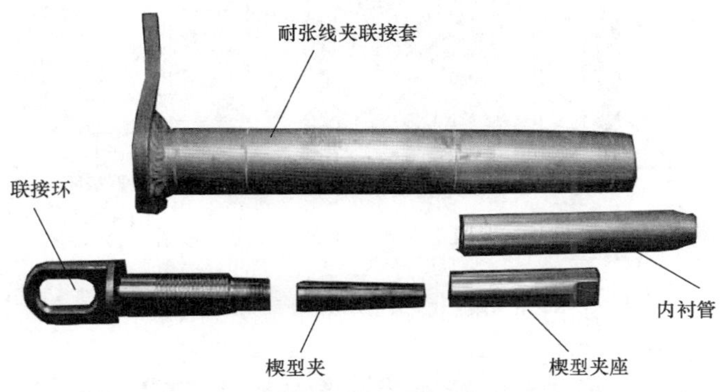

图 8–4–12 JRLX/T（ACCC）导线耐张线夹配件

2）穿管。用洁布将导线表面擦净，长度不小于外压接管长度的 3 倍，将导线端头穿入内衬管，然后，再穿入耐张线夹联接套。

3）画印记。在导线端头处用楔型夹座量取等长的导线长度，并画好印记，印记处导线侧用胶布把导线缠绕，防止导线散股。

4）剥线。在印记处将铝股分层锯割，不准损伤碳芯；用干布擦去碳芯上的油渍，并用专用细砂纸轻轻反磨碳芯，然后，再用洁布将粉末擦干净。

5）安装：① 把碳纤芯穿入楔型夹座，然后将碳纤芯穿入楔型夹，并夹住碳芯，整体滑进楔型夹座内。碳芯露出楔型夹 5～10mm，安装联接环。② 将联接器拧入楔型夹座内。用扳手拧紧。③ 拧紧联接器与楔型夹座，检查靠近导线一端，应该有 35～40mm 左右的碳芯露出，楔型夹锥形端头应从楔型夹座端向外拉出 5mm。另一端的安装过程与此完全相同，最后用两把扳手把联接环拧紧。JRLX/T（ACCC）导线压接管连接如图 8–4–13 所示。④ 用钢刷清除导线进入内衬管部分铝股氧化膜。⑤ 对导线铝股进行均匀涂刷电力脂，并完全覆盖。用钢丝刷沿碳纤维复合芯铝绞线捻绕方向对已涂电力脂部分进行擦刷，然后用洁布擦去多余电力脂。⑥ 将耐张线夹联接套安装到位，与胶垫接触为止。⑦ 按要求，将联接环与耐张线夹联接套引流板方向相对角度调正确。⑧ 将耐张线夹联接套表面涂脱模剂。⑨ 在靠近联接环印记处施压一模。⑩ 有钢刷清除内衬管表面氧化膜，均匀涂刷电力脂，将内衬管推到耐张线夹联接套内。⑪在耐张线夹联接套导线端口标记线外 8mm 开始向管口端部依次施压。施压时模与模之间的重叠处不应小于 5mm。实测压后对边距及管长。JRLX/T（ACCC）导线压接管压接如图 8–4–14 所示。

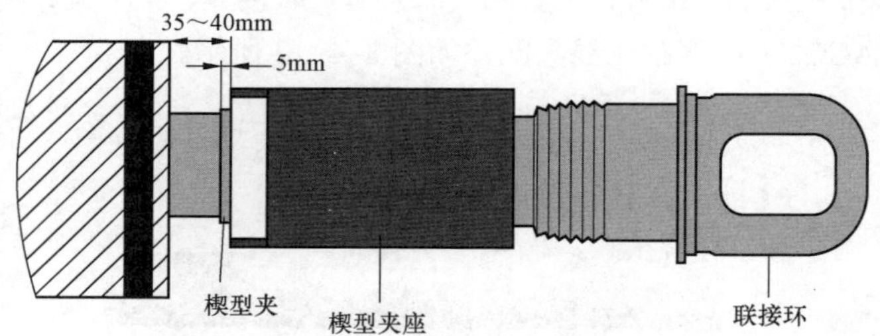

图 8–4–13 JRLX/T（ACCC）导线压接管连接

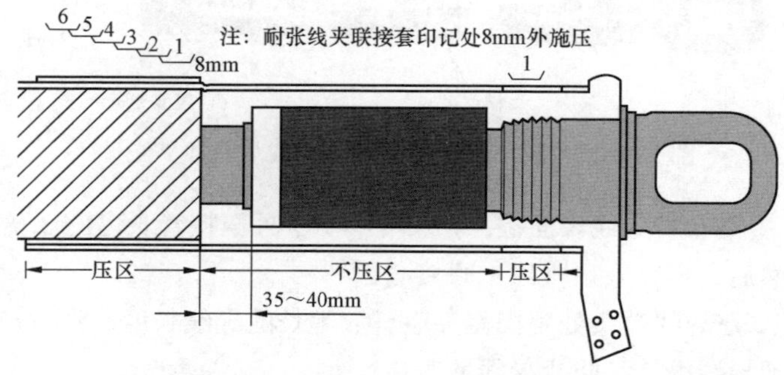

图 8–4–14 JRLX/T（ACCC）导线压接管压接

（3）跳线线夹。

1）先清除跳线线夹内多余电力脂。

2）在导线端头处量取等长印记点到线夹口的距离，画好印记。

3）用钢刷清除导线进入跳线线夹部分的铝股氧化膜。

4）将导线穿入跳线线夹内，线夹端口正好和导线上印记重叠。

5）应使跳线线夹方向与原弯曲方向一致，由线夹端口印记处依次施压。JRLX/T（ACCC）导线跳线线夹压接如图 8–4–15 所示。

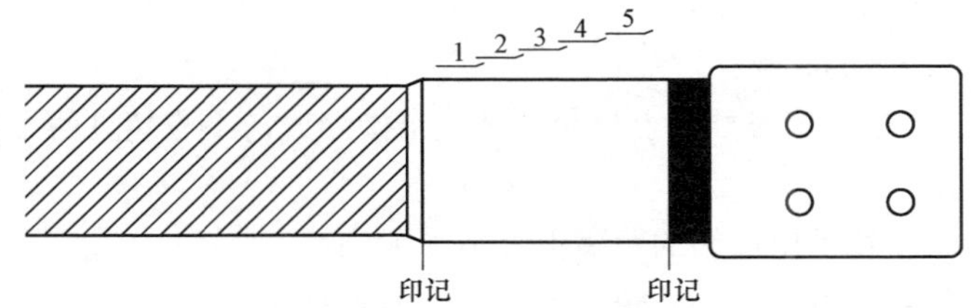

图 8–4–15　JRLX/T（ACCC）导线跳线线夹压接

4. 放线质量和施工安全

（1）张力放线过程中防止导线磨伤的主要措施。

1）换线轴时，注意线头、线尾不与张力机、线轴架的硬锐部件接触。

2）向线轴上回盘余线时，不允许蛇皮套被盘进线轴。导线局部落地时，应采取隔离措施。

3）卡具附近的导线应采取防损伤措施。

4）张力机出口张力应始终满足施工设计的规定，并在导线距离寻面最近的位置设专人监视导线离地高度。

5）接续前应将蛇皮套内的导线切除。

（2）蛇皮套、联接器、牵引绳和旧导线的连接部位是张力放线受力体系中的薄弱环节，每次使用前均应严格检查，按规定方式安装和使用。

（四）紧线

（1）紧线顺序为第一观测档紧，第二观测档松（简明紧—松—紧观测）。

（2）专用卡线器将导线卡牢，紧线侧采用滑车组紧线，其目的是减少机动绞磨的受力，用机动绞磨作牵引。

（3）以弛度观测作标准，紧线应力达到标准后，保持紧线应力不变，在昆线段内所有直线塔和耐张塔上同时画印，不完成画印，不得进行锚线作业。

（4）在耐张塔将导线临锚，使其接近设计架线张力，三天后再进行弛度观测、调整及挂线。

（5）导线挂完后，不要急于安装附件，注意观察弛度变化，确认无误后再安装附件。

综合考虑以上因素，确定紧线方法。

（五）附件安装

1. 一般要求

（1）打光导线上未处理的局部轻微磨伤，特别注意线夹两侧及锚线点。

（2）对损伤导线进行处理。

（3）拆除导线上的异物。

（4）在一个档距内每根导线上只允许有一个接续管，不应超过两个补修管，同时应满足下列规定：

1）各管与耐张线平出口间的距离不应小于 16m。

2）接续管与悬垂线夹中心的距离不应小于 16m。

3）补修管与悬垂线夹中心的距离不应小于 5m。

2. 耐张塔平衡挂线（半平衡挂线）

（1）空中临锚。空中临锚专用卡线器与杆塔的距离：当地面安装耐张线夹时取 3.0 倍挂点高，当空中安装耐线线夹时取耐张线夹 20m 以外。

（2）割断导线前，在专用卡线器后侧 0.5～1.0m 处，用棕绳将导线松绑在锚套上，防止松线时导线出现硬弯，导线弯曲必须小于 30°。割断后用绳将导线松下。

3. 直线塔附件安装

提线吊钩接触导线的宽度不得小于导线直径的 8 倍，接触部分应加衬垫，以防损伤导线。

4. 跳线安装

（1）跳线应使用未经牵引的原状导线制作。应使原弯曲方向与安装后的弯曲方向相一致，以利外观造型。

（2）以设计提供的跳线弧垂，实量跳线长，设计给的跳线长度只作参考。

（3）在地面将跳线组装成整体连同其悬垂绝缘子串一并起吊，在塔上就位安装。

（4）先把悬垂绝缘子串挂至跳串孔上，在地面将跳线组装成整体，两跳线线夹安装好后，在悬垂串处挂软梯，安装跳线线夹。

三、应用倍容量导线更换旧导线施工工艺举例

（一）工程概况

220kV××线（××段）从××变电站构架至 48 号改线前均为自立式铁塔，原线型为 LGJ–300/25 双分裂钢芯铝绞线，该段分别跨越邳苍公路、邳新公路、连徐高速公

路和京杭运河和 110kV 等不同电压等级的带电线路、民房。根据 JRLX/T（ACCC/TW）的特性和厂家提供的线盘长度划分了多个牵张段，采用张力放线设备牵引导线，既保证了工程质量又降低了安全风险。

（二）工程材料及专用工器具技术参数

（1）JRLX/T（ACCC/TW）的特性：截面积 465mm^2，外径 25.14mm，最大拉断力 135kN，1 跟碳芯，铝线根数 19 根。碳纤维芯比钢线更脆而易损坏。

（2）张力机：张力轮直径不得低于导线直径 40 倍。实用张力轮轮径为 1200mm。

（3）牵引机：选用持续牵引力不小于 3t 的牵引机。

（4）放线滑车：轮槽底部直径，应该大于导线直径的 20 倍。滑车轮槽接触导线部分应使用韧性材料，减轻导线与轮槽接触部分的挤压和提高导线防振性能。轮槽深度大于导线直径 1.25 倍。轮槽口宽度大于导线直径 2.4 倍，且能保证顺利通过各种联接器。二牵一放线采用三轮滑车。放线张力正常，导线在放线滑车上的包络角超过 30°，要求加挂双滑车，避免导线在滑车上散股。

（5）连接器：选用 3t 的旋转连接器。

（6）连接网套：选用某公司生产的 SWL 型连接网套，有效长度为 3m，且网套端部用铁丝绑扎，绑扎长度宜为 30～40mm。

（7）禁止使用普通卡线器，可使用导线厂家提供的耐张预绞丝，导线在放线滑车上的包络角超过 30°，要求加挂双滑车，减小导线在滑车上散股。

（三）施工技术措施

（1）牵引场和张力场的选择。由于各盘导线都是按照区段定长加工，且本工程不允许直线压接，每盘导线便形成一个或几个耐张段，牵张场原则上选择视野开阔、方便大型车辆进出的场地。

（2）为了避免牵引时在牵张段两端的挂线滑车形成过大包络角损坏碳芯，同时为了方便紧挂线，牵引机和张力机应设置在牵张段的两端，张力轮和牵引轮距第一基铁塔的距离不小于放线滑车轮槽高度的 3 倍。

（四）跨越架的搭设

为了有效地保护沿线被跨越物，采用搭设跨越架与封顶网相结合的办法。

（1）针对高速公路、京杭运河、普通公路、民房和低压线路采用搭设跨越架的方法，具体参照跨越架塔设规范执行。

（2）对于 110kV 带电线路即要在两侧搭设跨越架，为了最大限度降低风险，在换线前一天将带电线路用绝缘网封顶。

封网要求：宽度要超出施工导线两边各 1.5m，网的松紧要适度，保证封顶网在任何情况下对带电线路的安全距离。

（五）滑车吊挂的准备工作

（1）为了保证换线工作的顺利有序进行，在施工断内挂拆除原导线的防振锤，利用提线器将原导线提起拆除其他附件，并稳固好原导线。

（2）拆除原导线的悬垂串，将事先组装好的 XWP2–70 型瓷质绝缘子串（下面悬挂三轮放线滑车）挂起。为了防止牵张段两端悬垂串承受过大的下压力，牵张段两端的转角塔用ϕ22mm 吊杆悬挂放线滑车，滑车的轮槽直径应不小于 502.8mm，实际滑车轮槽直径为 600mm。重要跨越处两侧的每个悬垂串要增加一个起到双保险作用的钢丝绳套。

（3）将拆除附件后的 2 根原导线放进三轮滑车的两个边槽内。

（六）原导线与倍容量导线的连接

（1）为了避免换线时施工段两侧的耐张塔沿线路方向受力不平衡，需在两端布置反向临时拉线和稳线措施，如图 8–4–16 所示。在施工段内两侧将张力场附近的原导线耐张串拆除。

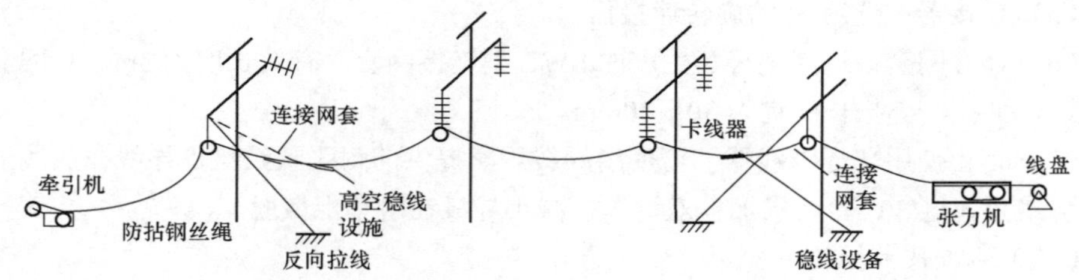

图 8–4–16 反向临时拉线和稳线措施现场布置图

（2）将原导线的耐张金具和附件取下，为了方便连接部位顺利通过滑车，去除原导线的耐张压接管并安装连接网套，安装方式如图 8–4–17 所示，一定注意走板的连接，连接时将防扭器安装在走板的下方，否则容易造成走板反转。

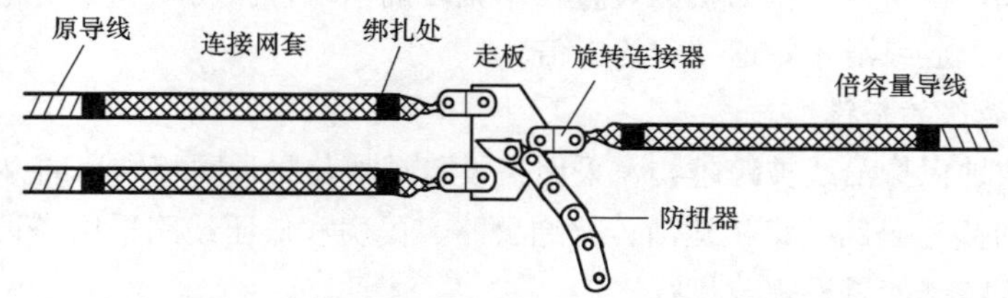

图 8–4–17 原导线与倍容量导线的连接方式

（七）转角塔滑车的预偏

转角滑车挂具长度及挂点位置应由技术人员计算确定，转角滑车在导引绳升空临锚时应做预偏，并在施工过程中适当调节，方法如图 8–4–18 所示。

（八）放线滑车倒挂及压线措施

根据设计要求凡是耐张串需要倒挂的塔位可考虑放线滑车倒挂，验算公式如下：

$$\tan\theta = \frac{1}{2T}(g_1Al + G_j) + \frac{h}{l} \tag{8-4-1}$$

式中 θ——耐张绝缘子串倾角，θ为负值表示放线滑车需倒挂或应采取防止导线上扬的措施；

T——年平均气温下无并无风时的导线拉力；

g——导线自重比载；

l——档距；

G_j——耐张绝缘子串重量；

h——悬挂点高差，被检查杆塔的悬挂点比临塔悬挂点高时为正，反之为负。

出现上扬杆塔时应将放线滑车倒挂，也可以按图 8–4–19 进行压线或者采取适当降低放线张力达到效果。

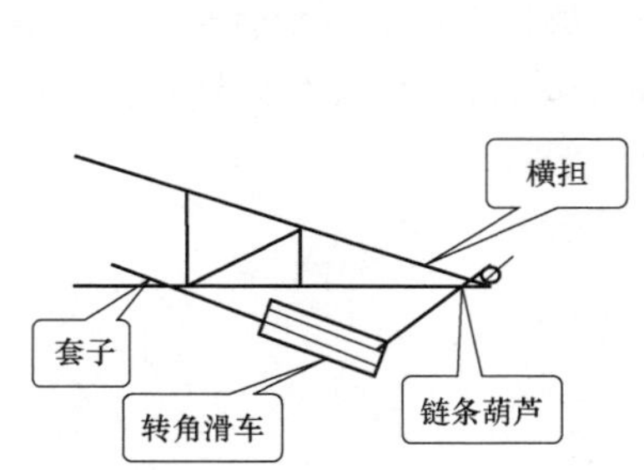

图 8–4–18　转角塔滑车预偏控制图

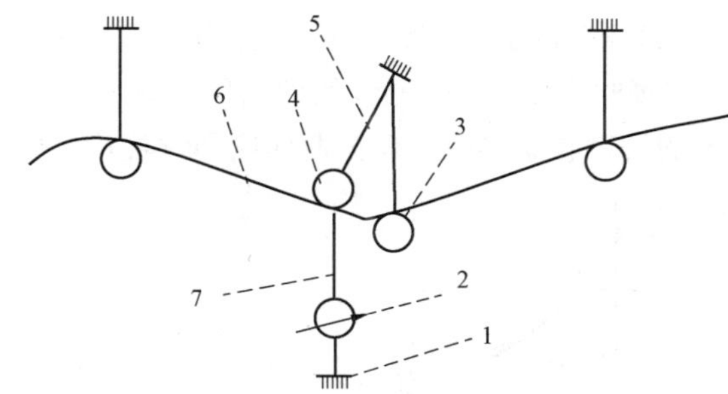

图 8–4–19　压线布置图

1—地锚（抗上拔）；2—3t 手扳葫芦；3—放线滑车；4—压线滑车；5—固定钢丝绳；6—原导线；7—压线钢丝绳

（九）导线的牵引展放

（1）牵引前将两根原导线分别布置在三轮滑车的两侧凹槽内，新导线在三轮滑车的中间凹槽内，调整牵引机两个张力轮牵引张力，使之达到相同的张力，刚开始牵引时速度稍微放慢，然后均匀增加速度。导线在展放前，应将原导线的张力适当降低，以利于张力机出线，然后根据计算的牵张力不断调节。

（2）放线过程中各重要跨越处和转角塔位应设置专人监护，随时注意观察重要跨越处的安全距离和走板过滑车时的情况，适当调整牵张力。

（3）牵引机应慢速启动约 5m/min，正常牵引时可增加至 30～40m/min，最大速度不得超过 5km/h。

（4）一盘导线展放到还剩 6 圈左右时，应停止牵引并手工取下剩余的导线，更换导线盘后，用双头网套将两盘线临时连接；继续牵引导线，双头网套绕过张力轮后，再次停止牵引，在张力机前侧将导线临锚，取下双头网套进行直线压接，并将压接管用保护管保护；张力机反卷取下临锚，继续牵引。直线保护管的位置应事先计算确定，当保护管穿过最后一基杆塔后，应停止牵引，取下保护管后再继续。全段牵引完成后，先在牵引场侧压接挂线，完成后，张力机反卷，将张力提高到 2t 后，在张力场压接挂线。

（十）导线紧线施工

导线在展放完毕后利用牵引机进行弛度的初调，临近设计弧垂时牵张两侧临锚，具体断线方法如下：

1. 高空进行断线、划印、压接、挂线

（1）完成牵引展放后，挂上耐张串，用图 8–4–20 所示方法借助地面绞磨将耐张串拉起。

（2）在导线上距离三联板 2m 以外卡卡头（具体距离值根据未收紧前导线弧垂确定，保证收紧倒链后，预绞丝到扇形板的距离大于 2m），如图 8–4–21 所示通过走一滑车上的倒链收紧导线。横担两侧应同时收紧，保证受力平衡。

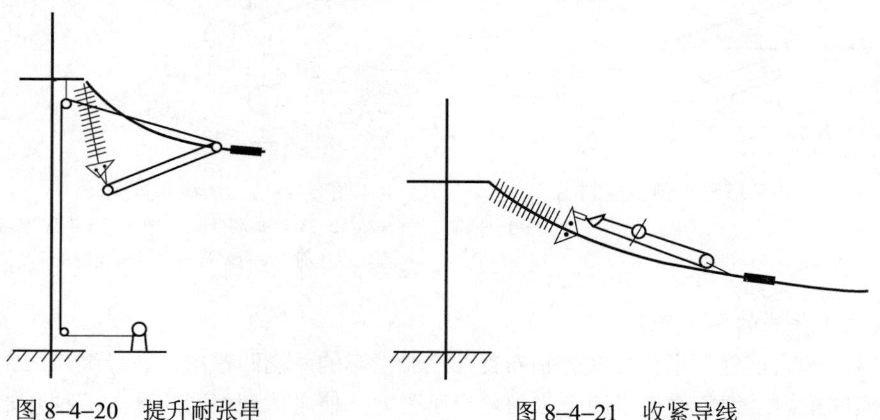

图 8–4–20　提升耐张串　　图 8–4–21　收紧导线

（3）剪断导线，继续收紧到弧垂，挂好高空作业平台，进行高空压接，压接时不能压接碳芯，要用楔形夹座、楔形夹头和线夹本体依次与碳芯紧固连接，压接机只用于压铝管。压接机的钳头放在平台上，机身放在横担或塔身内。高空断线方法如图 8–4–22 所示。

（4）挂线，拆除工具准备进行下相导线施工。

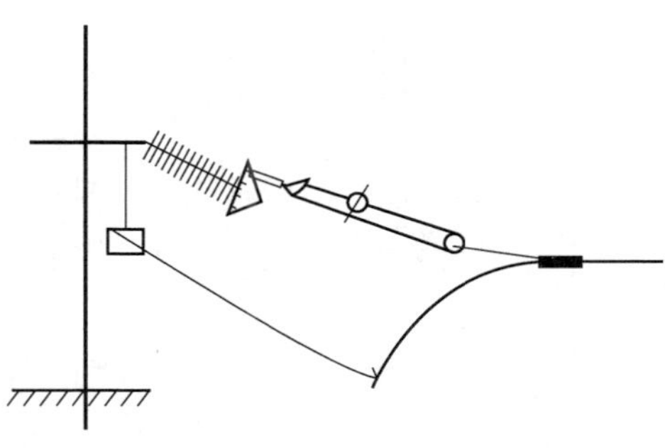

图 8-4-22 高空断线方法

2. 耐张线夹的安装

（1）耐张线夹包括耐张线夹联接套、联接环、楔型夹、楔型夹座、内衬管等配件。

（2）穿管。用洁布将导线表面擦净，长度不小于外压接管长度的 3 倍，将导线端头穿入内衬管，然后，再穿入耐张线夹联接套。

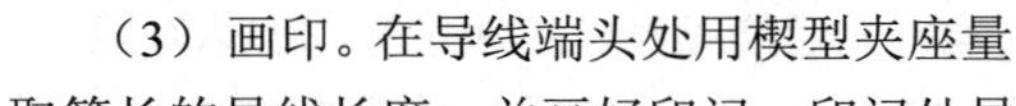

（3）画印。在导线端头处用楔型夹座量取等长的导线长度，并画好印记，印记处导线侧用胶布把导线缠绕，防止导线散股。

（4）剥线。在印记处将铝股分层锯割，不准损伤碳芯；用干布擦去碳芯上的油渍，并用专用细砂纸轻轻反磨碳芯，然后，再用洁布将粉末擦干净。

（5）安装。

1）把碳纤芯穿入楔型夹座，然后将碳纤芯穿入楔型夹，并夹住碳芯，整体滑进楔型夹座内。碳芯露出楔型夹 5～10mm，安装联接环。

2）将联接器拧入楔型夹座内。用扳手拧紧。

3）拧紧联接器与楔型夹座，检查靠近导线一端，应该有 35～40mm 左右的碳芯露出，楔型夹锥形端头应从楔型夹座端向外拉出 5mm。另一端的安装过程与此完全相同，最后用二把扳手把联接环拧紧。

4）用钢刷清除导线进入内衬管部分铝股氧化膜。

5）对导线铝股进行均匀涂刷电力脂，并完全覆盖。用钢丝刷沿碳纤维复合芯铝绞线捻绕方向对已涂电力脂部分进行擦刷，然后用洁布擦去多余电力脂。

6）将耐张线夹联接套安装到位，与胶垫接触为止。

7）按要求，将联接环与耐张线夹联接套引流板方向相对角度调正确。

8）将耐张线夹联接套表面涂脱模剂。

9）在靠近联接环印记处施压一模。

10）有钢刷清除内衬管表面氧化膜，均匀涂刷电力脂，将内衬管推到耐张线夹联接套内。

11）在耐张线夹联接套导线端口标记线外 8mm 开始向管口端部依次施压。施压时模与模之间的重叠处不就小于 5mm。实测压后对边距及管长。

（十一）直线塔附件安装

（1）附件安装应在紧线后 48h 内完成，附件安装时应遵守安装工艺要求，确保各种螺栓、销钉等的穿向全线统一。

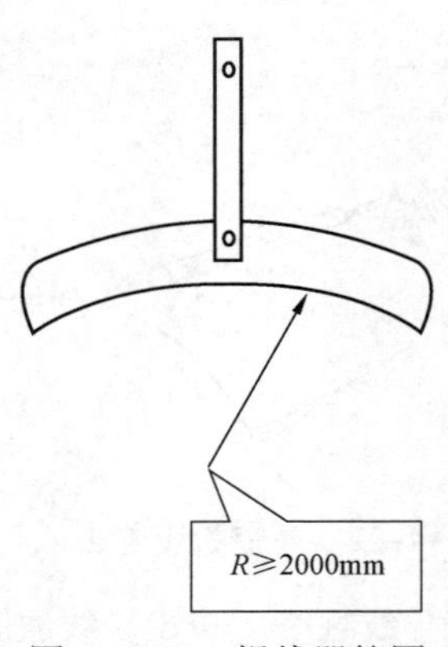

图 8–4–23 提线器简图

（2）提线器的制作加工。提线器接触导线的长度不得小于900mm，对导线的包络角不得大于30°，接触部分应加衬垫，以防损伤导线。提线器简图如图8–4–23所示，施工前应通过链条葫芦将提线器和铁塔横担连接。

（3）附件安装过程。在放线滑车的顶部导线上划一印记，即悬垂线夹和预绞丝护线条的缠绕中心印记，用提线器将导线提起，要保证提线器与导线的接触部位不能影响缠绕预绞丝护线条和安装悬垂线夹。拆除放线滑车然后安装预绞丝和悬垂线夹，拆除提线器依照设计安装防振锤。

（十二）耐张塔跳线安装。跳线安装采用高空放样，在地面压接

（1）跳线应使用未经牵引的原状导线制作。应使原弯曲方向与安装后的弯曲方向相一致，以利外观造型。

（2）以设计提供的跳线弧垂，实量跳线长，设计给的跳线长度只作参考。

（3）在地面将跳线组装成整体连同其悬垂绝缘子串一并起吊，在塔上就位安装。

（4）先把悬垂绝缘子串挂至跳串孔上，在地面将跳线组装成整体，两跳线线夹安装好后，在悬垂串处挂软梯，安装跳线线夹。

【思考与练习】

1. JRLX/T（ACCC）导线张力架线的基本特征是什么？
2. 张力场布置应注意什么？
3. ACCC 复合材料合成芯导线的特点什么？

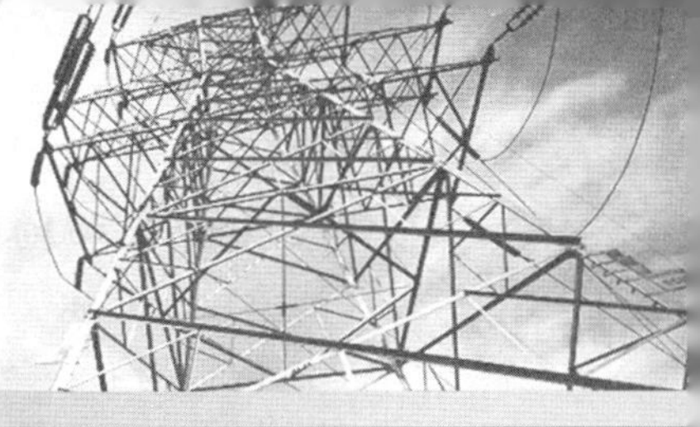

第九章

线路竣工检查与验收

模块 1 杆塔工程的检查验收（Z05F6001Ⅲ）

【模块描述】本模块包含杆塔工程验收的一般规定，验收项目、标准、方法等内容。通过知识介绍、图表对比，熟悉验收项目、标准，掌握验收方法。

【模块内容】

杆塔是线路工程的重要组成部分，主要起到支撑导线和避雷线及其附件并保证其安全运行的作用，杆塔按类别来分主要包括自立塔、拉线塔、混凝土电杆、钢管杆等。本模块主要对杆塔工程验收的一般规定、验收项目及标准要求等进行详细描述。

一、杆塔工程验收的一般规定

（1）杆塔工程验收必须按照 GB 50233—2014《110～500kV 架空输电线路施工及验收规范》的有关规定进行，查阅铁塔工厂验收纪要和提出的整改要求，杆塔镀锌均匀，镀锌层厚度符合 GB/T 2694—2003 第 4.10 条规定，逐基按设计图纸登塔检查和核测。杆塔各部件应齐全，规格符合规程和图纸要求。

（2）杆塔各构件的组装应牢固，交叉处有空隙者，应装设相应厚度的垫圈和垫板。

（3）当采用螺栓连接构件时，应符合下列规定：

1）螺栓应与构件平面垂直，螺栓头与构件间的接触处不应有空隙。

2）螺帽拧紧达到该规格螺栓标准扭矩值后，螺杆露出螺帽的长度：对单螺帽，不应小于两个螺距；对双螺帽，可与螺帽相平。

3）螺杆必须加垫者，每端不宜超过两个垫圈。

4）螺栓的防卸、防松应符合设计要求。

（4）螺栓的穿入方向应符合下列规定：

1）对立体结构：

a）水平方向由内向外。

b）垂直方向由下向上。

c）斜向者宜由斜下向斜上穿，不便时应在同一斜面内取统一方向。

2）对平面结构：

a）顺线路方向，按线路方向穿入或按统一方向穿入。

b）横线路方向，两侧由内向外，中间由左向右（按线路方向）或按统一方向穿入。

c）垂直地面方向者由下向上。

d）斜向者宜由斜下向斜上穿，不便时应在同一斜面内取统一方向。

注：个别螺栓不易安装时，穿入方向允许变更处理。

（5）杆塔部件组装有困难时应查明原因，严禁强行组装。个别螺孔需扩孔时，扩孔部分不应超过 3mm，当扩孔需超过 3mm 时，应先堵焊后再重新打孔，并应进行防锈处理。严禁用气割进行扩孔或烧孔。

（6）杆塔连接螺栓应逐个紧固，验收时，应对重要节点等关键处的连接螺栓用扭矩扳手进行抽检，抽检数量不少于 30 颗。4.8 级螺栓的扭紧力矩不应小于表 9–1–1 的规定。4.8 级以上的螺栓扭矩标准值由设计规定，若设计无规定，宜按 4.8 级螺栓的扭紧力矩标准执行。

若螺杆与螺帽的螺纹有滑牙或螺帽的棱角磨损，则扳手打滑的螺栓必须更换。

表 9–1–1　　螺栓紧固扭矩标准

螺栓规格		扭矩值（N·m）	
M12	40	M20	100
M16	80	M24	250

（7）杆塔连接螺栓应在塔顶部至下横担以下 2m 之间及基础顶面以上 3m 范围内的全部单螺帽螺栓的外露螺纹上涂以灰漆，以防螺帽松动。使用防卸、防松螺栓时不再涂漆。

（8）杆塔组立及架线后，其允许偏差应符合表 9–1–2 的规定。

表 9–1–2　　杆塔组立的允许偏差

项目	110kV	220kV	高塔
电杆结构根开	±30mm	±5‰	—
电杆结构面与横线路方向扭转（即迈步）	30mm	1‰	—
双立柱杆塔横担在主柱连接处的高差（‰）	5	3.5	—
直线杆塔结构倾斜（‰）	3	3	1.5
直线杆塔结构中心与中心桩间横线方向位移（mm）	50	50	—
转角塔杆结构中心与中心桩间横、顺线路方向位移（mm）	50	50	—
等截面拉线塔主柱弯曲	2‰	1.5‰	—

注　直线杆塔结构倾斜不含套接式钢管电杆。

（9）自立式转角塔、终端塔应组立在倾斜平面的基础上，向受力反方向预倾斜，预倾斜值应视塔的刚度及受力大小由设计确定。架线挠曲后，塔顶端仍不应超过铅垂线而偏向受力侧。架线后铁塔的挠曲度超过设计规定时，应会同设计处理。

（10）拉线转角杆、终端杆、导线不对称布置的拉线直线单杆，在架线后拉线点处的杆身不应向受力侧挠倾。向受力反侧（或轻载侧）的偏斜不应超过拉线点高的3‰。

（11）角钢铁塔塔材的弯曲度，应按GB/T 2694—2003《输电线路铁塔制造技术条件》的规定验收。对运至桩位的个别角钢，当弯曲度超过长度的2‰，但未超过GB 50233—2005第6.1.11条的变形限度时，可采用冷矫正法进行矫正，但矫正的角钢不得出现裂纹和锌层剥落。

（12）为防止杆塔塔材遭窃而倒塔等，杆塔基准面以上主材2个段号的塔材连接应采用防盗螺栓。

（13）杆塔标志验收要求。

工程移交时，杆塔上应有下列固定标志：

1）线路名称或代号及杆塔号。

2）耐张型、换位型杆塔及换位杆塔前后相邻的各一基杆塔的相位标志。

3）高塔按设计规定装设的航行障碍标志。

4）多回路杆塔上的每回路位置及线路名称。

（14）拉线验收检查要求。

拉线安装后应符合下列规定：

1）拉线与拉线棒应呈一直线。

2）X形拉线的交叉点处应留足够的空隙，避免相互磨碰。

3）拉线的对地夹角允许偏差应为1°。

4）NUT形线夹带螺帽后的螺杆必须露出螺纹，并应留有不小于1/2螺杆的可调螺纹长度，以供运行中调整；NUT形线夹安装后应将双螺母拧紧并应装设防盗罩。

5）组合拉线的各根拉线应受力均衡。

对于楔形线夹安装的拉线，应符合下列要求：

1）线夹的舌板与拉线应紧密接触，受力后不应滑动。线夹的凸肚应在尾线侧，安装时不应使线股损伤。

2）拉线弯曲部分不应有明显松股，断头侧应采取有效措施，以防止散股。线夹尾线宜露出300.5mm，尾线回头后与本线应用镀锌铁线绑扎或压牢。

3）同组及同基拉线的各个线夹，尾线端方向应力求统一。

二、杆塔工程验收项目、标准、方法

（1）自立塔检查验收等级评定标准及检查方法见表9–1–3。

表 9–1–3 自立塔检查验收等级评定标准及检查方法

<table>
<tr><th rowspan="2">序号</th><th rowspan="2">性质</th><th rowspan="2" colspan="2">检查（检验）项目</th><th colspan="2">评级标准（允许偏差）</th><th rowspan="2">检查方法</th></tr>
<tr><th>合格</th><th>优良</th></tr>
<tr><td>1</td><td>关键</td><td colspan="2">部件规格、数量</td><td colspan="2">符合设计要求</td><td>按设计图纸</td></tr>
<tr><td>2</td><td>关键</td><td colspan="2">节点间主材弯曲</td><td>1/750</td><td>1/800</td><td>弦线、钢尺量</td></tr>
<tr><td>3</td><td>关键</td><td colspan="2">转角、终端塔向受力反方向侧倾斜</td><td>大于 0，并符合设计要求</td><td>60° 以下转角塔 0.3%，60° 以上转角塔、终端塔 0.5%</td><td>架线后用经纬仪复核</td></tr>
<tr><td rowspan="2">4</td><td rowspan="2">重要</td><td rowspan="2">直线塔结构倾斜（%）</td><td>一般塔</td><td>0.3</td><td>0.24</td><td rowspan="2">经纬仪测量</td></tr>
<tr><td>高塔</td><td>0.15</td><td>0.12</td></tr>
<tr><td>5</td><td>重要</td><td colspan="2">螺栓与构件面接触及出扣情况</td><td colspan="2">符合本模块第一章第 3 条规定或设计要求</td><td>观察</td></tr>
<tr><td>6</td><td>重要</td><td colspan="2">螺栓防松和防盗</td><td colspan="2">符合本模块第一章第 7 条、12 条要求</td><td>观察</td></tr>
<tr><td>7</td><td>重要</td><td colspan="2">脚钉</td><td colspan="2">安装牢固、正确、齐全</td><td>观察</td></tr>
<tr><td>8</td><td>一般</td><td colspan="2">螺栓紧固</td><td colspan="2">符合本模块第一章第 6 条规定，且紧固率：组塔后 95%、架线后 97%</td><td>扭矩扳手检查</td></tr>
<tr><td>9</td><td>一般</td><td colspan="2">保护帽</td><td>符合设计和 GB 50233—2005 第 9.1 条规定</td><td>平整美观</td><td>观察</td></tr>
</table>

（2）拉线铁塔检查验收评定标准及检查方法见表 9–1–4。

表 9–1–4 拉线铁塔检查验收评定标准及检查方法

<table>
<tr><th rowspan="2">序号</th><th rowspan="2">性质</th><th rowspan="2" colspan="2">检查（检验）项目</th><th colspan="2">评级标准（允许偏差）</th><th rowspan="2">检查方法</th></tr>
<tr><th>合格</th><th>优良</th></tr>
<tr><td>1</td><td>关键</td><td colspan="2">部件规格、数量</td><td colspan="2">符合设计要求</td><td>核对设计图纸</td></tr>
<tr><td>2</td><td>关键</td><td colspan="2">节点间主材弯曲</td><td>1/750</td><td>1/800</td><td>弦线、钢尺测量</td></tr>
<tr><td>3</td><td>关键</td><td colspan="2">拉线压接管连接强度 P_b[①]（%）</td><td colspan="2">95</td><td>拉力试验</td></tr>
<tr><td>4</td><td>一般</td><td colspan="2">拉线压接管表面质量</td><td>符合设计要求</td><td>工艺美观</td><td>观察</td></tr>
<tr><td>5</td><td>关键</td><td colspan="2">直线转角塔结构倾斜（向外角）（%）</td><td>大于 0，并符合设计要求</td><td>0.3≤</td><td>经纬仪测量</td></tr>
<tr><td rowspan="2">6</td><td rowspan="2">重要</td><td rowspan="2">结构倾斜（%）</td><td>一般塔</td><td>0.3</td><td>0.24</td><td rowspan="2">经纬仪测量</td></tr>
<tr><td>高塔</td><td>0.15</td><td>0.12</td></tr>
<tr><td>7</td><td>重要</td><td colspan="2">螺栓与构件接触及出扣情况</td><td colspan="2">符合本模块第一章第 3 条规定或设计要求</td><td>经纬仪测量</td></tr>
<tr><td rowspan="2">8</td><td rowspan="2">重要</td><td rowspan="2">横担高差（%）</td><td>110kV</td><td>0.5</td><td>0.4</td><td rowspan="2">经纬仪测量</td></tr>
<tr><td>220kV</td><td>0.35</td><td>0.28</td></tr>
</table>

续表

序号	性质	检查（检验）项目		评级标准（允许偏差）		检查方法
				合格	优良	
9	重要	主柱弯曲（%）	110kV	0.2	0.16	弦线、钢尺测量
			220kV	0.15	0.12	
10	重要	螺栓防松和防盗		符合本模块第一章第 7 条、12 条要求		观察
11	重要	脚钉		安装牢固、正确、齐全		观察
12	一般	螺栓紧固		符合本模块第一章第 6 条规定，且紧固率：组塔后 95%、架线后 97%		用扭矩扳手检查
13	一般	塔材弯曲		不超过 2‰		拉悬线测量

① P_b 为拉线的保证计算拉断力。拉线部分标准和要求见本章第 14 条规定。

（3）混凝土电杆检查验收评定标准及检查方法见表 9–1–5。

表 9–1–5　　混凝土电杆检查验收评定标准及检查方法

序号	性质	检查（检验）项目		评级标准（允许偏差）		检查方法
				合格	优良	
1	关键	部件规格、数量		符合设计要求		核对图纸
2	关键	焊接质量		符合 GB 50233—2005 第 6.3.3 条规定	焊缝工艺美观无补焊	观察
3	关键	混凝土杆纵向裂缝		不允许		专用放大镜检查
4	关键	转角终端杆向受力反方向侧倾斜%		大于 0，并符合设计要求	不大于 0.3	经纬仪测量
5	关键	导线不对称布置时拉线点向受力反方向侧偏斜 H'①（%）		大于 0，并符合设计要求	不大于 0.3	经纬仪测量
6	重要	横向裂缝（mm）		普通杆不大于 0.1，预应力杆不得有横向裂纹		专用放大镜检查
7	重要	结构倾斜（%）		0.3	0.24	经纬仪测量
8	重要	焊接弯曲 L②（%）		0.2	0.16	经纬仪测量
9	重要	横担高差（%）	110kV	0.5	0.4	经纬仪测量
			220kV	0.35	0.28	
10	重要	螺栓与构件面接触及出扣情况		符合 GB 50233—2005 第 6.1.3 条规定	紧密一致	观察
11	重要	螺栓防松和防盗		符合本模块第一章第 7 条、12 条要求		观察
12	一般	爬梯或脚钉		安装牢固、正确、齐全		观察

续表

序号	性质	检查（检验）项目		评级标准（允许偏差）		检查方法
				合格	优良	
13	一般	根开	110kV（mm）	30	24	钢尺测量
			220kV（%）	0.5	0.4	
14	一般	迈步	110kV（mm）	30	24	钢尺测量
			220kV（%）	1	8	
15	一般	横线路位移 mm		50	40	经纬仪测量
16	一般	螺栓紧固		符合本模块第一章第 6 条规定，且紧固率：组塔后 95%、架线后 97%		扭矩扳手检测
17	一般	螺栓穿向		符合本模块第一章第 4 条规定		观察
18	一般	拉线杆坑回填土		符合 GB 50233—2005 第 4.0.7～4.0.10 条规定	无沉陷，防沉层整齐美观	观察
19	一般	电杆焊口防腐		符合 GB 50233—2005 第 6.3.4 条规定	整齐美观	观察

① H'为拉线点高。

② L 为因焊接而造成分段或整根电杆弯曲的对应高度。拉线部分标准和要求见本章节第 14 条规定。

（4）钢管杆检查验收评定标准及检查方法见表 9–1–6。

表 9–1–6　　钢管杆检查验收评定标准及检查方法

序号	性质	检查（检验）项目	评级标准（允许偏差）		检查方法
			合格	优良	
1	关键	部件规格、数量	符合设计要求		核对图纸
2	关键	焊接质量	符合 GB 50233—2005 第 6.3.3 条规定	焊缝工艺美观无补焊	观察
3	关键	套接长度	不得小于设计套接长度		检查施工和监理记录
4	关键	转角终端杆向受力反方向侧倾斜%	大于 0，并符合设计要求	不大于 0.3	经纬仪测量
5	重要	结构倾斜（%）	不超过杆高的 0.5%	不超过杆高的 0.3%	经纬仪测量
6	重要	弯曲度（%）	不超过相应长度的 0.2%	不超过相应长度的 0.16%	经纬仪测量

【思考与练习】

1. 当采用螺栓连接构件时，应符合哪些规定？

2. 拉线安装的检查标准是什么？
3. 工程移交时，杆塔上应有哪些固定标志？
4. 混凝土电杆纵向裂纹的评级标准是如何规定的？

模块 2　导地线及附件检查验收（Z05F6002Ⅲ）

【模块描述】本模块介绍架线工程质量等级评定标准及检查方法。通过知识介绍、图表对比，掌握导地线及附件检查验收的标准和方法，达到能够进行导地线及附件检查验收的要求。

【模块内容】

输电线路架线工程由导地线展放、连接、紧线和附件安装等工序组成。根据各工序的施工特点，架线工程的检查验收应针对各工序的不同特点分别开展，导地线展放验收重点是导地线在展放过程中发生损伤后的修补是否符合规范，导地线连接验收重点是连接质量是否符合要求，紧线工程的验收重点是导地线与各跨越物的跨越距离及导地线弛度是否符合规程和设计要求，附件安装的验收重点是安装工艺质量是否满足要求。

一、导地线及附件检查验收一般规定

（1）跨越电力线、弱电线路、铁路、公路、索道及通航河流时，导线或架空地线在跨越档内接头应符合设计规定。当设计无规定时，应满足以下要求：当跨越标准轨距铁路、高速公路、一级公路、电车道、特殊管道、索道、110kV 及以上电力线路、一级及二级通航河流时，导地线不得有接头。

（2）当采用非张力放线时，导地线在同一处损伤需修补时，应满足下列规定：

1）非张力放线时导地线损伤补修处理标准应符合表 9–2–1 的规定。

表 9–2–1　　非张力放线时导地线损伤补修处理标准

处理方法	线　别			
	钢芯铝绞线与钢芯铝合金绞线	铝绞线与铝合金绞线	钢绞线（7 股）	钢绞线（19 股）
砂纸磨光处理	（1）铝、铝合金单股损伤深度小于股直径的 1/2。 （2）钢芯铝绞线及钢芯铝合金绞线损伤截面积为导电部分截面积的 5%及以下，且强度损失小于 4%。 （3）单金属绞线损伤截面积为 4%及以下		—	—
以缠绕或补修预绞丝修理	导线在同一处损伤的程度已经超过“砂纸磨光处理”的规定，但因损伤导致强度损失不超过总拉断力的 5%，且截面积损伤又不超过总导电部分截面积的 7%时	导线在同一处损伤的程度已经超过“砂纸磨光处理”的规定，但因损伤导致强度损失不超过总拉断力的 5%时	—	断 1 股

续表

<table>
<tr><th rowspan="2">处理方法</th><th colspan="4">线　别</th></tr>
<tr><th>钢芯铝绞线与钢芯铝合金绞线</th><th>铝绞线与铝合金绞线</th><th>钢绞线（7 股）</th><th>钢绞线（19 股）</th></tr>
<tr><td>以补修管补修</td><td>导线在同一处损伤的强度损失已经超过总拉断力的 50%，但不足 17%，且截面积损伤也不超过导电部分截面积的 25%时</td><td>导线在同一处损伤，强度损失超过总拉断力的 5%，但不足 17%时</td><td>断 1 股</td><td>断 2 股</td></tr>
<tr><td>开断重接</td><td colspan="2">（1）导线损失的强度或损伤的截面积超过采用补修管补修的规定时。
（2）连续损伤的截面积或损失的强度都没有超过本规范以补修管补修的规定，但其损伤长度已超过补修管的能补修范围。
（3）复合材料的导线钢芯有断股。
（4）金钩、破股已使钢芯或内层铝股形成无法修复的永久变形</td><td>断 2 股</td><td>断 3 股</td></tr>
</table>

注　新建线路采用 DL/T 50233—2005；运行线路可按 DL/T 1069—2007、DL/T 741—2010 要求。

2）采用缠绕处理时应符合下列规定：① 将受伤处线股处理平整。② 缠绕材料应为铝单丝，缠绕应紧密，回头应绞紧，处理平整，其中心应位于损伤最严重处，并应将受伤部分全部覆盖。其长度不得小于 100mm。

3）采用补修预绞丝处理时应符合下列规定：① 将受伤处线股处理平整。② 补修预绞丝长度不得小于 3 个节距，或符合 GB/T 2337—1985《预绞丝》中的规定。③ 补修预绞丝应与导线接触紧密，其中心应位于损伤最严重处，并应将损伤部位全部覆盖。

4）采用补修管补修时应符合下列规定：① 将损伤处的线股先恢复原绞制状态，线股处理平整。② 补修管的中心应位于损伤最严重处。需补修的范围应位于管内各 20mm。③ 补修管可采用钳压、液压或爆压，其操作必须符合规程要求。

（3）当采用张力放线时，导地线在同一处损伤需修补时，应满足表 9–2–2 规定。

表 9–2–2　　张力放线时导线损伤补修处理标准

<table>
<tr><th>处理方法</th><th>导　线</th></tr>
<tr><td>砂纸磨光处理</td><td>外层导线线股有轻微擦伤，其擦伤深度不超过单股直径的 1/4，且截面积损伤不超过导电部分截面积的 2%</td></tr>
<tr><td>以补修管修理</td><td>当导线损伤已超过轻微损伤，但在同一处损伤的强度损失尚不超过总拉断力的 8.5%，且损伤截面积不超过导电部分截面积的 12.5%</td></tr>
<tr><td>开断重接</td><td>（1）强度损失超过保证计算拉断力的 8.5%。
（2）截面积损伤超过导电部分截面积的 12.5%。
（3）损伤的范围超过一个补修管允许补修的范围。
（4）钢芯有断股。
（5）金钩、破股已使钢芯或内层线股形成无法修复的永久变形</td></tr>
</table>

注　新建线路采用 DL/T 50233—2005；运行线路可按 DL/T 1069—2007、DL/T 741—2010 要求。

（4）导地线连接应满足以下要求：

1）不同金属、不同规格、不同绞制方向的导线或架空地线严禁在一个耐张段内连接。

2）当导线或架空地线采用液压连接时，操作人员必须经过培训及考试合格、持有操作许可证。连接完成并自检合格后，应在压接管上打上操作人员的钢印。

3）导线或架空地线，必须使用合格的电力金具配套接续管及耐张线夹进行连接。连接后的握着强度，应在架线施工前进行试件试验。试件不得少于 3 组（允许接续管与耐张线夹合为一组试件）。其试验握着强度对液压都不得小于导线或架空地线设计使用拉断力的 95%。

对小截面导线采用螺栓式耐张线夹及钳压管连接时，其试件应分别制作。螺栓式耐张线夹的握着强度不得小于导线设计使用拉断力的 90%。钳压管直线连接的握着强度，不得小于导线设计使用拉断力的 95%。架空地线的连接强度应与导线相对应。

4）接续管及耐张线夹压接后应检查外观质量，并应符合下列规定：① 用精度不低于 0.1mm 的游标卡尺测量压后尺寸，其允许偏差必须符合 SDJ 226—1987《架空送电线路导线及避雷线液压施工工艺规程》的规定。② 飞边、毛刺及表面未超过允许的损伤，应锉平并用 0 号砂纸磨光。③ 弯曲度不得大于 2%，有明显弯曲时应校直。④ 校直后的接续管如有裂纹，应割断重接。⑤ 裸露的钢管压后应涂防锈漆。

5）在一个档距内每根导线或架空地线上只允许有一个接续管和三个补修管，当张力放线时不应超过两个补修管，并应满足下列规定：① 各类管与耐张线夹出口间的距离不应小于 15m。② 接续管或补修管与悬垂线夹中心的距离不应小于 5m。③ 接续管或补修管与间隔棒中心的距离不宜小于 0.5m。④ 宜减少因损伤而增加的接续管。

（5）导地线紧线应满足以下要求：

1）紧线弧垂其允许偏差：110kV 线路为+5%，−2.5%；220kV 及以上线路为±2.5%；跨越通航河流的大跨越档弧垂允许偏差不应大于±1%，其正偏差不应超过 1m。

2）导线或架空地线各相间的弧垂应力求一致，当满足上述弧垂允许偏差标准时，各相间弧垂的相对偏差最大值不应超过下列规定：110kV 线路为 200mm；220kV 及以上线路为 300mm；跨越通航河流的大跨越档弧垂最大允许偏差为 500mm。

3）相分裂导线同相子导线的弧垂应力求一致，在满足上述弧垂允许偏差标准时，其相对偏差应符合下列规定：① 不安装间隔棒的垂直双分裂导线，同相子导线间的弧垂允许偏差为+100mm。② 安装间隔棒的其他形式分裂导线同相子导线的弧垂允许偏差应符合下列规定：220kV 为 80mm。

4）架线后应测量导线对被跨越物的净空距离，计入导线蠕变伸长换算到最大弧垂时必须符合设计规定。

5）连续上（下）山坡时的弧垂观测，当设计有规定时按设计规定观测。其允许偏差值应符合本节的有关规定。

（6）附件安装应满足以下要求：

1）绝缘子应完好，在安装好弹簧销子的情况下球头不得自碗头中脱出。有机复合绝缘子伞套的表面不允许有开裂、脱落、破损等现象，绝缘子的芯棒与端部附件不应有明显的歪斜。

2）金具应完好，若其镀锌层有局部碰损、剥落或缺锌，应除锈后补刷防锈漆。

3）悬垂线夹安装后，绝缘子串应垂直地平面，个别情况其顺线路方向与垂直位置的偏移角不应超过 5°，且最大偏移值不应超过 200mm。连续上、下山坡处杆塔上的悬垂线夹的安装位置应符合设计规定。

4）绝缘子串、导线及架空地线上的各种金具上的螺栓、穿钉及弹簧销子，除有固定的穿向外，其余穿向应统一，并应符合下列规定：① 单、双悬垂串上的弹簧销子均按线路方向穿入。使用 W 弹簧销子时，绝缘子大口均朝线路后方。使用 R 弹簧销子时，大口均朝线路前方。螺栓及穿钉凡能顺线路方向穿入者均按线路方向穿入，特殊情况两边线由内向外，中线由左向右穿入。② 耐张串上的弹簧销子、螺栓及穿钉均由上向下穿；当使用 W 弹簧销子时，绝缘子大口均应向上；当使用 R 弹簧销子时，绝缘子大口均向下，特殊情况可由内向外，由左向右穿入。③ 分裂导线上的穿钉、螺栓均由线束外侧向内穿。④ 当穿入方向与当地运行单位要求不一致时，可按运行单位的要求，但应在开工前明确规定。

5）金具上所用的闭口销的直径必须与孔径相配合，且弹力适度。

6）各种类型的铝质绞线，在与金具的线夹夹紧时，除并沟线夹及使用预绞丝护线条外，安装时应在铝股外缠绕铝包带，缠绕时应符合下列规定：① 铝包带应缠绕紧密，其缠绕方向应与外层铝股的绞制方向一致。② 所缠铝包带应露出线夹，但不超过 10mm，其端头应回缠绕于线夹内压住。

7）安装预绞丝护线条时，每条的中心与线夹中心应重合，对导线包裹应紧固。

8）安装于导线或架空地线上的防振锤及阻尼线应与地面垂直，设计有特殊要求时应按设计要求安装。其安装距离偏差不应大于±30mm。

9）分裂导线间隔棒的结构面应与导线垂直，杆塔两侧第一个间隔棒的安装距离偏差不应大于端次档距的±1.5%，其余不应大于次档距的±3%。各相间隔棒安装位置应相互一致。

10）绝缘架空地线放电间隙的安装距离偏差，不应大于±2mm。

11）柔性引流线应呈近似悬链线状自然下垂，其对杆塔及拉线等的电气间隙必须符合设计规定。使用压接引流线时其中间不得有接头。刚性引流线的安装应符合设计要求。

12）铝制引流连板及并沟线夹的连接面应平整、光洁，安装应符合下列规定：① 安装前应检查连接面是否平整，耐张线夹引流连板的光洁面必须与引流线夹连板的光洁面接触。② 应用汽油洗擦连接面及导线表面污垢，并应涂上一层电力复合脂。用细钢丝刷清除有电力复合脂的表面氧化膜。③ 保留电力复合脂，并应逐个均匀地拧紧连接螺栓。螺栓的扭矩应符合该产品说明书的要求。

二、导地线及附件验收项目、标准、方法

（1）导地线展放质量等级评定标准及检查方法见表 9–2–3。

表 9–2–3　　导地线展放质量等级评定标准及检查方法

序号	性质	检查（检验）项目	评级标准（允许偏差）		检查方法
			合格	优良	
1	关键	导地线规格	符合设计要求		设计图核对，实物检查
2	关键	因施工损伤补修处理	符合 DL/T 50233 中 7.2.2、7.2.3 规定	平均每 5km 单回线路不超过 1 个，无损伤补修档大于 85%	检查记录，现场检查
3	关键	因施工损伤接续处理	符合 DL/T 50233 中 7.2.2、7.2.3 规定	平均每 5km 单回线路不超过 1 个，无损伤补修档大于 90%	检查记录，现场检查
4	关键	同一档内接续管与补修管数量	符合 DL/T 50233 中 7.4.9 规定	每线只允许各有一个	检查记录，现场检查
5	关键	各压接管与线夹间隔棒间距	符合 DL/T 50233 中 7.4.9 规定	间距比前述规定的大 0.2 倍	检查记录，现场检查或抽查
6	外观	导地线外观质量	符合 DL/T 50233 规定	无任何损伤导地线之处	检查记录，现场检查

注意，“同一档内接续管与补修管数量”、“各压接管与线夹间隔棒间距”容易忽视，实际操作中如发现同一档内出现两个接续管或接续管与悬垂串线夹间距小于 5m 等情况，都是违反规程要求的，应提请施工单位整改。

（2）导地线连接质量等级评定标准及检查方法见表 9–2–4。

表 9–2–4　　导地线连接质量等级评定标准及检查方法

序号	性质	检查（检验）项目	评级标准（允许偏差）		检查方法
			合格	优良	
1	关键	压接管规格、型号	符合设计和 DL/T 50233 规定		与设计图纸核对，现场登塔抽查耐张压接管

续表

序号	性质	检查（检验）项目	评级标准（允许偏差）		检查方法
			合格	优良	
2	关键	耐张、直线压接管试验强度 P_b[①]（%）	95		拉力试验
3	关键	压接后尺寸	符合设计和规程要求或推荐值		游标卡现场抽查测量
4	一般	压接后弯曲（%）	2	1.6	钢尺测量
5	外观	压接管表面质量	无起皱、无毛刺	整齐光洁、美观	观察

① P_b为导线或避雷线的保证计算拉断力。

注意：

1）耐张、直线压接管试验强度 P_b 项目的检查，在施工记录资料中以检查拉力试验报告为准，拉力试验应由符合国家资质要求的机构作试验并出具报告。

2）接续管压接后尺寸用游标卡尺检查，现场应登塔抽查耐张压接管的压接尺寸，特别是钢锚管有否欠压和过压，压接管上是否有钢印印记。施工记录中的接续管个数及位置应与现场一致。

3）外观检查压接管表面质量，接续管采用望远镜检查管口附近不应有明显的松股现象。

（3）紧线质量等级评定标准及检查方法见表9–2–5。

表9–2–5　紧线质量等级评定标准及检查方法

<table>
<tr><th rowspan="2">序号</th><th rowspan="2">性质</th><th rowspan="2" colspan="2">检查（检验）项目</th><th colspan="2">评级标准（允许偏差）</th><th rowspan="2">检查方法</th></tr>
<tr><th>合格</th><th>优良</th></tr>
<tr><td>1</td><td>关键</td><td colspan="2">相位排列</td><td colspan="2">符合设计要求</td><td>与设计图纸及现场标志核对</td></tr>
<tr><td>2</td><td>关键</td><td colspan="2">对交叉跨越物及对地距离</td><td colspan="2">符合设计要求</td><td>经纬仪测量</td></tr>
<tr><td>3</td><td>关键</td><td colspan="2">耐张连接金具绝缘子规格、数量</td><td colspan="2">符合设计要求</td><td>与设计图纸核对</td></tr>
<tr><td rowspan="3">4</td><td rowspan="3">重要</td><td rowspan="3">导地线弧垂（紧线时）</td><td>110kV（%）</td><td>+5，−2.5</td><td>+4，−2</td><td rowspan="3">经纬仪和钢尺弛度板</td></tr>
<tr><td>220kV及以上（%）</td><td>±2.5</td><td>±2</td></tr>
<tr><td>大跨越（%）</td><td>±1（最大1m）</td><td>±0.8（最大0.8m）</td></tr>
<tr><td rowspan="3">5</td><td rowspan="3">重要</td><td rowspan="3">导地线相间弧垂偏差（mm）</td><td>110kV</td><td>200</td><td>150</td><td rowspan="3">经纬仪和钢尺弛度板</td></tr>
<tr><td>220kV</td><td>300</td><td>250</td></tr>
<tr><td>大跨越</td><td>500</td><td>400</td></tr>
</table>

续表

序号	性质	检查（检验）项目	评级标准（允许偏差）		检查方法
			合格	优良	
6	一般	同相子导线间弧垂偏差（mm）	无间隔棒双分裂导线	±100	经纬仪和钢尺弛度板测量
			有间隔棒其他分裂形式导线（220kV）	80	
7	外观	导地线弧垂	符合设计要求	线间距均匀协调美观	观察

（4）附件安装质量等级评定标准及检查方法见表 9–2–6。

表 9–2–6 附件安装质量等级评定标准及检查方法

序号	性质	检查（检验）项目		评级标准（允许偏差）		检查方法
				合格	优良	
1	关键	金具及间隔棒规格、数量		符合设计要求		与设计图纸核对
2	关键	跳线及带电导体对杆塔电气间隙		符合设计要求		钢尺测量
3	关键	跳线连接板及并沟线夹连接		符合设计要求		现场检查
4	关键	开口销及弹簧销		符合设计要求	齐全并开口	现场检查
5	关键	绝缘子的规格、数量		符合设计和本文第一章第 6 条规定要求	干净、无损伤	现场检查
6	重要	跳线制作		符合设计和本文第一章第 6 条规定要求	曲线平滑美观，无歪扭	现场检查
7	重要	悬垂绝缘子串倾斜		5°（最大 200mm）	4°（最大 150mm）	经纬仪观测及钢尺测量
8	重要	防震垂及阻尼线安装距离（mm）		±30	±24	钢尺测量
9	重要	铝包带缠绕		符合设计和本文第一章第 6 条规定要求	统一、美观	现场检查
10	重要	绝缘避雷线放电间隙（mm）		±2		钢尺测量
11	一般	间隔棒安装位置	第一个 l'[①]（%）	±1.5	±1.2	钢尺测量
			第一个 l'（%）	±3.0	±2.4	
12	一般	屏蔽环、均压环绝缘间隙（mm）		10	±8	钢尺测量
13	一般	均压环安装方向和位置		安装位置符合设计和厂家要求，不反装，螺栓紧固		现场检查
14	外观	绝缘子开口销子螺栓及弹簧销穿入方向		符合设计和国标验收本要求		现场检查

① l'是指次档距。

注意：

1）双串“八”字形布置悬垂绝缘子串倾斜检查应根据设计尺寸，以投影到导线上的垂直点为中心两边测量。

2）复合绝缘子均压环外观检查应特别注意安装方向。

【思考与练习】

1. 导线损伤应如何进行处理？

2. 为什么规定接续管或补修管对线夹有不同的间距规定要求？

3. 评级标准对导地线相间弧垂偏差是如何规定的？

4. 跳线连接板及并沟线夹连接有哪些规定？

模块3 基础及接地工程检查验收（Z05F6003Ⅲ）

【模块描述】本模块涉及基础防沉层及防冲刷的要求、接地引下线及接地网的要求、基础外形及尺寸要求、接地电阻要求等内容。通过要点介绍，掌握基础及接地工程检查验收标准和方法。

【模块内容】

基础及接地工程是输电线路工程的重要组成部分。由于在验收检查阶段，大部分基础和接地工程均已隐蔽或埋在地下，因此在验收检查时，应对重点部位进行抽查，同时，需认真检查相应的施工、监理、验收等方面的记录，核查监理人员隐蔽工程旁站监理的签名。

基础和接地工程的验收主要包括基础防沉层及防冲刷措施、接地引下线及接地网、基础外形及尺寸、接地电阻等方面的内容。

一、基础防沉层及防冲刷的要求

（1）杆塔基础坑及拉线基础坑回填，应符合设计要求。一般应分层夯实，每回填300mm厚度夯实一次。坑口的地面上应筑防沉层，防沉层的上部边宽不得小于坑口边宽。其高度视土质夯实程度确定，基础验收时宜为300～500mm。经过沉降后应及时补填夯实。工程移交时坑口回填土不应低于地面。

（2）石坑回填应以石子与土按3:1掺合后回填夯实。

（3）泥水坑回填应先排出坑内积水然后回填夯实。

（4）冻土回填时应先将坑内冰雪清除干净，把冻土块中的冰雪清除并捣碎后进行回填夯实。冻土坑回填在经历一个雨季后应进行二次回填。

（5）接地沟的回填宜选取未掺有石块及其他杂物的泥土并应夯实，回填后应筑有防沉层，其高度宜为100～300mm，工程移交时回填土不得低于地面。

（6）位于山坡、河边或沟旁等易冲刷地带基础的防护，应按设计要求做好排水沟、护坡等措施。

二、接地引下线及接地网的要求

（1）接地体的规格、埋深不应小于设计规定。

（2）接地装置应按设计图敷设，受地质地形条件限制时可作局部修改。但不论修改与否均应在施工质量验收记录中绘制接地装置敷设简图并标示相对位置和尺寸。原设计图形为环形者仍应呈环形。

（3）敷设水平接地体宜满足下列规定：

1）遇倾斜地形宜沿等高线敷设。

2）两接地体间的平行距离不应小于 5m。

3）接地体铺设应平直。

4）对无法满足上述要求的特殊地形，应与设计方协商解决。

5）接地体的埋深一般应按以下规定执行：岩石为 0.3m，山区和丘陵为 0.6m，平地为 0.8m，当设计有规定时，按设计要求执行。

（4）垂直接地体应垂直打入，并防止晃动。

（5）接地体连接应符合下列规定：

1）连接前应清除连接部位的浮锈。

2）除设计规定的断开点可用螺栓连接外，其余应用焊接或液压、爆压方式连接。

3）接地体间连接必须可靠。

当采用搭接焊接时，圆钢的搭接长度应为其直径的 6 倍并应双面施焊；扁钢的搭接长度应为其宽度的 2 倍并应四面施焊。

当圆钢采用液压或爆压连接时，接续管的壁厚不得小于 3mm，长度不得小于：搭接时圆钢直径的 10 倍，对接时圆钢直径的 20 倍。

接地用圆钢如采用液压、爆压方式连接，其接续管的型号与规格应与所压圆钢匹配。

（6）接地引下线与杆塔的连接应接触良好，并应便于断开测量接地电阻，当引下线直接从架空地线引下时，引下线应紧靠杆身，并应每隔一定距离与杆身固定。

（7）接地线回填土必须采用泥土，特别是接地线周围的泥土不得含有石块，新建线路不得采用降阻剂措施，该裕度应留给运行单位，当该杆塔遭受雷击后的接地电阻处理用。

三、基础外形及尺寸要求

基础工程是线路工程中的隐蔽工程，其内部质量以验收隐蔽工程签证及试块试验报告为准，同时核查监理人员对该检测制作试块时的旁站监督签名和记录。在竣工验收检查时，由于铁塔已经组立完成，混凝土保护帽已经浇筑完成，因此，在验收过程中除对基础的表面质量和外型尺寸进行检查外，还应抽查部分保护帽，检查保护帽质量及其杆塔地脚螺栓是否紧固、完好。对于条件允许的验收单位，应在核查试块报告的同时，也可在现场采用混凝土回弹仪检测强度或现场取混凝土芯送试验所做混凝土强度试验来验证基础强度质量。

基础外形及尺寸应符合以下要求：

（1）基础表面应平整，无露筋、无明显的损伤等缺陷，并应符合 GB 50204—2002《混凝土结构工程施工质量验收规范》的规定。

（2）浇筑基础单腿尺寸允许偏差应符合下列规定：

1）保护层厚度：–5mm（外观检查没有漏筋现象即可）。

2）立柱及各底座断面尺寸：合格–1%，优良–0.8%。

（3）浇筑拉线基础的允许偏差应符合下列规定：

1）基础尺寸。

断面尺寸：合格为–1%，优良为–0.8%；

拉环中心与设计位置的偏移：20mm。

2）基础位置：拉环中心在拉线方向前、后、左、右与设计位置的偏移：1%*L*。

3）X 形拉线基础位置应符合设计规定，并保证铁塔组立后交叉点的拉线不磨损。

注：*L* 为拉环中心至杆塔拉线固定点的水平距离。

四、接地电阻要求

（1）测量接地电阻可采用接地摇表。所测得的接地电阻值应根据当时土壤干燥、潮湿情况乘以季节系数，其乘积不应大于设计规定值。接地电阻测量的季节系数可参照表 9–3–1。

表 9–3–1　　接地电阻测量的季节系数

埋深（m）	水平接地体	2～3m 的垂直接地体
0.5	1.4～1.8	1.2～1.4
0.8～1.0	1.25～1.45	1.15～1.3
2.5～3.0（深埋接地体）	1.0～1.1	1.0～1.1

注　测量接地电阻时，如土壤比较干燥，则应采用表中较小值，比较潮湿时，取较大值。

接地电阻季节换算系数，在没有取得经验数据的情况下，国家电网公司《110（66）～500kV 架空输电线路运行规范》（2005 版），也可按月度换算系数，见表 9–3–2。

表 9–3–2 接地电阻测量月度系数换算表

测试月	2、3 月	4、9 月	5、6 月	7、8 月	10、11 月	1、12 月
系数	1.0	1.6	1.95	2.4	1.55	1.2

注 本表系参考原东北电管局《架空配电线路安装检修规程》并结合国外经验提出，仅作为推荐使用。

（2）测量接地电阻时，应避免在雨雪天气测量，一般可在雨后三天左右进行测量。这部分技术规定属成熟的技术要求，多年来一直采用。1981 年版验收规范有“雨后不应立即测量接地电阻”的规定，原因是设计接地电阻值已经是换算到雨后的接地电阻，何况南方有许多杆塔处在农田内，即使冬季，其接地线处的土壤都是潮湿的，所以 1990 年版修改时取消了该规定。

（3）在雷季干燥时，每基杆塔不连地线的工频接地电阻，不宜大于表 9–3–3 所列数值。土壤电阻率较低的地区，如杆塔的自然接地电阻不大于表 9–3–3 所列数值，可不装人工接地体。

表 9–3–3 有接地线的线路杆塔的工频接地电阻

土壤电阻率（Ω·m）	100 及以下	100 以上至 500	500 以上至 1000	1000 以上至 2000	2000 以上
工频接地电阻（Ω）	10	15	20	25	30*

* 如土壤电阻率超过 2000·m，接地电阻很难降到 30 时，可采用 6～8 根总长不超过 500m 的放射形接地体或连续延长接地体，其接地电阻不受限制。

（4）中性点非直接接地系统在居民区的无地线钢筋混凝土杆和铁塔应接地，其接地电阻不宜超过 30Ω。

五、基础及接地工程验收项目、标准、方法

（1）现浇混凝土铁塔基础质量等级评定标准及检查方法见表 9–3–4。

表 9–3–4 现浇混凝土铁塔基础质量等级评定标准及检查方法

序号	性质	检查（检验）项目	评级标准（允许偏差）		检查方法
			合格	优良	
1	关键	地脚螺栓、钢筋及插入式角钢规格、数量	符合设计要求	制作工艺良好	现场抽查，与设计图纸核对
2	关键	混凝土强度	不小于设计值		检查试块试验报告或回弹仪等抽查
3	关键	底板断面尺寸（%）	−1	−0.8	查监理记录、施工记录、中间验收记录
4	重要	基础埋深（mm）	+100，−50	+100，−0	查监理记录、施工记录、中间验收记录

续表

序号	性质	检查（检验）项目	评级标准（允许偏差）		检查方法
			合格	优良	
5	重要	钢筋保护层厚度（mm）	–5		观察
6	重要	混凝土表面质量	基础表面应平整，无露筋、无明显的损伤等缺陷，并应符合 GB 50204—2002 的规定		观察
7	重要	立柱断面尺寸	–1%	–0.8%	钢尺测量
8	重要	回填土	坑口回填土不低于地面	无沉陷，防沉层整齐美观	观察

预制装配式铁塔基础、岩石、掏挖基础质量等级评定标准及检查方法可参照表 9–3–4。

（2）现浇拉线（含锚杆拉线）基础质量等级评定标准及检查方法见表 9–3–5。

表 9–3–5　现浇拉线（含锚杆拉线）基础质量等级评定标准及检查方法

序号	性质	检查（检验）项目	评级标准（允许偏差）		检查方法
			合格	优良	
1	关键	拉线基础埋件钢筋规格、数量	符合设计要求	制作良好	现场抽查，与设计图纸核对
2	关键	混凝土强度	不小于设计值		检查试块试验报告或回弹仪等抽查
3	关键	底板断面尺寸（%）	–1	–0.8	查监理记录、施工记录、中间验收记录
4	重要	基础埋深（mm）	+100，–50	+100，–0	查监理记录、施工记录、中间验收记录
5	重要	钢筋保护层厚度（mm）	–5		观察
6	重要	混凝土表面质量	基础表面应平整，无露筋、无明显的损伤等缺陷，并应符合 GB 50204—2002 的规定		观察
7	重要	回填土	坑口回填土不低于地面	无沉陷，防沉层整齐美观	观察
8	一般	拉线棒	无弯曲、锈蚀	回头方向一致	观察

混凝土杆预制基础质量等级评定标准及检查方法可参照表 9–3–5。

（3）灌注桩基础质量等级评定标准及检查方法见表 9–3–6。

表 9–3–6　　灌注桩基础质量等级评定标准及检查方法

序号	性质	检查（检验）项目	评级标准（允许偏差）		检查方法
			合格	优良	
1	关键	地脚螺栓、钢筋及插入式角钢规格、数量	符合设计要求	制作工艺良好	现场抽查，与设计图纸核对
2	关键	混凝土强度	不小于设计值		检查试块试验报告或回弹仪等抽查
3	关键	连梁（承台）标高	不小于设计		查监理记录、施工记录、中间验收记录
4	重要	连梁断面尺寸（%）	–1	–0.8	查监理记录、施工记录、中间验收记录
5	重要	连梁钢筋保护层厚度（mm）	–5		观察
6	重要	混凝土表面质量	基础表面应平整，无露筋、无明显的损伤等缺陷，并应符合 GB 50204—2002 的规定		观察
7	一般	地面整理	地面无沉陷，平整美观		观察

（4）埋深式接地装置质量等级评定标准及检查方法见表 9–3–7。

表 9–3–7　　埋深式接地装置质量等级评定标准及检查方法

序号	性质	检查（检验）项目	评级标准（允许偏差）		检查方法
			合格	优良	
1	关键	接地体规格、数量	符合设计要求		现场抽查，与设计图纸核对
2	关键	接地电阻值	符合设计要求	比设计值小 5%	接地电阻表测量
3	关键	接地体连接	符合本模块第二章要求		开挖，钢尺测量，外观检查
4	重要	接地体防腐	符合设计要求		开挖，外观检查
5	重要	接地体敷设	符合本模块第二章要求	平整不宜冲刷	开挖，钢尺测量，外观检查
6	重要	接地体埋深	符合设计要求	大于设计值	开挖，钢尺测量
7	重要	回填土	符合本模块第一章第 5 条要求	表面平整	观察
8	一般	接地引下线	符合设计要求	牢固、整齐、美观	观察

埋深式接地装置质量等级评定标准及检查方法可参照表 9–3–7。

【思考与练习】

1. 杆塔基础坑回填应符合哪些要求？
2. 接地体间的连接有哪些规定？
3. 浇筑基础单腿尺寸允许偏差应符合哪些规定？
4. 各类土壤电阻率下的工频接地电阻值一般是如何规定的？

◢ 模块 4 线路防护区检查验收（Z05F6004Ⅲ）

【模块描述】本模块介绍线路防护区检查验收的一般要求、交叉跨越的距离要求。通过知识介绍、图表对比，掌握验收标准和方法、能够进行线路防护区检查验收的要求。

【模块内容】

为确保输电线路的安全运行，《电力设施保护条例》对架空电力线路的防护区（保护区，下同）作出了相应的规定。在线路工程的验收中，验收人员应根据法律、规程和设计要求，对线路防护区进行仔细的检查和验收。

本模块主要对线路防护区检查验收的一般要求、交叉跨越、风偏距离、验收的项目及标准进行了论述。

一、线路防护区检查验收的一般要求

（1）架空电力线路保护区：是指导线边线向外侧水平延伸并垂直于地面所形成的两平行面内的区域，在一般地区各级电压导线的边线延伸距离如下：

1～10kV，5m；35～110kV，10m；220kV，15m。

在厂矿、城镇等人口密集地区，架空电力线路保护区的区域可略小于上述规定。但各级电压导线边线延伸的距离，不应小于导线边线在最大计算弧垂及最大计算风偏后的水平距离和风偏后距建筑物的安全距离之和。

（2）任何单位和个人在架空电力线路保护区内，必须遵守下列规定：

1）不得堆放谷物、草料、垃圾、矿渣、易燃物、易爆物及其他影响安全供电的物品。

2）不得烧窑、烧荒。

3）不得兴建建筑物、构筑物。

4）不得种植可能危及电力设施安全的植物。

（3）任何单位和个人不得在距电力设施周围 500m 范围内（指水平距离）进行爆破作业。因工作需要必须进行爆破作业时，应当按国家颁发的有关爆破作业的法律法规，采取可靠的安全防范措施，确保电力设施安全，并征得当地电力设施产权单位或

管理部门的书面同意，报经政府有关管理部门批准。

（4）电力线路500m范围内不得有采石场。当发现有废弃的采石场时，应设立“严禁采石”等警示标志，并应与相应的责任人签订禁止采石的相关协议。

二、导线与被跨越物的距离要求

（1）导线与地面的距离，在最大计算弧垂情况下，不应小于表9–4–1所列数值。

表9–4–1　导线对地面最小距离 m

线路经过地区＼标称电压（kV）	35～110	220
居民区	7.0	7.5
非居民区	6.0	6.5
交通困难地区	5.0	5.5

（2）导线与山坡、峭壁、岩石之间的净空距离，在最大计算风偏情况下，不应小于表9–4–2所列数值。

表9–4–2　导线与山坡、峭壁、岩石之间的最小净空距离 m

线路经过地区＼标称电压（kV）	35～110	220
步行可以到达的山坡	5.0	5.5
步行不能到达的山坡、峭壁和岩石	3.0	4.0

（3）线路导线不应跨越屋顶为易燃材料做成的建筑物。对耐火屋顶的建筑物，亦应尽量不跨越，特殊情况需要跨越时，电力主管部门应采取一定的安全措施，并与有关部门达成协议或取得当地政府同意。500kV线路导线不应跨越有人居住或经常有人出入的耐火屋顶的建筑物。导线与建筑物间的垂直距离，在最大计算弧垂情况下，不应小于表9–4–3所列数值。

表9–4–3　导线与建筑物之间的最小垂直距离

标称电压（kV）	66～110	220
垂直距离（m）	5.0	6.0

（4）送电线路边导线与建筑物之间的距离，在最大计算风偏情况下，不应小于表9–4–4所列数值。

表 9–4–4 送电线路边导线与建筑物之间的最小距离

标称电压（kV）	66～110	220
垂直距离（m）	4.0	5.0

（5）在无风情况下，边导线与不在规划范围内的城市建筑物之间的水平距离，不应小于表 9–4–5 所列数值。

表 9–4–5 边导线与不在规划范围内城市建筑物之间的水平距离

标称电压（kV）	110	220
距离（m）	2.0	2.5

（6）输电线路一般按高跨设计不砍树竹木的方案，如通过树竹木区等。运行线路的通道宽度不应小于线路边相导线间的距离和林区主要树种自然生长最终高度两倍之和。通道附近超过主要树种自然生长最终高度的个别树木，也应砍伐。

在下列情况下，如不妨碍架线施工和运行检修，可不砍伐出通道。

1）树木自然生长高度不超过 2m。

2）导线在最大弧垂或最大风偏后与树木（考虑自然生长高度）之间的安全距离，不小于表 9–4–6 所列数值。

（7）对不影响线路安全运行，不妨碍对线路进行巡视、维护的树木或国林、经济作物林，可不砍伐，但树木所有者与电力主管部门应签订协议，确定双方责任，确保线路导线在最大弧垂或最大风偏后与树木之间的安全距离不小于表 9–4–6 所列数值。

表 9–4–6 导线在最大弧垂或最大风偏后与树木之间的安全距离

标称电压（kV）	35～110	220
最大弧垂时垂直距离（m）	4.0	4.5
最大风偏时净空距离（m）	3.5	4.0

（8）线路与弱电线路交叉时，对一、二级弱电线路的交叉角应分别大于 45°、30°，对三级弱电线路不限制。

（9）架空送电线路与甲类火灾危险性的生产厂房、甲类物品库房、易燃易爆材料堆场及可燃或易燃易爆液（气）体储罐的防火间距，不应小于杆塔高度加 3m，还应满足相应的规定要求。

（10）架空送电线路与铁路、公路、河流、管道、索道及各种架空线路交叉或接近距离应满足表 9–4–7 的要求。

表 9–4–7 导线对被跨越物最小垂直距离 m

被跨越物名称		线路标称电压（kV）	
		110	220
至铁路轨顶	标准轨	7.5	8.5
	窄轨	7.5	7.5
	电气轨	11.5	12.5
至铁路承力索或接触线		3.0	4.0
至公路路面		7.0	8.0
至电车道（有轨及无轨）	路面	10.0	11.0
	承力索或接触线	3.0	4.0
至通航河流	五年一遇洪水位	6.0	7.0
	最高航行水位的最高船桅顶	2.0	3.0
至不通航河流	百年一遇洪水位	3.0	4.0
	冰面（冬季温度）	6.0	6.5
至弱电线路		3.0	4.0
至电力线路		3.0	4.0
至特殊管道任何部分		4.0	5.0
至索道任何部分		3.0	4.0

注 “至电力线路”括号内数字用于跨越杆（塔）顶。

（11）架空送电线路与铁路、公路、电车道、河流、弱电线路、架空送电线路、管道、索道接近的最小水平距离应小于表 9–4–8 的要求。

表 9–4–8 架空线与被跨越物最小水平距离 m

接近物	接近条件		对应线路电压等级（kV）	
			110	220
铁路	杆塔外缘至路基边缘		交叉取 30mm；平行取最高杆（塔）高加 3m	
公路	杆塔外缘至路基边缘	开阔地区	交叉取 8m；平行取最高杆（塔）高	
		路径受限制地区	5.0	5.0
电车道（有轨及无轨）	杆塔外缘至路基边缘	开阔地区	交叉取 8m，平行取最高杆（塔）高	交叉取 10m，平行取最高杆（塔）高
		路径受限制地区	5.0	5.0

续表

<table>
<tr><th rowspan="2">接近物</th><th colspan="2" rowspan="2">接近条件</th><th colspan="2">对应线路电压等级（kV）</th></tr>
<tr><th>110</th><th>220</th></tr>
<tr><td>通航或不通航河流</td><td colspan="2">边导线至斜坡上缘（线路与拉纤小路平行）</td><td colspan="2">最高杆（塔）高</td></tr>
<tr><td rowspan="2">弱电线路</td><td rowspan="2">与边导线间</td><td>开阔地区</td><td colspan="2">最高杆（塔）高</td></tr>
<tr><td>路径受限制地区</td><td>4.0</td><td>5.0</td></tr>
<tr><td rowspan="2">电力线路</td><td rowspan="2">与边导线间</td><td>开阔地区</td><td colspan="2">最高杆（塔）高</td></tr>
<tr><td>路径受限制地区</td><td>5.0</td><td>7.0</td></tr>
<tr><td rowspan="2">特殊管道和索道</td><td rowspan="2">过导线至管道和索道</td><td>开阔地区</td><td colspan="2">最高杆（塔）高</td></tr>
<tr><td>路径受限制地区（在最大风偏情况下）</td><td>4.0</td><td>5.0</td></tr>
</table>

注 接近公路一栏中括号内数值对应高速公路，高速公路路基边缘指公路下缘的隔离栏。

三、线路保护区验收项目、标准、方法

线路保护区验收标准及检查方法见表9–4–9。

表9–4–9 线路保护区验收标准及检查方法

序号	性质	检查（检验）项目	标准	检查方法
1	关键	跨越或保护区内树木	符合《电力设施保护条例》2.8，2.9条	观察，经纬仪、皮尺测量检查协议
2	关键	跨越或保护区内建筑物	符合《电力设施保护条例》2.3，2.4，2.5，2.6，2.11条和设计规定	核对图纸，经纬仪、皮尺测量，检查协议
3	关键	跨越或保护区内采石场	符合《电力设施保护条例》1.3和1.4条规定	核对图纸，观察，检查封闭协议
4	关键	交跨距离	满足《电力设施保护条例》第2节的规定和设计要求	核对图纸，经纬仪、皮尺测量

【思考与练习】

1. 架空电力线路保护区的距离范围是如何规定的？
2. 架空送电线路与公路交叉跨越最小垂直距离是多少？
3. 架空送电线路与铁路接近的最小水平距离是多少？

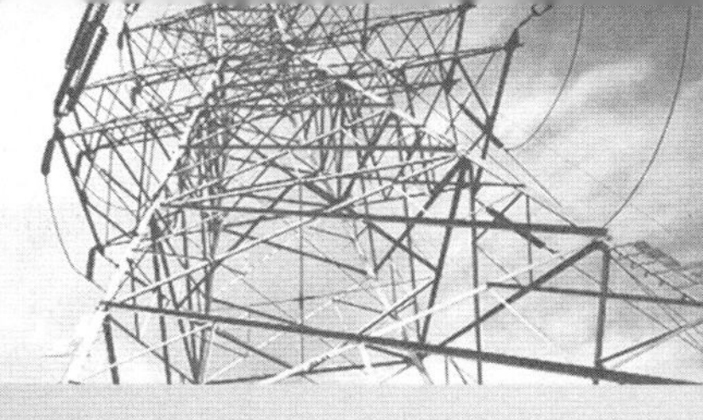

第十章

线路验收评级与生产准备

模块 1　竣工验收图纸资料交接（Z05F7001 Ⅱ）

【模块描述】本模块包含验收检查必须具备的条件、验收评级标准及评级方法、竣工图及资料移交、输电线路施工图、铁塔的结构及识图、地形图的阅读和应用。通过要点介绍、概念介绍、图文结合，熟悉熟悉工程验收评级方法、工程资料移交内容的要求，输电线路工程图纸中的工程术语、名称概念，掌握输电线路工程图纸的识图方法和地形图在输电线路工程中的应用。

【模块内容】

一、工程竣工验收及评级方法

工程验收包括隐蔽工程验收、施工工序转换的中间验收和工程结束提交投运前的竣工验收。隐蔽工程有基础工程、导地线压接工程、杆塔接地线的接地沟深度、接地线埋深和接地线回填土质量、铁塔底脚螺栓符合设计和紧固情况等。中间验收是工程需要立塔的回填前基础质量验收，基础强度符合设计要求后才能立塔；架线前需对杆塔进行中间验收，校核基础强度满足要求后才能架线工程。

（一）竣工验收必须具备的条件

（1）隐蔽工程和施工工序转换的中间验收均按规定进行，且验收检查出的缺陷已消除，无影响安全运行的缺陷。

（2）工程自检、初验收查出的缺陷已消除，不存在影响安全运行的缺陷。

（3）工程已按设计要求全部架设完毕，并已满足生产运行的要求。施工单位已进行三级自检，监理单位已进行初检，建设单位已进行预检且自检、初检、预检资料齐全、完整。

（4）建设单位已提交预检（预验收）报告，预检提出的缺陷已消除或已落实整改单位，整改单位已制订好施工措施和整改时间要求。

（5）工程建设单位接到施工单位的三级自检报告（包括缺陷记录及在施工中存在的问题）。

（6）工程监理单位已进行初检并出具工程监理报告，监理报告的内容应包括：工程规模、设计质量、施工进度与质量的评价及工程遗留问题等。

（7）有完整的竣工图纸（草图）、设备的技术资料及施工安装记录等技术文件。

（二）竣工验收一般规定

（1）竣工验收是在工程全部完成且经过施工单位、监理单位自检和初检全部结束后实施。竣工验收是对输电线路投运前整体安装质量的最终确认。

（2）竣工验收除应确认工程的施工质量外，尚应包括以下内容：

1）线路走廊障碍物及线路保护区隐患的处理情况。

2）杆塔固定的警示标志。

3）临时接地线的拆除。

4）遗留问题的处理情况。

（3）竣工验收除应验收实物质量外，尚应包括工程技术资料。

（三）验收评级标准及评级方法

DL/T 5168—2002《110～500kV 架空电力线路工程施工质量检验及评定规程》为评定标准（以下简称本标准），本标准将一条或一个标段的架空电力线路工程定为一个单位工程；每个单位工程分为若干个分部工程；每个分部工程分为若干个分项工程；每个分项工程中又分为若干相同单元工程；每个单元工程中有若干检查（检验）项目，具体见表 10–1–1。

检查（验收）项目分为关键项目、重要项目、一般项目与外观项目。

表 10–1–1　　架空电力线路验收工程类别划分

单位工程	分部工程	分项工程	单元工程	
			单位	质量标准和评级要求
架空电力工程	基础工程	（1）现浇基础（钢性或板式）	基	见表 9–3–3
		（2）现浇或装配拉线基础	基	见表 9–3–4
		（3）灌注桩基础	基	见表 9–3–5
	杆塔工程	（1）自立式铁塔组立	基	见表 9–1–3
		（2）拉线铁塔组立	基	见表 9–1–4
		（3）混凝土电杆或钢管杆组立	基	见表 9–1–5（6）
	架线工程	（1）导地线展放	km	见表 9–2–1
		（2）导地线连接	个	见表 9–2–3
		（3）紧线	耐张段	见表 9–2–5
		（4）附件安装	基	见表 9–2–6

续表

单位工程	分部工程	分项工程	单元工程	
			单位	质量标准和评级要求
架空电力工程	接地工程	（1）表面式接地装置	基	见表 9–3–5
		（2）深埋式接地装置	基	参照表 9–3–5
	线路护区		处	见表 9–4–10

1. 验收评级标准

（1）优良级。

1）关键项目必须100%地符合本标准。

2）重要项目、一般项目和外观项目必须100%地达到本标准的合格级标准。

3）全部检查项目中有80%及以上达到优良级标准。

（2）合格级。

1）关键项目、重要项目、外观项目检查中达到优良级标准者不及80%，但必须100%地达到合格级标准。

2）一般项目中，如有一项未能达到本标准合格级规定，但不影响使用者，可评为合格级。

（3）不合格级：关键项目、重要项目、外观检查项目中有一项或一般检查项目有两项及以上未达到本标准合格级规定者。

2. 验收评级方法

（1）工程验收质量的检验评定工作一般由以下人员参加并负责：

1）业主代表，包括监理工程师或业主委托的运行单位代表。

2）设计单位代表。

3）施工单位代表。

（2）验收评级程序：

1）由施工单位内部进行三级验收，完成后再提交运行单位组织验收评级。评级根据模块9–1、9–2、9–3、9–4相关要求执行。

2）在项目施工阶段，业主代表（业主委托的监理工程师或运行单位代表）应参加隐蔽工程、单元工程、分部工程和单位工程的检查，并应将该记录反馈到竣工验收评级中。

二、竣工图及资料移交

（1）工程竣工后应移交下列资料。

1）工程施工质量验收记录。

2）修改后的竣工图。

3）设计变更通知单及工程联系单。

4）原材料和器材出厂质量合格证明和试验记录。

5）代用材料清单。

6）工程试验报告和记录。

7）未按设计施工的各项明细表及附图。

8）施工缺陷处理明细表及附图。

9）相关协议书。

10）验收总结报告或验收纪要。

（2）竣工资料的建档、整理、移交，应符合现行国家标准GB/T 11822《科学技术档案案卷构成的一般要求》的规定。

三、110～220kV送电线路竣工验收作业指导书

相关表格见表10–1–2～表10–1–7。

表10–1–2　　110～220kV送电线路竣工验收作业基本条件

工作任务	110～220kV输电线路竣工验收	作业指导书编号	
工作条件	无6级及以下大风及暴雨、雷电、冰雹、大雾、沙尘暴等恶劣天气	工种	线路运行
设备类型	110～220kV输电线路		
工作组成员及分工	作业人员：每组至少2人，1人作业，1人监护。由负责人指派担负相应工作，工作人员必须经培训合格，持证上岗		
作业人员职责	（1）工作负责人：组织并合理分配工作，进行安全教育，督促、监护工作人员遵守安全规程，检查工作票所载安全措施是否正确完备，安全措施是否符合现场实际条件。工作前对工作人员交待安全事项，对整个工程的安全、技术等负责，工作结束后总结经验与不足之处。工作负责（监护）人不得兼做其他工作。 （2）工作班成员：认真努力学习本作业指导书，严格遵守、执行安全工作规程和现场“安全措施卡”，互相关心施工安全		
标准作业时间	依具体工作而定		
制订依据	（1）GB 50233《110～500kV架空电力线路施工及验收规范》 （2）DL/T 741《架空送电线路运行规程》 （3）DL/T 5092《架空送电线路设计技术规程》 （4）《电力设施保护条例》和《电力设施保护条例实施细则》 （5）SDJ 226《架空送电线路导线及避雷线液压施工工艺规程》 （6）《国家电网公司电力安全工作规程》（电力线路部分） （7）DL/T 887《杆塔工频接地电阻测量》 （8）修改后的竣工图 （9）有关设计审查会议纪要		

表 10–1–3 110～220kV 送电线路竣工验收作业所需工具、器材

序号	名称	规格	单位	数量	备注
1	望远镜		台	1	
2	记录本		本	1	
3	扭矩扳手		把	若干	检测螺栓扭矩值
4	个人工具		套	1 套/人	
5	接地电阻检测仪		套	1	地面人员用
6	个人保安线		根	1 根/人	塔上人员用
7	脚扣		副	1	混凝土杆专用
8	安全带		套	1 根/人	塔上人员用
9	钢卷尺		把	1	
10	测绳	根据线路等级选用	根	1	
11	安全帽		顶	1 顶/人	
12	经纬仪		台	1	测量组用
13	小锄头		把	1	检查接地埋深

表 10–1–4 110～220kV 送电线路竣工验收作业步骤

序号	作业要求	质量要求及其监督检查	危险点分析及控制措施
1	接受任务，进行工前准备	（1）验收前，运行专责及有关人员认真学习施工总说明及机电部分施工说明，编制验收措施，向验收人员技术交底，组织验收人员认真学习《验收措施》、《110～500kV 架空电力线路施工及验收规范》及相关规定，交代工作重点及注意事项。 （2）接受竣工验收工作任务后，每组准备各项工器具	
2	开赴现场	文明安全行车，到达工作现场	
3	全体工作人员听工作负责人介绍工作内容及注意事项	（1）工作前，工作负责人应严格检查安全措施的实施情况，并向工作人员讲解工作任务分配、安全措施、危险点。 （2）在工作地段检查个人保安线。 （3）分小组开始工作	
4	小组到达杆塔位，准备开始登杆塔	（1）检查验收所用工器具是否齐全。 （2）检查登高工器具。 （3）核对线路名称、杆塔号	
5	攀登杆塔	登塔人员在核对线路双重命名、杆塔号后，进行登塔验收，地面人员进行护坡、基础、接地、通道等方面的验收	认清线路名称，以防误登带电设备
6	杆塔上的作业	（1）系好安全带、戴好安全帽。 （2）悬挂个人保安线。 （3）验收检查（小组负责人认真监护，做好记录）。验收内容及工作标准见表 10–1–5～表 10–1–7	安全带系牢，以防高空坠落。个人保安线连接可靠，防止感应电触电

续表

序号	作业要求	质量要求及其监督检查	危险点分析及控制措施
7	班组工作结束	（1）工作负责人负责清点工作班成员。 （2）工作负责人收回缺陷记录。 （3）返回。 （4）整理缺陷记录，上交运行专工	

表 10–1–5　　杆塔工程验收内容及工作标准

<table>
<tr><th>序号</th><th>内容</th><th colspan="3">标　　准</th><th>说明</th></tr>
<tr><td>1</td><td>螺栓连接是否符合规程要求</td><td colspan="3">螺杆应与构件面垂直，螺栓头平面与构件间不应有间隙；螺帽拧紧后，螺杆露出螺帽的长度为：单螺帽不应小于两个螺距，双螺帽可与螺帽相平；必须加垫者，每端不宜超过两个垫片；螺栓拧紧是否符合相应规格螺栓拧紧标准值</td><td></td></tr>
<tr><td>2</td><td>螺栓的穿入方向是否符合规定</td><td colspan="3">立体结构：水平方向由内向外；垂直方向由下向上；平面结构：顺线路方向：由送电侧穿入或按统一方向穿入；横线路方向：两侧由内向外，中间由左向右或按统一方向；垂直方向由下向上</td><td></td></tr>
<tr><td>3</td><td>杆塔螺孔扩孔后是否符合要求</td><td colspan="3">扩孔不得超过 3mm。当扩孔需超过 3mm 时，应先堵焊再重新打孔，并应进行防锈处理</td><td></td></tr>
<tr><td>4</td><td>工程移交时，杆塔上是否有固定标志</td><td colspan="3">每基杆塔应有线路名称杆号或代号、安全警示牌和相位标志；高杆塔按设计规定装设航行障碍标志；多回路杆塔横担上有相位、杆号及醒目标识加以区分</td><td></td></tr>
<tr><td rowspan="5">5</td><td rowspan="5">螺栓紧固扭矩是否符合标准</td><td>螺栓规格</td><td colspan="2">扭矩值（N·cm）</td><td rowspan="5">每基杆塔抽检不少于 50 颗</td></tr>
<tr><td>M12</td><td colspan="2">4000</td></tr>
<tr><td>M16</td><td colspan="2">8000</td></tr>
<tr><td>M20</td><td colspan="2">10 000</td></tr>
<tr><td>M24</td><td colspan="2">25 000</td></tr>
<tr><td>6</td><td>铁塔上是否加装防盗帽、防松卡及警告牌</td><td colspan="3">从塔脚保护帽至塔身××m 高度（具体高度由设计确定）内螺丝加防盗帽；横担下 2m 至塔顶加防松扣母，路边或其他易遭受外力破坏的地方应加装警告牌</td><td>一般从杆塔基准面以上 2 个主材段号采用防盗螺栓</td></tr>
<tr><td>7</td><td>混凝土杆裂纹是否超标</td><td colspan="3">混凝土杆横向裂纹不能超过 0.2mm，长度不超过圆周的 1/2，每米内不得多于 3 条；纵向裂纹宽度不超过 0.1mm，长度不超过 1m；更不得有腐蚀、掉块、钢筋外露现象</td><td>适用于混凝土电杆</td></tr>
<tr><td rowspan="5">8</td><td rowspan="5">杆塔组立及架线后其允许偏差是否符合标准</td><td>电压等级</td><td>偏差项目</td><td>允许值</td><td rowspan="5"></td></tr>
<tr><td rowspan="4">110kV 及以上</td><td>混凝土杆结构根开</td><td>±5‰</td></tr>
<tr><td>混凝土杆结构迈步</td><td>1%</td></tr>
<tr><td>双杆横担高差</td><td>3.5‰</td></tr>
<tr><td>直线杆结构倾斜</td><td>3‰</td></tr>
</table>

续表

序号	内容	标　　准			说明
8	杆塔组立及架线后其允许偏差是否符合标准	110kV 及以上	直线杆结构中心与中心桩间横线路位移	50mm	
			转角杆结构中心与中心桩间横、顺线路位移	50mm	
			等截面联系塔立柱弯曲	1.5‰	
9	相邻节点间主材弯曲是否超标	不得超过 1/750			
10	基础保护帽施工质量是否合格	保护帽的混凝土应与塔角板上部铁板结合紧密，不得有裂纹			必要时可抽查一基杆塔保护帽进行破坏性检查
11	混凝土杆表面是否有裂纹掉块等现象	预应力混凝土杆及构件不得有纵、横向裂纹；普通混凝土杆不得有纵向裂纹，横向裂纹宽度不得超过 0.1mm			适用于混凝土电杆
12	混凝土杆的钢圈焊接接头是否按规定进行防锈处理	涂刷防锈油漆，使用环氧树脂包裹			适用于混凝土电杆
13	混凝土杆上端是否封堵，排水孔是否畅通	上端应封堵，放水孔应打通			适用于混凝土电杆
14	对混凝土杆的叉梁有何要求	以抱箍连接的叉梁，其上端抱箍组装的允许偏差应为±50mm。分端组合叉梁，组合后应正直，不应有明显的鼓肚、弯曲。横隔梁的组装尺寸允许偏差应为±50mm			适用于混凝土电杆
15	采用楔型线夹连接的拉线安装是否合格	线夹的舌板与拉线接触紧密，线夹的凸肚应在尾线侧；拉线弯曲部分不应有明显的松股，其断头应用镀锌铁丝扎牢，线夹尾线应露出 300～500mm，尾线回头后与本线应采取有效方法扎牢或压牢；同组拉线使用两个线夹时，其线夹尾端的方向应统一			适用于拉线电杆、拉线铁塔
16	拉线采用压接式连接时，其标准是否符合规定	液压：压接后管子不应有肉眼即可看出的扭曲及弯曲现象，有明显弯曲时应校直，校直后不应出现裂缝；压接后，在管子指定部位应有操作人员的钢印			适用于拉线电杆、拉线铁塔
17	拉线调整后是否符合标准	拉线与拉线棒应呈一直线；交叉拉线的交叉点处应留足够的空隙；拉线对地夹角允许偏差为 1°，个别特殊杆塔拉线需超出 1°时应符合设计规定；NUT 型线夹带螺母后螺杆必须露出螺纹并应留有不小于 1/2 螺杆的螺纹长度，并应装设防盗帽；拉线受力应一致。设防盗帽；拉线受力应一致			适用于拉线电杆、拉线铁塔

表 10–1–6 架线工程验收内容及工作标准

序号	内容	标准	说明
1	导地线损伤补修是否符合标准	（1）导线在同一处损伤的程度已超过规定（铝、铝合金单股损伤深度小于直径的 1/2；导线损伤截面积为导电部分截面积的 5%及以下，且强度损失小于 4%），但其强度损失不超过总拉断力的 5%，截面积损伤不超过总导电部分截面积的 7%，处理方法以缠绕或补修预绞丝修理。导线在同一处损伤强度损失已超过总拉断力的 5%，但不足 17%，且截面积损伤也不超过导电部分截面积的 25%时，处理方法以补修管修补。 （2）当有以下情况时需开断重接：① 导线损失的强度或损伤的截面积超过采用补修管补修的规定时；② 连续损伤的截面积或损失的强度都没有超过本规范以补修管补修的规定，但其损伤长度已超过补修管的能补修范围；③ 复合材料的导线钢芯有断股；④ 金钩、破股已使钢芯或内层铝股形成无法修复的永久变型。 （3）钢绞线（19）断 1 股采用补修预绞丝或缠绕处理；钢绞线（7 股）断 1 股、钢绞线（19）断 2 股采用补修管处理；钢绞线（7 股）断 2 股、钢绞线（19）断 3 股及以上采用开断重接处理	非张力放线
		（1）导线外层导线线股有轻微擦伤，其擦伤深度不超过单股直径的 1/4，且截面积损伤不超过导电部分截面积的 2%时，采用砂纸磨光处理；当导线损伤已超过轻微损伤，但在同一处损伤的强度损失尚不超过总拉断力的 8.5%，且损伤截面积不超过导电部分截面积的 12.5%时，采用补修管处理。 （2）当有以下情况时需开断重接：① 强度损失超过保证计算拉断力的 8.5%；② 截面积损伤超过导电部分截面积的 12.5%；③ 损伤的范围超过一个补修管允许补修的范围；④ 钢芯有断股；⑤ 金钩、破股已使钢芯或内层线股形成无法修复的永久变形	张力放线
2	采用缠绕处理后应达到何种标准	缠绕材料应为铝单丝，缠绕应紧密，其中心应位于损伤最严重处，受伤部分应被全部覆盖，长度不得小于 100mm	
3	采用补修预绞丝处理后应达到何种标准	补修预绞丝长度不得小于 3 个节距；补修预绞丝应与导线接触紧密，其中心应位于损伤最严重处，并应将损伤部位全部覆盖	
4	采用补修管补修后应达到何种标准	补修管的中心应位于损伤最严重处，需补修的范围应位于管内各 20mm。当采用液压时，应符合下列标准：压接后管子不应有肉眼即可看出的扭曲及弯曲现象，有明显弯曲时应校直，校直后不应出现裂缝；压接后，在管子指定部位应有操作人员的钢印	
5	接续管及耐张线夹压接后是否达到标准要求	（1）飞边、毛刺及表面不超过允许的损伤应磨光。 （2）不允许出现裂缝或穿孔。 （3）弯曲度不得大于 2%，有明显弯曲时应校直，校直后的连接管严禁有裂纹。 （4）压接后锌皮脱落应涂防锈漆。 （5）液压管压接后应呈正六边形，其对边距 S 的允许最大值可根据下式计算 $S=0.866\times0.993D+0.2$ 式中 S——对边距，mm； D——管外径，mm。 三个对边距只允许一个达到最大值，超过规定时应查明原因，割断重接	

续表

序号	内容	标　　准	说明
6	耐张线夹引流板的连接是否符合标准	（1）耐张引流连板的光洁面必须与引流线夹连板的光洁面接触。 （2）连接面必须涂一层导电脂。 （3）连接螺栓的扭矩须符合产品说明书所列数值	
7	各类管的安装距离是否符合要求	在一个档距内每根导线或避雷线上只允许有一个接续管和三个补修管：① 各类管与耐张线夹间的距离不应小于 15m。② 各类管与悬垂线夹的距离不应小于 5m。③ 各类管与间隔棒的距离不宜小于 0.5m	
8	导、地线的弧垂是否符合规定	弧垂允许偏差：110kV 为+5%，–2.5%；220kV 为±2.5%；跨越通航河流的大跨越档其弧垂允许偏差不应大于±1%，其正偏差值不应超过 1m	
9	导、地线各相间的弧垂是否符合规定	相间弧垂允许偏差值：110kV 为 200mm；220kV 为 300mm；跨越通航河流的大跨越档的相间弧垂最大允许偏差应为 500mm	
10	分裂导线同相子导线的弧垂安装是否符合要求	不安装间隔棒的垂直双分裂导线，同相子导线的弧垂允许偏差为（0～100）mm；安装间隔棒的其他形式分裂导线同相子导线的弧垂偏差 220kV 为 80mm	
11	附件的安装是否符合要求	（1）绝缘子表面应干净，无泥垢。 （2）金具的镀锌层不得有破损、剥落或缺锌。 （3）悬垂线夹安装后，绝缘子串应垂直地面，其顺线路位移不应超过 5°，最大偏移值不应超过 200mm，连续上下山坡处杆塔上的悬垂线夹的安装位置应符合设计规定。 （4）悬垂串上的弹簧销一律向受电侧穿入。 （5）耐张串上的弹簧销、螺栓及穿钉一律由上向下穿，特殊情况由内向外，由左向右。 （6）分裂导线上的穿钉、螺栓一律由线束外侧向内穿。 （7）当穿入方向与当地运行单位要求不一致时，可按当地运行单位的要求，但应在开工前明确规定。 （8）金具上所用的开口销的直径必须与孔径配合。 （9）铝包带应缠绕紧密，其缠绕方向应与外层铝股的绞制方向一致；所缠铝包带露出线夹口不应超过 10mm，其端头应回压于线夹内。 （10）防振锤及阻尼线应与地面垂直，其安装距离偏差不应大于±30mm。 （11）分裂导线的间隔棒的结构面应与导线垂直，各相间隔棒安装位置应相互一致。 （12）引流线应呈近似悬链线状自然下垂，其对杆塔及拉线的电气间隙应符合设计要求。 （13）铝制引流连板及并沟线夹的连接面应平整、光洁，安装应符合下列规定：① 安装前应检查连接面是否平整，耐张线夹引流连板的光洁面必须与引流线夹连板的光洁面接触。② 应用汽油洗擦连接面及导线表面污垢，并应涂上一层电力复合脂。用细钢丝刷清除有电力复合脂的表面氧化膜。③ 保留电力复合脂，并应逐个均匀地拧紧连接螺栓，螺栓的扭矩应符合该产品说明书的要求	

表 10–1–7 基础及接地工程验收内容及工作标准

序号	内容	标准	说明
1	基础防沉层是否符合要求	基础防沉层 300～500mm，移交时坑口回填土不应低于地面，接地沟回填后防沉层高度为 100～300mm，移交时回填土不得低于地面	
2	接地引下线及接地网安装是否符合要求	接地引下线应与杆塔连接牢固，紧贴杆塔身，铁塔的接地引下线需加可装卸的防盗帽；接地网埋深应符合设计要求	
3	易受水冲刷的地方是否打护坡	对易受水冲刷的杆塔及拉线基础需打护坡	
4	基础表面是否光洁，尺寸是否符合要求	基础表面应光洁平整，无裂纹，无凸凹不平现象，尺寸应符合设计要求	
5	接地电阻是否达到要求	现场按辅助测量射线的电压极比本杆塔接地线 L 长 20m、电流极要长 40m 检测的电阻值按季节系数换算后的工频接地电阻值应达到设计要求标准	

四、工程图纸的识读

（一）输电线路施工图作用

（1）设计单位根据施工的平、断面图确定杆塔的位置、型号、高度、基础型式、基础施工的基面以及需开方的工作量。

（2）施工图的主要作用是作为施工的技术资料和依据。施工时可根据平断面图确定放线、紧线的位置，观测弧垂的观测档；按照交叉跨越处所的垂直距离，对照现场情况，确定放、紧线过程中应采取的保护措施；对施工中工地布置、运输和器材堆放起明显的指导作用。

（3）根据杆塔基础施工图、杆塔组装图、绝缘子金具组装图以及接地施工图等图纸编制材料加工、供购计划，是编制施工工艺流程、施工组织设计的技术标准和依据。

（4）施工图是线路验收检查的依据，并是线路投运后日常运行的资料和原始依据。

（二）输电线路工程图纸识读目的

（1）有利于施工人员详细了解设计意图，熟悉图纸，了解工程的技术特点，便于施工工艺流程的编制和施工组织设计，便于施工和安装。

（2）有利于运行、检修人员组织新线路的检查、验收。对于已投运线路，通过工程图纸的识读，可以详细了解线路的设计和安装情况，为正确、安全地组织线路运行、检修奠定基础。

（三）输电线路施工图上相关的术语和名称

1. 平、断面图

（1）断面图（即平行线路断面，也称纵断面）。线路断面图包括沿线路中心线的断面地形，杆塔位置及各项地面物的位置、标高、里程、杆塔编号、杆塔型式、弧垂线等。

（2）平面图（也称俯视图）。线路平面图包括线路转角塔的转角度数、转角方向、杆塔位置、档距、里程、耐张段长度、代表档距等线路通道环境情况。

2. 水平档距

两相邻杆塔档距平均值称为水平档距，其作用是计算杆塔水平荷载。

水平档距的计算公式为

$$l_{sh}=\frac{1}{2}(l_1+l_2) \tag{10–1–1}$$

在高差较大时，水平档距的计算公式为

$$l_{sh}=\frac{1}{2}\left(\frac{l_1}{\cos\varphi_1}+\frac{l_2}{\cos\varphi_2}\right) \tag{10–1–2}$$

式中　l_1、l_2——杆塔两侧的档距，m；

φ_1、φ_2——杆塔两侧高差角，（°）。

3. 垂直档距

两相邻杆塔导线弛度最低点之间水平距离称为垂直档距，其作用是用来计算杆塔的垂直荷重。

垂直档距的计算公式为

$$l_{ch}=\frac{1}{2}(l_1+l_2)+\frac{\sigma_0}{\gamma_v}\left(\frac{h_1}{l_1}+\frac{h_2}{l_2}\right) \tag{10–1–3}$$

式中　l_1、l_2——分别为杆塔两侧的档距，m；

h_1、h_2——分别为杆塔两侧的悬挂点高差（m），当邻塔悬挂点低时取正号，反之取负员；

σ_0——耐张段内的电线水平应力（N/mm²），对于耐张塔，应取两侧可能不同的应力，按对应注角号分开计算垂直档距；

γ_v——电线的垂直比载，N/（m · mm²）。

4. 代表档距

所谓代表档距是将不同的耐张段等效为一个孤立的档距，以简化导线应力的计算。代表档距又称为规律档距。

悬挂点等高时代表档距的计算公式

$$l_d=\sqrt{\frac{l_1^3+l_2^3+l_3^3+\cdots+l_n^3}{l_1+l_2+l_3+\cdots+l_n}}=\sqrt{\frac{\Sigma l^3}{\Sigma l}}$$

悬挂点不等高时代表档距的计算公式

$$l_{\mathrm{d}}=\sqrt{\frac{l_1^3\cos^3\varphi_1+l_2^3\cos^3\varphi_2+l_3^3\cos^3\varphi_3+\cdots+l_n^3\cos^3\varphi_n}{\frac{l_1}{\cos\varphi_1}+\frac{l_2}{\cos\varphi_2}+\frac{l_3}{\cos\varphi_3}+\cdots+\frac{l_n}{\cos\varphi_n}}}=\sqrt{\frac{\Sigma l^3\cos^3\varphi}{\Sigma\frac{l}{\cos\varphi}}}$$

式中 φ_1、φ_2、φ_3、…、φ_n——耐张段内各档的高差角，(°)；

l_1、l_2、l_3、…、l_n——耐张段内各档的档距，m。

5. 耐张段长度

线路正常运行时承受水平拉力的两相邻承力杆塔中心间的水平距离，称为耐张段长度。

6. 档距

两杆塔导线悬挂点间（或杆塔轴线间）的水平距离，称为两杆塔的档距。

7. 应力弧垂曲线

为方便施工计算及线路在运行中的各种机械计算，通常将各个代表档距在各种气象条件下的电线应力及有关弧垂计算出来，绘成随代表档距变化的曲线图，称为电线应力弧垂曲线或电线机械特性曲线。

8. 架线弧垂曲线

为方便导线的施工安装，将各个代表档距在各种气温条件下的电线弧垂计算出来，绘成随代表档距和温度变化的曲线图，称为架线弧垂曲线或架线安装曲线。

（四）输电线路施工图识图的内容

1. 施工图总说明及附图

（1）线路设计说明书。对线路的总体路径、气象区、导、地线、杆塔、基础、绝缘配置、金具选择、接地、设计要点等进行说明。

（2）线路路径图。是在国家测绘部门出版的比例为1/50 000或1/100 000的地形图或复印图上，标出线路的起讫点的位置及中间所经点的位置。在该图上可量出线路的实际大致长度，同时可看出线路走径地形情况。

（3）杆塔一览图。

1）图上绘出了所设计线路的全部杆塔型式，图上可查出不同杆塔型号，各杆塔的设计水平档距、垂直档距、最大使用档距。

2）图上杆塔设计使用的导线、避雷线、气象区；杆塔不同呼称高的根开尺寸和杆塔高度及横担长度。

3）图上尺寸均以毫米为单位。杆塔一览图如图10-1-1所示。

杆塔型式													
杆塔名称		11ZGu2鼓型直线塔(7727–18)		110KSn伞型跨越塔(7741–42)		110G1千字型转角塔(7732–15)[0°~30°]		110G2千字型转角塔(7732–18)[30°~60°]		110JGu2鼓型转角塔(7736–18)[0°~30°]		110JGu3鼓型转角塔(7737–18)[30°~60°]	
水平档距(m)	垂直档距(m)	400	600	600	600	350	500	350	500	350	500	350	500
呼称高(m)		18		42		15		18		18		18	
耗钢量(kg)		3265.8		15 267.1		3456.5		4635.4		6770.8		7932.3	
根开(mm)	正面/侧面	4198/2936		10 000/10 000		4975		5545		4820		4840	
工程使用数量(基)		1		1		1		1		2		2	

杆塔型式					
杆塔名称		1H–SJ2耐张塔		49型转角塔(18m)[30°~60°]	
水平档距(m)	垂直档距(m)	372	600	400	800
呼称高(m)		18	24	18	
耗钢量(kg)		7731.8	9276.4	4569.73	
根开(mm)	正面/侧面	4595/4595	5600/5600	5260	
工程使用数量(基)		1	1	2	

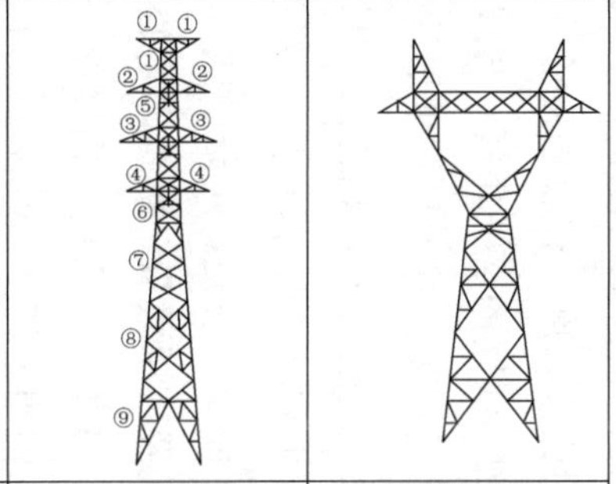

设计条件表

杆塔 条件	7727、7711、7732、7736、7737			
电压(kV)	110kV			
导、地线型号	LGJQ–300、GJ–50 LGJQ–150/25、GJ–35			
气象条件				

序号	工况名称	冰厚(mm)	风速(m/s)	气温(℃)
1	低温	0	0	–20
2	大风	0	30	–5
3	年平	0	0	10
4	覆冰	10	10	5
5	高温	0	0	40
6	校验	0	0	15
7	安装	0	10	0
8	外过	0	10	15
9	内过	0	15	10

杆塔统计表（110kV马虢Ⅰ、Ⅱ回线路）

序号	杆塔型号	基数	单基重（kg）	小计（kg）	备注
1	7727–18	1	3265.8	3265.8	
2	7741–42	1	15 267.1	15 267.1	
3	7732–15	1	3456.5	3456.5	
4	7733–18	1	4635.4	4635.4	
5	7736–18	2	6770.8	13 541.6	
6	7737–18	2	7932.3	15 864.6	
7	1HS–J2–24	1	9276.4	9276.4	
合计		9	65 307.4		

杆塔统计表（110kV马门Ⅰ、Ⅱ回线路）

序号	杆塔型号	基数	单基重（kg）	小计（kg）	备注
1	49–18	2	4569.73	9139.46	
2	1H–SJ2–18	1	7731.8	7731.8	
合计		3	16 871.26		

				工程	施工图 设计阶段
审批		校核		杆塔一览图	
审定		设计			
审核		制图			
日期		比例		图号	序号 3

图 10–1–1　杆塔一览图

（4）线路进出两端变电站平面图。本图作为接线示意图，没有比例要求，主要绘出线路两侧终端杆塔上的相序排列和变电站进线的相序排列，便于施工时正确安装。

（5）线路相序图。

1）相序图作为示意图，没有比例要求，主要绘出线路上水平排列和垂直排列互相变换时杆塔上的导线相序排列情况，线路相序图如图10–1–2所示。

2）导线换位示意图：① 该图的平面图绘出一条线路的各处换位杆塔号、各换位段的长度和相序排列情况。② 该图的立体图绘出各换位处杆塔上的导线相序排列情况。

2. 平断面图及明细表

（1）线路平断面图（即线路平面图和断面图的复合图）如图10–1–3所示。

1）断面图（即平行线路断面也称纵断面）：① 线路断面图要求严格，有一定的比例要求，一般情况高度比例是1/500，但因地形或其他原因，设计上也有采用其他比例的情况。断面图在平断面图的上方。② 线路断面图包括沿线路中心线的断面地形，杆塔位置及各交叉跨越和地面物的位置、标高、里程、杆塔编号、杆塔型式、弧垂线等。

2）平面图：① 线路平面图要求严格，有一定的比例要求，一般情况是1/2000，但因地形或线路长短原因，设计上也有采用其他比例的情况。② 平面图包括各种杆塔档距、里程、标高、耐张段长度、代表档距等。平面图还包括沿线路中心线左右两侧各50m内，各种跨越物与线路的交叉角度、与线路平行接近的位置，线路中心线附近的各种建筑物位置和接近距离，其他异样地形的位置、范围等情况。

（2）杆塔位明细表。是把线路平面图上的设计、施工运行所需要的各项主要数据，包括耐张段长度、塔位里程、杆塔位桩号、杆塔型式、线路转角、杆塔呼称高、档距、代表档距、杆塔施工基面及长短腿、基础型式、导线及地线绝缘子金具串组合、防振锤、间隔棒等安装方式及使用数量，被跨越物的名称及保护措施，各种杆塔基数，铁塔ABCD腿布置情况、横担布置方向及需要统一说明的事项汇集在一起，列成表格，便于设计、施工、运行使用，杆塔明细图如图10–1–4所示。

3. 机电安装图

（1）导线和避雷线应力特性及架线弧垂曲线图如图10–1–5所示。

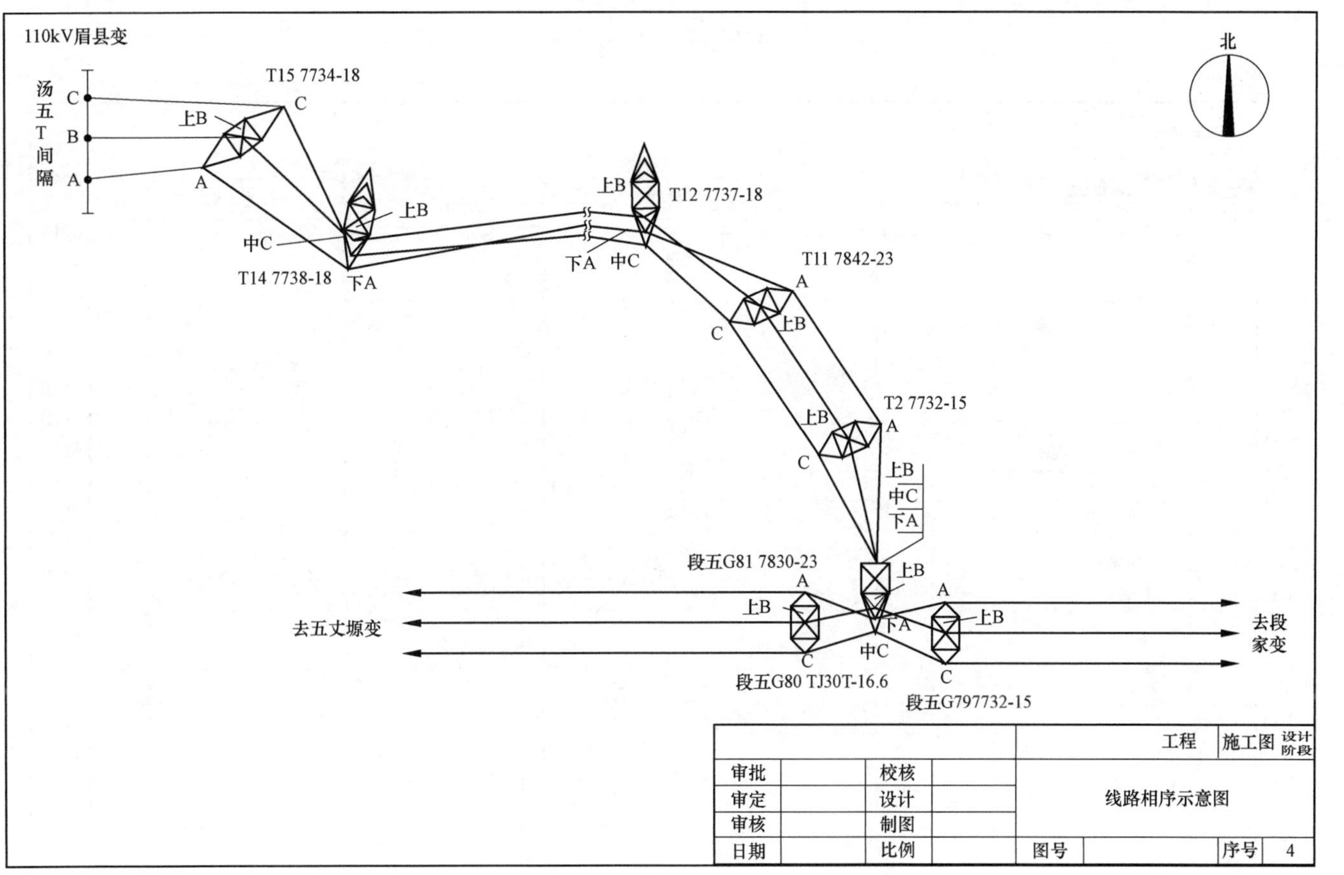
110kV眉县变
北
汤五T间隔
C
B
A
T15 7734-18
上B
T14 7738-18
中C
下A
T12 7737-18
T11 7842-23
T2 7732-15
上B
中C
下A
段五G81 7830-23
段五G80 TJ30T-16.6
段五G797732-15
去五丈塬变
去段家变
工程
施工图
设计阶段
审批
审定
审核
日期
校核
设计
制图
比例
线路相序示意图
图号
序号
4

图 10-1-2　线路相序图

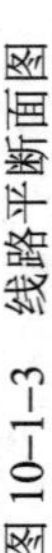

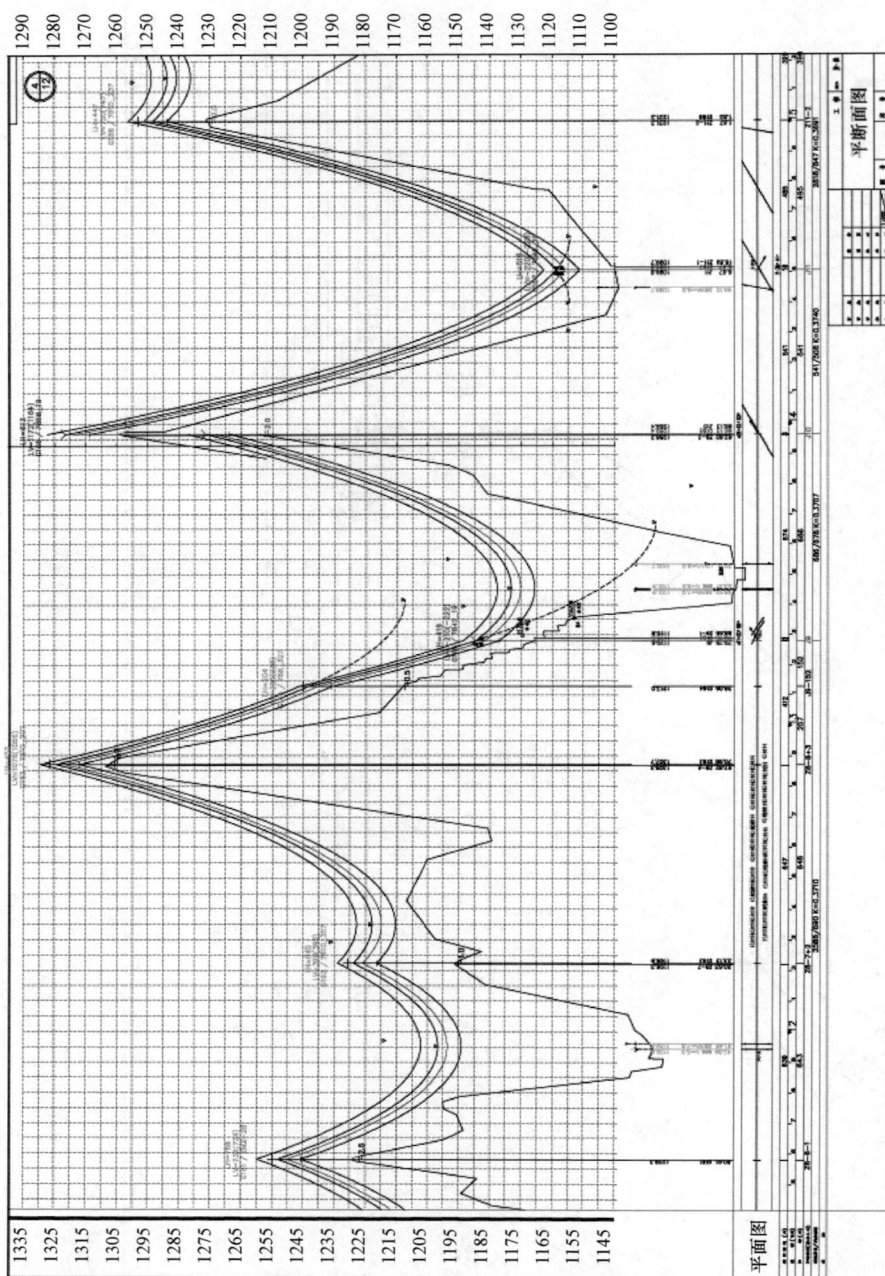

图 10-1-3 线路平断面图

杆塔（位）明细表 第1页 共0页

设计杆号	测量桩号	杆型代号	杆位移动（m）	施工基面（m）	高低腿（m）	杆位高程（m）	档距（m）	耐张段长（m）	代表档距（m）	转角（度分）	导线绝缘子串 型号	导线绝缘子串 数量	导线绝缘子串 防振锤	地线金具串 型号	地线金具串 数量	地线金具串 防振锤	接地装置 ρ值（Ω·m）	接地装置 图号	交叉跨越情况（次） 电力线	低压线	通信线	广播线	房屋	公路	河流	机耕地	其他	防振锤型号 导线	防振锤型号 地线	备注
G0	J0F	MJ				789.6				0°00′	NDF	3	3X1	DN1	1	1X1	≤300	JD–T										FR–3	FR–2	
							81	81	80	右72°26′																				
G1	J1F	1J–SJ4–18				788.0					NDF NSF3	3 3	3X1 3X1	DN1 DN1	1 1	1X1 1X1	≤300	JD–T										FR–3 FR–3	FR–2 FR–2	
							240																							
G2	J1F	1J–SZ1–21	+240.2			784.9					XDF	3 0	3X1 3X1	DX1	0	1X1 1X1	≤300	JD–T										FR–3 FR–3	FR–2 FR–2	
							279	748	252	左72°30′																				
G3	J2F	1J–SZ1–21	–228.3			783.6					XDF	3 0	3X1 3X1	DX1	0	1X1 1X1	≤300	JD–T										FR–3 FR–3	FR–2 FR–2	
							228																							
G4	J2F	1J–SJ4–18				774.6					NSF3 NSF2	3 3	3X1 3X1	DN1 DN1	1 1	1X1 1X1	≤300	JD–T										FR–3 FR–3	FR–2 FR–2	
							253	253	242	左38°49′										1	1									
G5	J3F	1J–SJ2–21				711.1					NSF1 NSF2	3 3	3X1 3X1	DN1 DN1	1 1	1X1 1X1	≤300	JD–T										FR–3 FR–3	FR–2 FR–2	
							180	180	180	左25°47′									3	2	3									
G6	J4F	1J–SJ2–21				708.0					NSF1 NSF2	3 3	3X1 3X1	DN1 DN1	1 1	1X1 1X1	≤300	JD–T										FR–3 FR–3	FR–2 FR–2	
							206																							
G7	J4F	1J–SZ1–21	+205.6			705.7		418	209	右47°45′	XDF	3 0	3X1 3X1	DX1	0	1X1 1X1	≤300	JD–T										FR–3 FR–3	FR–2 FR–2	
							212												1		1									
G8	J5F	1J–SJ3–18				709.6					NSF3 NSF2	3 3	3X1 3X1	DN1 DN1	1 1	1X1 1X1	≤300	JD–T										FR–3 FR–3	FR–2 FR–2	
							188														1									
G9	J5F	1J–SZ1–21	+187.6			709.5		354	178	0°00′	XDF	3 0	3X1 3X1	DX1	0	1X1 1X1	≤300	JD–T										FR–3 FR–3	FR–2 FR–2	
							166												1											
G10	J5F	1J–SJ2–18	+353.5			709.0					NDF NDF	3 3	3X1 3X2	DN1 DN1	1 1	1X1 1X2	≤300	JD–T										FR–3 FR–3	FR–2 FR–2	
							402	402	386	左21°57′									2						1					
G11	J5–1F	1J–SJ2–24		4.0		603.7					NSF2 NSF1	3 3	3X2 3X2	DN1 DN2	1 1	1X2 1X2	≤300	JD–T										FR–3 FR–3	FR–2 FR–2	
							376	376	376	左38°38′																				
G12	J6F	1J–SJ2–24		4.0		603.5					NSF2 NSF2	3 3	3X2 3X1	DN2 DN2	1 1	1X2 1X2	≤300	JD–T										FR–3 FR–3	FR–2 FR–2	
							303	562	284																					

审批		校核		工程	设计阶段
审定		设计		杆塔明细表	
审核		制图			
日期		比例		图号	序号

图 10–1–4　杆塔位明细图

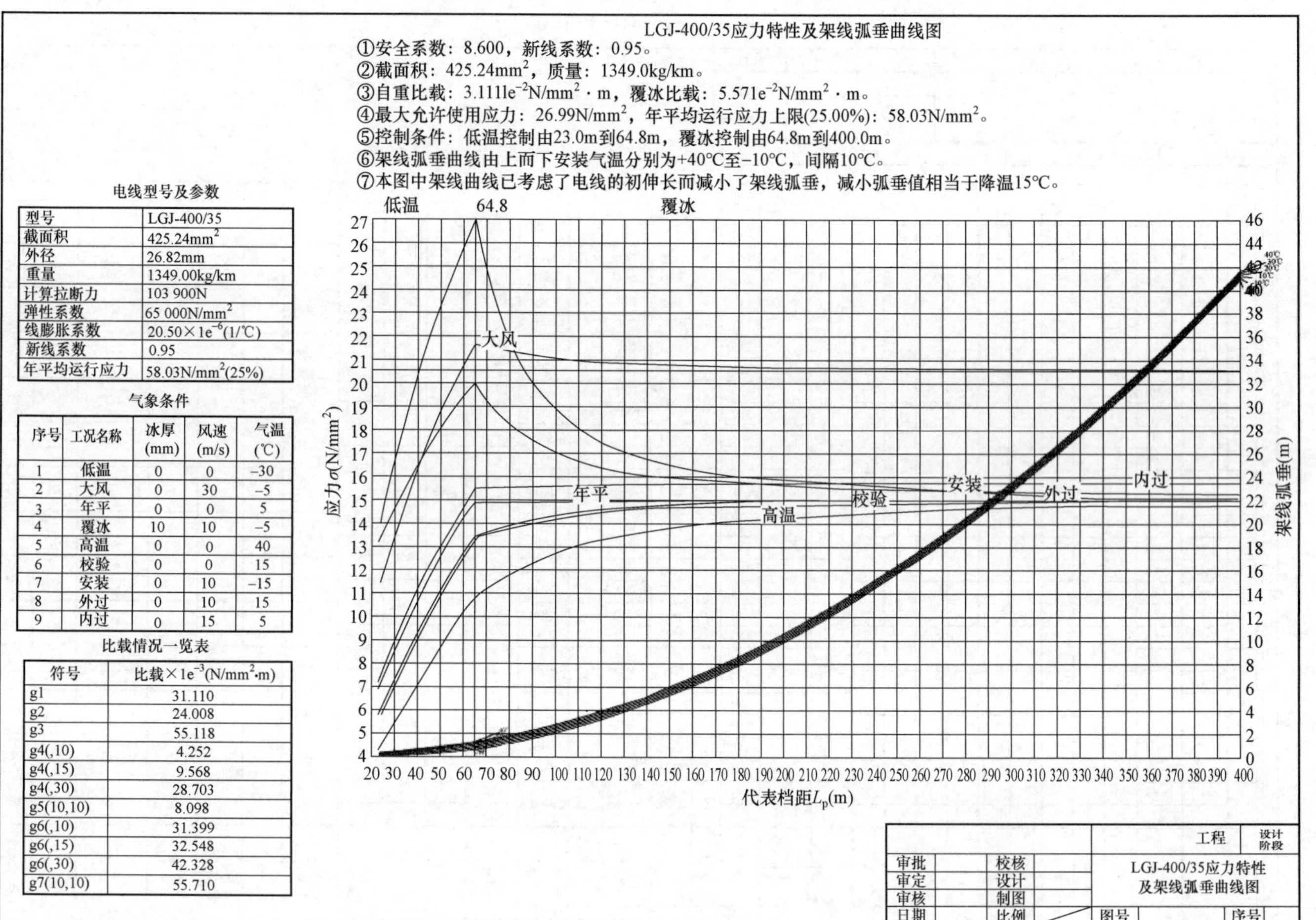
LGJ-400/35应力特性及架线弧垂曲线图
①安全系数：8.600，新线系数：0.95。
②截面积：425.24mm²，质量：1349.0kg/km。
③自重比载：3.1111e⁻²N/mm²·m，覆冰比载：5.571e⁻²N/mm²·m。
④最大允许使用应力：26.99N/mm²，年平均运行应力上限(25.00%)：58.03N/mm²。
⑤控制条件：低温控制由23.0m到64.8m，覆冰控制由64.8m到400.0m。
⑥架线弧垂曲线由上而下安装气温分别为+40℃至-10℃，间隔10℃。
⑦本图中架线曲线已考虑了电线的初伸长而减小了架线弧垂，减小弧垂值相当于降温15℃。
低温
64.8
覆冰
大风
年平
高温
校验
安装
外过
内过
应力σ(N/mm²)
架线弧垂(m)
代表档距L_p(m)
工程
设计阶段
审批
审定
审核
日期
校核
设计
制图
比例
LGJ-400/35应力特性及架线弧垂曲线图
图号
序号

电线型号及参数

型号	LGJ-400/35
截面积	425.24mm²
外径	26.82mm
重量	1349.00kg/km
计算拉断力	103 900N
弹性系数	65 000N/mm²
线膨胀系数	20.50×1e⁻⁶(1/℃)
新线系数	0.95
年平均运行应力	58.03N/mm²(25%)

气象条件

序号	工况名称	冰厚(mm)	风速(m/s)	气温(℃)
1	低温	0	0	-30
2	大风	0	30	-5
3	年平	0	0	5
4	覆冰	10	10	-5
5	高温	0	0	40
6	校验	0	0	15
7	安装	0	10	-15
8	外过	0	10	15
9	内过	0	15	5

比载情况一览表

符号	比载×1e⁻³(N/mm²·m)
g1	31.110
g2	24.008
g3	55.118
g4(,10)	4.252
g4(,15)	9.568
g4(,30)	28.703
g5(10,10)	8.098
g6(,10)	31.399
g6(,15)	32.548
g6(,30)	42.328
g7(10,10)	55.710

图 10-1-5 导线和避雷线应力特性及架线弧垂曲线图

1）导线和避雷线应力特性曲线反映了导线或避雷线在不同代表档距、不同气象条件下的应力值，其按一定比例绘制在米格纸上，便于施工校核查找和运行维护使用。

2）导线和避雷线架线弧垂曲线图反映了导线或避雷线在不同气温（一般是取线路通过地区的最高气温和最低气温）、不同代表档距条件下的架线弧垂曲线，其按一定比例（每 10℃或 5℃绘一条曲线）绘制在米格纸上，便于导线和避雷线施工时计算观测档弧垂。

3）导线和避雷线应力特性及架线弧垂曲线图在图上还注明了导线或避雷线的比载荷重和观测档弧垂计算公式，便于施工计算。

4）该图纸的横坐标表示代表档距，以 m（米）为单位；纵坐标表示应力和弧垂，应力以 MPa（兆帕）为单位，弧垂以 m（米）为单位。

（2）导线绝缘子串组合图和避雷线金具组合图。

1）这类图纸作为施工示意图，没有绘制比例的要求。

2）这类图纸识图中主要是核对示意图中各元件的排列顺序、各元件的编号与绝缘子组合顺序表是否一致，材料表中的材料型号是否正确，其次是图纸上附有施工要求和说明。

（3）防振锤安装图如图 10–1–6 所示。

1）该图列出了不同气象条件下，不同型号导线及避雷线在不同设计应力、不同风速、不同代表档距范围内导线、避雷线的防振锤安装距离。

2）该图还列出了不同导线和避雷线在不同档距范围时的安装个数。

3）图上还绘出防振锤安装示意图和附有施工要求和说明。

（4）间隔棒安装图如图 10–1–7 所示。

1）该图列出了不同档距导线间隔棒的安装距离和每档的安装个数。

2）图上还附有施工要求。

（5）接地装置施工图。

1）这类图纸作为施工示意图，没有绘制比例要求。

2）图上绘出了接地连接的示意图、所用结板和钢筋的尺寸［以 mm（毫米）为单位］、数量、安装要求。

3）这类图纸还绘出接地装置在地下埋设的方位、埋设深度、长度和埋设后的接地电阻值。其埋设深度和长度均以米为单位。

4. 杆塔施工图

（1）杆塔施工图绘制按制图要求有一定的比例，其制图是严格按标准进行绘制。

防振锤安装距离

气象区	导线及避雷牌号	设计应力（kg/mm²）	风速（m/s）	安装距离 s（m） l_0 100～150	l_0 151～200	l_0 201～250	l_0 251～300	l_0 301～400	l_0 401～600	l_0 601～8000
气$_{Ⅰ}$	LGJ-50/8	10.8	25	0.62	0.65	0.65	0.65	0.65	0.65	
			30	0.60	0.60	0.60	0.59	0.59	0.59	
	LGJ-70-10	10.8	25	0.75	0.80	0.81	0.81	0.81	0.82	
			30	0.74	0.75	0.75	0.75	0.75	0.75	
	LGJ-95/20	11.4	25	0.93	0.98	1.00	1.00	1.00	1.06	1.06
			30	0.93	0.98	1.00	1.00	1.00	1.00	1.00
	LGJ-120/25	10.9	25	0.95	0.99	1.04	1.06	1.08	1.10	1.10
			30	0.96	1.00	1.03	1.04	1.04	1.04	1.05
	LGJ-150/25	11.2	25	1.05	1.10	1.14	1.17	1.20	1.22	1.24
			30	1.05	1.10	1.14	1.17	1.20	1.22	1.22
	LGJ-185/30	11.9		1.16	1.22	1.26	1.29	1.32	1.35	1.38
	LGJ-240/40	11.3		1.33	1.40	1.45	1.48	1.51	1.55	1.58
	LGJ-300/40	9.88		1.38	1.47	1.52	1.56	1.59	1.63	1.66
			25 30							
	GJ-35	32		0.58	0.59	0.59	0.59	0.58	0.57	0.57
	GJ-35	34		0.60	0.61	0.61	0.61	0.60	0.59	0.59
	GJ-50	32		0.67	0.68	0.69	0.69	0.69	0.68	0.68
	GJ-50	34		0.70	0.71	0.72	0.72	0.71	0.71	0.70
气$_{Ⅱ}$	LGJ-50/8	10.8		0.52	0.50	0.49	0.49	0.48	0.48	
	LGJ-70/10	10.8		0.66	0.65	0.64	0.64	0.63	0.63	
	LGJ-95/20	11.4		0.88	0.90	0.88	0.87	0.86	0.86	0.85
	LGJ-120/25	10.9		0.90	0.93	0.93	0.92	0.92	0.91	0.91
	LGJ-150/25	11.2		0.99	1.06	1.06	1.06	1.05	1.04	1.04
	LGJ-185/30	11.9		1.12	1.19	1.24	1.25	1.25	1.24	1.23
	LGJ-240/40	11.3	30	1.27	1.37	1.42	1.44	1.44	1.44	1.44
	LGJ-300/40	9.88		1.38	1.50	1.50	1.53	1.53	1.54	1.54
	GJ-35	32		0.55	0.53	0.50	0.48	0.47	0.45	0.44
	GJ-35	34		0.57	0.56	0.53	0.50	0.49	0.47	0.46
	GJ-50	32		0.64	0.64	0.61	0.59	0.58	0.56	0.55
	GJ-50	34		0.67	0.67	0.65	0.62	0.60	0.58	0.57

防振锤安装个数

导线及避雷牌号	l <300	l 301～450	l 451～600	l 601～700	l 701～800	l 801～1000	型号
LGJ-50/8	1	2	2	3			FD-1
LGJ-70/10	1	2	2	3	3		FD-2
LGJ-95/20	1	1	2	2	3	3	FD-2
LGJ-120/25	1	1	2	2	3	3	FD-3
LGJ-150/25	1	1	2	2	3	3	FD-3
LGJ-185/30	1	1	2	2	3	3	FD-4
LGJ-240/40	1	1	2	2	3	3	FD-4
LGJ-300/40	1	301～400 1	401～600 2	2	3	3	FD-5
GJ-35	1	2	2	3	3	3	FG-35
GJ-50	1	2	2	3	3	3	FG-50

附注：

1. 防振锤安装距离直线杆塔是从悬垂线夹中心到防振锤中心，耐张转角杆塔是从耐张转动中心到防振锤中心。
2. 防振锤安装个数是指档距一端一根线上的防振锤个数。
3. 在非开阔地带，档距小于 120m 时不装防振锤。
4. 导线上装防振锤处在线上应缠铝包带。
5. 防振锤安装个数若为 2 个或 3 个时，其安装距离相同。
6. l_0—代表档距（m），l—实际档距（m）。
7. 安装表按以下气象条件计算：气$_{Ⅰ}$+40℃～20℃，气$_{Ⅱ}$+40℃～30℃

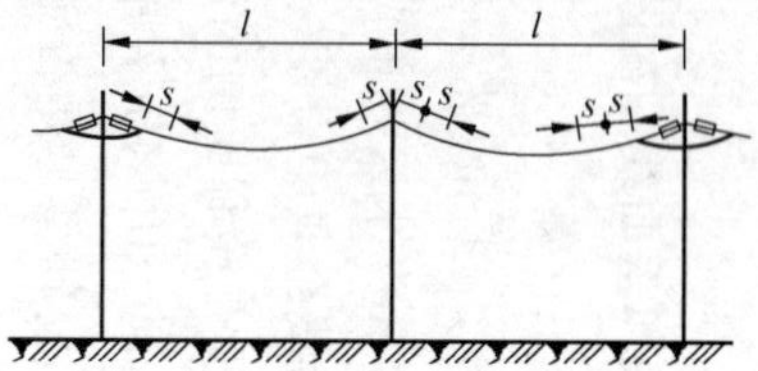

防振锤安装示意图

审批		校核		定 型	工程	设计阶段
审定		设计		防振锤安装表		
审核		制图				
日期		比例		图号	20008200-030902-42	月 日

图 10-1-6 防振锤安装图

档距（m）	间隔棒个数 N	平均次档距 $S=L/N$	次档距间距分配																
≤40	0		≤40																
41～66	1	L	0.6S	0.4S															
67～132	2	$L/2$	0.6S	S	0.4S														
133～198	3	$L/3$	0.65S	1.05S	0.8S	0.5S													
199～264	4	$L/4$	0.6S	S	0.85S	S	0.55S												
265～330	5	$L/5$	0.6S	S	0.8S	1.05S	S	0.55S											
331～396	6	$L/6$	0.6S	S	0.9S	1.1S	0.85S	S	0.55S										
397～462	7	$L/7$	0.6S	S	0.9S	1.1S	S	0.85S	S	0.55S									
463～528	8	$L/8$	0.6S	S	0.9S	1.1S	0.9S	1.1S	0.85S	S	0.55S								
529～594	9	$L/9$	0.6S	S	0.9S	1.1S	0.9S	1.1S	S	0.85S	S	0.55S							
595～660	10	$L/10$	0.6S	S	0.9S	1.1S	0.9S	1.1S	0.9S	1.1S	0.85S	S	0.55S						
661～726	11	$L/11$	0.6S	S	0.9S	1.1S	0.9S	1.1S	0.9S	1.1S	S	0.85S	S	0.55S					
727～792	12	$L/12$	0.6S	S	0.9S	1.1S	0.9S	1.1S	0.9S	1.1S	0.9S	1.1S	0.85S	S	0.55S				
793～858	13	$L/13$	S	0.6	S	0.9S	1.1S	0.9S	1.1S	0.9S	1.1S	0.9S	1.1S	S	0.85S	S	0.55S		
859～924	14	$L/14$	0.6S	S	0.9S	1.1S	0.9S	1.1S	0.9S	1.1S	0.9S	1.1S	0.9S	1.1S	0.85S	S	0.55S		
925～990	15	$L/15$	0.6S	S	0.9S	1.1S	0.9S	1.1S	0.9S	1.1S	0.9S	1.1S	0.9S	1.1S	S	0.85S	S	0.55S	
991～1056	16	$L/16$	0.6S	S	0.9S	1.1S	0.9S	1.1S	0.9S	1.1S	0.9S	1.1S	0.9S	1.1S	0.9S	1.1S	0.85S	S	0.55S

注：1. 次档距分配依上表计算，按四舍五入，取米为单位，分配完档距。

2. 举例说明 L=360，按表每相各装 6 个阻尼间隔棒，平均次档距 $S=L/N$=360/6=60m，次档距分配按计算为：36、60、54、66、51、60、33。

电力设计院				送电线路　　工程	施工图
审批		校核		阻尼间隔棒安装表	
审定		设计			
审核		制图			
日期		比例		图号	

图 10-1-7　间隔棒安装图

（2）杆塔施工图由杆塔型式单线示意图和分段结构图组成。

（3）单线示意图上有杆塔的设计参数、气象条件、荷重图，杆塔根开尺寸、基础作用力、地脚螺栓的直径和地脚螺栓安装间距。

（4）单线示意图标出杆塔分段长度、呼称高、塔头尺寸，杆塔材料汇总表列出使用材料名称、钢材号、规格、数量和质量等。

（5）分段结构图按比例绘制杆塔正面、侧面组装图，横担的正面和俯视图，并标出各分段的材料表，表中列出使用材料名称、钢材号、规格、数量和分段质量等。

（6）图上尺寸均以毫米为单位。

5. 基础施工图

（1）基础施工图绘制按设计要求有一定的比例，其制图需严格按标准进行绘制。

（2）基础施工图的基础断面图（也称基础立面图），其图标出基础高度、立柱宽度、底板宽度，同时绘出立柱主筋与箍筋的安放间距、底板网筋的数量和安放间距，绘出地脚螺栓安放位置。

（3）基础施工图的基础俯视图（也称基础平面图），图上标出基础底板尺寸、立柱尺寸、地脚螺栓安放间距、底板网筋、角筋布置情况。

（4）立柱俯视图绘出立柱尺寸、立柱主筋安放位置、地脚螺栓安放位置，内外箍筋安放情况，同时标出主筋、外箍筋与立柱边缘的尺寸。

（5）基础施工图上标出整基塔基础施工示意图，并标出不同呼称高基础根开尺寸。

（6）施工图上标出一个基础的材料表，表中列出不同部位材料名称、使用规格、钢筋材料成型简图及尺寸、长度、数量、质量和混凝土等级、体积等。

（7）图上标注施工要求和说明。

（8）图上尺寸均以毫米为单位。

输电线路基础施工图如图10–1–8所示。

6. 通信保护施工图

（1）这类图上标出所跨越的弱电通信线的抗干扰保护改造的施工示意，没有比例要求。

（2）图上对改造的要求和施工说明。

通信保护施工图如图10–1–9所示。

五、施工图识图要点

（1）识读施工图应先查看施工图目录，根据目录选看所需图纸。

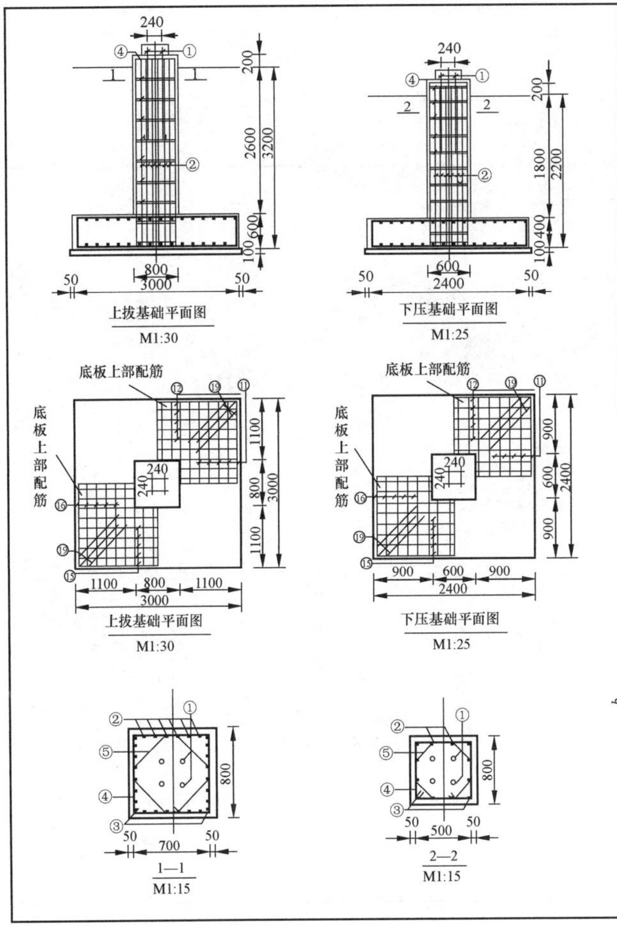

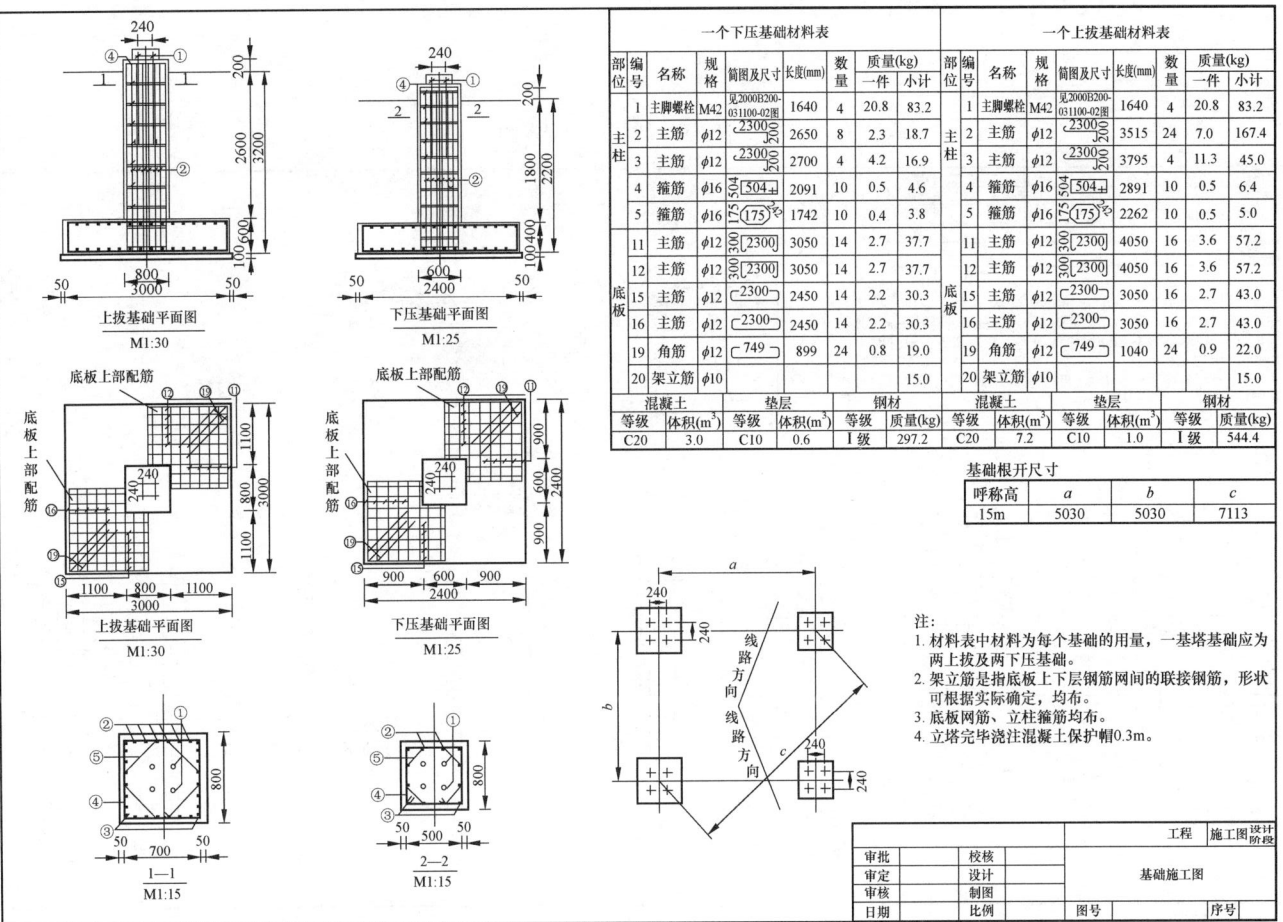

一个下压基础材料表

部位	编号	名称	规格	简图及尺寸	长度(mm)	数量	质量(kg) 一件	质量(kg) 小计
主柱	1	主脚螺栓	M42	见2000B200-031100-02图	1640	4	20.8	83.2
主柱	2	主筋	$\phi12$	2300 / 200	2650	8	2.3	18.7
主柱	3	主筋	$\phi12$	2300 / 200	2700	4	4.2	16.9
主柱	4	箍筋	$\phi16$	504 / 504	2091	10	0.5	4.6
主柱	5	箍筋	$\phi16$	175 / 175	1742	10	0.4	3.8
底板	11	主筋	$\phi12$	300 / 2300	3050	14	2.7	37.7
底板	12	主筋	$\phi12$	300 / 2300	3050	14	2.7	37.7
底板	15	主筋	$\phi12$	2300	2450	14	2.2	30.3
底板	16	主筋	$\phi12$	2300	2450	14	2.2	30.3
底板	19	角筋	$\phi12$	749	899	24	0.8	19.0
底板	20	架立筋	$\phi10$					15.0

混凝土 等级	混凝土 体积(m^3)	垫层 等级	垫层 体积(m^3)	钢材 等级	钢材 质量(kg)
C20	3.0	C10	0.6	Ⅰ级	297.2

一个上拔基础材料表

部位	编号	名称	规格	简图及尺寸	长度(mm)	数量	质量(kg) 一件	质量(kg) 小计
主柱	1	主脚螺栓	M42	见2000B200-031100-02图	1640	4	20.8	83.2
主柱	2	主筋	$\phi12$	2300 / 200	3515	24	7.0	167.4
主柱	3	主筋	$\phi12$	2300 / 200	3795	4	11.3	45.0
主柱	4	箍筋	$\phi16$	504 / 504	2891	10	0.5	6.4
主柱	5	箍筋	$\phi16$	175 / 175	2262	10	0.5	5.0
底板	11	主筋	$\phi12$	300 / 2300	4050	16	3.6	57.2
底板	12	主筋	$\phi12$	300 / 2300	4050	16	3.6	57.2
底板	15	主筋	$\phi12$	2300	3050	16	2.7	43.0
底板	16	主筋	$\phi12$	2300	3050	16	2.7	43.0
底板	19	角筋	$\phi12$	749	1040	24	0.9	22.0
底板	20	架立筋	$\phi10$					15.0

混凝土 等级	混凝土 体积(m^3)	垫层 等级	垫层 体积(m^3)	钢材 等级	钢材 质量(kg)
C20	7.2	C10	1.0	Ⅰ级	544.4

基础根开尺寸

呼称高	a	b	c
15m	5030	5030	7113

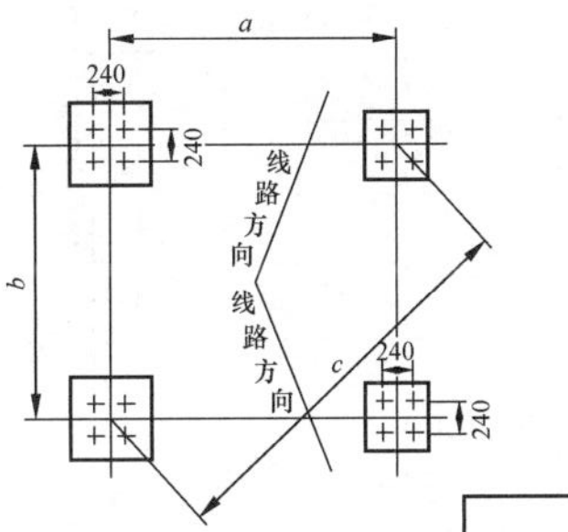

注：

1. 材料表中材料为每个基础的用量，一基塔基础应为两上拔及两下压基础。
2. 架立筋是指底板上下层钢筋网间的联接钢筋，形状可根据实际确定，均布。
3. 底板网筋、立柱箍筋均布。
4. 立塔完毕浇注混凝土保护帽0.3m。

				工程	施工图	设计阶段
审批		校核		基础施工图		
审定		设计				
审核		制图				
日期		比例		图号	序号	

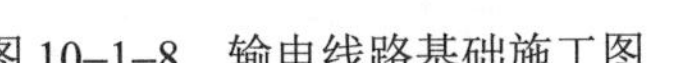

图 10-1-8　输电线路基础施工图

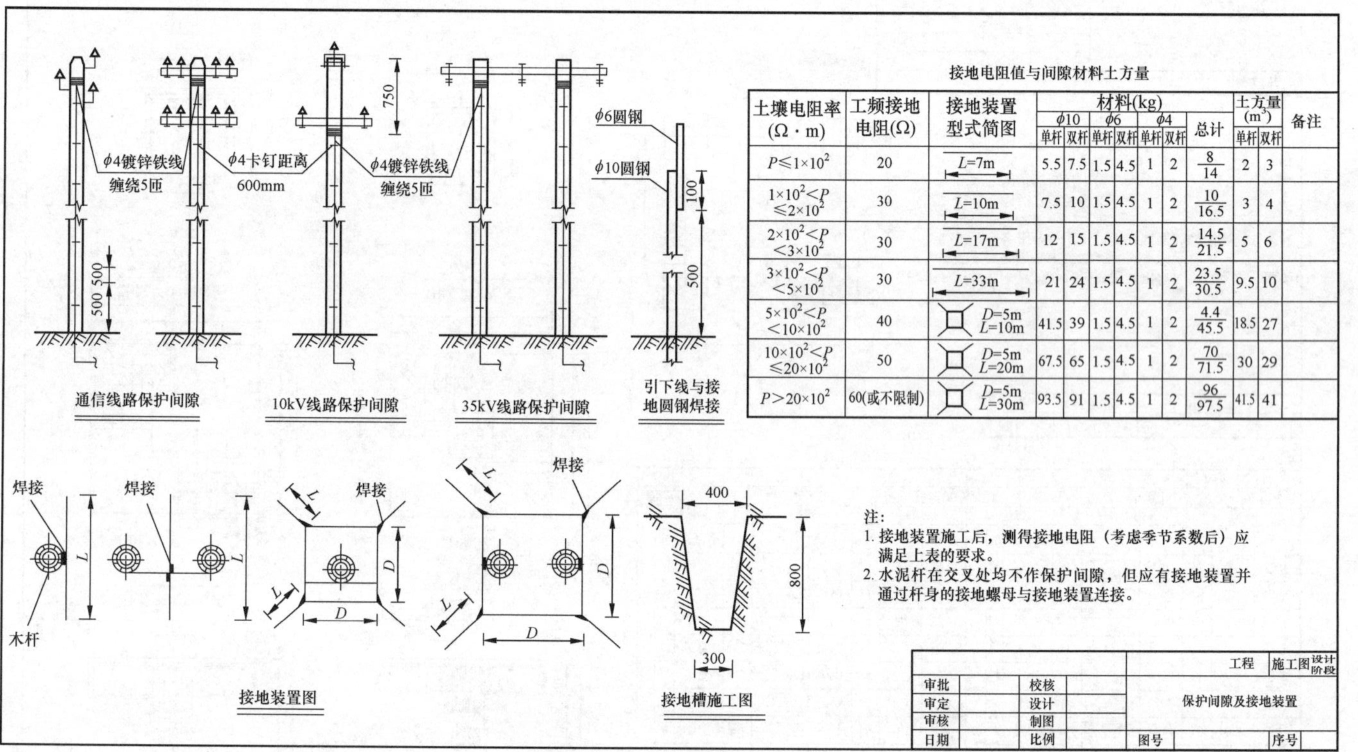

接地电阻值与间隙材料土方量

土壤电阻率(Ω·m)	工频接地电阻(Ω)	接地装置型式简图	材料(kg) φ10 单杆	φ10 双杆	φ6 单杆	φ6 双杆	φ4 单杆	φ4 双杆	总计	土方量(m^3) 单杆	双杆	备注
$P\leqslant1\times10^2$	20	L=7m	5.5	7.5	1.5	4.5	1	2	8/14	2	3	
$1\times10^2<P\leqslant2\times10^2$	30	L=10m	7.5	10	1.5	4.5	1	2	10/16.5	3	4	
$2\times10^2<P<3\times10^2$	30	L=17m	12	15	1.5	4.5	1	2	14.5/21.5	5	6	
$3\times10^2<P<5\times10^2$	30	L=33m	21	24	1.5	4.5	1	2	23.5/30.5	9.5	10	
$5\times10^2<P<10\times10^2$	40	D=5m L=10m	41.5	39	1.5	4.5	1	2	4.4/45.5	18.5	27	
$10\times10^2<P\leqslant20\times10^2$	50	D=5m L=20m	67.5	65	1.5	4.5	1	2	70/71.5	30	29	
$P>20\times10^2$	60(或不限制)	D=5m L=30m	93.5	91	1.5	4.5	1	2	96/97.5	41.5	41	

注：
1. 接地装置施工后，测得接地电阻（考虑季节系数后）应满足上表的要求。
2. 水泥杆在交叉处均不作保护间隙，但应有接地装置并通过杆身的接地螺母与接地装置连接。

图 10-1-9 通信保护施工图

（2）识读施工图应先看整体图后看局部图，先看文字说明后看图样，先看基本图后看详图，先看图形后看尺寸等依次仔细阅读，并应注意各图样之间的相互关系。

（3）由于施工图种类较多，识图时必须注意每张图纸上的直径、长度、深度、高度等使用单位，以免应用错误。

【思考与练习】

1. 施工图识图的目的是什么？
2. 施工图的作用有哪些？
3. 施工图的识图要点有哪些？

模块2 施工图图纸资料审查（Z05F7002Ⅱ）

【模块描述】本模块包含图纸审查、会检和技术交底。通过理论学习的方法培训学员竣工验收资料移交的详细内容及交接的步骤并通过现场实践进行巩固，使学员熟练掌握审查所包含的图纸资料种类、明细和各种图纸移交的要求。

【模块内容】

一、施工图纸审查、会检的目的

施工图纸审查、会检（简称会审）的目的使建设单位、施工单位、监理单位更充分理解设计意图，熟悉设计图纸，了解工程的技术特点，明确施工中应注意的事项，提出并解决图纸中影响施工、质量的问题及图纸的遗漏及差错，确保按照设计要求正确施工，按国家标准及规范要求的质量完成而组织相关部门的施工图纸审查交底会。

二、施工图纸会审的要求

（1）施工图是否符合国家现行的有关标准、规程和经济政策的相关规定。

（2）施工的技术设备条件能否满足设计要求；当采取特殊的施工技术措施时，现有的技术力量及现场条件有无困难，能否保证工程质量和安全施工的要求。

（3）有关特殊技术或新材料的要求，其品种、规格、数量能否满足需要及工艺规定要求。

（4）图纸的份数及说明是否齐全、清楚、明确，图纸上标注的尺寸、坐标、标高等其他项目有无遗漏和矛盾。

三、施工图纸会审前的准备

施工图纸会审是施工前期的主要技术工作之一，因此项目施工图会审前，监理单位和建设单位参加施工的相关人员必须认真看图、熟悉施工图，了解工程情况和图纸设计中的错误、矛盾、交代不清楚、设计不合理的地方，设计提供的特殊施工技术方案、措施是否符合现场情况和施工单位的设备、技术水平等问题，尽可能把这些问题及时提出来，使有关问题在施工作业之前得到解决。参与会审的运行单位人员应结合运行经验对施工图进行认真审查。

四、施工图纸会审时应审查的内容

（一）施工图总说明和附图

1. 施工图说明书

（1）对初步设计审查意见在施工设计中采纳或不采纳的说明。

（2）输电线路的路径选择是否符合 GB 50545—2010《110～750kV 架空输电线路设计规范》的规定，沿线地形、地质和交通情况介绍是否符合实际情况，特别是洪水冲刷区、不良地质区和采矿塌陷区等有无特别说明。

（3）输电线路所经路径气象条件选择是否按 GB 50545—2010 的规定，气象区段划分是否合适，特别是对重冰区、重污区、多雷区等微气象区划分是否与实际气象情况相符合。

（4）导线和避雷线是否按 GB 50545—2010 的规定选用，对不同覆冰区段和大跨越区段等有无特殊要求；导线、避雷线的防振措施考虑是否全面。

（5）绝缘子和金具的机械强度是否按 GB 50545—2010 的要求选用，对于个别情况有无特殊要求的说明。

（6）绝缘配合、防雷和接地。

1）绝缘配合：① 最小间隙设计应符合 GB 50545—2010 的要求，对不同海拔高度、不同风速、不同塔高的考虑是否全面。② 绝缘的防污设计是否依照审定的污秽区分布图所划定的污秽等级，选择合适的绝缘子型式和片数，外绝缘的有效泄漏比距是否满足电网污秽等级要求。③ 为便于带电作业，带电部分对杆塔接地部分的校验间隙，是否考虑人体活动范围距离。

2）防雷：① 防雷设计是否符合 GB 50545—2010 的要求。② 对不同雷电活动区域，不同电压等级的输电线路采取不同的防雷措施。③ 线路的耐雷水平是否满足新建线路相应雷区的规定要求。

3）接地：① 杆塔的接地设计是否按 GB 50545—2010 的要求，对不同土壤电阻率的地段分别考虑。② 对于土壤电阻率较高的地段，设计有无特殊的施工要求及相应的施工措施。

（7）杆塔。

1）杆塔的型式选择是否合适。

2）对于重冰区、大跨越等地段的杆塔选用是否合适，重冰区的耐张段是否符合减小冰灾倒塔危险的要求，档距严重不均匀处的杆塔是否改为耐张塔分段。

3）输电线路是否按跨越树竹林自然生长高度要求设计。

（8）导线布置。导线的排列方式是否结合线路走径，有否考虑重冰区导线舞动、大跨越等特殊情况。

（9）基础。杆塔基础型式的选择，是否符合线路沿线的地质，是否考虑施工条件等因素。对于特殊基础的设计有无特殊的施工要求。

（10）对地距离及交叉跨越。导线对地距离及交叉跨越距离是否符合 GB 50545—2010 的要求，是否按要求进行校验。

（11）附属设施。

1）是否考虑杆塔上的杆号牌、防鸟设施等固定标志设计。

2）高杆塔是否设计装设航行障碍标志。

3）杆塔上的通信设施有无特殊的设计、施工说明，有无相应的运行维护要求。

2. 附图

（1）线路走径图。

1）线路实际走径图与说明书所述是否一致。

2）走径图上线路通过地区相关政府的批示和印章。

（2）线路进出两端变电站平面图。进出两端变电站平面图上的相序与说明书所述是否一致，有无异常。

（3）杆塔一览图。与说明书所述杆塔型式是否一致，有无差异。

（4）线路相序图。

1）线路相序与两端变电站相序是否一致。

2）导线换位相序示意图是否正确。

（5）主要设备材料表。线路主要材料是否均已列出，其数量是否基本正确。

（二）断面图及杆塔明细表

1. 线路平断面图

（1）根据断面图的地形情况，审查图上杆塔位置是否满足运行要求。

（2）根据断面图的地形，审查导线对地和交叉跨越距离是否满足规程要求。

（3）根据平断面图上沿线路情况，审查线路的杆塔型式选择是否合适。

2. 杆塔明细表

（1）杆塔型式与断面图上有无差异。

（2）杆塔档距、耐张段长、规律档距和水平转角与断面图上有无差异。

（3）气象区划分与设计说明书上是否一致。

（4）铁塔基础图号是否标明。

（5）土壤电阻率和所使用的接地装置图号是否标明。

（6）导线绝缘子串使用图号和避雷线金具串使用图号及数量是否标明。

（7）线路的各种跨越是否均已在明细表上注明。

（8）线路的各种跨越物的搬迁、改建等措施是否在明细表上注明。

（三）机电安装图纸

1. 导线和避雷线应力特性及架线弧垂曲线

（1）进线档导线和避雷线应力特性及架线弧垂曲线表是否齐全。

（2）各种气象区段的导线和避雷线应力特性及架线弧垂曲线表是否齐全。

（3）曲线图上是否注明施工所需要的说明及施工观测弧垂计算公式。

2. 导线绝缘子串和避雷线金具组合图

（1）导线绝缘子串组合图。

1）核对绝缘子安装图号与杆塔明细表安装图号是否一致。

2）绝缘子串中的挂线金具与杆塔上相应的挂线孔是否匹配。

3）核对绝缘子串组合图的部件数量编号与材料表编号是否一致。

（2）避雷线金具组合图。

1）核对金具安装图号与杆塔明细表安装图号是否一致。

2）金具组合中的挂线金具与杆塔上相应的挂线孔是否匹配。

3）核对金具组合图的部件数量编号与材料表编号是否一致。

（3）耐张杆塔跳线。

1）小于 45°耐张跳线图：① 核对安装图号与杆塔明细表安装图号是否一致。② 核对跳线组合图的部件数量编号与材料表编号是否一致。③ 检查导线跳线安装图中的设计弧垂值是否满足设计规程要求。

2）上导线跳线及绝缘子串组合图：① 核对绝缘子串安装图号与杆塔明细表安装图号是否一致。② 绝缘子串中的挂线金具与杆塔上相应的挂线孔是否匹配。③ 核对绝缘子串组合图的部件数量编号与材料表编号是否一致。④ 检查导线跳线安装图中的设计弧垂值是否满足设计规程要求。

3）45°及以上杆塔外角跳线及绝缘子串组合图：① 核对安装图号与杆塔明细表安装图号是否一致。② 核对跳线组合图的部件数量编号与材料表编号是否一致。③ 检查导线跳线安装图中的设计弧垂值是否满足设计规程要求。

（4）对于大高差、大转角位置的杆塔，绝缘子串有无特殊连接措施，跳线连接有无特殊要求，其电气间隙能否满足规程要求。

3. 导线和避雷线防振锤（阻尼线）安装表

（1）防振锤安装表上有无安装说明。

（2）有无不同气象条件下的安装距离。

（3）有无安装示意图。

4. 间隔棒安装表

（1）间隔棒安装表上有无安装说明。

（2）不同气象条件下有无特殊安装要求。

5. 接地装置

（1）接地装置连接图的材料规格、数量是否正确齐全。

（2）杆塔接地装置图的材料规格、数量和埋设深度、长度是否正确齐全。

6. 换位图杆塔号与杆塔明细表中的换位杆塔号是否一致

（四）杆塔施工图

杆塔施工图审查的主要项目：检查杆塔安装图的数量是否齐全，杆塔安装图与相关联的设计应力是否一致，检查杆塔安装图有无差错。

1. 与杆塔安装图有关的设计图审查内容

（1）山区线路施工，应检查混凝土杆拉线及基坑位置地质是否稳定，如不能保证电杆运行和安装安全，应建议将混凝土杆换为铁塔，方便施工和运行。

（2）检查横担或避雷线支架加工图上的导线、避雷线挂线及跳线悬垂绝缘子串挂线孔与机电安装图上相应的金具是否匹配。

（3）检查杆塔安装图说明与说明书有无矛盾。

（4）检查杆塔安装图是首次使用还是已使用过，首次使用的图纸应了解有无特殊施工要求。

（5）检查混凝土杆安装图与预制的底、卡盘连接是否合适，特别应注意盘安装方位与电杆连接尺寸是否吻合。

2. 杆塔安装图审查内容

（1）核对杆塔图的部件数量与材料表是否一致，总装图材料表与部件图材料表是否一致。

（2）核对杆塔图上说明的技术要求与部件加工图是否一致。

（3）核对各部件间连接部位的尺寸是否正确，特别是横担加工图中的根开与电杆安装图的根开是否一致。

（4）核对各俯视图与正视图是否相配合。

（5）核对安装图上的编号与材料表编号是否相统一。

（6）拉线对带电部位的空气间隙能否满足设计规程要求。

（五）基础施工图

1. 与基础施工图相关联的设计图审查内容

（1）自立式铁塔基础的根开应与铁塔根开相统一。

（2）各种铁塔基础的顶部尺寸，即根开、地脚螺栓根开、地脚螺栓直径等是否与铁塔底座对应尺寸相匹配。

（3）检查地脚螺栓露出基础顶面高度能否满足螺帽拧紧后留有2～3扣的裕度。

（4）检查底、卡盘加工图的圆槽及抱箍圆弧的直径与混凝土杆下段相应部位的直径是否匹配。

（5）对于杆塔所配基础类型与设计提供的地质条件是否一致。

（6）设计采用新型基础，设计单位应提供新型基础试验报告。

（7）核对混凝土杆配置的三盘（底盘、拉盘、卡盘）与杆型结构图是否一致。

2. 基础施工图审查内容

（1）核对基础施工图的编号与材料表编号是否一致。

（2）核对基础施工图中所绘主筋、箍筋、地脚螺栓等的规格、数量、长度与材料表是否一致。

（3）核对每个基础的混凝土用量与材料表上所列是否正确无误。

（4）新型基础的施工，设计单位有无特殊说明。

（六）对通信线路的危险和干扰影响保护装置施工图

主要是审查设计对通信线路的危险和干扰影响保护的改造措施是否合理，措施是否满足通信要求。

五、施工图技术交底的目的

施工图技术交底，是由设计部门向参加审查的人员介绍该工程的设计依据和原则、设计范围和指导思想以及设计内容等，以及线路沿线的覆冰、污秽、雷电以及地质等情况。设计单位对设计情况、施工注意事项进行详细介绍和交底，并针对不同气象条件和地质情况，着重对重冰区、大跨越、雷电活动频繁区段等的施工技术和安全生产进行技术交底。

六、施工图技术交底的要求

（1）对施工图进行全面的技术交底。

（2）对特殊区段的设计情况进行详细介绍，并对施工技术和安全生产进行技术交底。

（3）对于施工时的注意事项逐个进行技术和安全交底。

七、施工图技术交底的内容

（一）施工图总说明书及附图

1. 施工图设计编制依据及范围

（1）编制依据：是按初步设计和初步设计审核意见及其他有关文件进行编写。

（2）设计范围：说明工程设计范围，包括全部或部分线路本体设计，对通信和信号线路的危险和干扰影响的保护设计等。

2. 工程技术特性

（1）工程概况：包括送电线路的名称、起讫点、电压等级、线路长度、路径曲折系数、转角次数、沿线地形、地貌及交叉跨越情况等。

（2）设计气象条件：包括最高气温、最低气温、最大风速、覆冰厚度、安装情况、平均气温、雷电过电压、操作过电压等组合的气温、风速、冰厚情况等。

（3）导线和地线：说明导线和地线的型号，导线分裂根数及排列方式，设计安全系数，最大使用应力，平均运行应力；导线和地线的换位方式、换位次数及长度；导线和地线的防振措施等情况。

（4）绝缘配合。

1）导线用绝缘子：说明一般地区、高海拔地区、大跨越区段、污秽地区的直线和耐张及跳线绝缘子串用的绝缘子型式和片数；绝缘子是否按其特性使用在多雷区、清洁区和重污区分别采用，杜绝整条线路数十公里、山区、平地或重污区使用同一类型绝缘子。

2）地线用绝缘子：说明直线和耐张绝缘子串用的绝缘子型式和片数，瓷绝缘子必须采用双联悬挂。

3）空气间隙：说明工频电压、雷电过电压、操作过电压在不同海拔高度时的空气间隙和相应的设计风速，带电检修间隙及防雷保护角。

4）接地电阻：说明不同土壤电阻率的防雷接地方式及要求的接地电阻值。

5）导线和地线的防振：说明导线和地线采用的防振措施。

6）导线和地线的换位：说明送电线路换位方式、换位次数及长度等。

7）线路金具：说明导线和地线采用的悬式和耐张金具组合情况。

8）杆塔使用情况：说明采用杆塔的型式、呼称高、转角度数、水平档距、垂直档距和全线各型杆塔使用基数。

9）基础使用情况：说明采用基础的型式，单基基础的钢材、混凝土的数量及质量，土（石）方量。

（二）线路平、断面图和杆塔明细表

1. 平断面图

对于图上大跨越、河流等地段的杆塔位置安放、杆塔的选型进行详细说明，对这些杆塔的施工是否有特殊施工要求。

2. 塔位明细表

说明明细表中未列项目的原因，未列部分是否有独立图纸介绍。

3. 交叉跨越

对于明细表中需迁改或改造的跨越物，进行改迁或改造的详细原因介绍，并对施工提出相应要求。

（三）机电安装图及说明

1. 架线施工说明

（1）导线架设。

1）说明不同区段采用的各种导线型号，并附架线弧垂曲线。

2）说明在有放松导线张力的耐张段时，另附放松张力的架线弧垂曲线。

3）说明线路经过高差较大的山区并有连续上、下山时，为使绝缘子串在杆塔上不偏移，需要对导线弧垂及线长进行调整后安装线夹。

4）对进出发电厂或变电站的孤立档距和在线路中间出现较小的孤立档距，导线施工的要求。

5）对承力杆塔的跳线，是否按每基杆塔所处条件提供计算跳线弧垂及线长，有否提供跳线连接金具相应规格螺栓的标准扭矩值。

（2）地线架设。

1）说明采用的地线型式，并附地线的架线弧垂曲线。

2）说明采用良导体地线和光纤复合架空地线（OPGW）的架设方式和接地要求。

3）说明对地线孤立档距的架设要求。

4）当导线需要放松张力，也需将相应避雷线放松张力时，对此进行施工要求说明，并附有避雷线放松张力的架线弧垂曲线。

（3）导线和绝缘避雷线换位。

1）说明导线和地线的换位方式、全线换位长度及次数，附换位施工图及两端变电站的相序情况。

2）当采用构架换位或耐张换位时，要附图说明相位关系和各带电体距离要求。

3）当采用直线换位时，要说明确定横担布置方向及杆塔位移尺寸。

（4）防振措施。说明按照送电线路振动情况，确定导线和地线的防振措施，提出对防振元件的安装要求。

（5）放线和紧线。

1）介绍导线和避雷线放线和紧线的保护措施及施工要求。

2）说明采用直线杆塔作为临时锚线时，观测弧垂对绝缘子串的要求。

3）导线对地距离和交叉跨越距离，应符合有关规定，提出对交叉跨越距离和保护要求。

4）对大档距的施工，要求在紧完线后，尽早安装线夹和采取防振措施，防止导线和避雷线损伤。

2. 金具施工图及说明

（1）施工说明。

1）各种金具要取得生产厂家的合格证书，施工单位要按照施工图设计的要求进行检查和试组装。

2）导线和地线用的耐张线夹和直线压接管，应按有关规定进行压接试验，满足抗拉强度和电气性能的要求。

3）对新产品，要绘出外形尺寸、性能要求的设计图纸，并提出质量保证措施。

4）绝缘子串及金具的设计，除按常规施工方法进行施工外，均需编定施工说明。

（2）绝缘子串安装说明。

1）悬垂绝缘子串：除单导线按常规安装绝缘子串外，对各种分裂导线采用的下垂式线夹、上扛式线夹及其他型式线夹，均应说明安装工序及其要求。对防晕金具的螺栓、销子等安装应提出防电晕要求。悬垂双联串路有否弥补污耐压比单串下降的技术措施和方法。

2）耐张绝缘子串：除按一般常规绝缘子串施工安装外，对屏蔽环、均压环、跳线等施工，应提出质量保证措施。

（3）地线安装说明。除按常规安装施工外，还要说明绝缘子放电间隙的安装方向及其他事项。

（4）间隔棒安装说明。说明采用间隔棒的型式、性能、使用范围及其安装要求。

（5）铝包带缠绕要求。要求在导线用悬垂线夹、螺栓型耐张线夹、防振锤夹头处缠铝包带，说明在不同电压等级线路上，导线上缠绕的铝包带范围与线夹宽度有关。

3. 接地装置施工图及说明

（1）是否在杆塔位明细表中注明每基杆塔的接地装置型式。

（2）当接地装置埋设好后，施工单位需实测工频电阻值，查看是否符合设计要求值。

（3）说明在岩石地区，接地体的施工要保持接地槽的土体及其他安全运行的措施。

（4）说明杆塔接地体与地下电缆、管道等的距离，施工必须满足规定的要求。

（5）对严重腐蚀地区的接地装置，必须按设计要求采取防腐蚀措施。

（四）杆塔施工图及说明

1. 杆塔施工说明

（1）说明杆塔施工及验收，要遵守的规定。

（2）说明杆塔组装、起吊时，允许起吊点的位置。

（3）说明当杆塔采用不对称结构需要施工预偏时，确定预偏的方向和数值。

（4）说明在锚塔、紧线塔设置临时拉线时，要对临时拉线在杆塔上的连接点、对地夹角、平衡张力等提出要求。

（5）在直线杆塔上架设导线和地线时，应说明允许的起吊方法。

（6）新旧线路连接或特殊受力的杆塔，说明在施工中应满足的杆塔受力条件及有关事项。

2. 杆塔图纸说明

对直线杆塔、耐张杆塔、转角杆塔、跨越杆塔、换位杆塔、终端杆塔等分别进行说明。

（五）基础施工图

1. 基础施工说明

（1）说明基础施工及验收要遵守的规定。

（2）说明施工基面的含义，并绘出示意图，以便达到正确的施工。

（3）说明拉线杆塔的主柱基础和拉线基础施工基面不在同一标高时，确定拉线根开的原则。

（4）为保护基础当采用护坡、挡墙和挖排水沟等措施时，应说明确定的杆塔号和处理方式，并附有处理简图。

（5）对有地下水的基础，需说明采取的防水措施和对基础垫层的要求。

（6）对于采用爆扩桩基础，灌注桩基础、岩石基础及掏挖基础等，要说明在施工中应遵守的事项及严格的质量要求。

（7）当基础位于有腐蚀性土壤和地下水时，要说明对基础及构件的防腐措施和要求。

（8）当塔脚和基础采用地脚螺栓连接时，要说明对浇制保护帽的要求。

（9）对严寒地区的沼泽地和地下水位高的地段，要说明采用杆塔基础的防冻胀措施及施工要求。

（10）对大孔性土壤、流沙、淤泥、沙漠、滚石和溶洞等地区的基础要说明在施工中处理的措施和要求。

（11）说明对受水淹没或冲刷基础的防护设计及要求。

（12）当采用新的基础型式时，应编写研究试验报告，得出使用的结论。

2. 基础图纸说明

对于直线杆塔基础、非直线塔基础、大跨越杆塔基础和特殊杆塔基础等，分别进行设计说明。

（六）大跨越设计施工图及说明

1. 机电施工图说明

（1）大跨越概况。说明送电线路大跨越的地点、地形、地势、河流宽度及变化情况，交通运输情况，设计档距、塔高、耐张段长度和塔位的地质、水文等情况。

（2）导线和地线的特性及架线弧垂。说明导线和地线的机电特性以及导线和避雷线的力学特性曲线和架线弧垂曲线，并要求架设时必须按当时气温进行计算。

（3）跳线施工图。对跨越耐张或转角塔，施工时应按绘制的跳线施工图，进行复核计算跳线弧垂和线长。

（4）绝缘子串及金具。由于大跨越导线、避雷线和绝缘子串荷载大，所以要求具有高强度的绝缘子串及金具。由于杆塔高，需要增加绝缘子片数等，所以需编写施工工艺流程，并按流程操作。

（5）接地装置。因大跨越设计接地电阻值要求比较低，而接地装置施工图与一般线路设计相同，所以施工时必须严格要求。

（6）高塔照明灯。为了空中航行安全，杆塔达到一定高度时，按航空单位要求，必须在杆塔上装设夜间用的航空安全灯或在下部装设夜间防空标志灯，所以要求施工时执行安装施工图。

（7）导线和地线的防振。说明导线和地线的防振措施和要求。由于大跨越振动比一般线路严重，通常采取联合防振措施，施工时按绘出施工安装图施工。

（8）导线和地线的接续。为了大跨越的安全要求，在档距内不许有接头。在耐张或转角塔上的连接也要采取加强安全的措施。

2. 杆塔施工图及说明

杆塔设计施工图的内容和要求与一般杆塔设计基本相同。不同的是杆塔高，高空风速大，覆冰厚度增加，荷载条件大，一般设有爬梯，需编写详细的施工说明。

3. 基础施工图及说明

基础设计施工图的内容和要求，与一般基础设计相同，不同的是基础作用力大。一般来说，地质条件差，采用灌注桩基础较多；良好的地质条件，也要用庞大的浇制基础并应编写严格的质量要求和施工说明。

（七）通信保护施工图及说明

用线路终勘后的路径位置、单相短路电流、大地电导率、线路电气参数等来计算通信线路、信号线路、广播线路的危险和干扰影响，确定保护措施，并说明保护措施的原则。

【思考与练习】

1. 施工图审查的目的是什么？
2. 施工图审查的要求有哪些？
3. 施工图审查前的准备工作有哪些？
4. 施工图交底的目的是什么？
5. 施工图交底的要求有哪些？

◢ 模块3 输电线路生产准备（Z05F7003Ⅲ）

【模块描述】本模块包含输电线路新投运设备生产准备实施方案的相关内容，通过典型生产准备方案范例的学习，使学员针对新投运设备能编写出可行的生产准备实施方案。

【模块内容】

一、生产准备工作的主要任务

（1）确定组织机构的设置及人员配备方案。

（2）参加新建输电工程项目的初步设计审查、线路路径选择等工作。

（3）参加新建线路主要装置性材料的选型工作，包括招标、评标工作。

（4）适时选派生产骨干进驻工程现场，跟踪了解工程进度和工程质量。

（5）根据工程需要，参加主要设备的入厂监造和出厂验收。

（6）制订各类生产人员的培训计划并组织实施。

（7）配备生产必需的各类工器具和备品备件。

（8）制定现场运行规程和有关生产管理制度。

（9）参加工程的阶段验收和竣工验收。

（10）参加工程的启动试运行工作。

（11）工程资料的接收和归档工作。

二、生产准备工作的具体要求

1. 组织机构及人员配备

（1）新建线路的组织机构设置应符合精简高效的要求。部门和班组的设置应合理，各职能部门和生产班组应有清晰的职责分工。

（2）生产单位应在新建线路投运前一年完成其组织机构的建立及人员配备工作，负责各项生产准备工作的组织和实施，并明确检修负责单位和人员参与生产准备的有关工作。

（3）新建线路应按国家电网公司《供电企业劳动定员标准》核定生产运行定员人数。及时熟悉设备，进行现场培训，配合做好各项生产准备工作。

2. 生产单位应选派具有一定工作经验和专业技术水平的人员参加线路路径选择、初步设计审查和设备招标、评标工作

3. 工程建设过程中的质量跟踪与工作配合

（1）工程建设单位应根据工程进度提前向生产单位提供一套完整的施工图纸、设计变更文件、设备说明书等设计技术资料，以便生产准备人员及时了解工程施工情况

和设备性能。

（2）生产单位要参与施工图纸设计交底，提出改进意见。

（3）工程建设单位应提前向生产单位提供工程施工进度计划，以方便生产单位适时介入，进行各项生产准备工作或有关配合工作。

（4）生产单位应主动向施工单位和监理公司了解工程实际进度，及时参与配合输电线路的终勘、定位、基础工程、杆塔组立、架线施工等主要环节的工作。

（5）在工程建设的各主要阶段和主要环节，生产单位均应派人到现场，跟踪了解工程建设的质量情况，对施工过程中发生的质量问题应做好记录，及时提请监理单位注意，同时向项目建设单位反映，必要时向省公司生产运营部报告。

4. 工程的竣工验收和启动试运行

（1）生产单位应按《110kV及以上送变电工程启动及竣工验收规程》的规定，认真做好工程的竣工验收和启动试运行工作。

（2）输电工程建设完工后，由工程建设单位组织监理单位、设计单位、施工单位和生产运行单位对工程进行预验收。对验收中发现的问题，生产单位应及时提请工程建设单位组织监理、设计、施工单位处理。对有争议的问题，由各单位协商解决。

（3）工程预验收中发现的问题组织消缺完毕后，工程建设单位、监理单位、施工单位和设计单位应配合生产单位对工程进行交接验收。

（4）生产单位应及时组织生产技术管理部门、输电线路生产管理部门、项目管理部门、施工部门对工程进行竣工验收，要制订全面、具体的竣工验收大纲，分组进行验收；要对出厂资料、试验资料、图纸、现场设备、备品备件、工器具等进行全面验收，不留死角，全部验收合格后办理交接手续。对验收中发现的问题，提请工程建设单位组织有关单位及时处理。

（5）生产单位、施工部门应根据启动验收委员会要求，做好操作、抢修和通信保障工作。

（6）生产单位应参加验收大纲的编制和审定工作，并参与调试方案审核。在启动前，生产单位应组织运行人员对启动方案进行学习。

（7）启动投运后，工程建设单位应将竣工图纸、试验报告等有关工程档案资料在三个月内移交生产单位归档。

5. 规程和制度

（1）生产单位应按规定制订和配齐必要的生产管理制度、有关调度规程、现场运行规程及运行台账、记录等。

输电线路投运前，线路运行单位应配备下列规程、制度：

1）电力安全工作规程（电力线路部分）。

2）电力安全工作规程（热力机械部分）。

3）电业生产事故调查规程。

4）110～500kV 架空送电线路设计规程。

5）110～750kV 架空输电线路施工及验收规范。

6）交流电气装置的过电压保护和绝缘配合。

7）交流电气装置的接地。

8）电力设施保护条例及实施细则。

9）架空送电线路专业生产工作管理制度。

10）带电作业技术管理制度。

11）电业生产人员培训制度。

12）架空送电线路运行规程。

13）现场规程。

（2）新建线路的现场运行规程的制订和审批工作，必须在工程投运前一个月完成。现场运行规程应由生产技术管理部门组织编写，并组织检修、调度、安装调试等单位有关人员会审后交本单位主管生产的领导或总工程师批准颁发执行。

（3）调度单位应会同生产单位在投运前完成变电站和线路的命名及变电站设备的命名编号工作，需要上级调度部门下达或批复的，及早提请下达或批复。生产运行部门应确保在投运前及时完成有关标志牌、警示牌的制作和挂牌工作，并要核对正确，确保无错误及遗漏。

6. 人员培训

（1）生产单位应制订系统的培训计划并认真组织实施。工程启动试运行前必须完成生产运行维护人员的上岗培训和考核工作。

（2）生产单位在安排生产人员培训时，根据需要，可专门集中一段时间，进行业务技术培训和政治思想教育，包括劳动纪律教育、安全教育、法制教育和职业道德教育。

（3）对采用新设备、新技术的输电工程，生产单位应有重点地组织有关生产人员集中培训和学习，邀请工程技术人员或厂方讲课，熟悉设备的结构、原理和技术性能，以及安装调试方法与运行、检修要求。对重点岗位、重点专业应结合工程情况择优选派骨干人员到制造厂家接受专业技术培训。工程建设单位应在设备采购合同中明确供货商的培训责任和方式等内容。

7. 备品备件和工器具

（1）生产单位应在工程建设过程中及时接收和保管好建设单位移交的专用工器具及备品备件，填写好移交清单，并按要求妥善保管。各备件清单上必须有规格、应用主设备等详细内容，以方便今后调用。

（2）工程启动试运行前，生产单位必须配备足够数量的备品备件和必需的工器具。

（3）检修和试验用工器具，原则上按规定从生产准备费中列支解决，不足部分可视工程具体情况由生产单位筹措费用配置。

三、生产准备费用的使用和管理

（1）新建输电工程按有关规定计列生产准备费，主要用于职工宿舍及室外工程、生活福利工程征地，运行维护、检修工器具和试验仪器、仪表的购置，车辆的购置，办公、生产及生活家具购置，生产职工培训及提前进场，标示牌制作和安装等生产准备项目。

（2）生产准备费由生产单位按规定的内容使用，不得挪作他用。

四、输变电工程生产准备验收规范表

输变电工程生产准备验收规范表（线路部分）见表 10–3–1。

表 10–3–1　输电工程生产准备验收规范表

序号	工序	检验项目	标准	验收结论
1	公共部分	人员配备、培训	配备了人员并培训、考试合格，有记录	
2		设备台账	齐全、参数准确、单元划分正确	
3		图纸资料等	齐全	
4		设备投运前评价	评价准确、符合投运要求	
5		现场运行规程	内容齐全正确，并经审核、总工程师批准	
6		设备备品、备件	台账详细、摆放整齐	
7	线路部分	杆塔杆号牌	齐全、准确，位置正确、规范	
8		线路相位牌		
9		线路色标牌		
10		线路安全警示牌		
11		安全工器具	设施器具齐全、检测合格，数量充足、放置位置正确、整齐	
12		生产工器具	合格、齐全、充足、摆放整齐	
13		巡视路线标志	科学合理、醒目	
14		安全警示牌	限 DL/T 5168—2002 高、安全距离、禁止烟火等警示	

续表

序号	工序	检验项目	标准	验收结论
15		办公、通信、MIS设备	齐全、完善、畅通	
总体评价				
整改意见				

【思考与练习】

1. 生产准备工作的主要任务是什么？
2. 新线路的现场运行规程的制订和审批工作的时间有什么要求？
3. 运行人员需要进行哪些培训？

国家电网有限公司

技能人员专业培训教材

输电线路运检（220kV及以下）

下册

国家电网有限公司　组编

图书在版编目（CIP）数据

输电线路运检：220kV 及以下：全 2 册 / 国家电网有限公司组编. 一北京：中国电力出版社，2020.8（2024.10 重印）

国家电网有限公司技能人员专业培训教材

ISBN 978-7-5198-4451-6

Ⅰ. ①输… Ⅱ. ①国… Ⅲ. ①输配电线路运行–检修–技术培训–教材 Ⅳ. ①TM732

中国版本图书馆 CIP 数据核字（2020）第 040815 号

出版发行：中国电力出版社
地　　址：北京市东城区北京站西街 19 号（邮政编码 100005）
网　　址：http://www.cepp.sgcc.com.cn
责任编辑：赵　杨（010-63412287）
责任校对：黄　蓓　闫秀英　朱丽芳
装帧设计：郝晓燕　赵姗姗
责任印制：石　雷

印　　刷：廊坊市文峰档案印务有限公司
版　　次：2020 年 8 月第一版
印　　次：2024 年10月北京第三次印刷
开　　本：710 毫米×980 毫米　16 开本
印　　张：75.5
字　　数：1457 千字
印　　数：2501—3000 册
定　　价：228.00 元（上、下册）

本书编委会

前　言

为贯彻落实国家终身职业技能培训要求，全面加强国家电网有限公司新时代高技能人才队伍建设工作，有效提升技能人员岗位能力培训工作的针对性、有效性和规范性，加快建设一支纪律严明、素质优良、技艺精湛的高技能人才队伍，为建设具有中国特色国际领先的能源互联网企业提供强有力人才支撑，国家电网有限公司人力资源部组织公司系统技术技能专家，在《国家电网公司生产技能人员职业能力培训专用教材》（2010 年版）基础上，结合新理论、新技术、新方法、新设备，采用模块化结构，修编完成覆盖输电、变电、配电、营销、调度等 50 余个专业的培训教材。

本套专业培训教材是以各岗位小类的岗位能力培训规范为指导，以国家、行业及公司发布的法律法规、规章制度、规程规范、技术标准等为依据，以岗位能力提升、贴近工作实际为目的，以模块化教材为特点，语言简练、通俗易懂，专业术语完整准确，适用于培训教学、员工自学、资源开发等，也可作为相关大专院校教学参考书。

本书为《输电线路运检（220kV 及以下）》分册，共分为上下两册，由邢军、马骏、杜森、周健、王志明、李鸿泽、程登峰、曹爱民、战杰、李峥、马生坤编写。在出版过程中，参与编写和审定的专家们以高度的责任感和严谨的作风，几易其稿，多次修订才最终定稿。在本套培训教材即将出版之际，谨向所有参与和支持本书籍出版的专家表示衷心的感谢！

由于编写人员水平有限，书中难免有错误和不足之处，敬请广大读者批评指正。

目　录

上　册

第一部分　输电线路测量

第二部分　输电线路施工及验收

下　册

第三部分　输 电 线 路 运 行

第四部分　输电线路检修及应急处理

第五部分　输电线路生产管理系统

第六部分　输电运检规程规范

第三部分

输电线路运行

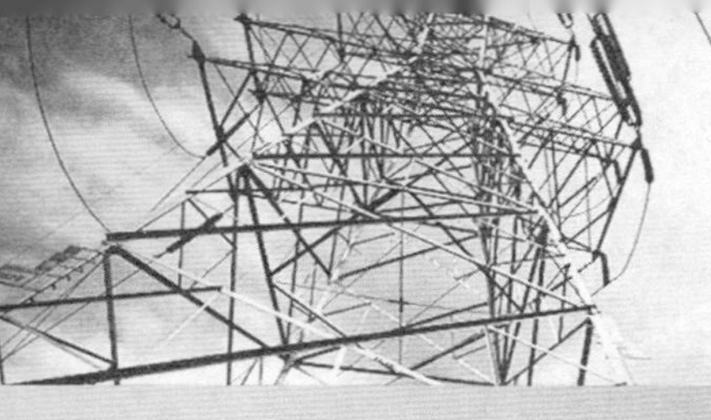

第十一章

输电线路的运行要求

模块 1　线路的运行要求（Z05G1001 Ⅰ）

【模块描述】本模块介绍导线、架空地线、绝缘子、金具、杆塔、基础、拉线、接地装置及附属设施等元件的运行要求。通过要点讲解、问题分析，掌握输电线路运行标准及要求。

【模块内容】

输电线路由杆塔、基础、拉线、导线、架空地线、绝缘子、金具、接地装置及附属设施等元件组成，部分元件在线路竣工验收中已按设计和规程要求检测和校核，有的缺陷现状已存在且已经过多年运行，其存在的缺陷也无扩大的趋势，如某直线塔的横担歪斜度已超标准要求的 1%，运行多年无发展趋势，且该横担也无法调整，因此运行单位对安全运行存在隐患的缺陷应重点关注和做好监控措施。

一、杆塔、基础和拉线的运行要求

1. 杆塔的运行要求

杆塔是输电线路的主要部件，用以支持导线和架空地线，且能在各种气象条件下，使导线对地和对其他建筑物、树木植物等有一定的最小允许距离，并使输电线路不间断地向用户供电。对杆塔的要求如下。

（1）杆塔的倾斜、杆（塔）顶挠度、横担的歪斜程度不超过表 11–1–1 规定的范围。

表 11–1–1　杆塔的倾斜、杆（塔）顶挠度、横担的歪斜程度最大允许值

类别	钢筋混凝土电杆	钢管杆	角钢塔	钢管塔
直线杆塔倾斜度（包括挠度）	1.5%	0.5%（倾斜度）	0.5%（50m 及以上高度铁塔） 1.0%（50m 以下高度铁塔）	0.5%
直线转角杆最大挠度		0.7%		
转角和终端杆 66kV 及以下最大挠度		1.5%		

续表

类别	钢筋混凝土电杆	钢管杆	角钢塔	钢管塔
转角和终端杆 110～220kV 最大挠度		2%		
杆塔横担歪斜度	1.0%		1.0%	0.5%

（2）转角、终端杆塔不应向受力侧倾斜，直线杆塔不应向重载侧倾斜，拉线杆塔的拉线点不应向受力侧或重载侧偏移。

（3）对铁塔的要求。

1）不准有缺件、变形（包括爬梯）和严重锈蚀等情况发生。镀锌铁塔一般每 3～5 年要求检查一次锈蚀情况。

2）铁塔主材相邻结点弯曲度不得超过 0.2%，保护帽的混凝土应与塔角板上部铁板结合紧密，不得有裂纹。

3）铁塔基准面以上两个段号高度塔材连接应采用防卸螺母（铁塔地面 8m 以下必须进行防盗）。

（4）对钢筋混凝土电杆的要求。

1）预应力钢筋混凝土杆不得有裂纹。普通钢筋混凝土杆保护层不得腐蚀、脱落、钢筋外露、酥松和杆内积水等现象，纵向裂纹的宽度不超过 0.1mm，长度不超过 1m，横向裂纹宽度不得超过 0.2mm，长度不超过圆周的 1/2，每米内不得多余三条。

2）对钢筋混凝土电杆上端应封堵，放水孔应打通。如果已发生上述缺陷不超过下列范围时可以进行补修：① 在一个构件上只允许露出一根主筋，深度不得超过主筋直径的 1/3，长度不得超过 300mm。② 在一个构件上只允许露出一圈钢箍，其长度不得超过 1/3 周长。③ 在一个钢圈或法兰盘附近只允许有一处混凝土脱落和露筋，其深度不得超过主筋直径的 1/3，宽度不得超过 20mm，长度不得超过 100mm（周长）。④ 在一个构件内，表面上的混凝土坍落不得多于两处，其深度不得超过 25mm。

（5）杆塔标志的要求。

1）线路的杆塔上必须有线路名称、杆塔编号、相位以及必要的安全、保护等标志，同塔双回、多回线路塔身和各相横担应有醒目的标识，确保其完好无损和防止误入带电侧横担。

2）高杆塔按设计规定装设的航行障碍标志。

3）路边或其他易遭受外力破坏地段的杆塔上或周围应加装警示牌。

2. 基础的运行要求

杆塔基础是指建筑在土壤里面的杆塔地下部分，其作用是防止杆塔因受垂直荷载，水平荷载及事故荷载等产生的上拔、下压甚至倾倒。杆塔基础运行要求如下。

（1）不应有基础表面水泥脱落、钢筋外露（装配式、插入式）、基础锈蚀、基础周围保护土层流失、凸起、塌陷（下沉）等现象。

（2）基础边坡保护距离应满足设计规定要求。

（3）对杆塔的基础，除根据荷载和地质条件确定其经济、合理的埋深外，还须考虑水流对基础土的冲刷作用和基本的冻胀影响；埋置在土中的基础，其埋深应大于土壤冻结深度，且应不小于 0.6m。

（4）对混凝土杆根部进行检查时，杆根不应出现裂纹、剥落、露筋等缺陷。

（5）杆根回填土一定要夯实，并应培出一个高出地面 300～500mm 的土台。

（6）铁塔基础大部分是混凝土浇制的基础，要求不应有裂开、损伤、酥松等现象。一般情况，基础面应高出地面 200mm。

（7）处在道路两侧地段的杆塔或拉线基础等应安装有防撞措施和反光漆警示标识。

（8）杆塔、拉线周围保护区不得有挖土失去覆盖土壤层或平整土地掩埋金属件现象。

3. 拉线的运行要求

拉线的主要作用加强杆塔的强度，确保杆塔的稳定性，同时承担外部荷载的作用力。拉线的运行要求如下。

（1）拉线一般应采用镀锌钢绞线，钢绞线的截面积不得小于 35mm^2。拉线与杆塔的夹角一般采用 45°，如受地形限制可适当减少，但不应小于 30°。

（2）拉线不得有锈蚀、松劲、断股、张力分配不均等现象。

（3）拉线金具及调整金具不应有变形、裂纹、被拆卸或缺少螺栓和锈蚀。

（4）拉线棒直径比设计值大 2～4mm，且直径不应小于 16mm。根据地区不同，每五年对拉线地下部分的锈蚀情况做一次检查和防锈处理。

（5）检查拉线应无下列缺陷情况。

1）镀锌钢绞线拉线断股，镀锌层锈蚀、脱落。

2）利用杆塔拉线作起重牵引地锚，在杆塔拉线上拴牲畜，悬挂物件。

3）拉线基础周围取土、打桩、钻探、开挖或倾倒酸、碱、盐及其他有害化学物品。

4）在杆塔内（不含杆塔与杆塔之间）或杆塔与拉线之间修建车道。

5）拉线的基础变异，周围土壤突起或沉陷等现象。

（6）X 拉线交叉处应有空隙，不得有交叉处两拉线压住或碰撞摩擦现象。

二、导线与架空地线的运行要求

导线是输电线路上的主要元件之一，它的作用是从发电厂或变电站向各用户输送电能（主要包括汇集和分配电能）。导线不仅通过电流，同时还承受机械荷载。

架空地线又称避雷线，它架设在导线的上方，其作用是保护导线不受直接雷击。

1. 导线间的水平距离

正常状态，电力线路在风速和风向都一定的情况下，每根导线都同样地摆动着。但在风向，特别是风速随时都在变化的情况下，如果线路的线间距离过小，则在档距中央导线间会过于接近，因而发生放电甚至短路。

对 1000m 及其以下的档距，其水平线间距离可由式（11–1–1）决定

$$D=0.4L_k+U_n/110+0.65\sqrt{f} \tag{11–1–1}$$

式中　D——水平线间距离，m；

L_k——悬垂绝缘子串长，m；

U_n——线路额定电压，kV；

f——导线最大弧垂，m。

一般情况下，使用悬垂绝缘子串的杆塔，其水平距离与档距的关系，可采用表 11–1–2 所列的数值。

表 11–1–2　　使用悬垂绝缘子串的杆塔，其水平距离与档距的关系

水平线间距离（m）		3.5	4	4.5	5	5.5	6	6.5	7	7.5	8	8.5	10	11
标称电压（kV）	110	300	375	450										
	220	—	—	—	—	440	525	615	700					

注　表中数值不适用于覆冰厚度 15mm 及以上的地区。

2. 导线垂直排列垂直距离

导线垂直排列时，其线间距离（垂直距离）除了应考虑过电压绝缘距离外，还应考虑导线积雪和覆冰使导线下垂以及覆冰脱落时使导线跳跃的问题

导线垂直排列垂直距离可采用 $\frac{3}{4}D$。使用悬垂绝缘子串的杆塔，其垂直线间距离不得小于表 11–1–3 所列的数值。

表 11–1–3　　使用悬垂绝缘子串杆塔的最小垂直线间距离

标准电压（kV）	110	220	330	500
垂直线间距离（m）	3.5	5.5	7.5	10.0

导线三角排列的等效水平线间距离，宜按式（11–1–2）计算

$$D_x = \sqrt{D_p^2 + \left(\frac{4}{3}D_z\right)^2} \tag{11–1–2}$$

式中 D_x——导线三角排列时的等值水平线间距离，m；

D_p——导线水平投影距离，m；

D_z——导线垂直投影距离，m。

覆冰地区上下层相邻导线间或架空地线与相邻导线间的水平偏移，如无运行经验，不宜小于表 11–1–4 所列数值。

表 11–1–4　上下层相邻导线间或架空地线与相邻导线间的水平位移　m

标准电压（kV）	110	220	330	500
设计冰厚 10mm	0.5	1.0	1.5	1.75
设计冰厚 15mm	0.7	1.5	2.0	2.5

设计冰厚 5mm 地区，上下层相邻导线间或架空地线与相邻导线间的水平偏移，可根据运行经验适当减少。

在重冰区，导线应采用水平排列。架空地线与相邻导线间的水平偏移数值，宜较表 11–1–4 中“设计冰厚 15mm”栏内的数值至少增加 0.5m。

3. 导线的弧垂

导线架设在杆塔上，由于导线的自重及紧线的拉力，紧起后形成弧垂，如图 11–1–1 所示。图中的 f 称为导线的弧垂（或弛度），表示为：当导线悬挂点等高时，连接两悬挂点之间的水平线与导线最低点之间的垂直距离。

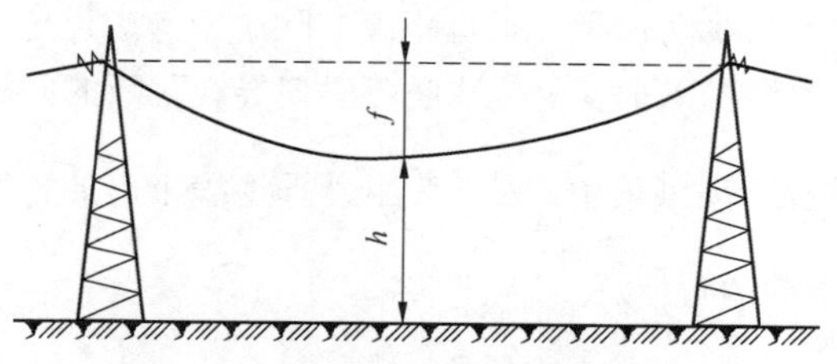

图 11–1–1　导线的弧垂和限距

弧垂的大小直接关系线路的安全运行。弧垂过小，导线受力增大，当张力超过导线许可应力时会造成断线；弧垂过大，导线对地距离过小而不符合要求，在有剧烈摆动时，可能引起线路短路。

弧垂大小和导线的质量、空气温度、导线的张力及线路档距等因素有关。导线自重越大，导线弧垂越大；温度高时弧垂增大；温度低时，弧垂缩小；导线张力越大，弧垂越小；线路档距越大，弧垂越大。

弧垂的大小和各因素的关系可用式（11–1–3）表示

$$f=\frac{gl^2}{8\sigma_0} \qquad (11-1-3)$$

式中 f——导线弧垂，m；

l——线路档距，m；

g——导线的比载，N/（m·mm²）。

$$\sigma_0=\frac{T_0}{A} \qquad (11-1-4)$$

式中 σ_0——导线最低点的应力，N/mm²；

T_0——导线最低点的张力，N；

A——导线的截面，mm²。

工程上根据式（11–1–3）和式（11–1–4）计算，制作了弧垂表。

4. 导线对地距离及交叉跨越

为了保证电力线路运行可靠，防止发生危险，因此规定了导线对地面或建筑物之间的距离 h，称为安全距离或限距，如图 11–1–1 所示。

在导线最大弧垂时，导线对地面最小允许距离见表 11–1–5。

表 11–1–5　导线对地面最小允许距离　m

地区类别	线路电压（kV）				
	66～110	220	330	500	750
居民区	7.0	7.5	8.5	14.0	20.0
非居民区	6.0	6.5	7.5	11.0（10.5）	16.0
交通困难地区	5.0	5.5	6.5	8.5	12.0

注　1. 居民区是指工业企业地区、港口、码头、火车站、城镇、村庄等人口密集地区，以及已有上述设施规划的地区。

2. 非居民区是指除上述居民区以外，虽然时常有人、车辆或农业机械到达，但未建房屋或房屋稀少的地区。500kV 线路对非居民区 11m 用于导线水平排列，10.5m 用于导线三角排列。

3. 交通困难地区是指车辆、农业机械不能到达的地区。

导线在最大风偏时，与房屋建筑的最近凸出部分间的距离，不应小于表 11–1–6

的数值。

表 11–1–6　　导线在最大风偏时和房屋建筑的允许距离　　m

线路电压（kV）	66～110	220	330	500	750
垂直距离	5.0	6.0	7.0	9.0	11.0
水平距离	4.0	5.0	6.0	8.5	10.0

线路经山区，导线距峭壁、突出斜坡、岩石等的距离不能小于表表 11–1–7 的数值。

表 11–1–7　　导线风偏时与突出物的允许距离　　m

线路经过地区	线路电压（kV）				
	66～110	220	330	500	750
步行可以到达的山坡	5.0	5.5	6.5	8.5	10.0
步行不能到达的山坡、峭壁和岩石	3.0	4.0	5.0	6.5	8.0

当架空输电线路与通信线、电车线、电话线、电力线或其他管索道交叉时，输电线路应从上方跨越。当输电线路互相交叉时，电压高的线路应在上方通过，其安全距离不应小于表 11–1–8 和表 11–1–9 的数值。

表 11–1–8　　输电线路与铁路、公路、电车道交叉或接近的安全距离基本要求　　m

项目		铁路		公路	电车道（有轨及无轨）	
导线或避雷线在跨越档内接头		不得接头		高速公路，一级公路不得接头	不得接头	
最小垂直距离（m）	线路电压（kV）	至轨顶	至承力索或接触线	至路面	至路面	至承力索或接触线
	66～110	7.5	3.0	7.0	10.0	3.0
	220	8.5	4.0	8.0	11.0	4.0

表 11–1–9　　输电线路与河流、弱电线路、电力线路、管道、索道交叉或接近的安全距离基本要求　　m

项目	通航河流	不通航河流	弱电线路	电力线路	管道	索道
导线或避雷线在跨越档内接头	不得接头	不限制	一级不得接头	220kV 及以上不得接头	不得接头	不得接头

续表

项目		通航河流		不通航河流		弱电线路	电力线路	管道	索道
最小垂直距离	线路电压（kV）	至5年一遇洪水位	至遇高航行水位最高船桅顶	至5年一遇洪水位	冬季至冰面	至被跨越线	至被跨越线	至管道任何部分	至索道任何部分
	66～110	6.0	2.0	3.0	6.0	3.0	3.0	4.0	3.0
	220	7.0	3.0	4.0	6.5	4.0	4.0	5.0	4.0

5. 导线、架空地线的连接

输电线路的每个耐张段长度均不相同，导线架设过程中，除少量作连引外，大部分在耐张杆塔处都采取断引的方式。此外，导线在制造时，每轴线都有一定的长度，所以在导线的架设当中，接头是不可避免的。导线在连接时，容易造成机械强度和电气性能的降低，因而带来某种缺陷。由于这种缺陷，经过长期运行，会发生故障，所以在线路施工时，应尽量减少不必要的接头。

导线和架空地线的接头质量非常重要，导线接头的机械强度不应低于原导线机械强度的 95%，导线接头处的电阻值或电压降值与等长度导线的电阻值或电压降值之比不得超过 1.0 倍。

6. 线路运行规程对导线与架空地线的要求

（1）导、架空地线线由于断股、损伤减少截面积的处理标准按表 11–1–10 的规定。作为运行线路，导线表面部分损伤较多，主要承力部分钢芯未受损伤时，可以采取补修方法，应避免将未损伤的承力钢芯剪断重接，而且补修后应达到原有导线的强度及导电能力。但当导线钢芯受损或导线铝股或铝合金股损伤严重，整体强度降低较大时应切断重压。

表 11–1–10　导线、架空地线断股、损伤造成强度损失或减少截面积的处理

线别	处理方法			
	金属单丝、预绞式补修条补修	预绞式护线条、普通补修管补修	加长型补修管、预绞式接续条	接续管、预绞丝接续条、接续管补强接续条
钢芯铝绞线 钢芯铝合金绞线	导线在同一处损伤导致强度损失未超过总拉断力的5%且截面积损伤未超过总导电部分截面积的 7%	导线在同一处损伤导致强度损失在总拉断力的 5%～17%，且截面积损伤在总导电部分截面积的 7%～25%	导线损伤范围导致强度损失在总拉断力的 17%～50%，且截面积损伤在总导电部分截面积的 25%～60%； 断股损伤截面超过总面积 25%切断重接	导线损伤范围导致强度损失在总拉断力的 50%以上，且截面积损伤在总导电部分截面积的 60%及以上

续表

线别	处理方法			
	金属单丝、预绞式补修条补修	预绞式护线条、普通补修管补修	加长型补修管、预绞式接续条	接续管、预绞丝接续条、接续管补强接续条
铝绞线 铝合金绞线	断损伤截面积不超过总面积的 7%	断股损伤截面积占总面积的 7%～25%； 断股损伤截面积占总面积的 7%～17%	断股损伤截面积占总面积的 25%～60%； 断股损伤截面积超过总面积的 17%切断重接	断股损伤截面积超过总面积的 60%及以上
镀锌钢绞线	19 股断 1 股	7 股断 1 股； 19 股断 2 股	7 股断 2 股； 19 股断 3 股切断重接	7 股断 2 股以上； 19 股断 3 股以上
OPGW	断损伤截面积不超过总面积的 7%（光纤单元未损伤）	断股损伤截面占面积的 7%～17%，光纤单元未损伤（修补管不适用）		

注 1. 钢芯铝绞线导线应未伤及钢芯，计算强度损失或总铝截面损伤时，按铝股的总拉断力和铝总截面积作基数进行计算。

2. 铝绞线、铝合金绞线导线计算损伤截面时，按导线的总截面积作基数进行计算。

3. 良导体架空地线按钢芯铝绞线计算强度损失和铝截面损失。

4. 如断股损伤减少截面虽达到切断重接的数值，但确认采用新型的修补方法能恢复到原来强度及载流能力时，亦可采用该补修方法进行处理，而不作切断重接处理。

（2）导线、架空地线表面腐蚀、外层脱落或呈疲劳状态时，应取样进行强度试验。若试验值小于原破坏值的 80%应换线。

（3）一般情况下设计弧垂允许偏差：110kV 及以下线路为+6%、–2.5%，220kV 及以上线路为+3.0%、2.5%。

（4）一般情况下各相间弧垂允许偏差最大值：110kV 及以下线路为 200mm，220kV 及以上线路为 300mm。

（5）相分裂导线同相子导线的弧垂允许偏差值：垂直排列双分裂导线为+100mm、0，其他排列形式分裂导线：220kV 为 80mm。垂直排列两子导线的间距宜不大于 600mm。

（6）导线的对地距离及交叉距离符合表 11–1–5～表 11–1–9 的要求。

（7）OPGW 接地引线不允许出现松动或对地放电。

在运行规程中弧垂允许偏差值是以验收规范的标准为基础，负误差没有放宽，正误差适当加大而提出的。对地距离及交叉跨越的标准是根据多年积累的运行经验以及《电力设施保护条例》《电力设施保护条例实施细则》中的规定提出的。

三、绝缘子与金具的运行要求

架空电力线路的导线，是利用绝缘子和金具连接固定在杆塔上的。用于导线与杆塔绝缘的绝缘子，在运行中不但要承受工作电压的作用，还要受到过电压的作用，同时还要承受机械力的作用及气温变化和周围环境的影响，所以绝缘子必须有良好的绝缘性能和一定的机械强度。

1. 对绝缘子的要求

（1）各类绝缘子出现下述情况时，应进行处理。

1）瓷质绝缘子伞裙破损、瓷质有裂纹、瓷釉烧坏。

2）玻璃绝缘子自爆或表面裂纹。

3）棒形及盘形复合绝缘子（伞裙、护套）破损或龟裂，断头密封开裂、老化；复合绝缘子憎水性降低到 HC5 及以下。

4）绝缘横担有严重结垢、裂纹，瓷釉烧坏、瓷质损坏、伞裙破损。

5）绝缘子偏斜角。

直线杆塔的绝缘子串顺线路方向的偏斜角（除设计要求的预偏外）大于 7.5°，且其最大偏移值大于 300mm，绝缘横担端部位移大于 100mm；双联悬垂串为弥补污耐压降低而采取“八字形”挂点除外。

（2）绝缘子质量不允许出现下述情况。

1）外观质量。绝缘子钢帽、绝缘件、钢脚不在同一轴线上，钢脚、钢帽、浇筑混凝土有裂纹、歪斜、变形或严重锈蚀，钢脚与钢帽槽口间隙超标。

2）盘型绝缘子绝缘电阻小于 500MΩ；且盘型瓷绝缘子分布电压为零或低值。

3）锁紧销脱落变形。

2. 对金具的要求

（1）金具质量。金具发生变形、锈蚀、烧伤、裂纹，金具连接处转动不灵活，磨损后的安全系数小于 2.0（即低于原值的 80%）时应予处理或更换。

（2）防振和均压金具。防振锤、阻尼线、间隔棒等防振金具发生位移，屏蔽环、均压环出现倾斜与松动时应予处理或更换。

（3）接续金具。跳线引流板或并沟线夹螺栓扭矩值小于相应规格螺栓的标准扭矩值；压接管外观鼓包、裂纹、烧伤、滑移或出口处断股、弯曲度不符合有关规程要求；跳线联板或并沟线夹处温度高于导线温度 10℃；接续金具过热变色；接续金具压接不实（有抽头或位移）现象，所有这些情况应予及时处理。

四、接地装置的运行要求

输电线路杆塔接地对电力系统的安全稳定运行至关重要，降低杆塔接地电阻是提高线路耐雷水平，减少线路雷击跳闸率的主要措施。

1. 接地装置的运行要求

（1）检测的工频接地电阻值（已按季节系数换算）不大于设计规定值，见表 11–1–11。

（2）多根接地引下线接地电阻值不出现明显差别。

（3）接地引下线不应出现断开或与接地体接触不良的现象。

（4）接地装置不应有外露或腐蚀严重的情况，即使被腐蚀后其导体截面积不低于原值的 80%。

（5）接地线埋深必须符合设计要求，接地钢筋周围必须回填泥土并夯实，以降低冲击接地电阻值。

表 11–1–11 水平接地体的季节系数

接地射线埋深（m）	季节系数	接地射线埋深（m）	季节系数
0.5	1.4～1.8	0.8～1.0	1.25～1.45

注 检测接地装置工频接地电阻时，如土壤较干燥，季节系数取较小值；土壤较潮湿时，季节系数取较大值。

国家电网公司《110（66）～500kV 架空输电线路运行规范》（2005 版）规定，接地电阻季节换算系数，在没有取得经验数据的情况下，可按月度换算，见表 11–1–12。

表 11–1–12 接地电阻月度季节换算系数表

测试月	2、3 月	4、9 月	5、6 月	7、8 月	10、11 月	1、12 月
系数	1.0	1.6	1.95	2.4	1.55	1.2

注 本表系参考原东北电管局《架空配电线路安装检修规程》并结合国外经验提出，仅作为推荐使用。

2. 杆塔接地装置的运行及维护

输电线路杆塔的接地装置，因运行环境恶劣，极易受到腐蚀和外力破坏，经对架空输电线路杆塔接地的多年追踪调查，发现输电线路的接地主要存在以下问题。

（1）腐蚀问题。容易发生腐蚀的部位如下：

1）接地引下线与水平或垂直接地体的连接处，由于腐蚀电位不同极易发生电化学腐蚀，有的甚至会形成电气上的开路。

2）接地线与杆塔的连接螺钉处，由于腐蚀、螺钉生锈，用表计测量，接触电阻非常高，有的甚至会形成电气上的开路。

3）接地引下线本身，由于所处位置比较潮湿，运行条件恶劣，运行中若没有按期进行必要的防腐保护，则腐蚀速度会较快，特别是运行十年以上的接地线，应开挖检测接地钢筋腐蚀和截面损失现象。

4）水平接地体本身，有的埋深不够，特别是一些山区的输电线路杆塔，由于地质基本为石层，或土层薄、埋深有的不足30cm，回填土又是用碎石回填，土中含氧量高，极容易发生吸氧腐蚀；在酸性土壤中的接地体容易发生吸氧腐蚀；在海边的接地体容易发生化学和电化学腐蚀。

（2）外力破坏问题。对于架空线路杆塔的接地装置，特别是接地线，外力破坏是一个需值得注意的问题，据对某110kV线路杆塔接地装置的调查，全线有60%的杆塔接地装置被破坏，如接地引下线被剪断、接地极被挖走等，对该线路的安全稳定运行造成了很大的影响。因而对输电线路的杆塔接地装置需定期巡视和维护，特别要注意以下几方面的巡视检查和维护工作。

1）定期巡视检查杆塔的接地引下线是否完好，如被破坏应及时修复，应定期进行防腐处理。

2）定期检查接地螺栓是否生锈，与接地线的连接是否完好，螺丝是否松动，应保证与接地线有可靠的电气接触。

3）检查接地装置是否遭到外力破坏，是否被雨水冲刷露出地面。并每隔五年开挖检查其腐蚀情况。

4）对杆塔接地装置的接地电阻进行周期性测量，检测方法必须符合辅助测量射线与杆塔人工敷设接地线 0.618 系数型式，检测得到的工频接地电阻应与季节系数换算后等同或小于设计值，若超标应及时改造。

五、附属设施的运行要求

（1）所有杆塔均应标明线路名称、杆塔编号、相位等标识；同塔多回线路杆塔上各相横担应有醒目的标识和线路名称、杆塔编号、相位等。

（2）标志牌和警告牌应清晰、正确，悬挂位置符合要求。

（3）线路的防雷设施（避雷器）试验符合规程要求，架空地线、耦合地线安装牢固，保护角满足要求。

（4）在线监测装置运行良好，能够正常发挥其监测作用。

（5）防舞防冰装置运行可靠。

（6）防盗防松设施齐全、完整，维护、检测符合出厂要求。

（7）防鸟设施安装牢固、可靠，充分发挥防鸟功能。

（8）光缆应无损坏、断裂、弧垂变化等现象。

【思考与练习】

1. 什么是杆塔基础？其功能是什么？
2. 什么是导线弧垂？其大小与哪些条件有关系？

3. 杆塔、基础和拉线的运行要求有哪些？
4. 导线和架空地线的运行要求有哪些？
5. 绝缘子和金具的运行要求有哪些？
6. 线路接地装置的运行要求有哪些？

第十二章

输电线路的巡视

◢ 模块 1 正常巡视（Z05G2001 Ⅰ）

【模块描述】本模块介绍线路正常巡视的目的、周期、流程和一般规定，巡视项目及要求，正常巡视和特殊区域中的危险点分析。通过要点讲解、流程介绍，掌握线路本体、辅助设施及外部环境状况，及时发现缺陷和威胁线路的隐患，为线路检修提供依据。

【模块内容】

架空输电线路的运行监视工作，主要采取巡视和检查的方法。通过巡视与检查，掌握线路运行状况及周围环境的变化，以便及时消除缺陷和隐患，预防事故的发生，并确定线路检修内容。

一、正常巡视目的与周期

1. 正常巡视目的

线路巡视通常也称正常巡视，目的是为了全面掌握线路各部件的运行状况和沿线情况，及时发现设备缺陷和沿线隐患情况，并为线路维修提供依据和设备状态评估提供准确的信息资料。

线路巡视按目的不同大致可分为正常巡视、故障巡视、特殊巡视等几种。

2. 正常巡视周期

DL/T 741—2019《架空输电线路运行规程》规定：输电线路的定期巡视周期为每月一次。但随着运行设备的不断增多，提高劳动效率的需求不断加剧，状态检修、状态维护的开展势在必行，且国家电网公司以国家电网生〔2008〕269 号文《关于印发国家电网公司设备状态检修管理规定（试行）和关于规范开展状态检修工作意见的通知》已在全国推广。因此，输电线路的定期巡视也应作相应调整，但这种调整需要可靠的状态评价做支撑，必须在全面掌握输电线路运行状况基础上的调整。根据周期的长短不同，巡视周期的调整可分为两类，即延长周期和缩短周期。对于位于交通不便、人员难以到达、地质稳定且长期运行经验表明没有盗窃电力设施等外力破坏可能的地区，可适当延长周期；对于建立了完善护线组织的地区，也可适当延长巡视周期。对位于城乡结合部等易受外力破坏、风口或垭口等特殊气象、特殊污秽区域等地区，则应根据实际情况缩短巡视周期。以上所述可称之为“状态巡视”，状态巡视还应结合在线监测设施的监测数据进行调整，对于在线监测设施齐全有效的线路，也可适当延长巡视周期。

二、线路巡视的方式

输电线路的巡视方式主要有两种：一种是班组集中巡视，另一种是单人或双人包干巡视。

班组集中巡视的流程为：将被巡视线路根据人员构成、地形地貌特征、交通状况等划分为若干巡视段，将班组成员按技术技能水平等划分为若干个巡视组，与巡视段相对应，一般为两人一组，对于地形平坦、人烟稠密的地区也可一人一组，进行某一条线或某一个区段的集体巡视。

单人或双人包干巡视流程：根据巡视人员对线路的熟悉程度及各自的技术技能水平等实际情况，将整条线路或一段线路按责任划分的形式分配到每位巡视人员，巡视人员根据巡视时间计划的安排自行到巡视点进行巡视。

定期巡视计划无论是班组集中或是包干巡视，均由运行专职负责编制，并确保巡视计划的完整性和准确性。同时定期巡视计划经输电线路生产管理部门主管生产主任批准后，按月度生产计划形式下发到班组执行。在计划编制过程中，应结合线路实际运行状况，并充分考虑线路的周边地质地貌、巡视人员的总体技能、技术水平、交通条件等情况制定详细的巡视计划。

三、设备巡视的主要内容

1. 线路通道及周边环境变化的巡查

按照电力设施保护条例有关各电压等级保护区的规定，线路巡视时应查看通道内有无违章建筑，导线与建（构）筑物安全距离不足等。通道内或附近有无树木（竹林）与导线安全距离不足等；线路下方或附近有无危及线路安全的施工作业等；线路附近有无烟火现象，有无易燃、易爆物堆积等。线路通道内有无新建或改建电力、通信线路、道路、铁路、索道、管道等。线路杆塔基础保护设施有无坍塌、淤堵、破损等。有无由于地震、洪水、泥石流、山体滑坡等自然灾害引起通道环境的变化。巡视、维修时使用巡线道、桥梁有无损坏等。沿线保护区内有无新出现的污染源或污染加重等。线路通道内或附近采动影响区有无裂缝、坍塌等情况。线路附近有无放风筝、危及线路安全的漂浮物。线路跨越鱼塘有无警示牌。有无采石（开矿）、射击打靶、藤蔓类植物攀附杆塔等。

2. 设备本体的检查

（1）地基与基面。检查有无回填土下沉或缺土、水淹、冻胀、堆积杂物等。

（2）杆塔基础。检查有无破损、酥松、裂纹、漏筋、基础下沉、保护帽破损、边坡保护不够等。

（3）杆塔。检查有无杆塔倾斜、主材弯曲、地线支架变形、塔材、螺栓丢失、严重锈蚀、脚钉缺失、爬梯变形、土埋塔脚等；有无混凝土杆未封顶、破损、裂纹等。

（4）接地装置。检查接地有无断裂、严重锈蚀、螺栓松脱、接地带丢失、接地带外露、接地带连接部位有雷电烧痕等。

（5）拉线及基础。检查拉线金具等有无被拆卸、拉线棒严重锈蚀或蚀损、拉线松弛、断股、严重锈蚀、基础回填土下沉或缺土等。

（6）绝缘子。检查其有无伞裙破损、严重污秽、有放电痕迹、弹簧销缺损、钢帽裂纹、断裂、钢脚严重锈蚀或蚀损、绝缘子串顺线路方向倾角大于7.5°。

（7）导线、地线、引流线、屏蔽线、OPGW。检查有无散股、断股、损伤、断线、放电烧伤、导线接头部位过热、悬挂漂浮物、弧垂过大或过小、严重锈蚀、有电晕现象、导线缠绕（混线）、覆冰、舞动、风偏过大、对交叉跨越物距离不够等。

（8）线路金具。检查有无线夹断裂、裂纹、磨损、销钉脱落或严重锈蚀；均压环、屏蔽环烧伤、螺栓松动；防振锤跑位、脱落严重锈蚀、阻尼线变形、烧伤；间隔棒松脱、变形或离位；各种连板、连接环、调整板损伤、裂纹等。

3. 附属设备的检查

检查防雷装置，如避雷器有无动作异常、计数器失效、破损、变形、引线松脱；放电间隙有无变化、烧伤等。防鸟装置有无破损、变形、螺栓松脱；有无动作失灵、褪色、失效等。各种监测装置有无缺失、损坏、功能失效等。杆号、警告、防护、指示、相位等标识有无缺失、损坏、字迹或颜色不清、严重锈蚀等。航空警示器材中的高塔警示灯、跨江线彩球有无缺失、损坏、失灵。防舞防冰装置有无缺失、损坏等。ADSS光缆有无损坏、断裂、弛度变化等。

四、线路巡视的危险点及安全注意事项

1. 正常巡视中的危险点

从不明深浅的水域和薄冰通过容易造成生命危险，因此巡视中应尽可能绕行桥梁；偏僻山区、夜间巡视容易发生迷路、摔跌，应由两人进行，夜间巡视必须配备照明工具，暑天和大雪天巡视必要时由两人进行，在林区线路巡视时，要注意防火；巡视时，不宜穿凉鞋，防止扎脚；经过村庄、果园等可能有狗的地方先喊话，必要时应预备棍棒，防止被狗咬伤；经过草丛、灌木等可能有蛇的地方，应边走边打草，防止被蛇咬伤；雨雪天巡线时，应采取防滑措施；巡线时应远离深沟、悬崖；巡视时应注意蜂窝，不要靠近、惊扰；单人巡视时，禁止攀登杆塔；巡视时应遵守交通法规，不得翻越高速公路护栏；线路巡视人员发现导线断落地面或悬在空中时，应设法防止行人靠近断线地点8m以内，并迅速报告领导和调度等候处理；巡视时遇有雷电，应远离线路或暂停巡视，防止雷电伤人；在线路防护区内需要砍伐树木、毛竹时，必须按DL/T 741—2019《架空输电线路运行规程》的相关规定做好安全技术措施。

2. 特殊区域巡视中的危险点

巡视工作应有两人进行并配备必要的防护工具和药品，防止受伤后无法自救；行走时，应注意观察地面，防止猎人埋设的铁丝套；有危险动物出没的地区巡视，应有防止动物伤害的措施，如木棒、哨子等；夜间巡视应沿线路外侧进行，应有足够照明工具，条件允许时配备夜视仪；应有良好的联络工具，无移动信号的地区应配备卫星电话或对讲机；登杆塔巡视必须由两人及以上进行，并注意保持安全距离；采空区巡视应注意观察地面，防止踩空和掉入裂缝；经过行洪区应绕行；穿越粉尘严重的厂矿附近时应防止粉尘迷眼；穿越化工厂矿等区域时应有防毒防护措施，必要时佩戴防毒面具；发现塔材被盗，测量长度超过2m的塔材时应由两人进行，并注意检查塔材螺栓固定情况；塔材被盗数量较多影响到杆塔稳定时，不得攀登杆塔；发现拉线装置被盗，对拉线必须采取固定措施，处理时应防止拉线与导线距离太近而放电；注意观察线路走廊两边的建筑物、构筑物等，防止高空落物伤人；穿越开山放炮区域时应注意落石伤人；不得穿越靶场等射击区域；在强风天气应远离杆塔正下方，防止杆塔构件脱落伤人；导地线覆冰时，不应沿导地线正下方行走，防止脱冰伤人，导地线舞动时应远离线路；覆冰时不得攀登杆塔；有雷电活动时严禁接打手机，远离高大的树木或构筑物，不要高举金属物品指向天空，不得攀登杆塔；在高山大岭巡视遇有雷电活动时，应及时撤离，雷云距离较近时应立即就地匍匐，待雷云远离后方可站立；沿庄稼地行走时必须穿着长袖工作服，防止花粉过敏；经过秋收地域时注意划伤、扎伤。

【思考与练习】

1. 线路巡视周期调整的依据主要有哪些？
2. 环境和地貌的检查内容有哪些？
3. 正常巡视有哪些危险点？

◢ 模块2 故障巡视的准备与要求（Z05G2002Ⅱ）

【模块描述】本模块介绍输电线路故障巡视目的、巡视的准备、巡视过程中的注意事项。通过要点讲解，掌握线路故障巡视的准备的技能及要求以及故障巡视中的安全注意事项。

【模块内容】

输电线路故障发生后，应及时组织巡视人员有针对性地进行线路巡视，查找线路故障点，查明故障原因及故障情况，为故障抢修工作提供完整的现场资料。

一、故障点查找

当输电线路发生故障和异常后，线路运行维护人员应及时准确地查找故障点，判明事故原因，为输电线路的抢修工作奠定基础。

线路发生故障后，不能盲目巡线，应根据电力调度中心提供的故障测距、相位、有关电压、电流量及保护动作的数据情况，发生雷击时还可以根据雷电定位系统提供的实际落雷区域、落雷密度等情况，在线路资料台账上对故障点进行初步定位，如线路地处环境、区域、路径等，按照装置测距误差 5%～10%的比例（一般按 10%掌握）在台账上确定故障区间，还应结合以往线路跳闸的经验数据进行部分修正。

在初步定位后，巡视人员可以有针对性地进行事故巡视，故障的查找归根结底还要通过人来完成，必须召集足够合适的人员，应将故障数据、分析定性结果、现场情况及巡视重点向全体人员进行详细的交代，做到每个人都心中有数。要求巡视人员必须到位到责、不能因为难于到位而漏过任何一个可疑点。

巡线时除了注意线路本身各部件及重点故障相外，还应注意附近环境。如交跨、树木、建筑物和临时的障碍物；杆塔下有无线头木棍、烧伤的鸟兽以及损坏了的绝缘子等物。发现与故障有关的物件和可疑物时，均应收集起来，并将故障点周围情况作好记录，作为事故分析的依据。

如果排除了全部的可疑点后，在重点地段没有发现故障点，应扩大巡视范围或全线巡视，也可以进行内部交叉巡视。如果还是没有发现故障点，可适当组织重点杆段或全线的登杆检查巡视。登杆检查巡视由于距离较近，可以发现杆塔周围不明显的异常或导线上方、绝缘子上表面等地面巡视的死角，对怀疑为雷击的情况应增加避雷线的悬挂金具、放电间隙和杆塔上部组件的检查。

输电线路故障多种多样，事故的突发性、不确定性错综复杂，决定了故障查找方法的不尽相同，应根据具体情况具体分析，但在实际工作中，还是有一些事故的故障点不能找到：一方面，事故的故障点由于不明显、处在查找方法的死角或故障痕迹很快被掩盖而不能找到；另一方面，故障点不在本单位管辖的范围内，或干脆就没有故障。故障点在变电站内、用户或多家管理线路的故障点，根本就不在本单位管辖范围内的情况，是比较常见的。保护定值计算整定错误、保护误动、越级等原因引起的线路跳闸也是常有的，这些问题应会同其他部门一起来解决。

二、故障巡视要求

巡线人员在故障查找过程中要“三勤”，即“腿勤、嘴勤、脑勤”。“腿勤”就是不怕走路，巡线查看到位，不走过场，不走马观花。“嘴勤”就是多向周围的住户、行人和群众询问故障发生时是否听到什么异常声响，看到什么亮光或火花等，尤其是在一些可能发生故障的特殊区域更要不厌其烦，多说多问。“脑勤”就是多动脑子想问题，分析问题。

巡线人员还要按照“一看、二听、三问、四检测”的方法，遵照线路运行维护规程逐项逐条地进行，便能很快将故障点查找出来。“看”就是要认真察看输电设备杆塔、导线、绝缘子、接地引下线等有无异常，“听”就是仔细地听输电设备是否有异常声响发出，“问”就是向群众了解询问，“检测”就是用电气仪表、仪器检验测量输电设备用肉眼观察不到的缺陷。

三、故障备品备件准备

为了及时消除设备缺陷，加快事故抢修，缩短设备停用时间，提高设备可用率，确保线路的安全运行，线路管理部门应适当的储备事故备品备件。

备品备件应统筹规划、分级管理、分级储备。根据各单位设备的技术状态和历年事故备品的动用情况，应合理地进行储备，配备充足的抢修工具、照明设备、通信工具。事故备品备件一般不得挪作他用。抢修使用后，应立即进行清点补充。同时，备品应有专门的库房、专门货架存放，设有标记、卡片、保管台账，并且“账、卡、物”三者应相符。备品备件应注意保存年限，定期更换、补充和做好维护，保证其不受损伤、不变质和散失，并按期进行检查和试验。金属备品应定期做好防腐工作。

输电线路的事故备品：抢修塔、导线、避雷线、绝缘子、金具、铁加工件及混凝土制品，事故抢修杆塔入库前必须进行试组装，组装无误后拆下，将全部构（配）件进行清点、编号，有规则地放入库房并进行登记造册。

四、故障巡视注意事项

（1）输电线路运行单位应建立健全线路突发事故的巡视、抢修机制，以保证突发事故出现时快速组织抢修与处理。抢修机制包括抢修指挥系统及人员组成、通信手段及联络方式、作业机具、车辆、抢修材料的准备等。

（2）故障巡视应尽可能绕行桥梁；偏僻山区、夜间巡视应由两人进行，夜间巡视必须配备照明工具，暑天和大雪天巡视必要时由两人进行，在林区线路巡视时，要注意防火；巡视时，不宜穿凉鞋，防止扎脚；经过村庄、果园等可能有狗的地方先喊话，必要时应预备棍棒，防止被狗咬伤；经过草丛、灌木等可能有蛇的地方，应边走边打草，防止被蛇咬伤；雨雪天巡线时，应采取防滑措施；巡线时应远离深沟、悬崖；巡视时应注意蜂窝，不要靠近、惊扰；单人巡视时，禁止攀登杆塔；巡视时应遵守交通法规，不得翻越高速公路护栏；线路巡视人员发现导线断落地面或悬在空中时，应设法防止行人靠近断线地点 8m 以内，并迅速报告领导和调度等候处理；巡视时遇有雷电，应远离线路或暂停巡视，防止雷电伤人；在线路防护区内需要砍伐树木、毛竹时，必须按 DL/T 741—2019《架空输电线路运行规程》的相关规定做好安全技术措施。

【思考与练习】

1. 输电线路故障巡视前应做哪些准备工作？
2. 巡视人员在故障巡视中应注意哪些？
3. 输电线路备品备件主要有哪些？
4. 对于不容易找出原因的输电线路故障，应从哪些方面进行故障查找？

模块 3　各类常见故障巡视（Z05G2003Ⅱ）

【模块描述】本模块介绍输电线路雷击、风偏、鸟粪闪络、污闪、覆冰等典型故障现象及特点。通过要点讲解、图形示例、流程讲解，掌握输电线路各类常见故障巡视的技能及巡视要求。

【模块内容】

输电线路元件多种多样，故障类型也错综复杂，按照季节性特点、实际运行要求对输电线路常见故障进行有针对性巡视，可以做到有的放矢，提高巡视效率。

输电线路的常见故障一般为雷击、风偏、鸟害、污闪、覆冰、倒塔、断线等。

一、雷击

雷击故障一般均能重合成功，但瓷质绝缘子串中零值或者低值较多时，有可能炸裂钢帽引起掉线，形成永久性故障，雷害事故特点：

（1）塔型：大多发生高塔上，且杆塔周围无高达突出物。

（2）相别：双回路杆塔，多为中相，单回路杆塔，多为边相。

双回路杆塔，由于一回路中相雷击跳闸时，同塔另一回路中相感应电压叠加量最大，江苏省某电厂重要送出 220kV 输电线路，曾发生同塔双回路，中相同时雷击跳闸事故，事故铁塔处在山上，双回线均为同型号合成绝缘子串。

（3）绝缘子串：多为合成绝缘子，通常表现为均环间放电（合成绝缘子串耐雷水平低于瓷和玻璃绝缘子串）。

（4）接地部分：接地极基本上无明显放电痕迹，通常杆塔接地电阻、防雷保护角满足规程要求。

（5）遭雷击杆塔大多在平原，个别在山上，雷击点附近一般有水塘、有金属物（如铁路、含铁物质的堆积物等）、有点地区还发现雷击地段地下有金属矿。

故障巡视重点：

（1）必须登高检查，地面巡视不宜发现故障点。

（2）因为电弧短路时，有过渡电阻抗存在，故障测距有一定的偏差，有时有 1～3km 偏差，应及时扩大登高范围。

二、风偏

风偏故障发生后重合复跳，有时强送可成功。由于风偏是导线对塔体、构筑物的放电，有时绝缘子会完好无损。耐张塔大多发生在跳线上，直线塔易发生在悬挂点垂直档距较小或出现负值的导线上，特别是将瓷质或玻璃绝缘子更换成为合成绝缘子的上述杆塔，按与直线悬垂串摆动方向，登塔检查塔身，往往会在塔身上发现放电痕迹。

三、鸟害

鸟害故障大多在鸟类迁徙季节（10 月至次年 4 月）的夜间发生，一般是单相故障，均能重合成功。北方地区引起跳闸原因，一般以鸟排泄粪便形成通道者居多，在横担上和杆塔下会有大量鸟粪，绝缘子两端有放电痕迹，但仍能继续运行。发生故障的数日内，在故障杆塔的前后数基杆塔上，如果仍有鸟类歇息停留，亦有可能再次引起故障，浙江、福建等南方地区通常是鸟用稻草筑巢，稻草短接绝缘子，在雨天引起短路，故障巡视中，要对测距范围附近杆塔登高巡视，注意打开疑似故障点杆塔接地极检查放电痕迹。

四、污闪

污闪故障常发生在大雾、毛毛雨、雨夹雪等潮湿的天气。从发生污闪的时间上看，大多是后半夜和清晨。污闪事故发生多是大面积的，很多条线路同时发生。一般能够重合成功，但较短的时间又发生跳闸，往往发展成永久性故障，故障地面巡视很难发现，登高巡视辅助检查。

污闪须具备两大要素：污秽条件与潮湿条件。IEC 标准将污秽类型分为 A 类和 B 类。A 类一般为固态污秽，包括自然污秽（如沙漠型污秽）和人类活动导致的污秽（如工业型污秽），该类污秽一般对应于常规的“缓慢积污”；B 类一般为高导电性的液态污秽，目前主要指海雾型等自然污秽，该类污秽一般对应于沿海区域的“快速积污”。

我国电力系统广泛采用的防污闪标准均主要基于缓慢积污概念制订，相应的防污闪措施也主要针对缓慢积污形式设计。缓慢积污型污闪的污秽条件和潮湿条件是分先后具备的；针对缓慢积污闪络的最有效防治措施是采用硅橡胶类防污闪产品（包括复合绝缘子、防污闪涂料等）。

由于污秽是缓慢积累所得，因此硅橡胶材料可在潮湿条件到来之前使污秽具备憎水性，即通过改变表面性能使绝缘子具备优良的抵御缓慢积污型污闪的能力。与“缓慢积污”相对应的“快速积污”通常指沿海的、自然的、海雾型污秽，但近年来内陆重污区频繁发生快速积污特别是快速积污伴随快速受潮导致的严重污闪掉闸，这些可出现于内陆地区的、降水降雪型“快速积污”虽然与海雾型“快速积污”具有相似特征——均为高导电性液体，但却是环境污染严重国家和地区的特有现象，一定程度上比海雾型“快速积污”更具危害性。在环境不能有效改善的较长一段时期内，该快速积污型污闪有增长趋势，应予以重视。

污闪故障常发生在大雾、毛毛雨、雨夹雪等潮湿的天气。从发生污闪的时间上看，大多是后半夜和清晨。污闪事故发生多是大面积的，很多条线路同时发生。一般能够重合成功，但较短的时间又发生跳闸，往往发展成永久性故障，

五、覆冰

在冷却到 0℃及其以下的云气中，水滴与输电线路导线表面碰撞并冻结时，产生覆冰现象。具有足可冻结的气温，即 0℃以下；具有较高的湿度，即空气相对湿度一般在 85%以上；具有可使空气中水滴流动之风速，即大于 1m/s 的风速，这些都是导线覆冰必要气象条件。

输电线路导线覆冰主要发生在 11 月至次年 4 月之间，尤其是在入冬和春寒时，覆冰发生概率最高。线路迎风面在冬季覆冰较背风面严重。在相同的地理环境下，海拔越高覆冰就越严重。导线悬挂高度越高，覆冰越严重。线路覆冰危害主要有：杆塔因覆冰而损坏，线路混线或者断线跳闸，线路各档间覆冰不均匀引起事故和绝缘子串覆冰事故。

覆冰故障很容查到，特殊天气、特殊环境故障巡视要注意安全。

【思考与练习】

1. 输电线路的常见故障有哪些？
2. 输电线路雷害事故特点？
3. 输电线路鸟害故障有哪些规律？
4. 输电线路覆冰故障的严重后果是什么？

模块 4 特殊巡视（Z05G2004Ⅱ）

【模块描述】本模块介绍输电线路在特殊情况下或根据需要、采用特殊巡视方法所进行的线路巡视。特殊巡视包括夜间巡视、交叉巡视、登杆检查、防外力破坏巡视以及直升机（或利用飞行器）空中巡视等。通过要点讲解、特点分析、图表对比以及输电线路虚拟巡视仿真软件的应用，掌握线路特殊巡视的技能及要求。

【模块内容】

特殊巡视是在气候剧烈变化、自然灾害、外力影响、异常运行和其他特殊情况时，为及时发现线路的异常现象及部件的变形损坏情况而进行的巡视。

特殊巡视应根据需要及时进行，一般巡视全线、某线段或某部件。特殊巡视的种

类很多，本节主要针对特殊季节、特殊区域和特殊运行方式下需要注意的问题做一简述。

一、季节性特殊巡视

我国地大物博，面积大，各种气候情况均有，具有大陆性季风气候显著和气候复杂多样两大特征。冬季盛行偏北风，夏季盛行偏南风，四季分明，雨热同季。每年 9 月到次年 4 月间，干寒的冬季风从西伯利亚和蒙古高原吹来，由北向南势力逐渐减弱，形成寒冷干燥、南北温差很大的状况。夏季风影响时间较短，每年的 4～9 月，暖湿气流从海洋上吹来，形成普遍高温多雨、南北温差很小的状况。四季的划分，天文学上以春分（3 月 1 日前后）、夏至（6 月 22 日前后）、秋分（9 月 23 日前后）、冬至（12 月 21 日前后）分别作为四季的开始。

1. 春季

春季的气候特征主要有多风、干燥、气候变化剧烈、雨量偏少等特点。

（1）多风使导线承受较长时间的风荷载，风力、风向的频繁变化使连接金具，特别是悬垂绝缘子串的连接金具长期受到磨损；导线的长时间摆动使杆塔的横向荷载不断变化，还容易导致杆塔螺栓的松动；当风力较大、温度较低时，导线张力增大，弧垂减小，还容易发生风偏跳闸。因此春季应注意检查金具的磨损情况、杆塔螺栓的紧固情况，同时大风天气也是现场观察杆塔摇摆角是否合适的最佳时间。

（2）干燥的气象容易导致发生山火甚至森林火灾，因此应及时检查、清理杆塔周围的秸秆、垃圾等易燃物，防止发生火灾后引发倒杆塔事故。有火情在线监测系统的，应密切注意线路周围的火情变化，及时采取防范措施，防止发生山火短路。

（3）北方的初春气候变化剧烈，有时会出现持续大雾，需及时检查绝缘子积污情况，防止发生大面积污闪；有时会出现雨夹雪的恶劣气象，需注意监测导地线及绝缘子覆冰情况。

（4）春季的气温逐步回暖，降雨偏少，是一年当中最好的施工季节和植树季节，同时也是树木的速长期。现代化施工大量使用高大机械，在线路附近作业时，极易引发外力破坏事故。因此春季应注意线路走廊的巡视，特别是通过城镇、园区、公路等地段的线路，及时发现和掌握线路走廊及两侧的施工隐患。同时要注意线路走廊及两侧的树木、毛竹生长及植树情况，防止有危及线路安全运行的树竹和种植高大树木，将来影响到线路的安全运行。

2. 夏季

夏季气候有雷雨多、短时大风频繁、温度高、雨水及台风多、施工建筑频繁等特点。

（1）输电线路的雷击跳闸主要集中在夏季，架空地线和接地网是防止雷击的主要措施，夏季需特别注意接地连接的检查，防止出现连接断开，引发雷击故障；同时需及时检查线路型避雷器、消雷器等的工作状况，使其保持在良好状态。

（2）夏季空气对流强烈，常出现短时雷雨大风，容易引发线路风偏故障，需注意微气象区及摇摆角偏小的杆塔检查。树木快速生长，导线与树木之间的距离缩小，在大风条件下易发生对树风偏，需及时测量树线距离及修剪树木。同时沿海及靠近沿海区域的台风较多，在线路特巡时需注意线路通道区域内农作大棚的固定或作必要的拆除，并及时与大棚户主联系并告知相关的安全注意事项。

（3）南方夏季的梅雨季节里降雨偏多是洪涝泛滥的多发时期，容易出现山体滑坡、河流变道、临近河流杆塔防洪堤受冲刷等；北方部分杆塔位于湿陷性黄土中，当基础底面以下的土质受水浸泡后，承载力下降，易引起杆塔基础下沉、杆塔倾斜的现象；位于山区的线路一般都存在边坡问题，持续降雨会造成边坡的不稳定，引发塌方甚至泥石流，造成杆塔被埋、倾倒等事故；因此应注意基础回填土、内外边坡、防洪设施的检查。

（4）夏季是用电高峰，线路负荷增加，同时由于夏季气温高，导线负荷大等造成导线弛度出现增大，需及时检查、测量交叉跨越距离，防止发生交叉跨越短路；同时导线跳线均采用螺栓连接，容易造成跳线引流板、并沟线夹因输送大负荷而致热烧坏，应根据线路的实际运行状况和输送负荷情况开展导线跳线连接处红外测温工作。

（5）春夏季也是鸟类的繁殖期和候鸟的迁栖期，在这过程中往往会因鸟类筑巢而造成筑巢材料、鸟粪短路引起线路跳闸故障，因此要做好线路防鸟害的特巡工作。

3. 秋季

秋季气候主要有少雨干燥，鸟类活动多的特点。

（1）南方秋季多发生强对流天气，雷害事故经常发生，雷害故障巡视内容如上。

（2）秋季气候干燥，森林低矮植被已大致枯萎，树木较为干燥易引起火灾，故在线路特巡时应注意森林防火，特别是档距较大的线路段，对于档距中间的树木应重点控制，并及时检查、清理杆塔周围的杂草、垃圾等易燃物，防止发生火灾后引发倒杆塔事故。

（3）候鸟的幼鸟经过一个夏季也基本成熟，鸟类数量出现阶段性增多，多数是候鸟迁徙引发的鸟害故障，这也是秋季鸟粪闪络偏多的一个原因，因此秋季需及时检查防鸟设施，防止鸟粪闪络故障频发。

4. 冬季

冬季的气候主要有低温、多雾、多雪、积污周期长等特点。

（1）多雾、积污周期长的特点会导致污闪，因此需及时检查、监测绝缘子的污秽变化及污源变化，采取防污闪措施。

（2）低温、多雪以及冻雨会导致线路导地线及绝缘子覆冰，容易发生绝缘子串冰闪、舞动、倒塔断线等事故，需及时检查防冰设施；对于混凝土电杆，需及时检查排水设施，防止冻涨。

（3）根据近几年的统计结果看，冬季易发生塔材、拉线被盗现象，严重时会引起杆塔倾倒，因此防盗设施也是冬季的重点检查对象。

二、特殊区域巡视

1. 重污区

重污区重点注意绝缘子积污情况和污源变化情况两个方面。绝缘子污秽主要通过外观检查及污秽度测量，及时掌握积污情况，为采取防污闪措施提供依据。污源变化直接影响到污区等级的变化，因此要及时掌握污源变化情况，特别是在工业园区、开发区等易出现新厂矿的地区，不仅要掌握污源分布，还应调查清楚污源性质，如主要排放物的成分、酸碱度、污液中存有的各类导电离子等；不仅要考虑其对绝缘子积污的影响，而且要考虑其对杆塔、导地线、绝缘子等的腐蚀影响。

对于水泥厂、石灰场等粉尘类厂矿需注意其产生的粉尘对绝缘子表面的影响，重点检查绝缘子表面有无异物凝结情况；对于化工厂及制药厂，重点检查其对杆塔构件、导地线及复合绝缘子的腐蚀影响及异物凝结情况；对于金属类制品厂（如金属镁厂、电解铝厂、铸造厂等），主要检查绝缘子表面的金属堆积情况；对于盐类厂矿重点注意盐密变化情况。

2. 多雷区

线路发生雷击闪络时，低零值瓷绝缘子的存在可能造成导线或架空地线的掉线，扩大线路事故。

因此雷击区除重点检查架空地线、接地引下线、接地网、线路型避雷器、消雷器等防雷设施外，还应按周期检测瓷绝缘子（包括架空地线绝缘子）。

接地引下线的连接不良和接地电阻过高会直接导致线路的耐雷水平下降，因此是防雷设施检查的重点。安装有线路型避雷器时，还需定期对计数器数据记录，一方面检验线路型避雷器的动作情况，检验其安装的必要性；另一方面掌握雷电活动情况，为今后新建线路设计提供指导。

3. 鸟类活动区

通过对鸟类活动区的巡视，掌握本地区主要鸟类的分布情况及其活动规律，掌握鸟在什么地方筑巢，不影响安全的不要处理，对于鸟粪和筑巢材料散落或下挂引起的闪络，除了开展防鸟害特巡之外还应深入掌握鸟类习性。防鸟措施种类较多，主要有防鸟刺、防鸟风车、天敌仿真模型、声光惊鸟装置、超声波防鸟装置等，各类防鸟设施的有效性也需通过巡视与经验的积累来确认。

4. 易受外力破坏区

根据外力破坏的类型，易受外力破坏区又分为易盗区、易碰线区、山火易发区、异物区等。易盗区是指经常发生电力设施或其他设施被盗情况的区域，对易盗区，需重点检查防盗设施的有效性。易碰线区是指施工作业频繁，常有起重机、混凝土泵车等大型机械活动的区域，对易碰线区重点巡视线路周围环境的变化，施工作业范围、方向的变化。山火易发区是指森林、灌木茂密，经常发生火灾的区域，对山火易发区重点检查导线近地点植物生长情况，杆塔周围易燃物的堆积情况等，并及时清理。异物区主要指砖厂、塑料大棚、垃圾场等易出现飘浮物的地区，对异物区主要检查易飘浮物的固定情况，防止大风将异物挂在导地线上，对线路周围无人管理的垃圾场要及时清理或掩埋易飘浮物。

对外力破坏区，除加强巡视外，还应积极发展群众护线员，装设警示警告标志，向沿线居民宣传《电力法》《电力设施保护条例》等法律法规，增强沿线居民的电力设施保护意识，起到群防群治的效果。

5. 树木区

树木区主要指线路通过的林区、苗圃、果园、防护林带等区域。对树木区，重点注意树木与导线之间的距离变化，在确定导线与树木之间安全距离时，要考虑导线可能出现的最大弧垂及最大风偏情况下，导线与树木之间的电气安全距离应符合表 12–4–1 的规定。

表 12–4–1　　导线与树木之间的电气安全距离

电压等级（kV） 距离（m）	220	110
最大弧垂时垂距	4.5	4
最大风偏时净距	4.0	3.5

巡视人员还需要掌握本区域内主要树种的最终自然生长高度和生长速度，南方要特别注意春季毛竹的生长，以便及时采取防范措施。树木的自然生长高度与气候、环境等诸多因素有关，但一般情况下主要树种的最终自然生长高度和生长速度可参考表 12–4–2 的数据。

表 12–4–2　　主要树种成熟龄平均高度

树种	杨柳树	油松	杉木	落叶松	桦树 山杨	毛竹	苹果梨树	枣、核桃 柿子树	其他 树种
高度（m）	30	15	25	25	20	25	8	15	12
生长速度（m/y）	1.2	0.3	1.0	0.35	0.6～0.8	1.0/天	—	0.3～0.35	0.5

6. 微气象区

微气象区主要包括强风区和重冰区。强风区是指山顶、风口和深沟等易产生比同一区域风速更大的局部地区，最突出的是两条交叉山脉所形成的喇叭状山谷，风沿着谷口向谷地运动，易形成气象学上所指的狭管效应，风力不断加强。北方某地山区线路多次发生大风倒塔事故，其地形地貌均符合狭管效应。强风区线路应重点检查杆塔螺栓的紧固情况及杆塔构件完整情况，杆塔螺栓松动、杆塔构件丢失直接影响到杆塔强度，在巨大风力的作用下更容易发生倒塔事故。对强风区的线路杆塔，在线路设计审查或验收时，还应适当提高验算风速（至少提高10%），校核其摇摆角能否满足要求，不满足时应提前采取防风偏措施。

重冰区是指覆冰厚度超过20mm的区域。导地线覆冰对输电线路的影响非常大，轻则导致导地线短路，重则发生倒塔断线事故。重冰区巡视应重点检查杆塔螺栓的紧固情况及杆塔构件完整情况，防止杆塔强度下降；及时掌握气候变化，预见可能出现的覆冰后果；收集覆冰数据，为今后的设计、运行积累经验；观察绝缘子覆冰、融冰现象，防止发生绝缘子融冰闪络。检查主要是对易覆冰区域气候变化情况和该区域线路抗覆冰能力的检查。巡视要点：塔材有无丢失螺栓是否松动、金具是否损坏；绝缘子上覆冰有无引起短路闪烙的危险；覆冰的导地线有无可能混线、断线；线路加装的防冰、隔冰装置是否有效；同时要观察风力大小、积雪厚度和覆冰类型。

7. 洪水冲刷区

主要是对处在山谷口、河道旁和水库下游区域线路杆塔的巡视。巡视人员应检查基础回填土是否牢固充足；山区丘陵地段的暗水道有无侵蚀塔基的隐患；基础护坡是否坚固、山腰杆塔有无防洪措施；河水有无改道冲刷杆塔的可能；受洪雨浸泡的杆塔基础有无滑坡塌方的危险；河堤、水库出险是否会危及线路。

8. 采空区

采空区是指地下矿产被开采以后形成的空洞区域。多数采空区在矿产被开采以后就会立即出现塌陷，引发地表下沉、位移，也有个别采空区短期不会出现塌陷，在地下水位发生变化或出现地震等灾害时才会塌陷。随着社会能源需求的不断增长，矿产开发规模不断扩大，采空区对输电线路的影响越来越大。据北方某省的统计，每年用于处理采空区线路的投资已超过千万。采空区对输电线路杆塔的影响主要是基础的不均匀沉降和滑坡。采空区巡视除了检查基础下沉、根开变化、杆塔倾斜、杆塔位移等设备本体缺陷外，还应掌握采空区的开采厚度、采厚比、开采速度、开采方向等各种参数，依此作为评估采空区对线路杆塔的影响程度及采取防范措施的依据。

三、特殊运行方式巡视

当电网运行方式发生改变时，必然会出现负荷流向、负荷分配的变化，也就意味着有的输电线路所传输的负荷将出现变化。负荷变小对线路没有影响，而负荷变大则会对线路产生不利影响。当负荷增长较大时，对线路的影响主要表现在接头过热、导线弛度增大、对地距离变小等。当导线接头连接不良时可能发生接头烧断的事故；当导线弛度较大时可能发生对地短路；当线路过负荷时可能导致导线出现永久变形。因此在改变运行方式前，要及时对线路进行特巡，重点检查导线接头的连接情况和交叉跨越距离；在改变运行方式过程中要及时测量导线的接头温度变化和交叉跨越距离变化，防止发生断线和交叉跨越短路。

四、直升机巡视

随着科技的不断进步，电力系统装备水平越来越高，利用直升机巡视线路已越来越普遍。直升机巡线最早开始于20世纪西方发达国家，我国在20世纪80年代，华北、河南、湖北都进行过直升机巡线的试飞，由于当时技术条件和经济实力的限制，试飞后都停顿了下来。20世纪末，我国经济高速发展，超高压大容量输电线路越建越多，线路走廊穿越的地理环境更加复杂，如经过大面积的水库、湖泊和崇山峻岭，给线路维护带来很多困难。因此2000年以后，华北地区再次研究引进直升机巡线，主要用于巡视500kV输电线路。我国的直升机巡视虽然起步较晚，但发展迅速，目前全国各地基本都开展了输电线路直升机巡视作业。

（一）直升机巡视的特点

直升机巡视具有巡视速度快、视角广、巡视半径大、装备先进等优点，其特点如下。

1. 检测全面

检测范围广，效果好。直升机巡线可以携带大量的检测设备，如CEV电子巡线系统、高速可见光摄像机、高稳定望远镜、红外热像仪、紫外线电晕、导线损伤探测仪、激光测距仪和激光三维空间扫描仪等。能判断线路通道、铁塔、金具、导地线、绝缘子等缺陷，也能进行接点过热、异常电晕、导地线内部损伤、绝缘距离等测量和零劣质绝缘子判断。与人工巡视相比，可以更加详细、准确、全面地反映电网设备的健康水平，为电网的安全稳定运行提供强有力的保障。由于直升机居高临下，不受地面物体的遮拦，又可全方位移动，加之配备有高清晰度摄像机进行影像记录，可以发现肉眼、地面巡视无法发现的设备缺陷且方便地进行事后的反复检查。

2. 巡线速度快、不受地域的影响

人工巡线的速度受地理环境的影响较大，特别是在高原、高寒、山地和高海拔等交通不便的地区，其信息反馈的周期都很长，远远不能满足大功率、远距离安全输电的要求。而直升机巡线则能快速完成空中巡查、监测等工作，做到巡视速度与地域无关，巡视信息当天就能做出反应，巡视效率几十倍的提高，保证管理人员能够及时掌握电网设备的实际情况，在最短时间内做出有针对性的反应，采取最有效的措施，确保电网

安全稳定运行。同时，也可以大大减轻线路巡视人员的劳动强度，降低人工成本。

3. 数据可以储存，且处理速度快

由于直升机巡线所采集到的信息已全部数字化，因此一方面可以通过互联网将信息传递到需要的地方，另一方面可以由计算机来对这些数据进行处理、储存和管理，根据数据准确判断设备内部隐患，从而达到快捷、无差错和便于查询，极大地提高管理效率和故障处置的反应速度，进而提高线路设备的健康水平。

4. 提高安全性

众所周知，飞机的安全性远远大于汽车的安全性，因此从安全方面考虑，人工巡线除了存在汽车正常行驶时可能导致的安全问题以外，还存在着山路、河流等自然地理条件引发的安全隐患；而直升机巡线则可大大降低这两方面的安全问题，最大可能的保障巡线人员的生命安全。

5. 不足之处

不足之处是每次升空飞行需向国家空管部门申请飞行计划，稍差点天气或有对流天气无法飞行；飞行检测的数据量大，没有专业的运行软件自动对照、判别，挑选设备缺陷和所在位置（线路通道障碍容易判别）；突发性事故不能及时巡查等。

（二）直升机巡视的主要装备和功能

1. 直升机巡视主要装备

主要由机载设备、机载软件、地面应急巡检指挥车车载设备及车载软件设备组成。

（1）机载设备。由吊舱、全景观测仪、GPS 天线、飞行姿态检测仪天线、北斗卫星天线、射频天线、数传电台天线、一体化操作平台及集成机柜等组成，如图 12–4–1 所示。

(a)

(b)

图 12–4–1 直升机巡视设备

（a）陀螺稳定吊舱；（b）一体化操作平台

1）吊舱由转塔和陀螺稳定系统组成，内部安装可见光摄像机、全数字动态红外热像仪及紫外摄像机三个光学传感器，用于拍摄高清图像和高清视屏，如图 12–4–1（a）所示。

2）全景观测仪。由全景云台与全景摄像机组成，主要负责拍摄全景图像和测量巡检线路与交跨物距离的工作。

3）GPS 天线。负责测量直升机的位置、海拔信息等数据。

4）飞行姿态检测仪天线。负责测量直升机的航向、俯仰、横滚等参数。

5）北斗卫星天线。负责巡视航线的设定，用于直升机导航。

6）射频天线。负责读取待检线路、杆塔的相关信息。

7）数传电台天线。负责传送图文资料、短信、视频影像。

8）一体化操作平台。主要用于人机交换的功能，如图 12–4–1（b）所示。

9）集成机柜。主要负责机载设备控制和数据传输。

（2）机载软件。机载软件主要由控制系统、采集系统、存储系统、智能诊断系统和三维导航系统五大系统组成。分别完成机载系统的手动及自动控制的拍摄，巡检数据的采集、巡检数据的存储、巡检数据的实时智能诊断、巡检过程中的三维导航等工作。

（3）地面应急巡检指挥车车载设备。主要由后处理 PC、任务规划 PC、数据存储阵列、网络交换机、数传电台、UPS 不间断电源及地面监控指挥服务器等组成。

（4）车载软件。车载软件主要由地面监控指挥系统和后处理系统两大系统组成，用于线路巡检前的任务规划、巡检过程中的地面监控指挥以及巡检后的数据后处理工作。

2. 直升机机载设备的主要功能

一般的直升机机载设备主要有陀螺稳定吊舱、红外成像仪、可见光摄像机、机内操作平台四大主要部件组成，其余设备还有陀螺稳定望远镜、长焦数码相机、紫外成像仪、激光测距仪等，可根据巡视的目的进行选择配置。吊舱安装在飞机外部，操作平台安装在机舱内。

（1）陀螺稳定吊舱。利用其防抖及随动的功能，可基本消除直升机飞行中所带来的抖动及方向变化，以方便锁定目标。

（2）红外成像仪和可见光摄像机。通过将红外成像仪与可见光摄像机内置在陀螺稳定吊舱内，利用红外成像仪或紫外成像仪可以对线路上的导线接续管、耐张管、跳线线夹、导地线线夹、连接金具、防震锤、绝缘子等进行拍摄，飞行结束后使用专用软件分析数据，判断其是否正常。利用望远镜、照相机、机载可见光镜头检查记录杆塔、导地线、金具、绝缘子等部件的运行状态、线路走廊内的树木生长、地理环境、交叉跨越等情况。

（3）机内操作平台。

操作平台包括遥控手柄、笔记本电脑、显示器、DV 录放像机、GPS 仪、电源与信号控制箱组成。巡线员在机舱内通过操作平台可方便地控制红外成像仪与可见光摄像机对输电线路进行检测。

国外直升机电力作业采用的仪器设备包括 CEV 电子巡线系统；高速可见光摄像机、红外热像仪、电晕探测仪、X 射线探测仪、导线损伤探测仪、接触电阻检测仪、绝缘子检测仪；绝缘子带电水冲洗设备；直升机等电位带电作业工具设备（包括导地线损伤开断压接工具；激光三维空间扫描设备）等。现在我国也正在研究和引进这些先进设备，有些已投入使用。

3. 直升机机载设备的主要功能

一般的直升机机载设备主要有陀螺稳定吊舱、红外成像仪、可见光摄像机、机内操作平台四大主要部件组成，其余设备还有陀螺稳定望远镜、长焦数码相机、紫外成像仪、激光测距仪等，可根据巡视的目的进行选择配置。吊舱安装在飞机外部，操作平台安装在机舱内。

（1）陀螺稳定吊舱。利用其防抖及随动的功能，可基本消除直升机飞行中所带来的抖动及方向变化，以方便锁定目标。

（2）红外成像仪和可见光摄像机。通过将红外成像仪与可见光摄像机内置在陀螺稳定吊舱内，利用红外成像仪或紫外成像仪可以对线路上的导线接续管、耐张管、跳线线夹、导地线线夹、连接金具、防震锤、绝缘子等进行拍摄，飞行结束后使用专用软件分析数据，判断其是否正常。利用望远镜、照相机、机载可见光镜头检查记录杆塔、导地线、金具、绝缘子等部件的运行状态、线路走廊内的树木生长、地理环境、交叉跨越等情况。

（3）机内操作平台。操作平台包括遥控手柄、笔记本电脑、显示器、DV 录放像机、GPS 仪、电源与信号控制箱组成。巡线员在机舱内通过操作平台可方便的控制红外成像仪与可见光摄像机对输电线路进行检测。

国外直升机电力作业采用的仪器设备包括 CEV 电子巡线系统；高速可见光摄像机、红外热像仪、电晕探测仪、X 射线探测仪、导线损伤探测仪、接触电阻检测仪、绝缘子检测仪；绝缘子带电水冲洗设备；直升机等电位带电作业工具设备（包括导地线损伤开断压接工具；激光三维空间扫描设备）等。现在我国也正在研究和引进这些先进设备，有些已投入使用。

（三）直升机巡视系统运用及特点

直升机巡视系统是一套以计算机控制为主、人工干预为辅的智能巡检系统，使用该系统巡线可以提高质量和效益、降低成本，具体可分为巡检任务规划、智能巡检、地面后处理三个阶段。

1. 巡检任务规划

可以在地面指挥人员的决策系统帮助下，帮助飞行员和巡检人员模拟巡检线路，优化巡检路径。前期工作又分为巡检资料导入（导入巡检线路的基础资料，如杆塔经纬度、塔形、绝缘子型号、导地线型号等相关信息）——巡检参数设置——巡检路径生成及预览——巡检任务包导出等环节。

2. 智能巡检

具备采集自动化、诊断智能化、存储数字化三个技术特点。

（1）采集自动化。系统采用相对空间位置计算、飞机姿态测量、部件空间位置建模、电力线悬垂线计算等技术，实现巡检目标的自动跟踪，能自动跟踪到导地线、绝缘子、连接金具、杆塔等设备，进行自动智能化诊断，发现缺陷并抓拍缺陷部位的高清图片。

（2）诊断智能化。智能诊断软件先将所有管辖线路的杆塔经纬度输入，将间隔棒等金具正常运行状况纳入软件，诊断系统以并行流水线诊断方式管理对比判别，以异步方式与机载采集系统接口，实现将采集到的两路高清与两路标清进行部件识别和缺陷的智能诊断及交跨物测距。缺陷诊断除了红外热缺陷诊断，紫外缺陷诊断，还有可见光部件识别缺陷诊断，其主要采用先识别缺陷，然后采用纹理分析的方法诊断出如导线断股、异物附着、绝缘子自爆、杆塔锈蚀等缺陷。而全景交跨物测距，是采用单目的连续图像，辅助 GPS 等参数，测量出导线到交跨物的距离。

（3）存储数字化。采用特定的无损压存储技术实时将线路杆塔信息、全数字巡检视频数据、智能诊断后的缺陷图片按实际巡检的杆塔号进行分类，存储到机载的固态阵列中。

3. 后处理

将所有采集到的巡检数据信息进行同步智能分析与图片分析。

（四）直升机巡视方法

1. 准备工作

巡视前，首先要对输电线路的基础数据进行收集整理，对准备巡视线路的杆塔进行 GPS 定位，以方便制订飞行航线；为便于从空中寻找目标和准确记录，在准备巡视线路的杆塔顶部要安装醒目的航空标志牌，正面应背对飞行方向；编写飞行作业方案和组织指挥与保障计划，编制航巡方案，确定巡检时间、航巡路径及起降场地；根据电网输电线路运行工作实际情况和具体地理位置情况，确定航巡重点线路及重点部位；与空管部门协商飞行航线等事宜，待获得批准后，在良好天气下方可开始巡视作业。

2. 人员要求

直升机巡视一般由两名巡视人员共同进行（直升机驾驶员除外），一名巡视人员操作对线路目测和录像，另一名航检员操作防抖望远镜对线路进行检查。参加直升机巡视的人员身体状况应符合飞行要求，没有恐高症、高血压等不适于飞行的症状；参加直升机巡视的人员应经过专门的培训，熟悉直升机飞行的有关要求及注意事项，熟练掌握搭载设备的使用方法。

直升机巡视时，应沿被巡视线路的斜上方飞行，距地面高度为杆塔上方10m左右，距线路水平距离10m左右，如图12–4–2所示。直升机巡视速度一般为20～30km/h，也可根据巡视目的的不同进行调整或悬停，返航速度一般应在190～230km/h。录像时应使被测导线始终位于荧屏中央，避免脱靶；摄像机与航向相对保持 45°夹角，瞄准前方导线和杆塔，进行连续性录像，摄像机应将每一基杆塔的附件作为检测目标进行跟踪录像，同时注意录像效果，应在背阳光侧观察，防止阳光反射。当发现有缺陷或疑点时，直升机应靠近被检测目标，并作短暂悬停，进行仔细观测。可通过话筒以语音方式将异常情况随时录制于磁带上，便于在线路检测结束后，重放录像磁带时，复查、分析线路设备存在的缺陷情况，确定缺陷所在地段和杆塔号。

图12–4–2 直升机巡视照片

3. 巡视重点

直升机巡视的目的在于弥补地面巡视的不足和提高巡视效率，因此巡视时要有重点进行，不能等同于地面巡视。一般应将地面巡视难以发现的缺陷作为巡视重点，如导地线断股、损伤，导线间隔棒异常，复合绝缘子芯棒发热解剖现象，连板、导线线夹缺失销子的情况如图 12–4–3 所示，各类绝缘子闪络痕迹，导线接头发热，金具磨损及销子完好情况等。

(a)

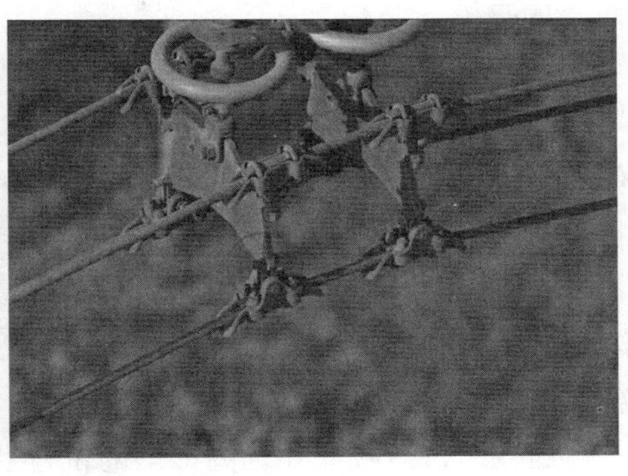

(b)

图 12–4–3 连板、导线线夹缺失销子

（a）导线连板缺失销子照片；（b）导线线夹缺销子照片

【思考与练习】

1. 特殊巡视主要有哪几类？
2. 冬季巡视的重点是什么？
3. 易受外力破坏区应重点巡视什么？
4. 特殊运行方式下应注意巡视哪些内容？
5. 直升机巡视主要搭载哪些设备，各有什么作用？
6. 直升机巡视与地面巡视的重点有什么不同？

模块 5 典型巡视方法（Z05G2005Ⅱ）

【模块描述】本模块涵盖几种典型的线路巡视检查方法。通过要点归纳，掌握线路巡视检查的技巧。

【模块内容】

线路巡视检查方法有多种，一般是通过巡视人员双眼、望远镜、检测仪器、仪表等对输电线路设备进行巡查，以便及时发现设备缺陷和危及线路安全的因素，并尽快予以消除，预防事故的发生。

线路巡视可分为登杆塔巡视和地面巡视。登杆塔巡视是对地面检查巡视的一种补充，由于登杆塔巡视时，人与设备的距离近，视线的角度变化范围大，可及时发现地面巡视中无法发现或较难发现的杆塔、金具等缺陷。地面巡视包括正常、夜间和特殊巡视等，可全面掌握线路各部件的运行情况和沿线环境的变化情况。不论何种巡视，都需要掌握其检查方法，这关系到设备缺陷能否及时被发现，对输电线路的安全运行非常重要。

一、巡视步骤

巡视人员在巡视过程中如果不按一定的次序巡视，就会重复往返、顾此失彼，降低巡视效率和质量，因此应将各项巡视内容进行划分和排序，形成合理的观察顺序和行走路线。输电线路的巡视一般采用由远及近的巡视方法，即从巡视出发位置开始，一直到杆塔下全方位、全过程对线路环境、杆塔、拉线周围状况、通道异常、设备缺陷等进行检查。巡视检查中应注意结合太阳光的方向，尽量沿顺光方向观察杆塔上的部件。

巡视时，一般先在远离杆塔的位置观察线路周围环境、地貌变化；在向杆塔位置行进途中，注意观察杆塔及绝缘子的倾斜，导地线弧垂、导线分裂间距、异物悬挂、线路通道内的作业及树木等异常；到达杆塔位置注意检查杆塔各部件缺陷和两侧档距内有无影响线路安全的外界因素；沿线路向下一基杆塔行进途中，注意观察通道内的树木、建筑物、构筑物、边坡等对导线的安全距离及导、地线断股、间隔棒等金具状况。

二、几种典型的线路巡视检查方法介绍

1. 杆塔检查方法

（1）应自上而下或自下而上逐段检查，不应遗漏。对于地质不良地区或采空区，应检查铁塔塔材是否变形，以肉眼可分辨的挠度为准；主材变形的应将脸部紧贴在主材上，沿主材向上看，检查有无挠度。铁塔结构一般为对称结构，塔材短缺可根据对比塔材是否对称来检查；新短缺的塔材在与其他塔材的交叉处会留有新印迹，明显区别于铁塔的整体色彩；塔材的锈蚀通过观察塔材是否变红来判断。螺栓的紧固程度一般用力矩扳手检查，预先按不同规格的螺栓在力矩扳手上设置不同的力矩值，当紧固力矩达到该设定值后，会听到“咔”声；有经验的巡线工也有用脚踩踏角钢检查是否有螺栓振动声来判断塔材是否松动，这种方法一般用于检查螺栓普遍松动的情况。防盗设施的检查除了外观检查外，还应定期使用扳手拆卸的办法来检查其有效性。当发现绝缘子串倾斜或地表裂缝时，应检查铁塔的倾斜，一般使用经纬仪来检查。

（2）钢筋混凝土电杆裂纹的检查一般在距离杆根 5～10m 的距离检查；混凝土电杆的挠度检查应将脸部紧贴在杆体上，沿杆体向上看，检查鼓或凹的现象；有叉梁的混凝土电杆应注意检查叉梁是否对称，各连接处是否有位移现象；混凝土杆的外附接

地引下线应牢固固定在杆体上；当发现绝缘子串倾斜或地表裂缝时，应检查电杆的倾斜，一般使用经纬仪来检查。

（3）拉线的受力变化检查可以通过观察各条拉线的弧垂是否相同来判断，也可以用手逐条扳动拉线来检查其松紧程度是否相同；拉线的 UT 形螺栓必须有防盗设施并有效。

2. 绝缘子、金具检查方法

（1）绝缘子可从地面使用望远镜检查耐张绝缘子的锁紧销是否短缺，有两种方法：一种是巡视人员站在顺光侧，沿锁紧销轴心方向 45° 范围以内，避开其他绝缘子、金具等遮挡，能看到锁紧销的端部是否露出，能看到端部，则说明锁紧销存在，否则锁紧销短缺。另一种方法是利用绝缘子球窝连接处的透光来检查绝缘子的锁紧销是否短缺，对于 W 形锁紧销，沿锁紧销安装方向的轴心观察光线是否通透，如通透则表明无锁紧销，否则说明有锁紧销。

（2）绝缘子闪络主要通过颜色变化来检查，根据杆塔高度的不同，一般在距离杆塔 10～50m 的位置用望远镜来检查。瓷绝缘子闪络后，表面釉质被灼伤，灼伤处会出现中心白边缘黑的灼斑；悬垂串的瓷绝缘子主要通过观察瓷裙边缘的变化来判断是否闪络。污秽玻璃绝缘子闪络后，受高温及氧化的作用，其灼伤点比其他部位洁净；洁净的玻璃绝缘子表面灼伤难以发现，主要通过观察绝缘子碗头部位的放电点来判断，放电点一般有硬币大小，银色发亮。复合绝缘子的灼伤较为明显，颜色发白，灼伤伞裙明显区别于其他部位。

（3）金具的大部分缺陷需通过登杆塔检查来发现，地面巡视主要检查其销子是否齐全。站在与销子穿向成直线的位置用望远镜检查销钉穿孔的通透性来判断销子是否存在，距离近时也可以直接用望远镜来观察销子是否存在。

（4）对于 220kV 线路，在杆塔下还应注意听放电声，如放电声偏大则说明金具高电位侧金具有异常或绝缘子脏污严重，应注意检查金具是否有尖刺，均压环、屏蔽环是否正常，绝缘子表面是否积污严重。

3. 弧垂变化检查方法

从地面检查导地线弧垂变化一般要站在杆塔正下方来观察，导线弧垂点应在一个平面上；钢绞线型架空地线的弧垂应小于导线弧垂；如档距中间有高地，也可在高地上水平观察其弧垂平衡状况。分裂导线的间距变化应在线路的外侧来观察，分裂子导线的间距是否均匀，有无变大或变小的现象。导地线断股应在线路外侧行进时顺光观察，出现散股的断股容易发现，其断裂处会与主线分离，形成小分叉。特别要注意无间隔棒的分裂导线的巡查，防止间距小于设计值时在某一运行时段发生导线缠绕、碰击、鞭打现象。

三、典型巡视口诀

有经验的巡线工人积累了不少的线路巡视经验，现举例如下，以供参考。

1. 三十二句口诀

沿线巡视要仔细，发现情况现场记，树木障碍建筑物，桥梁便道均注意；
每走五十米处站，抬头扫视导地线，交叉限距和弛度，断股接头放电声；
行至距杆五十米，细看倾斜和位移，横担不正叉梁歪，滑坡污源和外力；
杆塔周围转一圈，基础护坡和拉线，跳线金具绝缘子，杆上部件看个遍；
寻至杆根上下看，叉梁鼓肚土壤陷，裂纹挠曲须留神，不要忽视接地线；
铁塔巡视更简单，各处连接靠螺栓，基础地脚和塔材，节板包铁最关键；
夏季树木最危险，登杆两米前后看，交叉距离要吃准，观察站在角分线；
特殊区域抓重点，定点巡视攻难关，吃苦耐劳好同志，发现隐患保安全。

2. 四季口诀

春季多风线舞动，巧用舞动查险情，沿线群众植树忙，防护区内控栽树。
夏季到来多雷雨，注意基础和接地，温高导线弛度变，各类交叉勤查看。
秋有霜露气候潮，绝缘干净才可靠，鸟类数量要增加，及时检查防鸟刺。
冬季降雪线覆冰，特殊区域要多去，农家温室种蔬菜，劝其绑扎塑料棚。

3. 查看绝缘子锁紧销口诀

杆塔等高要停步，先望钢帽大口处，反复观察看不清，百米以外看亮度。
钢帽中间有黑点，表明销子在里面，钢帽窝里亮堂堂，销子一定掉出孔。

4. 天气口诀

晴天注意看空中，雨后注意杆裂缝，风天注意导线摆，雾天捕捉放电声。

【思考与练习】

1. 远离线路的地方应重点巡视哪些项目？
2. 到达杆塔位置应重点观察什么？
3. 如何检查导地线弧垂变化？

◢ 模块6　线路特殊区域的划分（Z05G2006Ⅱ）

【模块描述】本模块介绍线路各种特殊区域的划分，特殊区域线路的运行、维护以及线路运行环境治理。通过要点讲解、定性分析，掌握位于特殊区域的线路维护和状态分析的技能。

【模块内容】

特殊区域是指输电线路处于特殊的运行环境或气象条件等区域，特殊的环境或气象对输电线路产生特定的不良影响，可能经常造成线路某一类型的故障或隐患。

一、特殊区域的分类

输电线路应根据沿线地形、地貌、环境、气象条件等特点，结合运行经验划分线路特殊区域。根据地形、地貌、环境的不同，线路特殊区域可分为重污区、洪水冲刷区、不良地质区、盗窃多发区、易受外力破坏区、鸟害多发区、跨树（竹）林区、人口密集区等；根据气象条件的不同，线路特殊区域可分为重冰区、多雷区、导线易舞动区、微气象区等。本节只介绍一些典型的特殊区域。

特殊区域的划定需要通过收集大量的基础资料和长时间的实践运行经验积累才能实现，由于特殊区域的地形、地貌、环境、气象条件等不同，所需收集的主要资料也不同，因此收集资料必须要有针对性和重点；对于特殊气象条件要选择距线路最近的气象台站，在气象部门覆盖不到的地区或需要积累特殊气象数据的地区，如覆冰区，可专门建立气象站，重污区可监控绝缘子串的盐密和灰密等。

二、特殊区域的划分原则和运行、维护要求

（一）多雷区

对于同一个地区而言，由于地形关系，有的地方落雷密度高，有的地方落雷密度低，将落雷密度高且经常引起雷击跳闸的地域称为多雷区，因此多雷区是相对的。

1. 划分原则

目前，输电线路除雷电定位系统外，还缺乏有效的雷电监测系统，因此多雷区的划分应以雷电定位系统为主要参考依据；由于雷电定位系统统计的数据量很大，即使采用网格法统计多年的数据，还是难以找出其明显的分布规律。因此在划分多雷区时，要考虑气象统计数据、地形地貌影响、雷电定位系统统计及运行经验等多方面的因素，并遵循以下几个原则。

（1）雷电定位系统中的统计样本应剔除对输电线路影响较小的落雷，如雷电流幅值小于某一限值后就可不再统计，这样更能找出对输电线路有影响的落雷，可更准确地区分多雷区。

（2）应充分采用现有输电线路的运行经验，雷击跳闸集中的地段应划为多雷区。

（3）输电线路雷击跳闸多发生在高山大岭，划分多雷区时应充分考虑地形地貌、金属矿产储矿区等对雷击的影响。

（4）由于气象台站的监测资料年限长，可作为划分多雷区的参考依据，但不能作为主要判据。

2. 运行、维护要求

（1）做好气象数据的统计与分析工作。在气象学上表征雷电的参数有雷暴季节、雷暴持续期、雷暴月、雷暴日、雷暴小时等，要通过对气象部门提供的数据进行统计

分析，积累本地区输电线路的气象资料，但由于气象部门的雷暴日是采用耳听雷声方法，即是一天内听到一个或数千个雷声，均统计为一个雷暴日。同时多数雷是云闪雷，它对输电线路没什么影响，而地闪雷则会造成输电线路跳闸，因此气象资料只能部分可参考。

（2）维护好雷电定位系统。现在，雷电定位监测技术及其系统已广泛应用于国内外电网，是当前观测雷电的主要技术平台。自 1993 年第一套雷电定位系统在安徽电网投入工程应用以来，国家电网公司于 2006 年就已建成覆盖 20 个省域的雷电监测网。雷电定位系统能提供雷电实时监测、雷击故障点快速查询、雷雨季节事故鉴别等功能；同时，雷电定位测量的地闪发生时间、位置、雷电流幅值、极性等数据以及长期积累资料也成为雷电参数统计的重要基础资料，它比我国推荐的跳闸率高近十倍，但与世界各国推荐的雷击跳闸率几乎相等，这对输电线路防雷起到非常重要的作用，也扭转了为什么我国输电线路实际跳闸高的看法，因此要确保雷电定位系统的正常使用。

（3）做好输电线路特殊地形地貌杆塔的防雷工作。山区线路应根据地形及当地的主要风向进行判断，一般为当地夏季主要风向的特殊地形杆塔（如山顶的杆塔、爬坡线路、位于阳坡半山腰的杆塔及跨越江河、峡谷等地形的大跨越等）易遭受雷击，且多数是绕击雷；位于平地、旷野的线路，主要受杆塔高度的影响，一般是周围地形的至高点，且由于线路杆塔良好的接地及金属构件，更容易成为雷电释放的首选目标；临近水域的线路（如处在河床河湾地带、溪岸、湖泊及水库边缘以及临江的山顶或山坡等）由于其具有较低的土壤电阻率和接地电阻，也易吸引雷电，而易遭受雷击；不同性质岩石的分界地带，尤其是在土壤电阻率发生突变的地带（如从铁矿石、铜矿石等蕴藏区及其过渡到其他岩石的边缘）也易遭受雷击。通过新建线路采取小或负地线保护角、运行线路安装横担侧向针、加装耦合地线、塔顶防雷拉线、避雷器及改善接地电阻等针对性措施，降低输电线路的雷击跳闸率。

（二）鸟害区

鸟类是自然生态系统的重要组成部分，它们在维护生态平衡、丰富全球生物多样性方面有着重要作用。全世界共有 9000 多种鸟类，它们随地理区域、种类、性别、成幼等的不同，而在形态、习性等方面千差万别。鸟类以其美丽多彩的羽毛、婉转动听的鸣声、多姿多样的体态，为我们的生活环境增添绚丽色彩和诗情画意，赋予大自然以蓬勃生机和活力。但对于长期暴露于大自然的输电线路来说，是很多鸟类栖息、筑巢的理想场所，从而经常影响到输电线路的安全运行。

1. 划分原则

鸟害故障有鸟粪闪络、鸟巢杂草短接部分空气间隙、鸟啄未带电线路的新复合绝缘子等形式。鸟粪闪络主要是体形较大的鸟或鹭类在横担绝缘子串挂点处停留或起飞时排粪造成，范围较大且有一定的随机性；鸟巢材料短路主要是由于鸟类筑巢的材料下挂、并在空气潮湿的时节因空气间隙不足造成，大多发生在220kV及以下线路上，且具有普遍性；鸟啄新复合绝缘子主要发生在不带电的新建线路上；绝缘子串伞盘上的鸟粪污闪发生的概率较小，需要有足够多的鸟粪才有可能。

鸟害故障随地区差异造成的故障也有所不同，鸟害区域划分主要根据本地区线路所处的环境、易引起鸟害的鸟类活动踪迹和习性、鸟害故障等实际情况进行。如线路杆塔是否处于河、塘附近，是否适合鸟类生存的基本条件；本地主要的鸟类有哪些，其习性又有哪些；主要的鸟害故障（是鸟粪闪络还是鸟巢短路）；这些都是划分鸟害区域的重要依据。

2. 运行、维护要求

（1）要通过分析本地区鸟害故障的原因，主要是由鸟粪或鸟巢引起的故障，根据不同的塔型结构，制订有针对性的防鸟害措施。

（2）观察本地区鸟的种类及活动习性，了解鸟类活动的规律，采取预防措施。

（3）加强鸟类活动区域的巡视，及时消除影响线路安全送电的隐患。对于鸟巢材料下挂，应通过巡视及时发现并进行处理拆除或移位等，同时在塔身内（下方无导线处）搭设人工鸟巢措施，致使鸟类在人工鸟巢内生养繁衍；对于鸟类栖息排泄稀鸟粪闪络，可通过安装防鸟刺、在绝缘子串挂点处安装挡板等措施，使鸟类无法停留在导线上方或排泄的鸟粪无法下挂与导线形成通道。

（三）重污区

污秽等级划分为a、b、c、d、e五个污秽等级，污秽等级应根据典型环境和合适的污秽评估方法、运行经验并结合其表面的现场污秽度（SPS）三个因素综合考虑划分，当三者不一致时，应依据运行经验确定；重污区是指污秽等级在d级（重污秽）和e级（非常重污秽）的污区。

1. 划分原则

如何判别线路途径区域内那些地段是属于重污区，首先要学会对绝缘子表面自然污秽物、污秽环境进行的分类，并根据现场污秽度（SPS）即饱和等值盐密（ESDD）和饱和灰密（NSDD）的测量，现场等值盐度（SES）的试验结果（即盐雾试验时的盐度在相同绝缘子和相同电压条件，产生的泄漏电流脉冲数、电流峰值与现场自然污秽条件下的泄漏电流的脉冲数、电流峰值基本相同，目前各厂家的泄漏电流监控仪均不报泄漏电流脉冲数和脉冲电流值，所报警的是对污闪现象无效果的稳态电流值），通过相应现场污秽度评估与典型环境污湿特质进行比较，确定污区分级。

（1）绝缘子表面自然污秽物分类。

1）A类污秽物。指含有不溶物（或非水溶性）的固体污秽物附着于绝缘表面，当受潮时污秽物导电。A类污秽物可通过测量等值盐密和灰密来表征其特性，其普遍存在于内陆、沙漠或工业污染区，同时沿海地区绝缘子表面形成的盐污层，在露、雾或毛毛雨的作用下，也可视为A类污秽。

2）B类污秽物。指液体电解质附着于绝缘表面，通常也含有少量不溶物。B类污秽物可通过测量导电率或泄漏电流来表征其特性，也可通过测量等值盐密和灰密来表征其特性，主要存在于沿海地区，海风携带盐雾直接沉降在绝缘表面上；通常化工企业排放的化学薄雾以及大气严重污染带来的具有高电导率的大雾与毛毛雨也可列为此类。实际上，纯B类污秽是很少存在的。绝缘子表面的所谓B类污秽物通常总是A类和B类污秽物的混合物。盐雾与化工气体排放物沉降前绝缘子表面已受到污染；特别是在城市、工业区及其周边形成的高电导率的大雾与毛毛雨（或称湿沉降），通常都是叠加在绝缘子表面已有的污层上。

（2）污染环境分类。

1）沙漠型环境。污秽层通常含有缓慢溶解的盐，不溶物含量高，属A类污秽。

2）沿海型环境。沿海岸波浪激起飞沫、海雾以及台风带来的海水微粒最具代表性，通常气象条件下海岸波浪激起飞沫影响距离不远，海雾影响可远至海岸数公里或10km以上，台风影响更可至海岸数十千米。此类污秽层多由溶解度高的可溶盐组成，相对不溶物含量偏低，通常在高电导率雾作用下迅速形成B类污秽层。

3）工业型环境。靠近工业污染源，因污染源类型的不同，绝缘子表面污秽层或含有较多的导电微粒如金属粒子，或含有易溶于水的氮氧化物（NO_x）和硫酸类（SO_x）气体形成的高溶解度的无机盐，或水泥、石膏等低溶解度的无机盐。此类污秽多属A类。

4）农业型环境。位于远离城市与工业污染的农业耕作区，污秽源以土壤扬尘（A类）及农用喷洒物（B类）为主。绝缘子表面污秽层可能含有高溶解度的盐也可能含有低溶解度的盐（如化肥、农药、鸟粪、土壤中的盐分与可溶性有机物）。通常此类污秽中不溶物含量较多，属A类污秽。

（3）饱和污秽度。相关标准规定等值盐密和灰密的测量周期为3～5年，实质上就是用饱和污秽度取代年度最大等值盐密。测试现场污秽度的绝缘子可使用与XP—160型瓷绝缘子爬距相近的XP—70瓷绝缘子和LXP—70、LXP—160玻璃绝缘子。并用上述绝缘子全表面等值盐密和灰密的平均值表示，也就是绝缘子表面的灰盐比，如图12–6–1所示。

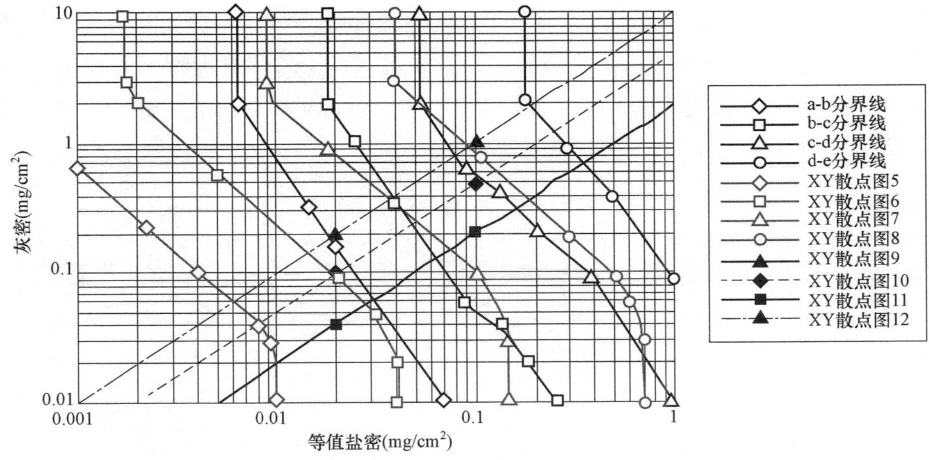

图 12–6–1　绝缘子表面的灰盐比

1）饱和等值盐密。其的获取方法包括通过不清扫线路的实际测试，在实际线路或试验站悬挂不带电绝缘子串进行 3～5 年连续积污试验（要同时进行带电系数的研究），进行年清扫率的测试。其数值由 20℃时的电导率 σ_{20} 计算得到等值盐密（EDSS）。

2）饱和灰密。将测试饱和绝缘子等值盐密及灰密和现场污秽度的相互关系等值盐密的溶液通过过滤、沉淀物烘干、称重等环节得到的绝缘子表面每平方厘米的污秽物毫克数。

（4）划分依据。

1）重污区与相应典型环境污湿特征的描述，见表 12–6–1。

表 12–6–1　　典型环境污湿特征与相应现场污秽度评估示例

示例	典型环境的描述	现场污秽度分级	污秽类型
E1	人口密度大于 10 000 人/km² 的居民区和交通枢纽； 距海、沙漠或开阔干地 3km 内； 距独立化工及燃煤工业源 0.5～2km 内； 乡镇工业密集区及重要交通干线 0.2km； 重盐碱（含盐量 0.6%～1.0%）地区	d 重	A A/B A/B A A
E2	距比 E5 上述污染源更长的距离（与 c 级污区对应的距离），但： 在长时间（几星期或几月）干旱无雨后，常常发生雾或毛毛雨； 积污期后期可能出现持续大雾或融冰雪的 E5 类地区； 灰密为等值盐密 5～10 倍及以上的地区	d 重	A A A
E3	沿海 1km 和含盐量大于 1.0%的盐土、沙漠地区； 在化工、燃煤工业源区内及距此类独立工业源 0.5km； 距污染源的距离等同于 d 级污区，且： 直接受到海水喷溅或浓盐雾； 同时受到工业排放物如高电导废气、水泥等污染和水汽湿润	e 很重	A/B A/B B A/B

2）污秽区分界处的等值盐密。a 污秽区（原清洁区）与轻污秽区（b 区）、轻污秽区与中等污秽区（c 区）、中等污秽区与重污秽区 d 区）、重污秽区与很重污秽区（e 区）分界处的等值盐密分别为 0.03、0.05、0.1mg/cm^2 和 0.25mg/cm^2。污秽区等级分界见表 12–6–2。

表 12–6–2 污秽区等级分界表

污秽等级	等值盐密（mg/cm^2）	爬电比距（mm/kV）
a	0.025	17
b	0.025～0.05	20
c	0.05～0.1	c1=23、c2=25
d	0.1～0.25	d1=28、d2=30
e	＞0.25	e1=32、e2=35

2. 运行、维护要求

（1）根据划分原则认真、仔细地进行污区划分，并制作电网污区分布图。对运行设备根据污区划分等级进行详细校核，对尚未达到污秽等级相应外绝缘水平的设备应登记造册，并及时提出整改计划，逐步改造。

（2）在污闪高发的前期，应做好绝缘子的检测工作，并对不良或自爆绝缘子进行及时的更换。

（3）对重污区地段的线路设备，应重点注意绝缘子结污情况和污源变化情况，不仅要掌握污源分布，还应调查清楚污源性质为设备改造提供信息资料。

（4）对重污区地段的线路设备，加强盐、灰密的测试工作，并利用在线监控装置进行时时监控，及时提出绝缘子清扫计划，预防污闪的发生。

（四）覆冰区

对输电线路覆冰形成主要影响的有海拔高度、地形地貌、风速、湿度、温度、覆冰形状、覆冰种类、覆冰密度等。在划分覆冰区时重点应结合运行经验、实测气象资料、海拔等进行综合分析，得出科学合理的结果，既要避免对覆冰考虑不足而在恶劣气象条件下给输电线路及电网造成重大损失，又要避免设计覆冰太厚，大幅度增加建设投资规模。

1. 划分原则

Q/GDW 179—2008《110～750kV 架空输电线路设计技术规定》，对覆冰区进行了如下划分。

（1）轻冰区：10mm 及以下。

（2）中冰区：大于 10mm 小于 20mm。

（3）重冰区：大于 20mm 及以上。

基本冰厚按以下重现期确定。

1）750kV 输电线路 50 年。

2）500kV 输电线路及其大跨越 50 年。

3）110～330kV 输电线路及其大跨越 30 年。

如沿线的气象与典型气象区接近，宜采用典型气象区所列数值。

在划分覆冰区时应遵守以上规定。对于某一区域的覆冰划分，需综合海拔、气象因素、地形地貌、覆冰观测等资料进行。有覆冰观测资料的，应采用频率分析法确定冰厚，其线型可采用 P—Ⅲ型分布或Ⅰ型极值分布；无覆冰资料的可采用调查分析法确定设计冰厚。送电线路冰区划分应依据充分，着重对冰区分界点和特殊地形点的分析研究，做到冰区划分合理，能真实沿线的覆冰情况。

2. 运行、维护要求

（1）摸清本地区线路海拔高度对线路覆冰的影响。就条件相同的地区尤其对雾凇来说，一般海拔越高越易覆冰，覆冰也越厚，海拔高程较低处其冰厚虽较薄，且多为雨凇或混合冻结。一般来说每一个地区都有一个起始结冰的海拔高程，即凝结高度，我国导地线覆冰凝结高度的分布特点是西高东低，北高南低；在凝结高度以上，随着高程的增加，覆冰厚度也随之增加。海拔越高，如果湿度条件适宜，过冷却雾滴出现的机会增多，雾凇日数也随之增加，这只是就一般情况而言。对于一次具体的结冰过程，就不一定是结冰随海拔高程增加。但相同的地理环境下，海拔越高，覆冰越重。但在遭遇冻雨气象时，海拔高度的影响就基本消失了；如 2008 年南方冰灾中，海拔高度对线路覆冰的影响相对较小，是普遍性覆冰。

（2）了解地形地貌对线路覆冰的影响。导线覆冰与线路走向有关，东西走向普遍较南北走向的导线覆冰严重；由于冬季多为北风或西北风，导线为南北走向时风向与导线轴线基本平行，单位时间与单位面积内输送到导线上的水滴及雾粒较东西走向的导线少得多；导线为东西走向时风与导线约成 90°夹角，从而使导线覆冰最为严重；导线覆冰与风向几乎成正弦关系，东西走向的导线不仅覆冰严重，而且导地线在覆冰后，由于不均匀覆冰的影响，可能会诱发覆冰舞动。

（3）了解覆冰的机理，收集本地气象资料。影响导线覆冰的气象因素主要有四种，即空气温度、风速风向、空气中或云中过冷却水滴直径、空气中液态水含量，这四种因素的不同组合确定了导线覆冰类型。雨凇覆冰通常温度较高，一般在−5～0℃之间，水滴直径一般在 10～40μm 之间；雾凇覆冰温度较低，一般在−15～10℃之间，水滴直径在 1～20μm 之间；混合凇覆冰介于雨凇和雾凇之间，温度范围为−9～3℃，水滴直径在 5～35μm 之间；随着空气温度的升高，雾粒直径变大，相应液水含量增加。在覆冰过程中，风对导地线覆冰起着重要的作用，它将大量过冷却水滴源源不断地输向送电线路，与导线相碰撞，被导线捕获而加速授冰。当具备了形成覆冰的温度和水汽条件后，除了风速的大小对覆冰有影响外，风向也是决定导线覆冰轻重的重要参数；风向与导线平行或与导线之间的交角小于 45°时覆冰较轻；风向与线路垂直或与导线之间的交角大于 45°时覆冰比较严重。但覆冰形成过程中，风向不是固定不变的，总有一些时间风与电线有一定夹角。特别是雨凇覆冰过程中，水滴运动有垂直分量，与导线总成某些交角。

在了解上述原理后，应分析本地区线路的气象情况，对处于覆冰区域的运行线路，特别是在符合覆冰气象条件的时期加强巡视观察，以及时掌握线路覆冰情况，采取相应的措施加以防范，如两侧档距严重不均匀时，可将直线塔改为直线耐张，以杜绝因导线不均匀脱冰造成直线塔颈部拉折损坏的倒塔事故；对处于该区域的新建线路提出建议，档距不均匀时，设计成耐张塔，经过严重覆冰地段选择线路走廊时，应尽量避免导线呈东西走向，防止发生线路覆冰事故。

【思考与练习】

1. 主要的特殊区域类型有哪些？
2. 目前多雷区的划定主要依据什么？
3. 重污区划分的主要依据是什么？

模块 7 输电线路正常巡视作业指导书（Z05G2007Ⅲ）

【模块描述】本模块包含线路正常巡视作业指导。通过要点讲解、要点归纳、流程介绍，掌握正确编写正常巡视作业指导书方法。

【模块内容】

各地结合实际情况，编制了许多好的输电线路各种指导书，这里需要强调的是指导书一般用于班组培训，实际现场工作有的地区使用指导卡，即“书培训、卡现场”，没必要现场带上好几本指导书，这一点适用本教材各类指导书。

编制输电线路的正常巡视作业指导书是为了规范正常巡视工作的程序和巡视人员的作业行为，保证正常巡视工作的安全有序进行，及时掌握线路运行状况及周围环境的变化，以便及时发现和消除缺陷，预防事故的发生。

一、正常巡视的人员素质及要求

1. 人员素质

输电线路巡视人员必须是有输电线路工作经验、通过技能鉴定合格并经《国家电网公司电力安全工作规程（线路部分）》考试合格的人员。

2. 要求

（1）熟悉并掌握管辖线路的技术参数、线路的运行环境及在系统中的接线方式。

（2）熟悉并掌握线路缺陷判别、处理等方面的规定与方法。

（3）认真巡视管辖的线路设备，及时发现缺陷，确保巡视质量。

二、设备巡视要求

1. 设备定期巡视分类

定期巡视有细巡和重点两类，其目的是为了全面掌握线路各部件运行及沿线情况，及时发现设备缺陷和威胁线路安全运行的隐患，并为线路维修和评价提供资料。

（1）细巡。按 DL/T 741—2019《架空输电线路运行规程》规定的巡视内容要求巡视，对危及线路安全的情况及时联系解决。

（2）重点巡视。根据线路的运行状况及季节特点，由运维部门或线路工区统一安排，确定巡视内容，对线路部分设备或特殊地段进行重点检查，包括设备地面部分的消缺与通道清障、交跨测量等工作。

2. 设备巡视周期要求

周期巡视应按规程规定的要求或本单位经过审查批准的线路巡视规定，具体巡视周期各地应结合管辖线路的周围环境、设备和季节变化情况确定，必要时可增加巡视次数，适当调整细巡、重点巡视周期。

三、巡视内容要求

1. 线路本体

（1）地基与基面。有无回填土下沉或缺土、水淹、冻胀、堆积杂物等。

（2）杆塔基础。有无破损、酥松、裂纹、漏筋、基础下沉、保护帽破损、边坡保护不够等。

（3）杆塔。杆塔有无倾斜、主材弯曲、地线支架变形、塔材、螺栓丢失、严重锈蚀、脚钉缺失、爬梯变形、土埋塔脚等；混凝土有无杆未封顶、破损、裂纹等。

（4）接地装置。有无断裂、严重锈蚀、螺栓松脱、接地带丢失、接地带外露、接地带连接部位有雷电烧痕等。

（5）拉线及基础。拉线金具等有无被拆卸、拉线棒严重锈蚀或蚀损、拉线松弛、断股、严重锈蚀、基础回填土下沉或缺土等。

（6）绝缘子。有无伞裙破损、严重污秽、有放电痕迹、弹簧销缺损、钢帽裂纹、断裂、钢脚严重锈蚀或蚀损、绝缘子串顺线路方向倾角大于 7.5° 或 300mm。

（7）导线、地线、引流线、屏蔽线、OPGW。散股、断股、损伤、断线、放电烧伤，导线接头部位有无过热、悬挂漂浮物、弧垂过大或过小、严重锈蚀、电晕现象，导线有无缠绕（混线）、覆冰、舞动、风偏过大、对交叉跨越物距离不够等。

（8）线路金具。线夹有无断裂、裂纹、磨损、销钉脱落或严重锈蚀；均压环、屏蔽环有无烧伤、螺栓松动；防振锤有无跑位、脱落严重锈蚀、阻尼线变形、烧伤；间隔棒有无松脱、变形或离位；各种连板、连接环、调整板有无损伤、裂纹等。

2. 附属设施

（1）防雷装置。避雷器有无动作异常、计数器失效、破损、变形、引线松脱；放电间隙有无变化、烧伤等。

（2）防鸟装置。

1）固定式：有无破损、变形、螺栓松脱。

2）活动式：有无动作失灵、褪色、破损。

3）电子、光波、声响式：有无供电装置失效或功能失效、损坏等。

（3）各种监测装置。有无缺失、损坏、功能失效等。

（4）杆号、警告、防护、指示、相位等标识。有无缺失、损坏、字迹或颜色不清、严重锈蚀等。

（5）航空警示器材。高塔警示灯、跨江线彩球有无缺失、损坏、失灵。

（6）防舞防冰装置。有无缺失、损坏等。

（7）ADSS光缆。有无损坏、断裂、弛度变化等。

3. 线路通道环境

（1）建（构）筑物。有无违章建筑，导线与建（构）筑物安全距离不足等。

（2）树木（竹林）。树木（竹林）与导线安全是否距离不足等。

（3）施工作业。线路下方或附近有无危及线路安全的施工作业等。

（4）火灾。线路附近有无烟火现象，有无易燃、易爆物堆积等。

（5）交叉跨越。是否出现新建或改建电力、通信线路、道路、铁路、索道、管道等。

（6）防洪、排水、基础保护设施。有无坍塌、淤堵、破损等。

（7）自然灾害。地震、洪水、泥石流、山体滑坡等是否引起通道环境的变化。

（8）道路、桥梁。巡线道、桥梁有无损坏等。

（9）污染源。是否出现新的污染源或污染加重等。

（10）采动影响区。是否出现裂缝、坍塌等情况。

（11）其他。线路附近是否有人放风筝；有无危及线路安全的漂浮物；线路跨越鱼塘有无警示牌；有无采石（开矿）、射击打靶、藤蔓类植物攀附杆塔等。

4. 检查绝缘子、绝缘横担及金具

检查绝缘子、绝缘横担及金具有无下列缺陷和运行情况的变化。

（1）绝缘子与瓷横担脏污，瓷质裂纹、破碎，钢化玻璃绝缘子爆裂，绝缘子钢帽及钢脚锈蚀，钢脚弯曲。

（2）合成绝缘子伞裙破裂、烧伤，金具、均压环变形、扭曲、锈蚀等异常情况。

（3）绝缘子与绝缘横担有闪络痕迹和局部火花放电留下的痕迹。

（4）绝缘子串偏斜超过运行标准（双联串改八字形除外），绝缘横担偏斜。

（5）绝缘横担绑线松动、断股、烧伤。

（6）金具锈蚀、变形、磨损、裂纹，开口销及弹簧销缺损或脱出，特别要注意检查金具经常活动、转动的部位和绝缘子串悬挂点的金具。

（7）绝缘子槽口、钢脚、锁紧销不配合，锁紧销子退出等。

5. 检查防雷设施和接地装置

检查防雷设施和接地装置有无下列缺陷和运行情况的变化。

（1）放电间隙变动、烧损。

（2）避雷器、避雷针等防雷装置和其他设备的连接、固定情况。

（3）线路型氧化锌避雷器动作情况，其连线是否完好。

（4）绝缘避雷线间隙变化情况。

（5）地线、接地引下线、接地装置、连续接地间的连接、固定以及锈蚀情况。

6. 检查附件及其他设施

检查附件及其他设施有无下列缺陷和运行情况的变化。

（1）预绞丝滑动、断股或烧伤。

（2）防振锤移位、脱落、偏斜、钢丝断股，阻尼线变形、烧伤、绑线松动。

（3）相分裂导线的间隔棒松动、位移、折断、线夹脱落、连接处磨损和放电烧伤。

（4）均压环、屏蔽环锈蚀及螺栓松动、偏斜。

（5）防鸟设施损坏、变形或缺损。

（6）附属通信设施损坏。

（7）各种检测装置缺损。

（8）相位、警告、指示及防护等标志缺损、丢失，杆号牌缺损，线路名称、杆塔编号字迹不清。

四、正常巡视作业指导书编写内容

根据国家电网公司《现场标准化作业指导书编制导则》的要求，输电线路正常巡视作业指导书的编写结构由封面、适用范围、引用文件、巡视周期、巡视前准备、巡视卡、巡视记录、指导书执行情况评估和附录九项内容组成。

1. 封面

由作业名称、编号、编写人及时间、审核人及时间、批准人及时间、编写部门六项内容组成。

2. 适用范围

指作业指导书的使用效力，如“本指导书适用于××kV××线××塔至××塔正常巡视工作”。

3. 引用文件

明确编写作业指导书所引用的法规、规程、标准、设备说明书及企业管理规定和文件。

4. 巡视周期

按运维部门或线路工区的统一安排，规定周期内按本指导书全面巡视一次（也可根据线路所处地理情况确定巡视周期时间）。

5. 巡视前准备

巡视前应根据下达的巡视任务，从人员配备及要求、危险点分析及预控措施、工器具及材料方面做好准备工作。

（1）人员配备及要求。

1）集体巡视：工作负责人一名，巡视人员若干。

2）分组（个人）巡视：小组负责人、线路岗位责任人或设备主人1～2名（安规规定禁止单人巡视的情况除外）。

巡视人员应身体健康并按规定着装。

（2）危险点及控制措施。设备巡视前，应结合线路巡视杆塔的路径、地形、巡视道路、天气、季节等特点，从环境意外伤害（如雷雨、雪、大雾、酷暑和大风等天气、巡视通道内枯井、沟坎和动物攻击等）、触电伤害（如带电、交叉跨越、同杆架设、导线断落地面或悬吊在空中等）、高空坠落（如爬树、登塔或高差较大地点等）、交通意外（过公路、铁路、乘车等）方面和山区巡线道私设电网、野猪夹、陷阱等，分析巡视中可能造成巡视人员伤害的各种情况，提出保障安全巡视的防范措施，在下达的巡视作业指导书时提示巡线人员加以注意。

（3）巡视主要工器具及材料。主要从巡视人员的通信联系、巡视质量和可单独处理消除的少量地面缺陷等方面进行配置，主要工器具有通信工具、望远镜、照相机、钳子和扳手、砍刀或手锯、山区用登山棒、防刺鞋、个人安全用具等；主要材料有螺栓、铁丝、防盗帽及巡视记录等。

6. PDA巡检仪或巡视卡

由巡视项目、巡视标准、缺陷内容与签注栏组成。若是PDA巡检仪，则巡检仪内附有全部线路的技术资料。

（1）巡视项目。每基杆塔的巡视内容。一般分线路通道及周边环境变化情况、杆塔本体、附属设施等项目。

（2）巡视标准。每个巡视项目检查和评判的依据。如线路标志“线路双编号齐全醒目，符合国标；警示牌规范统一，悬挂牢固”、杆塔本体“塔材、横担无变形；塔材螺栓齐全、紧固，无锈蚀现象”等。

（3）缺陷内容。详细记录设备缺陷情况。

（4）签注栏。记录每个项目的巡视结果，一般为“√”或“×”。签注栏首行内写明巡视时间。

7. 巡视记录

由巡视日期、巡视线段、巡视人员、备注栏组成。

8. 指导书执行情况评估

执行情况评估要对指导书的符合性、可操作性进行评价，对可操作项、不可操作项、修改项、遗漏项和存在问题做出统计，并提出改进意见。

9. 附录

可根据所巡视设备的跨越情况，确定所填写的跨越物垂直距离。线路与交跨物垂直距离的规定（按电压等级填写）。

五、正常巡视作业指导书格式

1. 封面

巡视作业指导书的封面如图 12–7–1 所示。

编号：Q/×××

××kV××线××塔至××塔巡视作业指导书

编写：__________　　________年____月____日

审核：__________　　________年____月____日

批准：__________　　________年____月____日

××供电公司×××

图 12–7–1　巡视作业指导书的封面

2. 适用范围

本作业指导书适用于××kV××线××塔至××塔正常巡视工作。

3. 引用文件

下列文件对于本文件的应用是必不可少的。凡是注日期的引用文件，仅所注日期的版本适用于本文件。凡是不注日期的引用文件，其最新版本（包括所有的修改单）

适用于本文件。

《电力设施保护条例实施细则》（中华人民共和国国家经济贸易委员会、中华人民共和国公安部令第 8 号）

GB 50233—2014 《110～500kV 架空输电线路施工及验收规程》

DL/T 741—2019 《架空输电线路运行规程》

DL/T 5092—1999 《110～500kV 架空送电线路设计技术规程》

国网（运检/4）305—2014 《国家电网公司架空输电线路运维管理规定》

Q/GDW 1799.2—2013 《国家电网公司电力安全工作规程（线路部分）

4. 巡视周期

规定周期内按本指导书全面巡视一次（也可根据线路所处地理情况确定巡视周期时间）。

5. 巡视前准备

（1）人员要求见表 12–7–1。

表 12–7–1 人员要求

√	序号	内容	备注
	1	集体巡视：工作负责人一名，巡视人员若干	

（2）危险点及控制措施见表 12–7–2。

表 12–7–2 危险点及控制措施

√	序号	危险点	控制措施
	1	环境意外伤害	巡线时应穿工作鞋或防刺靴，雨、雪天路滑，慢慢行走，过沟、崖和墙时防止摔伤，不走险路。防止动物伤害，做好安全措施；偏僻山区巡线由两人进行。暑天、大雪天等恶劣天气，必要时由两人进行
	2	防止高空摔跌	不得随意攀登铁塔去处理杆号牌或观察树竹木与导线距离

（3）巡视主要工器具及材料见表 12–7–3。

表 12–7–3 巡视主要工器具及材料

√	序号	名称	规格	单位	数量	备注
	1	扳手	10～12 寸	把	2	
	2	螺栓	M16	套	5	

6. PDA 巡检仪或巡视卡（见表 12–7–4）

表 12–7–4　　PDA 巡检仪或巡视卡

线路名称		导线型号		地线型号		一般绝缘配置	
巡视项目	巡视标准					×月/×日	×月/×日
缺陷内容							

7. 巡视记录（见表 12–7–5）

表 12–7–5　　巡　视　记　录

巡视日期	巡视区段	巡视人员签名	备　注

8. 附录（见表 12–7–6）

表 12–7–6　　附　　录

交跨距离（m）/ 电压等级（kV）	铁路（至轨顶）	窄轨铁路（至轨顶）	通航河流（最高水位）	通航河流（最高水位至桅顶）	公路（至路面）	弱电线	电力线

【思考与练习】

1. 定期巡视的周期是如何规定的？
2. 定期巡视的人员资质要求是什么？
3. 定期巡视的安全要求是什么？
4. 定期巡视的作业程序是什么？

模块 8　输电线路故障巡视作业指导书（卡）（Z05G2008Ⅲ）

【模块描述】 本模块包含线路故障巡视作业指导（卡）。通过要点讲解、要点归纳、流程介绍，掌握正确编写故障巡视作业指导书（卡）方法。

【模块内容】

编制输电线路故障巡视的作业指导书是为了规范故障巡视工作的程序和巡视人员的作业行为，保证故障巡视工作的安全有序进行，及时查明线路故障的原因、地点及故障情况，以便及时消除故障和恢复线路送电，作业指导卡是指导书的现场使用简表。

一、故障巡视的人员素质及要求

1. 人员素质

输电线路故障巡视人员必须是从事输电线路专业有一定线路工作经验、通过技能鉴定合格并经《国家电网公司电力安全工作规程（线路部分）》考试合格的人员。

2. 要求

（1）熟悉并掌握所管线路的技术参数、线路走径及通道环境情况。

（2）熟悉并掌握所管线路运行状况及存在缺陷。

（3）熟悉故障现象，具备线路故障的识别能力。

（4）按照线路工区及班站的统一安排，认真巡查设备，及时发现故障点并进行故障原因的初步判别，确保巡查质量。

二、设备巡视时间及要求

1. 故障巡视时间

线路发生故障后，无论重合是否成功，均应从故障的情况认真及时分析可能引发故障或事故的各种原因和可能发生的区段，确定巡查方案，并立即组织人员赶赴现场进行故障或事故查线。

2. 故障或事故巡线必须遵守下列要求

（1）故障或事故巡视中，巡视人员应严格遵守《国家电网公司电力安全工作规程（线路部分）》和 DL/T 741—2019《架空输电线路运行规程》的有关规定。

（2）巡线人员应认真完成自己所负责区段的巡视工作，不得中断或遗漏。

（3）巡视人员发现故障点后，应及时汇报，重大事故点应设法保护现场；对可能造成故障的所有物件应搜集带回，并对故障或事故现场情况做好详细记录，必要时画出现场情况草图或照相，作为故障或事故分析的依据和参考。

三、巡视内容及要求

1. 沿线情况

（1）由于线路所经路段的地形不同，发生故障或事故的情况也各不相同，对各种季节性故障的影响也不一样，如雷雨季节的高山路段线路易发生雷击、汛期处于河流附近的线路杆塔易受冲刷倒塔等。

（2）由于线路通道内或线路附近各种超高的树木、广告牌、宣传条幅等物，对于故障的影响是不一样，如超高的树木、广告牌等物易发生接地故障、宣传条幅等物碰线需有一定的风力等。

（3）故障巡视时应结合故障分析要求，对线路沿线可能产生故障的情况进行认真检查。

2. 接地装置

检查接地连接螺钉与杆塔连接处有无故障时放电烧伤痕迹。

3. 杆塔和拉线

（1）检查杆塔上横担与混凝土杆接触处、横担与绝缘子连接处、架空地线金具连接处有无故障时放电烧伤痕迹。

（2）检查杆塔和拉线上下连接处有无故障时放电烧伤痕迹。

4. 绝缘子及金具

（1）检查绝缘子上有无故障时闪络放电烧伤痕迹。

（2）检查玻璃绝缘子、瓷质绝缘子的钢帽上有无故障时放电烧伤痕迹。

（3）检查均压环、屏蔽环、连接金具上有无故障时放电烧伤痕迹。

5. 导线及避雷线

（1）检查导线线夹附近、导线上有无故障时放电烧伤痕迹。

（2）检查避雷线线夹内、线夹附近、避雷线上有无故障时放电烧伤痕迹。

6. 附属设施及其他

（1）预绞丝、护线条上有无放电烧伤痕迹。

（2）光缆支架上有无故障时放电烧伤痕迹。

7. 防雷设施

（1）放电间隙有无变动、烧损。

（2）线路型氧化锌避雷器计数器有无动作情况。

（3）避雷器、避雷针等防雷装置和其他设备的连接、固定情况。

四、巡视的区段

故障或事故发生后，线路管理单位应及时根据调度部门提供的故障或事故信息（故障性质、电流、相位、测距等）和线路存在的隐患，分析线路故障相的排列、金属或非金属接地、单相或相间接地、距变电站的位置等，结合线路档距推算出可能发生故障的杆塔号，并以此为中心向线路两侧各延伸 3～5km 确定为线路故障巡视的区段，安排故障或事故查巡。

五、故障巡视作业指导书的内容

根据国家电网公司《现场标准化作业指导书编制导则》的要求，本模块中输电线路故障巡视作业指导书的编写结构由封面、适用范围、引用文件、巡视前准备、巡视卡和指导书执行情况评估及附录七项内容组成。

1. 封面

由作业名称、编号、编写人及时间、审核人及时间、批准人及时间、编写部门六项内容组成。

2. 适用范围

指作业指导书的使用效力，如“本指导书适用于××kV××线××塔至××塔故障巡视检查工作”。

3. 引用文件

明确编写作业指导书所引用的法规、规程、标准、设备说明书及企业管理规定和文件。

4. 巡视前准备

巡视前应根据下达的巡视任务，从人员配备及要求、危险点分析及预控措施、工器具及材料方面做好准备工作。

（1）人员配备及要求。

1）集体地面巡视：工作负责人一名，巡视人员若干。

2）登杆塔分组巡视：工作负责人一名，每组至少两名工作人员，其中一名为小组负责人。

巡视人员应身体健康并按规定着装和配备安全防护用具。

（2）危险点及控制措施。设备巡视前，应结合线路巡视杆塔的路径、地形、巡视道路、天气、季节等特点，从环境意外伤害（如雷雨、雪、大雾、酷暑和大风等天气、巡视通道内枯井、沟坎和动物攻击等）、触电伤害（如带电、交叉跨越、同杆架设、导线断落地面或悬吊在空中等）、高空坠落（如登杆塔或高差较大地点等）、交通意外（过公路、铁路、乘车等）方面分析巡视中可能造成巡视人员伤害的各种情况，提出保障安全巡视的防范措施，在下达巡视作业指导书时提示巡线人员加以注意。

（3）巡视主要工器具及材料。主要从巡视人员的通信联系、巡视质量和巡视人员安全等方面进行配置，主要工器具有通信工具、望远镜、照相机、个人安全用具等；主要材料为巡视记录。

（4）“三交三查”。工作前，工作负责人检查工作票或任务单所列安全技术措施是否正确完备，并予以补充；工作负责人应召集工作班成员进行“三交三查”，包括交代工作任务、技术措施、安全措施和危险点告知，检查工作人员精神状况、劳动保护着装情况、个人工器具是否完好齐全、危险点预控措施的落实情况；全体工作班成员在明确工作任务、安全技术措施和危险点及防范措施后在工作票或工作任务单上签名。

5. 巡视卡

由巡查项目、巡查标准、故障情况描述与签注栏组成。

（1）巡视项目。规定每基杆塔的巡视内容一般分为沿线情况、接地装置、杆塔和拉线、绝缘子及金具、导线及避雷线、附属设施及其他、防雷设施等项目。

（2）巡查标准。规定每个巡视项目检查和评判的依据：如沿线情况、接地装置、杆塔和拉线、绝缘子及金具、导线及避雷线、附属设施及其他、防雷设施等有无放电烧伤痕迹或异常。

（3）故障情况描述。详细记录设备故障情况，如杆塔号、故障相位和排列位置、故障点损伤情况等，并对巡视范围内发现的设备异常情况一并进行记录。

（4）签注栏。记录每个项目的巡视结果，一般为“√”或“×”，签注栏首行内应写明巡视时间。

6. 指导书执行情况评估

执行情况评估要对指导书的符合性、可操作性进行评价，对可操作项、不可操作项、修改项、遗漏项做出统计，并对巡视中的安全、计划完成、故障情况进行分析，找出故障巡视中存在的问题，并提出改进的防范措施和处理意见。

7. 附录（巡视记录）

（1）填写内容包括工作日期、巡视区段、发现的故障点、当日工作完成情况。

（2）必须正确填写巡视发现的故障点（正确描述缺陷、正确定性、提出处理意见）。

（3）填写必须完整，书写工整、字迹清楚，能清楚反映发现的故障情况。

六、故障巡视作业指导书的格式

1. 封面

故障巡视作业指导书的封面如图 12–8–1 所示。

编号：Q/×××

××kV××线××塔至××塔故障巡视作业指导书

编写：________________　　________年______月______日

审核：________________　　________年______月______日

批准：________________　　________年______月______日

××供电公司×××

图 12–8–1　故障巡视作业指导书的封面

2. 适用范围

本作业指导书适用于××kV××线××塔至××塔故障巡视工作。

3. 引用文件

《电力设施保护条例实施细则》（中华人民共和国国家经济贸易委员会、中华人民共和国公安部令第 8 号）

GB 50233—2015 《110～750kV 架空输电线路施工及验收规程》

DL/T 741—2019 《架空输电线路运行规程》

DL/T 5092—1999 《110～500kV 架空送电线路设计技术规程》

国网（运检/4）305—2014 《国家电网公司架空输电线路运维管理规定》

Q/GDW 1799.2—2013 《国家电网公司电力安全工作规程（线路部分）》

4. 巡视前准备

（1）巡视人员要求见表 12–8–1。

表 12–8–1　　巡视人员要求

序号	内　　容	备注
1	集体巡视：工作负责人 1 名，巡视人员若干	

（2）危险点及控制措施见表 12–8–2。

表 12–8–2　　危险点及控制措施

序号	危险点	控制措施
1	环境意外伤害	巡线时应穿登山鞋或防刺靴，手持登山棒，雨、雪天路滑，慢慢行走，过沟、崖和墙时防止摔伤，不走险路。防止动物或狩猎装置伤害，做好安全措施；偏僻山区巡线由两人进行。暑天、大雪天等恶劣天气，必要时由两人进行
2	高空坠落	若要登塔巡查，必须有专人监护，登塔时双手不得持有任何物件

（3）巡视主要工器具及材料见表 12–8–3。

表 12–8–3　　巡视主要工器具及材料

序号	名称	规格	单位	数量	备注
1	照相机		只	1	
2	绝缘安全带		副	1	

（4）“三交三查”内容见表 12–8–4。

表 12–8–4　　“三交三查”内容

序号	内容	作业人员签字
1	履行开工手续	
2	“三交三查”即宣读工作票、交待作业任务、危险点及安全措施、安全注意事项、任务分工并提问作业人员	
3	作业前对安全用具、工器具、材料进行清点检查	

5. 巡视卡（见表 12–8–5）

表 12–8–5 巡 视 卡

巡查项目	巡查标准	×月 ×日	×月 ×日
异常情况描述			
改进意见			

6. 附录（巡视记录见表 12–8–6）

表 12–8–6 巡 视 记 录

巡视日期	巡查区段	巡视人员签名	备注

七、故障巡视卡

为提高事故处理能力，作好事故预案，根据国家电网生〔2009〕190 号《国家电网公司深入开展现场标准化作业工作指导意见》，现场使用故障巡视卡。

1. 故障巡视卡使用的背景

输电线路分布广，线路生产管理部门人员少，一个设备主人往往管理好几条线路，各条线路仅有相应管辖班组熟悉线路路径、重要跨越及运行状况等。故障巡视必须全线巡视，不得中断或遗漏。社会经济高速的发展，与电能安全供应是息息相关的。线路一旦发生故障，早一分送电，多一份效益，快速查到故障点不是一个班组能够完成的。但是其他班组对故障线路的运行状况不甚熟悉，往往造成故障点不能及时发现，线路故障不能及时消除，电能不能及时输出，造成供电企业与社会效益都不能双赢。而且线路管辖单位还要受到严重的考核。

以往的故障巡视存在盲目性，线路发生故障，巡视人仅知道故障线路名称及相别，不知道巡视要点及注意事项，特别是安全注意事项不能给予时刻的警示，有人没有将故障点查出来，本身还受到伤害。有时一条线路的故障，故障点几天也查不出来，为此根据多年的故障巡视经验，特制定故障巡视卡及制度，以此提高故障巡视的质量，提高安全工作效率，同时也提高巡视人员的技能水平。

2. 故障巡视卡范本

线路故障巡视卡由线路运行专职和输电运维班制作，按线路可能发生故障情况、原因、区段，安全注意事项、巡视区段分工、线路的重要跨越杆号、跨越物名称、故障时的天气状况、重点巡视部位及故障线路基本信息。故障巡视卡范本举例：

220kV××××4698 线故障巡视卡：

（1）故障线路内容描述（提前编制各种事故类型，使用时直接填入调度故障巡视命令）

2007 年 8 月 10 日 21:36，雷阵雨、阵风 7 级。220kV××××4698 线两侧主保护动作，A 相跳闸，重合成功。三堡变电站测距为 35.1km。郎山变测距为 15.34km。

（2）线路基本信息及可能发生故障的原因、地段：

220kV××××4698 线全长 48.6km，全线 1 号～144 号。导线型号：2×LGJQ–300/25，地线型号：ACSR/AS–70/40，OPGW–36（芯），1 号～144 号塔与××××4697 线路并架，杆塔数 144 基。直线塔地线保护角 17.8°。

全线路直线塔为合成绝缘子，长度为 2350mm，耐张塔为 16 片 XWP2–100，色标绿底白字。通道内无施工等隐患，故障时天气为雷阵雨，而且是重合成功的瞬间故障，故障原因可能为雷电绕击或大风引发异物单相短路。根据两侧的测距可能的杆段为 90 号～115 号耐张段内。故障点可能为 98～102 号。本耐张段内 A 相为面向郎山变电站（大号侧）中线。

（3）本线路所有的重要跨越：

9 号～10 号 104 公路，18 号～19 号高速公路，45 号～46 号高速公路，80 号～81 号跨铁路。

88 号～89 号公路，93 号～94 号大运河，123 号～124 号徐贾公路，143 号～144 号铁路一条。

铁路一条对于重要跨越处各班组一定要巡视到位，确保重要跨越的安全。

（4）故障巡视要求及安全注意事项：

1）故障巡线应始终认为线路带电，发现导线、地线断落地面或悬挂空中，应设法防止行人靠近断线地点 8m 以内。

2）重点巡视 A 相绝缘子的均压环、伞裙及横担挂点处有无放电痕迹。

3）耐张塔 A 相跳线有无放电痕迹。

4）戴安全帽，穿绝缘鞋；遇沟绕行；雷雨时远离线路；大风时沿上风侧巡视。

5）故障巡视出发前，组织巡视人员必须详细掌握线路故障具体信息，了解故障巡视要点、必须带故障巡视卡巡视，发现故障点后及时报告，拍照，采集故障遗物，必要时保护现场等，全面巡视，不得中断或遗漏。重要跨越段及可能发生故障区段必须提前安排巡视。

（5）故障巡视任务分配。

各巡视小组巡视区段：线路三班 1 号～13 号～23 号～32 号～41 号，线路二班 41 号～49 号～59 号～65 号～73 号～80 号～87 号～93 号，带电班 94 号～105 号～

112 号～117 号～123 号～132 号～138 号～144 号，带电班做好登塔检查准备。

巡视过的没有发现故障点的区段，及时安排交叉巡视，及时组织故障分析，做好记录。总结经验教训，找出本次故障巡视工作中的差距及整改措施。

通过故障巡视卡的使用，有效解决了分区域、分线路管理带来的查巡故障点时查巡人员对非自己管辖线路存在不熟悉路径、不熟悉重要跨越的具体杆号和位置、不熟悉巡视分段等情况，提高了巡查效率和质量，为快速找到故障点提供了有力保障。

【思考与练习】

1. 故障巡视有什么要求？
2. 故障巡视的区段如何划分？
3. 故障巡视过程中对巡视人员有什么要求？
4. 故障巡视卡使用的意义？

模块 9　输电线路特殊巡视作业指导书（Z05G2009Ⅲ）

【模块描述】本模块包含线路特殊巡视作业指导。通过要点讲解、要点归纳、流程介绍，掌握正确编写特殊巡视作业指导书方法。

【模块内容】

编制输电线路的特殊巡视作业指导书是为了规范特殊巡视工作的程序和巡视人员的作业行为，保证特殊巡视工作的安全有序进行，在导线结冰、大雾、黏雪、冰雹、河水泛滥、解冻、森林起火、地震以及狂风暴雨等发生后或系统特殊运行方式时，为及时查明线路设备的不正常和部件变形损坏情况，以便及时发现和消除缺陷，预防事故的发生。

一、人员素质及要求

1. 人员素质

输电线路特殊巡视人员必须是从事输电线路专业有一定线路工作经验、通过技能鉴定合格并经《国家电网公司电力安全工作规程（线路部分）》考试合格的人员。

2. 要求

（1）熟悉并掌握所管线路的技术参数、线路走径及通道环境情况。

（2）应由有经验并熟悉该线路的运行班成员组成。

（3）按照线路工区及班站安排，认真巡视设备，及时发现缺陷和隐患，确保巡视质量。

（4）特殊巡视应配备适合恶劣天气行驶的车辆，驾驶员应熟悉特殊巡视地区。

二、巡视时间及要求

1. 巡视时间

特殊巡视一般在气候剧烈变化、自然灾害、外力影响、特殊运行方式和其他特殊情况条件下，及时组织安排巡视。

2. 巡视要求

（1）在气候剧烈变化、自然灾害、外力影响、异常运行和其他特殊情况时，应及时对线路进行巡视，以发现线路通道的异常现象及设备部件的缺陷及异常情况。

（2）巡线人员应认真完成自己所负责区段的巡视工作，不得中断或遗漏。

（3）巡视人员发现设备异常后，应做好详细记录，对紧急缺陷应立即汇报。

（4）特殊巡视至少两人一组。

（5）巡视中通过走访群众护线员，了解当地的气候剧烈变化、自然灾害及外力破坏情况。

三、巡视内容要求

1. 气候剧烈变化特殊巡查

（1）导、地线上扬、振动、舞动、脱冰跳跃，相分裂导线鞭击、扭绞、粘连等。

（2）绝缘子与绝缘横担是否有覆冰、爬电等异常现象。

（3）跳线与横担空气间隙变化，跳线是否舞动或摆动过大。

（4）导线跳线连接金具过热、变色、变形、滑移。

（5）树木是否对线路运行构成威胁。

（6）附属设施是否完好。

2. 自然灾害特殊巡查

（1）杆塔及拉线的基础变异，如周围土壤突起或沉陷，基础裂纹，损坏、下沉或上拔，护基沉塌或被冲刷。

（2）线路附近河道冲刷的变化。

（3）防洪设施是否坍塌或损坏。

（4）拉线松弛、抽筋断股、张力分配不均等。

3. 外力影响特殊巡查

（1）线路防护区内有无进入或穿越保护区的超高机械作业。

（2）在杆塔、拉线基础周围取土、堆土、打桩、钻探、开挖或倾倒酸、碱、盐及其他有害物质。

（3）线路设施是否有被拆盗现象。

（4）防护区内有无兴建建筑物、堆放易燃、易爆物及栽种树木。

（5）导线对地、交叉跨越设施及对其他物体距离的变化。

（6）在线路附近施工爆破、开山采石、上坟烧纸、燃放炮烛、放风筝等。

4. 季节性及特殊区域巡查

（1）台风季节拉线杆塔的拉线拉棒及拉线金具的锈蚀、断股、被盗、松动、塔材有无缺损等情况。

（2）雷电活动频繁区域杆塔接地体是否外露、防雷设施有无损坏。

（3）春季树木、毛竹生长期，在线路通道附近有无危及线路安全及线路导线风偏摆动时，有无可能引起放电的树木、毛竹。

（4）多雨季节杆塔、基础有无被埋、被冲刷或损坏等，防洪设施有无坍塌或破坏。

（5）易火灾区域当地居民有无野外生火危及线路的情况。

5. 特殊运行方式下巡查

（1）导、地线弧垂变化，相分裂导线间距变化。

（2）导线接续金具过热、变色、变形、滑移。

（3）导线对地、交叉跨越设施及对其他物体距离的变化。

四、巡视区段

主要是气候剧烈变化、自然灾害、外力和其他情况影响地域的整条线路或其中的某几段、某元件，包括线路危险控制点。

五、特殊巡视作业指导书的内容

根据国家电网公司《现场标准化作业指导书编制导则》的要求，本模块中输电线路特殊巡视作业指导书的编写结构由封面、适用范围、引用文件、巡视前准备、巡视卡和指导书执行情况评估及附录七项内容组成。

1. 封面

由作业名称、编号、编写人及时间、审核人及时间、批准人及时间、编写部门六项内容组成。

2. 适用范围

指作业指导书的使用效力，如“本指导书适用于××kV××线××塔至××塔特殊巡视检查工作”。

3. 引用文件

明确编写作业指导书所引用的法规、规程、标准、设备说明书及企业管理规定和文件。

4. 巡视前准备

巡视前应根据下达的巡视任务，从人员配备及要求、危险点及控制措施、工器具及材料方面做好准备工作。

（1）人员配备及要求。

1）集体巡视：工作负责人一名，巡视人员若干。

2）分组巡视：小组负责人一名，设备主人一到两名。

巡视人员应身体健康并按规定着装和安全防护用具。

（2）危险点及控制措施。设备巡视前，应结合线路巡视杆塔的路径、地形、巡视道路、天气、季节等特点，从环境意外伤害（如雷雨、雪、大雾、酷暑和大风等天气、巡视通道内枯井、沟坎和动物攻击等）、触电伤害（如带电、交叉跨越、同杆架设、导线断落地面或悬吊在空中等）、高空坠落（如爬树、登塔或高差较大地点等）、交通意外（过公路、铁路、乘车等）方面分析巡视中可能造成巡视人员伤害的各种情况，提出保障安全巡视的防范措施，在下达的巡视作业指导书时提示巡线人员加以注意。

（3）巡视主要工器具及材料。主要从巡视人员的通信联系、巡视质量和巡视人员安全等方面进行配置，主要工器具有通信工具、望远镜、照相机、测高仪、个人安全及防护用具等；主要材料有电力警示牌、巡视记录等。

（4）“三交三查”。工作前，工作负责人检查工作票或任务单所列安全技术措施是否正确完备，并予以补充；工作负责人应召集工作班成员进行“三交三查”，包括交代工作任务、技术措施、安全措施和危险点告知，检查工作人员精神状况、劳动保护着装情况、个人工器具是否完好齐全、危险点预控措施的落实情况；全体工作班成员在明确工作任务、安全技术措施和危险点及防范措施后在工作票或工作任务单上签名。

5. 巡视卡

由巡查项目、巡查标准、缺陷及异常情况描述与签注栏组成。

（1）巡视项目。规定每基杆塔的巡视内容应根据巡查要求的不同，对照巡视重点安排进行。

（2）巡查标准。规定每个巡视项目检查和评判的依据，如线路杆塔本体、塔材、横担有无变形；塔材螺栓是否紧固等。

（3）缺陷及异常情况描述。详细记录线路缺陷及异常情况。

（4）签注栏。记录每个项目的巡视结果，一般为“√”或“×”，签注栏首行内应写明巡视时间。

6. 指导书执行情况评估

执行情况评估要对指导书的符合性、可操作性进行评价，对可操作项、不可操作项、修改项、遗漏项做出统计，并对巡视中的安全、计划完成、发现问题进行分析，找出夜间巡视中存在的问题，并提出改进的防范措施和处理意见。

7. 附录（巡视记录）

（1）填写内容包括工作日期、特殊巡视区段、发现的问题、当日工作完成情况。

（2）必须正确填写巡视发现的问题（正确描述缺陷、正确定性、提出处理意见）。

（3）填写必须完整，书写工整、字迹清楚，能清楚反映发现的故障情况。

六、故障巡视作业指导书的格式

1. 封面

故障巡视作业指导书的封面如图 12–9–1 所示。

编号：Q/×××

××kV××线××塔至××塔特殊巡视作业指导书

编写：______________ _______年_____月_____日

审核：______________ _______年_____月_____日

批准：______________ _______年_____月_____日

××供电公司×××

图 12–9–1 故障巡视作业指导书的封面

2. 适用范围

本作业指导书适用于××kV××线××塔至××塔特殊巡视工作。

3. 引用文件

《电力设施保护条例实施细则》（中华人民共和国国家经济贸易委员会、中华人民共和国公安部令第 8 号）

GB 50233—2014 《110～750kV 架空输电线路施工及验收规程》

DL/T 741—2019 《架空输电线路运行规程》

DL/T 5092—1999 《110～500kV 架空送电线路设计技术规程》

国网（运检/4）305—2014 《国家电网公司架空输电线路运维管理规定》

Q/GDW 1799.2—201 《国家电网公司电力安全工作规程（线路部分）》

4. 巡视前准备

（1）特殊巡视人员要求见表 12–9–1。

表 12–9–1 特殊巡视人员要求

√	序号	内容	备注
	1	集体巡视：工作负责人一名，巡视人员若干，至少两人一组	

（2）特殊巡视危险点及控制措施见表12–9–2。

表12–9–2 特殊巡视危险点及控制措施

√	序号	危险点	控制措施
	1	环境意外伤害	巡线时应穿绝缘鞋或绝缘靴，雨、雪天路滑，慢慢行走，过沟、崖和墙时防止摔伤，不走险路。防止动物伤害，做好安全措施；偏僻山区巡线由两人进行。暑天、大雪天等恶劣天气，必要时由两人进行

（3）特殊巡视主要工器具及材料见表12–9–3。

表12–9–3 特殊巡视主要工器具及材料

√	序号	名称	规格	单位	数量	备注
	1	照相机		台	若干	
	2	测高仪		台	若干	

（4）特殊巡视“三交三查”内容见表12–9–4。

表12–9–4 特殊巡视“三交三查”内容

√	序号	内容	作业人员签字
	1	履行开工手续	
	2	“三交三查”即宣读工作票、交待作业任务、危险点及安全措施、安全注意事项、任务分工并提问作业人员	
	3	作业前对安全用具、工器具、材料进行清点检查	

5. 特殊巡视卡（见表12–9–5）

表12–9–5 特殊巡视卡

<table>
<tr><td>杆塔型式</td><td></td><td>导线型号</td><td></td><td>绝缘配置</td><td></td><td>档距</td><td></td></tr>
<tr><td>杆塔
呼称高</td><td></td><td>地线型号</td><td></td><td>拉线型式</td><td></td><td>所处
地域</td><td></td></tr>
<tr><td>巡视项目</td><td colspan="5">巡视标准</td><td>×月
×日</td><td>×月
×日</td></tr>
<tr><td></td><td colspan="5"></td><td></td><td></td></tr>
<tr><td>缺陷内容</td><td colspan="7"></td></tr>
</table>

6. 附录（特殊巡视记录见表 12–9–6）

表 12–9–6 特殊巡视记录

巡视日期	巡视区段	巡视人员签名	备注

【思考与练习】

1. 特殊巡视的时间有什么要求？
2. 特殊巡视是如何规定的？
3. 特殊巡视的安全要求是什么？

第十三章

输电线路的状态运行

◢ 模块 1　输电线路状态运行基本概念（Z05G3001Ⅱ）

【模块描述】本模块包含输电线路状态运行的基本概念部分常用线路专业术语。通过概念描述、知识讲解，了解部分常用线路专业术语，掌握输电线路状态运行的基本概念。

【模块内容】

一、架空输电线路状态运行的基本概念

输电线路架设在野外，常年经受大自然环境影响，同时还要受人类生产、生活的影响，如公用事业基础建设中的土地平整，线路附近风筝、广告气球飘带、农用薄膜、农作物遮阳布飘飞缠绕，道路桥梁或弱电线路、管道的建设、穿越架设中危及线路的安全运行，另外还会遭到塔材、导线等偷盗或恶意破坏等，因此按 DL/T 741—2019《架空送电线路运行规程》的周期巡视和定期检修，会造成绝大部分线路设备过渡维护和检修，对少量特殊区域的线路设备则会呈现明显的巡视、检修不足。

因此按输电线路设备本体的运行状况和通道环境运行状况，以及带电设备（部件）的缺陷状况，进行有的放矢地巡视、检修消缺。

1. 状态巡视

状态巡视是线路巡视的一种科学方式，是根据架空输电线路的实际状况和运行经验动态确定线路（段、点）巡视周期的巡视。线路实际状况包括线路设计条件、运行年限、设备健康状况、通道情况、地质、地貌、环境、气候、设备存在的危险点等。按线路（设备、通道）状态巡视，可以使巡视过程中做到有的放矢，真正做到“该巡必巡，巡必巡好”。

2. 线路状态检测

线路状态检测是指线路运行维护人员对线路设备、通道状况用仪器测量方法按预先确定的采样周期进行的状态量采样过程。常见的线路状态监测有瓷绝缘子零值（即绝缘电阻、分布电压）测试、接地电阻测量、交叉跨越测量、导线跳线连接

点螺栓扭矩检测或红外测温、运行绝缘子盐密测量、复合绝缘子憎水性能测量和拉棒锈蚀检测等。

3. 线路状态检修

对巡视、检测发现的状态量超过状态控制值的部位或区段进行维护或修理的过程。可根据实际情况采取带电或停电方式进行。线路状态检修可结合线路的大修、技术改造和日常维修进行。

4. 状态评价

输电线路状态评价是按条计列，但线路设备有杆塔、基础、导地线、绝缘子、金具、接地装置、附属设施和线路通道 8 个单元，每个单元项有数量众多的构件，因此评价先按单元状态评价，由单元、部件、评价内容、状态量、量测、评分标准构成，评价内容是部件的具体评价范畴。状态量是反映评价内容中设备状况的各种技术指标、性能和运行情况等参数的总称，量测是状态量的具体数值或定性值，评分标准是按单元的重要性来附以不同权重，它通过量测来判断状态的扣分依据，按是否需要停电来施行采取何种检修方式。

5. 设备危急缺陷

线路设备或通道缺陷随时都有可能导致发生事故，必须尽快停电或带电作业消除或采取临时安全技术措施后尽快处理的缺陷状态。

6. 设备严重缺陷

线路设备或通道缺陷比较重大，但设备仍可短期继续安全运行的缺陷，应在短期内停电或采用带电作业方式消除的缺陷状态。

7. 设备一般缺陷

线路设备或通道缺陷对近期安全运行影响不大的缺陷，可列入下次检修处理或采用带作业方式消除的缺陷状态。

8. 外部隐患

因线路外部环境变化或人为等因素危及线路安全运行的各种情况，如与线路安全距离不足的树竹木、建（构）筑物、机械施工以及线路周边的污源点等。

9. 导线接头测温

设备在运行情况下，采用专用仪器，对连接设备的温升、温差等状态量进行非接触性的采样过程。

10. 技措

设备技术改造措施的简称。

11. 反措

设备反事故措施的简称（现已改称预防事故措施）。反事故措施一般在上年末制订计划，经审核批准后执行，反事故措施计划内容主要包括线路事故、障碍、异常情况的防止对策；上级机关颁发的反事故措施；需要消除的影响线路安全运行的重要缺陷、隐患或危险点等。

12. 安措

企业安全组织技术和劳动保护措施的简称，它以改善作业环境，预防人身伤亡事故、职业病等为原则，以安全性评价结果为依据制定的安全组织技术措施。

二、部分常用线路专业术语

1. 等值附盐密度（简称等值盐密）

绝缘子表面单位面积上的等价含盐量值，溶解后具有与从给定绝缘子的绝缘体表面清洗的自然沉积物溶解后相同导电率的氯化钠总量除以表面积，一般用 mg/cm^2 表示。

2. 不溶物密度（简称灰密）

从给定绝缘子的绝缘体表面清洗的非可溶性残留物总量除以表面积，一般用 mg/cm^2 表示。

3. 外绝缘泄漏距离（几何爬电距离）

指绝缘子正常承受运行电压的二电极间沿绝缘子外表面轮廓的最短距离，一般用cm表示。

4. 外绝缘单位泄漏距离（泄漏比距）

指外绝缘泄漏距离对系统额定线电压之比，一般用cm/kV表示。

5. 统一爬电比距

绝缘子的爬电距离与其两端承担的最高运行电压（对于交流系统为最高相电压）之比，一般用mm/kV表示。

6. 有效爬电距离

盘形悬式绝缘子设计有形状系数，即伞盘棱与棱间局部转角处在试验电压下会产生电弧桥接，也就是说盘形悬式绝缘子的几何爬距在试验电压下的爬电距离（牺牲部分爬电距离）。

7. 污闪

绝缘子表面上的污秽在潮湿、毛毛雨、雾、冰雪等天气下，在运行电压下发生沿绝缘子串的电气闪络现象称为污闪。

8. 冰闪

绝缘子串或支柱绝缘子一侧或全部结冰贯通，冰柱内泄漏电流融化成水但外层仍为冰层，在运行电压下沿绝缘子串表面发生电气闪络跳闸。

9. 沿面闪络

指雷电流、污闪、冰闪等故障电流沿绝缘子串表面闪络，随后绝缘子恢复绝缘性能，但瓷绝缘子沿面闪络会造成电弧烧伤表面瓷釉，使之逐渐劣化；复合绝缘子伞裙表面电弧过后，浓浓的白烟夹着刺鼻的气味，整个伞裙大面积退色，有白色片状膜产生，并易脱落，即粉化严重，局部护套碳化也严重，需及时更换。玻璃绝缘子电弧会烧伤表面薄薄一层（0.1mm）玻璃皮，烧伤面下的玻璃件仍然是熔体，不影响绝缘性能，即玻璃绝缘子电弧烧伤表面后仍可继续运行。

10. 温升

用同一检测仪器相继测得的被测物（导线）表面温度和环境温度参照体表面温度之差。

11. 温差

用同一检测仪器相继测得的不同被测物或同一被测物不同部位之间的温度差。

12. 相对温差

两个对应测量点之间的温差与其中较热点的温升之比的百分数。相对温差 δ_1 可用下式求出

$$\delta_1=\frac{\tau_1-\tau_2}{\tau_1}\times100\%=\frac{T_1-T_2}{T_1-T_0}\times100\% \tag{13-1-1}$$

式中 τ_1、T_1——发热点的温升和温度；

τ_2、T_2——同相导线参照点的温升和温度；

T_0——环境参照体的温度。

13. 有效检测距离

指采用的镜头分辨率与被测量设备的直径之间关系，如 1.3mrad 检测 LGJ—400/35 钢芯铝绞线的直线接续管，接续管的直径45mm，则有效检测距离约 35m；线路用长焦镜头 0.7mrad 检测 LGJ—400/35 钢芯铝绞线的直线接续管，其有效检测距离约为 57m。

14. 憎水性

固体材料的一种表面性能，水在憎水性的固体表面形成的一种互相分离的水滴或水珠状态，而不是连续的水膜或水片状态。

15. 憎水性迁移

憎水性的闪裙护套在表面污染后，将自身的憎水性传递给污层并且自身仍具有憎水性的。

16. 憎水性的减弱与恢复

清洁或污秽复合绝缘子伞裙护套的憎水性在某些外界因素作用下减弱，外界因素停止作用后其憎水性自然恢复。

17. 伞间最小距离

指具有相同伞径的相邻大伞，上面的一个伞的滴水缘最低点到下一个伞表面的垂线长度。伞间最小距离 *C* 值反映了在高湿度天气或同时在污秽作用下，相邻两大伞放电桥接情况。

18. 爬电系数（C.F）

爬电系数 C.F 是整体绝缘子尺寸的设计参数，指绝缘子总的爬电距离与绝缘子两电极间沿空气放电最短距离之比。

19. 额定机械负荷

用于表征产品机械强度等级的负荷值，产品在该负荷下应能承受 1min 而不破坏。

20. 瓷、玻璃绝缘子的劣化

由于自然老化及产品质量等原因造成瓷绝缘子机电性能下降或瓷件破损、釉烧伤，玻璃绝缘子自爆等。

21. 残余强度（也称残锤强度）

仅指玻璃绝缘子自爆后的钢帽、钢脚残余额定荷载，IEC 标准要求玻璃绝缘子的残留强度不得小于 80%额定荷载。

22. 复合绝缘子劣化

复合绝缘子硅橡胶伞套出现变硬（脆）、粉化、裂纹、破裂、起痕、树枝状通道、蚀损、穿孔、密封性能下降、局部发热、憎水性能下降及机械强度明显下降的现象。

23. 粉化

粉化是伞套材料填充物的某些颗粒形成粗糙或粉状表面的现象。

24. 起痕

起痕是由于在绝缘材料的表面上形成通道并且发展而形成的一种不可逆的劣化现象，这种通道甚至在干燥的条件下也是导电的。起痕可以产生在与空气相接触的表面上，也可产生在不同绝缘材料之间的界面上。

25. 树枝状通道

树枝状通道是由材料内部形成的微细通道，是一种不可逆的劣化现象，这种通道可能导电也可能不导电，这些微通道能够在整个材料上逐渐延伸直至产生电气破坏。

26. 电蚀

硅橡胶复合绝缘子系有机物，属长棒阻性产品，电位分布极不均匀，导线端长期承受强电场，且均压环又只均压保护金具芯棒压接处，有时会造成超高压线路导线侧的第 2～4 片伞裙处因强电场发生电蚀硅橡胶护套，造成硅橡胶穿孔或树枝状贯通。

27. 均压装置

它是装在金属附件上的一种装置，能改善绝缘子串特别是复合绝缘子的电位分布，同时保护金属附件、芯棒及伞套不被电弧灼伤，其次还能保护芯棒、金具连接区不因漏电起痕及蚀损导致密封性能的破坏。均压装置可以是均压环、均压引弧环或半导体的聚合物器件。

28. 罩入距

由于绝缘子串的分布电压不均匀，因此盘形悬式绝缘子在330kV电压等级及以上线路均要采用均压装置保护绝缘子和金具，且均压环一般罩入2片绝缘子；复合绝缘子因属长棒全阻性，电压分布极不均匀，所以高压端必须安装均压环，但复合绝缘子均压环不深入罩住硅橡胶伞裙，因此均压效果远没有盘形绝缘子好，即导线端硅橡胶伞裙表面最大电场强度有时大于500V/mm（有效值）的一般设计要求。

29. 特殊区段

架空输电线路的特殊区段是指线路设计及运行中不同于其他的常规区段，它是设计部门按超常规设计建设的线路，主要指大跨越、多雷区、重污区及重冰区的线路。

30. 大跨越

架空输电线路跨越通航的大河流、湖泊和海峡等水域，其跨距特别大（一般在1000m及以上）或跨越杆塔特别高（一般在100m及以上），导线选型、杆塔等设计须特殊考虑，在发生故障时严重影响航运或修复特别困难的线段。大跨越应自成独立的耐张段。

31. 重冰区

导、地线设计覆冰厚度达20mm及以上的输电线路区段称为重冰区。

32. 重污区

输电线路绝缘子表面附着各种污秽物质（含盐密和灰密）特别严重的地区，一般指三级以上污秽区。

33. 多雷区

雷电活动随所在地区的地形地貌和矿物程度及湿度会有很大不同，以往按“雷暴日”（40 日以上）或“雷暴小时”来区分多雷区，严格说按“对地雷击密度分布”来确定多雷、少雷区则更为科学合理。

34. 微气象区

指局部地域常发生大风、覆冰、大雪等灾害性气候而导致输电线路发生覆冰倒杆、导线舞动、冰闪跳闸等事故，这样的区域范围较小。

35. 跳闸率

线路由于雷击、污闪等原因发生绝缘闪络，导致线路断路器动作。一般采用每百公里线路在一年中发生的跳闸次数进行统计，单位为1/100km·a（雷击跳闸率应归算至40雷电日的值，单位为1/100km·a·40雷日，也可简写为1/100km·a）。

36. 事故率

线路断路器动作后，均称故障率；若线路安装了自动重合闸装置，重合不成功者，则称之为线路事故。一般采用每百千米线路在一年中发生事故的次数进行统计，单位为1/100km·a，也称强迫停运率。

37. 年可用率

输电线路的可用率为线路的运行小时数除以年总小时数（8760h）与线路计划停电及其他原因停电小时数之差乘以100%（取同一电压等级）。

38. 完好率

架空输电设备的完好情况以设备评级为基础，一般一、二类设备为完好设备，三类设备为不良设备。完好设备占参加评级设备的百分数为架空输电设备的完好率。

39. 间隙

线路任何带电部分与接地部分之间的最小距离。

40. 光纤复合架空地线

OPGW是一种具有传统架空地线和通信能力的双重功能的线，悬挂于杆塔地线支架上。

41. 保护角

架空地线垂直平面与通过导、地线的平面之间的夹角。

42. 在线监测

在不影响设备运行的条件下，对设备状况连续或定时进行的检测，通常是自动进行的。

43. 状态量

反映架空送电线路或设备状态的技术指标、性能参数、试验数据、运行状态以及通道情况等参数的总称。状态量可分为正常状态、注意状态、异常状态和严重状态。

44. 扭矩值

指某规格连接螺栓拧紧下的扭矩值，单位为N·cm。

45. 钢比

钢芯铝绞线的钢横截面积与铝横截面积之比的百分数。

【思考与练习】

1. 什么是状态巡视、状态评价？
2. 沿面闪络的原理什么？
3. 复合绝缘子电蚀的原理是什么？
4. 均压环的均压原理是什么？

模块 2 开展状态运行的基本要求（Z05G3002 Ⅱ）

【模块描述】本模块包含线路开展状态运行应具备的条件。通过概念介绍、要点归纳，掌握开展状态运行应具备的基本条件。

【模块内容】

随着输电线路的快速发展以及用户对供电可靠性要求的逐步提高，输电线路运行、检修基于传统周期的模式已经不能适应电网快速发展的要求，迫切需要在充分考虑电网安全、环境、效益等多方面因素情况下，研究探索提高线路运行可靠性和检修针对性的新的运行、检修管理方式。开展线路状态运行、检修是解决当前线路巡查维修工作面临问题的重要手段。

状态检修是企业以安全、环境、成本为基础，通过设备状态评价、风险评估、检修决策等手段开展的设备检修工作，达到设备运行安全可靠、检修成本合理的一种检修策略。

从传统按周期运行、检修模式转换到按设备状态进行，运行、检修模式绝不是一蹴而就，输电线路状态运行、检修必须符合以下几个基本要求：

（1）制订方案并按输电线路状态进行运行、检修的基本原则并严格执行。

（2）积极做好新设备的前期管理，即新建和改（扩）建线路的前期控制、建设过程中的控制、施工验收控制。

（3）落实设备责任制，按管辖线路的实际情况，建立以设备危险点预控和特殊区域管理为主体的运行模式。

（4）建立输电线路全面有效且可操作性的设备状态检测体系，开展设备状态的评价工作，按评估结果进行输电线路的巡查和检修作业。

（5）建立健全以带电作业为关键技术的技术保证体系，全面采用带电检修和带电消缺作业，提高输电线路可用率。

一、开展输电线路状态运行、检修的基本原则

（1）输电线路按状态进行运行、检修应始终坚持安全第一的原则，以提高输电设备的可靠性和管理水平为目的，通过对设备状态的掌握和跟踪，及时发现设备缺陷，分析和评估此类设备的消缺方式，合理安排计划和项目，提高检修效率和运行可靠性。运行单位不能因推行状态检修导致电网运行安全水平的降低。按设备状态进行检修并不是简单调整设备运行、检修周期，甚至盲目延长检修周期，状态运行和检修是有针对性地进行巡查和检修设备缺陷，确保设备健康水平、提高线路运行可靠性和提高线路可用率。

（2）推行状态检修必须坚持体系建设先行。状态检修是一项创新工程，是对原有设备检修方式的重大变革。为保证输电线路的安全运行，首先应建立完善企业的管理体系、技术体系和执行体系，全面规范输电线路状态检修工作，工作全过程要做到“有章可循、有法可依”。

（3）状态运行、检修工作应当以对设备的状态评价为基础，通过全面评价，掌握设备真实健康水平。以国家、行业现行技术标准和运行经验为依据，结合科技手段，制订符合本地域输电线路实际的评价标准。

（4）开展状态运行、检修工作必须遵循试点先行、循序渐进、持续完善、保证安全的原则。状态巡查、检修工作是建立在设备实际运行状态和长期运行经验的基础上，制定巡查、分析、评估、处理等体系，根据线路实际环境和设备情况，开展试点，积累经验，并对状态巡查检修体系不断修订完善，在通过一定形式的检查、验收后逐步扩大试点范围，全面推广执行。输电线路状态巡查、检修试点工作开展之前，各单位要坚持执行现有定期检修相关规定，不得以任何理由擅自盲目延长检修周期、减少检修项目。要认真做好新旧体制之间的衔接，做到“不立不破，先立后破”。

二、新建输电线路的前期技术管理

（一）按线路状态巡视、检修要求对新建和改（扩）建线路的前期管理

输电线路要开展按设备、通道状态进行巡视，必须要求线路设备完好和符合其运行条件，要减少输电线路的运行、维修工作量，线路设计必须按输电线路全寿命周期设计理念架设线路，即将传统的输电线路管理范围从目前单纯的运行、检修、抢修环节扩大到从设计、基建开始直至设备退役的全过程管理，运行单位特别需要突出输电线路的前期管理，改变和突破原节约型设计理念，按已实践考验多年且成熟的运行经验设计新建线路。

1. 按国际通用的落雷密度或实际雷暴日考核和设计输电线路耐雷水平

目前，我国对输电线路雷击跳闸率的统计考核通常仍按归算到40个雷暴日公式进行计算，即

$$N=40\gamma h \tag{13-2-1}$$

式中 N——线路雷击次数，次/100km·40雷日；

h——避雷线或导线的平均高度，m；

γ——地面落雷密度，即每一雷日、每平方千米对地落雷次数，一般情况下，γ可取0.015，此时$N=0.6h$。

GB/T 50064—2014《交流电气装置的过电压保护和绝缘配合设计规范》对地面落雷密度的取值普遍比国外小6～13倍，按式（13-2-1）制订的考核控制线路雷击跳闸率，基层单位是无法实现的，目前运行在20多个省市的雷电定位系统检测到的地面落

雷密度在 0.09～0.1 次/km²·雷暴日间，与表 13–2–1 中其他国家推荐的落雷密度基本相符，按雷电定位系统实测的地面落雷密度制定线路雷击跳闸率，能满足运行单位的实际线路雷击跳闸率。

表 13–2–1 部分国家地面落雷密度 γ 数据 次/km²·雷暴日

国家名称	中国	苏联	加拿大	奥地利	德国	美国	英国
落雷密度 γ	0.015	0.09	0.15	0.13	0.2	0.09	0.19

多雷区及以区域的新建线路，防雷设计应遵循以下两个原则：

（1）设计单位应按照 GB/T 50064—2014 的要求，将新建线路的耐雷水平按表 13–2–2 的要求设计耐雷水平。

表 13–2–2 GB/T 50064—2014 标准要求的多雷区有避雷线的线路杆塔耐雷水平

标称电压（kV）		35	110	220
耐雷水平（kA）	一般线路	25	60	95
	变电站进出段	30	75	110

（2）针对目前输电线路雷击跳闸多数为绕击的实际，线路设计应加强对沿山坡架设线路下山坡相导线易遭绕击雷的防范措施，如缩小架空地线保护角、增加下山坡相导线的外绝缘、在线路下山坡侧另架设旁路耦合地线等，以降低输电线路的绕击概率。

对处在多雷区的运行线路，建议在运行的老旧输电线路横担上安装侧向避雷针，或在已遭雷击的杆塔上安装塔顶防雷拉线，以屏蔽导线和增加保护弧，即将雷云引到杆塔上来，使原绕击雷转化为反击雷，可大幅度降低线路的雷击跳闸率。

防雷措施还有，安装金属招弧角保护装置、同塔输电线路绝缘水平差异设计，目前国家电网公司还积极推进并联间隙防雷设计等措施，各地区结合本地区情况，在设计审查时提出好的意见，力争线路设计水平提高，实现线路不带“设计缺陷”投入运行。

2. 改变常规线路外绝缘设计理念以减少线路故障跳闸

新建线路必须满足批准的“输电线路地区污区图”，爬距要求，局部新增污秽点源，应在线路设计审查时及时提出，施工图会审复核，中间验收、竣工验收重点检查，实现“绝缘到位、留有裕度和不依赖人工清扫”的检修理念和大幅降低线路雷害故障。

我国架空输电线路设计规程起源于 20 世纪 50 年代，当时国民经济基础薄弱且空气环境好，GB 50545—2010 规定：对线路塔头（窗）空气间隙应能满足耐受长期工频运行电压和操作过电压设计并按雷电冲击放电特性校核确定，即按悬垂“I”串绝缘子在最大风偏下的空气间隙击穿电压与绝缘子串沿面闪络电压之比在0.85左右（即配合比，污秽区该间隙仍可按清洁区配合）设计。GB 50545—2010对输电线路外绝缘的配置原则是：110kV与220kV线路的绝缘子串长与最小空气间隙几乎等长，由于空气间隙击穿电压远大于绝缘子串的沿面闪络电压，致使输电线路雷击跳闸次数占全部故障的60%～70%。经统计，我国输电线路沿绝缘子串闪络跳闸与由塔头空气间隙击穿放电的跳闸比在10:1～12:1之间。造成输电网日常发生的障碍、事故中有80%左右为线路故障，所有线路故障中的70%～80%是沿绝缘子串发生的。

因此，要想降低输电线路的跳闸率（雷击、污闪和鸟害），一个有效的措施是增加绝缘水平，但增加绝缘并不是增大线路的空气间隙，可采用将原“I”悬挂的绝缘子串，设计成“V”形悬挂形式，其带电导线对塔身的空气间隙仍按GB 50545—2010中的各自电压等级的外过电压值（110kV为1m；220kV为1.9m；330kV为2.3m；500kV为3.3m和750kV为4.2m）控制，为使设计优化的输电线路外绝缘与变电设备相匹配，可在增长绝缘子串两端安装相应电压等级的金属招弧角保护装置，其招弧角间隙距离按GB 50545—2010规定的最大过电压下的最小间隙控制。

3. 绝缘子“V”串设计主要优点

（1）将原悬垂“I”形串设计悬挂改变为“V”形悬挂方式，如图13-2-1所示，可增加绝缘子片数，提高外绝缘泄漏比距、耐绕击水平，减少鸟粪闪络事故。

图13-2-1 悬垂串采用“V”串悬挂

输电线路直线塔“V”串设计可将塔头（窗）的空气间隙击穿电压与绝缘子串沿面闪络电压值的配合比降低至0.1～0.5之间，增加了绝缘子串片数，导线对塔身雷过电压最小距离仍按本电压等级控制。如500kV悬垂串按“V”串布置，将其配合比降至 0.5～0.7，此时“V”串的绝缘子片数可增加到 36 片，导线上安装的电极与横担底部塔材按 3.3m 控制，可大幅度提高绝缘子串的泄漏比距及绝缘子串的耐雷水平；减少绝缘子串的清扫工作量，减少线路导线遭绕击雷的跳闸率。

（2）按“V”串悬挂导线，降低了线路杆塔、基础的建设成本输电线路外绝缘配置改变设计理念，缩小配合比采用“V”布置悬挂导线，其 110kV 和 220kV 塔头“I”串和“V”串挂点的尺寸对比见表 13–2–3。

表 13–2–3　110kV 和 220kV 塔头“I”串和“V”串挂点的尺寸对比表

电压等级（kV）	“I”串导线到塔身的距离（mm）	绝缘子“V”串长（mm）	“V”串边横担长度（mm）	原“I”串横担长度（mm）
110	1000	1860	3130	2200
220	1800	3282	5360	2828

表 13–2–3 中“V”串 110、220kV 导线悬挂力臂比原“I”串的力臂均减少 1.2m，比较表 3 中的数据可知，线路直线悬垂改为“V”串悬挂绝缘子，使塔头间隙以“V”串固定的线路构成了紧凑型模式，大大压缩了相间导线距离以及导线与铁塔（身）窗的尺寸，缩短了两边相导线悬挂点力臂，减轻了杆塔荷载（缩短导线力矩），从而降低了新建线路的耗钢量和基础建设成本。

（3）提高绝缘子串沿面闪络电压值和减少线路绕击故障。“V”串配置外绝缘比原“I”串增加 1/3 左右的绝缘子片数，提高了绝缘子串沿面闪络电压值，但仍比相应等级外过电压电极间隙的放电电压低，因此可提高绝缘子串的反击闪络能力和减少部分绕击跳闸。导线上的放电电极对塔身的间隙或绝缘子串招弧角间隙仍按相应电压等级的外过电压最小距离控制。

（4）按“V”串形式悬挂的导线缩进横担内，伸出的横担头增加了导线的屏蔽效应，使原“I”串时架空地线保护角变得更小或成负保护角，从而大幅度提高了杆塔的耐雷水平，降低了发生导线雷击闪络事故、特别是绕击雷的事故概率。

（5）若输电线路仍采用瓷质绝缘子时，在“V”串绝缘子串加装招弧角保护装置，避免故障电流流经劣化瓷绝缘子发生钢帽炸裂掉串事故。

（6）按“V”串布置可杜绝绝缘子串冰闪事故。直线塔“V”串设计后，倾斜绝缘子串的结冰难以连贯，降低了发生冰闪事故的几率。

（7）按“V”串布置可杜绝鸟巢杂草短路、减少鸟粪短路跳闸故障。原悬垂“I”串横担挂点处的角钢叉铁较多，鸟类喜欢在该处筑鸟巢和栖息停留，采用“V”串悬挂时导线垂直正上方的横担斜材较少（这是个关键点，应提请设计尽量考虑，或设计为鸟不易停留和筑窝结构），鸟类无法在上方筑巢，即使鸟类在导线垂直正上方横担处排泄鸟粪，新疆地区某特高压线路按“V”串设计，这几年经常的发生高原大鸟粪闪络跳闸，因铁塔结构已不可改变，中国电力科学研究院牵头在积极制订多种该地区防鸟害事故措施。

（8）线路按“V”串悬挂导线，减少了线路走廊的占地面积，节约和优化了线路廊道资源，有效减少了因导线风偏摇摆对通道旁树木、毛竹和农宅的影响，减少了通道维护工作量。

4. 建议使用“Y”形连接耐张优点

采用“Y”形耐张跳线连接金具，增加连接点接触面，减少检修、检测维修量。传统压接型导线耐张线夹，其跳线引流板均为单面搭接 2 只螺栓紧固（变电站耐张跳线、设备线夹引线连接多采用 4 只螺栓），往往连接螺栓扭矩值达不到标准，或扭矩值过大，都会造成耐张跳线引流板发热超标，常用导线耐张压接管和“Y”形双面连接耐张管如图 13–2–2 所示。

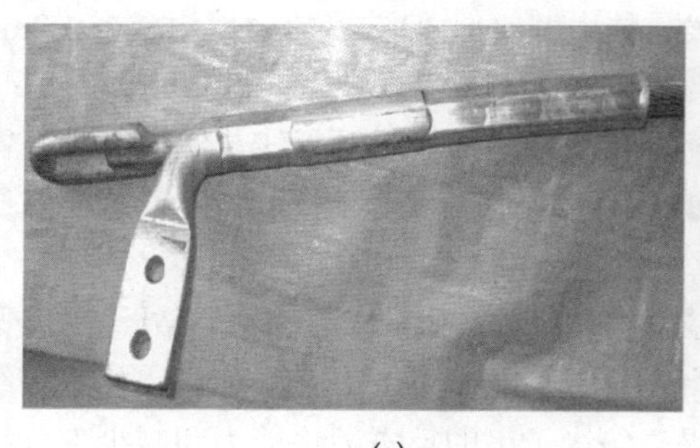

(a)

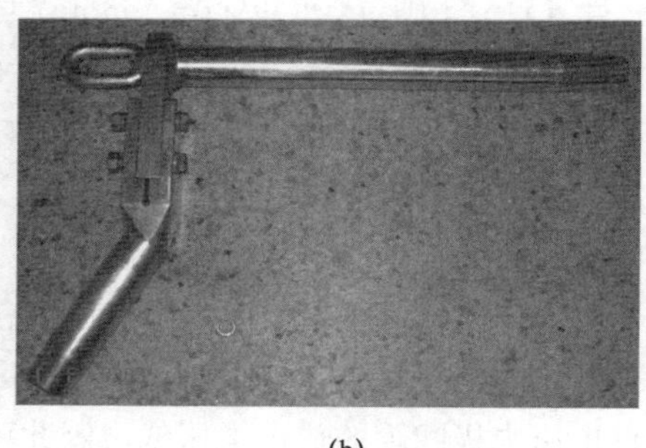

(b)

图 13–2–2 常用导线单面连接耐张管和“Y”形双面连接耐张管

（a）单面连接耐张管；（b）“Y”形双面连接耐张管

输电线路耐张压接管为单面两螺栓连接紧固，当电网处于 N–1 状态时，跳线引流板会因大电流致热产生隐患，因此运行单位应积极向设计单位建议新建线路采用“Y”形双面连接导线耐张压接管，该设备线夹的引流板一端（插入端）系两面均为光面，施工质量好控制，螺栓紧固后，两面夹紧引流板，增加了通流截面，完善了传统导线耐张压接管的弊病。

（二）参加新建线路设计、施工图的审查要点

运行单位应将本地区线路运行经验和线路状态巡视检修要求贯穿到新建线路设计中，即运行单位要尽可能参加新建线路的可研审查，积极参加线路设计审查，将新建线路附近的运行线路遇到的运行情况、易发生故障的原因、盘形瓷、玻璃和复合绝缘子的优缺点和使用范围等提供给设计人员，使新建线路符合和满足该线路经过地段的

雷电、污秽、地质地貌、树竹木生长、沿线村镇开发建设等情况，具体要求如下：

（1）线路必须按树竹木自然生长高度跨越架设，以减少今后线路运行中树竹木对导线安全距离的巡视、测量工作量，同时减少开发树木与农户的经济纠纷。

（2）在穿越村庄、集镇和跨越公路的杆塔，应按跨越农户三层楼（房高 15m）设计架设，避免今后村庄扩大、农户房屋建造到保护区内，因导线风偏使与农户房屋或公路行道树等安全距离不足而必须停电升高改造。

（3）按 GB/T 50064—2014 的要求，设计符合新建线路地处区域的雷暴日（或每平方千米落雷密度）的耐雷水平，同时要求将线路地线保护角控制在 5° 以下乃至采用负保护角设计。

（4）线路外绝缘配置应充分利用各绝缘子的优缺点，按国家防污闪措施要求“绝缘到位，留有裕度，不依赖清扫”，在重污区选择使用复合绝缘子，强化绝缘子产品全寿命管理理念，减少更换绝缘子工作量和降低运行成本。

（5）依据各种绝缘子的特性和产品寿命选择符合新建线路区域、环境等特点的绝缘子型号，如丘陵地带、山区应采用玻璃绝缘子且按复合绝缘子的结构高度用足塔头间隙（即 110kV 可用 9 片、220kV 可用 16 片、500kV 可用 170mm 结构高度的 29 片），c 级污秽等级及以下范围应采用标准型大爬距玻璃绝缘子或防污玻璃绝缘子（不得采用钟罩深棱型），或者采用复合绝缘子与玻璃绝缘子组合串，导线端由玻璃绝缘子承担强电场，铁塔侧 3/4 长度采用复合绝缘子来承担污耐压，延长复合绝缘子的使用寿命，或采用标准型大爬距玻璃绝缘子且用足塔头间隙，提高外绝缘的泄漏比距，以达到“减人增效”的企业目标。

（6）建议采用 Y 形耐张线夹（引流板），以增加跳线连接接触面。

（三）按线路状态运行、检修要求验收新建线路

运行单位积极参加新建线路的隐蔽工程的中间验收，竣工验收应采用扭矩扳手检测杆塔螺栓扭矩值，以减少杆塔每 5 年紧固螺栓工作。采用扭矩扳手检测耐张跳线引流板螺栓扭矩，以有效的螺栓扭矩值确保跳线引流板通大电流时产生发热隐患。对重要隐蔽工程之一的导地线压接质量核查施工记录和现场抽查实测压接尺寸、钢印证件，也可取试件送试验所做机械荷载试验，确保隐蔽部件质量、工艺满足设计要求。将通道内的建筑物等照片存档，以便今后线路通道运行控制。对施工砍伐树竹木、塔基占用、跨越或邻近房屋等与农户相关时，要求施工单位提供该类处理和赔偿协议书，以减少今后运行中树竹木种植、房屋升高改造等纠纷。采用标准的杆塔接地电阻 0.618 辅助射线法遥测接地电阻值，以校核线路设计防雷接地装置的合理性，减少线路反击跳闸率。

三、输电线路危险点的确定和制定预控措施及特殊区域的技术管理

要实现输电线路按状态巡视，最重要的是建立设备、通道危险点预控和特殊区域管理，改变过去长期存在的“一刀切”管理模式及“有病少治、小病大治、无病乱治”的粗放性管理现象，要着重做好以下几个方面：

（1）确定线路分界点管理的责任制，确保线路管理不存空白点。为明确不同运行单位之间的责任和权利，每条线路应有明确的维护界限。运行单位应与发电厂、变电所或相邻维护单位签订线路设备运行分界点协议书，跨省（市）线路的设备运行分界点协议应报网、省（市）公司备案。已明确维护界限的线路不应出现设备维护空白点。

线路设备运行分界点一般以发电厂、变电站围墙为界，往线路侧或某基杆塔一侧的导、地线最外侧防震设施量出 1m 处为界限。

（2）全面实施线路设备、通道危险点和特殊区域预控管理，及时滚动修订。运行单位应按照各输电设备途径的地理环境及特殊地段划分为毛竹（树木）生长区、易受外力破坏区、鸟害区、雷害易发区、重污秽区、洪水冲刷区等特殊区域，根据季节性、区域性等特点，制订相应有效的预防控制措施，将其纳入各自的危险点数据库，进行滚动管理。同时，线路管理部门应积极争取地方政府的支持，积极稳妥地推进“政企合作”的输电设备保护模式，从根本上提高了输电设备隐患整治力度。线路危险点滚动管理如图 13-2-3 所示。

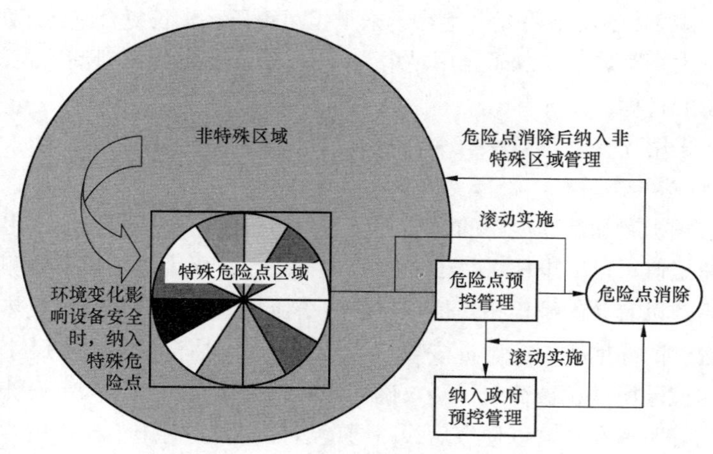

图 13-2-3 线路危险点滚动管理

（3）全面整合线路状态运行的各项巡视检查流程，建立以危险点为主体的状态巡视流程。巡查输电线路工作历来是单兵作战、点多面广，对于设备和通道隐患、巡视质量等个人有时难以判定及掌控。运行单位对设备通道危险点的判定和状态巡视流程

如图 13–2–4 所示，它明确了运行、检修、管理、决策人员的三方责任和控制要求。

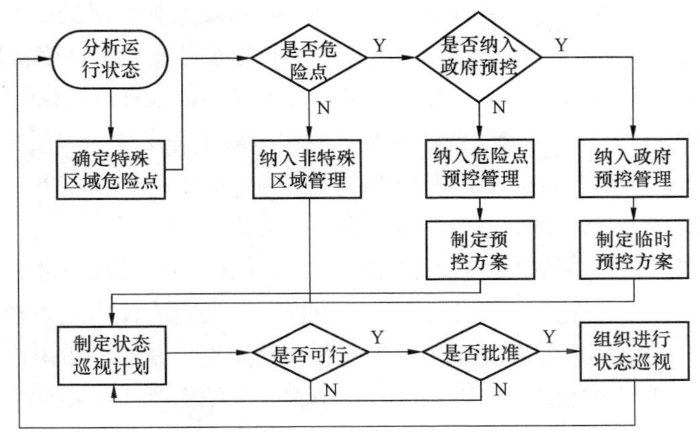

图 13–2–4　输电设备状态巡视流程

（4）坚持开展输电线路群众护线工作。运行单位应建立输电线路沿线的群众义务护线组织，每年分片召开群众义务护线员会议，由工程技术人员定期在会议上讲授输电线路维护知识课，制订发现缺陷及及时汇报缺陷的激励机制，利用护线员居住在线路附近，地理环境熟悉，线路设备可随时监控的有利条件，按照奖赏规定，充分发挥义务护线员对输电线路巡查、报警的积极性，及时弥补野外线路设备大部分时间无人看管的现状，提高了设备安全健康运行。对输电线路通道内后建的违章建筑，按电力法规的要求，以挂号信方式将有法律效力的隐患通知书附现场照片邮寄给违章责任人和有关政府职能单位，使电力设施保护走入法治管理轨道。

四、线路设备状态检测和状态评价管理

（一）线路设备状态检测

输电设备状态检测主要包括绝缘子附盐密度检测、瓷质（复合绝缘子）绝缘子劣化检测、导线跳线连接金具预防性检查紧固和接地电阻检测等。

1. 绝缘子附盐密度检测

电力公司生技部门应划分设备外绝缘的污秽等级，绘制本地区污区分布图，根据运行情况核对各污秽点、段的外绝缘配置是否有裕度，在每年雾季前采用带电方式或结合停电计划落实各附盐密值监测点的“运行绝缘子串累积盐密”检测，以连续运行累积附盐密值和灰密及污液导电离子成分分析结果指导本单位线路的防污闪工作和停电清扫控制值。

2. 瓷质（复合）绝缘子劣化检测

为避免绝缘子串劣化钢帽炸裂或硅橡胶电蚀穿孔芯棒脆断等损坏掉串事故，加强

瓷绝缘子的低零值检测工作（应采用电压分布或绝缘电阻检测法），按瓷绝缘子的劣化趋势，合理安排检测周期。对复合绝缘子金具、芯棒连接处密封处的损坏，高压端硅橡胶电蚀及硅橡胶伞裙、护套老化、龟裂、粉状和憎水性丧失等，坚持按 DL/T 864—2004 有关 2～3 年登塔检查、检测复合绝缘子外表状况和憎水性状况，采用带电方式 8～10 年按批次抽样更换下输电试院做其机械强度和污耐压等参数，积极采用玻璃、复合绝缘子组合串方式，以各自的优点来减少维护检测工作量和事故隐患。

3. 导线跳线连接金具预防性检查紧固和接地电阻检测

为避免导线耐张跳线连接金具因接触电阻大而发热烧断导线事故和隐患，对每基耐张塔的每相跳线连接金具（并沟线夹、引流板）落实专人使用扭矩扳手检查引流板是否光面接触，接触面是否清洁并涂有导电脂和紧固连接螺栓的扭矩值。要求其紧固扭矩值符合本身螺栓规格的标准扭矩值，对小牌号导线的跳线连接可采用楔形弹力线夹，以减少并沟线夹发热隐患的处理工作量。也可采用红外成像仪在规定气候、时间、有效检测距离等条件下进行耐张跳线连接金具发热测温判定及带电方式处理导线跳线连接点的发热隐患。

接地电阻的预防性检查检测是提高线路耐雷水平、降低线路反击雷跳闸的重要手段。运行单位必须按规程要求，有针对性、有计划地组织接地电阻正确检测，对于接地电阻超标或接地装置存在严重缺陷的，应在雷季来临之前安排接地大修。

（二）输电设备状态评价

为全面掌握输电设备状态，各线路运行单位应成立输电设备状态评价专家组，建立起从班组、工区（车间）、企业的三级输电设备状态评价机制，由设备主人和班组根据巡视设备情况进行状态初评。按照输电设备状态评价标准，将输电设备状态划分为正常、注意、异常、严重四个等级，形成班组初评意见。运行工区根据班组初评意见结合现场实际勘察情况组织技术骨干进行分析再评，形成线路工区评价报告；由企业设备状态评价专家组根据工区评价报告，采用现场调查、数据分析、专题讨论、查阅资料等方式，形成最终的设备评价报告，提交进行检修决策。

根据 Q/GDW 173—2008《架空输电线路状态评价导则》的要求，线路状态评价分为线路单元评价和整体评价两部分。线路单元主要包括基础、杆塔、导地线、绝缘子串、金具、接地装置、附属设施和通道环境等八个类别。在进行线路评价时，当任一线路单元状态评价为注意状态、严重状态或危急状态时，架空输电线路总体状态评价应为其中最严重的状态。具体评价要求和注意事项详见 Q/GDW 173—2008 标准。

五、输电线路按状态巡视和检修的技术保证体系

针对输电线路受户外环境影响大、缺陷种类多、通道处理过程复杂、关键技术要求高的特点，线路运行、检修单位应坚持“以科技促进生产、以技术保证安全、以创

新完善管理”的方针，不断加大科技投入力度，通过成立防雷害、防鸟害、防污闪、防冰闪（舞动）、外力破坏、带电作业和危险点监控等技术攻关组，为开展输电线路状态检修管理提供有力的技术保证。

（1）积极开展超高压带电作业技术，为状态检修提供核心层技术支撑。目前随着电网一主一备供电方式的完善及企业绩效考核的缺欠，全国多数运行单位已多年不开展带电检修、缺陷处理手段，致使带电作业技术力量青黄不接。要提高线路设备的可用率，全面进行带电作业技术培训，增强带电作业技术力量，是实现输电线路状态检修的重要组成部分，当线路发生缺陷时应优先采用带电处理、检修。尤其是同塔多回或紧凑型等线路的核心带电作业技术，建立完善 110～750kV 各个电压等级、各类塔型的带电作业技术、工具管理体系，为企业全面实现线路状态检修提供强有力的技术、设备和管理支撑。

（2）提升状态检测技术的应用实效，为状态检修提供基础类技术保证。输电线路全面实行按设备状态进行检修，绝缘子盐密（灰密）测试、导线跳线连接金具扭矩值检测（辅助红外测温）、复合绝缘子憎水性检测及芯棒脆断检查试验（瓷绝缘子劣化检测）和输电线路危险点实时监控被称为输电线路设备开展状态检修的四大基础技术。线路运行单位要坚持基础数据的积累和原始数据的挖掘，积极采用“试验—分析—总结—完善—推广—全面应用”的项目管理流程，全面提升此类状态检测技术的应用实效，并在实际应用过程中逐步完善，为状态检修提供基础类技术保证。

（3）建立按状态量化的状态评价技术，确保设备状态评价的科学性。运行单位必须根据国网 Q/GDW 173—2008 标准要求建立输电线路设备评价体系和设备标准缺陷库，确定输电线路各子设备元件的“圆桶短板”判定检修标准，为设备缺陷量化奠定基础；根据巡视、检测到的设备运行状态量，对照设备状态评估四级标准，按设备实际运行状况量化得分，配合相应的运行经验，全面评价线路设备状态；同时，应加强相应的制度建设，从制度上确保评估体系的有效运作，为全面、动态掌握输电线路的状态趋势提供了坚强后盾。

【思考与练习】

1. 开展线路状态运行、检修有哪些基本要求？
2. 开展线路状态运行、检修的基本原则有哪些？
3. 输电设备的前期管理主要包括哪些内容？
4. 如何做好线路危险点和特殊区域管理？
5. 改变线路外绝缘配置理念，按“V”串悬挂导线有哪些优点？
6. 线路状态运行、检修的技术保证体系有哪些？

模块 3 输电线路运行现状的分析（Z05G3003Ⅱ）

【模块描述】本模块涵盖线路巡视、维护的现状分析。通过概念描述、知识讲解、图表对比分析，熟悉输电线路运行的现状。

【模块内容】

架空输电线路是电网安全运行的重要设备，其专业知识包含杆塔基础（含拉线装置）、杆塔结构、导地线、金具、绝缘子、运行与检修（含带电作业）。

一、架空输电线路周期巡视现状

DL/T 741—2019《架空输电线路运行规程》要求线路正常巡视为每月一次，巡视检查内容为杆塔、导地线、金具、绝缘子、接地装置、杆塔辅助设施、线路通道内或保护区内树竹木、交叉跨越等有否异常、缺损、锈蚀，线路临近 500m 水平距离内有否采石爆破、保护区内有无土地平整、建造房屋和修筑道路、种植高杆树木等外部隐患。

输电线路分布在野外、途经农田、山地、高山峻岭，跨江河水库，穿山越岭，常年饱受风、雨、雾、冰、雪、冰雹、雷电等大气环境的影响，同时还受到洪水、山体滑坡、泥石流等自然灾害的危害。另外，工农业的环境污染、采石放炮、农田改造、水利建设等人为因素也直接威胁着输电线路的安全运行，因此，及时、准确地检修、维护好输电线路就显得非常重要。若按 DL/T 741—2019 规定的项目和周期，进行线路巡视、检测、检修工作，不尽合理，存在着以下方面的问题：

（1）线路每月全线巡视一次。这种不论设备状况、地理（气候）条件、通道状况等而千篇一律的巡视方式，一方面造成大部分线路或区段“过”巡视、维护，浪费人力、物力资源。另一方面对线路危险点、特殊区域、易被外力破坏区等又明显表现出巡视检查不足，威胁线路的安全运行。

（2）绝缘子清扫、绝缘子测试、导线连接器测试（应该是跳线连接点测试）、杆塔螺栓紧固、并沟线夹（跳线搭接板）检查紧固等项目规定了固定的检测、维护周期，这种不论设备实际现状、绝缘配置、设备材料、运行状况、大气污染等情况必须按规定周期检测、维修的方式，无法实现“应修必修”的检修原则（虽然规程对巡视、绝缘子清扫、绝缘子测试等项目的备注栏内有可以延长或缩短周期的要求，因可操作性差，线路运行检修单位还是采用按固定的时间周期进行检修、维护，不能达到其应有的效果）。

（3）按目前各单位运行、检修人员的配置实况，即使巡视、检修人员全出差在外巡视、检测、检修、维护设备，仍难以按规程要求完成。另外，由于线路通道内状况变动频繁、线路设备检修内容、要求的繁重和线路停电时间等相互矛盾，往往造成输电线路巡视、检测、检修、维护的质量参差不齐，管理部门也无法全面掌握设备的真实运行状况。定期检修输电线路容易造成“失修、误修或过度检修及电网失去备用”的弊病，所以多数运行、维护、检修项目还是采用事后检修、维护方式，使运行中的设备难以保证健康、安全地运行，同时也大量浪费线路停电时间，人为降低输电设备的可利用率。

二、设备周期检测现状

输电线路设备分布在野外，而线路巡视检查、检测设备状态量等基本靠个人行为和运行经验，从而决定了设备检修的判据比较粗糙，另外运行规程规定的检测项目众多，多数项目不能按期完成甚至没开展。

根据我国 20 多个省市的雷电定位观察仪多年检测结果，多数落雷为小电流值，30kA 左右雷电流占 50%以上，如 110kV 电压等级 7 片/串的耐绕击水平约 7kA，而线路设计的耐反击雷水平 60kA 左右；220kV 电压等级 13 片/串的耐绕击水平约 12kA，线路本体耐反击雷水平约 95kA；500kV 电压等级 28 片/串的耐绕击水平约 24kA，线路的耐反击雷水平约 150kA。因此，线路上发生的雷击跳闸多数为绕击雷，而绕击雷采用降杆塔接地电阻值来防范时的效果不大，减少绕击雷的有效措施为减小避雷线保护角和增加本杆塔绝缘水平。

（1）目前各单位普遍采用三极法接地电阻检测仪和随该接地电阻检测仪配来的辅助测量电流射线 40m 和电压射线 20m 检测杆塔接地电阻值，两根测量辅助射线的比例系数不能满足 0.618 比例的测量要求（现有的接地测量规程的辅助射线 $4L$ 和 $2.5L$ 或 $3L$ 和 $1.85L$，比例系数均在 0.61～0.63）。其次，输电线路几乎都采用浅表式风车状人工敷设接地线，直接用仪表配置来的 40m 辅助电流射线和 20m 电压射线，从杆塔接地引下线处布线检测杆塔接地电阻值，其辅助电流射线和电压射线无法与接地线最外端保持 20m 和 40m 的间距，即检测布线方式不符合杆塔接地电阻测量标准，采用此方法检测的接地电阻值明显比实际杆塔接地电阻小，会造成被检测的杆塔接地电阻符合设计要求的假相。不对线路雷击故障的原因进行分析，多数单位不论雷击故障是绕击还是反击，均采用降低杆塔接地电阻的做法是不合原理的。

（2）瓷质绝缘子低零值检测：每两年一次检测劣化绝缘子。运行线路的瓷绝缘子串中存有低零值（劣化）时，当线路故障电流从绝缘子串本体通过（闪络），串中的劣化瓷绝缘子会发生钢帽炸裂、导线掉串的恶性事故。

瓷绝缘子检测劣化绝缘子有效的方法是带电检测绝缘子的分布电压和带电或停电检测绝缘子的绝缘电阻值，分布电压检测方式能准确检测出每片绝缘子的分布电压值（可与 DL/T 626—2005《劣化盘形悬式绝缘子检测规程》中的各电压等级、各个不同绝缘子片数成串的电压分布值对应)，绝缘电阻检测方法能准确检测出各片绝缘子的绝缘电阻值。采用 DL 415—2009《带电作业用火花间隙检测装置》方法带电检测瓷绝缘子，其间隙放电法技术原理模糊，因带电运行的绝缘子串的各片所处位置不同，其各片电压分布值相差有 4～5 倍，如 220kV14 片/串，横担第一片分布电压值为 8kV、横担侧往导线方向的第 4、5、6、7 片电压分布值均为 5kV，而导线侧第一片电压分布值为 31kV、第二片为 16kV，该方法是采用同一间隙距离对绝缘子短接放电，检测同一电压等级的盘形瓷绝缘子串，带电检测中往往会因串中分布电压低、放电声轻而将良好绝缘子误判为低、零值（劣化）绝缘子，目前这种靠听放电声音轻或响来判定绝缘子是否劣化的检测方法已逐渐淡化退出运行单位。另外，应对重污染区运行多年的绝缘子钢脚进行腐蚀、锈蚀程度检测，结果按 DL/T 626—2005 中绝缘子钢脚锈蚀判据确定缺陷程度。

（3）输电线路导线接续管早期采用爆压管，因硝胺炸药、后期的塑料炸药、导爆索等炸药包制作工艺不符合要求、药量过大时，爆炸压接中会产生烧伤钢芯现象，但不致于拔出掉线事故，若爆压用炸药包受潮后产生残爆现象造成爆压管握力不够时，在导线最大张力时会发生拔出掉线事故。随着我国国力增强，以及国家对民爆器材管理规定，目前输电线路导地线接续管已全部采用液压方式（SDJ 276—1990 已作废），因导线接续管直径比导线大，线路设计液压管以机械强度考核，因此导线接续管不会产生因接触电阻大而发热现象。因为导线耐张跳线连接处的并沟线夹、引流板会因接触电阻大而造成发热隐患，因此 DL/T 741—2019 规定，每年停电检查紧固一次或在输送较大负荷时检测发热隐患。

国家电网 Q/GDW 168—2008《输变电设备状态检修试验规程》第 5.19.1.9 条红外测温导线接点温度测量：500kV 及以上直线连接管、耐张引流夹 1 年测量一次，其他线路 3 年测量一次，接点温度可略高于导线温度，但不应超过 10℃。

由于红外热电视或红外热成像仪对仪器空间分辨率（有效检测距离）、检测时的风速、天气和检测设备处的附加光源等有严格的要求，运行单位在白天站在地面检测超过 40m 距离以上的导线连接处设备发热温度，其效果不佳和不准确，夜晚检测时作业人员登塔检测跳线连接处时，杆上作业安全性差和检测工作强度大。

耐张跳线导线连接点属电流致热型设备，发热原因主要是并沟线夹、引流板的螺栓扭矩值未达到标准扭矩的要求，或引流板光、毛面搭接、板间夹有杂质或未涂导电脂等现象，后一类现象一般在线路竣工验收中得到处理，线路检修单位采用作业人员登塔检查引流板状况和用扭矩扳手检测螺栓连接扭矩值的方法可有效确保耐张跳线连接处的检修质量。

（4）DL/T 864—2004《标称电压高于 1000V 交流架空线路用复合绝缘子使用导则》

要求，每 2～3 年登杆检查复合绝缘子的硅橡胶伞套表面有否蚀损、漏电起痕，树枝状放电或电弧烧伤痕迹，是否出现硬化、脆化、粉化、开裂等现象，伞裙有否变形，伞裙之间粘接部位有否脱胶等现象，端部金具连接部位有否明显的滑移，检查密封有否破坏，钢脚或钢帽锈蚀，钢脚弯曲，电弧烧损，锁紧销缺少；硅橡胶伞裙的憎水性有否下降等，即复合绝缘子按规程规定检查、检测的工作量巨大。

线路投运 8～10 年内的每批次复合绝缘子应随机抽样 3 支试品进行电气和机械拉伸破坏负荷试验。

随着电网的迅速发展，输电线路快速增长，线路设计仍采用较原始的节约型外绝缘配置方法，致使各单位几乎都将复合绝缘子作为“免维护”产品使用。复合绝缘子投入运行后，运行单位很少按规程要求进行抽检和抽样，即没有按规程要求每批次更换 3 支运行 8～10 年绝缘子送到有资质的试验单位做污秽性能和机械强度检测试验，多数单位采用运行 8～10 年后报废重新更换的方式。

由于复合绝缘子为全阻性长棒，串分布电压极不均匀，特别是超高压线路的复合绝缘子，高压端的电场强度往往超过电晕起始电压，又因复合绝缘子的均压环制造厂家不考虑保护硅橡胶伞裙和护套（只保护芯棒、金具压接处），容易造成高压端硅橡胶电蚀穿孔，在电化学作用下，其环氧树脂芯棒发生脆断，且全部发生在导线端第 2～4 片伞裙处，目前运行单位只能在重要线路全线和其他线路的跨越档基本采用双绝缘子串的防范措施，从而增加了线路投资和运行单位的维护工作量。

（5）线路污秽监测点绝缘子盐密检测。随着电网污区污秽等级图的滚动修订（最新版本污区图适应新建线路配置外绝缘，对已运行线路除非沿线出现新增污源或原污源点加重现状后，才要求受影响段杆塔调整爬距，其余线路采取分类专项监视建档），目前电网盘形绝缘子线路均已按最新污秽等级配置或调整爬电距离，线路绝缘子串已不再执行“逢停必扫”，盘形绝缘子防污闪方法是在雾季前，对污秽监测点绝缘子检测其附盐密值，以判定线路绝缘子是否要停电进行清扫。

目前多数运行单位采用在污秽监测点的横担上悬挂一串不带电的绝缘子串，在雾季前清洗检测其盐密值，按 1.25～1.4 的换算系数换算为带电运行绝缘子的附盐密值。国家电网公司 Q/GDW 152—2006《电力系统污区分级与外绝缘选择标准》3.10 带电系数：同型式绝缘子带电所测 ESDD/NSDD（SES）值与非带电所测 ESDD/NSDD（SES）值之比，K_1 一般为 1.1～1.5。因检测此类盐密值是在“一年一清扫”的绝缘子串上检测，按其盐密值滚动划分的污秽等级配置的线路仅能抵御一般天气条件下的电网污闪事故，难以抵御灾害性浓雾特别是伴有湿沉降天气的侵害，造成老旧运行线路按现行污区图调爬或配置线路外绝缘后，仍会发生电网大面积污闪或局部点、段区域的污闪跳闸事故。

（6）线路通道内的交叉跨越距离、导线风偏距离等复核应在线路投产一年内测量完成。以后按线路巡视情况对通道内后建的建筑物、高大树木和后架交叉的跨、穿线路的最小安全距离进行复测，以确保线路的安全运行。

（7）每两年抽查导线、地线损伤、振动断股和腐蚀情况。事实上多数运行单位不检测、检查此类情况，特别是线路故障跳闸后，多数运行单位不对故障杆塔的架空地线、导线悬垂线夹打开检查有否遭电弧烧伤状况。对于每 5 年一次地下金属构件开挖检查、杆塔倾斜、挠度检测、大跨越导地线振动检测、绝缘架空地线或平行停电线路的感应电压检测等，则基本不开展检测工作。

三、设备维护现状

（1）经过多年的电网防污闪改造，各单位的电网污区分级图早以经过数次滚动修订，老旧线路几乎已按污秽等级调整爬距，新建线路也均按污秽等级配置外绝缘，且有许多单位全线采用硅橡胶复合绝缘子。因此绝缘子污秽清扫已基本不开展，有的单位仅对重污秽段少量杆塔绝缘子串进行清扫。曾有单位对已清扫过的绝缘子更换进行电气和污秽试验，结果多数人工清扫过的绝缘子片附盐密值减少不多，导线侧的 1～2 片绝缘子，经清扫后有一定的减少污秽物效果。

（2）耐张跳线并沟线夹、引流板螺栓紧固每年一次；上述维护工作基本靠线路停电时完成，由于此类维修工作几乎是个人单独完成，目前这种不论作业人员身高体重、力气大小的差异，均采用相同的 10 寸活动扳手，使连接螺栓扭矩无法量化，维修质量参差不齐，且多数单位不安排员工紧固检查跳线连接金具。

（3）杆塔螺栓紧固每 5 年一次，各运行单位几乎不执行该项检测维修规定。

（4）北方混凝土杆排水防冻检修项目，早期混凝土等径杆上段杆顶是不封堵的，运行中使雨水进入电杆内，北方寒冬造成混凝土体内雨水结冰膨胀，因此规程要求运行单位在寒冬前松开接地螺栓放水。该类未封顶电杆运行单位均进行了封堵，后期生产的电杆已改为封堵式，该项工作已基本没什么意义。

（5）杆塔锈蚀防腐维护项目，输电线路杆塔长期暴露在野外，镀锌铁件必然会生锈腐蚀，严重时会大幅降低杆塔强度。施工、运行单位几乎不组织对铁塔出厂产品验收，即使有少量验收，也只考察厂家生产的规模和塔材镀锌外观检查，如镀锌层表面应连续完整，并具有实用性光滑，不得有过酸洗、漏镀、结瘤、积锌等使用上有害的缺陷。镀锌颜色一般呈灰色或暗灰色等内容，基本不对塔材镀锌厚度检测验收。

（6）防鸟装置、杆号牌、防振器、防舞动装置的修补、补装和调整等。

（7）线路通道内树竹木修剪、巡线道、桥的修理等，杆塔接地装置即人工敷设接地线的外露填埋及引下线的修复等。

四、设备检修现状

各运行检修单位对巡视、检查或检测出的设备缺陷或隐患，其处理方式有两种：

（1）线路停电时检修方式：劣化绝缘子的更换（瓷绝缘子低零值、瓷裙破损、玻璃绝缘子自爆、瓷、复合绝缘子电弧灼伤、硅橡胶伞裙龟裂、撕裂、粉化、电蚀穿孔、芯棒金具压接点密封破损和均压环倾斜损伤等）；连接金具锈蚀严重、电弧灼伤严重、防振锤移位、掉锤、间隔棒断裂、橡胶垫脱落等更换；导线并沟线夹、引流板的检查紧固，导线铝股断股补修，架空地线锈蚀更换，拉线杆塔拉线锈蚀、拉棒锈蚀等更换。

（2）线路带电检修或消缺方式：检修处理内容与上述相似，另外带电处理导线上悬挂异物，更换杆塔锈蚀塔材、横担、拉线或拉棒，架空地线放电间隙检修，水泥杆段或铁塔主材更换等。

五、线路状态巡查、检修的做法

以目前职工人数按 DL/T 741 的按设备周期进行线路运行、检修，人员不够。

（1）目前输电设备的运维现状。

1）检测、检修周期与输电设备的状态无关，过度维修现象严重，运行和管理部门重检测周期，缺少分析判定环节。

2）普查式的预防性检测的工作量大，效率低。对新线路、好设备的检测重视太多。

（2）要减少过度维修工作，提高输电设备的可用率，需采取以下措施：

1）延长设备的检测周期和检修（巡视）周期。

2）对状态良好的设备延长试验周期。

3）对有缺陷的设备不进行超越需要的检修，即应修必修、修必修好。

4）开展检测的项目应与时俱进，按设备的运行状况进行。

5）强化运行监控，如雷击故障后应首先分析是什么雷害现象，按雷害性质采取防范措施，对雷害故障杆塔的接地电阻应按 2.5L 和 4L 辅助射线布置并严格检测和分析，同时打开故障杆塔悬垂线夹检查地线、导线有否损伤现象；新建线路竣工验收和停电检修普查跳线引流板的扭矩控制；外力破坏严重的杆塔上安装危险点图像监控；带电清洗绝缘子盐密值分析和对导电离子的检测；线路氧化锌避雷器的空气间隙值的计算分析等。

（3）线路按设备状态检修、巡视的思路要点如下：

1）新建线路的外绝缘配置尽可能减小配合比（即增加绝缘子片数），但带电体与塔身的最小间隙或绝缘子串的招弧角间隙仍应按规程规定的相应电压等级控制，以提高绝缘子串沿面闪络电压值和泄漏比距值，减少线路绕击雷跳闸和绝缘子串的清扫工作量。

2）新建线路的避雷线保护角同时满足设计规程、运行规程和“十八项反措”

的规定。

3）新建线路小截面导线跳线连接采用楔形弹力线夹或采用液压连接方式，液压式耐张线夹引流板应采用"Y"形和 4 颗连接螺栓形式，以增加接触面积和紧固方式，确保导线连接点不致输送大电流而出现发热隐患。

4）新建线路采用高跨方式架设，老旧线路的对地距离、交叉跨越危险点采用加塔升高改造措施。

5）细化运行线路状态量和信息的分析和评价。

6）建立细化、有效的设备缺陷评估体系。

7）与传统的检修模式衔接并平稳过渡。

8）强调状态信息的融合，重视线路设备整体评价中出现"圆桶短板"现象，控制停电检修并积极开展带电检修和消缺作业。

9）预试（检测）和检修时机要顾及设备的状态。

10）突出可操作性和操作结果的唯一性。

（4）我国电力部门的定期检修制度是 20 世纪 50 年代从苏联引入的，随着电网规模的日益庞大和有关设备的技术含量提高，定期检修设备的弊端日益体现。不仅造成输电线路可用系数的降低、线路在 N–1 情况下运行风险增加，还会因大规模人员集中、短时期、集中式停电检修，造成人、财、物的三重浪费。检修单位若不按该方式配置人员、车辆和检修器具，则线路停电检修中会造成多数输电设备失修、欠修或漏修，使输电线路运行风险度增加。周期巡视、检修方式和按设备状态巡视和检修方式区别见表 13–3–1。

表 13–3–1 定期检修、巡视和状态检修、巡视的区别

定期检修、巡视	状态检修、巡视
计划针对所有设备、线路区段	计划针对单个设备、部分区段（危险点）
强调周期，到期就试（测）修、巡	强调状态（危险点）超过规定条件才测、修、巡
没有设备状态分级评价体系	突出设备状态分级评价体系
从所有设备中筛选有问题的设备	从状态待定设备中筛选有问题的设备
无的放矢、人员设备多、停电时间长	针对性强、人员设备恰当、停电时间短

【思考与练习】

1. 架空输电线路巡视主要内容有哪些？线路保护区为多少宽（分电压等级）？

2. 瓷、玻璃和复合绝缘子的巡查检测内容各有哪些？为什么变电所出线段的杆塔接地电阻值要求两年检测一次？

3. 盘形绝缘子的污秽清扫有什么效果？

4. 定期检修有哪些不足和欠缺？

5. 为什么说按标准要求复合绝缘子的检查维护工作量更大？

6. 为什么现有线路雷击跳闸率高？

模块4　线路巡视的一般项目及注意内容（Z05G3004Ⅱ）

【模块描述】

本模块包含线路开展状态巡视应具备的条件、状态巡视项目、巡视周期及计划的编制。通过概念介绍、要点归纳，熟悉状态巡视项目、主要内容，掌握状态巡视的管理。

【模块内容】

一、输电线路状态巡视

状态检修（condition based maintenance，CBM）是以运行设备当前的实际工作状态为依据，尽可能通过高科技状态检测手段结合丰富的线路运行、检修经验，识别设备可能存在的隐患或故障的早期征兆，对故障部位、故障严重程度及发展趋势作出判断，从而基本确定各设备器件的最佳检修时机。这是一种耗费最低、技术最先进的维修制度，由于决定输电线路状态检修需要监测的内容很多，需对多种单元设备的状况进行科学的评价，存在一定的风险，部分带电设备以现行的技术规程又难以突破，因此全面深入开展输电设备状态运检需进行长时间的设备、通道清查、经验积累过程和环境配合，制定详细又可操作性的设备评价标准。

随着输电线路设备的不断升级、材质科技含量的不断提高，设计标准、要求的不断更新，监测设备、诊断手段的不断完善，线路运行、检修单位应根据“实事求是”的工作作风，针对每条运行线路实际的设备运行状态、通道状况和缺陷隐患等，根据《架空输电线路设备评级办法》《输电网安全性评价》的规定，建立每条线路的危险点及预控防范措施，每半年按巡、检结果进行滚动修订调整、每年进行设备定级和安全风险评估。

架空输电线路按设备状态巡视方式是根据架空输电线路的实际状况和运行经验动态确定线路（段、点）巡视周期的巡视。线路实际状况包括线路设计条件、运行年限、设备健康状况、杆塔地处的地质、地貌、环境、气候、设备危险点包括线路通道内的建房、筑路、土地平整、树竹木生长等。开展状态巡视，可使有限的人力在巡视过程中做到有的放矢，真正做到输电设备“该巡必巡，巡必巡好”。

按输电设备的状态开展巡视是企业“减人增效”的手段之一，要保证输电线路安全运行，首先是建立设备主人责任制，每个巡视人员都有固定的设备管辖范围，以书面形式落实到班组和个人，使运行线路巡视或管理不出现交叉段或空白点。

二、线路巡视的一般项目

线路巡视地面观测不清的项目，必要时可组织登杆塔检查或走导线检查。表13–4–1给出了架空输电线路按状态巡视的项目和主要内容。

表13–4–1 架空输电线路巡视常规项目及主要内容

项目		主要内容
线路走廊保护区	建筑物、构筑物	民房、厂房、猪（鸭）棚、易随风飘起的宣传带（球）、塑料薄膜、广告牌等原建、新建、扩（升）建、所处位置等情况
	各类施工作业	岩、土、沙等开挖、航道、公路、铁路、桥梁、水利设施、市政工程施工、机械挖掘、起吊等情况
	可能直接威胁线路安全的情况	山体崩塌、采石放炮、射击、易燃（爆）场所，塔位处围塘水产养殖、钓鱼、污染源（如废气、废水、废渣及一些有害化学物品）的分布、威胁等情况
	树（竹）木、蔓藤类植物附生等	植物类别和生长速度、与带电体净空距离、植树造林等情况
	各类线路、高架管道、索道	新（改、升）建、穿越位置及交叉净空距离等情况
杆塔、拉线和接地装置	杆塔、拉线基础	沉陷，开裂、冲刷移位、低洼积水等情况
	杆塔、横担	水平度、垂直度、歪曲变形，缺损件、锈蚀、（混凝土杆）横（纵）向裂纹、接头腐蚀、钢筋外露等情况
	塔材、金具、紧固件	锈蚀、松动、缺损，受力不均匀、被盗等情况
	拉线及相关部件	锈蚀、腐蚀、磨损、断股、破股、松动，受力不均，失稳失衡等情况
	接地装置和引下线	腐蚀、锈蚀、冲刷、外露、断裂、缺损、接触不良、被盗等情况
	相位牌、警告牌、杆号牌、分相色标导向牌等	褪色、锈蚀、丢失，缺损，不正确、不规范等情况
导、地线和相关部件	导线、避雷线（包括耦合地线，屏蔽线，复合光纤通信线等）	1）锈蚀、断股、损伤、电弧灼伤情况； 2）弛度松紧、相分裂导线间距变化等情况； 3）导、地线上扬、舞动、振动，融冰时跳跃，相分裂导线鞭击，扭伤情况； 4）绝缘架空地线接地、放电间隙尺寸、复合光纤接线盒等情况
	连接器，悬垂、耐张线夹，跳线线夹，防振设施、防舞动装置、跳线连接并沟线夹（导流板），接续条、间隔棒、均压环、均压屏蔽环、重锤，防结冰设施，通信附属设施及其他在线检测装置	锈蚀、氧化腐蚀，松动、磨损、缺损、断裂、移位、放电发热、电晕、放电声及与有关装置要求不符的情况

续表

项目		主要内容
绝缘支持件	绝缘子、瓷横担	脏污、爬电、电晕放电，过电压闪络、燃弧情况，灼伤痕迹，裂纹、破损、偏移、金属件锈蚀、连接固定件松动、缺损、脱落情况。复合绝缘子各连接部位的脱胶、裂缝、滑移等现象；伞套材料的硬（脆）化，粉化、破裂等现象；伞套材料的起痕、树枝状通道、蚀损等情况；伞套材料的憎水性变化（如表面是否形成水膜）等情况
	金具、固定连接件	锈蚀、松脱、缺损、不合规范情况
防雷设施	避雷器、避雷针、消雷设施、线路外沿的防雷辅助设施	1）连接规范情况，间隙移位、金具锈蚀、松动、缺损、避雷器指示动作、老化、密封、避雷器引下电缆的损坏情况； 2）外串联间隙灼伤、烧蚀；合成外套伞裙破损，伞套滑落等情况； 3）倾斜、锈蚀、拉线松动等情况
附属设施	视频图像监视仪、雷害故障指示器、巡检系统相关设备、防鸟装置	松动、脱落、缺损、动作等情况

三、按输电线路本体和通道的实际状况进行巡视

为摸清线路、杆塔地处位置、环境和通道、保护区情况及存在的隐患、线路设备的健康状况，在开展状态巡视前，每个运行巡视员工在一段时间内，将自己管辖的线路设备巡视一遍，用数码相机将每基杆塔地处位置、前后通道及走廊内的建筑物等留影存档，通过计算机建立每条线路运行档案，按线路和杆塔所处情况，建立毛竹（树木）生长区、易建房区、易受外力破坏区、鸟害区、污秽区或污秽点段、雷害多发区、洪水冲刷区、采石爆破区等危险点及特殊区域，根据季节性、区域性等特点，结合巡视员工、工程技术人员的运行经验，制定有针对性的各危险点巡视注意要点和预防控制措施，将其纳入相应的危险点数据库，随时滚动修正管理。实现“危险点短周期、多巡视、多控制”和“相对安全段长周期、少巡视、可控制”的状态巡视管理模式，从而使多数健康、完好设备和通道突破了每月一巡的传统定期巡视规定，设备及运行环境状况良好时，其巡视时间为数月至半年不等，老旧或健康水平差的设备和恶劣运行环境设备、通道，根据各危险点预控措施和运行情况，按实际周期巡视或甚至缩短巡视周期。

通过科学的流程管理，进一步明确了检修、管理、决策人员的三方责任和控制要求，确保了输电设备状态巡视的质量和安全。

四、状态巡视周期和计划的编制

在开展输电线路按设备状态、危险点预控措施进行状态巡视、维护过程中，要想延长巡视周期的线路各区段（点），必须由本设备主人按照线路的实际状况，先提出各点（段）线路的巡视周期，班长、班组技术员、工区运行专职同设备主人一起进行讨

论、去现场勘查核对或抽查后提出班组讨论意见，工区主任、生技科长等讨论审核签字后上报公司专业处室校核，公司主管生产经理或总工批准，每年初以文件形式下达各线路点（段）延长巡视的周期（不含危险点等周期或缩短巡视的线路）。

计划周期应根据本地区季节性特点综合考虑。如南方地区可按4～9月份（树木速长、雨季、雷季、台风、高温）和10月份至下一年3月份（雪、低温）等3～6个月不等计划周期。使线路开展状态巡视和危险点预控工作有据可依。

线路开展状态巡视工作，不论线路巡视周期长短，运行单位应落实措施，确保状态巡视到位率和巡视质量，真正做到状态巡视工作计划的有效实施。

如高山段无危险点的自立塔区段每4～6个月巡视一次；部分地段每3～4个月巡视一次；平地交通便利、人员活动多的地段每月巡视一次；危险点或特殊地段按预控措施要求每月巡视不得少于一次，如洪水期每次洪水都落实技术人员或设备主人巡视。

五、巡视资料的搜集、分析

由于大部分线路运行单位都是运行、检修合一单位，为了确保线路设备状况的健康，复核线路巡视质量的准确、完整，在线路检修、故障登杆（塔）巡查时，明确规定登杆员工必须巡查工作任务地段通道内毛竹、树木、房子、交跨等情况并责任落实。使每一次线路检修、查巡故障，如同增加了一次某区段线路或全线巡视的工作机会。同时要求全体参加线路巡视、检修的员工，每次将巡查或检修发现的缺陷拍成照片，便于班组其他员工、工程技术人员、企业生产经理等能直观地观看，根据照片分析和制订预控防范措施。

六、积极安排人力物力采取措施消除线路运行危险点

输电线路沿村庄旁架设，随着经济的发展，农户多数会将新房建在村庄外，由于线路走廊是无偿占用农户土地，因此运行单位很难阻止农户在线路通道附近进行经济开发或建造构筑物。特别是对于老旧运行线路，导线对地距离和风偏距离不足，此类违章现象，运行单位必须及时邮发隐患通知书，取得管理上的主动权。应尽早安排资金，将村庄边呼高较低的单杆更换升高成自立塔，考虑按15m房高控制校核风偏距离，消除线路的危险点或隐患。

七、建立沿线群众义务护线员组织

输电线路大部分区段处在远离人类活动密集区和交通繁忙区域外的丘陵、山区等，线路运行单位即使按规定每月巡视一次，剩余的29天多时间属于无人看管的。为掌握运行线路的实际情况，运行单位应积极寻找联系运行线路沿线村镇有正义感和威信高的村干部，聘任他们为该村所辖土地上的输电线路“群众义务护线员”，颁发盖有线路工区公章的聘任书，每年按片区集中群众护线员学习，工程技术人员讲解本年度线路上典型受损现象及有关线路巡查判断知识，以不断提高护线员的业务水平。

【思考与练习】

1. 开展按线路设备状态巡视要具备什么条件？
2. 为什么要由本设备主人粗拟提出所辖线路状态巡视的计划和周期？
3. 为什么要求登塔巡查故障的员工必须对所巡查段的通道情况负责？
4. 建立护线员组织的做法有哪些好处？

模块 5　状态巡视及处理（Z05G3005Ⅱ）

【模块描述】本模块包含危险点及特殊区域、状态巡视的组织方式、按危险点预控开展状态巡视及处理。通过知识讲解、图形举例、定性分析，掌握线路的危险点及特殊区域、状态巡视的组织方式、按危险点预控开展状态巡视及处理方法。

【模块内容】

要想实现输电线路按运行状况进行巡视，必须对所管辖线路的设备和通道情况做到心中有数，对各类特殊区域和危险点组织分析讨论，将设备主人、生产骨干对此类现象结合运行经验制定有针对性的防范措施，按有关专业管理程序报批后执行。

一、按输电线路本体、通道的实际制订危险点及特殊区域的预控措施

线路运行、检修单位根据线路沿线地形、地貌、环境、气象条件、人员活动等特点，结合运行经验，逐步摸清和划定如鸟害区、雷击频发区、洪水冲刷区、重冰区或导线舞动区、滑坡沉陷区、易建房区、重污秽区、树（竹）林速长区、易受外力破坏区等特殊区域，将输电线路全部杆塔及通道的运行情况和设备状况的资料都收集到后，按照线路状态巡视的要求，制订各种危险点及预防措施，并将其纳入危险点及预控措施管理体系中。在常规的线路巡视中若新发现危险点，设备主人及运行工区应按其实际情况和特点制订相应的防范措施和巡视周期，对树竹木点档中加塔升高等措施消除的危险点，运行单位应及时滚动修正危险点和特殊区域。

架空输电线路的危险点和特殊区域形式多样，为了便于其运行维护，表 13–5–1 给出了常见危险点、特殊区域的运行维护防范措施。

表 13–5–1　常见危险点、特殊区域的运行维护措施表

情况	危险点或特殊区域运行维护的预控措施
易建房区	每月落实专人对该区域重点巡视，巡视中加强对附近村民的电力法规宣传、教育，多了解村镇发展规划及村镇外扩趋向；加强与土管、规划、开发区等政府部门的联系，宣传国家电力法规禁止在电力设施保护区内建房的规定，防止在电力设施保护区内违章批复用地，违章规划和违章开发等事情的发生；巡视中重点注意打桩划线、砖石堆放等情况，发现隐患应当面向违章者进行口头阻止并宣传有关电力法律、法规的规定，阐明可能造成的严重后果，并以隐患通知书等书面形式告知其停止并拆除违章建筑，同时抄送土管、规划、村委、各级政府等职能部门；加强与该区域义务护线员的沟通，要求护线员发现有动工现象及时报告

续表

情况	危险点或特殊区域运行维护的预控措施
易受外力破坏区	加强对该区域的巡视，每月至少巡视一次；巡视中重点注意爆破采石、爆破施工、农田改造、地基平整、杆塔、拉线基础周围取土、挖沙、堆土、围塘水产养殖、线路通道附近放风筝、射击、通道内钓鱼等情况。发现隐患应当面向违章者进行口头阻止并宣传有关电力法律、法规的规定及可能造成的严重后果，并应以法定隐患通知书、函件等书面的形式告知其停止违章爆破、施工、取土、围塘等违章、违法行为并要求赔偿损失或恢复原状，必要时应将该隐患通知书、函件以挂号邮件方式抄送当地土管局、公安局治安科、村两委、乡、镇政府、开发区管委会等政府职能部门，以控制炸药的审批；在石宕、鱼塘、各类施工作业现场做好如“严禁爆破”、“严禁取土”、“钓鱼危险”“高压有电”等安全警告标示牌、标志牌；加强与该区域义务护线员的沟通，要求护线员发现有此类违章及时报告。有条件时可采用在杆塔上安装图像监控装置，落实专人每天查看传回的照片，将隐患消灭在萌芽阶段
鸟害区	确定候鸟活动范围、在确定的鸟害区杆塔上安装防鸟装置和人工鸟巢，每年的4～6月，每月巡视次数不应少于一次，对巡视中发现的鸟窝及时移位保护处理和在绝缘子串悬挂点处安装防鸟装置
树（竹）木速长区	每年春季4～6月班组应组织对竹林区的特巡和及时处理，同时通知户主及时清理竹笋。加强同该区域群众护线员的联系，请他们在竹笋速长期多留意其生长情况和线路护线宣传；安排资金采用升高或增立铁塔措施，以消除树竹木危险点隐患。在树木速长季节（一般在上半年），准确估计各树种的自然生长速率，对本年度可能威胁线路安全运行的地段必须巡视到位，发现隐患应及时处理。安排费用冬季落实农户砍伐处理
雷击频发区	雷击频繁区的线路应采取综合防雷措施；雷季前，应做好防雷设施的检测和维修，落实各项防雷措施；雷季期间，应加强防雷设施各部件连接状况、防雷设备和观测装置动作情况的检查；对雷害损坏的设备应及时修补、更换。对雷害故障杆塔的金具和导线、避雷线夹必须打开检查，必要时还必须检查相邻档线夹。故障杆塔必须采用标准的0.618布线方式核测杆塔接地电阻是否符合设计要求；组织好对雷击事故的调查分析，总结现有防雷设施的效果，研究更有效的防雷措施，按反击或绕击的结果进行不同的雷害防范措施
洪水冲刷区	1）汛期到来前，班组技术员必须到现场巡视一次，重点检查杆塔、拉线基础的稳定性、是否容易受冲刷等情况报工区生技部门，视现场实际情况确定应采取防范措施。 2）汛期时，根据洪水情况，及时组织特巡和处理。 3）加强与该区域义务护线员的沟通，要求护线员发现洪水冲刷及时报告情况
滑坡沉陷区	汛期、雨季、严寒季节每月要巡视一次，巡视时要重点检查杆塔基础上、下边坡的稳定情况，发现隐患及时汇报处理。加强与该区域义务护线员的沟通，要求护线员发现有此类沉陷现象及时报告
重冰区或导线舞动区	1）经实践证明不能满足重冰区要求的杆塔型号、导线排列方式应有计划的逐步进行改造或更换、新建线路设计审查时应强调直线塔定位避免档距严重不均现象。 2）覆冰季节前应对线路做全面检查，消除设备缺陷，落实除冰、融冰和防止导线、避雷线跳跃、舞动的措施。同时制订抢修方案，准备好抢修的工器具、通信设备及车辆，并进行事故预想及预演。 3）覆冰季节中，应有专门观测维护组织，加强巡视、观测，做好覆冰和气象观测记录及分析，研究覆冰和舞动的规律。随时了解冰情，适时采取相应措施。 4）覆冰消除后，应对线路进行全面检查、测试和维护。 5）对覆冰段线路严重不均匀档距的直线塔，采用改成耐张或悬垂串改造为释放线夹，以消除此类直线塔因不均匀脱冰引起的塔颈部折弯倒塔或架空地线悬垂线夹处断股现象
重污区	1）雾季前巡视检查绝缘子脏污情况，发现特别脏或附近污源增加较快的线路区段，巡视班组及时汇报，工区及时进行带电检测附等值盐密值或进行污秽液导电元素的理化分析，准确掌握污秽程度，以便采取绝缘子防污闪技术措施。 2）雾、毛细雨季按季节特性重点进行巡视（包括夜巡），查看绝缘子串有无爬电现象、放电声、电晕等或检测在线监视泄漏电流数值、脉冲电流数值等情况。 3）污秽特别严重的杆塔，采用复合绝缘子，以8～10年更换新绝缘子方式。 4）对重粉尘区如水泥厂内采用瓷绝缘子串配合金属招弧角，以解决玻璃自爆和复合绝缘子贯穿性击穿事故

二、输电线路状态巡视的组织方式

为了能够确保状态巡视质量，真正实现"该巡必巡，巡必巡好"的目标，运行单位应建立起相应的管理制度，确保巡视计划的编制符合实际，巡视计划经过主管部门的审核、批复，巡视质量有人监督，并能够根据现场情况改进巡视工作。典型的危险点和特殊区域的防范措施即是所管辖线路单位的专家软件，它集单位班组长和骨干、工程技术人员的运行经验和专业知识为一体，替代原先个人巡视判定运行缺陷和处理方法，使每个运行巡视人员按班组已判定的缺陷类型，对照对应的危险点、特殊区域防范措施指导巡视。同时，每个线路设备巡视主人根据自己管辖的线路运行状态、线路设备的健康水平、人员活动情况、交通方便情况、历年来线路运行情况等，粗拟提出各线路段的不同巡视计划和周期，由本班组长、骨干和技术员按运行经验和平时了解的线路情况，修订和完善该员工所辖段线路的运行计划，将讨论修订完善的班组运行巡视计划上报运行专职，主管领导组织各检修、运行班组长、生产骨干和运行、检修专职等讨论、修订和完善所辖各线路的运行巡视计划和周期，上报生产技术管理部门，经讨论修改批准后，以文件形式下发本年度线路巡视计划和周期。

输电线路状态巡视流程按图 13–5–1 整合再造，以明确运行巡视人员、班组长和工程技术管理人员、巡视周期决策人员的三方责任和控制要求。

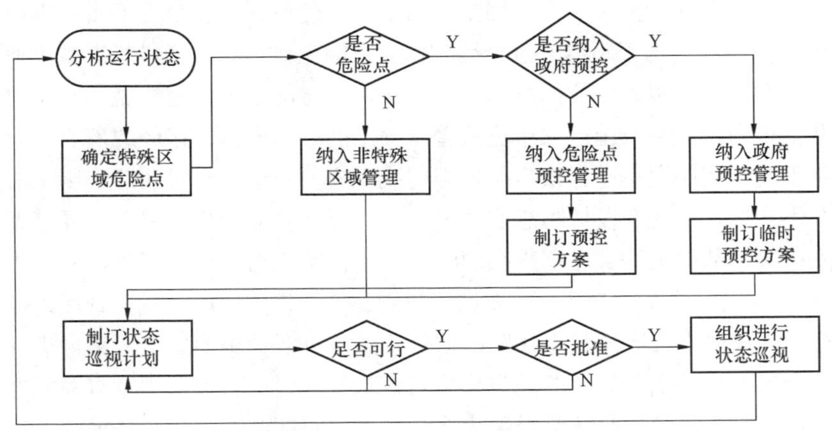

图 13–5–1　输电线路状态巡视工作流程图

三、按电力法规要求治理线路运行环境

针对运行线路通道内发生的违章建筑，运行单位应遵照《电力设施保护条例》的有关规定，以挂号信方式将有法律效力的隐患通知书并附上现场照片邮寄给违章责任人和有关职能单位（将隐患通知书当面送达并签收回执困难，采用挂号信形式回执签收由邮政完成），使电力设施保护走入法治管理轨道。对巡查发现的通道隐患危险点，

在邮寄分发线路隐患通知书时，应将严重的现场隐患照片作为隐患通知书附件同时寄发，并使抄送相关的地方政府有关部门能直观地了解隐患危险点的现状和危害性。针对新增的危险点，运行工区管理部门应自行按预控措施要求及时增加安排巡视周期。

状态巡视可结合检测、预防性检查、大修、技改等工作同时进行，如某线路某区段故障跳闸，运行单位在安排员工巡查故障点时，应同时将该段线路的通道、本体巡视任务一起进行交底布置，要求故障巡查员工将线路通道、本体有异常现象或危险点预控措施中规定的内容照相或收集回来，以替代巡视人员的工作任务。巡视的目的在于动态掌握线路各部件、通道及附近可能威胁线路安全运行设施状况，并联系走访群众护线员及电力设施保护法规宣传工作。

四、按电力设施保护条例要求发放的各种类型隐患通知书

输电线路架设在野外，设备分散，高空作业和高电压属于高危险度行业，随时都有可能给企业带来法律上的纠纷，运行单位应按照《电力法》《电力设施保护条例》和《电力设施保护条例实施细则》等法律法规的要求，撰写起草好各种违章现象、情况的隐患通知书，及时送达、邮寄给违章业主和产权单位或自然人，保存好隐患通知书的回执或邮政挂号收据，以便将来发生法律纠纷时作为法庭证据。

以输电线路附近采石放炮处理为例：

按照《电力设施保护条例实施细则》第十条：任何单位和个人不得在电力设施周围500m范围内（指水平距离）进行爆破作业。因工作需要必须进行爆破作业时，应当按国家颁发的有关爆破作业的法律法规，采取可靠的安全防范措施，确保电力设备安全，并征得当地电力设施产权单位或管理部门的书面同意，报经政府有关管理部门批准。由于输电线路通道是无偿占用村委会或农户的土地，有时线路周围采石放炮政府部门并不知道，因此在发放隐患通知书时，运行单位应抄送给民爆物品管理部门之一的公安机关，从报批购买民爆物品的源头上来控制线路附近采石放炮安全措施的落实，《民用爆炸物品安全管理条例》第四条规定：公安机关……负责查处民用爆炸物品的使用行为。爆破人在高压输电线路、通信线路等重要设施的安全距离内进行爆破作业必须符合国家有关安全规范的规定，第四十八条规定：若违反国家有关标准和规范实施爆破作业的，由公安机关责令停止违法行为或限期改正，情节严重的，吊销爆破作业许可证。

由于电力企业没有行政执法权限，对电力线路保护范围内的违章爆破作业，具体见下列采石爆破隐患通知书样本。图13–5–2为220kV线路边导线外100m处违章爆破施工采石场。

送（2003）32号隐患通知书附件

主送：市镇村委会

电力设施属国家财产，受国家法律、法规保护。国务院曾于一九八七年九月十五日颁布了《电力设施保护条例》，（以下简称《条例》），并于一九九八年一月七日发布国务院239号令《国务院关于修改（电力设施保护条例）的决定》，一九九六年四月一日，《中华人民共和国电力法》正式开始实施，一九九九年三月十八日，修订后的《电力设施保护条例实施细则》（以下简称《细则》）颁布实施。以上法律、法规都对电力设施的保护做出了明确的规定。

我工区管辖运行的220kV 2359线是电网的主干输电线路，担负着市工农业生产以及人民生活用电主送任务，该线路的安全运行直接关系到电网的安全稳定。

最近，我线路运行人员在电力设施巡视中，发现贵村村民章在2359线109～110号档中，在距左边线约100m处我单位在竣工投产时已出资封闭的采石场内进行采石爆破，据违章爆破者称，他已向贵村委会交款签订协议承包采石场一年。贵村委与章的违法行为对2359线的安全运行构成了严重的威胁。

《电力法》第四条明确规定“电力设施受国家法律保护。禁止任何单位和个人危害电力设施的安全……。”

《细则》第十条规定：任何单位和个人不得在距电力设施周围500m范围内（指水平距离）进行爆破作业。因工作需要必须进行爆破作业时，应按国家颁发的有关爆破作业的法律法规，采取可靠的安全防范措施，确保电力设施的安全，并应征得当地电力主管部门的书面同意，报经政府有关管理部门批准。”

2002年6月11日线路竣工投产时我工区已与贵村两委签订了封矿补偿协议书（见附件），明确了相关权益和安全责任，现贵村委违法将采石场再次承包给村民，造成章违章爆破采石，因此责令贵村委依法立即停止侵权，重新封闭采石场，村两委和违章爆破肇事者章立即按照封矿协议1.4条的规定来我单位协商抢修方案及赔偿事宜。同时立即停止在220kV 2359线109～110号档高压线路法定保护内的违法爆破行为，确保高压电力线路的安全运行。

在此我们恳请市公安局治安科依法向停批炸药及将其爆破证收回，并追究爆破肇事者的经济、法律责任。同时我们保留向贵村委会追究违法责任的权利。

电力线路主管部门：电力公司

地址：市路号　电话：　　邮政编码：

电力公司

年　月　日

抄送：市电力设施保护领导小组办公室、市安全生产监督管理局、市公安局治安科、市国土资源管理局、电力公司生产部、保卫处、市电力分公司安监科

图 13–5–2 220kV 线路边导线外 100m 处违章爆破施工开采矿石

五、线路故障的正确判断和巡查

输电线路发生故障跳闸后，地市电网调度在通知运行单位时，巡线员工首先要记录清楚继电保护动作情况，并根据故障跳闸时的天气、环境、相位、时间等情况综合判断可能是哪一类故障（雷击、鸟害、风偏、外力破坏、交跨不足等），可能发生的位置、地点等，并根据对故障的初步判断情况，组织地面巡查或登杆塔巡查故障。

例如，雷击故障巡查，在上杆塔前，登塔员工首先目测杆塔地面接地引下线的螺杆、连接板处有否电弧电流烧伤痕迹（此处由于经常摇测杆塔接地电阻，多次拆卸螺杆造成滑牙或接地引下线与塔身连接不紧固），若在连接完好情况下有较严重的电流烧伤痕迹，则该雷击故障基本可判为反击事故，随后员工上塔检查瓷质绝缘子串表面瓷釉有否电弧烧伤痕迹，钢帽上有否电弧弧根产生的高温熔蚀后的白点，同理导线、护线条上有否电弧弧根产生的高温熔蚀后的白点；玻璃比陶瓷釉面熔点高，在电弧高温下不易出现熔蚀表面，因此检查目测玻璃绝缘子表面电弧烧伤较困难，巡视员工应用手仔细抚摸横担侧第一片绝缘子玻璃伞裙上表面，未遭故障闪络的伞裙上表面是十分光滑的，反之玻璃伞裙表面有刮刺手感，但巡视检查员工的手千万注意不能触摸下数第二片绝缘子，以防电击伤害或二次高空坠落。复合绝缘子的过电压闪络主要检查两端均压环上、导线、护线条上有否电弧烧伤的白点，硅橡胶伞裙上有否电弧烧伤的白点（块）。若本杆塔绝缘子串上或导线上的故障点为两相时，基本属于反击跳闸，若线路为水平排列且双避雷线，故障点为中相时，可基本判定为反击跳闸。若线路故障点为连续 2 基同一相故障，则可判定为绕击跳闸。

六、开展状态巡视中的有关危险点处理案例

1. 塔材防卸处理

为了防止杆塔构件被窃，发生运行线路杆塔倒杆断线的恶性事故，运行单位应下

文明确，新建线路整基杆塔或塔基准面以上 2 个段号塔身采用防盗螺栓螺帽，以指导新建线路设计。目前野外环境绿化较好，杆塔附近的树木有时超过 6m，夜晚偷盗塔材时，活动扳手撞击塔身的金属声会被树木阻挡，传递不远。但若盗贼登上塔基准面以上 2 个段号铁塔上盗拆塔材，夜间扳手碰撞金属声会传递较远；且要登上基准面以上 2 个段号杆塔上时，会给盗卸人员带来心理上的恐惧，以减少偷卸塔材事件。针对早期输电线路铁塔基本没有防盗措施，此类杆塔数量众多，运行单位可采用亡羊补牢的方法，即偷盗在哪，补装到哪。被盗构件的铁塔如图 13–5–3 所示。

图 13–5–3　被盗构件的铁塔

图 13–5–3 是被偷盗塔材的杆塔，运行单位应及时对被盗杆塔及前后两基杆塔基准面以上 2 个段号塔身上更换成防盗螺栓，为减轻更换防盗螺栓工作量，可对每一块斜材的一头螺栓更换成防盗螺栓。对拉 V 塔、水泥杆等拉线 UT 形线夹螺栓应安装防卸装置，道路旁的杆塔拉线还应安装醒目的防撞警示装置等，为该类拉线型杆塔延长巡视周期做好必要的技术防范措施。

2. 线路杆塔安装齐全杆号牌和警示牌

输电线路杆塔高空作业和高压电属高危险行业，运行单位应经常核对杆号牌、高压警示（攀爬警告）牌等有否短缺，安装是否齐全正确，以阻止非线路运行、检修人员擅自攀塔，免除因外来人员攀塔后发生高空坠落、触电等事故的法律责任。

为防止人员在同塔并架多回线路上误登有电线路，应在各条线路杆塔上应用标识、色标或其他方法加以区别，使登杆塔作业人员能在登塔前和在杆塔上作业时，明确区分停电或带电线路。以往电网薄弱，变电站出线少，因此运行单位习惯性将同塔双回路的两侧横担或平行出线的线路杆塔横担涂刷上不同醒目颜色的油漆加以区分，随着电网的不断发展和用电负荷越来越大，变电站多采用大容量变压器，变电站的线路出线和走廊越来越困难，目前同塔并架线路越来越多，单靠几种醒目油漆已无法有效区分不同线路，采用不同颜色油漆区分势必会造成同一变电站出线有相同颜色的线路存在。另外全线同塔并架线路也越来越多，几年一次对同塔并架线路横担涂刷不同颜色醒目油漆的原始行为已不适合市场经济规律，为此对照安规有关安全规定，设计了一种有线路双重名称（文字名称和阿拉伯数字代码）、杆号、相位、上、下、左、右方向指示、醒目色标于一体的搪瓷标牌，如图 13–5–4 和图 13–5–5 所示，悬挂在同塔并架杆塔离地 3～6m 一侧塔材和分挂在各横担上，即合理完整地符合线路安规的要求，又可持久地悬挂完成它的寿命、区分、指示、警示功能，杆号牌上有运行单位的电话号码，可方便他人报警或联系，解决以往为了符合安规要求将同塔并架杆塔横担刷成醒目油漆的重复劳动，目前，各单位线路“三牌”标识在国家电网统一指导格式基础上，进行提升创新，图 13–5–4、图 13–5–5 为应用举例，供参考使用。

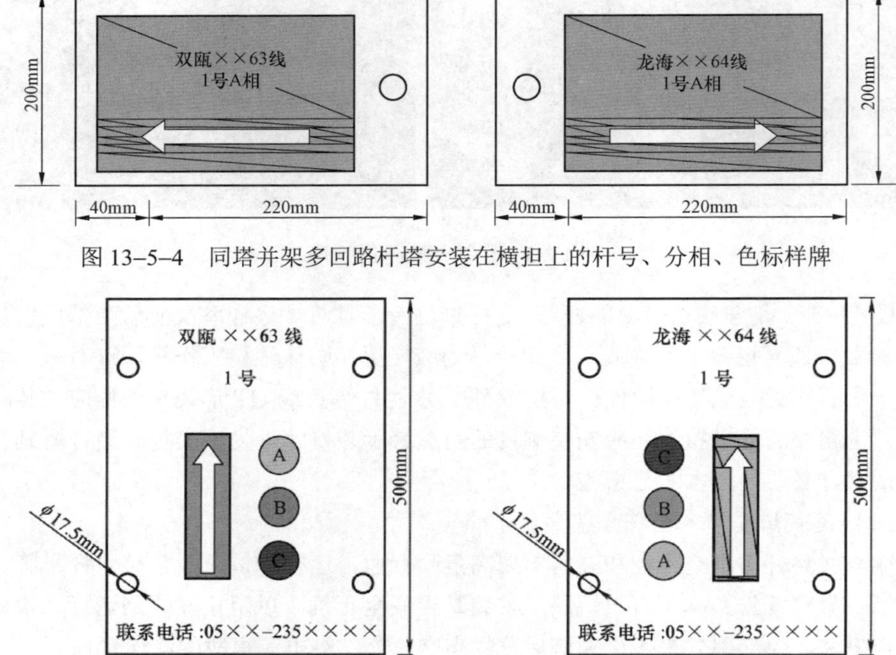

图 13–5–4　同塔并架多回路杆塔安装在横担上的杆号、分相、色标样牌

图 13–5–5　同塔双回路离地 3m 悬挂的双重名称杆号式样牌

3. 输电线路下方树竹木的处理

DL/T 5092—1999《110～500kV 架空送电线路设计技术规程》第 16.0.7 条：送电线路通过林区，应砍伐出通道。《电力设施保护条例实施细则》第十三条：在架空电力线路保护区内，任何单位或个人不得种植可能危及电力设施和供电安全的树木、竹子

等高杆植物。第十六条：新建架空电力线路建设工程、项目需穿过林区时，应当按国家有关电力设计的规程砍伐出通道，通道内不得再种植树木；对需砍伐的树木由架空电力线路建设单位按国家的规定办理手续和付给树木所有者一次性补偿费用，并与其签订不再在通道内种植树木的协议。

事实上，线路施工、运行单位根本无法实现，一是有《森林法》，砍伐树木前必须到当地林业主管部门办理采伐许可证，按线路通道宽度保护占有的山地面积交纳林地植被恢复费、育林补偿费、森林保护费等。二是土地、山地已法定承包给农民、山民，输电线路虽然属于公用事业，但线路架设后是无偿占用农户土地，你不允许在线路通道内种植可能危及电力设施和供电安全的树木、竹子等高杆植物是不可能的，可能危及电力设施和供电安全的措施只能是电力部门自己出资改造。砍伐通道后“签订不再在通道内种植树木的协议”也根本行不通，山区农民靠树竹木生存，即使在线路架设时农民与施工单位有赔偿协议，事后山民仍然会种植树木。此外早期输电线路为节约投资成本，基本按导线对地面安全距离设计（那时山区确实是荒山，基本无树木），随着农村改革开放，土地 30 年承包到户和国家荒山绿化国策执行，目前山区、丘陵绿化良好，许多线路导线对树木距离严重不足，为减少树竹木危险点的运行工作量和砍伐树竹木青苗赔偿费用及控制事故概率，运行单位可采取档中加塔和原塔升高改造，如图 13–5–6 所示。

图 13–5–6　220kV 线下树竹木生长采用升高铁塔

针对架空线路与树木、毛竹的生存矛盾，2005 年下半年，国家电力工程规划设计总院（即电力工程集团顾问公司）在北京召开各区、省电力设计院会议，会议上国家电网建设公司和规划总院明确提出：新建线路今后要多按运行意见设计，不能线路建成投运后运行单位就申请对某些或个别设备进行技术改造；新建线路应执行环境友好型建设理念，线路经过成片树林时应按树木自然生长高度跨越架设。

国家电网公司以基建技术（2007）第 140 号《国家电网公司输变电工程初步设计评审工作协调会议纪要》第三条评审工作总体原则第 4 点：……线路经过林区尽量采用高跨案……

虽然架空线路增加杆塔高度后提高了导线的对地距离，给线路运行带来了方便，一是投资增加不多。二是降低了今后运行中树（竹）木安全距离不足砍伐时与农户、国家森林法的冲突和设备强迫停运的概率。但采用高杆塔跨越树竹木，也降低了线路的耐雷水平：① 增加了塔身阻抗；② 抬高了导、地线的平均对地高度（即增加了等值受雷面积 10h，h=避雷线高度），减弱了地面屏蔽效应（线路引雷宽度取值最大的约为塔高的 10 倍，最小的约为 5 倍）。即杆塔高度越高，引雷面积增大，遭雷击次数增加，使很多雷云被引向线路并先击中架空地线（反击雷）或导线（绕击雷）。当雷击塔顶后，由于塔身阻抗增加，容易使塔顶电位增高而造成反击，增加线路雷击跳闸率。因此线路设计人员在多雷区为提高杆塔高度区段的线路设计中，应实地勘查地形、地貌和准确判定或摇测土壤电阻率，采用综合方法来确定杆塔耐雷水平和杆塔的防雷接地型式，既要积极做到线路架设、运行中少砍树木，又必须妥善处理好线路的防雷措施，确保线路的安全运行。

另外，线路设计在经过村镇旁时，运行单位应在线路扩初审查和施工图审查及技术交底时，要求设计将该两基杆塔按跨越农户 4 层民宅（15m）高度控制，原因是随着经济发展，农村要建设扩展，老旧民宅要重新申请建房，村庄在不断扩大，若农户申请在线路通道附件时，使村镇旁高跨的线路及导线风偏校核都留下了裕度。

4. 线路保护区及交叉跨越危险点的控制和管理

（1）线路与交叉跨越物的距离，采用目测是无法判准能否满足规程要求和保证安全运行的，为确保运行资料的准确性，采用测高（距）仪全面核查，并将所有交叉跨越物的相关信息（如交叉跨越物的名称，所属单位、交跨距离，测量时温度，与杆塔距离，测量人，测量时间等）输入电脑管理，对接近安全距离的交跨点，电脑程序会自动校核到最大弧垂并及时报警，用真实准确的线路交跨资料来实现状态巡视。

（2）针对所辖线路跨越的众多池（鱼）塘，虽然导线对地（鱼塘水面）距离已满足 110kV 非居民区 6m 和 220kV 非居民区 6.5m 的要求，但鉴于目前垂钓鱼竿几乎是伸缩式的高强度碳纤维材料，它的电阻率比钢材还小，线路运行单位应按照相关法律的规定，将高压线下钓鱼危险的劝告书邮寄给鱼塘业主和管辖村委会，书面通告所跨越的带电导线对地（对塘）的距离数据，告知在线路下方垂钓有可能发生触电的后果及鱼塘承包者应注意的安全事项和应采取的安全防范措施；同时制作安全警示牌安装在每个跨越鱼塘的附近，规避了民法中有关无过错赔偿责任，并且在报纸、媒体上经常宣传碳纤维鱼竿与环氧树脂材料的不同性，对个别持碳纤维鱼竿垂钓触电事故积极协助电视台采访，及时纠正部分群众将伸缩式碳纤维钓鱼竿误认为玻璃钢环氧树脂绝缘棒危险认知，以避免线路下方鱼塘钓鱼触电伤害事故。

（3）对线路周围 500m 范围内的违章采石爆破点，运行单位无法有效地制止村委会或承包者停止采石或要求在爆破中做好对导线的安全措施。这时，运行单位应积极利用政法部门的管理权限，将有法律效应的隐患通知书挂号寄给违章爆破作业者本人和当地派出所、公安局治安科及矿产管理局，告知国家电力法规对电力设施保护的重要性和违章爆破开采的危害性，并申请公安、政法、行政管理部门依法将在法定爆破保护区内违章爆破采石爆破员的爆破证收回或停批炸药、注销线路 500m 范围内的石矿采矿证等手段来消除爆炸飞石伤线的隐患。

事实上，由于国家对民爆物品的严格管制，公安部门在收到隐患通知书后，根据政府职能和可能存在的风险，一般都会马上停止审批炸药、雷管，并会积极要求采矿主到电力部门进行协商及征得同意，由于矿主或采石场承包人无法批到炸药、雷管，必然会持采矿证、爆破证等来线路运行单位协商，若采取安全措施后采石对电力线路危害不大，电力部门与其签订爆破采石确保电力线路安全的协议书，并同时将爆破采石确保电力线路安全协议书抄送给公安部门、地方劳动局、矿产管理局，采石业主只有持与电力部门签订的安全协议书才能在公安部门按常规领批购买到炸药、雷管。同时运行单位还应在采石场的岩石上用醒目颜色油漆涂写警示标语，进行电力法的宣传等。

七、依托地方政府完善电力设施保护执法主体

电力体制改革使电力企业失去了执法功能，针对运行单位的线路走廊违章建筑，通过向地方政府宣传汇报电力设施公用性职能，取得政府的支持，形成政府职能机构安全生产监督管理局为执法主体，负责监督、管理输电线路提供的通道隐患处理和考核隐患所在地政府职能部门，促使各县市、乡镇加强对线路通道内的建设审批、违章建筑的拆除等工作。图 13–5–7 为违章户在自行拆除违章建筑，图 13–5–8 为政府组织强行拆除线路通道内的违章建筑。

图 13–5–7 违章户在自行拆除违章建筑

图 13–5–8 政府组织强制拆除线路通道内的违章建筑

【思考与练习】

1. 为什么导线对鱼塘或地面的安全距离满足后仍然要在鱼塘边竖立警示牌？

2. 运行单位发现运行线路通道内的违章现象为什么必须邮发隐患通知书？

3. 以企业文件形式批准下发某些设备健康、通道环境良好的线路巡视计划和周期，有什么好处？

4. 同塔多回路横担上采用线路名称、杆号、分相、色标牌替代涂色标有什么好处？

5. 通过政府部门来管理线路通道违章现象有什么好处？

◢ 模块6 输电线路设备状态评价（Z05G3006Ⅲ）

【模块描述】本模块涉及开展输电线路状态运行的基本原则、输电线路的技术管理、线路设备状态检测和状态评价管理及技术保证体系。通过概念描述、定义讲解、图形举例、定量分析，熟悉线路设备状态检测和状态评价管理及技术保证体系。

【模块内容】

输电线路设备状态评价工作是输电线路状态检修的基础，通过对设备运行信息的采集、分析及比对，确认设备的健康状态，为制订检修计划提供明确的依据，改变以往不顾线路状态、“一刀切”地定期安排试验和检修，提高输电线路检修的质量和效率。

一、状态评价的概念

状态评价是指依据《国家电网公司输变电设备状态检修试验规程》《输变电设备状态评价导则》等技术标准，收集各类输电设备信息，确定设备状态和发展趋势，通过持续、规范的设备跟踪管理，综合离线、在线等各种分析结果，准确掌握设备运行状态和健康水平。

二、设备状态信息

状态信息范围主要包括原始资料、运行资料、检修资料和其他资料。

原始资料是指运行前资料，它与设计、材料、制造工艺、施工安装等因素有关，主要由设备生产厂家和运输、装卸、安装、交接试验等环节决定。该资料是为判断设备状态所提供的原始“指纹”信息，也是状态检修的基础数据来源。设备原始资料应由基建部门于设备投运前移交生产部门。

运行资料是指设备投入运行后的资料，来源于设备运行环节的信息，该资料是判断设备状态的直接依据。

检修资料来源于设备检修环节的信息，该资料也是判断设备状态的直接依据，各类检修资料应在设备检修结束后一周内整理提供。

其他资料主要包括企业内外同类设备的运行、修试、缺陷和故障等相关信息。

三、设备状态信息管理

为加强设备状态信息收集，在日常工作中必须加强常规测试工作，坚持长期积累设备状态参数，建立相应的台账和设备状态评价记录。要充分利用现有的检测诊断技术，积极应用新的状态监测手段和故障诊断技术，不断积累经验，以指导状态检修工作。

要加强设备状态检测信息的管理，不断开发和应用新的状态检测信息管理技术，为设备状态的评价决策提供现代化的信息平台。

在设备制造、投运、运行、维护、检修、试验等全过程中，状态检修工作各组织机构应对原始资料、运行资料、检修资料等信息的完整性及时效性进行检查，并对照基建、运行、检修等管理部门的职责定期考核。

四、设备状态分类

根据设备状态量的评价和对安全运行影响的大小将设备状态分成四种状态：正常状态、注意状态、异常状态、严重状态。

正常状态：设备各状态量均处于稳定且良好的范围内，设备可以正常运行。

注意状态：设备及主要附件单项（或多项）状态量变化趋势朝接近标准限值方向发展，但未超过标准限值，或部分一般状态量超过标准值，仍可以继续运行，但应加强运行中的监视。

异常状态：设备单项重要状态量变化较大，已接近或略微超过标准限值，设备可能存在缺陷，应监视运行，并适时安排停电检修。

严重状态：设备单项重要状态量严重超过标准限值，设备可能存在较为严重的缺陷，需要尽快安排停电检修。

五、状态评价形式及要求

状态评价可分定期评价和动态评价两种形式，定期评价应在制定年度检修策略前完成，动态评价根据实际情况适时安排。

设备状态评价要求在日常工作中对设备的状态量认真运用好限值诊断、趋势诊断、对比诊断以及逻辑推理等常用方法，并根据状态量的变化情况及时进行状态评价。

要不断研究和应用以数学模型计算、故障模型比较等为代表的智能化辅助决策方法，不断提升设备状态检修的决策水平。

要加大日常巡视的工作力度，适时安排检修人员巡视。要积极探索有效的带电检测手段并加以应用。

【思考与练习】

1. 输电线路状态评价的定义是什么？
2. 输电线路状态信息范围是什么？
3. 输电线路设备状态分类有哪几种，其定义分别是什么？
4. 输电线路状态评价形式有哪些？
5. 输电线路状态评价要求有哪些内容？

第十四章

输电线路的日常维护与检测

模块 1　线路日常维护（Z05G4001Ⅱ）

【模块描述】本模块包含补装塔材、螺栓，和喷涂杆号牌的工作程序及相关安全注意事项等。通过对工艺流程及注意事项的介绍，熟悉和掌握作业前的准备工作、作业中的危险点预控、工艺标准和质量要求。

【模块内容】

输电线路架设在野外，常年受大自然的侵袭和人类活动的影响，金属材料易发生锈蚀、金属部件会产生损坏、丢失或被盗等，因此运行单位平时需进行维护、更换和补缺。

一、塔材、螺栓的补装

（一）补装准备工作

1. 作业人员要求

作业人员共 5 人，工作负责人（监护人）1 人，作业人员 4 人。各作业人员随工作进程由负责人指派担任相应工作，工作人员必须经培训合格，持证上岗。

2. 技术准备

（1）根据任务查阅相关设计图纸，明确有关技术要求及质量标准。

（2）编制施工作业指导书，内容包括安装程序、质量要求、工艺方法及注意事项等。

（3）进行安全、技术交底，分析危险点，并做好组织分工。

3. 机具准备

冲孔机、角钢切割机等工器具应在工作之前仔细检查，并确认完好无损。补装塔材、螺栓所需要的工器具见表 14–1–1。

表 14–1–1　　补装塔材、螺栓所需要的工器具

序号	名称	型号	单位	数量	备注
1	安全帽		顶	5	
2	安全带	双控、背带式	副	4	
3	钢卷尺		把	2	
4	速差自控器	TXS–5	只	若干	
5	传递绳	ϕ18mm×30m	条	4	
6	脚扣		副	2	适用于混凝土杆
7	活动扳手	25cm	把	2	
8	冲孔机	CKJ 型	台	1	
9	角钢切割机	JQJ 型	台	1	
10	桶袋		个	若干	
11	扭矩扳手		把	1	复核连接螺栓扭矩值
12	防盗套筒	视现场情况确定	只	若干	

4. 材料准备

补装塔材、螺栓所需要的材料见表 14–1–2。

表 14–1–2　　补装塔材、螺栓所需要的材料

序号	名称	型号	单位	数量	备注
1	螺栓	ϕ16mm	副	按实际需要配置	
2	螺栓	ϕ20mm	副		
3	螺栓	ϕ24mm	副		
4	角钢		根		或按图纸加工好
5	角钢	根据实际确定	根		
6	防锈漆		桶	1	
7	毛刷		把	1	

（二）补装方法及工艺要求

1. 补装方法

作业人员对现场丢失的塔材、螺栓的数量和规格尺寸进行统计、测量，根据杆塔设计图纸选择角钢的规格尺寸，利用角钢切割机、冲孔机进行加工，然后在现场进行补装。

2. 工艺要求

（1） 塔材安装方向根据设计要求进行，当设计无规定时，其切水面应朝下安装。

（2） 作业人员采用螺栓连接构件时，螺杆应与构件面垂直，螺栓头平面与构件间不应有空隙；螺帽拧紧后，螺杆露出螺帽的长度应满足规程要求（对单螺帽不应小于两个螺距，对双螺帽可与螺母持平）；必须加垫者，每端不宜超过两个。

（3） 螺栓的穿入方向应符合下列要求。

1） 立体结构。

a）水平方向者由内向外。

b）垂直方向者由下向上。

2） 平面结构。

a）顺线路方向者由送电侧向受电侧或按统一方向。

b）横线路方向者由内向外，中间由左向右（面向受电侧）或按统一方向。

c）垂直方向者由下向上。

（4） 连接螺栓应逐个紧固，其扭紧力矩不应小于表 14–1–3 中的规定。

表 14–1–3　　螺 栓 扭 矩 值

螺栓规格（mm）	扭矩值（N·cm）	
	4.8 级	6.8 级
$\phi16$	8000	10 000
$\phi20$	10 000	12 500
$\phi24$	25 000	31 250

（三）作业危险点及控制措施

作业危险点及控制措施见表 14–1–4。

表 14–1–4　　作业危险点及控制措施

序号	危险点	控制措施
1	高处坠落	攀登杆塔时注意检查脚钉是否牢固可靠，攀登中双手抓牢牢固构件。杆塔上作业必须使用双保险安全带，戴安全帽。安全带要系在牢固构件上，防止安全带被锋利物伤害，系安全带后，要检查扣环是否扣好，杆塔上作业转位时双手不得持带任何物件，副保险绳应高挂低用
2	感应电或天气伤害	作业时应天气良好，工作中若遇雷、雨、5 级以上大风或其他威胁作业人员安全时，工作负责人可根据具体情况，临时停止工作。塔上人员脚穿导电鞋
3	人员触电	作业人员登杆时应仔细核对线路名称、杆塔号和标志，作业中作业人员活动范围及所携带的工具、材料等与带电导线最小距离不得小于《国家电网公司电力安全工作规程（电力线路部分）》中表 5–1 的规定

续表

序号	危险点	控制措施
4	物件打击	现场人员必须戴好安全帽，杆塔上作业人员防止掉东西，使用的工具、材料等要装在工具袋内，并用绳索传递，不得乱扔；杆塔下防止行人逗留，必要时设围栏标识和警示；起吊工器具用绳索应绑牢，杆下人员应注意配合人员的站位，不得站在作业点下方

（四）补装注意事项

（1）作业时应防止扭伤、摔伤、高空坠落、落物伤人等。

（2）安装前应对角钢冲孔面、切割面进行防腐处理。

（五）现场清理

工作结束后应回收废弃角钢，清理现场杂物，做到工完场清。

二、杆号牌的喷涂

（一）喷涂准备工作

1. 作业人员要求

作业人员共 2 人，工作负责人（监护人）1 人，作业人员 1 人。工作人员必须经培训合格，持证上岗。

2. 技术准备

（1）熟悉技术资料、设计图纸，明确有关技术要求及质量标准。

（2）编制施工作业指导书，包括喷涂程序、质量要求、工艺方法及注意事项。

（3）进行技术交底、组织分工。

3. 材料准备

作业前按需要准备喷涂杆号所需材料，并对每瓶自喷漆作试喷检测，具体见表 14–1–5。

表 14–1–5　喷涂作业所需工具、材料

序号	名称	型号	单位	数量	备注
1	安全带		副	1	
2	脚扣		副	1	混凝土杆使用
3	自喷漆（黑白黄绿红）		瓶	视基数而定	
4	砂纸		张	10	视工作量增减
5	抹布		块	2	
6	杆号名称板		张	1	
7	相序板		张	1	

4. 喷涂环境要求

为减少涂层吸水受潮程度，降低附着力，喷涂工作应选择在空气湿度 85%以下，无风沙、雨雪、霜冻及大雾的天气进行。

（二）喷涂方法及工艺要求

（1）作业前应核对线路名称、杆号、相序无误。

（2）按规定方向、位置、尺寸进行喷涂。

（三）作业危险点及控制措施

作业危险点及控制措施见表 14–1–6。

表 14–1–6　　作业危险点及控制措施

序号	危险点	控制措施
1	雷、雨、雪、大风或其他因素威胁作业人员安全	工作中若遇雷、雨、雪、5 级以上大风或其他威胁作业人员安全时，工作负责人可根据具体情况停止工作
2	高处坠落	作业人员攀登杆塔时注意检查脚钉是否牢固可靠，在杆塔上作业时，必须使用双保险安全带，戴安全帽。安全带要系在牢固构件上，防止安全带被锋利物伤害，系安全带后，要检查扣环是否扣好，杆塔上作业转位时，不得失去安全带保护
3	喷错线路名称、杆号、相序	喷涂作业前应认真核对线路名称、杆号和相序无误后方可喷涂

（四）喷涂注意事项

喷涂作业时严禁吸烟，同时应防止喷漆喷到人身及脸部。

【思考与练习】

1. 简述补装塔材、螺栓的准备工作、安装方法及工艺要求。
2. 简述杆号牌喷涂工作的环境要求、工艺要求及作业危险点分析及控制措施。
3. 喷涂对环境有什么要求？

◢ 模块 2　线路的检测（Z05G4002Ⅱ）

【模块描述】本模块介绍交叉跨越限距和弧垂的测量、合成绝缘子憎水性现场检测。通过方法介绍、要点讲解、图表对比、图形示例，掌握正确的检测方法、标准和要求。

【模块内容】

一、交叉跨越限距和弧垂的测量

（一）输电线路交叉跨越限距测量

交叉跨越限距是指架空输电线路导线之间及导线对邻近设施（如对地或对交跨物

等）的最小距离。架空输电线路在竣工投运验收中，运行单位都对各种限距进行复核且符合设计要求，但线路在运行过程中，随着线路通道周围的生产活动和树竹木的自然生长，各限距的实际值均会发生变化，当限距达不到设计规定值时，将对线路的安全运行构成威胁。因此，运行单位必须对通道内和两侧建筑物、交叉穿越的弱电线路及树竹木等观察或测量与运行线路在各种条件下的限距，使之满足设计要求。

1. 交叉跨越限距测量一般原则和注意事项

（1）限距测量一般原则。

1）测量交叉跨越限距的方法一般有目测法、直接测量法和仪器测量法等方法。

2）在线路巡视过程中，巡视人员可采用目测的方法，检查导线之间、导线对地和对交叉跨越物的限距。

3）当目测法怀疑某些限距不符合规定时，必须采用其他方法，如直接测量法和仪器测量法等方法进行测量校验。

（2）限距测量注意事项。

1）雨雾天气禁止用直接测量法进行测量。

2）绝缘测量杆（绝缘绳）应保持干燥，并定期做耐压试验。

3）抛扔测量绳时，应防止测量绳在架空线上互相缠绕而无法取下。

2. 交叉跨越限距测量操作方法

（1）直接测量法。直接测量法就是利用绝缘测量杆或绝缘测量绳直接对限距进行测量。

1）绝缘测量杆测量。测量限距时，可将绝缘测量杆立于被测线路的下方，直接读取数据。

2）绝缘测量绳测量。绝缘测量绳在绳的一端连接一个有一定质量金属测锤，测量绳上以每米为尺度做上标记以便观察测距。测量限距时，利用测锤的质量将测绳抛于被测线路导线上，然后根据测绳上的标记，直接读取数据。

（2）仪器测量法。仪器测量法就是利用经纬仪或全站仪及其他测量仪器，对线路交叉跨越限距进行非接触式测量。以下主要介绍用经纬仪进行导线交叉跨越限距的测量方法。

测量导线交叉跨越距离时，可将经纬仪架设在交叉角近似等分线的适当位置上。调整好仪器，并在被测线路交叉点垂直下方立好塔尺。先读取中丝 h 和视距 s，然后沿垂直方向转动望远镜筒，使镜筒内“十”字分划线的横线分别切于导线交叉点的上线和下线，从而得到两个垂直角 θ_1 和 θ_2，用经纬仪测量交叉跨越距离示意图如图 14-2-1 所示。

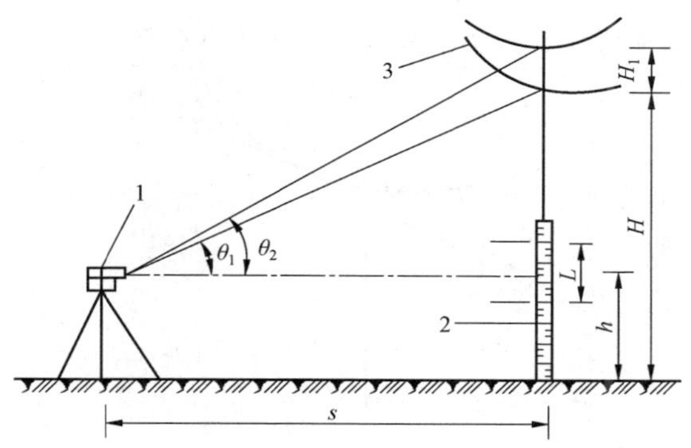

图 14–2–1 用经纬仪测量交叉跨越距离示意图

1—仪器；2—塔尺；3—交跨导线

经纬仪至交叉点的水平距离

$$s=100L \tag{14–2–1}$$

交叉点间的垂直距离

$$H_1=s(\tan\theta_2-\tan\theta_1) \tag{14–2–2}$$

式中 s——经纬仪与被测点的水平距离，m；

100——视距常数；

L——视距丝在塔尺上所切刻度数，m；

H——交跨下导线对地面高度，m；

θ_1、θ_2——导线交叉点上线、下线的垂直角。

（二）架空线弧垂的测量

1. 架空线弧垂测量一般原则

测量架空线弧垂常用的方法有四种，即等长法、异长法、角度法及平视法。在施工实际中，为了操作简便、减少观测前的计算工作量及便于掌握弧垂的实际误差范围，通常优先选用等长法、异长法观测架空线的弧垂。当受客观条件限制，不能采用上述两种方法观测弧垂时，则选用角度法观测弧垂。在上述三种弧垂观测方法均不能达到弧垂观测的允许误差范围时，最后才考虑用平视法测定架空线的弧垂。

2. 架空线弧垂测量操作方法

以下就线路运行中弧垂观测最基本的方法，即角度法观测弧垂的操作方法进行介绍。

档端角度法观测弧垂如图 14–2–2 所示，其中 A、B 为悬点，A 点为低悬点，A' 为 A 在地面的垂直投影；a 为仪器中心至 A 点的垂直距离；θ 为仪器视线与导线相切的垂直角，即为观测角；α 为仪器视线与 B 的垂直角；l 为档距，h 为高差。

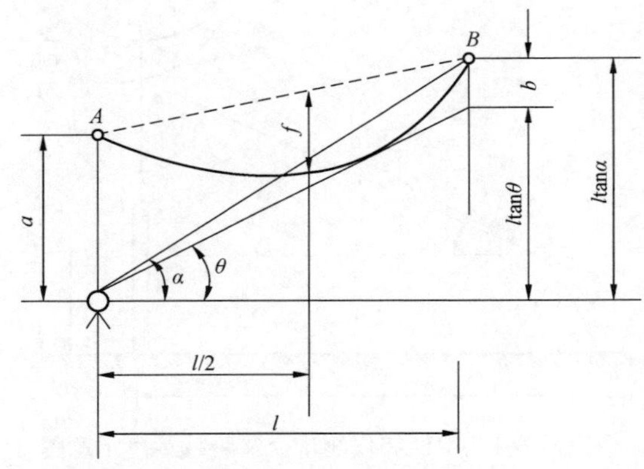

图 14–2–2 档端角度法观测弧垂

由式（14–2–3）计算出观测档的f值

$$f=\frac{1}{4}(\sqrt{a}+\sqrt{a-l\tan\theta\pm h})^2 \tag{14–2–3}$$

当弧垂观测角θ为仰角时，式中h前取"+"号，θ角为俯角时，式中h前取"–"号。

（三）交叉跨越限距和弧垂换算

输电线路的导线弧垂随温度的变化而变化，测量线路限距和弧垂不一定在最高气温下进行，故所测得的数据一般不是最小限距或最大弧垂。因此在测量上述数据时，应及时记录测量时的气温和风速，以便对其进行必要的换算。输电线路导线在最大计算弧垂下，对地面的最小距离（限距）不应小于表 14–2–1 的规定值。

表 14–2–1　　导线对地面最小距离

地区 \ 线路电压（kV）	110	220	330	500	750
居民区（m）	7.0	7.5	8.5	14	19.5
非居民区（m）	6.0	6.5	7.5	11	15.5（13.7）
交通困难地区（m）	5.0	5.5	6.5	9	11

注　括号内距离用于人烟稀少的非农业耕作区。

（四）案例

1. 案例 1　架空导线对建筑物净空距离的测量

如图 14–2–3 所示，将经纬仪架设在横线路方向的适当位置。调整好仪器，将塔尺分别立在导线垂直下方的A点和房屋最高点B点的地面上。测量并标出经纬仪至建筑物的水平距离s_1和经纬仪至导线的水平距离s_2，然后在测量建筑物高度角θ_1和导线高

度角 θ_2。由式（14–2–4）计算出导线对建筑物的净空距离

$$H = \sqrt{(s_1 - s_2)^2 + (s_2 \tan\theta_2 - s_1 \tan\theta_1)^2} \tag{14–2–4}$$

2. 案例 2　架空导线弧垂的测量

如图 14–2–4 所示，将经纬仪架设在 A 杆塔导线悬挂点垂直下方地面处，调整好仪器，找出水平线后使望远镜筒的十字分划线横线与被测架空导线顺线相切，测得 θ_1 角，再转动望远镜筒，使望远镜筒的十字分划线横线与 B 杆塔同一导线的悬挂点相切，测得 θ_2 角。然后查出或测出 A、B 两杆塔的水平距离 s，可得出

$$b = s(\tan\theta_2 - \tan\theta_1) \tag{14–2–5}$$

量取经纬仪高度 h，根据 A 杆塔组装图计算出 a 值，再将 a、b 值代入下式，便可计算出所测架空导线的弧垂 f 值。

$$f = \frac{1}{4}(\sqrt{a} + \sqrt{b})^2 \tag{14–2–6}$$

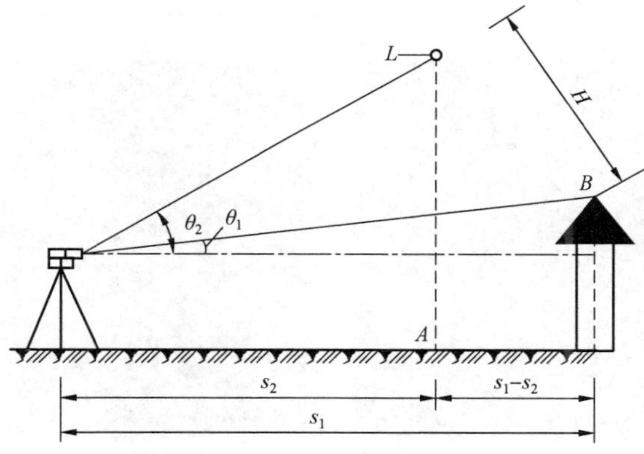

图 14–2–3　用经纬仪测量导线对建筑物的净空距离

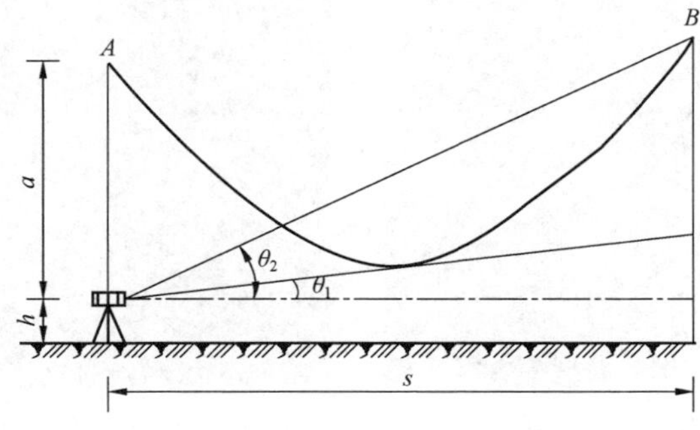

图 14–2–4　用经纬仪测量架空导线的弧垂

二、复合绝缘子憎水性现场检测

1. 憎水性检测判断准则

复合绝缘子憎水性现场检测一般采用喷水分级法即 HC 法，该法将复合绝缘子材料表面的憎水性状态分成六个憎水性等级，分别表示为 HC1～HC6，憎水性分级标准及典型状态详见表 14–2–2，复合绝缘子憎水性分级的典型状态如图 14–2–5 所示。

表 14–2–2 试品表面水滴状态与憎水性分级标准

HC 值	试品表面水滴状态描述
1	只有分离的水珠，大部分水珠的后退角 $\theta_r \geq 80°$
2	只有分离的水珠，大部分水珠的后退角 $50° < \theta_r < 80°$
3	只有分离的水珠，水珠一般不再是圆的，大部分水珠的后退角 $20° < \theta_r < 50°$
4	同时存在分离的水珠与水带，完全湿润的水带面积小于 $2cm^2$，总面积小于被试区域面积的 90%
5	完全湿润总面积＞90%，仍存在少量干燥区域（点或带）
6	整个被试区域形成连续的水膜

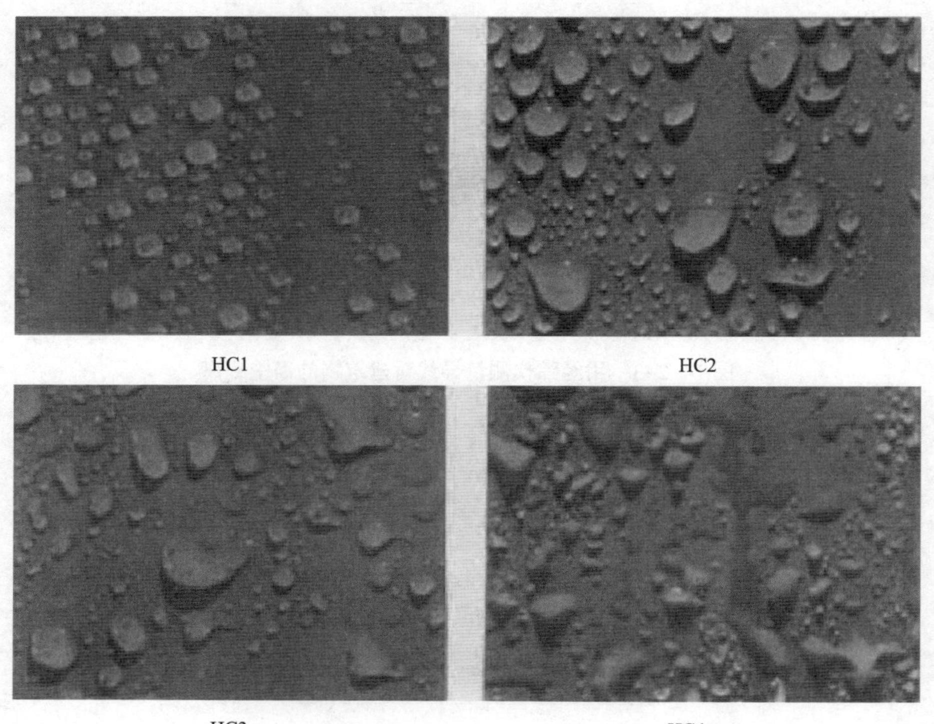

图 14–2–5 复合绝缘子憎水性分级的典型状态（一）

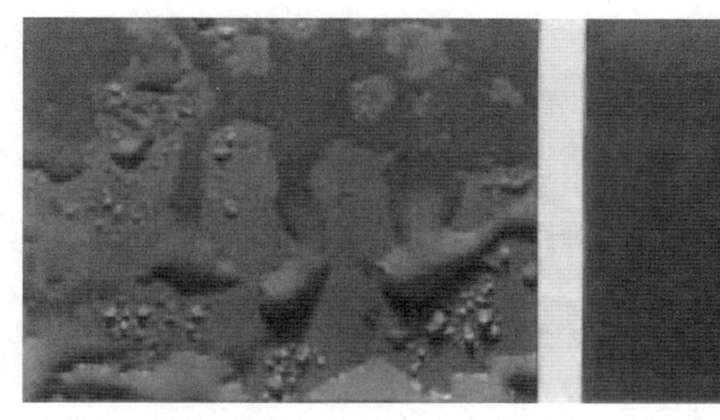

图 14–2–5　复合绝缘子憎水性分级的典型状态（二）

2. 憎水性检测操作方法

（1） 喷水装置的喷嘴距试品 25cm，每秒喷水 1 次，每次喷水量为 0.7～1mL，共喷射 25 次，喷射角为 50°～70°，喷水后表面应有水分流下。喷射方向尽量垂直于试品表面。

（2） 绝缘子表面受潮情况应为六个憎水性等级（HC）中的一种，根据憎水性分级示意图和等级判断标准表进行憎水性等级判断，憎水性分级值（HC 值）应在喷水结束后 30s 内完成。

3. 憎水性检测注意事项

（1） 检测时试品与水平面呈 20°～30° 倾角，复合绝缘子表面测试面积应在 50～100cm² 之间。

（2） 检测作业需选择晴好天气进行，若遇雨雾天气，应在雨雾停止四天后进行。

4. 新复合绝缘子憎水性状态（如图 14–2–6 所示）

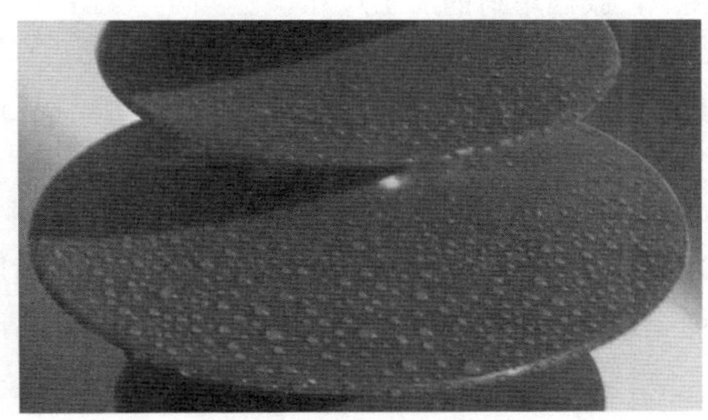

图 14–2–6　新复合绝缘子憎水性状态

【思考与练习】

1. 什么是输电线路交叉跨越限距？其测量方法主要有几种？

2. 简述异常法测量架空线弧垂的方法和步骤。

3. 复合绝缘子的憎水性等级分为几个等级，应如何判定？

4. 长时间阴雨天气复合绝缘子线路为什么会发生不明原因的闪络跳闸？

模块3 补装螺栓、塔材作业指导书（Z05G4003Ⅲ）

【模块描述】本模块包含补装螺栓、塔材作业对人员要求，施工机具、器材准备，作业流程控制及工艺质量要求，作业危险点分析及控制措施和执行情况评估等。通过内容讲解、流程分析，掌握正确编写补装螺栓、塔材作业指导书方法。

【模块内容】

编制补装螺栓、塔材作业指导书是为了规范本作业的程序和人员的作业行为，实施对现场作业安全、质量的全过程可控、在控。

一、输电线路补装螺栓、塔材作业人员的技术要求

1. 人员要求

输电线路补装螺栓、塔材作业人员必须是有输电线路工作经验，经《国家电网公司电力安全工作规程（线路部分）》考试合格的人员。

2. 技术要求

（1）熟悉并掌握杆塔塔材的受力分析和计算。

（2）熟悉并掌握各类规格螺栓的扭矩值。

（3）熟悉并掌握杆塔组装作业的技术要求。

二、输电线路补装螺栓、塔材的要求

（1）查阅杆塔图纸，找出塔材的加工尺寸。

（2）加工缺材，如打孔、镀锌或刷漆等不可在现场进行。

（3）制定现场安装困难的措施或安装方法。

三、补装螺栓、塔材作业指导书编写内容

根据国家电网公司《国家电网公司关于开展现场标准化作业工作的指导意见》的要求，本模块中补装螺栓、塔材作业指导书的编写结构由封面，适用范围，引用文件，修前准备，作业程序，竣工，消缺记录，验收总结，指导书执行情况评估和附录十项内容组成。

1. 封面

由作业线路名称、编号、编写人及时间、审核人及时间、批准人及时间、作业工

期、编写部门七项内容组成。

2. 适用范围

按补装螺栓、塔材工作程序对作业指导书的应用范围做出具体的规定。

3. 引用文件

明确编写作业指导书所引用的法规、规程、标准、设备说明书及企业管理规定和文件。

4. 修前准备

（1） 人员要求。

1）规定作业人员的精神状态良好。

2）规定作业人员的资格，包括作业技能、安全资质和特殊工种资质等。

3）规定作业人员的劳动保护着装、个人安全工具和劳保用品配置等要求。

（2） 补装螺栓、塔材工器具。本次补装螺栓、塔材作业所需的工具、器材和安全工具等。

（3） 危险点分析及预控措施。分析作业过程存在的危险点及控制措施。

（4） 其他安全措施。描述作业过程的其他安全注意事项。

（5） 作业分工。明确作业人员所承担的具体作业任务。

5. 作业程序

（1） 开工。

1）规定办理开工前应检查落实的内容。

2）规定开工会的内容。

3）规定须签字的人员。

（2） 作业内容及标准。针对每一项作业内容，明确作业标准、操作安全措施及注意事项，作业人员履行签字手续。

6. 竣工

规定补装螺栓、塔材工作结束后的注意事项，如清理工作现场等。

7. 工作记录

记录本次补装螺栓、塔材作业的消缺情况和螺栓扭矩数据。

8. 验收总结

（1） 记录消缺结果，对补装螺栓、塔材的质量、工艺做出整体评价。

（2） 记录存在问题及处理意见。

9. 对本工作的作业指导书执行情况评估

（1） 对指导书的符合性、可操作性进行评价。

（2） 对不可操作项、修改项、遗漏项、存在问题做出统计。

（3）提出改进意见。

10. 附录

描述相应的附件如杆塔图纸、螺栓扭矩值等。

四、作业指导书范本

1. 封面

补装螺栓、塔材作业指导书的封面如图 14–3–1 所示。

编号：Q/×××

×××kV×××线补装螺栓、塔材作业指导书

编写：________________ ______年____月____日

审核：________________ ______年____月____日

批准：________________ ______年____月____日

作业日期： 年 月 日 时至 年 月 日 时

××供电公司×××

图 14–3–1 补装螺栓、塔材作业指导书封面

2. 适用范围

本作业指导书针对××kV××线补装螺栓、塔材工作编写而成，仅适用于该项工作。

3. 引用文件

下列文件对于本文件的应用是必不可少的，其最新版本（包括所有的修改单）适用于本文件。

GB 50545—2010《110～750kV 架空送电线路设计规范》

GB 50233—2014《110～750kV 架空输电线路施工及验收规范》

DL/T 741—2019《架空输电线路运行规程》

Q/GDW 1799.2—2013《国家电网公司电力安全工作规程（线路部分）》

国网（运检/4）305—2014《国家电网公司架空输电线路运维管理规定》

国网（运检/4）310—2014《国家电网公司架空输电线路检修管理规定》

国家电网生〔2009〕190 号《国家电网公司关于开展现场标准化作业工作的指导意见》

4. 修前准备

由现场勘察、人员要求、安全用具及工器具、材料、危险点及控制措施、安全措施和作业分工七项内容组成，具体内容如下。

（1）现场勘察。工作票签发人根据线路工区安排的工作任务，组织工作负责人和相关人员进行现场勘察，填写现场勘察记录，具体内容见表 14–3–1。

表 14–3–1　　现场勘察内容

√	序号	现场勘察内容	责任人	备注
	1	了解杆塔周围环境、地形状况，统计丢失的塔材、螺栓规格尺寸和数量，确定作业人员配置要求、使用的工具和材料等		
	2	分析存在的危险点并制定预控措施		
	3	确定作业方案		

（2）补装螺栓、塔材作业人员要求见表 14–3–2。

表 14–3–2　　补装螺栓、塔材作业人员要求

√	序号	内容	责任人	备注
	1	作业人员应情绪稳定精神集中，身体状况良好		
	2	作业人员必须经培训合格，持证上岗		
	3	作业人员应着装整齐，个人安全工具和劳保用品应佩戴齐全		
	4	工作负责人（专职监护人）具有带电作业实践经验		

（3）补装螺栓、塔材作业的安全用具及工器具。开展本次作业所需的安全工具、一般工器具等，具体内容见表 14–3–3。

表 14–3–3　　补装螺栓、塔材作业的安全用具及工器具

√	序号	名称	型号/规格	单位	数量	备注
	1	安全帽		顶	5	
	2	安全带		副	4	
	3	钢卷尺		把	2	
	4	速差自控器	TXS–5	只	4	
	5	传递绳	ϕ18mm×30m	条	4	
	6	脚扣		副	2	水泥杆用
	7	活动扳手	25cm	把	2	
	8	冲孔机	CKJ 型	台	1	机械式或电动式
	9	角钢切割机	JQJ 型	台	1	机械式
	10	桶袋		个	若干	
	11	扭力扳手		把	若干	

（4）补装螺栓、塔材作业所需的材料。开展本次作业所需的装置性材料、消耗性材料等，具体内容见表14–3–4。

表14–3–4　　补装螺栓、塔材作业所需的材料

<table>
<tr><th>√</th><th>序号</th><th>名称</th><th>型号/规格</th><th>单位</th><th>数量</th><th>备注</th></tr>
<tr><td></td><td>1</td><td>螺栓</td><td>ϕ16mm</td><td>副</td><td rowspan="2">按实际需要配置</td><td></td></tr>
<tr><td></td><td>2</td><td>螺栓</td><td>ϕ20mm</td><td>副</td><td></td></tr>
<tr><td></td><td>3</td><td>螺栓</td><td>ϕ24mm</td><td>副</td><td rowspan="3">按实际需要配置</td><td></td></tr>
<tr><td></td><td>4</td><td>角钢</td><td>∠30×40</td><td>根</td><td></td></tr>
<tr><td></td><td>5</td><td>角钢</td><td>∠40×50</td><td>根</td><td></td></tr>
<tr><td></td><td>6</td><td>防锈漆</td><td></td><td>桶</td><td>1</td><td></td></tr>
<tr><td></td><td>7</td><td>毛刷</td><td></td><td>把</td><td>1</td><td></td></tr>
</table>

（5）补装螺栓、塔材作业的危险点及控制措施见表14–3–5。

表14–3–5　　补装螺栓、塔材作业的危险点及控制措施

√	序号	危险点	控制措施
	1	误登杆塔	登塔前必须仔细核对线路双重命名、杆塔号，无误后方可上塔
	2	人员触电	按电压等级保持人身、工器具与带电体足够的安全距离。穿导电鞋或静电防护服，以防止感应电触电
	3	高空坠落	登塔时应手抓主材；有防坠装置的应正确使用；上、下塔及塔上转位时，双手不得持带任何工具物品；塔上作业时不得失去安全带的保护。人员后备保护绳不得低挂高用
	4	掉物伤害	工具、材料应装在工具袋内，物品用绳索传递并绑牢，塔下防止行人逗留，地面人员不得站在作业点下方

（6）补装螺栓、塔材作业的安全措施见表14–3–6。

表14–3–6　　补装螺栓、塔材作业的安全措施

√	序号	安全措施
	1	作业时应天气良好，工作中若遇雷、雨、5级以上大风或其他威胁作业人员安全时，工作负责人可根据具体情况，临时停止工作
	2	攀登杆塔时注意检查脚钉是否牢固可靠，登塔或塔上转位时双手不得持有任何物件，杆塔上作业时，必须使用双保险安全带，戴安全帽。安全带要系在牢固构件上，防止安全带被锋利物伤害，系安全带后，要检查扣环是否扣好

续表

√	序号	安全措施
	3	严禁无监护单人登杆塔作业，现场人员必须戴好安全帽
	4	所有工器具必须经检验测试合格，方可使用

（7）补装螺栓、塔材作业的作业分工见表 14–3–7。

表 14–3–7　　补装螺栓、塔材作业的作业分工

√	序号	作业内容	分组负责人	作业人员
	1	工作负责人 1 人，负责现场指挥工作		
	2	杆上技工 1～2 名负责起吊、安装塔材、螺栓		
	3	地面技工 1～2 名负责传递工器具、材料等配合工作		

5. 作业程序

（1）补装螺栓、塔材作业的开工内容见表 14–3–8。

表 14–3–8　　补装螺栓、塔材作业的开工内容

√	序号	内容	作业人员签字
	1	履行开工手续	
	2	“三交三查”即宣读工作票、作业任务、危险点及安全措施、安全注意事项、任务分工并提问作业人员	
	3	作业前对安全用具、工器具、材料进行清点检查	

（2）补装螺栓、塔材作业的作业内容及标准见表 14–3–9。

表 14–3–9　　补装螺栓、塔材作业的作业内容及标准

√	序号	作业内容	作业步骤及工艺质量要求	安全措施注意事项	责任人签字
	1	核对现场	（1）核对线路双重命名、杆塔号。 （2）核对现场情况	（1）由登塔人员核对，工作负责人确认。 （2）由工作负责人核对	
	2	检测工具	（1）对安全用具、绳索及专用工具进行外观检查。 （2）对绝缘工具进行分段绝缘电阻检测	（1）外观检查合格无损伤、变形、失灵。 （2）用2500V 绝缘电阻表对绝缘绳检测（电极宽 2cm、极间宽 2cm）	

续表

√	序号	作业内容	作业步骤及工艺质量要求	安全措施注意事项	责任人签字
	3	登塔	（1）核对线路名称杆号无误后，作业人员分别携带传递绳、桶袋、螺栓等登上杆塔，到达工作位置后系好安全带，放置传递绳至地面。 （2）工作负责人严格监护	（1）攀登杆塔时注意检查脚钉是否牢固可靠，登塔时双手不得持有任何物件。 （2）监护从专职监护，不得直接操作	
	4	补装螺栓、塔材	（1）作业人员对现场丢失的塔材、螺栓的数量和规格尺寸进行统计、测量，根据杆塔设计图纸选择角钢的规格尺寸，利用角钢切割机、冲孔机进行加工，然后进行补装。 （2）在地面技工的配合下将待装角钢、螺栓起吊至合适位置后进行安装，安装方法及工艺质量要求如下： 1）作业人员采用螺栓连接构件时，螺杆应与构件面垂直，螺栓头平面与构件间不应有空隙；螺帽拧紧后，螺杆露出螺帽的长度应满足规程要求（对单螺帽不应小于两个螺距，对双螺帽可与螺帽持平）；必须加垫者，每端不宜超过两个。 2）工艺要求：补装塔材、螺栓作业时，螺栓的穿入方向应符合下列要求。 a. 立体结构：水平方向者由内向外；垂直方向者由下向上。 b. 平面结构：顺线路方向者由送电侧向受电侧或按统一方向；横线路方向者由内向外，中间由左向右（面向受电侧）或按统一方向；垂直方向者由下向上。 3）连接螺栓应逐个紧固，其扭紧力矩不应小于表Z05G4003–3中规定。	（1）在杆塔上作业时，必须使用双保险安全带，安全带要系在牢固构件上，防止安全带被锋利物伤害，系安全带后，要检查扣环是否扣好，杆塔上作业转位时抓紧塔材，双手不得持有任何物件。 （2）塔材起吊过程中须注意帮扎牢靠，杆塔上作业人员防止掉东西，使用的工具、材料等要装在工具袋内，并用绳索传递，不得乱扔；杆塔下防止行人逗留，必要时设围栏标识和警示；塔下人员注意站位，起吊过程中避免掉物伤害。 （3）塔下工作人员负责控制好起吊绳索和角钢等物件，注意保持好与临近带电线路的安全距离。 （4）作业人员后备保护绳不得低挂高用	
	5	返回地面	（1）安装结束后，整理工器具材料，确认设备上无其他工具和材料。 （2）塔上工作人员携带桶袋、绳索等工器具回到地面		

6. 竣工

补装螺栓、塔材作业的竣工验收内容见表14–3–10。

表14–3–10　补装螺栓、塔材作业的竣工验收内容

√	序号	验收内容	负责人员签字
	1	检查螺栓、塔材连接紧固、完好	
	2	检查线路设备上有无遗留的工具、材料	

续表

√	序号	验收内容	负责人员签字
	3	检查核对安全用具、工器具数量	
	4	回收废弃角钢，清理现场杂物，做到工完场清	

7. 消缺记录

补装螺栓、塔材作业的消缺记录中应记录本次作业所消除的缺陷，格式见表 14–3–11。

表 14–3–11　　补装螺栓、塔材作业的消缺记录

√	序号	缺陷内容	消除人员签字

8. 验收总结（见表 14–3–12）

表 14–3–12　　验　收　总　结

序号	验收总结	
1	验收评价	
2	存在问题及处理意见	

9. 附录（根据需要添加）

【思考与练习】

1. 补装螺栓、塔材作业指导书编写结构包含哪几方面的内容？
2. 简述补装螺栓、塔材作业中对人员的要求。
3. 简述工具器材准备、作业危险点及控制措施的内容和要求。

模块 4　调整拉线作业指导书（Z05G4004Ⅲ）

【模块描述】本模块包含调整拉线作业对人员要求、环境要求，施工工具、器材准备，作业流程控制及工艺质量要求，作业危险点分析及控制措施和执行情况评估等。通过内容讲解、举例分析，掌握正确编写调整拉线作业指导书方法。

【模块内容】

编制调整拉线作业指导书是为了规范本作业的程序和人员的作业行为，保证调整拉线工作的有效进行，及时掌握杆塔拉线调整中的有关注意事项，实施对现场作业安全、质量的全过程可控、在控。

一、输电线路调整拉线作业人员的技术要求

1. 人员要求

输电线路杆塔拉线调整人员必须是有输电线路工作经验，能熟练操作杆塔拉线调整工作，并经《国家电网公司电力安全工作规程（线路部分）》考试合格的人员。

2. 技术要求

（1） 熟悉并掌握杆塔拉线制作的技术、工艺要求。

（2） 熟悉并掌握杆塔拉线受力分析原理。

二、输电线路杆塔拉线调整要求

（1） 调整后的杆塔拉线受力均匀。

（2） 调整后的X拉线的交叉处应留有空隙，防止摩擦。

（3） 杆塔上有人员时不得调整拉线。

三、杆塔拉线调整作业指导书编写内容

根据国家电网公司《国家电网公司关于开展现场标准化作业工作的指导意见》的要求，本模块中调整拉线作业指导书的编写结构由封面、适用范围、引用文件、修前准备、作业程序、竣工、消缺记录、验收总结、指导书执行情况评估和附录十项内容组成。编写内容及格式如下。

1. 封面

由作业名称、编号、编写人及时间、审核人及时间、批准人及时间、作业工期、编写部门七项内容组成。

2. 适用范围

按杆塔拉线调整工作程序对作业指导书的应用范围做出具体的规定。

3. 引用文件

明确编写作业指导书所引用的法规、规程、标准、设备说明书及企业管理规定和文件。

4. 修前准备

（1） 人员要求。

1）规定作业人员的精神状态良好。

2）规定作业人员的资格，包括作业技能、安全资质和特殊工种资质等。

3）规定作业人员的劳动保护着装、个人安全工具和劳保用品配置等要求。

（2） 调整拉线工器具。本次杆塔拉线调整作业所需的工具、器材等。

（3） 危险点及控制措施。分析作业过程存在的危险点及控制措施。

（4） 其他安全措施。描述作业过程的其他安全注意事项。

（5） 作业分工。明确作业人员所承担的具体作业任务。

5. 作业程序

（1） 开工。

1）规定办理开工前应检查落实的内容。

2）规定开工会的内容。

3）规定须签字的人员。

（2） 作业内容及标准。针对每一项作业内容，明确作业标准、操作安全措施及注意事项，作业人员履行签字手续。

6. 竣工

规定杆塔拉线调整工作结束后的注意事项，如清理工作现场、清点工器具等。

7. 工作记录

记录本次拉线调整作业的详细情况。

8. 验收总结

（1） 记录拉线缺陷消除的结果，对拉线调整的质量和工艺做出整体评价。

（2） 记录存在问题及处理意见。

9. 对本工作的作业指导书执行情况评估

（1） 对指导书的符合性、可操作性进行评价。

（2） 对不可操作项、修改项、遗漏项、存在问题做出统计。

（3） 提出改进意见。

10. 附录

描述相应的附件。

四、作业指导书范本

1. 封面

拉线调整作业指导书的封面如图 14–4–1 所示。

2. 适用范围

本作业指导书针对××kV××线调整拉线工作编写而成，仅适用于该项工作。

3. 引用文件

下列文件对于本文件的应用是必不可少的，其最新版本（包括所有的修改单）适用于本文件。

GB 50545—2010《110～750kV 架空送电线路设计规范》

GB 50233—2014《110～750kV 架空输电线路施工及验收规范》

DL/T 741—2019《架空输电线路运行规程》

Q/GDW 1799.2—2013《国家电网公司电力安全工作规程（线路部分）》

国网（运检/4）305—2014《国家电网公司架空输电线路运维管理规定》

国网（运检/4）310—2014《国家电网公司架空输电线路检修管理规定》

国家电网生〔2009〕190 号《国家电网公司关于开展现场标准化作业工作的指导意见》

国家电网生〔2009〕190 号《国家电网公司关于开展现场标准化作业工作的指导意见》

编号：Q/×××

×××kV×××线调整拉线作业指导书

编写：__________ ____年____月____日

审核：__________ ____年____月____日

批准：__________ ____年____月____日

作业日期： 年 月 日 时至 年 月 日 时

××供电公司×××

图 14–4–1 拉线调整作业指导书的封面

4. 修前准备

由现场勘查、人员要求、安全用具及工器具、材料、危险点及控制措施、安全措施和作业分工七项内容组成，具体内容如下。

（1） 调整拉线作业现场勘查内容见表 14–4–1。

表 14–4–1 调整拉线作业现场勘查内容

√	序号	现场勘查内容	责任人	备 注
	1	了解杆塔周围环境、地形状况，明确缺陷部位和拉线松弛或锈蚀程度、地形、地质状况等，确定作业人员配置要求、使用的工具和材料等		
	2	分析存在的危险点并制定控制措施		
	3	确定作业方案		

（2） 调整拉线作业人员要求见表 14–4–2。

表 14–4–2 调整拉线作业人员要求

√	序号	内容	责任人	备 注
	1	作业人员应情绪稳定精神集中，身体状况良好		
	2	作业人员必须经培训合格，持证上岗		
	3	作业人员应着装整齐，个人安全工具和劳保用品应佩戴齐全		
	4	工作负责人（专职监护人）具有带电作业实践经验		

（3）调整拉线作业安全用具及工器具见表 14–4–3。

表 14–4–3　调整拉线作业安全用具及工器具

√	序号	名称	型号/规格	单位	数量	备注
	1	钳子		把	2	
	2	活动扳手	25cm	把	2	
	3	防盗工具	UT—1	套	1	
	4	防盗工具	UT—4	套	1	
	5	线锤		只	1	
	6	拉线紧线器		套	若干	
	7	榔头	2 磅	把	1	

注　若需拆开拉线锲型线夹时，应准备临时拉线的工具和登塔工具等。

（4）调整拉线作业的材料见表 14–4–4。

表 14–4–4　调整拉线作业的材料

√	序号	名称	型号/规格	单位	数量	备注
	1	防盗螺帽	ϕ16mm	只	若干	
	2	防盗螺帽	ϕ20mm	只	若干	
	3	防盗螺帽	ϕ24mm	只	若干	
	4	防盗圈		只	若干	

（5）调整拉线作业的危险点及控制措施见表 14–4–5。

表 14–4–5　调整拉线作业的危险点及控制措施

√	序号	危险点	控制措施
	1	杆身倾倒	工作前应先检查所有拉线、拉棒的锈蚀情况，若拉线、拉棒锈蚀严重或拉线锲型线夹重新制作时，应先打好临时拉线，防止在调整时突然断裂

（6）调整拉线作业的安全措施见表 14–4–6。

表 14–4–6　调整拉线作业的安全措施

√	序号	内容
	1	工作中若遇雷、雨、雪、5 级以上大风或其他威胁作业人员安全时，工作负责人可根据具体情况临时停止工作

续表

√	序号	内容
	2	调整拉线时应对角同时进行调整。带电调整拉线必须在统一指挥下进行，保持对带电体的安全距离，并应设专人监护
	3	杆塔上有人工作时严禁调整拉线

（7） 调整拉线作业的分工见表 14–4–7。

表 14–4–7　　调整拉线作业的分工

√	序号	作业内容	分组负责人	作业人员
	1	工作负责人 1 人，负责现场指挥工作及监护		
	2	工作人员 3 名，1 人负责观测杆塔倾斜情况，2 人负责调整拉线		

5. 作业程序

（1） 调整拉线作业的开工内容见表 14–4–8。

表 14–4–8　　调整拉线作业的开工内容

√	序号	开工内容	作业人员签字
	1	履行开工手续	
	2	“三交三查”即宣读工作票、作业任务、危险点及安全措施、安全注意事项、任务分工并提问作业人员	
	3	作业前对安全用具、工器具、材料进行清点检查	

（2） 调整拉线作业的内容及标准见表 14–4–9。

表 14–4–9　　调整拉线作业的内容及标准

√	序号	作业内容	作业步骤及标准	安全措施注意事项	责任人签字
	1	核对现场	（1） 核对线路双重命名、杆塔号。 （2） 核对现场情况	由工作负责人核对	
	2	检查杆身倾斜和拉线松紧情况	（1） 检查杆身倾斜和拉线松紧情况。 （2） 检查杆基及拉线基础周围地势、地貌情况		

续表

√	序号	作业内容	作业步骤及标准	安全措施注意事项	责任人签字
	3	调整拉线	（1）用防盗工具卸掉拉线防盗螺帽。 （2）用活动扳手调整拉线时应两边同时进行调整，并注意观察杆身倾斜情况。 （3）调整拉线完毕后，拉线的松紧程度要满足规程要求，特殊情况（如拉线金具螺栓锈死、杆身倾斜严重等）须及时上报。 （4）安装拉线防盗螺帽，整理工器具材料，作业结束	（1）工作中若遇雷、雨、雪、5 级以上大风或其他威胁作业人员安全时，工作负责人可根据具体情况临时停止工作。 （2）调整拉线时应对角同时进行调整。带电调整拉线必须在统一指挥下进行，保持对带电体的安全距离，并应设专人监护。 （3）U 形螺栓的可调裕度应不少于 1/2 螺纹长度。 （4）X 拉线的交叉处不得有摩擦现象	

6. 竣工验收内容（见表 14–4–10）

表 14–4–10　　调整拉线作业的竣工验收内容

√	序号	竣工验收内容	负责人员签字
	1	调整后拉线的松紧程度满足规程要求	
	2	防盗螺栓连接紧固、完好	
	3	检查核对工器具数量	
	4	作业结束后清理现场杂物，保持现场清洁，做到工完场清	
	5	做好检修消缺记录并存档	

7. 消缺记录（见表 14–4–11）

表 14–4–11　　调整拉线作业的消缺记录

√	序号	缺陷内容	消除人员签字
	1		

8. 检修工作验收总结（见表 14–4–12）

表 14–4–12　　调整拉线作业的检修工作验收总结

序号	验收总结	
1	验收评价	
2	存在问题及处理意见	

9. 附录（根据需要添加）

【思考与练习】

1. 拉线调整作业指导书的编写结构包含哪几方面的内容？

2. 简述拉线调整作业中作业程序、危险点及控制措施的内容和要求。

◢ 模块5 线路砍伐树木作业指导书（Z05G4005Ⅲ）

【模块描述】本模块包含线路砍伐树木作业对人员要求，砍伐所需工具、器材准备，作业流程控制及质量要求，作业危险点分析及控制措施和执行情况评估等内容。通过举例分析，掌握正确编写线路砍伐树木作业指导书方法。

【模块内容】

编制砍伐树木作业指导书是为了规范本作业的程序和人员的作业行为，保证砍伐树木工作的有效进行，及时掌握砍伐树木中的有关注意事项，实施对现场作业安全、质量的全过程可控、在控。预防树竹木碰线事故的发生。

一、输电线路，砍伐树木作业人员的技术要求

1. 人员要求

输电线路砍伐树木作业人员必须是有输电线路工作经验，并经《国家电网公司电力安全工作规程（线路部分）》考试合格的人员。

2. 技术要求

（1）熟悉并掌握树木砍伐工具的性能。

（2）熟悉并掌握线路通道内树木倾倒的原理。

二、输电线路树木砍伐要求

（1）输电线路上山坡侧树竹木砍伐时，应防止倒向导线。

（2）油锯作业应注意操作安全。

（3）上树砍伐应不得手抓被砍伐过的树枝。

（4）上树砍伐应使用安全带。

三、线路砍伐树木作业指导书编写内容

根据《国家电网公司关于开展现场标准化作业工作的指导意见》的要求，本模块中线路砍伐树木作业指导书的编写结构由封面、适用范围、引用文件、修前准备、作业程序、竣工、工作记录、验收总结、指导书执行情况评估和附录十项内容组成。编写内容及格式如下。

1. 封面

由作业名称、编号、编写人及时间、审核人及时间、批准人及时间、作业工期、

编写部门七项内容组成。

2. 适用范围

按树木砍伐工作程序对作业指导书的应用范围做出具体的规定。

3. 引用文件

明确编写作业指导书所引用的法规、规程、标准、设备说明书及企业管理规定和文件。

4. 修前准备

（1） 人员要求。

1）规定作业人员的精神状态良好。

2）规定作业人员的资格，包括作业技能、安全资质和特殊工种资质等。

3）规定作业人员的劳动保护着装、个人安全工具和劳保用品配置等要求。

（2） 砍伐工器具。本次树竹木砍伐作业所需的安全、工器具等。

（3） 危险点及控制措施。分析作业过程存在的危险点及控制措施。

（4） 其他安全措施。描述作业过程的其他安全注意事项。

（5） 作业分工。明确作业人员所承担的具体作业任务。

5. 作业程序

（1） 开工。

1）规定办理开工前应检查落实的内容。

2）规定开工会的内容。

3）规定须签字的人员。

（2） 作业内容及标准。针对每一项作业内容，明确作业标准、操作安全措施及注意事项，作业人员履行签字手续。

6. 竣工

规定树竹木砍伐工作结束后的注意事项。如清理工作现场、清点工器具等。

7. 工作记录

记录本次树竹木砍伐作业的详细情况及树竹木对导线距离等。

8. 验收总结

（1） 记录砍伐作业结果，对砍伐清障工作的质量做出整体评价。

（2） 记录存在问题及处理意见。

9. 指导书执行情况评估

（1） 对指导书的符合性、可操作性进行评价。

（2） 对不可操作项、修改项、遗漏项、存在问题做出统计。

（3） 提出改进意见。

10. 附录

描述相应的附件。

四、作业指导书范本

1. 封面

线路砍伐树木作业指导书的封面如图 14–5–1 所示。

编号：Q/×××

×××kV×××线砍伐树木作业指导书

编写：__________ ____年___月___日

审核：__________ ____年___月___日

批准：__________ ____年___月___日

作业日期： 年 月 日 时至 年 月 日 时

图 14–5–1 线路砍伐树木作业指导书封面

2. 适用范围

本作业指导书针对××kV××线树木砍伐工作编写而成，仅适用于该项工作。

3. 引用文件

下列文件对于本文件的应用是必不可少的，其最新版本（包括所有的修改单）适用于本文件。

电力设施保护条例和电力设施保护条例实施细则

GB 50545—2010《110～750kV 架空送电线路设计规范》

GB 50233—2014《110～750kV 架空输电线路施工及验收规范》

DL/T 741—2019《架空输电线路运行规程》

Q/GDW 1799.2—2013《国家电网公司电力安全工作规程（线路部分）》

国网（运检/4）305—2014《国家电网公司架空输电线路运维管理规定》

国网（运检/4）310—2014《国家电网公司架空输电线路检修管理规定》

国家电网生〔2009〕190 号《国家电网公司关于开展现场标准化作业工作的指导意见》

4. 修前准备

（1） 人员要求见表 14–5–1。

表 14–5–1　人员要求

√	序号	内容	责任人	备注
	1	作业人员应情绪稳定精神集中，身体状况良好		
	2	作业人员必须经培训合格，持证上岗		
	3	作业人员应劳动保护着装整齐，个人安全工具和劳保用品应佩戴齐全		
	4	工作负责人（专职监护人）具有带电作业实践经验		

（2）线路砍伐树木作业的安全用具及工器具见表 14–5–2。

表 14–5–2　线路砍伐树木作业的安全用具及工器具

√	序号	名称	型号/规格	单位	数量	备注
	1	安全带		副	2	上树人员人均一副
	2	安全帽		顶	7	
	3	砍刀		把	2	
	4	斧头		把	2	
	5	油锯		台	2	
	6	白棕绳或绝缘绳	ϕ18mm×30m	条	2	根据现场需要配备
	7	梯子		架	1	根据现场需要配备

（3）线路砍伐树木作业危险点及控制措施见表 14–5–3。

表 14–5–3　线路砍伐树木作业危险点及控制措施

√	序号	危险点	控制措施
	1	人身触电	在线路带电情况下，砍伐靠近线路的树木时，工作负责人必须在工作开始前，向全体人员说明：电力线路有电，人员、树木、绳索应与导线保持相应足够的安全距离；树枝接触或接近高压带电导线时，应将高压线路停电或用绝缘工具使树枝远离带电导线至安全距离。此前严禁人体接触树木；大风天气，禁止砍剪高出或接近导线的树木
	2	高处坠落	上树砍伐树木要使用安全带，安全带要系在砍伐口的下方，防止被割、锯或砍断；上树工作人员站稳把牢，不可攀抓脆弱和枯死的树枝，不应攀登已经锯过的未断的树木，不应攀登较细且高的树木
	3	倒树砸伤	砍剪的树木下面和倒树范围内应有专人监护，不得有人逗留，防止砸伤行人；上树修剪树枝人员应防止掉东西，所修剪树枝要断时通知地面人员注意，同时利用绳索控制树倒方向；在路边和行人较多的地方砍树时，应设围栏

续表

√	序号	危险点	控制措施
	4	马蜂蜇伤	砍剪树木时，应防止马蜂等昆虫或动物伤人，带上药品等
	5	用具伤人	使用钢锯、油锯和电锯的作业，应由熟悉机械性能和操作方法的人员操作。使用时，应先检查所能锯到的范围内有无铁钉等金属物件，以防金属物件飞出伤人

（4）线路砍伐树木作业安全措施见表14–5–4。

表14–5–4　线路砍伐树木作业安全措施

√	序号	内容
	1	树枝接触高压带电导线时，严禁直接用手去取；人和绳索应与导线保持足够的安全距离
	2	使用梯子时要有一定的坡度，并要有专人扶持或绑牢

（5）线路砍伐树木作业分工见表14–5–5。

表14–5–5　线路砍伐树木作业分工

√	序号	作业内容	分组负责人	作业人员
	1	工作负责人1人，负责现场指挥和安全监护工作		
	2	工作人员6名，负责树木砍伐		

5. 作业程序

（1）线路砍伐树木开工工作内容见表14–5–6。

表14–5–6　线路砍伐树木开工工作内容

√	序号	开工内容	作业人员签字
	1	履行开工手续	
	2	“三交三查”即宣读工作票、交待作业任务、危险点及安全措施、安全注意事项、任务分工并提问作业人员	
	3	作业前对安全用具、工器具、材料进行清点检查	

（2）线路砍伐树木作业内容及标准见表14–5–7。

表 14–5–7 线路砍伐树木作业内容及标准

<table>
<tr><th>√</th><th>序号</th><th>作业内容</th><th>作业步骤及质量要求</th><th>安全措施注意事项</th><th>责任人签字</th></tr>
<tr><td></td><td>1</td><td>核对现场</td><td>核对现场情况</td><td>由工作负责人核对</td><td></td></tr>
<tr><td rowspan="3"></td><td rowspan="3">2</td><td>上树修剪树枝</td><td>（1）上树砍、剪树木时，应注意马蜂，并使用安全带。不应攀抓脆弱和枯死的树枝及已经锯过或砍伐过的未断树木。
（2）上树修剪树枝应自上而下修剪或砍伐。
（3）砍剪后的树木应该保证在其一个生长周期内的最终生长高度仍能满足上述要求</td><td rowspan="3">（1）砍伐靠近带电线路的树木时，采用绳索对树木的倾倒方向进行控制，树木、绳索不得接触导线；树枝接触高压带电导线时，严禁直接用手去取；人和绳索应与导线保持足够的安全距离。
（2）上树砍、剪树木时，不应攀抓脆弱和枯死的树枝。禁止攀登已经锯过或砍伐过的未断树木，并正确使用安全带。使用梯子上树时，应检查梯子与地面接触处有无下陷坍塌、滑动的迹象，必须在梯子两侧有专人扶靠。
（3）为防止树木倒落在导线上，应设法用绳索将树木拉向与导线相反方向，绳索应有足够的长度，以免拉绳人员被倒落的树木砸伤；砍剪的树木下面和倒树范围内应有专人监护，不得有人逗留，防止砸伤行人。
（4）上树前应检查是否有马蜂窝，如有应采取可靠的安全措施</td><td rowspan="3"></td></tr>
<tr><td>地面砍伐</td><td>（1）在树木的倒落方向绑好两条控制绳索，绳索应有足够的长度，以免拉绳人员被倒落的树木砸伤，拉绳还应固定在相应的铁钎上。
（2）在树木的倒落方向侧锯树，深度达树木直径的 1/3 时止。然后在另一侧锯树，锯口要比对侧锯口高 20mm 左右。
（3）紧绳索，继续锯树，当深度接近树木直径的 2/3 时，锯树人躲开，用力拉紧绳索，使树木按要求的方向倒落。
（4）不得多人在同一处对向砍伐或在安全距离不足的相邻处砍伐。树木倾倒的安全距离为其高度的 1.2 倍。
（5）砍树时，锯口应在树木离地面 100～200mm 处</td></tr>
<tr><td>现场作业安全监护</td><td>（1）倒树范围内应有专人临护，不得有人逗留，防止砸伤行人。
（2）自作业开始至作业结束，安全监护人必须始终在作业现场对作业人员进行不间断的安全监护</td></tr>
</table>

6. 竣工

线路砍伐作业竣工验收内容见表 14–5–8。

表 14–5–8 线路砍伐作业竣工验收内容

√	序号	竣工验收内容	负责人员签字
	1	砍伐后复测树木与带电导线的水平距离和垂直距离满足规程要求	
	2	清理现场，防止山火引燃干枯树枝造成线路跳闸故障	
	3	检查核对工器具数量	
	4	作业结束后清理现场杂物，保持现场清洁，做到工完场清	
	5	做好消缺记录并存档	

7. 线路砍伐树木作业消缺记录（见表 14–5–9）

表 14–5–9 线路砍伐树木作业消缺记录

√	序号	缺陷内容	消除人员签字

8. 验收总结（见表 14–5–10）

表 14–5–10 线路砍伐树木作业验收总结

序号	验收总结	
1	验收评价	
2	存在问题及处理意见	

9. 附录（根据需要添加）

【思考与练习】

1. 砍伐树木作业指导书的编写结构包含哪几方面的内容？
2. 简述砍伐树木作业中的危险点及控制措施的内容和要求。
3. 简述上述修剪树枝的步骤及质量要求。

模块 6 线路名称、杆号喷涂作业指导书（Z05G4006Ⅲ）

【模块描述】本模块包含线路名称、杆号喷涂作业对人员要求、环境要求，工具、器材准备，作业流程控制及工艺质量要求，作业危险点分析及控制措施和执行情况评估等。通过举例分析，掌握正确编写线路名称、杆号喷涂作业指导书方法。

【模块内容】

编制线路名称、杆号喷涂作业指导书是为了规范本作业的程序和人员的作业行为，保证线路名称、杆号喷涂工作的有效进行，及时掌握线路名称、杆号喷涂工作中的有关注意事项，使现场作业安全、质量的全过程可控、在控。预防人身伤害事故的发生。

一、输电线路线路名称、杆号喷涂作业人员的技术要求

1. 人员要求

输电线路名称、杆号喷涂作业人员必须是有输电线路工作经验，经《国家电网公司电力安全工作规程（线路部分）》考试合格的人员。

2. 技术要求

熟悉并掌握所辖输电线路的情况。

二、线路名称、杆号喷涂作业指导书编写内容

根据《国家电网公司关于开展现场标准化作业工作的指导意见》的要求，本模块中线路名称、杆号喷涂作业指导书的编写结构由封面、适用范围、引用文件、修前准备、作业程序、竣工、工作记录、验收总结、指导书执行情况评估和附录十项内容组成。

1. 封面

由作业名称、编号、编写人及时间、审核人及时间、批准人及时间、作业工期、编写部门七项内容组成。

2. 适用范围

按线路名称、杆号喷涂工作程序对作业指导书的应用范围做出具体的规定。

3. 引用文件

明确编写作业指导书所引用的法规、规程、标准、设备说明书及企业管理规定和文件。

4. 修前准备

（1）人员要求。

1）规定作业人员的精神状态良好。

2）规定作业人员的资格，包括作业技能、安全资质和特殊工种资质等。

3）规定作业人员的劳动保护着装、个人安全工具和劳保用品配置等要求。

（2）测量工器具。本次线路名称、杆号喷涂作业所需的安全工器具和材料等。

（3）危险点及控制措施。分析作业过程存在的危险点及控制措施。

（4）其他安全措施。描述作业过程的其他安全注意事项。

（5）作业分工。明确作业人员所承担的具体作业任务。

5. 作业程序

（1）开工。

1）规定办理开工前应检查落实的内容。

2）规定开工会的内容。

3）规定须签字的人员。

（2）作业内容及标准。针对每一项作业内容，明确作业标准、操作安全措施及注意事项，作业人员履行签字手续。

6. 竣工

规定线路名称、杆号喷涂工作结束后的注意事项。如清理工作现场、清点工器具等。

7. 工作记录

记录本次线路名称、杆号喷涂作业的详细情况。

8. 验收总结

（1）记录线路名称、杆号喷涂工作的结果，对作业质量和工艺做出整体评价。

（2）记录存在的问题及处理意见。

9. 指导书执行情况评估

（1）对指导书的符合性、可操作性进行评价。

（2）对不可操作项、修改项、遗漏项、存在问题做出统计。

（3）提出改进意见。

10. 附录

描述相应的附件。

三、作业指导书范本

1. 封面

线路名称、杆号喷涂作业指导书封面如图 14–6–1 所示。

编号：Q/×××

×××kV×××线路名称、杆号喷涂作业指导书

编写：____________ ______年___月___日

审核：____________ ______年___月___日

批准：____________ ______年___月___日

作业日期： 年 月 日 时至 年 月 日 时

××供电公司×××

图 14–6–1 线路名称、杆号喷涂作业指导书封面

2. 适用范围

本作业指导书针对×××kV×××线路名称、杆号喷涂工作编写而成，仅适用于

该项工作。

3. 引用文件

下列文件对于本文件的应用是必不可少的，其最新版本（包括所有的修改单）适用于本文件。

GB 50545—2010《110～750kV 架空送电线路设计规范》

GB 50233—2014《110～750kV 架空输电线路施工及验收规范》

DL/T 741—2019《架空输电线路运行规程》

Q/GDW 1799.2—2013《国家电网公司电力安全工作规程（线路部分）》

国网（运检/4）305—2014《国家电网公司架空输电线路运维管理规定》

国网（运检/4）310—2014《国家电网公司架空输电线路检修管理规定》

国家电网生〔2009〕190 号《国家电网公司关于开展现场标准化作业工作的指导意见》

4. 修前准备

（1）线路名称、杆号喷涂作业人员要求见表 14–6–1。

表 14–6–1　　线路名称、杆号喷涂作业人员要求

√	序号	内容	责任人	备注
	1	作业人员应情绪稳定精神集中，身体状况良好		
	2	作业人员必须经培训合格，持证上岗		
	3	作业人员应劳动保护着装整齐，个人安全工具和劳保用品应佩戴齐全		
	4	确定工作负责人		

（2）线路名称、杆号喷涂作业安全用具及工器具见表 14–6–2。

表 14–6–2　　线路名称、杆号喷涂作业安全用具及工器具

√	序号	名称	型号/规格	单位	数量	备注
	1	安全带		副	1	
	2	安全帽		顶	2	
	3	脚扣		把	1	适用于混凝土杆

（3）线路名称、杆号喷涂作业材料见表 14–6–3。

表 14–6–3 线路名称、杆号喷涂作业材料

√	序号	名称	型号/规格	单位	数量	备注
	1	自喷漆（黑白黄绿红）		瓶	视基数而定	
	2	砂纸		张	10	
	3	抹布		把	2	
	4	杆号名称板		张	1	
	5	相序板		张	1	

（4）线路名称、杆号喷涂作业危险点及控制措施见表 14–6–4。

表 14–6–4 线路名称、杆号喷涂作业危险点及控制措施

√	序号	危险点	控制措施
	1	高处坠落	作业人员攀登杆塔时注意检查脚钉是否牢固可靠，在杆塔上作业时必须使用双保险安全带，戴安全帽。安全带要系在牢固构件上，防止安全带被锋利物伤害，系安全带后，要检查扣环是否扣好，杆塔上作业转位时，双手不得持带任何物件

（5）线路名称、杆号喷涂作业安全措施见表 14–6–5。

表 14–6–5 线路名称、杆号喷涂作业安全措施

√	序号	内容
	1	工作中若遇雷、雨、雪、5级以上大风或其他威胁作业人员安全时，工作负责人可根据具体情况停止工作
	2	喷涂作业前应认真核对线路名称、杆号、相序、方向及位置无误后方可喷涂

（6）线路名称、杆号喷涂作业分工见表 14–6–6。

表 14–6–6 线路名称、杆号喷涂作业分工

√	序号	作业内容	分组负责人	作业人员
	1	工作负责人1人，作业人员1名		

5. 作业程序

（1）线路名称、杆号喷涂作业开工工作内容见表 14–6–7。

表 14–6–7　　线路名称、杆号喷涂作业开工内容

√	序号	开工内容	作业人员签字
	1	履行开工手续	
	2	“三交三查”即宣读工作票、交待作业任务、危险点及安全措施、安全注意事项、任务分工并提问作业人员	
	3	作业前对安全用具、工器具、材料进行清点检查	

（2）线路名称、杆号喷涂作业内容及标准见表 14–6–8。

表 14–6–8　　线路名称、杆号喷涂作业内容及标准

√	序号	作业内容	作业步骤及标准	安全措施注意事项	责任人签字
	1	核对现场	（1）核对线路双重命名、杆塔号。 （2）核对现场情况	由工作负责人核对	
	2	线路名称、杆号喷涂	（1）作业前应核对线路名称、杆号、相序。 （2）按规定方向、位置、尺寸进行喷涂。 （3）为增加油漆附着力，喷涂工作应选择在空气湿度85%以下，无风沙、雨雪、霜冻及大雾的天气进行。 （4）喷涂作业前应认真核对线路名称、杆号、相序、方向及位置无误后方可喷涂	（1）工作中若遇雷、雨、雪、5 级以上大风或其他威胁作业人员安全时，工作负责人可根据具体情况停止工作。 （2）作业人员在杆塔上作业时，必须使用双保险安全带，戴安全帽。安全带要系在牢固构件上，防止安全带被锋利物伤害，系安全带后，要检查扣环是否扣好，杆塔上作业转位时，双手不得持带任何物件	

6. 竣工（验收内容见表 14–6–9）

表 14–6–9　　线路名称、杆号喷涂竣工验收内容

√	序号	竣工验收内容	负责人员签字
	1	工作结束后应再次核对所喷涂的线路名称、杆号、相序及方向和位置无误	
	2	做好工作记录并存档	

7. 消缺记录（见表 14–6–10）

表 14–6–10　　线路名称、杆号喷涂消缺记录

√	序号	缺陷内容	消除人员签字

8. 验收总结（见表 14–6–11）

表 14–6–11 线路名称、杆号喷涂作业验收总结

序号	验收总结	
1	验收评价	
2	存在问题及处理意见	

9. 附录（根据需要添加）

【思考与练习】

1. 线路名称、杆号喷涂作业指导书的编写结构包含哪几方面的内容？

2. 简述喷涂作业中的步骤。

3. 简述作业过程中的危险点分析及控制措施的内容和要求。

◢ 模块 7 红外线测温作业指导书（Z05G4007Ⅲ）

【模块描述】本模块包含对导线连接器、引流板、并沟线夹等接头红外线测温作业对人员要求，测试工具、器材准备，作业流程控制及质量要求，作业危险点分析及控制措施和执行情况评估等。通过举例分析，掌握正确编写红外线测温作业指导书方法。

【模块内容】

编制输电线路红外线测温作业指导书是为了规范红外测温工作的程序和测温人员的操作行为，保证红外测温工作的有效进行，及时掌握红外测温仪器在检测中的有关注意事项，以便在正确使用仪器和线路运行情况下，有效发现连接点发热缺陷，预防导线发热熔断事故的发生。

一、输电线路红外测温操作人员的技术要求

1. 人员要求

输电线路红外测温操作人员必须是有输电线路工作经验，能熟练操作红外测温仪器，并经《国家电网公司电力安全工作规程（线路部分）》考试合格的人员。

2. 技术要求

（1） 熟悉并掌握红外线原理、仪器空间分辨率即有效检测距离的计算。

（2） 熟悉并掌握红外测温时的天气、环境对测温的影响和换算原理。

（3） 熟悉并掌握野外红外测温应注意的事项和导线输送荷载计算原理，检测发现的发热隐患能分析、判定缺陷性质，确保红外测温工作的质量。

二、输电线路红外检测要求

（1） 输电线路导线连接点属电流致热型发热，因此红外测温必须在大负荷下进

行，且不得在导线额定输送电流的30%以下检测。

（2） 正确选择被测设备的辐射率，特别要考虑金属材料表面氧化对选取辐射率的影响。

（3） 线路检测选择中、长焦距镜头，检测前按被测连接点的高度校核镜头的空间分辨率是否符合要求（即在有效检测距离内检测）。

（4） 检测时风速大于0.5m/s时停止测量（风速超过时没有换算系数）。

（5） 红外测温镜头不得对准附加光源（即被测设备后不得有太阳光或照明光源）。

三、导线连接器

（1） 线路设计将导线接续管按机械强度考虑，验收标准是大于导线破断力的95%以上，因此接续管压接严密，且接触面积大于导线表面积，电阻率小于导线，导线电流属集肤效应，接续管直径和表面积均远大于导线，散热效果好，运行中从没有发生过因接续管发热而造成导线拔出，发生导线拔出掉线的均是由于压接尺寸不对称，因此导线接续管不需要红外测温，只需巡视中观察接续管口有否断股、灯笼泡状松开等现象。

（2） 导线跳线连接点的引流板、并沟线夹，设计不考虑机械强度，加上平时紧固采用活动扳手，是否连接好没有数据标准，因此竣工验收或平时停电检修应采用扭矩扳手按相应规格连接螺栓的标准扭矩值核查连接是否良好，采用红外测温来检测扭矩是否合格。

1. 封面

由作业名称、编号、编写人及时间、审核人及时间、批准人及时间、作业工期、编写部门七项内容组成。

2. 适用范围

按红外测温工作程序对作业指导书的应用范围做出具体的规定。

3. 引用文件

明确编写作业指导书所引用的法规、规程、标准、设备说明书及企业管理规定和文件。

4. 修前准备

（1） 人员要求。

1）规定作业人员的精神状态良好。

2）规定作业人员的资格，包括作业技能、安全资质和特殊工种资质等。

3）规定作业人员的劳动保护着装、个人安全工具和劳保用品配置等要求。

（2） 测量工器具。本次红外测温作业所需的测量工具、器材等。

（3） 危险点及控制措施。分析作业过程存在的危险点及控制措施。

（4） 其他安全措施。描述作业过程的其他安全注意事项。

（5） 作业分工。明确作业人员所承担的具体作业任务。

5. 作业程序

（1） 开工。

1）规定办理开工前应检查落实的内容。

2）规定开工会的内容。

3）规定须签字的人员。

（2） 作业内容及标准。针对每一项作业内容，明确作业标准、操作安全措施及注意事项，作业人员履行签字手续。

6. 竣工

规定检测工作结束后的注意事项，如清理工作现场、清点仪器等。

7. 工作记录

记录本次测试作业的详细数据。

8. 验收总结

（1） 记录测量结果，对检测质量做出整体评价。

（2） 记录存在问题及处理意见。

9. 指导书执行情况评估

（1） 对指导书的符合性、可操作性进行评价。

（2） 对不可操作项、修改项、遗漏项、存在问题做出统计。

（3） 提出改进意见。

10. 附录

描述相应的附件。

四、作业指导书范本

1. 封面

红外线测温作业指导书封面如图 14–7–1 所示。

编号：Q/×××

×××kV×××线红外测温作业指导书

编写：__________ ______年___月___日

审核：__________ ______年___月___日

批准：__________ ______年___月___日

作业日期： 年 月 日 时至 年 月 日 时

××供电公司×××

图 14–7–1 红外线测温作业指导书封面

2. 适用范围

本作业指导书针对×××kV×××线红外测温工作编写而成，仅适用于该项工作。

3. 引用文件

DL/T 664—2008《带电设备红外诊断应用规范》

Q/GDW 1799.2—2013《国家电网公司电力安全工作规程（线路部分）》

国家电网生〔2009〕190 号《国家电网公司关于开展现场标准化作业工作的指导意见》

国网（运检/4）305—2014《国家电网公司架空输电线路运维管理规定》

4. 修前准备

（1）红外线测温作业人员要求见表 14–7–1。

表 14–7–1　　红外线测温作业人员要求

√	序号	内容	责任人	备注
	1	作业人员应情绪稳定精神集中，身体状况良好		
	2	作业人员必须经培训合格，持证上岗		
	3	作业人员劳动保护着装整齐，个人安全工具和劳保用品应佩戴齐全		

（2）红外线测温作业安全用具及工器具见表 14–7–2。

表 14–7–2　　红外线测温作业安全用具及工器具

√	序号	名称	型号/规格	单位	数量	备注
	1	红外热像仪	T6–P	台	1	
	2	遮阳伞		把	1	
	3	安全带		根	1	登塔备用

（3）红外线测温作业危险点分析见表 14–7–3。

表 14–7–3　　红外线测温作业危险点分析

√	序号	内容
	1	野外道路差，夜间能见度差或照明设备等原因造成测量人员摔伤仪器损坏
	2	测温仪器操作方法不当，造成仪器不能正常工作及损伤
	3	被测设备超过有效检测距离，检测人员登塔测量易高处坠落
	4	被测设备超过有效检测距离，检测人员登塔测量易人员触电含感应电伤害

（4）红外线测温作业危险点控制措施见表 14–7–4。

表 14–7–4 红外线测温作业危险点控制措施

√	序号	内容
	1	检测在天气良好，风速小于 0.5m/s 下工作，夜间无足够的照明设备不得工作
	2	避免将仪器镜头直接对准强烈高温辐射源（如太阳或夜间照明灯光），以免造成仪器不能正常工作及损伤，强烈阳光下应使用遮阳伞。雷雨、冰雹、浓雾、大雪、大风、风力大于 0.5m/s、湿度大于 85%时等天气不得红外测温
	3	攀登杆塔时注意检查脚钉是否牢固可靠，应注意登杆节奏，一步步踏稳抓牢后方可继续。在杆塔上作业时，必须使用双保险安全带，戴安全帽，脚穿导电鞋。安全带要系在牢固构件上，防止安全带被锋利物伤害，系安全带后，要检查扣环是否扣好，杆塔上作业转位时，双手抓塔材并不得持任何物件
	4	严禁无监护单人登杆塔作业。作业时作业人员活动范围及所携带的工具、材料等与带电导线最小距离不得小于相关规定

（5）红外线测温作业分工见表 14–7–5。

表 14–7–5 红外线测温作业分工

√	序号	作业内容	分组负责人	作业人员
	1	工作负责人 1 人，作业人员 1 名		

5. 作业程序

（1）红外线测温作业开工工作内容见表 14–7–6。

表 14–7–6 红外线测温作业开工工作内容

√	序号	开工内容	作业人员签字
	1	履行开工手续	
	2	宣读作业任务、危险点及安全措施、安全注意事项、任务分工并提问作业人员，作业人员签字	
	3	作业前对检测仪器进行检查	
	4	对登高安全工具进行检查	

（2）红外线测温作业内容及标准见表 14–7–7。

表 14–7–7　红外线测温作业内容及标准

√	序号	作业内容	作业步骤及质量要求	安全措施注意事项	责任人签字
	1	红外测温	（1）检测人员核对线路名称、杆号无误后开始工作。 （2）按杆塔高度选择适当的位置，在测温仪有效距离内尽量靠近测试目标。 （3）风速大于 0.5m/s 时测温数值无法换算。 （4）打开镜头盖，调整热像仪镜头的焦距进行校正，获得清晰的目标热像后进行检测。 （5）检测时应逐相进行。 （6）当检测发现引流板发热异常时，应变换位置和角度进行复测，将数据和红外热像记录、存储，以便进行诊断、分析	（1）攀登杆塔时注意检查脚钉是否牢固可靠，杆塔上作业中使用双保险安全带，戴安全帽和穿导电鞋。杆塔上转位时双手不得持带任何物件。 （2）塔上红外测温作业须设专人监护。人员及所携带的工具、材料等与带电导线最小距离不得小于相关规定。 （3）暑天测试必须由两人进行，采取必要措施防止中暑。 （4）测试操作中应避免将仪器镜头直接对准太阳，以免造成仪器不能正常工作及损伤，必要时应使用遮阳伞	

6. 竣工（见表 14–7–8）

表 14–7–8　红外线测温作业竣工验收内容

√	序号	竣工验收内容	负责人员签字
	1	工作结束后应再次核对所测试的线路名称、杆号、相序及位置无误	
	2	做好工作记录并存档	

7. 工作记录（见表 14–7–9）

表 14–7–9　红外线测温作业工作记录

序号	线路名称杆号	A 相温度		B 相温度		C 相温度		测试人	测量日期	测量时气温	导线温度
		大号侧	小号侧	大号侧	小号侧	大号侧	小号侧				

8. 验收总结（见表 14–7–10）

表 14–7–10　红外线测温作业验收总结

序号	验收总结	
1	验收评价	
2	存在问题及处理意见	

9. 附录（被测设备材料的辐射率）

【思考与练习】

1. 线路红外测温作业指导书的编写结构包含哪几方面的内容？

2. 简述红外测温作业中的操作步骤、危险点及控制措施的内容和要求。

3. 为什么导线接续管不会产生接头发热现象？

◢ 模块8 接地电阻测量作业指导书（Z05G4008Ⅲ）

【模块描述】本模块包含接地电阻测量作业对人员要求，测量工具、器材准备，作业流程控制及质量要求，作业危险点分析及控制措施和执行情况评估等。通过举例分析，掌握正确编写接地电阻测量作业指导书方法。

【模块内容】

根据《国家电网公司关于开展现场标准化作业工作的指导意见》的要求，测量杆塔接地电阻作业指导书的编写结构由封面、适用范围、引用文件、修前准备、作业程序、竣工、工作记录、验收总结、指导书执行情况评估和附录十项内容组成。

一、编写内容简述

1. 封面

由作业名称、编号、编写人及时间、审核人及时间、批准人及时间、作业工期、编写部门七项内容组成。

2. 适用范围

按工作程序对作业指导书的应用范围做出具体的规定。

3. 引用文件

明确编写作业指导书所引用的法规、规程、标准、设备说明书及企业管理规定和文件。

4. 修前准备

（1） 人员要求。

1）规定作业人员的精神状态良好。

2）规定作业人员的资格，包括作业技能、安全资质和特殊工种资质等。

3）规定作业人员的劳动保护着装、个人安全工具和劳保用品配置等要求。

（2） 测量工器具。本次作业所需的测量工具、器材等。

（3） 危险点及控制措施。分析作业过程存在的危险点及控制措施。

（4） 其他安全措施。描述作业过程的其他安全注意事项。

（5） 作业分工。明确作业人员所承担的具体作业任务。

5. 作业程序

（1）开工。

1）规定办理开工前应检查落实的内容。

2）规定开工会的内容。

3）规定须签字的人员。

（2）作业内容及标准。

针对每一项作业内容，明确作业标准、操作安全措施及注意事项，作业人员履行签字手续。

6. 竣工

规定工作结束后的注意事项，如清理工作现场、清点仪器等。

7. 工作记录

记录本次测试作业的详细数据。

8. 验收总结

（1）记录测量结果，对检测质量做出整体评价。

（2）记录存在问题及处理意见。

9. 指导书执行情况评估

（1）对指导书的符合性、可操作性进行评价。

（2）对不可操作项、修改项、遗漏项、存在问题做出统计。

（3）提出改进意见。

10. 附录

描述相应的附件。

二、作业指导书范本

1. 封面

接地电阻测量作业指导书封面如图 14–8–1 所示。

编号：Q/×××

×××kV×××线接地电阻测量作业指导书

编写：________________　　______年____月____日

审核：________________　　______年____月____日

批准：________________　　______年____月____日

作业日期：　　年　月　日　时至　　年　月　日　时

××供电公司×××

图 14–8–1　接地电阻测量作业指导书封面

2. 适用范围

本作业指导书针对×××kV×××线接地电阻测量工作编写而成，仅适用于该项工作。

3. 引用文件

GB 50233—2005《110～500kV 架空送电线路施工及验收规范》

GB 50545—2010《110～750kV 架空输电线路设计规范》

GB 50065—2011《交流电气装置的接地设计规范》

DL/T 887—2004《杆塔工频接地电阻测量》

DL/T 475—2006《接地装置特性参数测量导则》

Q/GDW 1799.2—2013《国家电网公司电力安全工作规程（线路部分）》

国家电网生〔2009〕190 号《国家电网公司关于开展现场标准化作业工作的指导意见》

国网（运检/4）305—2014《国家电网公司架空输电线路运维管理规定》

4. 修前准备

（1）接地电阻测量作业人员要求见表 14–8–1。

表 14–8–1　　接地电阻测量作业人员要求

√	序号	内容	责任人	备注
	1	作业人员应情绪稳定精神集中，身体状况良好		
	2	作业人员必须经培训合格，持证上岗		
	3	作业人员应劳动保护着装、个人安全工具和劳保用品等应佩戴齐全		

（2）接地电阻测量作业安全用具及工器具见表 14–8–2。

表 14–8–2　　接地电阻测量作业安全用具及工器具

√	序号	名称	型号/规格	单位	数量	备注
	1	摇表式接地电阻测试仪	ZC–8	台	1	需配套各引线
	2	榔头	5 磅	把	1	
	3	扳手	25cm	把	2	
	4	平锉	25cm	把	1	
	5	砂布	80 号	张	若干	
	6	导电脂			若干	

注　查阅并摘录本次检测各杆塔的接地电阻设计值、接地线长度和埋设深度带至现场。

（3）接地电阻测量作业危险点及控制措施见表 14–8–3。

表 14–8–3 接地电阻测量作业危险点及控制措施

√	序号	危险点	控制措施	
	1	雷电活动或其他因素威胁作业人员安全	工作中若遇雷云在杆塔上方活动或其他威胁工作班人员安全时，工作负责人（小组负责人）应停止测量工作并撤离现场	
	2	人员触电	测量过程中，检测人员裸手不得触击绝缘电阻表接线头，防止电击	

（4）接地电阻测量作业其他安全措施见表 14–8–4。

表 14–8–4 接地电阻测量作业其他安全措施

√	序号	内容
	1	工作过程中必须持识别标记卡仔细核对线路双重命名、杆塔号，确认无误后，方可进行测试
	2	作业天气和人员要求必须符合规程要求的作业条件和规定

（5）接地电阻测量作业分工见表 14–8–5。

表 14–8–5 接地电阻测量作业分工

√	序号	作业内容	小组负责人	作业人员
	1	工作负责人 1 人，可分多个小组，每小组工作人员 2 人，1 人为小组负责人（监护人），1 人作业		

5. 作业程序

（1）接地电阻测量作业开工工作内容见表 14–8–6。

表 14–8–6 接地电阻测量作业开工内容

√	序号	开工内容	作业人员签字
	1	履行开工手续	
	2	宣读作业任务、危险点及安全措施、安全注意事项、任务分工并提问作业人员，作业人员签字	
	3	作业前对检测仪器进行检查	

（2）接地电阻测量作业内容及标准见表 14–8–7。

表 14–8–7　　接地电阻测量作业内容及标准

√	序号	作业内容	作业步骤及质量要求	安全措施注意事项	责任人签字
	1	放线	（1）两根接地测量导线彼此相距 5m。 （2）按本杆塔设计的接地线长度 L，布置测量辅助射线为 $2.5L$ 和 $4L$，或电压辅助射线应比本杆塔接地线长 20m，电流辅助射线比本杆塔接地线长 40m。 （3）将接地探针用砂纸擦拭干净，并使接地测量导线与探针接触可靠、良好。 （4）探针应紧密不松动地插入土壤中 20cm 以上且应与土壤接触良好		
	2	拆除接地引下线	用扳手将与杆塔连接的所有接地引下线螺栓拆除，并保持接地网与杆塔处于断开状态	在断开接地体与杆塔连接时，两手不得同时触及断开点两端，防止感应电触电	
	3	接线	（1）将接地引下线用砂纸擦拭干净，以确保连接可靠。 （2）将接地测量射线与 E、P、C 正确连接		
	4	测量	（1）将仪表放置水平，检查检流计是否指在中心线上，否则可用调零器调整指在中心线上。 （2）将倍率标度指在最大倍率上，慢慢摇动发电机摇把，同时拨动测量标度盘使检流计指针指在中心线上。 （3）当检流计指针接近平衡时，加大摇把转速，使其达到 120r/min 以上，调整测量标度盘使指针指在中心线上。 （4）如测量标度盘的读数小于 1 时，应将倍率标度置于较小标度倍数上，再重新调整测量标度盘以得到正确的读数。 （5）用测量标度盘的读数乘以倍率标度的倍数即为所测杆塔的工频接地电阻值，按季节系数换算后为本杆塔的实际工频接地电阻值	测量过程中，裸手不得触碰绝缘电阻表接线头，防止触电	
	5	恢复连接	测量结束，拆除绝缘电阻表，恢复接地体与杆塔连接，清除连接体表面的铁锈，并涂抹导电脂。确保所有接地引下线全部复位，并紧固牢固	在恢复接地体与杆塔连接时，两手不得同时触及断开点两端，防止感应电触电	

6. 竣工（见表 14–8–8）

表 14–8–8　　接地电阻测量作业竣工验收内容

√	序号	竣工验收内容	负责人员签字
	1	由工作负责人验收合格后工作结束	
	2	做好测量记录并归档，将电阻值不合格杆塔上报待处理	

7. 工作记录（见表 14–8–9）

表 14–8–9　　接地电阻测量作业工作记录

√	序号	线路名称、杆号	接地电阻设计值（Ω）	换算后的接地电阻实测值（Ω）	季节系数	测量日期	测量人员签字

8. 验收总结（见表 14–8–10）

表 14–8–10　　接地电阻测量作业验收总结

序号	验收总结	
1	验收评价	
2	存在问题及处理意见	

9. 附录

【思考与练习】

1. 接地电阻测量作业指导书的编写结构包含哪几方面的内容？

2. 简述接地电阻测量作业中的操作步骤、危险点及控制措施的内容和要求。

3. 为什么仪表的辅助测量电压射线比杆塔接地线长 20m，电流线长 40m 测量方法等同 4L 和 2.5L 射线检测方式？

4. 为什么输电线路检测杆塔接地电阻值不需要戴绝缘手套？

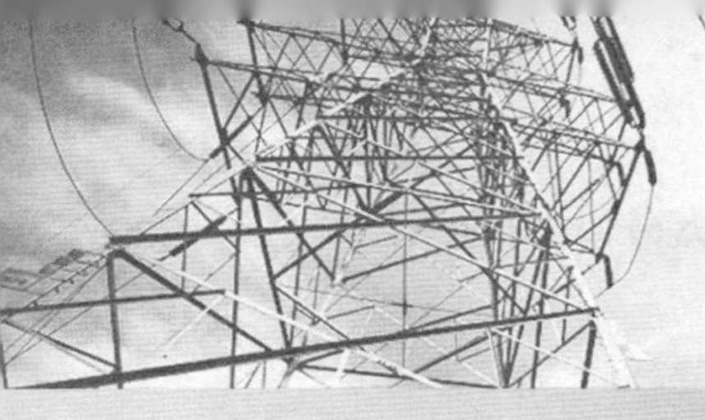

第十五章

输电线路的事故预防

模块 1　线路的事故预防（Z05G5001Ⅱ）

【模块描述】本模块介绍线路事故的分类及其对线路造成的危害。通过要点讲解、原因分析，掌握正确的分析线路故障类型，准确的判断故障原因的方法。

【模块内容】

架设在野外的架空输电线路，长年经受自然条件和四周环境的影响，输电设备易发生雷害、鸟害、污闪、冰闪和外力破坏等事故，在运行中应加强巡视和维护，预防事故的发生。

一、线路事故分类

（1）自然因素的影响。

（2）外界环境的影响。

（3）线路本身存在的缺陷。

二、各类事故造成的线路危害

1. 自然因素的影响

（1）大风的影响。超过设计风速的大风或龙卷风，会使悬垂绝缘子串倾斜，导线弧垂与通道两侧构筑物、树竹木等风偏距离不足，空气绝缘间隙变小，易发生短路、导线烧断事故。风力超过杆塔机械强度时，使杆塔倾斜、损坏、导线振动、跳跃、碰线，也可能引起短路使断路器速断跳闸。

（2）雨的影响。毛毛细雨将使脏污绝缘子闪络、放电，损坏绝缘子。倾盆大雨将使河水暴涨、山洪暴发、山体滑坡，造成倒杆、断线。

（3）雷电影响。雷雨季节，线路遭受雷击，雷电过电压使绝缘子闪络、烧伤或击穿爆炸，造成断路器跳闸。

（4）大雾影响。大雾天气，空气相对湿度较大，绝缘子沿面闪络电压降低，发生闪络、放电、损坏绝缘子，严重时发生击穿闪络，将造成大面积停电。

（5）大雪影响。狂风暴雪天气，导线应力和负重增大，易发生倒杆、断线事故；

冰消雪融时，绝缘子易发生闪络现象。

（6） 覆冰影响。线路导线上发生严重覆冰时，会使导线荷载增加，发生断线或倒塔事故。导线覆冰不均匀脱落时，将造成导线跳跃产生张力差，严重时拉垮杆塔事故。绝缘子串严重覆冰会因泄漏电流而发生沿面闪络事故。

（7） 气温和湿度影响。导线具有热胀冷缩性，导线张力随气温高低而变化。夏季气温较高时，导线伸张、弧垂变大，易造成交叉跨越处放电、接地短路事故。湿度对放电的影响也是显而易见的。

（8） 大气污秽影响。输电线路经过水泥厂、砖瓦厂、火电厂等粉尘污秽区、冶炼厂、化工厂等污秽区或沿海盐雾地区等，空气中飘浮的尘埃、含有各种导电离子的灰尘、盐雾等逐渐积累或在强电场下，吸附于绝缘子的上、下表面上，当大气湿度在 90% 及以上时，绝缘子串表面泄漏电流增大及脉冲频率快速上升中，泄漏电流沿绝缘子串贯穿而跳闸，污秽事故会造成电网大面积停电。

2. 外界环境的影响

（1） 不同地区的线路受环境条件的影响各不相同，化工、冶炼区的线路受到污染容易发生闪络放电。

（2） 城镇周边线路易受天线、风筝、气球、旗杆等外物的影响。

（3） 农村常有把牲畜拴在电杆上，因牲畜在电杆上擦痒会摇动电杆，轻易造成短路事故。

（4） 河道四周的线路易受冲刷。

（5） 路边的线路易受车撞，线下作业吊车的吊臂碰到线路引起短路，甚至断线。

（6） 树林靠近线路，大风时倒落在线路上，造成倒杆、断线事故。电力线路下面或两侧树梢轻易碰触导线，造成接地、火花或短路等。

（7） 鸟类在杆塔上筑巢、停落、鸟粪、在导线四周打鸟等，均可能造成线路接地或短路事故。

（8） 偷盗塔材、拉线造成倒杆塔事故。

（9） 山林火灾、山区采石放炮等引发线路跳闸。

3. 线路本身存在的缺陷

线路施工时，使用不合格的材料和工艺方法错误，以及杆塔结构设计或安装不合格，都可能在运行中造成事故。在设计中由于路径和气象条件选择不当，在运行中也会发生断线或倒杆事故。杆塔形式的选择和定位的错误，就可能导致在运行中导线对边坡放电的事故。

线路个别元件由于运行年久、材质老化，使电气和机械强度降低，又未及时检修，也会发生事故。

三、线路事故预防

（一）把握季节和环境特点，做好相应的反事故措施

1. 防污

确定线路污区等级，采用爬电距离大且形状系数好的盘形绝缘子（最好大爬距普通玻璃绝缘子）或复合绝缘子配置新建线路或更换调爬运行线路，对几何泄漏比距等级基本满足要求的运行线路，应及时检测运行绝缘子串的盐密值，来判断是否要在雾季或者气温 0℃左右的雨雪季节来临前，停电清扫污段的绝缘子串，以防止线路污闪事故发生。

2. 防雷

在雷雨季节到来之前，应做好防雷设备的试验检查和安装工作，并要按周期测试接地装置的电阻以及更换损坏的绝缘子（包括零值、低值绝缘子）和不合格的接地体。

3. 防暑

在高温季节到来之前，应检查各相导线的弧垂，以防因气温增高和高峰负荷时，弧垂增大而发生事故。

4. 防寒

在严寒季节到来之前，应注重导线弧垂，过紧的应加以调整以防断线，同时检查和调整杆塔拉线。

5. 防冻

在大雪季节，应注重导线上覆雪、覆冰情况，及时清除导线上的覆雪、覆冰，防止断线。

6. 防风

在风季到来之前，要加固拉线及电杆基础，调整各相导线弧垂，清理线路四周杂物及四周的树木，以免树枝碰导线造成事故。

7. 防汛

在汛期到来之前，对在河流四周冲刷以及四周挖土造成杆基不稳的电杆，要采取各种防止倒杆的措施。

8. 防鸟

防止鸟害是电力线路维护中季节性很强的一项任务，装防鸟风车、防鸟环、反射镜、防鸟针板等，使鸟类惊吓，无法在杆（塔）上筑巢、栖息。

9. 防电晕

在导线、跳线两端加装球形附件，在耐张线夹与绝缘子碗头连接处采用线夹穿钉开口销封闭装置，减少高压设备曲率半径小的部位暴露在空气中，防止电晕产生。

10. 防山林火灾

（1）为了预防林区架空输电线路火灾事故，重点强调应严格执行《森林防火条例》。

（2）对通过林区的架空输电线路，应加强巡视和维护，电力线与树木间距离应符合《电力设施保护条例》的有关规定。距离不足者，应督促有关林业部门按规定及时砍伐。在森林防火期内应适当增加特巡次数，严防由于树木与电力线路距离不够放电引起森林火灾。

（3）新建（改建）线路通过林区应充分考虑森林火灾对线路造成的威胁，对运行中的线路通道内砍伐完的树木，应及时清理，以防发生火灾。

（4）通过林区的架空输电线路的通道宽度应符合现行设计标准的要求，不符合要求的不得验收送电。

（5）进入林区工作的电业工作人员应熟悉《森林防火条例》及相关防火知识，加强教育和培训，提高作业人员遵纪守法的自觉性和防火、灭火操作能力。

（6）进入林区进行线路作业时，其车辆、作业用具的使用以及作业方法等均应符合《森林防火条例》的有关规定。

（7）与林业部门建立互警机制，及时互通信息，确保在发生紧急情况时双方能够协同动作，采取有效的应对措施。

11. 防跳线连接点发热烧损

停电检修采用扭矩扳手按相应规格螺栓的标准扭矩值检查紧固，线路超过50%输送负荷时，可采用红外测温方式复核跳线连接点扭矩情况，应注意测温工作应在无背景光源和仪器有效检测距离内进行。

（二）加强线路巡视，确保线路健康运行

（1）定期巡视：一般情况下每月巡视一次，在春天鸟害事故多，夏季抗旱、排涝用电高峰时，可随季节的变化适当增加巡视次数。

（2）特殊巡视：当气候急剧变化（大风、暴雨、浓雾、导线覆冰等），碰到自然灾难（地震、洪水、森林火灾等），以及有重大的政治节日活动时作为非常情况，应增加巡视次数。

（3）故障巡视：线路出现故障，发生跳闸或接地现象时，应及时组织巡视检查。

（4）夜间巡视：为了检查线路绝缘子有否电晕、污秽放电火花和导线跳线连接点发热（红）等现象，最好选择在无月光夜晚线路负荷超过导线额定电流50%以上时进行，每半年巡视一次。

（三）加强输电线路反事故措施，防止事故发生

要做到输电线路安全无事故运行，除了加强线路管理、严格执行现场规程、实施

电力设施保护之外，还必须抓紧做好反事故措施。

加强设计审查，保证施工质量，加强检修管理，提高运行水平是保证线路安全可靠运行的有效方法。主要的措施有以下几个方面。

1. 把好基础质量关

（1） 加强设计审核。运行单位要参加设计审查，提供运行经验和有关测量试验数据，并从生产实际出发提出设计要求。设计部门要听取运行部门的意见和要求，特别要注意地形和气候的影响。设计部门往往较多考虑的是线路钢耗比等本体造价投资，较少考虑线路安全运行裕度，部分线路往往是建成投运之时，就是运行单位技术改造开始，如线路外绝缘调爬，树竹木区或村镇边档中加塔或升高原杆塔等。

（2） 施工要符合设计。施工单位不能擅自更改设计标准，施工要符合设计要求。特别注意杆塔基础的埋深、混凝土基础浇制质量、预制基础的规格和安装位置、拉线装置的规格和埋深、回填土的夯实程度。对埋设在松软地、沙地、低畦地和洪水可能冲刷处的杆塔，以及山坡可能会发生滑坡或石灰岩地区杆塔，要检查是否采取了相应的措施：增加基础埋深，采用重力式基础，增加卡盘或拉线，另设防洪设施等。凡是不按设计和施工工艺标准施工的杆塔基础均应作为缺陷，要及时处理。

（3） 加强原材料和设备的验收。施工单位和运行部门都要加强对原材料和设备的验收工作，发现有不符合设计和出厂要求的产品，不准投入工程使用。要注意不错用钢材，不随便代用，不用没有产品合格证、没有产品商标或者制造厂不明的产品。新型器材、设备和新型杆塔必须经试验、鉴定合格后方能使用，在试用的基础上逐步推广应用。

（4） 运行单位把好验收关。监理人员必须监督每个隐蔽工程的施工，运行单位竣工验收应上塔抽查导线、架空地线的耐张压接管质量，杆塔、绝缘子、各种金具等施工工艺和地面核查接地工程的埋深及回填土是否符合要求。

（5） 清理线路通道。新线路投运前，基建部门要组织力量将通道清理完毕。

2. 提高检修质量

线路检修必须按确定的周期和项目以及状态检修相结合进行。检修工作结束后，运行人员根据检修要求进行质量验收，特别是导线跳线连接点的检查紧固核查。若发现不符合质量要求，必须返工重修。

3. 防止倒杆塔事故

（1） 杆塔歪扭。对杆塔轻微歪扭，应进行定期观察，并作好记录，注意发展情况。必要时，进行强度验算和分析，根据情况进行处理。

（2） 叉梁处理。对于混凝土杆叉梁发生歪扭、凸肚、下滑时，要进行处理。对原来是混凝土叉梁经验算可换成钢叉梁。

（3）混凝土杆裂缝。混凝土杆发生裂缝，应进行定期观察和记录，注意发展情况。必要时，采取堵缝或换杆措施。

（4）杆塔部件锈蚀。杆塔及拉线的地下部分，由于地下水和土壤的腐蚀作用，会使其逐渐损坏。尤其在化工厂、造纸厂等有腐蚀性的污水处或地下水本来就有腐蚀性的地方安装了拉线棒，10 年左右就会严重腐蚀。我国南方，黄土丘陵地区，由于土壤酸性高，对金属零件的腐蚀也很严重。新线路投运，用不了几年，铁件的地上部分完全良好，但地下部分却已经锈蚀了，镀锌件只要一开始锈蚀，速度很快。有时用油漆防腐，其效果反而更好。

混凝土杆里面的钢筋也有锈蚀问题。特别严重的是两节混凝土杆的焊接或连接处。有一条 1958 年投运的 220kV 线路，在两节 9m 杆段焊接头的上方，钢筋严重锈蚀，螺旋筋已全部损坏，10×ϕ10mm 主筋剩 4.6mm 左右未损坏部分，钢筋表面坑坑洼洼，截面损失达 60%，这种混凝土杆只运行了 21 年，就被迫换杆塔、补强。

铁塔锈蚀主要是未镀锌的铁塔。这种铁塔在 5～10 年内就必须油漆一次，锈蚀比较严重的是靠近地面的一节。有的塔材，投运 20 年左右，就发现锈蚀穿孔。镀锌铁塔也有锈蚀问题，关键是镀锌质量。

严重锈蚀的杆塔部件、拉线和拉线棒，应及时更换，不应再拷铲油漆，以免造成假象而危及杆塔强度。

（5）防偷盗部件。加强巡视检查，防止杆塔部件（特别是杆塔拉线、塔材）被盗，一经发现应及时补齐。同时在新建线路的杆塔从基准面以上两个主材段号采用防盗螺栓或铁塔地面以上 8m 防盗，对运行的老旧线路塔材偷盗易发生段按照轻重缓急更换成防盗螺栓。

（6）基础不稳。施工未按设计进行或周围环境变动，造成杆塔基础埋深不够；线路经过松软土地或水田，设计施工中未采取可靠措施；雨季低畦积水，山洪暴发冲刷杆塔基；冬季施工时，用冻土作回填，又未踏实和培土，春天解冻时土层下沉等原因造成基础不稳。在大风、雨季、覆冰或洪水冲刷时，就很容易发生倒杆（塔）事故。所以经常检查杆根培土，及时发现埋深不够，也是防止倒杆塔的重要措施。

4. 防止断导线、架空地线

（1）防止导线过负荷运行。线路长期过负荷会导致导线的机械强度降低和永久性变形，在导线张力大时可能引起断线或因弛度过大致使对交叉跨越物放电而烧（断）线。对经常过负荷并发生多次断股的导线，应及时更换与负荷相适应的线号，对交叉距离不足者应及时采取措施。

（2）导线腐蚀。影响导线腐蚀的因素除气温、湿度、雨量外，线材本身的质量和污秽的类型更为关键。

引起腐蚀的污秽气体有硫酸、H_2S、Cl_2 等。当这些气体以及各种盐类污秽物溶于水时，这种溶液对导线会起腐蚀作用。

在污秽地区，一般应对运行 10 年以上的架空导线锈蚀情况进行检查或强度抽样试验，锈蚀严重或强度不符合要求时应及时更换。

（3）对运行 15 年左右的架空地线，应抽样检查其脆性情况，对明显发脆且频繁断股者，应及时调换。

（4）对大跨越、大档距、平原开阔地等要检查导线、架空地线振动情况，必要时，应进行测振或改善防振措施。属振动断股的导线，其断股处几乎都是锐利状的截面断裂，没有“缩颈拔光”现象，其断面组织一般呈贝壳花纹。

（5）导地线连接处故障。要加强对跳线引流板和并沟线夹的检测复核扭矩值，导线接续管检查管口有否松散、断股和灯笼泡现象，发现问题应及时采取有效措施进行处理。

5. 防止雷害事故

（1）接地装置。接地装置必须按运行规程要求，定期进行检查和测量，不合格者应及时进行处理。

（2）空气间隙。新建线路改变设计理念，按照线路设计规程各电压等级大气过电压和内过电压确定导线对杆塔的空气间隙，尽量减少空气间隙击穿电压和绝缘子串闪络电压的配合比（原为 0.85 左右），如 220kV 线路在确保 1.9m 带电体对杆塔间距的情况下，将绝缘子片数增加至 18～19 片/串长，即大幅增加了绝缘子串的绝缘水平，提高了线路耐雷水平，又可使绝缘子串的泄漏距离 4.0kV/cm 及以上，免除了线路污闪事故的发生。

（3）线路交叉跨越距离。对交叉跨越距离要有测量记录，对不符合规程要求，及时进行处理。

6. 防止绝缘子事故

（1）确定污秽等级的绝缘子选用。进行环境污秽情况调查和等值附盐密度测量，结合运行经验，划分污秽等级，选择和调整与污秽等级相适应的绝缘泄漏比距，在污秽地区应采用有效的防污绝缘子型号。

（2）确定清扫周期。对污秽区，应结合运行经验，按照各运行单位的防污闪工作管理制度的规定，确定清扫周期。在春季来临之前，清扫一次，并确保清扫质量。

（3）适当轮换绝缘子。对运行年限较长且难以清扫的绝缘子，应轮换处理。对钢脚锈蚀的绝缘子，锈蚀严重者也应及时更换。

（4）加强检测工作。对运行年数较长，绝缘子劣化率（一般指瓷、复合绝缘子）较高的线路要加强检查测量工作。

7. 防止外力破坏

（1）认真贯彻“电力设施保护条例”，加强保卫力量，争取地方政府和公安部门的支持，积极开展反外力破坏的宣传教育工作，确保线路安全运行。

（2）加强运行人员责任意识。对运行人员要加强责任感教育，对后果严重、性质恶劣的外力破坏事故，应向当地公安部门及时报告。

（3）群众护线。有的地方组织群众护线时，抓“三个落实”和“五个结合”。三个落实就是组织、思想和任务落实。五个结合是指运行人员巡视和护线活动相结合；护线和民兵工作相结合；护线和治保工作相结合；护线和学校工作相结合；护线和护林、护路相结合。

为了线路健康运行，在设计、安装时做到充分考虑，还应加强线路巡视检查、定期检修、运行维护治理，认真落实反事故措施工作，设专职人员负责巡线、护线，不定期组织培训、考核，提高职工专业技能、强化责任心；巡线人员应按规定进行巡视，检查线路健康状况，找出存在缺陷和问题，以便制订检修计划，将事故消灭在萌芽状态，以确保线路安全、经济、可靠地运行。

四、案例分析

1. 故障现象

2004 年 10 月 21 日 7 时 16 分，220kV 某线路双高频、零序Ⅰ段保护动作，线路跳闸，B 相故障，重合成功，测距显示故障点距变电站 6.4km。

故障发生后，立即组织对 220kV 某线路进行重点巡视，巡视地段为 10～30 号杆塔之间。巡视后发现 220kV 某线路 15 号铁塔（GJ3—21）接地线上有明显的放电痕迹，17 号和 19 号杆接地线上也有轻微的放电痕迹，据 15 号塔下村民反映：早上 7 时左右 15 号塔上发生过巨响。

风停后又安排人员登塔进行检查和测量，发现 15 号塔引流线上及杆塔上有明显的放电痕迹，并且导线上也有烧伤麻点。

2. 故障原因分析

10 月 21 日，该地区出现大风恶劣天气，根据对某线路在线监测系统显示，现场主风向为西北风，最大瞬时风速为 19.2m/s（8 级风）。测量中相引流线与塔身的最小电气距离为 2.3m，满足 DL/T 5092—1999《110～500kV 架空送电线路设计技术规程》带电部分与杆塔构件最小间隙 1.90m 的要求。某线路 15 号耐张塔原转角度数为 68°35′22″，改造后线路转角度数有变化，还利用原塔。跳闸的主要原因是中相引流线跳线在强西北风的作用下，发生偏转对塔身风偏过度造成放电。而微地形（线路走向）强对流恶劣自然天气是造成此次跳闸的主要原因。另外，利用原有的转角塔，角度不是十分合适，横担不在线路转角的内角平分线上，导致引流线过长，大风造成引流线摆动过大，引起绝缘距离不足，是跳闸的次要原因（定性为一类障碍）。

3. 故障处理方法

在 220kV 某线路 15 号塔架空地线横担上，对塔头进行改造，将一串吊瓶改为独立的两串复合绝缘子吊瓶并加 3 片重锤，利用两个绝缘子串将跳线固定，控制引流线的摆动范围，防止线路再次跳闸。

4. 防范措施

（1） 在线路改造的设计过程中，如需利用原来转角杆塔，角度发生变化时，必须校验（如大风天气时，引流线与杆塔的空气间隙是否满足要求）。

（2） 通过微地形区域的输电线路设计，必须经过充分的论证，考虑其对新建线路的适用性，如线路走向、引流跳线的空间位置及微气象条件等因素的影响，对于干字形杆塔，应采取防范措施，即将原跳线悬挂点铰链式单串改造为间距大于 60cm 的双联串挂点，以控制单铰链挂点的跳线扁担随风压转动接近塔材放电事故。

（3） 加强对新建线路引流线电气绝缘距离的验收，发现问题及时处理，避免线路跳闸情况发生。

【思考与练习】

1. 简述引起线路事故的原因。
2. 简述自然因素影响的故障类型。
3. 试述外界环境影响的故障类型。
4. 输电线路反事故措施主要有哪几方面？

◢ 模块 2　防止倒杆塔和断线事故（Z05G5002Ⅱ）

【模块描述】本模块包含防止倒杆塔和断线事故的措施及重点地段防护措施等。通过要点介绍、流程讲解、案例分析，掌握输电线路倒杆塔和断线事故的预防和处理方法。

【模块内容】

输电线路发生倒杆塔和断线事故属电力生产恶性事故，不仅影响面大而且恢复送电时间很长，同时对人们的日常生活造成伤害，还会使国民经济造成重大损失，因此应尽可能避免这类事故的发生。

一、预防倒杆塔和断线事故

（一）预防倒杆塔事故

1. 加强设计、基建和验收等前期管理

（1） 必须严格执行 GB 50545—2010《110～750kV 架空输电线路设计规范》和 GB

50061—2010《66kV 及以下架空电力线路设计规范》(新修订) 等标准和相关文件的规定。

(2) 线路设计应充分考虑地形和气象条件的影响，路径选择应尽量避开重冰区、导线和架空地线易舞动区、采矿塌陷区等特殊区域，合理选取杆塔形式，确保杆塔强度满足使用条件的要求。

(3) 220kV 及以上电压等级的运行线路拉 V 塔或拉猫塔连续基数不宜超过三基、拉门塔连续基数不宜超过五基，运行中不满足要求的应进行改造（新建线路应全线采用自立塔型）。加强对拉线塔的保护和维护，拉线塔本体和拉线下部金具应采取可靠的防盗、防外力破坏措施。在有拉线塔的线路附近还应设立警示标志。

(4) 跨越高铁、高速公路等重要跨越的运行线路应改造成孤立档。

(5) 大跨越、覆冰区档距严重不均匀段应采取缩小耐涨段架设和改造。

(6) 严格按设计及有关施工验收规范进行线路施工和验收，隐蔽工程应经监理人员或质检人员验收合格后方可隐蔽，否则不得转序进行杆塔组立和放线。

(7) 新建线路扩初审查时，设计单位应积极听取运行单位的意见，对部分运行环境较差的地段，采取提高杆塔强度的设计修改，不能单考虑工程造价的钢耗率、混凝土耗率，以提高少量杆塔的强度。

2. 加强特殊区域巡视和危险点管理

(1) 对可能遭受洪水、冰凌、暴雨冲刷（冲撞）的杆塔应采取可靠的防冲刷措施，杆塔基础的防护设施应牢固，基础周围排水沟应能够可靠排水。

(2) 加强对线路杆塔的检查巡视，发现问题及时消除。线路遭受恶劣天气危害时应组织人员进行特巡，当线路导线和架空地线发生覆冰、飓风、舞动时应做好观测记录（如录像、拍照等），并对杆塔进行检查。

(3) 线路杆塔主材连接螺栓、地面以上两段（至少）所有螺栓以及盗窃多发区铁塔横担以下各部螺栓均应采取防盗措施。在风口地带或季风较强地区，新建线路杆塔除按要求采用防盗螺栓外，其余螺栓应采取防松措施。对运行中的杆塔也应按此要求进行改造和完善，并做好日常巡视及检查，必要时可增加防风拉线。

(4) 在严寒地区，线路设计时应充分考虑基础冻胀问题，并不宜采用金属基础。灌注桩基础施工应严格按设计和工艺标准进行，避免出现断桩和冻胀等质量事故。对运行中的杆塔，若基础已发生冻胀，应采取换土等有效措施进行处理。

3. 加强老设备升级改造

对锈蚀严重的铁塔、拉线以及混凝土杆钢圈等应及时进行防腐处理或更换。

(二) 预防断线和掉线事故

1. 从设计方面考虑预防断线和掉线

(1) 导线、架空地线的选择，除应满足设计规程的一般规定外，尚应通过短路热稳定、动稳定校验，确保导线、架空地线具有足够的通流能力和机械强度，且温升不超过允许值。

（2）导线、架空地线接续、连接金具及绝缘子金具组合中各种部件的选用（在风振严重地区，导线、架空地线线夹宜选用耐磨型线夹）应符合相关标准和设计的要求。

（3）新建线路遇有重要交叉跨越，如跨越铁路、高速公路或高等级公路、110kV及以上电压等级线路、通航河道以及人口密集地区等，应采用具有独立挂点的双串绝缘子和双线夹悬挂导线并考虑弥补双联串污耐压下降措施，档内导线、架空地线不允许有接头。运行中的线路，凡不符合上述要求的应进行改造。

2. 从加强线路巡视和危险点管理预防断线和掉线

（1）在年检及日常巡视工作中，应认真检查导线、架空地线及相关金具是否满足运行标准，不满足要求应及时处理或更换。同时加强预试周期性工作管理，提高检修质量。建立检修质量监察机制，提高职工责任意识。

（2）线路验收或停电检修，应对跳线引流板、并沟线夹金具采用扭矩扳手按相应规格螺栓的扭矩标准值检查紧固，40m检测距离内的导线连接点可应用红外测温技术，在输电线路导线输送额定电流50%以上时，红外测温方式监测导线跳线引流连接金具的发热情况，发现问题及时处理。应特别关注架空地线复合光缆（OPGW）的外层线股断股问题。

（3）用OPGW作为架空地线，容易发生外层线股断股，处理方法采用预绞丝进行补修，并应严格按有关规定进行补修，断股数量超过规定时，应更换OPGW。

（4）加强零值、低值或破损瓷绝缘子的检测工作，防止因线路故障发生劣化瓷绝缘子钢帽炸裂掉线事故。

（5）加强复合绝缘子的送检工作，特别是机械强度和端部密封情况的检查。复合绝缘子不宜使用在耐张水平串，以减轻检修作业的劳动强度。严禁作业人员踩踏复合绝缘子方式上下导线。

（6）加强对大跨越段线路的运行管理，按期进行导线、架空地线测振工作，发现动弯应变值超标应及时进行分析，查找原因并妥善处理。

（7）对重冰区和导线、架空地线易舞动区的线路应加强巡视和监测，具体防范措施如下。

1）处于重冰区的线路，应按照Q/GDW 182—2008《中重冰区架空送电线路设计技术规定》（试行）进行设计，对档距大小不等的直线塔应改为耐张塔、减小出现杆塔档距不均现象或适当增加导线、架空地线、金具等的承载能力。

2）对设计冰厚取值偏低、抗冰能力弱而又未采取防覆冰措施的位于重冰区的线路应进行改造，尤其是跨越峡谷、风道、垭口等的高海拔地区线路，使其具备相应的抗冰能力。

3）对覆冰厚度超过设计冰厚的线路，可采取如下的措施预防冰害事故。

a）消除导线上覆冰：① 大电流融冰法；② 机械除冰法；③ 被动除冰法。

b）防止绝缘子覆冰闪络：① 增大绝缘子的伞间距离；② 改变绝缘子串的安装形式；③ 在绝缘子串之间插入大伞径绝缘子，以阻断冰桥的形成。

4）导线舞动多发地区的线路，可采取如下预防措施。

a）已加装防舞装置的线路，应加强对防舞装置的观测和维护，对超过设计冰风阈值发生的舞动应及时采取应对措施。

b）对已发生过舞动的线路，应及时进行检查和维修，并积极开展防舞研究，采取防舞措施（如加装防舞装置），以降低舞动发生的几率，减小舞动造成的损失。

c）未加装防舞装置的线路，舞动易发季节到来时，运行部门应加强观测，并制定应急预案。

d）加装防舞装置的同时应考虑防微风振动的要求，并进行必要的防震试验或现场测试，确保线路的安全运行。

（8）在腐蚀严重地区，应采用耐腐蚀导线、架空地线。

二、线路倒杆塔和断线事故预想及处理

做好事故预想并制定相应的抢修方案，可以最大限度地减少线路突发事故造成的损失，最快地恢复线路正常运行。事故预想与事故抢修机制应同时建立，发生事故时两者需同时启动并运作。

1. 建立事故抢修机制

（1）线路运行单位应建立健全线路突发事故的抢修机制，以保证突发事故出现时快速组织抢修与处理。抢修机制包括抢修指挥系统及人员组成、通信手段及联络方式、作业机具、车辆、抢修材料的准备等。

（2）抢修工器具、照明设施及通信工具应设专人保管、维护，并定期进行检查，使之处于完好可用状态。

（3）线路运行单位应结合实际制定典型事故抢修预案，抢修预案的确立应经本单位生产主管部门审核批准。典型事故抢修预案一经批准，应尽快组织落实，使每个抢修人员都能熟悉抢修过程及所担负的任务和职责。

2. 预案编制要点

（1）线路倒杆塔抢修预案编制要点。

1）各运行单位在正常情况下应储备有事故抢修杆塔，其数量可根据本单位实际情况自定（抢修塔最少1～2基、抢修杆可更多一些）。抢修杆塔的强度性能应符合《110～500kV 线路紧急事故抢修杆塔技术条件》的要求，并应具备“结构简单，安装方便，重量较轻，通用性强”等特点。

2）事故抢修杆塔应设专人保管，塔材（包括塔脚、塔身、横担等）、螺栓应配备齐全，摆放整齐，并采取防雨、防潮、防盗等措施。在室外储备混凝土电杆，应防止碰撞。

3）事故抢修杆塔入库前必须进行试组装，组装无误后拆下，将全部构（配）件进行清点、编号，有规则地放入库房并进行登记造册。

4）按事故抢修杆塔的不同型式，制订严密、有效的施工组织方案。方案中应规定在事故抢修状态下，塔材出库（搬运）、装车、卸车的顺序；现场组立时，每个施工人员的任务、工作部位、施工方法、要求和注意事项等。上述施工组织方案，在正常时期，应通过实际训练（演习）让所有施工人员都能熟练掌握抢修作业的施工方法，使预案真正具有实效性。

5）事故抢修过后，应尽快用常规塔替换抢修塔，抢修塔被换下后应重新清点入库，以备再用。

6）其他抢修材料（如金具、绝缘子等）平时均应做好储备，需要时应保障供给。

（2）导线、架空地线断线抢修预案编制要点。

1）抢修器材的准备。各运行单位在正常情况下，应根据所维护线路的实际情况配备相应的事故抢修用导地线及其接续金具，其备用数量应满足紧急断线事故处理的需要。备品的技术性能应符合有关规范或标准的要求，并经抽检试验合格。特殊情况下使用非定型金具，应有足够的运行经验并试验合格。

2）单根导线、架空地线断线处理，应按下面两种情况分别制定：一种是不需增加导线只进行接续；另一种是需要部分换线并接续。

3）连接导线、架空地线的接续金具主要有爆压管和钳压管（连接方式又分为搭接或对接两种），此外还有预绞式（螺旋线接续条）、插入式导线连接器等。在编制断线抢修预案时，其施工方法及使用的工器具、材料必须与所选用的金具相对应。

4）导线、架空地线接续施工，不论采用何种方法必须指定专人进行。从事该项施工作业的人员必须经过专门的培训，经考试合格并获取相应专业施工资格证书。

5）导线、架空地线接续的施工质量应符合 GB 50233《110～500kV 架空送电线路施工及验收规范》的有关要求。

三、倒杆塔和断线事故处理注意事项

（1）当发生恶劣天气、外力破坏等情况造成线路倒杆、断线事故后，第一接报人应立即逐级上报有关领导，事故辖区负责人应立即赶赴事故现场，并保护现场。

（2）通知和组织人员认真巡查线路，并立即封锁现场，并立即与调度部门联系停下事故相关线路电源。

（3）应急指挥组负责人接报后，应问明情况，制定抢修方案，并立即备好抢修物资，赶赴现场待命，当安全措施完备后，实施抢修。

（4）当发生人员触电时，第一赶到事故现场者，应立即使用正确方法使触电者脱离电源，并就地实施心肺复苏抢救，同时马上向120医疗部门求助。

（5）输电线路倒杆塔和断线应急措施的实施，采取使用合格的工器具，按照应急预案内容进行操作。

（6）在应急抢修中要认真执行《国家电网公司电力安全工作规程》（电力线部分）关于在事故抢修时保证人身安全的组织措施和技术措施，确保应急抢修中的人身安全。

四、案例分析

1. 故障现象

2008年1月10日开始，我国华中、华东部分地区出现长时间持续的大强度、大范围低温雨雪冰冻天气，导致湖南、江西、浙江、安徽、湖北等地电网发生倒塔、断线、舞动、覆冰闪络等多种灾害，对电网安全稳定运行带来严重影响，尽管防冰、除冰、融冰等技术手段在降低灾害损失方面发挥了有效作用，但还是造成国家电网公司直接财产损失达104.5亿元。

2. 故障原因分析

（1）由于受到多种因素的制约，线路路径选择不尽合理。新建线路大多数位于海拔较高地区或穿越高山、大岭，容易形成大高差、大档距、不均匀覆冰等覆冰倒塔、断线的客观诱发条件。

（2）连续近20天的低温阴雨天气，造成导地线上结冰厚度大大超过设计要求。

（3）设计对分裂导线的纵向不平衡张力取值小，没有按断一相导线冲击力校核铁塔颈部强度，造成轻覆冰铁塔抗纵向过载能力偏弱。

3. 故障处理方法

（1）线路规划尽可能降低线路的平均海拔，避开重冰区。

（2）修改设计标准，提高防范水平。

1）最先破坏的铁塔提高一个冰厚等级重建，将覆冰厚度设计值由原来15mm改为20mm，并按25mm冰厚验算；按20mm冰厚设计的重冰区杆塔，将原来设计由20mm提高到30mm进行改建，并按40mm冰厚验算。

2）相对高耸、突出、暴露或山区风道、垭口、抬升气流的迎风坡等较易覆冰的微地形区段，以及相对高差较大、连续上下山等局部地段的线路，按照20mm冰厚改造，并按25mm冰厚验算。

3）增大分裂导线纵向不平衡张力百分比的设计要求，提高直线塔颈部的机械强度。

4）对较长的耐张段，在耐张段的中间适当位置设立耐张塔或加强型直线塔，以避免由于倒塔引起连锁破坏，耐张段不宜超过3km。

5）对重冰区线路档距严重不均匀的直线塔，改为直线耐张塔，将导线不均匀脱冰造成的纵向不平衡张力差冲击力由耐张塔承担。

6）对覆冰严重的区域的钢芯铝绞线，其钢芯提高1～2个标准等级，特殊严重覆冰的地段可采用合金导线，并加强金具与架空地线的强度，架空地线覆冰比导线增加5～10mm。

7）重冰区线路绝缘子采用大一个机械强度型号，以防止导线覆冰荷载拉脱掉串。

【思考与练习】

1. 如何防止倒杆塔和断线事故？

2. 倒杆塔和断线事故的预案编写包括哪些内容？

3. 对重冰区和导线、架空地线易舞动区的线路应加强巡视和监测，具体防范措施是什么？

◢ 模块3 防止污闪事故（Z05G5003Ⅲ）

【模块描述】本模块包含线路污秽等级的确定、防止污闪事故措施和防污闪的技术管理等。通过原因分析、概念描述、图表对比、案例分析，掌握对输电线路的污闪事故的分析、预防和解决的方法。

【模块内容】

一、输电线路污闪事故发生的原因及其危害

各种污秽物质的性质不同，对输电线路的影响也不同。普通的灰尘容易被雨水冲刷掉，所以对绝缘性能影响不大。可是工业粉尘附着在绝缘子表面上形成一层薄膜，就不易被雨水冲掉，因此对绝缘影响极大。煤烟中的氧化硅、氧化铝和硫，水泥厂喷出飞尘中的氧化钙和氧化硅，盐雾中的氯化钠（NaCl）等污秽物质在干燥时，电阻很大，导电不好，对线路安全运行没有很大危险。但在空气湿度95%（雾、雨雪）的潮湿天气里，绝缘子表面污物吸收水分而呈离子状态，此时电导大为增加，泄漏电流也急剧增加。泄漏电流大小与积污量、污秽物的导电性能、污层吸潮性能的强弱以及水的导电性能有关。当泄漏电流增加时，绝缘子表面某些污层较薄的地方或潮湿程度较轻的地方，尤其像直径最小的绝缘子钢脚附近电流密度大的地方，局部污秽表面首先发热而烘干，形成高电阻的干燥带。此干燥带的电压迅速升高，如果空气的耐压强度低于加在干燥带上的电压，则在干燥带上首先发生局部放电。而潮湿空气又继续将干燥带的污秽物充分潮湿，泄漏电流继续增大，周而复始，泄漏电流的脉冲速度不断加

快，继而贯通整片绝缘子发生闪络，乃至发展迫使所有绝缘子表面快速贯通放电而形成污闪事故。

污闪放电是涉及电、热和化学现象的错综复杂的变化过程。一般而言，可将污闪过程分成四个阶段：

（1）绝缘表面积污。

（2）绝缘表面湿润。

（3）局部放电的产生—污秽物烘干—充分潮湿—烘干—充分潮湿。

（4）绝缘子串表面脉冲式泄漏电流不断快速局部放电的发展并导致贯通绝缘子串闪络。

二、污秽等级的划分

污秽等级划分执行国家电网企业标准 Q/GDW 152—2006《电力系统污区与外绝缘选择标准》、GB/T 26218—2010《污秽条件下使用的高压绝缘子的选择和尺寸确定》，运行单位应在管辖区域内确定绝缘子串污秽监测点，定期将运行线路的绝缘子污秽监测点或不带电悬挂的污秽监测点连续积污 3～5 年后清洗检测得出附盐密度，按防污闪规定划分设备外绝缘的污秽等级，绘制本地区污区分布图，指导本单位线路的防污闪工作。划分污秽等级应根据管辖区域的污湿特征、运行经验并结合绝缘子表面累积污秽物质的“饱和”等值附盐密三个因素综合考虑后，按表 15–3–1 的规定划分外绝缘的污秽等级，绘制污区分布图，并报网省公司批准后实施。当三者不一致时，应依据运行经验决定。运行经验主要根据现有运行线路外绝缘的污闪跳闸事故记录、周围地理情况和气象特点、采用的防污秽措施等情况综合考虑。

划分污秽等级的饱和等值附盐密应以运行绝缘子连续积污 3 年及以上的附盐密为准。同时应根据不断积累的污湿特征、运行经验和饱和等值附盐密测量结果，有计划地滚动修改污区分布图并报网省公司批准后实施。

线路运行、检修单位应按规定要求开展线路外绝缘附盐密测量工作，以作为指导线路清扫周期和污区分布等级图滚动调整的依据。

三、输电线路污闪事故的特点及判别

1. 污闪事故的特点

（1）污闪事故一般均是在工频运行电压长时间作用下发生。

（2）污闪可造成大面积、长时间停电事故，由于污秽绝缘子串充分潮湿，严重时污耐压将降至绝缘子湿闪电压的 20%左右，污闪电弧无法熄灭，常常造成自动重合不成功，成为电力系统重大灾害之一。

（3）季节性强，往往冬末春初发生，干燥的冬天积聚了较多污秽，初春润物的细雨大雾促使闪络发生。一天之中，又以傍晚到清晨较易发生污闪。大雾、毛毛细雨、凝露、毛雨加雪是污闪最易发生的天气。

（4）污闪会导致绝缘子伞盘炸裂损坏，劣化瓷绝缘子钢帽炸裂导线掉串，从而造成长时间的停电事故。

（5）直线串绝缘子比耐张绝缘子容易污闪，实践证明同等爬距下耐张水平绝缘子污闪几率不大，原因是水平悬挂容易被雨水或风冲刷，特别是耐张水平串采用普通型，自洁性能好且积污轻。

（6）直线双串绝缘子比单串绝缘子易污闪，特别是 500kV 带均压环的双串绝缘子，原因是双联串污耐压要比单串降低约 10%。

（7）绝缘子串有覆冰、积雪现象时，在冰雪消熔时更容易发生闪络。

2. 雷击闪络或污闪的判别

（1）雷击闪络或污闪在绝缘子上留下的闪络痕迹并有十分明显的区别。污闪的电弧总是从绝缘子局部沿面放电开始，在最终阶段才使绝缘子附近空气间隙击穿，如图 15-3-1（a）所示。输电线路污闪是在工频电压下发生的，污闪只在绝缘子串两端各 1～2 片绝缘子上留下明显闪络痕迹，只有重复污闪才会造成整个绝缘子串均有闪络痕迹，甚至造成绝缘子破碎或绝缘子钢脚、钢帽烧伤。雷击时，由于雷电流大，一般沿绝缘子串表面爬闪，而污闪多为跳闪（沿绝缘子串两端或每隔几片绝缘子闪络）。

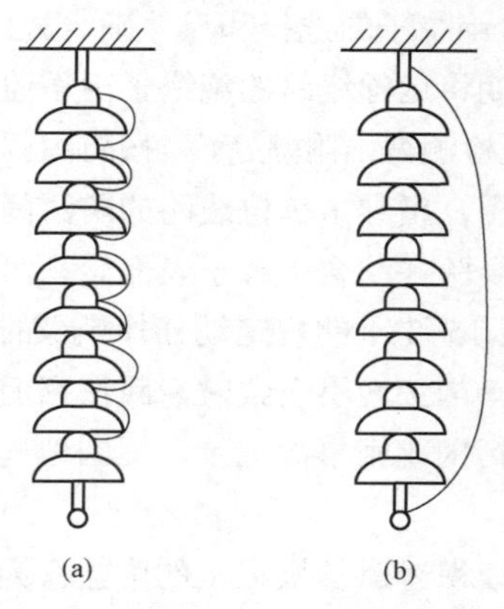

图 15-3-1 污闪现象
（a）沿面放电；（b）击穿

（2）将雷击与污闪在导线上留下的烧伤痕迹相比较，污闪留下的痕迹比较集中，甚至仅在线夹上或靠近线夹的导线上留下痕迹，但污闪形成和作用时间很长，烧伤导线虽小但严重。雷击闪络往往在线夹到防震锤之间导线留下痕迹，雷电流大但作用时间短，导线烧伤面积大但烧伤程度相对轻。

（3）雷击与污闪的天气条件是不同的，污闪空气潮湿度在 95%左右。

四、输电线路污闪事故的影响因素

1. 大气污染

随着城乡工业的迅速发展大气污染越来越严重，气象条件（包括酸雨、酸雾等）越来越恶劣，特别是火电厂、水泥厂、钢铁厂、化工厂及矿山等工业排出的大量气、液、固态污染物，随着气压、风速、温度等条件的变化形成严重的污染源。致使绝缘子表面长期遭受污染和积污，当其表面污秽层充分受潮后，绝缘电阻快速下降，泄漏电流增加，污秽烘干电阻增大，充分潮湿后泄漏电流增加，从而导致闪络事故发生。

天气出现覆冰、覆雪时，对绝缘子的污闪电压有不同的影响，经过有关科研部门的试验研究，绝缘子先污染后结冰时在相同的爬距下，无论在冻结状态还是在融化状态下其污闪电压可提高，若冰在充分融化时其耐受电压不变。通常情况下由于冰雪在空气中往往是受到污染后冻结在绝缘子上，这时其耐受电压值最低，极易发生闪络事故。

2. 鸟粪污染

虽然鸟粪污秽的盐密度不高，由于鸟粪排在绝缘子串上表面，缩短了绝缘子的有效爬距，使绝缘子在正常工作电压下更容易发生污闪事故。

3. 海拔高度的影响

高海拔环境下大气压强较低，所以极易发生放电现象，并且电弧较粗，在交流过零后，电路极易发生电弧重燃，较难熄灭，所以在高海拔、低气压下运行的输变电设备应加强其绝缘（规程规定在海拔超过 1000m 以上时，海拔每增高 300m，放电空气间隙增大 3%）。

4. 绝缘爬距、结构、材料的影响

绝缘子爬距、结构及材料与污闪电压密切相关，一般情况下，污闪电压随爬距的增大而增加。绝缘子的结构形状直接影响绝缘子的防污性能，合理的结构设计，其表面光滑，不易形成涡流，积污量较小，提高了污闪电压。目前的盘形绝缘子基本采用不加大伞盘直径而增加爬电距离，造成形状系数较差的钟罩深菱形或钟罩形，若加大伞盘直径再增加爬电距离的大爬距普通型绝缘子，其有效爬电比距好。

5. 绝缘串长度（有效泄漏距离）的影响

一般情况下，绝缘串长度（有效泄漏距离）与污闪电压成线性关系，但是由于受绝缘子串同杆塔架构距离的影响而产生的邻近效应，所以绝缘子串长（有效泄漏距离）与污闪电压之间在高电压下存在饱和现象，绝缘串长度（有效泄漏距离）与污闪电压不成线性关系。

五、防止输电线路污闪事故的措施

目前比较有效的防污闪技术措施如下。

1. 加强运行维护

（1）有针对性地做好线路巡视。在线路巡视过程中，要注意多听、多看。白天巡线，绝缘子严重污染，可以听到较大的放电声。

线路巡视要掌握季节与气象。在多雾的季节，下毛毛雨和融雪时，尤其是有露水时，早气温较低的时候应特别注意。根据东北有关资料分析，发生污闪的气象条件雾露占 48.57%，融雪占 20.25%，降雪占 10.1%，毛毛雨占 7.54%。

线路巡视过程中对线路附近污染源情况应特别注意，化工厂污染特别容易引起污闪跳闸，其次是水泥、冶金、矿物、盐场、煤烟等。

（2） 定期测试和及时更换不良绝缘子。线路如果存在不良绝缘子，线路绝缘水平就要相应降低，再加上线路周围环境污秽的影响，就容易发生污秽事故。因此，必须对瓷绝缘子进行定期测试，及时更换低零值绝缘子，使线路保持正常绝缘水平。一般两年测试一次。对盘形玻璃绝缘子，在雾季前必须及时更换自爆绝缘子，恢复绝缘子串的泄漏比距。

（3） 做好重污区段绝缘子的及时清扫。输电线路运行规程对重污区的运行要求作出了以下特殊要求。

1）重污区线路外绝缘应配置足够的爬电比距，并留有裕度。

2）应选点定期测量盐密，且要求检测点比一般地区多，必要时建立污秽实验站，以掌握污秽程度、污秽性质、绝缘子表面积污速率及气象变化规律。

3）污闪季节前，应确定污秽等级、检查防污闪措施的落实情况，污秽等级与泄漏比距不相适应时，应及时调整绝缘子串的泄漏比距、调整绝缘子类型或采取其他有效的防污闪措施。

4）防污清扫工作应根据盐密值、积污速度、气象变化规律等因素确定周期及时安排清扫、保证清扫质量。污闪季节中，可根据巡视及检测情况，临时增加清扫。

5）应建立特殊巡视责任制，在恶劣天气时进行现场特巡，发现异常及时分析并采取措施。

6）做好测试分析，掌握规律，总结经验，针对不同性质的污秽物选择相应有效的防污闪措施，临时采取的补救措施要及时改造为长期防御措施。

2. 做好防污工作

（1） 定期清扫绝缘子。定期进行绝缘子表面的清扫，是保持绝缘子绝缘良好的方法之一。清扫工作一般每年一次，对于污区要区别污区等级，增加清扫次数。停电清扫效率高，速度快。对于那些没有条件停电的线路，可以带电清扫，在清扫同时，要详细检查绝缘子有无裂纹、损伤、闪络烧伤、零值和其他缺陷，发现零值绝缘子要及时更换。

在严重污秽地区，如有充足的水源，可采用带电水冲洗，也可采用带电气吹或带电机械清扫。

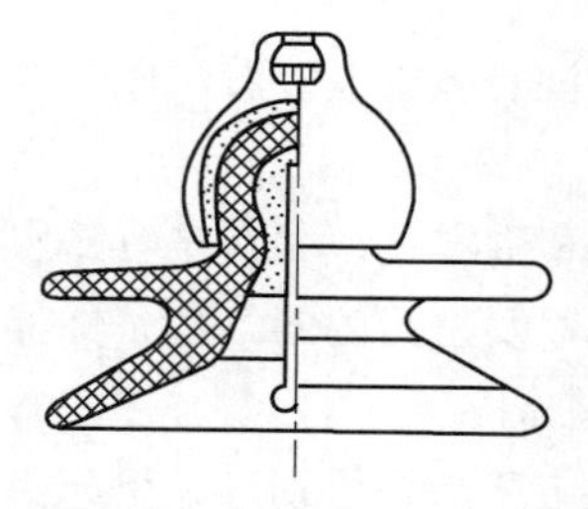
图 15–3–2 耐污悬式绝缘子

（2） 采用耐污绝缘子（如图 15–3–2 所示）。采用特制的耐污绝缘子是防污闪有效的办法之一。耐污绝缘子有两个优点：① 双层裙边爬电距离大，如 XWP—7 每片爬电距离达 410mm，比 X—4.5 加长 110mm。也就是说，换用耐污绝缘子可以增加泄漏比距，以适应污区对泄漏比距的要求；② 内裙边是一个斜平面，自洁性能好，不易积污。

（3） 增加绝缘子片数。如果不采用耐污型绝缘子，增加普通绝缘子片数，也是改善防污性能的一个有效措施。但要注意到它的合理性、可靠性和经济性。特别在污染严重情况下，单纯增加绝缘子片数，并不一定能有效地提高它的污闪电压。

（4） 绝缘子表面涂上一层涂料或半导体釉。绝缘子外表面覆盖一层半导体釉的绝缘子，由于泄漏电流的发热效应，可以起到烘干潮湿的作用，防止污闪，延长清扫周期。此外还可改善绝缘子串的电压分布，提高电晕电压，防止无线电干扰。这种绝缘子，已有多年运行经验，反映良好。

绝缘子表面加涂憎水性涂料，可以提高抗污能力。当下小雨、小雪时，绝缘子表面的水分会结成水珠，而不是连成一片，因而可以增加绝缘电阻，减少泄漏电流，提高闪络电压。

采用涂料绝缘子，运行中将增加维护工作量，故除严重污秽地区外，一般不宜大量采用。涂料绝缘子在有效期内可以不作清扫，但有的地区应适当增加水冲洗，以延长涂料寿命，提高抗污性能。

有资料认为，爬电比距可比原来增加20%左右，污闪电压能提高50%以上，是较好的防污措施。

（5） 采用复合绝缘子。复合绝缘子是高分子材料复合结构，芯棒用高强度玻璃钢引拔棒，承担外力机械负载，也是内绝缘的主要部分。硅橡胶制造的护套和伞裙是外绝缘，保护芯棒免受光照和潮湿等大气环境的侵蚀，增长泄漏路径，提高湿闪和污闪性能。

（6） 对设计的悬垂双联串进行污耐压降低弥补工作，采用加片会使绝缘子串风偏距离不够，有效的方法是将双联串导线侧改为各自悬垂线夹固定导线，即改“八字形”悬挂，将导线侧两线夹的间距拉开至60cm以上，国家电网电力科学研究院试验证明，双联串导线侧间距大于60cm时，其污耐压等同单串。

3. 加强管理

建立输电线路经过地区的气象日志，掌握污闪规律，做好划分污级及污区的工作。

4. 利用科技

采用防污新技术新产品，大力加强污闪的科研工作。

六、防污闪技术管理

防污闪技术管理包括了盐密和灰度测定及分析机构；划分污秽等级、绘制污秽等级分布图；合理配置电瓷外绝缘爬距；清扫绝缘子；采用防污涂料；控制污源；加强绝缘子选型和质量检查；污闪事故统计及分析资料；污闪组织机构、明确责任和建立技术档案管理等十几个方面。这充分说明了线路季节性事故预防中，防污秽的工作重要性，各运行单位必须按防污闪技术管理的十几个方面逐条落实，并结合本部门线路运行工作制定防污措施，健全档案管理，力争将污闪事故减少到最低程度。

七、案例分析

1. 故障现象

某地区的气候较干燥，化肥厂、农药厂、火力发电厂以及其他化工产品企业等排出的烟尘及废气，长久形成的污秽物质附着在绝缘子表面。积累后又形成薄膜，且不易被雨水冲洗掉，一旦在空气潮湿的气候条件下，就会形成导电层而引起闪络事故。

据调查，2003 年，某地区电网跳闸事故中，主要是污闪事故。2003 年 7 月 7 日，天下毛毛细雨，某发电厂 500kV 联络变压器高压套管闪络，造成电厂 220kV 母线、两个变电站与主网解列，且造成电厂 220kV 母线，两个 220kV 变电站全停及用户停电。事故损失负荷 30MW，低频减载负荷 50MW，共计 80MW。

以上显见，输电线路污闪事故的发生，可直接导致用户长时间停电，致使供电可靠率下降，从而给工农业生产和居民生活用电带来负面影响。所以，减少或杜绝污闪事故，对输电线路的安全可靠运行至关重要。

2. 故障原因分析

根据以上调查结果，认真分析污闪发生的原因，具体如下。

（1） 空气湿度大。在空气湿度大且无风或微风的自然条件下，绝缘子的绝缘水平降低，表面的泄漏电流增大。此时，污闪是引起故障的主要因素。

（2） 泄漏比距小。计算泄漏比距采用额定电压与实际运行电压不符。通常，系统电压高出额定电压的 10%左右，也就是说，计算的泄漏比距比实际低 10%左右，故污闪必然会出现。

（3） 绝缘子不能满足污秽要求。以往常采用普通绝缘子和防污绝缘子，这两种绝缘子的耐压层，只有几片或十几片混凝土浇筑层厚度，一旦出现零值绝缘子，耐压水平就会降低，从而影响泄漏电流的变化，出现污闪。

（4） 周边环境污染。随着工农业的发展，尤其是化肥、农药、化工等行业的兴起，其排放的污染物日益增多，致使线路周边的环境污染日趋恶化。

3. 故障处理方法

（1） 线路路径避开污秽区。在保证经济合理、施工方便的条件下，设计选定的线路路径应尽量避开污秽等级高的化工厂、发电厂、冶金厂、煤窑等。

（2） 根据环境确定污秽等级和计算泄漏比距。根据线路沿线的污秽资料，结合国家电网公司颁发的《电网污区分布图》，对线路所在地区划分污秽等级；根据 GB 50545—2010《110～750kV 架空输电线路设计规范》中有关架空电力线路环境污秽等级规定，准确计算绝缘子泄漏比距，按各种绝缘子的形状系数换算成有效泄漏比距；根据以往教训，即线路环境污秽等级为二级，那么，计算泄漏比距时就选定三级。

（3）选用满足要求的绝缘子。采用有机复合绝缘子，有机复合绝缘子由硅橡胶整体制成，从而构成了一个整体耐压层。所以，其污闪电压是瓷绝缘子的 2～3 倍，其结构为不可击穿型，且不用清扫。

（4）在摇摆角符合要求的前提下，可以增加绝缘子片数来调整爬距。

（5）根据污秽等级和线路电压等级，确定绝缘子的清扫和轮换周期。

【思考与练习】

1. 污秽的来源有哪些？试述污秽绝缘子沿面放电的形成过程。
2. 输电线路污秽等级怎样划分？
3. 简述防止污秽的技术措施包括哪些内容。

模块 4　防止复合绝缘子损坏事故（Z05G5004Ⅲ）

【模块描述】本模块涵盖复合绝缘子的基本特性、运行特点、事故危害以及损坏事故防范措施等。通过定性分析、图表对比、图形示例、案例分析，掌握防止复合绝缘子损坏事故发生的措施和方法。

【模块内容】

一、复合绝缘子基本特性

（1）机械性能优越。芯棒由环氧玻璃纤维热混合挤压制成，其抗拉强度为普通钢的 1.5 倍，是高强瓷的 3～4 倍，轴向拉力特别强，并具有较强吸振能力，抗振阻尼性能很高，为瓷绝缘子的 1/7～1/10。但复合绝缘子的机械强度薄弱点在芯棒与钢脚压接处，此处是两种材料靠压接而成，因此复合绝缘子的机械性能优越只体现在芯棒上。

（2）抗污闪性能好。复合绝缘子具有憎水性，新复合绝缘子在下雨时伞形波纹表面不会沾湿形成水膜，呈水珠状滴落，不易构成导电通道，其污闪电压较高，为同电压等级瓷绝缘子的三倍，适合在重污区使用。随着硅橡胶有机物在紫外线和电场的作用下，憎水性能会逐年下降，在长时间阴雨天憎水性能不易恢复，运行多年的复合绝缘子有时会发生不明原因闪络跳闸而查不出故障原因。

（3）耐电蚀性优异。绝缘子表面漏电闪络形成不可逆性劣变起痕现象，一般标准为不低于 4.5 级（即 4.5kV），而复合绝缘子为 6～7 级。

（4）结构稳定性好。一般瓷悬式绝缘子是内胶装配结构，电化腐蚀，运行中会产生低零值绝缘电阻，而复合绝缘子为外胶装配结构，其内心为实心棒绝缘材料，不存劣化合击穿，不会出现零值绝缘子。

（5）线路运行效率高。复合绝缘子风雨自洁性好，又不产生零值绝缘子，复合绝缘子一般不安排清扫，缩短检修、停电时间。

（6） 质量轻。复合绝缘子自身质量轻，运输、施工作业中，可大大减轻工作人员劳动强度。

（7） 复合绝缘子的缺点和不足。

1）复合绝缘子价格高。

2）复合绝缘子承受径向（垂直于中心线）应力很小，使用于耐张杆绝缘子严禁踩踏，或任何形式径向荷重，否则将导致折断，增加了线路检修人员工作的劳动强度。

3）复合绝缘子施工或平时运行时严禁硬物跌落、碰擦，因其伞部为硅橡胶，质比较柔嫩，极易损伤而破坏密封性，导致绝缘性能下降。

4）复合绝缘子芯棒与钢脚金具压接只能承受轴向拉力，该压接处的抗蠕变性能差，适合使用在悬垂串上。当使用在耐张水平串时，芯棒金具压接处的受力即要承受导线轴向张力（拉力），又要承受导线振动传递来的波浪式上下折力，还要承受因同心圆绞制导线的自然扭转、摇摆等交变力的作用，后两种力长期作用在芯棒钢脚压接处容易损坏它的抗蠕变性能，致使该处密封损坏而发生芯棒脆断事故。

5）复合绝缘子不适用在多雷区，原因是同等结构高度的绝缘子串，各电压等级的复合绝缘子耐雷水平比盘形绝缘子降低 7%～25%。

6）复合绝缘子属长棒阻性产品，它不同于盘形绝缘子每片含有自身电容，因此复合绝缘子的电位分布极不均匀（自身电容越大，串电压分布越均匀），在超高压线路上容易发生硅橡胶电蚀穿孔、芯棒脆断掉串事故。

7）复合绝缘子不适用在悬垂 V 串方式，原因是 V 串悬挂导线在受横担风压时，盘形绝缘子 V 串受压串的每个绝缘子均有钢帽钢脚连接点位移分解风压，而长棒式复合绝缘子只有上下钢帽碗头和钢脚碗头两处位移分解风压，容易使钢脚别弯或锁紧销损坏造成钢脚脱出掉串。

8）由于硅橡胶属有机物，虽然产品添加了防老化剂，但由于玻璃、瓷材料属无机物，在大自然中不会老化，因此复合绝缘子的寿命比玻璃和瓷质的绝缘子寿命短，所以产品全寿命管理效果差。

二、复合绝缘子运行特点

线路常用绝缘子主要有盘形瓷绝缘子、盘形玻璃绝缘子和长棒型复合绝缘子。通过对线路用复合绝缘子与瓷（玻璃）绝缘子相比较，在电气性能、防污性能等方面都具有明显的优势。

1. 电气性能

（1） 雷击闪络。同等结构高度的瓷（玻璃）绝缘子串和复合绝缘子串的雷电冲击 50%放电电压相比。各电压等级复合绝缘子的雷电冲击 50%放电电压要比瓷（玻璃）绝缘子串降低 7%～25%，即复合绝缘子的耐雷水平差。

（2）零值问题。一般悬式瓷（玻璃）绝缘子为内胶装结构，钢脚嵌入瓷球头内部。内胶装使用粘合剂，因为瓷（玻璃）、混凝土、钢脚的热膨胀系数各不相同，当瓷（玻璃）绝缘子受到冷热变化时，各部件热膨胀系数的差异将使瓷（玻璃）件受到较大的压应力和剪切应力，故瓷绝缘子容易破损和钢帽内瓷件（头部）产生微裂纹而成低零值绝缘子；玻璃会产生伞盘爆裂失去部分爬电距离。复合绝缘子属于不可击穿结构，因此不存在零值问题。所以瓷（玻璃）绝缘子存在零值击穿、零值检测和零值更换的问题，而复合绝缘子没有这样的问题，但按 DL/T 864《标称电压高于 1000V 交流架空线路用复合绝缘子使用导则》的规定，复合绝缘子每 2～3 年登塔检查硅橡胶老化龟裂、破损、粉化、密封处损坏和检测憎水性能，运行 8～10 年按批次更换三支送电科院作机械强度和污耐压性能试验，其日常维护工作量也不少。

（3）耐污性能。瓷（玻璃）绝缘子表面为高能面，被水浸润后形成连续水膜，同时受到污秽的作用，易发生污闪现象，因此日常运行中要采用人工清扫或者涂抹硅橡胶涂料的措施。若瓷、玻璃绝缘子按复合绝缘子的结构高度配置片数时，其耐污闪水平可增加较多，如 110kV 可配 8.6 片，泄漏比距可达 3.68cm/kV；220kV 可配 15.5 片，泄漏比距可达 3.27cm/kV。

复合绝缘子的构成材料是硅橡胶材料，伞裙护套表面为低能面，因此具有良好的憎水性和憎水迁移性。即使处于潮湿污秽的环境中，在复合绝缘子伞裙表面也不会形成连续的水膜，只有相互独立的水珠颗粒，因此复合绝缘子具有良好的耐污性能。特别适合使用在重污区地段，虽在经过一定的运行年限后复合绝缘子憎水性会变差，但相对于瓷质绝缘子，其耐污性能仍是很高的。

2. 机械性能

复合绝缘子所使用的玻璃纤维芯棒的轴向抗拉强度很高，一般都在 600MPa 以上，目前最新采用的 ECR 耐酸型芯棒的抗拉强度在 1000MPa 以上，这么高的强度是瓷绝缘子的 5～10 倍，但复合绝缘子采用的是环氧树脂芯棒与钢脚金具两种不同材料压接工艺，虽然该压接将芯棒与金具成为一个整体，提高了复合绝缘子机械强度，但两种材料的抗蠕变性能差，钢脚或压接部位就是复合绝缘子的抗拉强度，其芯棒抗拉强度再高也无法弥补该短板处。

3. 抗老化性能

瓷质绝缘子有近百年的运行经验，其抗老化能力较强。在投入运行后相当长的时间内，如不因机械受力等原因致使少量绝缘子钢帽内瓷件产生微裂纹而发生低零值，其余可不用考虑老化及更换的问题。玻璃绝缘子有近 80 年运行经验，玻璃件的质量是熔融体，除少量绝缘子因玻璃件内含有瑕疵或钢化不均而产生伞裙爆裂而减少爬电距离，但其自爆后残锤强度需在额定荷载的 80%以上，不会发生钢帽炸裂掉串事故，其余玻璃绝缘子可使用数十年。

复合绝缘子属于有机材料绝缘子，在运行中受到大气、高低温、紫外线、强电场或其他一些因素的影响，伞裙护套中的有机材料会发生老化、劣化现象，从而造成复合绝缘子绝缘性能的降低，影响到复合绝缘子的使用寿命。

三、复合绝缘子事故危害

复合绝缘子事故的原因基本包括：① 绝缘子的电气损坏，如闪络、界面击穿等。这些损坏现象多发生在早期产品上，主要原因是选材、工艺都不够成熟等。② 机械方面的损坏，主要包括脆断、台风等因素导致芯棒折断等。这类事故后果严重，可能导致电网发生恶性事故。

（一）复合绝缘子的电气损坏（界面击穿、不明原因闪络）

1. 界面击穿（内击穿）

界面击穿（也叫内击穿）的发生是由复合绝缘子的界面或芯棒存在缺陷，但击穿的具体原因提出两种可能：一种是因绝缘子缺陷处的局部场强过高导致局部放电形成碳化通道并逐渐发展成贯穿性击穿；另一种是护套或端部密封破坏，水分沿界面或芯棒的缺陷进入绝缘子内部，导致内击穿。

内击穿是复合绝缘子事故中的一种恶性事故，它不像其他的闪络事故一样往往可以重合成功，一旦发生这类事故，就可能造成线路全线停运，影响到正常的输送电。

从图15–4–1可以看出，芯棒沿轴向炸成贯穿的两半，局部段炸成多个部分，击穿面大面积烧黑，击穿面邻近的芯棒部分已呈疏松状。

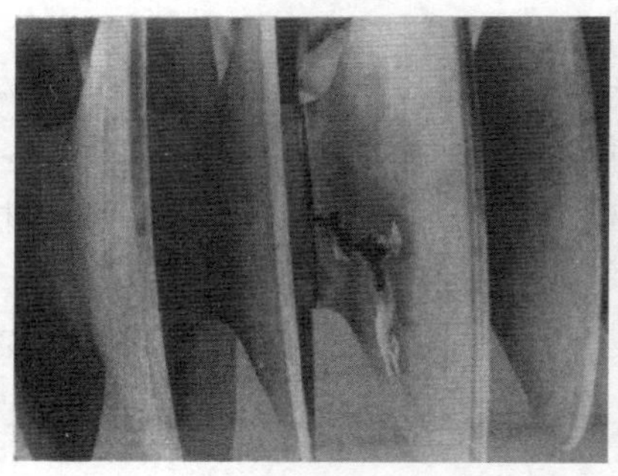

图15–4–1 某线路发生内击穿后复合绝缘子照片

内击穿是一种渐进性的故障类型，从出现故障隐患到事故发生往往要经历很长一段时间，如何防止内击穿事故的发生，应从以下几方面着手。

（1） 在使用复合绝缘子上要严格把关，使用质量和工艺都优异的产品。

（2）在日常的运行当中一定要加强运行巡视，利用红外成像技术，检测跟踪发热异常的复合绝缘子，如果发现发热点温度持续升高或发热点转移，应立即采取其他相应的措施。

（3）复合绝缘子均压环设计不当也是造成内击穿的原因之一。棒形悬式复合绝缘子轴向电场分布是极不均匀的，采用合适的均压环可以很好地改善和均匀轴向电场。由于我国没有复合绝缘子均压环的设计、制造标准（盘形绝缘子有均压环的行业制造标准），因此目前复合绝缘子均压环都不考虑罩入保护硅橡胶伞裙和护套，无法起到良好的均压效果。

2. 复合绝缘子发生不明原因的闪络

（1）复合绝缘子发生不明原因的闪络分析。

1）复合绝缘子属于不击穿全绝缘棒形绝缘子（细长型），沿复合绝缘子轴向形成了极不均匀的电场分布，不均匀电场的放电电压低于均匀电场，在其他直接原因的配合下复合绝缘子更容易形成闪络。

2）综合地区气温的差别、形成随机性变化很强的环境因素，使复合绝缘子绝缘表面结构间隙闪络的概率进一步增大。

3）复合绝缘子外绝缘材料本质的区别、性能的差异、芯轴尺寸的不同等，都能直接或间接地增大产品表面结构间隙闪络的概率。

4）运行中异物飘至复合绝缘子附近或附着在复合绝缘子上，也是造成复合绝缘子不明闪络的原因之一，常见的异物包括鸟粪、带金属丝的风筝线、锡箔纸、塑料绳、塑料袋等。闪络后由于上述异物被电弧烧毁、被风吹走或因其他原因离开复合绝缘子表面，在未发现证据的情况下往往被视为不明原因闪络。

5）除上述原因之外，不明原因还有如过电压问题、局部气候气象问题、鸟害问题等。只有认真调研与观察，才能找出其闪络的真正原因。

6）复合绝缘子产品出厂验收运行单位从没要求检测硅橡胶的含量（硅橡胶含量约 50%），当硅橡胶含量少于标准要求时，复合绝缘子的产品寿命和憎水性能都大幅降低。

发生不明闪络都是在地表面潮湿、昼夜温差大的季节和午夜到凌晨风力小的一段时间，将引起伞裙边缘间隙闪络。通常情况下复合绝缘子发生闪络，在大电弧作用下，会使输电线路跳闸并重合闸动作，这样复合绝缘子可以恢复正常工作。

（2）防止复合绝缘子发生不明原因的闪络措施。

1）采用优质且干弧距离满足污秽等级的复合绝缘子；

2）加强复合绝缘子运行巡视工作，防止异物、地区气温的差别、复杂地貌与自然气候条件相互作用等外界因素对线路造成危害。

（二）机械损坏事故（芯棒断裂、芯棒脆断）

1. 复合绝缘子芯棒断裂

（1）复合绝缘子芯棒断裂分析。复合绝缘子芯棒断裂是由于芯棒外硅橡胶护套硬物穿破、电蚀穿孔或压接处密封圈损坏，大气中带微酸性水分从破损处侵入玻璃纤维芯棒，在电磁场长时间的作用下发生电老化使玻璃纤维丝腐蚀变脆，复合绝缘子芯棒脆断多数发生在导线端第2～4片伞裙处。电网发生的复合绝缘子脆断现象主要有以下三个特点。

1）脆断往往发生在复合绝缘子场强集中的高压端，如某起脆断事故是因为均压环装反导致绝缘子很快发生脆断。放电可能是导致脆断的主要原因，可以通过改变均压环的设计使复合绝缘子端部场强尽可能均匀，从而降低脆断发生的可能性。

2）发生脆断的复合绝缘子一般都存在护套或者端部密封破损的情况。目前厂家对端部密封也采用了应用于护套、伞裙的高温硫化硅橡胶，并对端部加强了密封设计，能够很好地降低脆断发生的概率。

3）目前所有脆断均发生在 E 纤维制成的普通芯棒上。最新研制出的无硼纤维（Electrical Grade Corrosion，ECR）耐酸芯棒具有比普通芯棒更好的耐酸性能，因此可以大大降低脆断发生的可能性。但不是所有ECR纤维芯棒都具有很好的耐酸性能，所以应选用耐应力腐蚀性能较好的耐酸芯棒。

（2）防止复合绝缘子芯棒脆断的措施。

1）采用压接等连接工艺先进的产品。

2）采用耐酸芯棒复合绝缘子。

3）复合绝缘子端部采用高温硫化硅橡胶和多层密封工艺。

4）开展挂网复合绝缘子现状调查和加强巡视。

5）对于大档距、高落差、重要跨越点和重点线路进行单串改双串、双悬垂串、V形串或八字形串绝缘子，并尽可能采用双独立挂点。

6）对偶尔发生脆断事故，应结合复合绝缘子具体使用年限、运行情况以及抽检情况，逐步替换早期老型号的复合绝缘子。

复合绝缘子脆断虽然危害较大，但发生概率较小。采取上述措施虽然不能完全避免脆断的发生，但也能够将脆断概率降低到较低的水平，使得脆断不再成为令人担忧的问题。

2. 机械强度下降

由于机械强度下降造成复合绝缘子掉串的事故，在电网并不多见。但随着复合绝缘子运行年限的增长，复合绝缘子机械强度下降的问题将是电网输电线路安全运行的一大威胁。因此运行单位应按DL/T 864规定的运行维护要求执行。

（三）其他故障

其他故障如污闪、憎水性（憎水迁移性）、雷击闪络、鸟害、安装损坏等。

1. 复合绝缘子耐污性能及憎水性能

（1）复合绝缘子的污闪的分析。新复合绝缘子耐污闪能力强，但随着输电线路长期运行，硅橡胶的表面憎水性能有程度不同的下降，有时甚至暂时丧失憎水性能，污闪性能明显降低，影响复合绝缘子憎水性能恢复的主要因素如下。

1）伞裙的硅橡胶材料配方不同，其憎水恢复率也不同。

2）复合绝缘子连续受潮的时间越长，恢复憎水性所需时间越长。

3）环境温度低，憎水性恢复较慢；环境温度高，则憎水性恢复较快。

4）绝缘子表面粗糙度高的，憎水性恢复较慢。运行时间长的旧绝缘子比新绝缘子憎水性恢复慢，材料的老化亦会影响憎水性的恢复。

5）发生闪络且有烧痕的绝缘子，其憎水性恢复明显减慢。虽然在试验中仍然可能通过各项电气试验，但在一定的气候条件下，特别是湿度大、温度低的气候环境下，闪络的概率明显增大。因此，复合绝缘子在一定的气候条件下，发生污秽闪络是完全有可能的。但是，从全国线路污秽统计数据来看，与瓷、玻璃绝缘子相比，复合绝缘子由污闪造成的故障次数要明显低得多。

（2）防止复合绝缘子的污闪的措施。

1）按 DL/T 864 的要求，分批次抽样更换下送电试院进行耐污性能的试验。

2）改进方法主要有两种：① 适当增加复合绝缘子的串长（加长复合绝缘子安装前进行风偏校验，主要考虑间隙圆）。② 对棒行绝缘子增加伞数或采用特殊伞形。

2. 复合绝缘子的覆冰及冰闪

（1）复合绝缘子的覆冰及冰闪的分析。输电线路绝缘子表面覆冰或被冰凌桥接后，绝缘强度下降，泄漏距离缩短。在融冰过程中冰体表面或冰晶体表面的水膜会很快溶解污秽物中的电解质，提高融冰水或冰面水膜的导电率，引起绝缘子串电压分布的畸变，从而降低覆冰绝缘子串的闪络电压。有关试验数据表明，覆冰越重、电压分布畸变越大，绝缘子串两端特别是高压端绝缘子承受电压百分数越高，随着冰水导电率的增大，泄漏电流也在不断增大，最终贯通闪络跳闸。

（2）防止复合绝缘子冰闪故障的措施。

1）对微气象、覆冰及重污区双串绝缘子，有选择地（针对 ZM 塔）进行倒 V 形改造，可使倾斜的绝缘子串上覆冰不贯通，当融冰时不易发生冰闪故障。但采用 V 串时，线路受横向风压时，它不同盘形绝缘子串那样每个钢脚均会位移分解，极易发生复合绝缘子钢脚别弯或锁紧销损坏而掉串。

2）复合绝缘子加大帽瓶，在原复合绝缘子上方加一大帽瓶，防止塔体污水沿绝缘子遇冷结冰但无法隔离绝缘子串本身冰凌。

3）加特制大盘径硅胶（大小伞、大中小伞）伞裙罩，采用粘贴或热塑等方法，将原普通复合绝缘子与特制大伞盘固定为一体，其优点同大盘径绝缘子，且因直径增大，其防鸟害功能比防绝缘子冰闪更突出。

3. 复合绝缘子的雷击闪络及分析

同等电压等级的输电线路，复合绝缘子因耐雷水平低于盘形绝缘子串，容易发生雷击闪络事故，因此丘陵或山区地段不宜采用复合绝缘子。

例如，某供电局 8 支发生雷击闪络故障的 110kV 电压等级复合绝缘子的干弧距离只有 930mm，而另一供电局全部发生雷击闪络的 12 支复合绝缘子的干弧距离只有 960mm，它们都远小于 IEC 标准要求的 1050mm。可见，干弧距离太短未达标准是造成复合绝缘子雷击闪络的主要原因之一。

4. 复合绝缘子的鸟害

复合绝缘子的鸟害可以分为两种：一种是鸟粪闪络，即通常所说的鸟害闪络；还有一种是鸟叼啄伞裙引起的绝缘子伞裙护套的损坏，此类现象只发生在新建线路未投运前，线路投运后鸟类叼啄伞裙基本不会发生。

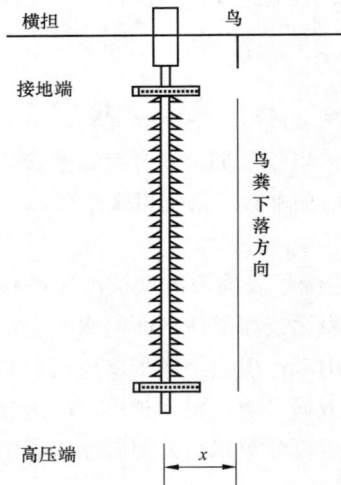

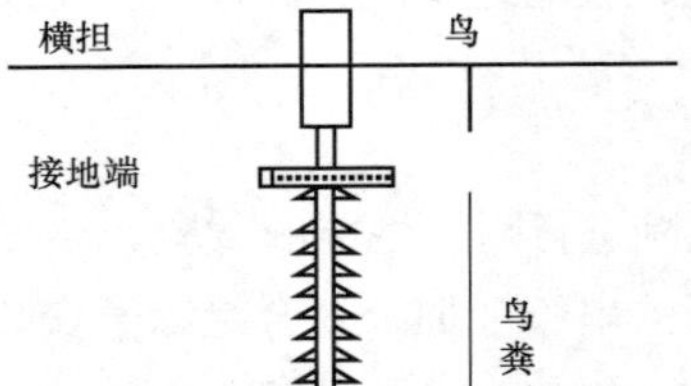

（1）复合绝缘子的鸟粪闪络分析。鸟害闪络的实质是鸟粪闪络，这类事故占事故统计中的第二位，近些年来随着动物保护观念的增强，这类事故有增多的趋势，并且这类事故具有一定区域性。

复合绝缘子的鸟害引起线路跳闸形式有两种：一种是鸟粪落在绝缘子上引起的闪络，绝缘子表面有明显的鸟粪痕迹，这种形式是一般意义上的、普遍认可的鸟粪闪络形式，但是由于鸟粪下落时被伞裙遮挡分隔为多段，实际上发生闪络的概率相对较低；在鸟粪闪络中更大的一部分是另一种闪络形式，即鸟粪沿均压环外侧但接近均压环处落下，直接导致上下金具间短路放电，而绝缘子上不留鸟粪痕迹，如图 15-4-2 所示。

图 15-4-2 模拟鸟粪试验示意图

鸟粪闪络的机理可以认为是鸟粪下落的瞬间畸变了绝缘子周围的电场分布，使鸟粪通道与绝缘子高压端之间发生了空气间隙击穿而导致的闪络。并不是或主要不是以前直观认为的由于鸟粪淌落在绝缘子表面导致的沿面污秽闪络。

（2）复合绝缘子鸟叼啄伞裙。新建线路未投运前，会发生鸟叼啄伞裙引起的绝缘子伞裙护套的损坏，最新的调查分析认为，复合绝缘子不同厂家、不同颜色都有鸟叼啄的报道，说明其颜色、气味与鸟类是否叼啄无明显关系。

（3） 复合绝缘子防鸟害闪络的措施和方法。

1）为解决复合绝缘子鸟害闪络问题，各单位高度重视，将防鸟刺和大伞裙结合起来使用。可以在每支绝缘子顶部正上方安装一只防鸟刺，以防止鸟在绝缘子顶部降落栖息。防鸟刺的直径为50～60cm，其结构如图 15–4–3 所示。超大伞裙保护了造成鸟粪闪络的最危险区域，在绝缘子顶部的防鸟刺防止了鸟在绝缘子顶部降落排粪。

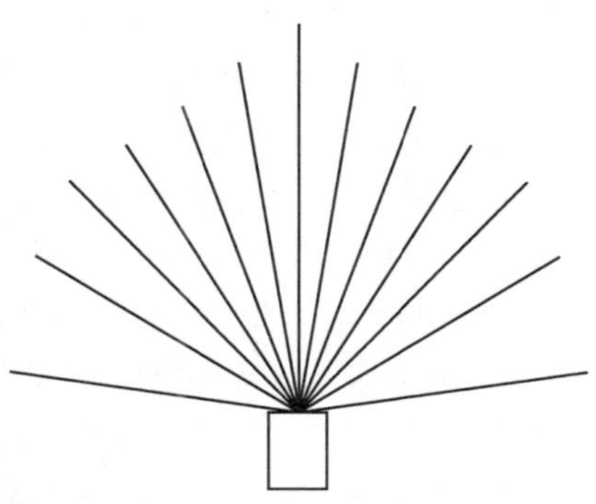

图 15–4–3　防鸟刺结构

2）运行单位要做好鸟害统计工作，包括统计分析鸟害发生的地域和气候特征、鸟害发生时间、鸟害涉及的杆塔、绝缘子类型和电压等级、引起跳闸的鸟类等，然后根据自身区域的特点采用有效的防鸟害措施。目前采用的防鸟措施大致有绝缘子串第一片使用大盘径绝缘子或加装超大直径硅橡胶伞裙、横担上安防鸟刺和惊鸟装置等，都取得了很好的效果。图 15–4–4 所示为一种兼顾防冰雪和防鸟害事故的复合绝缘子。

3）新建线路附近没有运行线路时，采用复合绝缘子经常会发生鸟类叼啄伞裙和护套，目前绝缘子厂家有复合绝缘子保护措施，即复合绝缘子悬挂后，外层的保护措施仍在，当输电线路要带电运行前，统一拉除防护套，复合绝缘子带电运行后再停电检修，鸟类基本不会再叼啄伞裙。

图 15–4–4　兼顾防冰雪和防鸟害事故的复合绝缘子

5. 复合绝缘子的老化分析

复合绝缘子的老化主要表现为在运行过程中护套、伞裙材料在潮湿、表面放电、紫外线、温度等因素的综合作用下发生不可逆转的憎水性退化、粉化、烧蚀及抗撕强度降低等现象。

6. 复合绝缘子的安装损坏

（1）复合绝缘子的安装损坏的分析。虽然施工以及运输和储存中发生损坏的问题，虽并未影响电网的安全运行，但其潜在影响也不可低估。不能排除可能有若干因施工和运输不当，受到损伤的复合绝缘子已上网运行；也不能排除已发生脆断的复合绝缘子，有些是否因为施工受损所致。

（2）防止复合绝缘子的安装损坏的措施。

1）其对策是预防和更换，首先要进一步规范复合绝缘子的运输、储存及施工措施，严把上网前的质检关，绝不能让已受损伤的复合绝缘子上网运行。

2）对上网运行的复合绝缘子定期巡查检测，发现芯棒损坏的绝缘子及时更换。

四、复合绝缘子事故的防范措施

（1）订货过程中严把招标、验收等环节，确保绝缘子制造质量。由于目前国内外生产厂家很多，质量参差不齐，所以对质量进行监督和检测，确保电网和电力系统的安全运行是十分必要的。

（2）各单位在选购复合绝缘子时，可要求厂家产品通过 IEC 61109 的修订中规定的端部密封渗透试验以及 DL/T 810—2002《±500kV 直流棒形悬式复合绝缘子技术条件》规定的芯棒应力腐蚀试验。

（3）在复合绝缘子运输、存放、安装及检修过程中，严禁人员蹬踏。

（4）安装复合绝缘子时，严禁反装均压环。

（5）大跨越塔或重要的交叉跨越塔应使用双串复合绝缘子（尽可能采用双挂点的双串，但应注意两支绝缘子的受力平衡）。

（6）解决复合绝缘子鸟害问题，可以将防鸟刺和大伞裙结合起来使用。

（7）防止复合绝缘子雷击闪络，可以调整复合绝缘子干弧距离、安装均压环等方面解决。

（8）用复合绝缘子进行反污调爬时，应综合考虑线路的防雷、防风偏等各项性能，对于多雷区或雷电活动特殊强烈地区的且塔头尺寸较小的老旧杆塔暂不宜使用复合绝缘子。

（9）设置一定数量的憎水性监测点，定期检测绝缘子憎水性，并记录测量时间、天气等相关参数，以备综合分析该批产品的外绝缘状况。

（10）利用登检机会就近观察复合绝缘子表面状态，主要观察端部金具护套界面密封胶是否良好，在雨、雾等气象条件下，表面憎水性状况、局部放电状况及伞裙表面是否破损、变形，是否出现粉化、裂纹等老化现象，对护套或端部密封有疑虑的，进一步确认后应及时更换。

（11）定期按规程要求换下一定数量复合绝缘子做全面性能试验。

（12）对于已挂网运行的耐张复合绝缘子应高度重视，积累耐张复合绝缘子串的运行经验。

（13）加强复合绝缘子的运行管理工作，由于复合绝缘子没有测零值问题，但登塔检查硅橡胶硬化、龟裂、粉化和检测憎水性能等项目必须按规程要求进行，才能保证电网的安全运行。

（14）加强对复合绝缘子的事故分析、统计工作，不断提高运行经验。

五、案例分析

1. 故障现象

某条 500kV 线路全长 276.44km，导线为 4×LGJX—400/50，全线共用国产钢化玻璃绝缘子 72 005 片，外国公司生产的硅橡胶复合绝缘子 976 串，其中有 60 串用做耐张串，用于直线小转角及直线塔有 16 串和 852 串，该线路自投入运行以来，分别于 1999 年 12 月 16 日和 2001 年 1 月 25 日发生过 N162 塔 B 相边导线的复合绝缘子和 N221 塔 A 相边导线复合绝缘子断裂，都造成导线落地重大事故，发生事故地段分别在某县一水库附近和另一县某镇内山顶上，两处都人烟稀少，四面环山，青山绿水，十几千米范围内无明显污染源。N162 塔 B 相和 N221 塔 A 相的复合绝缘子断裂都发生在靠近导线侧高压端处，其中 N162 塔 B 相复合绝缘子的断裂处距金具约 3mm，N221 塔 A 相的断裂处在金具与芯棒连接处。

2. 故障原因分析

事故巡查表明不属污闪或雷击事故，对发生断裂的复合绝缘子断面进行仔细的外观检查发现，断裂面有三个端面有发黄的旧痕迹，一个端面则是拉断的新痕迹，在端部金具与芯棒连接的密封处发现有密封不良现象，密封处的硅橡胶上发现有水渗透和金具锈蚀的痕迹。断裂位置发生在复合绝缘子导线侧距金具 30mm 处，整个断面呈不规则平台状，约 1/4 面积边缘有拉丝，均压环安装位置及方向符合厂家设计要求，从断裂处测得的复合绝缘子芯棒外护套厚度为 2mm，特征基本符合脆断的特征。

本次事故的原因如下：复合绝缘子的芯棒与金具连接处密封层被破坏或芯棒外护套的硅橡胶层有裂纹，由于 500kV 某线路紧靠水库，空气潮湿，且空气中含盐雾密度较大，500kV 复合绝缘子高压端部电场强度较大，电晕较严重，空气中的氮气及盐雾气体在强电场的作用下电离成氮离子和氯离子，与空气中的水分子结合后生成弱硝酸和弱盐酸，同时大气中含有的其他酸性物质与雨水结合形成弱酸性溶液，通过密封层缺陷处或芯棒外护套硅橡胶层裂纹渗进芯棒，芯棒玻璃纤维在长时间的酸性溶液腐蚀下变脆，形成脆断层，随着时间推移，酸性雨水不断渗入，脆断层不断增大，芯棒有效面积不断减少，待断裂面积达到整个截面的相当比例时，余下部分承受不住导线的重量发生断裂，伴着拉丝现象，产生复合绝缘子脆断。

3. 故障处理方法及防范措施

由于复合绝缘子发生脆断事故的主要原因是芯棒外护套或密封层受损，使得酸性物质渗透进芯棒而产生的。所以应通过对复合绝缘子的生产过程、运输过程、安装过程等方面进行全程质量监控，提高复合绝缘子从生产到应用整个过程的质量。

（1） 采用耐酸性材料做复合绝缘子芯棒材料。

（2） 改进复合绝缘子包装方式，保证复合绝缘子在运输过程中不受损伤。

（3） 改进复合绝缘子安装方法，线路施工单位在安装复合绝缘子时大多采用单点起吊安装方式，要求采用软质布保护起吊绳索绑扎处，垂直起吊以保护复合绝缘子在起吊过程中不与塔身碰撞。

（4） 设计采购选择耐酸性芯棒，工厂的产品试验按规程要求进行。

【思考与练习】

1. 复合绝缘子的基本特点是什么？
2. 复合绝缘子的运行特点是什么？
3. 简述复合绝缘子的事故分类。

◢ 模块5　防止覆冰及绝缘子冰闪事故（Z05G5005Ⅲ）

【模块描述】 本模块包含输电线路覆冰的类型、机理、影响因素、危害及防范措施等。通过原理分析、图形举例、案例分析，了解导线覆冰的机理及其对线路运行的危害，掌握输电线路防冰的具体措施。

【模块内容】

一、输电线路覆冰的类型及其危害

覆冰数据主要包括覆冰类型、覆冰厚度、覆冰密度、冰的粘接力等。我国的气象台站对覆冰数据的采集还不普遍，因此多数覆冰数据要靠输电线路运行维护部门根据线路的覆冰结果、覆冰在线监测数据及设立的专用气象台站进行收集。

输电线路有覆冰和积雪两种情况。导线覆冰可分为白霜、雾凇、混合凇和雨凇四种；积雪可分为干雪和湿雪两种。

白霜形状一般为“针状”或“树枝状”晶体，是地面湿气凝华产生的一种覆冰，对输电线路几乎不构成威胁。雾凇分为软雾凇和硬雾凇两种，导地线及绝缘子上积覆雾凇时，常常是两者并存。雾凇的最明显特征是外观呈“虾尾状”或“松针状”，是冬季高寒高海拔山区输电线路最常见的一种覆冰形式，其颜色为白色，对输电线路危害较大。混合凇是由导线捕获空气中过冷却水滴并冻结而发展起来的一种覆冰形式，以硬冰块的形式出现，透明或不透明，对输电线路危害较大。雾凇和混合凇是由雾中或云中过冷却小水滴引起的，统称为云中覆冰。雨凇是由过冷却雨滴或毛毛雨滴发展起来的，即冻雨覆冰，在工程实际中常将密度大于 0.9g/cm³ 的冰称为雨凇，在雨凇覆冰情况下，粘结到导线或其他物体上的水滴完全冻结之前，过冷却水滴的碰撞连续不断地发生，覆冰是连续增长的，理论上透明的清澈冰，其密度接近理论上纯冰的密度，对输电线路危害较大。

导线积雪是指当温度在 0℃左右、风速很小时，“湿雪”粒子与“水体”一起通过“毛细管”的作用相互粘结并粘附到导线表面的现象。空气中的干雪或冰晶很难粘结到导线表面，只有当空气中的雪为“湿雪”时，导线才会出现积雪现象，导线积雪对输电线路危害较小。雨凇及积雪是由冻雨和降雪造成的，总称为降水覆冰。

二、输电线路覆冰机理

在冬季和初春季节，冷暖气流交汇时，易形成逆温层，在这种气候条件下，大气中的部分小水滴是以 0℃以下的液态存在的，一旦这种小水滴落在地表低于 0℃的物体上，就会结冰。

导线、架空地线覆冰的物理过程是：气温下降至−5～0℃，风速为 3～15m/s 时，如遇大雾或毛毛雨，过冷却水滴首先在导线、架空地线的表面形成雨凇；如气温升高，例如天气转晴，雨凇开始融化；如天气骤然变冷，气温下降，出现雨雪天气，冻雨或雪则在粘结强度很高的雨凇冰面上迅速生长，形成密度大于 0.6g/cm³ 的较厚的冰层；如温度继续下降至−15～−8℃，原有冰层外则积覆雾凇。这种过程导致导线、架空地线表面形成雨凇—混合凇—雾凇的复合冰层。如在这种过程中天气变化，出现多次晴—冷天气，则融化加强了冰的密度，如此反复发展将形成雾凇和雨凇交替重叠的混合冻结物，即混合凇。

导线覆冰首先在迎风面上生长，如风向不发生大的变化，迎风面上覆冰厚度会继续增加。当迎风面覆冰达到一定厚度，其重量足以使导线、架空地线扭转时，导线、架空地线发生扭转现象，重新在迎风的一侧覆冰，不断扭转不断覆冰，最终形成圆形或椭圆形的覆冰。通常截面积较小的导线覆冰呈圆形，截面积较大的导线覆冰呈椭圆形；如导线不扭转（如多分裂导线）则覆冰呈扁平状。

三、输电线路覆冰事故危害

（1）造成断线、断串、断联及倒塔事故。当导地线覆冰折算厚度超过设计覆冰厚度时，导地线、铁塔荷载增加，有时会造成输电线路断线、断串、断联事故。同塔双回或架空地线保护角小（0°～4°）的输电线路，由于地线结冰比导线严重（运行导线输送电流有温度），架空地线下垂接近导线而放电跳闸。

（2）引起导地线舞动。导地线覆冰后，当水平方向的风吹到因覆冰而变为非圆断面的输电导线时，将产生上行空气动力，在一定的条件下，诱发导线产生一种低频（0.1～3Hz）、大振幅（导线直径的5～300倍）的自激振动，这就是导线舞动。导地线长时间的舞动会造成导线间隔棒破损、金具磨损、导地线间距接近放电跳闸、绝缘子破损、杆塔结构受损或拉垮。

（3）脱冰跳跃及不均匀覆冰造成导线张力差拉垮杆塔颈部而倒塔断线。导地线上结有白霜、雾凇、混合凇、积雪等低密度覆冰时，由于粘结松散，在风或者自重的作用下，会不均匀地自动脱落，脱冰侧的导地线失去覆冰造成张力突然变化，导、地线上下跳跃，在导地线下落时的冲击力，会拉垮铁塔颈部（横向拉力最薄弱处）而造成倒塔断线，2008年南方冰灾极大部分杆塔均属拉垮断线。

（4）绝缘子串融冰闪络。运行线路绝缘子覆冰后，绝缘子沿面泄漏电流会使冰层内侧逐步融化，冰层内绝缘子表面水分贯通，泄漏电流增大贯通上下绝缘子表面而造成闪络跳闸。

四、防范输电线路覆冰事故的措施

（一）事故处理原则

根据输电线路覆冰事故现象可以看出，为避免输电线路覆冰事故的发生，就要防止导地线不均匀脱冰引发的倒塔断线、导地线间距接近放电和绝缘子串覆冰贯通融冰闪络，这是输电线路覆冰事故处理一般应遵循的基本原则。

（二）防止覆冰事故的方法和措施

1. 防止导地线覆冰

（1）在导地线上安装防冰环可截住由水滴或雾滴在导线上形成的细小水流，使之离开导线。防冰环通常安装距离是根据导线一个完整的绞扭矩为一个节距。

（2）利用机械方法除冰。利用冰镐、破冰机或铁链在导地线上破冰，清除导地线覆冰。利用机械方法除冰难度大，在国内外尚未广泛应用。

（3）在导线表面涂憎水涂料防冰。涂料防冰可降低冰的附着力，施工简单、成本低，曾是国际上的主攻方向。

（4）采用复合导线防冰。防冰用的复合导线是在普通钢心铝绞线的基础上将钢心与铝线绝缘，利用开关装置切换达到除冰目的。即正常情况下由铝线传送负荷，覆冰季节则利用开关装置切换由钢芯导电，利用钢芯的高电阻、高损耗融冰或保持导线在冰点以上。目前该技术在国内外未能应用到实际线路。

（5）采用低居里磁热线防冰。低居里磁热线是由铁、镍、铬和硅四元素按一定比例混合在真空中熔炼成合金钢，并冷拔成规定直径的丝材，并在丝材上覆盖一层铝或铜。这种磁热线具有0℃左右的居里温度，其在磁场中磁感应强度随温度变化，5℃以上时磁感应强度很低，5℃以下时磁感应强度则剧增。将这种磁热线绕在需要融冰的导线上，在传输电流的交变磁场中感生随温度变化的感应磁场的作用下，使磁热线本身产生磁滞损耗和涡流损耗，从而将导线表面温度保持在 0℃以上，达到除冰目的。这种材料虽有明显的除冰效果，但成本高、施工困难，推广使用还有一定困难。

（6） 融冰技术。目前，国内外电力系统中的融冰技术主要有以下五种。

1）短路电流融冰。短路融冰需要有较大的电源支撑，电压等级越高、导线截面积越大所需的短路电流越大，但输电线路一旦发生大面积冰雪灾害，系统将变得十分脆弱，不可能专门挤占负荷进行短路融冰，因此次方法仅适用于低电压等级的局部覆冰。在我国 110kV 以下系统中有应用。

2）带负荷融冰。具体方法是在变电站内安装专用融冰自耦变压器，并用两根相互绝缘导线取代原单导线回路，地线亦需与杆塔绝缘。通过自耦变压器分别向单根导线与地线构成的回路提供电流来融化导线和地线上的覆冰。带负荷融冰法需要专用融冰变压器及附属设备，投资大，融冰费用也大，使其推广有困难，这种方法仅适用于一些不能停电的重要线路。

3）增加负荷融冰，就是在导线覆冰前增加线路电流，如双回路线路中，停用的一回线路使用专用融冰，变压器短路供给防冰电流，而另一回路带全部负荷。

4）在覆冰线路上附加直流装置融冰。这种方法在美国、加拿大采用过，还有一些国家准备采用，该方法目前在国内已采用，如湖南、湖北、江西、浙江等省份，技术不断完善。

5）附加电流脉冲。使环流与负荷电流叠加达到融冰目的。这种方法美、加、法都在进行研究。利用附加脉冲电流使冰融化，并依靠脉冲电动力使冰脱落，是探讨融冰新方法的主要内容，国内尚未使用。

（7） 提高输电线路设计标准，即提高分裂导线纵向不平衡张力的百分比，来加强杆塔抗不平衡张力冲击的强度，如单导线线路设计按断一相导线来校核杆塔强度，2008 年南方冰灾中，单根导线线路发生倒塔几乎很少。其次是分裂导线线路如两侧档距严重不均时，可将该直线塔改为耐张塔，避免导线张力差拉垮杆塔颈部。

2. 防止绝缘子串融冰闪络

（1） 加装大盘径绝缘子。在悬垂绝缘子串上端加装大盘径绝缘子，可以将横担上流下的冰水与绝缘子串本身的覆冰隔断，从而起到防冰的作用，同时又有一定的防鸟效果。这种措施对一般的降雪、降雾天气有较好的防范作用，但当绝缘子串本身的覆冰较重时，就失去了效果。

（2） 绝缘子串插花。在瓷或玻璃悬垂绝缘子串上插花加装大盘径绝缘子、在复合绝缘子上插花增加大直径伞裙，通过这些大绝缘子片或大伞裙插隔使绝缘子串覆冰不能成套管状，使绝缘子沿面泄漏电流融冰时形不成连续短接的水流，避免绝缘子串融冰闪络故障。

（3）V形或倒V形配置悬垂绝缘子。将悬垂绝缘子串V形或倒V形布置，使绝缘子串倾斜，不仅形不成连续的冰凌，而且能增加绝缘子串的自洁性能，具有良好的防冰效果。

（4）更换复合绝缘子。复合绝缘子具有良好的憎水性和传导热量慢的特性，使其防冰闪性能明显优于瓷和玻璃绝缘子，如再辅助以大盘径绝缘子，则防冰效果更好，且这种措施改造简单、投资小。

（三）事故处理注意事项

防止输电线路覆冰事故的处理方法不能一概而论，在实际工作中要根据不同电压等级、不同覆冰部位、不同严重程度，以及电网和设备的实际情况，从有利安全、便利检修，考虑采用费用低的角度采取合适的方法。

（1）防止导地线覆冰事故处理应注意以下五点问题，概括起来即为“避、抗、融、改、防”。“避”就是在选择线路路径时，应尽量避免横跨山口、丫口、风口、湖泊等；“抗”就是提高设计标准，抵御冰负荷，保证线路的安全可靠；“融”就是用大电流溶去导线覆冰；“改”即原设计考虑不周，线路受冰害后，改道避开重冰区；“防”即是研究新工艺、新材料，防止导线覆冰。

（2）防止绝缘子串融冰闪络事故处理应注意几点问题。

1）若增加绝缘子串长度时必须重新进行风偏验算，防止改造后引发风偏故障。

2）110kV及以下电压等级，防冰闪措施应以加装大盘径绝缘子为主，对d级及以上污区，应辅助以更换复合绝缘子的措施。

3）220kV及以上线路的双串绝缘子配置应尽可能采用V形或倒V形配置，在满足风偏的前提下，适当增长绝缘子串长。

4）220kV及以上线路单串绝缘子配置，应采用大盘径绝缘子加插花，220kV线路以插1～2片大盘径绝缘子为宜，500kV线路以插3～4片为宜。d级及以上污区应辅助以更换复合绝缘子的措施。

五、案例分析

1. 故障现象

2008年冬春交替季节我国长江以南发生了历史罕见的长时间冬雨天气，线路覆冰远远超过设计覆冰厚度，导线覆冰最厚达110mm，造成上万基输电线路杆塔被压倒或拉倒，导地线断线。

2. 故障原因分析

（1）气象影响是本次覆冰的必备因素。具有足可冻结的温度，即0℃以下保证了水能够凝结成冰；具有较高的湿度，覆冰时大气湿度在85%以上，保证了空气中有足够的过冷却水滴；具有可使空气中水滴横向运动的风速，至少在 1m/s 以上，将大量的过冷却水滴源源不断地输向输电线路，与导线、架空地线、绝缘子、杆塔等的表面不断碰撞，并被不断捕获而加速覆冰。

（2）山区地形为线路覆冰提供了气象条件。长江以南的大部分地区湖泊、江河分布密集，高山大岭植被较好、水汽充足、湿度较大，为覆冰提供了良好的气候条件和地形条件。

（3）季节影响和海拔影响促成了本次覆冰的形成。倒春寒气候，冷暖气流交汇频繁，空气湿度较大，湿度条件适宜，海拔高促成了本次覆冰的形成。

（4）持续低温 0℃左右阴雨天或伴随高湿度天气，会使人类活动少的丘陵、山区线路结冰不断增加，造成导地线覆冰严重，但天气回暖引起导线不均匀脱冰时，严重的导线张力差拉垮某基杆塔而连续拉倒杆塔。

（5）2008 年大面积冰灾倒塔线路为分裂导线，规程规定的纵向不平衡张力百分比小，即分裂导线线路杆塔不考虑断线冲击，而单根导线线路直线塔的强度是按一相断线冲击校核杆塔强度。

3. 故障处理方法及防范措施

（1）国家电网公司迅速启动了有关应急预案，发生覆冰的省电力公司组织人员进行事故抢修，各省电力公司也伸出援助之手，派出应急发电车恢复供电，派来人员帮助事故抢修。

（2）为深刻吸取本次大范围覆冰事故教训，国家电网公司重新修订了有关设计规程，提出差异化设计理念，提高了设计覆冰厚度和分裂导线纵向不平衡张力的百分比，对重要输电线路从源头上提高了防覆冰设防标准。

（3）对因覆冰发生变形、扭曲、垮塌的线路铁塔进行了修复和更换，确保电网安全稳定运行。

【思考与练习】

1. 输电线路的覆冰有哪些类型？各有什么特点？
2. 绝缘子融冰闪络的机理是什么？
3. 输电线路覆冰的气候、地形特点各是什么？

模块 6　防止鸟害危害（Z05G5006Ⅲ）

【模块描述】本模块介绍输电线路鸟害类型、机理、特点及防范措施等。通过要点介绍、图形举例、案例分析，熟悉鸟害的特点，掌握防鸟害的方法。

【模块内容】

输电线路架设在野外，常年受大自然的侵袭和人类活动的影响，绝大多数电网故障都发生在输电线路上，鸟害事故逐年上升，目前已处在线路故障的第二、三位，因此做好防鸟害措施是输电线路运行单位的重要工作之一。

一、输电线路鸟害的类型及其危害

鸟害闪络大体上有三种类型：一种是鸟粪（或动物内脏肠）闪络，即鸟类栖息在杆塔横担上排泄粪便（或鼠、鱼肠），粪便（或鼠、鱼肠）沿绝缘子串或绝缘子串外侧下落，短接了导线与横担间的空气间隙，引起放电，鸟害故障多属于这种。第二种是鸟巢短路，即鸟将巢筑在杆塔横担上，其筑巢材料短接了部分绝缘子串，在夜晚、凌晨空气潮湿时，造成间隙不足放电，这种现象多发生在110kV 及以下线路上。第三种是大型鸟类栖息在杆塔上，在栖息或起飞时，翼展宽度大，造成杆塔构件与带电部分绝缘距离不足，通过鸟类身体放电，这种情况比较少见。不论哪一种鸟害闪络，都会引起输电线路故障跳闸，因此对输电线路安全运行危害严重。

二、输电线路鸟害原因

1. 鸟粪闪络

鹤、鹭等鸟类的主食是鱼虾或螺蛳等水产，它们在越冬迁徙或栖息停留在线路杆塔的横担、架空地线上，鸟粪故障一般发生在傍晚、半夜或凌晨，此时空气潮湿，排泄鸟粪会沿绝缘子串表面或外侧下落，鸟粪的电导率一般为 3000～8000μs/cm，如稀鸟粪达到一定长度并呈连续状态时，就有可能引发鸟粪短接空气间隙闪络跳闸。鸟害故障与鸟类活动的周围环境有关，如鸟害地段一般是丘陵与农田的交界处，人类活动少，杆塔周围有湿地、水塘、水库或水田等，鸟害闪络前没有任何征兆，闪络时也极少为人所见，只能在事后进行分析判断。清华大学曾通过实验室鸟粪模拟试验，证实稀鸟粪排泄造成绝缘子串闪络的全部发展过程。

2. 鸟巢短路

输电线路的杆塔多位于荒郊野外，且一般是所处地区的最高构筑物，鸟类喜欢居住于高处，因此线路杆塔也就成了鸟类筑巢的首选目标，尤其是喜鹊、乌鸦、隼类等体形适中的鸟类，更喜欢将巢筑在输电线路杆塔上。由于这些中体形鸟类的筑巢材料长度一般不会超过 1m，因此对于 220kV 及以上线路不会构成较大的威胁，而 110kV 及以下线路的绝缘子长度较小，更容易被筑巢材料短接，因此也更易出现鸟巢材料短路引发的线路故障。

鸟的筑巢材料一般是软草、小树枝、小木棍等木质材料，但有时也会利用少量的废弃铁丝、导电包装绳等材料。鸟巢搭建或使用过程中，会有个别的枝条跌落或下垂，当鸟巢筑在横担挂线点附近时，这些枝条就有可能短接绝缘子或空气间隙。如果枝条为金属物，在跌落或下垂过程中就会引起放电，造成线路跳闸；如软草、木质枝条等下挂，在阴雨天气受潮后，短接部分空气间隙而导致线路跳闸。

三、输电线路鸟害事故现象

鸟粪闪络是一种空气间隙被短接、组合间隙被击穿的放电跳闸现象，输电线路上均为单相接地故障。发生闪络后一般有如下现象。

（1）导线灼伤。鸟类栖落位置一般在横担上，排泄的稀粪便会作自由落体运动，有时受风的影响，也可能稍微倾斜，但基本方向还是自上而下，因此，鸟粪闪络发生在垂直方向，多数为沿悬垂绝缘子串外侧闪络。悬垂线夹外侧 200～1500mm 范围内，导线表面有长度在 1000mm 左右的灼伤痕迹，呈分布散乱的银白色亮点，中间有时会夹杂遗留鸟粪，如图 15–6–1 所示。

图 15–6–1 导线上灼伤痕迹和鸟粪

（2）绝缘子灼伤。候鸟栖息在绝缘子串挂点处横担上，排泄的稀鸟粪有时会沿绝缘子串下落，部分绝缘子上有散落的鸟粪痕迹。悬垂绝缘子串由于连接金具的存在，通常横担侧第一片绝缘子（或伞裙）对绝缘子串外侧 100～150mm 处的距离小于横担对该处的距离，因此，发生鸟粪闪络后，多数情况下，横担侧第一片绝缘子或伞裙的上表面会有明显灼伤痕迹，如图 15–6–2 所示。有时横担侧第一片绝缘子或伞裙不会被灼伤，而在横担侧的构件上会找到灼伤痕迹，如图 15–6–3 所示。

图 15–6–2 横担侧第一片绝缘子灼伤痕迹

图 15–6–3 横担侧的构件灼伤痕迹

（3）其他现象。多数鸟粪闪络时，鸟粪会遗留在横担、地面或其他构件上，但有时当鸟是从架空地线或地线横担上排泄粪便时，且排泄量较小时，粪便不一定遗留在横担上，地面上也不易找到鸟粪痕迹。

四、输电线路鸟害事故处理

1. 事故处理原则

鸟害故障是季节性、地段范围明显的事故，且是种突发性、动态的事件，故障前缺乏征兆，因此预防起来比较困难。目前主要通过增加防止鸟类栖落的设施、加强鸟类活动观察等手段来防范鸟害。

2. 鸟害事故的防范措施和方法

科学、合理地划定鸟害区，便于有针对性地采取防鸟措施。鸟害区的划定，一方面要结合历史的鸟害故障分布情况，另一方面必须通过艰苦、细致的观察、调查，了解鸟类习性，掌握鸟类活动规律，才能做到科学合理。鸟类观察一般由专题调查小组或巡视人员在现场观察，通过录像、照片、笔记等形式进行记录。

调查有两个方面：一方面是现场调查，由运行单位组织人员对输电线路沿线居民及其他人员，调查鸟的种类、生活习性、活动规律、在线路及杆塔上的栖息情况等；另一方面是请教有关鸟类动物专家，了解鸟类的具体特性。通过观察、调查等各种手段，就可以根据鸟类的不同特点、可能对输电线路造成的危害，采取相应的方法。

（1） 识别鸟类。通过观察、调查，分清鸟类，尤其是喜食水产（鱼虾、螺蛳）和小动物的鸟类，要去野外观察它们的吃食、行为和活动的位置等，以便采取相应的防范措施。

（2） 分清鸟害形式。鸟害分为鸟粪闪络、鸟巢材料短接绝缘子、大鸟短路三种，鸟害形式不同，防范措施也不同。输电线路发生的鸟害故障有鸟粪闪络和鸟巢材料下挂短接空气间隙故障，因此防鸟害的重点是防止鸟粪短接和鸟巢材料下挂短接。

（3） 掌握鸟类活动规律。引发鸟粪闪络较多的鸟类主要是鹳类、鹭类、喜鹊、乌鸦、猫头鹰等。鹳、鹭类喜欢活动于湖泊、水库、沼泽地和水田等处，鹳类一般体形较大，食量大，摄入水分多，粪便一次排泄量多，极易造成220kV 及以上线路发生鸟粪闪络，鹭类个体虽小，但排泄的稀粪便导电率高，因此位于上述地带的线路杆塔要特别注意防止鸟粪闪络。喜鹊、乌鸦、老鹰、猫头鹰等属于中体形鸟类，一般不会造成鸟粪闪络，但容易发生鸟巢材料下挂短接或吃食小动物鼠类时，内脏肠等下挂短接故障。

3. 防止鸟害措施

防止鸟害主要是防止鸟类在杆塔上栖落，防止鸟类在杆塔上栖落的方法分两类：一类是静态防鸟设施，即在线路绝缘子串挂点横担处安装防鸟刺，驱赶鸟在此处栖息停留，防止它们在栖息时排泄鸟粪和吃食小动物，还有防鸟网、防鸟漆等。另一类是动态防鸟设施，如在横担上安装会发出声响、反射光线、风力旋转或超声波等装置，以驱赶或惊吓鸟类。

（1）安装鸟刺。鸟刺是将一束钢绞线或直径为2～3mm的钢丝一端固定在一起，一般股数为10～20股较为合适，另一端均匀散开，呈半球形分布，将固定端用螺栓或其他方式固定在杆塔绝缘子串悬挂点上方。

（2）加装防鸟网。在电杆横担绝缘子串悬挂点处加装网状物，使鸟在此处落脚造成鸟爪缠绕而达到驱赶作用。

（3）涂刷带磁性防鸟漆、安装超声波驱鸟器等高科技产品，实践证明该类高科技产品使用在输电线路上，长期使用会失去效果。

（4）挂小红旗、挂风铃、防鸟滚轮、转动风车、安装惊鸟牌、感应储能鸣响惊鸟装置等，此类装置有的在安装的头两天有一定的驱赶惊吓作用，几天后基本失去防范作用。

（5）防止鸟粪下落装置。在绝缘子串挂点处横担下方安装大隔板或在横担侧绝缘子上加装一片超大盘径绝缘子或大盘径硅橡胶裙罩，防止鸟粪下落造成短接跳闸。

（6）防止鸟类在横担绝缘子串挂点处筑鸟巢。及时清除绝缘子上端或绝缘子上的鸟窝。在绝缘子挂点处安装光滑挡板，使鸟类筑的鸟巢容易被风吹落或不易在该处筑窝。

（7）在塔身内斜叉铁较多的位置（避开绝缘子串悬挂点处）安装人工鸟巢，促使繁殖期内鸟类在人工鸟巢内繁衍生息。

五、案例分析

1. 故障现象

2002～2004年，某省电力公司220kV输电线路共发生鸟害故障28次，其中8～12月发生22次，占故障总数的79%。

2. 故障原因分析

（1）鸟粪闪络的季节特点明显。根据统计发现鸟害故障集中在秋冬季节，秋季及初冬季节是鸟类的主要觅食期。这个季节，正值农作物成熟期，鱼虾、昆虫数量也迅速达到高峰，为鸟类提供了大量的食物；鸟类食物增加，进食量增大，排泄量也会增大；气候逐渐趋于寒冷，鸟类在大量进食后易出现消化系统疾病，导致其粪便的黏稠度增大，在排泄过程中形成不间断的粪便通道。

（2）鸟粪闪络的时间特性明显。多数鸟类一般在凌晨觅食前排出大量的粪便，因此鸟粪闪络故障多出现在这段时间。候鸟迁徙时，一般利用白天飞翔赶路，晚上栖息，栖息时出于安全考虑，喜欢在线路杆塔等制高点，同样增加了晚上发生鸟粪闪络的概率。根据统计发现，68%以上的鸟粪闪络故障发生在0～7时，20%的鸟粪闪络发生在20～24时；其他时间发生的鸟粪闪络仅为12%。

（3）鸟粪闪络的区域特性强。鸟害统计表明，涉水觅食鸟类造成的鸟粪闪络占到鸟粪闪络次数的 80%以上。一方面，因为涉水觅食鸟类的体形一般较大，如鹳类体高可达 100cm 左右，因此单只鸟一次排泄的粪便量较大，不仅能短接 220kV 线路的空气间隙，有时甚至能短接 500kV 线路的空气间隙。另一方面，以水生动植物为食的鸟类，由于其进食过程中水分摄入较多，故粪便含水量也较高，黏稠度比较适中，粪便更易形成连续通道。涉水觅食鸟类一般活动于沼泽、湿地、池塘、水库等附近地区，这些地区通常是鸟害多发区。

3. 故障处理方法及防范措施

根据发生鸟害故障特点看出，该省电力公司 80%以上鸟害故障为鹳类等涉水鸟类的鸟粪闪络造成的，因此采用安装鸟刺的方法防止鸟类在杆塔上栖落，只要安装位置恰当、覆盖范围有效，就能取得良好的防鸟害效果。

【思考与练习】

1. 鸟害有哪几种类型？
2. 鸟粪闪络的形成机理是什么？
3. 防止鸟粪闪络有哪些措施？

◢ 模块 7　防止雷害事故（Z05G5007Ⅲ）

【模块描述】本模块包含雷电知识、线路设计耐雷水平计算及防雷措施等。通过原理分析、要点讲解和案例分析，熟悉雷电的特性及对输电线路的危害，掌握线路耐雷水平的计算及防雷措施的选用方法。

【模块内容】

输电线路架设在野外，其杆塔基本是地面上的凸出物，遭受雷害是对输电线路构成影响最多的一种自然现象，特别在我国南方多雷山区，雷击跳闸占线路总跳闸次数的比例，有的高达 70%，是输电线路发生故障的主要原因，因此如何降低或减少输电线路雷害故障是线路运行单位的首要职责。

一、输电线路雷害事故的类型及其危害

输电线路雷害事故的类型主要有以下几种情况。

（1）雷电击中架空地线或杆塔顶时，雷电流下泄中会引起塔头电位升高，其电位大于绝缘子串 $U_{50\%}$时，雷电流沿绝缘子串对导线放电，该现象被称为反击雷。造成绝缘子闪络主要与雷电流大小、杆塔形式、接地电阻、绝缘子空气间隙及塔顶电压有关。一般用杆塔的反击耐雷水平进行描述。

（2）雷电击中输电线路导线时，雷电流在导线上传输，雷电流能量一般通过导线上的电晕损失、与相邻导线的耦合作用消减雷电波波峰。但在导线上传输过程中，由

于导线波阻抗的存在，在导线上形成一个雷电流引起的高电位，当雷电引起的电压大于绝缘子串雷电耐受冲击电压时，雷电流沿绝缘子串对横担放电，该种绝缘子闪络被称为绕击闪络。造成绝缘子闪络主要与线路架空地线保护角大小、雷电流大小和绝缘子串耐受电压有关。一般用杆塔绕击耐雷水平描述。

（3）感应过电压。雷云在先导阶段时会在导线上感应出不同的电荷，雷云与线路小于 65m 时，会被架空地线或杆塔所吸引而击中线路本体，当雷云对 65m 外的凸出物放电中和后，导线上的异性电荷失去束缚快速向两侧流动而产生感应电压，当导线电位大于绝缘子串耐受电压时，导线感应电压沿绝缘子串对横担闪络接地。雷电感应过电压最大为 300～400kV，可使 60cm 空气间隙击穿，因此对 66kV 以上（5 片绝缘子）输电线路一般没有危害，在有架空地线的输电线路上，由于地线对导线有屏蔽效应，导线上感应过电压值将下降至 1kV 以下。

（4）雷电流击在架空地线或者复合光缆上时，由于雷电流电量（库仑）转移，产生的热量造成架空地线或者光缆断股。

二、输电线路雷害事故原因

当雷电流通过杆塔向大地释放雷电流时，因杆塔存有波阻抗，造成杆塔顶部电位升高，若绝缘子挂点侧（横担）电位高于导线侧，形成电位差，则沿绝缘子串对导线放电致使绝缘子串闪络。

三、输电线路雷害事故现象

输电线路遭雷击跳闸，其绝缘子串会产生电弧闪络痕迹或伞盘击碎，由于系统多选择单相重合模式，多数雷击故障能重合成功，若为瓷绝缘子串时，雷击会造成低零值瓷绝缘子钢帽炸裂导线掉串事故。

四、输电线路雷害事故处理

（一）事故处理原则

在线路设计时已经考虑的防雷措施，主要有自动重合闸、避雷线、接地装置等，但实际运行过程中，针对不同的运行环境、不同的运行工况可能还需进一步采取防雷措施。

（二）事故处理方法、步骤

1. 降低接地电阻

在多雷区，如是联络线路或重要线路，杆塔接地电阻最好能处理到 10Ω 以下，因为只有这样才能提高线路的耐雷水平，有效地限制雷击跳闸率，从而保证电网的安全稳定运行。在土壤电阻率高的山区，由于受地质、地势等条件的限制，输电线路的杆塔接地装置的工频接地电阻往往达不到要求，而杆塔接地电阻对提高线路耐反击雷水平，降低雷击跳闸率又十分重要，因此运行单位应采取有效的降阻措施。

要降低杆塔的工频接地电阻，首先要做好以下工作：① 做好地质、地势调查，了解杆塔工频接地电阻超标的原因，看杆塔所处的位置是处在什么样的地形，实地勘测土层的情况和土质情况。② 测试杆塔周围的土壤电阻率，看四周是否有土壤电阻率低的地方可以利用，再测试不同深度的土壤电阻率，看地下有无可以利用的低电阻率的地层。根据实地调查勘测的情况，采取经济有效的降阻措施。

降低输电线路遭受反击雷的措施主要是降低冲击接地电阻值，即回填接地沟时，应做到敷设的接地线周围必须是泥土并夯实，致使雷电流下泄中增大接地体的直径而快速释放。

2. 巡视检查和维护

对架空线路的杆塔接地装置要定期巡视和维护，特别要做好以下几方面的巡视检查和维护工作。

（1） 定期巡视检查杆塔的接地引下线是否完好，如被破坏应及时修复，应定期进行防腐处理。

（2） 定期检查接地螺栓是否生锈，与接地线的连接是否完好，螺钉是否松动，应保证与接地线有可靠的电气接触。

（3） 检查接地装置是否遭到外力破坏，是否被雨水冲刷露出地面，至少要按 20 年的周期开挖检查其腐蚀情况。

（4） 每年在冬季土壤干燥时应测量杆塔接地装置的接地电阻并按 DL/T 621《交流电气装置的接地》中的要求进行季节系数的换算，如换算后的工频接地电阻值超过设计值应及时改造。

3. 加装线路型避雷器

在雷电易击区杆塔可适当加装线路型避雷器。选用线路型避雷器时应考虑以下几个问题。

（1） 确定安装杆塔的雷击性质，属绕击还是反击。遭受反击雷的杆塔，应三相全部安装；遭绕击雷的杆塔，如位于山的向阳坡的杆塔，可在下山坡侧的导线安装；500kV 线路雷击基本是绕击，则应在边相安装，可节约费用。

（2） 线路型避雷器必须选用带间隙的避雷器，原因是线路型避雷线在现场没有试验电源和不可能长时间停电进行避雷器的预防性试验，带串联间隙的避雷器将平时所承受的电压限制在一个很低的范围，带空气间隙的避雷器本体没有运行电压，可延长避雷器的寿命。

4. 加装耦合地线

加挂耦合地线虽不能大幅度降低绕击率，但能在雷击杆塔时起到分流作用和耦合作用，降低杆塔绝缘上所承受的电压，同时在山区大档距段，导线下方的耦合地线可将部分雷云引至本体上，提高线路的耐雷水平。实践检验，耦合地线对 110kV 线路防雷作用还是比较明显的。

5. 加强绝缘

增加绝缘子片数或长度，可提高一些耐雷水平。对于常规的线路杆塔，运行单位可按常规复合绝缘子的结构高度尽量采用和配足盘形绝缘子片数，以增加绝缘子串的耐雷水平。

6. 同塔双回线路差绝缘配置

对于 110kV 及 220kV 同塔架设线路，常常会出现双回线路同时雷击闪络跳闸，对电网的安全危害极大。运行单位可在两回线的其中一回线路绝缘子串加装防雷招弧角，线路雷击时，金属间隙小的回路先闪络放电（金属招弧角保护了电弧不经过绝缘子串），闪络后的导线相当于耦合地线，增加了对另一回导线的耦合作用，减少了两回线同时闪络跳闸的概率。

7. 加装横担侧向避雷针或加装塔顶防雷拉线

根据线路雷击理论，雷云小于 65m 时会被吸引至杆塔上来，由于杆塔的耐雷水平基本是绝缘子串的 5～8 倍，在横担上安装侧向避雷针和加装塔顶防雷拉线后，屏蔽了部分导线，可将本杆塔周围的雷云吸至塔身中和下泄，使部分原绕击雷转化为反击雷，减少了线路雷击跳闸。

在架空地线上安装侧向避雷针，因纯在安全隐患，国家电网公司已要求暂停使用。

8. 采用新型接地体

（1） 电解离子接地极示意图如图 15–7–1 所示，将垂直接地体制成管状，在管内填充高碳离子化合物晶体，管体采用铜、钢等材料制成，管外部再施以填充剂。管内部填充材料含有特制的电离子化合物，加入可逆性缓释填充剂。这种填充剂具有吸水、放水、可逆的特点。当它吸水时，可以吸收自身 100～500 倍的水分，当外部环境干燥缺水时，又可以完全释放拥有的水分，达到周边水分平衡，这种可逆反应，保证了壳层内环境的有效湿度，保证了接地电阻的稳定。通过这种方式产生的离子吸收大地水分后，可以通过潮解作用，将活性电解离子有效释放到周围的土壤中，使接地极成为一个离子发生装置，从而改善周边土质使之达到接地要求。接地极外部填充剂通过与其内部电解离子填充剂的相互

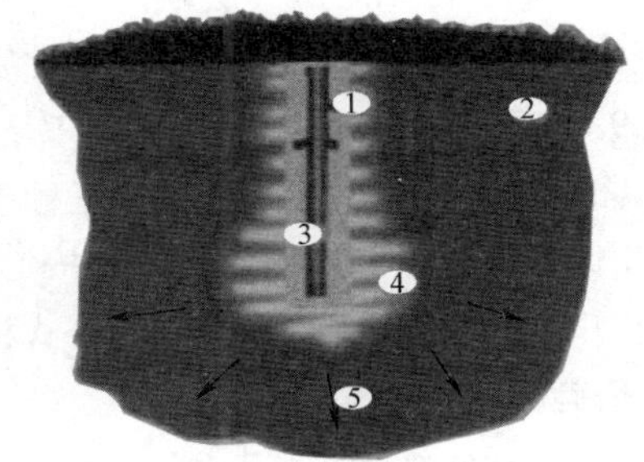

图 15–7–1　电解离子接地极示意图

1—电解离子接地极；2—现有土壤；3—专用填充剂；4—离子向周围扩散；5—扩大土壤的导电范围

作用产生针对壳层土壤的化学处理，降低壳层土壤的电阻率，同时在缓释接地极与大地土壤之间，形成了一个过渡带，增大了接地极的等效截面积和土壤的接触面积，消除了接地体与土壤之间的接触电阻，改善了地中的电场分布，填充剂良好的渗透性能，深入到泥土及岩缝中，形成树根网状，增大了地中的泄流面积。安装时，在选好的杆塔附近根据接地极的长度钻一垂直地面的孔洞，用水调合填充剂成浆糊状倒入事先钻好的孔中；将接地极植入孔洞中，接地极顶部与地平面平齐；接好引出线与杆塔的接地引下线连接；将其余填充剂填在接地极周围至接地极顶端 100mm 时止，测量接地电阻，达到接地要求后，用土填盖在电极周围。

图 15–7–2　接地模块

（2）接地模块，如图 15–7–2 所示。接地模块是一种以非金属导电材料为主的接地体，它由导电性、化学稳定性好的非金属料、金属接地体、电解质和吸湿剂组成。接地模块增大了接地体本身的散流面积，减小了接地体与土壤之间的接触电阻，具有强吸湿保湿能力，使其周围附近的土壤电阻率降低，介电常数增大，层间接触电阻减小，耐腐蚀性增强，因而能获得较小的接地电阻和较长的使用寿命。接地模块可进行垂直埋置或水平埋置，埋置深度不宜小于 0.6m，一般为 0.8～1.0m；采用几个模块并联埋置时，模块间距不宜小于 4.0m；接地模块的极芯互相并联或与地线连接时，必须进行焊接，要求用同一种金属材料焊接，焊接长度应不小于 100mm，不允许虚焊、漏焊；应在焊接处清除焊渣，涂上一层沥青或防腐漆，以防极芯腐蚀；回填应采用细粒土为填料，回填时应分层操作，填 300mm 填料后，适量加水并夯实，再填料、加水和夯实，直至与地表齐平。吸湿 72h 后，用地阻仪测量工频接地电阻。

9. 防范措施

输电线路遭受雷击跳闸后，运行单位应按杆塔接地线和检测接地电阻的辅助射线 0.618 比例正确检测接地电阻值，按 DL/T 620《交流电气装置的过电压保护和绝缘配合》中附录 C17 的耐雷水平计算公式校核雷击杆塔的耐雷水平，以便有的放矢地采用防范措施。

（三）事故处理注意事项

1. 接地装置改造注意事项

（1）输电线路尽可能采用水平接地体，少用垂直接地体。采用水平接地体时，要充分考虑到接地体之间的屏蔽作用，不宜分裂太多。为减少相邻接地体的屏蔽作用，垂直接地体的间距不应小于其长度的两倍，水平接地体的间距不宜小于 5m。水平接地体敷设应平直，埋深不得小于原设计值，至少应在 600mm 以上，遇到倾斜地形时应沿等高线敷设。

（2）除接地引下线与杆塔的连接处外，接地体连接处必须采用焊接，不应采用并沟线夹等连接方式。圆钢之间搭接，焊接长度不小于 6 倍圆钢直径，并双面施焊；扁钢之间搭接，焊接长度不小于带宽的 2 倍，并四面施焊；圆钢与扁钢之间搭接，焊接长度不小于 6 倍圆钢直径，并双面施焊。接地引下线及接地体不应使用钢绞线。

2. 运行维护应注意的问题

（1）接地引下线与水平或垂直接地体的连接处，由于腐蚀电位不同，极易发生电化学腐蚀，有的已经形成开路状态。接地线与杆塔的连接螺丝处，由于腐蚀、螺丝生锈，用表计测量，接触电阻非常高，有的已形成电气上的开路。

（2）接地引下线本身，由于所处位置比较潮湿，运行条件恶劣，运行中又没有按期进行必要的防腐保护，因而腐蚀速度较快，特别是运行 10 年以上的接地线，运行单位应采取开挖检查引下线钢筋腐蚀受损情况。

（3）水平接地体本身，有的埋深不够，特别是一些山区的输电线路杆塔，由于地质为石头，或土层薄、埋深有的不足 300mm，回填土又是用碎石回填、土中含氧量高，极容易发生吸氧腐蚀，在酸性土壤中的接地体容易发生析氢腐蚀；在海边的杆塔容易发生化学和电化学腐蚀。

（4）防止接地引下线和接地体的外力破坏问题。对于输电线路杆塔的接地装置，特别是接地线，外力破坏是一个特别值得注意的问题。有的接地引上线被剪断，有的接地极被挖走，对该线路的安全稳定运行造成了很大的影响。

3. 避雷器的选型

线路型避雷器试验比较麻烦，即线路型避雷器均装设在线路杆塔上，不可能从地面上进行试验，一般需拆除后集中试验。这一方面大大增加了工作量，另一方面也增加了停电时间，对电网的可靠性有较大影响。如长期不进行预防性试验，又增大了安全风险，许多地区已屡屡发生了避雷器爆炸现象。因此线路型避雷器应采用纯空气间隙或带复合绝缘子支撑件型式，且不需要做电器试验。

五、案例分析

1. 故障现象

2008 年 6 月 16 日 13 时，某供电分公司 220kV 铺向线光差、光距动作掉闸，重合成功，A 相雷击故障，故障测距 1.7km，现场登塔检查发现 220kV 铺向线 5 号 SZ2—33 型塔 A 相大盘径绝缘子、单联碗头有明显放电痕迹，均压环上有两处拇指般大小的闪络痕迹，复合绝伞裙表面不同程度呈白色电弧烧伤痕迹，架空地线、接地引线良好。

2. 故障原因分析

（1）铺向线故障铁塔 5 号为 SZ2—33 型铁塔，塔高 49m，避雷线保护角为 19.79°，导线垂直排列，绝缘子为复合绝缘子（山东淄博泰光电力器材厂）一支，接地电阻3Ω，接地形式为深浅埋结合加放射线形式。线路故障时雷电定位系统显示6月16日12时59分，东经112°39′24″，北纬39°37′44″有雷电活动一次，雷电流幅值为−55.4kA，与5号铁塔地理位置吻合。

（2）经对该铁塔计算耐雷水平，证明由于直击雷引起的线路跳闸故障。

3. 故障处理方法及防范措施

复测铺向线5号塔接地电阻值为3Ω，在合格范围内；带电更换闪络的绝缘子，检查导线未损伤；在220kV铺向线4号、5号、6号分别加装线路避雷器。

【思考与练习】

1. 绕击和反击有什么不同？

2. 防止绕击的主要措施有哪些？

3. 防止反击的主要措施有哪些？

4. 举例计算本单位实际运行线路杆塔的耐雷水平？

◢ 模块8 防止采空塌陷事故（Z05G5008Ⅲ）

【模块描述】本模块介绍输电线路采空区塌陷事故的原因、类型、危害及防范。通过要点讲解、特点分析、图形示例，熟悉采空区塌陷事故现象，掌握事故处理的原则、方法、步骤、注意事项和事故的防范措施。

【模块内容】

输电线路架设在有地下矿藏的区域内，当地下矿藏采空区发生塌陷或引发地质移动滑坡时，会对地面上的输电线路造成严重的威胁，轻则为电杆迈步、拉线受力不均、塔顶挂点处结构拉裂、杆塔倾斜、塔材弯曲、横担偏移、拉裂等，重则会发生铁塔拉垮、电杆倒杆乃至导地线断线等恶性事故。

一、输电线路采空区塌陷事故的类型及其危害

地下矿层采空后形成的空间称为采空区，采空区发生塌陷，其对地表的影响首先是不均匀沉降，有的地方下沉值大，有的地方下沉值小，架设在不均匀沉降区的杆塔基础或拉线基础会随之出现不均匀沉降，就会发生杆塔倾斜、断线、倒杆塔等采空区塌陷事故。以最常见的煤炭采空区为例，介绍输电线路采空区塌陷事故的四种主要类型。

1. 杆塔倾斜

采空区塌陷造成杆塔倾斜后，导线因绝缘子串有一定的长度，可自行调节部分不平衡张力，因此轻微的倾斜不会对导线横担造成较大危害，如图15−8−1（a）所示。

塔头架空地线由于直接悬挂在塔身上，其挂点的调节长度没有导线绝缘子串那样的裕度，杆塔倾斜后架空地线因其悬垂线夹握力作用，导致架空地线悬垂线夹偏移而拉裂塔顶结构，如图 15-8-1（b）所示。严重的可拉断架空地线或地线横担。同时因杆塔倾斜的方向与架空地线拉力方向相反，铁塔主材或混凝土杆体会出现挠度。

(a)

(b)

图 15-8-1　采空区铁塔倾斜引起的绝缘子、悬垂线夹偏移及架空地线横担受损

（a）绝缘子串及架空地线悬垂线夹偏移；（b）架空地线横担受损

2. 杆塔位移

采空区塌陷不仅使地表出现倾斜，而且会使杆塔位置出现水平位移，这种位移同样会使绝缘子串和架空地线悬垂线夹出现偏移，其后果与杆塔倾斜一样。

3. 导线和架空地线间距变化

无论是杆塔倾斜或杆塔位移，均会使导线和架空地线出现不平衡张力，造成导地线的间距变化，在风力或覆冰作用下，极可能引发架空地线对下方导线间距接近而空气击穿而跳闸。

4. 倒杆塔

事实上多数采空区塌陷一般不会发生倒杆塔，但在采深采厚比偏小、煤层倾角过大、山区线路、坚硬顶板边缘等情况下有可能发生倒杆塔事故。

二、输电线路采空区塌陷事故原因

当矿产采挖完形成采空区后，打破了原有的应力平衡，上覆岩层失去支撑，产生移动变形，直到破坏塌落即采空区发生塌陷，其对地表的影响随之不均匀沉降，杆塔就会出现倾斜。

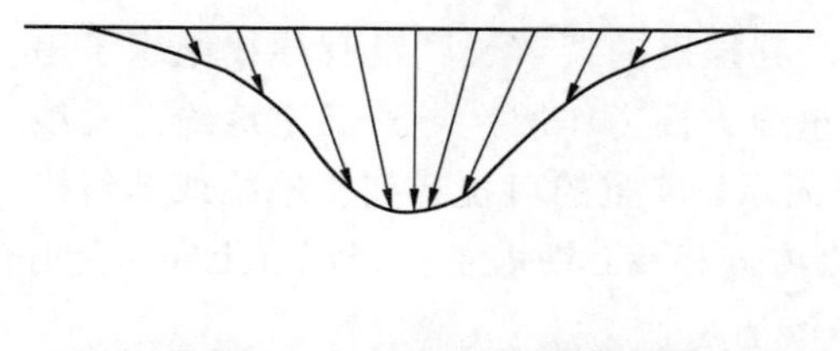

图 15–8–2 地表下沉盆地主剖面图

（一）平坦地形采空区塌陷特点

1. 地表移动盆地

在开采影响到地表以后，受采动影响的地表从原有的标高向下沉降，从而在采空区上方地表形成一个比采空区面积大得多的沉陷区域，这种地表沉陷区域称为地表移动盆地，或称下沉盆地，如图 15–8–2 所示。

当采空区达到一定范围后，最大下沉值将不再增加而形成一个平底的下沉盆地。当开采工作面停止推进后，地表移动和变形并不会马上停止，而要延续一段时间，然后才能稳定，形成最终的移动盆地，此时的移动盆地称为静态移动盆地。

2. 裂缝及台阶

在地表移动盆地的外边缘区，地表可能产生裂缝。地表裂缝一般平行于采空区边界发展。地表裂缝的形状为楔形，地面开口大，随深度的增大而减小，一般裂缝深度不大于 5m，地表裂缝如图 15–8–3 所示。但在岩石直接露出地表的情况下，裂缝深度可达数十米。有时在采空区周围的地表形成环形破坏堑沟。在急倾斜煤层条件下，地表可能出现裂缝群或台阶。

3. 塌陷坑

塌陷坑多出现在急倾斜煤层开采条件下。但当煤层较浅时，缓倾斜或倾斜煤层开采，地表有非连续性破坏时，也可能出现漏斗状塌陷坑，塌陷坑如图 15–8–4 所示。

图 15–8–3 地表裂缝

图 15–8–4 塌陷坑

（二）山区地表移动有许多不同平地的特点

山区地表移动不会像平地那样出现移动盆地，在同样的地质采矿条件下，山区地表移动的影响范围一般比平地偏大，其移动角和影响范围的大小与相应的地形特征有关；在近水平煤层开采条件下，山区开采影响范围内的地表移动与变形采空区中心，最大水平移动可能大于最大下沉值；当山区地表坡度较大，山区受采动的地表就可能出现非连续性的移动和破坏。山区近水平煤层开采引起的非连续性移动和破坏形式主要有塌陷坑、塌陷槽和采动滑坡。

因此，位于山区的输电线路杆塔受采空区的影响更大，一旦采空区发生塌陷，首先其水平位移就大于平地，如出现塌陷坑、塌陷槽和采动滑坡还可能导致倒杆塔、断线事故。

三、输电线路采空区塌陷事故现象

无论是地表移动盆地、裂缝及台阶还是塌陷坑，都能对输电线路造成严重威胁，轻则杆塔倾斜，重则会发生断杆、拉弯塔身和耐张横担拉裂乃至倒杆塔断线事故。

（1）杆塔倾斜和杆塔位移最直接的现象就是直线杆塔的绝缘子串和地线悬垂线夹偏移。

（2）采空区塌陷输电线路的导地线间距变化尤其是架空地线反映更为明显，表现为杆塔一侧架空地线弧垂增大，另一侧减小。对于弧垂减小的一侧，导地线之间距离加大，对于弧垂增大的一侧，导地线之间距离缩小。

（3）当采深采厚比偏小时且煤层厚度较大时，一旦采空区出现塌陷，对地表塌陷和倾斜的影响非常大，这时杆塔可能出现严重倾斜，如一旦出现导地线断裂或横担断裂，杆塔就可能被拉倒。同时地表塌陷和倾斜严重时会导致杆塔基础根开发生严重变化，从而引起杆塔构件大量变形，其承载力大幅降低，这也是引起倒杆塔的一个重要原因。

（4）煤层倾角过大极易引发塌陷坑、台阶裂缝及山体滑坡，如杆塔位置正好处于这些地段，就会发生倒杆塔事故。

（5）山区下方的采空区塌陷，无论煤层倾角多大，受地形的影响，都有可能出现山体滑坡，位于滑坡区的杆塔就可能发生倒杆塔。

四、事故处理注意事项

（1）由于双回线及多回线同塔架设时，一旦采空区塌陷影响到线路的安全运行，将可能同时造成多条线路同时发生事故，对电网的安全威胁较大，因此在压矿区及采空区建设线路时，尽可能选择单回线路。

（2）更换杆塔应按选择路径的方法选择塔位。

（3）调整基础时，在抬升基础前，必须用枕木等将基础四周固定，防止在抬升过程中根开再次改变；在底部垫入混凝土预制块前，一定要将基础的四个角支撑好，防止液压设备出现故障伤及作业人员；底部垫入的混凝土预制块数量应充足，并摆放整齐，防止基础出现滑移。

五、案例分析

1. 故障现象

2006 年，某供电分公司 220kV 线路位于煤矿采空区的 82 号铁塔发生倾斜，其中

B腿向外测位移20cm，下沉25cm，塔头中心偏移达80cm。

2. 故障原因分析

82号铁塔为ZB2—36.7型自立铁塔，位于煤矿采空区，由于采空区塌陷和地表不均匀沉降造成铁塔倾斜。

3. 故障处理方法及防范措施

该线路紧急停运，对铁塔基础进行开挖扶正处理，在采空区线路铁塔安装倾斜测试装置，并且缩短采空区线路巡视周期，加强运行监护，最终将采空区线路迁移到地质稳定区域。

【思考与练习】

1. 采空区对输电线路有什么危害？
2. 杆塔倾斜后首先应采取什么措施？
3. 对设计位于采空区的杆塔应提前采取什么措施？

模块9 防止风偏事故（Z05G5009Ⅲ）

【模块描述】本模块包含输电线路风偏概念、类型、形成原因、风偏验算及防范措施等。通过概念描述、原理分析和案例分析，了解不同风偏类型的形成及特点，掌握防范风偏方法。

【模块内容】

一、输电线路风偏事故的类型及其危害

风偏事故是在风的作用下导线与地电位体之间或其他相导线的空气间隙小于大气击穿电压而造成的事故。风偏事故的主要类型有直线杆塔绝缘子对塔身或拉线放电，耐张干字塔中相绕跳线对塔身放电，导线对通道两侧建（构）筑物或边坡、树竹木等放电现象。风偏事故均能造成线路故障跳闸，风偏故障不能消除或发生相间短路时，会扩大故障范围。

二、输电线路风偏事故原因

输电线路导线、架空地线呈悬链线状，设计会按一定的风速设计架设导线、架空地线，当风速超过设计风速时会造成导线对塔身、线路风偏区外的树木、建筑物等放电；新建线路架设中施工单位未按设计要求复核弛度、边坡距离和砍伐风偏距离不足的树竹木，竣工验收运行单位没有全部复核导线弛度和通道两侧的建（构）筑物、边坡、树竹木风偏距离等；运行中为增加泄漏比距将绝缘子串加长，在未超过设计风速下导线对塔身等接地体放电；跳线制作偏长且跳线串为单铰链挂点，在未超过设计风速下跳线对塔身放电；运行管理中对通道两侧的建筑（构）筑物未及时进行测量校核风偏距

离，在未超过设计风速下导线对通道内后建的建（构）筑物或树木距离不足放电等。

三、输电线路风偏事故现象

1. 直线杆塔绝缘子串对塔身或拉线放电

直线杆塔绝缘子串在水平风荷载作用下导线摇摆，使其与地电位体之间的空气间隙减小形成的单相接地短路故障。

影响导线水平偏移的因素主要有水平风荷载、垂直档距、水平档距、绝缘子串长等。

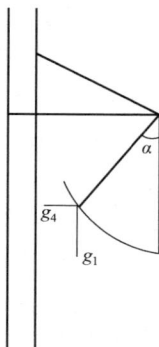

根据图 15–9–1 所示，绝缘子串摇摆角计算公式为

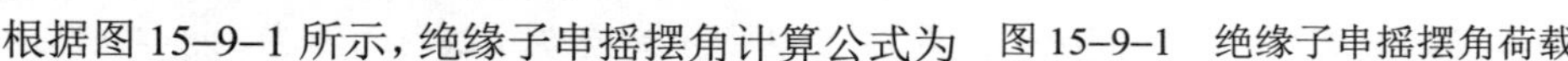

图 15–9–1　绝缘子串摇摆角荷载

$$\alpha=\tan^{-1}\frac{g_1 l_v}{g_4 l_h} \tag{15–9–1}$$

式中　g_1——电线单位长度垂直荷载，kN/m；

g_4——电线单位长度水平风荷载，kN/m；

l_h——杆塔水平档距，m；

l_v——杆塔垂直档距，m。

在设计风速之内发生的风偏一般为垂直档距小即垂直荷载轻引起其摇摆角增大。还有就是绝缘子串长增加后摇摆角虽然不变但空气间隙变小而造成故障。

2. 耐张干字塔中相绕跳线对塔身放电

主要是由于施工时跳线太长或跳线架单挂点在风的作用下左右摇摆造成跳线对塔身空气间隙不够形成的单相接地短路故障。

3. 导线对通道两侧建（构）筑物或边坡距离不足放电

输电线路导线在水平风荷载作用下导线摇摆，使其与导线两侧的建（构）筑物或边坡、树竹木等空气间隙减小形成的单相放电接地故障。

4. 导线与导线之间放电

施工架设中未按设计要求架设，致使不同相导线弛度不同，档距中间导线在水平风荷载作用下导线摇摆频率不同，使导线与不同相导线之间的空气间隙减小形成的两相短路故障，另外导线排列方式需在前后档变化时易出现地线对导线或导线相间放电。

四、输电线路风偏事故的防范措施

1. 事故处理原则

输电线路风偏事故主要是大风作用下，导线对其他电位体之间的空气间隙小于空气击穿间隙，因此处理风偏事故就必须正确计算检查塔头的空气间隙；在线路周围有边坡或新建建筑物构筑物时，应进行测量建（构）筑物的高度和验算导线风偏情况下对周围建筑物、构筑物、边坡的空气间隙。

2. 风偏事故处理方法和措施

（1）对运行线路改变设计的直线绝缘子串应进行杆塔验算工作电压空气间隙。新建线路在投运前应对干字形耐张跳线逐基验算。验算时适当增加风速，保证留有裕度。若需对运行线路直线绝缘子加片等工作前，必须进行验算合格后方可实施。

凡为平面结构的直线杆塔都可用正面间隙圆图来确定塔头尺寸或检查空气间隙。间隙圆的画法是以各种电压下的计算条件，算出绝缘子串的摇摆角。以每一种情况绝缘子风偏的极限位置为圆心，以每一电压下的最小空气间隙长度加弧垂修正值加 0.1m 为半径画圆就得到正面间隙圆，图 15–9–2 所示为自立式铁塔间隙圆。此类铁塔的特点是塔头纵向（沿线路方向）宽度不大，只需根据绝缘子串长度及悬垂绝缘子串的风偏角，并适当考虑塔身边缘导线弧垂的影响，在杆塔正面图上绘出间隙圆即可。L_K 为绝缘子串长，ϕ_1、ϕ_2、ϕ_3 和 R_1、R_2、R_3 分别为雷电过电压、操作过电压及工频过电压下的绝缘子串风偏角和间隙距离。δ_1、δ_2、δ_3 分别为考虑塔身边缘导线弧垂影响而引入的数值。间隙圆与塔头单线图轮廓线不应相切，应留 0.1m 左右的裕度，这主要是考虑杆塔单线图与制造图的差别、制图误差及实际杆塔组装误差的影响。

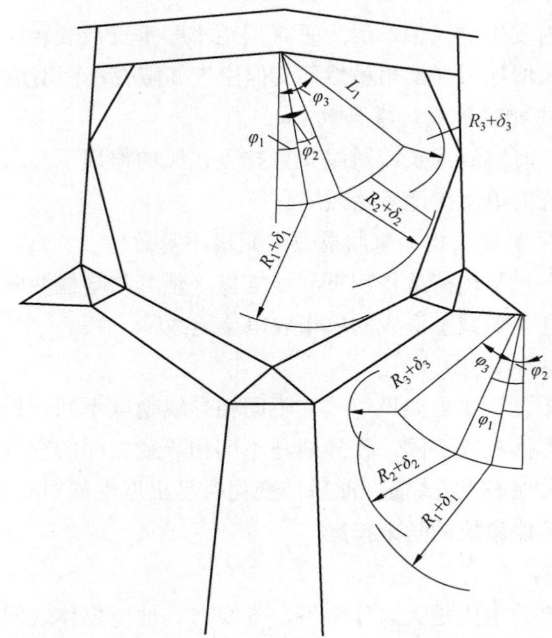

图 15–9–2 自立式塔正面间隙圆

（2） 档距中间对地电位体的空气间隙，在投运前应进行验算，未进行验算的可能存在问题的档距需补充验算，并留存验算资料。

（3） 运行线路通道内和两侧的新建建筑物、构筑物或堆物时，要与当事人取得联系，了解工程施工方案，经交叉跨越验算合格后方可准许施工。对弧垂大于保护区单边宽度 1.5 倍的线路，即使保护区外新建建筑物也应进行验算。

（4） 220kV 及以上电压等级干字形铁塔中相绕跳线悬垂绝缘子串应采用双挂点固定，导线采用并沟线夹固定在一起，跳线不得留得太长，以悬垂串向内倾斜 5°～9°为宜，如图 15–9–3 所示。110kV 干字形耐张塔跳线挂点原为单铰链式，运行单位可改造为双挂点，以杜绝跳线对塔身风偏放电。

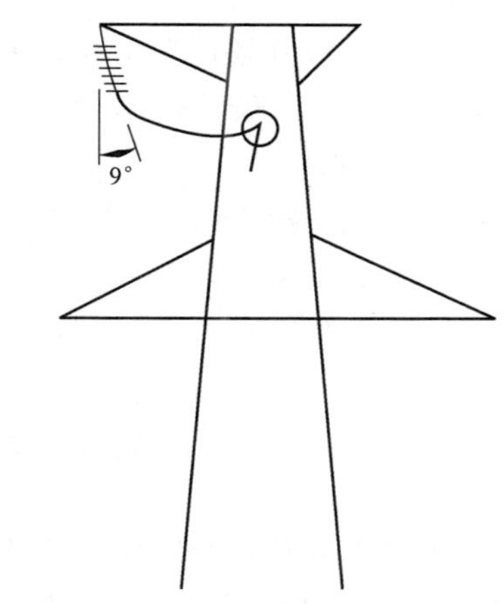

图 15–9–3 干字形塔中相跳线绝缘子串安装图

（5） 工程竣工验收要严格进行弧垂测量，必须满足验收规范要求。特别是导线排列方式改变的档内弧垂，运行单位应对每相导线进行测量，复核线间距离，弧垂误差应达到有关规程的规定，确保此类导地线变化档发生间距不足放电事故。

（6） 新建线路竣工验收必须对每档通道内的建（构）筑物、树竹木和边坡、悬崖进行风偏测量和校核，运行中通道内或两侧新增的此类现象也应及时测量校核，以防止风偏距离不足发生放电事故。

3. 事故处理注意事项

（1） 塔头空气间隙所用的计算气象条件，规程规定以工频电压下的间隙为最小，雷电过电压下为最大。但因它们的计算气象条件不同，所产生的风偏距离也不同，三种电压情况都可能成为控制条件。三种电压下的气象条件组合可根据设计选择的气象条件决定。

（2） 导线风偏后对建筑物、构筑物、边坡、树木的允许距离可查现行运行规程。

五、案例分析

1. 故障现象

2008 年 8 月 12 日 12 时 24 分，某供电分公司 220kV 线路发生故障跳闸，经故障登塔巡视发现 112 号铁塔导线对铁塔塔头放电，导线悬垂线夹和塔身有明显的对应放电痕迹。

2. 故障原因分析

112 号铁塔为 ZM1—24 型自立铁塔，故障时当地气候时大风天气，瞬时风速达 32m/s，经画出该自立式铁塔正面间隙圆，计算得出结论为：塔头电气距离裕度小，在超设计风速情况下造成导线风偏对铁塔塔头放电。

3. 故障处理方法及防范措施

对 ZM1 型自立铁塔进行风偏验算，对不满足要求的铁塔进行改 V 形串或加装下拉横担方式，防止导线风偏故障的发生。

【思考与练习】

1. 输电线路风偏的原因是什么？
2. 输电线路风偏有哪些类型？
3. 如何防范风偏？

模块 10 防止外力破坏事故（Z05G5010Ⅲ）

【模块描述】本模块介绍输电线路外力破坏事故的类型、危害和防范措施。通过要点讲解、原理分析，了解外力破坏的原因、特点和危害，掌握外力破坏的防范措施。

【模块内容】

随着国民经济的快速发展，社会建设的规模不断扩大，建设开发中经常会有一些违法、违章行为造成输电线路设备跳闸停电、倒（杆）塔或部分损坏等外力破坏事故、案件，并呈逐年上升的趋势，给供电企业带来巨额经济损失的同时，也对电网安全运行、人民生命财产构成了威胁。因此，了解外力破坏的类型及特点，从而有效掌握外力破坏的防范措施是每一位线路运行人员的必备知识。本模块主要从输电线路外力破坏类型、外力破坏特点、外力破坏防范措施三个方面进行论述。

一、输电线路外力破坏事故的类型

输电线路的外力破坏是指输电线路沿线的人类活动、开发建设设施造成的输电线路隐患、故障甚至事故现象。外力破坏事故根据破坏程度不同，后果不可预见，但对电网的安全运行影响较大。

从造成输电线路外力破坏的性质分，可分为有意识破坏和无意识破坏两种。无意识破坏又可分为两类，即肇事单位在运行单位部分失责状态下的电气肇事，如运行单位必须对道路边杆塔或拉线应做好防撞装置及涂刷反光漆，在易盗区杆塔上加装防盗措施；在取土区杆塔附近布置保护范围的警示牌等。反之是在电力设施符合规程规定的状态下，肇事单位因不懂电力行业要求而造成的吊机碰线、异物短路、导线下方燃烧短路、爆破炸伤导地线及杆塔、交叉跨越短路、开挖作业、机械碰撞杆塔及拉线等类型。有意识外力破坏主要有偷盗电力设备、人为短路等类型。

按造成输电线路外力破坏的现象可分为盗窃破坏、机械破坏、异物短路破坏、燃烧爆破破坏、交跨碰线破坏五大类。

1. 盗窃破坏

（1） 盗窃铁塔塔材和拉线。盗窃铁塔塔材是输电线路外力破坏案件中最多的一种，拆卸螺栓是盗窃塔材最常见的一种盗窃方式，即使杆塔、拉线防盗设施齐全有效，也有用钢锯切割或氧焊切割盗窃塔材，但这种方式较为少见，一般是团伙作案才采用这种方式。拉线被盗属常见外力破坏形式，全国每年都会发生为数不少的拉线被盗引发的倒杆塔事故。

（2） 盗窃导线。导线被盗多属团体作案，盗窃分子一般选择退役线路、新建线路或停电检修数日线路，前两种线路偷盗不会被立即发现，逃离现场的时间充足。

2. 机械施工破坏

（1） 施工机械碰线。施工机械碰线是最常见的外力破坏形式，如有塔吊、吊车、混凝土泵车、打桩机、自卸车等。

（2） 其他管线施工碰线。如其他单位在输电线路临近或穿越其他电力线路、缆车线路、通信线路等架空管线施工展放、紧线过程中，会出现上下弹跳及左右摇摆造成对输电线路导线距离不足或碰线引发放电事故。

（3） 开挖或平整土地破坏。开挖破坏主要体现在两个方面：一方面是在地表进行开挖或平整，可能引起滑坡、掩埋杆塔、杆塔倾倒等后果；另一方面是在地下开采作业，可能引起地表塌陷、滑坡等。

3. 异物短路破坏

异物短路也是近年来一种常见的外力破坏，存在非常大的随机性。主要异物类型有广告布、气球飘带、锡箔纸、塑料遮阳布、风筝线及一些轻型包装材料。这些异物一般长度长、质量小、面积大，遇风即可能随风飘荡，当其缠绕到导地线、杆塔上时就可能引发异物放电。对于锡箔纸等导电物质，一旦其短接了导线与其他接地体就会发生放电；对于广告布、塑料遮阳布、风筝线等绝缘物质，即使其短接了导线与接地体也不一定引发线路短路，但如再遭遇雨、雾等气象就极有可能发展为短路事故。

4. 燃烧爆破破坏

（1） 山火短路。许多输电线路跨越森林、草原、灌木等，冬春干燥季节，这些地区易发生火险。如大火蔓延到输电线路通道内，因空气在高温下的热游离作用及燃烧后产生的导电颗粒，降低了空气绝缘强度，容易引起输电线路对地或相间短路；燃烧的大火甚至可能将杆塔构件及复合绝缘子烧损，引起倒塔掉线事故。

（2） 焚烧及爆竹短路。有的农村收割后就地焚烧秸秆，焚烧后的浓烟极易引发上方输电线路短路。另外在输电线路下方焚烧垃圾、燃放爆竹等行为也易引发输电线路短路。

（3）爆破。输电线路沿线开山炸石、勘探等爆破行为，飞石会损伤导地线、杆塔构件及引起线路跳闸，甚至引起断线事故。

5. 交跨碰线破坏

（1）树（竹）木碰线。树（竹）木碰线也是一种常见的外力破坏。一般有三种情况：① 导线与树（竹）木垂直距离不足，当气温升高，导线弛度降低，导致两者的静态距离不足发生短路；② 线路两侧的树（竹）木生长高度超过导线高度，遇大风左右摆动、摇晃接近发生放电；③ 线路两侧生长高度超过导线高度的树（竹）木，农户在砍伐时倾倒发生导线短路。

（2）垂钓碰线。输电线路跨越鱼塘，鱼塘垂钓引起的线路跳闸事故屡见不鲜，由于现在的伸缩型钓鱼竿是碳纤维材料，长度为6～8m，导电性能比金属还好，鱼竿碰线会造成短路跳闸，且多数会造成电弧灼伤甚至死亡的严重后果。

二、输电线路外力破坏事故的特点

外力破坏引发的线路事故与其他事故相比较，具有以下特点：

（1）破坏性大，不仅能引起设备损坏或停电事故，还常伴随着人身伤亡事故的发生。

（2）季节性强，如树（竹）木碰线一般发生在春季和夏季，垂钓碰线一般发生在夏季或秋季，山火短路事故一般发生在秋季、冬季或者清明等节气时间。

（3）区域性强，如盗窃破坏、机械破坏、异物短路破坏一般发生在城乡结合部、开发区附近或厂房附近，爆破事故一般发生在采石场、大型施工场所等区域。

（4）防范困难，由于输电线路分布点多、面广，一条线路往往经历不同的区域，呈现出不同的区域特征，而且区域环境变化快速，不易有效掌握，因此，相对于其他线路事故，外力破坏的防范更加困难。

三、输电线路外力破坏事故防范措施

（1）加大电力设施保护力度。电力部门应利用广播、电视、网络、报纸等各种有效手段，积极宣传和普及电力法律、法规知识，增强群众保护电力设施的意识。电力设施安全保卫部门应积极主动地与当地公安机关交流情况，沟通信息，注重防范，建立电力、公安联保体系，通过快速侦破破坏电力设施案件，打击犯罪分子，清理非法收购点，使盗窃电力设施的犯罪分子得到应有的惩罚、盗窃行为无利可图，营造良好的社会保护环境。

（2）建立政企合作的电力设施保护新模式。目前供电公司是企业，原先的《电力设施保护条例》等管理职能已被转移到政府经贸委下，电力设施保护工作是一项综合性的社会系统工程，一些地方政府部门往往存在偏见，认为电力设施保护是电力部门的事，与己无关，一些执法单位对保护电力设施也缺乏积极性，导致电力设施屡遭破坏。为此，应该积极探索建立政企合作的电力设施保护新模式。如某局通过积极努力，电力设施保护工作得到了地方政府的强力支持，在全国首创“政企合作”的输电设备保护新模式，地方政府发文明确规定各地（县）市安监局为当地电力设施保护的执法主体，将输电设备保护责任纳入各级政府绩效考核，从根本上提高了输电设备隐患整治力度，取得了突出的成效。

（3） 建立危险点预控体系和特殊区域管理。线路运行部门应按照各输电设备途径的地理环境及特殊地段，根据外力破坏的类型建立不同的特殊区域，并根据季节性、区域性等特点，制定相应有效的预防控制措施，将其纳入各自的危险点数据库，进行滚动管理。如对开发区、大型施工区等开发建设，应根据实际情况及时发隐患通知书，并缩短巡视周期，待隐患消除后再延长巡视周期；对于毛竹生长季节应根据毛竹速长的特点加强季节性特巡，防患于未然，同时对某些可以采取加塔顶高或升高改造杆塔处，运行单位应积极采取措施，由于竹类的生长高度基本固定，采用升高杆塔措施能一劳永逸地取消该危险点的方法之一。

（4） 对于申请临时用电的施工单位，电力部门内部应采取联手协防的措施，由生技、营销部门联合下文，明确下属供电营业所在接纳施工单位的用电申请流程中，增加输电线路运行单位在申请流程表中的审查签发栏，由线路运行单位核查施工现场有否危及线路安全运行隐患，若建筑施工项目是有规划且批准的合法工程时，虽然是建在线路通道内时，供电单位与施工用电单位应签订防护措施（措施由输电运行单位审核）、责任归属和停电整顿条件和流程，并缴纳责任保证金，从而促使施工单位控制塔吊、钢筋的对带电导线的安全距离。

（5） 加强设备本体防外力破坏水平。如对防止偷盗事故发生的是杆塔、拉线本体，应积极做好防盗措施。如杆塔本体可根据实际情况提高杆塔防盗螺栓的安装高度，甚至可将塔身段全部安装成防盗螺栓；为防范拉线 UT 形线夹被盗，可在 UT 形线夹螺栓上安装防盗装置；为防止树木风偏碰线，可根据需要在档距间增加直线塔顶高或原塔升高改造，从而一次性消除该隐患，减少线路巡视工作量。

（6） 加大线路警示牌的安装与维护工作。主要包括两个方面内容：一是必须确保杆塔本体杆号牌、警示牌的规范和完整；二是在线路通道危险点附近应及时安装、更新相应的警示标志，如发现有在杆塔周围取土的隐患时，应及时布置“严禁取土”警示标志，并用安全围栏做好相应的区域管理；在线路交跨鱼塘、水库时，应在线路下方或沿线安装“严禁垂钓”等警示标志，并应在各个路口安装相应的警示标志。通过规范、及时、必要的警示标志，可以大大降低外力故障发生率。同时按民法高危险度行业法律责任的要求，对每个鱼塘业主和村委会，邮寄电力设施隐患通知书，告之高压线路的危害性，如何防范的措施等，以规避企业风险。

（7）积极探索在线监控等新型防外力破坏技术。各线路运行部门应根据实际需求，积极应用输电线路危险点在线实时监控、防盗报警等新技术，建立外力破坏危险点的实时监控平台。某局针对近些年来输电线路走廊内影响输电设备安全运行的各类威胁、隐患问题日益突出，自 2005 年开始实施输电线路危险点在线实时监控系统的开发和应用，及时发现并迅速处置了塔基被挖等重大隐患，实现了输电线路危险点的实时监控，从而可以全面及时地掌控输电设备危险点的风险度，减少了运行维护工作量，降低了生产成本，提高了输电线路供电可靠性。

（8）建立健全群众护线员制度，加强对群众护线员队伍的动态管理，组成一支能深入基层，熟悉乡情的乡（镇）的、以线路沿线居民为主的护线员队伍。群众护线员是对专职护线工作的一种有益补充，通过工程技术人员定期给义务护线员讲授输电线路维护知识课，利用护线员居住在线路附近、地理环境熟悉、线路设备可随时监控的有利条件，建立奖惩分明的激励机制，充分发挥义务护线员对输电设备巡查、报警的积极性，及时弥补了野外设备大部分时间无人看管的现状，可以大幅度提高设备安全健康运行。

【思考与练习】

1. 外力破坏有哪些类型？
2. 防范外力破坏有哪些措施？
3. 交跨碰线破坏有哪些种类？

◢ 模块 11 国家电网公司“十八项反措”（2018 版）（Z05G5011Ⅲ）

【模块描述】本模块介绍了国家电网公司“十八项反措”的主要内容。通过对设计、运行的内容分析，掌握输电线路“十八项措施”的内容。

【模块内容】

《国家电网公司十八项电网重大反事故措施（试行）》（国家电网设备〔2018〕979 号）（以下简称“十八项反措”），在防范电网重特大安全生产事故，确保电网安全运行和可靠供电方面发挥了重要作用。但随着电网快速发展，新技术、新设备的广泛应用，电网和设备运行出现了一些新情况，暴露出一些新的安全隐患和风险；电网外部环境发生了变化，电网安全生产面临一些新的风险和问题，对公司防范各类灾害和事故的能力提出了迫切要求。为适应电网发展需要，进一步提高电网安全水平，在全面分析公司 2012 年以来各类事故的基础上，国家电网公司组织对其进行了全面修订。2018

年 11 月 9 日发布了《国家电网公司十八项电网重大反事故措施（2018 版）》。

一、国家电网公司“十八项反措”制订背景

（1）国家安全生产法规制度不断完善，对公司安全生产工作提出了新的更高要求。

2006 年以来，国务院、国家有关部委出台了一系列安全生产法规制度，对企业安全生产提出了新的要求。2007 年，国务院发布《生产安全事故报告和调查处理条例》（中华人民共和国国务院令第 493 号），对事故等级作出重新划分；2008 年，国资委出台《中央企业安全生产监督管理暂行办法》（国务院国有资产监督管理委员会第 21 号令），对中央企业安全生产工作责任、工作基本要求、工作报告制度、监督管理与奖惩等做出明确规定；2011 年 9 月 1 日，《电力安全事故应急处置和调查处理条例》（中华人民共和国国务院令第 599 号）正式施行，对电网企业安全生产提出了更高要求。因此，加强电网、设备运行管理，不断完善防范重特大事故的制度标准，确保各项措施落实到位，是公司落实国家安全生产法规要求的必然举措。

（2）电网外部环境发生了变化，对公司防范各类灾害和事故的能力提出的迫切要求需要在重大反事故措施中落实。一是自然环境恶化，迫切需要提高电网设备抵御各类灾害的能力。二是社会各界对电网安全供电的要求日益提高，迫切需要提高电网设备安全运行水平。

（3）特高压电网快速发展和公司建设“世界一流电网、国际一流企业”的战略目标，对公司全面实施反事故措施提出了新的要求。

一是特高压电网快速发展。特高压成网初期结构薄弱，抵御灾害能力不强，设备单一元件故障将导致潮流大范围转移，由此引起电网事故风险较大，设备管理面临严峻挑战。

二是新设备、新技术广泛应用。“十一五”期间电网高速发展，公司电网和设备规模翻了一番，大容量变压器、GIS、SF_6 互感器、数字化变电站等新设备、新技术广泛应用，部分厂家产品质量不稳定，新设备故障多发，设备全过程质量管控亟待进一步加强。

三是公司生产方式发生较大变化。公司系统全面推行状态检修，但设备状态监测的手段、方法仍不完善，装备水平和队伍素质都亟待提高；变电站无人值班、集中监控和调控一体化的加快推进，设备运维模式发生巨大变化。

二、国家电网公司“十八项反措”指导思想

坚持“安全第一、预防为主、综合治理”方针，贯彻落实国家安全生产有关法规和公司安全生产管理规程规定及相关要求，特别是《电力安全事故应急处置和调查处理条例》（中华人民共和国国务院第 599 号）的要求，以防止发生重大电网事故、重大设备损坏事故和人身伤亡事故为重点，全面总结近六年来电网安全生产工作暴露的安全隐患，针对电网安全生产中的突出问题，及时修订完善反事故措施，有效指导电网规划设计、设备选型、安装调试、设备运维以及技改检修等工作。

三、国家电网公司“十八项反措”制订的主要原则

（1）以防止重大电网、设备、人身事故为重点。

（2）突出强化设备全过程管理，从规划、设计、制造、安装、调试、运行维护、技改大修等各环节提出反事故措施和要求。

（3）确保反事故措施的针对性、有效性和权威性。

（4）确保反事故措施有可操作性。

四、国家电网公司“十八项反措”涉及输电线路部分内容解读

国家电网公司“十八项反措”中涉及输电线路部分的共有七章，其中第一章防止人身伤亡事故、第十四章防止接地网和过电压事故、第十七章防止垮坝、水淹厂房事故、第十八章防止火灾事故和交通事故为公共部分，第六章防止输电线路事故、第七章防止输变电设备污闪事故、第十三章防止电力电缆损坏事故。

防止人身伤亡事故：重点防止发生重大及以上人身伤亡事故，针对电网发展的新趋势、新特点和暴露出的新问题，结合国务院、国家有关部委以及公司近五年发布的法律、法规、规范、规定、标准和相关文件提出的新要求，修改、补充和完善相关条款，对原条文中已不适应当前电网实际情况或已写入新规范、新标准的条款进行删除、调整。新版国家电网公司“十八项反措”从“防止绝缘击穿”“防止电缆火灾”“防止外力破坏和设施被盗”等七个方面提出了21条反措。

防止输电线路事故：2005 年发布的《国家电网公司十八项电网重大反事故措施》（国家电网生技〔2005〕400 号），与输电线路相关的内容相对较少，主要集中在“防止输电线路事故”章节内。但近年来，随着输电线路规模不断扩大，极端恶劣气候时有发生，输电线路外部环境日益复杂，导致输电线路出现新的故障形式、线路运维出现新特征，迫切需要结合新近出现的隐患、缺陷及故障形式，对原有内容进行扩充、修编，根据事故类型，从防止倒塔事故，防止断线事故，防止绝缘子和金具断裂事故，防止风偏闪络事故，防止覆冰、舞动事故，防止鸟害闪络事故，防止外力破坏事故六个方面提出措施和要求。在防止输电线路事故的基本要求中，采用了最新的线路设计、施工、运行规范、规程，依据 GB 50545—2010《110～750kV 架空输电线路设计规范》引入了有关差异化设计的内容，突出了加强战略性通道的设计等内容。DL/T 741—2019《架空输电线路运行规程》对原有的内容进行了修订，特别增加了输电线路状态管理及新技术应用等内容，对于防止输电线路事故具有重要意义。此外，基本要求中还增加了 DL/T 5440—2009《重覆冰架空输电线路设计技术规程》，是针对 2005 年、2008 年两次冰灾对电网造成的重大损失而提出的。

防止输变电设备污闪事故：从输电线路的设计、基建、运行方面出发，按照 GB/T 26218.1～3《污秽条件下使用的高压绝缘子的选择和尺寸确定》、Q/GDW 152—2006《电力系统污区分级与外绝缘选择标准》要求，阐述了输变电设备防污闪事故的要求及在设计、基建、运行阶段应采取的相关措施。

防止电力电缆损坏事故：随着电网发展特别是城市电网的建设和发展，电力电缆的使用越来越多，电力电缆的安全运行更加重要，在分析历年电力电缆损坏事故的基础上，针对防止电缆绝缘击穿事故、防止电缆火灾、防止外力破坏和设施被盗、防止单芯电缆金属护层绝缘故障四类问题，从规划设计、基建施工、运行等环节提出 48 条反事故措施，其中防止电缆火灾内容，结合制造工艺的现状、运行经验，对 2005 年版《十八项反措》中防止电缆火灾内容做了较大幅度的修订、补充。条文为防止电力电缆损坏事故，严格按照 GB 50217《电力工程电缆设计规范》、GB 50168《电力装置安装工程电缆线路施工及验收规范》、GB 50229《火力发电厂与变电所设计防火规范》、Q/GDW 371《10（6）～500kV 电缆技术标准》、Q/GDW 512《国家电网公司电力电缆线路运行规程》、Q/GDW 168《国家电网公司输变电设备状态检修试验规程》等标准及《国家电网公司电缆通道管理规范》（国家电网生〔2010〕637 号）等有关规定进行编制。

防止接地网和过电压事故：为了防止接地网和过电压事故，根据近年来相关技术标准、规范，以及近几年的一些接地网和过电压事故情况，按最新标准 DL/T 475—2006《接地装置特性参数测量导则》修订防止接地网和过电压事故的反事故措施。防止接地网和过电压事故措施分为六部分，即防止接地网事故、防止雷电过电压事故、防止谐振过电压事故、防止变压器过电压事故、防止弧光接地过电压事故、防止无间隙金属氧化物避雷器事故，反事故措施尽量按照设计、基建、运行三个不同阶段分别提出。条文为防止接地网和过电压事故，严格按照 DL/T 621—1997《交流电气装置的接地》、DL/T 475—2006《接地装置特性参数测量导则》、DL/T 620—1997《交流电气装置的过电压保护和绝缘配合》、DL/T 393—2010《输变电设备状态检修试验规程》、DL/T 596—1996《电力设备预防性试验规程》进行编制。

防止火灾事故和交通事故：针对国家电网公司系统的新特点和暴露出的新问题，结合近五年下发的法律、法规、规范、规定、标准和相关文件提出的新要求，修改、补充和完善相关条款。对原条文中已不适应当前电网实际情况或已写入新规范、新标准的条款进行删除、调整。“防止火灾事故”方面强调制度建设，增加了培训、演练和演习等举措内容；依据国家电网公司安全生产新要求，增加隐患排查工作机制内容；增加大物流管理防火内容；针对电网企业建筑设施的新特点提出高层建筑及调度楼防火要求。“防止交通事故”方面依据交通发展的实际情况和近年来发生的恶性交通事故案例提出了加强大型活动、作业用车和通勤用车以及大件运输、大件转场等高风险交通运输作业的安全防范要求。

【思考与练习】

1. 国家电网公司“十八项反措”指导思想是什么？

2. 国家电网公司“十八项反措”涉及输电线路的共有几章，分别是什么？

3. 国家电网公司“十八项反措”中防止输电线路故障中共有几部分，分别是什么？

4. 国家电网公司“十八项反措”中防止输电线路故障中较旧版反措增加了哪些内容？

5. 国家电网公司“十八项反措”中防止电力电缆损坏事故中共有几部分，分别是什么？

第四部分

输电线路检修及应急处理

第十六章

输电线路在线监测

模块 1　输电线路在线监测知识概论（Z05H1001Ⅰ）

【模块描述】本模块包含输电线路在线监测的基本知识，在线监测技术基本原理、监测系统基本组成、技术标准和监测系统功能要求等。

【模块内容】

近年来，在线监测在电力系统中越来越受到有关管理、科研、运营和工程技术人员的重视。主要有以下几方面的原因：由于电力设备的故障，不仅会造成供电系统意外停电而导致电力公司经济效益减少，且可能造成用户的重大经济损失和抱怨，因此迫切需要做到有计划的维护和停电；电力部门希望尽量延长电力设备的维护间隔、缩短维护时间，从而缩短停电时间，减少因停电维护而造成的影响，增加经济效益；这些因素促使电力系统采用在线监测技术。电力设备的在线监测是利用各种传感器和测量手段对设备运行状态进行检测，其目的是为了判明设备是否处于正常状态。

“在线监测”是特征量的收集过程，而“故障诊断”是特征量收集后的分析判断过程。

状态检修从理论上讲是比预防检修层次更高的检修体制。状态检修是基于设备的实际工况，根据其在运行电压下各种绝缘特性参数的变化，通过分析、比较来确定电气设备是否需要检修，以及需要检修的项目和内容，具有极强的针对性和实时性。因此，可以简单地把状态检修概括为“当修即修，不做无为检修”。

目前，大多认为在线监测检修主要包含在线监测、状态分析与故障诊断、检修决策等 3 个单元，其相互之间协调和修正，但状态检修技术随着在线监测技术的不断发展而逐渐进入实用化。与状态分析密切相关、能直接提高状态检修工作质量的理论与技术主要包括 4 个方面的内容，即线路检修准测、设备寿命管理与预测技术、设备可靠性分析技术、专家系统。

目前输电线路状态检修还不能仅完全依赖在线监测的结果，其原因主要：一是在线监测系统本身还处于研发及试运行阶段；二是在线诊断的专家系统还处于不断完善的过程；三是设备老化及寿命预测的研究还处于初期阶段；四是在线监测系统的技术标准、诊断导则以及专家系统的智能化程度尚有一个形成及发展过程。

目前及相当长的一个时期内，需要系统而深入地不断总结和分析设备状态诊断所积累的大量诊断数据，制定出各种设备、各种自然灾害的诊断标准和使用导则，经过若干年的实践与修订后，再与在线监测结果进行全面的分析对比，才可能进入真正的设备状态在线诊断新阶段。这个漫长过程还需要多少时间，关键取决于在线监测系统的稳定性、精确灵敏度、智能程度及满足工程需要的工艺水平。

一、输电线路在线监测技术基本原理

在线监测技术基本原理可简述如下：污秽积累、缺陷发展、自然灾害等对输电线路的破坏大多具有前期征兆和一定的发展过程，表现为设备的电气、物理、化学等特性有少量渐进的变化，及时采集相应信息进行处理和综合分析后，根据其数值的大小及变化趋势，可预测设备的可靠性和剩余寿命，从而能及早发现潜伏故障，必要时可提供预警或报警信息。由于输电设备种类较多，结构差异很大，因此要求采用各种不同形式的传感器，将被测信号（电量和非电量）抽取出来，转换成监测装置可以监测的信号，并通过电缆送入监测系统，系统工作示意图如图 16–1–1 所示。

二、输电线路在线监测系统基本组成

输电线路在线监测系统采用光纤传感、电子测量、无线通信、太阳能新能源及软件等创新技术，在线监测系统基本组成如图 16–1–2 所示，实现对导线覆冰、导线温度、导线弧垂、导线微风振动、导线舞动、次档距振荡、导线张力、绝缘子串风偏（倾斜）、杆塔应力分布、杆塔倾斜、杆塔振动、杆塔基础滑移、绝缘子污秽、环境气象、图像（视频）、杆塔塔材被盗等状况的实时在线监测。

输电线路在线监测系统通常包含监测单元、在线监测基站、监测管理平台等，是典型的二级网络结构。其工作过程如下：在导地线、绝缘子、杆塔上安装监测单元，实时或定时将受控监测设备的状态数据及气象环境等信息，通过无线传感器网络发送至装在杆塔上的在线监测基站，基站再通过无线传输通信网络将信息数据发送至监测管理平台，监测管理平台对信息进行储存、分析处理、显示及预警。监测管理平台也可发出控制指令，通过监测基站控制监测单元进行数据采集，或改变检测单元的工作状态。

监测单元：监测单元是基于各种监测原理的传感器及测量装置，如微气象条件监测单元、导线温度监测单元、盐密监测单元等。监测单元能进行相应状态参量的采集、测量，通常设置有短距离无线通信接口，用来与在线监测基站进行数据通信。

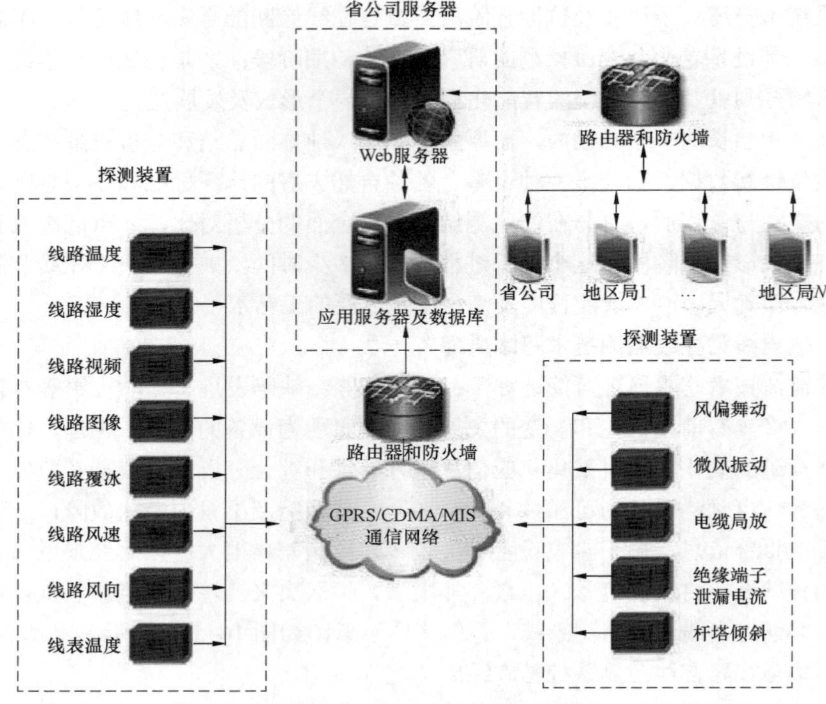

图 16–1–1 输电线路在线监测系统工作示意图

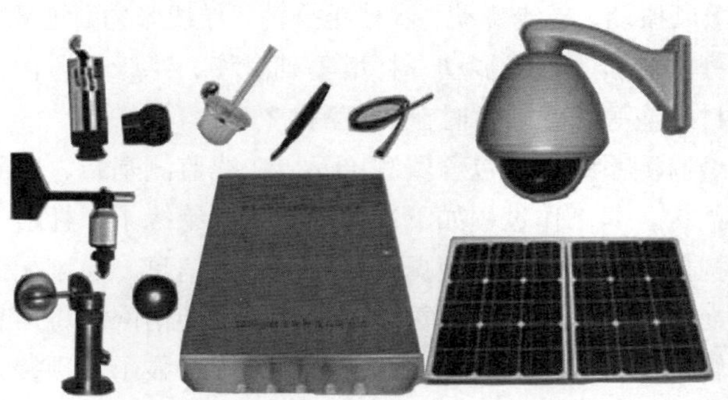

图 16–1–2 在线监测系统基本组成

在线监测基站：在线监测基站接收现场监测单元的实时数据，实现无线传感器网络和后端通信网络两个协议栈的转换，并经过相应的转换，转变为后端协议，将数据发送到监测管理平台。基站还可以接受后端监测管理平台的指令及对现场做出的判断，按一定的工作模式，发送控制指令，控制监测单元采集数据，还可以改变监测单元节点的运行状态。

监测管理平台：监测管理平台集成通信控制子系统、数据库平台、数据分析子系统和星系发布子系统等，按照数据信息的流程分为数据采集层、数据处理层、数据中心层、数据分析层和状态评估及检修层。

监测单元、在线监测基站及监测管理平台等系统组成部分，所采用的传感器技术、装置的供电技术、信息传输处理及诊断技术，是在线监测装置的关键技术。

系统采用模块化设计，可以独立使用，也可自由组合，功能模块组合如图 16–1–3 所示。

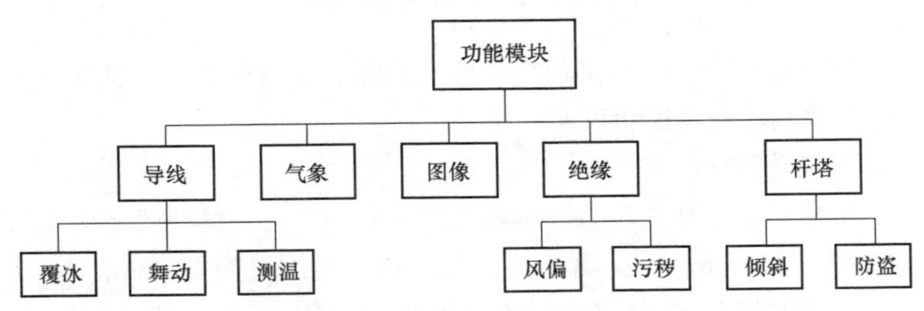

图 16–1–3　功能模块组合

三、输电线路在线监测技术标准

Q/GDW 242—2010《输电线路状态监测装置通用技术规范》。

四、监测系统保障

1. 监测装置电源实现

（1） 监测装置采用太阳能对蓄电池浮充的方式进行供电，对日照照射相对较弱地区也可同时采用太阳能及风能对蓄电池进行充电的方式进行供电。

监测装置安装于铁塔上，安装较为困难，因此减小设备体积及重量成为监测装置设计首要考虑的因素。监测装置采用超低功耗技术，装置待机电流保持在 20mA（12V）以内，因此在同等容量电源条件下，装置可连续运行时间比其他产品长 30%以上。正常情况下数据采集装置配置 12V 33AH 电池即可连续运行 30 天以上，且具备体积小、重量轻的特点，有利于现场安装。

监测装置电池产品不断更新中，建议使用时综合比较，选用绿色环保电池，电源系统示意图如图 16–1–4 所示。

（2） 安装在导线上的监测装置采用以下两种方式进行供电：

1）特种高能电池：采用进口特种高能电池进行供电，体积小、重量轻、耐高低温，使用寿命达 8 年以上。

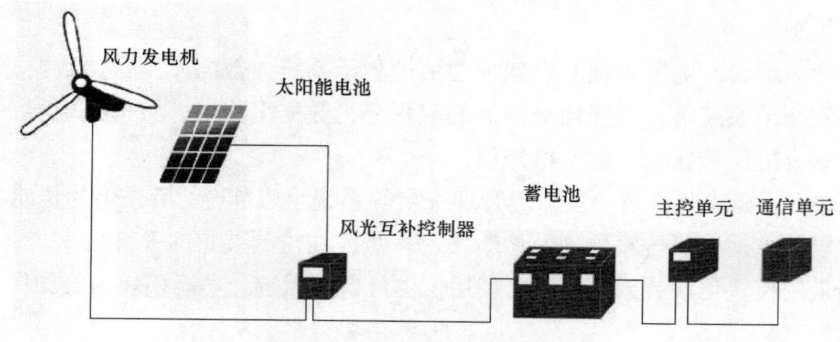

图 16–1–4 电源系统示意图

2）感应取能对蓄电池充电：采用高能感应线圈取电及对蓄电池进行浮充的方式进行供电，取电效率高，通信模块可实时在线。

2. 监测装置通信技术

（1）数据采集单元（导线温度、导线舞动、导线张力、导线弧垂等）与塔上监测装置之间采用RF、Zigbee、WiFi等方式进行通信，通信距离1～3km。

（2）塔上监测装置与CMA（状态监测代理）之间采用RJ45、RF、Zigbee、WiFi等方式进行通信。

（3）CMA或集成有CMA功能的监测装置与CAG（状态信息接入网关机）之间采用OPGW、WiFi、GPRS/CDMA/3G、卫星等方式进行通信。具备光纤接入条件杆塔上的监测装置，采用光端机将杆塔上的数据传输至中心CAG，实现数据落地；不具备光纤接入条件杆塔上的监测装置通过无线（WiFi）网络将各监测装置数据汇总至有光纤接入杆塔上的监测装置，利用光交换机将无线监测装置数据传输至中心CAG。系统分层通信分层结构图如图16–1–5所示。

3. 监测装置工作条件

（1）工作温度：–45～+70℃。

（2）环境温度：–40～+50℃。

（3）相对湿度：5%RH～100%RH。

（4）海拔高度：≤4000m。

（5）大气压力：500～1100hPa。

（6）风速：≤75m/s。

（7）防护等级：IP66。

（8）振动峰值加速度：10m/s^2。

（9）电池电压：DC 12V。

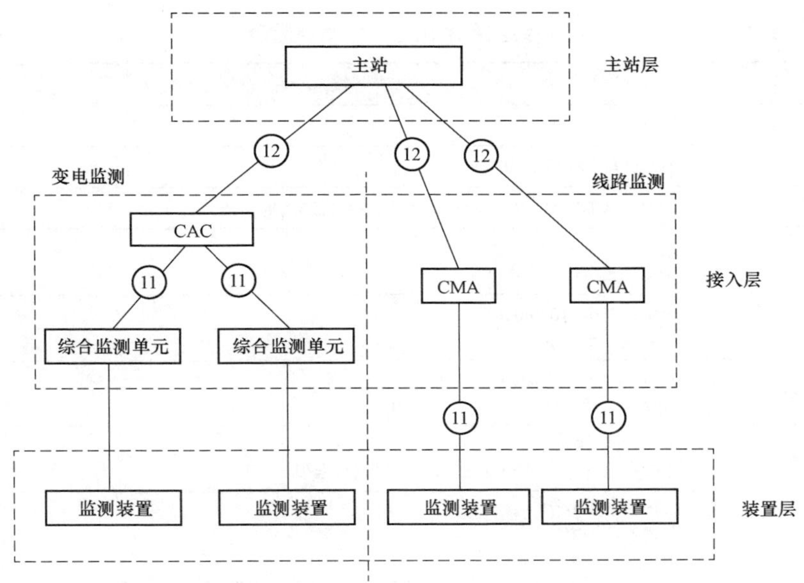

图 16–1–5　系统分层通信分层结构图

五、监测装置系统主要功能

（1）能探测空气温度。

（2）能探测线表温度（高压终端场专用）。

（3）能探测湿度。

（4）能探测风速和风向。

（5）能探测气压。

（6）能探测雨量。

（7）能探测绝缘子的泄漏电流，计算出污闪告警。

（8）能探测覆冰的厚度，计算覆冰告警。

（9）能上传视频图像或图片，实时监控现场。

（10）具备太阳能供电。

（11）具备防雷击设计。

（12）设计防腐、防高磁、防高压。

（13）传输通信通道可以兼容 PRS、CDMA、3G、Internet 或性能更优越的通信形式。

六、主要技术参数

在线监测系统主要技术参数见表 16–1–1。

表 16–1–1 在线监测系统主要技术参数表

名称	技术指标
工作电压	DC12V
功率	6W（瞬间 MAX：30W）
通信方式	GPRS、CDMA、3G、Internet 或性能更优越的通信方式
温度	范围：–40～+60℃ 精度：±0.5℃
气压	范围：550～1060hPa 准确度：±0.3hPa
湿度	范围：10%～90%RH 精度：±3%RH
风速	范围：0～60m/s 精度：±（0.5+0.03V）m/s，v 为风速标准值
风向	范围：0°～360° 分辨率：±3° 准确度：±5°
雨量	降水强度：0～4mm/min 准确度：±0.4mm
泄漏电流	范围：1mA～10A 精度：小于 3% 采样率：0～10kHz
覆冰	量程：7、16、21、32t 范围：5%～100%FS（线性工作区间） 示值误差 δ'（%FS）：±0.50 重复性 R'（%FS）：0.50 长期稳定性（%FS）：±0.50
摄像机	摄像（照相）机传感器：1/4″ CCD 水平清晰度：不低于 480 线，采用低照度摄像机 视频分辨率：D1，640×480，可根据用户要求调整 摄像机镜头：用户在后台可实现对摄像机方位、焦距、光圈、景深、云台预置位的远程设置和控制；系统配置的云台有不少于 64 个预置位 监视角度：水平 0°～355°，垂直 90°连续可调 变焦率：18 倍光学变倍/22 倍电子放大 照片格式：JPEG
平均无故障时间	50 000h

【思考与练习】

1. 简述输电线路在线监测技术的基本原理。
2. 简述输电线路在线监测系统的基本组成。
3. 简述输电线路在线监测装置的主要功能。

模块 2　输电线路状态监测与故障诊断系统（Z05H1002Ⅱ）

【模块描述】本模块包含输电线路状态监测与故障诊断系统的结构与组成及其相关知识，通过在线监测装置、在线监测代理和主站系统讲解，掌握在线监测与故障诊断系统的原理及应用情况。

【模块内容】

输电线路在线监测与故障诊断是指直接安装在线路设备上可实时记录表征设备运行状态特征量的测量、传输和诊断系统，是实现输电线路状态监测、状态检修的重要手段。

一、在线监测、状态监测和状态检修

目前存在一个认识误区，认为在线监测就是状态监测，其实在线监测并不等同于状态监测，更不是状态检修。在线监测是通过在线监测装置（各种在线监测技术）在不影响设备运行的前提下实时获取设备的状态信息，它是状态监测的重要信息来源。目前状态监测包括在线监测、必要时的离线检测及试验，以及不与运行设备直接接触的（如 GPS 巡检、图像、红外监测等）所有可得到运行状态数据的几种监测手段。

设备的“故障诊断”：根据状态监测所得到的各测量值及其运算处理结果所提供的信息，采用所掌握的关于设备的知识和经验，进行推理判断，找出设备故障的类型、部位及严重程度，从而提出对设备的维修处理建议。

状态检修从理论上讲是比预防检修层次更高的检修体制。状态检修是基于设备的实际工况，根据其在运行电压下各种绝缘特性参数的变化，通过分析比较来确定电气设备是否需要检修，以及需要检修的项目和内容，具有极强的针对性和实时性。因此，可以简单地把状态检修概括为“当修即修，不做无为检修”。目前大多认为状态监测检修主要包含状态监测、状态分析与故障诊断、检修决策等三个单元，其相互之间协调和修正，但状态检修技术随着在线监测技术的不断发展而逐渐进入实用化。与状态分析密切相关、能直接提高状态检修工作质量的理论与技术主要包括 4 个方面的内容，即线路检修准则、设备寿命管理与预测技术、设备可靠性分析技术、专家系统。

1. 状态监测与故障诊断的意义

状态监测与故障诊断技术的由来及发展，与十分可观的故障损失以及设备维修费密切相关，而状态监测与故障诊断的意义则是有效地遏制了故障损失和设备维修费用。具体可归纳如下几个方面：

（1）及时发现故障的早期征兆，以便采取相应的措施，避免、减缓、减少重大事故的发生。

（2）一旦发生故障，能自动记录下故障过程的完整信息，以便事后进行故障原因

分析，避免再次发生同类事故。

（3）通过对设备异常运行状态的分析，揭示故障的原因、程度、部位，为设备的在线调理、停机检修提供科学依据，延长运行周期，降低维修费用。

（4）可充分地了解设备性能，为改进设计、制造与维修水平提供有力证据。

提高电气设备的可靠性，一是提高设备的质量，二是进行检查和维修。最早是发生事故后才维修，称事故维修。但突发性事故损失大。目前广泛采用定期检查和维修的制度，称为预防性维修制度。电力系统中当前推行的预防性试验是离线进行的。其缺点是：① 需停电进行。而不少重要的电力设备，轻易不能停止运行。② 周期性进行。设备仍有可能在试验间隔期间发生故障，即造成“维修不足”。③ 停电后设备状态（如作用电压、温度等）和运行中不符，影响判断准确度。④ 定期的试验及维修有时是不必要的，造成了人力、物力的浪费，即造成“过度维修”。

因此，目前正在发展以状态监测（通常是在线监测）和故障诊断为基础的状态维修。其基本原理可简述如下：设备的劣化、缺陷的发展虽然具有统计性，发展的速度也有快慢，但大多具有一定的发展期。在这期间，会产生各种前期征兆，表现为其电气、物理、化学等特性发生少量渐进的变化。随着电子技术、计算机技术、光电技术、信号处理技术和各种传感技术的发展，可以对电气设备进行在线的状态监测，及时取得各种即使是微弱的信息。对这些信息进行处理和综合分析后，根据其数值的大小及变化趋势，可对设备的可靠性随时作出判断和对设备的剩余寿命作出预测，从而能早期发现潜伏的故障，必要时可提供预警或规定的操作。状态监测（在线监测）与故障诊断技术的特点是可以对电气设备在运行状态下进行连续或随时的监测与判断，故可避免上述预防性试验的缺点。

在线监测和离线试验也不是对立的，而是相辅相成的。如在线监测中发现事故隐患后，必要时在离线状态下进行更为彻底的全面检查。

采用状态监测与故障诊断技术后，可以使预防性维修向预知性维修即状态维修过渡，从“到期必修”过渡到“该修则修”。

状态监测与故障诊断技术的困难主要是：干扰的抑制；正确确立故障判据。

状态监测与故障诊断技术除需对设备本身结构及失效机理有深入了解外，也需应用传感、微电子等高新技术，是具有交叉学科性质的一门新兴技术，有重大的学术意义和显著的经济价值。

2. 输电线路状态检修所需的技术支持

（1）状态信息库的建立。输电线路状态信息库的建立是进行状态检修的基础，所有采集的线路状态信息必须要进入信息库进行管理，输电线路状态信息库包含的内容是非常复杂和详细的。完善输电线路生产管理系统（MIS）和输电线路地理信息系统

（GIS）数据，运行人员要及时把巡视情况和各种测试记录录入系统，使系统能够正确反映线路的状态，以便进行检修决策。

输电线路地理信息系统（GIS）、输电线路生产管理信息系统（MIS）已在各地推广使用，线路的状态信息都已进入系统，可以实现对状态数据的管理，已成为我们日常工作中不可缺少的工具和得力助手。输电线路状态信息综合评估系统和整个供电企业的管理系统目前已初步研发成功，尚不成熟，所以状态评估和检修决策这部分工作要由人工来完成。状态评估每季度进行一次，汇总线路的状态数据，根据《架空输电线路设备评级管理办法》对线路进行评级，根据评级的结果，有针对性地提出线路升级方案和下一年度的大修、改进项目。

（2）复杂大系统的可靠性评价。电力系统是一个复杂的大系统，综合的可靠性评估是关键技术，也是可靠性工程的重要组成部分，可靠性评估是根据设备的可靠性结构、寿命模型及试验信息，利用统计方法和手段，对评价系统可靠性的性能指标给出估计的过程。

对复杂大系统的可靠性评估一直是难题，主要原因是由于费用和试验组织等方面的原因，不可能进行大量的系统级可靠性试验，而只能利用单元试验信息，如何充分利用单元和系统的各种信息对系统可靠性进行精确的评估是相当复杂的问题。

（3）故障严重性分析。现在对故障、缺陷的评定方法还都是以人为主的办法来区分。由于区分故障严重性是确定设备是否退出运行的关键性指标，因此还需要进一步深入研究线路的故障严重性分类及其分析方法，同时建立故障分析的仿真模型，建立具有人工智能的判据库，实现故障的诊断和预测。

（4）积极开展带电作业。现今带电检修设备的技术逐步提高，如果实现部分元件的带电检修，就可以提高线路运行的可用率，保证整个系统的可靠性。现在电力线路可以带电检修80%的检修任务，因此需要进一步进行带电作业工作的研究。

（5）寿命估计。对设备寿命估计是对线路更新的基本依据，目前所采用的基本方法是在大量的实验基础上利用概率的相关知识。如使用CICGEⅡ方法对绝缘子老化进行估计，从而得到设备的剩余寿命。

3. 输电线路在线监测技术

最近几年，随着电力系统状态检修工作的开展和智能电网的建设，输电线路在线监测技术得到迅速发展。2008年初的罕见冰雪灾害发生后，国家电网公司、南方电网公司均加大了对输电线路覆冰、舞动的研究投入，2010年国家智能电网规划总报告中提出加大对输电线路状态监测装置及其系统的研制开发，全面建成覆盖全网范围的总部和各网省公司输电设备状态监测系统，利用先进的测量、信息、通信和控制等技术，以线路运行环境和运行状态参数的集中在线监测为基础，实现对特高压线路、跨区电网、大跨越、灾害多发区的环境参数（温度、湿度、风速、风向、雨量、气压、图像等）和运行状态参数（污秽、风偏、振动、舞动等）进行集中实时监测，开展状态评估，实现灾害的预警。

（1） 在线监测技术重点和难点。

1）可靠性—现场运行环境、可靠性设计措施缺乏。

2）低功耗—现场环境的取能方式、免维护、小型化。

3）电源可靠性问题—铅酸蓄电池的局限性。

4）传感器特性和质量问题—新产品（缺运行经验）、老产品（民转恶）、安装方式（缺乏严谨性）。

5）干扰问题。

6）积累运行经验，完善专家系统，制订监测标准。

7）在线监测管理问题。

（2） 在线监测装置布点原则。

输电线路在线监测装置的现场布点应遵循必要性和科学性的原则，统筹考虑，优化设计。现场布点应在核心骨干网架的重载线路、战略输电通道、巡线或抢修困难地区、微地形微气象地区、采空区或地质不良区、重要跨越区段、外力破坏多发区等。在线路运行科学分析的基础上，选用安全可靠、技术先进、功能适用、维护方便的在线监测装置。各类型现场布点原则包括：

1）导线温度在线监测装置宜安装在需要提高线路输送能力的重要线路和跨越主干铁路、高速公路、桥梁、河流、海域等区域的重要跨越段。

2）导线弧垂在线监测装置宜安装在需验证新型导线弧垂特性的线路区段和曾因安全距离不足导致频发故障（如线树放电）的线路区段。

3）导线覆冰在线监测装置宜安装在重冰区部分区段线路和迎风山坡、垭口、风道、大水面附近等易覆冰特殊地理环境区，还可安装在与冬季主导风向夹角大于 45°的线路易覆冰舞动区。

4）微风振动在线监测装置宜安装在跨越通航江河、湖泊、海峡等的大跨越，可观测到较大振动或发生过因振动断股的档距。

5）舞动在线监测装置宜安装在曾经发生舞动的区域，也可安装在与冬季主导风向夹角大于 45°的输电线路、档距较大的输电线路，还可按照大跨越或安装在易发生舞动的微地形、微气象区的输电线路。

6）杆塔倾斜在线监测装置宜安装在采空区、沉降区和不良地质区段，如土质松软区、淤泥区、易滑坡区、风化岩山区或丘陵等。

7）微气象在线监测装置宜安装在大跨越、易覆冰区和强风区等特殊区域区段（高海拔地区的迎风山坡、垭口、风道、水面附近、积雪或覆冰时间较长的地区），也可安装在因气象因素导致故障（如风偏、非同期摇摆、脱冰跳跃、舞动等）频发的线路区段，还可在传统气象监测盲区对于行政区域交界、人烟稀少区、高山大岭区等无气象监测台站的区域。

8）风偏在线监测装置宜安装在曾经发生过风偏放电的直线塔悬垂串或耐张塔跳线，也可安装在常年基本与主导风向（大风条件下）垂直的档距或常年风速过大的地区的线路，还可按照在对地风偏放电的线路。

9）现场污秽在线监测装置宜安装在现有的污区等级点，也可按照在范围内污染最严重的地点，还可安装在曾经发生过污闪事故或现有爬距不满足要求的区域。

10）图像/视频在线监测装置宜安装在外力破坏易发区（违章建房、开山炸石、吊车施工等外力破坏易发区域）、火灾易发区、易覆冰区、通道树木（竹）易生长区、偏远不易到达区和其他线路危险点、缺陷易发区段。

各类在线监测装置的选取应以实际需求为基础，对同一走廊多条线路或环境条件、气象条件相近地区，应统筹优化考虑现场布点，避免不必要的浪费。

各类在线监测系统一般均具有：先进的传感器技术、计算机与信息处理技术，GPRS/GSM 通信系统，专家分析系统及较为完备的数据信息库，同时专家分析系统可嵌入电力系统 MIS 网，查询方式灵活多样等功能。

目前输电线路全工况监测系统和输电线路 GIS 地理信息系统已在各地试运行和完善之中，有的已取得良好的经济效益，如湖南的输电线路覆冰视频监测系统在 2008 年冰害的预警、监测、辅助决策中发挥了一定作用。

二、设备在线监测与故障诊断系统的内容

设备在线监测与故障诊断系统以现代科学中的系统论、控制论、可靠性理论、失效理论、信息论为理论基础，以包括传感器在内的仪表设备和计算机为技术手段，结合监测对象的特殊性，有针对地对各运行参数进行连续监测，对设备状态做出实时评价，对故障提前预报并做出诊断，变故障停机为计划停机，减少停机或避免事故扩大化，使企业对设备的维修管理从计划性维修、事故性维修逐步过渡到以状态监测为基础的预防性维修，提高了企业设备管理现代化水平，创造了巨大的经济效益。

1. 状态监测与故障诊断系统分类和基本单元

监测与诊断系统按构造复杂程度可分成以下几种类型：① 简易式，如便携式据采集器等。② 以单片机为核心的监测装置。③ 以计算机为核心的监测系统，采用单台计算机代替单片机，直至发展为分级管理的分布式监测诊断系统。

监测与诊断系统包括以下基本单元：① 信息的检出及适配单元。由相应的传感器从待测设备上将采集到的信息传送到后续单元。对于固定式监测系统，因数据处理单元远离现场，故需配置专门的信息传输单元；对便携式检测装置，只需对信号进行适当的变换和隔离。检出反映设备状态的物理量（特征量）并将其转换为合适的电信号，向后续单元传送。② 数据采集及前置单元。对传感器变送来的信号进行预处理，主要是对混杂在信号中的干扰进行抑制以提高信噪比。对经过预处理的信号进行A/D转换及采集记录。③ 信息的传输单元。④ 数据处理单元。对所采集到的数据进行处理和分析，例如读取特征值，作时域频域分析、平均处理等，为诊断提供有效的数据。⑤ 诊断单元。对处理后数据及历史数据、判据、规程以及运行经验等进行分析比较，对设备的状态及故障部位作出判断，为采取进一步措施（如是否需要退出运行、安排维修计划等）提供依据，必要时提供预警。

由于特征量和状态不是一一对应，需作综合性的分析与判断，专家的经验会发挥重要作用。人工智能的重要分支C专家系统在诊断技术中的应用已得到重视。

2. 状态监测与故障诊断系统组成和架构（见图16–2–1）

（1）输电线路状态监测装置（CMD）。输电线路状态监测装置是一种满足测量数字化、输出标准化、通信网络化特征，具备自检、自恢复功能，能够实时采集输电线路本体运行状态、气象、通道环境等信息，并通过通信网络，将信息传输到状态监测代理装置或输电线路状态监测主站系统的测量装置，简称CMD。

（2）输电线路状态监测代理（CMA）。

CMA的一侧通常以RS485串行通信方式或者短距离无线通信方式接入以本杆塔为中心的周边一定范围内的各种输电线路状态监测传感器（跨厂家、跨专业甚至跨线路），接收它们发出的状态监测数据；一侧通过无线公网或基于OPGW等技术的沿线通信专网连接主站CAG，向CAG集中发送标准化后的状态信息。

CMA形态可分为：独立装置形态的CMA、嵌入组件形态的CMA、前置子系统形态的CMA三种，分别应用在不同的场合。输电线路状态监测代理–安全防护如图16–2–2所示。

（3）状态信息接入控制器（CAC）主要功能：① 实现整个在线监测系统的运行控制，以及站内所有变电设备的在线监测数据的汇集、综合分析、故障诊断、监测预警、数据展示（站端二级主站系统）、存储和标准化数据转发等功能。② 对站内在线监测装置、综合监测单元以及所采集的状态监测数据进行全局监视管理，支持人工召唤和定时自动轮询两种方式采集数据，可实现对在线监测装置和综合监测单元安装前和安装后的检测、配置和注册等功能。③ 建立统一的数据库，进行时间序列存盘，实现在线数据的集中管理，并具有与上层平台通信及站内信息一体化平台交互的接口。④ 系统具有可扩展性和二次开发功能，可接入的监测装置类型、监视画面、分析报表等不受限制；同时系统功能亦可扩充，应用软件采用SOA架构，支持状态检测数据分析算法添加、删除、修改操作，能适应在线监测与运行管理的不断发展。

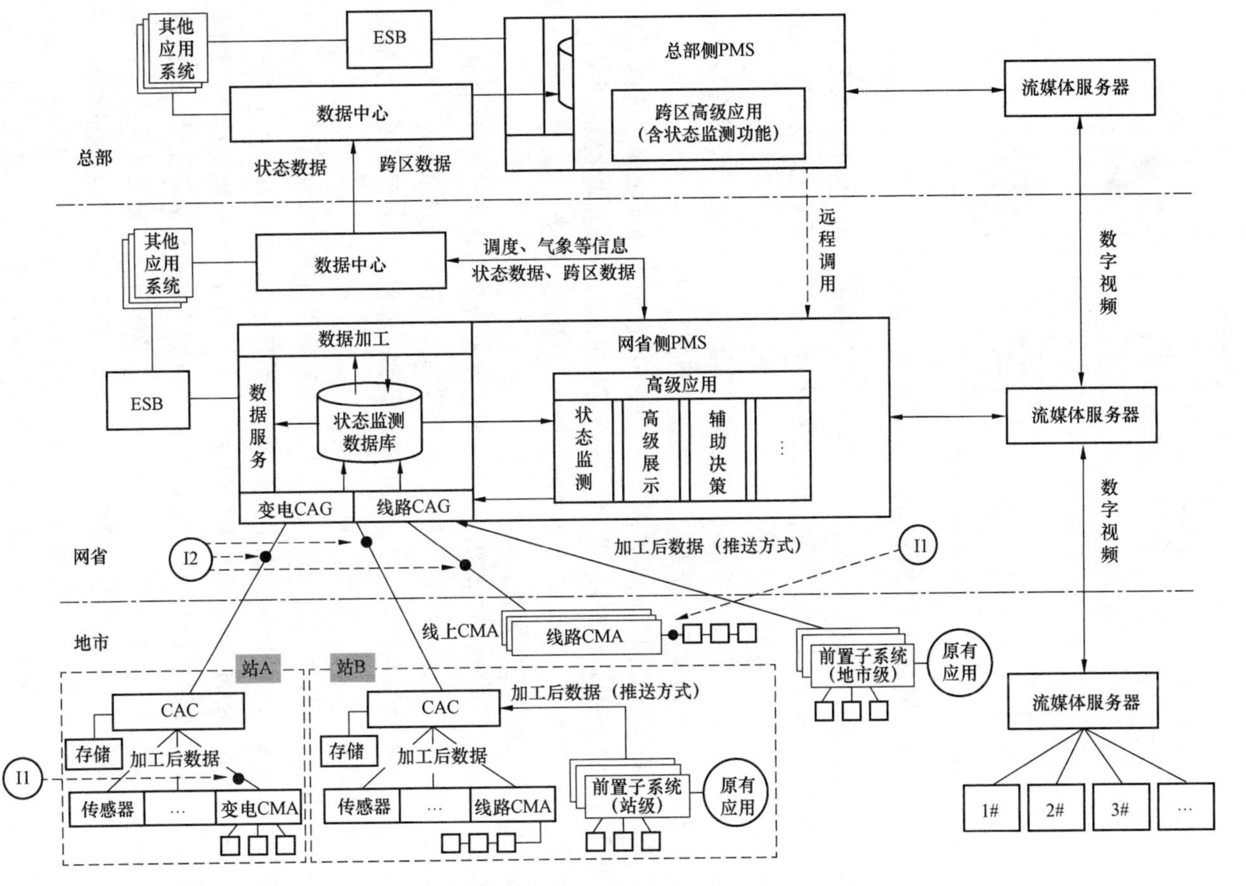

图 16-2-1　状态监测与故障诊断系统组成和架构

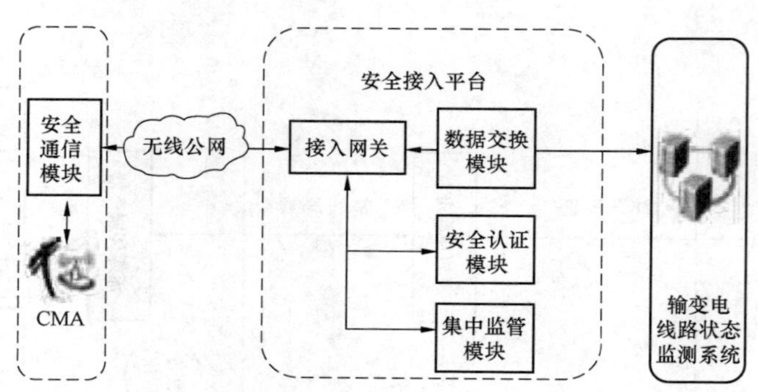

图 16–2–2 输电线路状态监测代理–安全防护

（4）状态信息接入网关机（CAG）。是部署在主站侧的，能以标准方式远程连接各类状态监测代理 CAC，接收它们所发出的标准化状态信息，并对它们进行标准化控制的计算机。

（5）视频监控系统。视频监控应用包括视频/图像预览、画面组合、云台控制、录像回放、报警显示、系统管理与配置、安全加密和日志管理。

（6）输电线路状态监测与故障诊断主站。状态监测应用功能主要包括以下几大类：① 基于图形的全局可视化展现类；② 基于设备对象的局部集成化展现类；③ 针对单体设备的状态分析、诊断、评价和预测功能；④ 查询统计类；⑤ 监测设备管理与配置类；⑥ 系统管理与配置类。

故障诊断专家系统功能：智能故障诊断专家系统整合了丰富的故障诊断知识，应用人工智能技术，以人工神经网络、模糊和规则推理得出机组故障原因，并在运行过程中应用工程知识不断积累经验，丰富知识库，提供故障发生的原因以及治理措施，实现操作开环控制。

故障诊断专家系统特点：① 采用人工神经网络和基于规则的专家系统有机结合的故障诊断技术，克服了神经网络每次学习必须忘记原有知识，需要从头开始学习的弊端，大大提高了故障诊断准确率。② 人工神经网络和模糊故障诊断模型结合的故障诊断技术，解决了神经网络透明性差的问题。③ 应用时域信号的数学特征量自动识别故障症兆，实现了计算机全自动识别，无须手动输入过多的信息，避免了人为干预造成的影响。④ 以故障历史为依据的专家系统自学习功能，可以实现专家系统的经验积累，提高诊断的正确率。⑤ 多测点信号综合应用技术，避免了仅依靠个别测点进行故障诊断的误判、漏判。⑥ 多参数（振动信号+工艺信号）综合应用技术，避免了单一信号进行故障诊断的不足，大大提高了故障诊断的准确率。⑦ 多台机组集中管理诊断知识库的建造技术，可以分别将每台机组的共性知识，特有知识分别构造知识库，既可共享，又有针对性。

【思考与练习】

1. 简述在线监测、状态监测与故障诊断的定义。
2. 简述开展输电线路状态检修需要哪些技术支持。
3. 简述输电线路在线监测现场布点的原则。
4. 简述状态监测与故障诊断系统的组成和功能。

模块 3　输电线路在线监测装置通用技术（Z05H1003Ⅱ）

【模块描述】本模块包含输电线路在线监测装置的通用技术，通过电源技术、通信技术、可靠性技术，以及技术规范的讲解，掌握在线监测装置通用技术。

【模块内容】

一、输电线路在线监测装置通用技术

由于大部分输电线路在线监测装置都安装在野外，相关能量的供应都很不方便。现在主流的装置电源都是通过太阳能供电、风能供电、风光互补供电。所以电源的稳定性直接影响在线监测装置的可靠性。电源是输电线路在线监测装置中很重要的部分。

1. 耦合感应取能技术

对输电线路导线微风振动、导线舞动、导线风偏、导线弧垂、导线覆冰状态、导线温度等进行在线监测时，其电源的供给是关键问题之一。因采集信号的各种传感器及信号发送单元等都在输电线路导线上，不可能使用常规电源。而且，由于电源工作在野外，需要长期免维护，对可靠性提出了很高的要求。

（1）取能电源工作原理。输电线路耦合取能装置由取能互感器和取能电源模块两部分构成，输电线路耦合取能装置工作原理如图 16–3–1 所示。

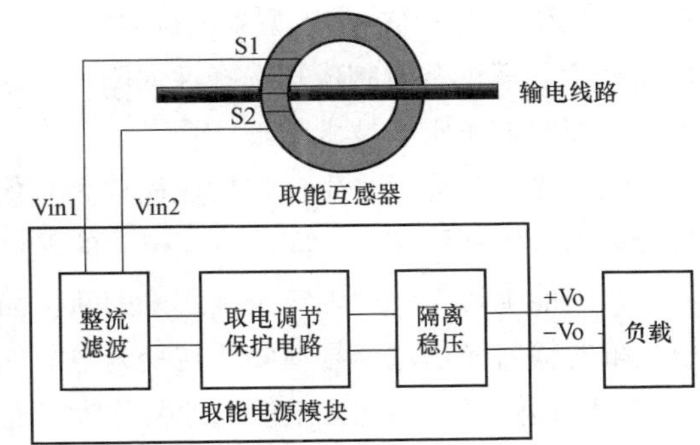

图 16–3–1　输电线路耦合取能装置工作原理

通过取能互感器从输电导线上获取电能，然后输入取能电源模块，取能电源模块对其进行整流滤波处理并实现隔离稳压输出。取能电源模块内含取电调节保护电路，可以实时的调节和限制输入模块的电能，吸收因雷击等特殊情况引起的瞬间大电流，保证模块能在输电导线电流不稳定时仍能输出稳定

的电压。

取能互感器从输电导线上抽取的能量大小与输电导线上的电流大小有关，输电导线的电流越大，取能装置可以输出的功率也越大。取能装置的额定输出功率指的是在输电导线上的电流足够大时，装置能够提供的最大功率输出。取能装置安装在工作期间会根据导线的电流大小和负载所需的功率自行调节工作模式。

（2） 取能装置的工作模式。

1）待机模式：当输电导线上的电流非常小，甚至无法提供模块启动所需消耗的电能时，取能装置会处于待机状态，不输出功率，此时输出电压为零。

2）间断工作模式：当输电线路的电流增大到一定值，抽取的电能可以支持模块启动，但不足以支持负载正常工作时，取能装置会处于间断工作状态，断续对负载输出功率，此时输出电压值为额定输出电压和零伏跳跃变化的方波。

3）正常工作模式：当输电线路的电流足够大，抽取的电能可以支持负载工作时，取能装置正常输出负载所需的功率，并限制输入取能电源模块的多余能量，输出稳定的电压。

取能装置在所有工作模式下都不会输出额定电压值和零伏以外的异常电压值，以确保负载的安全工作。

2. 太阳能技术

太阳能是各种可再生能源中最重要的基本能源，生物质能、风能、海洋能、水能等都来自太阳能，广义地说，太阳能包含以上各种可再生能源。太阳能作为可再生能源的一种，则是指太阳能的直接转化和利用。通过转换装置把太阳辐射能转换成电能利用的属于太阳能光发电技术，光电转换装置通常是利用半导体器件的光伏效应原理进行光电转换的，因此又称太阳能光伏技术。

20世纪50年代，太阳能利用领域出现了两项重大技术突破：一是1954年美国贝尔实验室研制出6%的实用型单晶硅电池；二是1955年以色列Tabor提出选择性吸收表面概念和理论并研制成功选择性太阳吸收涂层。这两项技术突破为太阳能利用进入现代发展时期奠定了技术基础。

（1）光伏效应。光生伏特效应简称为光伏效应，指光照使不均匀半导体或半导体与金属组合的不同部位之间产生电位差的现象。

太阳能电池是一种近年发展起来的新型的电池。太阳能电池是利用光电转换原理使太阳的辐射光通过半导体物质转变为电能的一种器件，这种光电转换过程通常叫做“光生伏打效应”，因此太阳能电池又称为“光伏电池”。

用于太阳能电池的半导体材料是一种介于导体和绝缘体之间的特殊物质，和任何物质的原子一样，半导体的原子也是由带正电的原子核和带负电的电子组成，半导体硅原子的外层有 4 个电子，按固定轨道围绕原子核转动。当受到外来能量的作用时，这些电子就会脱离轨道而成为自由电子，并在原来的位置上留下一个“空穴”，在纯净的硅晶体中，自由电子和空穴的数目是相等的。如果在硅晶体中掺入硼、镓等元素，由于这些元素能够俘获电子，它就成了空穴型半导体，通常用符号 P 表示；如果掺入能够释放电子的磷、砷等元素，它就成了电子型半导体，以符号 N 代表。若把这两种半导体结合，交界面便形成一个 P–N 结。太阳能电池的奥妙就在这个“结”上，P–N 结就像一堵墙，阻碍着电子和空穴的移动。当太阳能电池受到阳光照射时，电子接收光能，向 N 型区移动，使 N 型区带负电，同时空穴向 P 型区移动，使 P 型区带正电。这样，在 P–N 结两端便产生了电动势，也就是通常所说的电压。这种现象就是上面所说的“光生伏打效应”。

如果这时分别在 P 型层和 N 型层焊上金属导线，接通负载，则外电路便有电流通过，如此形成的一个个电池元件，把它们串联、并联起来，就能产生一定的电压和电流，输出功率。制造太阳电池的半导体材料已知的有十几种，因此太阳电池的种类也很多。目前，技术最成熟，并具有商业价值的太阳电池要算硅太阳电池，图 16–3–2 为常规太阳电池简单装置。

太阳能电池就是利用光伏效应将太阳能直接转换为电能的一种装置。当 N 型和 P 型两种不同型号的半导体材料接触后，由于扩散和漂移作用，在界面处形成由 P 型指向 N 型的内建电场。当光照在太阳电池的表面后，能量大于禁带宽度的光子便激发出电子和空穴对，这些非平衡的少数载流子在内电场的作用下分离开，在电池的上下两极累积，这样电池便可以给外界负载提供电流。

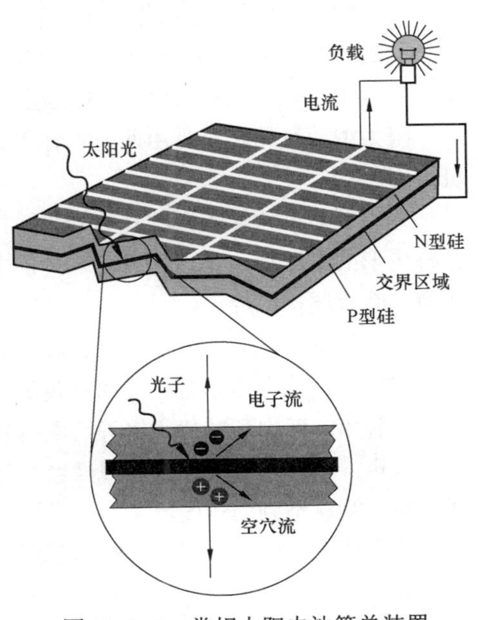

图 16–3–2　常规太阳电池简单装置

（2）太阳能电池板分类。

1）单晶硅太阳能电池。单晶硅太阳能电池的光电转换效率为 15%左右，最高的达到 24%，这是目前所有种类的太阳能电池中光电转换效率最高的，但制作成本很高，还不能被大量广泛和普遍地使用。由于单晶硅一般采用钢化玻璃以及防水树脂进行封装，因此其坚固耐用，使用寿命一般可达 15 年，最高可达 25 年。

2）多晶硅太阳能电池。多晶硅太阳能电池的制作工艺与单晶硅太阳电池差不多，但是多晶硅太阳能电池的光电转换效率则要降低不少，其光电转换效率约 12%左右（2004 年 7 月 1 日日本夏普上市效率为 14.8%的世界最高效率多晶硅太阳能电池）。从制作成本上来讲，比单晶硅太阳能电池要便宜一些，材料制造简便，节约电耗，总的生产成本较低，因此得到大量发展。此外，多晶硅太阳能电池的使用寿命也要比单晶硅太阳能电池短。从性能价格比来讲，单晶硅太阳能电池还略好。

3）非晶硅太阳能电池。非晶硅太阳能电池是 1976 年出现的新型薄膜式太阳能电池，它与单晶硅和多晶硅太阳电池的制作方法完全不同，工艺过程大大简化，硅材料消耗很少，电耗更低，它的主要优点是在弱光条件也能发电。但非晶硅太阳电池存在的主要问题是光电转换效率偏低，目前国际先进水平为 10%左右，且不够稳定，随着时间的延长，其转换效率衰减。

3. 风力发电技术

（1） 风力发电机原理。风力发电机的基本工作原理比较简单，风轮在风力的作用下旋转，将风的动能转变为风轮轴的机械能，风轮轴带动发电机旋转发电。其中风能转化装置称为风力机。风力机的核心部件为叶轮的设计，随着空气动力学的飞速发展，叶轮设计已经取得了巨大的进步。

（2） 风力发电机分类。

1）垂直轴风力发电机组。垂直轴风轮按形成转矩的机理分为阻力型和升力型。阻力型的气动力效率远小于升力型，故当今大型并网型垂直轴风力机的风轮全部为升力型，图为 16–3–3 垂直轴风力发电机组。

阻力型的风轮转矩是由两边物体阻力不同形成的，其典型代表是风杯，大型风力机不用。

升力型的风轮转矩由叶片的升力提供，是垂直轴风力发电机的主流，尤其是风轮像打蛋形的最流行，当这种风轮叶片的主导载荷是离心力时，叶片只有轴向力而没有弯矩，叶片结构最轻。

特点如下：

安全性。采用了垂直叶片和三角形双支点设计，并且主要受力点集中于轮毂，因此叶片脱落、断裂和叶片飞出等问题得到了较好的解决。

噪声。采用了水平面旋转以及叶片应用飞机机翼原理设计，使得噪声降低到在自然环境下测量不到的程度。

抗风能力。水平旋转和三角形双支点设计原理，使得它受风压力小，可以抵抗 45m/s 的超强台风。

回转半径。由于其设计结构和运转原理的不同，比其他形式风力发电具有更小的回转半径，节省了空间，同时提高了效率。

发电曲线特性。启动风速低于其他形式的风力发电机，发电功率的上升幅度较平缓，因此在 5～8m 风速范围内，它的发电量较其他类型的风力发电机高 10%～30%。

利用风速范围。采用了特殊的控制原理，使它的适合运行风速范围扩大到 2.5～25m/s，在最大限度利用风力资源的同时获得了更大的发电总量，提高了风电设备使用的经济性。

刹车装置。可配置机械手动和电子自动刹车两种，在无台风和超强阵风的地区，仅需设置手动刹车即可。

运行维护。采用直驱式永磁发电机，无需齿轮箱和转向机构，定期（一般每半年）对运转部件的连接进行检查即可。

2）水平轴风力发电机组。水平轴（风轮）风力发电机组，是指风轮轴线基本与地面平行安置在垂直地面的塔架上，是当前使用最广泛的机型，图 16–3–4 为水平轴风力发电机组。

图 16–3–3　垂直轴风力发电机组

图 16–3–4　水平轴风力发电机组

水平轴风力发电机组还可分为上风向及下风向两种机型，上风向机组其风轮面对风向，安置在塔架前方。上风向机组需要主动调向机构以保证风轮能随时对准风向。下风向机组其风轮背对风向安置在塔架后方。当前大型并网风力发电机几乎都是水平轴上风向型。

下风向风力发电机只在中、小功率机型中出现过，下风向风电机的特点：

1）风轮（被动）对风，不需要偏航驱动机构。因为风轮处于塔架的下风向是静平衡状态，实际上由于偏航使电缆扭绞，仍需要解扭措施。原则上可采用滑环机构避免扭绞，但不可靠。

2）风轮在下风向，受塔影影响较大，这一方面影响了风能利用系数，同时使疲劳载的幅值增大，同样的叶片疲劳寿命较上风向机型机低，因此下风向机组当前很少采用。

但近期为了减轻风力发电机的重量、降低风力发电机的造价，又有人提出了下风向柔性结构的设计方案，但至今尚无商品机型。

水平轴上风向三叶片风力发电机是当代大型风力发电机的主流；两叶片的产品也比较多见。

两叶片风电机在同样风轮直径（扫掠面积）的情况下其转速较快才能产出相同的功率。要求叶片的寿命（循环次数）比三叶片机型的高。由于转速快叶尖速度高风轮的噪声水平也高，因此对周围的环境影响大。两个叶片相对三叶片的质量平衡及气动力平衡都比较困难，因此功率和载荷波动较大。其优点是叶片少，成本相对低，对于噪声要求不高的离岸型风力发电机，两叶片是比较合适的。

4. 储能电池技术

太阳能或者风能获取的能量必须通过储能电池进行储存，才能在能量供应不足的时候能持续供给后面的负载使用。现阶段国内在线监测装置的储能电池主要有免维护铅酸蓄电池、胶体蓄电池、硅能蓄电池、纤维镍镉电池、磷酸铁锂电池。

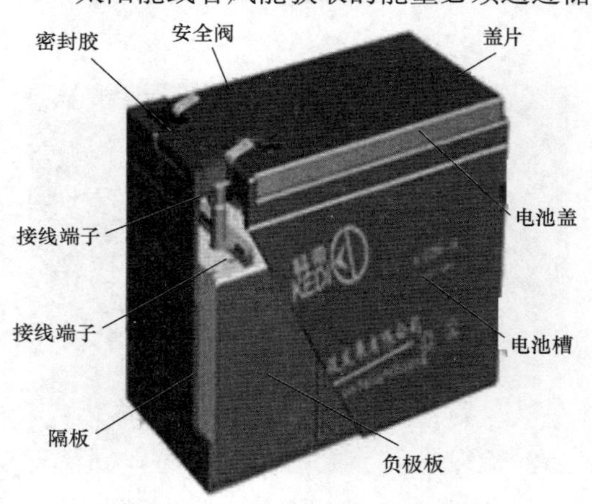

图 16–3–5 免维护蓄电池

（1）免维护铅酸蓄电池。密封免维护蓄电池采用20世纪90年代最新设计的全密封结构及现代化生产工艺。使其具有高性能、长寿命、无污染、免维护、安全可靠的卓越性能，图 16–3–5 为免维护蓄电池。

免维护蓄电池由于自身结构上的优势，电解液的消耗量非常小，在使用寿命内基本不需要补充蒸馏水。它还具有耐震、耐高温、体积小、自放电小的特点。使用寿命一般为普通蓄电池的两倍。

一般的蓄电池铅酸蓄电池是由正负极板、隔板、壳体、电解液和接线桩头等组成，其放电的化学反应是依靠正极板活性物质（二氧化铅和铅）和负极板活性物质（海绵状纯铅）在电解液（稀硫酸溶液）的作用下进行，其中极板的栅架，免维护蓄电池是用铅钙合金制造，用钙代替锑，就可以改变完全充电后的蓄电池的反电动势，减少过充电流，液体气化速度减低，从而减低了电解液的损失。

由于免维护蓄电池采用铅钙合金栅架，充电时产生的水分解量少，水分蒸发量低，加上外壳采用密封结构，释放出来的硫酸气体也很少，所以它与传统蓄电池相比，具有不需添加任何液体，对接线桩头、电线腐蚀少，抗过充电能力强，起动电流大，电量储存时间长等优点。

（2） 胶体蓄电池。胶体电池属于铅酸蓄电池的一种发展分类，最简单的做法是在硫酸中添加胶凝剂，使硫酸电液变为胶态。电液呈胶态的电池通常称之为胶体电池。

广义而言，胶体电池与常规铅酸电池的区别不仅在于电液改为胶凝状。例如非凝固态的水性胶体，从电化学分类结构和特性看同属胶体电池。又如在板栅中结附高分子材料，俗称陶瓷板栅，也可视作胶体电池的应用特色。近期已有实验室在极板配方中添加一种靶向偶联剂，大大提高了极板活性物质的反应利用率，据非公开资料表明可达到 70WH/kg 的重量比能量水平，这些都是现阶段工业实践及有待工业化的胶体电池的应用范例。

胶体电池与常规铅酸电池的区别，从最初理解的电解质胶凝，进一步发展至电解质基础结构的电化学特性研究，以及在板栅和活性物质中的应用推广。其最重要的特点为：用较小的工业代价，沿已有 150 年历史的铅酸电池工业路子制造出更优质的电池，其放电曲线平直，拐点高，比能量特别是比功率要比常规铅酸电池大 20%以上，寿命一般也比常规铅酸电池长一倍左右，高温及低温特性要好得多。

胶体蓄电池最重要的特点有以下几点：

1）胶体蓄电池的内部主要是 SiO_2 多孔网状结构，存在大量微小缝隙，能使电池正极产生的氧顺利地迁移到负极极板上，便于负极吸收化合。

2）胶体蓄电池所带酸量较大，所以其容量与 AGM 蓄电池基本一致。

3）胶体蓄电池的内阻较小，具备较好的大电流放电特性。

4）热量已扩散，不易升温，热失控概率很小。

（3） 硅能蓄电池。硅能蓄电池是在阀控式免维护蓄电池的基础上，采用新概念电解液和新型化成技术研制成功的新型蓄电池。其核心专利技术有两项：① 采用磁化工艺制备蓄电池用液态低钠盐化成液及其应用。② 蓄电池使用的液态低钠盐化成液及内化成方法，解决了传统的铅酸蓄电池的酸腐蚀、酸雾污染，“热失效”及析出 H_2 等一系列缺点。试验结果表明：硅能蓄电池在大电流放电特性、快速充电特性、电压恢复特性，高温特性，内阻特性，环保特性和使用寿命等方面具有的优点突出。另外，计算结果表明：同等体积的硅能蓄电池比同等体积的铅酸蓄电池容量大 30%左右。总之，从大量的试验数据来看，硅能蓄电池整体上优于以前选用的铅酸蓄电池，是替代目前铅酸电池的较理想产品。

1）硅能蓄电池的核心技术。

a）极板结构及材料配比进行了创新性改造。

b）脉冲式电池内化成工艺。

c）使用一种称之为“液态低钠硅盐化成液”的，全新概念电解质，这种电解质经科学配备，且在一万高斯的磁场中进行磁化，将这种电解质加入由生极板组装的电池内进行电池化成，制造出硅能蓄电池。

2）硅能蓄电池的环保特性。由于应用了上述创新性的核心技术，硅能蓄电池达到了环保产品的要求，具体表现以下 5 个方面：

a）采用生极板，用 AGM 隔板密封组成极群，组装过程基本无铅尘产生。

b）采用脉冲式内化成工艺，化成过程中无酸雾发生，彻底克服了外化成带来的酸雾的污染，同时，减轻了外化成繁杂的体力劳动及能源的浪费。

c）电池在规定寿命期限内无电解液溅出，无酸雾发生，保护了设备和环境。

d）电池寿命终止时，其废液呈颗粒状，pH 值接近中性，且内含有一定量的硅，不污染环境，对土壤有利。

e）报废电池正极板不会腐蚀成泥状，极板是硬的，不掉块，不脱粉，回收过程不散落，对环保有利。

3）硅能电池优点。

a）关于大电流放电能力。硅能蓄电池大电流放电能力极强，大电流放电能力反映出制造技术高低的重要指标，也是对汽车电池最基本的品质要求。

小规格的硅能蓄电池，其 CCA 值是其额定容量的 10 倍以上，中规格的是 8～10 倍；大规格的是 6～8 倍。而普通铅酸蓄电池一般 CCA 值仅是其额定容量的 4～6 倍。

b）使用寿命长。保用寿命 24 个月。

c）硅能蓄电池可大电流快速充电，可用 0.1～0.3C 电流充电，充电时间可大大缩短。

d）充放电无记忆。硅能蓄电池无论是高压区域或低压区域可进行充电，绝无记忆（所谓记忆效应：是指电池好像记忆用户日常的充放电幅度和模式，日久就很难改变这种模式，不能再做大幅度充放电），铅酸电池低压区有记忆。

e）免充电存放时间长（自放电小）。硅能蓄电池带液存放时间可达 12 个月以上，存放 12 个月以上尚可起动。

f）硅能蓄电池内阻低，仅为铅酸蓄电池 1/10 左右。

g）硅能蓄电池电恢复能力极强。

h）电解质：硅能使用复合硅盐电解质，铅酸以硫酸为电解质，硅能为环保型。

（4）纤维镍镉电池。

适用范围：电力、铁路、通信设施、船舶、安全照明、应急系统等。

使用寿命：大于 20 年（20℃），充放电次数 3000 次，其容量不低于额定容量的 80%。

容量：150～490Ah（单只电池标称电压 1V），性能特点如下：

1）极板：正负极板由纤维–镍结构所组成，不含碳、铁等元素；纤维极板具有非常好的导电性能，是含碳镍镉蓄电池所不能达到的；由于没有碳化作用，在其使用过程中不用更换电解液。三维式的纤维结构使得纤维极板极富弹性，具有足够的机械承受力，不会因充放电而使纤维极板变形。

2）隔板：正极板用一种微孔隔离片包上，该隔离片只有非常小的内阻，并能保证分离正负电极极板。

3）电极单元盒：由具有防撞击的、半透明的塑性材料（PP）制成，能方便地监视电解液状态；端子、盖子及壳体通过高温焊接方式将合为一体，电极单元的接线柱由特制的O形套圈密封。

4）电极单元密封塞：为了便于蓄电池的运输，每电极单元都带有一般密封塞，以免其他物质或火星侵入；采用此种电极单元密封塞，蓄电池如在合适的温度和稳定的充电状态下，至少三年不用维护、不用加水。

5）电解液：淡化的氢氧化钾（钾碱）溶液，其浓度在20℃时为1.19kg/L；蓄电池一般是充满电和添满电解液方可出厂，如果是海运或空运，蓄电池一般充有电，但不加电解液，电解液另外包装运输，到目的地后再加入电解液，蓄电池马上处于工作状态。

6）电池连接条：全绝缘螺栓将绝缘镀镍铜导线固定在端子上，具有良好的绝缘性能和导电性能，并经得起强电流冲击。

7）端子：镀有特殊镀层的螺纹端子具有高度的抗腐蚀性。

8）高低温性能：蓄电池在室温下充电，在–20～+50℃时放电，容量仍有90%以上；在–40℃时放电，容量仍有50%以上。

9）荷电保持能力：蓄电池充电后，在20±5℃下搁置30天，每只蓄电池剩余容量在98%以上。

10）充电电流：纤维镍镉蓄电池具有急速充电能力，所有的纤维镍镉蓄电池都能用高电压来充电，与其他蓄电池相比，纤维镍镉蓄电池能以7倍的安培容量来充电，从而使纤维镍镉蓄电池能迅速地充满电，很快地提供电流。

11）免维护：通过在纤维镍镉蓄电池上加装水分重组系统，可使蓄电池终身免维护。

12）水分重组系统：内含有催化剂，当充电时产生的氧气和氢气与催化剂接触后，形成蒸馏水回流到电极单元，这将大大减少水分的损失，使蓄电池在使用期间不用加水，终身免维护。

（5）磷酸铁锂电池。锂离子电池的性能主要取决于正负极材料，磷酸铁锂作为锂离子电池的正极材料是近几年才出现的事，国内开发出大容量磷酸铁锂电池是2005年

7 月。其安全性能与循环寿命是其他材料所无法相比的，这些也正是动力电池最重要的技术指标。1C 充放循环寿命达 2000 次。单节电池过充电压 30V 不燃烧，穿刺不爆炸。磷酸铁锂正极材料做出大容量锂离子电池更易串联使用。以满足动力系统频繁充放电的需要。具有无毒、无污染、安全性能好、原材料来源广泛、价格便宜，寿命长等优点，是新一代锂离子电池的理想正极材料，性能特点如下：

1）高能量密度。其理论比容量为 170mAh/g，产品实际比容量可超过 140mAh/g（0.2C，25℃）。

2）安全性。是目前最安全的锂离子电池正极材料；不含任何对人体有害的重金属元素。

3）寿命长。长寿命铅酸电池的循环寿命在 300 次左右，最高也就 500 次，而磷酸铁锂动力电池，循环寿命达到 2000 次以上，标准充电使用，可达到 2000 次。同质量的铅酸电池是“新半年、旧半年、维护维护又半年”，最多也就 1～1.5 年时间，而磷酸铁锂电池在同样条件下使用，将达到 7～8 年可以说是“终身制”。综合考虑，性能价格比将为铅酸电池的 5 倍以上。

4）无记忆效应。可充电池在经常处于充满不放完的条件下工作，容量会迅速低于额定容量值，这种现象叫作记忆效应。像镍氢、镍镉电池存在记忆性，而磷酸铁锂电池无此现象，电池无论处于什么状态，可随充随用，无须先放完再充电。

5）充电性能。可大电流 2C 快速充放电，在专用充电器下，1.5C 充电 40min 内即可使电池充满，起动电流可达 2C，而铅酸电池现在无此性能。

二、在线监测装置通信

输电线路在线监测系统需要实现系统主站和系统终端之间高速、可靠和透明的数据传输，远程通信可采用光纤专网、无线专网和无线公网等多种通信方式，如何根据实际情况选取相应的通信技术对系统的建设具有十分重要的现实意义。

（一）常用的通信技术

国内开展输电线路在线监测的应用比较早，但是通信方式一般均采用无线公网的方式，由于 OPGW 光纤复合架空地线的广泛使用，利用光纤是发展的必由之路。现有可以采用的通信技术主要有无线公网技术，光纤通信技术和无线专网技术。

1. 无线公网技术

无线公网通信主要包括 GPRS、CDMA、3G 等。

通用分组无线服务技术（general packet radio service，GPRS）是一种基于 GSM 系统的无线分组交换技术，理论最高值 171.2kbit/s，数据传输速率一般可以达到 57.6kbit/s，峰值可达到 115～170kbit/s。CDMA 是码分多址的英文缩写（Code Division

Multiple Access)。是从扩频通信技术基础上发展起来的，传输速率高，理论峰值307.2kbit/s，实际应用可达到153.6kbit/s，传输速率优于GPRS。3G技术指第三代移动通信技术，主要包括TD–SCDMA、WCDMA和CDMA2000等，稳定的数据传输速率可达数百kbit/s。

无线公网技术适用于公网信号覆盖良好的区域。利用无线公网通信建设成本低，但是利用公网传输有运行费用，传输时延较大，实时性较差，同时安全性较低，受公网运行状况的影响较大。

随着网络负荷越来越重，同时传输的在线监测数据的数据量和实时性要求越来越高，无线公网已经跟不上需求，因此光纤技术和无线专网技术开始应用。

2. 光纤通信技术

光纤通信技术在通信容量、实时性、可靠性、安全性等方面和其他通信方式相比有较大优势。利用已有的OPGW，光纤通信没有运行费用，目前较常用的光纤通信技术包括无源光网络技术（EPON）和光纤工业以太网技术。

（1）无源光网络技术。无源光网络技术是一种点到多点的光纤接入技术，它由OLT（光线路终端）、ONU（光网络单元）以及ODN（光分配网络）组成。ODN为无源器件，设备的使用寿命长，工程施工、运行维护方便，安全可靠性高，可抗多点失效，任何一个ONU或多个ONU故障或掉电，不会影响整个系统稳定运行。

EPON（以太网无源光网络）、GPON（吉比特无源光网络）是目前EPON技术的主流方式。EPON 技术成熟，已经实现设备芯片级和系统级互通，价格大幅度下降，公网已经大规模部署。

EPON具有1.25G共享带宽，可抗多点ONU失效，但是所有节点距离限制在20km，因此每40km必须放置OLT设备才能实现覆盖。OLT的逻辑环网形成手拉手保护，可以抗OLT的单点失效或者OPGW的单点断纤。EPON技术发展前景很好，建网成本适中。

（2）光纤工业以太网技术。光纤工业以太网指在技术上与商业以太网（即IEEE802.3标准）兼容，但在产品设计时能够满足工业控制现场的需要，也就是满足实时性、可靠性、安全性以及安装方便等要求的以太网。

光纤工业以太网具有100M或1G共享带宽，根据光接口类型不同，点到点距离可达80公里。光纤工业以太网技术比较成熟，可靠性高，电力系统应用多，但成本偏高。光纤工业以太网的逻辑环网形成手拉手保护，可以抗单点失效或者OPGW的单点断纤，但是不能抗多点失效，一旦一个节点出现故障将影响整个网络，因此不适合于串联数目过多。

3. 无线专网技术

无线专网技术，例如 WIMAX、WiFi 等技术均可应用于输电线路在线监测系统中的通信网络建设。采用无线专网技术时，一般作为光纤专网向下的进一步延伸覆盖。

（1） WiMAX 技术。WiMAX（Worldwide Interoperability for Micro–wave Access），是一项基于 IEEE 802.16 标准的宽带无线接入城域网技术。WiMAX 具有较长的传输范围，可以支持非视距传输，技术相对成熟，设备相对昂贵，适用于长距离传输。通过使用双向定向天线，WiMAX 的覆盖距离可以达到几十千米。

（2） WiFi 技术。WiFi（Wireless Fidelity）技术创建在 IEEE 802.11 标准上，已经广泛应用于各个领域。WiFi 工作在 2.4GHz 频段，802.11g 支持的速率高达 54Mbit/s。WiFi 传输范围比 WiMAX 小，但设备价格便宜。配合高增益的全向天线和定向天线，WiFi 可以实现输电线路的 2km 范围内的无线覆盖。

（3） 无线 MESH 技术。无线 Mesh 网络是基于 IP 协议的无线宽带接入技术，它融合了 WLAN 和 Adhoc 网络的优势，支持多点对多点的网状结构，具有自组网、自修复、多跳级联、节点自我管理等智能优势以及移动宽带、无线定位等特点，是一种大容量、高速率、覆盖范围广的网络，成为宽带接入的一种有效手段。从某种意义上讲，Mesh 网络更主要的是一种网络架构思想，主要功能体现在无中心、自组网、多级跳接和路由判断选择等。

无线 Mesh 技术是一种与传统无线网络完全不同的新型无线网络技术。在传统的 WLAN 中，每个客户端均通过一条与接入点（AP）相连的无线链路访问网络，用户若要进行相互通信，必须首先访问一个固定的 AP，这种网络结构称为单跳网络。而在无线 Mesh 网络中，任何无线设备节点都可同时作为路由器，网络中的每个节点都能发送和接收信号，每个节点都能与一个或多个对等节点进行直接通信。

Mesh 网络的五大优势：与传统的 WLAN 相比，无线 Mesh 网络具有几个无可比拟的优势：

1） 快速部署和易于安装。安装 Mesh 节点非常简单，将设备从包装盒里取出来，接上电源就行了。由于极大地简化了安装，用户可以很容易增加新的节点来扩大无线网络的覆盖范围和网络容量。在无线 Mesh 网络中，不是每个 Mesh 节点都需要有线电缆连接，这是它与有线 AP 最大的不同。无线 Mesh 网络的配置和其他网管功能与传统的 WLAN 相同，用户使用 WLAN 的经验可以很容易应用到 Mesh 网络上。

2） 非视距传输（NLOS）。利用无线 Mesh 技术可以很容易实现 NLOS 配置，因此在输电线路上有着广泛的应用前景。与发射台有直接视距的设备先接收无线信号，然后再将接收到的信号转发给非直接视距的设备。按照这种方式，信号能够自动选择最佳路径不断从一个设备跳转到另一个设备，并最终到达无直接视距的目标设备。这样，具有直接视距的设备实际上为没有直接视距的邻近设备提供了无线宽带访问功能。无线 Mesh 网络能够非视距传输的特性大大扩展了无线宽带的应用领域和覆盖范围。

3）健壮性。实现网络健壮性通常的方法是使用多路由器来传输数据。如果某个路由器发生故障，信息由其他路由器通过备用路径传送。E–mail 就是这样一个例子，邮件信息被分成若干数据包，然后经多个路由器通过 Internet 发送，最后再组装成到达用户收件箱里的信息。Mesh 网络比单跳网络更加健壮，因为它不依赖于某一个单一节点的性能。在单跳网络中，如果某一个节点出现故障，整个网络也就随之瘫痪。而在 Mesh 网络结构中，由于每个节点都有一条或几条传送数据的路径。如果最近的节点出现故障或者受到干扰，数据包将自动路由到备用路径继续进行传输，整个网络的运行不会受到影响。

4）结构灵活。在单跳网络中，设备必须共享 AP。如果几个设备要同时访问网络，就可能产生通信拥塞并导致系统的运行速度降低。而在多跳网络中，设备可以通过不同的节点同时连接到网络，因此不会导致系统性能的降低。

Mesh 网络还提供了更大的冗余机制和通信负载平衡功能。在无线 Mesh 网络中，每个设备都有多个传输路径可用，网络可以根据每个节点的通信负载情况动态地分配通信路由，从而有效地避免了节点的通信拥塞。而目前单跳网络并不能动态地处理通信干扰和接入点的超载问题。

5）高带宽。无线通信的物理特性决定了通信传输的距离越短就越容易获得高带宽，因为随着无线传输距离的增加，各种干扰和其他导致数据丢失的因素随之增加。因此选择经多个短跳来传输数据将是获得更高网络带宽的一种有效方法，而这正是 Mesh 网络的优势所在。在 Mesh 网络中，一个节点不仅能传送和接收信息，还能充当路由器对其附近节点转发信息，随着更多节点的相互连接和可能的路径数量的增加，总的带宽也大大增加。

此外，因为每个短跳的传输距离短，传输数据所需要的功率也较小。既然多跳网络通常使用较低功率将数据传输到邻近的节点，节点之间的无线信号干扰也较小，网络的信道质量和信道利用效率大大提高，因而能够实现更高的网络容量。比如在高密度的城市网络环境中，Mesh 网络能够减少使用无线网络的相邻用户的相互干扰，大大提高信道的利用效率。

（二）通信方案的选择

在输电线路在线监测系统中，可以根据不同的线路情况选择不同的通信方式。

1. 无线局域覆盖

输电线路的在线监测点位于各个输电杆塔上，监测系统的主站需要和每个监测点建立通信。

采用光纤通信时，由于不是每个杆塔上都有光缆接续盒可以融纤接入，因此光通信设备只能放置在有光缆接续盒的杆塔上。从各个杆塔上的监测终端到光缆接续盒的这段距离最方便的通信方式就是 WiFi。在有光缆接续盒的杆塔上放置光通信设备和 WiFi 接入点，在没有光缆接续盒的杆塔上放置配有 WiFi 接入客户端，解决了没有光缆接续盒的杆塔的监测数据接入问题。

采用无线公网和 WiMAX 通信技术时，在一个杆塔放置无线设备和 WiFi 接入点，在周围的杆塔上放置配有 WiFi 接入客户端，可以实现监测数据的接入，减少了无线公网和 WiMAX 设备的数目，降低了建设和维护成本。

当无线局域覆盖范围较大时，可以选用 WiMAX 替代 WiFi。

2. OPGW 光纤通信方案

（1）监测点密集分布时，在各种光通信技术中，EPON 技术由于其抗多点 ONU 失效性好，可作为最佳的选择。用千兆光纤接口互联各个 OLT，每一个 OLT 的覆盖半径为 20km，与覆盖范围内的 ONU 之间通过光纤通信，组成一个 EPON 系统，WiFi 作为光纤专网向下的进一步延伸覆盖。

（2）监测点分布较散且数量较少时，可以利用光纤工业以太网点到点距离高达 80km 的特点，通过光纤工业以太网和 WiFi 无线覆盖建立通信方案。使用工业以太网交换机构成环网，可以抵抗单点设备故障和单点断纤。

（3）监测点分布较散且数量较多时，EPON 技术的节点距离限制在 20km，会造成 OLT 串联数目较多，同时每个 OLT 下的 ONU 数量很少，影响效率和可靠性，不宜采用。如果在每个监测点放置工业以太网交换机同样会造成串联数目较多，影响数据传输系统的效率和可靠性。此时可以采用工业以太网交换机加 WiMAX 的方式，WiMAX 覆盖范围较大，可以有效地减少工业以太网交换机的布置数目，拉开相邻交换机之间的距离，可以应用到长距离输电线路中。

3. WiMAX 无线通信方案

在没有光纤的输电线路中，如果需要布置专网，只能通过无线的方式实现。单纯一种无线方式因为功率和接入数量的限制，很难提供可用的无线数据传输通道。为了实现高速可靠的数据传输，同时提高整个数据传输系统的效率，可以组合 WiMax 和 WiFi 两种通信方式，构成无线数据传输系统的两个不同的层次。第一个层次是 WiMax 构成的无线链路，覆盖范围较大。第二个层次是 WiFi 构成的无线链路，覆盖范围较小。这样可以实现无线覆盖。

4. 无线公网通信方案

对于分散的测量点，如果处于公网信号好的区域并且对实时性、速率要求不高，可以采用无线公网的通信方案。无线公网方式需要建立自己的移动网管中心，在移动公司的公用网络基础之上组成用户自己的无线 VPN/APN。需要在主站和无线公网之间建立一条专线，通过路由器和防火墙接入到主站。

（三）通信平台

针对输电线路在线监测系统的远程通信必将采取多种通信技术的情况，为了实现各种通信方式统一接入，可以构建如图 16–3–6 所示的输电线路在线监测通信平台。

通信平台主要包括通信服务器集群、网管服务器和维护工作站，其中通信服务器集群负责接入各种通信子系统，可以实现通信负载均衡和多机热备份，满足大数据量处理和可靠性要求；网管服务器负责监控和管理各种通信通道的运行情况；维护工作站完成通信平台自身的配置和管理。

主站系统和子站之间采用电力专网实现 EPON、工业以太网交换机、无线专网以及无线公网等通信系统的统一接入。对于采用无线公网通信技术的通信系统，可以通过移动运营商的专线实现统一接入，图 16–3–6 为输电线路在线监测通信平台。

三、在线监测装置可靠性

（一）低功耗技术

在线监测装置核心 CPU 采用 Cortex–M3 处理器，硬件平台上设计模块化电源为独立模块，所有外设电源都具备电源开关功能。外设传感器在不采样的情况下，电源进入关闭状态。大大降低待机功耗。CPU 内部的软件引入操作系统概念，当 CPU 空闲时，可以进入低功耗模块，依靠内部的中断可以重新苏醒。进一步的降低装置待机功耗。外设传感器采用 MSP430 超低功耗单片机，传感器本身的功耗很小。

（二）抗干扰技术

在线监测装置硬件电路上使用硬件冗余技术、双备份技术。提高装置的可靠性、抗干扰性。传感器的线缆采用双层金属屏蔽。装置的接口上进行隔离处理，加入防雷电路。内部核心 CPU 采用硬件看门狗，防止程序跑飞引起系统死机现象的发生。同时加入硬件断电自复位电路，大大提高了装置的可靠性。整机进行良好接地处理。

传感器的数据采集采用多种抗干扰抑制技术，比如连续周期干扰抑制、脉冲干扰抑制等。连续周期干扰抑制的主要有自适应滤波法、FET 频域滤波法、小波去噪法。脉冲干扰抑制主要有时域开窗法。

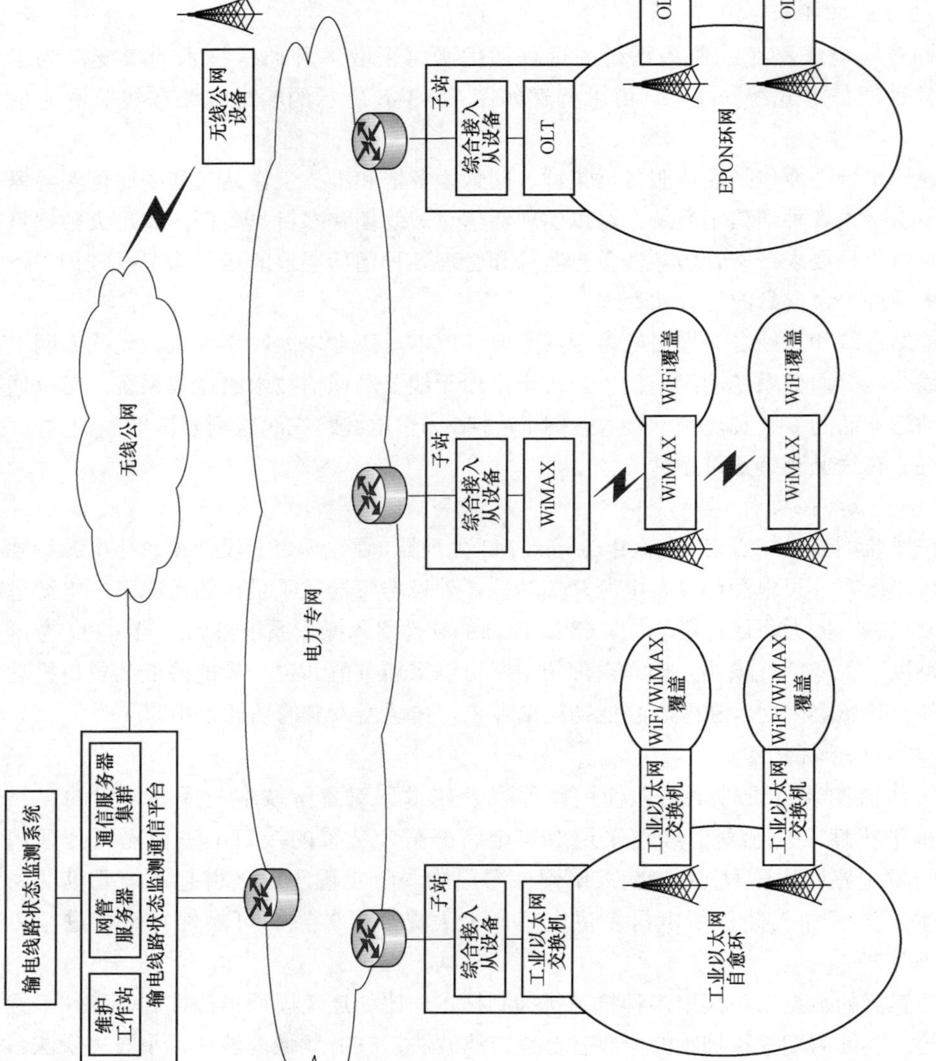

图 16-3-6 输电线路在线监测通信平台

（三）环境适应性技术

在线监测装置为了适应野外恶劣的气候环境，必须在以下几个方面进行优化：

装置的所有元器件采用工业级，温度范围要达到–40～+85℃。这样才能保证整个装置的可靠运行。

装置的核心电路板必须进行三防处理，同时电路板封装在密闭的防水盒中。传感器接口采用军工级别的防水航空插座。大大提高装置在高温、高湿环境下的使用寿命。

装置内部硬件电路板之间的连接、和面板的连线都进行去接插件处理，所有线缆直接焊接，虽然加大了维修的工作量，但是大大减少了接触不良现象的发生。同时大大提高装置的抗振能力。

装置外壳采用不锈钢机箱设计，适合野外恶劣环境的强腐蚀。机箱内部采用保温处理，减少蓄电池的温度冲击。

（四）自诊断技术

目前在线监测装置内部的故障自诊断系统一般具备以下功能：

监测外围传感器和通讯模块的工作状态，若发现问题将监测到的故障以代码的形式储存起来，后期维修时，可以用一定的方法取出故障代码，方便故障查询。

硬件双备份系统中，当检测到一路发生故障时，能自动切换到另外一路。维持系统的正常运行。

当外部传感器检测到故障后，系统会自动切断传感器的电源，确保不引起其他部门的器件损坏。

四、输电线路状态监测装置通用技术规范

Q/GDW 242—2010《输电线路状态监测装置通用技术规范》规定了架空输电线路状态监测装置的基本功能、技术要求、检验方法、检验规则、安装调试、验收及包装储运要求等。

【思考与练习】

1. 简述在线监测的电源技术。
2. 简述在线监测的通信技术。
3. 简述在线监测的可靠性技术。

模块 4　输电线路气象监测（Z05H1004Ⅱ）

【模块描述】本模块分析了恶劣气象环境对输电线路运行的危害，介绍了气象监测系统的各组成部分，通过对输电线路气象监测系统各组成部分的结构分析和功能介绍，掌握输电线路气象监测系统的应用。

【模块内容】

一、恶劣气象环境对输电线路运行的危害

我国频繁的台风、雷暴、覆冰等恶劣气候造成输电线路跳闸、倒塔及断线，进而引发大面积停电事故时有发生。

风、覆冰、气温是线路设计需要考虑的主要气象参数，称为气象条件的三要素。风作用于架空线上形成风压，产生水平方向上的载荷，风速越高，风压越大，风载荷也就越大，风载荷使架空线的应力增大，杆塔产生附加的弯矩，会引起断线，倒杆事故。微风可以引起架空线的振动，使其疲劳破坏断线。大风可以引起架空线不同步摆动，特殊条件下会引起架空线舞动，造成相间闪络，甚至产生鞭击。风还使悬垂绝缘子串产生偏摆，可造成带电部分与杆塔构件间电气间距减小而发生闪络。

覆冰增加了架空线的垂直载荷，使架空线的张力增大，同时也增大了架空线的迎风面积，使其所受水平风载荷增加加大了断线倒塔可能。覆冰的垂直载荷使架空线的弧垂增大，造成对地或跨越物的电气距离减小而产生事故。覆冰后，下层架空线脱冰时，弹性能的突然释放使架空线向上跳跃，这种脱冰跳跃可引起与上层架空线之间的闪络。覆冰还使架空线舞动的可能性增大。2008 年我国南方发生大范围低温雨雪等灾害天气，众多山区的架空输电线路覆冰现象严重，多数线路覆冰厚度在 30mm 以上，仅浙江省就倒塔 15 000 基以上。

气温的变化引起架空线的热胀冷缩。气温降低，架空线线长缩短，张力增大，有可能导致断线。气温升高，线长增加，弧垂变大，有可能保证不了对地或其他跨越物的电气距离，在最高气温下，电流引起的导线温升可能超过允许值，导致因温度升高强度降低而断线。

线路运行管理和调度部门需要及时掌握输电线路区域气象的变化情况，通过合理调度，确保线路运行安全，避免电力系统事故，也保障国民经济和人民生活的正常发展。

由于输电线路覆冰受气象条件影响大，因此无论是采用哪种方法对线路覆冰进行监测，都必须与气象环境监测结合，才能达到事半功倍的效果。虽然目前公用气象服务系统已比较发达，但因超高压架空输电线路穿越高山峻岭、平原河流，沿线微气象条件变化很大，所以沿线路布置的小型自动气象站对采集线路沿线气象参数就有很大作用。

为使线路设计、部件的制造统一化、标准化，综合分析了我国各地历年气象记录资料，归纳制定了 7 个气象区，各区除最高温度一致外，最低温度、最大风速、导线覆冰均有较大差别。

（1）气象区分布在南方沿海受台风侵袭地区，如广东、广西、福建、浙江、上海等。最大风速为30m/s，最低温度为–5℃。

（2）气象区分布在华东大部分地区，最大风速为25m/s，覆冰厚度为5mm，最低温度为–10℃。

（3）气象区分布在西南地区（非重冰区），福建、广东受台风影响较弱的地区，最大风速为25m/s，覆冰厚度为5mm，最低温度为–5℃。

（4）气象区在西北大部分地区及华北京津唐地区，最大风速为25m/s，覆冰厚度10mm，最低温度为–20℃。

（5）在华北平原、湖北、湖南、河南，最大风速为25m/s，覆冰为5mm最低温度为–20℃。

（6）气象区在华北西北大部分地区，张家口、承德一带，最大风速25m/s，覆冰为10mm，最低温度为–40℃。

（7）气象区在覆冰严重地区，如山东、河南部分地区，湘中、鄂北、粤北地带，最大风速为25m/s，覆冰为15mm，最低温度为–20℃。

二、自动气象站

1. 国内自动气象站发展现状

当前国内有多个厂家生产自动气象站，如北京华创升达高科技发展中心和天津气象仪器厂的CAWS系列、长春气象仪器厂的DYYZ Ⅱ系列、江苏无线电研究所的ZQZ_C Ⅱ系列、广东省气象技术装备中心的ZDZ Ⅱ型和北京阿斯曼科技发展公司的ASM、XYZ系列。其中CAWS600、XYZ06以及机场地面气象观测自动化系统在军队和地方台站得到了广泛的推广和应用。

综合各种型号的自动气象站在我国的应用情况，总结如下：

（1）大部分自动气象站采用集中式结构，系统开放性不高，不同型号的传感器对应不同的数据采集器，各厂家之间标准不统一。维修或增加传感器都必须对自动气象站重新进行校准标定，过程复杂，不符合我国气象发展战略研究中“综合气象观测系统工程”的发展要求。

（2）国产自动气象站所采用的气象传感器主要依赖进口，受技术水平和生产工艺的限制，国产传感器的准确性、可靠性较差。观测项目仅限于传统的温、压、湿、风和降水等六要素，云、能见度、降水现象等气象要素急需要纳入自动气象站的观测项目。

（3）国产自动气象站所采用的数据采集器大多与相应的自动气象站配套使用，当需要扩充自动气象站观测功能，增加新的气象要素传感器时，不能直接进行升级，必须更换，从而造成重复建设和资源浪费。

2. 国外自动气象站发展现状

目前全世界的 70 多个国家和 20 多个地区和组织基本上都是使用芬兰 VAISALA 公司的气象产品进行气象观测，自动气象站也不例外。VAISALA 公司自动气象站的代表系列是 MAWS 系列，目前在全球的大多数国家和地区使用的是 MAWS201 系列，该系列现已发展到了 MAWS301、MAWS410 系列。与国产自动气象站相比，国外的自动气象站和气象传感器具有如下特点：

（1） 气象传感器技术先进，产品精确性和稳定性优越，除基本的六要素传感器外，土壤和水的温度、太阳辐射、土壤湿度、能见度、云等要素的传感器已经有成熟的产品出现。

（2） 自动气象站可以根据用户的不同需求增减传感器的种类和数量，实际操作简便。采用通用的数据传输格式，用户能自由配置数据的输出格式。基本满足世界各国各种业务应用的需要。

（3） 自动气象站采用良好的防护措施，能够适用于各种复杂环境。在装备使用的机动性、操作的便捷性、维修的快捷性、恶劣环境的适应性等方面都做得较好。

在电力输电线路气象监测上多使用微型自动气象站，多为风速、风向、温度、湿度、日照、气压等六要素。代表厂家有：美国戴维斯仪器公司（DAVIS）生产的 Vantage Pro 气象站、芬兰维萨拉的 WXT520、德国 LUFFT 公司推出的 WS600–UMB 小型气象站。都采用了紧凑型的设计，安装时使用钢管及 U 型卡即可固定。

三、各类传感器

1. 风速风向传感器

目前气象部门所使用的机械式测风传感器主要是风杯和风向标，都存在转动惯性，因此不能得到风矢量的瞬时变化值，这对阵风的测量和研究造成困难。在用旋转式传感器测量时，风矢量是作为风向、风速 2 个量分别处理的，在时间和空间上不同步，再加上风的湍流特性，其测量结果与实际的风矢量之间有较大的误差。尤其是在风向、风速传感器存在启动风速不同时，可能造成完全错误的测量结果。因此目前传统测风多采用滑动的 10min 平均风速作为参照值。机械结构可能受恶劣天气的损害，冰雪、沙尘、盐雾都能对其产生影响。

超声波测量风速风向没有活动的机械部件，使用几个超声波传感器，克服了传统机械式风速风向仪的缺陷，不存在启动风速，环境适应性更强，是自动气象站的一种理想测量方式，图 16–4–1 为风速风向传感器。

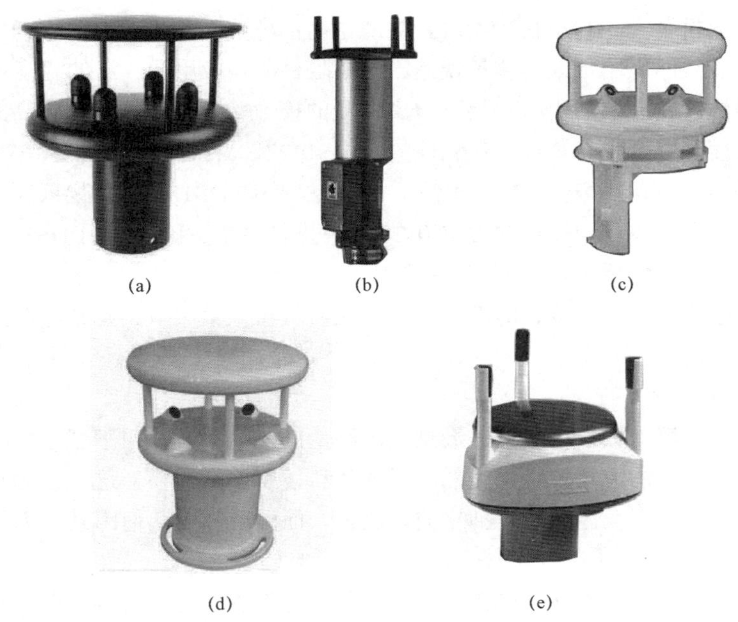

(a) (b) (c)

(d) (e)

图 16-4-1 风速风向传感器

（a）英国 GILL；（b）USA-85000；（c）德国 LUFFT；（d）深圳 CFF-3；（e）维萨拉 WMT50

硅压阻固态正交测风使用的固态测风技术是目前最新发展起来的一种测风技术，它利用当前最先进的固态压力传感器生成与两个正交方向的风速成比例的信号。采用集成工艺，体积小、重量轻、灵敏度高，应用成本较低。固态测试是当前世界气象组织推荐的测风换代产品。但目前其测风范围为 0～25m/s，温漂问题在压阻式传感器中尤为突出，图 16-4-2 为压阻式传感器。

图 16-4-2 压阻式传感器

2. 温度传感器

应用在气象环境温度采集的温度传感器最常见的是 PT_{100}，又叫铂电阻。该铂电阻在 0℃时电阻值为 100Ω，电阻变化率为 0.381 5Ω/℃。通常采用不锈钢外壳封装，内部填充导热材料和密封材料灌封而成，尺寸小巧。铂电阻温度传感器精度高，稳定性好，应用温度范围广，被制成各种标准温度计。按 IEC751 国际标准，温度系数 T_{CR}=0.003 851，Pt_{100}（R_0=100Ω）、Pt_{1000}（R_0=1000Ω）为统一设计型铂电阻。三线制 Pt_{100} 要求引出的三根导线截面积和长度均相同，将导线的一根连接到电桥的电源端，其余两根分布连接到铂电阻所在桥臂及与其相邻的桥臂上，当电桥平衡时，导线电阻的变化对测量结果没有任何影响，这样消除了导线线路电阻带来的测量误差。铂电阻目前是应用最广泛的温度传感器。

铂电阻温度传感器适用时需要配合高精度的模数转换器才能得到较高的精度，目前数字式温度传感器也有多种。代表性的有DS1722，MAX6575，DS18B20等。数字式温度传感器在设备小型化、抗干扰性上有优势。例如DS18B20读出或写入信息仅需要一根口线，口线本身向挂接的DS18B20所有操作供电。因而适用DS18B20系统结构更趋简单，可靠性更高。

当前一些集成环境温度、湿度的传感器在微气象采集中应用越来越广泛，在下一章节湿度传感器中一并介绍。

3. 湿度传感器

在常规的环境参数中，湿度是最难准确测量的一个参数。用干湿球湿度计或毛发湿度计来测量湿度的方法，早已无法满足现代科技发展的需要。这是因为测量湿度要比测量温度复杂得多，温度是个独立的被测量，而湿度却受其他因素（大气压强、温度）的影响。

湿敏元件是最简单的湿度传感器。湿敏元件主要电阻式、电容式两大类。

湿敏电阻：湿敏电阻的特点是在基片上覆盖一层用感湿材料制成的膜，当空气中的水蒸气吸附在感湿膜上时，元件的电阻率和电阻值都发生变化，利用这一特性即可测量湿度。湿敏电阻的种类很多，例如金属氧化特湿敏电阻、硅湿敏电阻、陶瓷湿敏电阻等。湿敏电阻的优点是灵敏度高，主要缺点是线性度和产品的互换性差。

湿敏电容：湿敏电容一般是用高分子薄膜电容制成的，常用的高分子材料有聚苯乙烯、聚酰亚胺、酷酸醋酸纤维等。当环境湿度发生改变时，湿敏电容的介电常数发生变化，使其电容量也发生变化，其电容变化量与相对湿度成正比。湿敏电容的主要优点是灵敏度高、产品互换性好、响应速度快、湿度的滞后量小、便于制造、容易实现小型化和集成化，其精度一般比湿敏电阻要低一些。

目前，国外生产集成湿度传感器的主要厂家及典型产品分别为Honeywell公司（HIH–3602、HIH–3605、HIH–3610型），Humirel公司（HM1500、HM1520、HF3223、HTF3223型），Sensiron公司（SHT11、SHT15型）。这些产品可分成以下三种类型：

（1）线性电压输出式集成湿度传感器。HIH3605/3610、HM1500/1520：其主要特点是采用恒压供电，内置放大电路，能输出与湿度呈比例关系的伏特级电压信号，响应速度快，重复性好，抗污染能力强，图16–4–3线性频率输出集成湿度传感器。

图16–4–3 线性频率输出集成湿度传感器

HF3223型：它采用模块式结构，属于频率输出式集成湿度传感器，在55%RH时的输出频率为 8750Hz（型值），当上对湿度从 10%变化到 95%时，输出频率就从通测仪器 9560Hz 减小到 8030Hz。这种传感器具有线性度好、抗干扰能力强、便于配数字电路或单片机、价格低等优点。

（2）频率/温度输出式集成湿度传感器。HTF3223 型：它除具有 HF3223 的功能以外，还了温度信号输出端，负温度系数（NTC）热敏电阻作为温度传感器。当环境温度变化时，其电阻值也相应改变并且从 NTC 端引出，配上二次仪表测量出温度值。

（3）单片智能化温度/湿度传感器。2002 年 Sensiron 公司在世界上率先研制成功 SHT11、SHT15 型智能化温度/湿度传感器，其外形尺寸仅为 7.6（mm）×5（mm）×2.5（mm），体积与火柴头相近。出厂前，每只传感器都在温度室中做过精密标准，标准系数被编成相应的程序存入校准存储器中，在测量过程中可对湿度进行自动校准。不仅能准确测量温度，还能测量温度和露点。测量温度的范围是 0%～100%，分辨率达 0.03%RH，最高精度为±2%RH。测量温度的范围是–40～123.8℃，分辨率为 0.01℃。测量露点的精度±1℃。在测量湿度、温度时 A/D 转换器的位数分别可达 12 位、14 位。降低分辨率的方法可以提高测量速率，减小芯片的功耗。SHT11/15 的产品互换性好，响应速度快，抗干扰能力强，不外部元件，适配各种单片机。单片智能化温度/湿度传感器如图 16–4–4 所示。

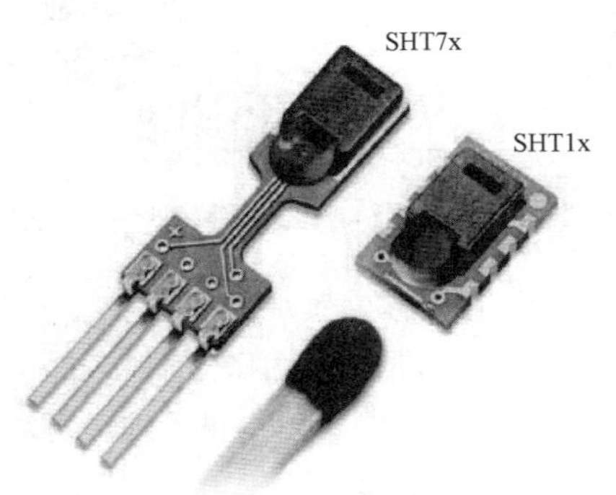

图 16–4–4　单片智能化温度/湿度传感器

4. 雨量传感器

降水量方面，自动气象站主要是利用翻斗式雨量计对降水量进行观测和记录，观测项目单一，其他传感器，如光学雨强计、超声波测雪仪、冻雨传感器等，均只能对降水现象中的一个项目进行测量，应用有限。而最新的多普勒雷达传感器可通过感知雨滴（雪花）的降落速度与大小，计算降水量与降水强度。通过不同的降落速度，可判别不同的降水类型（雨/雪）。

美国戴维斯仪器公司（DAVIS）生产的 Vantage Pro 气象站采样传统的翻斗式雨量计，通过雨量筒收集雨水，雨水注入底部的翻斗进行计数，分辨率 0.2mm，精度+4%，下雨强度为 0.2～50mm/h。

国内气象厂家生产的雨量计种类多，一般基于翻斗式原理，该类产品价格低、计数较成熟，应用也最常见。

芬兰维萨拉 WXT520 如图 16–4–5 所示。芬兰维萨拉 WXT520 使用独特的维萨拉

RAINCAP 传感器来测量降水，该传感器可以探测单个雨滴的碰撞。碰撞产生的信号与雨滴的体积成正比。因此，每个雨滴的信号可以直接转换成累积的降雨量。这种方式可监测冰雹。

德国 LUFFT 公司推出的 WS600–UMB 小型气象站采用 24GHz 多普勒雷达技术测量周围降水的形态及速率，比传统的翻斗–水杯型雨量检测器更先进，没有活动部件，免维护。分辨率 0.01mm，滴落颗粒尺寸测量范围 0.3～5mm，可测量降雨、降雪，图 16–4–6 为 WS600–UMB 小型气象站。

图 16–4–5 芬兰维萨拉 WXT520

图 16–4–6 WS600–UMB 小型气象站

5. 日照传感器

大气循环是由太阳辐射驱动的。测量太阳辐射及其与大气和地表的相互作用极为重要，因为太阳辐射提供了地球可用的几乎全部能量。太阳辐射有两种方式到达地球表面。一是直接太阳辐射，太阳辐射直接穿过大气。二是散射太阳辐射，进入的太阳辐射被地表散射或反射。大约 50%的短波太阳辐射被地表吸收并转变为热红外辐射。直接太阳辐射用太阳辐射传感器或日射强度计来测量。这种类型的太阳辐射传感器有一个透明的半球，测量短波太阳辐射的总量。太阳辐射传感器或日射强度计测量总辐射或直接辐射和散射太阳辐射的总和，图 16–4–7 为 WE300 高精度太阳辐射传感器。

（1） WE300 高精度太阳辐射传感器。WE300 高精度太阳辐射传感器带有气泡水平指示、水平调整螺丝和安装硬件，易于安装。WE300 太阳辐射传感器采用高稳定硅光伏探测器（蓝光增强）来得到精确的读数。WE300 太阳辐射传感器带有 7.5m 船舶级电缆。传感器输出为 2 线制输电线路气象监测 4～20mA。

（2） DAVIS 太阳辐射传感器。图 16–4–8 为太阳辐射传感器。

图 16–4–7 WE300 高精度太阳辐射传感器

图 16–4–8 太阳辐射传感器

主要特点：

采用硅光电池用于总辐射测量 400～1100nm；

使用温度–40～65℃；

余弦响应+3%；

精度+5%；

分辨率 $1W/m^2$；

输出 0～3V，$1.67mV/W/m^2$；

标配带 5m 24AWG 屏蔽电缆线，电缆最长 60m。

6. 气压传感器

振筒气压仪和硅压阻气压传感器发展比较成熟，符合自动气象站的观测要求。目前微型自带气象站多采用内置数字式硅压阻气压传感器，体积小，功耗低。

MS5534A/B/C 是一种包含了一个硅阻压力传感器和一个模数转化接口芯片的混杂 SMD 器件。它提供了一个 16 位的数据字符是从压力与电压和温度与电压而决定的。此外该模块包含 6 组可读的系数，用软件校准一个高精度的传感器。MS5534A 是一种低功耗、低电压、可以自动进行开/关机切换。3 线的接口可以和所有的微处理器进行通讯，图 16–4–9 为 MS5534A/B/C 传感器。

图 16–4–9 MS5534A/B/C 传感器

主要特点：

（1）集成压力传感器；

（2）300～1100mbar 量程；

（3）15 位 ADC；

（4）芯片储存了 6 个可供软件补偿应用

的参数；

（5）3线串行接口；

（6）1个系统时钟（32.768kHz）；

（7）电压低、功耗低。

四、输电线路气象在线监测装置系统主要技术要求

Q/GDW 243—2010《输电线路气象监测装置技术规范》规定了架空输电线路气象监测装置的系统组成、技术要求、试验项目、试验方法等。其中对气象监测装置的定义如下：指满足测量数字化、输出标准化、通信网络化特征，具备自检、自恢复功能，对架空输电线路走廊的微气象进行在线监测的一种测量装置。监测的气象参数主要包括风速、风向、气温、湿度、气压、雨量和光辐射等。

五、输电线路气象在线监测装置系统应用

输电线路微气象在线监测系统是一款专门监测特殊地点的气候环境的设备，采用无线网络传输，对有异常气候情况下会发出警报，提醒监管人员。这样就可以节约人力，合理的安排人员进行处理异常情况，高效的保证输电线路正常运行。

1. 系统简介

输电线路智能气象环境监测系统是一套针对输电线路走廊局部气象环境监测而设计的多要素微气象监测系统。可监测环境温度、湿度、风速、风向、气压气象参数，又可根据用户需求定制其他测量要素、并将采集到的各种气象参数及其变化状况，通过3G/GPRS/EDGE/CDMA1X网络实时的传送到专家分析系统中，专家分析系统可对采集到的数据进行存储、统计与分析，并将所有数据通过各种报表、统计图、曲线等方式显示给用户。当出现异常情况时，系统会以多种方式发出预报警信息，提示管理人员应对报警点予以重视或采取必要的预防措施。

2. 系统主要功能

（1）数据采集前端为扩展工业级或工业级产品，适用于各种恶劣的气候环境。

（2）具有对杆塔安装点的局部环境的温度、湿度、风速、风向、大气压指标的实时监测。

（3）具有对温度、湿度、风速、风向、大气压指标的特色曲线统计报表，提供按照设备编号、时间坐标等多种条件查询功能。报表上可以随鼠标点实时显示该点的温度值，且具有报表中当前温度、最高/最低温度等特色图元显示。

（4）利用运营商已有的3G/GPRS/EDEGE/CDMA1X网络构建远程数据传输通道，实现输电线路在线监测系统监控中心可以实时监测远端现场的数据。

（5）前置机子系统模块可以有效地连接现场系统，获得数据并实现数据存储/转发到输电线路在线监测系统。

（6）系统采用了多层屏蔽技术建造，机壳及传感器外壳采用防磁金属材料，有效屏蔽电磁干扰。数据传输线缆采用 3 层屏蔽室外线缆，各种接头采用金属航空头，屏蔽、防水、防尘、连接可靠。极强的抗干扰、抗雷击、确保系统运行稳定可靠。

（7）防雷及防线路闪络设计，机壳经过杆塔与大地连接，各种传感器全部采用防雷器件。

（8）系统采用低功耗设计，动态调整设备功耗达到节电要求。

（9）采用系统接地抗干扰设计，数据采集信号双端差分输入，模拟信号及数字信号全部采用严格的工业过程优化控制技术，可确保数据采集的准确和可靠。

【思考与练习】

1. 简述我国 7 个七个气象区。
2. 简述各类传感器功能特点。
3. 简述输电线路气象监测系统的组成和功能。

模块 5　输电线路导线温度监测及动态增容（Z05H1005Ⅲ）

【模块描述】本模块分析了输电线路导线温度监测及动态增容的目的和意义，阐述了输电线路增容技术理论，介绍了输电线路导线温度监测及动态增容装置组成，通过对输电线路导线温度监测及动态增容各组成部分的结构分析和功能介绍，掌握输电线路导线温度监测及动态增容应用。

【模块内容】

一、输电线路导线温度监测及动态增容的目的和意义

近年来，我国经济的持续快速增长，导致了电网规划建设滞后和输电能力不足的问题日益突出，加剧了电网和电源发展的不协调矛盾，带来了一系列问题。一些输电线路受到输送容量热稳定限额的限制，已严重制约系统内输电线路的输送容量，极大地影响了电网供电能力。而受输电走廊征用困难以及环境保护等因素制约，建设新的输电线路投资大，建设周期长，征地开辟新的线路走廊难度高。因此，如何提高现有架空输电线路单位走廊的输送容量，最大限度地提高现有输电线路的传输能力，已成为确保电网安全、经济、可靠运行的一个迫在眉睫的突出问题。

输电线路常年运行在户外，受外界环境腐蚀、老化、振动等因素，导致导线接头、线夹等部位容易发热。供电企业采用定期巡视测温、特巡测温等方式获取导线易发热点部位温度，但由于周期性漏失或不能及时反映导线的温升情况进行预警，导致导线温升过高造成大量的电力事故。

过低的导线温度会加大导线的水平张力，过高的导线温度会影响弧垂的安全距离，

所以导线温度的实时监测还是有非常重要的意义。

目前国内外研究机构和制造厂已开发和生产出几种实用有效实时监测装置。美国USI公司生产的Power–Donut 2和杭州海康雷鸟公司生产的MT系列温度–倾角测量球是实时测量导线温度及通过测量悬挂点倾角计算得到实时弧垂的装置，同时装置也能测量导线电流。测量装置为环型或球型结构，套装在导线上，内部采用线路电流产生的感应电源、数字式温度传感器、高精度角度传感器、GSM/GPRS 通信模式、多层屏蔽与密封等多项新技术，确保装置能在高压电场和高低温等恶劣天气环境下可靠工作。Power Donut2、MT系列测量球的外形和安装位置如图16–5–1、图16–5–2所示，图16–5–3为测量球安装在线路上。

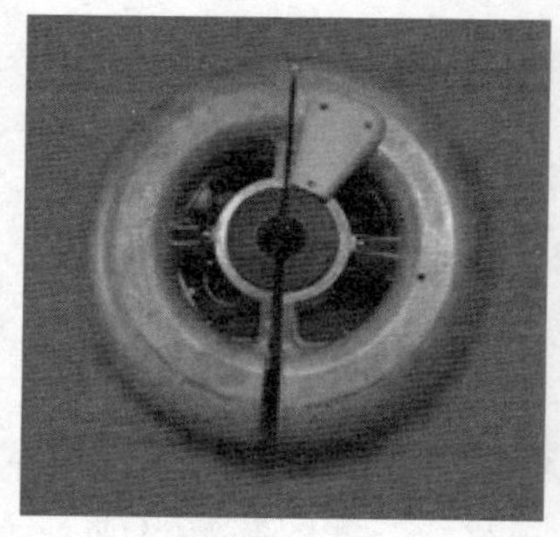

图16–5–1 Power Donut2

图16–5–2 MT系列测量球

图16–5–3 测量球安装在线路上

国外还有通过测量导线应力和通过 GPS 测量弧垂计算导线温度等的实时监测装置。这些测量装置为线路动态热定额计算提供了实时导线温度等数据。

对于气象信息的采集一般采用商用可靠的小型自动气象站，它能提供线路局部的气象环境数据，包括环境温度、风速、风向、雨量、雨强、太阳辐射等信息。国外也有采用公用气象台提供气象数据。

输电线路导线（金具）温度在线监测及动态增容系统，能够对输电线路导线温度、易发热点金具温度及环境温湿度、日照、风速风向进行实时监测。利用GSM/GPRS/CDMA等通讯信道将数据传往监测中心，系统主站软件根据现场监测数据进行分析、比较、预警和储存，并计算出线路实际的动态容量和导线弧垂，即线路的隐性负荷。为电网调度运行人员提供在线调度运行指导数据，及时对输电线路的热稳定负载进行调整，最大限度地发挥输电线路的输送能力。

二、增容技术理论

1. 导线允许温度和载流量

导线的温度与导线的载流量、运行环境温度、风速、日照强度、导线表面状态等有关。

（1）导线允许载流量。对于确定的环境条件，导线的允许载流量直接取决于其发热允许温度，允许温度越高，则允许载流量越大。

导线发热允许温度受导线载流发热后的强度损失制约，因此架空导线的允许载流量一般是按一定气象条件下导线不超过某一温度来计算的，目的在于尽量减少导线的强度损失，以提高并确保导线的使用寿命。

导线允许载流量的计算与导体的电阻率、环境温度、使用温度、风速、日照强度、导线表面状态、辐射系数、吸热系数、空气的传热系数等因数有关。导线的最高使用温度，按各国的具体情况而定，日本、美国允许为+90℃，法国为+85℃，德国、荷兰、意大利、瑞典、瑞士等国允许为+80℃，我国和苏联允许为+70℃。

导线载流量的计算公式很多，日本、苏联、美国、英国和法国等都有不同的计算公式，但是其计算原理都是由导线发热和散热的热平衡推导出来的，其中英国摩尔根公式考虑影响载流量因素较多，并有实验基础，但摩尔根公式计算过程较为复杂，在一定条件下将其简化，可缩短计算过程，适用于雷诺系数为 100～3000 时，即环境温度为+40℃、风速 0.5m/s，导线温度不超过 120℃，可用于直径ϕ4.2mm～ϕ100mm 的导线载流量计算。摩尔根公式如下：

$$It=\sqrt{\frac{9.92\theta(vD)^{0.485}+A-\alpha_S I_S D}{K_t R_{dt}}} \tag{16-5-1}$$

式中　A——$\pi\varepsilon SD[(\theta+t_a+273)^4-(t_a+273)^4]$；

θ——导线载流时温升，℃；

v——风速，m/s；

D——导线外径，m；

ε——导线表面辐射系数；光亮新线为 0.23～0.46，发黑旧线为 0.90～0.95；

I_S——日照强度，W/m^2；

S——常数，S=5.67×10^{-8}W/m^2；

t_α——环境温度，℃；

α_S——导线吸热系数；光亮新线为 0.23～0.46，发黑旧线为 0.90～0.95；

K_t——导线温度为 $\theta+t_\alpha$ 时交直流电阻比；

R_{dt}——导线温度为 $\theta+t_\alpha$ 时的直流电阻，Ω/m。

我国现行标准导线载流量计算采用的就是以上计算公式。

（2）提高导线允许温度对载流量的影响。当环境温度为+40℃、风速 0.5m/s、日照强度 1000w/m^2、辐射系数和吸热系数均取 0.9 时，钢芯铝绞线载流后的温度为 70、80℃和 90℃时的载流量见表 16–5–1。从表 16–5–1 中看出，对钢芯铝绞线 210～800mm^2

截面，导线温度从+70℃提高到+80℃后，载流量可提高 25%左右，表 16–5–1 为钢芯铝绞线长期允许载流量。

表 16–5–1 钢芯铝绞线长期允许载流量

截面（mm²）	结构（根/mm）		计算载流量（A）		
	铝	钢	70℃	80℃	90℃
300/20	45/2.93	7/1.95	502	624	722
300/25	48/2.85	7/2.22	505	628	726
300/40	24/3.99	7/3.66	503	628	728
300/50	26/3.83	7/2.98	504	629	730
300/70	30/3.60	7/3.60	512	641	745
400/20	42/3.51	7/1.95	595	746	864
400/25	45/3.33	7/2.22	584	730	845
400/35	48/3.22	7/2.50	583	729	844
400/50	54/3.07	7/3.07	592	741	857
400/65	26/4.42	7/3.44	597	752	876
400/95	30/4.15	19/2.50	608	767	895
500/35	45/3.75	7/2.50	670	842	977
500/45	48/3.00	7/2.80	664	834	967
500/65	54/3.44	7/3.44	676	850	983
630/45	45/4.20	7/2.80	763	964	1120
630/55	48/4.12	7/3.20	775	979	1136

（3）环境温度对导线载流量的影响。环境温度对导线载流量有很大影响，因为导线的辐射散热和对流散热都与环境温度直接相关。

以 220kV 线路常用的 LGJ—400/35 导线为例进行计算，边界条件为：V=0.5m/s、I_S=1000w/m²、ε=0.9、α_s=0.9，计算结果见表 16–5–2。

表 16–5–2 LGJ—400/35 导线在不同环境温度和导线允许温度下的载流量

允许温度（℃）	载流量（A）				
	t_α=0℃	t_α=10℃	t_α=20℃	t_α=30℃	t_α=40℃
70	1039	950	849	731	585
80	1115	1036	948	849	732

续表

允许温度（℃）	载流量（A）				
	t_a=0℃	t_a=10℃	t_a=20℃	t_a=30℃	t_a=40℃
90	1182	1111	1033	946	848
100	1226	1162	1107	1031	945

从表 16–5–2 中看出，当导线温度为+70℃，环境温度从 40℃降至 30℃，载流量增加约 25%。

以环境温度 40℃作为基准，不同环境温度和导线允许温度时的修正系数见表 16–5–3。

表 16–5–3　　不同环境温度和导线允许温度时的修正系数

允许温度（℃）	修正系数			
	t_a=10℃	t_a=20℃	t_a=30℃	t_a=40℃
70	1.414	1.290	1.155	1
80	1.322	1.224	1.118	1
90	1.264	1.183	1.095	1

注　t=40℃，v=0.5m/s，辐射和散热系数 =0.9，H=1000m，日照为 0.1W/cm^2。

（4）边界条件对导线载流量的影响。从以上分析看出，载流量公式确定后，计算的边界条件对载流量的计算也是有影响的，不同国家载流量计算的边界条件见表 16–5–4。

表 16–5–4　　不同国家计算导线载流量的边界条件

边界条件	中国	日本	法国	美国	IEC
温度（℃）	35	—	—	—	—
风速/（m/s）	0.5	0.5	1.0	0.61	1.0
日照/（W/m^2）	1000	1000	900	—	900
吸热系数	0.9	0.9	0.5	0.5	0.5
辐射系数	0.9	0.9	0.6	0.5	0.6
导线温度（℃）	70	90	85	90	—

现用摩尔根公式，取环境温度为 40℃，采用我国和 IEC 边界条件进行载流量计算，计算结果如表 16–5–5 所示。

表 16–5–5　　　我国和 IEC 应用的边界条件计算的载流量

导线温度（℃）	导线型号	LGJ—400/25	LGJ—400/50	LGJ—400/65	LGJ—400/95
80	我国参数	584	592	597	608
	IEC 参数	733	742	760	776
	比值	1.255	1.253	1.273	1.276
90	我国参数	730	741	752	767
	IEC 参数	875	886	909	928
	比值	1.199	1.196	1.209	1.210

通过对导线载流量的各个边界条件影响的分析，得出以下结论：

1）边界条件对导线载流量计算影响比较大，由于各国根据本国的条件（环境温度、日照强度、风速、吸热和散热系数、导线允许温度等）取值各有不同，计算出的载流量相差较大。我国和 IEC 的边界条件分别计算的载流量相差在 15%～20%。因此选择适合本地区的边界条件是非常重要的，也是需要进一步研究的问题。

2）导线表面辐射和吸热系数，主要由导线新旧决定的。虽然它们各自对导线载流量有一定的影响，而且影响是相反的，但它们对导线载流量的综合影响较小，在导线使用温度范围内，大约为 2%。

3）风速对导线载流量影响很大：v=0.5m/s 较 v=0.1m/s 载流量要增大 40%，而 v=1.0m/s 较 v=0.5m/s 载流量要增大 15%～20%，所以风速的取值值得研究。据国外研究，风向与导线的夹角不同，对载流量大小也有影响。

4）日照强度对载流量也有影响。日照 100W/m^2 较 1000W/m^2 的载流量要提高 15%～30%，但日照从 1000W/m^2 减少至 900W/m^2 时载流量仅提高 1%～4%。

5）温度（环境温度 t_a、导线最大允许温度 θ）对载流量的影响很大。从导线温升 θ 与载流量的关系看出，在温升的初始阶段，载流量上升很快，环境温度≤40℃时，导线温度每升高 5℃，载流量要增加 10%，导线温度 θ 大于 40℃时，导线温度每升高 5℃，载流量要增加逐渐减少，从 8%降至 2%。

总之，影响导线载流量的边界条件，一部分为外界环境条件，如风速、日照、温度等，这是与线路所处的自然条件有关。另一部分是与导线本身有关，如导线的吸热和辐射系数、导线允许温度、导线直径等。导线的吸热和辐射系数综合影响载流量是不大的，当导线直径（截面）一定时，导线允许温度的取值就成为影响载流量的主要因素。

2. 静态增容和动态增容原理

在不改变线路结构的情况下，增加导线载流量，增大线路输送容量，对于降低线路建设投资具有较大的作用。导线增容可分为静态增容和动态增容。

输电线路在设计时一般是在选定的特定气象条件（如环境温度 40℃、风速 0.5m/s、太阳辐射功率 1000W/m^2）和导线最高允许温度 70℃下计算线路载流量，这是线路的静态载流量，也称为静态热定额，它保证线路强度和线路安全，一般不应超越。如果在规定气象条件不变的情况下，将允许温度从 70℃提高到 80℃或 90℃，允许载流量有一定提高，这称为静态增容。

在通常情况下实际环境温度小于特定的环境温度 40℃，风速也经常大于规定的 0.5m/s，甚至在负荷等于热定额时，导线温度也没有达到最高允许温度。因此，根据实际运行中气象条件的有利因素（如环境温度较低、风速较高等），在导线最高允许温度限定范围内对线路运行安全没有影响的前提下，可适当提高线路的载流量，这就是线路的动态载流量，也称为动态热定额。如果能够对导线温度和导线弧垂进行实时监控，在白天晚上、阴天晴天与夏天冬天等不同环境条件下动态调节载流量，以提高现有输电线路的输送容量称为动态增容。

静态热定额：输电线路在设计时一般是在选定的特定气象条件（如环境温度 40℃，风速 0.5m/s，太阳辐射功率 1000W/m^2）和导线最高允许运行温度 70℃下根据上述计算方法来确定线路载流量，这是线路的静态载流量也称为静态热定额，它保证导线强度和线路安全，一般不应超越，但也是较保守的定额。

如果在规定气象条件不变的情况下，将允许温度从 70℃提高到 80℃或 90℃，允许载流量有一定提高，但牺牲了一些导线寿命，这称为静态增容。国网公司已允许按照规定程序，在一些已建和新建线路上，将导线允许温度从 70℃提高到 80℃，实现静态增容。

动态热定额：因为在静态热定额计算中采用保守的热交换假设，在通常情况下实际环境温度是小于特定的环境温度 40℃，风速也经常大于规定的 0.5m/s，甚至在负荷等于热定额时，导线温度也没有达到最高允许温度。因此实际运行中，在导线最高允许温度限定范围内，并对线路运行安全没有大影响的情况下，根据气象条件的有利因素下（如环境温度较低、风速较高等），适当提高线路的载流量，这就是线路的动态载流量也称为动态热定额或动态增容。动态增容可增加 10%～30%的线路载流量，在用电高峰时缓解了输电能力的不足，具有显著的政治经济效益。

3. 动态载流量的实时计算

目前国内外常用的载流量计算方法，除摩根公式外，更多使用的是国际电气和电子工程师协会标准 IEEE Std 738—1993《计算裸架空导线电流和温度关系的标准》

提供的方法。该标准根据线路热平衡方程提供了计算线路稳态和暂态热定额的模型和算法，可采用实时环境温度、风速、风向和太阳辐射等气象参数来计算线路的动态载流量。

IEEE Std.738—2006 标准中导线温度和载流量计算方法的基础是热平衡方程：

稳态热平衡方程

$$q_{c}+q_{r}=q_{s}+I^{2}R(T_{c}) \tag{16-5-2}$$

$$I=\sqrt{\frac{q_{c}+q_{r}-q_{s}}{R(T_{c})}} \tag{16-5-3}$$

非稳态热平衡方程

$$q_{c}+q_{r}+mC_{p}\frac{\mathrm{d}T_{c}}{\mathrm{d}t}=q_{s}+I^{2}R(T_{c}) \tag{16-5-4}$$

$$\frac{\mathrm{d}T_{c}}{\mathrm{d}t}=\frac{1}{mC_{p}}[R(T_{c})I^{2}+q_{s}-q_{c}-q_{r}] \tag{16-5-5}$$

式中 I——导线电流即载流量，A；

T_{c}——导线温度，℃；

$R(T_{c})$——温度 T_{c} 时导线每千米的交流电阻，Ω/km；

q_{c}——对流热损失，W/m；

q_{r}——辐射热损失，W/m；

q_{s}——太阳热增量，W/m；

mC_{p}——导线的总热容量，J/m℃。

它们分别以下式计算：

（1）强迫对流热损失。

$$q_{c1}=\left[1.01+0.0372\left(\frac{D\rho_{f}V_{w}}{\mu_{f}}\right)^{0.52}\right]K_{f}K_{angle}(T_{c}-T_{a}) \tag{16-5-6}$$

$$q_{c2}=0.0119\left(\frac{D\rho_{f}V_{w}}{\mu_{f}}\right)^{0.6}K_{f}K_{angle}(T_{c}-T_{a}) \tag{16-5-7}$$

公式（16-5-6）用于低风速，公式（16-5-7）用于高风速。

式中 D——导线直径；

V_{w}——导线处空气流速度；

ρ_{f}——空气密度；

μ_{f}——空气的动态黏度；

K_{f}——温度 T_{film} 时空气的热传导率；

K_{angle}——风向系数；

T_a——周围空气温度；

T_c——导线温度；$T_{film}=(T_a+T_c)/2$。

（2）自然对流热损失。当风速为零时，自然对流热损失仍存在，热损失方程为

$$q_{cn}=0.020\,5\rho_f^{0.5}D^{0.75}(T_c-T_a)^{1.25} \tag{16-5-8}$$

（3）辐射热损失。

$$q_r=0.017\,8D\varepsilon\left[\left(\frac{T_c+273}{100}\right)^4-\left(\frac{T_a+273}{100}\right)^4\right] \tag{16-5-9}$$

式中　ε——导线发射率。

（4）太阳热增量。

$$q_s=\alpha Q_{se}\sin(\theta)A' \tag{16-5-10}$$

式中　A'——单位长度导线的投影面积；

α——导线的太阳吸收系数；

Q_{se}——导线高度修正后太阳和空气总的辐射热量；

θ——太阳光的有效入射角。

上述公式中各项系数的采用条件及计算方法请见该标准。

4. 增容方法

根据导线温度提高现有运行的线路载流量的方法有两种：

方法一是导线允许运行温度+70℃不变，根据运行环境实际情况核算线路载流量，对受限线路载流量进行精细管理。通过在线测量线路的导线温度、风速、日照强度和环境温度等，计算确定线路的载流量。

方法二是环境温度仍按+40℃考虑，线路上的风速和日照强度完全按规程要求设定，提高导线允许运行温度到+80～+90℃。

方法一的优点是现行运行标准不变，线路运行安全性不变，通过对导线温度和环境温度的在线监测，充分挖掘输电线路的隐性容量。这是一种廉价、有效、安全的线路增容技术，一般可增加线路输送容量约10%～30%。

在电网事故N–1情况下，通过对导线温度的实时监测，利用导线温升暂态过程的时间特性，短时较大的提高输送容量，可为事故处理赢得宝贵时间，为电网安全发挥很大作用。

方法二能较大幅度的提高输送容量，但导线运行温度将超过目前规程规定允许温度+70℃，由此将带来三个问题：一是不符合现行设计标准；二是对导线、配套金具的

机械强度和寿命有不同程度影响；三是由于温度提高，导线弧垂的增加，导线对地交叉跨越空气间隙距离减小，影响线路对地及交叉跨越的安全裕度。所以这种方法要在做好各项技术和组织措施后采用。

这两种增容方法都需要线路导线在线温度、环境温度、风速、日照和载流量等的检测及数据传输装置。

三、导线温度监测和动态增容系统

导线温度在线监测系统实时监测输电线路导线温度、导线电流、日照、风速、风向、环境温度等参数。输电线路动态增容是在充分利用现有输电设施、通道状况的基础上，引入输电线路在线监测与计算分析工具，根据实际气象环境、设备数据，如环境温度、风速、风向、日照以及导线型号、导线发射率、导线吸收率、导线最高温度阻值等详细的导线数据，计算输电线路当前的稳态输送容量限额，为调度和运行提供方便及有效的分析手段，通过导线温度在线监测进行实时增容，有效发挥输电线路的输送能力。

1. 系统组成

导线温度监测和动态增容实时系统主要由测温单元、塔上监测装置、通信基站和分析查询系统四部分组成。输电线路温度实时监测系统如图16-5-4所示。其中体积小、重量轻的测温单元安装在输电线路导线或金具上，实时采集导线及金具温度，并通过Zigbee或RF射频模块将数据无线上传至铁塔上的监测装置。监测装置同时对本塔所在微气象区的日照、风速、风向、环境温度等参数进行实时采集，将所有数据通过SMS/GPRS/CDMA1X等通信方式将数据传往监测中心，当各温度监测点温度超过预设值时即刻启动报警。

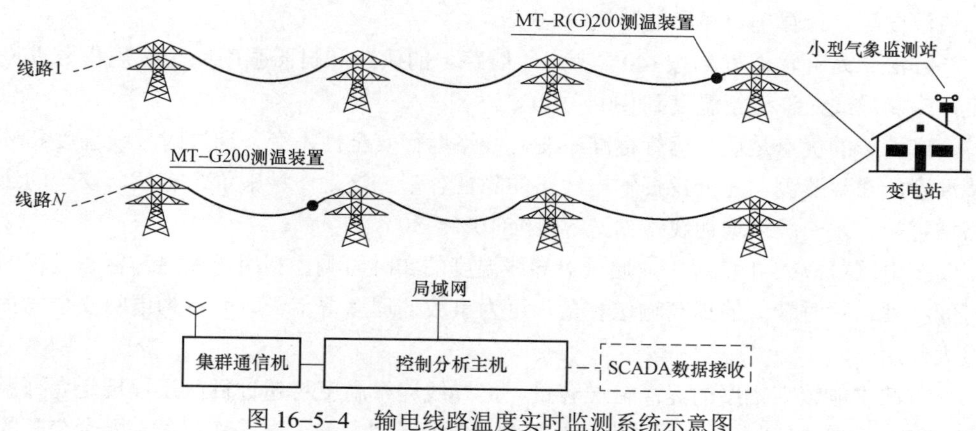

图16-5-4 输电线路温度实时监测系统示意图

以下是国内一家主流在线监测厂家生产的导线温度监测装置，该装置为单一实时测量导线温度的装置，采用太阳能和锂电池供电，RF 通信模式，体积小、重量轻，宜用在需多点测量温度的某段线路上，信号用 RF 送到塔上控制箱，再经 GPRS 将信号转送到系统主站。导线温度监测装置如图 16–5–5 所示，其主要技术指标如下。

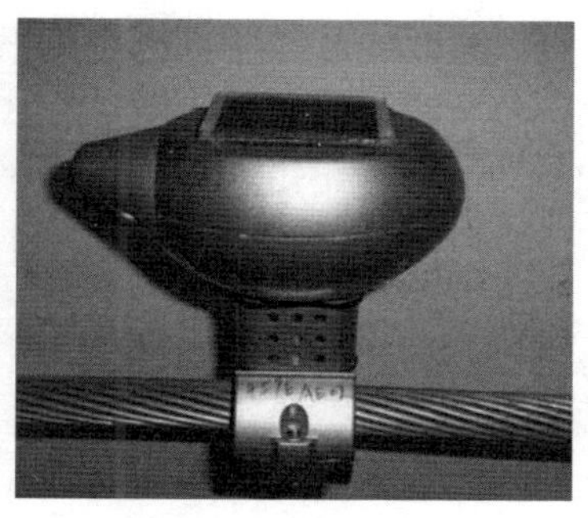

图 16–5–5　导线温度监测装置

温度测量范围：A 型，–40～+125℃；B 型，40～200℃；

测量精度：±1℃；

数据发送时间间隔：2min～2h；

外壳的防护性能等级：IP66；

供电模式：锂亚电池/太阳能；

锂亚电池工作持续时间：≥3 年；

允许长期通过导线负荷电流：20～4000A；

融冰情况下允许通过导线负荷电流直流 4000A。

根据运行经验一般在线路温度较高或环境条件较差的地段安装若干个温度监测装置，注意要在有 GSM/GPRS 信号的地区。在线路杆塔上或附近或变电所安装小型气象站，距离相近的线路（如同杆双回线）可共用一个气象站，但在气象条件变化较大的地区应增装气象站。

输电线路动态增容实时监测系统能提供线路各个监测点电流、温度及气象数据等的实时监控信息，通过软件计算醒目地显示当前线路最高温度、输送电流和动态实时限额，为运行调度人员控制线路载流量提供依据。当线路电流发生阶跃或线路温度超过预警值时，系统马上发出直观醒目的告警。

线路增容辅助研究包括 IEEE Std.738 提供的分析计算功能，如稳态和暂态模式计算是根据实测的气象条件下，给定一个计算温度，依据热平衡原理进行导线限额电流计算，或相反地根据导线电流来计算导线温度，为确定线路动态载流量和安全提供预测依据。

2. 传感器技术

（1）电阻温度传感器。电阻温度传感器实际上是一根特殊的导线，它的电阻随温度变化而变化，通常 RTD 材料包括铜、铂、镍及镍/铁合金。RTD 元件可以是一根导线，也可以是一层薄膜，采用电镀或溅射的方法涂敷在陶瓷类材料基底上，图 16–5–6 为 RTD 电阻/温度曲线与热敏电阻的电阻/温度曲线的比较。

RTD 的电阻值以 0℃阻值作为标称值。0℃100Ω 铂 RTD 电阻在 1℃时它的阻值通常为 100.39Ω，50℃时为 119.4Ω，图 16–5–6 是 RTD 电阻/温度曲线与热敏电阻的电阻/温度曲线的比较。RTD 的误差要比热敏电阻小，对于铂来说，误差一般在 0.01%，镍一般为 0.5%。除误差和电阻较小以外，RTD 与热敏电阻的接口电路基本相同。

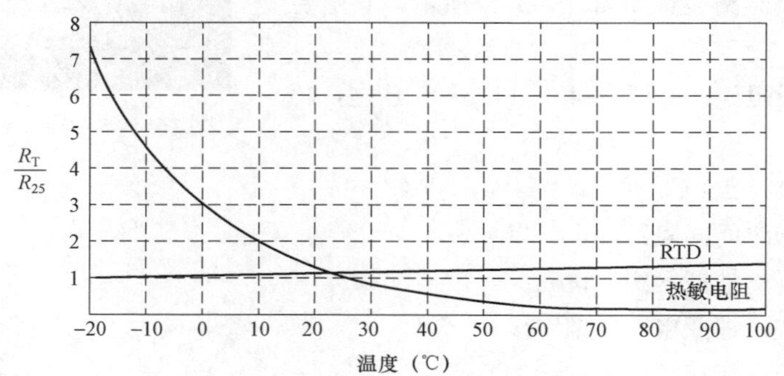

图 16–5–6 RTD 电阻/温度曲线与热敏电阻的电阻/温度曲线的比较

（2）数字温度传感器 DS18B20。

1）单线总线特点。单总线即只有一根数据线，系统中的数据交换，控制都由这根线完成。

单总线通常要求外接一个约为 4.7～10K 的上拉电阻，这样，当总线闲置时其状态为高电平。

2）DS18B20 的特点。DS18B20 单线数字温度传感器，即“一线器件”，其具有独特的优点：

a）采用单总线的接口方式与微处理器连接时仅需要一条口线即可实现微处理器与 DS18B20 的双向通讯。单总线具有经济性好，抗干扰能力强，适合于恶劣环境的现场温度测量，使用方便等优点，使用户可轻松地组建传感器网络，为测量系统的构建引入全新概念。

b）测量温度范围宽，测量精度高 DS18B20 的测量范围为–55～+125℃；在–10～+85℃范围内，精度为±0.5℃。

c）在使用中不需要任何外围元件。

d）持多点组网功能。多个 DS18B20 可以并联在唯一的单线上，实现多点测温。

e）供电方式灵活 DS18B20 可以通过内部寄生电路从数据线上获取电源。因此，当数据线上的时序满足一定的要求时，可以不接外部电源，从而使系统结构更趋简单，可靠性更高。

f）测量参数可配置 DS18B20 的测量分辨率可通过程序设定 9～12 位。

g）负压特性电源极性接反时，温度计不会因发热而烧毁，但不能正常工作。

h）掉电保护功能 DS18B20 内部含有 EEPROM，在系统掉电以后，它仍可保存分辨率及报警温度的设定值。

DS18B20 具有体积更小、适用电压更宽、更经济、可选更小的封装方式，更宽的电压适用范围，适合于构建自己的经济的测温系统，因此也就被设计者们所青睐。

DS18B20 内部结构如图 16–5–7 所示。

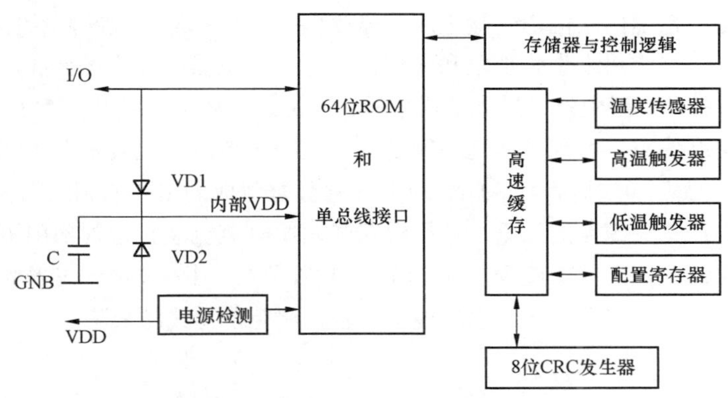

图 16–5–7　DS18B20 内部结构

主要由 4 部分组成：64 位 ROM、温度传感器、非挥发的温度报警触发器 TH 和 TL、配置寄存器。ROM 中的 64 位序列号是出厂前被光刻好的，它可以看作是该 DS18B20 的地址序列码，每个 DS18B20 的 64 位序列号均不相同。64 位 ROM 的排的循环冗余校验码（CRC=X^8+X^5+X^4+1）。ROM 的作用是使每一个 DS18B20 都各不相同，这样就可以实现一根总线上挂接多个 DS18B20 的目的。

3. 输电线路导线温度监测装置系统主要技术要求

Q/GDW 244—2010《输电线路导线温度监测装置技术规范》规定了架空输电线路导线温度监测装置的监测对象、技术要求、试验项目及方法等。

【思考与练习】

1. 简述静态增容和动态增容原理。

2. 简述输电线路增容方法。

3. 简述输电线路导线温度监测和动态增容系统的组成和功能。

◢ 模块 6 输电线路弧垂监测（Z05H1006Ⅲ）

【模块描述】本模块阐述了输电线路弧垂理论及测量计算方法，介绍了弧垂监测系统的各组成部分，通过对输电线路弧垂监测系统各组成部分的结构分析和功能介绍，掌握输电线路弧垂监测系统的应用。

【模块内容】

一、输电线路弧垂理论及测量方法

输电线路弧垂是线路设计和运行的主要指标，关系到线路运行的安全，它必须控制在设计规定的范围内。但由于输电线路覆盖面广，许多地方要跨越公路、铁路、航道、较低电压线路、树木生长地段和人烟密集地区，虽然在线路设计和施工时都已对线路弧垂进行控制，避免弧垂过大造成事故。但是由于环境及线路负荷的变化，设计、施工时弧垂裕度偏小，特别是在交叉跨越和人烟密集地段。尤其是有些线路将导线最高运行允许温度从 70℃提高到 80℃，这时线路弧垂就成为主要的制约因素，线路运行部门就很关心这些关键点的弧垂。使用线路弧垂实时监测装置运行部门可随时了解线路弧垂的变化情况，采取措施保证弧垂在规定范围内。另外线路动态增容和线路覆冰时，导线弧垂也会有明显变化，也要控制弧垂，避免发生线路故障。

1. 技术原理

（1）线路基本方程。架空导线在工程计算上常忽略它的刚度而视为柔索，这样导线就可用悬链线方程或抛物线方程来计算，这里采用抛物线方程来计算，虽精度略差但计算较简单，误差在工程允许范围内。

当导线二悬挂点 A、B 间的档距为 l（m），A、B 间的高差为 h（m）时（B 高于 A），如图 16–6–1 所示，档内导线的最大弧垂 f（m）为

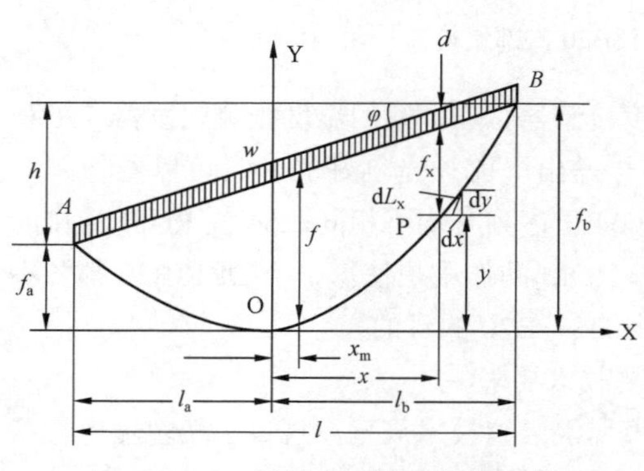

图 16–6–1 悬挂点不等高的架空线

$$f = \frac{l^2 w}{8H\cos\varphi} \tag{16–6–1}$$

式中 H——导线最低点水平张力，N；

w——导线单位长度的自重力（荷载），N/m；

φ——高差角，°。

（2）通过张力或倾角测量弧垂。

当导线二悬挂点 A、B 间的档距为 l（m），A、B 间的高差为 h（m）时（B 高于 A），导线档内最大的弧垂 f（m）为

$$f=\frac{l^2 w}{8H\cos\varphi}$$

式中　H——导线最低点水平张力，N；

　　w——导线单位长度的自重力（荷载），N/m。

所以通过实时测量导线张力测得实时弧垂在理论上还是比较方便的。

悬挂点 A 处导线的倾斜角为

$$\theta_{\mathrm{A}}=\tan^{-1}\left(\frac{lw}{2H\cos\varphi}-\frac{h}{l}\right) \qquad (16\text{–}6\text{–}2)$$

悬挂点 B 处导线的倾斜角为

$$\theta_{\mathrm{B}}=\tan^{-1}\left(\frac{lw}{2H\cos\varphi}+\frac{h}{l}\right) \qquad (16\text{–}6\text{–}3)$$

导线弧垂 f（m）与悬挂点倾斜角 θ 的函数关系

$$f=\frac{l}{4}\left(\tan\theta_{\mathrm{A}}+\frac{h}{l}\right) \qquad (16\text{–}6\text{–}4)$$

或

$$f=\frac{l}{4}\left(\tan\theta_{\mathrm{B}}-\frac{h}{l}\right) \qquad (16\text{–}6\text{–}5)$$

上述函数关系表明悬挂点倾角直接反映了线路弧垂的数值，就为通过实时测量悬挂点倾斜角监测导线弧垂提供了依据。

通过导线温度测量弧垂

由于导线温度或外荷载变化将造成导线内部张力产生变化。因此在某已知工作条件 m（w_{m}、t_{m}），其水平张力为 H_{m}，当工作条件变为 n（w_{n}、t_{n}）时，则水平张力变为 H_{n}，其变化关系称为输电线路的状态方程，相应的表达式为

$$H_{\mathrm{n}}-\frac{l^2 w_{\mathrm{n}}^2 ES}{24H_{\mathrm{n}}^2}\cos^3\varphi=H_{\mathrm{m}}-\frac{l^2 w_{\mathrm{m}}^2 ES}{24H_{\mathrm{m}}^2}\cos^3\varphi-\alpha ES(t_{\mathrm{n}}-t_{\mathrm{m}})\cos\varphi \qquad (16\text{–}6\text{–}6)$$

令系数 F、G 为

$$F=-H_{\mathrm{m}}+\frac{l^2 w_{\mathrm{m}}^2 ES}{24H_{\mathrm{m}}^2}\cos^3\varphi+\alpha ES(t_{\mathrm{n}}-t_{\mathrm{m}})\cos\varphi$$

$$G=-\frac{l^2 w_n^2 ES}{24}\cos^3\varphi \tag{16-6-7}$$

则状态方程可改写为如下形式

$$H_n^3+FH_n^2+G=0 \tag{16-6-8}$$

式中 H_m、H_n——工作条件 m 与 n 时导线的水平张力，N；

w_m、w_n——工作条件 m 与 n 时导线单位长度的自重力，N/m；

t_m、t_n——工作条件 m 与 n 时导线温度，℃；

E——导线的最终弹性系数，N/mm²；

α——导线的温度线膨胀系数，1/℃；

S——导线的截面积，mm²。

若工作条件 m 时的 H_m、w_m、w_n、t_m、t_n 已知，代入式（16–6–7）确定系数 F、G 值后，对式（16–6–8）实施牛顿逐次试算逼近法，便可求得工作条件 n 时的水平张力 H_n 值。

通过状态方程求得工作条件 n 时的水平张力 H_n，我们可以计算温度 t_n 时线路弧垂，这是通过温度计算弧垂的方法。

2. 测量方法

（1）应力法。美国 The Valley Group Inc.公司生产的 CAT–1 是通过测量导线应力计算弧垂的实时监测装置，它主要由三部分组成。首要的是应力传感器，如图 16–6–2 所示，它串联在耐张塔和绝缘子串之间，一般在一基耐张塔上装二个，能实时测量该塔相邻二耐张段的导线应力，应力传感器的安装如图 16–6–3，最大测量应力为 33.78、66.75、166.88kN 三种规格。

图 16–6–2 应力传感器

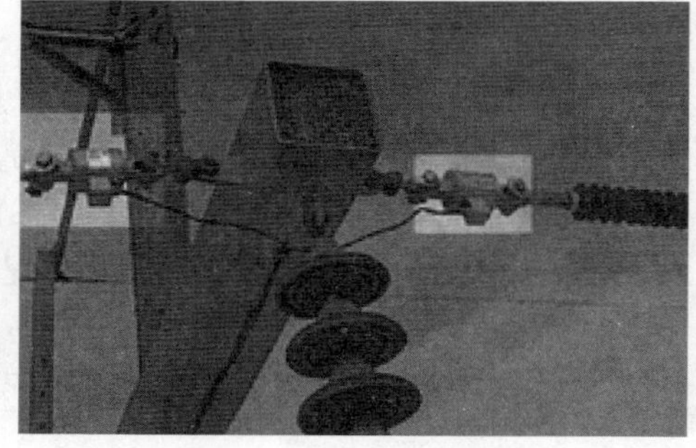

图 16–6–3 应力传感器的安装

第二部分为太阳能充电电源和控制部分，安装在耐张塔上，为应力传感器供电并按时将应力数据传送到主站。第三部分为系统软件，安装在调度或管理部门的主站上，完成从应力计算弧垂和导线温度等功能。

（2）温度或倾角法。美国 USI 公司生产的 Power Donut 2 和浙江雷鸟公司生产的 MT 系列温度–倾角测量球是用实时测量导线温度或悬挂点倾角，并通过计算得到实时弧垂的装置，同时装置也能测量导线电流。装置由测量和系统软件二部分组成，主要的测量装置为环形或球形结构，套装在导线上，内部采用线路电流产生的感应电源、数字式温度传感器、高精度角度传感器、GSM/GPRS 通信模式、多层屏蔽与密封等多项新技术，确保装置能在高压电场和高低温等恶劣天气环境下可靠工作。

两种测量装置的倾角测量的精度均为±0.05°，分辨率为 0.01°。通过实时测得的倾角，即可得到实时弧垂数据。

温度从–20℃到 60℃，弧垂变化约 4m，倾角变化约 2°，虽然倾角变化不大，但对于分辨率为 0.01°的测量装置来说已有足够的能力来判断。

同时该二种装置还都能实时测量导线温度，最高 125℃，通过导线温度也可以计算出弧垂，但测量导线实时温度主要是为确定线路动态定额。

另一部分为与装置配套的系统通信控制软件，安装在调度或管理部门的主机中，完成对多个测量装置的通信、数据采集处理，以及进一步的应用扩展。

（3）图像法。美国 EDM International Inc 公司生产的 Sagometer 是一种通过高精度图像分辨来测量弧垂的装置，它也由三部分组成，如图 16–6–4、图 16–6–5、图 16–6–6 所示，首先是“聪明”照相机，它固定安装在杆塔上，并对准固定悬挂在导线上的标靶，通过照相机内的图像处理技术，正确分辨所摄取图像中标靶的 x、y 坐标值，从而计算出线路弧垂。照相机的高灵敏度在任何光线下甚至晚上都能工作。

图 16–6–4 “聪明”照相机

图 16–6–5　悬挂在导线上的标靶

图 16–6–6 电源和控制部分

电源和控制部分为照相机供电，可接交流或直流电源，也可用自带太阳能充电电池，同时也完成数据存储和通过无线通信方式将数据转发至控制中心。安装在控制中心主机的软件部分，完成数据采集分析和进一步功能。

二、输电线路弧垂监测实时系统

1. 系统组成

整个系统由前端监测装置、后台数据接收服务器、Web 服务器等组成，无线数据通信技术采用 GPRS。前端监测装置包括太阳能板、蓄电池、主控机箱及导线温度倾角球等部件。

输电线路弧垂采集装置实时测量导线温度及悬挂点倾角，并通过计算得到实时弧垂，同时也能测量导线电流。装置由测量和系统软件二部分组成，主要的测量装置为球型结构，套装在导线上，内部电源采用线路耦合供电、装置主要由数字式温度传感器、高精度角度传感器、GSM/GPRS/RF 通信、多层屏蔽与密封等多项新技术，确保装置能在高压电场和高低温等恶劣天气环境下可靠工作。导线上的弧垂采集装置主要有两种通信方式：一种直接 GPRS/CDMA 发送到主站，另外一种方式通过 RF 把数据发送到杆塔上的数据集中器。然后数据集中器通过 GPRS/CDMA 等通信手段把数据发送到后台主站。

2. 传感器技术

图 16–6–7 是倾角测量单元的硬件组成框图。如图所示，整个系统由 SCA100T 倾角传感器、低通滤波器、带高精度 AD 转换单片机等几部分组成。

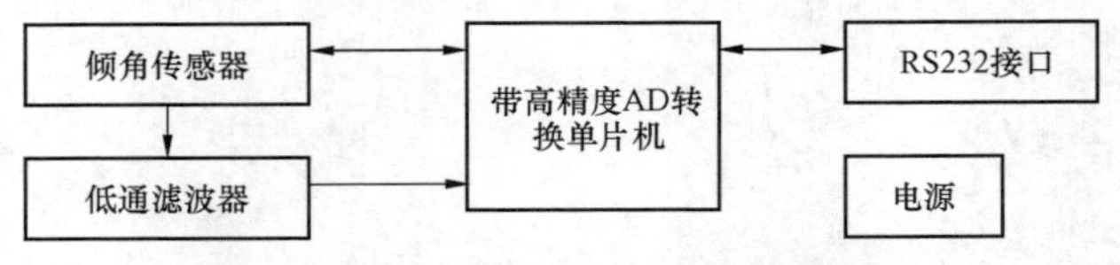

图 16–6–7 倾角测量单元的硬件组成框图

（1）倾角传感器结构和特性。倾角传感器采用 VTI Technologies 公司的 SCA100T–D01。SCA100T–D01 是利用 MEMS（micro electro mechanical system）技术开发生产的高精度双轴倾角传感器，体积小重量轻仅 1.2g。

该器件内部包含一个硅敏感微电容传感器和一个 ASIC 专用集成电路，ASIC 电路集成了 EEPROM 存储器、信号放大器、AD 转换器、温度传感器和 SPI 串行通信接口，组成了一个完整的数字化传感器。图 16–6–8 是倾角传感器功能结构管脚框图，主要特性如下：

—xy 双轴高分辨率双向测量；

—单电源+5V DC 供电，工作电流 3mA；

—串行外部接口（SPI）兼容，输出倾角和温度信号；

—量程±30°（±0.5g）；

—输出灵敏度 4V/g（±0.5g）；

—模拟量输出和 11 位数字量输出；

—AD 转换时间 150μs；

—内置温度传感器和温度补偿；

—数字激活内部故障自测试（self–test）；

—长期稳定性高；

—噪声低、工作温度范围宽（–40～+125℃）；

—可承受超过 20 000g 的机械冲击。

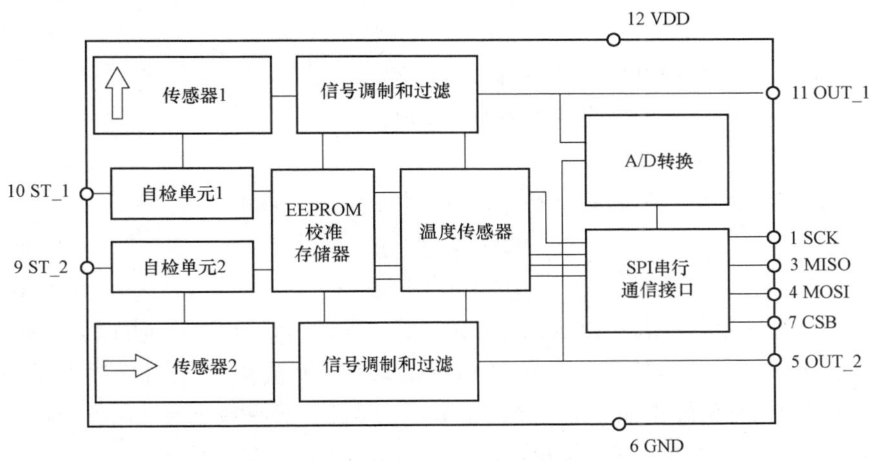

图 16–6–8　倾角传感器功能结构管脚框图

（2）倾角测量原理。SCA100T–D01 是一种静态加速度传感器，当加速度传感器静止时（也就是侧面和垂直方向没有加速度作用），作用在它上面的只有重力加速度，重力（垂直）和加速度传感器灵敏轴之间的夹角就是倾斜角，静态加速度传感器倾斜角见图 16–6–9。

VTI 的硅电容式传感器由一对平行板组成，在发生倾角变化时质量块受到重力作用，改变了平行板间距引起电容量变化，从而测量出角度变化。图 16–6–10 的上下分别表示 SCA100T–D01 的 x 轴和 y 轴倾角变化的情况。

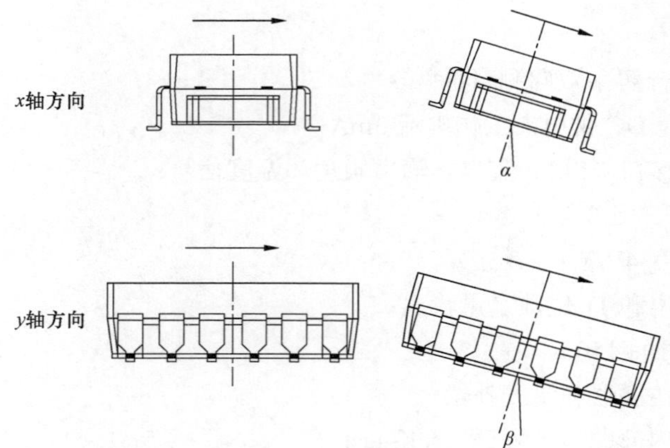

图 16–6–9 静态加速度传感器倾斜角示意图

加速度敏感轴信号输出与重力加速度之间关系如下：

$$A_x=g\cdot\sin\alpha \tag{16–6–9}$$

$$A_y=g\cdot\sin\beta \tag{16–6–10}$$

式中 A_x 和 A_y——加速度传感器的输出；

g——以重力作为参考的加速度值；

α 和 β——倾斜角度。

为了计算倾斜角度通过反正弦方程可以得到

$$\alpha=\sin^{-1}(A_x/g) \tag{16–6–11}$$

$$\beta=\sin^{-1}(A_y/g) \tag{16–6–12}$$

（3）低通滤波器。由于 SCA100T–D01 系列内置一个 11 位的 A/D 转换器，会产生周期为 50～70μs 持续时间大约 1μs 的毛刺，这个毛刺被叠加到模拟信号输出端，因此需要在模拟信号的输出端加上一个一阶低通滤波器，可有效滤除毛刺的影响。

（4）内部转换数据公式。模拟电压转变为角度值的计算公式如下

$$\alpha=\arcsin(V_{offset}/S) \tag{16–6–13}$$

式中 V_{offset}——零点偏移电压，SCA100T–D01 典型值为 2.5V；

S——灵敏度，SCA100T–D01 典型值为 4V/g。

（5）软件上增加温度补偿算法。由于各种物理现象的相互影响，一个理想传感器或多或少是不可能设计和制造出来的，这可以从 MEMS 传感器的温度特性看出来。MEMS 传感器的温度特性如图 16–6–10 所示。

产品主要用于野外恶劣环境，温度变化大，为了保证测量精度，所以需要进行温度补偿处理。SCA100T–D01 内置温度传感器和温度补偿。系统会自动进行温度补偿，

也可以利用温度数据进行外部补偿。温度转换数据通过 SPI 接口读出。

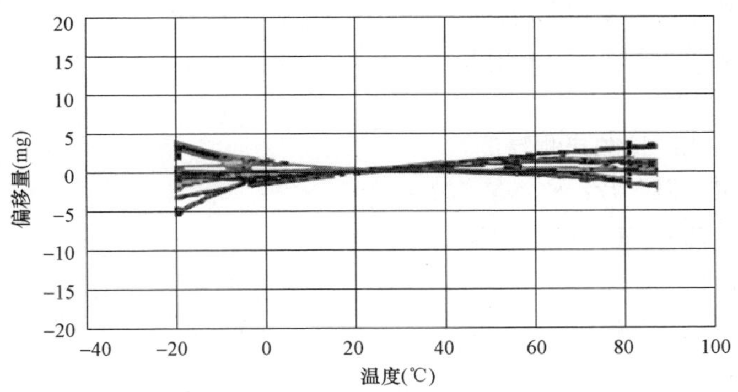

图 16–6–10　MEMS 传感器的温度特性

三、输电线路导线弧垂监测装置的主要技术要求

Q/GDW 556—2010《输电线路导线弧垂监测装置技术规范》规定了架空输电线路导线智能监测装置的监测对象、基本功能、技术要求、试验项目、试验方法、安装、调试、验收等。

四、输电线路导线弧垂监测装置系统应用

输电线路导线弧垂监测装置安装在导线的弧垂最低处或需要监测的部位，采用高能电池或导线感应取能技术，实时测量导线对地距离的变化情况，可及时发现导线弧垂的变化，并可实时监测线下树木、建筑物等与导线之间的距离，避免接地事故的发生。监测装置集成了导线温度测量功能，可实时监测导线的温度变化情况，及时发现导线、接点温度异常，还可选装夜视摄像系统，对导线弧垂进行现场拍照，远程查看弧垂情况，与测量数据对比，增加测量及报警可靠性。系统应用软件针对导线弧垂实时数据进行计算分析，并可结合导线的温度和气象数据对导线预期弧垂进行计算，建立预警机制，确保线路运行和被跨越设备的安全。

监测参数：导线对地距离、导线温度、环境温度、环境湿度、风速、风向、图像等。

参数技术指标：

测量方式：雷达直接测量距离，结合导线温度监测；

通信方式：无线 RF、ZigBee、GSM、GPRS、3G 等；

电源：导线上为高能电池或可充电电池与导线取能相结合，铁塔上为太阳能对蓄电池供电；

对地测量距离：1～60m；

测量精度：±5cm；

导线温度传感器：铂电阻/光纤；

导线温度测量范围：–50～+300℃；

测量精度：大于±0.5℃；

温度采集方式：接触式测温；

摄像机：传感器芯片：SONY CCD；

像素数：≥704（H）X 576（V）；

最低照度：≤0.01Lux；

变焦率：≥光学 18 倍。

【思考与练习】

1. 简述输电线路弧垂理论及测量方法。
2. 简述输电线路导线弧垂监测系统的组成和功能。
3. 简述输电线路导线弧垂监测装置的主要技术要求。

◢ 模块 7 输电线路导线风偏监测（Z05H1007Ⅲ）

【模块描述】本模块分析了输电线路导线风偏闪络的危害、监测的目的和意义，介绍了导线风偏监测系统的各组成部分，通过对输电线路导线风偏监测系统各组成部分的结构分析和功能介绍，掌握输电线路导线风偏监测系统的应用。

【模块内容】

一、输电线路导线风偏监测目的和意义

（一）风偏的危害及风偏闪络的类型

输电线路风偏的危害主要是风偏闪络。风偏闪络会引起线路跳闸，且一般情况下自动重合闸的成功率较低，造成线路停运的几率较大。特别是 500kV 及以上等级线路，一旦发生风偏闪络事故，将对系统造成很大影响，严重影响供电可靠性。

根据我国 1999～2003 年由于风偏闪络引起的跳闸事故的统计调查，由于风偏而产生的闪络主要可分为以下几种放电形式：

（1） 导线对杆塔放电：导线对杆塔放电指的是直线塔绝缘子串导线挂点附近的导线与杆塔形成放电回路而产生的放电现象。根据杆塔上的具体放电位置又可分为对塔身放电、对横担放电、对拉线放电三类。

（2） 跳线对杆塔放电：跳线对杆塔放电指的是耐张塔跳线与杆塔形成放电回路而产生的放电现象。

（3） 相间短路：相间短路指的是不同相位导线之间形成放电回路而产生的放电

现象。

（4） 导线对其他物体放电：导线对其他物体放电现象常见的有导线对边坡放电、导线对通道树木放电等。

在以上各种风偏闪络形式中，占比例最大的是第 2 种。据统计，我国 1999～2003 年的 210 起风偏跳闸事故中，耐张塔占了 142 起，占比为 68%，因此，解决耐张塔的风偏问题是减少风偏事故的关键。

（二）形成风偏闪络的原因分析

形成风偏闪络的本质原因是由于在外界各种不利条件下造成输电线路的空气间隙距离减小，当此间隙距离的电气强度不能耐受系统运行电压时便会发生击穿放电。

而造成空气间隙距离减小的因素主要有以下几个：

（1） 风荷载的作用：当输电线路处于强风环境下，特别是在某些易产生飑线风的微地形区，强风有可能使得绝缘子串或跳线向杆塔方向倾斜，从而使导线和杆塔之间的空气间隙距离变小，当该距离不能满足绝缘强度要求时便会发生放电。

（2） 恶劣气象条件下空气绝缘强度的降低：风和雨往往是一对如影随形的兄弟，恶劣气象条件下经常是狂风伴随着暴雨。雨水、风雨组合情形下导线–杆塔空气间隙工频放电特性会产生以下变化。

降雨对间隙的工频闪络强度的影响比较明显。一旦有降雨发生，闪络电压明显降低，且间隙距离越小，该趋势越明显。间隙距离为 1.2m 时，雨水电阻率为 800Ω · cm 的特大暴雨下闪络电压比全干时降低了约 16%。

风雨组合时，当风向平行于放电路径时，闪络电压比有雨但无风时略有降低，且风雨组合对间隙闪络工频电压的影响近似于单独风、单独雨水对闪络电压影响的线性叠加。

（3） 设计参数选择不当：与国外相比，我国在风偏角设计参数的选取上给出的安全裕度相对较小，具体涉及的参数包括风压不均匀系数、风速高度换算系数、风速保证频率、风速次时换算时间段、风向与水平面夹角、微地形特征对风速的影响等。有关这些参数的具体选择属于线路设计的范畴，在此不予详细讨论。

（三）风偏监测的目的和意义

为了有效地防止输电线路风偏闪络事故的发生，首先是要严格按照有关标准进行风偏相关参数的设计，并在此基础上结合线路实际情况和国外的先进经验优化参数设计、提高安全裕度；其次是要根据具体情况采取针对性措施防止风偏闪络，如对易发生风偏闪络事故的耐张塔跳线、直线塔的绝缘子串加装跳线绝缘子串和（或）重锤等；再次，可以通过安装绝缘子串风偏角、跳线风偏角、导线风偏角监测设备，对易发生风偏闪络事故的现场进行监控，一方面，当线路参数变化引起最小电气间隙变化且达到预警标准时向相关工作人员发送预警信息，工作人员可以根据情况安排临时性的设备检修；另一方面，系统所积累的大量历史数据可以为风偏闪络的深入研究提供精准的第一手资料，尤其是发生闪络事故时，更可以通过现场的实时气象数据和风偏角数据去印证以往设计参数选择的合理性。

在线路的风偏事故多发地段应用输电线路风偏在线监测系统，通过监测中心对送电线路所经区域气象资料的观测、记录、收集，积累运行资料，完善风偏计算方法，同时准确地记录输电线路杆塔上最大瞬时风速、风压不均匀系数、强风下的导线运动轨迹等，为制定合理的设计标准提供技术数据。对提高线路的现代化管理水平，具有重要的意义。

二、输电线路风偏监测类型

根据架空输电线路风偏智能监测装置技术规范，输电线路风偏监测装置所监测的对象主要有三类：绝缘子串、耐张塔跳线和档中导线。所监测的数据类型如下：

1. 悬垂绝缘子串风偏

通过对悬垂绝缘子串风偏角的实时监测，一方面可以直观地得到悬垂绝缘子串风偏角的值，另一方面，通过建立计算模型和事先测量得到的杆塔基础数据，可以计算出相应的电气间隙的实际值。另外，还可以根据现场实际情况建立计算模型计算出导线挂点与横担、拉线之间的电气间隙的实际值。

2. 导线相间风偏

通过对档中导线风偏角的实时监测，一方面可以直观地得到档中导线风偏角的值，另一方面，通过建立计算模型和事先测量得到的杆塔基础数据，可以计算出档中导线的电气间隙的实际值。

3. 跳线风偏

通过对耐张塔跳线风偏角的实时监测，一方面可以直观地得到耐张塔跳线风偏角的值，另一方面，通过建立计算模型和事先测量得到的杆塔基础数据，可以计算出耐张塔跳线的电气间隙的实际值。

三、输电线路风偏监测实时系统

输电线路风偏监测是对架空输电线路绝缘子串、跳线或档中风偏进行在线监测的一种监测装置，并通过信道将数据传送到系统上一级设备（数据集中器）。输电线路风偏在线监测系统主要由四部分组成，包括导线风偏监测仪、气象环境观测站、线路监测基站和当地监测中心（远程监测中心）。输电线路风偏监测的主要参数有风速、风向等气象条件，以及绝缘子风偏角、风偏距离等线路运行参数。输电线路风偏在线监测系统能够对输电线路的绝缘子串风偏角、摇摆角和导线风偏角、摇摆角以及现场温度、风速、风向等微气象参数进行实时监测，并可根据监测点需要，选配视频录像监控功能。

1. 系统组成

输电线路风偏监测实时系统一般由前端监测装置、通信网络、监控服务主机和监控软件组成，如图 16–7–1 所示。

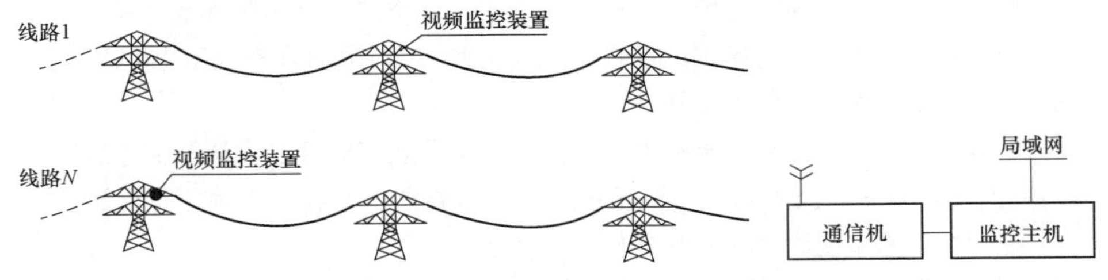

图 16–7–1 风偏监测实时系统示意图

风偏监测实时系统分别安装在输电线路需要监视点附近的杆塔上，如易发生风偏闪络的杆塔，居民点和建筑工地附近，甚至高山峻岭、树木竹林生长处，同一装置上可以有多个风偏角监测传感器部件分别采集导线、绝缘子串和跳线等的风偏角的实时数据，每 5min～1h 发送一次，在必要情况下可由主站命令改变，如 1～2min 发送一次。信号通过 GPRS 网络由安装在在线路运行管理部门的通信机接收并送入监控服务主机，在监控系统软件的支持下，完成数据处理和数据展现等功能。通常风偏监测系统软件应能实现以下主要功能：

（1）监控列表。显示各监控点当天的风偏角及电气间隙数据，点击相应的传感器部件，即可看到所监测对象的各项数据，另外，也可以设定需要显示的时间段（起始和结束时间），显示选定时间段的数据。

（2）信息统计。以另一种方式显示选定的设备，在选定的周期内的数据列表。

（3）参数设置。用于设置监控装置的参数，如装置的早晨开机和晚上关机时间、采样间隔时间等。

（4）浏览器访问。除在监控服务主机上安装风偏角接收处理及数据库软件外，其他客户端的计算机不用安装任何软件，在主机端设定的权限下通过 IE 浏览器即可访问系统并进行各项操作。

2. 传感器技术

风偏角传感器部件是风偏监测装置的核心部件，在选择时应着重考虑如下因素：

能抗恶劣环境，尤其是部件在高低温、高湿度及大雨环境下的可靠性，另外，还需要能抗腐蚀、防尘。根据国家电网公司标准，传感器部件在技术参数上应能符合如下要求：

（1）环境温度：–25～+45℃或–40～+45℃。

（2）相对湿度：5%RH～100%RH。

（3）工作温度：–25～+70℃（工业级）或–40～+85℃（扩展工业级）。

（4）部件质量轻、体积小、易安装。

（5）应能经受额定导线电流（包括短路电流、雷电流）环境条件的考验。

（6）宜采用双轴倾角传感器，量程不小于±90°，监测精度不低于±0.1°。

3. 输电线路风偏监测装置主要技术要求

Q/GDW 557—2010《输电线路风偏监测装置技术规范》规定了架空输电线路风偏监测装置的功能要求、技术要求、试验项目、试验方法、安装、调试、验收等。

4. 输电线路风偏监测装置系统应用

输电线路风偏在线监测装置包括风偏检测仪、气象环境监测仪和监测中心，风偏检测仪多采用双轴角度传感器，可以安装在绝缘子低压端或导线（跳线）上，以对输电线路的绝缘子串风偏角、摇摆角和导线风偏角、摇摆角进行测量。气象环境监测仪安装在杆塔上，根据需要对现场温度、风速、风向等微气象参数进行实时监测，监测中心设置在线路运行单位。图16–7–2为风偏在线监测装置。

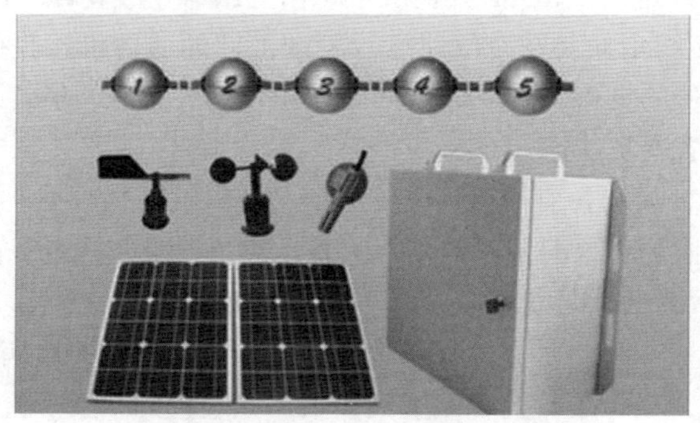

图16–7–2 风偏在线监测装置

整个系统由现场监测装置、GPRS网络、外部数据网和监测中心服务器4部分组成。现场监测装置通过通信模块（GPRS模块）把传送数据分组，无线送到GPRS网络，再经由外部数据网，以TCP/IP传输协议送到监测中心服务器上。监测中心也可以反向传送各种指令到现场监测装置，调整装置的运行状态。

系统实现的功能主要包括数据采集传送、故障报警、实时控制和采集数据处理。现场监测装置采集环境温度、环境湿度、风速、风向、气压、雨量强度、绝缘子风偏角等相关数据，并根据中心命令实时上传。监测中心收到采集数据后，绘出输电线路一个运行周期内各项数据的曲线图，供技术人员分析输电线路运行情况。当现场出现异常信息（包括风偏角超过设计值、风速超过设计风速、雨量超过设定值）的情况下，现场监测装置也能实现上传异常信息。

【思考与练习】

1. 简述输电线路导线风偏闪络的危害、监测的目的。
2. 简述输电线路风偏监测的对象和所监测数据的类型。
3. 简述输电线路导线风偏监测装置系统的组成和功能。

模块8　输电线路覆冰监测（Z05H1008Ⅲ）

【模块描述】本模块分析了输电线路覆冰形成机理、危害和防护措施，介绍了输电线路覆冰雪主要监测方法和监测装置系统的主要技术要求，掌握输电线路覆冰雪监测系统的应用。

【模块内容】

一、输电线路覆冰雪监测的目的和意义

（一）输电线路覆冰形成机理

线路覆冰主要形成原因是冷暖空气的交汇，仅有冷空气经过时，虽刮风、降温，但不降雨雪。当冷空气和南方暖湿气流都不够强时，有雨雪和少量覆冰，对线路影响不大。但是当冷暖空气的势力都比较强，且交汇的时间又比较长时，就可能形成较大的覆冰，造成线路故障。线路覆冰按冻结性质可分为雨凇、混合冻结、雾凇和冻雪等四种，其形成的气象条件各有差别。

雨凇为近地表层的过冷却水滴碰到地面上低于零度的物体后在其表面结冰。形成雨凇的气温在−4～0℃间，风速在3～15m/s间，相对湿度在80%以上。它是一种透明而光结的冰体，质地坚硬，密度座0.5～0.9g/cm³的范围内，一般覆冰多呈近圆形。混合冻结主要是由于北方干冷气团南移，与南方的暖湿气团遭遇，形成毛毛雨或雨夹雪气象条件，遇到地面上低于零度的电线即形成混合冻结。形成气温在0～−8℃间，风速在2～8m/s间，相对湿度大于80%。它又称为黏雪或冰雪混合物，呈乳白色的不透明体，质地松软，含水率较大，其密度在0.3～0.6g/cm³之间。雨凇和混合冻结都会对线路产生很大的外荷载，形成断线倒塔等事故。雾凇是当空气呈饱和状态时，由于气温骤然下降，导致空气中水汽直接升华而形成晶状雾凇。形成的气温多在−5～6℃之间，风速很小，相对湿度在80%以上。它有粒状和晶状两种，呈乳白色，质地松脆，附着力较小，密度在0.1～0.3g/cm³之间。冻雪是因着雪时由于毛细作用使雪片在电线表面粘着，又因水分的二次冻结使雪粒在电线上不断堆积，当气温急剧下降时覆冻雪的机会较多。电线覆冰冻雪多呈圆形，质地松散易破碎，密度约0.1g/cm³左右。冻雪在我

国造成的危害较少。

覆冰主要受气象条件、地形因素和线路自身特点三者的综合影响。例如在较高海拔地区的线路形成覆冰的概率较大，同样同一地点的覆冰厚度还与输电线路的高度、线径、方向、档距及当地的地形和海拔高度均有关系。跨越河流或山谷口、风道等处的也容易形成覆冰。

影响导线覆冰的因素很多，主要有气象条件、地形及地理条件、海拔高程、凝结高度、导线悬挂高度、导线直径、导线扭转性能、风速、风向、水滴直径、电场强度及负荷电流（导体温度）等。输电线路覆冰事故与各地的年平均雨凇日数和年平均雾凇日数有关。

（二）线路覆冰的危害

线路覆冰导致输电线路机械性能和电气性能下降，主要造成以下危害：

严重覆冰引起过负荷：线路覆冰会增加所有导线、支持结构和金具的垂直负荷。随着导线覆冰厚度的增加，迎风面所受水平负荷也增加。严重覆冰造成导线、地线断裂，杆塔倒塌，金具损坏。

不均匀覆冰或不同期脱水引起张力差：当相邻档导线不均匀覆冰或不同期脱水时，会产生张力差，使导线缩颈和断裂、绝缘子损伤和破裂、杆塔横担扭转和变形；同时还会导致线间电气间隙减小，导致导线放电烧伤。

绝缘子串覆冰闪络：绝缘子覆冰或被冰凌桥接后，绝缘强度下降，泄漏距离缩短；融冰过程中冰体表面的水膜会溶解污秽物中的电解质，提高融冰水或冰面水膜的导电率，引起绝缘子串电压分布的畸变，从而降低覆冰绝缘子串的闪络电压，形成闪络事故。

覆冰导线舞动：在风力作用下，不均匀覆冰会使导线产生自激振荡和舞动，造成金具损坏、导线断股及杆塔倾斜或倒塌事故。

（三）输电线路覆冰防护措施

1. 冰区划分与冰情监测

冰区的划分直接关系到线路设计参数的合理取值，在冰害多发地区应建立冰情监测站，并在杆塔上设置覆冰监测点，长期监测不同电压等级线路、不同直径导线、不同串型绝缘子和杆塔上的覆冰状况。结合气象资料和数据，总结特点和规律，为合理划分冰区提供第一手资料。

2. 骨干网架的路径选择和设计

为保证在极端覆冰气候下同一输电断面上骨干网架仍能正常运行，需对重要骨干网架进行特殊规划和特殊设计，一是在路径选择时尽量避开覆冰频发和重覆冰的区域。二是应针对最不利的覆冰气候条件采用加强型设计和改造，使之具有抵御最严重自然灾害的能力，这样既保证在最恶劣气候下不发生电网解列和大面积停电，也不会因普遍加强设计导致建设和改造成本过高，在技术经济上较为合理。

3. 线路改造

线路发生覆冰灾害事故时，往往会发生连续倒塔现象，因此应在较长的耐张段中合适位置适当增设耐张塔，以避免一基倒塌引起连环破坏，对冰灾中覆冰倒塌的杆塔要进行加强型改造。由于地线的覆冰冻积率高和覆冰密度大，造成冰灾中地线支架损坏较多，应补强地线支架。对于跨越铁路、高速公路的线路，由于其特殊的重要性，两端杆塔应按冰灾中最严重的覆冰状况设计，塔型应改为耐张塔，导地线均应根据最严重的覆冰情况选择，保证具有足够的安全裕度。另外，对冰灾中发生舞动的线路区段应加装防舞器等防舞装置，双联绝缘子应增大挂点间距或加装间隔装置。

4. 冰闪防治

针对冰闪发生的特点，可分别采取以下措施：一是在塔头间隙尺寸允许时增加绝缘子片数和串长，提高绝缘子串的冰闪电压；二是在雨雪冰冻天气发生前对线路污秽进行清扫，防止绝缘子上积存的污秽渗透和迁移到冰中增大覆冰电导率；三是在横担侧加装一片大盘径绝缘子和采用大小盘径相间的插花串布置，防止冰凌直接桥接伞间间隙，增大覆冰时的爬电距离；四是采用 V 形串、倒 V 串等绝缘子串型布置；五是双联串应增大串间距，防止覆冰严重时冰柱在双串间形成。

5. 应急运行方式

根据冰情发展适时启动应急运行方式，在保证主网安全的前提下，通过调度改变潮流分布，将两条或多条线路的负荷改为通过覆冰区的一条线路，增加导线发热达到融冰目的，在一条线路融冰完成后，再根据重要性依次将负荷通过其他线路分别实现融冰。

6. 融冰技术

在 2008 年抗冰保网的战斗中，湖南电网对多条 220kV 以下线路进行了交流短路融冰技术的应用，根据覆冰监测数据适时启动融冰方案，融冰时间随导线覆冰厚度及环境气候等因素而设定，融冰效果明显，为减少电网受损发挥了重要作用。但受电源容量及技术的限制，目前融冰作业还仅应用于 220kV 及以下电压等级线路，下一步需在总结 220kV 及以下线路短路融冰技术和经验的基础上，重点研究 500kV 直流融冰技术及装置。

7. 线路覆冰的监测与预警

实时监测冰情发展并及时预警，是及时启动应急机制和适时采取融冰除冰决策的基础。全面、准确、灵敏的覆冰监测系统能够有效指导线路除冰工作，并为覆冰的研究工作提供第一手资料。考虑到近年来冰害等环境气候引起的电网事故频发，覆盖面广、危害巨大，严重影响超高压、跨区电网的安全运行，对即将建成的特高压骨干网架也是潜在威胁，因此应结合卫星遥感、遥测等技术，重点研究多功能的广域电网覆冰监测预警技术，建立卫星遥感遥测与地面监测站相结合的覆冰监测预警系统，既实时掌握大范围恶劣气候下冰情发展和电网的设备受损情况，又了解重点线路的覆冰厚度、覆冰密度、导线表面温度和张力、杆塔变形等信息，并结合冰情发展分级预警，为各种气候条件下电网稳定运行奠定基础。

自从 1932 年在美国首次出现有记录的输电线路覆冰事故以来，世界范围内的覆冰事故就时有发生，轻则导致绝缘子串冰闪跳闸、相间闪络跳闸和导线大幅舞动等可恢复供电周期较短的重大事故；重则导致杆塔倾斜甚至倒塌、线路金具严重损坏和导线脆断接地等可恢复供电周期较长的特大事故。我国最早有记录的输电线路冰害事故出现于 1954 年，至今我国各类输电线路冰害事故已发生过上千次。湖南、湖北电网在2005年春节前后因罕见的冰雪恶劣天气相继发生了从未有过的500kV线路大范围跳闸和倒塔事故。输电线路覆冰事故破坏力大、波及面广和损失惨重。

输电线路覆冰雪在线监测系统，是根据线路导线覆冰后的重量变化以及绝缘子的倾斜/风偏角进行覆冰荷载计算、覆冰生长机理、导线舞动、杆塔和金具强度校验以及绝缘子冰闪方面的研究。一方面利用移动或联通的通信网络进行实时数据传输，监控中心专家软件根据各种修正理论模型给出冰情预报，从而及时给出除冰信息，有效预防冰害事故；另一方面采用高性能摄像机进行现场图片拍摄，通过 GPRS/CDMA 网络将图片发送到监控中心，实现对高压线路及环境的全天候监测，对导线覆冰和导线舞动进行定性观测和分析。总之，系统的第一部分实现了对线路覆冰的定量测量，第二部分实现对线路覆冰的定性分析，两者结合起来大大提高了覆冰测量的精度，有效地防止了冰害事故的发生。

输电线路覆冰雪监测的特征参量主要有温度、湿度、风向、风速、导线温度、绝缘子纵向倾角和杆塔挂点处荷载等。对导线覆冰雪情况的监测主要有绝缘子称重法—纵向偏移角法、导线倾角—弧垂法、模拟导线法和图像法等。

二、线路覆冰实时监测方法

1. 气象分析法

该方法要求在沿线杆塔上安装小型气象站，同时在导线上安装测温装置。

如前所述容易产生线路覆冰的气象条件是气温 0～−5℃、相对湿度 80%以上。但由于线路较长，沿线地形的变化，造成线路沿线微气象参数的不同，仅根据地区气象站的天气预报数据是不够的，必需线路附近适当地点安装小型自动气象站。目前国外生产的小型自动气象站的功能已很完善、可靠，它能实时测量环境温度、湿度、风速、风向、雨量和太阳辐射等，并能通过 GSM/GPRS 通道将数据传送到监控中心。这种小型气象站安装在易覆冰线路附近，能实时监测到产生线路覆冰的气象条件，以便及早采取措施。但小型气象站的缺点是在严重风雪下，测量数据可能不准。采用太阳能充电电池供电，当太阳能充电板被冰雪覆盖后，电池供电时间不长。

另外通过线路上装有导线温度监测装置，则在观察气象条件的同时应注意导线温度，如线路负荷电流较大，导线温度在 0℃以上，虽然气象条件附合覆冰条件，线路也不可能覆冰，如导线温度在 0℃以下就可能覆冰。

2. 视频观察法

在沿线杆塔上安装图像监测装置，定时监测导线、绝缘子、杆塔、线路走廊的覆冰情况。

视频监控装置是随着电子技术的进步发展起来的新技术，多年来已在电厂和变电站的监控中有了很大的应用，目前也已在线路监控中发挥作用。国内生产线路视频监控装置的厂家较多，产品也已相对成熟。装置将线路关键地段现场图像信息通过 GSM/GPRS 传输到监控中心，运行管理人员可以通过监控中心的服务器或者远程进行登录，查看线路的监控图像，从而实现对输电线路全天候监测。视频监控装置可实时观察导线和绝缘子串覆冰形成和发展的情况，及覆冰的严重程度，以便做出正确的处理意见。图 16–8–1 和图 16–8–2 为视频监控装置摄录的导线覆冰和绝缘子串覆冰情况。

图 16–8–1　线路杆塔覆冰情况

图 16–8–2　线路导线和绝缘子串覆冰情况

视频监控装置的缺点是在严重风雪下，镜头可能被冰雪掩盖，造成图像不清晰或无图像，太阳能充电的电池在连续的冰雪天气下供电不足。

3. 弧垂监测法

在线路上直接安装温度—倾角测量球。

该装置提供了在线直接测量导线温度和导线倾角计算导线弧垂的方法，同时装置也能测量导线电流。装置采用线路电流产生的感应电源、数字式温度传感器、高精度角度传感器、GSM/GPRS 通信模式、多层屏蔽与密封等多项新技术，确保装置能在高压电场和高低温等恶劣天气环境下可靠工作。该装置可用于测量线路负荷变化时，由于导线发热造成的弧垂变化，也可测量由于导线覆冰，导线重量增加造成的弧垂变化。倾角测量的精度为±0.03°，分辨率为 0.001°。在没有 GSM/GPRS 信号的山区，可以通过在相邻的档距上装无线信号接力装置，把信息传送到有 GSM/GPRS 信号的测量球上，再集中传送到监控主机。如前所述，测量球的导线温度信息也能辅助测定导线的覆冰情况，导线温度在 0℃以上不结冰，0℃以下可能结冰。

下面以钢芯铝绞线 LGJ–400/35 为例简单说明通过导线出口处倾角测量等值覆冰厚度的方法。该导线基本参数为：计算截面 425.24mm^2；外径 26.82mm；单位质量 1.349kg/m；保证计算拉断力 98 700N；弹性系数 65 000N/mm^2；线膨胀系数 20.5×10^{-6}1/℃。假设线路两杆塔等高，档距为 350m，平均气温 15℃时导线水平张力 24 675N，导线覆冰时气温–5℃，覆冰厚度 10mm。

在常态下导线自重力单位荷载 w_1（N/m）近似为单位长度质量 q 和重力加速度 g 之积。

$$w_1 = qg \approx qg_n = 9.806\ 65q \qquad (16–8–1)$$

式中 q 为导线长度质量，kg/m；g 为重力加速度，m/s^2；g_n 为标准重力加速度，g_n=9.806 65（m/s^2）。

假设各种类型及不同断面外形的覆冰均折算为密度 0.9g/cm^3 的圆形雨凇断面。当已知导线外径 D（mm）和覆冰厚度 b（mm）时，其单位长度冰荷载 w_2（N/m）为

$$w_2 = \frac{0.9\pi g_n}{4}[(D+2b)^2 - D^2]\times 10^{-3} = 0.027\ 728b(b+D) \qquad (16–8–2)$$

导线覆冰时垂向总荷载 w_3 为导线自重荷载和比载 w_1 与覆冰荷载 w_2 之和，即

$$w_3 = w_1 + w_2 \qquad (16–8–3)$$

平均气温 15℃时，导线单位自重荷载按式（16–8–1）计算可得 w_1=13.229 2N/m，已知张力 H_1=24 675N，代入式（16–6–2）、式（16–6–3），可得导线弧垂 f_1=8.210m，悬挂点倾角 θ_1=5.360°。

导线覆冰时气温–5℃，无风，导线单位长度冰荷载按式（16–8–2）计算可得 w_2=10.209 5N/m，导线覆冰时垂向总荷载按式（16–8–3）计算可得 w_3=23.438 7N/m，根据线路状态方程，用上述已知量 H_1、w_1、t_1、w_3、t_3 代入，并用牛顿逐渐趋近法求解，可得 H_3=41 173N，再代入式（16–6–2），分别可得导线弧垂 f_3=8.717m，悬挂点倾角 θ_3=5.689°。相应地可求得气温–5℃导线覆冰厚度 20、30、40mm 时的各项数据，如表 16–8–1 所示。

表 16-8-1　　导线覆冰时的张力、弧垂和悬挂点倾角

		荷载（N/m）	张力（N）	弧垂（m）	倾角（°）
平均温度 15℃时		13.339 2	24 675	8.21	5.36
–5℃时	无覆冰	13.229 2	27 680	7.32	4.78
	冰厚 10mm	23.438 7	41 173	8.72	5.69
	冰厚 20mm	39.193 4	58 588	10.24	6.67
	冰厚 30mm	60.494 1	78 736	11.77	7.66
	冰厚 40mm	87.340 4	100 985	13.24	8.60

从表 16–8–1 可明显看出弧垂和倾角随覆冰厚度的变化，虽然倾角变化不大，但对于分辨率为 0.01°的测量装置来说已有足够的能力来判断导线覆冰情况，并从表 16–8–1 数据可估计覆冰厚度。从表 16–8–1 也可以注意到，当导线覆冰厚度达到 40mm 时，导线应力 100 985N 已超过导线保证拉断力 98 770N，故此时导线断线是完全可能发生的。

4. 单塔拉力法

在实际的输电线路中，悬垂绝缘子串挂点处所承受的垂向总荷载由以下几个部分组成：绝缘子串总重量、垂直档距内导线总重量、垂直档距内垂向风荷载、垂直档距内冰荷载。在线路建成后，绝缘子串总重量一般是保持不变的，垂直档距内导线总重量也只是随垂直档距的变化而变化，在上述前提下，如果忽略垂向风荷载，那么，只要能监测出悬垂绝缘子串挂点处的垂向总荷载，就可以推算出垂直档距内的冰荷载，并根据垂直档距内线长和导线外径参数计算出垂直档距内的导线等值覆冰厚度。

单塔拉力法覆冰监测系统正是根据上述基本原理对输电线路现场的等值覆冰厚度进行监测的，具体方式：首先测量出悬垂绝缘子串挂点处的轴向拉力及悬垂绝缘子串的倾斜角、风偏角，然后根据计算模型和现场的杆塔基础数据最终计算出垂直档距内的等值覆冰厚度。

与其他等值覆冰厚度监测技术相比，单塔拉力法在监测原理上有着天然的优势，直观、准确的特点使其在市场占有率上独占鳌头，它的唯一缺点是需要更换线路金具，在安装难度、安全性等方面稍逊于其他监测方法。

5. 线路覆冰监测系统的布局

要全面掌握线路覆冰情况的关键是监测装置的布点，它应根据线路沿线微气象条件的变化来决定，一般在气象条件变化较少的平原地区间隔为 70km 左右，气象条件变化较大的山区间隔为 20km 左右，线路覆冰监测系统测点布置如图 16–8–3 所示。具体每条线路的布点要根据实际情况来定，有下述几个原则：

（1） 易发生覆冰情况的区域：如山峰、丘陵、高海拔地区，河道或者湖面上空，风道或风口地区。

（2） 已发生过覆冰的区域：在历史上曾经发生过覆冰的线路。

（3） 关键线路：跨越公路、铁路、河流的线路，档距较大的线路，线路危险点，复杂的线路，交通情况复杂的线路。

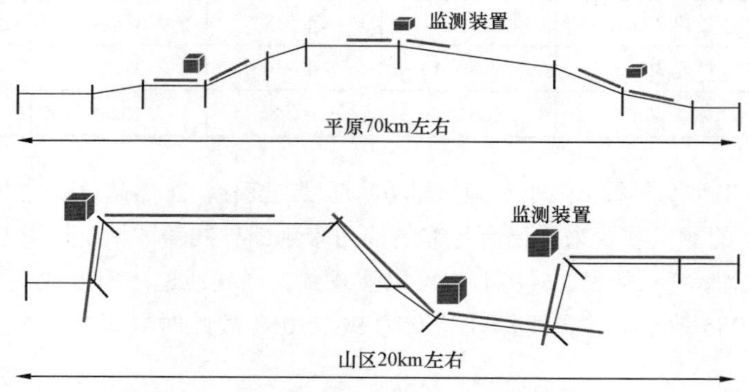

图 16–8–3 线路覆冰监测系统测点布置

6. 预测覆冰增长

自从 1932 年在美国首次出现有记录的架空电线覆冰事故以来，世界各国对导线覆冰问题的研究就没有停止过。由于在许多地区因冻雨覆冰而使输电线路的荷重增加，造成断线、倒杆（塔）、闪络的事故时有发生，因而，试图以有关气象数据为依据，通过理论模型来预测雨凇覆冰荷载的研究工作已进行 50 多年。在这期间，提出了许多使用气象数据的导线雨凇雾凇覆冰计算公式和模型，并且直到现在仍有各种模型还处于研究之中。但所有这些被提出或正在使用中的模型或公式都不能充分表明它是完备的。这些模型在预测同一气象条件下产生雨凇覆冰的冰重时会出现相差较大的预测结果，原因如下：

（1） 对覆冰时物理模型的细节假设上有差别，如覆冰是干增长还是湿增长过程，均匀覆冰还是非均匀覆冰等。

（2） 在经验数据的选取上不同，如空气中含湿量与降水率的关系，风速随高度变化的规律等。

（3） 在需要的气象参数选取上有所区别，如有的模型需要风速、空气湿度、降水率、空气温度等，而有的模型只需要其中的 2～3 个气象参数。显然，对电网的设计、运行和管理而言，能够通过有关气象数据，靠理论模型计算出最不利条件下导线的覆冰量具有显著的工程指导意义，而覆冰事件之后的有关测量工作可作为以后研究的参考资料。

根据国内外的资料，Makkonen 雨凇覆冰模型表明覆冰增长与风速、降水率和过冷却水滴直径有关，它既保留了模型的清晰物理意义，同时又避免了复杂模型的多参数关联和计算复杂烦琐的问题，具有计算简单的特点。

Makkonen 在分析冻雨覆冰的湿增长过程中发现，导线上未冻结的液体并没有全部掉落，而是在导线的底部长成冰柱，理论和实验研究表明每米长导线上有 45 根冰柱长成，而其他模型均未考虑覆冰过程中的这一物理特点，Makkonen 把导线半径、气温、风速、降水率、风吹角度及覆冰时间等作为输入量，用数值计算方法对这种考虑冰柱生长的覆冰模型进行了分析和计算。结果表明，最大覆冰荷载发生在 0℃左右气温时，且覆冰重量中，冰柱占有不少份量。

三、输电线路等值覆冰厚度监测装置的主要技术要求

Q/GDW 554—2010《输电线路等值覆冰厚度监测装置技术规范》规定了架空输电线路等值覆冰厚度监测装置的组成、技术要求、试验方法、检验规则等。

四、输电线路覆冰雪监测装置系统应用

输电线路覆冰在线监测系统，可以对覆冰状态下输电线路运行工况进行全天候实时在线监测，系统采用 CDMA/GPRS/GSM 无线通信方式把现场监测数据传回到后台服务器，后台根据状态监测数据并结合导线覆冰数学模型、模糊逻辑诊断等方法计算近似覆冰厚度和预测覆冰发展趋势，方便用户对输电线路覆冰程度进行定性定量分析。实现对线路冰害事故的提前预测，并及时向运行管理人员发送报警信息，以利于提前做好应对紧急情况的措施和准备，有效减少线路冰闪、舞动、断线、倒塔等事故的发生。

输电线路覆冰在线监测系统通过全天候地采集运行状态下输电线路的绝缘子串拉力、绝缘子串风偏角、绝缘子串倾斜角、风速、风向、温度、湿度等特征参数，将数据信息实时传输到分析处理中心，通过智能分析算法计算导线覆冰厚度；相关部门根据线路荷载、覆冰厚度及周边气象环境决定是否需要实施预防措施。系统可结合视频监测系统拍回的现场图片，直观地了解线路的覆冰状况，图 16–8–4 为拉力传感器，图 16–8–5 为覆冰分析软件曲线。

监测参数：绝缘子串拉力、绝缘子串风偏角、绝缘子串倾斜角、环境温度、湿度、风速、风向、图像等。

参数技术指标：

拉力传感器量程：7t、10t、16t、21t、32t、42t、55t（根据实际需要定制）；

拉力传感器测量范围：2%～100%FS（线性工作区间）；

拉力传感器准确度级别（FS）：0.2 及以上；

拉力传感器技术指标：

(a) (b)

图 16–8–4 拉力传感器

（a）拉力传感器实物图；（b）拉力传感器现场安装图

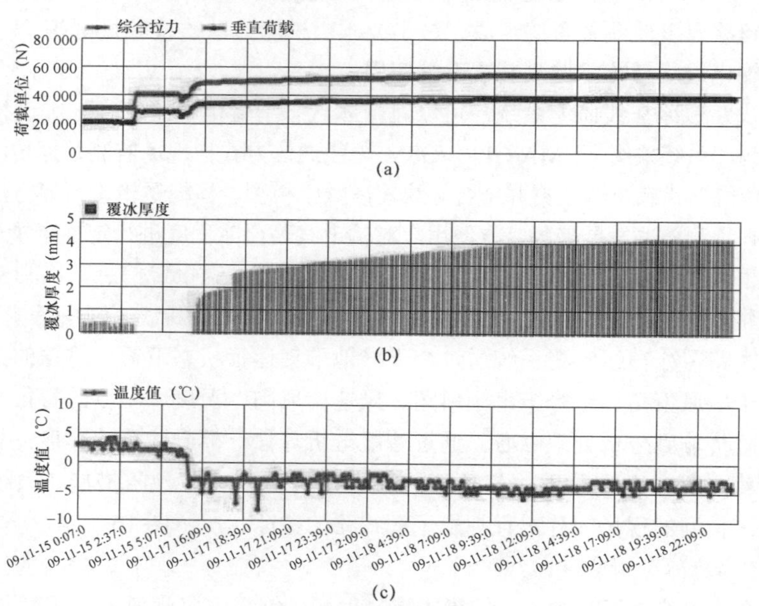

图 16–8–5 覆冰分析软件曲线

（a）最大拉力时，拉力、水平荷载、垂直荷载；（b）覆冰厚度变化曲线图；（c）环境参数变化曲线图

倾角测量角度范围：双轴≥±70°；

倾角测量精度：≤±0.1°；

倾角测量分辨率：±0.01°；

温度监测范围：−50～120℃；精度：±0.3℃；分辨率：0.1℃；

湿度监测范围：1%～100%，精度：±4%RH；分辨率：1%RH；

风速测量范围：0m/s～60m/s；精度：±（0.5+0.03V）m/s，v为标准风速值；

分辨率：0.1m/s；

起动风速：＜0.2m/s；

抗风强度：75m/s；

风向测量范围：0°～360°；

测量精度：±2°；

分辨率：0.1°；

启动风速：＜0.2m/s；

抗风强度：75m/s。

【思考与练习】

1. 简述输电线路覆冰的危害及防护措施。
2. 简述输电线路覆冰实时监测方法。
3. 简述输电线路覆冰监测装置的主要技术要求。

◢ 模块9　输电线路杆塔倾斜监测（Z05H1009Ⅲ）

【模块描述】本模块主要分析了输电线路杆塔倾斜监测的目的和意义，介绍了输电线路杆塔倾斜监测装置系统组成。通过输电线路塔倾斜监测装置各个组成部分的结构和功能介绍，掌握输电线路塔倾斜监测系统应用。

【模块内容】

一、输电线路杆塔倾斜监测的目的和意义

输电线路走廊地质、气象环境复杂，近年来，由于煤矿开采、工程施工、以及外力破坏等原因，输电线路杆塔倾斜倒塌引起的电力事故呈上升趋势，对电网的安全运行造成了很大的威胁。其发展引起杆塔倾斜的原因主要有以下几方面：① 长期定向风舞引起杆塔受力不均；② 自然地质灾害；③ 杆塔周围建筑施工；④ 杆塔本体异常、导线断裂；⑤ 导线、地线覆冰；⑥ 拉线、塔材被盗；⑦ 采煤、采矿区地陷、滑移等。杆塔倾斜一般缓慢发展，绝大多数事故是可提前预防的。

输电线路杆塔倾斜在线监测系统，是一种主要应用于不良地质区（采空区、滑坡区、沼泽水田区、海边台风区、沙地及高盐冻土区等）高压输电线路杆塔的倾斜监测及报警的系统；采用计算机技术、新能源技术、通信技术、网络技术、强电磁场环境下数据采集技术，通过测量杆塔、拉线的倾斜角度，并测量环境的风速、风向、温度、湿度等参数，并将测量结果通过移动/联通 GPRS/GSM 网络发送到接收中心，中心软

件可及时显示杆塔的倾斜状况，并可显示杆塔的倾斜趋势、倾斜速度，在倾斜角度到达某值时以短信、界面、警笛等方式发出报警信息，预防事故的发生。

建立一套可靠的杆塔状态监测装置系统，针对常规目视巡线不能及时发现的隐形故障，对降低故障持续时间过长和故障爆发突然性大为有利。对重点线路以及不良地质段杆塔进行状态监测，可有效地减少自然故障人为故障，为电力系统的降损增收提供有力技术支持，必将产生良好的经济效益。

二、输电线路杆塔倾斜监测系统

1. 系统组成

输电线路杆塔倾斜监测系统由前端监测装置和后台监测中心组成。前端监测装置采用高精度双轴倾斜传感器和微电子控制技术设计。双轴倾斜传感器可对杆塔在顺线路和横线路方向的倾角进行实时测量，由微处理器通过程序指令设定其工作模式和传输方式，包括零点设定、传输波特率设定以及数据的编码方式等。双轴倾斜传感器监测的倾角数据采用透明传输方式，通过RS232串口与微处理器进行通信，并把所测得的数据传到微处理器非易失数据存储区。微处理器通过软件对测量值进行分析和计算，然后与设定的阈值进行比较，如果越限，微处理器将启动对双轴倾斜传感器进行复核测量和确认过程，防止发生误动。在确认测量结果确实越限后，微处理器通过GPRS模块，将线路杆塔号、杆塔倾斜角度和方向以及装置电源电压等信息发送给监测中心后台服务器，提醒工作人员及时关注和检查该铁塔的运行状况。在日常运行中，根据需要后台监测中心可通过短信命令方式对监测装置的参数进行设置，如设置双轴倾斜传感器开启监测时间间隔、零点调整、越限阈值以及上报时间等参数。

2. 传感器技术

倾角传感器部件是杆塔倾斜监测装置的核心部件，在选择时应着重考虑如下因素：

能抗恶劣环境，尤其是部件在高低温、高湿度及大雨环境下的可靠性，另外，还需要能抗腐蚀、防尘。根据国网标准，传感器部件在技术参数上应能符合如下要求：

1）环境温度：–25～+45℃或–40～+45℃；

2）相对湿度：5%RH～100%RH；

3）工作温度：–25～+70℃（工业级）或–40～+85℃（扩展工业级）。

部件质量轻、体积小、易安装；

采用双轴倾角传感器，量程不小于±10°，监测精度不低于±0.05°；

安装结构件需要有可靠的固定防松措施，以防松动影响测量精度。

三、输电线路杆塔倾斜监测装置主要的技术要求

Q/GDW 559—2010《输电线路杆塔倾斜监测装置技术规范》规定了架空输电线路

杆塔倾斜监测装置的功能要求、技术要求、试验项目、试验方法、安装、调试、验收等。其中对杆塔倾斜监测装置的定义为：满足测量数字化、输出标准化、通信网络化特征，具备自检、自恢复功能，对架空输电线路杆塔的倾斜度进行在线监测的一种监测装置，并通过信道将数据传送到状态监测代理装置或状态监测主站。装置一般由一体化杆塔倾斜监测装置组成。监测内容为：① 倾斜度：杆塔偏离中心线的倾斜值与监测点地面高度之比；② 顺线倾斜度：杆塔沿线路方向的倾斜值与监测点地面高度之比；③ 横向倾斜度：杆塔沿线路方向的倾斜值与监测点地面高度之比；④ 顺线倾斜角；⑤ 横向倾斜角。

【思考与练习】

1. 简述引起输电线路杆塔倾斜的原因。
2. 简述输电线路杆塔倾斜监测系统的组成和功能。
3. 简述输电线路杆塔倾斜监测装置的监测内容。

模块 10 输电线路导线舞动监测（Z05H1010Ⅲ）

【模块描述】本模块介绍了输电线路导线舞动理论、监测方法和舞动分析，阐述了输电线路导线舞动监测的目的和意义，介绍了输电线路导线舞动监测装置系统的各组成部分，通过对输电线路舞动监测系统各组成部分的结构分析和功能介绍，掌握输电线路舞动监测系统的应用。

【模块内容】

一、输电线路导线舞动监测的目的和意义

1. 输电线路导线舞动

输电导线舞动是指输电线路导线在不对称覆冰及风力的作用下引起的一种低频率（频率为 0.1～3Hz）、大振幅（振幅为导线直径的 20～300 倍）的振动现象。舞动多发生在冬季，而且分裂导线比单导线更容易发生。舞动的能量很大，持续时间也较长，导线舞动是威胁输电线路安全运行的重要因素。舞动产生的危害是多方面的，诸如：跳闸、导线电弧烧伤、金具损坏断裂、导线断股、塔材和螺丝变形、断线、倒塔甚至大面积停电，给国民经济和社会生活带来很大的损失。

舞动多发生在覆冰雪导线上，覆冰厚度一般为 2.5～48mm。导线上形成覆冰须具备 3 个条件：① 空气湿度较大，一般 90%～95%，干雪不易凝结在导线上，雨凇、冻雨或雨夹雪是导线覆冰常见的气候条件；② 合适的温度一般为 0～−5℃，温度过高或过低均不利于导线覆冰；③ 可使空气中水滴运动的风速一般大于 1m/s。

要形成舞动，除覆冰因素外，舞动还须有稳定的层流风激励。舞动风速范围一般

4～20m/s，且当主导风向与导线走向夹角大于 45°时，导线易产生舞动，且该夹角越接近 90°，舞动的可能性越大。

影响导线舞动的其他因素有：地形地势，平原开阔地区舞动且产生；冰风参数，冰的形状与风的大小的相互作用；线路结构与参数，是舞动的内因，包括导线类型（分裂导线比单导线易发生舞动）、张力、弧垂、档距及导线特性与参数。

2. 基本理论

目前公认的基本理论仍只有二类，一为邓哈托（Den Hartog）机理，即横向失稳激发机理；二为尼戈尔（O.Nigol）–哈瓦德机理，即扭振失稳激发机理。

当流体从结构的外表面流过时，它将作用于结构物一个激励。激励的大小和性质与结构物的断面形状、流体的性质、流动方向与流速等因素有关。这个激励将激发结构物产生不同性质的振动。同时结构物的振动又会反过来影响流体的运动及其激励力，从而形成流体与结构物之间的耦合振动。

诱发的结构振动有卡门涡振动（Vortex shedding）、颤振（Flutter）和驰振（Galloping）三类。

3. 卡门涡振动

当流体流过结构物的表面，在结构物的后方形成漩涡。当漩涡从结构物的两侧交替脱落时，便作用于结构物一个交变的周期激励力，引起结构物的周期性振动。该振动称为卡门涡振动（或漩涡脱落振动）。输电导线的微风振动属于此类。

卡门涡振动的主导频率 f（Hz）按下式计算

$$f = S\frac{U}{D} \tag{16–10–1}$$

式中 U——自由流（风）速度，m/s；

D——结构物垂直于流速方向的高度（导线直径），m；

S——斯特劳哈尔常数，圆柱体为 0.185～0.21，其他断面为 0.10～0.17。

4. 失速颤振

这是经常发生在飞机机翼上的自激振动。它由气流高速流过翼面时，机翼的扭振与横向振动相互耦合而产生的。它激发的结构振动频率不是结构的固有频率，这是与驰振的主要区别。

5. 驰振

驰振也是由于流体以较高速度流过非圆断面的结构物表面所引起的一种自激振动。但流体的速度比失速颤振低得多，因此振动频率与结构物的固有频率接近。

空气的相对流速范围和导线的结构特点决定了输电导线主要存在卡门涡振动和驰振二种。前者发生在低风速、无冰雪（即导线呈圆截面）的条件下，称为微风振动。

后者发生于较高风速、覆冰雪（导线呈非圆截面）的条件下，称为驰振，俗称舞动。这是两种性质全然不同的振动，其治理方法也完全不同。

驰振是导线覆冰形式非圆截面后在风激励下产生的一种低频、大振幅的自激振动。振动频率为 0.1～3，振幅约为导线直径的 5～300 倍。

输电线路导线舞动在线监测技术的目的是获取有关导线舞动的现场数据，为舞动分析研究、防止舞动方案等提供科学依据和基本资料。基于这一目的，舞动监测的内容可分为两个部分：一是舞动时的气象资料，包括当时当地的风速、风向、覆冰形状、覆冰后度、气温、湿度等项目；二是舞动本身的振动特征参数，包括一档内的振动半波数、振动频率、振幅等内容。由于舞动的主要危害是因相间气隙不够造成的相间闪络，故用以反映舞动范围大小的舞动幅值，就成为一个最重要的舞动参数。

采用导线舞动监测，能获得有关舞动的基本数据，为舞动理论研究、防止舞动方案等提供科学依据，为国家电网的安全运行提供必要保障。

二、输电线路导线舞动监测方法

导线舞动会使相邻悬垂串产生剧烈摆动，两端导线张力也有显著变化，引起差频荷载，导致金具损坏、导线断股、相间短路、杆塔倾斜或倒塌等严重事故，给电力企业和国民经济造成重大损失。从 1957 年至今全国范围内发生的舞动事故的记录超过了 80 起。其中，1988 年 12 月 25～26 日，湖北省 500kV 姚双与双凤现中山口大跨越发生舞动，舞动峰—峰值 10m，持续舞动 16h 后，1 根子导线因严重磨损，断落江中，2 根导线重伤，金具与护线条大量损坏。进入 2008 年 1 月中旬以来，伴随着我国出现的大范围低温、雨雪、冰冻等恶劣天气，河南、湖南、湖北、江西等省所辖输电线路相继出现大面积的覆冰、舞动现象。尤以 220、500kV 线路舞动受损严重。其监测方法有以下几种：

1. 图像法

监测分机安装在杆塔上 10m 处，监测现场当时的温度、湿度以及测量距地 10m 处的地面风的速度及方向值，与事先设定的条件进行比较。当气候条件恶劣到设定条件时，立即启动监测摄像机，收集现场图像，并将其与气候条件参数通过通信网络传送到中心监测服务器上。中心监测服务器工作人员也可以指定对某个地点的监测，进行远程控制摄像机、并记录当前情况进行离线分析。

2. 加速度、位移传感器法

通过安装在同档内导线上的多个加速度或位移传感器，实时记录导线的运动轨迹，对轨迹进行统计分析，可换算出导线舞动的数据如舞动振幅、频率等。目前国内多采用该方法。

三、舞动分析

1. 舞动分析模型

（1）导线舞动的三自由度集中参数系统模型。导线舞动是一种低频大振幅的振动，它包括三种形态：

1）横向振动：包括垂直和水平两个方向的振动。

2）档间弧垂导线绕两端固定点的摆动。

3）导线绕其自身轴线（分裂导线为其分裂圆的中心线）的扭转振动。

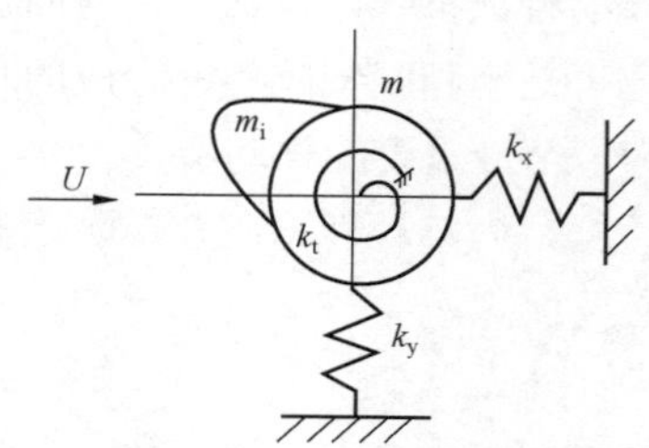

图 16–10–1 三自由度集中参数系统模型

上述振动中以横向与扭转振动为主，同时还存在惯性耦合与空气动力耦合诱发的振动。将导线转化为集中于档距中点的集中质量（或转动惯量）系统，这是一个具有垂直、水平和扭转振动的三自由度系统，如图 16–10–1 所示。

（2）三自由度系统模型的参数分析。

1）空气动力参数的确定。导线运动的性质取决于空气动力参数 C_L、C_D、C_M，它们都是攻角 θ 的函数，且与覆冰导线的形状有关，通常它们只能由实验来决定，将覆冰导线的模型放入风洞中，对于不同的风速和攻角进行实测，由于计算需要，可以用解析函数与实验曲线相似合，从实验结果看，升力系数 C_L，阻力系数 C_D 与三角函数的曲线形状相似，而扭转系数 C_M 则可用多项式拟合，应用最小二乘法，将空气动力系数表示为

$$C_L = a_1 \sin 2.4\alpha \tag{16–10–2}$$

$$C_D = d_1 + d_2 \cos 2\alpha \tag{16–10–3}$$

$$C_M = b_1\alpha + b_2\alpha^2 + b_3\alpha^3 + b_4\alpha^4 + b_5\alpha^5 \tag{16–10–4}$$

表 16–10–1　　曲线拟合的极小点

风速（m/s）	a_1	d_1	d_2	b_1	$b_2\times10^2$	$b_3\times10^4$	$b_4\times10^4$	$b_5\times10^9$
10	1.307 0	3.176	–1.207	–0.137	0.304	–0.037	0.016	–0.308
15	1.215 0	3.138	–1.225	–0.140	0.343	–0.391	0.220	–0.470
20	1.661 0	3.000	–1.347	–0.128	0.256	–0.217	0.079	–0.154

舞动计算的核心部分是进行空气动力的计算，主要计算导线在风载作用下的空气动力载荷。根据流体诱发振动理论，对一根长为 L 的覆冰导线在速度为 v 的水平风作用下，所受的空气动力载荷主要包括阻力 F_D、升力 F_L、扭矩 F_M。在计算中，将其按

作用在两节点梁单元上的分布力载荷处理，如图 16–10–2 所示。

在计算中进行了简化处理，将 3 个方向的分步力简化为各单元的两个节点上的集中力，这些集中力按各个自由度方向作用在节点上。梁单元的两个节点共有 12 个自由度，将分步力简化为 12 个集中力，再对右单元的力矢量进行合成，12 个自由度方向的分力如图 16–10–3 所示，分布力的大小分别为

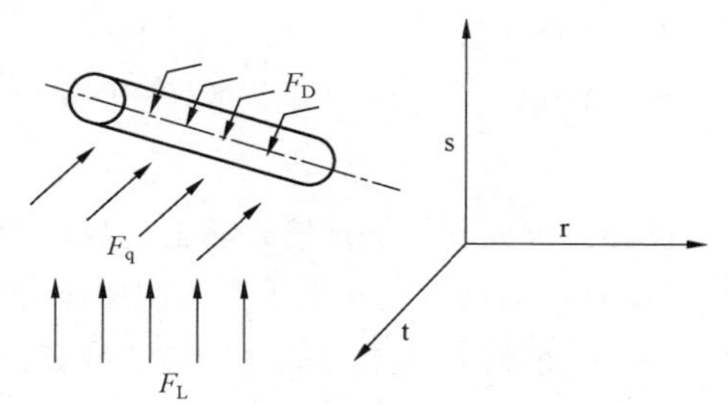

图 16–10–2　导线上的空气动力载荷分布图

图 16–10–3　节点力分布图

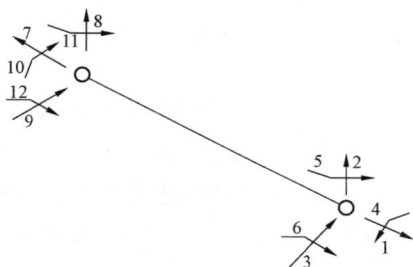

升力
$$F_L = 0.5\rho V^2 LDC_L \tag{16–10–5}$$

阻力
$$F_D = 0.5\rho V^2 LDC_D \tag{16–10–6}$$

扭转
$$F_M = 0.5\rho V^2 LD^2 C_M \tag{16–10–7}$$

式中　ρ——气流密度；

V——风速；

L——覆冰导线长度；

D——导线圆截面直径；

C_L——升力系数；

C_D——阻力系数；

C_M——扭转系数。

2）覆冰质量的计算。导线上的覆冰量是影响导线舞动的重要参数，有多种计算方法，D.G.Haveard 推荐的公式为

$$m^e = 0.5\pi\lambda_e \delta r^e \tag{16–10–8}$$

$$r^e = 0.5\delta + 0.25\pi r^e \tag{16–10–9}$$

式中　λ_e——冰的密度；

δ——覆冰的厚度。

3）攻角的计算。导线舞动的攻角为

$$\alpha = \alpha_0 - \Delta\alpha_1 - \Delta\alpha_2 \tag{16–10–10}$$

式中 α_0——初始攻角；

$\Delta\alpha_1$——导线垂直振动引起的攻角变化，$\Delta\alpha_1=y/V$；

$\Delta\alpha_2$——导线扭转振动引起的攻角变化，即导线扭转的角度，因 $\Delta\alpha_1$ 的影响远大于 $\Delta\alpha_2$ 的影响，故 $\Delta\alpha_2$ 可以忽略不计。

实际作用在导线上的水平力及垂直力为

$$F_h = -F_L \sin\Delta\alpha_1 - F_D \cos\Delta\alpha_1 \tag{16–10–11}$$

$$F_v = F_L \cos\Delta\alpha_1 - F_D \sin\Delta\alpha_1 \tag{16–10–12}$$

2. 加速度测量导线舞动的算法

加速度的一重积分是速度，二重积分就是位移，因此利用加速度传感器可以测量位移。通过利用集成加速度传感器，获取导线舞动时在垂直方向和水平方向的加速度，结合边界条件，求出垂直方向和水平方向的位移，并最终叠加成总位移的方式描述出导线舞动轨迹。

尽管物体运动的速度函数和位移函数都是连续变化的，但从模拟量转化为数字量后不再连续，而是有很小的时间间隔，在很短的时间内加速度变化很小。因此，如果把时间间隔分小，在小时间段内，以等加速代替变加速，那么就可以算出部分加速度，再求和得到任意时刻的速度。

3. 初始位置的确定

为准确获取导线舞动的轨迹，必须获取初速度值。为便于分析计算，选取初速度为 0 点作为起始位置。按照一般近似圆周运动特点分析可知：

（1） 当水平加速度最大时，垂直加速度为 0，水平速度为 0。

（2） 当水平加速度为 0 时，垂直加速度最大，垂直速度为 0。

基于上述分析，选加速度极大值点为初始位置。

4. 直流分量的求值与积分基线的确定

由于加速度传感器输出为单极性输出，其输出存在直流分量，确定该直流分量数值以标定积分基线是轨迹拟合的关键之一，否则拟合轨迹发散。

四、输电线路舞动监测系统及应用

1. 系统组成

导线舞动监测主要采用两种方式：① 通过视频采集技术来实现对舞动的监测。② 通过传感器采集导线舞动参数，然后通过计算机建模处理，分析计算线路舞动情况。

输电线路导线舞动监测系统主要由四部分组成，包括导线舞动监测仪、气象环境观测站、线路监测基站和当地监测中心（远程监测中心），其框图如图 16–10–4 所示。当地监测中心只设置一个，能同时满足多个现场的不同监测系统的数据的处理和分析。

监测数据通过无线方式把数据发送到后端数据监测中心，由监测中心根据舞动预警系统对线路舞动情况进行计算和分析，及时向运行单位提出报警、预警信息及辅助决策服务。

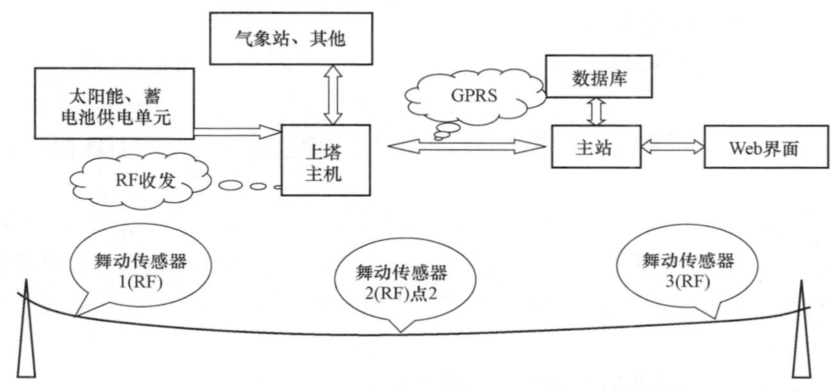

图 16–10–4　输电线路导线舞动实时监测系统框图

2. 传感器技术

舞动传感器为球形结构，外形如图 16–10–5 所示，内部装有美国 Bosch sensortec 公司生产的 SMB380 数字式三轴加速度传感器，测量范围和灵敏度分别为：±2g，256LSB/g；±4g，128LSB/g；±8g，64LSB/g；程序可调，带宽为 1500Hz，用来测量导线舞动时的加速度。传感器中还装有无线通信模块（RF），与塔上主机通信，传送数据和命令。传感器采用导线电流感应供电，也有备用电池在无交流电流时供电。根据导线跨度和测量需要，一般在一个跨度的导线上安装 3 个舞动传感器，分别在 1/4、1/2、3/4 跨度处，这样可测量常见的 1 和 2 个半波数的导线舞动，如图 16–10–6 所示。

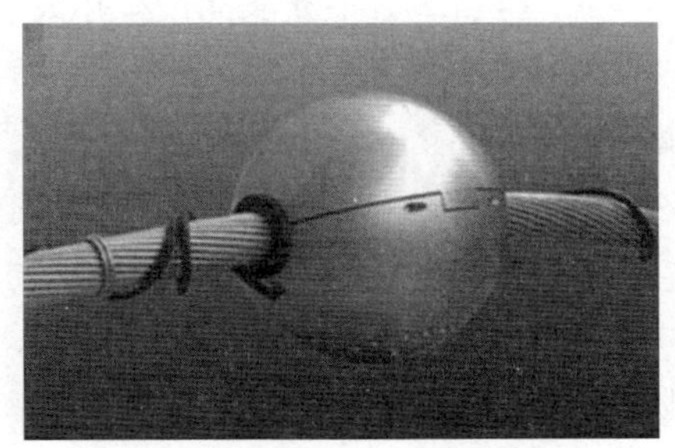

图 16–10–5　舞动传感器外形

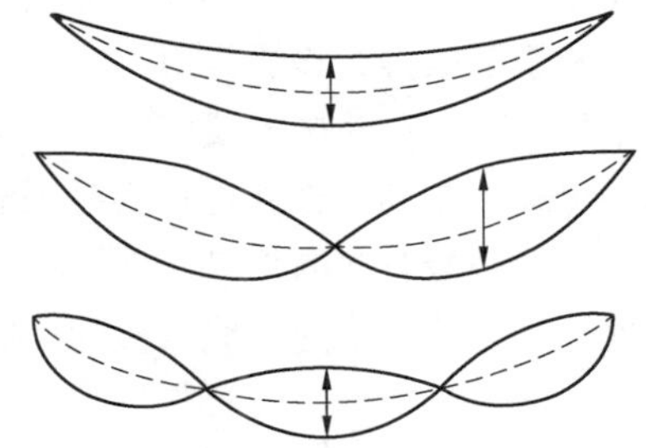

图 16–10–6　1、2、3 个半波数导线舞动形态

3. 输电线路导线舞动监测装置主要技术要求

Q/GDW 555—2010《输电线路导线舞动监测装置技术规范》规定了架空输电线路

导线舞动监测装置的监测对象、技术要求、试验项目及方法等。

【思考与练习】

1. 简述输电线路导线舞动的成因、影响因素和危害。
2. 简述输电线路导线舞动监测方法。
3. 简述输电线路导线舞动监测系统的组成和功能。

模块 11 输电线路导线微风振动监测（Z05H1011Ⅲ）

【模块描述】本模块分析了输电线路导线微风振动起因、在线监测的目的和意义，介绍了输电线路导线微风振动监测系统的各组成部分，通过对导线微风振动监测系统各组成部分的结构分析和功能介绍，掌握输电线路威风振动监测系统的应用。

【模块内容】

一、输电线路导线微风振动监测的目的和意义

1. 输电线路微风振动起因

输电线路电线受到 0.11～10m/s 的稳定风速吹拂时，在电线背面产生上下交替的旋涡，使电线产生垂直向周期性振动，称为微风振动。其特点是振幅小，一般不超过电线的直径，振动频率高，通常为 3～150Hz，微风振动持续的时间较长，一般为数小时，有时可达数天。

振动沿电线分布，使电线各点产生不同程度的动弯应力，特别在档距两端悬挂点附近动弯应力最大，且持续时间最长。在交变应力下会使电线产生疲劳和磨损，进而发生断股，造成线路故障。为了降低电线振动强度，往往采用适当的防振措施，如安装护线条、防振锤、防振线等，以保障电线的使用寿命。但调查表明输电线路仍普遍存在着断股现象，及时测量并评估线路的振动状态，这对于掌握线路的运行状态、预防疲劳断股事故具有积极作用。

虽然国内外在输电电线疲劳寿命实验室评估方面开展了一些工作，但实时测量输电线路电线的振动数据并进行实时评估还是一项新的工作。预先评估振动状态是避免电线疲劳断股最有效的手段，特别对于造价较高的线路大跨越段，档距大、悬挂点高、所处地形开阔等，引起电线激振的风速范围广，其振动水平也远远高于普通线路，因此对大跨越微风振动状态进行实时测量和评估显得尤为重要。

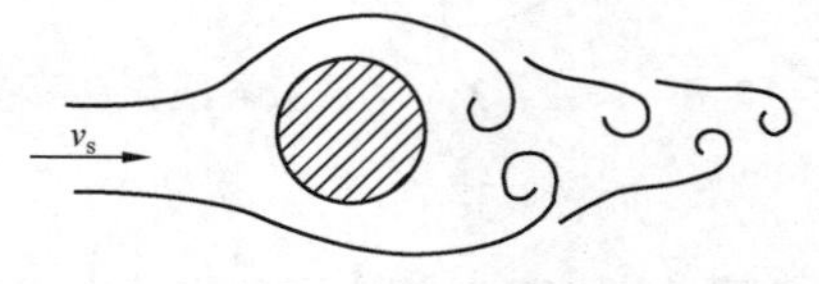

图 16-11-1 风吹过电线产生的卡尔曼旋涡

（1）卡尔曼（Karman）旋涡。电线的振动是由于风作用于电线而产生的“卡尔曼旋涡”造成的。如图 16-11-1 所示，当风从垂

直于电线轴线的方向作用于电线后，在电线的背后就会产生旋涡，即所谓的“卡尔曼旋涡”，当风速在一定范围内变化时，旋涡会在电线背风面上下交替地产生，因而会给电线一种上下交替的作用力，引起电线的持续振动。

（2） 同步效应。风作用于电线后，由于产生卡尔曼旋涡，电线会以一定的频率开始振动，根据电线风洞实验发现，当电线以某频率 f_0 振动以后，气流将受到电线振动的控制，电线背后的旋涡将表现为很好的顺序性，其频率也为 f_0。当风速在一定范围内变化时，电线的振动频率和旋涡的频率都不变化仍保持为 f_0，这种现象称为“同步效应”，也可称为“锁定效应”。

因此，当风作用于电线后，由于以上两种现象的发生，电线将在垂直平面内发生谐振，形成上下有规律的波浪状的往复运动，即微风振动。最常见的振动波形是由两个以上不同频率驻波和行波叠加而成的拍频（Beat）波，如图 16–11–2 所示。

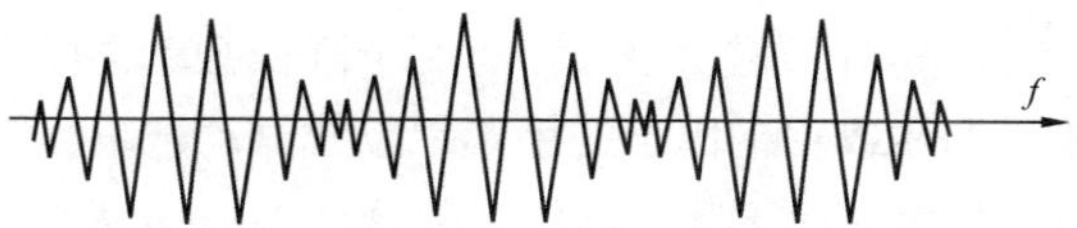

图 16–11–2　拍频（Beat）波形图

2. 输电线路微风振动条件

（1） 风速。稳定而均匀的风速吹向电线才易引起振动，一般为 0.5～10m/s，而 0.5～5m/s 最易产生振动，风速过小，能量不够，不足以推动电线上下振动；如果风速过大，气流与地面的摩擦加剧，使地面以上一定高度范围内的风速均匀性遭到破坏，使电线处在紊流风速中，而不能形成稳定的振动。

（2） 风向。电线能否产生稳定振动还与风向有关，风向与电线轴线成 45°～90°时易产生稳定振动，30°～45°时振动稳定性很小，小于 20°时一般不发生振动。

（3） 电线悬挂高度。电线悬挂越高，振动风速范围扩大，越容易发生微风振动。普通高度的线路振动风速的上限值为 4～6m/s，而高杆塔大档距风速的上限值约为 7～10m/s。

（4） 档距。档距的长度影响振动的振幅和振动延续时间。因为档距越大，档内电线固有振动满足半波数为整数的频率数越多，与风产生的冲击频率相接近而建立稳定振动的谐振机会越多，振动持续时间就会增加。所以档距小于 120m 时，很少发生振动，档距大于 500m 时，通常都会发生振动。

在电线防振设计中，电线振动风速与悬挂高度及档距的大小关系如表 16–11–1。

表 16–11–1 电线振动风速与悬挂高度及档距关系

档距（m）	电线悬挂高度（m）	起振风速（m/s）
150～250	12	0.11～4
300～450	25	0.11～5
500～700	40	0.11～6
700～1000	70	0.11～8

（5） 地形。一般为地形平坦的开阔地带以及跨越江河湖泊、山谷风口等处，有利于气流的均匀流动且风速又大，越易产生电线的严重微风振动；树林、高山，高层建筑物等具有屏蔽风的作用，电线通常不会起振。

（6） 电线结构与材料。电线表面形状对振动升力卡尔曼旋涡的形成有直接影响，表面光滑电线比粗糙电线振动较大。电线直径越小，振幅越大，更易疲劳断股。电线的线股层数及股数多时，其自阻尼功率大，有利于降低振动强度。铝绞线及铝钢比大的钢芯铝绞线比钢线、铜线或铝钢比小的钢芯铝绞线振动严重。带有间隔棒的分裂导线的振动强度随分裂根数增多而下降，降低系数接近 $1/n$（n 为分裂导线根数）。

悬垂线夹的性能对电线疲劳起着重要作用，一般要求悬垂线夹应尺寸小、质量轻、惯性小、回转灵活，这样可将部分振动能量传递到相邻档。悬挂点采用“组合线夹”不仅能降低舞动幅值，也能降低微风振动的动弯应力。

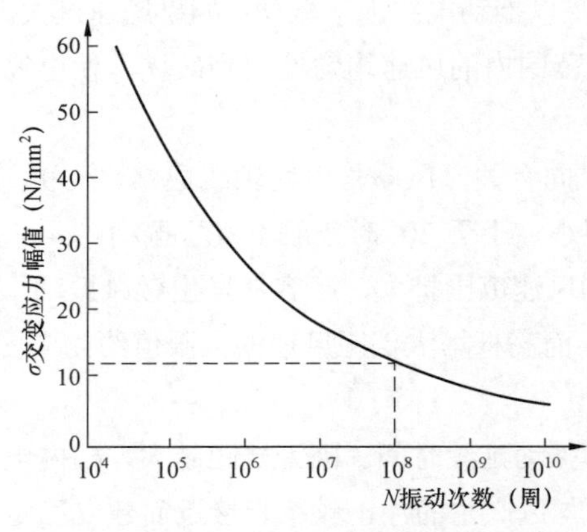

图 16–11–3 绞线中铝股 σ—N 安全边界线

（7）电线应力。电线的静态应力（即电线的平均运行应力）越高，动应力就越大，因而电线越容易发生振动。而且动应力增大会促使电线很快疲劳断股，甚至断线。

运行中电线在应力作用下材料的疲劳极限下降很多。运行中钢芯铝绞线的疲劳特性曲线通常采用 1999 年国际大电网 22–04 工作组关于“电线寿命估算的建议”中给出的一条比较保守的疲劳特性安全边界线，绞线中铝股 σ—N 安全边界线如图 16–11–3 所示。

或用公式表示的交变应力 σ（N/mm^2）与疲劳振动次数 N 间的关系式为

$$\sigma_i = 450N_i^{-0.2} \quad (N_i \leqslant 2\times10^7) \tag{16–11–1}$$

$$\sigma_i = 263 N_i^{-0.168} \quad (N_i \geqslant 2\times10^7) \tag{16-11-2}$$

3. 计算输电线路微风振动

（1）振动记录数据分析。电线微风振动的实时监测装置传送的测量数据保存在控制中心的主机存储器中，其中的一段记录波形如图 16–11–4 所示，主机分析软件对上述波型进行处理，并获得电线振动的频率、振幅和各种频率的振动次数，获得如图 16–11–5 所示分布图。图中用不同颜色分类，并可设定超越危险振动时的报警。

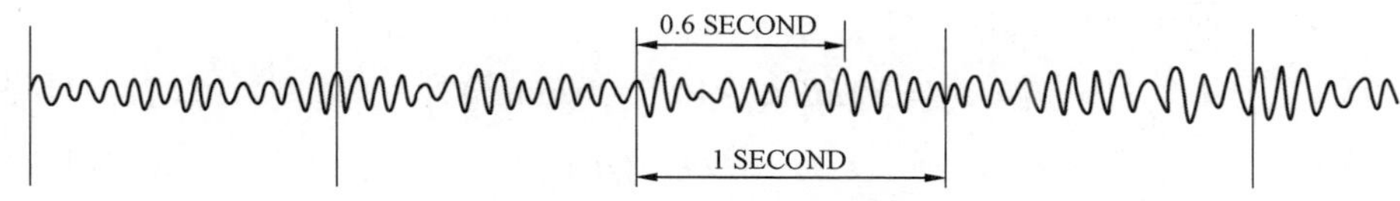

图 16–11–4　电线微风振动的实时记录波形

振幅(MILS) \ 频率(Hz)	0~2	2~6	6~10	10~14	14~18	18~22	22~26	26~30	30~34	34~38	38~42	42~46	46~50	50~60	60~80	80~
39.2~																
36.6~39.2																
34.0~36.6																
31.4~34.0																
28.8~31.2																
26.2~28.6																
23.4~26.0																
20.8~23.4																
18.2~20.8							1	19	15	2						
15.6~18.2					7	9	6	118	180	23						
13.0~15.6					180	86	81	513	698	95	1					
10.4~13.0				8	1001	912	384	1291	1887	378	12	1				
7.8~10.4				160	3418	2966	1459	3035	3969	1315	118	15	37	23		
5.2~7.6		5	39	1336	7907	6536	4454	5554	7295	4456	866	198	418	224	1	
2.6~5.0	374	1071	1677	4773	10 098	9469	6972	7566	10 170	9543	3823	1357	794	360	7	1
0~2.4	1016	1810	1271	1547	1744	1406	761	859	1334	1626	966	478	279	210	7	2

图 16–11–5　电线振动的频率、振幅和振动次数分布图

（2）电线悬挂点动弯应变和应力的估算。由于电线振动波在悬挂点不能继续往前传播而形成波节点，因而在悬挂点线夹出口的电线上出现比档中波腹处更大的动弯应变和应力，其大小可根据波腹处的最大振幅 A_0 估算如下：

悬挂点动弯应力

$$\sigma_c = \pm \pi A_0 d E f \sqrt{\frac{m}{E_J}} \times 10^{-6} \ (\mathrm{N/mm^2}) \tag{16-11-3}$$

悬挂点动弯应变

$$\varepsilon_c = \pm \pi A_0 d f \sqrt{\frac{m}{E_J}} \quad (\mu_\varepsilon) \tag{16-11-4}$$

式中 d——绞线最外层股径，mm；

E——绞线最外层线股的弹性系数，N/mm^2；

λ——振动波的波长，m；

A_0——最大单振幅，mm；

E_J——绞线抗弯刚度，N/mm^2，通过试验求得；

μ_ε——动弯应变单位，μm/m。

如有距线夹出口 89mm 处测得的相对于线夹的振动单幅值 A_{89}，

上二式可简化为

$$\sigma_c = \pm MdEA_{89} \times 10^{-6} \text{ (N/mm}^2\text{)} \quad (16\text{–}11\text{–}5)$$

$$\varepsilon_c = \pm MdA_{89} \ (\mu_\varepsilon) \quad (16\text{–}11\text{–}6)$$

式中 A_{89}——距线夹出口 89mm 处测得的相对于线夹的振动单幅值，mm。

常数 M 实际上是随频率、振幅、电线张力和刚度等因素的不同而变化的，建议对钢绞线取 354，钢芯铝绞线取 540，大跨越用各特种导线取 500。

目前国内沿用的无危险振动标准是根据线夹出口处动态应变来确定的，对铝绞线和钢芯铝绞线（包括铝合金）的普通线路为 $\pm 150\mu_\varepsilon$，大跨越线路为 $\pm 100\mu_\varepsilon$。

4. 电线疲劳寿命的估计

架空电线一年内可能发生各种不同动弯应力对应下的振动次数。1999 年国际大电网 22–04 工作组在关于“电线寿命估计的建议”中，提出采用累积损伤来估算线路电线的疲劳寿命。

电线的疲劳寿命 A 为

$$A = \frac{1}{\sum n_i / N_i} (yr) \quad (16\text{–}11\text{–}7)$$

式中 n_i——动弯应力为 σ_i 下一年内的振动次数；

N_i——动弯应力为 σ_i 下由疲劳特性曲线（曲线）查得的疲劳断股振动次数。

由于本系统为实时监测系统，可以积累一年中各种气象条件下的振动状态，而不必用一段振动数据来推算全年的状态，因此本系统的电线的疲劳寿命计算较正确。

电线的疲劳寿命一般规定为 40 年，用式（16–11–7）算得的疲劳寿命应该是安全保守的，有时还达不到 40 年。

现场测振不能直接测得电线应力，其应力 σ_i 是通过相对振幅换算得来的，必然存在着误差，另外也没有考虑夹头对导线应力 σ_i 的影响。今后在这方面应作更多的工作，以取得误差较小的 σ_i 值，使估算的线路电线的使用寿命更准确些。

二、输电线路导线微风振动监测系统

1. 系统组成

输电线路导线微风振动监测系统主要由四部分组成，包括导线振动监测仪、气象环境观测站、线路监测基站和当地监测中心（远程监测中心）。导线振动监测仪和气象环境观测站将采集到的微风振动（振动的频率、振幅和各种频率的振动次数）、风速、风向、气温、湿度等数据发送给线路监测基站，基站再将处理后的数据发送给远程的监测中心，监测中心通过对监测数据的分析和计算，能及时掌握导地线防振装置消振效果的变化。为输电线路大跨越的安全运行提供实时预警服务，避免现行预防性计划维修（计划修）制度维修不及时或过度维修的弱点，变预防性计划维修为状态维修，能够显著提高输电线路设备的运行可靠性。

2. 传感器技术

装置由一个已校准的悬臂梁传感器组成，传感器固定在线夹上，线夹支撑着一个短的圆柱状仪器外壳。和电线接触的感触器把运动传递给传感器。仪器外壳里包含有一个微处理器，一个电子电路，电源，显示屏和一个温度传感器。装置可以在电线带电或不带电的情况下安装在所有类型的电线上，装置不仅可以安装在金属到金属的悬垂线夹上，而且可以安装在防震支撑装置和其他防振锤、间隔棒的附属装置上，如图 16–11–6 所示。

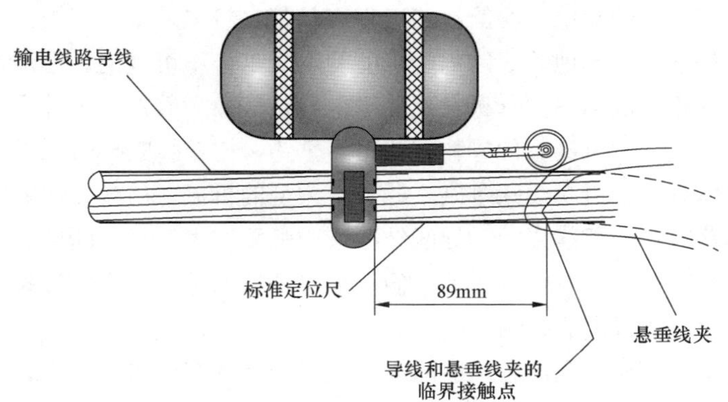

图 16–11–6　微风振动的实时监测装置安装示意图

装置的采样长度、频度和期限可通过主机遥控设定，一般可参考 IEEE 标准，设定采样长度为 5s（IEEE 标准为 1s，考虑低频振动设为 11～10s）、采样频度为每小时 4 次，期限为 14 天一组数据。

3. 输电线路微风振动监测装置系统的主要技术标准

Q/GDW 2411—2010《输电线路微风振动监测装置技术规范》规定了架空输电线路

微风振动监测装置的功能要求、技术要求、试验项目、试验方法、动弯应变判据等。

【思考与练习】

1. 简述输电线路导线微风振动起因和振动条件。
2. 简述输电线路导线微风振动系统的组成和功能。
3. 简述输电线路导线微风振动监测装置系统的主要技术要求。

◢ 模块 12 输电线路远程可视监控（Z05H1012Ⅲ）

【模块描述】本模块分析了输电线路远程可视监控目的和意义，介绍了远程可视监测系统的典型应用、关键技术和监控装置的各组成部分，通过对输电线路远程可视监测系统各组成部分的结构分析和功能介绍，掌握输电线路远程可视监测系统的应用。

【模块内容】

一、输电线路远程可视监控目的和意义

近年来，在国民经济发展的带动下，我国电力需求持续、快速增长，至 2005 年底，全国装机容量已达破 500GW，110kV 以上高压输电线路已有几百万千米，750kV 线路已投入运行，1000kV 特高压线路也开始建设，10kV 以上的高压线路更是越来越多，越来越广。迅速增长的输电线路给线路运行人员带来越来越多的巡视维护工作量，对交叉跨越、人员活动密集地等线路危险点的观察又是必不可少的。通过对多年来输电线路运行情况及相关故障案例分析发现，输电线路故障多数是由于外界因素导致，如防护区内违章建筑，大风刮起的异物，线路下垂钓，树枝折断掉落在导线上或向导线上抛掷金属物体等均会引起线路跳闸。此外，大型的机械、吊车在线路下方作业，也可能会引起线路短路或断线事故。导线结冰造成弧垂过大、导线断裂、线路倒塔事故也有发生。甚至有些人受利益的驱使，偷窃输电杆塔的导线、塔材、拉线、附件等，对线路安全运行造成很大的影响。

作为电力输送、遍布全国各地的网络，电力线路具有分布区域广、传输距离长、地形条件复杂多变、受环境气候影响大等特点，完全由人工定期巡检工作量非常大，而且难以做到全天候、广覆盖。

如何利用现代技术手段对电力杆塔、远距离的线路、分散的电力设施实施远程监控，保证输电线路更加安全可靠运行是电力部门致力解决的一项重要课题。

随着通信技术、计算机网络技术以及数字视频技术的飞速发展，对输电线路实行远程视频监控成为可能，多年来视频监控已成功应用在电厂、变电所的监控中，为厂站自动化、无人值班和安全运行发挥了很大作用。由于输电线路固有的分布范围广的

特点，实施远程无线视频监控有其独到的优势，更是得到越来越广泛的应用。

输电线路远程可视监控系统，能对输电线路周边状况及环境参数进行全天候监测，操作简便、监控有效，使输电线路运行于可视可控之中，大大提高输电线路运行的可靠性。线路运行管理人员可实现远程设备巡视，减少巡视次数，特别是人员不易到达的地区，及时掌握线路危险点的运行情况，为预先处理可能故障提供依据，大大提高输电线路安全性。

二、输电线路远程可视监控的典型应用

（1）防外力破坏事故。输电线路的外力破坏是指人们有意或无意而造成的线路事故，而大量的外力破坏是由于人们疏忽大意、蓄意或对电知识了解不够而引起的。虽然国务院在 1987 年就发布了《电力设施保护条例》，对保障电力生产和建设起到了很大作用，但近几年来输电线路遭到人为过失破坏的问题越来越突出。

（2）防线路覆冰。我国疆土辽阔，是世界上输电线路覆冰最为严重的国家之一。线路严重覆冰会导致输电线路机械和电气性能急剧下降，从而造成线路事故。我国湖南、湖北、贵州、江西、云南、四川、河南及陕西等省都曾发生过输电线路覆冰事故。其中重大的有：

1999 年 3 月京津唐地区出现持续近 1 周的大雾，部分地区有雨雪，气温在 0℃左右。绝缘子覆冰（雪）造成京津唐电网 10 条线路 47 条次的闪络，造成包括 110、220kV 及 500kV 线路事故，影响范围很大。

2004 年 12 月至 2005 年 2 月华中地区，特别是湖南、湖北电网遭遇历史上时间跨度最长、范围最广的严重覆冰灾害。数千千米长的电网设施出现覆冰现象，一些地段覆冰厚度达到 80～100mm，严重超出 10～20mm 设计标准。造成 220、500kV 线路多次跳闸，及线路倒塔、断线事故，严重影响了电网的安全运行和正常供电。

2005 年 2 月重庆东南地区遭遇二十年一遇的特大风雪袭击，覆冰厚度达 50～70mm。造成 220kV 线路多处倒塔。

线路覆冰主要形成原因是冷暖空气的交汇，仅有冷空气经过时，虽刮风、降温，但不降雨雪。当冷空气和南方暖湿气流都不够强时，有雨雪和少量覆冰，对线路影响不大。但是当冷暖空气的势力都比较强，且交汇的时间又比较长时，就可能形成较大的覆冰，造成线路故障。线路覆冰按冻结性质可分为雨淞、混合冻结、雾凇和冻雪等四种，其形成的气象条件各有差别。覆冰主要受气象条件、地形因素和线路自身特点三者的综合影响。例如在较高海拔地区的线路形成覆冰的概率较大，同样同一地点的覆冰厚度还与架空线路的高度、线径、方向、档距及当地的地形和海拔高度均有关系。跨越河流或山谷口、风道等处的也容易形成覆冰。

在对输电线路覆冰长期观察和研究的基础上，提出了防止覆冰事故的“避、抗、

融、改、防”5 项基本措施。其中包括对输电线路覆冰的特点、机理进入深入观测和研究，绘制各地区输电线路覆冰雪分布图，研制有效的覆冰监测装置、防冰除冰措施和防覆冰舞动措施，制定积极有效的防止和处理冰害事故的应急对策，以尽量防止和减少冰害事故。

线路视频监视装置提供了近距离观察和记录线路覆冰过程的有力手段，可实时了解线路覆冰形成和发展的情况。对于大部分气象条件尚好，较轻的覆冰现象，通过视频监视还可及时采取措施，如调整负荷加大电流等方法去除覆冰，防止进一步发展。对于恶劣气象条件，如上述湖南等情况，严重覆冰不可避免，但视频监视装置能记录下覆冰发展过程，为进一步研究提供数据。

三、输电线路远程可视监控关键技术

视频监控已有几十年的应用历史，最初在单个楼宇、银行网点监控中应用，后来通过网络形成监控系统，为安全防范发挥了很大作用。视频监控在 20 世纪 90 年代引入电厂和变电所自动化中，特别是农网、城网改造期间变电所无人值班技术的推广，使视频监控得到了很大发展，目前数以千计的变电所已安装了视频监控系统。变电所主站的运行人员能直接看到变电所的设备和环境，实时了解现场情况，发现异常时及时处理。

近几年来视频监控也开始在输电线路上应用，虽然线路视频监控与变电所视频监控有许多相似之处，但线路与变电所的自然环境不同，对视频监控装置的要求也全不相同，主要需解决以下 3 项技术：

（1）太阳能供电和低功耗技术。线路上没有低压交流电源，装置的电源一般采用蓄电池加太阳能板浮充电的方式。考虑到装置的成本和体积，蓄电池的容量和太阳能板的面积不可能很大，蓄电池一般为 12V，7～40Ah，太阳能板为 30cm×30cm，10～15W，为保证装置在连续阴雨天气（一般为 5～7 天）能正常工作，装置必需省电，要采用各种低功耗的芯片，并使装置在不工作时处于待机节电状态。监控的摄像头一般不采用云台式遥控摄像头，因为耗电太大，故障时修复困难，为解决视角问题可采用多个摄像头，分别监视导线、绝缘子串和杆塔等。

（2）GPRS 无线网络技术。线路不同于变电所无法用导线连网，必须采用无线通信，目前公用移动通信公司 GPRS 网覆盖面积越来越大为用户组网提供了方便，GPRS 是一种基于 GSM 系统的无线分组交换技术，提供端到端的、广域的无线 IP 连接。简单地说，GPRS 是一项高速数据传输的技术，其方法是以“分组”的形式传送数据，并且可以按照产生的流量来计费。所以在线路视频监控装置中嵌入了 GPRS 模块和相应的通信控制软件，只要在 GPRS 网络覆盖的地方就可以把视频信号数据传送到监控主站。

（3）防恶劣环境技术。线路的运行环境比变电所户外部分更严峻，风霜雨雪的影响更严重，因此装置必须有更好的防护措施。比如，除了具有优良的防护电磁干扰能力，装置外壳在夏季必须能够保证良好的通风，雨季必须确保防水防锈，在冬季还需保证良好的防寒抗冻能力，在风沙较大地区还必须增加抗风沙能力。

1. 图像压缩技术

1.1　JPEG 压缩编码标准

JPEG 是联合图像专家组（Joint Picture Expert Group）的英文缩写，是国际标准化组织（ISO）和 CCITT 联合制定的静态图像的压缩编码标准。和相同图像质量的其他常用文件格式（如 GIF，TIFF，PCX）相比，JPEG 是目前静态图像中压缩比最高的。我们给出具体的数据来对比一下。例图采用 Windows95 目录下的 Clouds.bmp，原图大小为 640×480，256 色。用工具 SEA（version1.3）将其分别转成 24 位色 BMP、24 位色 JPEG、GIF（只能转成 256 色）压缩格式、24 位色 TIFF 压缩格式、24 位色 TGA 压缩格式。得到的文件大小（以字节为单位）分别为：921，654，17，707，177，152，923，044，768，136。可见 JPEG 比其他几种压缩比要高得多，而图像质量都差不多（JPEG 处理的颜色只有真彩和灰度图）。

正是由于 JPEG 的高压缩比，使得它广泛地应用于多媒体和网络程序中，例如 HTML 语法中选用的图像格式之一就是 JPEG（另一种是 GIF）。这是显然的，因为网络的带宽非常宝贵，选用一种高压缩比的文件格式是十分必要的。

JPEG 有几种模式，其中最常用的是基于 DCT 变换的顺序型模式，又称为基线系统（Baseline），以下将针对这种格式进行讨论。

1.2　JPEG 的压缩原理

JPEG 的压缩原理其实上面介绍的那些原理的综合，博采众家之长，这也正是 JPEG 有高压缩比的原因。JPEG 编码器的流程如图 16–12–1 所示。

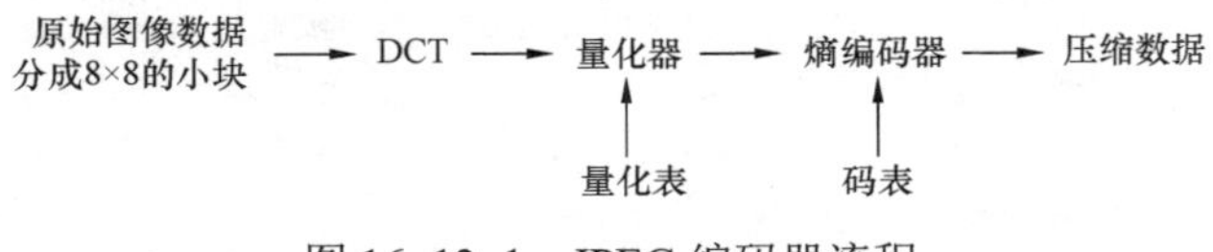

图 16–12–1　JPEG 编码器流程

解码器基本上为上述过程的逆过程，如图 16–12–2 所示。

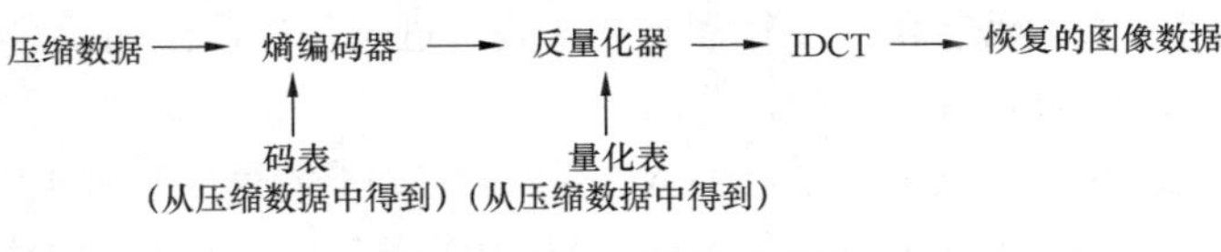

图 16–12–2　解码器流程

8×8 的图像经过 DCT 变换后，其低频分量都集中在左上角，高频分量分布在右下角（DCT 变换实际上是空间域的低通滤波器）。由于该低频分量包含了图像的主要信息（如亮度），而高频与之相比，就不那么重要了，所以我们可以忽略高频分量，从而达到压缩的目的。如何将高频分量去掉，这就要用到量化，它是产生信息损失的根源。这里的量化操作，就是将某一个值除以量化表中对应的值。由于量化表左上角的值较小，右上角的值较大，这样就起到了保持低频分量，抑制高频分量的目的。JPEG 使用的颜色是 YUV 格式。我们提到过，Y 分量代表了亮度信息，UV 分量代表了色差信息。相比而言，Y 分量更重要一些。我们可以对 Y 采用细量化，对 UV 采用粗量化，可进一步提高压缩比。所以上面所说的量化表通常有两张，一张是针对 Y 的；一张是针对 UV 的。

上面讲了，经过 DCT 变换后，低频分量集中在左上角，其中 F（0，0）（即第一行第一列元素）代表了直流（DC）系数，即 8×8 子块的平均值，要对它单独编码。由于两个相邻的 8×8 子块的 DC 系数相差很小，所以对它们采用差分编码 DPCM，可以提高压缩比，也就是说对相邻的子块 DC 系数的差值进行编码。8×8 的其他 63 个元素是交流（AC）系数，采用行程编码。这里出现一个问题：这 63 个系数应该按照怎么样的顺序排列？为了保证低频分量先出现，高频分量后出现，以增加行程中连续“0”的个数，这 63 个元素采用了“之”字型（Zig–Zag）的排列方法，如图 16–12–3 所示。

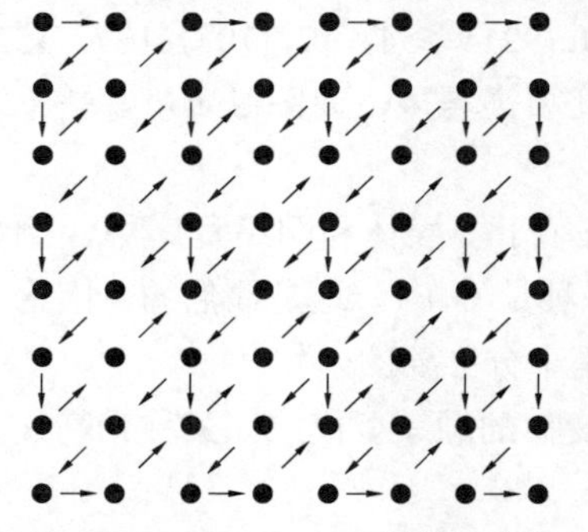

图 16–12–3　Zig–Zag 的排列方法

这 63 个 AC 系数行程编码的码字用两个字节表示，如图 16–12–4 所示。

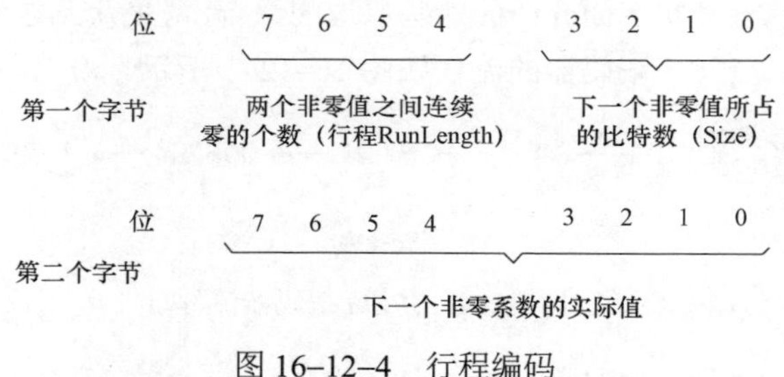

图 16–12–4　行程编码

上面，得到了 DC 码字和 AC 行程码字。为了进一步提高压缩比，需要对其再进行熵编码，这里选用 Huffman 编码，分成两步：

（1）熵编码的中间格式表示。对于 AC 系数，有两个符号。符号 1 为行程和尺寸，即上面的（RunLength，Size）。（0，0）和（15，0）是两个比较特殊的情况。（0，0）

表示块结束标志（EOB），（15，0）表示 ZRL，当行程长度超过 15 时，用增加 ZRL 的个数来解决，所以最多有三个 ZRL（3×16+15=63）。符号 2 为幅度值（Amplitude）。

对于 DC 系数，也有两个符号。符号 1 为尺寸（Size）；符号 2 为幅度值（Amplitude）。

（2）熵编码。对于 AC 系数，符号 1 和符号 2 分别进行编码。零行程长度超过 15 个时，有一个符号（15，0），块结束时只有一个符号（0，0）。

对符号 1 进行 Hufffman 编码（亮度，色差的 Huffman 码表不同）。对符号 2 进行变长整数 VLI 编码。举例来说：Size=6 时，Amplitude 的范围是–63～–32，以及 32～63，对绝对值相同，符号相反的码字之间为反码关系。所以 AC 系数为 32 的码字为 100000，33 的码字为 100001，–32 的码字为 011111，–33 的码字为 011110。符号 2 的码字紧接于符号 1 的码字之后。

对于 DC 系数，Y 和 UV 的 Huffman 码表也不同。

表 16–12–1 为 8×8 的亮度（Y）图像子块经过量化后的系数。

表 16–12–1　　8×8 的亮度（Y）图像子块经过量化后的系数

15	0	–1	0	0	0	0	0
–2	–1	0	0	0	0	0	0
–1	–1	0	0	0	0	0	0
0	0	0	0	0	0	0	0
0	0	0	0	0	0	0	0
0	0	0	0	0	0	0	0
0	0	0	0	0	0	0	0
0	0	0	0	0	0	0	0

可见量化后只有左上角的几个点（低频分量）不为零，这样采用行程编码就很有效。

第一步，熵编码的中间格式表示：先看 DC 系数。假设前一个 8×8 子块 DC 系数的量化值为 12，则本块 DC 系数与它的差为 3，根据表 16–12–2 AC 系数表，查表得 Size（尺码）=2，Amplitude（幅值）=3，所以 DC 中间格式为（2）（3）。

表 16–12–2　　AC 系 数 表（1）

尺码	幅值	尺码	幅值
0	0	6	–63～–32，32～63
1	–1，1	7	–127～–64，64～127
2	–3，–2，2，3	8	–255～–128，128～255
3	–7～–4，4～7	9	–511～–256，256～511
4	–15～–8，8～15	10	–1023～512，512～1023
5	–31～–16，16～31	11	–2047～–1024，1024～2047

下面对AC系数编码。经过Zig–Zag扫描后，遇到的第一个非零系数为–2，其中遇到零的个数为1（即RunLength），根据表16–12–3 AC系数表，查表得Size=2。所以RunLength=1，Size=2，Amplitude=3，所以AC中间格式为（1，2）（–2）。

表16–12–3 AC系数表（2）

尺码	幅值	尺码	幅值
1	–1，1	6	–63～–32，32～63
2	–3，–2，2，3	7	–127～–64，64～127
3	–7～–4，4～7	8	–255～–128，128～255
4	–15～–8，8～15	9	–511～–256，256～511
5	–31～–16，16～31	10	–1023～512，512～1023

其余的点类似，可以求得这个8×8子块熵编码的中间格式为

（DC）（2）（3），（1，2）（–2），（0，1）（–1），（0，1）（–1），（0，1）（–1），（2，1）（–1），（EOB）（0，0）

第二步，熵编码：

对于（2）（3）：2查DC亮度Huffman表得到11，3经过VLI编码为011；

对于（1，2）（–2）：（1，2）查AC亮度Huffman表得到11011，–2是2的反码，为01；

对于（0，1）（–1）：（0，1）查AC亮度Huffman表得到00，–1是1的反码，为0；

最后，这一8×8子块亮度信息压缩后的数据流为11011，1101101，000，000，000，111000，1010。总共31bit/s，其压缩比是64×8/31=16.5，大约每个像素用0.5bit/s。

可以得出，压缩比和图像质量是呈反比的，以下是压缩效率与图像质量之间的大致关系，可以根据你的需要，选择合适的压缩比。压缩比与图像质量的关系如表16–12–4所示。

表16–12–4 压缩比与图像质量的关系

压缩效率（bit/s/pixel）	图像质量	压缩效率（bit/s/pixel）	图像质量
0.25～0.50	中～好，可满足某些应用	0.75～1.5	极好，满足大多数应用
0.50～0.75	好～很好，满足多数应用	1.5～2.0	与原始图像几乎一样

以上是JPEG压缩的原理，其中DC系数使用了预测编码DPCM，AC系数使用了变换编码DCT，二者都使用了熵编码Huffman，可见几乎所有传统的压缩方法在这里

都用到了。这几种方法的结合正是产生 JPEG 高压缩比的原因。

2. 视频压缩技术

2.1　H.264 基本概况

H.264 是一种高性能的视频编解码技术。目前国际上制定视频编解码技术的组织有两个，一个是“国际电联（ITU–T）”，它制定的标准有 H.261、H.263、H.263+等，另一个是“国际标准化组织（ISO）”它制定的标准有 MPEG–1、MPEG–2、MPEG–4 等。而 H.264 则是由两个组织联合组建的联合视频组（JVT）共同制定的新数字视频编码标准，所以它既是 ITU–T 的 H.264，又是 ISO/IEC 的 MPEG–4 高级视频编码（Advanced Video Coding，AVC），而且它将成为 MPEG–4 标准的第 10 部分。因此，不论是 MPEG–4 AVC、MPEG–4 Part 10，还是 ISO/IEC 14496–10，都是指 H.264。

H.264 最大的优势是具有很高的数据压缩比率，在同等图像质量的条件下，H.264 的压缩比是 MPEG–2 的 2 倍以上，是 MPEG–4 的 1.5～2 倍。举个例子，原始文件的大小如果为 88GB，采用 MPEG–2 压缩标准压缩后变成 3.5GB，压缩比为 25∶1，而采用 H.264 压缩标准压缩后变为 879MB，从 88GB 到 879MB，H.264 的压缩比达到惊人的 102∶1。H.264 为什么有那么高的压缩比？低码率（Low Bit Rate）起了重要的作用，和 MPEG–2 和 MPEG–4 ASP 等压缩技术相比，H.264 压缩技术将大大节省用户的下载时间和数据流量收费。尤其值得一提的是，H.264 在具有高压缩比的同时还拥有高质量流畅的图像。

2.2　H.264 算法的优势

H.264 是在 MPEG–4 技术的基础之上建立起来的，其编解码流程主要包括 5 个部分：帧间和帧内预测（Estimation）、变换（Transform）和反变换、量化（Quantization）和反量化、环路滤波（Loop Filter）、熵编码（Entropy Coding）。

H.264/MPEG–4 AVC（H.264）是 1995 年自 MPEG–2 视频压缩标准发布以后的最新、最有前途的视频压缩标准。通过该标准，在同等图像质量下的压缩效率比以前的标准提高了 2 倍以上，因此，H.264 被普遍认为是最有影响力的行业标准。

2.3　H.264 标准的关键技术

（1） 帧内预测编码。帧内预测是指利用当前帧中已经编码宏块的信息对当前编码宏块进行预测的一种方式。与以往标准在频域进行帧内预测不同，在 H.264/AVC 中，帧内预测是在空间域进行的。其基本原理就是利用相邻像素的空间相关性，根据已经重建的相邻块的一些像素来实现对当前编码块的预测。

根据亮度和色度信号的不同，H.264/AVC 的帧内预测又分为亮度分量和色度分量帧内预测两类。对于亮度分量，帧内预测又有 INTRA4×4 和 INTRA16×16 两种模式。

INTRA4×4 有 9 种预测模式，适用于纹理比较复杂的图像区域；INTRA16×16 有 4 种预测模式，适用于纹理变化平坦的区域。色度分量的帧内预测模式与亮度分量 INTRA16×16 模式比较相近，但在块大小和具体的模式顺序上稍有不同。9 种 4×4 预测模式与 4 种 16×16 预测模式如图 16–12–5 所示。

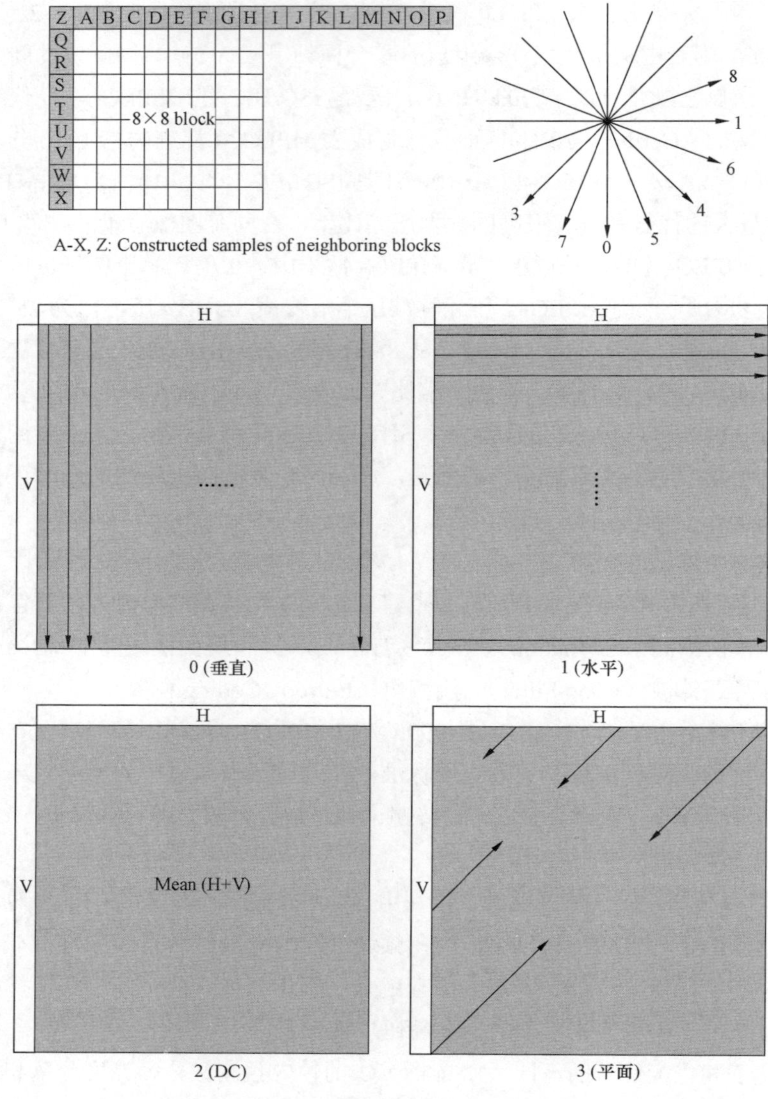

图 16–12–5　9 种 4×4 预测模式与 4 种 16×16 预测模式

在 H.264/AVC 中，帧内预测不仅用于 I 帧的编码，在 P 帧和 B 帧的编码中也会用到。当 P 帧或 B 帧中的宏块在帧内编码模式下的开销最小时，编码器会选择对应的帧内编码模式作为该宏块的最佳编码模式。

（2）帧间预测编码。H.264/AVC 在帧间预测方面采用了多种先进技术，主要包括支持多种块划分模式、高精度的运动搜索和多参考帧预测。

1）多种帧间块划分模式。在以往的视频编码标准中，帧间预测过程中块尺寸的大小均是固定的，如 16×16 和 8×8。为了能在帧间预测时做到更精确的匹配，H.264/AVC 定义了 7 种块划分模式，如图 16–12–6 所示。多种块划分模式使得帧间预测时块与块之间的匹配更加准确，从而减小预测误差、提高压缩率。尤其当宏块中包含多个运动对象的情况下，不同的块划分模式能够更准确地描述各个不同对象的运动情况，显著提高此类情况下帧间预测的准确性。

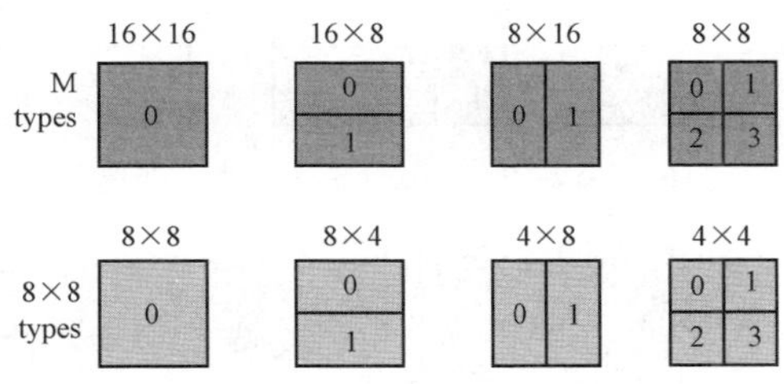

图 16–12–6　7 种帧间预测块模式

2）高精度运动搜索。在 H.264/AVC 中，亮度分量的运动向量精度由以往标准的 1/2 像素提高到了 1/4 像素，色度分量的运动向量精度为 1/8 像素。分数像素通过自适应内插滤波器插值获得，1/2 像素位置上的像素采用参数为（1，–5，20，20，–5，1）/32 的一阶 6 抽头 FIR 滤波器分别在水平和竖直方向上计算得到，1/4 像素直接由相邻的整像素和 1/2 像素通过线性插值得到。图 16–12–7 给出了 H.264/AVC 中亮度分量的 1/2 像素插值情况。

图 16–12–7 中 b 和 h 两个 1/2 像素位于水平和竖直方向上整像素之间，首先计算出中间值 b_1 和 h_1：

$$b_1 = E - 5F + 20G + 20H - 5I + J \tag{16–12–1}$$

$$h_1 = A - 5C + 20G + 20M - 5R + T \tag{16–12–2}$$

然后计算出 b 和 h：

$$b = clip((b_1 + 16) \gg 5) \tag{16–12–3}$$

$$h = clip((h_1 + 16) \gg 5) \tag{16–12–4}$$

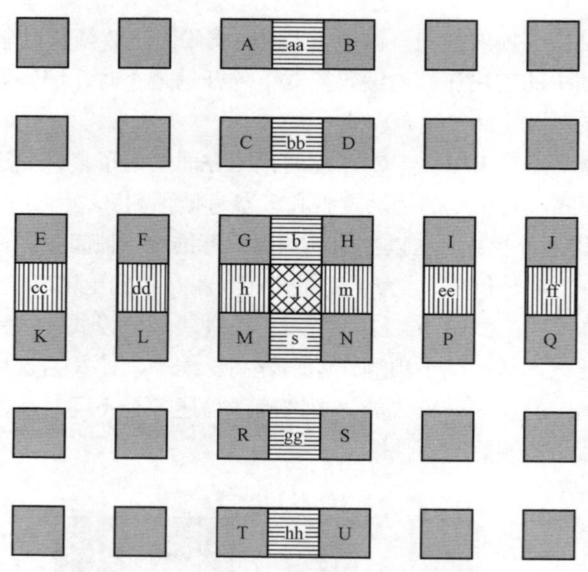

图 16–12–7 亮度分量 1/2 像素插值

3）多参考帧预测。相比于以往标准只支持 1 个参考帧，H.264/AVC 在帧间预测时可以支持 5 个参考帧。图 16–12–8 描述了 H.264/AVC 中多参考帧条件的预测情况。通过在多个参考帧中进行运动搜索，当视频场景中的物体发生周期性运动或遮蔽时可以获得更好的编码效果。

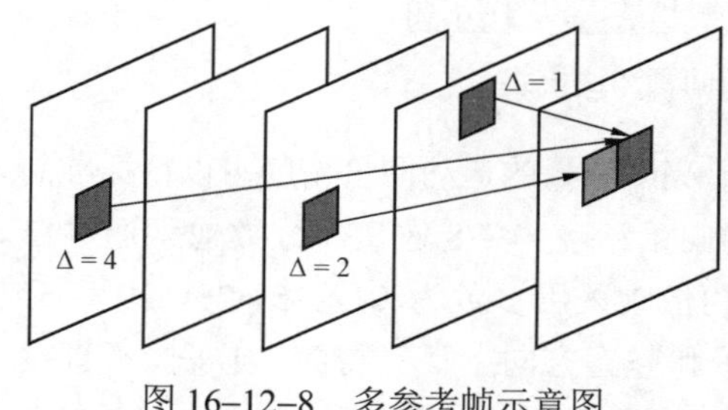

图 16–12–8 多参考帧示意图

（3） 变换和量化。

1）变换。以往的视频编码标准采用的都是 8×8 DCT 变换来降低预测残差的空间冗余，但由于是浮点运算，因此在变换和反变换之间存在误差偏移。在预测过程中，这种由变换引起的误差将不断被积累和放大。当误差积累到一定程度后，编码效率会迅速降低。与传统标准不同，H.264/AVC 采用的是整数变换。在基准档次（Basiline Profile，bp）和主档次（Main Profile，mp）中，根据数据类型的不同，包含 3 种变换：① 针对所有残差数据的 4×4 整数 DCT 变换；② 4×4 Hadamard 变换（针对 INTRA16×16 模式下亮度 DC 系数）；③ 2×2Hadamard 变换（针对所有色度块 DC 系数）。所有变换过程中的运算都是整数运算，因此不会出现由浮点运算带来的舍入误差，正变换与反变换的结果能够准确匹配。

H.264/AVC 中的 4×4 整数 DCT 变换是由传统的 DCT 变换演变而来的，其变换矩阵为：

$$Y=(C_f X C_f^T)\otimes E=\left(\begin{bmatrix}1&1&1&1\\2&2&-2&-2\\1&-1&-1&1\\1&-2&2&-1\end{bmatrix}[X]\begin{bmatrix}1&2&1&1\\1&1&-1&-2\\1&-1&-1&2\\1&-2&1&-1\end{bmatrix}\right)\otimes\begin{bmatrix}a^2&\frac{ab}{2}&a^2&\frac{ab}{2}\\\frac{ab}{2}&\frac{b^2}{4}&\frac{ab}{2}&\frac{b^2}{4}\\a^2&\frac{ab}{2}&a^2&\frac{ab}{2}\\\frac{ab}{2}&\frac{b^2}{4}&\frac{ab}{2}&\frac{b^2}{4}\end{bmatrix}\tag{16–12–5}$$

其中，$a=\frac{1}{2}$，$b=\sqrt{\frac{2}{5}}$，$d=\frac{1}{2}$，符号⊗代表矩阵对应位相乘。由于变换核部分采用的全部是整数运算，所以 H.264/AVC 中的 DCT 变换也称为整数 DCT 变换，这样做的好处在于：① 所有变换过程中所有的运算都是整数运算，克服了传统 DCT 变换中浮点运算带来的舍入误差，正变换与反变换的结果能够准确匹配；② 在采用蝶型变换后，整个变换核部分的计算仅包括加法操作和移位操作，便于硬件实现；③ 由于缩放操作的独立性，可以将缩放运算合并到量化计算过程中，从而减少部分计算量。

2）量化。为了提高码率控制能力，H.264/AVC 采用的是分级量化，支持的量化参数 QP（Quantization Parameter）多达 52 个。每个 QP 值对应着一个量化步长 Q_{step}：QP 值每增加 6，Q_{step} 增加 1 倍；QP 每增加 1，Q_{step} 增加 12.5%。表 16–12–5 显示了 H.264/AVC 中量化参数与量化步长之间的映射关系。

表 16–12–5　　H.264/AVC 中量化参数与量化步长的关系

QP	0	1	2	3	4	5	6	7	8	9	10	11	12	…
Q_{step}	0.625	0.687 5	0.812 5	0.875	1	1.125	1.25	1.375	1.625	1.75	2	2.25	2.5	…
QP	…	18	…	24	…	30	…	36	…	42	…	48	…	51
Q_{step}		5		10		20		40		80		160		224

量化后的变换系数根据帧/场模式分别进行 Zig–Zag 扫描（见图 16–12–9）或场扫描（见图 16–12–10），之后对扫描系数进行熵编码。

（4）熵编码。H.264/AVC 中有两种熵编码方法，一种采用变长码（Variable Length Code，vlc），对宏块的编码模式和运动向量采用统一的指数哥伦布编码（Exp_Golomb），对量化系数采用上下文自适应的变长编码（context–adaptive variable length coding，

CAVLC）；另一种熵编码方法为基于上下文的自适应二进制算术编码（context-based adaptive binary arithmetic coding，cabac）。

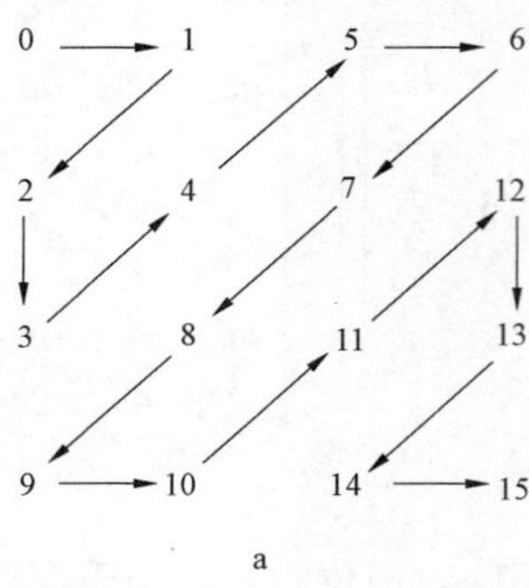

图 16-12-9 Zig-zag 扫描

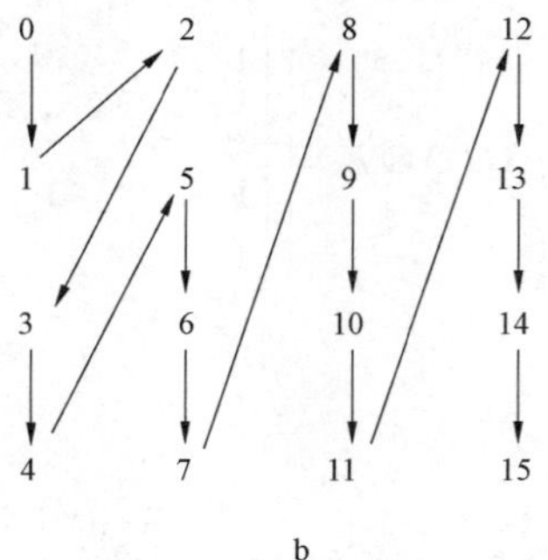

图 16-12-10 场扫描

由于在概率估计方面的不同，这两种方法的计算复杂性和压缩效率各有不同。CAVLC 根据残差的统计特性，设计了多个码表。在编码时根据语法元素进行码表的切换，编码具有自适应能力，编码效率较高。但 CAVLC 使用的是静态概率估计码表，没有考虑不同视频流的统计特性，也忽略了符号间的相关性，没有利用相邻符号为当前待编码符号提供信息。这些缺点限制了 CAVLC 的编码效率，尤其是在高码率下压缩效果较差。

CABAC 则完全克服了 CAVLC 的这些缺点，编码效率较高，在相同编码质量下比 CAVLC 编码节省 10%～15%的码率。

（5）去块效应滤波。为了有效地去除重建图像中的块效应，H.264/AVC 引入了环路去块效应滤波（In-loop de-blocking）。不同于视频图像的后处理，只在显示图像时进行图像的平滑处理。H.264/AVC 中的去块效应滤波模块包含在整个编解码过程中，即重建后的图像经去块效应滤波后将放入帧存中作为参考帧供后续待编码帧使用。这样做不仅改善了图像质量，而且能够进一步提高帧间预测的编码效率。环内滤波效果图如图 16-12-11 所示。

在计算复杂度方面，去块效应滤波的计算量能够占到整个解码器计算量的 1/3。但在编码器中，由于整个编码过程中其他主要模块的计算量非常大，去块效应滤波的计算量只占到 0.1%～0.8%。

四、输电线路远程可视监控系统

输电线路远程可视监控系统采用高性能摄像机，并利用数字图像压缩技术、低功耗技术、GPRS/CDMA 无线通信技术以及太阳能应用技术，能够对绝缘子串、导线（导线金具、导线弧垂）、地线（地线金具、地线羊角）、杆塔（塔身、塔基及对面杆塔）

(a)

(b)

图 16–12–11 环内滤波效果图
（a）未滤波；（b）滤波

等进行全方位无盲点监视，并且可以监测到输电绝缘子闪络弧光情况，以高灵敏度的红外报警启动即时拍摄监控现场视频录像以及启动即时抓拍检测现场图片，将远程无人值守或观测人员无法到达的现场情况的高清晰图文信息数据以及其他现场辅助信息数据，后通过 3G 无线网络即时传送至监控中心监测人员，实现现场即时图片信息数据的采集、通信、分析、处理和应用的一体化。输电线路远程可视监控系统同时集成了对微气象条件的检测（如温湿度、风速、风向、雨雪以及气压等），实现对高压线路现场和环境参数的全天候监测。管理人员可及时了解现场信息，将事故消灭在萌芽状态，从而有效地减少由于导线覆冰、洪水冲刷、不良地质、火灾、导线舞动、通道树木长高、线路大跨越、导线悬挂异物、线路周围建筑施工、塔材被盗等因素引起的电力事故。

输电线路视频在线监测系统主要由工业摄像机、塔上监测分机、中心接收基站、中心查询软件组成。可应用于各种不同需求的场合，在巡视人员不易到达地区，可以有效减少巡视次数或提高巡视的时效性。系统的长期运行，能够有效减少由于导线覆冰、风偏舞动、线路大跨越、导线悬挂异物、线路周围建筑施工、杆塔防盗、树木长高等因素引起的电力事故，提高输电网持久稳定运行的可靠性，为输电线路的巡视及状态检修开辟了一条新的思路。

图像/视频监测装置一般采用高性能 ARM 处理器，装置具备极高的图像数据处理能力，具备低功耗、待机时间长、可靠性好、轻便灵活的特点。设备安装在输电线路铁塔上，线路不停电也可安装。装置将现场图像信息经电缆传输到塔上主控装置，再通过 GPRS 等通信技术传送到监控中心，实现对输电线路全天候监测。

图像/视频监控装置有二种规格，一种为定焦枪机，主要用于线路上定点的图像监视，定焦枪机外形和安装如图 16–12–12、图 16–12–13 所示。

图 16–12–12 定焦枪机的外形

图 16–12–13 定焦枪机安装在杆塔上

另一种图像/视频监控装置为高速球机，图像清晰度高，能变焦和旋转，用于对图像要求较高或需视频采集的地方，高速球机外形和安装如图 16–12–14、图 16–12–15 所示。

图 16–12–14 高速球机的外形

图 16–12–15 高速球机安装在杆塔上

监测装置系统主要技术要求，Q/GDW 560—2010《输电线路图像视频监控装置技术规范》规定了架空输电线路图像/视频监控装置的基本功能、技术要求、试验项目、试验方法、安装、调试、验收等。

【思考与练习】

1. 简述输电线路远程可视监控的典型应用。
2. 简述输电线路远程可视监控关键技术。
3. 简述输电线路远程可视监控系统的组成和功能。

模块 13　输电线路现场污秽监测（Z05H1013Ⅲ）

【模块描述】 本模块分析了输电线路污闪的危害及防污闪措施，介绍了现场污秽监测方法和监测系统的各组成部分，通过对输电线路现场污秽监测系统各组成部分的结构分析和功能介绍，掌握输电线路现场污秽监测系统的应用。

【模块内容】

一、污闪危害及防污闪措施

1. 污秽形成机理

尘土、盐碱、鸟粪、海水、工业型污秽等沉积在绝缘子表面，便构成绝缘子污秽，它的形成受到风力、自身重力、黏附力、气候和地区等多方面的影响。

空气水分的湿润使绝缘子表面污层的电导率增加，从而大大降低了绝缘子的绝缘特性。同时，由于表面的净化、污秽量的减少和冲洗掉污秽物质中的可溶导电物，空气水分能提高绝缘子的放电电压。因此，自然条件下绝缘子的性能不仅由污秽特性决定，且在一定程度上是由雨雪的类型所决定的。

电力设备的电瓷表面，受到固体的、液体的和气体的导电物质的污染，在遇到雾、露和毛毛雨等湿润作用时，使污层电导增大，泄漏电流增加，产生局部放电，在运行电压下瓷件表面的局部放电发展成为电弧闪络，这种闪络即为污闪。

2. 污闪危害

近年来，我国经济的飞速发展，工业污染物不断增多，大气环境污染日趋严重。随之而来的电网污闪事故发生的频率也在上升，事故的后果越来越严重，往往造成多条线路、多个变电所失电，甚至引起系统振荡，从而造成电网瓦解，引起大面积停电。20 世纪 70 年代以来，我国东北、华北、华中、西北等各大电网相继发生了严重的污闪事故，造成了严重的损失。据不完全统计，1979～1985 年发生污闪事故 886 次，此后，由于经济的快速发展，相应地，污染治理没有及时跟上，污闪越来越频繁。1986～1987 年，2 年间发生 577 次。进入 20 世纪 90 年代以后，污闪造成的危害也越来越大，发生大面积电网停电事故。如 2001 年冬末春初，我国东北、华北又发生大面积污闪事故。多年来我国污闪事故不断，污闪事故已遍及全国各地。一次污闪事故损失的电量可达几万至千万千瓦时，而间接损失更是无法估计。

二、输电线路现场污秽监测方法

（一）污秽绝缘子运行状态的特征量

泄漏电流在线监测法在安装、维修需要带电作业，同时还存在信号中断等缺点，目前国家电网公司不再推荐此种方法，因为目前部分地区仍在使用，仍作介绍。

为了确定绝缘子的污秽程度，定量的划分污秽水平，人们需要表征污秽绝缘子运行状态的特征量，进行了大量的研究后，人们提出了很多参数，下面分别加以介绍：

1. 等值附盐密度（ESDD）

等值附盐密度是指绝缘子表面每平方厘米的面积上附着的污秽中导电物质的含所相当于的 NaCl 含量（mg/cm^2），由于它只与绝缘子的污秽量、成分和性质有关，以称为污秽的静态参数。

2. 表面污层电导率

表面污层电导率是指污秽绝缘子表面每平方厘米的电导（μS）。该参数是在污秽绝缘子受潮和施加比运行电压低的电压下测得的，从而把特征量与污秽及电压直接联系起来，比静态参数前进了一大步。但因测试电压低，并不能反映污秽层在高电压下的真实变化，故称为表征污秽绝缘子运行状态的半动态参数。

3. 泄漏电流

泄漏电流是指在运行电压下污秽受潮时测得的流过绝缘子表面污层的电流。它是电压、气候、污秽三要素的综合反映和最终作用结果，故称为动态参数。泄漏电流可测得有效值、平均值、瞬时值等等多种。

由于流过绝缘子的泄漏电流脉冲的最大幅值 I_k 表征了该绝缘子临近闪络的程度。因此，我们把泄漏电流波形的最高峰值作为表征绝缘子运行状态的特征量。实际测量中就是在给定时间内，获取绝缘子的最高值泄漏电流（考虑过于扰的情况）。绝缘子的泄漏电流是逐渐增加的，一直增加到临界电流 I，时就可能发生闪络。由于污闪过程是一种随机过程，I_k 是一种分散性很大的随机变量，这也是在我们的监测系统后台处理中要增加对一定时期泄漏电流波形的绘制和分析的原因，只有这样，才能比较准确的确定绝缘子的污湿程度。

4. 脉冲数（频次数）

泄漏电流的脉冲频次，即单位时间内脉冲幅值超过设定电流（一般为 5mA）的次数。这主要是考虑泄漏电流的脉冲通常产生于交流污闪的最后阶段之前，而且随着临近闪络的逼近，脉冲的频率和幅值都要增加，因此脉冲频次对我们给出闪络危险警报是一个很重要的。

（二）泄漏电流在线监测原理

绝缘子表面泄漏电流是电压、气候、污秽三要素的综合反映，因此可将绝缘子表面泄漏电流作为监测绝缘子污秽程度的特征量。泄漏电流在线监测是利用泄漏电流沿面形成的原理，在绝缘子接地侧通过引流卡或电流传感器在线实时测量泄漏电流，利用信号处理单元计算出一段时间内泄漏电流的各种统计值（如峰值平均值、峰值最大值或大电流脉冲数），通过无线传输与有线传输相结合，将数据传输到控制中心，运用专家知识和自学习算法对各种统计值进行综合分析，对绝缘子的积污状况做出评估和预测。

在绝缘子串接近悬挂点的最上面一片绝缘子上安装泄漏电流采集环，如图 16–13–1 所示。从采集环采集的泄漏电流送入控制箱，经过泄漏电流传感器和放大、滤波等电路，将从绝缘子取得十分微弱的泄漏电流信号送入单片机进行处理。

每个杆塔监测装置的控制箱可监测 1～6 串独立绝缘子，如图 16–13–2 所示。控制箱由太阳能电池板、充电电路、高性能蓄电池、数据闪速存储器、低功耗单片机、16 位 A/D 转换器、泄漏电流传感器、温湿度传感器、GPRS/GSM 通信模块和控制软件等组成。

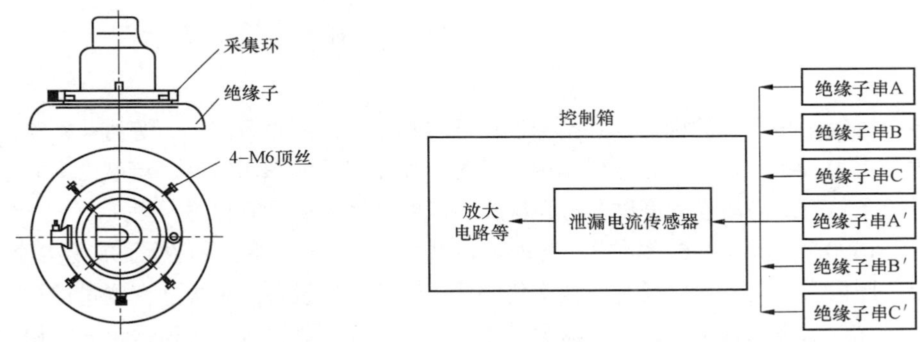

图 16–13–1 泄漏电流采集环安装示意图　　图 16–13–2 杆塔监测装置控制箱的信号接入

线路上各杆塔监测装置的数据送到地或省电力公司的监控中心主机，监控中心专家软件可实时监测该线路各杆塔上的泄漏电流等变量情况。并通过对监测装置的点测、巡测的实时数据进行分析判断。利用将运行经验、试验结果与相对分析法相结合的模糊诊断等方法判断该监测点的积污状况，当所测泄漏电流超过 0.8mA 时，单片绝缘子污闪电压仅约 7kV，低于该型号绝缘子标称电压 15kV，污秽已比较严重时给出预报警，并把报警信息以手机短消息发给当前管理员和相关领导。专家软件集中管理泄漏电流幅值、脉冲频次以及环境参数，提供单独和全面的查询、分析和打印，建立该线路的污秽信息数据库。并可结合运行经验重新绘制该地区的污秽分布图，图 16–13–3 为安装实例图。

（三）等值附盐密在线监测法

实践表明，造成电力系统污闪事故的原因是多方面的，其中，空气环境的恶化和局部恶劣的气象等自然条件是引发污闪事故的主要因素。但应该看到，目前国内采用的表征设备外绝缘污秽程度的方法以及相关的实施措施对预防减少污闪事故的发生具有很大影响。长期以来，污秽度的测量方法主要是采用等值盐密测量法，根据其测量

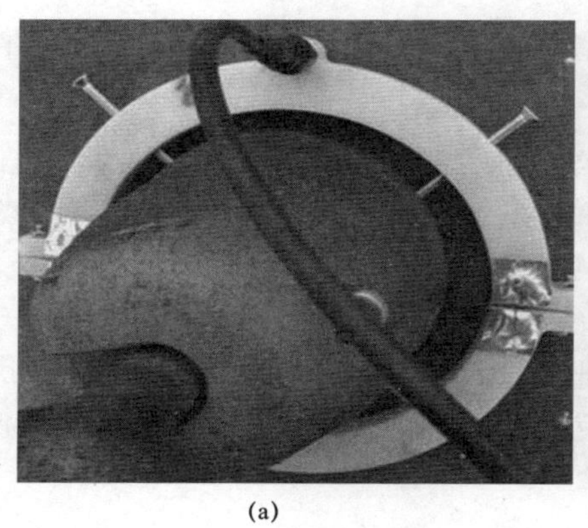
(a)

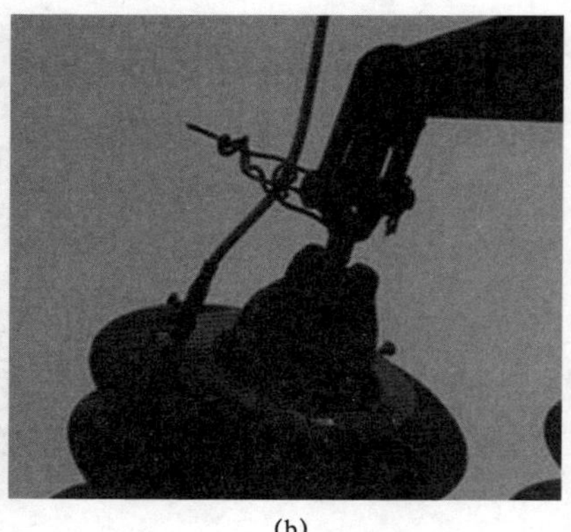
(b)

图 16–13–3 安装图

（a）安装图（一）；（b）安装图（二）

结果进行污秽等级的标定，并指导现场开展每年一次的设备清扫。等值盐密测量法对表征电力设备污秽度具有重要作用，但对于设备表面的积污速度、年度内不同季节和气象条件下最高污秽程度以及污秽程度的发展趋势等缺乏应有的监测。

1990 年，日本人在实验室成功地研制出光纤盐密传感器，并进行了现场实验。1992 年，国内有关科研部门对光纤盐密传感器用于输变电设备外绝缘盐密测量进行了可行性研究，初步探索了光纤传感器测量盐密的可行性。与传统的等值盐密方法相比较，光纤盐密测量法具有以下特点：其一，将现场污秽度的测量与温度、湿度等自然环境状况有机结合起来，弥补了传统等值盐密方法的不足。其二，光纤盐密测量为非停电状况下污秽度监测装置，克服了传统测量方法中必须停电测量的问题。光纤盐密传感器一旦挂网运行即可全天候、全年度实时对电气设备周围环境的污秽状况进行监测，同时，还可对某一时期的污秽情况随时进行统计和分析，从而有利于现场人员更加准确了解和制订针对性较强的预防措施。其三，有望解决现场饱和盐密的测量问题。长期以来，防污闪技术中有关污秽等级的标定是以等值盐密值来确定的。由于等值盐密值是基于一年一清扫的防污闪原则获取的，这一过程几乎无法获得当地的饱和盐密值。依据等值盐密值来确定设备外绝缘爬距比配置以及相应防污闪措施往往具有一定局限性。光纤盐密传感器可以对设备表面的积污速度、年度内不同季节和气象条件下最高污秽程度以及污秽程度的发展趋势进行有效地监测，从而为设备外绝缘爬距比的合理配置提供准确的依据。其四，光纤盐密测量法具有安装方便、简单、准确度高特点，具有较好的实用性。

（四）盐密监测原理

光传感器测量盐密是基于介质光波导中的光场分布理论和光能损耗机理。置于大气中的低损耗石英棒是一个以棒为芯、大气为包层的多模介质光波导。在石英棒上无污染时，由光波导中的基模和高次模共同传输光的能量，其中绝大部分光能在光波导的芯中传输，但有少部分光能将沿芯包界面的包层传输，光波传输过程中光的损耗很小。当石英玻璃棒上有污染时，由于污染物改变了高次模及基模的传输条件；同时，污染粒子对光能的吸收和散射等产生光能损耗；通过检测光能参数可计算出传感器表面盐分多少。由于传感器与绝缘子串处于相同环境，因此，通过计算可得出绝缘子表面的盐密值。盐密测量原理如图 16–13–4 所示。

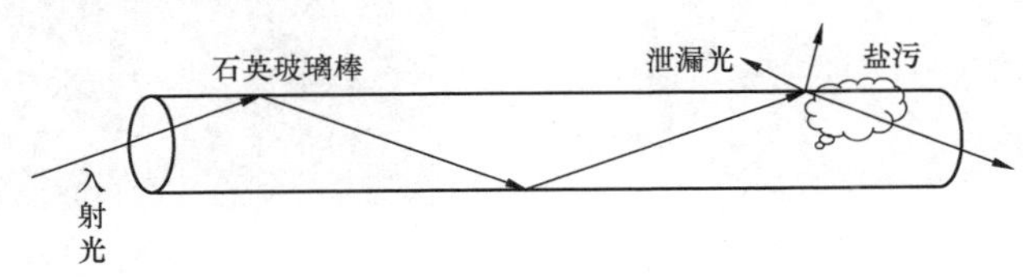

图 16–13–4　盐密测量原理

1. 系统组成

光传感器输变电设备盐密在线监测系统（见图 16–13–5）主要由数据监测终端（见图 16–13–6）和数据监测中心（见图 16–13–7）两部分组成，是一种智能化大范围远程分布式盐密实时监测系统，系统组网十分方便，并可提供监测中心多级管理功能，实现在不同位置同时对监测点的监测。数据采集终端安装在送电线路杆（塔）

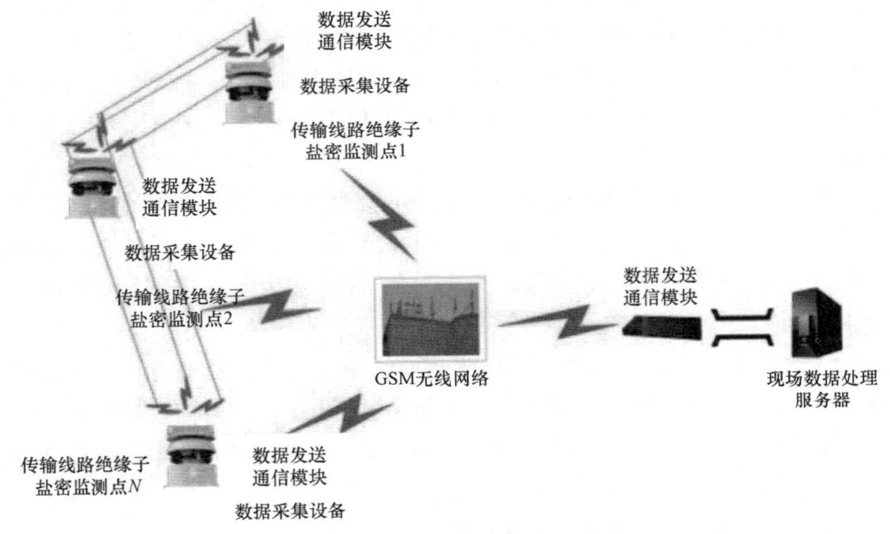

图 16–13–5　光传感器输变电设备盐密在线监测系统

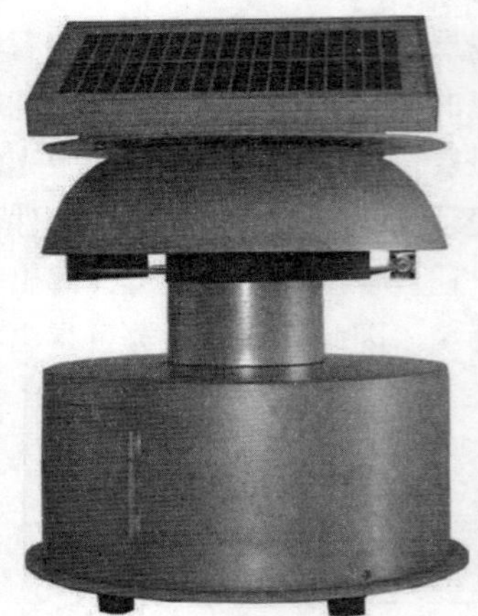
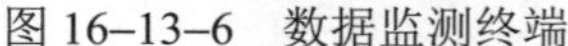

图 16–13–6 数据监测终端

图 16–13–7 数据监测中心

或变电站绝缘子附近，完成对现场污秽物（盐密）、温度、湿度的实时监测。监测数据通过短信方式，向监测中心发送。数据监测中心完成对监测数据的转换和处理。

2. 系统主要功能

（1） 实时盐密电子地图。电子地图的绘制遵循国家电力公司国电安运〔1998〕223号文关于修订《电力系统污区分布图》的通知中《电力系统污区分布图规定》，同时污区的分级参考了 GB/T 16434—1996《高压输电线路和发电厂、变电所环境污区分级及外绝缘选择标准》。在盐密电子污区分布图中不同电压等级的高压线和不同级别污区的划分及着色均遵循该标准。实时盐密电子地图用来在监测中心工作站上实时反映监测终端采集到的盐密和其他相关数据，信息可以实时动态刷新。运行部门可用来监测输变电设备动态变化的实时盐密情况，为输变电设备的清扫、评价外绝缘耐污能力、适时调爬提供依据。

（2） 最大（饱和）盐密电子地图。监测中心提供最大（饱和）盐密电子地图。绘制原则同上。最大（饱和）盐密电子地图用来在监测中心工作站上反映在数据监测终端所安装的区域内出现的最大盐密值，为电力公司提供在污区分布图绘制及绝缘配置方面的参考。

（3） 绘制参考曲线。监测中心提供采用曲线图方式显示数据监测终端监测点温度，湿度，及盐密数据与时间的曲线。可以使供电企业随时、方便、直观地了解监测点输变电设备的历史盐密变化情况，并可结合温度、湿度与时间关系的信息分析监测点输变电设备的积污规律及自清洗率，作出相应对策。

三、输电线路现场污秽度监测装置应用

输电线路现场污秽度在线监测系统，能够对高压运行环境中绝缘子泄漏电流和监

测点微气象状况进行实时监测，全天候地采集运行状态下输电线路现场的污秽度如盐密、灰密以及温度、湿度等气象参数，系统将数据信息通过 GSM/SMS 或 GPRS 方式对数据传输到分析处理中心，通过专家分析系统综合各种参数，根据泄漏电流值、放电脉冲数及气象参数等得出等值附盐密度和污秽发展趋势，并及时了解运行绝缘子的安全、可靠状况，对超标绝缘子及时进行多种方式预警、报警，指导检修和清扫。

系统不仅能够在一定程度上降低绝缘子闪络、跳闸等事故发生的概率，而且能够提供某段时间内的线路、塔杆、绝缘子等泄漏电流值查询，同时统计出最大泄漏电流、平均泄漏电流及各相的最大泄漏电流、平均泄漏电流；最大盐密值、平均盐密值及各相的最大盐密值、平均盐密值，为总结绝缘子电气性能下降规律、绝缘子闪络与其微气象、微环境变化之间的关系提供理论依据，为线路运行维护部门逐步实现从“定期检修”到“状态检修”的转变，提供宝贵的现场运行资料。

Q/GDW 558—2010《输电线路现场污秽度监测装置技术规范》规定了输电线路现场污秽度监测装置的功能要求、技术要求、试验项目、试验方法、安装、调试、验收等。

【思考与练习】

1. 简述输电线路污闪的危害及防污闪措施。
2. 简述输电线路现场污秽监测方法。
3. 简述输电线路现场污秽度监测系统的组成和功能。

模块 14　输电线路防盗报警监测（Z05H1014Ⅲ）

【模块描述】本模块分析了输电线路防盗报警监测的目的和意义，阐述了防盗报警监测的关键技术，介绍了防盗报警监测系统的各组成部分，通过对输电线路防盗报警监测系统各组成部分的结构分析和功能介绍，掌握输电线路防盗报警监测系统的应用。

【模块内容】

一、输电线路防盗报警监测目的和意义

输电线路具有面广、线长、高空、野外、分散性大的特点，极易遭遇外力破坏。我国每年由于不法分子偷盗塔材、盗割电缆等引起的经济损失十分惨重，严重影响供电安全及地方经济建设。据不完全统计，我国每年由于高压输电线路塔材、导线被盗引起的经济损失达上亿元之多，造成国家财产损失严重，并严重影响电网安全运行情况。线路被破坏如图 16–14–1 所示。

针对偷盗行为，供电企业采取了大量的措施，如加大巡视次数和力度、与公安部门联动、线路沿线发放张贴保护电力设施宣传品、在杆塔底部使用防盗螺栓等，但都收效甚微，只能在偷盗行为发生后采取事后补救方式处理。由于电力输电线路地理位

图 16–14–1 线路被破坏

置上分散性非常大、多处于偏僻地区，巡视一次浪费极大的人力、物力，在晚上不利于工作开展，难以做到全天候、广覆盖。因此传统的巡视方式已经不能满足现有的安全需求，急需一种有力地监控、监测手段对输电线路周边状况及环境参数进行全天候监测，使输电线路运行于可控之中，预防并及时制止盗窃超高压线路上电力设备的行为。在有偷盗情况发生时及时发出警报，达到减少并预防盗窃案件发生的目的。因此，研制一种能在输电线路塔材、导线被盗时及时报警并能通知相关人员的盗窃监测系统，对打击盗窃行为，保障电力系统安全运行具有十分重要的意义。

二、输电线路防盗报警监测关键技术

随着科学技术的不断发展，远程通信技术成为可能，解决了监控系统远程无线数据传输的技术瓶颈。由于输电线路点多、线长、面广，针对输电线路的监控系统必须依赖于远程数据传输技术的发展。当前，多种输电线路监控系统不断投入使用，输电线路中采用的主要有四种方式：

1. 杆塔振动监控技术

这种监控系统采用振动传感器，安装于铁塔上，前置振动传感器与杆塔机械接触，适合捕捉钢锯锯铁塔构件时发生的振动；特别有效于连续振动传导，对周围声音、不连续的敲击反应不明显，有效避免误传误报。当监测到铁塔有规律的振动时，经过分析判断将报警的杆塔信号通过无线方式传输到后台或指定的线路工作人员手机上。该方案的前点是利用振动原理可能因为盗贼的偷盗方式不同而失去监测功能（如窃贼在偷盗塔材前将传感器信号线剪断），并且抗干扰设计也比较复杂。振动检测需要应对各种风吹、雨雪击打等自然恶劣现象引起的振动，还要考虑各种动物（牛、羊）的碰撞引起的振动等，容易误报警。在报警发生后，由于只能发送报警信号，对于造成报警的原因无法提供直观的信息，应用效果差。即时报警信息正确，也往往由于距离远，赶到现场时，偷盗分子已经撤离现场，不能留下直接的证据。

2. 微波探测监测技术

微波探测器选取连续波雷达探测器，工作频率选择较高的 K 波段（24.125GHz），因为采用高的微波频率有利于探测缓慢移动目标，而盗窃铁塔的分子在塔下通常做缓慢移动。微波探测器可探测到人或其他动物靠近探测元件的行为，或监测到一定时间间隔内，人或其他动物在铁塔附近规定区域内的活动情况，判断与偷盗行为时，触发报警信号，将报警信息通过无线网络传输到监控中心。微波探测技术与振动型监控装置一样，都要考虑各种动物进入检测范围带来的警报，也无法提供直观的报警信息。

3. 视频图像监测技术

图像监控系统是安全监控系统中的一个重要组成部分，是一种先进的、防范能力极强的综合系统。它通过遥控前端设备及其辅助设备（云台、镜头等）直接观看被监视场所的一切情况，以防止意外情况的发生。同时，图像监控系统可以把监控场所的图像全部或部分的记录下来，为日后对某些事件的处理提供了重要依据。但是如何控制摄像头的工作时间和储存大量的监控信息。如果让摄像头一天 24h 都工作，监控人员 24h 对着监控视频，不仅浪费了设备的储存空间，而且浪费电力、人力资源。

4. 生物电探测技术

在电力铁塔上安装一生物电探测器，此探测器由主机及一根 30～50m 长的探测线组成，环绕固定在铁塔下部，当有人靠近或攀爬时启动报警。报警信息通过短信方式传输之信息中心，同时发往有关人员的手机。在启动报警的同时，启动摄像机抓拍功能，将图像发往监控中心，确认是否为误发或小动物谋闯。并保留犯罪人员证据及确认警情。

三、输电线路防盗报警监控系统

1. 系统组成

整个系统由监测分机、监控中心、巡检人员组成，在每个基杆塔上安装一台监测分机，随时监测杆塔周围移动物体的状态信息，监控中心主机监护软件处于后台工作模式，当接收到某基杆塔发送来的短信时，激活监护软件，监控人员可及时了解短信内容，确定可能发生被盗的杆塔线路、位置、时间，及时通知巡检人员。

（1） 监测分机。监测分机主要由微波感应传感器、太阳能板、语音警示电路、中央处理器、GSM 通信模块组成。其结构如图 16–14–2 所示。

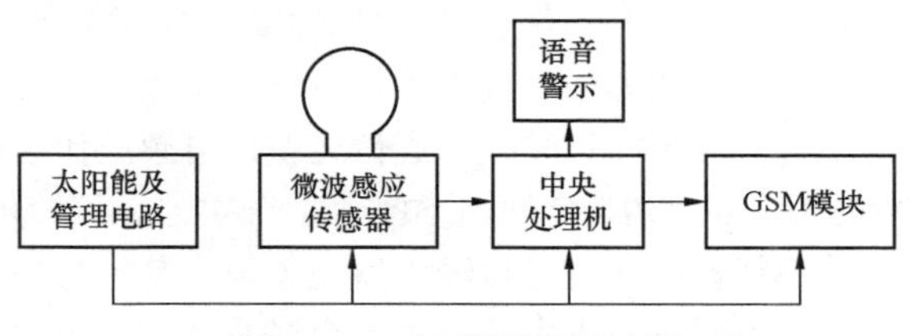

图 16–14–2　监测分机结构

监测分机安装在杆塔上，用于感应 10m 之内的移动物体，当有移动物体靠近杆塔时，微波感应传感器将感应到的移动物体信息输出到中央处理器，中央处理器滤除微弱信号的干扰，例如野外动物、树木随风摆动等非人员的随机干扰；当确定为大型移动物体时，启动语音警示，同时开始累计感应信息次数，感应信息次数达到预设次数时，表明语音警示无效，此移动物体有意地靠近杆塔或电力线，这时启动 GSM 通信模块，向监控中心发送短信。GSM 通信模块则接收监控中心发送来的短信，并自动进行回复。

中央处理器采用微功耗 CPU 微波感应传感器，GSM 通信模块不工作时处于休眠状态。因此，监测分机整体功耗小，采用太阳能电池供电，并备用可充电电池，可以确保在野外长期工作。

（2）监控中心。为了提高系统的通用性并考虑到监测分机发送短信的并发性和突发性，监控软件由后台数据库和前台服务程序组成。为了便于对短信进行管理，采用后台数据库用于存储各杆塔的基本信息（所处的线路、编号、位置等）。在短信并发量较大时可以用做缓冲，并存储各巡检人员的电话号码等信息。系统只需简单地对数据库进行操作，就可完成短信的发送和接收。

2. 基于光纤检测及图像监测技术的输电线路防盗报警监测

基于光纤检测及图像监测技术的输电线路防盗报警监测，运用光纤探测技术、图像监测技术、现代通信技术、新能源技术、新软件技术，使报警可靠性达 98%以上，很好地解决了输电线路防盗预警的难题，为国内首创。

系统由埋在铁塔周围（及塔基内部）的光纤传感器、安装在塔上的智能视频监视及分析装置组成。当有人靠近铁塔或攀爬时，光纤报警器发出预警信号，并把预警信号传输给安装在铁塔上的图像监测装置，监测装置收到报警信号后打开摄像机，启动图像监测功能，进行图像连拍，将图像传输至监控中心，并启动现场语音告警。监控中心能及时接收报警信息、图像的显示并存储，同时以语音、短信等方式进行告警。监测中心还可立即进行远程喊话警告，重大偷盗行为发生时可与 110 联动出警，确保线路的安全运行。

多通道周界光纤传感器是基于全光纤白光微分干涉技术、虚拟仪器技术和智能化振动学习识别技术研制的一项用于安全检测的高新技术产品。其利用光纤的光弹效应直接进行声波和振动信号的调制，实现振动信号的测量，体现了全光纤传感的理念。同时，由于采用了全光纤白光微分干涉技术进行相位解调以及单芯传输的新型结构，具有极高的可靠性。光缆采用单模铠装室外通信光缆，可感应作用在光缆上的震动信号，将震动信号转换成变化的光学物理量，如光强、偏震态、偏转角、光信号频率等，并将隐含以上变化的物理特性的光信号传输到震动光缆报警主机中。由于使用了光缆作为传感单元，外界的强电磁场、雷电等因素不会对系统产生影响，而且光缆具有成本低、抗紫外线、抗老化，可适用于不规则周界等特点，非常适合大范围、长距离、环境条件恶劣的野外周界环境。

【思考与练习】

1. 简述输电线路防盗报警监测关键技术。
2. 简述输电线路防盗报警监测系统的组成和功能。
3. 简述基于光纤检测及图像监测技术的输电线路防盗报警监测。

第十七章

输 电 线 路 检 修

模块 1　线路检修分类与检修周期（Z05H2001Ⅱ）

【模块描述】本模块包含线路检修的分类、检修及维护周期等。通过要点介绍、图表对比，熟悉线路检修分类和检修维护周期。

【模块内容】

一、线路检修的分类

根据国网（运检/4）310—2014《国家电网公司架空输电线路检修管理规定》总则第 2 条之规定：线路检修是指基于资产全寿命周期管理，以状态评价为基础开展的设备检查、维修、改造、抢修等工作。检修管理工作主要包括项目计划、检修准备、项目实施、带电作业、抢修管理、安全与质量控制、档案资料管理、人员培训、检查考核等。

1. 维修

为保证线路本体、附属设施和线路保护区内安全所进行的修理、保护等工作。如调整拉线、基础培土、砍伐或修剪树木等。

2. 大修

为保证线路原有机械性能、电气性能，改善其运行特性、延长使用寿命，对线路缺陷、异常情况所进行的修复、处理工作。如改善接地装置、铁塔防腐和导地线修复等工作。线路经大修后不增加其固定资产额。

3. 技术改造

为提高线路的安全运行性能、健康水平、输电容量或改善电网运行特性所进行的更换、增容等工作。如迁改路径、整体性更换线路区段、升压改造、增大导线截面和增建（延长）线路等工作。线路经技术改造后其固定资产额应重新确定。

4. 事故抢修

为使事故停运或随时有可能导致事故发生的线路尽快恢复正常运行所进行的抢救性修理工作，属于非计划检修工作。

二、输电线路的检修及维护周期

输电线路的检修及维护周期应根据设备状态的巡视和测试结果确定，见表 17–1–1 和表 17–1–2。

表 17–1–1 输电线路检修的主要项目及周期

序号	项 目	周期（年）	备 注
1	杆塔紧固螺栓	必要时	新线投运需紧固 1 次
2	混凝土杆内排水，修补防冻装置	必要时	根据季节和巡视结果在结冻前进行
3	绝缘子清扫	1～3	根据污秽情况、盐密测量、运行经验调整周期
4	防振器和防舞动装置维修调整	必要时	根据测振依监测结果调整周期进行
5	砍修剪树、竹	必要时	根据巡视结果确定，发现危急情况随时进行
6	修补防汛设施	必要时	根据巡视结果随时进行
7	修补巡线道、桥	必要时	根据现场需要随时进行
8	修补防鸟设施和拆巢	必要时	根据需要随时进行
9	各种在线监测设备维修调整	必要时	根据监测设备监测结果进行
10	瓷绝缘子涂 RTV 长效涂料	必要时	根据涂刷 RTV 长效涂料绝缘子表面的憎水性确定

表 17–1–2 根据巡视结果及实际情况需维修的项目

序号	项 目	备 注
1	更换或补装杆塔构件	根据巡视结果进行
2	杆塔铁件防腐	根据铁件表面锈蚀情况决定
3	杆塔倾斜扶正	根据测量、巡视结果进行
4	金属基础、拉线防腐	根据检查结果进行
5	调整、更新拉线及金具	根据巡视、测试结果进行
6	混凝土杆及混凝土构件修补	根据巡视结果进行
7	更换绝缘子	根据巡视、测试结果进行
8	更换导线、地线及金具	根据巡视、测试结果进行
9	导线、地线损伤补修	根据巡视结果进行
10	调整导线、地线弧垂	根据巡视、测量结果进行
11	处理不合格交叉跨越	根据测量结果进行
12	并沟线夹、跳线连板检修紧固	根据巡视、测试结果进行
13	间隔棒更换、检修	根据检查、巡视结果进行
14	接地装置和防雷设施维修	根据检查、巡视结果进行
15	补齐线路名称、杆号、相位等各种标志及警告指示、防护标志、色标	根据巡视结果进行

【思考与练习】

1. 输电线路检修的主要项目有哪些？
2. 杆塔紧固螺栓、绝缘子清扫项目的检修周期是如何规定的？
3. 输电线路为什么要定期进行维护？

模块 2　导地线检修（Z05H2002 Ⅱ）

【模块描述】本模块包含导地线检修的一般要求、典型案例和安全注意事项等。通过内容介绍、图表对比、流程讲解，掌握导地线的检修方法。

【模块内容】

一、工作内容

输电线路导、地线检修方法应视其表面状况和损伤程度来确定。导、地线断股及损伤减少截面积的处理标准见表 17–2–1。如果导、地线表面腐蚀，外层脱落或呈疲劳状态，应取样进行强度试验。若试验值小于原破坏值的 80%，则应换线。

表 17–2–1　导地线断股、损伤减少截面积的处理标准

损伤　处理方法 / 处理　线别	金属单丝、预绞式补修条补修	预绞式补修条、普通补修管补修	加长型补修管、预绞式接续条	接续管、预绞式接续条、接续管补强接续条
钢芯铝绞线 钢芯铝合金绞线	导线在同一处损伤导致强度损失未超过总拉断力的 5%且截面积损伤未超过总导电部分截面积 7%	导线在同一处损伤导致强度损失未超过总拉断力的 5%～17%且截面积损伤未超过总导电部分截面积 7%～25%	导线损伤范围导致强度损失在总拉断力的 17%～50%且截面积损伤在总导电部分截面积 25%～60%	导线损伤范围导致强度损失在总拉断力的 50%以上且截面积损伤在总导电部分截面积 60%及以上
铝绞线 铝合金绞线	断损截面不超过总面积 7%	断股损伤截面占总面积的 7%～25%	股损伤截面占总面积的 25%～60%	股损伤截面超过总面积的 60%及以上
镀锌钢绞线	19 股断 1 股	7 股断 1 股 19 股断 2 股	7 股断 2 股 19 股断 3 股	7 股断 2 股以上 19 股断 3 股以上
OPGW	断损伤截面积不超过总面积 7%（光纤单元未损伤）	断股损伤截面积占面积 7%～17%，光纤单元未损伤（修补管不适用）		

注　1. 钢芯铝绞线导线应未伤及钢芯，计算强度损失或总铝截面积损伤时，按铝股的总拉断力和铝总截面积作基数进行计算。

2. 铝绞线、铝合金绞线导线计算损伤截面积时，按导线的总截面积作基数进行计算。

3. 良导体架空地线按钢芯铝绞线计算强度损失和铝截面积损失。

导地线断股、损伤检修的一般方法有：① 修光棱角、毛刺；② 缠绕补强法；③ 预绞丝补修法；④ 补修管补修法；⑤ 切断重接。本部分主要介绍采用预绞丝补修导线的方法。

1. 修光棱角、毛刺

在施工放线或运输过程中，导线、地线与硬物相碰或拖地摩擦都有可能造成磨损、棱角、毛刺。如果导线在同一处的损伤同时符合下述情况时，可不作补修，只需将损伤处棱角与毛刺用 0 号砂纸顺着线股的绞制方向擦拭磨光并用清扫布抹干净。

（1） 铝、铝合金绞线单丝损伤深度小于直径的 1/2。

（2） 钢芯铝绞线及钢芯铝合金绞线损伤截面积为导电部分截面积的 5%及以下，且强度损失小于 4%。

（3） 单金属绞线损伤截面积为 4%及以下。

2. 缠绕补强法

（1） 将受伤处线股处理整平。

（2） 用同金属的单股线（钢绞线用镀锌铁线）顺导线与导线外层铝线绞制方向一致缠绕，修补铝线要紧密，其中心应位于损伤最严重处，并应将损伤部位全部覆盖。

（3） 修补最短距损伤部位边缘单边不得少于 50mm，补修表面平滑、无毛刺。

3. 预绞丝补修法

（1） 将损伤导线处理整平，用钢丝刷顺着导线绕向向断股处打磨掉导线表面氧化层，用清扫布将打磨掉的脏污擦净，在导线修补部位均匀地涂上一层电力复合脂。

（2） 用预绞丝对导线缠绕修补，缠绕的方向应与导线铝股绞向一致，缠绕应平滑、紧密，缠绕时应一根紧贴一根，导线损伤部位应位于修补预绞丝的中间位置。

（3）用细绑线在预绞丝两端距端头 20mm 处进行绑扎，绑扎不得少于三圈，将小辫拧花并拍平。要求修补预绞丝长度不得少于三个节距。

4. 补修管补修法

（1） 将损伤处的线股恢复原绞制状态，对损伤处处理平整，用钢丝刷顺着导线绕向向断股处打磨掉导线表面氧化层，用清扫布将打磨掉的脏污擦净。

（2） 在导线修补部分均匀地涂上一层电力复合脂，将补修管安装在导线损伤最严重处，并将其全部覆盖，需补修的范围应位于管内各 20mm。

（3） 补修管可采用钳压、液压或外爆压进行压接。

5. 锯断重接

当导、地线损伤的截面积或损失的强度超过补修标准时，应割断重接。其连接方法最常见为液压连接法，具体工艺可参见 Z05F3004 模块。

二、危险点分析和控制措施

采用预绞丝停电修补导线危险点主要有高空坠落、物体打击、触电等。其控制措施有以下几点：

1. 防止高空坠落措施

（1） 上杆塔作业前，应先检查杆根、拉线和基础是否牢固。登杆塔前，应先检查安全带、脚扣、脚钉、爬梯、防坠装置等是否完整牢靠。严禁利用绳索、拉线上下杆塔或顺杆下滑。

（2） 上横担进行工作前，应检查横担连接是否牢固和腐蚀情况。在杆塔上作业时，应使用有后备绳或速差自锁器的双控背带式安全带，安全带和保护绳应分挂在杆塔不同部位的牢固构件上，应防止安全带从杆顶脱出或被锋利物损坏。人员在转位时，手扶的构件应牢固，且不得失去后备保护绳的保护。

（3） 杆塔上有人时，不准调整或拆除拉线。

2. 防止物体打击措施

（1） 现场工作人员必须正确佩戴好安全帽。

（2） 高空作业应使用工具袋，较大的工器具应固定在牢固的构件上，不准随便乱放。上下传递物件应用绳索拴牢传递，严禁上下抛掷。

（3） 在高处作业现场，工作人员不得站在作业处的垂直下方，高空落物区不得有无关人员通行或逗留。在行人道口或人口密集区从事高处作业，工作点下方应设围栏或其他保护措施。

3. 防止触电措施

放落导线时应注意导线下方是否跨有带电线路，防止被检修的导线触碰下方带电线路或安全距离不够，必要时申请停电后再进行作业。

三、作业前准备工作

1. 作业方式及作业条件

采用预绞丝补修导线的方法，应在良好天气下进行，如遇雷、雨、雪、雾不得进行作业，风力大于6级时，一般不宜进行作业。

2. 人员组成

工作负责（监护）人1名，杆上作业人员一般2名，地面作业人员3名，共6人（根据工作现场实际情况可适当增减作业人员）。

3. 作业工器具、材料配备

（1） 所需工器具主要有法兰螺栓、卡线器、导线保护绳、单轮滑轮、双钩、机动绞磨、各种规格钢丝绳和钢丝绳套等。

（2） 所需材料主要有预绞丝、棉纱、电力复合脂等。

四、作业步骤和质量标准

1. 上杆作业前准备

（1） 工作人员根据作业内容选择工器具及材料并检查是否完好齐全。

（2） 地面作业人员在适当的位置，将起吊绳理顺确保无缠绕。

（3） 按工作票的要求在工作地段前后杆塔的导线上验明确无电压后装设好接地线。

（4） 在 1 号、3 号杆塔将待修补的导线打好临时拉线，临时拉线应使用钢丝绳，不得使用白棕绳、麻绳等，绑扎工作应由有经验的人员担任，不得固定在有可能移动或其他不可靠的物体上。修补导线施工布置如图 17-2-1 所示，A 为导线损伤处。

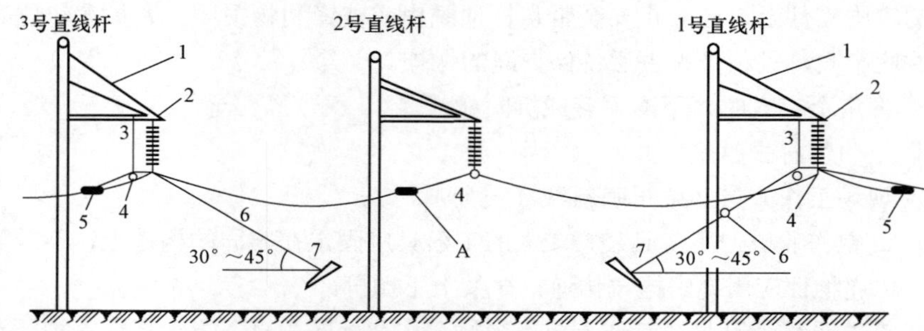

图 17-2-1 修补导线施工布置

1—直线横担补强钢丝绳；2—双钩；3—钢丝绳；4—滑车；5—卡线器；6—临时拉线；7—角铁桩

2. 登杆作业

（1） 杆上作业人员检查登杆工具及安全防护用具并确保良好、可靠。

（2）杆上作业人员戴好安全帽，携带安全带、后备保护绳、吊绳开始登杆。

（3） 杆上作业人员登杆到适当位置系好安全带、后备保护绳、个人保安线，在横担合适的位置挂好吊绳。

3. 放落待修补的导线

（1） 杆上作业人员将后备保护绳系在杆塔横担的牢固构件上，检查无误后，携带吊绳到达被修补导线的挂线横担头后系好安全带，将吊绳挂在适当的位置。

（2） 杆上作业人员用吊绳将钢丝绳、单轮滑车、卡线器等工器具吊至杆上，并安装牢固。

（3） 杆上作业人员用起吊钢丝绳拴牢待修补的导线后，缓慢启动牵引使导线受力，拆除待修补导线 2 号杆的悬垂线夹，将导线放至地面。

4. 用预绞丝修补损伤导线

（1） 地面作业人员检查导线的损伤处，在需要修补的地方用钢丝刷顺着导线绕向将断股处导线表面氧化层打磨掉，用清扫布将打磨掉的污秽物擦净，将损伤处导线处理整平，并在导线修补部分均匀地涂上一层电力复合脂。

（2）地面作业人员用预绞丝在导线上缠绕修补，缠绕的方向应与导线铝股绞向一致，缠绕时应一根紧贴一根，缠绕应平滑、紧密，导线损伤部位应位于修补预绞丝的中间位置。修补预绞丝长度不得少于三个节距，修补后用细绑线在预绞丝两端距端头20mm处进行绑扎，绑扎不得少于三圈，将小辫拧花并拍平。

5. 恢复导线

（1）地面作业人员用起吊钢丝绳将修补好的导线拴牢，并将导线提升至杆上。

（2）杆上作业人员将导线放入悬垂线夹内，并使悬垂线夹保持垂直后进行紧固，检查无问题后，放松牵引钢丝绳，拆除钢丝绳与导线的连接。

（3）杆上作业人员用吊绳将钢丝绳和滑车等工器具拴牢吊至地面。

（4）杆上作业人员检查杆上无任何遗留物后，解开安全带、后备保护绳，携带吊绳下杆。

（5）杆上作业人员将登杆证交还工作负责（监护）人，工作负责（监护）人在工作任务单填写执行情况。

6. 工作结束

工作负责人确认在杆塔上、导线上、绝缘子串上及其他辅助设备上没有遗留的个人保安线、工具、材料等，查明全部工作人员确由杆塔上撤下后，再命令拆除工作地段所挂的接地线，并向工作许可人汇报作业结束，终结工作票。

五、注意事项

（1）放落和收紧导线时应设专人看护，时刻注意被跨越物，防止卡住导线，发生意外。

（2）所跨越的通信线及广播线禁止用手直接攀抓，采取措施以防压伤。

（3）放落或紧线时，要防止转向滑车脱出，应及时进行检查，牵引绳内角侧严禁站人。

（4）牵引钢丝绳在绞磨卷筒上的卷绕圈数不得少于五圈，绳尾受力，并由专人看管。

（5）紧线时，如遇导线有卡、挂现象，应松线后处理。处理时操作人员应站在卡线处外侧，采用工具、大绳等撬、拉导线。严禁用手直接拉、推导线。

（6）拆除杆上导线时，应先检查杆根，做好防止倒杆措施，在挖坑前应先绑好拉绳。

【思考与练习】

1. 编写更换局部导线损伤的施工方法。

2. 采用补修管补修导线时应符合哪些规定？

3. 输电导线在运行中有哪些因数会导致导、地线损伤？

模块 3 杆塔检修（Z05H2003Ⅱ）

【模块描述】本模块包含几种典型杆塔检修案例的施工布置、操作方法要点和安全注意事项等。通过要点分析、案例讲解，掌握杆塔检修的方法。以下内容还涉及输电线路杆塔维护主要检查项目、杆塔主要缺陷及处理、铁塔防腐施工，以及转角铁塔倾斜调整案例施工布置、操作方法要点和安全注意事项等。

【模块内容】

一、工作内容

架空输电线路的杆塔是用来支持导线和避雷线的支持结构。杆塔的主要作用是支持导线、地线、绝缘子和金具，保证导线与地线之间、导线与导线之间、导线与地面或交叉跨越物之间所需的距离，并能承受导线、避雷线及本身的荷载和外荷载。由于输电线路杆塔工作于城市、乡村、高山、河畔、原野等不同环境，经受着风、霜、雨、雪的袭击，承受着不同状态的外力作用。例如：大风、低温时将使铁塔承受较大的横向或纵向外力的作用，微风时可能导致导线及避雷线振动，振动传至铁塔又可能使某些构件因疲劳而断裂或螺栓松动，甚至于脱落。低洼地带因低温冻鼓，可能引起主材的不均匀受力，致使斜材弓弯；车辆等交通机械碰撞损坏；塔材被盗；塔材锈蚀等……因此，对运行中的输电线路杆塔应做好运行维护管理，确保线路运行安全。

输电线路杆塔长期运行在野外，受大气环境及地形、地貌的变迁影响，杆塔会出现各种各样的缺陷。混凝土杆最常见的缺陷有流白浆、裂纹、连接抱箍锈蚀、混凝土剥落、钢筋外露、杆身弯曲和倾斜；铁塔最常见的缺陷有塔材锈蚀、连接螺钉松动、塔脚混凝土保护帽开裂、塔材弯（扭）曲、塔身倾斜以及塔脚支链锈裂。根据杆塔缺陷性质可采取调整杆塔、高空更换杆段、电杆加高等检修方法。

二、输电线路杆塔的运行维护

1. 输电线路杆塔的分类

目前广泛应用在输电线路上的杆塔多为铁塔，按型式分为两大类，即自立式铁塔与拉线式铁塔。按构成铁塔的材料可分为钢管铁塔、角钢铁塔及圆钢铁塔。国外还有铝合金铁塔。也有钢管与角钢、圆钢混合使用的，还有采用充填混凝土的钢管铁塔。按回路数可分为单回路、双回路、多回路等型式。拉线铁塔的分类大致有单柱式拉线塔、拉 V 型塔和拉门型塔。按用途分类可分为直线塔、耐张塔、转角塔、换位塔、跨越塔、分歧塔及终端塔等。

2. 输电线路杆塔的外荷载

杆塔所受的外荷载包括杆塔本身的风荷载，架设在杆塔上的导线及避雷线的风荷载，包括金具及绝缘子串的风荷载；故障时的断线张力，承力塔的不平衡张力，角度荷载以及杆塔自重力，导线、避雷线的自重力；另外还有施工人员及工器具重力等。

3. 输电线路杆塔维护主要检查项目

在对线路杆塔巡视检查和测试中，主要应做好下列工作：

（1）检查杆塔基础的混凝土有无腐蚀、酥松或脱落的现象；雨季应注意基础附近有无被水冲刷而影响基础稳定或某个塔腿基础的不均匀下沉的现象；冬季要注意位于低洼地带及河谷区域的铁塔基础有无冻鼓的现象。防止冻鼓的办法是将基础周围的土壤挖开，换以大块石头。春秋季风大还要留意基础与地面有无裂缝发生。位于化工区的铁塔基础易受化工厂的排放物质腐蚀，应予充分留意。风沙大的地区，位于低洼处的塔腿易受沙土埋没而锈蚀，应予清理。

（2）检查杆塔有无倾斜，所有构件有无变形、丢失。缺少辅助材则标志受力构件长细比的增大，使受力条件恶化。运行中因丢失辅助材与斜材而倒塔的事故教训，不是耸人听闻的。运行部门应备一定数量常用规格的镀锌角钢，对缺少的构件按相应的尺寸下料予以填补。应检查构件的锌皮（涂料）有否脱落、锈蚀；螺栓有无松动与脱落。

阳城送出工程 500kV 东三一、二线（500kV 阳淮线东明开关站至三堡开关站段）曾于 2001 年 9 月遭遇犯罪分子疯狂盗拆塔材共 53 基 437 根重约 5t，所盗塔材均位于铁塔下横担与塔身交界处的水平材（巡视不仔细还不易发现），犯罪分子文某曾是该段线路基建时某施工单位的民工，登高技术娴熟，有电力施工经验，备有安全帽、安全带、扳手等作案工具，罪犯还持有假上岗证和业务联系单，以及该段线路施工时的杆塔明细表、立塔整改措施等资料，在有人发现时，罪犯利用参与线路施工时掌握的线路常识冒充巡线电工，对沿线村民谎称角钢老化急需更换，对 500kV 东三线实施大肆盗窃。其他还发生过杆塔接地引下线被盗割，铁塔螺栓、拉线反光护套、接地螺栓被盗，杆号牌、警示牌被盗等，都对线路安全运行构成一定威胁。

（3）拉线塔的拉线系统同样是杆塔的主要部件，应详细检查各部件是否生锈，各联接紧固件的螺帽有否松动、丢失，应随时紧固与填补。应检查拉线基础有无上拔突起的现象及混凝土的完好状态。拉线松弛将改变铁塔的受力状态。拉线初应力的降低将使拉线点的位移及弯矩成倍地增加，因此应随时调整。应检查位于交通要道附近的拉线基础所设的防撞设施是否完好。

拉线应力在投入运行 1～2 年内，每年平均下降约 20%～40%。2 年以后，每年约下降 10%，5～10 年后才趋于稳定，但每年还要下降 2%左右。因此，应重视拉线的调整工作，特别是投入运行后的 1～2 年内，应该力求保证拉线的初应力符合要求。

（4）应检查高塔上所设航空障碍灯的电路是否健全，灯泡有无损坏。登塔设施是否完整、齐备，应使其处于良好的运行状态。

4. 输电线路杆塔主要缺陷分析及处理

输电线路杆塔出现最多的缺陷是螺栓松动、脱落，塔材锈蚀、变形、被盗、被撞、倾斜等。

新建线路铁塔螺栓的松动主要是由于导线初应力释放等外力变化和铁塔内力重新分布引起的，因此规程规定新建线路的铁塔螺栓在一年后应重新紧固一次。导地线、铁塔受到微风振动也会使铁塔螺栓松动，规程规定应每五年复紧一次螺栓，对位于微气象区的铁塔应增加螺栓紧固情况的检查。对于经过防松、防盗处理的螺栓松动情况要好得多，复紧可视巡视结果进行。

塔材锈蚀一般是由于镀锌层破坏引起的，镀锌层破坏又是由于外力冲撞、环境污染、运行时间长等原因引起，巡视时应找出镀锌层破坏的原因.以便有针对性采取措施。塔材变形的原因有外力冲撞、基础不均匀下降、基础根开变化、尺寸不合格塔材强行安装等，塔材变形会影响到铁塔的整体受力结构变化，应及时更换。对于塔材经常被盗的区域应适当提高防盗高度。位于路边、厂区等经常有车辆通过区域的杆塔，应设置明显的警示标志，必要时应修筑混凝土防撞设施。

××××年 8 月某单位巡线人员发现所辖 500kV ××线 087 号塔 C 腿被穿越线路在建高速公路施工车辆撞损，其中塔腿段主材、大斜材、插入式角铁均撞扭曲变形，小水平材、斜材共 14 根撞变形撕裂，运行单位及时启动应急抢修机制，及时带电对受损塔材进行了更换，防止了倒塔、断线、跳闸事故的发生。同时采取了防范措施，在铁塔周围设置了防撞混凝土墩，在防撞墩上涂刷红白漆醒目警示，并竖立了提醒过路司机的警示牌，防范类似撞塔事件再次发生。对一些易受过往车辆、大型施工机械碰撞的塔位除安装防撞设施和警示标志牌外，还在塔身安装远程在线视频监控，一来作为安全监控预警，二来可作为事发后索赔的证据。防撞墩如图 17–3–1 所示，防撞桩如图 17–3–2 所示，防撞警示牌如图 17–3–3 所示，远程在线视频监控系统如图 17–3–4 所示。

图 17–3–1 防撞墩

图 17–3–2 防撞桩

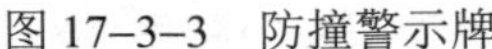
图 17–3–3　防撞警示牌

图 17–3–4　远程在线视频监控系统

杆塔倾斜一般是由地质不良引起的，如滑坡、泥石流、湿陷性黄土遇水、采空区塌陷等。在这些地质不良地带，应定期或地表发生变化时测量杆塔倾斜情况，必要时应安装杆塔倾斜在线监测装置。DL/T 741—2001 要求，50m 以下铁塔倾斜的最大允许值为 1%，50m 及以上铁塔倾斜的最大允许值为 0.5%，如超过这个范围，应及时采取纠偏措施。

对于拉线杆塔，其稳定的条件是拉线受力并均匀分布。因此巡视时需特别注意拉线的均匀受力，发现拉线松弛应及时调整。我国每年都会发生拉线构件被盗引发的倒杆塔事故，因此所有拉线必须全部安装防盗设施，对易盗区还应采取防锯割措施。拉线、拉线棒锈蚀会影响拉线杆塔的强度，拉线锈蚀的检查除外观检查外，还应检查其单股钢线的弹性，拉线棒应重点检查其地上与地下的结合部位。为了防止农耕机械撞损拉线，需要对拉线下部安装反光护套予以警示，线路巡视中要检查修补，确保完好。拉线反光护套如图 17–3–5 所示。

图 17–3–5　拉线反光护套

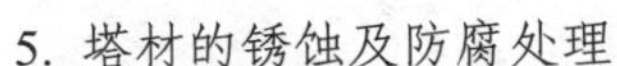
5. 塔材的锈蚀及防腐处理

对输电铁塔，一般都进行了热浸镀锌防腐蚀处理，但经过若干年的使用之后，也往往由于锌层破坏而发生锈蚀，大大降低了钢结构构件的承载能力，其使用寿命往往取决于所使用环境的腐蚀程度。塔材在大气中，若表面不加保护或保护措施不当，在周围介质化学和电化学的作用下，就会产生锈蚀，使构件截面减薄，降低结构的使用年限。铁塔的锈蚀与大气中的有害成分（如酸、盐等）、周围环境、湿度、温度和通风情况有关。使用富锌涂料防锈是目前解决铁塔防锈最普遍和最常用的一种方法。对插入式基础底部塔腿的腐蚀处理，可在防腐处理后再浇制混凝土保护帽的方法加以保护。插入式基础塔腿浇制保护帽如图17–3–6所示。

涂料的施工与维护：钢结构在涂刷防锈涂料前，必须对构件表面彻底清理，清除毛刺、铁锈、油污及其他附着物，使构件表面露出银灰色，以增加漆膜与构件表面的粘合和附着力。在涂刷防锈涂料时应严格执行《华东电网500kV输电线路铁塔冷涂锌防腐工程技术和工艺规范》。

为了使涂层耐久，应有良好的施工条件。涂料的施工应在晴天和良好天气进行，应避免在雨、雪、雾、风沙天气或烈日下施工。因露水常在夜间凝结在结构物上，早晨涂漆应从朝阳一面开始。当气温低于5℃或高于35℃时，一般不宜施工。气温低于5℃时，涂膜干燥得慢，涂料也易变稠，使操作性能变坏，而且会附着上肉眼看不见的水分。夏季天气炎热，钢材表面温度过高时，涂料干燥得快。不能充分反复涂刷，会产生涂刷不均匀的缺陷。尤其要注意的是涂装面上有可能鼓汽泡。当气温在30～40℃时，钢材表面的温度可达50～70℃。在湿度大于85%时不能进行涂装施工，湿度极大时，在钢结构表面上会沾附着肉眼看不见的水分，可使涂装黏着性下降，也有因加水作用使涂料发生分解的危险，这些问题在施工中都应充分予以重视。一般情况下塔腿和塔身部分带电进行防腐施工，塔头部分的防腐结合线路停电综合检修时进行，施工中还应采取隔离措施防止涂料飘浮到绝缘子串上污染绝缘子并降低绝缘子的绝缘性能，如图17–3–7所示。

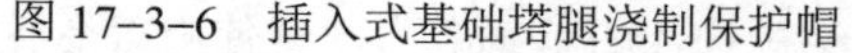

图17–3–6　插入式基础塔腿浇制保护帽

图17–3–7　施工时防止污染绝缘子

钢结构使用油漆涂料维护，维护间隔时间的长短依涂料品种和周围介质的情况而定。凡发现涂层表面失去光泽达90%；涂层表面粗糙、风化、开裂达25%；或漆起泡、构件有轻微腐蚀达 40%等，应及时进行维护。目前《华东电网 500kV 输电线路铁塔冷涂锌防腐工程技术和工艺规范》上的防腐质量标准是保证 8 年。

对于重新油漆维护的钢结构工程，如旧的漆膜是完好的，只需将构件表面的灰垢彻底清除掉，然后涂漆即可。当大面积的漆膜完好只局部有锈时，只需将有锈的漆膜除掉，保留完好的漆膜。重新油漆之后，因漆膜增厚，故保护寿命可延长。如钢结构锈蚀率较大，旧漆膜已经脱落、脱皮，或失去附着力，则应将旧漆膜彻底清除，然后重新油漆。

三、几种典型杆塔检修案例介绍

（一）高空更换门型双杆上段案例介绍

1. 危险点分析和控制措施

高空更换门型双杆上段危险点有高空坠落、物体打击、倒杆和碰伤等，其控制措施有以下几方面：

（1） 防止高空坠落措施。

1）上杆塔作业前，应先检查杆根、拉线和基础是否牢固。登杆塔前，应先检查安全带、脚扣、脚钉、爬梯、防坠装置等是否完整牢靠。严禁利用绳索、拉线上下杆塔或顺杆下滑。

2）上横担进行工作前，应检查横担连接是否牢固和腐蚀情况。在杆塔上作业时，应使用有后备绳或速差自锁器的双控背带式安全带，安全带和保护绳应分挂在杆塔不同部位的牢固构件上，应防止安全带从杆顶脱出或被锋利物损坏。人员在转位时，手扶的构件应牢固，且不得失去后备保护绳的保护。

（2） 防止物体打击措施。

1）现场工作人员必须正确佩戴好安全帽。

2）高空作业应使用工具袋，较大的工器具应固定在牢固的构件上，不准随便乱放。上下传递物件应用绳索拴牢传递，严禁上下抛掷。

3）在高处作业现场，工作人员不得站在作业处的垂直下方，高空落物区不得有无关人员通行或逗留。在行人道口或人口密集区从事高处作业，工作点下方应设围栏或其他保护措施。

4）除指挥人员外，其他人员应在离开杆塔高度的 1.2 倍距离以外，行人不得进入工作现场。

（3） 防止倒杆措施。

1）要设专人指挥，信号明确。

2）临时拉线上、下连接点，应牢固可靠，固定电杆的临时拉线要派专人看守，以防拉线松脱。

3）当临时拉线完全受力后，检查无问题方可拆除旧拉线。

4）当永久拉线完全受力后，检查无问题方可拆除临时拉线。

5）杆塔上有人时，不准调整或拆除拉线。

6）利用抱杆提升电杆时，起吊工具、抱杆的强度和刚度必须满足起吊重量的要求，抱杆底部必须采取可靠的防滑措施。

7）抱杆底部应固定牢固，抱杆顶部应设临时拉线控制，临时拉线应均匀调节并由有经验的人员控制。抱杆应受力均匀，两侧拉绳应控制好，不得左右倾斜。

8）抱杆提升过程中应缓慢牵引，提升完成后，应检查抱杆及各部受力情况良好后才能提升电杆。

（4） 防止碰伤措施。

1）在拆除电杆或提升电杆时，应控制好方向控制绳，以免电杆碰伤作业人员。

2）在提升、放落上节电杆过程中，严禁登杆作业。

2. 作业前准备工作

（1） 作业方式及作业条件。高空更换门型双杆上段工作时，应在良好天气下进行，如遇雷电、暴雨、冰雹、大雾、沙尘暴等恶劣天气不得进行作业，风力大于 6 级时，一般不宜进行作业。

（2） 人员组成。工作负责（监护）人 1 名，杆上作业人员一般 2 名，焊工 1 人，地面作业人员 8 名，共 12 人（根据工作现场实际情况可适当增减作业人员）。

（3） 施工布置图。高空更换门型双杆上段施工布置如图 17-3-8 和图 17-3-9 所示。

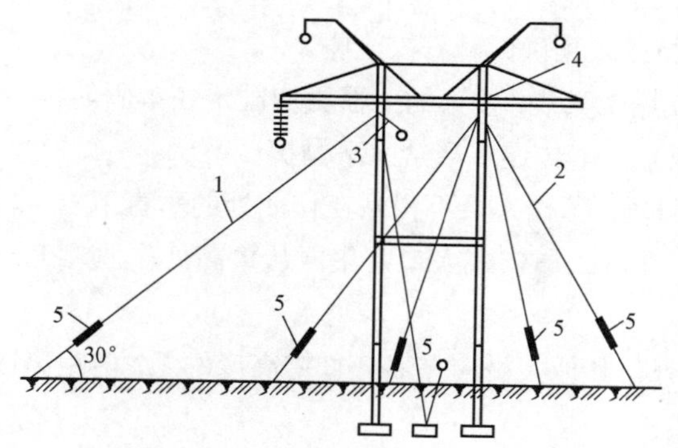

图 17-3-8 高空更换门型双杆上段施工布置图（一）

1—横线路方向临时拉线；2—四方临时拉线；3—吊挂中导线钢绳套；4—被更换电杆上节；5—双钩

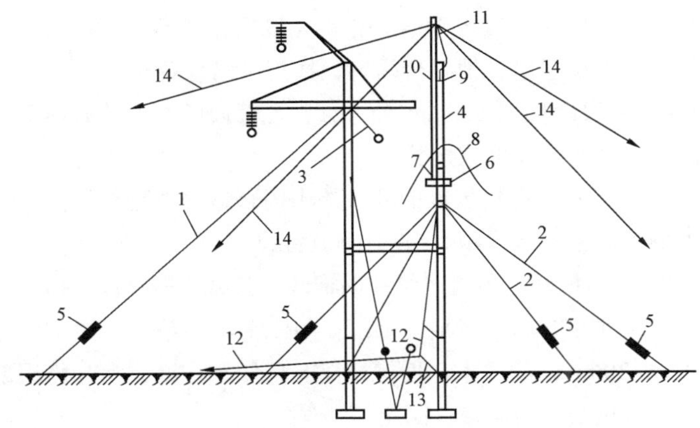

图 17–3–9　高空更换门型双杆上段施工布置图（二）

1—横线路方向临时拉线；2—不需更换杆的四方临时拉线；3—吊挂中导线钢绳套；4—被更换电杆上节；5—双钩；6—耐张横担抱箍；7—抱杆根部固定钢绳套；8—控制绳；9—起吊钢绳套；10—独脚抱杆；11—起吊滑车组；12—牵引钢丝绳；13—导向滑车；14—抱杆四方拉线

（4）作业工器具、材料配备。

1）所需工器具主要有木抱杆、起重滑车、白棕绳、法兰螺栓、气焊工具、卸扣、角铁桩、双钩、机动绞磨及相关规格钢丝绳等。

2）所需材料主要有混凝土杆上节等。

3. 作业步骤和质量标准

（1）上杆作业前的准备。

1）工作人员根据工作情况选择工器具及材料并检查是否完好齐全。

2）工作人员检查杆塔根部、所有的拉线及基础是否完好。

3）按工作票的要求在工作地段前后杆塔的导线上验明确无电压后装设好接地线。

（2）登杆作业。

1）杆上作业人员检查登杆工具及安全防护用具并确保良好、可靠。

2）杆上作业人员戴好安全帽，携带安全带、后备保护绳、传递绳和滑车开始登杆。

3）杆上作业人员登杆到适当位置系好安全带、后备保护绳后，在合适的位置挂好起吊绳。

（3）作业过程操作要点。

1）如图 17–3–8 所示，在不需要更换的电杆横担处，横线路方向打好一侧临时拉线（对地夹角一般小于 45°）；在需要更换的电杆顶部，打好四方临时拉线，以保证该杆拆除拉线和横担顶架后的稳定性。

2）拆除被更换电杆侧的导线、绝缘子串和地线金具串与线夹连接的销钉，将边导线及地线放落到地面，中相导线可用钢绳套将导线吊挂在不需更换的横担下方；然后拆除被更换电杆上的绝缘子串、地线金具串、横担、吊杆等。

3）在被更换的杆段距杆顶 500mm 处，分别在杆段两侧安装好两套起吊钢绳，用以吊装抱杆。两钢绳套有效长度应一致。

4）如图 17–3–9 所示，在被更换的杆段的中段合适的位置打好四方临时拉线、安装好耐张横档抱箍和焊接平台（距焊口约 1000mm）。

5）事先在抱杆顶部挂好起吊滑车组和四根临时拉线，利用被更换的电杆提升独脚抱杆，使抱杆位于顺线路方向，其根部坐落在耐张横担抱箍上。根部与电杆之间垫入一根 60mm×60mm×300mm 的方木，使抱杆离开焊接头，用钢绳套将根部与电杆固定牢固，并将四方临时拉线与地面锚桩固定。

6）利用独脚抱杆上的起吊滑车组吊紧被更换的杆段，并在其下端适当位置打好控制绳，以防钢箍接头割开后杆段晃动。

7）焊工登杆到作业平台上高空割开焊接头，在焊接头完全割开前，应控制好更换杆段下端的控制绳，防止杆段晃动。然后利用抱杆上的滑车组，将被更换的杆段通过机动绞磨缓慢吊至地面。

8）在新更换杆段顶部适当位置绑扎好四方落地拉线，在下端绑好两根控制大绳，便于就位，供找正用。

9）利用抱杆上的滑车组提升新杆段到顶部，调整杆段上的控制大绳，使焊口对齐，在焊缝间垫入焊条，使之保持一定的间隙。打好新杆段四方临时拉线，通过临时拉线将杆身调直后在四周点焊定位，再进行焊接，焊接好后杆身应垂直。

10）在新电杆顶部安装好起吊滑车，将抱杆吊至地面。

11）安装好永久拉线，拆除新杆段四方临时拉线，安装好横担，恢复导、地线。

（4） 作业结束。

1）杆上作业人员检查施工质量无问题后，拆除临时拉线，用传递绳将工器具拴牢传至地面。

2）杆上作业人员检查杆上无任何遗留物后，解开安全带、后备安全绳，携带起吊绳下杆。

3）杆上作业人员将登杆证交还工作负责（监护）人，工作负责（监护）人在工作任务单填写执行情况。

4）工作负责人确认在杆塔上、导线上、绝缘子串上及其他辅助设备上没有遗留的个人保安线、工具、材料等，查明全部工作人员确由杆塔上撤下后，再命令拆除工作地段所挂的接地线，并向工作许可人汇报作业结束，终结工作票。

4. 注意事项

（1） 所更换的电杆上节配筋及强度必须达到或高于原设计要求，且不得出现纵、横向裂缝。

（2） 杆上焊接时，焊缝应有一定的加强面，一个焊接口应连续焊接好，焊缝应呈平滑的鱼鳞状。

（3） 电杆钢圈焊接头表面铁锈应清除干净，焊接完后应除净焊渣及氧化层，然后涂刷防锈漆。

（4） 电杆更换好后其倾斜度小于3‰。

（5） 放落和提升电杆时，要防止转向滑车脱出，应及时进行检查，牵引绳内角侧禁止站人。

（6） 牵引钢丝绳在绞磨卷筒上的卷绕圈数不得少于五圈，绳尾受力，并设专人看管。

（7） 放落和提升电杆要使用合格的起重设备，严禁过载使用。

（8） 升降抱杆必须有统一指挥，信号畅通，四侧临时拉线应由经验丰富的作业人员操作并均匀放出。

（9） 抱杆垂直下方不得有人，杆上人员应站在杆身内侧的安全位置上。

（10）起吊和就位过程中，吊件外侧应设控制绳。

（11）在起吊、牵引过程中，受力钢丝绳的周围、上下方、转向滑车内角侧和起吊物的下面，禁止有人逗留或通过。

（12）牵引时，不准利用树木或外露岩石作受力桩。一个锚桩上的临时拉线不准超过两根，临时拉线不得固定在有可能移动或其他不可靠的物体上。临时拉线绑扎工作应由有经验的人员担任。

（13）杆塔上下无法避免垂直交叉作业时，应做好防落物伤人的措施，作业时要相互照应，密切配合。

（14）杆塔施工中不宜用临时拉线过夜；需要过夜时，应对临时拉线采取加固措施。

（二）混凝土杆加高案例介绍

1. 危险点分析和控制措施

混凝土杆加高危险点有高空坠落、物体打击、倒杆和碰伤等，其控制措施有以下几方面：

（1） 防止高空坠落措施。

1）上杆塔作业前，应先检查杆根、拉线和基础是否牢固。登杆塔前，应先检查安全带、脚扣、脚钉、爬梯、防坠装置等是否完整牢靠。严禁利用绳索、拉线上下杆塔或顺杆下滑。

2）上横担进行工作前，应检查横担连接是否牢固和腐蚀情况。在杆塔上作业时，应使用有后备绳或速差自锁器的双控背带式安全带，安全带和保护绳应分挂在杆塔不同部位的牢固构件上，应防止安全带从杆顶脱出或被锋利物损坏。人员在转位时，手扶的构件应牢固，且不得失去后备保护绳的保护。

（2） 防止物体打击措施。

1）现场工作人员必须正确佩戴好安全帽。

2）高空作业应使用工具袋，较大的工器具应固定在牢固的构件上，不准随便乱放。上下传递物件应用绳索拴牢传递，严禁上下抛掷。

3）在高处作业现场，工作人员不得站在作业处的垂直下方，高空落物区不得有无关人员通行或逗留。在行人道口或人口密集区从事高处作业，工作点下方应设围栏或其他保护措施。

4）除指挥人员外，其他人员应在离开杆塔高度的1.2倍距离以外，行人不得进入工作现场。

（3） 防止倒杆措施。

1）要设专人指挥，信号明确。

2）临时拉线上、下连接点，应牢固可靠，固定电杆的临时拉线要派专人看守，以防拉线松脱。

3）当临时拉线完全受力后，检查无问题方可拆除旧拉线。

4）当永久拉线完全受力后，检查无问题方可拆除临时拉线。

5）杆塔上有人时，不准调整或拆除拉线。

6）利用抱杆提升角钢框架式杆段时，起吊工具、抱杆的强度和刚度必须满足起吊重量的要求，抱杆底部必须采取可靠的防滑措施。

7）抱杆底部应固定牢固，抱杆顶部应设临时拉线控制，临时拉线应均匀调节并由有经验的人员控制。抱杆应受力均匀，两侧拉绳应控制好，不得左右倾斜。

8）抱杆提升过程中应缓慢牵引，提升完成后，应检查抱杆及各部受力情况良好后才能提升。

（4） 防止碰伤措施。

1）在提升角钢框架式杆段时，应控制好方向控制绳，以免角钢框架式杆段碰伤作业人员。

2）在提升角钢框架式杆段过程中，严禁登杆作业。

2. 作业前准备工作

（1） 作业方式及作业条件。混凝土杆加高工作时，应在良好天气下进行，如遇雷电、暴雨、冰雹、大雾、沙尘暴等恶劣天气不得进行作业，风力大于6级时，一般不宜进行作业。

（2）人员组成。工作负责（监护）人 1 名，杆上作业人员一般 2 名，地面作业人员 5 名，共 8 人（根据工作现场实际情况可适当增减作业人员）。

（3）施工布置图。混凝土杆加高施工布置如图 17–3–10 和图 17–3–11 所示。

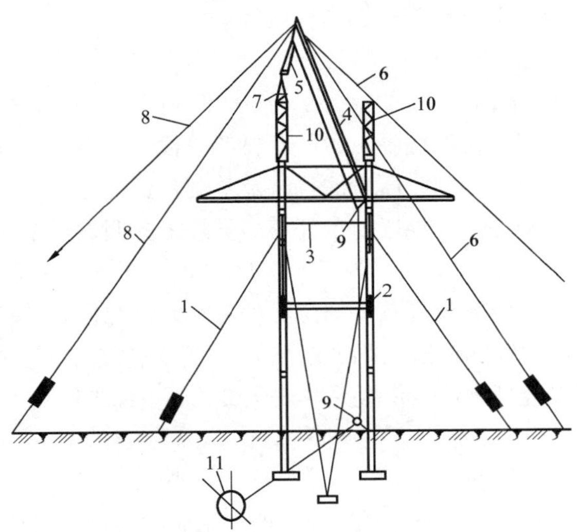

图 17–3–10 混凝土杆加高施工布置图（一）

1—侧向临时拉线；2—前后临时拉线；3—水平拉线；4—抱杆；5—起吊滑车组；6—上风拉线；7—起吊钢绳套；8—抱杆四方拉线；9—转向滑车；10—新加高铁杆段；11—机动绞磨

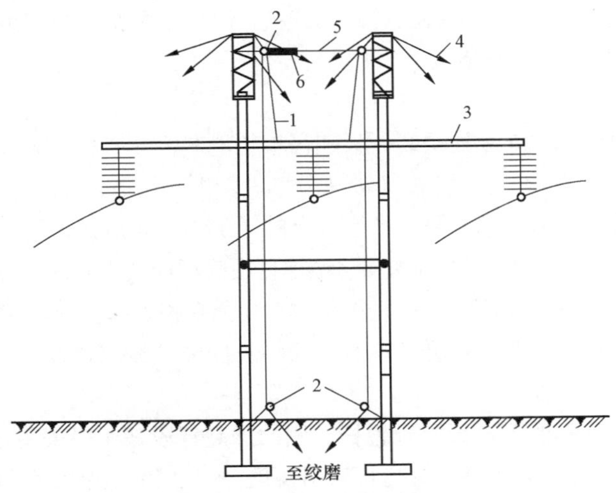

图 17–3–11 混凝土杆加高施工布置图（二）

1—起吊钢丝绳；2—转向滑车；3—横担；4—新加高铁杆段四方拉线；5—水平拉线；6—双钩

（4）作业工器具、材料配备。

1）所需工器具主要有木抱杆、起重滑车、白棕绳、法兰螺栓、气焊工具、卸扣、角铁桩、双钩、机动绞磨、经纬仪、主接地线及相关规格钢丝绳等。

2）所需材料主要有角钢框架式加高杆段等。

3. 作业步骤和质量标准

（1） 上杆作业前的准备。

1）工作人员根据工作情况选择工器具及材料并检查是否完好齐全。

2）工作人员检查杆塔根部、所有的拉线及基础是否完好。

3）按工作票的要求在工作地段前后杆塔的导线上验明确无电压后装设好接地线。

（2） 登杆作业。

1）杆上作业人员检查登杆工具及安全防护用具并确保良好、可靠。

2）杆上作业人员戴好安全帽，携带安全带、后备保护绳、传递绳和滑车开始登杆。

3）杆上作业人员登杆到适当位置系好安全带、后备保护绳后，在合适的位置挂好起吊绳。

（3） 作业过程操作要点。

1）在导线横担下方的电杆上，打好前后四根临时拉线和两根侧向临时拉线，两杆之间用钢丝绳套和双钩连接并收紧。

2）拆除加高杆相邻两基直线杆塔导线、地线悬垂线夹，并将导线、地线放入放线滑车内。

3）拆除加高杆的导线、地线上的悬垂线夹，用滑车和钢丝绳将两根边导线和地线放松到地面，中导线放落在横梁上。

4）抱杆的安装。

a）在电杆顶部架空地线处安装一只起吊单轮滑车，将牵引绳穿过滑车一端绑扎在抱杆重心上部，另一端通过电杆根部转向滑车进入机动绞磨。

b）用机动绞磨缓慢起吊抱杆，当抱杆上的牵引绳绑扎点接近滑车时，将抱杆临时和电杆捆绑在一起，并将牵引绳绑扎点移至抱杆根部后继续提升，提升过程要注意控制好抱杆顶部四根临时拉线，直至将抱杆根部吊至坐落在横担抱箍上，并和杆身固定牢靠。

c）抱杆就位后，调整好抱杆角度，并将抱杆四方拉线固定好。

5）加高杆段的安装。

a）利用抱杆顶部的滑车组提升抱杆一侧的加高杆段（一般采用角钢框架式），安装就位后，再利用拉线重新调整好抱杆倾斜角度，吊装另一侧加高杆段。

b）在吊装另一侧加高杆段时，由于抱杆的倾斜角度大，要注意抱杆稳定的控制，确保倾斜后的抱杆上风临时拉线有两根同时受力。

6）加高杆段全部安装好后，将六根临时拉线和两杆连接钢丝绳套移到加高杆段上打设（移动临时拉线前，永久拉线必须调紧好），注意绑扎点不应影响横担的安装。

7）在加高桁架上安装一只单轮滑车，利用牵引绳通过机动绞磨将抱杆放落到地面。

8）横担的提升：在加高杆段顶部各安装一只滑车，用两根牵引绳和两台机动绞磨沿电杆平行提升就位。当横担提升就位后，先将牵引绳固定牢固，再登杆将横担安装好。

9）将永久拉线移至新的位置并安装好，调正杆身，将导、地线安装就位，同时恢复前后杆塔的导、地线。杆上作业人员检查施工质量无问题后，拆除临时拉线，用传递绳将工器具拴牢传递至地面。

（4） 作业结束。

1）杆上作业人员检查施工质量无问题后，拆除临时拉线，用传递绳将工器具拴牢传至地面。

2）杆上作业人员检查杆上无任何遗留物后，解开安全带、后备安全绳，携带起吊绳下杆。

3）杆上作业人员将登杆证交还工作负责（监护）人，工作负责（监护）人在工作任务单填写执行情况。

4）工作负责人确认在杆塔上、导线上、绝缘子串上及其他辅助设备上没有遗留的个人保安线、工具、材料等，查明全部工作人员确由杆塔上撤下后，再命令拆除工作地段所挂的接地线，并向工作许可人汇报作业结束，终结工作票。

4. 注意事项

（1） 检修杆塔不准随意拆除受力构件，如需要拆除时，应事先做好补强措施。调整杆塔倾斜、弯曲、拉线受力不均或迈步、转向时，应根据需要设置临时拉线及其调整范围，并应有专人统一指挥。

（2） 高处作业人员在作业过程中，应随时检查安全带是否拴牢。高处作业人员在转移作业位置时不准失去安全保护。

（3） 在进行高处作业时，除有关人员外，不准他人在工作地点的下面通行或逗留，工作地点下面应有围栏或装设其他保护装置，防止落物伤人。

（4） 起吊物件应绑扎牢固，若物件有棱角或特别光滑的部位时，在棱角和滑面与绳索（吊带）接触处应加以包垫。起吊电杆等长物件应选择合理的吊点，并采取防止突然倾倒的措施。

（三）转角铁塔倾斜调整案例

1. 危险点分析和控制措施

转角铁塔倾斜调整危险点有高空坠落、物体打击、倒杆塔等，其控制措施有以下几方面：

（1）防止高空坠落措施。

1）上杆塔作业前，应先检查基础是否牢固。登杆塔前，应先检查安全带、脚钉、爬梯、防坠装置等是否完整牢靠。

2）上横担进行工作前，应检查横担连接是否牢固和腐蚀情况。在杆塔上作业时，应使用有后备绳或速差自锁器的双控背带式安全带，安全带和保护绳应分挂在杆塔不同部位的牢固构件上，应防止安全带从杆顶脱出或被锋利物损坏。人员在转位时，手扶的构件应牢固，且不得失去后备保护绳的保护。

（2）防止物体打击措施。

1）现场工作人员必须正确佩戴好安全帽。

2）高空作业应使用工具袋，较大的工器具应固定在牢固的构件上，不准随便乱放。上下传递物件应用绳索拴牢传递，严禁上下抛掷。

3）在高处作业现场，工作人员不得站在作业处的垂直下方，高空落物区不得有无关人员通行或逗留。在行人道口或人口密集区从事高处作业，工作点下方应设围栏或其他保护措施。

2. 作业前准备工作

（1）作业方式及作业条件。停电更换横担工作时，应在良好天气下进行，如遇雷电、暴雨、冰雹、大雾、沙尘暴等恶劣天气不得进行作业，风力大于6级时，一般不宜进行作业。

（2）人员组成。工作负责（监护）人1名，杆上作业人员1名，地面作业人员6名，共8人（根据工作现场实际情况可适当增减作业人员）。

（3）施工布置图。转角铁塔向内角侧倾斜调整施工布置如图17–3–12所示。

（4）作业工器具、材料配备。

1）所需工器具主要有滑车、角铁桩、手扳葫芦、卸扣、法兰螺栓、经纬仪、大锤、钢丝绳套及相关规格钢丝绳等。

2）所需材料主要有钢板等。

3. 作业步骤和质量标准

（1）工作人员根据工作情况选择工器具及材料并检查是否完好齐全。

（2）工作人员检查杆塔基础是否完好。

（3）按工作票的要求在工作地段前后杆塔的导线上验明确无电压后装设好接地线。

（4）塔上作业人员检查登杆工具及安全防护用具并确保良好、可靠。

（5）塔上作业人员戴好安全帽，携带安全带、后备保护绳、传递绳和滑车开始登塔。

（6）塔上作业人员登塔到适当位置系好安全带、后备保护绳后，在合适的位置挂好起吊绳。

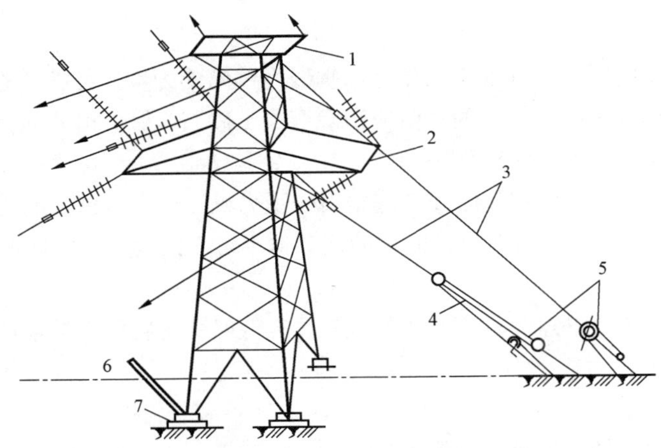

图 17–3–12　转角铁塔向内角侧倾斜调整施工布置

1—上横担；2—下横担；3—牵引拉线；4—牵引滑车组；5—手扳葫芦；6—撬棍；7—垫块

（7）塔上、地面作业人员配合先后在铁塔外角侧导、地线横担与塔身交接处，分别用钢丝绳套在两根主材上的节点上绑扎好，通过 U 形环与临时拉线上端相连。地线临时拉线下端串接手扳葫芦与地锚固定，导线临时拉线下端采用滑车组、牵引绳用手扳葫芦收紧，牵引拉线对地夹角一般为 30° 左右。

（8）当牵引拉线收紧后，地面作业人员适当拧松内角侧和外角侧的地脚螺帽，但不要全部松出，至少保留一个螺帽。

（9）一边收紧外角侧牵引拉线，一边在内角侧的两只塔脚底板下用大撬棍支在硬板上同时进行撬动，使塔脚板抬起，直至铁塔正直，并略向外角侧倾斜。

（10）按塔脚撬离基面后的空隙高度，地面作业人员在塔脚底板下面塞入钢板，塞入钢板的厚度视塔身倾斜程度而定，并浇灌混凝土砂浆充实。

（11）地面作业人员拧紧地脚螺帽，检查施工质量无问题后，用混凝土砂浆封好保护帽，塔上作业人员拆除临时拉线，用传递绳将工器具拴牢传至地面。

（12）塔上作业人员检查塔上无任何遗留物后，解开安全带、后备保护绳，携带吊绳下塔。

（13）塔上作业人员将登杆（塔）证交还工作负责（监护）人，工作负责（监护）人在工作任务单填写执行情况。

（14）工作负责人确认在杆塔上及其他辅助设备上没有遗留的个人保安线、工具、材料等，查明全部工作人员确由杆塔上撤下后，再命令拆除工作地段所挂的接地线，并向工作许可人汇报作业结束，终结工作票。

4. 注意事项

（1）铁塔调整后，其顶端不应超过铅垂线而偏向受力侧，并符合设计规定。

（2）塔脚板与基础面之间的空隙应浇灌混凝土砂浆，保护帽的混凝土应与塔脚板上部铁板结合紧密，且不得有裂缝。

（3）牵引时，不准利用树木或外露岩石作受力桩。一个锚桩上的临时拉线不准超过两根，临时拉线不得固定在有可能移动或其他不可靠的物体上。临时拉线绑扎工作应由有经验的人员担任。

（4）杆塔上下无法避免垂直交叉作业时，应做好防落物伤人的措施，作业时要相互照应，密切配合。

【思考与练习】

1. 编写门型双杆整体放倒的施工方法。
2. 编写铁塔主材更换的施工方法。
3. 编写组立钢管塔的施工方法。
4. 杆塔倾斜度超过多少时必须进行调整？
5. 输电线路杆塔维护主要检查哪些项目？
6. 输电线路杆塔主要出现哪些缺陷？针对这些缺陷应如何处理？
7. 输电线路铁塔防腐施工中应注意哪些事项？
8. 杆塔倾斜调整中应注意哪些安全事项？

◢ 模块 4　拉线、叉梁和横担检修（Z05H2004Ⅱ）

【模块描述】本模块介绍拉线、叉梁和横担检修更换方法和安全注意事项等。通过内容介绍、操作流程讲解，掌握拉线、叉梁和横担更换方法。

【模块内容】

一、工作内容

输电线路运行后，因受自然环境、外力破坏等各种因素的影响，杆塔拉线出现锈蚀、散股、断股；横担出现歪扭、构件缺损、锈蚀变形；叉梁出现弯曲、鼓肚、露筋等缺陷。根据缺陷性质采用更换拉线、横担、叉梁等措施，下面具体介绍更换叉梁、横担、拉线的方法。

二、更换杆塔叉梁、横担、拉线的方法介绍

（一）停电更换杆塔叉梁方法介绍

1. 危险点分析和控制措施

停电更换杆塔叉梁危险点有高空坠落、物体打击、倒杆和碰伤等，其控制措施有

以下几方面：

（1） 防止高空坠落措施。

1）上杆塔作业前，应先检查杆根、拉线和基础是否牢固。登杆塔前，应先检查安全带、脚扣、脚钉、爬梯、防坠装置等是否完整牢靠。严禁利用绳索、拉线上下杆塔或顺杆下滑。

2）上横担进行工作前，应检查横担连接是否牢固和腐蚀情况。在杆塔上作业时，应使用有后备绳或速差自锁器的双控背带式安全带，安全带和保护绳应分挂在杆塔不同部位的牢固构件上，应防止安全带从杆顶脱出或被锋利物损坏。人员在转位时，手扶的构件应牢固，且不得失去后备保护绳的保护。

（2） 防止物体打击措施。

1）现场工作人员必须正确佩戴好安全帽。

2）高空作业应使用工具袋，较大的工器具应固定在牢固的构件上，不准随便乱放。上下传递物件应用绳索拴牢传递，严禁上下抛掷。

3）在高处作业现场，工作人员不得站在作业处的垂直下方，高空落物区不得有无关人员通行或逗留。在行人道口或人口密集区从事高处作业，工作点下方应设围栏或其他保护措施。

（3） 防止倒杆和碰伤措施。

1）要设专人指挥，信号明确。

2）拆除旧叉梁和起吊新叉梁时要注意控制好绳索，以免碰伤人。

3）杆塔上有人时，不准调整或拆除拉线。

4）设专人全程监护，监护人不得从事其他工作。

2. 作业前准备工作

（1） 作业方式及作业条件。停电更换杆塔叉梁工作时，应在良好天气下进行，如遇雷电、暴雨、冰雹、大雾、沙尘暴等恶劣天气不得进行作业，风力大于 6 级时，一般不宜进行作业。

（2） 人员组成。工作负责（监护）人 1 名，杆上作业人员一般 2 名，地面作业人员 4 名，共 7 人（根据工作现场实际情况可适当增减作业人员）。

（3） 施工布置图。停电更换叉梁施工现场布置如图 17–4–1 所示。

（4）作业工器具、材料配备。

1）所需工器具主要有单轮滑车、起吊绳、法兰螺栓、角铁桩、机动绞磨及相关规格钢丝绳等。

2）所需材料主要有叉梁、连接螺栓等。

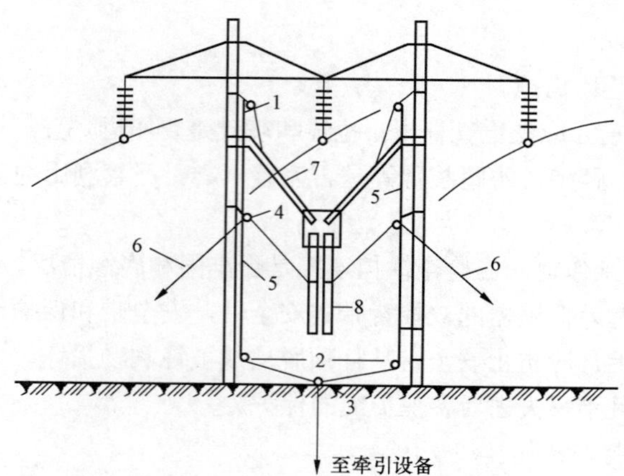

图 17-4-1 停电更换叉梁施工现场布置

1—上起吊滑车；2—转向滑车；3—平衡滑车；4—下起吊滑车；5—起吊钢丝绳；6—控制钢丝绳；7—上叉梁；8—下叉梁

3. 作业步骤和质量标准

（1） 上杆作业前的准备。

1）工作人员根据工作情况选择工器具及材料并检查是否完好齐全。

2）工作人员检查杆塔根部、所有的拉线及基础是否完好。

3）按工作票的要求在工作地段前后杆塔的导线上验明确无电压后装设好接地线。

（2） 登杆作业。

1）杆上作业人员检查登杆工具及安全防护用具并确保良好、可靠。

2）杆上作业人员戴好安全帽，携带安全带、后备保护绳、传递绳和滑车开始登杆。

3）杆上作业人员登杆到适当位置系好安全带、后备保护绳后，在合适的位置挂好起吊绳。

（3） 更换叉梁操作要点。

1）杆上作业人员在杆上适当位置安装好上起吊滑车 1 和下起吊滑车 4，地面作业人员在地面杆段处安装好转向滑车 2。

2）杆上作业人员与地面作业人员配合吊上起吊绳，并将上起吊绳的两头绑在上叉梁适当位置，起吊钢丝绳放入上起吊滑车 1 和转向滑车 2，钢丝绳中间装入平衡滑车 3 一起连接至机动绞磨。

3）杆上作业人员将起吊下叉梁的钢丝绳吊上，通过下起吊滑车 4 系在下叉梁适当位置连接至地面锚桩上。

4）杆上作业人员拆除下叉梁连接螺栓，地面作业人员缓慢放松下起吊绳，使下叉梁 8 靠拢并保持垂直状态。

5）地面作业人员收紧上叉梁起吊钢丝绳 5 使其受力，杆上作业人员拆除上叉梁连接螺栓并使叉梁脱离抱箍。

6）地面作业人员缓慢放松上叉梁起吊钢丝绳 5，使叉梁缓慢放落至地面。

7）地面作业人员在地面将新叉梁组装好，用上起吊钢丝绳 5 绑在上叉梁 7 的适当位置，控制钢丝绳 6 绑在下叉梁 8 的适当位置，启动机动绞磨缓慢牵引将新叉梁吊上，杆上作业人员将上叉梁安装在上叉梁抱箍上。地面作业人员收紧控制钢丝绳 6，杆上作业人员将下叉梁安装在下叉梁抱箍上。

8）杆上作业人员检查新叉梁安装无问题后，拆除上、下起吊钢丝绳，并用传递绳将起吊钢丝绳及其工器具拴牢传至地面。

9）杆上作业人员带上起吊绳、解开安全带、安全绳下杆。

10）杆上作业人员将登杆证交还工作负责（监护）人，工作负责（监护）人在工作任务单填写执行情况。

（4） 工作结束后，工作负责人确认在杆塔上及其他辅助设备上没有遗留工具、材料等，查明全部工作人员确由杆塔上撤下后，再命令拆除工作地段所挂的接地线，并向工作许可人汇报作业结束，终结工作票。

4. 注意事项

（1） 松紧牵引绳时，要防止转向滑车脱出，应及时进行检查，牵引绳内角侧禁止站人。

（2） 所更换完的叉梁，螺栓连接应紧密，组合后应正直，不得有明显的弯曲、鼓肚。

（3） 所使用的工器具必须严格检查，严禁超载使用。

（4） 牵引钢丝绳在绞磨卷筒上的卷绕圈数不得少于五圈，绳尾受力，并设专人看管。

（二）停电更换横担

1. 危险点分析和控制措施

停电更换横担危险点有高空坠落、物体打击、倒杆和碰伤等，其控制措施有以下几方面：

（1） 防止高空坠落措施。

1）上杆塔作业前，应先检查杆根、拉线和基础是否牢固。登杆塔前，应先检查安全带、脚扣、脚钉、爬梯、防坠装置等是否完整牢靠。严禁利用绳索、拉线上下杆塔或顺杆下滑。

2）上横担进行工作前，应检查横担连接是否牢固和腐蚀情况。在杆塔上作业时，应使用有后备绳或速差自锁器的双控背带式安全带，安全带和保护绳应分挂在杆塔不同部位的牢固构件上，应防止安全带从杆顶脱出或被锋利物损坏。人员在转位时，手扶的构件应牢固，且不得失去后备保护绳的保护。

（2） 防止物体打击措施。

1）现场工作人员必须正确佩戴好安全帽。

2）高空作业应使用工具袋，较大的工器具应固定在牢固的构件上，不准随便乱放。上下传递物件应用绳索拴牢传递，严禁上下抛掷。

3）在高处作业现场，工作人员不得站在作业处的垂直下方，高空落物区不得有无关人员通行或逗留。在行人道口或人口密集区从事高处作业，工作点下方应设围栏或其他保护措施。

4）除指挥人员外，其他人员应在离开杆塔高度的1.2倍距离以外，行人不得进入工作现场。

（3） 防止倒杆措施。

1）要设专人指挥，信号明确。

2）临时拉线上、下连接点，应牢固可靠，固定电杆的临时拉线要派专人看守，以防拉线松脱。

3）当临时拉线完全受力后，检查无问题方可拆除旧拉线。

4）当永久拉线完全受力后，检查无问题方可拆除临时拉线。

5）杆塔上有人时，不准调整或拆除拉线。

（4） 防止碰伤措施。

1）在拆除横担或提升横担时，应控制好方向控制绳，以免横担碰伤作业人员。

2）在提升、放落横担过程中，严禁登杆作业。

2. 作业前准备工作

（1） 作业方式及作业条件。停电更换横担工作时，应在良好天气下进行，如遇雷电、暴雨、冰雹、大雾、沙尘暴等恶劣天气不得进行作业，风力大于6级时，一般不宜进行作业。

（2） 人员组成。工作负责（监护）人1名，杆上作业人员一般2名，地面作业人员5名，共8人（根据工作现场实际情况可适当增减作业人员）。

（3） 施工布置图。更换横担施工现场布置如图17–4–2所示。

（4）作业工器具、材料配备。

1）所需工器具主要有单轮滑车、起吊绳、角铁桩（地锚）、机动绞磨及相关规格钢丝绳等。

2）所需材料主要有所更换的横担、螺栓等。

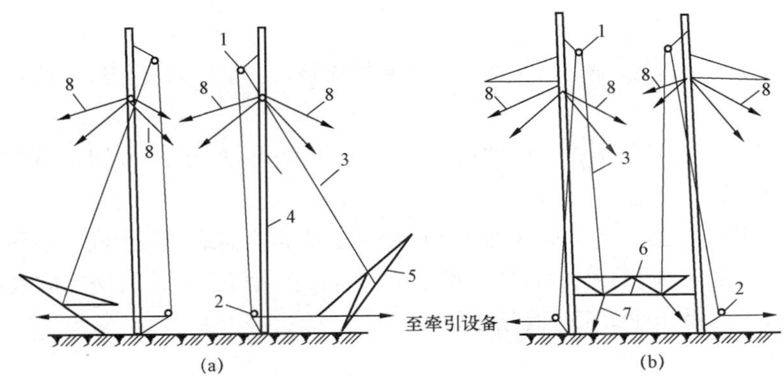

图 17–4–2　更换横担施工现场布置图

1—起吊滑车；2—转向滑车；3—提升钢丝绳；4—电杆；5—边相横担；6—中相横担；7—方向控制绳；8—四方临时拉线

（a）边相施工布置图；（b）中相施工布置图

3. 作业步骤和质量标准

（1）工作人员根据工作情况选择工器具及材料并检查是否完好齐全。

（2）工作人员检查杆塔根部、所有的拉线及基础是否完好。

（3）按工作票的要求在工作地段前后杆塔的导线上验明确无电压后装设好接地线。

（4）杆上作业人员登杆到适当位置系好安全带、后备保护绳后，在合适的位置挂好起吊绳。

（5）首先打好两根电杆临时拉线，并收紧受力。

（6）然后拆除三根导线，将导线放至地面或通过滑车将导线暂时悬挂在电杆上适当位置。

（7）在电杆顶部安装一只起吊滑车，提升钢丝绳通过转向滑车和该起吊滑车后，绑扎在待拆除的边相导线横担上。

（8）收紧提升钢丝绳并使其受力，杆上作业人员拆除边相导线横担连接螺栓、横担与导线抱箍的连接螺栓、横担穿钉及吊杆，使边相横担脱开，缓慢放松提升钢丝绳，将边相横担放至地面；另一侧的边相横担采取同样的方法进行拆除。

（9）杆上作业人员在两根电杆的顶部适当位置挂好滑车，提升钢丝绳分别通过转向滑车和起吊滑车后，绑在中相横担的两端适当位置。收紧提升钢丝绳，使其受力后，拆除横担吊杆、横担抱箍连接螺栓，控制好两根提升钢丝绳，使其平衡缓慢放至地面。

（10）地面作业人员用提升钢丝绳分别在中相导线横担两侧绑扎好，启动牵引，将中相导线横担吊至杆上，在提升时注意保持平衡，杆上作业人员将新的中相导线横担与各部连接好。

（11）安装两边导线横担，其施工程序和拆除相反。最后恢复导线，拆除杆塔临时拉线。

（12）杆上作业人员检查无问题后，拆除左、右提升钢丝绳，并用传递绳将钢丝绳及工器具拴牢传至地面。

（13）工作结束后，工作负责人确认在杆塔上及其他辅助设备上没有遗留工具、材料等，查明全部工作人员确由杆塔上撤下后，再命令拆除工作地段所挂的接地线，并向工作许可人汇报作业结束，终结工作票。

4. 注意事项

（1）检修杆塔不准随意拆除受力构件，如需要拆除时，应事先做好补强措施。调整杆塔倾斜、弯曲、拉线受力不均或迈步、转向时，应根据需要设置临时拉线及其调整范围，并应有专人统一指挥。

（2）在起吊、牵引过程中，受力钢丝绳的周围、上下方、转向滑车内角侧和起吊物的下面，禁止有人逗留或通过。

（3）牵引时，不准利用树木或外露岩石作受力桩。一个锚桩上的临时拉线不准超过两根，临时拉线不得固定在有可能移动或其他不可靠的物体上。临时拉线绑扎工作应由有经验的人员担任。

（4）杆塔上下无法避免垂直交叉作业时，应做好防落物伤人的措施，作业时要相互照应，密切配合。

（5）当部件组装有困难时，应查明原因，严禁强行组装。个别部件需扩孔时，扩孔部分不应超过3mm，当扩孔需要超过3mm时，应先堵焊再重新打孔，并进行防锈处理，严禁使用气割扩孔或烧孔。

（三）更换拉线

1. 危险点分析和控制措施

停电更换杆塔拉线危险点有高空坠落、物体打击、倒杆和碰伤等，其控制措施有以下几方面：

（1）防止高空坠落措施。

1）上杆塔作业前，应先检查杆根、拉线和基础是否牢固。登杆塔前，应先检查安全带、脚扣、脚钉、爬梯、防坠装置等是否完整牢靠。严禁利用绳索、拉线上下杆塔或顺杆下滑。

2）上横担进行工作前，应检查横担连接是否牢固和腐蚀情况。在杆塔上作业时，应使用有后备绳或速差自锁器的双控背带式安全带，安全带和保护绳应分挂在杆塔不同部位的牢固构件上，应防止安全带从杆顶脱出或被锋利物损坏。人员在转位时，手扶的构件应牢固，且不得失去后备保护绳的保护。

（2）防止物体打击措施。

1）现场工作人员必须正确佩戴好安全帽。

2）高空作业应使用工具袋，较大的工器具应固定在牢固的构件上，不准随便乱放。上下传递物件应用绳索拴牢传递，严禁上下抛掷。

3）在高处作业现场，工作人员不得站在作业处的垂直下方，高空落物区不得有无关人员通行或逗留。在行人道口或人口密集区从事高处作业，工作点下方应设围栏或其他保护措施。

（3）防止倒杆和碰伤措施：

1）要设专人指挥，信号明确。

2）临时拉线上、下连接点，应牢固可靠。

3）当临时拉线完全受力后，检查无问题方可拆除旧拉线。

4）当新的拉线完全安装好后，检查确无问题方可拆除临时拉线。

5）杆塔上有人时，不准调整或拆除拉线。

2. 作业前准备工作

（1）作业方式及作业条件。停电更换横担工作时，应在良好天气下进行，如遇雷电、暴雨、冰雹、大雾、沙尘暴等恶劣天气不得进行作业，风力大于 6 级时，一般不宜进行作业。

（2）人员组成。工作负责（监护）人 1 名，杆上作业人员 1 名，地面作业人员 2 名，共 4 人（根据工作现场实际情况可适当增减作业人员）。

（3）作业工器具、材料配备。

1）所需工器具主要有卡线器、断线钳、双钩紧线器、卸扣、防盗螺帽拆卸工具、绝缘起吊绳及相关规格钢丝绳等。

2）所需材料主要有钢绞线、楔型线夹、UT 线夹、防盗螺帽等。

3. 作业步骤和质量标准

（1）杆上作业人员与地面作业人员相互配合，用传递绳将临时拉线吊至杆上，在距拉线挂点下方 200mm 处的电杆身上缠绕两圈后，用卸扣拴牢。

（2）地面作业人员将双钩紧线器的一端挂在拉棒环内，另一端与钢丝绳拴牢。收紧双钩紧线器，使拉线的荷载转移到临时拉线上，旧拉线呈松弛状态。

（3）地面作业人员检查临时拉线无问题后，拆除旧拉线的 UT 线夹，使旧拉线与拉棒脱离。

（4）杆上作业人员拆除旧拉线楔型线夹，并与地面人员配合，将旧拉线传递至地面。

（5）地面作业人员根据现场情况，做好新拉线楔型线夹（回头长度为 300～

500mm，钢绞线与楔子半圆弯曲结合处不得有死角和空隙），杆上作业人员与地面作业人员配合将新拉线吊上杆，杆上作业人员安装好新拉线楔型线夹。

（6）地面作业人员做好 UT 线夹（回头长度为 300～500mm，钢绞线与线夹的舌板半圆弯曲结合处不得有死角和空隙，线夹的凸肚应在尾线侧）并与拉棒连接好，调整 UT 线夹，使临时拉线的荷载转移到新拉线上。UT 线夹螺母露出丝扣长度不小于 1/2 螺杆的螺纹长度为宜，同组拉线使用两个线夹时，其线夹尾端的方向应统一。

（7）检查新拉线无问题后，杆上作业人员和地面作业人员拆除临时拉线，并用传递绳将临时拉线及工器具拴牢传递至地面。

（8）工作结束后，工作负责人确认在杆塔上及其他辅助设备上没有遗留工具、材料等，查明全部工作人员确由杆塔上撤下后，再命令拆除工作地段所挂的接地线，并向工作许可人汇报作业结束，终结工作票。

4. 注意事项

（1）更换后拉线的机械强度不得低于原设计标准，并采取防盗措施。

（2）监护人应严格监护杆塔上作业人员的活动趋向和活动范围，发现不规范的动作行为和违章时，应及时提醒、纠正和制止，监护人不得擅自离开岗位。

（3）拉线与拉棒应呈一直线。

（4）X 型拉线的交叉点处应留有足够的空隙，避免相互磨碰；拉线应无金钩、散股、松股等现象。

（5）组合拉线的各根拉线受力应一致。

（6）拉线做头时，用木榔头敲击线夹时注意力应集中，手抓稳，落点正确，防止伤手。

（7）展放拉线时应两人配合，顺绞展放，防止弹伤。

（8）起吊材料及拉线时应绑扎牢固并慢慢吊递。

【思考与练习】

1. 造成拉线缺陷的原因有哪些？
2. 为什么有些双杆需要装设叉梁？
3. 编写更换耐张混凝土杆横担的施工方法。
4. 编写更换电杆双拉线的施工方法。

◢ 模块 5 绝缘子、金具更换（Z05H2005Ⅱ）

【模块描述】本模块包含绝缘子、金具更换的方法和安全注意事项等。通过内容介绍、操作流程讲解，掌握绝缘子、金具更换方法。

【模块内容】

一、工作内容

输电输电线路经过一段时间运行后，绝缘子和金具因种种原因会造成各种缺陷，为确保输电线路的健康水平必须安排检修消缺。但因线路绝缘子串和金具有不同的型号和组合形式，各地有各自的检修习惯，检修作业方法有很多方式方法，因此检修作业方法没有固定的模式。本模块在这里主要介绍停电更换双回路 220kV 及以下直线 V 串整串绝缘子和停电更换 220kV 及以下线路间隔棒的方法以供参考。

二、停电更换 220kV 及以下直线 V 串整串绝缘子（本线路为双回，一回停电检修，另一回带电运行）

（一）危险点分析和控制措施

停电更换 220kV 及以下直线 V 串整串绝缘子危险点有高空坠落、触电、物体打击及工器具失灵，导线脱落，绝缘子串脱落，挂线二连板挤伤人、现场作业安全监护等，其控制措施有以下几方面：

1. 防止高空坠落措施

（1）上杆塔作业前，应先检查杆塔基础是否牢固。登杆塔前，应先检查安全带、脚钉、爬梯、防坠装置等是否完整牢靠。严禁利用绳索下滑。

（2）上横担进行工作前，应检查横担连接是否牢固和腐蚀情况。在杆塔上作业时，应使用有后备绳或速差自锁器的双控背带式安全带，安全带和保护绳应分挂在杆塔不同部位的牢固构件上，应防止安全带从杆顶脱出或被锋利物损坏。人员在转位时，手扶的构件应牢固，且不得失去后备保护绳的保护。

2. 防止触电措施

在同塔架设双回路作业时：

（1）在带电导线附近所用工器具、材料应用绝缘无极绳索传递。

（2）登塔作业人员、绳索、工器具及材料与带电体必须保持 6m 的安全距离。

（3）设专人监护，监护人不得从事其他工作。

（4）杆塔上人员身穿经检测合格的全套屏蔽服。

3. 防止物体打击措施

（1）现场工作人员必须正确佩戴好安全帽。

（2）高空作业应使用工具袋，较大的工器具应固定在牢固的构件上，不准随便乱放。上下传递物件应用绳索拴牢传递，严禁上下抛掷。

（3）在高处作业现场，工作人员不得站在作业处的垂直下方，高空落物区不得有无关人员通行或逗留。在行人道口或人口密集区从事高处作业，工作点下方应设围栏或其他保护措施。

4. 防止工器具失灵、导线脱落、绝缘子脱落、挂线二连板挤伤人等措施

（1） 所有工器具要定期检查，使用前必须专人检查，保证合格、配套、灵活好用；作业时要连接牢固可靠并打好保护套。

（2） 在交叉跨越的各种线路、公路、铁路作业时，必须采取防止导线掉落的保护措施，并应有足够的强度，对被跨越的电力线，必要时申请停电后再进行作业。

（3） 为防止绝缘子串收紧松弛后，弹簧销子脱落或金具连接不牢发生突然脱落伤人事故，首先要认真检查连接情况是否牢固，无问题后方可紧线。

（4） 认真检查绝缘子连接情况是否牢固，防止绝缘子串突然脱落或翻滚，连板变位挤伤人。

（5） 绝缘子串收紧前，检查工器具连接情况是否牢固可靠。

5. 现场作业安全监护

自作业开始至作业结束，安全监护人必须始终在作业现场对作业人员进行不间断的安全监护。

（二）作业前准备工作

1. 作业方式及作业条件

停电更换 220kV 及以下直线 V 串整串绝缘子时，应在良好天气下进行，如遇雷电、暴雨、冰雹、大雾、沙尘暴等恶劣天气不得进行作业，风力大于 5 级时，一般不宜进行作业。

2. 人员组成

工作负责人 1 名，专职监护人 1 名，塔上作业人员一般 3 名，地面作业人员 6 名，共 11 人（根据工作现场实际情况可适当增减作业人员）。

3. 作业工器具、材料配备

（1） 作业所需主要工器具有绝缘绳、导线后备保护绳、钢丝绳套、导线提线器、传递滑车、手扳葫芦、链条葫芦、卸扣、绝缘电阻表、机动绞磨、牵引钢丝绳等。

（2） 作业所需主要材料有同型号绝缘子、闭口销等。

（三）作业步骤和质量标准

（1） 上塔作业前的准备。

1）工作人员根据工作情况选择工器具及材料并检查是否完好。

2）工作人员检查铁塔根部、基础是否完好。

3）地面作业人员在适当的位置将循环绳理顺确保无缠绕，逐个对绝缘子进行外观检查，将表面及裙槽清擦干净，并用 5000V 绝缘电阻表检测绝缘（在干燥情况下绝缘电阻不得小于 500MΩ），无问题后连接成串放置好。

4）按工作票的要求在工作地段前后杆塔的导线上验明确无电压后装设好接地线。

（2） 登塔作业。

1）塔上作业人员检查登塔工具及安全防护用具并确保良好、可靠。

2）塔上作业人员戴好安全帽，携带安全带、后备保护绳、传递绳开始登塔。

（3） 更换绝缘子串。

1）塔上作业人员携带传递绳、10kN 传递滑车登至需更换 V 串绝缘子横担上方，将安全带、后备保护绳系在横担主材上，在 V 串横担中间适当位置挂好传递绳；地面作业人员在停电回路侧的两只塔脚上分别设置绞磨以及牵引钢丝绳的转向。

2）地面作业人员将导线保护绳及四只 50kN 卸扣和 60kN 手扳葫芦传递上塔。塔上作业人员将导线保护绳一端拴在横担中部的一操作眼孔上，另一端拴在导线联板的一操作眼孔上。然后塔上作业人员将连接好的 60kN 手扳葫芦一端挂在横担中部的另一操作眼孔上，另一端勾住导线提线器且分别勾住四根子导线，收紧手扳葫芦使之受力，将两 V 串绝缘子松弛。

3）塔上作业人员将传递上来的牵引钢丝绳挂好且分别在 V 串的横担挂点处挂设一个转向滑车（便于绝缘子的竖直起降），做好放落绝缘子串的准备。导线上作业人员拆除 V 串处的均压环，然后分别拆除 V 串绝缘子的其中一串与联板的连接，并使绝缘子串处于竖直状态后通过机动绞磨将绝缘子串徐徐放落至地面。

4）地面作业人员将整串绝缘子串牵引至横担挂点，快到达绝缘子安装处，缓慢牵引，到达安装处时，先将绝缘子串一端与横担挂点金具连接。由于此时的绝缘子串处于竖直状态，须将事先挂在绝缘子串倒数第 3～4 片处的 10kN 链条葫芦的另一端用卸扣拴在联板上，收紧链条葫芦将绝缘子串导线端与联板连接好，安装好均压环，检查各部位的锁紧销是否齐全。按照同样的方法更换另一串。绝缘子串收紧前，检查链条葫芦的连接是否牢固可靠，注意绝缘子串的受力情况。

（4） 塔上作业人员将手扳葫芦松至绝缘子串受力后，检查绝缘子串受力情况。无问题后松开手扳葫芦并摘下导线侧钩子及保护套，拆除塔上作业工器具并用传递绳拴牢传递至地面。

（5） 塔上作业人员携带传递绳，解开安全带、后备保护绳下塔。

（6） 塔上作业人员将登杆证交还工作负责（监护）人，工作负责（监护）人在工作任务单上填写执行情况。

（7） 工作结束后，工作负责人确认在杆塔上、导线上、绝缘子串上及其他辅助设备上没有遗留的个人保安线、工具、材料等，查明全部工作人员确由杆塔上撤下后，再命令拆除工作地段所挂的接地线，并向工作许可人汇报作业结束，终结工作票。

（四）注意事项

（1） 新更换的绝缘子爬距应能满足该地区污秽等级要求。

（2） 严禁使用线材（铁丝）代替锁紧销。

（3） 单、双悬垂串上的锁紧销均按线路方向穿入。使用 W 锁紧销时，绝缘子大口均朝线路后方；使用 R 锁紧销时，大口均朝线路前方。

（4） 耐张绝缘子串上的螺栓、穿钉、锁紧销均由上向下穿；当使用 W 锁紧销时，绝缘子大口均应向上；当使用 R 锁紧销时，绝缘子大口均应向下，特殊情况可由内向外，由左向右穿入。

（5） 上下绝缘子串时，手脚要稳，并打好后备保护绳。

（6） 新旧绝缘子串上下时，要使用绝缘子方向控制绳，防止绝缘子串碰撞横担及其他部件。

（7） 承力工器具严禁以小代大，并应在有效的检验期内。

（8） 在脱离绝缘子串和导线连接前，应仔细检查承力工具各部连接，确保安全无误后方可进行。

（9） 在相分裂导线上工作时，安全带、绳应挂在同一根子导线上，后备保护绳应挂在整组相导线上。

三、停电更换 220kV 及以下线路间隔棒

（一）危险点分析和控制措施

停电更换 220kV 及以下线路间隔棒危险点有高空坠落、触电、物体打击、现场作业安全监护、作业人员回塔困难等，其控制措施有以下几方面：

1. 防止高空坠落措施

（1） 上杆塔作业前，应先检查安全带、脚钉、爬梯、防坠装置等是否完整牢靠，严禁利用绳索下滑。

（2） 上横担进行工作前，应检查横担连接是否牢固和腐蚀情况。在杆塔上作业时，应使用有后备绳或速差自锁器的双控背带式安全带，安全带和保护绳应分挂在杆塔不同部位的牢固构件上，应防止安全带从杆顶脱出或被锋利物损坏。人员在转位时，手扶的构件应牢固，且不得失去后备保护绳的保护。

（3） 杆塔上有人时，不准调整或拆除拉线。

（4） 在相分裂导线上工作时，安全带、绳应挂在同一根子导线上，后备保护绳应挂在整组相导线上。

2. 防止触电或感应触电措施

在同塔架设双回路作业时应注意以下几方面：

（1） 在带电导线附近所用工器具、材料应用绝缘无极绳索传递。

（2） 登塔作业人员、绳索、工器具及材料与带电体保持安全距离为 6m。

（3） 设专人监护，监护人不得从事其他工作。

（4）严格执行停电、验电、装设接地线、使用个人保安线制度。

3. 防止物体打击措施

（1）现场工作人员必须正确佩戴好安全帽。

（2）高空作业应使用工具袋，较大的工器具应固定在牢固的构件上，不准随便乱放。上下传递物件应用绳索拴牢传递，严禁上下抛掷。

（3）在高处作业现场，工作人员不得站在作业处的垂直下方，高空落物区不得有无关人员通行或逗留。在行人道口或人口密集区从事高处作业，工作点下方应设围栏或其他保护措施。

4. 现场作业安全监护

自作业开始至作业结束，安全监护人必须始终在作业现场对作业人员进行不间断的安全监护。

5. 作业人员回塔困难

作业人员应具备在本档距内独立往返走线能力且身体现状能够进行本次作业，否则禁止出线作业。

（二）作业前准备工作

1. 作业方式及作业条件

停电更换220kV及以下线路间隔棒时，应在良好天气下进行，如遇雷电、暴雨、冰雹、大雾、沙尘暴等恶劣天气不得进行作业，风力大于6级（双回路5级）时，一般不宜进行作业。

2. 人员组成

工作负责人1名，专职监护人1名，塔上作业人员一般2名，地面作业人员2名，共6人（根据工作现场实际情况可适当增减作业人员）。

3. 作业工器具、材料配备

（1）更换500kV线路间隔棒工器具主要有四线推拉器、滑车、绝缘绳等。

（2）主要材料为同型号间隔棒等。

（三）作业步骤和质量标准

1. 上杆（塔）作业前的准备

（1）工作人员根据工作情况选择工器具及材料并检查是否完好。

（2）工作人员检查杆塔根部是否完好。

（3）地面作业人员在适当的位置将传递绳理顺确保无缠绕。

（4）按工作票的要求在工作地段前后杆塔的导线上验明确无电压后装设好接地线。

2. 登塔作业

（1）塔上作业人员检查登塔工具及安全防护用具并确保良好、可靠。

（2）塔上作业人员戴好安全帽，携带安全带、后备保护绳、传递绳开始登塔。

3. 工器具安装

（1）塔上作业人员携带传递绳沿绝缘子串进入导线侧，系好安全带后，解开后备保护绳到工作位置。复合绝缘子必须沿硬梯、爬梯或软梯等辅助工具进入导线，严禁蹬踏复合绝缘子。

（2）地面作业人员将拆装间隔棒所需工器具及四线推拉器传递至导线上，塔上作业人员将四线推拉器安装在导线合适的位置上。

4. 拆除旧间隔棒

塔上作业人员将拆除的间隔棒绑扎在传递绳上，将被更换的间隔棒传至地面。

5. 安装新间隔棒

（1）地面作业人员利用传递绳将检查良好的新间隔棒传递至导线上。

（2）塔上作业人员将新间隔棒按正确方向安装在原位置上，检查其各部连接良好、牢固。

6. 工器具拆除

（1）塔上作业人员拆除四线推拉器，将四线推拉器及专用工器具分别传递至地面。

（2）导线上作业人员检查安装质量无问题后，解开安全带，携带传递绳回到塔上。

（3）拆除沿复合绝缘子进入导线所用的硬梯、爬梯或软梯等辅助工具时，塔上作业人员与地面作业人员配合用传递绳将辅助工具传递至地面。

（4）塔上作业人员检查塔上无任何遗留物后，解开安全带、后备保护绳，携带吊绳下塔。

7. 工作结束

工作负责人确认在杆塔上、导线上、绝缘子串上及其他辅助设备上没有遗留的个人保安线、工具、材料等，查明全部工作人员确由杆塔上撤下后，再命令拆除工作地段所挂的接地线，并向工作许可人汇报作业结束，终结工作票。

（四）注意事项

（1）分裂导线的间隔棒的结构面应与导线垂直，安装时应采用准确的方法测量次档距。

（2）杆塔两侧第一个间隔棒的安装距离偏差不应大于次档距的±1.5%，其余不应大于±3%。

（3）各相间隔棒安装位置应相互一致。

（4）销钉的穿入方向与旧间隔棒的穿入方向一致，弹性闭口销垂直穿者一律由上向下，不得用线材代替闭口销。

【思考与练习】

1. 造成绝缘子零值、低值的原因有哪些？
2. 绝缘子损坏有哪些表征？
3. 试编写停电更换耐张双串绝缘子单串中一片绝缘子的施工方法。
4. 输电线路金具可分为哪几类，举例说明。

模块 6　接地装置检修（Z05H2006Ⅱ）

【模块描述】本模块包含接地装置常见的缺陷、检修方法及相关安全注意事项等。通过内容介绍、操作流程讲解，掌握接地装置检修方法。

【模块内容】

一、工作内容

输电线路杆塔的接地装置包括引下线、引出线、接地网等。线路运行后受地形、地貌及外部环境等因素影响，出现接地体锈蚀（包括杆塔接地引下线、埋入地中的地网引出线、接地网）、假焊、地网外露、外力破坏撞击、被盗等缺陷。本部分主要介绍延长接地射线（施工方法采用氧焊焊接）降低接地电阻的方法。

降低接地电阻常见的方法：

（1）尽量利用杆塔金属基础，钢筋混凝土基础等自然接地体。

（2）尽量利用杆塔基础坑埋设人工接地体，避免了地面干湿的影响和偷盗。

（3）采用适当比例的食盐、木炭、铁屑与土壤混合。

（4）采用电阻率较低的土壤置换原电阻率较高的土壤，以达到降低接地电阻的目的。

（5）采用接地模块改善接地体电阻，这种方法既可降低接地电阻，也避免了腐蚀接地体。

（6）采用降阻剂与土壤混合来达到降低电阻的目的，不过一般降阻剂对接地体的腐蚀性较强。

（7）采用集中接地的方法，沿着杆塔附近周围（在杆塔的基础之外）挖一圈深600mm 的沟，在沟内每隔 3～5m 打一根垂直接地体（∟50mm×5mm×1500mm 的角钢），用 12 的圆钢或⊥50mm×5mm 扁钢将所有的垂直接地体相连（焊接）再与杆塔的接地引下线相连接。

二、危险点分析和控制措施

接地装置检修危险点主要有火灾、烫伤、碰伤等。其控制措施有以下几点：

1. 控制火灾措施

（1）禁止在存放有易燃易爆物品的房间内焊接。在易燃易爆材料附近焊接时，其最小水平距离不得小于5m，并根据现场实际情况采取可靠安全措施。

（2）在风力大于5级时，禁止露天焊接或气割。但在风力3～5级时进行露天焊接或气割时，必须搭设挡风屏以防止火星飞溅引起火灾。

（3）在有可能引起火灾的场所附近进行焊接工作时，必须有必要的消防器材。焊接人离开现场前必须进行检查，现场应无火种留下。

（4）严禁使用不合格的气焊工具，现场运输氧气瓶时应套橡皮圈，以防滚动和暴晒。应将瓶颈上的保险帽和气门侧面连接头的螺帽盖盖好，严禁氧气和乙炔瓶一起运送或储存，押运人员应坐在驾驶室内。工作中防止乙炔回火，防止引燃草木。

2. 控制烫伤措施

（1）焊接工应穿帆布工作服，戴工作帽，上衣不准扎在裤里，口袋须有遮盖，脚面应有鞋罩。焊接时戴防护皮手套，以免烧伤。焊接时应戴护目眼镜。

（2）进行焊接工作时，必须设有防止金属熔渣飞溅、掉落的措施，以防烫伤。

3. 控制碰伤措施

（1）现场埋设接地体时，要防止弹伤眼睛。

（2）挖接地槽时注意尖镐刨伤手脚或磕伤手。

（3）敷设接地线时，应观察周围情况，不得随意抛掷，防止发生意外。

（4）开挖接地体时，开挖人正前方禁止站人，多人开挖时，要保持一定距离。

三、作业前准备工作

1. 作业方式及作业条件

采用延长接地射线降低接地电阻方法，应在良好天气下进行，如遇雷、雨、雪、雾不得进行作业，风力大于6级时，一般不宜进行作业。

2. 人员组成

工作负责（监护）人1名，焊工1名，地面作业人员一般3名，共5人（根据工作现场实际情况可适当增减作业人员）。

3. 作业工具、材料配备

（1）所需工器具主要有铁锹、尖镐、焊枪、大锤、气焊工具、接地电阻测试仪等。

（2）所需材料主要有圆钢、扁钢、角钢等。

四、作业步骤和质量标准

1. 开挖接地槽

（1）按设计规定的接地体型式结合现场地形而定。在确定接地槽时应避开道路、电缆、地下管道等，当接地槽位于山坡上时，应防止山洪冲刷接地槽。

（2） 在山坡上挖接地槽时，应沿山坡的等高线开挖，遇有大石宜绕开开挖。

（3） 接地槽开挖深度应符合设计要求，耕地不得小于0.8m，非耕地不得小于0.6m，槽底应平整，并应清除沟中影响接地体与土壤接触的杂物。

2. 加装接地体（线）

（1） 接地体应平直无明显的弯曲，紧贴地槽底面。

（2） 接地装置焊接应连接可靠，连接前应清除连接部位的铁锈等附着物。

（3） 接地体的出土部分应经防腐处理，其防腐范围包括地下部分 300mm 以内，并与杆塔连接紧密良好，不得灌入混凝土基础保护帽中，便于以后打开测量接地电阻。

（4） 水平接地体在倾斜地形宜沿等高线敷设，两接地体间的平行距离不应小于5m，接地体敷设应平直，混合接地体的垂直接地体间距不应小于其长度的2倍，以减少屏蔽影响。

（5） 接地槽回填土时应一个人用脚踩住接地体，防止其跷起，边移动边回填土边夯实。回填土时应从原土中选取好土，清除石块、树枝等杂物，砂石槽应换电阻率小的土壤。

（6） 水平接地体一般采用圆钢或扁钢。垂直接地体一般采用角钢或钢管。新敷设接地体和接地引下线的规格：圆钢不小于 12mm、扁钢不小于⊥50mm×5mm、角钢不小于∟50mm×5mm×1500mm。接地引下线的表面应采取有效的防腐处理。

（7） 回填土时每回填 300mm 需夯实一次。接地槽上面应留有 300～500mm 的防沉层。

3. 连接接地装置

（1） 接地装置的连接应可靠，除设计规定的断开点可用螺栓连接外，其余应都用焊接或爆压连接。连接前应清除连接部位的铁锈等附着物。

（2） 搭接焊接时，其搭接长度：圆钢为直径的6倍，并应双面施焊；扁钢为宽度的2倍，并应四面施焊。

4. 测量接地电阻

接地体改造完成后，须测量杆塔接地电阻。接地电阻的测量方法应执行现行接地装置规程的有关规定。当设计对接地电阻已经考虑了季节系数时，则所测得的接地电阻值应符合换算后的要求。

5. 工作结束

工作负责人清理作业现场，盘点工具、材料数目，并向工作许可人汇报作业结束，线路没有遗留问题，终结工作票。

五、注意事项

（1） 垂直接地体应垂直打入，并防止晃动。

（2）接地引下线与杆塔的连接应接触良好。如引下线直接从架空地线引下时，引下线应紧靠杆身，每隔3m左右与杆身固定一次。

（3）改造后所测量的接地电阻值应满足考虑季节系数换算后的要求。

（4）接地绝缘电阻表放置平稳，摇动摇柄速度为120r/min。

（5）接地体应尽可能采用热镀锌钢材。

（6）焊接处必须做好防腐措施。

（7）遥测接地电阻时电流接地探针和电压接地探针应插在与线路垂直的方向。

【思考与练习】

1. 如何测量杆塔接地电阻？

2. 有些电杆接地引下线为什么要从杆顶引下？

3. 接地装置采用搭接焊接时有何要求？

4. 接地敷设时，应注意哪些事项？

◢ 模块7 基础维护（Z05H2007Ⅱ）

【模块描述】本模块包含影响基础稳定的因素、基础维护方法及相关安全注意事项等。通过上述内容介绍、知识讲解，掌握基础检修维护方法。

【模块内容】

一、工作内容

输电线路杆塔基础是线路的一个重要组成部分。其担负着杆塔在各种受力情况下的稳定性，确保不发生杆塔倾覆、下陷或上拔。但常常由于外力的影响，造成杆塔基础不能满足原设计的要求，致使杆塔产生上拔、下沉、变形或倾倒。因此，在日常的维护中必须加强线路的巡视并根据巡线的结果，及时做好基础的维护工作，以保证输电线路的可靠运行。

（一）影响基础稳定的因素

输电线路在运行过程中，由于某种原因造成基础的标高较原来的标高要低很多。如地势下沉、局部积水而产生不均匀沉降，个别地方堆土，形成一方受压；或者一方取土导致拉线基础上拔；山体滑坡造成基础松动、河边杆塔受河水的冲刷等各种现象。

（二）基础维护的方法

1. 培土

培土就是在基础周围填上泥土，一般应分层夯实，每回填300mm厚度夯实一次。要求夯实后高出地表300～500mm为宜，且上部边宽不得小于坑口边宽。

2. 排积水

对处于水塘中的杆塔基础一般采取排积水处理。通常可在基础的周围用混凝土砂浆砌成正方形石井（或采用混凝土浇筑），边长一般大于原基础 1000～2000mm 为宜，砌好后排干井内积水再进行回填土、沙石料并夯实，要求高出洪水位 500mm 以上。

3. 开挖排水沟和护坡

地处山坡上、河边的杆塔或拉线基础，由于受到流水（洪水）的冲刷，将造成基础的外露或塌方。对这种情况一般可采用开挖排水沟或护坡的方式，疏通流水（洪水）避免对杆塔的直接冲刷。

4. 加压防上拔

出现基础上拔的情况有两种：一种是置于吊档杆位的基础上拔；另一种是埋设深度不够或拉线盘上部承压面积太小以及拉线棒与拉线盘不垂直。加压防上拔有以下两种情况：

（1）吊档杆加压防上拔，一种在电杆下横担处重新加装防风拉线；另一种在悬垂线夹下端加装重锤。

（2）拉线防上拔，首先是加大拉线盘上部承压面积；其次是纠正拉棒与拉线盘不够垂直的夹角；再次是加大拉线盘埋设的深度或浇制重力型基础，如图 17–7–1 和图 17–7–2 所示。

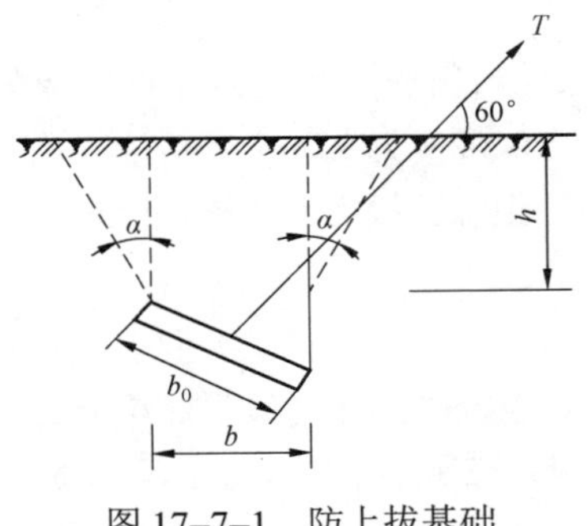

图 17–7–1　防上拔基础

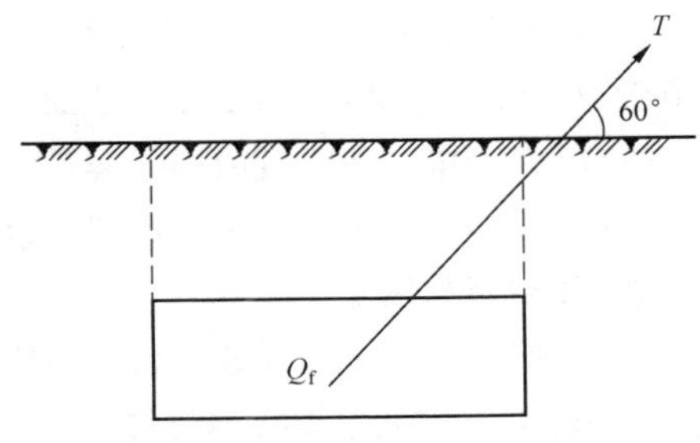

图 17–7–2　重力型基础

Q_f—基础自重力

5. 抗沉降

抗沉降工作较为复杂。它涉及杆塔位置具体的地质情况、地形地貌、杆塔型式以及基础设计和施工方法。通常有以下几种方法可以借鉴。

（1）排干基础周围积水，防止水土流失。

（2）人为的改善基础土质结构，挖开基础护土，用砂子或角石料填充基坑，并应留有 300～500mm 的防沉层。

（3） 加大基础下层承压面积（如增大电杆底盘、安装卡盘或增大铁塔基础型式）。

二、危险点分析和控制措施

杆塔基础维修危险点主要有高空坠落、触电、砸伤、挤碰伤等。其控制措施有以下几点：

1. 控制高空坠落措施

（1） 上杆塔作业前，应先检查杆根、拉线和基础是否牢固。登杆塔前，应先检查安全带、脚扣、脚钉、爬梯、防坠装置等是否完整牢靠。严禁利用绳索、拉线上下杆塔或顺杆下滑。

（2） 上横担进行工作前，应检查横担连接是否牢固和腐蚀情况。在杆塔上作业时，应使用有后备绳或速差自锁器的双控背带式安全带，安全带和保护绳应分挂在杆塔不同部位的牢固构件上，应防止安全带从杆顶脱出或被锋利物损坏。人员在转位时，手扶的构件应牢固，且不得失去后备保护绳的保护。

（3） 遇有冲刷、起土、上拔或导地线、拉线松动的杆塔，应先培土加固或支好架杆后再行登杆，打临时拉线时应先检查杆根情况，混凝土杆是否有影响登杆的裂纹、腐蚀、剥落、露筋、漏浆等情况。

（4） 杆塔上有人工作时，不准调整或拆除拉线。临时拉线不得使用白棕绳、麻绳等，绑扎工作应由有经验的人员担任，不得固定在有可能移动或其他不可靠的物体上。

2. 控制触电措施

（1） 登杆作业人员、杆塔所用绳索、工器具及材料应与带电体保持安全距离：330kV为4.0m；500kV为5.0m；750kV为8.0m；1000kV为9.0m。

（2） 在带电导线附近所用工器具、材料应使用绝缘无极绳索传递。

（3） 设专人监护，监护人不得从事其他工作。

3. 控制砸伤措施

（1） 挖基坑前必须安装好临时拉线，挖坑时，应及时清除坑口附件浮土。当坑深超过1.5m时，向上扬土时不得打伤坑口人员，防止土石块回落坑内。作业人员不得在坑内休息。

（2） 临时拉线要保证足够强度，全部开挖或在水坑上打临时拉线时，必须打好四方临时拉线。

（3） 临时拉线地锚应符合相关要求，埋设深度要足够，回填土要夯实。

（4） 在不影响铁塔稳定的情况下，可以在对角线的两个塔脚同时开挖，严禁四角同时开挖。

（5） 与工作无关人员应远离杆塔高度1.2倍距离以外。

（6） 上杆作业，小件工具和材料应放在个人工具袋内，大件工具和材料应用绳索传递并绑扎牢固。

（7）在居民区及交通道路附件开挖的基坑，应设坑盖或可靠遮栏，加挂警告标牌，夜间挂红灯。

4. 控制挤碰伤措施

（1）在杆塔基坑内有人工作时，各部拉线必须有专人看守。不准拆除或调整拉线，防止杆塔倾斜挤伤坑内工作人员。

（2）在土质松软处挖坑，应采取防止塌方措施，如加挡板、撑木等。任何人不得站在挡板、撑木上传递或放置传土工具或土、石。禁止由下部掏挖土层。

（3）正确使用搬运工器具防止磕碰伤手脚，坑内上下传递工具时防止打伤作业人员。

（4）挖坑时注意铁锹、尖镐不要碰伤手脚。

三、注意事项

（1）浇制重力型基础的混凝土标号不应低于C15，浇制同时应捣固，捣固要保证均匀。

（2）回填土时，每回填300mm厚度夯实一次，夯实程度应达到原状土密实度的80%及以上。

（3）回填土时，应先排除坑内积水。

（4）装配式基础、洪水冲刷严重的基础需要加固（或防腐）时，应事先打好杆塔临时拉线。

（5）修补、补强基础时，混凝土中严禁掺入氯盐，不同品种的混凝土不应在同一个基础腿中同时使用。

（6）杆塔及拉线基坑的回填，都应在坑面上筑防沉层。其上部不得小于坑口，其高度视夯实程度确定，一般为300～500mm。

【思考与练习】

1. 试列举本地区影响基础稳定的因素有哪些？
2. 结合本地实际情况，基础维护还有哪些方法？
3. 造成基础上拔有哪些原因？应如何处理？

模块8　输电线路导线断股停电缠绕修补作业指导书（Z05H2008Ⅲ）

【模块描述】本模块包含输电线路导线断股停电缠绕修补作业指导书编制的工作程序及相关安全注意事项。通过工序介绍、要点解释、流程讲解，熟练编制输电线路导线断股停电缠绕修补作业指导书。

【模块内容】

一、输电线路检修作业指导书的编制原则和格式

（一）作业指导书的一般构成

输电线路检修作业指导书的一般结构可由封面、范围、引用文件、天气及作业现场要求、作业人员要求、作业准备阶段、作业实施阶段、作业结束阶段、作业总结阶段、附录十项内容组成。

（二）指导书的内容与格式

1. 封面

封面由作业名称、编号、编写人及时间、审核人及时间、批准人及时间、作业负责人、作业工期、编写部门八项内容组成，线路导线修补作业指导书封面格式如图17-8-1所示。

编号：Q/×××

×××kV×××线导线修补作业指导书

编　写　人：＿＿＿＿＿＿＿＿　＿＿年＿＿月＿＿日
审　核　人：＿＿＿＿＿＿＿＿　＿＿年＿＿月＿＿日
批　准　人：＿＿＿＿＿＿＿＿　＿＿年＿＿月＿＿日
作业负责人：
作业日期：　　年　月　日　时至　　年　月　日　时

××检修公司（供电公司）×××

图17-8-1　线路导线修补作业指导书封面

（1）作业名称。包含：电压等级、线路名称、具体作业的杆塔号、作业内容。如“×××kV×××线导线修补作业指导书”。

（2）编号。应具有唯一性和可追溯性，便于查找。可采用企业标准编号，Q/×××，位于封面的右上角。

（3）编写人及时间。负责作业指导书的编写。在指导书编写人一栏内签名，并注明编写时间。

（4）审核人及时间。负责作业指导书的审批，对编写的正确性负责。在指导书审核人一栏内签名，并注明审核时间。

（5）批准人及时间。作业指导书执行的许可人。在指导书批准人一栏内签名，并注明批准时间。

（6）作业负责人。监督检查指导书的执行情况，对检修的安全、质量负责。在指导书作业负责人一栏内签名。

（7）作业日期。现场作业具体工作时间。

（8）编写部门。作业指导书的具体编写部门。

2. 范围

对作业指导书的应用范围做出具体的规定。如本作业指导书针对××kV××线导线修补作业指导书工作编写而成，仅适用于该项工作。

3. 引用文件

明确编写作业指导书所引用的法规、规程、标准、设备说明书及企业管理规定和文件（按标准格式列出）。

4. 天气及作业现场要求

本条款是指执行本次检修任务时，对气候条件和作业现场所条件提出的基本要求。

5. 作业人员要求

本条款是指执行本次检修任务时，对作业人员的配置情况和素质的基本要求。包括作业人员的分工、职责要求、精神状态、作业技能、安全资质和特殊工种资质等方面。

6. 作业准备阶段

作业准备阶段主要是对项目作业前的工作准备和安排，如查阅线路资料、明确作业方法并准备好工器具和材料、对作业人员分工、技术交底、进行作业危险点分析并制订控制措施、办理工作票等内容。

（1）准备工作安排。线路导线修补作业准备工作安排的记录格式见表17–8–1。

表17–8–1　线路导线修补作业准备工作安排记录

√	序号	内　容	标准	责任人	备注

（2）召开班前会。召开班前会的记录格式见表17–8–2。

表17–8–2　线路导线修补作业班前会记录

√	序号	内　容	标准	备注

（3）工器具。工器具包括专用工具、一般工器具、仪器仪表、电源设施等，并逐项记录在表17–8–3中。

表17–8–3　线路导线修补作业工器具表

√	序号	名　称	型号/规格	单位	数量	备注

（4）材料。材料包括装置性材料、消耗性材料等，并逐项记录在表17–8–4中。

表17–8–4 线路导线修补作业材料表

√	序号	名　称	型号/规格	单位	数量	备注

7. 作业实施阶段

（1）作业开工。规定办理开工许可手续前应检查落实的内容、宣读工作票、核对工作范围及设备、验电及挂接地线等内容，并逐项记录在表17–8–5中。

表17–8–5 线路导线修补作业开工

√	序号	内　容	作业人员签字

（2）危险点控制流程。本条款主要是对作业项目的危险点进行防范，主要有：高处坠落、高处坠物伤人、工器具失灵、触电或感应电伤人、现场作业安全监护等方面开展分析和防范，并将危险点部位或名称及其预防措施逐项记录在表17–8–6中。

表17–8–6 线路导线修补作业危险点及其预防措施

√	序号	危险点部位或名称	预　防　措　施

（3）作业内容及标准。针对每一项作业内容，明确作业步骤及工艺质量标准，并逐项记录在表17–8–7中。

表17–8–7 线路导线修补作业内容、作业步骤及工艺质量标准

√	序号	作业内容	作业步骤及工艺质量标准

8. 作业结束阶段

规定工作结束后的注意事项，如清理工作现场、关闭电源、检查临时接地线、短接线确已拆除、清点工具和材料、申请验收、办理工作票等。将工作程序名称、工作内容或要求逐项记录在表17–8–8中。

表 17-8-8　　线路导线修补作业工作程序名称、工作内容或要求

√	序号	工作程序名称	工作内容或要求	备注

9. 作业总结阶段

记录检修结果，对检修质量做出整体评价；记录存在问题及处理意见。

10. 附录

根据需要添加，如工具、材料等可以用附件的形式列出。

二、输电线路导线断股停电缠绕修补作业指导书编写

1. 作业指导书的封面

线路停电缠绕修补作业指导书的封面如图 17-8-2 所示。

编号：Q/×××

220kV（及以下）××线停电缠绕修补作业指导书

编　写　人：________________　　_____年___月___日

审　核　人：________________　　_____年___月___日

批　准　人：________________　　_____年___月___日

作业负责人：

作业日期：　　年　月　日　时至　　年　月　日　时

××检修公司（供电公司）×××

图 17-8-2　线路停电缠绕修补作业指导书封面

2. 适应范围

本作业指导书明确规定用于 220kV 及以下架空输电线路导线断股停电缠绕修补检修项目。

三、规范性引用文件

规范性引用文件是指编写作业指导书所引用的法规、规程、标准、设备说明书及企业管理规定和文件（按标准格式列出）。如本作业指导书编制的主要依据有以下内容：

（1）GB 50233—2005《110～500kV 架空送电线路施工及验收规范》。

（2）GB 50545—2010《110～750kV 架空输电线路设计规范》。

（3）DL/T 741—2019《架空输电线路运行规程》。

（4）DL/T 5168—2002《110～500kV 架空电力线路工程施工质量及评定规程》。

（5）DL 5009.2—2004《电力建设安全工作规程　第 2 部分：架空电力线路》。

（6）Q/GDW 1799.2—2013《国家电网公司电力安全工作规程（线路部分）》。

（7）国网（运检/4）305—2014《国家电网公司架空输电线路运维管理规定》。

四、天气及作业现场要求

本项作业必须满足以下天气和作业现场要求。

（1）在同杆塔架设的多回线路检修工作时，如遇雷、雨、冰雹及5级以上大风时，工作负责人应停止检修工作。

（2）在同杆塔架设的多回线路中，部分线路停电检修，作业人员对带电导线最小距离应不小于4.0m。

（3）在连续档距的导地线上挂梯（或飞车）时，其导地线的截面积要求：钢芯铝绞线和铝合金绞线不得小于120mm^2；钢绞线不得小于50mm^2（同等OPGW光缆和配套的LGJ—70/40型导线）。有下列情况之一者，应经验算合格，并经本单位主管生产领导（总工程师）批准后才能进行：

1）在孤立档的导地线上的作业。

2）在有断股的导地线和锈蚀的地线上的作业。

3）在钢芯铝绞线和铝合金绞线120mm^2，钢绞线50mm^2（同等OPGW光缆和配套的LGJ—70/40型导线）以外的其他型号导地线上的作业。

4）两人以上在同档同一根导地线上的作业。

五、作业人员配置、职责及要求

（1）工作负责（监护）人，定员1人，职责：负责本次工作任务的人员分工、工作前的现场勘察、作业方案的制订、工作票的填写、办理工作许可手续、召开工作班前会、负责作业过程中的安全监督、工作中突发情况的处理、工作质量的监督、工作后的总结。要求具有5年及以上的工作经验，年度《国家电网公司电力安全工作规程（电力线路部分）》考试合格，工作负责人资格考试合格并经公司安监部门认可批准。

（2）高空作业人员，定员2人，职责：负责本次导线断股停电缠绕修补过程作业。要求经医师鉴定无妨碍高空作业的疾病（体检合格）；具备必要的电气知识，熟悉《国家电网公司电力安全工作规程（电力线路部分）》及相关规程，并经考试合格；熟悉检修工艺、质量标准和运行知识。

（3）地面作业人员，定员3～4人，职责：负责本次作业过程的地面辅助工作，配合、协助杆上作业人员进行导线断股停电缠绕修补；要求具备必要的电气知识，熟悉《国家电网公司电力安全工作规程（电力线路部分）》及相关规程，并经考试合格；熟悉检修工艺、质量标准和运行知识。

六、作业准备阶段

1. 准备工作

线路停电缠绕修补作业准备工作的工作项目、工作内容或要求见表17–8–9。

表 17–8–9　　线路停电缠绕修补作业准备工作的项目、内容或要求

√	序号	工作项目	工作内容或要求	责任人
	1	勘察现场、查阅资料	（1）查阅施工线路的图纸资料，了解和掌握作业所需的资料，选用工器具。 （2）勘察现场，了解交叉跨越、平行线路、有无影响施工的障碍物等情况	
	2	工作方法	软梯头法	
	3	主要工器具及材料	详见表 17–8–15 和表 17–8–16	
	4	外包工资格审查	经过安全技术培训并考试合格；无妨碍工作的病症	

2. 召开班前会

线路停电缠绕修补作业班前会的内容及标准见表 17–8–10。

表 17–8–10　　线路停电缠绕修补作业班前会的内容及标准

√	序号	内　容	标　准	备注
	1	人员分工	根据作业内容及工作量确定具体的人员分工	
	2	技术交底	明确作业方法、工艺及质量标准	
	3	进行危险点分析并制订控制措施	危险点分析及控制措施详尽并有针对性	

3. 填写并签发工作票

完整填写工作票并履行审批、签发手续。

七、作业实施阶段

1. 作业开工

线路停电缠绕修补作业开工的工作项目、工作内容或要求见表 17–8–11。

表 17–8–11　线路停电缠绕修补作业开工的工作项目、工作内容或要求

√	序号	工作项目	工作内容或要求	备注
	1	办理工作许可手续	作业前与调度联系线路确已停电，并且安全措施已布置完毕，可以作业	
	2	宣读工作票	（1）工作负责人召集全体人员列队，宣读工作票，工作人员列队认真听票。 （2）工作负责人讲明工作中的危险点及控制措施，并对 2～3 人进行提问，无问题后方可开始作业	
	3	核对工作范围及设备	工作负责人接到工作许可命令后，率领工作班成员到达现场。工作负责人要亲自按工作票、缺陷传递单核对作业线路名称、杆塔号和色标	

续表

√	序号	工作项目	工作内容或要求	备注
	4	验电、挂地线	（1）由专人用合格的验电器在作业地段前后杆塔验电，并设专人监护。 （2）验明线路确无电压后，开始装设接地线。应先接接地端后接导线端，接地线应接触良好，连接可靠，接地线不得缠绕	

2. 危险点分析及控制措施

线路停电缠绕修补作业危险点部位或名称及其预防措施见表 17–8–12。

表 17–8–12　线路停电缠绕修补作业危险点部位或名称及其预防措施

√	序号	危险点部位或名称	预防措施
	1	高空坠落	（1）上杆塔作业前，应先检查杆根、拉线和基础是否牢固。登杆塔前，应先检查安全带、脚扣、脚钉、爬梯、防坠装置等是否完整牢靠。严禁利用绳索、拉线上下杆塔或顺杆下滑。 （2）上横担进行工作前，应检查横担连接是否牢固和腐蚀情况。在杆塔上作业时，应使用有后备绳或速差自锁器的双控背带式安全带，安全带和保护绳应分挂在杆塔不同部位的牢固构件上，应防止安全带从杆顶脱出或被锋利物损坏。 （3）人员在转位时，不得失去后备保护绳的保护。 （4）杆塔上有人时，不准调整或拆除拉线
	2	物体打击	（1）现场工作人员必须正确佩戴好安全帽。 （2）杆塔上作业人员要防止高空落物，使用的工器具、材料等应装在工具袋里，工器具要用绳索传递，杆塔下方严禁行人逗留。在行人道口或人口密集区作业，工作点下方应设围栏或其他保护措施
	3	工器具失灵	所用工器具要定期检查，使用前必须经专人检查，保证合格、配套、灵活好用
	4	防触电及感应电	（1）导地线下方跨越带电线路时，应注意导地线下沉情况，防止被检修的导地线触碰下方带电线路，必须设专人监护。 （2）在同杆塔架设多回线路时，部分线路停电作业检修，工作人员对带电导线最小安全距离不得小于 4.0m。 （3）绑扎线要在下面绕成小盘再带上杆塔使用。 （4）个人保安线应装设牢固，防止脱落
	5	现场作业安全监护	自作业开始至结束，安全监护人必须始终在作业现场对作业人员进行不间断的安全监护

3. 作业内容及质量控制流程

线路停电缠绕修补作业项目或内容、作业要求及工艺质量标准见表 17–8–13。

表 17–8–13　线路停电缠绕修补作业项目或内容、作业要求及工艺质量标准

√	序号	作业项目或内容	作业要求及工艺质量标准
	1	工器具摆放	在塔位附近选一较平坦处（有条件可铺好苫布），将所用工器具依次摆放好
	2	悬挂传递绳	塔上作业人员戴好安全帽，携带传递绳上塔，到合适位置，系好安全带及后备保护绳后，将传递绳挂在杆塔合适位置
	3	准备出线	（1）塔上作业人员携带传递绳沿绝缘子串进入导线侧，系好安全带；对复合绝缘子线路，应通过复合绝缘子下线硬或软梯进入导线侧，严禁踩踏复合绝缘子。 （2）塔上作业人员将导线保护绳一端固定在导线上，另一端固定在横担上，做好双重保护。 （3）导线上作业人员拆除出线侧导线防振锤。 （4）地面作业人员将软梯头传递至导线上。 （5）导线上作业人员将软梯头安装在导线上，并扣好软梯头闭锁装置。 （6）软梯头的两端分别系好牵引绳（一端由地面作业人员直接控制，另一端通过导线横担上的滑轮控制）。 （7）导线上作业人员携带传递绳坐到软梯头上，再将安全带系到导线上后，解开后备保护绳
	4	出线作业	（1）地面作业人员通过牵引绳匀速拖动软梯头至工作位置。 （2）导线上作业人员选择合适位置安装好传递绳。 （3）地面作业人员将补修导线用的材料传递至导线上。 （4）导线上作业人员首先将损伤导线处整平、打磨后，均匀地涂上一层导电脂，然后用铝丝顺导线平压一段开始缠绕，缠绕方向与导线外层铝线绞制方向一致，修补铝线要紧压导线，其中心应位于损伤最严重处，并应将损伤部位全部覆盖，最后线头要和先压紧线头绞紧。 （5）导线上作业人员修补完成后，要求修补最短距损伤部位边缘单边不得少于 50mm，补修表面平滑、无毛刺。 （6）检查无问题，出线作业人员恢复被拆除的防振锤后返回塔上
	5	工器具拆除	（1）塔上作业人员拆下软梯头、导线保护绳及其他工器具传至地面。 （2）塔上作业人员检查作业各部位正常、完好，塔上无任何遗留物。 （3）塔上人员携带传递绳下塔

八、作业结束阶段

线路停电缠绕修补作业结束后，应按表 17–8–14 的要求进行检查。

表 17–8–14　线路停电缠绕修补作业结束后的检查

√	序号	工作程序	工作内容或要求	备注
	1	作业现场清理	达到工完、场清、料净	
	2	盘点工具、材料数量	按表 17–8–15 和表 17–8–16 核实工具、材料数量	
	3	申请办理质量验收	由验收单位按工艺标准及有关规程组织施工质量验收	
	4	拆除接地线、人员撤离	工作结束后，工作负责人检查作业现场无问题、确定所有人员下塔后，下令拆除接地线	

续表

√	序号	工作程序	工作内容或要求	备注
	5	办理工作票终结手续	工作负责人向工作许可人汇报作业结束，现场人员全部下塔后，线路所挂的接地线已全部拆除，没有遗留问题，可以恢复送电	

九、作业总结阶段

1. 召开班后会

总结本次作业安全、质量情况以及经验、教训，并将详细内容记入“班组工作日志”中。

2. 整理资料及归档

将本次检修情况分别填入相应的记录及技术档案中。

十、附录

附录列举了本次作业的主要工器具和材料清单，实际作业时应根据作业方式和检修内容确定数量。

1. 主要工器具（见表 17–8–15）

表 17–8–15 线路停电缠绕修补作业主要工器具

序号	名称	规　　格	单位	数量	备注
1	绝缘循环绳		根	1	
2	单轮滑车	10kN	只	1	
3	软梯头		架	1	
4	个人保安线		根	1	
5	钢丝绳套	ϕ12.5	只	1	
6	验电笔		支	1	同线路电压等级
7	主接地线	截面积不得小于 25mm^2	组	2	
8	硬（软）梯		副	1	上下合成绝缘子用
9	导线保护绳		根	1	
10	个人工具		套	2	含安全工具

2. 材料清单（见表 17–8–16）

表 17–8–16 线路停电缠绕修补作业材料清单

序号	名称	规　　格	单位	数量	备注
1	铝线	同导线规格	根		

续表

序号	名称	规　　格	单位	数量	备注
2	导电脂		瓶	1	
3	预绞丝		根		根据实际情况而定

注　表 17-8-15 和表 17-8-16 使用时，应根据实际情况填写。

【思考与练习】

1. 该作业指导书的由哪几部分构成？
2. 在连续档距的导地线上挂梯（或飞车）时，其导地线的截面积有哪些要求？
3. 该作业指导书中工作负责人的职责和要求是什么？

模块 9　输电线路耐张杆塔停电综合检修作业指导书（Z05H2009Ⅲ）

【模块描述】本模块包含输电线路耐张杆塔停电综合检修作业指导书编制的工作程序及相关安全注意事项。通过内容介绍、流程讲解，熟练编制输电线路耐张杆塔停电综合检修作业指导书。

【模块内容】

一、作业指导书的封面

作业指导书的封面编制参见 Z05H2008 模块的封面编制。

二、适用范围

本作业指导书适用于 220kV 及以下架空送电线路标准检修项目耐张杆塔停电综合检查并处理缺陷。

三、规范性引用文件

下列文件中的条款通过本作业指导书的引用而成为本作业指导书的条款。

（1）GB 50233—2005《110～500kV 架空送电线路施工及验收规范》。

（2）GB 50545—2010《110～750kV 架空输电线路设计规范》。

（3）DL/T 741—2019《架空输电线路运行规程》。

（4）DL/T 5168—2002《110～500kV 架空电力线路工程施工质量及评定规程》。

（5）DL 5009.2—2004《电力建设安全工作规程　第 2 部分：架空电力线路》。

（6）Q/GDW 1799.2—2013《国家电网公司电力安全工作规程（线路部分）》。

（7）国网（运检/4）305—2014《国家电网公司架空输电线路运维管理规定》。

（8）国网（运检/4）310—2014《国家电网公司架空输电线路检修管理规定》。

四、天气及作业现场要求

（1）架空输电线路停电检修工作时，如遇雷、雨、冰雹及 6 级（双回路 5 级）以上大风时，工作负责人可临时停止检修工作。

（2）在同杆塔架设的多回线路中，部分线路停电检修，应保证工作人员对带电导线最小距离不小于表 17–9–1 的安全距离时，才能进行。

表 17–9–1　工作人员对带电导线的最小距离要求

电压等级（kV）	安全距离（m）	电压等级（kV）	安全距离（m）
35	2.5	220	4.0
66 ～ 110	3.0	500	6.0

五、作业人员配置、职责及要求

（1）工作负责（监护）人，定员 1 人，职责：负责本次工作任务的人员分工、工作前的现场查勘、作业方案的制定、工作票的填写、办理工作许可手续、召开工作班前会、负责作业过程中的安全监督、工作中突发情况的处理、工作质量的监督、工作后的总结；要求具有 5 年及以上的工作经验；年度《国家电网公司电力安全工作规程（电力线路部分）》考试合格；工作负责人资格考试合格并经公司安监部认可批准。

（2）杆上作业人员，定员 2 人，职责：负责本次耐张杆、塔的检修作业；要求经医师鉴定无妨碍高空作业的疾病（体检合格）；具备必要的电气知识，熟悉《国家电网公司电力安全工作规程（电力线路部分）》及相关规程，并经考试合格；熟悉检修工艺、质量标准和运行知识。

（3）地面作业人员，定员 2 人，职责：负责本次作业过程的地面辅助工作，配合、协助高空作业人员进行检修工作；要求具备必要的电气知识，熟悉《国家电网公司电力安全工作规程（电力线路部分）》及相关规程，并经考试合格；熟悉检修工艺、质量标准和运行知识。

六、作业准备阶段

1. 准备工作

输电线路耐张杆塔停电综合检修作业准备工作的工作项目、工作内容或要求见表 17–9–2。

表 17–9–2　输电线路耐张杆塔停电综合检修作业准备工作

√	序号	工作项目	工作内容或要求	责任人
	1	勘察现场、查阅资料	（1）查阅施工线路的图纸资料，了解和掌握作业所需的各种参数，并据此选用工器具。 （2）勘察现场情况	

续表

√	序号	工作项目	工作内容或要求	责任人
	2	工作方法	综合检查和检修	
	3	主要工器具及材料	详见表 17–9–8 和表 17–9–9	
	4	外包工资格审查	必须经安全技术培训并考试合格；无妨碍工作的病症	

2. 召开班前会

输电线路耐张杆塔停电综合检修作业班前会的内容及标准见表 17–9–3。

表 17–9–3 输电线路耐张杆塔停电综合检修作业班前会的内容及标准

√	序号	内 容	标 准	备注
	1	人员分工	根据作业内容及工作量确定具体的人员分工	
	2	技术交底	明确作业方法、工艺及质量标准	
	3	进行危险点分析并制定控制措施	危险点分析及控制措施详尽并有针对性	

3. 填写并签发工作票

完整填写工作票并履行审批、签发手续。

七、作业实施阶段

1. 作业开工

输电线路耐张杆塔停电综合检修作业开工的工作项目、工作内容或要求见表 17–9–4。

表 17–9–4 输电线路耐张杆塔停电综合检修作业开工的工作项目、内容或要求

√	序号	工作项目	工作内容或要求	备注
	1	办理工作许可手续	作业前与调度联系线路确已停电，办理工作许可手续，并且安全措施已布置完毕，可以作业	
	2	宣读工作票	（1）工作负责人召集全体人员列队，宣读工作票，工作人员列队认真听票。 （2）工作负责人讲明工作中的危险点及控制措施，并对 2～3 人进行提问，无问题后方可开始作业	
	3	核对工作范围及设备	工作负责人接到工作许可命令后，率领工作班成员到达现场。工作负责人要亲自按工作票、缺陷传递单核对作业线路名称、杆塔号和色标	
	4	验电、挂地线	（1）由专人用合格的验电器在作业地段前后杆塔验电，并设专人监护。 （2）验明线路确无电压后，开始装设接地线。应先接接地端后接导线端，接地线应接触良好，连接可靠；接地线不得缠绕	

2. 危险点分析及控制措施

输电线路耐张杆塔停电综合检修作业实施过程中的危险点部位或名称及其预防措施见表 17–9–5。

表 17–9–5 输电线路耐张杆塔停电综合检修作业危险点及预防措施

√	序号	危险点部位或名称	预防措施
	1	高空坠落	（1）上杆塔作业前，应先检查杆根、拉线和基础是否牢固。登杆塔前，应先检查安全带、脚扣、脚钉、爬梯、防坠装置等是否完整牢靠。严禁利用绳索、拉线上下杆塔或顺杆下滑。 （2）上横担进行工作前，应检查横担连接是否牢固和腐蚀情况。在杆塔上作业时，应使用有后备绳或速差自锁器的双控背带式安全带，安全带和保护绳应分挂在杆塔不同部位的牢固构件上，应防止安全带从杆顶脱出或被锋利物损坏。 （3）人员在转位时，不得失去后备保护绳的保护。 （4）杆塔上有人时，不准调整或拆除拉线
	2	物体打击	（1）现场工作人员必须正确佩戴好安全帽。 （2）杆塔上作业人员要防止高空落物，使用的工器具、材料等应装在工具袋里，工器具要用绳索传递，杆塔下方严禁行人逗留。在行人道口或人口密集区作业，工作点下方应设围栏或其他保护措施
	3	工器具失灵	所用工器具要定期检查，使用前必须经专人检查，保证合格、配套、灵活好用
	4	防触电及感应电	（1）导地线下方跨越带电线路时，应注意导地线下沉情况，防止被检修的导地线触碰下方带电线路，必须设专人监护。 （2）在同杆塔架设多回线路时，部分线路停电作业检修，工作人员对带电导线最小安全距离不得小于表 17–9–1 的数值。 （3）绑扎线要在下面绕成小盘再带上杆塔使用。 （4）个人保安线应装设牢固，防止脱落
	5	现场作业安全监护	自作业开始至结束，安全监护人必须始终在作业现场对作业人员进行不间断的安全监护

3. 作业内容及工艺质量标准

输电线路耐张杆塔停电综合检修作业项目或内容、作业要求及工艺质量标准应符合表 17–9–6 的要求。

表 17–9–6 输电线路耐张杆塔停电综合检修作业内容、作业要求及工艺质量标准

√	序号	作业项目或内容	作业要求及工艺质量标准
	1	工器具摆放	在杆塔附近选一块平坦处，将所有工器具依次摆放好
	2	系好安全绳、挂好个人保安线	在杆塔适当位置系好安全带，挂好个人保安线
	3	挂好传递绳	在杆塔适当位置挂好传递绳

续表

√	序号	作业项目或内容	作业要求及工艺质量标准
	4	杆塔、基础及拉线	基础及拉线附近土壤无流失；铁塔无锈蚀、变形、构件无丢失；混凝土电杆无横纵向裂纹、倾斜；拉线无严重锈蚀、断股、防盗帽齐全；无影响登杆的问题
	5	架空导地线部分	架空导地线与线夹结合部无锈蚀、导地线线夹螺栓连接紧固、开口销到位；地线支架连接紧固；导地线无断股、松股；导线对杆塔的距离满足运行要求；导地线防振锤无移位、连接紧固
	6	绝缘部分	与导线横担的连接紧固；瓷质绝缘子之间连接紧固、弹簧销到位；与导线线夹的连接紧固；瓷质绝缘子无裂纹、釉面无损伤、钢帽及球头无裂纹；复合绝缘子表面无损伤、表面无污垢及附着物、伞群无龟裂
	7	检查引流板、并沟线夹、螺栓	紧固引流板、并沟线夹螺栓，涂导电膏（打开周期为四年一次）
	8	接地装置部分检查	混凝土电杆的外敷设接地引下线与地线支架的连接是否牢靠；接地引下线的地面部分与地网的连接是否牢靠；接地装置无严重锈蚀、无缺损
	9	清点个人工器具	检查杆上是否有遗留工器具
	10	拆除个人保安线和安全带	
	11	下杆（塔）	

八、作业结束阶段

作业结束后应检查的工作程序的工作内容或要求见表 17–9–7。

表 17–9–7　输电线路耐张杆塔停电综合检修作业结束后的检查

√	序号	工作程序	工作内容或要求	备注
	1	作业现场清理	达到工完、场清、料净	
	2	盘点工具、材料数量	按表 17–9–8 和 17–9–9 核实工具、材料数量	
	3	申请办理质量验收	由验收单位按工艺标准及有关规程组织施工质量验收	
	4	拆除接地线、人员撤离	工作结束后，工作负责人检查作业现场无问题、确定所有人员下塔后，下令拆除接地线	
	5	办理工作票终结手续	工作负责人向工作许可人汇报作业结束，现场人员全部下塔后，线路所挂的接地线已全部拆除，没有遗留问题，可以恢复送电	

九、作业总结阶段

1. 召开班后会

总结本次作业安全、质量情况以及经验、教训，并将详细内容记入“班组工作日志”中。

2. 整理资料及归档

将本次检修情况分别填入相应的记录及技术档案中。

十、附录

输电线路耐张杆塔停电综合检修主要工器具和材料清单。

1. 主要工器具（见表 17–9–8）

表 17–9–8　输电线路耐张杆塔停电综合检修主要工器具

序号	名称	规　　格	单位	数量	备注
1	个人工具		套	2	含安全工具
2	个人保安线		根	2	
3	登杆工具	试验合格	副	2	
4	梅花扳手		套	2	
5	毛巾		条	2	
6	验电笔		支	1	同线路电压等级
7	主接地线	截面积不得小于 $25mm^2$	组	2	
8	硬梯		副	1	上下复合绝缘子用

2. 材料清单（见表 17–9–9）

表 17–9–9　输电线路耐张杆塔停电综合检修材料清单

序号	名称	规　　格	单位	数量	备注
1	锁紧销		个		
2	导电脂		瓶	1	
3	砂纸	0 号	张		用于引流板接触面打磨
4	螺栓、螺帽		套		根据实际情况而定
5	塔材		根		根据实际情况而定

注　表 17–9–8 和表 17–9–9 使用时，应根据实际情况填写。

【思考与练习】

1. 耐张杆塔检修的天气及现场要求是什么？
2. 班前会的内容及要求是什么？
3. 防高空坠落的预控措施是什么？

模块 10　输电线路停电更换耐张整串绝缘子作业指导书（Z05H2010Ⅲ）

【模块描述】本模块包含输电线路停电更换耐张整串绝缘子作业指导书编制的工作程序及相关安全注意事项。通过内容介绍、流程讲解，熟练编制输电线路停电更换耐张整串绝缘子作业指导书。

【模块内容】

一、作业指导书的封面

作业指导书的封面编制参见 Z05H2008 模块的封面编制。

二、适用范围

本作业指导书适用于 220kV 及以下架空输电线路停电更换耐张杆塔绝缘子串。

三、规范性引用文件

下列文件中的条款通过本作业指导书的引用而成为本作业指导书的条款。

（1） GB 50233—2005《110～500kV 架空送电线路施工及验收规范》。

（2） GB 50545—2010《110～750kV 架空输电线路设计规范》。

（3） DL/T 741—2019《架空输电线路运行规程》。

（4） DL/T 5168—2002《110～500kV 架空电力线路工程施工质量及评定规程》。

（5） DL 5009.2—2004《电力建设安全工作规程　第 2 部分：架空电力线路》。

（6） Q/GDW 1799.2—2013《国家电网公司电力安全工作规程（线路部分）》。

（7） 国网（运检/4）305—2014《国家电网公司架空输电线路运维管理规定》。

（8） 国网（运检/4）310—2014《国家电网公司架空输电线路检修管理规定》。

四、天气及作业现场要求

（1） 架空输电线路停电检修工作时，如遇雷、雨、冰雹及 6 级以上大风时（双回路 5 级大风），工作负责人可临时停止检修工作。

（2） 在同杆塔架设的多回线路中，部分线路停电检修，应保证工作人员对带电导线最小距离不小于 4.0m。

五、作业人员配置及职责

（1） 工作负责（监护）人，定员 1 人。职责：负责本次工作任务的人员分工、工作前的现场查勘、作业方案的制定、工作票的填写、办理工作许可手续、召开工作班前会、负责作业过程中的安全监督、工作中突发情况的处理、工作质量的监督、工作后的总结；要求具有 5 年及以上的工作经验；年度《国家电网公司电力安全工作规程（电力线路部分）》考试合格；工作负责人资格考试合格并经公司安监部认可批准。

（2）高空作业人员，定员 2 人。职责：负责本次更换耐张杆塔绝缘子（整串）过程的作业；要求经医师鉴定无妨碍高空作业的疾病（体检合格）；具备必要的电气知识，熟悉《国家电网公司电力安全工作规程（电力线路部分）》及相关规程，并经考试合格；熟悉检修工艺、质量标准和运行知识。

（3）地面作业人员，定员 4 人。职责：负责本次作业过程的地面辅助工作，配合、协助高空作业人员进行检修工作；要求具备必要的电气知识，熟悉《国家电网公司电力安全工作规程（电力线路部分）》及相关规程，并经考试合格；熟悉检修工艺、质量标准和运行知识。

六、作业准备阶段

1. 准备工作

输电线路停电更换耐张整串绝缘子作业准备工作的工作项目、工作内容或要求见表 17–10–1。

表 17–10–1 输电线路停电更换耐张整串绝缘子作业准备工作

√	序号	工作项目	工作内容或要求	责任人
	1	勘察现场、查阅资料	（1）查阅施工线路的图纸资料，了解和掌握作业所需的各种参数。复核导线荷载，并据此选用工器具； （2）勘察现场，了解交叉跨越、平行线路、有无影响施工的障碍物等情况	
	2	工作方法	手扳葫芦双吊法	
	3	主要工器具及材料	详见表 17–10–7 和 17–10–8	
	4	外包工资格审查	必须经安全技术培训并考试合格；无妨碍工作的病症	

2. 召开班前会

输电线路停电更换耐张整串绝缘子作业班前会的内容和标准见表 17–10–2。

表 17–10–2 输电线路停电更换耐张整串绝缘子作业班前会的内容和标准

√	序号	内容	标 准	备注
	1	人员分工	根据作业内容及工作量确定具体的人员分工	
	2	技术交底	明确作业方法、工艺及质量标准	
	3	进行危险点分析并制订控制措施	危险点分析及控制措施详尽并有针对性	

3. 填写并签发工作票

完整填写工作票并履行审批、签发手续。

七、作业实施阶段

1. 作业开工

输电线路停电更换耐张整串绝缘子作业开工的工作项目、工作内容或要求见表 17–10–3。

表 17–10–3 输电线路停电更换耐张整串绝缘子作业开工的项目、工作内容或要求

√	序号	工作项目	工作内容或要求	备注
	1	办理工作许可手续	作业前与调度联系线路确已停电，办理工作许可手续，并且安全措施已布置完毕，可以作业	
	2	宣读工作票	（1）工作负责人召集全体人员列队，宣读工作票，工作人员列队认真听票。 （2）工作负责人讲明工作中的危险点及控制措施，并进行提问，无问题后方可开始作业	
	3	核对工作范围及设备	工作负责人接到工作许可命令后，率领工作班成员到达现场。工作负责人要亲自按工作票、缺陷传递单核对作业线路名称、杆塔号和色标	
	4	验电、挂接地线	（1）由专人用合格的验电器在作业地段前后杆塔验电，并设专人监护。 （2）验明线路确无电压后，开始装设接地线。应先接接地端后接导线端，接地线应接触良好，连接可靠；接地线不得缠绕	

2. 危险点分析及控制措施

输电线路停电更换耐张整串绝缘子作业实施阶段的危险点及其预防措施见表 17–10–4。

表 17–10–4 输电线路停电更换耐张整串绝缘子作业危险点及其预防措施

√	序号	危险点部位或名称	预 防 措 施
	1	高空坠落	（1）上杆塔作业前，应先检查杆根、拉线和基础是否牢固。登杆塔前，应先检查安全带、脚扣、脚钉、爬梯、防坠装置等是否完整牢靠。严禁利用绳索、拉线上下杆塔或顺杆下滑。 （2）上横担进行工作前，应检查横担连接是否牢固和腐蚀情况。在杆塔上作业时，应使用有后备绳或速差自锁器的双控背带式安全带，安全带和保护绳应分挂在杆塔不同部位的牢固构件上，应防止安全带从杆顶脱出或被锋利物损坏。 （3）人员在转位时，不得失去后备保护绳的保护。 （4）杆塔上有人时，不准调整或拆除拉线
	2	物体打击	（1）现场工作人员必须正确佩戴好安全帽。 （2）杆塔上作业人员要防止高空落物，使用的工器具、材料等应装在工具袋里，工器具要用绳索传递，杆塔下方严禁行人逗留。在行人道口或人口密集区作业，工作点下方应设围栏或其他保护措施

续表

√	序号	危险点部位或名称	预 防 措 施
	3	工器具失灵	所用工器具要定期检查，使用前必须经专人检查，保证合格、配套、灵活好用
	4	防触电及感应电	（1）导地线下方跨越带电线路时，应注意导地线下沉情况，防止被检修的导地线触碰下方带电线路，必须设专人监护。 （2）在同杆塔架设多回线路时，部分线路停电作业检修，工作人员对带电导线最小安全距离不得小于4.0m。 （3）绑扎线要在下面绕成小盘再带上杆塔使用。 （4）个人保安线应装设牢固，防止脱落
	5	现场作业安全监护	自作业开始至结束，安全监护人必须始终在作业现场对作业人员进行不间断的安全监护

3. 作业内容及工艺质量标准

输电线路停电更换耐张整串绝缘子作业项目或内容、作业要求及工艺质量标准见表17–10–5。

表17–10–5 输电线路停电更换耐张整串绝缘子作业内容及工艺质量标准

√	序号	作业项目或内容	作业要求及工艺质量标准
	1	工器具摆放	在杆位附近选一较平坦处（有条件可铺好苫布），将所用工器具依次摆放好
	2	悬挂传递绳	杆上作业人员戴好安全帽，携带传递绳上塔到合适位置，系好安全带后，将传递绳挂在合适位置
	3	工器具的传递、安装	（1）杆上作业人员系好安全带、后备保护绳，进入导线侧的工作位置。在横担侧和导线侧分别安装主吊绳。 （2）杆上作业人员互相配合做好导线的后备保护绳，并将导线后备保护绳安装在合适的位置上。 （3）杆下作业人员利用传递绳将两套张力转换系统（前后端连接工具，钢丝绳、手扳葫芦等）传递到杆上。 （4）杆上作业人员将两套张力转换系统分别安装在被更换绝缘子串的两侧。 （5）杆上作业人员互相配合安装好托瓶架。 （6）所有工具安装完毕后，杆上作业人员均匀收紧手扳葫芦，使其承受一定张力。对张力转换系统的各个连接及受力部位进行全面检查
	4	转移导线荷载	（1）确认张力转换系统工作状态良好，杆上作业人员分别拔除绝缘子串两端的弹簧销。 （2）收紧手扳葫芦使绝缘子串松弛至托瓶架上，适当调整导线后备保护绳，将绝缘子串承担的导线张力转移至张力转换系统
	5	旧绝缘子串拆除	（1）杆上作业人员将绝缘子串前后连接点分别与金具脱离。 （2）用主吊绳将绝缘子串系牢，杆上、地面作业人员配合传递至地面
	6	新绝缘子的检查与测试	地面作业人员检查新绝缘子，应完好无损、表面清洁，用5000V绝缘电阻表逐个进行测量，绝缘电阻值大于500MΩ，检查绝缘子钢帽、绝缘体、钢脚在同一轴线上

续表

√	序号	作业项目或内容	作业要求及工艺质量标准
	7	新绝缘子串的安装	（1）地面作业人员将检验合格的绝缘子串用主吊绳系牢后，杆上、地面作业人员配合传递到杆上。 （2）杆上作业人员将绝缘子推至托瓶架上，恢复绝缘子串前后连接点的连接，并安装好弹簧销，检查绝缘子及作业各部位的连接状况，调整绝缘子串的开口方向，使其一致
	8	恢复导线荷载	（1）调整导线后备保护绳。 （2）横担侧作业人员松动手扳葫芦使张力转移到绝缘子串上
	9	工器具拆除	（1）检查各部金具连接无问题后，拆除工器具及导线保护绳传至地面，导线侧作业人员返回杆上。 （2）杆上作业人员检查作业各部位正常、完好，杆上无任何遗留物。 （3）杆上人员解开安全带、后备保护绳，携带传递绳下至地面

八、作业结束阶段

输电线路停电更换耐张整串绝缘子作业结束后，按表 17–10–6 进行检查。

表 17–10–6　输电线路停电更换耐张整串绝缘子作业结束后的检查

√	序号	工作程序名称	工作内容或要求	备注
	1	作业现场清理	达到工完、场清、料净	
	2	盘点工具、材料数量	按表 17–10–7 和表 17–10–8 核实工具、材料数量	
	3	申请办理质量验收	由验收单位按工艺标准及有关规程组织施工质量验收	
	4	拆除接地线、人员撤离	工作结束后，工作负责人检查作业现场无问题、确定所有人员下塔后，下令拆除接地线	
	5	办理工作票终结手续	工作负责人向工作许可人汇报作业结束，现场人员全部下塔后，线路所挂的接地线已全部拆除，没有遗留问题，可以恢复送电	

九、作业总结阶段

1. 召开班后会

总结本次作业安全、质量情况以及经验、教训，提出改进意见，并将详细内容记入“班组工作日志”中。

2. 整理资料及归档

将本次检修情况分别填入相应的记录及技术档案中。

十、附录

输电线路停电更换耐张整串绝缘子作业主要工器具及材料清单。

1. 主要工器具（见表 17–10–7）

表 17–10–7 输电线路停电更换耐张整串绝缘子作业主要工器具

序号	工器具、机械名称	规格型号	单位	数量	备注
1	手扳葫芦	30kN	套	2	
2	托瓶架		副	1	
3	导线后备保护绳		根	1	
4	钢丝绳套	ϕ16×2m	只	2	
5	滑车组	30kN	套	1	
6	主吊绳	ϕ14	根	1	
7	传递绳		根	3	
8	U 形环	100kN	只	2	
9	毛巾		条	2	
10	验电笔		支	1	同线路电压等级
11	主接地线	截面积不得小于 25mm^2	组	2	
12	个人保安线		根	1	
13	绝缘电阻表	5000V	只	1	
14	脚扣		副	1	
15	个人工具		套	2	含安全工具

2. 材料清单（见表 17–10–8）

表 17–10–8 输电线路停电更换耐张整串绝缘子作业材料清单

序号	材料名称	规格型号	单位	数量	备注
1	绝缘子	根据实际情况而定	片		
2	弹簧销子		颗	若干	

注 表 17–10–7 和表 17–10–8 使用时，应根据实际情况填写。

【思考与练习】

1. 停电更换耐张整串绝缘子的天气及现场要求是什么？
2. 班前会的内容及要求是什么？
3. 防高空坠落的预控措施是什么？

模块 11 输电线路停电更换直线单片绝缘子作业指导书（Z05H2011Ⅲ）

【模块描述】本模块包含输电线路停电更换直线单片绝缘子作业指导书编制的工作程序及相关安全注意事项。通过内容介绍、流程讲解，熟练编制输电线路停电更换直线单片绝缘子作业指导书。

【模块内容】

一、作业指导书的封面

作业指导书的封面编制参见 Z05H2008 模块的封面编制。

二、适用范围

本作业指导书适用于 220kV 及以下架空输电线路标准检修项目停电更换直线杆塔单片绝缘子。

三、规范性引用文件

下列文件中的条款通过本作业指导书的引用而成为本作业指导书的条款。

（1） GB 50233—2005《110～500kV 架空送电线路施工及验收规范》。

（2） GB 50545—2010《110～750kV 架空输电线路设计规范》。

（3） DL/T 741—2019《架空输电线路运行规程》。

（4） DL/T 5168—2002《110～500kV 架空电力线路工程施工质量及评定规程》。

（5） DL 5009.2—2004《电力建设安全工作规程 第 2 部分：架空电力线路》。

（6） Q/GDW 1799.2—2013《国家电网公司电力安全工作规程（线路部分）》。

（7） 国网（运检/4）305—2014《国家电网公司架空输电线路运维管理规定》。

（8） 国网（运检/4）310—2014《国家电网公司架空输电线路检修管理规定》。

四、天气及作业现场要求

（1） 架空输电线路直线杆、塔停电检修工作时，如遇雷、雨、冰雹及 6 级以上大风时（双回路 5 级大风），工作负责人可临时停止检修工作。

（2） 在同杆塔架设的多回线路中，部分线路停电检修，应在工作人员对带电导线最小距离不小于 4.0m。

五、作业人员配置及职责

（1） 工作负责（监护）人 1 名，杆上作业人员一般 2 名，地面作业人员 3 名。工作负责（监护）人，职责：负责本次工作任务的人员分工、工作前的现场查勘、作业方案的制定、工作票的填写、办理工作许可手续、召开工作班前会、负责作业过程中的安全监督、工作中突发情况的处理、工作质量的监督、工作后的总结；要求具有 5

年及以上的工作经验；年度《国家电网公司电力安全工作规程（电力线路部分）》考试合格；工作负责人资格考试合格并经公司安监部认可批准。

（2）高空作业人员，定员 2 人，职责：负责本次更换直线杆塔绝缘子（单片）过程的作业；要求经医师鉴定无妨碍高空作业的疾病（体检合格）；具备必要的电气知识，熟悉《国家电网公司电力安全工作规程（电力线路部分）》及相关规程，并经考试合格；熟悉检修工艺、质量标准和运行知识。

（3）地面作业人员，定员 3 人，职责：负责本次作业过程的地面辅助工作，配合、协助高空作业人员进行绝缘子更换工作；要求具备必要的电气知识，熟悉《国家电网公司电力安全工作规程（电力线路部分）》及相关规程，并经考试合格；熟悉检修工艺、质量标准和运行知识。

六、作业准备阶段

1. 准备工作

输电线路停电更换直线单片绝缘子作业准备工作的工作项目、工作内容或要求见表 17–11–1。

表 17–11–1 输电线路停电更换直线单片绝缘子作业准备工作

√	序号	工作项目	工作内容或要求	责任人
	1	勘察现场、查阅资料	（1）查阅施工杆塔的垂直档距及导线型号，计算出各自的垂直荷载； （2）勘察现场，了解交叉跨越、平行线路、有无影响施工的障碍物等情况	
	2	工作方法	卡具法	
	3	主要工器具及材料	详见主要工器具表和材料清单表	
	4	外包工资格审查	必须经安全技术培训并考试合格，无妨碍工作的病症	

2. 召开班前会

输电线路停电更换直线单片绝缘子作业班前会的内容及标准见表 17–11–2。

表 17–11–2 输电线路停电更换直线单片绝缘子作业班前会的内容及标准

√	序号	内 容	标 准	备注
	1	人员分工	根据作业内容及工作量确定具体的人员分工	
	2	技术交底	明确作业方法、工艺及质量标准	
	3	进行危险点分析并制订控制措施	危险点分析及控制措施详尽并有针对性	

3. 填写并签发工作票

完整填写工作票并履行审批、签发手续。

七、作业实施阶段

1. 作业开工

输电线路停电更换直线单片绝缘子作业开工的工作项目、工作内容或要求见表 17–11–3。

表 17–11–3　输电线路停电更换直线单片绝缘子作业开工的工作项目、内容或要求

√	序号	工作项目	工作内容或要求	备注
	1	办理工作许可手续	作业前与调度联系线路确已停电，办理工作许可手续，并且安全措施已布置完毕，可以作业	
	2	宣读工作票	（1）工作负责人召集全体人员列队，宣读工作票，工作人员列队认真听票。 （2）工作负责人讲明工作中的危险点及控制措施，并进行提问，无问题后方可开始作业	
	3	核对工作范围及设备	工作负责人接到工作许可命令后，率领工作班成员到达现场。工作负责人要亲自按工作票、缺陷传递单核对作业线路名称、杆塔号和色标	
	4	验电、挂接地线	（1）由专人用合格的验电器在作业地段前后杆塔验电，并设专人监护。 （2）验明线路确无电压后，开始装设接地线。应先接接地端后接导线端，接地线应接触良好，连接可靠；接地线不得缠绕	

2. 危险点分析及控制措施

输电线路停电更换直线单片绝缘子作业危险点及其预防措施见表 17–11–4。

表 17–11–4　输电线路停电更换直线单片绝缘子作业危险点及其预防措施

√	序号	危险点部位或名称	预　防　措　施
	1	高空坠落	（1）上杆塔作业前，应先检查杆根、拉线和基础是否牢固。登杆塔前，应先检查安全带、脚扣、脚钉、爬梯、防坠装置等是否完整牢靠。严禁利用绳索、拉线上下杆塔或顺杆下滑。 （2）上横担进行工作前，应检查横担连接是否牢固和腐蚀情况。在杆塔上作业时，应使用有后备绳或速差自锁器的双控背带式安全带，安全带和保护绳应分挂在杆塔不同部位的牢固构件上，应防止安全带从杆顶脱出或被锋利物损坏。 （3）人员在转位时，不得失去后备保护绳的保护。 （4）杆塔上有人时，不准调整或拆除拉线
	2	物体打击	（1）现场工作人员必须正确佩戴好安全帽。 （2）杆塔上作业人员要防止高空落物，使用的工器具、材料等应装在工具袋里，工器具要用绳索传递，杆塔下方严禁行人逗留。在行人道口或人口密集区作业，工作点下方应设围栏或其他保护措施

续表

√	序号	危险点部位或名称	预防措施
	3	工器具失灵	所用工器具要定期检查，使用前必须经专人检查，保证合格、配套、灵活好用
	4	防触电及感应电	（1）导地线下方跨越带电线路时，应注意导地线下沉情况，防止被检修的导地线触碰下方带电线路，必要时应联系停电后再进行作业。 （2）在同杆塔架设多回线路时，部分线路停电作业检修，工作人员对带电导线最小安全距离不得小于 4.0m。 （3）绑扎线要在下面绕成小盘再带上杆塔使用。 （4）个人保安线应装设牢固，防止脱落
	5	现场作业安全监护	自作业开始至结束，安全监护人必须始终在作业现场对作业人员进行不间断的安全监护

3. 作业内容及工艺质量标准

输电线路停电更换直线单片绝缘子作业项目或内容、作业要求及工艺质量标准见表 17–11–5。

表 17–11–5　输电线路停电更换直线单片绝缘子作业内容及工艺质量标准

√	序号	作业项目或内容	作业要求及工艺质量标准
	1	工器具摆放	在杆塔位附近选一较平坦处，将所用工器具依次摆放好
	2	悬挂传递绳	杆上作业人员戴好安全帽，携带传递绳上杆，到合适位置，系好安全带后，将传递绳挂在合适位置
	3	工器具的传递、安装	（1）杆上作业人员系好安全带，打好后备保护绳。 （2）地面作业人员利用传递绳将专用卡具和导线保护绳传递至杆上作业人员。 （3）杆上作业人员将导线保护绳一端固定在导线上，另一端固定在横担上，做好双重保护。 （4）杆上作业人员将卡具安装在待更换绝缘子两侧相邻绝缘子的钢帽上，并认真检查卡具各部位连接状况，确保其连接良好
	4	旧绝缘子拆除	（1）杆上作业人员拔出被更换绝缘子的上下两端弹簧销子，然后均匀收紧卡具两侧的丝杆。 （2）当两侧丝杆收紧至合适位置时，将被更换的绝缘子拆离绝缘子串。 （3）杆上作业人员将拆下的绝缘子绑在传递绳上。 （4）地面作业人员利用传递绳将拆下的绝缘子传递到地面
	5	新绝缘子的测试与安装	（1）新绝缘子表面应清洁、完好无损、绝缘子钢帽、绝缘体、钢脚在同一轴线上，用 5000V 绝缘电阻表对绝缘子进行测量，电阻值大于 500MΩ（应在准备阶段完成）。 （2）地面作业人员利用传递绳将检测好的绝缘子系牢后传递至杆上。控制好传递绳，避免绝缘子与杆塔碰撞受损伤。 （3）杆上作业人员将新绝缘子安装上，并装好上下两端的弹簧销子，检查开口方向与原线路一致。 （4）杆上作业人员松动卡具两侧丝杆，使新绝缘子串承受垂直荷载

续表

√	序号	作业项目或内容	作业要求及工艺质量标准
	6	工具拆除	（1）检查各部金具连接无问题后，拆除卡具及导线保护绳传递至地面，导线侧作业人员返回至杆上。 （2）杆上作业人员检查作业各部位正常、完好，杆上无任何遗留物，解开安全带、后备保护绳，携带传递绳下杆

八、作业结束阶段

输电线路停电更换直线单片绝缘子作业结束后，按表 17–11–6 进行检查。

表 17–11–6　　输电线路停电更换直线单片绝缘子作业结束后的检查

√	序号	工作程序名称	工作内容或要求	备注
	1	作业现场清理	达到工完、场清、料净	
	2	盘点工具、材料数量	按表 17–11–7 和表 17–11–8 核实工具、材料数量	
	3	申请办理质量验收	由验收单位按工艺标准及有关规程组织施工质量验收	
	4	拆除接地线、人员撤离	工作结束后，工作负责人检查作业现场无问题、确定所有人员下塔后，下令拆除接地线	
	5	办理工作票终结手续	工作负责人向工作许可人汇报作业结束，现场人员全部下塔后，线路所挂的接地线已全部拆除，没有遗留问题，可以恢复送电	

九、作业总结阶段

1. 召开班后会

总结本次作业安全、质量情况以及经验、教训，提出改进意见，并将详细内容记入“班组工作日志”中。

2. 整理资料及归档

将本次检修情况分别填入相应的记录及技术档案。

十、附录

输电线路停电更换直线单片绝缘子作业主要工器具及材料清单。

1. 主要工器具（见表 17–11–7）

表 17–11–7　　输电线路停电更换直线单片绝缘子作业主要工器具

序号	名称	规　　格	单位	数量	备注
1	卡具		套	1	视绝缘子型号确定卡具规格
2	后保钢丝绳	ϕ12.5	套	1	含 U 形环

续表

序号	名称	规　格	单位	数量	备注
3	白棕绳	$\phi 14$	根	1	长度根据杆塔高度定
4	滑车	15kN	个	2	闭口滑车
5	验电笔		支	1	同线路电压等级
6	毛巾		条	2	
7	主接地线	截面积不得小于 $25mm^2$	套	2	
8	绝缘电阻表	5000V	只	1	
9	脚扣		副	2	
10	个人保安线		根	1	
11	个人工具		套	2	含安全工具

2. 材料清单（见表 17–11–8）

表 17–11–8　　输电线路停电更换直线单片绝缘子作业材料清单

序号	材料名称	规格型号	单位	数量	备注
1	绝缘子		片		配弹簧销子

注　表 17–11–7 和表 17–11–8 使用时，应根据实际情况填写。

【思考与练习】

1. 停电更换直线串单片绝缘子的天气及现场要求是什么？
2. 班前会的主要内容及要求是什么？
3. 防高空坠落的预控措施是什么？

第十八章

输电线路状态检修

模块1　架空输电线路状态检修概念（Z05H3001Ⅰ）

【模块描述】本模块包含架空输电线路状态检修基本概念、部分常用线路专业术语。通过概念描述、知识讲解，掌握线路状态基本概念和部分常用线路专业术语。

【模块内容】

随着电网的快速发展，以及用户对供电可靠性要求的逐步提高，传统的基于周期的设备检修模式已经不能适应电网发展的要求，迫切需要在充分考虑电网安全、环境、效益等多方面因素情况下，研究、探索提高设备运行可靠性和检修针对性的新的检修管理方式。状态检修是解决当前检修工作面临问题的重要手段。

一、输电线路状态检修的定义

状态检修主要是指是企业、单位以安全情况、可靠性、环境情况、经营成本为基础，通过设备状态、风险评估，制订检修决策，最终达到检修成本合理、效率最大化、运行安全可靠的一种检修策略。

输电线路状态检修（condition based maintenance，CBM）是在日常工作中通过对输电线路设备的巡视、检查、试验等手段，或者在有条件的时候通过在线监测、带电检测等获取一定数量的状态量，对输电线路进行状态评价，合理的制订检修计划，同时，状态检修兼顾考虑整个区域电网风险和检修成本，如线路在电网中的重要性、设备故障后的损失和检修费用的比较、线路可能故障对人员安全或环境的影响等因素，以达到最高的效率和最大的可靠性的一种检修手段。

二、输电线路状态检修的意义

状态检修不是简单的延长设备的检修周期，也可能是缩短检修周期。状态检修是在保证设备安全的基础上，通过状态评价结果直接为制订检修计划提供明确的依据，改变以往不顾线路状态、“一刀切”地定期安排试验和检修，纠正状态检修概念混乱，盲目延长试验周期的不当做法。将以时间为周期的检修方式科学地转换到以按诊断设备状态的智能型检修方式，科学地预测、预试、分析判断，能进一步满足输电线路设备运行安全、经济、可靠运行，其主要意义体现在：

（1）合理安排输电线路检修工作量，保证检修质量。

（2）对输电线路的各元件的实际运行工况做出清楚的判断和认识，为制订相应的检修策略打下基础。

（3）可以对输电线路设备进行全寿命管理。

（4）对输电线路形成统一管理和宏观调控，减少线路检修的随意性。

（5）提高输电线路的可靠性指数，减少设备反复停电次数。

（6）节约人力、物力、财力上的巨大浪费。

三、输电线路状态检修常用名词术语

1. 状态量（criteria）

反映线路状况的各种技术指标、试验数据和运行情况等参数的总称。状态量分为一般状态量和重要状态量。

一般状态量（minor criteria）——对线路的性能和安全运行影响相对较小的状态量。

重要状态量（major criteria）——对线路的性能和安全运行有较大影响的状态量。

2. 线路单元（component）

根据线路的结构和特点，将线路上功能和作用相对独立的同类设备总称为线路单元。

根据线路的特点，将线路分为基础、杆塔、导地线、绝缘子串、金具、接地装置、附属设施和通道环境等八个线路单元。

3. 线路的状态（condition of component）

线路的状态分为：正常状态、注意状态、异常状态和严重状态。

正常状态（normal condition）——表示线路各状态量处于稳定且在规程规定的警示值、注意值（以下简称标准限值）以内，可以正常运行。

注意状态（attentive condition）——表示线路有部分状态量变化趋势朝接近标准限值方向发展，但未超过标准限值，仍可以继续运行，应加强运行中的监视。

异常状态（abnormal condition）——表示线路已经有部分重要状态量接近或略微超过标准值，应监视运行，并适时安排检修。

严重状态（serious condition）——表示线路已经有部分严重超过标准值线路，需要尽快安排停电检修。

4. 状态量权重

根据状态量对线路安全运行的影响程度，从轻到重分为四个等级，对应的权重分别为权重 1、权重 2、权重 3、权重 4，其系数为 1、2、3、4。权重 1、权重 2 与一般状态量对应，权重 3、权重 4 与重要状态量对应。

5. 状态量劣化程度

根据状态量的劣化程度从轻到重分为四级，分别为Ⅰ、Ⅱ、Ⅲ和Ⅳ级。其对应的基本扣分值为2、4、8、10分。

6. 状态量扣分值

状态量扣分是针对一条线路整体同类设备单元的状态而言，即状态量应扣分值等于该状态量的基本扣分值乘以权重系数。状态量正常时不扣分。状态量的评价表见表18–1–1。

表18–1–1 状态量的评价

状态量劣化程度	基本扣分 \ 权重	1	2	3	4
Ⅰ	2	2	4	6	8
Ⅱ	4	4	8	12	16
Ⅲ	8	8	16	24	32
Ⅳ	10	10	20	30	40

【思考与练习】

1. 什么是输电线路状态检修？
2. 输电线路状态检修的意义是什么？
3. 按照状态检修原则，输电线路的状态共有几种，分别是什么？

模块2 输电线路状态检测的项目、周期（Z05H3002Ⅰ）

【模块描述】本模块包含线路开展状态巡视应具备的条件、状态巡视项目、巡视周期及计划的编制。通过概念介绍、要点归纳，熟悉状态巡视项目、主要内容，掌握状态巡视的管理。

【模块内容】

输电线路是电网中的重要设备，因外绝缘的配置为节约型设计，又架设在野外，导致电网故障的80%左右发生在输电线路上，其中的80%左右又发生在绝缘子串上，因此线路专业人员应熟悉线路绝缘子的各种优缺点、电气性能特性和使用范围，以减轻对绝缘子的检测、维修工作量，降低输电线路故障率。

一、输电线路关键检测项目

DL/T 741—2019《架空送电线路运行规程》中需要定期开展检测的项目众多，基本属于普查式检测，工作量繁重，输电线路开展状态检修，必须有的放矢解决带电部分和不带电部分。若不符合规定要求易引起线路停电或需停电后处理的设备隐患，涉及的相关检测、检查项目主要有：

（1）绝缘子检查、检测：主要包括瓷绝缘子瓷件破损、瓷釉烧伤和绝缘电阻低零值检测；玻璃绝缘子伞裙自爆检查；复合绝缘子伞裙、护套表面有否蚀损、漏电起痕，树枝状放电或电弧烧伤痕迹，是否出现硬化、脆化、粉化、开裂等现象，伞裙有否变形，伞裙之间黏接部位有否脱胶等现象，端部金具连接部位有否明显的滑移，密封有否破坏，硅橡胶伞裙的憎水性有否下降等；绝缘子有否钢脚锈蚀、弯曲、电弧烧损和锁紧销缺少；绝缘子附盐密检测等。

（2）绝缘子附盐密值检测：主要是在设定的盐密监测点测量累积运行现场污秽度，既要检测累积附盐密值，又要检测得出灰密量，对现场污秽度严重或超标的杆塔应将污液送试验室进行导电离子和成分的分析。

（3）复合绝缘子憎水性丧失及机械强度下降检测：主要是对运行若干年的复合绝缘子硅橡胶伞裙憎水性是否丧失进行检测，其次是对运行 8～10 年的复合绝缘子每个批次抽 3 支送试验室进行耐污水平和机械强度的试验。

（4）引流板、并沟线夹等电气连接部位的检查、检测：主要包括引流板、并沟线夹螺栓是否紧固、电气连接处和导电脂是否完好，是否存在发热现象。

（5）导地线损伤检查。

（6）接地电阻检查、检测：主要包括接地电阻是否合格，接地引下线是否完好，接地射线是否完好。

（7）交叉跨越或风偏距离测量：主要检测导线与树竹木的最小距离是否符合要求，其次是检测导线在设计风速下对线路通道内后建造的建筑物校核风偏距离是否满足。

上述检测项目均针对线路检修工作量的内容，且前几项都在带电部分，若缺陷严重时必须需要线路停电检修（目前多数运行单位均不开展带电检修和消缺），因此应尽可能按线路设备状况进行检测和判定。合理配置绝缘子是减少线路故障、检修工作量和检测工作量的基础。

目前线路上常用的绝缘子类别有瓷质盘型绝缘子、玻璃盘型绝缘子、复合棒型绝缘子三种类型，这三种绝缘子各有优缺点，因此熟悉常用绝缘子的特性、优缺点和使用范围是线路运行单位专业技术人员必须掌握的关键技术，通过在不同区域合理使用绝缘子种类和配置是降低线路故障跳闸率、减少绝缘子检测工作量、提高输电线路可用率的有效技术保证。

二、常用线路绝缘子的优缺点

（1）瓷绝缘子属无机物材料，其瓷伞属非均质材料，瓷件系脆物质，运输、搬运碰撞易碰碎伞裙，故障电流产生的电弧会烧伤瓷釉层，致使水分渗入瓷件内引发绝缘下降。因此在运行中应对瓷件破损、表面瓷釉烧伤、绝缘电阻下降等劣化瓷绝缘子应及时更换。

由于瓷件与铁帽钢脚和水泥胶合剂之间的膨胀系数不同（瓷件为 4×10^{-6}/℃；水泥为 10×10^{-6}/℃；钢脚为 12×10^{-6}/℃），其形成的内应力在长期运行的机械和电场力的作用下，可使钢脚水泥胶合处及钢帽内瓷件原微孔状逐渐产生或转化为隐裂纹，水分沿钢脚处裂纹侵入瓷件内部，使绝缘子的内绝缘（钢帽内瓷件头部）下降至低值或零值（劣化）。当雷击、污闪等过电压沿绝缘子串通过时，由于低、零值瓷绝缘子仍有完整的伞裙屏障，故障电流只能从钢帽、隐裂纹瓷件、钢脚间通过，引发瓷体、胶合水泥等裂纹中的水分在短路电流高温下急剧热膨胀，膨胀的气体将钢帽炸裂而发生导线落地的恶性事故。

原武汉高压研究所试验证明：运行中瓷质绝缘子发生钢帽炸裂有 3 种原因：① 内因——劣化；② 外因——雷电或雾湿；③ 触发原因——雷击、污闪或工频续流。为防止劣化瓷绝缘子在故障时发生掉串，只要查出并消除内因并及时更换劣化绝缘子，运行线路就不会发生故障时的掉串事故。因此 DL/T 741—2019 规定：盘型绝缘子绝缘电阻 330kV 及以下线路不应小于 300MΩ，500kV 及以上不应小于 500MΩ。盘型绝缘子绝缘测试 330kV 以上检测周期为 6 年；220kV 以下检测周期为 10 年。

（2）钢化玻璃绝缘子属早期劣化暴露产品，玻璃绝缘子因绝缘劣化、玻璃件内应力不均匀或受外力击打等能自行爆裂，因此玻璃绝缘子不需检测绝缘电阻，随着运行年限的增加，绝缘子劣化自爆率将呈下降趋势并稳定在一定水平上，因此线路玻璃绝缘子串不需采用检测仪器检测其绝缘电阻，只需在巡视检查中肉眼即可发现。玻璃绝缘子自爆后的残余荷载，标准规定应达到其额定荷载的 80%以上，即玻璃绝缘子自爆后一般不会发生导线掉串事故，对自爆后的绝缘子串泄漏比距不满足污秽等级的，运行单位应在雾季前采用带电作业方式或停电方式更换。

同时，伞盘自爆后因钢帽内的玻璃件绝缘完好，故障电流直接从自爆后的钢帽与钢脚间通过，所以不会发生钢帽炸裂现象。由于玻璃件是熔融体，质地均匀，绝缘子串遭受故障电流电弧会烧伤玻璃件表面并发生脱皮或掉渣，烧伤后的玻璃件新表面仍然是光滑的玻璃体，其玻璃伞裙能自行恢复绝缘，不需更换闪络烧伤过的绝缘子，国外实验室曾多次对玻璃绝缘子串用陡波做过冲击试验，其结果都是大气闪络，从未发生玻璃件的击穿情况。

（3）硅橡胶复合绝缘子又称复合绝缘子，其硅橡胶一般由两种以上有机材料合成，复合绝缘子的耐污性能主要体现在它的憎水性能和耐起痕蚀损性能。硅橡胶的憎水性能好，绝缘子表面的污层电阻高，泄漏电流小，耐污闪电压高。在大自然紫外线和强电场的作用下，硅橡胶伞裙材料会老化、硬化、龟裂、密封处损坏、材料电蚀损和漏电起痕等质变，导致界面电击穿、损坏密封及芯棒脆断掉串事故乃至发生芯棒脆断掉串。

复合绝缘子聚硅氧烷生胶的含量即基础聚合物重量应达到整个混练胶重量的50%，运行多年的复合绝缘子会发生憎水性丧失，暂时性丧失后其伞裙和护套应能耐受干区放电或电弧下不起痕、不蚀损。如混练胶含量达不到40%，复合绝缘子的憎水性能等电气性能会下降且使用寿命较短，在大自然中，常年受紫外线和电老化的侵害，憎水性丧失后很难自行恢复。

复合绝缘子制造有伞间距、爬电系数、均压环罩入距等技术要求，而硅橡胶伞裙盘径因受制造工艺和材质的限制，最大只能生产ϕ220mm 伞盘，按相应电压等级的盘形绝缘子串相同结构高度，复合绝缘子最多只能生产出 2.75cm/kV 及以下泄漏比距的绝缘子，复合绝缘子的泄漏比距若超过 2.8cm/kV 时，必然靠增加结构高度，不然爬电系数肯定不符合标准要求。表 18–2–1 是常用复合绝缘子的技术参数。

表 18–2–1 复合绝缘子的技术参数表

产品型号	伞裙数大小		伞径ϕ大/小	结构高度（mm）	绝缘干弧距离	爬电距离	泄漏比距	雷电耐受电压（kV）	1min 湿工频耐受电压（kV）	爬电系数 *C.F*
FXBW—110/100	13	12	150/100	1240±15	1000	3020	2.75	550	230	3.02
FXBW—220/100	25	24	150/115	2150±30	1900	6300	2.86	1000	395	3.32

（1）复合绝缘子的伞间距。伞间距是指具有相同伞径的相邻大伞，上面的一个伞的滴水缘最低点到下一个伞表面的垂线长度。图 18–2–1 是 DL/T 864 标准要求的复合绝缘子的最小伞间距图。

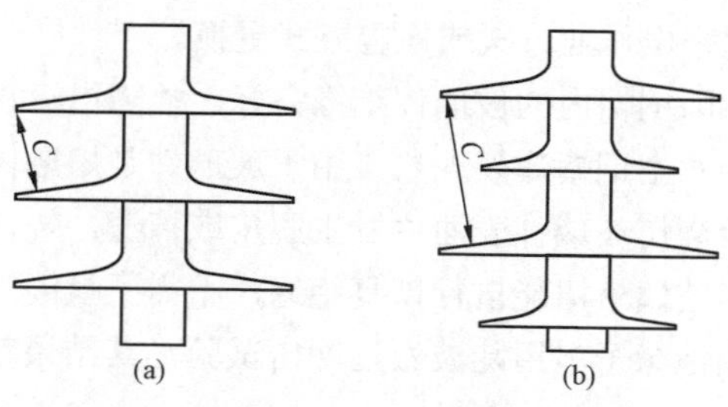

图 18–2–1 复合绝缘子的最小伞间距
（a）等径伞的伞间距；（b）大、小伞的伞间距

伞间最小距离 C 值反映了在高潮湿天气或同样污秽作用下，相邻两大伞放电桥接情况。

DL/T 864—2004《标称电压高于 1000V 交流架空线路用复合绝缘子使用导则》第 5.3.1 条：伞间最小距离（C）规定：对大小伞推荐 C 值应不小于 70mm，对等径伞推荐 C 值应不小于 40mm。

上述规定的大小伞是指一大一小间隔的伞状，由于复合绝缘子标准只规定了等径伞和大、小伞两种最小伞间距尺寸，对目前复合绝缘子生产的一大二小伞或两大一中二小五伞状，相关标准还没有规定其最小伞间距尺寸，如两大一中二小五型伞的爬电系数达 4.0 以上，违反了规程“对 b、c 级污级，推荐 $C.F$ 应不大于 3.2”的规定；对 d、e 级污级，部分厂家将两大一中二小五型伞的两大伞间距定为 126mm，即每个伞间距只有 31.5mm，它违反了 DL/T 864—2004 规定的“大、小伞盘间距应不得小于 35mm”要求，所以其爬电系数是不符合 DL/T 864 标准的有关规定的。

（2）复合绝缘子的爬电系数。复合绝缘子的爬电系数 $C.F$ 是整体绝缘子尺寸的设计参数，指整支绝缘子总爬电距离（长度）与绝缘子两电极间沿空气放电最短距离（干弧距离）之比。伞间距的优化取值来源于两伞之间的爬电距离与两伞之间的间距之比，理论和试验证明：伞间距的优化值取 2.5 为最优外绝缘配合，考虑到硅橡胶的属性和制造工艺等原因，复合绝缘子标准将 2.5 扩大到 3.0 左右，但不得大于 3.5。

DL/T 864—2004 第 4.4.2.2 条：爬电系数 $C.F$ 是整体绝缘子尺寸的设计参数，对Ⅰ、Ⅱ级污级，推荐 $C.F$ 应不大于 3.2；对Ⅲ、Ⅳ级污级，推荐 $C.F$ 应不大于 3.5.

（3）复合绝缘子均压环的罩入距。硅橡胶复合绝缘子属长棒全绝缘，这种情况在绝缘子棒越长、电压等级越高的线路上越明显，即复合绝缘子的工作（分布）电压沿绝缘子轴向分布极不均匀，以 500kV 为例，复合绝缘子在没有安装均压环前，15%的芯棒上承担 100%的工作电压（288kV）；两端安装上均压环后，其 55%的芯棒上承担 100%的工作电压（中间段分布电压很低），其导线端的分布电压处在 30～38kV/cm，已超过电晕起始电压值，由于复合绝缘子的耐雷水平比同等结构高度的盘形绝缘子串低，所以复合绝缘子的均压环均不采用罩入保护硅橡胶伞裙，只均压保护芯棒金具连接处。

试验证明：高压端均压环的管径 r 越大越能降低装环侧的端部场强和平均场强，当环的圆管半径 $r>10$mm 时，端部场强可降低至空气击穿场强以下；均压环的环半径 r 太小，会使距高压侧 10%绝缘距离处的场强有增大趋势，而均压环的环半径 r 越大，越能降低平均场强，使电场分布更均匀，因此武汉高压研究院推荐 500kV 高压端均压环的半径 r 取 250～300mm 为宜。另外场强还与均压环深入（抬高）罩住伞裙的距离有很大的关系，当均压环的深入距 $\Delta h\approx0$，均压环开口平面处的芯棒、金具连接处将承受最大场强。

我国西北电力试验研究院曾对 330kV 安装均压环进行试验，证明：330kV 复合绝缘子在施加 190kV 试验电压，均压环深入距 $\Delta h=0$ 时，测得芯棒、钢脚压接处场强超过 5.5～6.5kV/cm，第一片伞裙上分布电压达 28～34kV（占运行电压的 20%～26%）。当均压环罩入屏蔽住 2～4 个伞裙时（即抬高 120～150mm），芯棒端部连接处场强降低到 0.4～1.6kV/cm，导线侧的伞裙最大分布电压仅为运行电压的 10%。

某高压研究所与某省电力公司共同对均压环罩入距尺寸等进行试验：在复合绝缘子高压端安装一个罩入深度为 40mm 的 9 号圆形均压装置，没有屏蔽伞裙，试验测得绝缘子高压端部的分布电压最高，均压装置的均压效果不是很明显，靠近高压端的 2 个伞裙上的电压占运行电压的 21.3%。换上罩入深度为 75mm 的 5 号圆形均压装置时，屏蔽了 2 个伞裙，由检测的电压分布曲线可知，靠近高压端部的 2 个伞裙，分布电压值为运行电压的 12.2%，比安装 9 号均压装置要降低 9.1%，且整支绝缘子上的电压分布也要均匀一些，试验说明了均压装置的罩入深度对电压分布的影响较大。

我国电力行业对复合绝缘子均压装置的设计、选型，目前没有行业生产的技术标准，特别是均压环的罩入屏蔽尺寸，各生产厂家设计的均压装置结构、环径（管径）尺寸和安装方式五花八门，存在着结构不合理、尺寸过小、通用型差。相关技术标准，电力行业绝缘子标准化委员会正在制定中。

三、瓷绝缘子低零值检测

根据 DL/T 626—2005《劣化盘形悬式绝缘子检测规程》的要求，对瓷绝缘子采用绝缘电阻或分布电压法检测低零值，按规程中瓷绝缘子检测周期中的年劣化率对应的检测周期进行，因目前有较为精确的带电、停电方式用绝缘电阻检测仪和带电方式用分布电压检测仪，运行单位应淘汰早期的火花间隙检测瓷绝缘子方式。

Q/GDW 168—2008《输变电设备状态检修试验规程》规定例行试验项目：瓷绝缘子零值检测周期 220kV 及以下 10 年。

盘形瓷绝缘子零值检测：采用轮试的方式，即每年检测一部分，一个周期内完成全部普测。如某批次盘形瓷绝缘子的零值检出率明显高于运行经验值，则对于该批次绝缘子应酌情缩短零值检测周期。

应用绝缘电阻检测零值时，宜用 5000V 绝缘电阻表，绝缘电阻应不低于 500MΩ，达不到 500MΩ时，在绝缘子表面加屏蔽环并接绝缘电阻表屏蔽端子后重新测量，若仍小于 500MΩ时，可判定为零值绝缘子。

从上次检测以来又发生了新的闪络或有新的闪络痕迹的，也应列入最新的检测计划。

四、运行绝缘子累积盐密值的检测

Q/GDW 168—2008 规定例行试验项目：现场污秽度评估每 3 年一次。

现场污秽度评估：每3年或有下列情况之一进行一次现场污秽度的评估：

1）附近10km范围内发生了污闪事故。

2）附近10km范围内增加了新的污染源（同时也需要关注远方大、中城市的工业污染）。

3）降雨量显著减少的年份。

4）出现大气污染和恶劣天气相互作用带来的湿沉降（城市和工业区及周边地区尤其要注意）。现场污秽度测量内容和周期按Q/GDW 152—2006《电力系统污区分级与外绝缘选择标准》的规定，测量等值盐密/灰密或等值盐密度；检测周期至少为3年，根据积污的饱和趋势可延长至5年或更长。

带电运行线路的绝缘子串要发生污闪跳闸，必须要达到以下两个条件：

（1）绝缘子表面上必须聚积了一定量的污秽物。

（2）该绝缘子串必须处在90%以上湿度的潮湿天气中，即绝缘子表面上的污秽物必须充分受潮；两者缺一就不会发生污闪。无论绝缘子串粘附有多大的污秽量，若是处在80%以下空气湿度天气下，线路绝缘子是不会发生污秽闪络跳闸的。

运行单位应按绝缘子串污秽状况来指导线路是否清扫绝缘子，而要确定绝缘子串污秽状况，必须要检测污秽监控点的绝缘子串盐密值。

线路污闪跳闸是从运行的绝缘子串上发生的，所以污秽盐密值从运行串上清洗检测更具有现实意义，多数单位的绝缘子串盐密检测都从杆塔上悬挂的不带电样品串上清洗检测，虽然不带电悬挂串也处在电场中，但绝缘子串上没有分布电压，电场也远比运行串小，按规定不带电的盐密值要以1.25～1.4的系数换算成带电绝缘子串的盐密值，但强电场能吸引许多导电离子积聚在绝缘子表面，因此从运行串清洗检测的盐密值，与现实污秽跳闸环境下的附盐密值更接近。

五、复合绝缘子憎水性能检测

成立硅橡胶憎水性能检测小组，选择责任心强，有一定专业知识的生产骨干，基本保持稳定检测小组，按输电线路复合绝缘子产品寿命和批次，制定检测周期和杆号，对污源点周围应缩短检测周期，对运行4～5年后的复合绝缘子，应尽量采取在连续几天阴天后进行憎水性能检测，采用喷水壶登塔在硅橡胶伞裙上喷洒水雾，以检测喷在伞裙上的水是否为连片或成水珠、水珠的倾角等，正确掌握复合绝缘子的憎水性能。

六、复合绝缘子的运行巡查和污秽性能和机械强度检测

DL/T 741—2019规定：每2～3年检查合成绝缘子伞裙、护套、黏接剂老化、破损、裂纹；金具及附件锈蚀。

按照DL/T 864—2004规定：每3～5年一次，检测憎水性和机械性能。投运8～10年内的每批次绝缘子应随机抽样3只试品进行机械拉伸破坏负荷试验，按表2运行绝

缘子憎水性检测周期，检测出的憎水性级别 HC 不等，执行不同的检测周期；同样按表 3 机械特性检测周期，检测出的机械破坏负荷值 SML 的不同，执行不同的检测周期。

七、导线耐张跳线并沟线夹或引流板检查和检测

Q/GDW 168—2008 规定例行试验项目：导线接点温度测量周期为 330kV 及以上 1 年；220kV 及以下为 3 年。

导线接点温度测量：500kV 及以上导线接续管、耐张引流夹每年测量 1 次，其他 3 年一次。接点温度可略高于导线温度，但不得超过 10℃，且不高于导线允许运行温度。在分析时，要综合考虑当时及前 1 小时的负荷变化及大气环境条件。

该规定属采用红外测温仪器检测，但因仪器的有效检测距离、检测时天气情况、检测时间和设备后的辅助光源等，采用仪器检测不符合企业实际和员工安全、劳动强度。目前线路检修工检测紧固导线耐张跳线连接螺栓一般都采用 10 寸活动扳手，由于无拧紧数值控制，导线跳线金具连接易发生因扭矩偏松而致使接触电阻值变大，当线路大负荷输送中容易造成连接金具发热——电阻增大——发热加剧——烧断跳线或连接金具而跳闸。由于运行单位有严格的可靠性指标要求，输电线路不可能长时间地停电检查紧固导线跳线连接点，按照输电线路运行实际和企业现状及状态检测要求，运行单位可安排检修员工在新建线路竣工验收和停电检修时，采用扭矩扳手按相应规格螺栓的扭矩值检查、紧固跳线连接金具的扭矩值，使跳线连接完好可靠；同时根据红外检测有关检测规定，运行单位在符合仪器检测气候、无附加光源影响条件下，部分采用登塔方式（如 500kV）在横担上采用远红外成像仪定期检测耐张跳线连接处的发热隐患。

八、按照导地线不同钢比情况判定损伤截面积或强度损失

输电线路用钢芯铝绞线运行中有两项功能，承受拉力（张力）和输送电能荷载，钢芯铝绞线有不同的横钢截面积与横铝截面积之比，不同钢比导线的钢芯、铝截面的计算破断力是不等的，光按钢芯铝绞线、钢绞线损伤、断股的截面积百分比来判定处理方式，有时会造成部分型号受损伤、断股后的导、地线的应力（安全系数）下降，按照 DL/T 1069—2007 的规定检修修复是线路状态检修的好方法，根据钢芯铝绞线的铝截面积损伤、断股或强度损失的不同，可分别采用缠绕、补修管、护线条、接续条或开断重接等修理方式，特别是导电铝截面超标的损伤导线，不再需要停电将导线落地进行开断重接处理。

九、杆塔工频接地电阻的检测

Q/GDW 168—2008 规定例行试验项目：杆塔接地电阻测量周期为大跨越和变电所 1～2km 进线保护段：500kV 及以上 1 年；其他为 2 年。其他线路首次运行 3 年后；接

下去检测周期 500kV 及以上 4 年；其他 8 年。

杆塔接地阻抗检测：测量周期按上述规定，测量方法采用 2km 出线保护地段每基杆塔测量；500kV 以上一般采用每隔 3 基，其他每隔 7 基检测 1 基的轮换方式。对于地形复杂、难以达到的区段，轮换方式可酌情自行掌握。如某基杆塔的测量值超过设计值时，补测与此相邻的 2 基杆塔。如果连续 2 次检测的结果低于设计值（或要求值）的 50%，则轮式周期可延长 50%～100%。检测宜在雷暴季节之前进行。测量方法参照 DL/T 887。

Q/GDW 168—2008 是按线路重要性来延长杆塔接地电阻的检测周期，没有从杆塔的耐雷水平和输电线路实际雷害跳闸的类别确定检测周期和测量方式，且雷电击中架空地线时，雷电流是向两侧快速分流至杆塔下泄入地，若该杆塔接地电阻大，则塔顶电位迅速升高而反击跳闸，因此隔基轮测杆塔接地电阻不符合防范雷击跳闸的技术原理。

目前线路杆塔人工敷设接地线为ϕ10～ϕ12mm 热镀锌接地线，一般可腐蚀 10 多年。输电线路的雷击跳闸多数是绕击雷，而杆塔接地电阻大小对防止绕击雷关系不大，因此新建线路或接地大修后，运行单位应全线正确按杆塔设计敷设的接地射线长度的 0.618 布置测量射线检测接地电阻并按土壤季节系数换算，以符合接地电阻设计值，对遭雷击故障的杆塔必须在故障后用接地电阻仪按三线法的 0.618 布置测量射线正确检测杆塔接地电阻，同时按雷击跳闸类别采取防范措施。

为减少一线员工检测接地电阻的工作量，对变电站出线段及其他线路段可采用不需展放辅助测量射线的钳型感应式接地电阻测量仪进行检测。

【思考与练习】

1. 为什么劣化瓷绝缘子在短路电流下会发生钢帽炸裂导线掉串事故？
2. 玻璃绝缘子为什么不会发生钢帽炸裂导线掉串事故？
3. 瓷绝缘子瓷釉被电弧烧伤后继续运行有什么危害？
4. 玻璃绝缘子在运行中发生自爆的原因有哪些？
5. 线路绝缘子串上污秽很严重，为什么在夏天不会发生污闪事故？
6. 为什么复合绝缘子芯棒脆断部位基本在导线侧第 2～4 片伞裙处？

◢ 模块 3　输电线路设备状态评价（Z05H3003 Ⅱ）

【模块描述】本模块包含输电线路设备状态评价实施流程、输电线路状态检修注意事项，通过对输电线路设备状态评价过程的讲解，掌握输电线路设备状态评价方法。

【模块内容】

状态检修是企业以安全、环境、效益等为基础，通过设备的状态评价、风险分析、检修决策等手段开展设备检修工作，达到设备运行安全可靠、检修成本合理的一种设备检修策略。

输电线路状态检修的流程如图 18–3–1 所示。

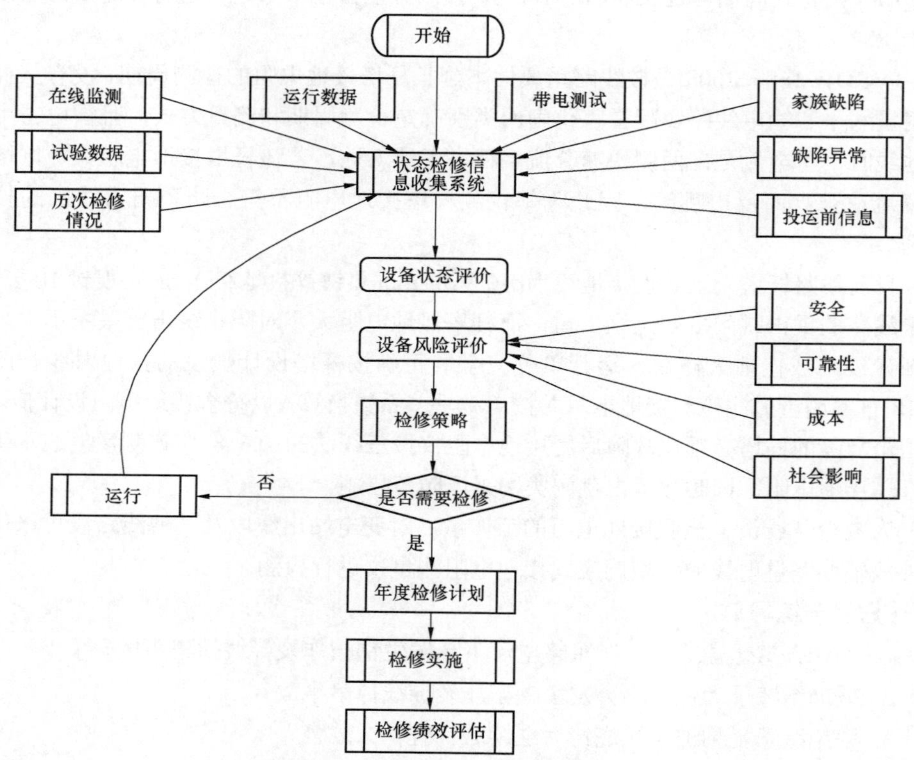

图 18–3–1 输电线路状态检修工作流程图

一、输电线路状态检修实施流程

输电线路状态检修的实施流程主要包括设备信息收集、设备状态评价、风险评估、检修策略、检修计划、检修实施及绩效评估等七个环节。

图 18–3–2 为输电线路状态检修实施流程框图。

1. 设备信息收集

设备信息收集是在设备制造、投运、运行、维护、检修、试验等全过程中，通过对投运前基础信息、运行信息、试验检测数据、历次检修报告和记录、同类型设备的参考信息等特征参量进行收集、汇总，为设备状态的评价奠定基础。

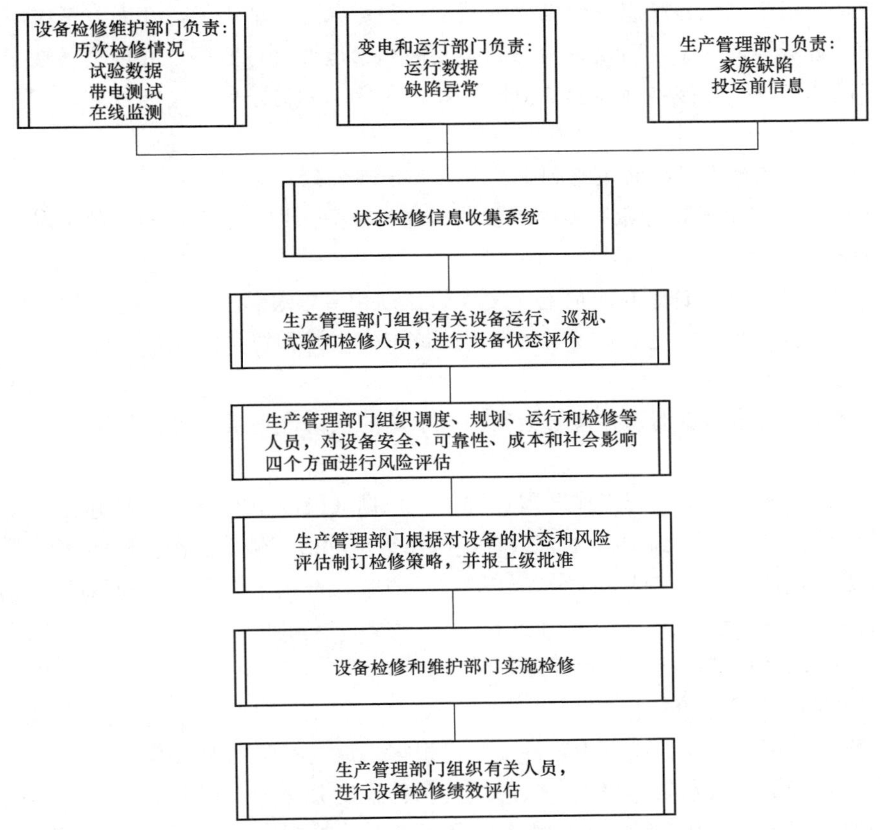

图 18–3–2　输电线路状态检修实施流程框图

2. 设备状态评价

设备状态评价主要依据《国家电网公司输变电设备状态检修试验规程》《输变电设备状态评价导则》等技术标准，依据收集到的各类设备信息，确定设备状态和发展趋势。

设备状态评价是通过持续、规范的设备跟踪管理，综合离线、在线等各种分析结果，准确掌握设备运行状态和健康水平。

3. 设备风险评估

设备风险评估是按照《国家电网公司输变电设备风险评价导则》的要求，利用设备状态评价结果，综合考虑安全、环境和效益等三个方面的风险，确定设备运行存在的风险程度，为检修策略和应急预案的制订提供依据。

4. 检修策略

检修策略是以设备状态评价结果为基础，参考风险评估结果，在充分考虑电网发展、技术进步等情况下，对设备检修的必要性和紧迫性进行排序，并依据《输变电设备状态检修导则》等技术标准确定检修方式、内容，并制订具体检修方案。

5. 检修计划

检修计划依据设备检修策略制定。分为两个部分：

（1）覆盖整个设备寿命周期内的长期检修、维护计划，用于指导设备全寿命周期内的检修、维护工作。

（2）与公司资金计划相对应的年度检修计划和多年滚动计划、规划，用于指导年度检修工作的开展，以及未来一定时期内检修工作安排和资金需求。

6. 检修计划实施

检修计划实施即贯彻设备检修策略，对下达的检修计划组织实施并完成。

7. 绩效评估

绩效评估是在状态检修工作开展过程中，依据《国家电网公司输变电设备状态检修绩效评估标准》，对工作体系的有效性、检修策略的适应性、工作目标实现程度、工作绩效等进行评估，确定状态检修工作取得的成效，查找工作中存在的问题，提出持续改进的措施和建议。

二、输电线路状态检修注意事项

1. 输电线路状态检修状态量

在输电线路状态评价过程中，各地区可根据当地的实际情况，并结合运行实际，合理选择状态量、状态量的权重、状态量的劣化程度分级等，制定实施细则，可根据需要增加或减少部分状态量，或调整状态量的权重。针对不同电压等级或不同型式的设备设置不同的状态量表，以更好地适应当地电网的实际需要。

2. 状态评价周期

输电线路状态评价中的状态量较多，且有些状态量如运行巡视的状态量会经常变化。如果完全采用手工评价工作量较大，可根据《国网公司状态检修辅助决策系统编制导则》编制相应的计算机辅助决策系统，将相应的过程信息化，以减少人工工作量。

在计算机辅助决策系统且大多数状态量可实现自动采集的情况下，线路状态评价应实时进行，即每条线路状态量变化时系统自动完成线路状态的更新。在制定年度检修计划前，定期对线路进行状态评价。

3. 普遍性轻微缺陷的状态评价

考虑到线路点多面广的特殊性，对于一些普遍性轻微缺陷也应做好统计分析工作，当达到一定比例时，应将该线路的状态由正常状态提高到注意状态，以便于在制订检修计划时对于普遍性轻微缺陷的处理进行安排。

4. 线路隐蔽工程的状态评价

对于一些隐蔽工程（如接地装置、掩埋式基础等），必须通过采取抽样开挖检查的方式获取其状态量信息。

5. 金具、地线和绝缘子等承受机械负荷的设备

当金具、地线和绝缘子等出现磨损、变形或锈蚀情况时，为了确定其机械强度，可抽样进行机械强度试验，根据试验结果进行评价。

6. 新投运线路的状态检修

根据运行经验，新投运线路带负荷运行后，一般只需不到 1 年时间许多施工质量问题都将暴露出来，因此在人力充分的条件下对于 110kV 及以下电压等级线路也可在投运后 1 年即安排一次例行试验、紧固检查和参数测量工作，收集各种状态量，并进行一次状态评价。

7. 老旧线路的状态检修

老旧线路是指接近其运行寿命的设备。根据国内外的研究，电力设备的运行一般遵循浴盆曲线，即在线路投运的初期和寿命终了期是缺陷发生概率较高的时期，这也比较符合我们的运行经验。因此，对于接近其运行寿命的线路，制定检修策略时应偏保守，一般推荐的做法是，即使该类设备评价为正常状态，其检修周期在正常周期的基础上也不宜延长，而评价为注意状态的设备，其检修周期应缩短。

8. 停电检修计划安排

在安排检修计划时，当线路状态不是非常迫切需要停电检修时，应协调相关变电设备的检修周期，尽量统一安排，避免重复停电。

同一线路存在多种缺陷，也应尽量安排在一次检修中处理，必要时，可调整检修类别，适当延长一次停电时间，减少停电次数。

9. 带电作业项目

在缺陷不是非常紧急的情况时，若在较近的时间内该线路有停电检修计划或可靠性允许的情况下，为了降低带电作业的危险性和操作流程的复杂性，提高工作效率，可改为停电进行。

【思考与练习】

1. 输电线路状态检修的基本流程有哪些？
2. 对于老旧线路，在开展状态检修上应遵循哪些原则？
3. 新投运线路的状态检修工作如何开展？
4. 设备状态评价的主要依据是什么？

模块4 制订状态检修策略（Z05H3004Ⅲ）

【模块描述】本模块包含输电线路状态检修策略，通过对输电线路状态检修策略讲解，掌握输电线路状态检修策略。

【模块内容】

输电线路检修策略的内容既包括检修，也包括日常维护和试验的内容，并依据状态检修导则确立的分级维修标准，确定具体的检修项目和检修时间，将建议结果递交设备管理人员或传送到相关的生产管理系统实施安排。

一、输电线路检修策略的制订要求

1. 加强设备寿命周期的全过程管理

新投入的设备和已进入寿命后期的旧设备发生事故的概率比较大，在这两段寿命期内，应重点投入人力、物力实施检修。对于已进入运行稳定的使用寿命期的设备，应重点分析运行过负荷、经受短路电流冲击及其他一些非正常工况等重大故障或障碍情况，设备的操作次数和设备其他异常运行的有关数据；通过运行巡视、运行状态监测获得设备运行信息，及时发现有价值的设备故障缺陷隐患线索；掌握同类设备的缺陷和故障等相关信息，以及电网事故对设备可能造成的影响。通过全面系统的科学分析，判断设备每个部件的状态，决定是否需要检修，及检修时间和检修内容的安排。

2. 强调设备的运行情况分析和管理

对于输电线路的各种设备元件，由于其结构特点、制造工艺、运行时间的不同，体现不同的状态劣化趋势，应该采取不同的检修策略，即对每一类设备元件制定相应的正常检修周期。正常检修周期的设定应依据推荐检修维护周期、运行年限、长期运行积累的运行经验和对运行中缺陷故障率分析等。

3. 强化维护和检修

（1）强化投运后初次停电检修及与此同时进行的检查、维护。

（2）对于易损的设备元件，应利用停电机会进行检修，以保证设备处于良好的状态。

（3）强化实用、有效的带电测试和在线监测。

大力推广应用实用有效的带电检测，如红外线测温，充分发挥检测不停电及可根据需要增加检测频度的优越性，为状态管理提充分、准确可信的判据。

积极使用在线监测系统，如绝缘子污秽在线监测装置、导线舞动在线监测等，认真总结经验，重视其信息的收集管理及判断标准的制订工作，条件许可时逐步扩大试用面，让其信息为状态检修提供参考判据。

（4）按实用有效原则制订检修周期、项目。要根据输电线路运行设备元件总体水平和特殊性、实用性合理制订检修周期和项目。

对于通过停电检测或不停电检测或运行状况反映有任何不正常（可疑）迹象的设备元件，应特殊对待，增加不停电检测、停电检测、巡视检查的频度和力度，直至转为正常状态。

二、输电线路检修分类及检修项目

1. 检修分类

按工作性质内容与工作涉及范围，线路检修工作分为五类：A 类检修、B 类检修、C 类检修、D 类检修、E 类检修。其中 A、B、C 类是停电检修，D、E 类是不停电检修。

A 类检修——指对线路主要单元（如杆塔和导地线等）进行大量的整体性更换、改造等。

B 类检修——指对线路主要单元进行少量的整体性更换及加装，线路其他单元的批量更换及加装。

C 类检修——指综合性检修及试验。

D 类检修——指在地电位上进行的不停电检查、检测、维护或更换。

E 类检修——指等电位带电检修、维护或更换。

2. 检修项目

A 类检修项目：

（1）杆塔更换、移位、升高（五基以上）。

（2）导线、地线、OPGW 更换（一个耐张段以上）。

B 类检修项目：

（1）主要部件更换及加装：导线、地线、OPGW、杆塔。

（2）其他部件批量更换及加装：横担或主材、绝缘子、避雷器、金具。

（3）主要部件处理：修复及加固基础、扶正及加固杆塔、修复导地线、调整导线、地线驰度。

C 类检修项目：

（1）绝缘子表面清扫。

（2）线路避雷器检查及试验。

（3）金具紧固检查。

（4）导地线走线检查。

D 类检修项目：

（1）修复基础护坡及防洪、防碰撞设施。

（2）铁塔防腐处理。

（3）钢筋混凝土杆塔裂纹修复。

（4）更换杆塔拉线（拉棒）。

（5）更换杆塔斜材。

（6）拆除杆塔鸟巢。

（7）更换接地装置。

（8）安装或修补附属设施。

（9）通道清障（交叉跨越、树竹砍伐等）。

（10）绝缘子带电测零。

（11）接地电阻测量。

（12）红外测温。

E 类检修项目：

（1）带电更换绝缘子。

（2）带电更换金具。

（3）带电修补导线。

（4）带电处理线夹发热。

三、输电线路状态检修策略内容

1. 年度检修计划的制订

年度检修计划每年至少修订一次。根据最近一次线路状态评价结果，参考线路风险评估因素，确定下一次停电检修时间和检修类别。在安排检修计划时，应协调相关变电设备的检修周期，尽量统一安排，避免重复停电。

2. 缺陷处理

对于线路缺陷，应根据缺陷性质，按照有关缺陷管理规定处理。同一线路存在多种缺陷，也应尽量安排在一次检修中处理，必要时，可调整检修类别。

3. 试验和不停电的维护

不停电维护和试验根据实际情况安排，对于可用带电作业处理的检修或消缺宜安排 E 类检修。

4. 检修策略

“正常状态”检修策略：被评价为“正常状态”的线路，执行 C 类检修。根据线路实际状况，C 类检修可按照正常周期或延长一年执行。在 C 类检修之前，可以根据实际需要适当安排 D 类检修。

“注意状态”检修策略：被评价为“注意状态”的线路，若用 D 类或 E 类检修可将线路恢复到正常状态，则可适时安排 D 类或 E 类检修，否则应执行 C 类检修。如果单项状态量扣分导致评价结果为“注意状态”时，应根据实际情况提前安排C类检修。如果仅由线路单元所有状态量合计扣分或总体评价导致评价结果为“注意状态”时，可按正常周期执行，并根据线路的实际状况，增加必要的检修或试验内容。

“异常状态”检修策略：被评价为“异常状态”的线路，根据评价结果确定检修类型，并适时安排检修。

“严重状态”检修策略：被评价为“严重状态”的线路，根据评价结果确定检修类型，并尽快安排检修。

【思考与练习】

1. 输电线路检修策略的制订要求有哪些？

2. 输电线路检修分类共有几种，分别是什么，哪些是停电检修，哪些是不停电检修？

3. 某输电线路距上次停电检修时间已有5年，合成绝缘子已运行10年，请问该线路可进行哪几类检修？

4. 被评为“注意”状态的线路，有哪些检修策略或注意事项？

第十九章

输电线路应急处理

◢ 模块 1　抢修组织措施（Z05H4001Ⅱ）

【模块描述】本模块包含抢修前的准备工作和施工组织措施。通过内容介绍、流程讲解，熟悉线路抢修组织工作。

【模块内容】

输电线路在运行过程中，常常会遭受到恶劣天气、外力破坏等原因，造成突发性事故，如倒杆、断线等导致线路停运。为尽快恢复线路的正常运行，必须组织人员对事故线路进行抢修。通常各供电公司必须根据国家电网生〔2003〕389 号《国家电网公司重特大生产安全事故预防与应急处理暂行规定》和国家电网安监〔2005〕611 号《国家电网公司处置电网大面积停电事件预案》管理的要求，建立和完善应急组织机构及重特大线路事故等应急预案，并定期演练，做好应急人员、物质、资金、交通和通信工具等储备。线路工区应结合分管的线路情况，制订各种典型的抢修预案。本模块主要是介绍班组（应急施工队）如何做好一般的抢修组织措施，讲解应急管理组织体系与事故突发事件应急抢修机制。

一、抢修组织流程图

抢修组织流程如图 19-1-1 所示。

二、抢修前的准备工作

勘察人员到达事故发生地点后，应重点对以下几个方面进行详细勘察和记录：

1. 事故发生的地理位置

事故发生地所在的县、乡、村及相应的交通运输路径。

2. 事故发生的范围

事故所涉及的线路名称及杆塔编号。

3. 事故区段线路受损情况的检查

（1）检查人员沿线路对受到破坏的范围进行全过程踏勘，对所涉及的基础、铁塔、导地线等进行认真检查，做好书面记录，重要部位应有影像记录。

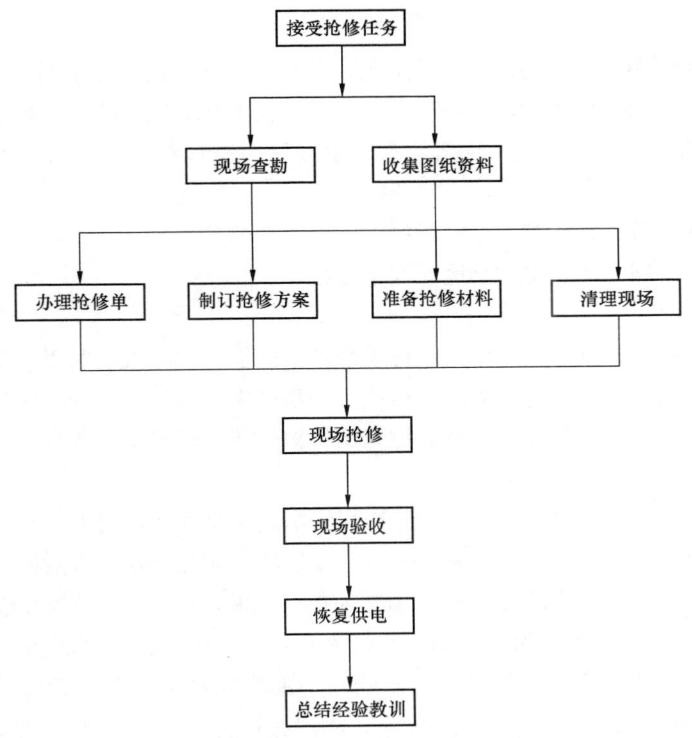

图 19-1-1 抢修组织流程

（2）基础检查时应将已受损保护帽清理干净，将基础立柱部分开挖并将表面清洗干净后进行检查。如基础受损，应加大开挖范围确定受损程度和范围，同时把其作为事故原因分析的第一手资料。清理后如地脚螺栓弯曲或断裂、基础开裂或断裂，此时基础均应作报废处理。

（3）铁塔检查时，除明显受损的铁塔外，其余可利用望远镜进行认真检查，如需进一步确认受损情况，应登塔检查并做好书面及影像记录。

（4）导地线检查时，应重点对导线受事故影响较小塔位（如绝缘子串偏斜较小时）逐一登杆检查，以确认导线受损的确切情况及范围。

（5）了解事故发生时的现状，以初步分析引起灾害事故的原因。

（6）事故发生地点的地形及交通情况：对事故发生地的地形、地貌、跨越物、道路、耕种等情况进行详细的勘察、了解并做好记录，特殊地形应予以拍照。

4. 资料收集

事故单位根据事故线路现场调查的情况收集有关的资料，以作为抢修施工和事故分析的依据。

（1）平断面图、杆塔明细表、地形图、基础施工图、铁塔施工图、绝缘子金具组装图、导、地线应力曲线图，线路有光缆时还需收集有关光缆的设计和施工资料。

（2）基础评级记录、铁塔评级记录、紧线及弧垂观测评级记录、附件安装评级记录。

（3）收集事故线路的有关运行资料。

（4）收集线路事故发生时当地的气象资料。

5. 事故研判

控制事故范围控制，事故单位根据现场勘察的情况和事故线路受损范围，研究分析事故线路业已存在的态势，为防止事故进一步扩大，采取有效的措施消除客观存在的隐患，防止次生灾害的发生。然后协调调度部门将完好设备恢复运行，将故障影响限定在最小范围内。

（1）如事故范围两端为耐张塔，应在耐张塔发生事故侧设置临时拉线，以部分平衡耐张塔另一侧的导地线张力。如耐张塔部分损坏，应在未发生事故侧，所在档导线未损坏的直线塔上更换放线滑车进行过轮临锚，以减小耐张塔所受的导线张力。

（2）如事故范围一端为耐张塔，一端为直线塔，应对耐张塔设置临时拉线，同时在直线塔未遭损坏侧，选择受事故影响较小的直线塔更换滑车设置过轮临锚，该直线塔两侧档内的如有间隔棒均应拆除。如耐张塔部分损坏，应在未发生事故侧，所在档导线未损坏的直线塔上更换放线滑车进行过轮临锚，以减小耐张塔所受的导线张力。

（3）如事故范围两端均直线塔，应在直线塔未遭损坏侧，受事故影响较小，导线完好且未受损坏的直线塔更换滑车设置过轮临锚。

（4）抢修故障线路时，要保证对线路下方的跨越物要有足够的安全保障措施。

（5）事故段导线落在交跨电力线路上，或杆塔倒在电力线路上，应确定电力线路运行状况，采取安全措施后方可实施故障线路的抢修工作。

（6）事故对铁路、重要公路、通航河道等通行造成影响的，应优先恢复其通行。

（7）对事故现场危险（可能倾覆）的杆塔，要采取隔离措施，防止人身伤害事件。

三、编制抢修施工方案

经现场检查获得详细的资料后，现场应急抢修指挥部召开会议，讨论确定抢修施工方案，拿出翔实可行的抢修措施，抢修措施的主要内容：

（1）明确事故控制的范围和方法，使事故线路处于可控状态。

（2）临时拉线、过轮临锚一般设置在导线张力放线段两端或以外，如果事故范围的两端或其附近均有场地，能够设置牵张场，则需优先考虑张力展放导线，必要时采用延伸牵引方式或转向牵引等特殊张力架线方式。如果事故范围及其附近均无场地，难以采用特殊张力架线时，则应考虑人力展放导引绳，采用机动绞磨低张力牵引导线的方式。地线一般采用人力展放导引绳，机动绞磨低张力牵引展放。220kV 及以下线路一般采用人力展放导引绳，机动绞磨低张力牵引展放为主。

（3）光缆应事先进行测试，确定损坏的确切范围，然后决定光缆更换的范围。光缆应采用张力展放的方式。

（4）事故范围确定并实施控制措施后，应尽快清理事故范围内已损坏的导线、附件、铁塔和基础，清理过程中应对线路下方的有关跨越物进行清理或保护。清理的顺序一般为导线→铁塔→基础。清理物应专人负责并及时运走。

（5）如线路基础发生损坏，按如下原则处理：

1）直线塔基础全部受损，则需报废重新浇制，此时应考虑将塔位前移或后移，移位后如档距超过规范要求，应及时请设计校核。

2）直线塔基础部分受损，可考虑部分报废，如采用通常所说的“半根开”的方式。

3）对灌注桩基础，应请专业部门检测其是否损坏，根据检测的情况决定部分利用还是移位重新浇制。

4）对转角塔基础，如有损坏，因无法移位，只能在原位置根据受损情况采用部分或全部报废的方式进行处理。

5）对铁塔受损轻微的，可采取更换受损构件的方法，铁塔塔段大部分完好的（如只有横担受损的），可以只更换受损部分。

四、抢修施工组织

（1）应急施工队负责人是现场抢修施工安全、质量第一责任人，在现场指挥部的领导下，全面协调本施工队的抢修工作，做好危险点、危险源辨识与风险控制，对施工安全、质量和进度进行有效控制。

（2）应急抢修施工队应建立技术组、施工组（基础、立塔、架线）、质安组。在施工抢修过程中，各抢修组应服从现场抢修的需要，各司其职，做好抢修工作。

（3）技术组参与现场勘查和研判工作，根据研判结果制订抢修实施方案，编制抢修物资使用计划、负责排定抢修施工进度，协调解决抢修施工中的各类技术问题。

（4）施工组负责本抢修队具体施工任务的实施工作，落实抢修施工人员的组织，施工工器具的调配，以及工程实施，配合工程验收。

（5）质安组负责组织在抢修过程中的工程质量安全控制，监控施工中的各项安全措施的落实情况，对各个工序的施工质量进行严格监测，并配合监理工作，对抢险工程资料的及时收集、归档和工程验收工作，负责落实抢修施工的安全措施与质量措施。

五、抢修工具、物资准备

（1）重新浇制，则应在第一时间落实砂、石料、水泥厂、钢材供应厂家，落实后随即取样送检并做配合比试验。试验结果出来前应尽量完成基础浇制的各项准备工作。在基础施工过程中，可以落实塔材、导、地线、光缆、金具等材料的供应。材料的供应应专人负责，并随时掌握供应的进度。

（2）塔材、导地线、光缆、金具等材料出厂前应专人进行检查、验收，以防材料进场后不合格延误抢修工期。

（3）导、地线进场后应随即取样进行握力试验。

金具进场后应立即派专人负责清点、检查和组装，以减小现场的工作量。

（4）抢修期间，物资供应组应24h有人值班，随时根据现场的需要落实抢修物资供应。

（5）抢修材料的供货厂家在近期工程中参与供货、质量好、信誉高、服务好、能及时供货的厂家中选择，尽可能缩短订货及加工时间。

六、抢修施工

（1）抢修施工是一项非常复杂、严密的系统工程，施工前应进行详细的交底，要把每一个环节做细、做实，要把具体的任务落实到人，要充分做好后勤保障工作，要分秒必争。

（2）要考虑到现场的道路、地形条件和气候条件的变化，提前对关键的道路进行修补或采取可靠措施，以确保施工的顺利进行。

（3）抢修工作的第一步是在作业区两端挂接地线，作业区内的铁塔接地良好，以杜绝不利天气和感应电造成的危害。

（4）施工时既要合理安排各道工序，夜间施工时应有可靠的照明、通信等措施，又要加强各关键施工点的监督、检查。

（5）抢修过程中一定要特别注意安全，严格按施工措施进行作业，做好现场的监护工作，加强现场监督检查工作，坚决杜绝冒险和违章作业。要做到“急而不慌、忙而不乱”。

（6）施工完毕随即进行检查，确认安装正确，坚决杜绝返工。

七、验收

（1）由于抢修时间紧迫，抢修工程验收应跟班进行，每道工序完工并经自检后，立即进行检查验收，检查验收时应请运行部门参加，对验收发现的问题当即进行消缺整改。

（2）抢修施工全部完工，三级检查后，立即对施工部分进行总体验收，验收由业主单位、运行单位、施工单位共同进行，确保线路尽快顺利恢复运行。

（3）消缺完成，拆除抢修段两端的接地线后，施工单位向有关单位汇报“工作结束，线路上无人工作，接地拆除，可以恢复送电”。

（4）此后区域应急抢修队伍、建设单位、运行单位应继续作好地面有关收尾工作，场地清理、工器具拆场、政策处理问题善后处理等。

【思考与练习】

1. 输电线路抢修事故研判主要有哪些工作？
2. 班组在抢修施工阶段应主要抓好哪些具体工作？
3. 班组在抢修验收阶段应主要有哪些具体工作？

模块 2　常规输电线路应急预案（Z05H4002 Ⅱ）

【模块描述】本模块包括常规输电线路应急预案。通过常规输电线路应急预案讲解，熟悉线路常规输电线路应急预案。

【模块内容】

一、施工抢修体系

（1）抢修队在接到区域应急抢修指挥部通知后，应迅速按照应急预案要求，到达指定抢修地点，会同属地供电公司组建抢修指挥部，成立技术组、质安监控组、后勤保障组、物资供应组、政处组、基础施工组、立塔施工组、架线施工组，明确责任，落实到人。

（2）在接到输电线路发生事故通知或有关紧急救援信息时，应急抢修队立即启动抢修应急体系。按照应急体系，应急抢修队应按照区域应急抢修指挥部的指令，迅速赶往事故现场，组织进行抢修。

（3）各抢修施工队应成立各自现场抢修施工项目部，组织其应急抢修工作。各应急抢修队负责实施现场抢修工作任务，随时向区域应急抢修指挥部汇报工程抢修的进展情况及存在问题，贯彻落实区域应急抢修指挥部关于抢修的各项指示和精神。

（4）技术组参与相关工程技术、设计、现场勘查和研判工作，编制抢修方案、编制抢修物资使用计划、负责排定抢修施工进度，协调解决抢修施工中的各类技术问题。

（5）质安监控组负责组织在抢修过程中的工程质量安全控制，监控施工中的各项安全措施的落实情况，对各个工序的施工质量进行严格监测，并配合监理工作，督促抢修工程资料的及时收集、归档和，并参与工程验收工作，负责落实抢修施工的安全措施与质量措施。

（6）后勤保障组负责落实本施工队现场住宿、饮食、应急医疗、防暑降温、防寒防冻等方面工作，负责落实夜间施工所必需的装备及施工措施。

（7） 物资供应组负责及时上报本抢修队物资需求计划及要求，以及现场运输与卸货的条件，组织协调落实设备、材料的供应商及到货时间等。

（8） 政处组在事故单位的配合下，负责处理本抢修队在施工过程中所遇到的政策处理问题，协助施工顺利开展。

二、抢修流程

输电线路事故抢修流程如图 19–2–1 所示。

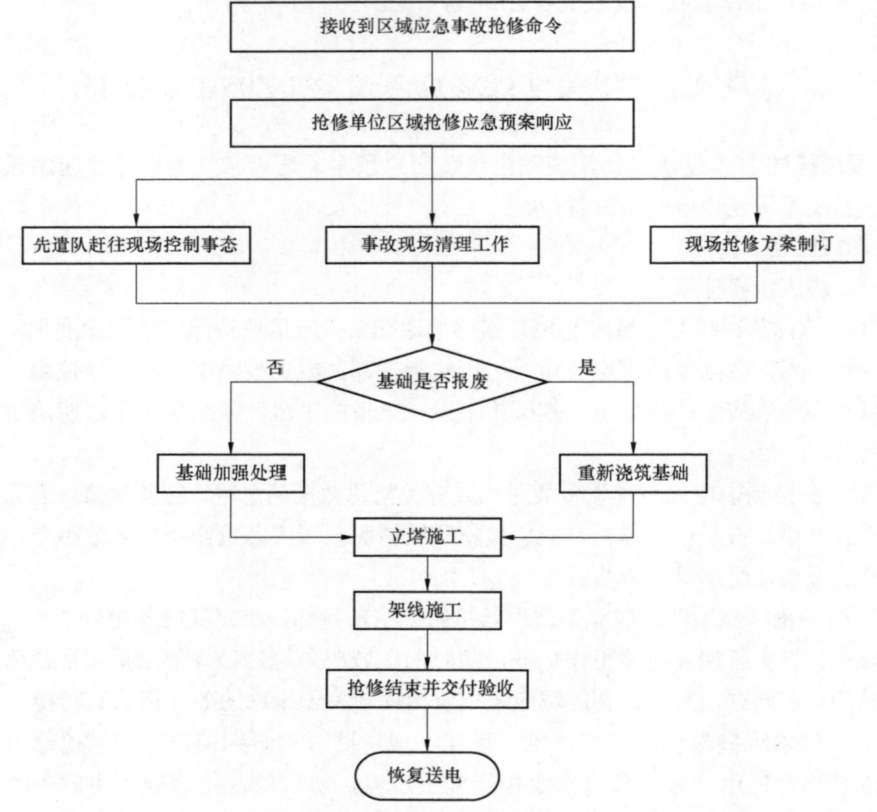

图 19–2–1 输电线路事故抢修流程

三、事故抢修准备

1. 事故范围控制

事故应急预案启动后，抢修单位应火速派遣抢险小分队奔赴现场配合事故发生单位进行事故范围控制，防止事故进一步蔓延扩大，将故障影响限定在最小范围内。

2. 现场勘测及信息收集

先期人员到达事故发生地点后，应重点对以下几个方面进行详细勘察和记录：

（1） 事故发生地所在的县、乡、村及相应的交通运输路径情况。

（2） 事故发生的范围：事故所涉及的线路名称及杆塔编号。

（3） 事故区段线路的受损情况，对可能发生次生灾害的地域采取必要的隔离措施，设立安全围栏，架设警示警告牌，必要时要装设警示灯。

（4） 了解事故发生时的现状，以初步分析引起灾害事故的原因。

（5） 事故发生地点的地形及交通情况：对事故发生地的地形、地貌、跨越物、道路、耕种等情况进行详细的勘察、了解并做好记录，特殊地形应予以拍照。

3. 抢修方案制订

（1） 基础。将事故铁塔基础开挖并将表面清洗干净后进行检查，必要时应请专业部门检测其是否损坏，将检测的情况提供给研判组以决定基础部分利用还是重新移位浇制。如线路直线塔基础发生损坏，应仔细判定每个基础的受损情况：部分受损时，可考虑部分报废，如采用通常所说的“半根开”的方式处理；全部受损时，需报废重新浇制，可考虑将塔位前移或后移，移位后如档距超过规范要求，应及时请设计校核。对转角塔基础，如有损坏，因无法移位，只能在原位置根据受损情况采用部分或全部报废的方式进行处理。具体分为三种处理方案：

1）基础部分加强处理。对事故铁塔基础受损轻微的，经研判后，可以通过加固处理后满足使用要求。

2）基础部分报废。对基础部分受损的情况，经研判后，可对部分基础进行报废处理。

3）基础整体报废。对严重损坏的基础，经研判后，对整基基础进行重新浇筑处理，可按照配式金属基础或早强钢筋混凝土基础两种方案进行浇筑。

（2） 杆塔。铁塔整体倾倒造成损坏则应作报废处理。对铁塔受损轻微的，可采取更换受损构件的方法，铁塔塔段大部分完好的（如只有横担受损的），在事故段受力状态稳定确保安全的情况下，登塔仔细对主材及各部进行检查并做好书面及影像记录，在经研判组认可的情况下可以只更换受损部分。

（3） 导地线。应重点对事故段及事故段前后几基杆塔之间的导线、地线（光缆）受损情况细致逐一登杆检查，以确认导线、地线（光缆）修复和更换方案。

四、抢修方案实施

（一）事故现场清理

在事故设备受力的状态下清理事故现场是一项危险性工作，清理事故现场必须按应急抢修指挥部制订的拆除方案及措施进行施工，拆除根据现场倒塔情况及周边地形环境，可采用整体倒塔法和分解拆除方法进行施工。先对落地导线进行处理，确保铁塔不受断线张力的影响后进行拆塔工作。整体倒塔时，使用乙炔、氧气等焊割工具自铁塔底部直接割断后整体倒塔；分解拆塔时，事故抢修人员登塔使用乙炔、氧气等焊割工具对事故杆塔进行分解拆除。

（二）基础施工

1. 现场准备

现浇混凝土基础施工前的准备包括测量定位、分坑验线、开挖、基坑的操平找正、材料的运输、材料及机械的现场布置等。

（1）混凝土。一般现场抢修宜采用高强度混凝土，如C40商品混凝土加早强剂，24h达到C15混凝土的设计强度，可进行组立铁塔工作；48h达到C20混凝土的设计强度，可进行架线工作。

（2）钢材。钢材的品种应符合设计图纸的规定，其质量应符合该种钢材有关标准规定。钢筋进场时，应按现行国家标准规定抽取试件到具有壹级资质的检验机构作力学性能检验，其质量必须符合有关标准的规定。

（3）焊接材料。焊条的质量应符合国家现行有关标准的规定，其品种、牌号必须与所使用钢材的化学成分和机械性能相当，并应具有良好的焊接工艺性能。使用前应进行外观检查，并应符合相关规程规定。

2. 基坑开挖

基坑开挖前，应将杆塔䂳位基面及附近的浮土、浮石及杂物清理干净，基坑开挖的坑壁应留有适当坡度。

采用机械开挖基坑时，应选择合适的挖掘机械，挖掘机操作员应有操作合格证。在开挖过程中，随时注意土壤变化。如果发现土壤湿度增大，或者土质松散时，应采取措施，加大坡度或对坑壁加以支撑。

3. 模板安装

对运达现场的钢、木模板应检查尺寸是否符合设计要求，有无变形、裂缝等，合格后再进行拼装，拼装连接必须牢固。模板一般安装程序：模板拼装→吊装→坑内调整→加固支撑→安装地脚螺栓样板。由于基础配筋及型式的不同，有时需要与钢筋绑扎交叉作业。

4. 钢筋加工与安装

钢筋连接方式应符合设计要求，钢筋的接头宜设置在受力较小处。同一纵向受力钢筋不宜设置两个或两个以上接头。接头末端至钢筋弯起点的距离不应小于钢筋直径的10倍。

5. 地脚螺栓安装

地脚螺栓安装前必须检查螺栓直径、长度及组装尺寸，符合设计要求后方准安装。

对于耐张塔的受压腿和受拉腿，地脚螺栓规格不相同，必须核对无误后方准安装。

6. 混凝土浇筑

混凝土浇筑前应清除坑内泥土、杂物和积水，检查地脚螺栓及钢筋是否符合设计要求，检查模板有无缝等。混凝土下料时不应发生离析，下料顺序应先从立柱中心开始，逐渐延伸至四周，避免将钢筋向一侧挤压。

捣固混凝土时，混凝土应分层捣固，采用插入式振捣器，每层振动厚度为 300～400mm。铁塔地脚螺栓周围应捣固密实。

7. 混凝土养护

混凝土的养护方法一般有淋水养护和过氯乙烯塑料薄膜养护两种，现场一般使用淋水养护。

（三）杆塔施工

1. 组立铁塔

（1） 组立前的基本要求。

1）基础中间检查验收合格，分解组塔时基础强度必须达到设计强度的 70%以上。

2）铁塔组立前的质量检查应核对运到现场的塔材与塔型是否符合设计，并清点塔材数量、进行排料。

3）直线塔应着重检查基础根开、对角线；地脚螺栓根开、对角线及外露高度；基础顶面操平等。

4）转角塔除检查常规项后，还应着重检查预偏值及预偏方向。

（2） 组立铁塔的工艺流程见图 19-2-2。

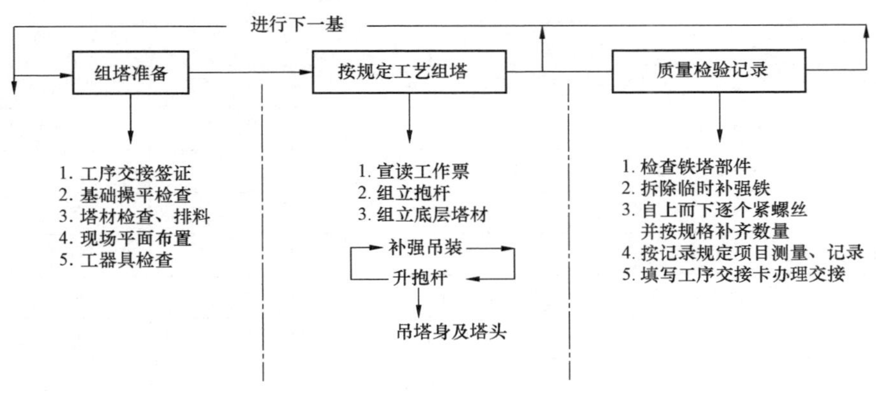

图 19-2-2　组立铁塔的工艺流程

（3） 组立。

1）外抱杆组塔施工。该方法适用于铁塔周边环境较好，易于进行铁塔地面组装及四侧拉线的安装，铁塔分段的重量相对较轻的杆塔。组立时应注意：① 塔脚板与塔腿段连在一起组装好，用倒落式抱杆，在地脚螺栓处垫木桩或方木，保护地脚螺栓。在V形吊点间用ϕ140 补强木补强，并收紧制动绳，塔腿旋转扳起。用撬杠撬起铁塔的塔脚板，使塔脚板孔对准地脚螺栓，抽出垫木，铁塔就位。安装好地脚螺栓螺帽。在已立好的塔片上端各装两只 3t 单轮滑车，用ϕ13 钢丝绳作吊及千斤绳扳起另一片。② 利用两根 3～4m 的角铁组成简易支架形成人字形，通过钢钎锁根后，将抱杆立起；将基础侧面下段构件组装好后利用抱杆吊起构件进位。③ 对转角段下段重量较重构件，也可将抱杆竖立在基础中心桩位置后，从两侧面将构件扳起。④ 对直线塔或下段构件较小铁塔可先由人工利用麻绳将下段组立好后，在下段顶部挂上滑车将抱杆吊立后提升抱杆继续组装。⑤ 已立好的塔腿片应打好拉线，拉线对地夹角不大于 45°，拉线采用ϕ11×30m 钢丝绳（或麻绳），拉线固定在地钻上，而后再装侧面搭铁。⑥ 当现场条件不能满足要求时，可将四侧浪风按八字形布置。⑦ 分片吊装时，V 形吊点之间应用补强木补强。主材必须装接假腿，活动的构件必须扎牢。先吊靠近抱杆侧的吊件，后吊远离抱杆侧的吊件。宜设两根控制绳（ϕ12.5×130m），一根设在 V 形吊点处，另一根设在塔片的下部，以便调整塔片的角度，利于"登堂"就位。⑧ 整段吊装时，靠近地面的那一侧主材也必须装设假腿，活动的构件同样必须扎牢。吊件控制绳用松根器控制，松根器前应增设地钻和转向滑车，防止绞磨上绕。⑨ 吊件吊装过程中，离已立塔身的距离不大于 400mm，吊件高出已立塔顶不超过 200mm。

外抱杆组塔施工主要工器具和人员配置见表 19–2–1、表 19–2–2。

表 19–2–1　　外抱杆组塔施工主要工器具配置表

主要工器具					
序号	名称	规格	单位	数量	备注
1	薄臂钢管抱杆	ϕ290×16m	副	1	连抱杆帽
	或铝合金抱杆	L500×L500×17	副	1	连抱杆帽
		L400×L400×15	副	1	连抱杆帽
2	起重滑车	H6×ZD	只	2	起重滑车组
3	起重滑车	H3×ZD	只	4	转向滑车
4	钢丝绳	ϕ13×150m	根	3	抱杆拉线
5	钢丝绳	ϕ15×150m	根	1	抱杆拉线（上风）
6	钢丝绳	ϕ13×350m	根	1	滑车组绳
7	钢丝绳	ϕ13×100m	根	1	提升抱杆用
8	钢丝绳	ϕ12.5×130m	根	2	控制绳

续表

主要工器具					
序号	名称	规格	单位	数量	备注
9	钢丝绳	ϕ11×100m	根	2	上控制绳及降抱杆用
10	钢丝绳	ϕ13、ϕ17	根	若干	吊点用
11	钢丝绳	ϕ11×30m	根	2	临时拉线
12	钢丝绳	ϕ15.5×4m	根	1	绑抱杆
13	钢丝绳套	ϕ13	根	若干	
14	手扶拖拉机绞磨	3t	台	1	
15	地钻	ϕ250×1.7m	根	若干	
16	白棕绳	ϕ18	根	若干	
17	卸克	6.2t	只	2	
18	卸克	3.3t	只	3	滑车组用
19	卸克	2.1t	只	20	
20	铁道木	200×200×600	只	若干	
21	双钩	3t	把	若干	
22	补强木	ϕ140	根	若干	
23	尖头扳手	M16	把	8	
24	尖头扳手	M20	把	8	
25	圆锉	ϕ16	把	2	
26	铁锤		把	2	
27	经纬仪	J2	台	1	
28	松根器		只	4	

表 19–2–2　外抱杆组塔施工人员配置表

人员配置表					
序号	工作岗位	技工	民工	合计	备　注
1	工作负责人	1		1	施工组织和指挥
2	技术员	1		1	负责组塔作业技术问题
3	安全员	1		1	负责现场施工安全
4	塔上作业	6		6	负责塔上作业
5	地面作业	1	8	9	配合塔上人员施工
合计		10	8	18	分工明确，责任到人

2）内悬浮抱杆组塔施工。采用内悬浮外拉线工艺组立杆塔时应注意：① 各种工器具运往现场及使用前必须经过检查，不符合要求的坚决不允许使用。② 螺杆确认符合组立要求，方准使用；必须无裂纹、无严重锈蚀、无弯曲等缺陷。螺帽、底座的各种焊缝应完好无裂缝，转动部分灵活，连接螺栓不得变形。③ 机动绞磨必须仔细检查各部件，特别是刹车装置是否完好。滑车必须经常检查，滑车边缘有裂纹或严重磨损、轴承变形、轴瓦磨损严重、吊钩外观检查有裂纹或明显变形，均不得使用。④ 双钩两端应有保险螺丝，索卡、卸扣应进行外观检查。⑤ 钢丝绳断股、磨损或腐蚀达原直径40%以上、受过严重火烧或局部电烧、压扁变形或表面毛刺严重等应报废或截除。钢丝绳套的插接长度不得小于钢丝绳直径的 15 倍，且不得小于 300mm，新插接的绳套必须经过 125%超负荷试验。穿过滑车、磨芯、滚角的钢丝绳不宜有接头。

内悬浮抱杆组塔施工主要工器具和人员配置见表 19–2–3、表 19–2–4。

表 19–2–3 内悬浮抱杆组塔施工主要工器具配置表

主要工器具					
序号	名称	规格	单位	数量	备注
1	浮抱杆	25m	副	1	配连接螺栓、抱杆帽
2	承托绳	ϕ17.5	根	12	长度符合吊装表要求
3	卸扣	50kN	只	12	
4	钢丝绳	ϕ17.5×3m	根	4	承托绳绑扎千斤套，绕 3 道
5	钢丝绳	ϕ13×180m	根	3	浮抱杆四角拉线
6	链条葫芦	30kN	副	4	
7	松线器	特制	套	4	用于四角拉线
8	卸扣	30kN	只	12	
9	钢丝绳套	ϕ13×1.5m	根	4	
10	地钻	ϕ250×1810m	根	8	
11	双钩	30kN	把	4	
12	人字抱杆	ϕ150×10m	副	1	
13	钢丝绳	ϕ13×18m	根	4	吊点绳
14	钢丝绳	ϕ13×50m	根	1	总牵引
15	钢丝绳	ϕ13×15m	根	4	制动绳
16	钢丝绳套	ϕ15.5×15m	根	2	抱杆拖根
17	双钩	30kN	把	6	

续表

主要工器具					
序号	名称	规　格	单位	数量	备注
18	卸克	30kN	只	12	
19	滑车	30kN	只	1	转向用
20	地钻	ϕ250×1810m	根	2	
21	滑车	30kN	只	3	
22	钢丝绳	ϕ13×200m	根	1	
23	钢丝绳	ϕ15.5×1.5m	根	1	绑扎千斤套
24	钢丝绳	ϕ13×1.5m	根	2	
25	卸克	30kN	只	8	
26	白棕绳	ϕ16×120m	根	1	
27	机动绞磨	30kN	台	1	
28	滑车	60kN 二轮	只	2	走二走一滑车组
29	滑车	60kN 单轮	只	2	走二走一滑车组
30	滑车	30kN 单轮	只	4	走一走一滑车组
31	滑车	30kN 单轮	只	4	转向
32	钢丝绳	ϕ13×350m	根	2	磨绳、一端插接
33	钢丝绳	ϕ15.5	根	8	满足吊装表要求
34	钢丝绳	ϕ13	根	8	满足吊装表要求
35	钢丝绳	ϕ17.5×6m	根	2	吊点绳
36	卸扣	50kN	只	2	
37	卸扣	30kN	只	12	
38	大绳	ϕ16×100m	根	2	倒滑车组用
39	补强木	ϕ250×12m	根	2	
40	钢丝绳	ϕ13×150m	根	2	
41	钢丝绳	ϕ13×50m	根	8	塔片临时拉线
42	钢丝绳	ϕ11×100m	根	2	
43	钢丝绳	ϕ13×20m	根	2	V 形套
44	滑车	30kN	只	1	有保险
45	卸克	30kN	只	8	

续表

主要工器具					
序号	名称	规　格	单位	数量	备注
46	地钻	ϕ250×1810m	只	10	备用
47	机动绞磨	30kN	台	1	
48	加强木			若干	
49	经纬仪		台	1	
50	绳卡	与钢丝绳配套	只	若干	
51	红白旗		面	2	
52	电喇叭		只	2	
53	钢丝绳套	各种规格	根	若干	
54	滑车	10kN，30kN	只	若干	
55	白棕绳	ϕ12、ϕ14、ϕ16		若干	
56	卸扣	30、50kN	只	若干	
57	铁锹		把	8	
58	方木	200×200×400	块	若干	
59	麻袋片			若干	
60	铁丝	8号、14号		若干	
61	补强木	ϕ150、ϕ250	根	各2	
62	拉起子	10kN	把	6	
63	木道木		根	若干	
64	竹梯	8m	副	各4	
65	地锚	60kN	只	2	
66	地锚	40kN	只	8	

表19–2–4　　内悬浮抱杆组塔施工人员配置表

人员配置表					
序号	工作岗位	技工	民工	合计	备　注
1	工作负责人	1		1	施工组织和指挥
2	技术员	1		1	负责组塔作业的相关技术、看图纸
3	安全员	1		1	负责现场施工安全

续表

人员配置表					
序号	工作岗位	技工	民工	合计	备　注
4	塔上作业	6		6	其中一人为安全监护人
5	地面作业	1	11	12	配合塔上人员施工
6	机械工	1	2	3	机动绞磨操作
合计		11	13	24	分工明确，责任到人

2. 组立钢管杆

（1） 吊车组立。

组装：

1）组装钢管杆时，将钢管杆各分段按组装顺序尽可能一次排放到起吊位置；将钢管杆各分段按序用道木垫放至同一平面，并尽可能接近。

2）钢管杆各分段爬梯应朝上，并从头开始逐段进行连接，始终保持爬梯在上，按规范要求进行螺栓连接。

3）将横担、爬梯按厂家提供的配对次序进行装配，确保质量。

吊装前的准备：

1）提前将吊车进出的道路进行处理，如吊车不能靠近，则使用钢板铺设施工道路。

2）按照所需吊装的重量并参考规范要求的安全系数选择合适的钢丝绳套，并为保证不损坏钢管杆外锌层，钢管杆系钢丝绳套的地方或钢丝绳套本身需要采用保护措施。

3）对钢管杆基础附近影响立塔的线路采取停电等措施。

吊装钢管杆：

1）将吊车就位，支好撑脚，尽可能将尾部对准基础。

2）系好钢丝绳套，将其尽可能收紧，吊点应布置在重心以上 2～3m 处，如长度及重量较大时，可采用两吊点和三吊点起吊。

3）当吊车启动将钢管杆刚吊离地面时，暂停起吊，检查钢管杆受力及吊车受力情况，确认没有问题后再继续工作。

4）将钢管杆起吊至接近垂直状态，控制好钢管杆根部，将根部法兰盘上的螺孔与地脚螺栓一一对应，同时考虑横担方向。吊车缓慢下放钢管杆，将钢管杆就位，同时迅速将地脚螺帽紧上。此时使用经纬仪进行顺线路和横线路侧观测，调整杆身倾斜度，当符合要求时，将地脚螺帽拧紧，再拆除钢丝绳套。

（2） 抱杆组立。

组装钢管杆：

此种情况下组装将钢管杆时，钢管杆各分段按组装顺序尽可能一次排放到各起吊位置。

吊装：

1）按照所需吊装的最大重量并参考规范要求的安全系数选择合适的钢丝绳套和抱杆，并为保证不损坏钢管杆外锌层，钢管杆系钢丝绳套的地方或钢丝绳套本身需要采用保护措施。

2）对钢管杆基础附近影响立塔的线路采取停电等措施。

3）将工器具等按施工方案进行布置，可依据抱杆组立杆塔方案实施。

（四）架线施工

1. 放线前的准备工作

（1） 铁塔需经中间验收合格，缺陷处理完毕，螺栓紧固符合要求，基础的强度达到设计强度的100%，转角塔的预偏符合设计要求。各档的实际档距复测后，复测的数据交施工技术部门。

（2） 对跨越电力线路、通信线、公路及无法清除的障碍物，应事先搭设越线架。凡跨越电力线路原则上要求停电落线，个别线路停电落线有困难的应考虑搭设越线架。停电线路事先联系停电，越线架的搭设应符合安规要求，越线架顶要处理好，避免金属物等坚硬物体磨损导线、地线和光缆。

（3） 对跨越110kV时如不停电时进行特殊跨越，针对具体情况再编制《带电跨越架线施工作业指导书》进行施工。

（4） 明确搭设跨越架的高度、跨距等技术参数，并按搭设方案组织施工。

（5） 使用材料的原件在运至现场前，均需按有关验收标准和规范进行验收和检验，并取得出厂合格证书。运至现场后，应按照设计图纸进行检查。

（6） 布线时，导、地线不允许接头档，结合放线工艺安排线盘位置，为避免放线混乱，应对线盘逐个编号。

（7） 对耐张承力塔设置反向临时拉线，导线横担临时拉线采用GJ–70钢绞线，地线横担临时拉线采用ϕ12.5 钢丝绳。临时拉线安装在耐张塔受力反向侧，其上端应绑扎在尽量靠近挂线点的主材上，不影响挂线，主材内衬方木并缠以麻片。临时拉线对地夹角不大于40°，临时拉线下端与地钻群相连，并用5t双钩作调节装置。

（8） 紧线的顺序：先地线，后导线；导线按上、中、下相顺序进行。

2. 放紧线

（1） 放线采用人力展放钢丝绳和张力展放导线，张力机牵引相结合的方法，机械牵引可以单项牵引；地线、导线钢丝绳及光缆导引绳一同进行放好，并将其锚空，待一个光缆放线段结束后再紧线。

（2）放线过程中应保持通信通畅，信号统一。

（3）放线过程中应保护好导线、地线和复合光缆，交叉跨越处派专人看护。领线人员应认准方向、保持距离，控制牵线速度，线头过滑车时应注意过渡情况。机械牵引速度不宜过快，以免导线互相混绞。

（4）导线、地线的耐张管、引流管、补修管、接续管均采用液压工艺进行，施工时必须遵守 SDJ226—1987《液压施工规程》。

（5）紧线段通信畅通，各岗位经检查正常，收紧档内余线。对余线用ϕ12.5 钢丝绳直接临锚，临锚钢丝绳对地夹角不大于 30°。

（6）弧度观测档选择应符合规范要求，紧线结束后应测量耐张塔的倾挠，若向内侧倾斜应查明原因及时进行处理。

3. 附件安装及跳线搭设

（1）导线附件安装用 5t 双钩及提线器同时提升分裂导线，此时要求用ϕ12.5 钢丝绳套将导线保险在横担上，相邻杆塔附件安装时避免同线作业。滑车摘除后缠上预绞丝护线条，再装上线夹后应做到线夹中心，护线条中心及划印点重合。光缆提线时为了避免损伤光缆而采用双侧平衡提线器。

（2）跳线引流板光洁面与耐张压接管光洁面相连，在施工安装时塔的前后两侧耐张线夹与跳线引流板朝向必须一致，确保连接板为光面接触。连接前用汽油清洗接触面，涂以导电脂并用细铁丝刷清除其表面的氧化膜，保留导电脂进行搭接，逐个拧紧螺栓，其扭矩为 60～80N·m。

（3）双分裂导线下导线的跳线位于塔的内侧，上导线的跳线位于塔的外侧，施工时注意铁塔两侧的一致性。双分裂导线设计为垂直排列，压接时要注意。

（4）附件安装过程中人员需上下导线时，应用铝合金梯或绳梯进行，严禁沿合成绝缘子上下。

五、安全质量措施

（1）在实施抢修工作的过程中，必须坚定不移地贯彻落实安全第一、预防为主的方针，把安全工作始终置于诸生产工作的首位。进一步健全完善安全质量保证体系和安全质量监督体系，使安全质量工作实现规范化、标准化，从而有效地达到在各项工作中保障人身和设备的安全，确保抢修施工质量符合规范要求。

（2）建立以抢修项目部负责人为组长，专业人员及施工负责人参加的抢修工地安全质量监察领导小组，从行政领导、安全思想、安全技术及生活后勤上为安全质量工作提供保障；抢修项目负责人负责组织建立本抢修项目部各级人员安全质量责任体系，并对各级人员安全质量责任落实负责。

（3）认真贯彻执行公司编制的《质量保证手册》，严格遵守各项质量控制制度，提高质量意识，坚持“质量至上”的原则，要求全体参加抢修人员，都要把质量视为硬指标，把增效能力着眼于质量，坚决走质量效益型的路子，选择高质量、高标准的最佳策略，创建优质工程。

（4）抢修工作开工前，对全体施工人员进行一次针对现场抢修工作内容、危险点危险源预控等的交底工作，并经全体抢修人员确认。抢修施工期间，采用多种形式，对抢修人员进行经常性的安全教育，提高其安全意识，特殊工种人员必须持证上岗。

（5）健全安全生产责任制，对安全生产实现全员、全方位的闭环管理，坚持谁主管、谁负责，到岗到位。使工地、班组每个生产岗位都有明确的安全职责，做到各尽其职、各负其责，切实搞好本职工作。

（6）实行全面质量管理，对关键项目、薄弱环节，加强现场检查督促的力度，采用科学的管理方法和必要的管理措施，实行预控，达到提高抢修工程质量的效果。

（7）认真宣传、学习各项规章制度和安全生产的文件、会议精神和有关的事故通报，认真吸取经验教训，及时地、确切地掌握施工中各种不安全情况，通过安全活动和三交三查工作，使参与抢修人员对安全生产形势做到心中有数，从而提高全员的自我保护意识和能力。

（8）加强抢修施工现场安全管理建设，抓牢安全生产的第一道防线，坚持从严考核，执行规程制度不走样，有效地控制习惯性违章的发生，提高现场文明施工管理水平。

（9）加强施工班组安全管理机制，通过三级控制，实现安全目标。在班组安全施工中，首先要做好查找危险点，做好预测、预控工作，对危险点采取具体措施进行有效的辨识和风险控制。层层把好安全生产的第一关，使安全生产工作水平进一步提高。

（10）在抢修过程中，必须严格执行工作票制度，一切施工必须填写工作票，施工工作票由施工负责人认真的进行填写，经同级安全员审核，并由具有工作票签发权的人员签发。每日工作前，必须由现场工作负责人向参加本项工作的全体人员逐条、逐项宣读。工作票宣读完毕后，参加本项目工作的全体人员在工作票上进行签字。

（11）杆塔组立、高空分解组塔、架线和平衡挂线作业、重要跨越架的搭设和拆除等每一单项危险作业，必须设一名安全监护人，不准单独一人作业；班（组）内的兼职安全员，要负责本班当天危险作业的监护工作，不准从事其他与安全监护无关的工作。安排危险作业的施工班（组），班（组）长必须亲临现场，对作业现场实行全面检查。

（12）在杆塔上工作，必须使用安全带，进入施工现场必须戴安全帽。系安全带后必须检查扣环是否扣牢，安全帽带子是否扣好。

（13）攀登杆塔前，应先检查登杆工具。攀登脚钉时，应检查脚钉是否牢固。

（14）高空作业人员应防止掉东面，使用的工具、材料应用绳子传递，不得乱扔。杆塔下应防止行人逗留。

（15）组立杆塔应使用合格的起重工具，严禁过载使用。

（16）立杆过程中，杆坑内严禁有人工作。除指挥人及指定人员外，其他人员必须在远离杆下1.2倍杆高的距离以外。

（17）使用吊车立、撤杆塔时钢丝绳套应吊在杆塔的适当位置以防止杆塔突然倾倒。

（18）使用抱杆整体倒落式立杆时，主牵引绳、尾绳、杆塔中心及抱杆顶应在一直线上。抱杆应受力均匀，两侧拉绳应拉好，不得固定在有可能移动的物体上，或其他不可靠的物体上。

（19）杆塔起立离地后，应对各受力点处作一次全面检查，确无问题，再继续起立。起立60°后，应减缓速度，注意各侧拉线。

（20）起重机械，如绞磨、汽车吊、卷扬机等，必须安置平稳牢固，并应设有制动。当重物吊离地面后，工作负责人应检查各受力部位，无异常情况后方可正式起吊。在起吊、牵引过程中，受力钢丝绳的周围、上下方、内角侧和起吊物的下面，严禁有人逗留和通过。起吊物体必须绑牢，物体若有棱角或特别光滑的部分时，应加以包垫。

（21）使用开门滑车时，应将开门勾环扣紧，防止绳索自动跑出。

（22）起重时，在起重机械的滚筒上至少绕有五圈钢丝绳，拖尾钢丝绳应随时拉紧，并应有经验的人负责。起重机具应妥善保管、均应有铭牌标明允许工作荷重。定期按规定检查试验。钢丝绳应定期浸油，按规定进行报废检查，使用应有规定的安全系数。

六、现场文明施工

（1）在抢修工作的实施过程中，应该按照安全管理制度化、安全设施标准化、现场布置条理化、机料摆放定置化、作业行为规范化、环境影响最小化的方针组织实施文明施工工作。

（2）现场文明施工责任区应划分明确，职责应落实，并设有明显的标志。

（3）现场的材料、机具、砂、石、水泥堆放应整齐，安置有序。现场的机械、设备完好、整洁，安全操作规程齐全，操作人员持证上岗并熟悉机械性能和作业条件。

（4）施工现场的安全设施和个人劳动保护用品应逐步实现标准化和规范化，施工临建设施完整，布置合理，环境整洁，施工现场应有应急设施。

（5）施工便道应保持畅通、安全、可靠。工序安排应紧密、合理。上道工序交给下道工序必须干净、整洁、符合工艺要求的工作面。

（6）施工现场的安全施工设施和文明设施及消防设施严禁乱拆乱动。施工场所应保持整洁、有序，作业点应做到“工完料尽场地清”，剩余材料应堆放整齐、可靠。

【思考与练习】

1. 铁塔组立前有哪些基本要求？
2. 架线施工中放线前有哪些准备工作？
3. 附件安装及跳线搭设有哪些基本要求？

模块 3　大型输电线路应急预案范例（Z05H4003Ⅲ）

【模块描述】本模块包括大型输电线路应急预案范例。通过大型输电线路应急预案范例讲解，熟悉线路大型输电线路应急预案范例。

【模块内容】

一、110～220kV 线路断线事故处理预案

预案背景为迎峰度夏期间，×××kV××××线路发生一起永久性故障，××供电公司调度责令输电运检工区巡线查找故障点。故障原因确定为 4 号～5 号 A 相导线断线，市公司应急指挥中心下令由该线路生产管理部门进行抢修。

（一）事故情况

断一相导线（含断股超出正常修补范围）。

断线事故处理的三种基本方法：

第一方案（见图 19-3-1）断线点靠近耐张杆塔，采用更换一段地线或导线。

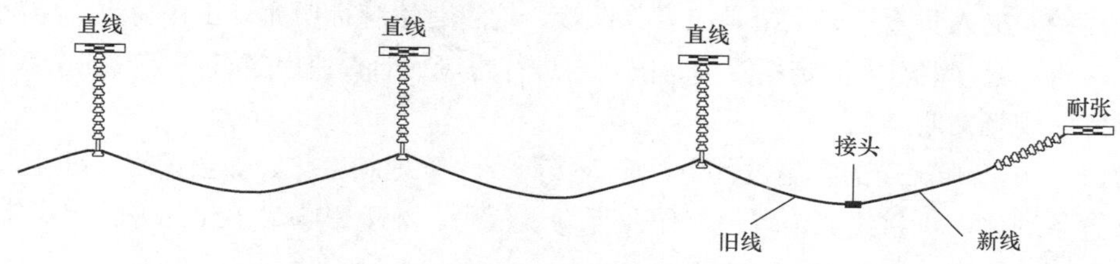

图 19-3-1　断线事故处理第一方案

断线事故处理第二方案（见图 19-3-2）断线点不靠近耐张杆塔，采用将断线点的旧线重新对接，再在耐张线夹附近接一段新线。

断线事故处理第三方案（见图 19-3-3）断线点远离耐张杆塔，采用在断线处更换一段新线，使两个接头分别在直线杆塔的两侧。

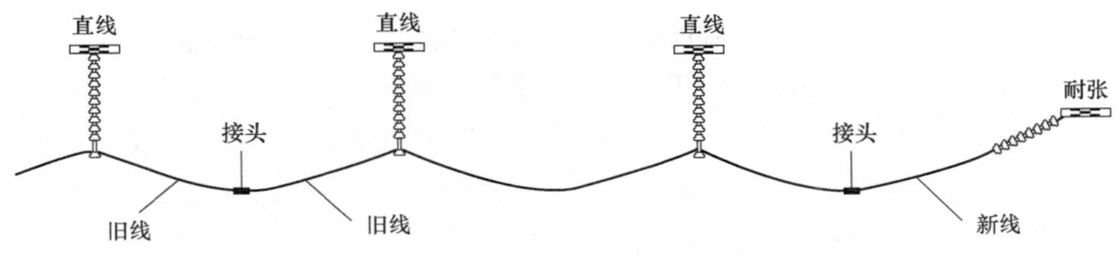

图 19–3–2　断线事故处理第二方案

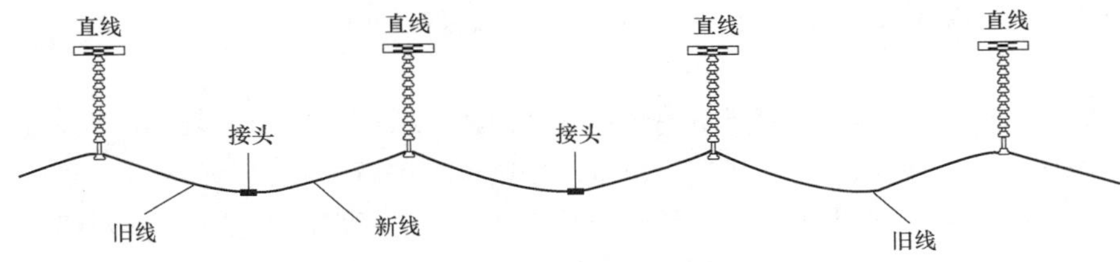

图 19–3–3　断线事故处理第三方案

1. 第一方案施工方法

施工顺序：

（1） 准备工作。

1）耐张杆塔做反向导线的临时拉线；拆除跳线线夹；做松线的准备工作。

2）直线杆塔做导线的锚线工作，如果导线断落地面，则应先将断落地面的导线临时用钢丝绳拉紧至绝缘子串基本垂直，然后再锚线。

3）放线和穿越交叉线路的工作（该项工作也可在松线后进行）。

（2） 松线工作。

（3） 新、旧线接头（LGJ–300 以上导线，如果断线部位在一个液压接管范围内，则可以用原来的旧线对接，如果钢芯是搭接，则可以在绝缘子串上加绝缘子、金具来调节，这样可以不需要更换新线，不需要重做耐张线夹，不需要两次紧线，省一个耐张压接管）。

（4） 紧线工作。

（5） 附件安装及拆除临时措施。

1）耐张杆塔拆除临时拉线和紧线设备；跳线压接和搭头等工作。

2）直线杆塔拆除临时拉线，调整绝缘子串等工作。

3）恢复交叉跨越线路。

2. 第二方案施工方法

施工顺序：

（1） 准备工作。

1）耐张杆塔做反向导线的临时拉线；拆除跳线线夹；做松线的准备。

2）直线埋线杆塔做导线的理线工作，如果导线断落地面，则应先将断落地面的两侧导线临时用钢丝绳拉紧至绝缘子串基本垂直，然后再理线或将直线杆塔导线放在放线滑轮内；地线一侧可以直接埋线，另一侧也应临时用钢丝绳拉紧至悬垂线夹基本垂直，然后将直线杆塔地线放在放线滑轮内。

3）中间的直线杆塔将导、地线放在放线滑轮内，拆除悬垂线夹、防震锤等金具。

4）放线和穿越交叉线路的工作（该项工作也可在松线后进行）。

（2） 松线工作。

（3） 断线处旧线与旧线接头，耐张杆塔处旧线与新线接头（地线或 LGJ–300 以上导线，如果断线部位在一个液压接管范围内，则可以用原来的旧线对接，如果钢芯是搭接，则可以在绝缘子串上另绝缘子、金具来调节，这样可以不需要更换新线，不需要重做耐张线夹，不需要两次紧线，省直线接续管、耐张压接管各一个）。

（4） 紧线工作。

（5） 附件安装及拆除临时措施。

1）耐张杆塔拆除临时拉线和紧线设备；跳线压接和搭头等工作。

2）埋线的直线杆塔拆除埋线设备；调整绝缘子串等工作。

3）中间的直线杆塔附件安装。

4）恢复交叉跨越线路。

3. 第三方案施工方法（适用于导线的钳压连接）

施工顺序：

（1） 准备工作。

1）如果导线未断落地面，估计一下导线大概要落下几档才可能使断线点降至地面，然后在两侧不落线的直线杆塔上做临时拉线；

2）如果导线已断落地面，应先将断落的两侧导线分别用钢丝绳临时拉紧，然后在两侧不落线的直线杆塔上埋线。

（2） 松线工作。

1）中间的直线杆塔拆除悬垂线夹、防震锤等金具，将导线放到地面。

2）放新线一段，使其一端在断线点附近，另一端放过直线杆塔至另一档内。

（3） 如果导线已断，应先用 2 只导线夹头、链条滑轮将断线临时连接起来，使其保持原来状态。

（4） 在新导线的两端分别套入两根钳压连接管，用两组导线夹头、双钩（或链条滑轮）将新、旧导线并排拉得一样松紧，然后在新、旧导线的适当位置划印，防止移动。

（5）在两侧分别将旧导线开断，将旧导线穿入钳压管压接，压接结束后，拆除导线夹头等连接工具，剪断副线的多余部分。

（6）将连接好的导线用提升工具拉到横担附近进行附件安装。

（7）拆除两侧的埋线钢丝绳。

（二）断线事故处理技术安全措施及注意事项

（1）对事故现场进行详细的工作查勘，特别是施工段内的跨越线路要核对清楚，以便申请和联系停电。

（2）线路抢修工作使用线路事故抢修单，必须履行停电许可手续，并做好验电、接地等技术安全措施。使用电话许可必须全过程录音。

（3）一项抢修工作只设一个工作负责人，原则上只使用一个班组工具间里的工器具。

（4）抢修作业人员进入施工现场必须戴好安全帽，杆塔上作业人员必须使用双控安全带，双控带应系在牢固的杆塔构件上，并不得低挂高用。

（5）非工作时间的抢修工作，3h 内饮酒的人员不得参加抢修的主要工作（如工作负责人、杆塔上作业人员、小组负责人、卷扬机操作和尾绳控制等），但可以作为辅助工协助工作。驾驶员严禁酒后开车！

（6）服从命令听指挥。

（7）严格按照施工顺序中规定的先后顺序进行操作。

（8）工作前向全体工作人员进行事故情况及处理方法的交底工作，并明确分工，使每个工作人员对整个抢修工作和自己分管的工作了解得清清楚楚，以便在做好自己本职工作的同时，协助其他人工作。各班组人员之间应密切配合。

（9）杆塔上作业应设监护，夜间作业必须配备足够的地面和杆塔上的照明设备。

（10）地钻应按规定埋设，每只地钻前必须加垫道木，如遇地质松软，应采取增加地钻数量或其他补强措施；采用 2 只及以上的组合地钻时，地钻之间的距离应保持 1.5m 以上。

（11）上、下工具材料使用绳索传递，严禁抛扔。

（12）埋线、松、紧线工作的地钻对地夹角不宜大于 30°，临时拉线地钻对地夹角不大于 45°。

（13）做埋线、临时拉线或松线前应检查导、地线横担的损坏和锈蚀情况，必要时应做补强措施。

（14）埋导线时应绑扎竹梯，作业人员站在竹梯上进行埋线工作，安全带严禁系在绝缘子串上或导线上。竹梯应绑扎牢固。

（15）埋线时应使绝缘子串稍微向导线夹头处倾斜，以便在紧线时观察弧垂；埋线时挂钢滑轮的钢丝短头应挂在挂线点附近；瓷横担杆的埋线工作不得直接在瓷横担上进行。

（16）松、紧线时杆塔上的导向滑轮悬挂位置应适当，不妨碍松、紧线操作；杆塔上作业人员应在卷扬机停止的情况下，才能进行划印或装、拆挂线点金具的工作。如需绑扎竹梯，竹梯不得直接悬挂在导线上。

（17）松、紧线时牵引钢丝绳的尾绳在卷扬机滚筒上至少缠绕五圈，并派有经验的人员随时拉紧尾绳。

（18）松、紧线时应有防止损伤交叉线路的措施，并在每档内派专人看守，有情况及时联系。

（19）紧线时的弧垂以埋线杆塔上的绝缘子串垂直为准。

（20）放线跨越房屋时，作业人员严禁站在石棉瓦或玻璃钢瓦等不牢固的屋顶上；遇有河道时，应用船只引渡或用绳索、旧线牵引过河，作业人员严禁泅水过河。

（21）导线采用钳压管连接时，模数、尺寸标准和压接顺序参照《钢芯铝绞线钳压连接的压口位置及操作顺序》，压接时注意正副线不得压错。

（22）导、地线的液压连接（跳线压接除外）应使用不小于 100t 的液压机具进行压接，压接时每模压力都应达到 70～80MPa，不以合模为压好标准。超过 80MPa 为超压，不允许长时间使用。

（23）根据压接管的外径选择压模，各种液压管压后呈正六边形，压后应分别复测三个对边距，其中只能有一个对边距达到最大值，对边距标准尺寸和最大值见表 19–3–1。

表 19–3–1 对边距标准尺寸和最大值 mm

管材	外径	内径	对边距		备注
			正常值	最大值	
钢管	16	8.4	13.86	13.95	
	18	9.6	15.59	15.67	
	20	11.2	17.32	17.39	
	22	17.0	19.05	19.11	
	24	15.4	20.78	20.83	
铝管	40	26（25.5）	34.64	/	
	45	29.5	38.97	/	

（24）直线接管距离悬垂线夹不小于 5m，距离耐张线夹不小于 15m。

（25）旧导、地线在开断接头前应将断股处导、地线拉松并临时固定。

（26）跨越公路应派专人持红白旗在道路两端指挥来往车辆缓慢通过或搭设简易牢固的越线架。夜间作业除有照明设备外，作业人员应穿有荧光涂料的背心。

（27）在人口稠密区工作时。在容易发生危险的工作地点附近应用安全围栏或警告带围起来，防止闲杂人员进入。

二、110～220kV 线路绝缘子掉串事故处理预案

预案背景为迎峰度夏期间，×××kV××××线路发生一起永久性故障，××供电公司调度责令输电运检工区巡线查找故障点。故障原因确定为 4 号塔 A 相掉串，市公司应急指挥中心下令由该线路生产管理部门进行抢修。

（一）事故抢修具体操作步骤

（1）办理事故应急抢修单。

（2）验电、挂接地线。

（3）提升导线。

（4）附件安装。

（5）验收检查，拆除接地线。

（二）抢修危险点、危险源分析及预测、预控措施（见表 19–3–2）

表 19–3–2　　抢修危险点、危险源分析及预测、预控措施

序号	危险点、危险源	预控措施	备注
1	高处坠落	（1）登杆塔前，应先检查登高工具和设施。禁止携带器材登杆塔或在杆塔上移动。严禁利用绳索、拉线上下杆塔。 （2）上杆塔前，应先检查根部、基础和拉线是否牢固。遇有冲刷、起土、上拔或导地线、拉线松动的杆塔，应先培土加固，打好临时拉线后，再行登杆。注意检查脚钉是否牢固可靠，在杆塔上作业时，必须使用双保险。 （3）高处作业时，安全带应挂在牢固的构件上，并不得低挂高用，禁止系在移动或不牢固的物件上。系安全带后应检查扣环是否扣牢。 （4）在杆塔高空作业时，应使用有后备绳的双保险安全带，安全带和保护绳应分挂在杆塔的不同部位的牢固构件上，应防止安全带被锋利物损坏。人员在转位时，手扶的构件应牢固，且不得失去后备保护绳的保护。 （5）高处作业必须设专人监护，专责监护人不得兼任其他工作，专责监护人必须穿戴红马甲，认真履行安全监护职责，做好安全监护，及时制止违章作业。 （6）在气温低于零下 10℃时，不宜进行高处作业。确因工作需要进行作业时，作业人员应采取保暖措施，施工场所附近设置临时取暖休息所，并注意防火。高处连续工作时间不宜超过 1h。在冰雪、霜冻、雨雾天气进行高处作业，应采取防滑措施	

续表

序号	危险点、危险源	预控措施	备注
2	物体打击	（1）作业人员必须正确配戴安全帽。 （2）高处作业应使用工具袋，较大的工具应固定在牢固的构件上，不准随便乱放。上下传递物件应用绳索拴牢传递，严禁上下抛掷。 （3）在高处作业现场，工作人员不得站在作业处的垂直下方，高空落物区不得有无关人员通行或逗留。在行人道口或人口密集区从事高处作业，工作点下方应设围栏或其他保护措施。 （4）杆塔上下无法避免垂直交叉作业时，应做好防落物伤人的措施，作业时要相互照应，密切配合	
3	触电及带负荷挂接地线	（1）在未接到停电工作命令前，严禁任何人攀登杆塔。 （2）停电、送电工作必须指定专人负责，严禁采用口头或约时停电、约时送电的方式进行任何工作。 （3）停电作业前，办理事故应急抢修单。 （4）在接到停电工作命令后，必须首先进行验电；验电必须使用相应电压等级的合格的验电器；验电时必须戴绝缘手套并逐相进行；验电必须设专人监护。 （5）验明线路确无电压后，必须立即在预定杆塔挂好接地线，同时将三相短路。 （6）登杆塔前必须认真核对线路名称、杆号牌，加强监护。 （7）工作完毕后由专人拆除停电线路上的工作接地线；接地线一经拆除，该线路即视为带电，严禁任何人进入带电危险区	
4	交通事故	（1）驾驶员必须持双证驾车。 （2）两人及以上出车时必须指定行车安全员。 （3）控制车速，保持安全距离，严禁超速行驶。 （4）定期检查，保证车况良好。 （5）杜绝酒后驾驶和疲劳驾驶。 （6）驾车时不准使用手机，若必须使用手机时应将车辆停靠在不影响其他车辆通行的道路上	

（三）工器具及材料

1. 安全工器具、设施（见表 19–3–3）

表 19–3–3　安全工器具、设施

序号	工器具名称	型号	数量	备注
1	验电器	110～220kV	各 1 支	
2	接地线	25mm^2	2 根	
3	个人保安线	16mm^2	若干	
4	发电机		2 台	
5	照明灯		若干	

2. 抢修用工器具（见表 19–3–4）

表 19–3–4 抢修用工器具

序号	名称	型号	数量	备注
1	绞磨	10kN	1 台	
2	钢丝绳	φ13.5×200m	1 根	绞磨绳
3	钢丝套	φ12.5×1.5m	2 根	
4	钢丝套	φ9.3×1m	4 根	
5	铁滑车	30kN	4 个	
6	铁滑车	50kN	3 个	
7	角铁桩	∠10×100×1500	6 个	
8	钢线卡子	φ18	6 个	
9	大锤	16P	2 把	
10	卸扣	30kN	6 个	
11	链条葫芦	20kN	2 把	
12	链条葫芦	30kN	2 把	
13	提线钩		3 套	
14	铁滑车	30kN	3 个	
15	铁滑车	50kN	3 个	
16	钢丝绳	φ9×120m	1 根	
17	白棕绳	φ14×120m	1 根	
18	U 形环	UL–10	4 个	

3. 抢修用材料（见表 19–3–5）

表 19–3–5 抢修用材料

序号	材料名称	型号	数量	备注
1	线夹		若干	根据实际需要
2	绝缘子		若干	
3	金具		若干	
4	铝包带		若干	

【思考与练习】

1. 在杆塔上工作应采取哪些安全措施？

2. 输电线路的导线损伤达到哪种程度应锯断重接？导线压接前应做哪些准备工作？

3. 防震锤的安装要求有哪些？

第五部分

输电线路生产管理系统

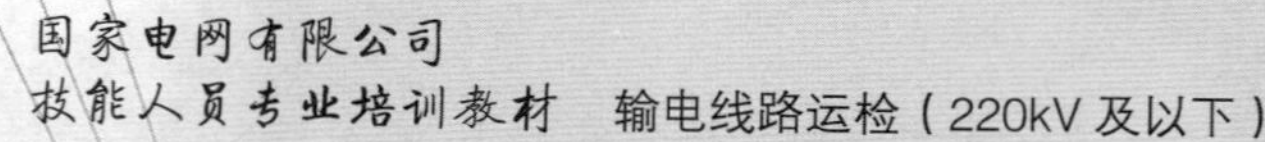

第二十章

输电线路电网资源管理系统

模块1　基础维护（Z05G6001Ⅰ）

【模块描述】本模块包含线路专业班组的维护，线路的专业班组为后期对线路设备进行各类运维及检修工作的班组，维护专业班组是今后开展各项工作的最基本的基础条件。

【模块内容】

输电线路设备基础维护主要是指输电线路的专业班组维护，可通过批量维护专业班组以及在线路台账基础维护过程中对专业班组进行维护。

一、功能描述

输电线路基础维护主要是对输电线路的检修班组以及运维班组进行专业班组维护，只要在线路检修班组中的工作班组才能够对该线路及线路下设备进行检修工作，在系统中走检修流程时才能选择该线路及设备。同样的，只有在线路运维班组中的工作班组才能够对该线路及线路下设备进行运维工作，在系统中走运维流程时才能选择该线路及设备。

二、功能菜单

标准中心>>电网资源管理>>设备台账维护。

三、操作介绍

（1）批量维护专业班组：在设备台账维护的初始界面，可以通过右侧对话框中的“批量维护专业班组”功能对多条线路的专业班组进行维护。具体操作为在右侧的线路列表中勾选所有需要维护专业班组的线路，如图20–1–1所示。

点击“批量维护专业班组”按键，在弹出的对话框中可见专业班组分为运维班组、检修班组以及调度班组。作为输电运检专业班组，只需对线路的运维及检修班组进行维护。点击“运维”或“检修”右侧的“班组名称”栏，将会出线“…”按键，如图20–1–2所示。

图 20–1–1　线路设备台账维护的界面批量维护专业班组的选择

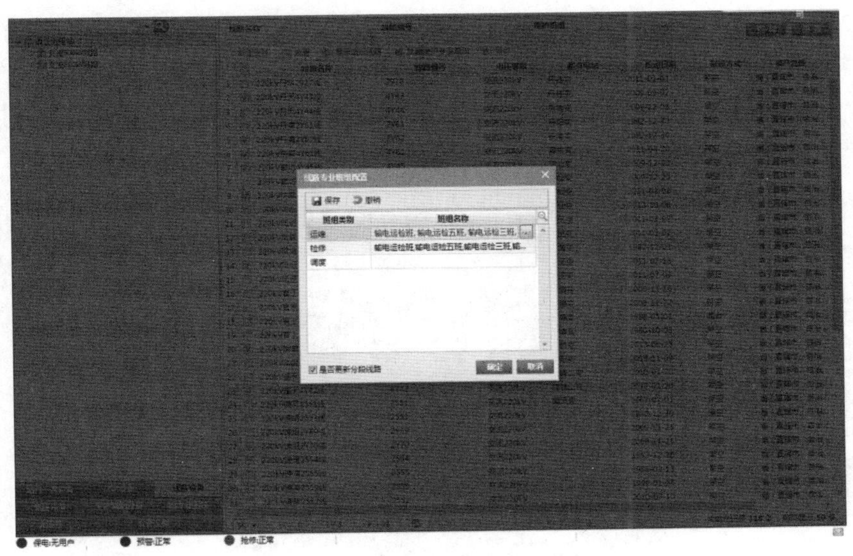

图 20–1–2　线路专业班组配置界面

点击“…”按键将弹出班组选择对话框，如图 20–1–3 所示。在对话框中最初班组层级为本单位下的班组，若有维护需求可以选择市县公司、省公司下的班组进行维护。当勾选完所需维护的班组后该班组将会在右侧已选择班组名称中显示，点击确定即可完成该项目的检修班组维护。

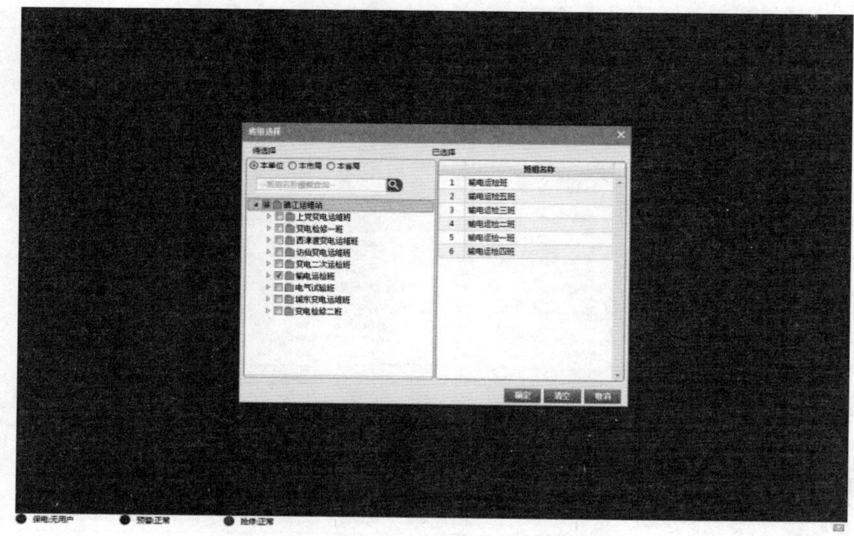

图 20–1–3 线路专业班组选择界面

（2）线路台账维护中专业班组维护：在设备台账维护的初始界面选择左侧的某一条具体线路，在界面右侧将会出线该线路的线路基本台账，基本台账上方有“专业班组”按键，如图 20–1–4 所示，点击后将会进入专业班组维护界面，剩余操作与批量维护专业班组相同。

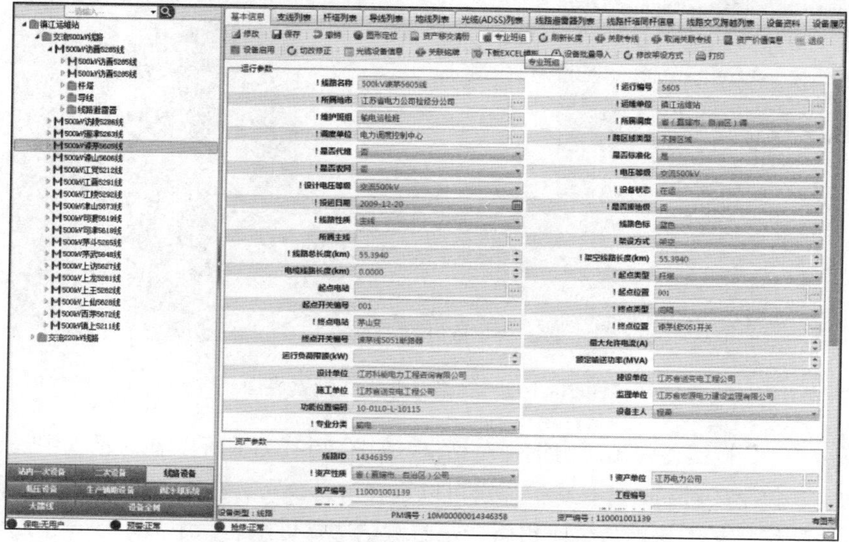

图 20–1–4 线路台账维护界面的专业班组功能按键

四、注意事项

当线路为分段跨区线路时，请各单位仅仅维护本段分段线路的专业班组即可，否则在后期运维、检修工作设备选择时会将其他单位的分段线路以及主线共同显示且线路名称均一致，极易造成设备选择错误，影响工作流程。

【思考与练习】

1. 当班组在走检修流程时发现需要检修的线路及设备未在设备选择列表中显示，可能是什么原因造成的，班组将如何操作？

2. 维护专业班组过程中，想将系统内非本单位的班组维护成专业班组，该如何操作？

3. 选择设备时，发现跨区线路出现多条一模一样的线路该如何解决？

模块 2　设备台账维护（Z05G6002Ⅰ）

【模块描述】本模块包含线路设备台账基本维护、支线维护（分段线路维护）、杆塔维护、导线维护、地线维护、线路交叉跨越台账维护等内容。通过功能描述、操作介绍和注意事项，掌握输电设备台账维护和管理。

【模块内容】

输电线路设备台账维护内容主要包含设备基本台账维护、支线维护（分段线路维护）、杆塔维护、导线维护、地线维护、交叉跨越台账维护六大部分。

一、设备基本台账维护

1. 功能描述

本模块用于维护不同电压等级输电线路的基本台账信息，如线路起止位置、运维单位、专业班组、投运日期、资产性质等。

2. 功能菜单

标准中心>>电网资源管理>>设备台账维护。

3. 操作介绍

线路设备台账维护的界面如图 20-2-1 所示。

（1）选择线路：在上图左侧的设备列表中根据不同电压等级选择相应线路，选中相应电压等级节点后点击电压等级左侧“△”展开符合从而显示出相应电压等级下的所有线路，再在线路列表中选中相应线路名称，在对话框右侧即会显示相应线路台账，如图 20-2-2 所示。

图 20–2–1 线路设备台账维护的界面

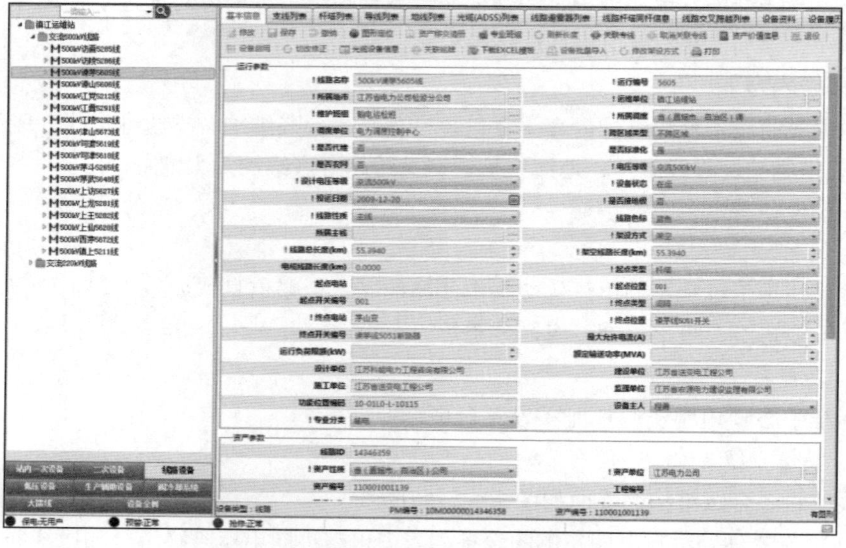

图 20–2–2 线路设备台账维护选中线路后的界面

（2）线路台账基本信息维护：在上图所示界面，点击“修改”按键即可对所选线路的“运行编号”“维护班组”“所属调度”“调度单位”“跨区域类型”“是否代维”“是否标准化”“是否农网”“设计电压等级”“投运日期”“是否接地”“线路色标”“线路总长度”“架空线路长度”“电缆线路长度”“起点类型”“起点电站”“起点位置”“起点开关编号”“终点类型”“终点电站”“终点位置”“终点开关编号”“设计单位”“建设单位”“施工单位”“监理单位”“设备主人”“专业分类”“资产性质”“资产单位”“工程编号”“工程名称”“设备增加方式”“WBS 编码”“是否有光纤”“是否终端线”“是否同杆并架线路”字段进行手动修改维护，如图 20–2–3 所示。

图 20–2–3　输电线路基础台账修改界面

4. 注意事项

线路台账基本信息维护时“所属地市”“运维单位”与图形端中该线路台账所对应的线路图形台账的“所属地市”“所属责任区”一致，若需修改则需对图形台账、设备台账提报 QC 进行相应修改。“线路性质”与图形端中该线路的线路性质一致，若需修改则需对线路图形进行修改后将图形重新发布。

二、支线维护（分段线路维护）

1. 功能描述

能够对分支线路的支线、跨区线路的分段线进行台账维护，如查看、新建、删除操作。

2. 操作介绍

（1）新建：能够在主线下方新建出支线、分段线路，其台账中“线路性质”即为“支线”或“分段线路”，其他字段维护与主线一致，其台账界面可认为独立的线路台账维护界面。

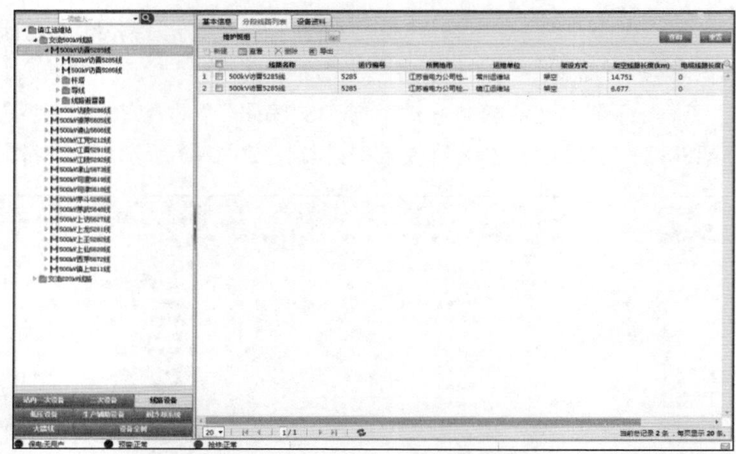

图 20–2–4 分段线路列表界面

（2） 查看与维护：在支线列表或分段线路列表中勾选相应线路，点击“查看”按键，即可进入对应支线、分段线台账界面，点击“修改”按键即可对支线、分段线台账进行维护，维护方式与主线一致，如图 20–2–5 所示。

图 20–2–5 分段线路台账维护界面

（3） 删除：在支线列表或分段线路列表中勾选相应线路，点击“删除”按键，即可对多余的或废旧的支线、分段线路进行删除。

3. 注意事项

（1） 并非所有线路均有支线或分段线路，当主线线路图形在图形端中由不同所属责任区分段共同绘制完成且主线台账基本信息中的“跨区域类型”选择“跨国境”“跨网”“跨省”“跨地市”“跨工区”后，才会出现分段线路列表，如图 20–2–6 所示。

图 20–2–6　主线台账“跨区域类型”维护界面

（2）各分段线、直线台账应由各分段线、直线运维单位各自在主线的支线列表、分段线路列表中新增，只有如此操作才能使得支线、分段线运维单位与实际相符。

三、杆塔维护

1. 功能描述

能够对杆塔列表中的杆塔进行查看、批量修改、排序、批量退役、相应档距计算以及每基杆塔台账进行维护，如杆塔性质、投运日期、档距、呼高、相序等，如图 20–2–7 所示。

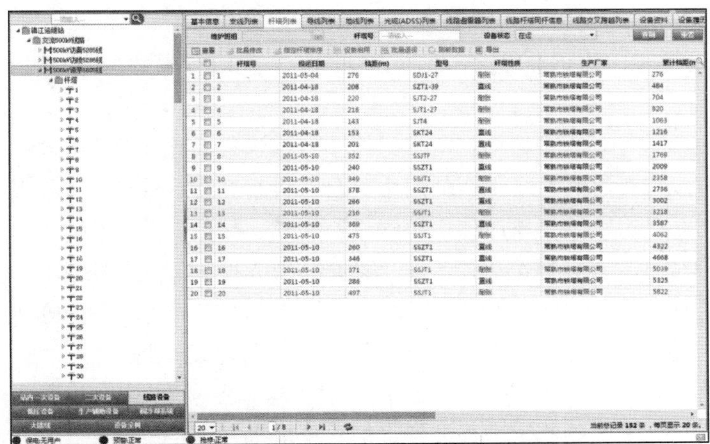

图 20–2–7　杆塔列表界面

2. 操作介绍

（1）查看：在杆塔列表中勾选相应的杆塔，点击“查看”按键即可查看该基杆塔的设备台账并可进行维护。

（2）单基杆塔台账维护：在查看单基杆塔台账界面，点击“修改”按键即可对该杆塔的相应台账进行维护，如图20–2–8所示。

图20–2–8 单基杆塔维护界面

“维护班组”“投运日期”“设备状态”“档距”“呼称高”“型号”“生产厂家”“杆塔材质”“固定方式”等字段可以直接手动修改。

“档距”填写时需注意准确性，因为该档距为后期进行累计档距、代表档距的最基础数据。

绝缘子维护：可对线路杆塔上所挂绝缘子台账进行新建、修改、删除操作。

金具维护：可对线路杆塔上所使用金具台账进行新建、修改、删除操作。

拉线维护：可对线路杆塔所使用拉线进行新建、修改、删除操作。

（3）批量修改：在杆塔列表中点击“批量修改”按键，可对杆塔“维护班组”“投运日期”“是否终端”“呼称高”“同杆线路位置”“是否换相”“相序/极别”“导线排列方式”“专业分类”“地区特征”“是否同杆架设”“同杆架设回路数”“施工单位”“型号”“厂家”“杆塔材质”“杆塔高”“基础形式”“基础图号”“接地装置图号”“横担材质”“资产性质”“资产单位”进行批量维护，杆塔批量维护界面如图20–2–9所示。

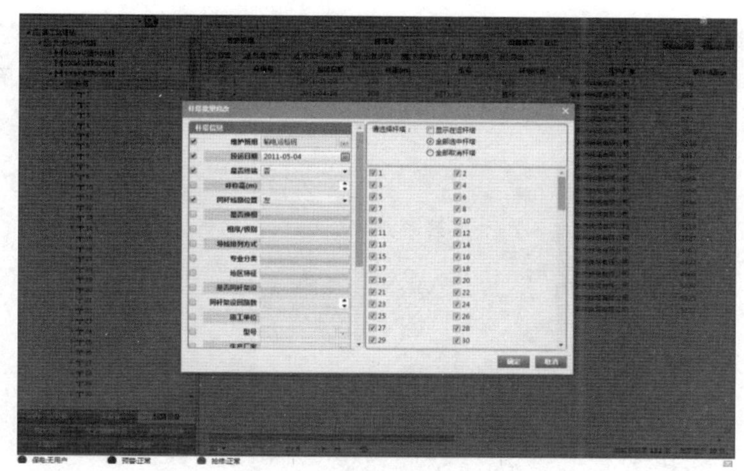

图 20–2–9　杆塔批量维护界面

在杆塔批量修改对话框左侧勾选所需修改的台账字段并维护好预设值，在右侧杆塔列表勾选所需批量修改的杆塔号，点击“确定”即可对右侧所选杆塔的左侧所勾选台账字段进行批量维护。

（4）指定杆塔排序：在杆塔列表中点击“指定杆塔排序”按键，在弹出的对话框中勾选所需排序的杆塔编号，在右侧的“排序编号”中按照所需排序的顺序进行编号，编号完成后点击“保存”即可对杆塔列表中按照需求进行重新排序，如图 20–2–10 所示。

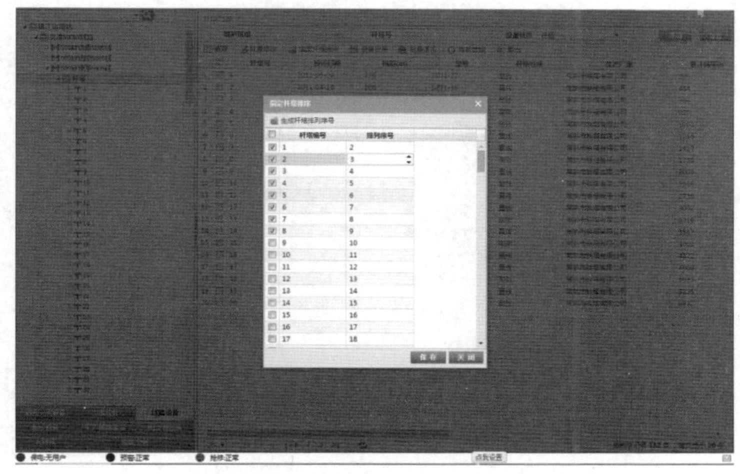

图 20–2–10　指定杆塔排序界面

（5）批量退役：在杆塔列表中勾选所需退役的杆塔，点击“批量退役”，再在弹出的对话框中填写“退役日期”“退役原因”后点击确定即可对所选择的杆塔进行批量退役，如图20-2-11所示。

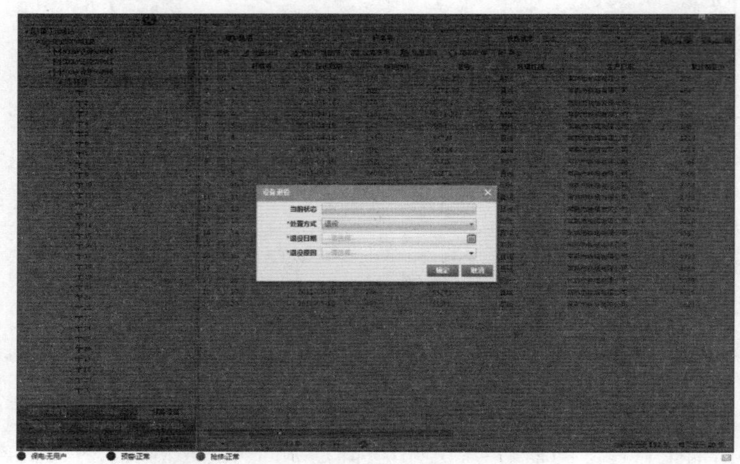

图20-2-11　杆塔批量退役界面

（6）刷新数据：点击杆塔列表上方的“刷新数据”按键，系统将根据每基杆塔台账中维护的档距对“累计档距”“耐张段长度”“代表档距”进行重新计算并在杆塔列表刷新显示，如图20-2-12所示。

图20-2-12　杆塔列表刷新数据界面

3. 注意事项

（1）单基杆塔维护过程中“杆塔编号”“所属线路”“所属地市”“运维单位”“电压等级”“杆塔性质”等字段因为由线路图形台账直接带入所以无法从网页修改，需通过对图形进行修改或者提报 QC 进行更改。

（2）杆塔退役操作执行前应将杆塔的图形从图形客户端中进行删除，否则非资产级设备无法从网页端进行退役。

四、导线维护

1. 功能描述

能够对线路导线列表下的所有导线进行台账查看、批量修改、批量退役及每条导线台账进行数据维护，如导线型号、长度、生产厂家、分裂数等。导线列表界面如图 20–2–13 所示。

图 20–2–13　导线列表界面

2. 操作介绍

（1）查看：在导线列表所需查看的导线台账前进行勾选，点击上方“查看”按键即可对所选择的导线设备台账进行查看。

（2）单条导线台账维护：在查看单条导线台账界面，点击“修改”按键即可对该导线的相应台账进行维护，如图 20–2–14 所示。

“维护班组”“长度”“投运日期”“专业分类”“设备状态”“导线排列方式”“型号”“生产厂家”“分裂根数”等字段信息可以直接通过网页进行台账修改保存。

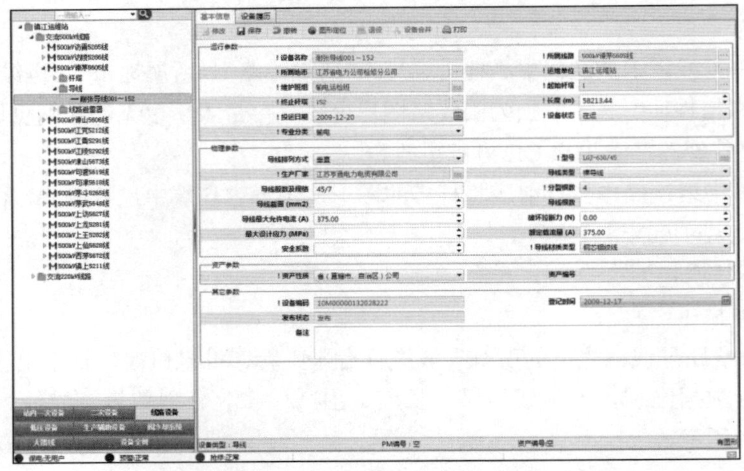

图 20-2-14　单条导线台账维护界面

（3）批量修改：在导线列表中点击“批量修改”按键，可对杆塔“维护班组”“投运日期”“导线排列方式”“型号”“生产厂家”“导线类型”“导线股数及规格”“分裂根数”“导线截面”“导线最大允许电流”“破坏拉断力”“资产性质”“导线材质类型”“专业分类”进行批量维护，如图 20-2-15 所示。

在杆塔批量修改对话框左侧勾选所需批量修改的导线设备，在右侧勾选需要批量修改的台账字段并维护好预设值，点击“确定”即可对右侧所选杆塔的左侧所勾选台账字段进行批量维护。

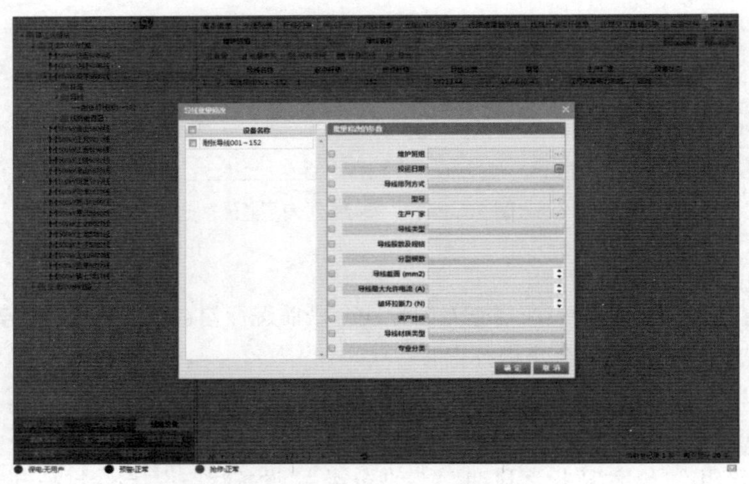

图 20-2-15　导线台账批量修改界面

（4） 批量退役：在导线列表中勾选所需退役的杆塔，点击“批量退役”，再在弹出的对话框中填写“退役日期”“退役原因”后点击确定即可对所选择的导线进行批量退役，如图 20–2–16 所示。

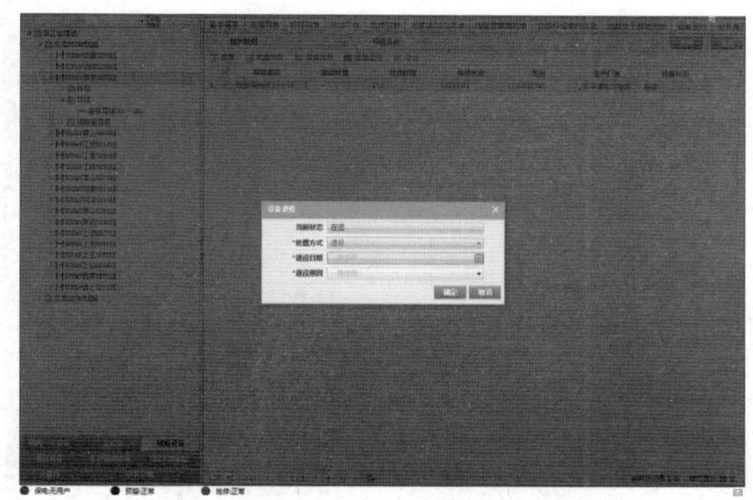

图 20–2–16　导线台账批量退役界面

3. 注意事项

（1） 导线台账中“设备名称”“所属线路”“所属地市”“运维单位”“起始杆塔”“终止杆塔”字段信息均由该导线台账所对应的图形台账决定，若需进行修改，需对台账所对应的图形进行更改并重新发布或提报 QC 进行后台数据更改。

（2） 导线退役操作执行前应将杆塔的图形从图形客户端中进行删除，否则非资产级设备无法从网页端进行退役。

五、地线维护

1. 功能描述

能够对线路地线列表下的所有导线进行台账新建、修改、批量修改、删除、复制、粘贴及每条导线台账进行数据维护，如地线型号、长度、生产厂家、地线根数等。

2. 操作介绍

（1） 新建：点击地线列表中的“新建”按键，在列表中会立即新增 1 条地线台账数据，地线新建界面如图 20–2–17 所示。

（2） 删除：勾选所需删除的地线台账，然后点击“删除”按键，在弹出的对话框中选择“确定”，即可将所选的地线台账进行删除，如图 20–2–18 所示。

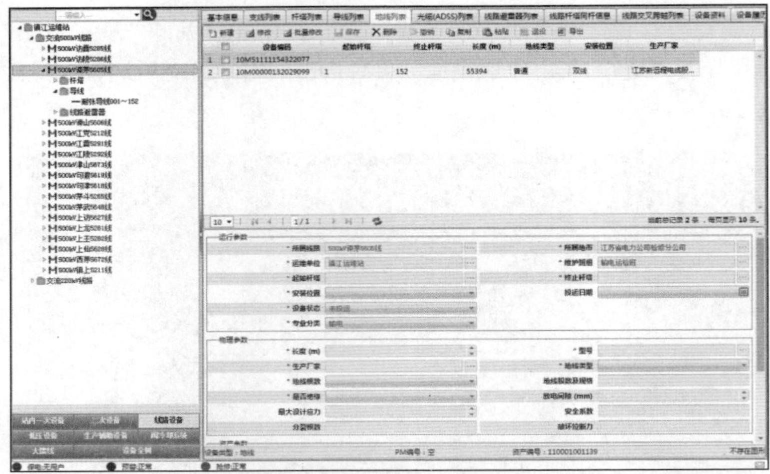

图 20–2–17 地线新建界面

图 20–2–18 地线删除界面

（3）修改：对所需修改的地线台账进行勾选，然后点击“修改”按键，即可对地线台账中“起始杆塔”“终止杆塔”“安装位置”“投运日期”“设备状态”“专业分类”“长度”“型号”“生产厂家”等字段进行修改保存。地线台账维护界面如图 20–2–19 所示。

（4）批量修改：在地线列表中点击“批量修改”按键，可对杆塔“长度”“安装位置”“投运日期”“生产厂家”“地线类型”“地线根数”“地线股数及规格”“放电间隙”进行批量维护，如图 20–2–20 所示。

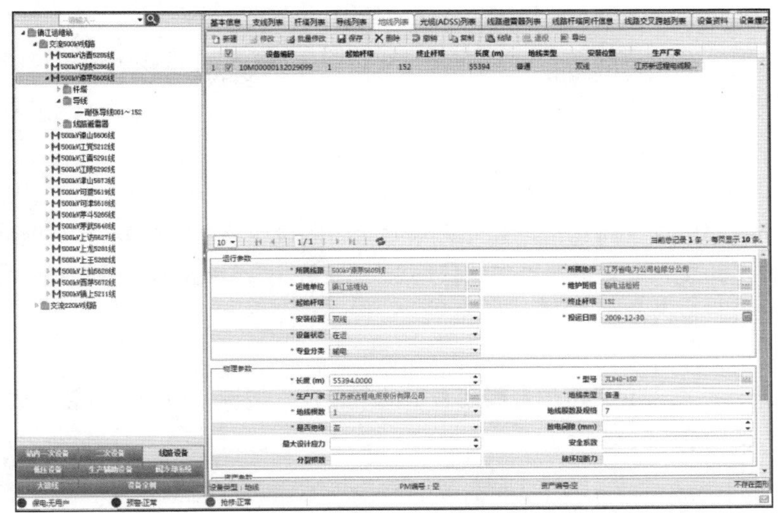

图 20–2–19　地线台账维护界面

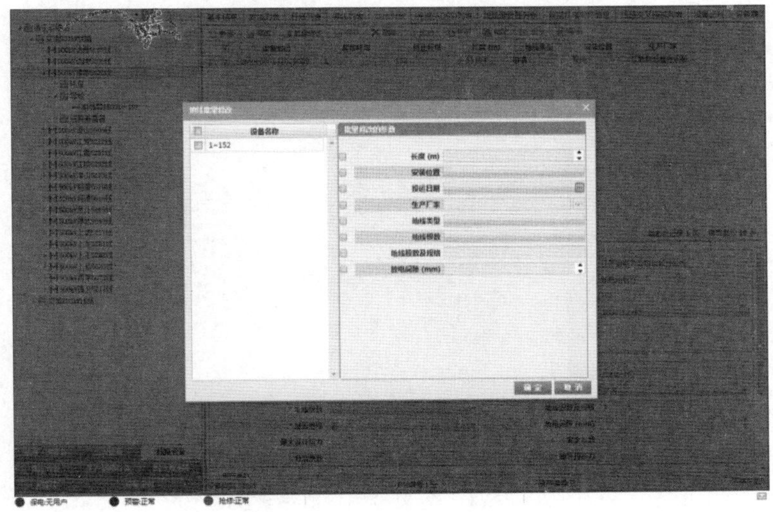

图 20–2–20　地线台账批量修改界面

在地线批量修改对话框左侧勾选所需批量修改的地线设备，在右侧勾选需要批量修改的台账字段并维护好预设值，点击“确定”即可对右侧所选杆塔的左侧所勾选台账字段进行批量维护。

（5）复制、粘贴：勾选本地线列表下所需复制的地线台账，点击“复制”、点击“粘贴”即可在地线列表中生成1条与勾选地线台账一模一样的数据。

3. 注意事项

地线台账中的“起始杆塔”“终止杆塔”修改方式与导线台账中不一样，可直接进行列表选择修改，无需通过图形。

六、交叉跨越台账维护

1. 功能描述

可以对线路的交叉跨越情况建立台账并对台账进行修改、删除、复制粘贴操作，对每一处交叉跨越台账可以对“起始杆塔”“终止杆塔”“被跨越物分类”“被跨越物名称”等信息进行修改维护。

2. 操作介绍

（1）新建：点击交叉跨越台账列表中的“新建”按键，列表中将新生成 1 条交叉跨越台账，如图 20–2–21 所示。

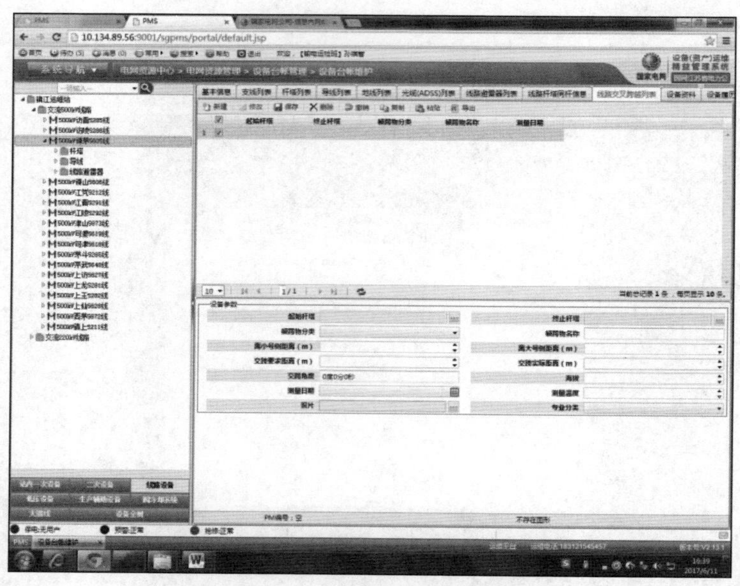

图 20–2–21 交叉跨越台账新建界面

（2）修改：勾选所需修改的交叉跨越台账后，点击“修改”按键即可对交叉跨越台账中“起始杆塔”“终止杆塔”“被跨物分类”“被跨物名称”“离小号侧距离”“离大号侧距离”“交跨要求距离”“实际交跨距离”“交跨角度”“测量日期”“测量温度”“海拔”“专业分类”字段内容进行修改维护，也可对现场测量照片进行附件上传。

（3）删除：勾选所需删除的交叉跨越台账，然后点击“删除”按键，在弹出的对话框中选择“确定”，即可将所选的交叉跨越台账进行删除，如图 20–2–22 所示。

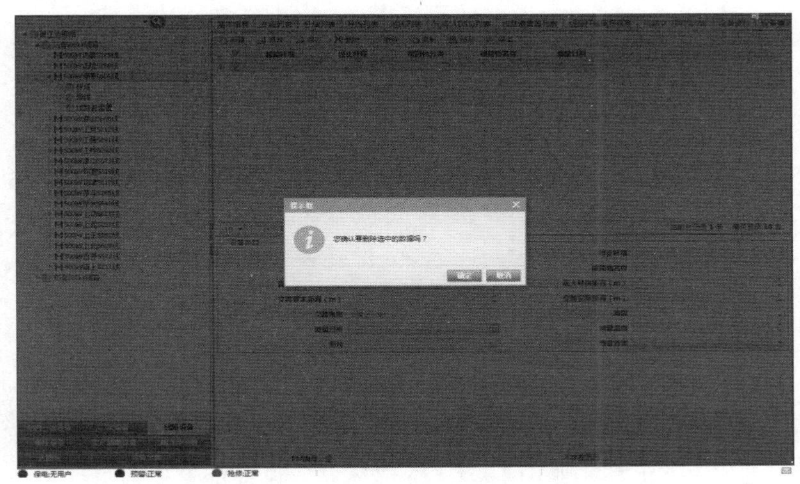

图 20-2-22　交叉跨越台账新建界面

（4） 复制、粘贴：勾选本交叉跨越台账列表下所需复制的交跨台账，点击“复制”、点击“粘贴”即可在交跨列表中生成 1 条与勾选交跨台账一模一样的数据。

3. 注意事项

本交叉跨越台账维护好后即为检测记录中“线路交叉跨越测量”的基础台账，若未维护线路交跨台账，则在后期进行线路交叉跨越测量记录录入时无法选择到设备。

【思考与练习】

1. 线路设备台账维护主要包括哪几方面内容？
2. 导线、地线台账中起始杆塔、终止杆塔的修改有何不同？
3. 交跨测量记录录入过程中，对话框中无待选设备的原因是什么？

模块 3　设备台账变更（Z05G6003 Ⅰ）

【模块描述】本模块包含输电线路设备新增、设备台账修改、设备台账退役等内容。通过功能描述、操作介绍和注意事项，掌握输电设备台账的变更管理。

【模块内容】

输电线路设备台账变更内容主要包含设备新增、设备台账修改、设备台账退役三大部分。

1. 功能菜单

标准中心>>电网资源管理>>设备变更管理。设备变更申请单管理界面如图 20-3-1 所示。

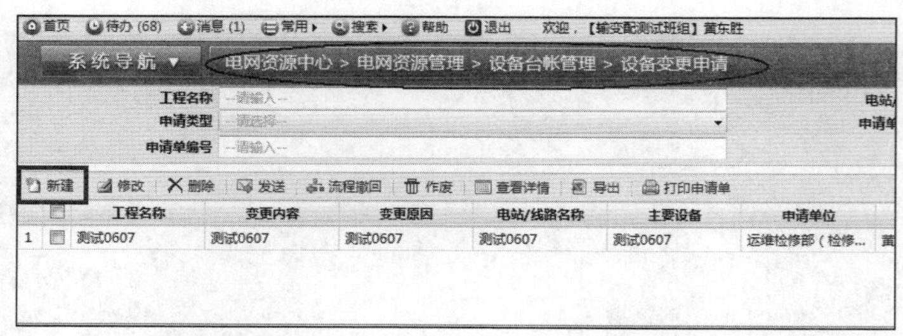

图 20–3–1 设备变更申请单管理界面

2. 操作介绍

（1） 新建：点击设备变更申请单列表中的“新建”按键，在弹出的对话框中可根据实际需要选择相应的设备变更类型。

若需要进行台账新增，则申请单类型需要选择“设备新增”；

若需要进行台账更换，则申请单类型需要选择“设备更换”；

若需要进行台账退役，则申请单类型需要选择“设备退役”；

若需要把台账中处于“未投运/现场留用”状态的设备进行投运，则申请单类型需要选择“设备投运”；

若需要对线路设备进行切改操作，例如把 A 线上的部分设备切割到 B 线上，则申请单类型需要选择“线路切改”；

若只是对当前台账的某个参数进行修改，则申请单类型需要选择“台账修改”即可。

（2） 修改：可以选中未启动流程的设备变更申请单进行内容修改，修改保存后申请单内容及对应的后续流程将相应改变。

（3） 删除：可以选中未启动流程的设备变更申请单进行删除。

（4） 发送：将设备变更申请单执行审核流程，发送至审核人员处。

（5） 流程撤回：对未处于执行流程的设备变更申请单可以从审核人员处撤回至管理列表中。

3. 注意事项

（1） 设备变更申请单填写过程中工程编号应根据所选择的变更申请单类型，当工程编号为必填项时，则工程编号需要按照业务规范填写。

（2） 设备变更申请单中图形变更与台账变更的勾选：可按需选择进行勾选，但“图形变更”的设备若涉及台账变更的，必须要勾选“台账变更”。

（3） 设备变更申请单中仅可对未走流程的申请单进行修改及删除操作。

（4） 流程撤回仅可对未处于执行流程中的申请单进行撤回。

一、设备新增

1. 功能描述

通过设备新增可以在系统中新增普通网省公司线路，新增分部、国网、用户线路，新增跨省市线路，新增跨地市、运维站线路并对新增线路中各类设备台账进行维护及同步工作。

2. 操作介绍

（1）新增普通网省公司线路。在设备台账变更申请单填写过程中选择“设备新增”，并如实填写“工程编号”及“工程名称”，同时勾选“图形变更”与“台账变更”后点击保持并启动，如图 20–3–2 所示。

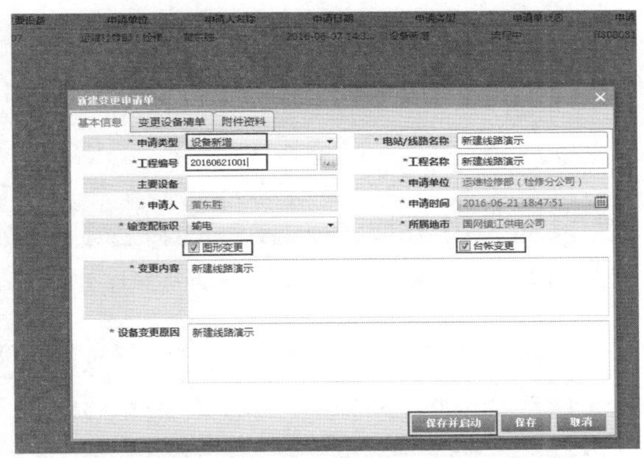

图 20–3–2 设备新增变更申请单填写界面

在弹出的【发送人】窗口中，选择好申请变更审核人员后，点击“确定”按钮，如图 20–3–3 所示。

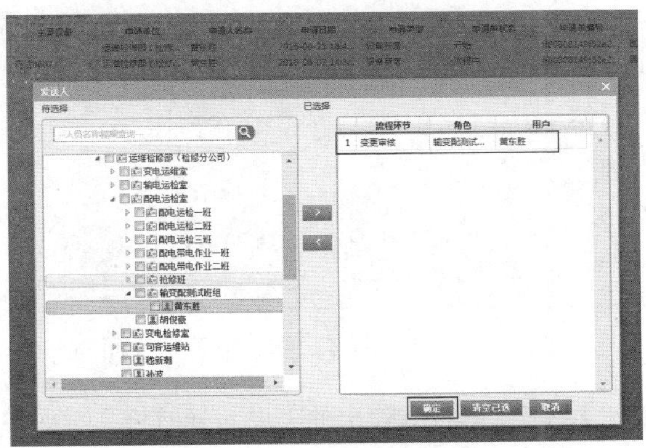

图 20–3–3 设备变更申请单发送审核界面

退出系统，使用审核人员的账号登录 PMS2.0 网页端，在【待办】页面中，找到刚才发送过来的申请单，单击打开该申请单，进入申请单审核页面，在申请单审核页面中，填写审核意见，点击“发送”按钮，将申请台账维护人员。在弹出的【发送人】页面中，分别选择“图形/台账维护”人员，点击【确定】按钮，如图 20–3–4 所示。

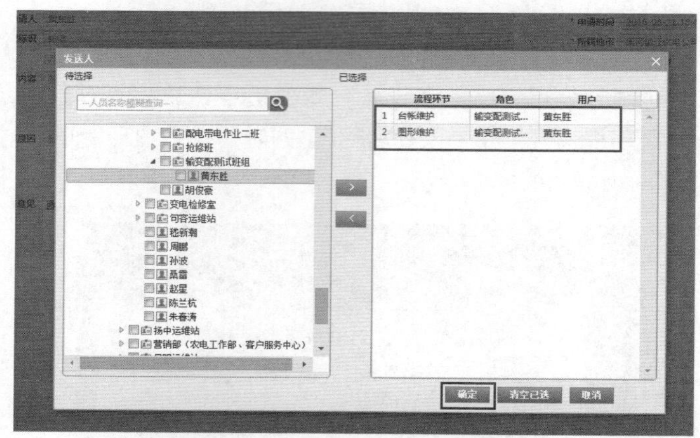

图 20–3–4　台账维护、设备维护人员选择界面

打开图形客户端，登录图形维护人员的账号，点击“任务管理”，在窗口右侧弹出的“任务管理”页面中，找到需要进行图形维护的任务，双击打开，如图 20–3–5 所示。

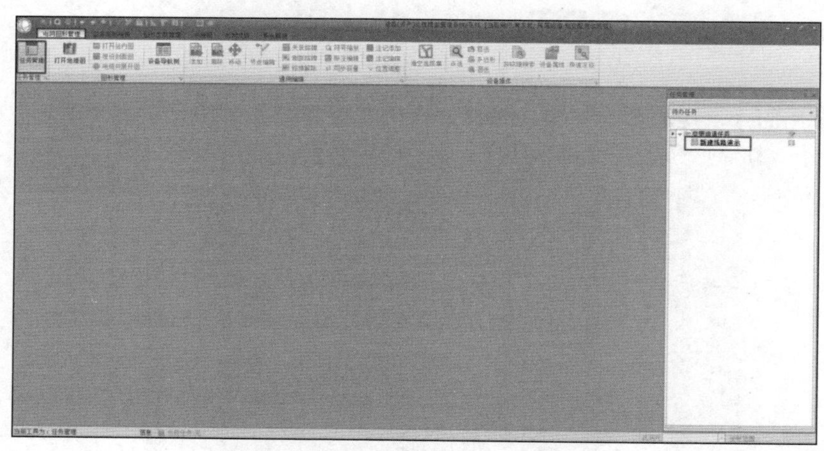

图 20–3–5　图形客户端任务管理界面

点开【设备导航树】，在窗口右侧弹出的“设备导航树”页面中，在需要新增线路的变电站节点上单击鼠标右键【设备定位】（注：若“设备导航树”中找不到该变电站，

可在“全网设备树”进行查找)，定位到该变电站；如图 20–3–6 所示（也可通过【快速定位】功能对需要查找的设备进行查找定位，功能使用方法详见【系统管理】—【帮助】文档)。

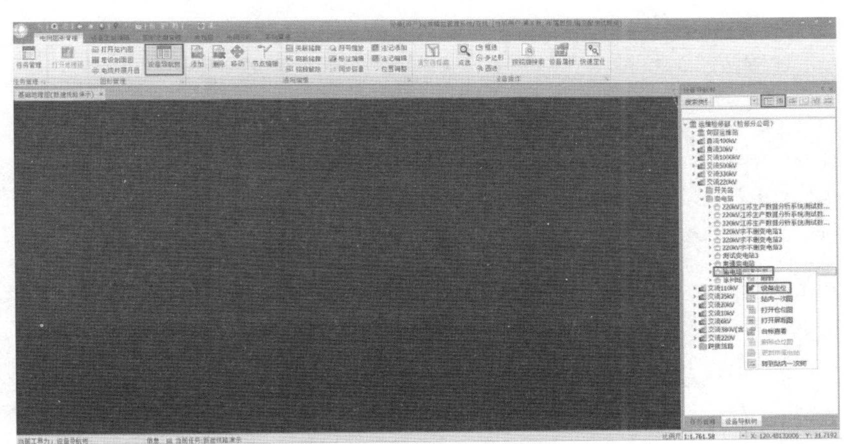

图 20–3–6　设备导航树中设备定位界面

点击【添加】按钮，在屏幕右侧弹出的“工具箱面板”中，选择“站外—超链接线”图元，将鼠标放置在需要添加的出线点上，系统将自动吸附到可添加的连接点，单击鼠标左键开始绘制，在系统自动弹出“线路参数设置”窗口中，选择“创建线路”，选择好“线路类型”和“出线开关”(必须选择该间隔上的断路器作为线路的出线开关)，点击【确定】按钮，如图 20–3–7 所示。

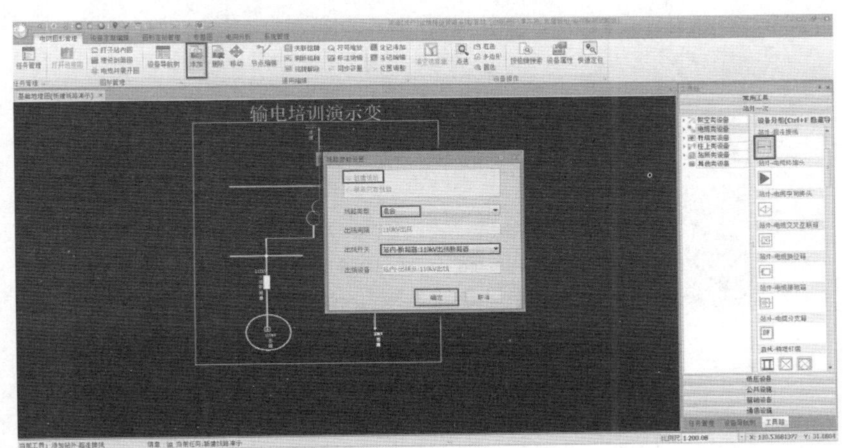

图 20–3–7　电站生成线路界面

在地理图中确定好连接线的轨迹后，双击鼠标左键结束绘制，即可完成站外超链接线的添加及线路的新建操作，如图 20–3–8 所示。

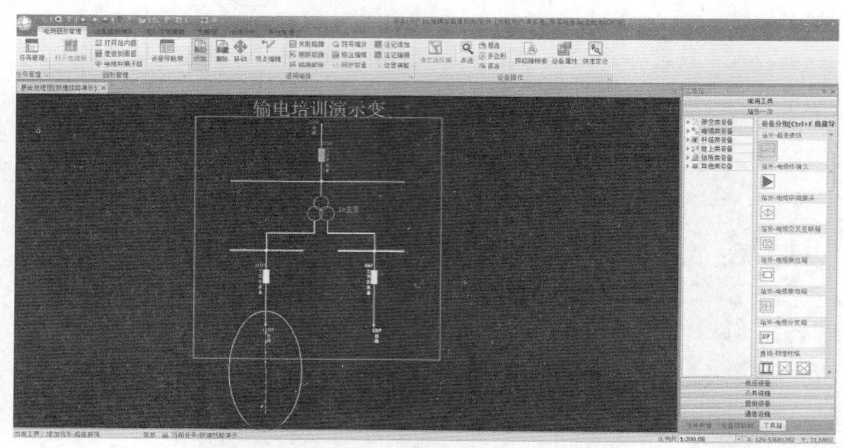

图 20–3–8 线路新建操作界面

线路新建完成后，可在“设备导航树”中查看该线路及线路下的设备，点击【设备导航树】，在屏幕右侧的“设备导航树”面板中，在变电站的节点上单击鼠标右键【刷新】，如图 20–3–9 所示。

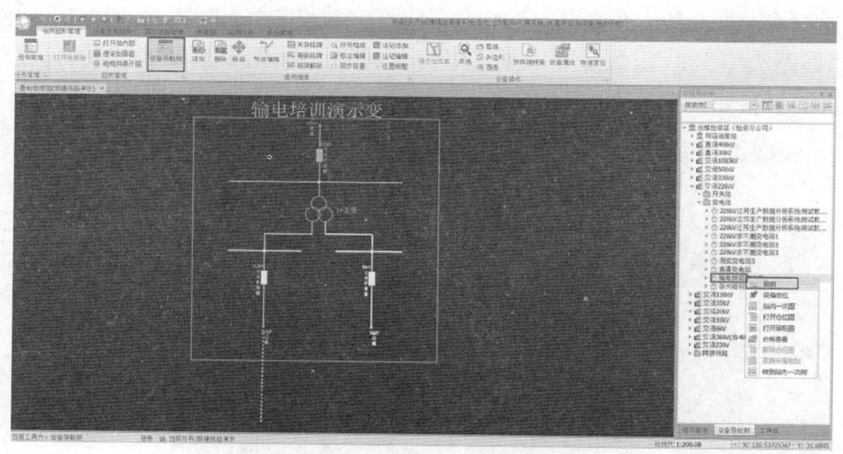

图 20–3–9 查询新生成线路界面

打开设备导航树中该变电站下的“线路设备”，即可看到刚添加的新线路，由于出线点的名称为“110kV 出线”，线路名称继承的是出线点的名称，因此线路名称也称为

“110kV 出线”。若需要对线路进行更名，可在设备导航树该线路的节点上，单击鼠标右键【设备定位】，待地理图定位到该线路后，点击【设备属性】按钮，进入设备属性面板，如图 20–3–10 所示。

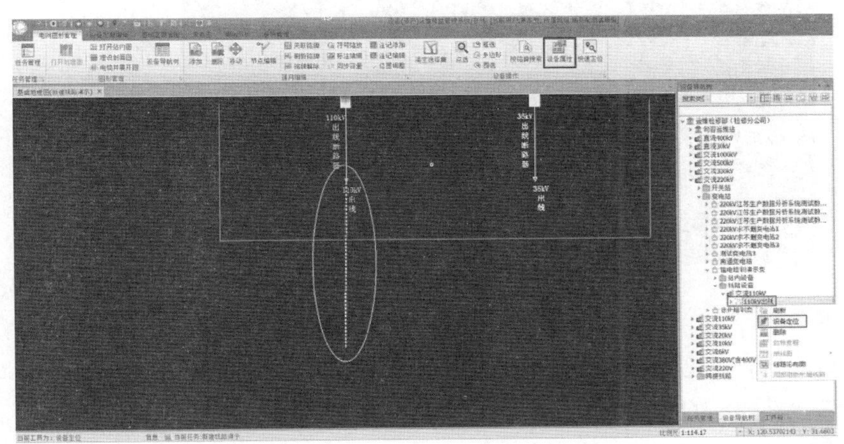

图 20–3–10　设备属性面板查询界面

在屏幕右侧弹出的“设备属性维护”面板中，可对线路的“设备名称”和“线路类型”进行修改，修改完成后点击【保存】按钮，在本例中已将线路名称修改为“10kV 西班牙线”，如图 20–3–11 所示。

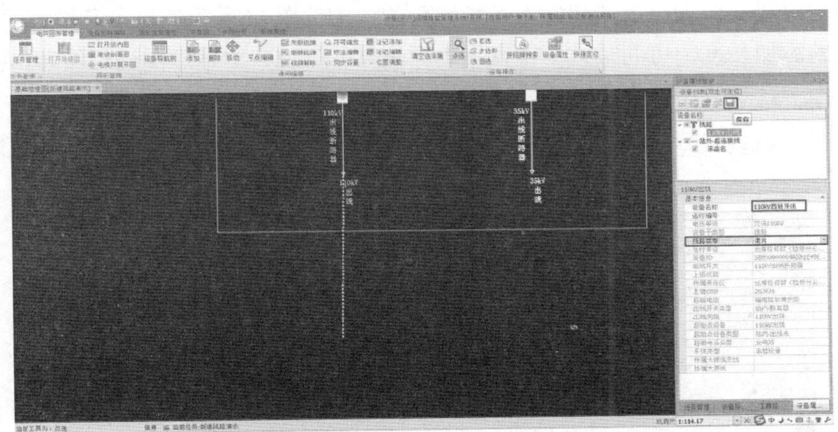

图 20–3–11　设备属性维护界面

修改完成后，对设备导航树进行刷新，即可看到线路更名后的状态，以上为线路新建的基本操作，如图 20–3–12 所示。

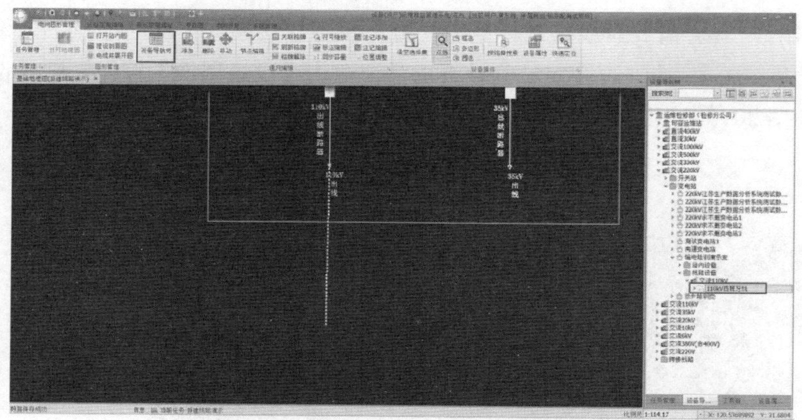

图 20–3–12 更改设备操作界面

完成线路新建操作后，需要在线路中添加设备，本例将以常见的“站外—电缆”和“站外—导线”的添加操作进行演示。

下面对“站外—电缆”的添加进行演示：

点击【添加】按钮，在屏幕右侧弹出的“工具箱”面板中，选择“站外—电缆段”图元，将鼠标放置在需要添加的“站外—超链接线”末端节点上，待系统自动吸附到可添加的连接点，单击鼠标左键开始绘制电缆段的轨迹（需要注意的是：添加电缆段时，若起点设备不是站外连接线或站外超连接线，则在绘制轨迹过程中系统将把第一次单击的位置将作为电缆的起始电缆终端头的添加位置），若当前屏幕范围过小，不够电缆段的添加长度，可同时按下键盘上的“shift+C”键，对地理图进行漫游，按 ESC 键退出漫游。轨迹绘制好了以后，双击结束绘制，如图 20–3–13 所示。

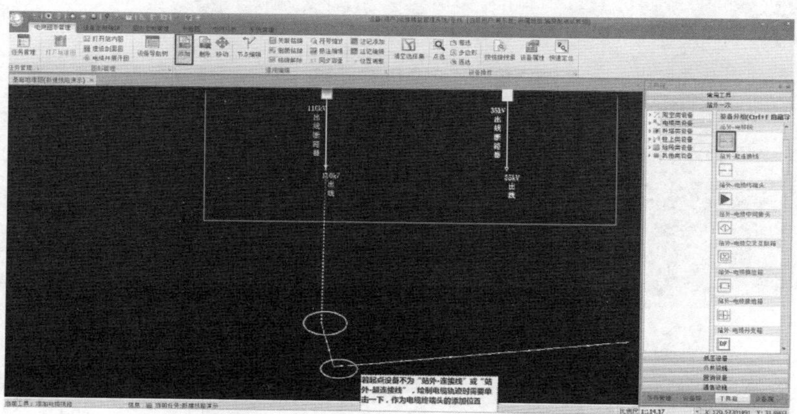

图 20–3–13 “站外—电缆”的添加界面

完成电缆段的添加后，可看到电缆段的两端自动生成电缆终端头，如图 20–3–14 所示。

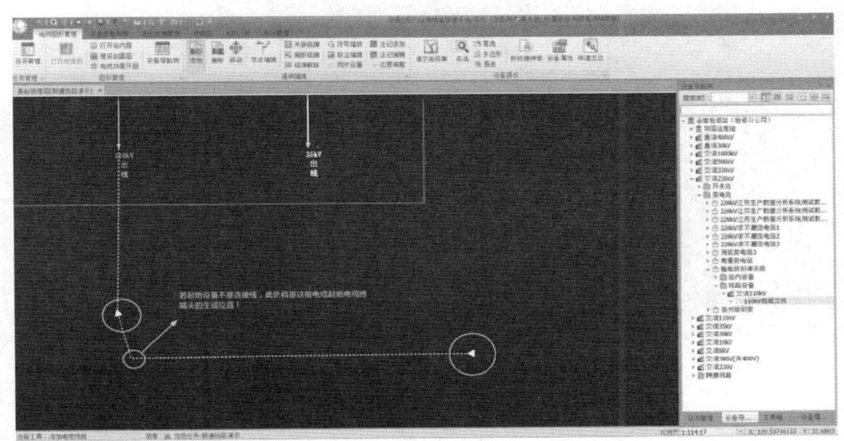

图 20–3–14　电缆终端头生成界面

若需要添加“站外—电缆中间接头”，可点击【添加】按钮，在屏幕右侧弹出的“工具箱”面板中，选择“站外—电缆中间接头”图元，将鼠标放置在需要添加的电缆上，系统将自动捕捉到该电缆，确定好添加位置，单击鼠标左键进行添加，如图 20–3–15 所示。

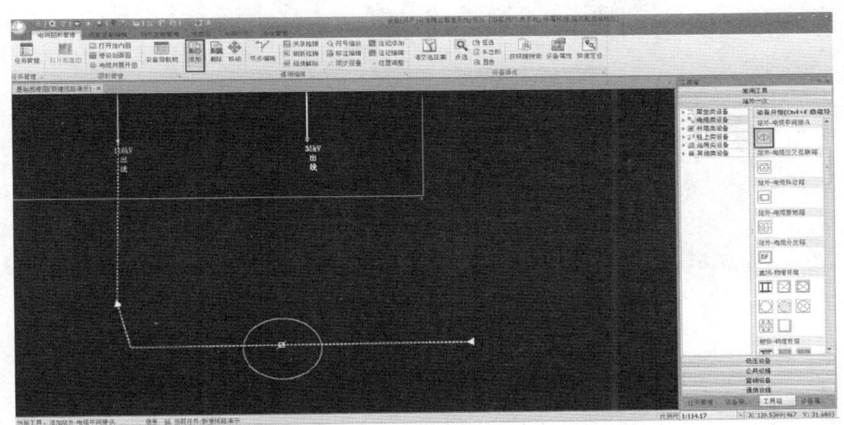

图 20–3–15 “工具箱”面板界面

在屏幕右侧弹出的“添加站外—电缆中间接头”面板中，填写该电缆中间接头的名称，点击【确定】按钮，完成添加操作，如图 20–3–16 所示。

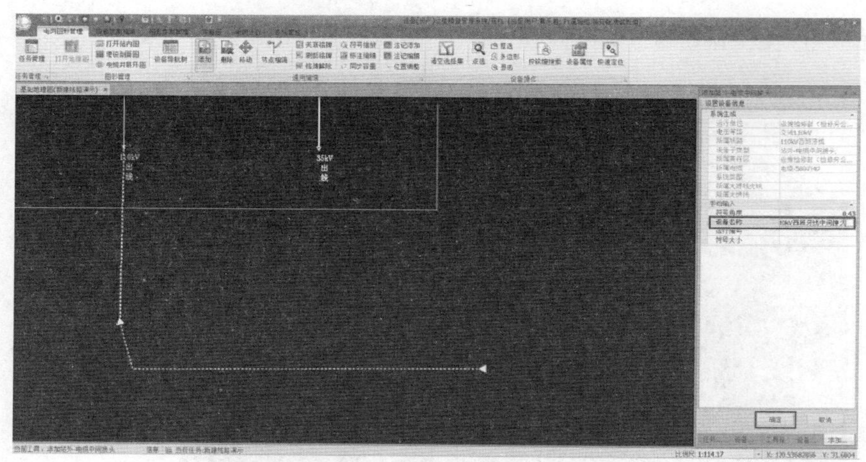

图 20-3-16 电缆中间接头添加界面

刷新设备导航树，可看到该“站外—电缆”已经添加到“10kV 西班牙线”下，如图 20-3-17 所示。

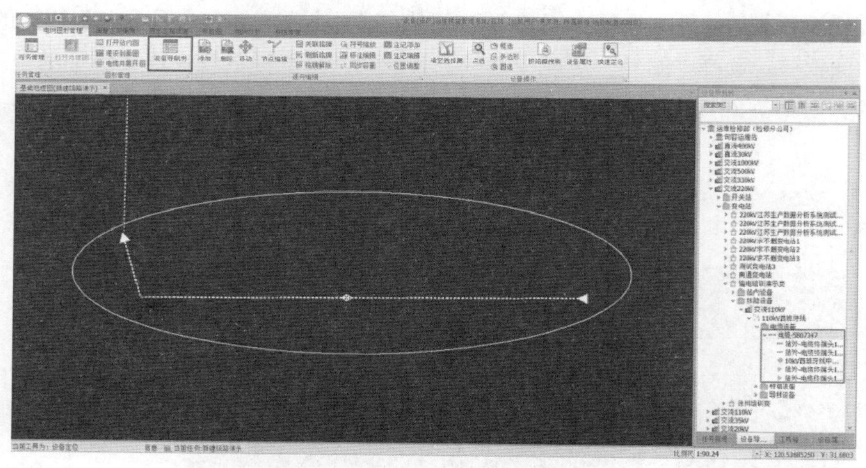

图 20-3-17 添加设备成功界面

“站外—导线”的添加进行演示：

先通过【杆线同布】功能添加后，再统一进行批量精确移动至正确的位置上。在【设备定制编辑】菜单中，点击【杆线同布】按钮，在屏幕右侧弹出的“添加架空线路”面板中，填写参数，其中“回路位置”为同杆架设方式，可避免线路重合，如图 20-3-18 所示。

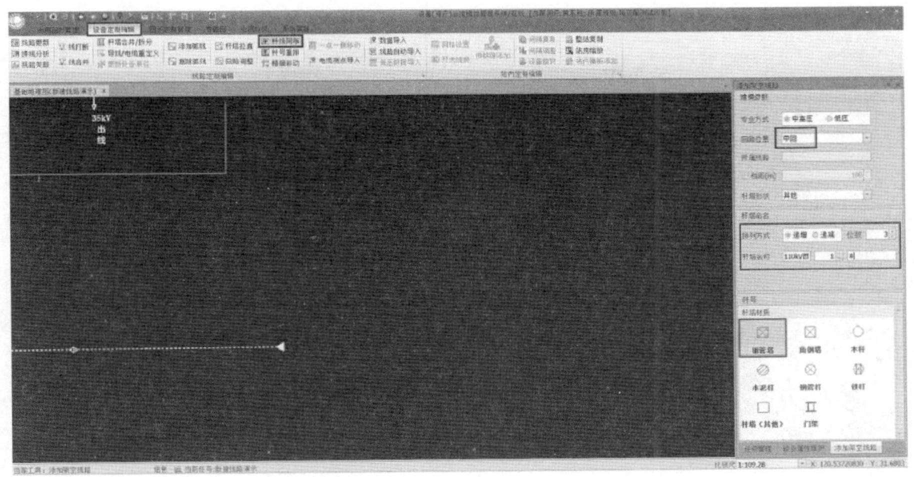

图 20–3–18 “站外—导线”添加界面

将鼠标放置在需要添加的起点设备上，系统会自动吸附到可添加的连接点，单击鼠标左键开始导线轨迹的绘制，系统默认所添加导线的起点和终点杆塔为耐张杆，其余均为直线杆，若需要添加耐张杆，可在添加的同时按住键盘上 ctrl 键进行添加，如图 20–3–19 所示。

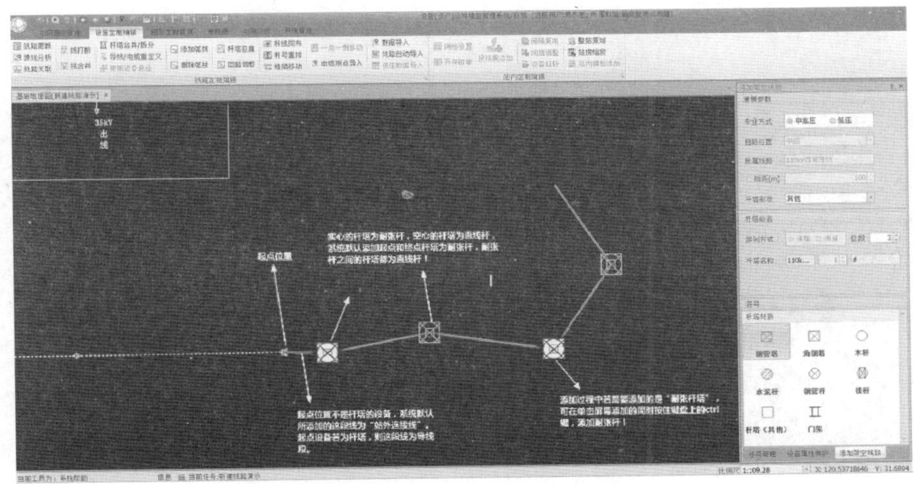

图 20–3–19 “站外—导线”生成界面

双击结束绘制，完成杆塔和导线的添加操作，如图 20–3–20 所示。

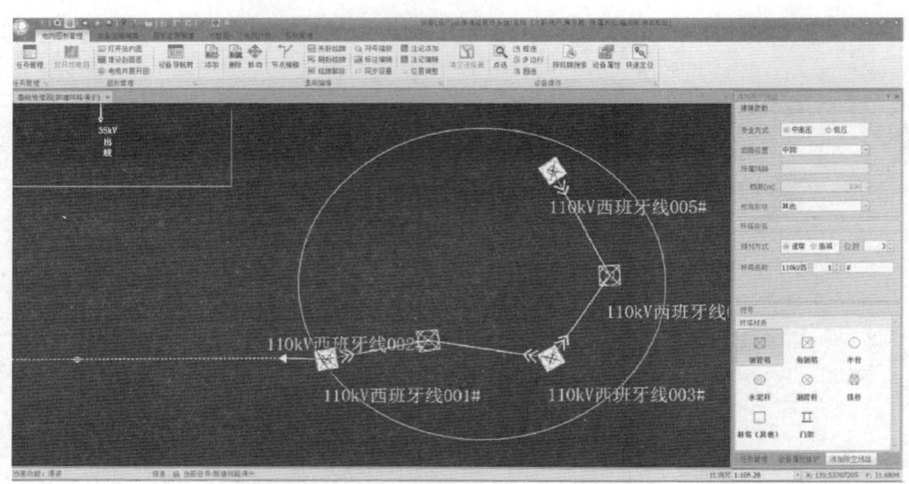

图 20–3–20 杆塔和导线的添加操作界面

接下来将对所添加的杆塔按照坐标进行精确移动，在【设备定制编辑】菜单中，点击【精确移动】按钮，弹出精确移动的对话框后，框选需要移动的杆塔，选中的杆塔会自动添加到精确移动对话框中，在对应的杆塔后面输入 *X*、*Y* 坐标，点击应用按钮，如图 20–3–21 所示。

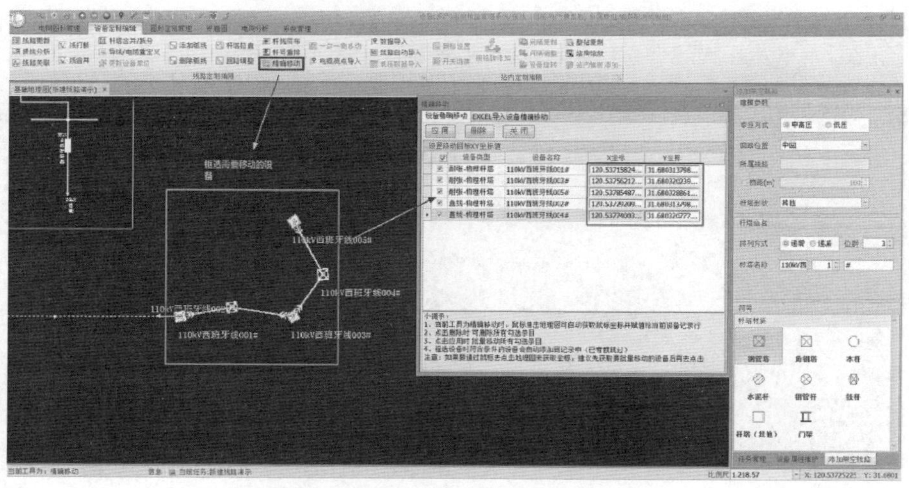

图 20–3–21 杆塔移动界面

杆塔会根据所输入的坐标自动进行沿布，沿布结果如图 20–3–22 所示。

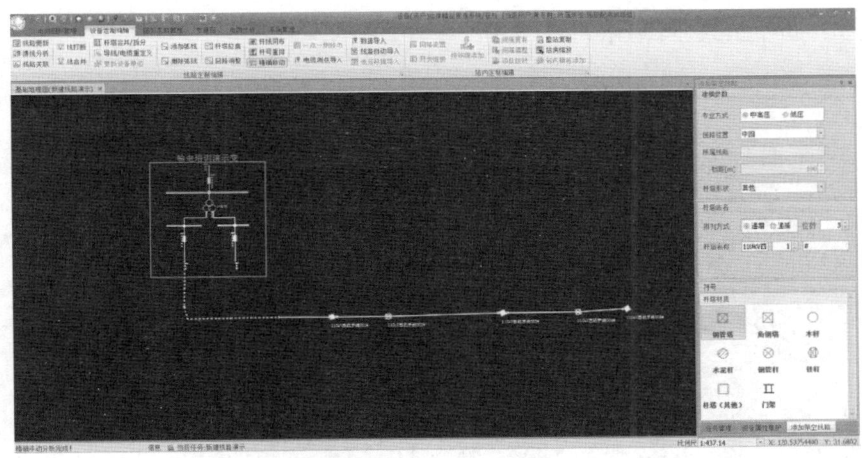

图 20–3–22 杆塔按坐标生成界面

线路设备添加完成后，刷新设备导航树，查看所添加的设备列表，如图 20–3–23 所示，系统默认两个耐张杆塔之间生成一段“站外—导线”，可能不符合现场实际台账需要，因此用户可对“站外—导线”的范围进行重新定义；本例将以把“110kV 西班牙线 001 号至 110kV 西班牙线 003 号导线”和“110kV 西班牙线 003 号至 110kV 西班牙线 005 号导线”合并成作为一条“站外—导线”为例。

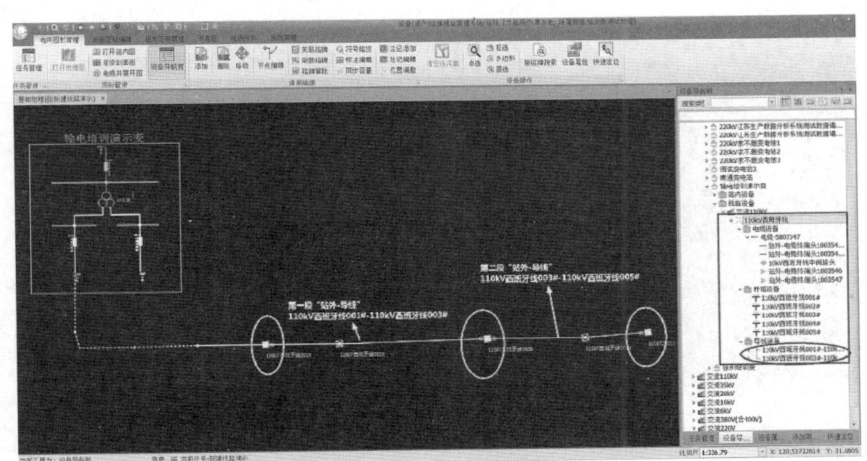

图 20–3–23 合并线路界面

在【设备定制编辑】菜单中，点击【导线/电缆重定义】按钮，屏幕右侧自动弹出“导线/电缆重定义”面板，选择需要进行重定义的起始耐张运行杆（110kV 西班牙线

001 号），如图 20–3–24 所示。

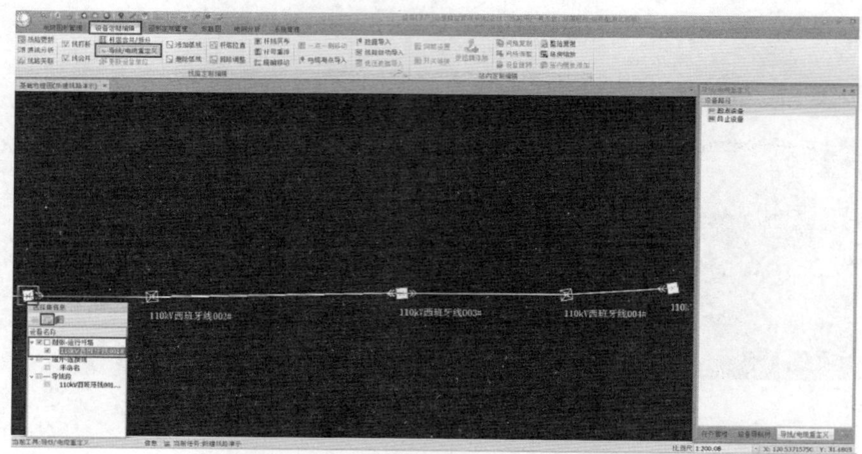

图 20–3–24 “导线/电缆重定义”面板

选择好起始杆塔后，选择终止耐张运行杆塔（110kV 西班牙线 005 号），如图 20–3–25 所示。

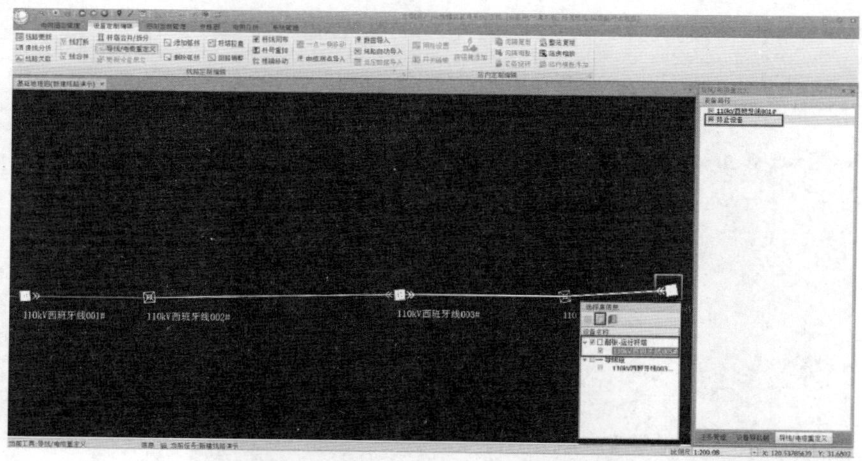

图 20–3–25 起止、终止塔号选择界面

选择好终点杆塔后，系统会自动对所选择的“起点杆塔—终点杆塔”路径上的导线设备进行分析，分析结果显示在屏幕右侧的“导线/电缆重定义”面板中，在“可选所属导线”选项框中，若勾选该路径上已有的导线（路径设备上的所属导线）进行重定义，则会对所勾选的该导线进行重定义，不会另外生成新导线；若选择【新建导线】

进行重定义，则会在已有导线的基础上，另外生出一条新导线；由于导线台账未生成，不管选择何种方式进行重定义，都不会出现图数不一致的情况，本例中将选择【新建导线】的方式进行重定义。勾选【新建导线】，点击【重定义】按钮，如图 20–3–26 所示。

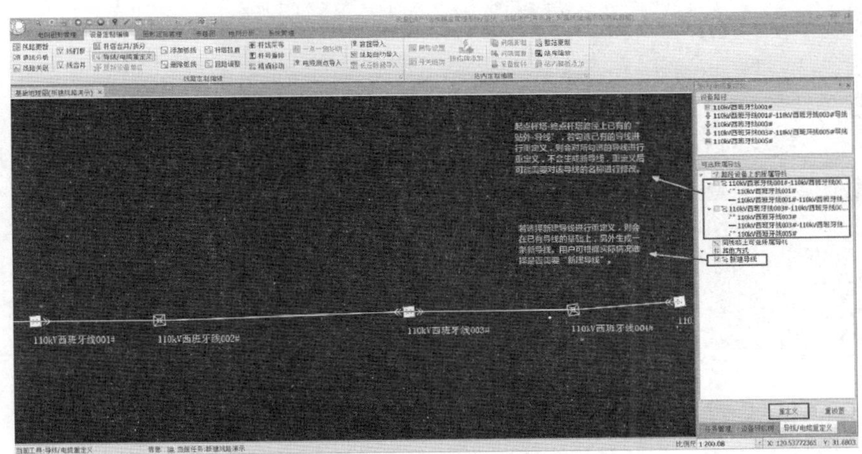

图 20–3–26　新建线路重定义界面

在弹出的重定义提示框中，点击【确定】按钮，如图 20–3–27 所示。

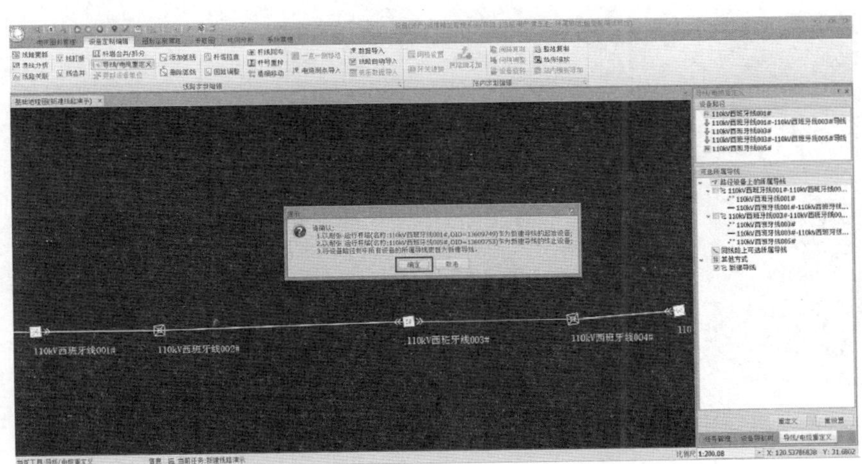

图 20–3–27　新建线路重定义生成界面

选择【新建导线】的方式进行重定义后，“起点杆塔—终点杆塔”路径上的所有杆塔和导线段都会被定义到这条新生成的导线中，路径上原有的导线将变成空虚拟设备，如图 20–3–28 所示。

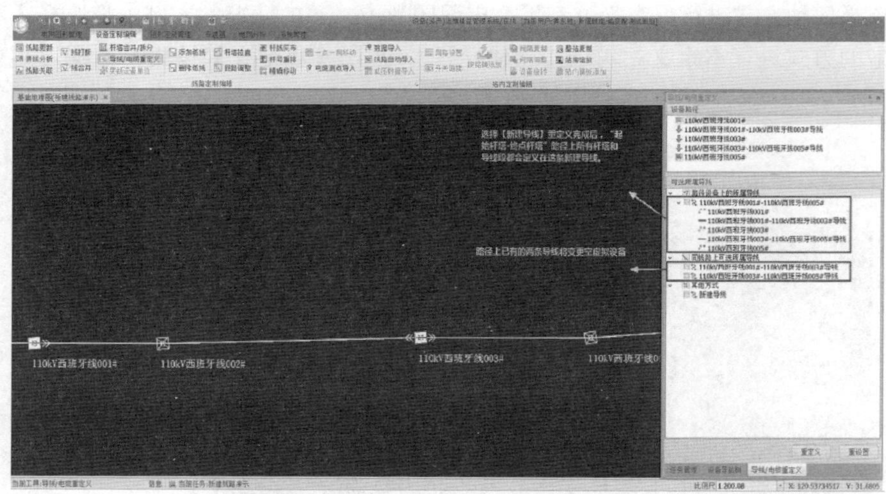

图 20–3–28 “新建导线”的方式进行重定义界面

刷新设备导航树，在原有导线的节点上点击鼠标右键【删除】，如图 20–3–29 所示。

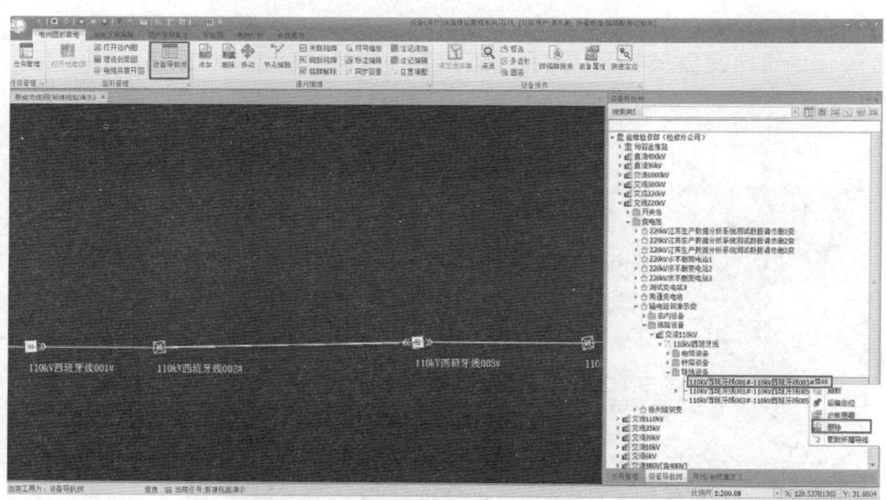

图 20–3–29 删除设备界面

在弹出的“待删除设备列表”窗口中，可看到所要删除的“站外—导线”，其“所属子设备”列表为空，说明该导线是空虚拟设备，点击【确定】按钮，如图 20–3–30 所示。

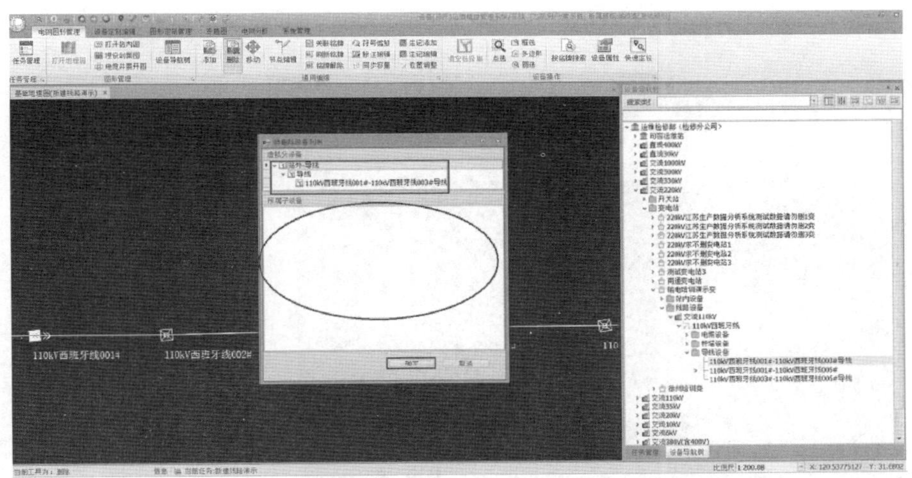

图 20–3–30　空虚拟设备界面

重复以上操作，删除另外一条空导线，如图 20–3–31 所示。

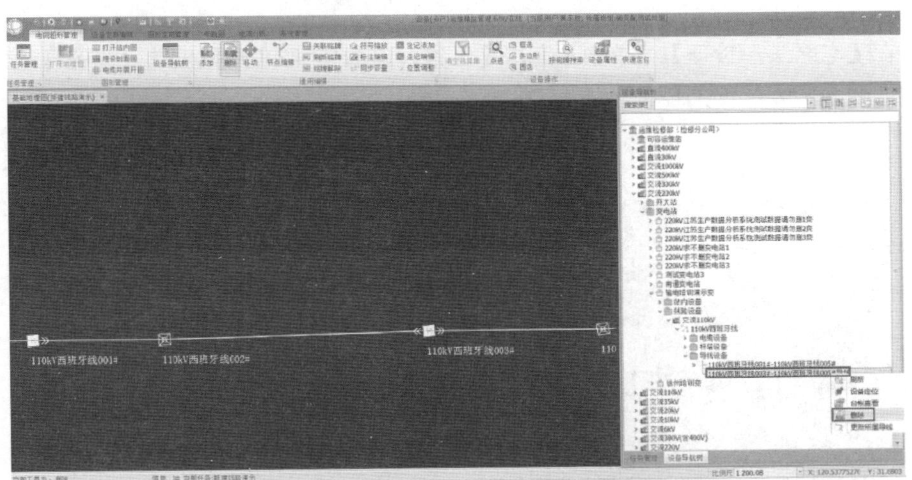

图 20–3–31　重复删除设备界面

完成以上操作后，刷新设备导航树，确定设备导航树中设备的挂接关系是否正确。可把设备导航树理解为与台账设备树的一个映射关系，不管是线路新建、线路整改还是数据治理，都可以通过以图形客户端设备导航树的变更作为参照，完成台账设备树的变更，如图 20–3–32 所示。

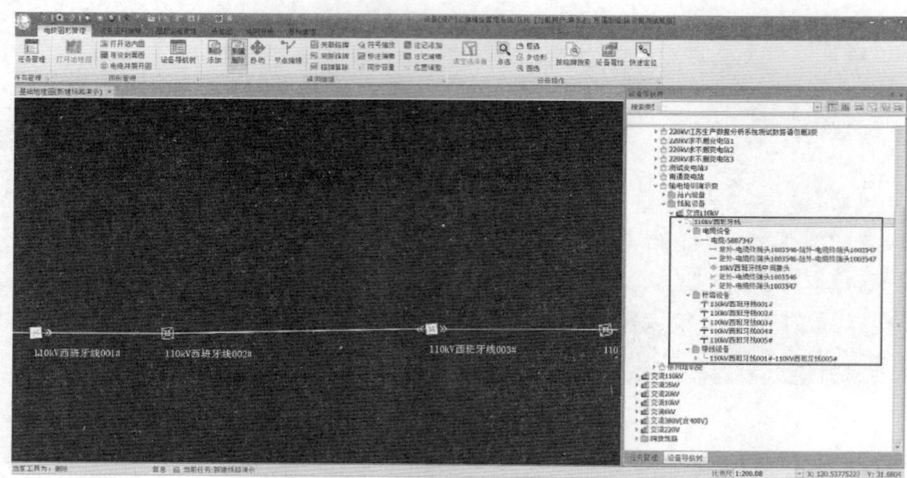

图 20–3–32 台账设备树的变更界面

在【电网图形管理】菜单中，点击【任务管理】，屏幕右侧弹出的“任务管理”面板中，双击需要提交的任务，如图 20–3–33 所示。

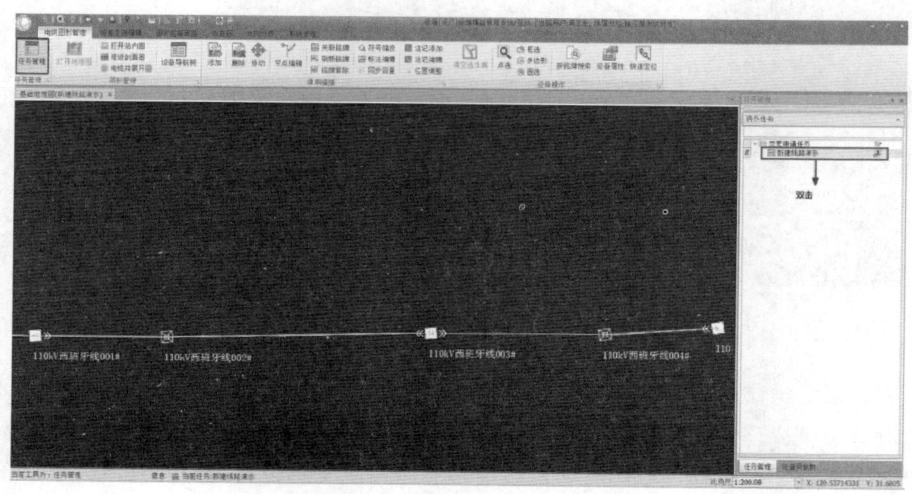

图 20–3–33 “任务管理”面板界面

选择图形审核人员，点击【确定】按钮，如图 20–3–34 所示。

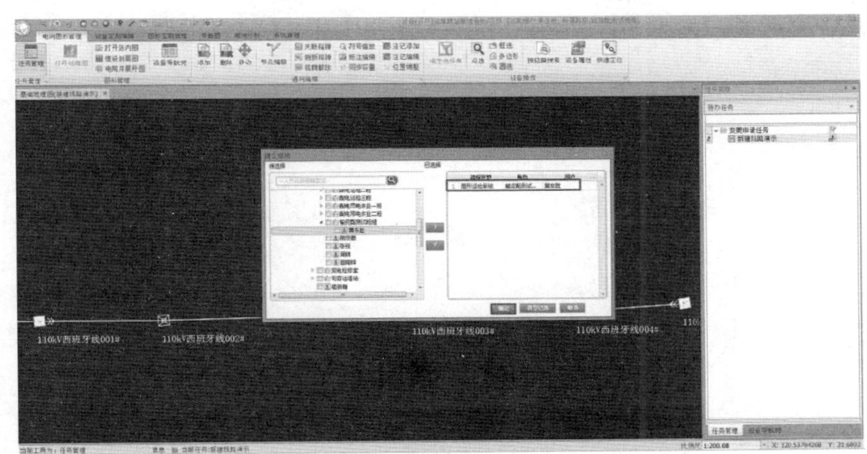

图 20–3–34　图形审核人员选择界面

使用图形审核人员的账号登录 PMS2.0 网页端，在“待办”中找到刚发送过来的任务，双击打开，点击【图形变更审核】按钮，如图 20–3–35 所示。

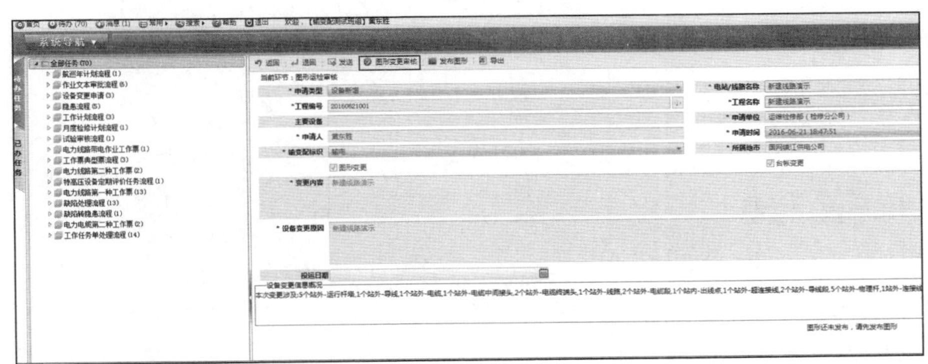

图 20–3–35　任务在“待办”中显示界面

在图形审核页面中，对图形进行审核，审核通过后填写审核意见，点击【确定】按钮，如图 20–3–36 所示。

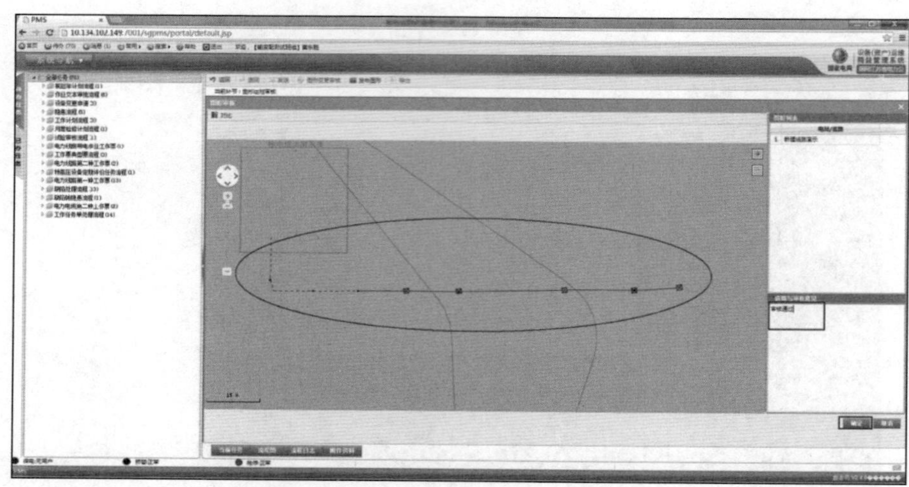

图 20–3–36 图形审核界面

选择“投运日期”，如图 20–3–37 所示。

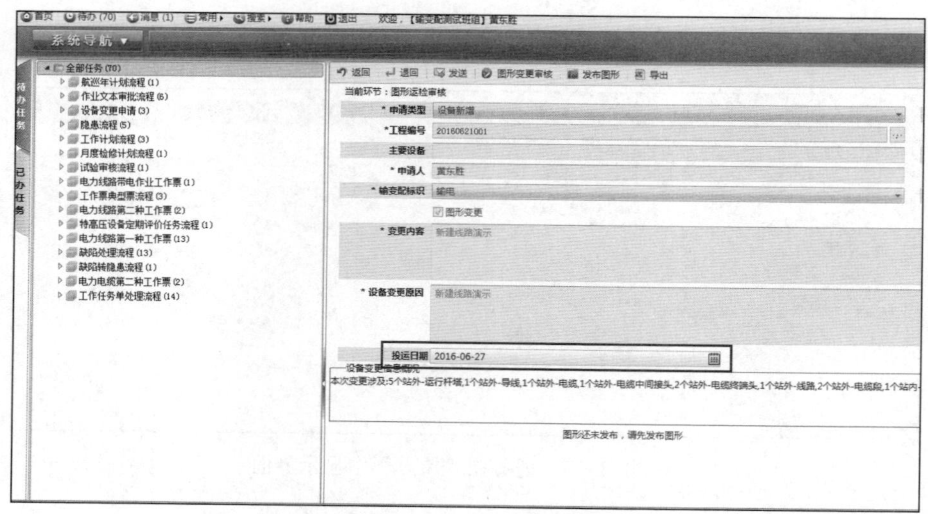

图 20–3–37 设备投运日期选择

点击【发布图形】按钮，屏幕下方出现“任务已加入发布队列，请稍候……”的提示，如图 20–3–38 所示。

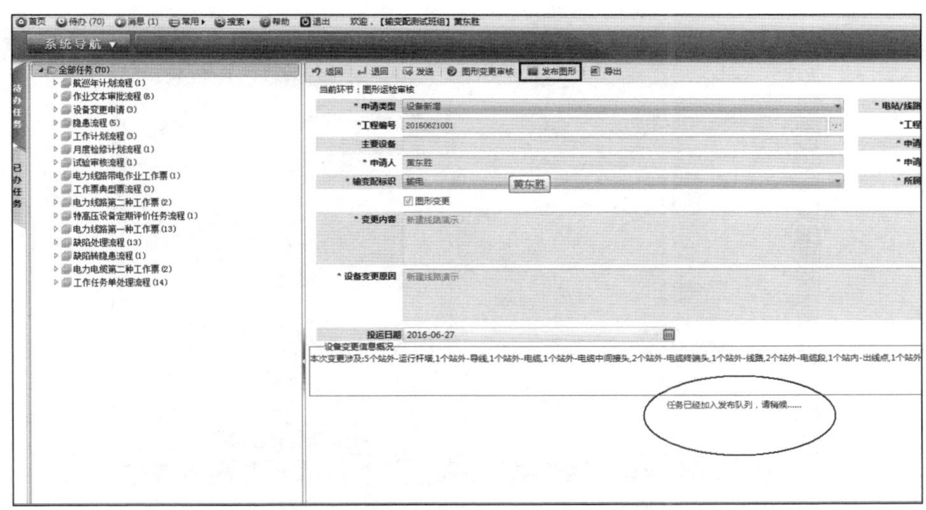

图 20–3–38　待发布图形界面

待图形发布成功后（屏幕下方出现图形发布成功的提示），点击【发送】按钮，如图 20–3–39 所示。

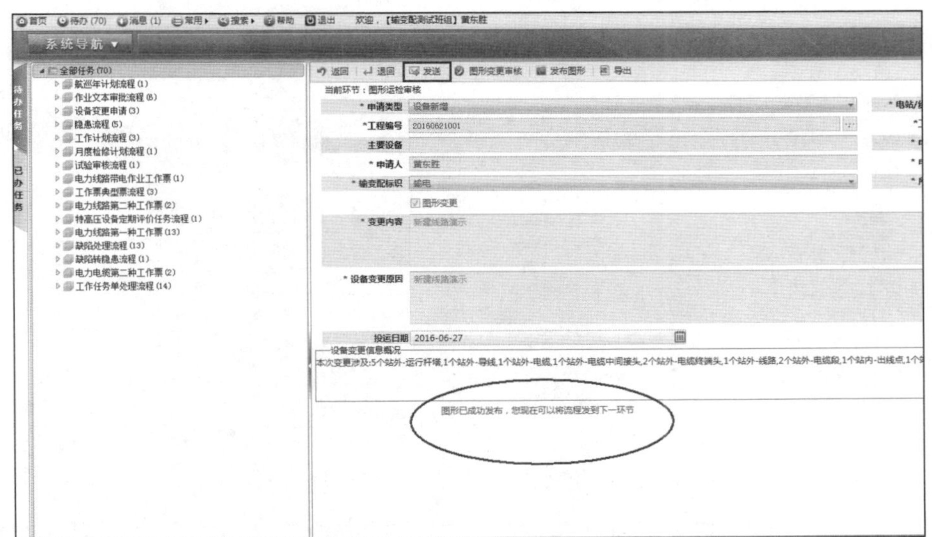

图 20–3–39　图形发布成功界面

在弹出的“发送人”对话框中，选择“结束”，点击【确定】按钮，结束图形维护流程，如图 20–3–40 所示。

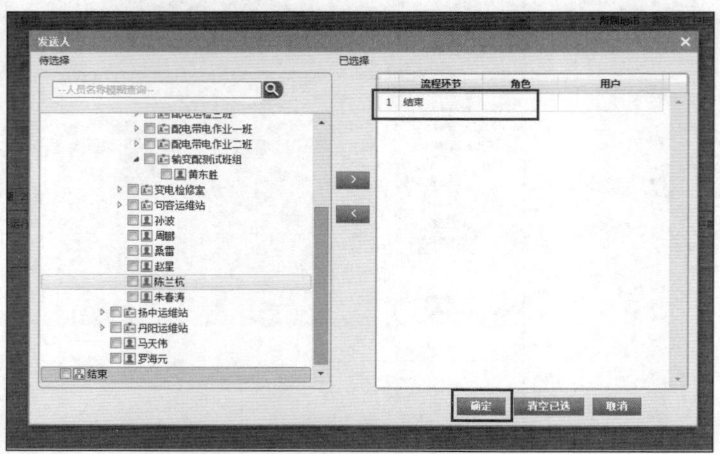

图 20–3–40 图形维护流程结束界面

结束图形维护任务后，使用台账维护人员的账号登录 PMS2.0 网页端，在“待办”页面中，找到任务流程中处于“台账维护”流程环节的任务，双击打开。点击【台账维护】按钮，进入台账维护页面，如图 20–3–41 所示。

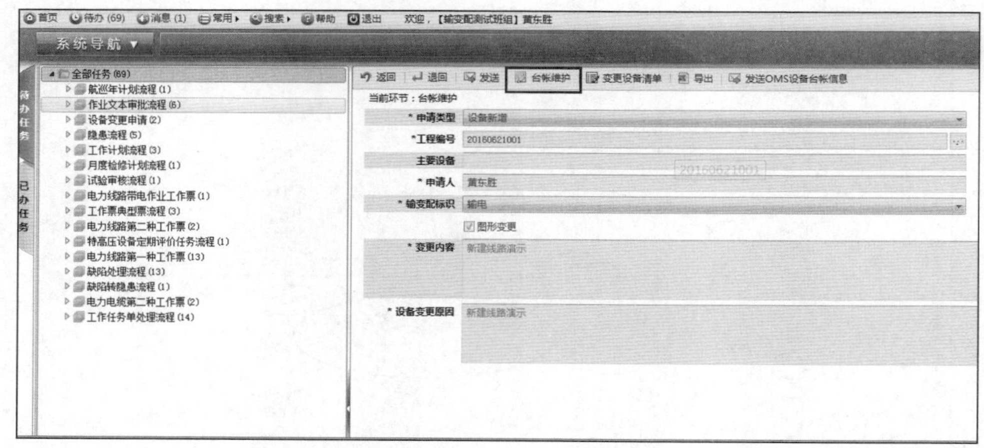

图 20–3–41 台账维护界面

在台账维护页面中，切换到【线路设备】页面，找到刚生产的新线路台账（110kV 西班牙线），点击修改按钮，如图 20–3–42 所示。

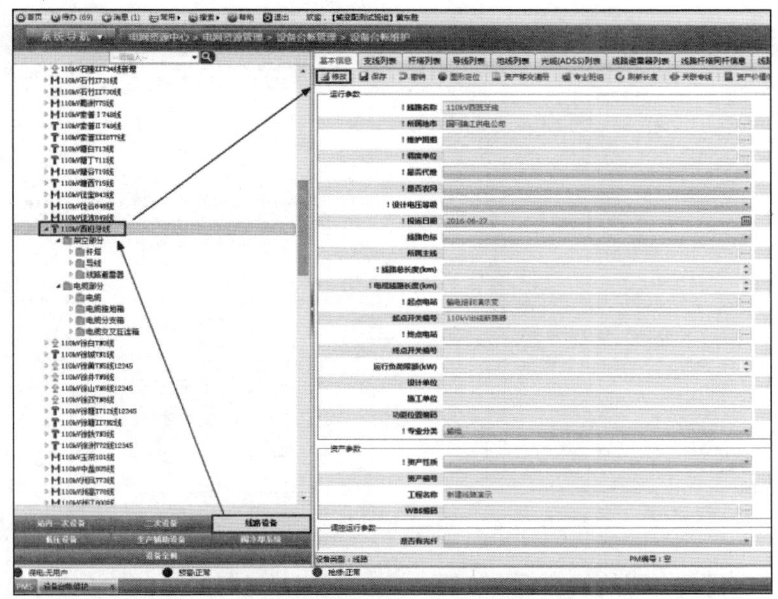

图 20–3–42　线路台账修改界面

修改完台账后，点击【保存】按钮，如图 20–3–43 所示。

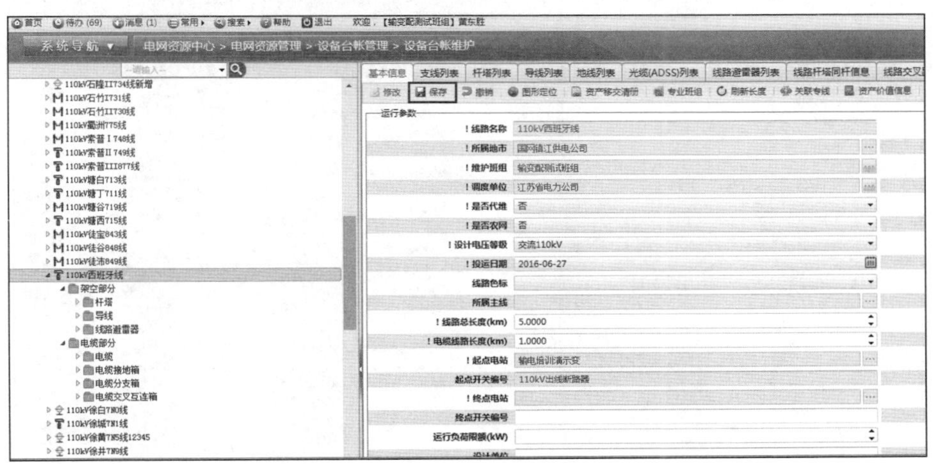

图 20–3–43　设备修改保存界面

参照以上操作，对线路下所有设备的台账进行维护，如图 20–3–44 所示。

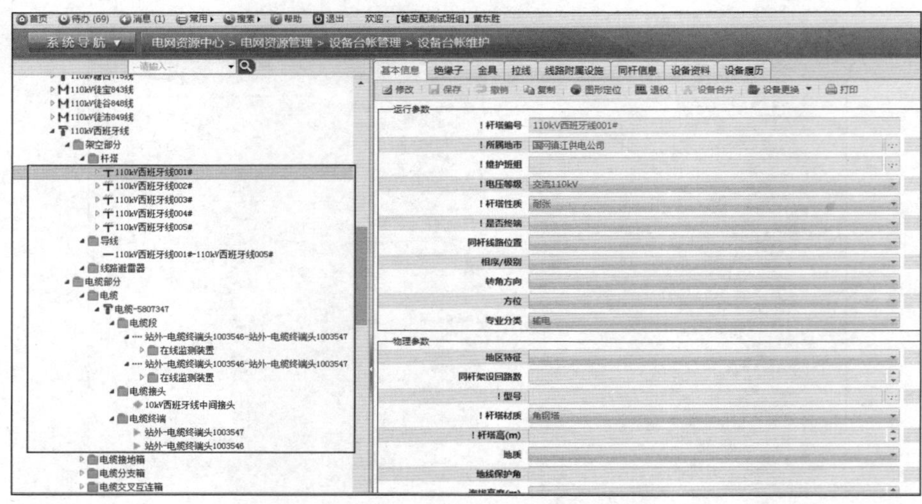

图 20-3-44 线路下所有设备维护界面

完成所有设备台账的维护后（包括“新建支线”的操作），点击【待办】按钮，如图 20-3-45 所示。

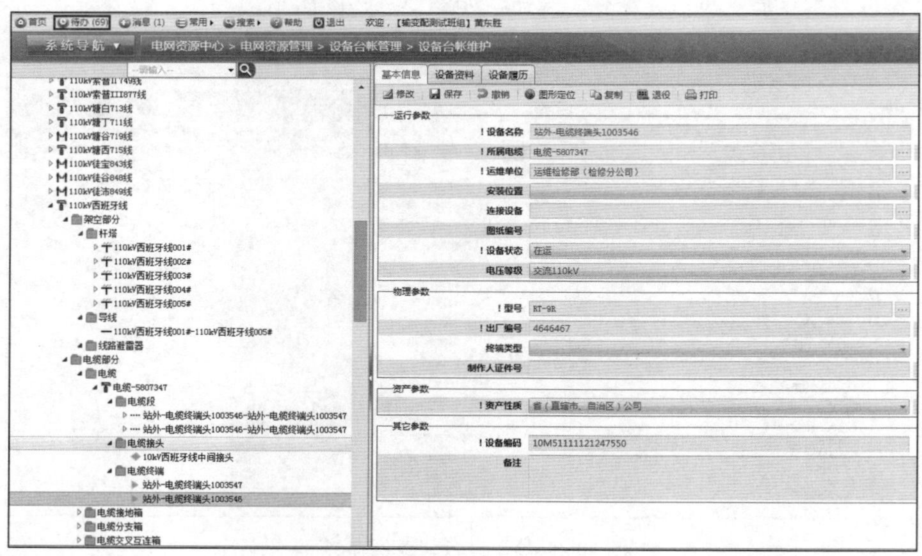

图 20-3-45 待办选项中设备界面

若需要将台账同步至调度，则点击【发送 OMS 设备台账信息】（若不需要同步，则直接进行下一步），如图 20–3–46 所示。

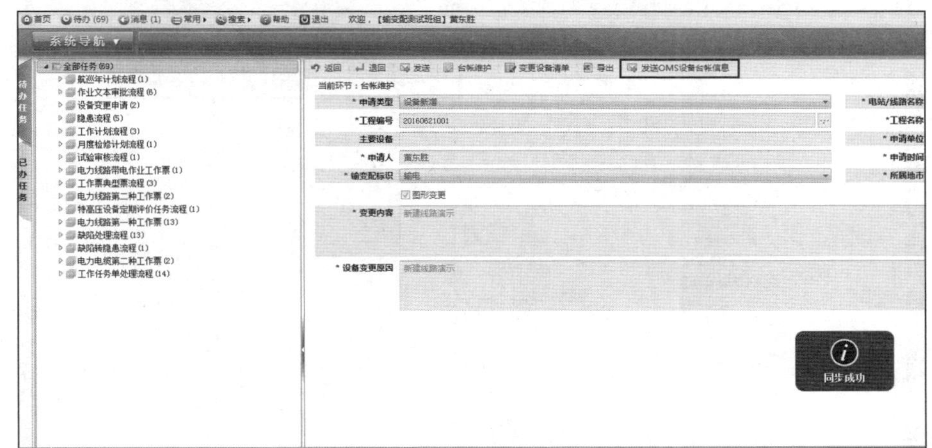

图 20–3–46　台账同步至调度界面

点击【发送】按钮，如图 20–3–47 所示。

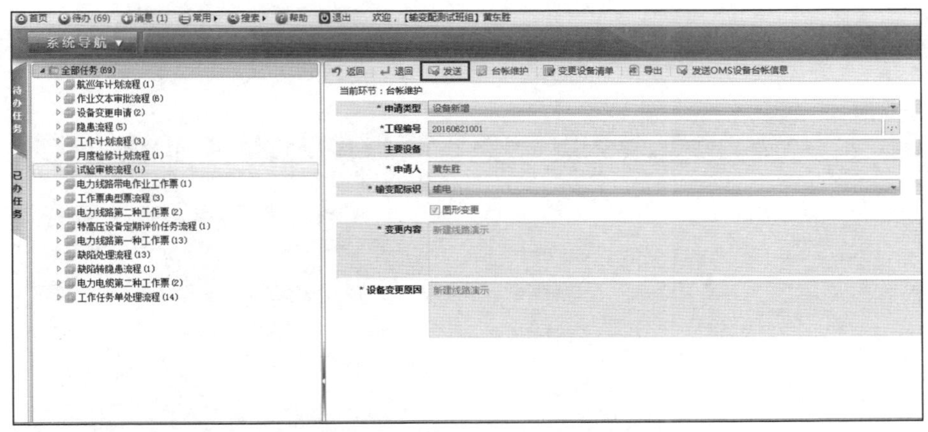

图 20–3–47　台账同步至调度操作界面

在弹出的“发送人”窗口中，选择台账审核人员，点击【确定】按钮，如图 20–3–48 所示。

使用台账审核人员的账号登录 PMS2.0 网页端，在待办页面中，找到刚发送过来的需要处于“台账审核”流程环节的任务单，双击打开，进入台账审核页面。

图 20–3–48 台账审核人员选择界面

在台账审核页面中，点击【设备台账变更审核】按钮，如图 20–3–49 所示。

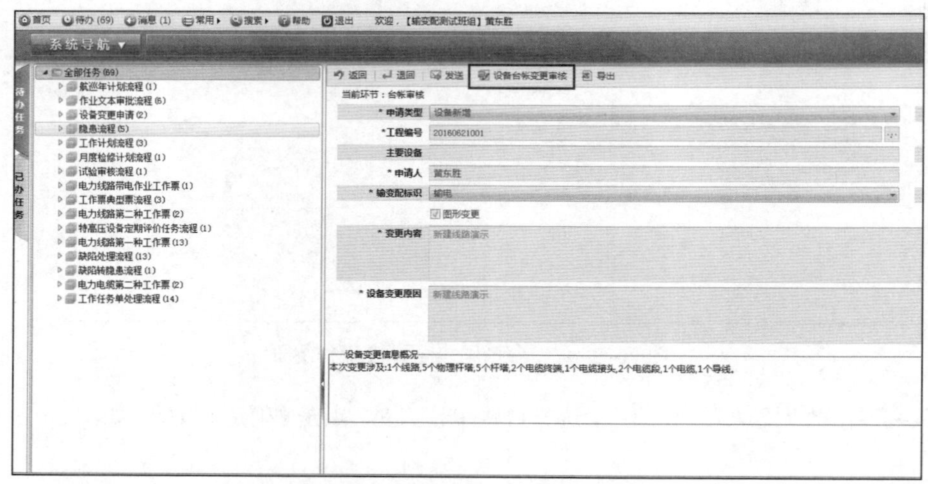

图 20–3–49 台账审核界面

在设备台账变更审核页面中，填写“审核意见”，点击【确定】按钮，如图 20–3–50 所示。

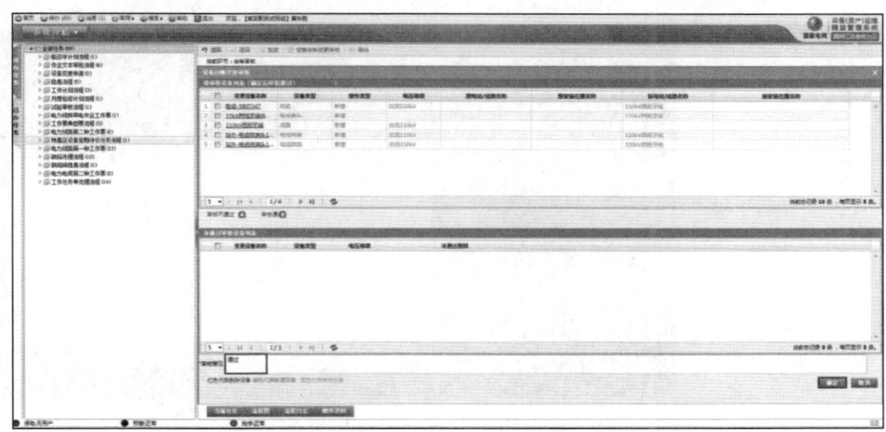

图 20–3–50　设备台账变更审核界面

回到台账审核页面中，点击【发送】按钮，如图 20–3–51 所示。

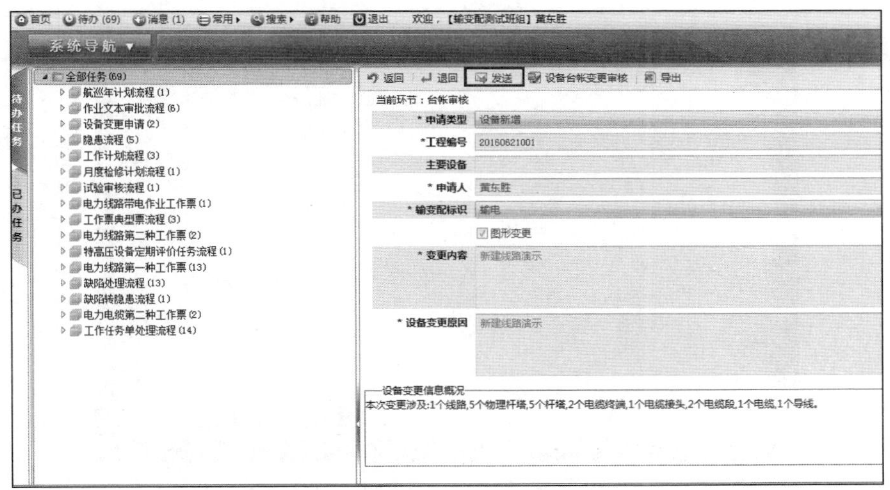

图 20–3–51　设备台账变更审核操作界面

由于是新建线路，需要手动同步建卡，因此在弹出的资产同步窗口中，可直接点【关闭】按钮，如图 20–3–52 所示。

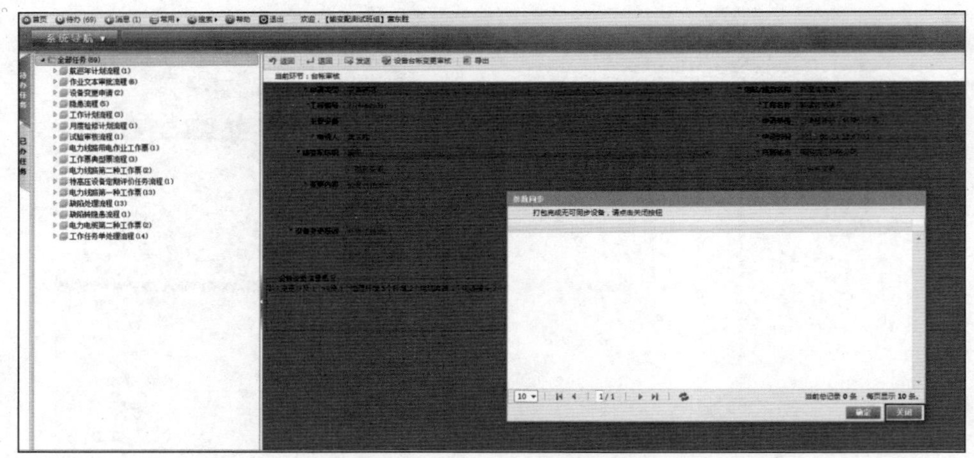

图 20–3–52 手动同步建卡界面

在弹出的“发送人”对话框中，选择结束，点击【确定】按钮，结束台账维护流程，如图 20–3–53 所示。

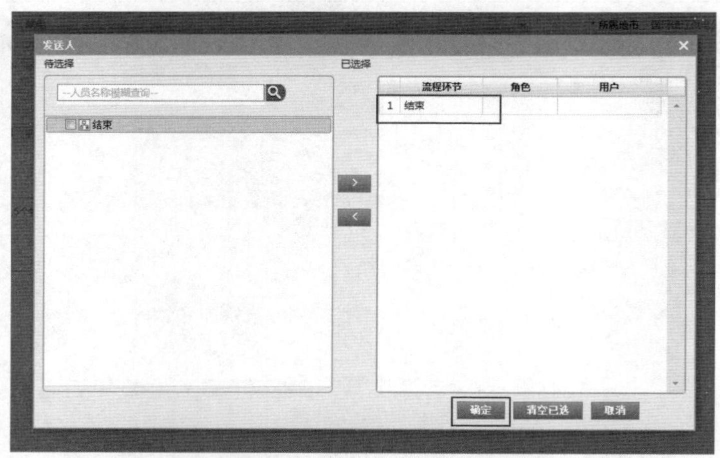

图 20–3–53 台账维护流程结束界面

完成线路新建后，需要手动对该线路进行资产同步，操作如下：

点击【系统导航】→【实物资产管理】→【设备资产同步】，如图 20–3–54 所示。

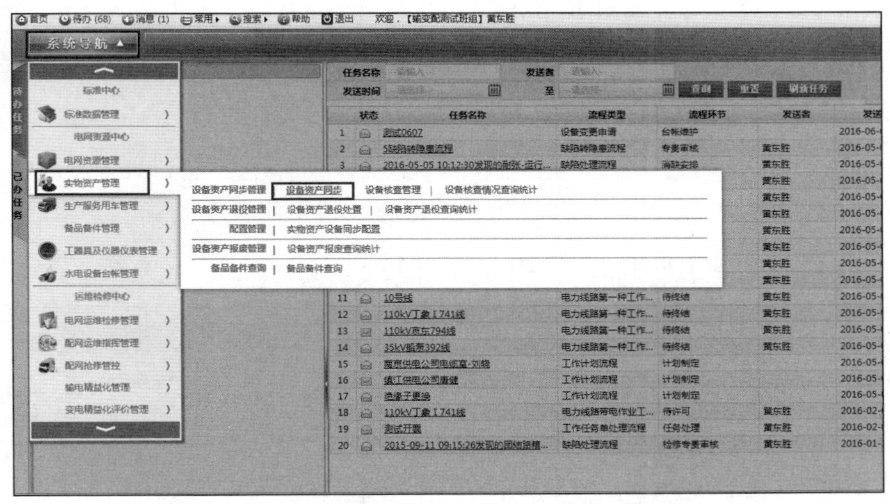

图 20–3–54　线路资产同步界面

点击工程编号后面的[…]按钮，在弹出的“工程选择”对话框中，输入工程编号，点击【查询】按钮，在查询结果选择需要同步的工程，点击【确定】按钮，如图 20–3–55 所示。

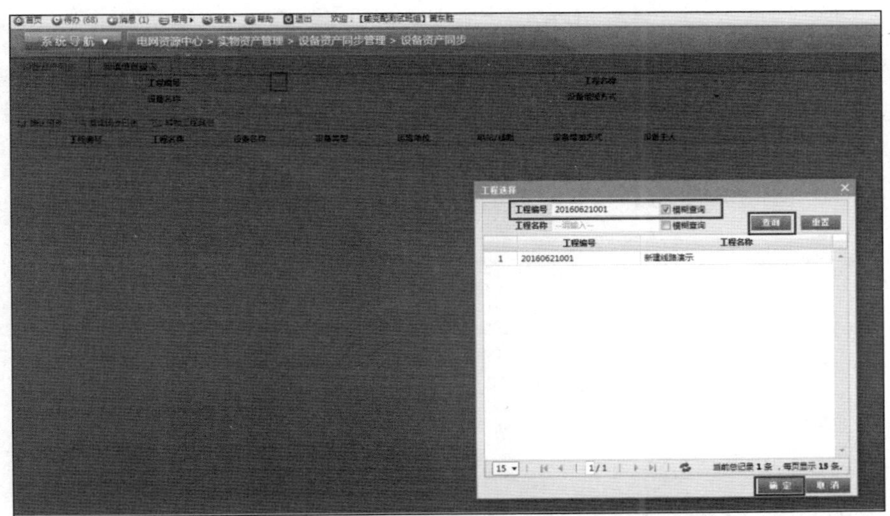

图 20–3–55　线路资产同步操作界面

点击【查询】按钮，如图 20–3–56 所示。

图 20–3–56 “查询”按钮界面

点击【确认同步】按钮，如图 20–3–57 所示。

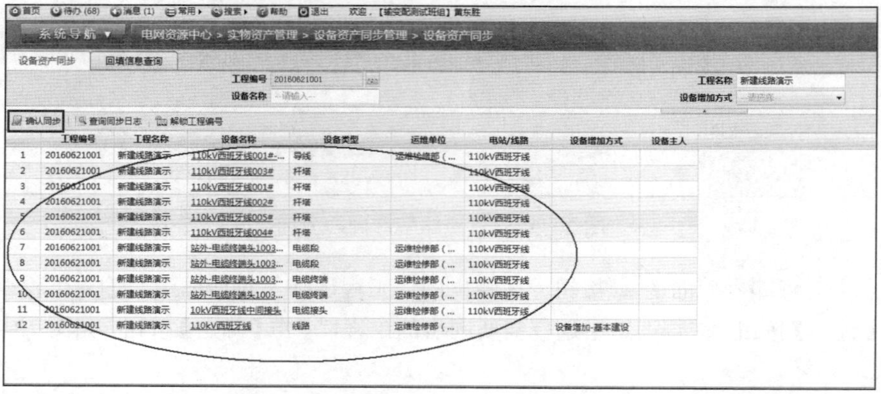

图 20–3–57 “确认同步”按钮界面

在弹出的“确认同步”窗口中，点击【确定】按钮，如图 20–3–58 所示。

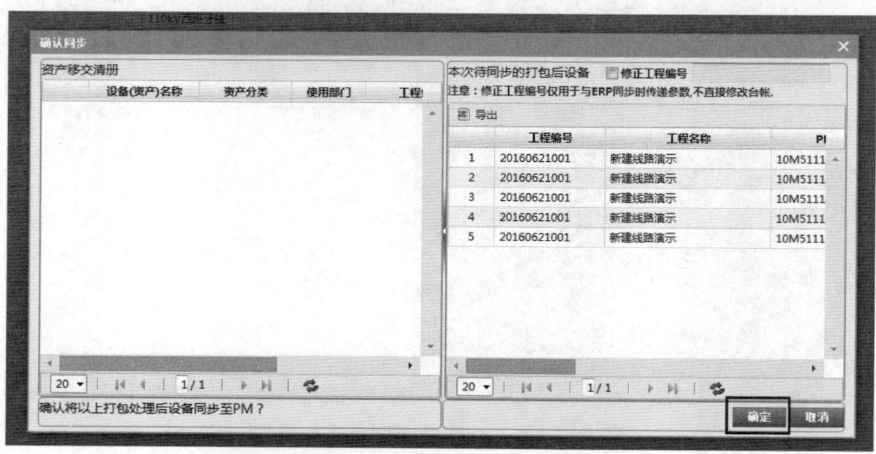

图 20–3–58 “确认同步”窗口界面

在弹出的同步结果提示框中，查看同步结果，如图 20–3–59 所示。

图 20–3–59　同步结果界面

点击【查询同步日志】，查看设备同步情况，按照提示对同步失败的设备进行修改，如图 20–3–60 所示。

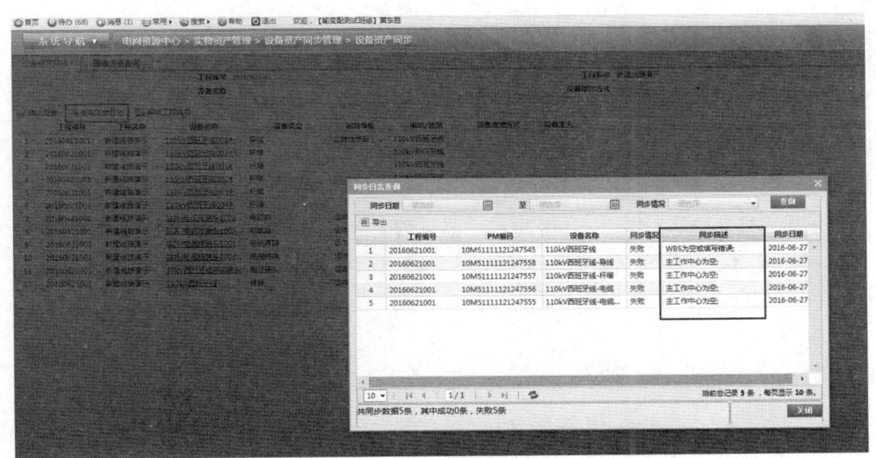

图 20–3–60　查询同步日志界面

修改完成再重复以上操作进行资产同步。

（2）国网总部、国网分部、用户资产线路新增。国网总部、国网分部、用户输电线路台账新增流程同上（1）普通输电线路台账新增操作流程，区别在于发起设备变更申请时填写工程编号需要注意一下几点：

新增无 WBS 信息、无资产信息的设备（例如：用户、租赁设备）工程编号填写24个0。

新增无WBS信息、有资产信息的设备的用户捐赠设备，工程编号填写24个1。

新增无WSB信息、有资产信息的代管国网总部的设备，工程编号填写24个2。

新增无WBS信息、有资产信息的代管国网华东分部的设备，工程编号填写24个3。

（3）跨省线路新增。跨省输电线路台账的新增要先在图形客户端绘制该线路的图形，发布图形后系统自动根据图形生成线路及线路下设备台账，操作步骤同上（2）分部、国网输电线路台账新增操作流程，区别在于绘制跨省线路时并没有线路出线的电站，因此要用分界杆塔代替，具体方法如下：

（4）绘制分界杆塔。根据实际情况选择添加直线分界杆塔或耐张分界杆塔，如图20–3–61所示。

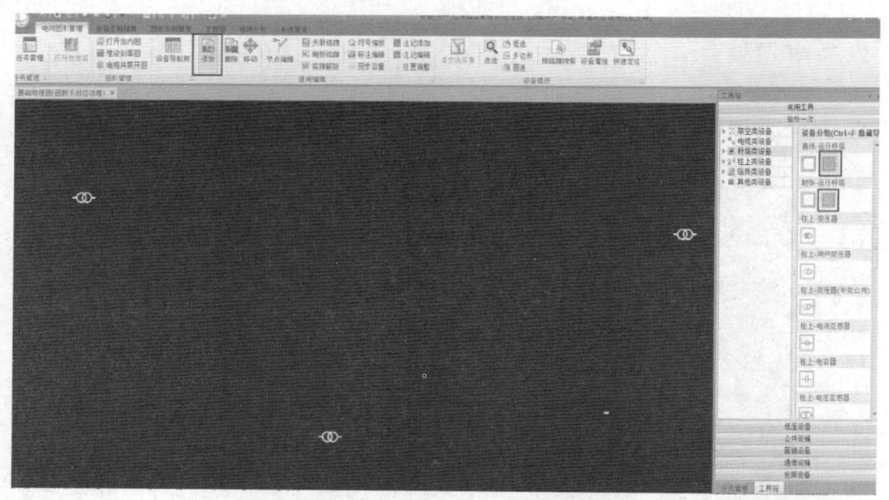

图20–3–61　分界杆塔添加界面

添加杆塔，设置杆塔名称、运行编号和电压等级，点击【确定】完成分界杆塔添加，如图20–3–62所示。

在弹出对话框中设置该跨界杆塔下出线的线路架设方式，点击【确定】完成设置，如图20–3–63、图20–3–64所示。

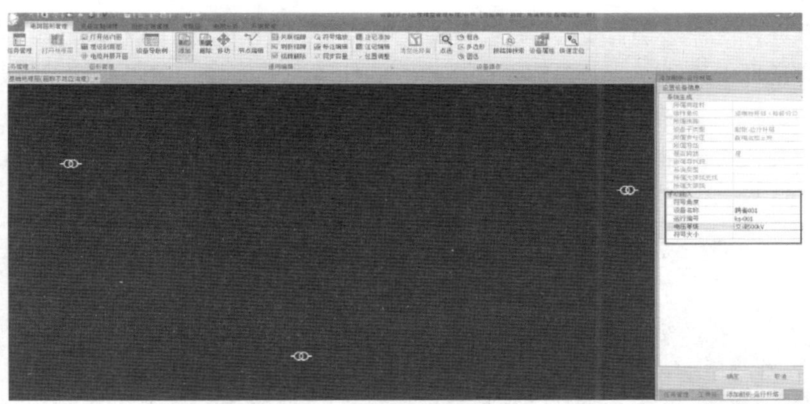

图 20–3–62　分界杆塔添加结束界面

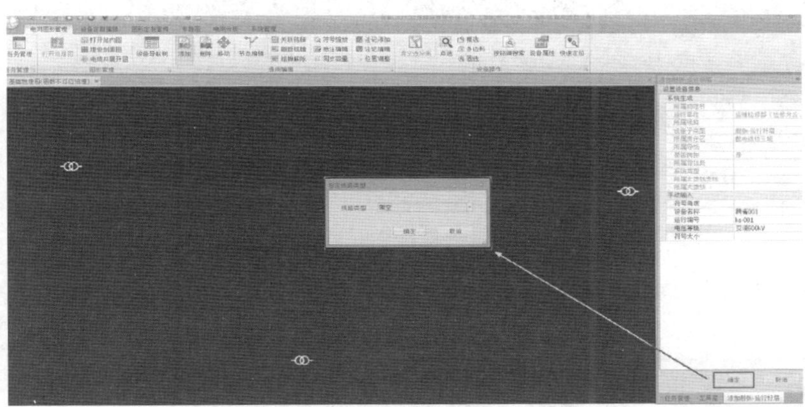

图 20–3–63　线路架设方式操作过程界面

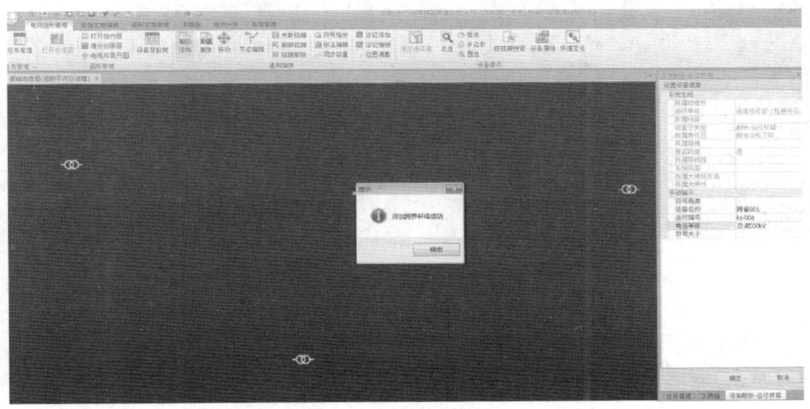

图 20–3–64　线路架设方式确认界面

从分界杆塔开始绘制线路，在“设备定制编辑”菜单中点击【杆线同步】，在右侧弹出的对话框中设置相应的参数，选择相应的杆塔图元类型，在图中鼠标捕捉到分界杆塔单机开始绘制架空线路杆塔和导线，绘制完最后一个杆塔后双击结束绘制，绘制完成后提交图形维护任务并发布图形，余下的步骤流程同上所述，如图 20–3–65、图 20–3–66 所示。

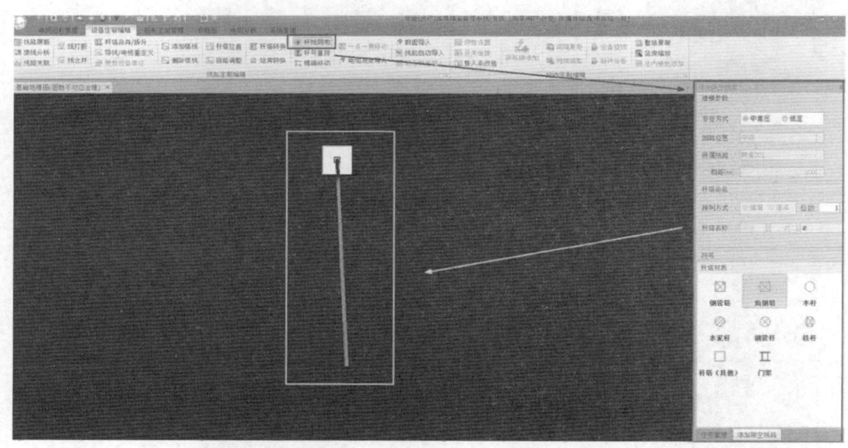

图 20–3–65 从分界杆塔开始绘制线路界面

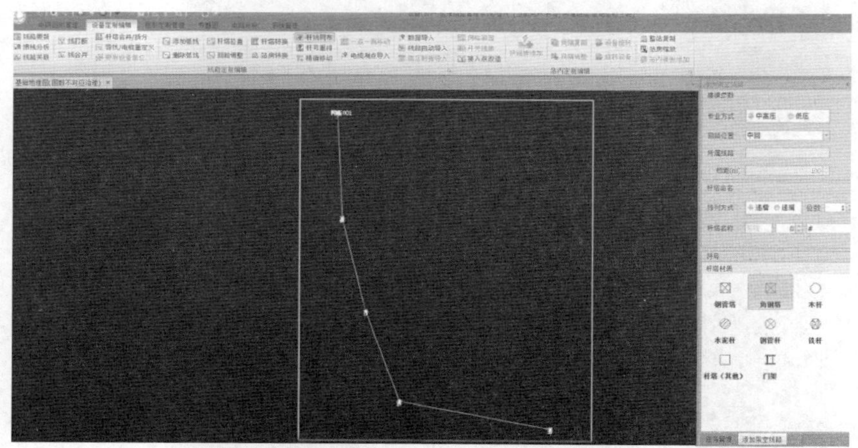

图 20–3–66 分界杆塔绘制线路完成界面

（5）跨地市、运维站线路新增。在 PMS2.0 图形客户端中，不存在分段线的模型，也就是说，在图形客户端中，并没有分段线和主线的区分，所有的设备都挂在同一条线路下。分段线只存在于台账中，在台账中新建分段线的操作如下：

在台账维护页面中，切换到【线路设备】页面，找到刚主线线路台账（110kV 西班牙线），点击修改按钮，如图 20–3–67 所示。

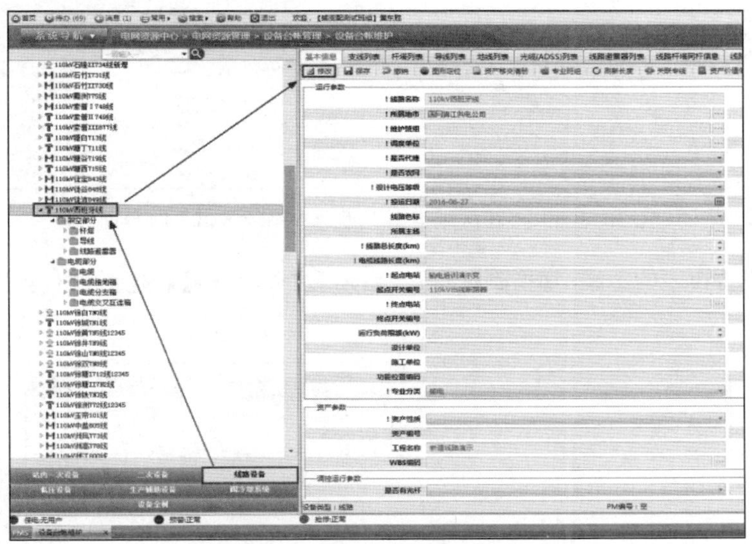

图 20–3–67 跨地市、运维站线路新增

修改台账时，【跨区域类型】按要求选择，并维护好台账其他字段后，点击【保存按钮】，如图 20–3–68 所示。

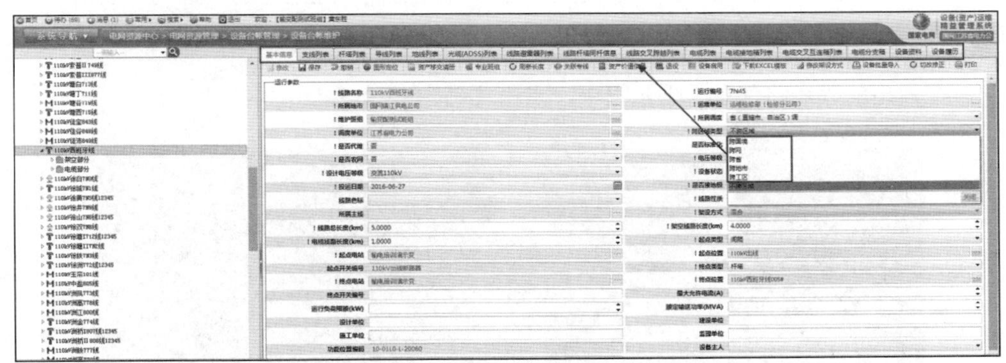

图 20–3–68 设备跨区域类型选择界面

当【跨区域类型】不为“不跨区域”时，刷新设备树，就可以看到线路基本信息菜单发生了变化，如图 20–3–69 所示。

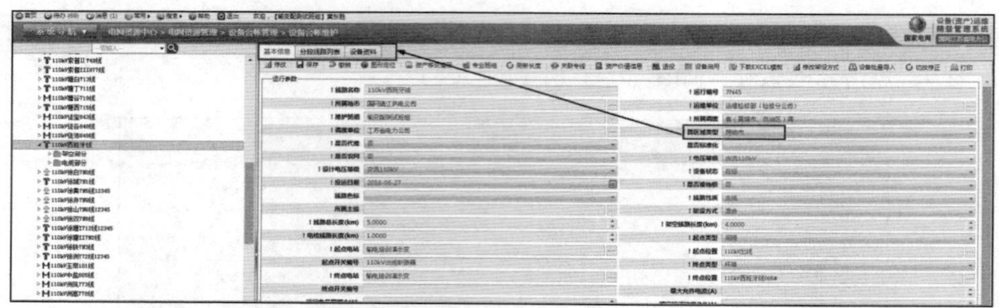

图 20–3–69 “跨区域类型”不为“不跨区域”时界面

选中设备树中的主线，切换到【分段线路列表】页，点击【新建】按钮，如图 20–3–70 所示。

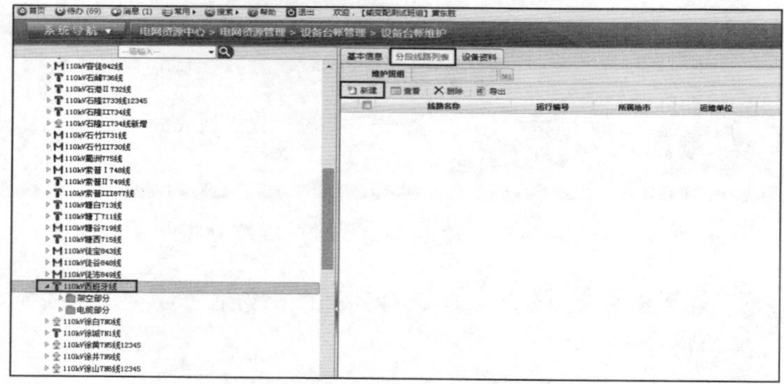

图 20–3–70 新建分段线路界面

在弹出的“线路信息”提示框中，点击【确定】，如图 20–3–71 所示。

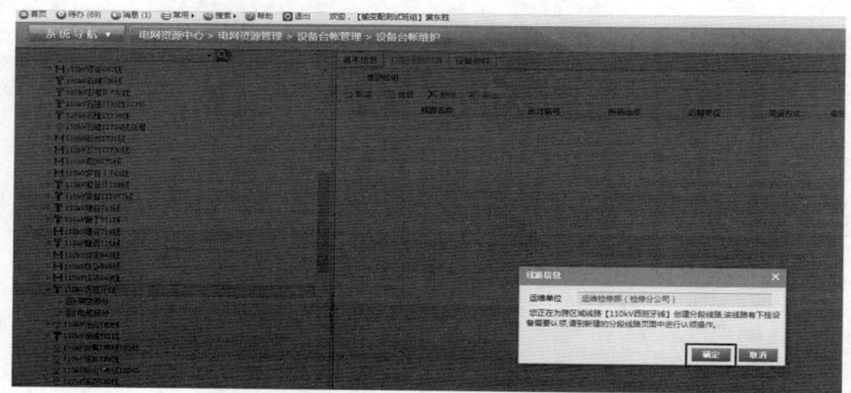

图 20–3–71 新建分段线路操作过程界面

第一段分段线路创建完成后，选中该分段线路，点击【支线/分段线路关联】，将主线上的设备认领到该分段线路上，如图 20–3–72 所示。

图 20–3–72　支线/分段线路关联

在弹出的“请选择要认领的设备”，勾选需要认领的设备，点击【认领】按钮，如图 20–3–73 所示。

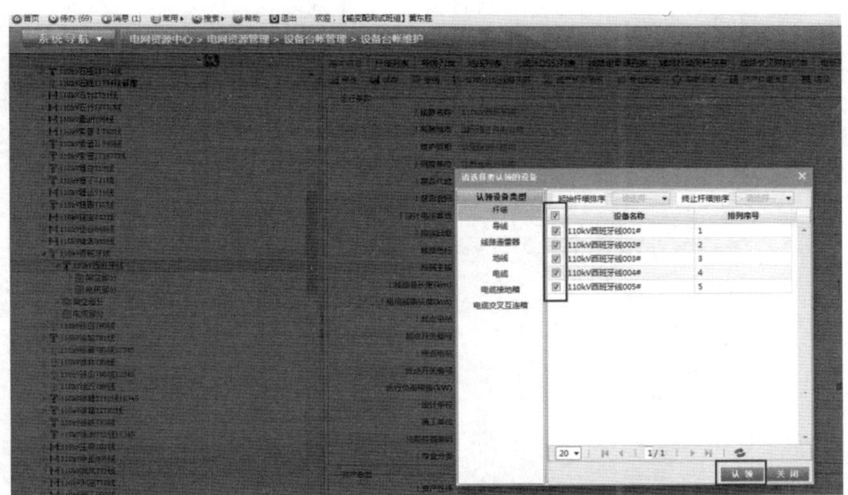

图 20–3–73　认领的设备选择界面

重复以上操作，将设备都认领到分段线路中，如图 20–3–74 所示。

完成第一段（A 段）分段线路的新建，维护线路台账相应属性字段后结束台账维护流程。

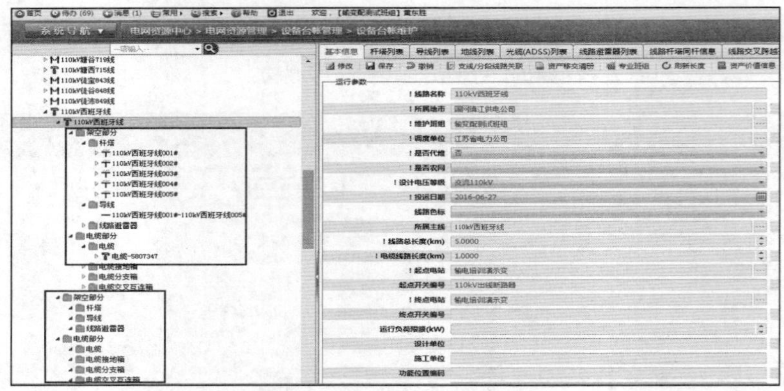

图 20–3–74 设备认领到分段线路中界面

接下来再由 B 单位发起设备变更申请，进入图形客户端中，紧跟着在 A 段设备的后面，添加 B 段的设备，具体流程参考普通输电线路台账新增，此时在图形客户端中，B 单位所添加的设备，全都挂在由 A 单位所创建的主线下，也就是说，在图形中，没有分段线和主线的区分，所有的设备都挂在一条线路上（也就是 A 单位所创建的主线），只是该线路下设备的所属责任区不一致，将图形任务发布后，此时在台账中，B 单位所添加的所有设备，都会跟图形一样，挂到 A 单位所创建的主线下，接着再由 B 单位按同上步骤在台账中新建 B 段的分段线，并将 B 单位的设备认领到 B 分段线中。B 单位在新建分段线时，若在【线路设备】列表中看不到主线，请切换到【设备全树】中找到主线后在主线分段线路列表中进行新建，新建完成后，再切换到线路设备进行台账维护，如图 20–3–75 所示。

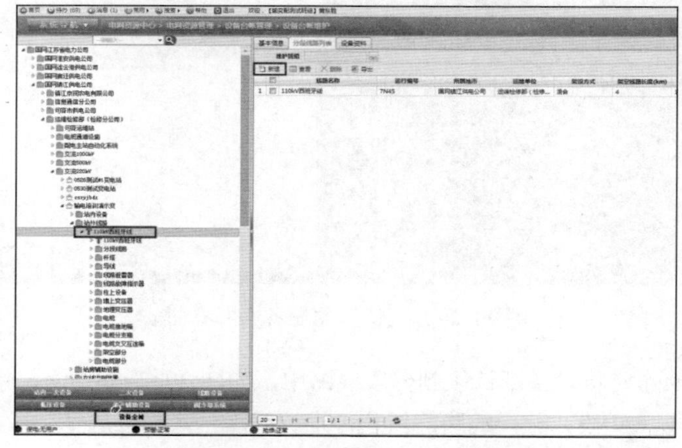

图 20–3–75 不同单位设备台账的建立与维护

（6）用户电站或电厂线路新增。用户站或电厂出线台账的创建同上（3）跨省线路台账新增操作步骤。

3. 注意事项

与支线的新建不同，分段线分别需要两个单位相互配合进行图形的绘制和分段线路的新建！如下图所示，首先需要A单位发起设备变更申请，进入图形客户端新建线路（主线）后并添加分段线中A段的设备，将图形任务发布再按照本操作手册在台账中新建A段的分段线，将A单位的设备认领到A分段线中。接着再由B单位发起设备变更申请，进入图形客户端，紧接着在A段后面，添加B段的设备，此时在图形客户端中，B单位所添加的设备，全都挂在由A单位所创建的主线下，将图形任务发布后，再由B单位按照本操作手册在台账中新建B段的分段线，并将B单位的设备认领到B分段线中，如图20–3–76所示。

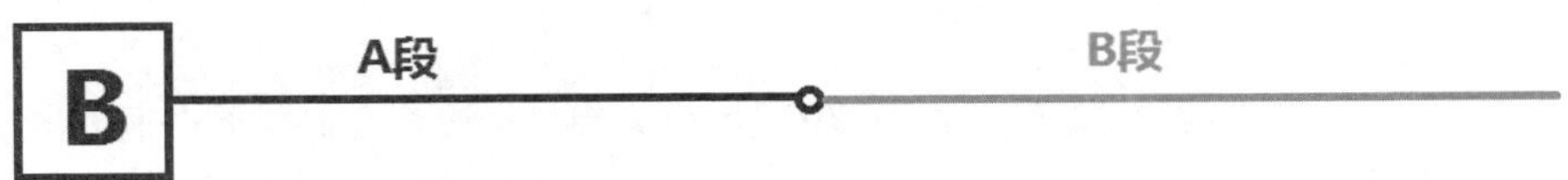

图20–3–76 用户电站或电厂线路新增图

二、设备台账修改

1. 功能描述

线路设备台账修改可对线路路径（杆塔、导地线）进行变更、线路开环、线路合并操作，并对改建后的线路设备台账进行维护与修改。

2. 操作介绍

（1）线路设备（导线、杆塔等）变更。设备变更申请单中“设备类型”选择“设备台账修改”，同时勾选“图形维护”与“台账维护”后，启动审核及人员发送流程，与设备新增步骤一致。

打开图形客户端，登录图形维护人员账号后进入图形维护任务，开始线路设备变更操作。

在两基杆塔中间新增一基杆塔：

点击“添加”按钮，在右侧“工具箱”中选择“杆塔类设备—直线物理杆/耐张物理杆”图元（根据实际）单击，将鼠标点移至需要增加杆塔的线路位置（如图20–3–77所示），点击左键，然后按ESC或者点击其他按钮退出添加功能，即完成杆塔的增加（线路自动被分成两段）。

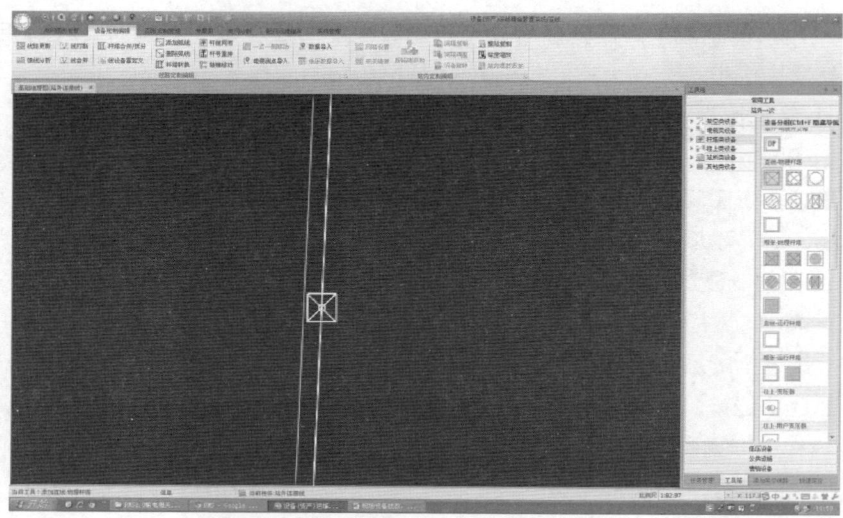

图 20–3–77 线路设备（导线、杆塔等）变更界面

技改—杆塔改造：拉门塔改自立塔（位置不变）。点击“设备定制编辑—杆塔转换”，选中需要变更的杆塔（框选），在右侧出现的杆塔转换对话框中，“选择需要变更的设备”，“要变更的设备符号”，点击右下角确定按钮，即完成设备杆塔转换，如图 20–3–78、图 20–3–79 所示。

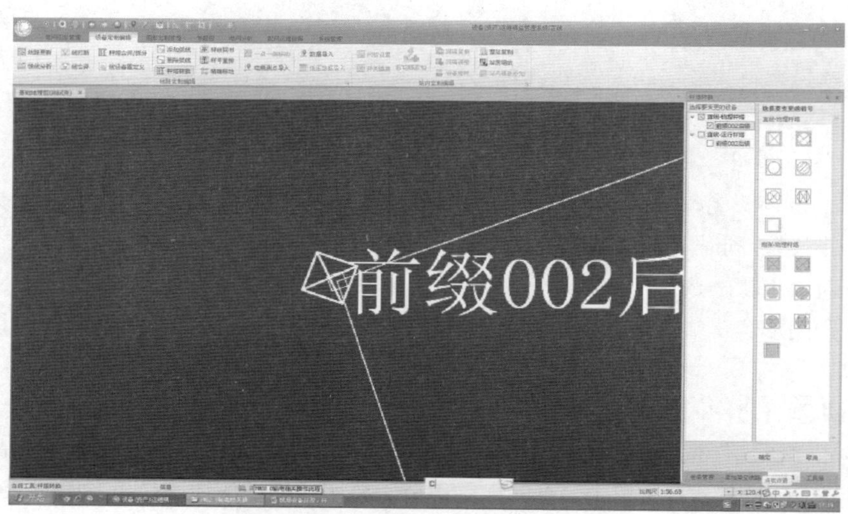

图 20–3–78 拉门塔改自立塔界面

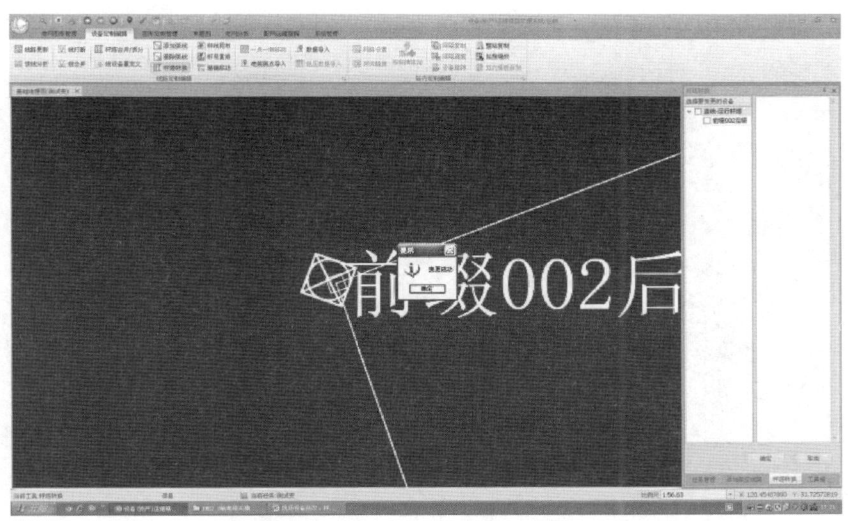

图 20–3–79　角钢塔转换为钢管塔界面

多回杆塔，后期新增一条线路：如山双线新增一条并架线路。首先定位到并架的目标杆塔，点击“设备定制编辑—杆线同布”，从分支杆开始，在第一个并驾杆的图标范围内单击，在第二基单击，以此类推，直到最后一基，双击及完成图形维护，如图 20–3–80、图 20–3–81 所示。

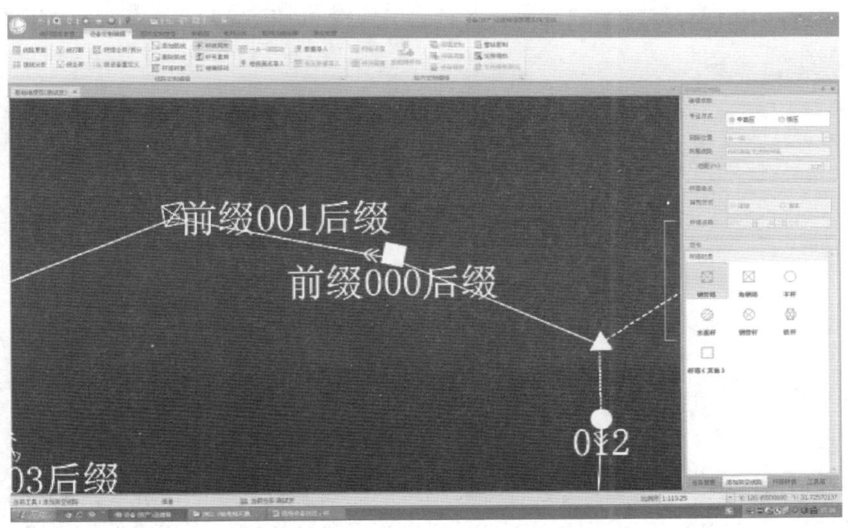

图 20–3–80　新增同杆双回线路另一回起始杆塔操作界面

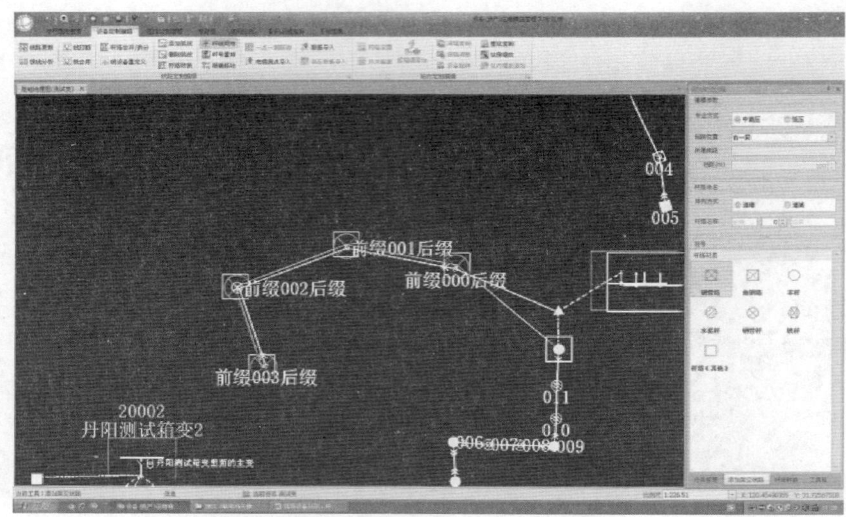

图 20–3–81 新增同杆双回线路另一回终止杆塔操作界面

红色为后期新增的并驾线路。图形维护好后，发送至审核人员处进行审核，并将图形发布后终结流程。再进入台账维护人员账号对所更改的杆塔、导线等设备台账进行维护后发布，流程与设备新增中一致。

（2）线路开环。线路开环中，主要分为以下两种类型：开环后 AC/BC 线由 AB 线更名而来，BC/AC 线为新建线路；开环后 AC 线和 BC 线为新建线路，AB 线退役，如图 20–3–82 所示。

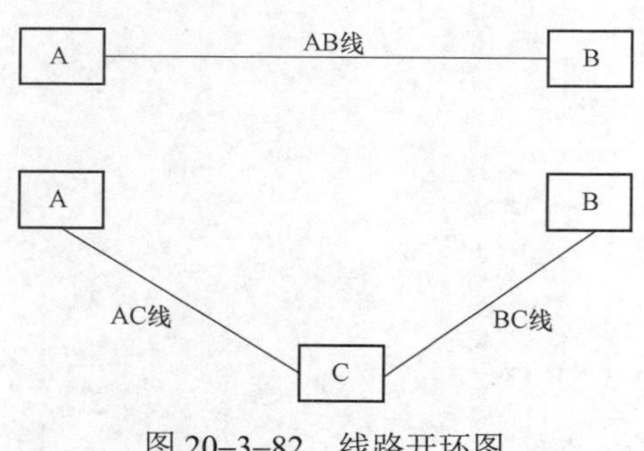

图 20–3–82 线路开环图

开环后 AC/BC 线由 AB 线更名而来，BC/AC 线为新建线路：如图 20–3–83 所示，将在标记处（“110kV 西班牙线 003 号”杆塔）对“110kV 西班牙线”进行开环。

开环后 A–C 变电站的线路由原来的“110kV 西班牙线”更名为“110kV 德国线”，

线路起点电站为 A 变电站；C–B 变电站的线路“110kV 意大利线”为新建线路，起点电站为 C 变电站。

其中，开环点左边的设备将更新至“110kV 德国线”下，开环点右边包括开环点（“110kV 西班牙线 003 号”杆塔）的设备将更新至新建线路“110kV 意大利线”下。

先走一个“设备新增”流程，从 C 变电站新建“110kV 意大利线”，并将开环点右边包括开环点（“110kV 西班牙线 003 号”杆塔）的设备更新至新建线路下，维护线路台账并同步线路资产。

再走另外一个“设备新增”流程，沿着电流方向从开环点的后面添加“开环点–C 变电站”的设备，并将线路更名为“110kV 德国线”德国线即可，如图 20–3–83 所示。

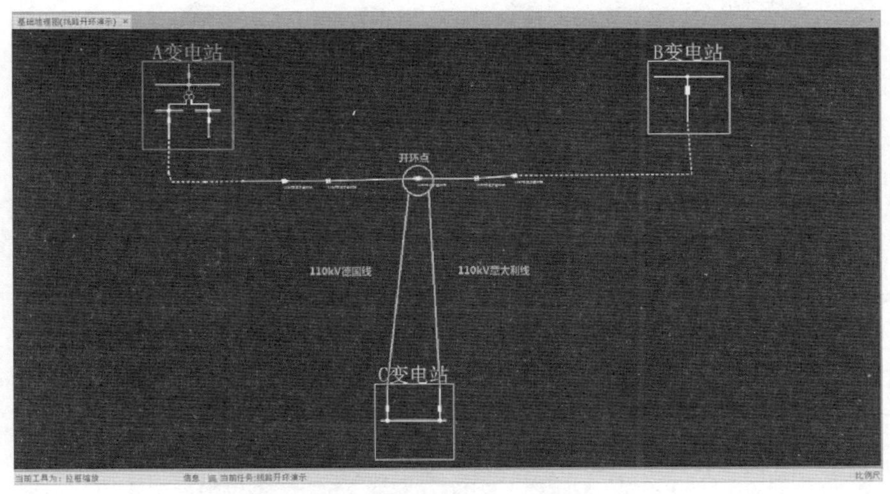

图 20–3–83　线路开环后变更名称界面

新建 110kV 意大利线：

设备变更申请流程及设备添加流程请参照《普通输电线路台账新增》；

进入图形客户端打开图形维护的任务后，先定位到 C 变电站；在【电网图形管理】菜单中，点击【添加】按钮，在屏幕右侧弹出的“工具箱”面板中，选择“站外一超连接线”图元，将鼠标放置在需要添加线路的出线点上，待系统自动吸附到可添加的连接点后，点击鼠标左键，在弹出“线路参数设置”对话框中，选择“创建线路”，并指定线路类型，必须选择断路器“断路器”作为出线开关，点击【确定】按钮，即可创建一条新线路，如图 20–3–84 所示。

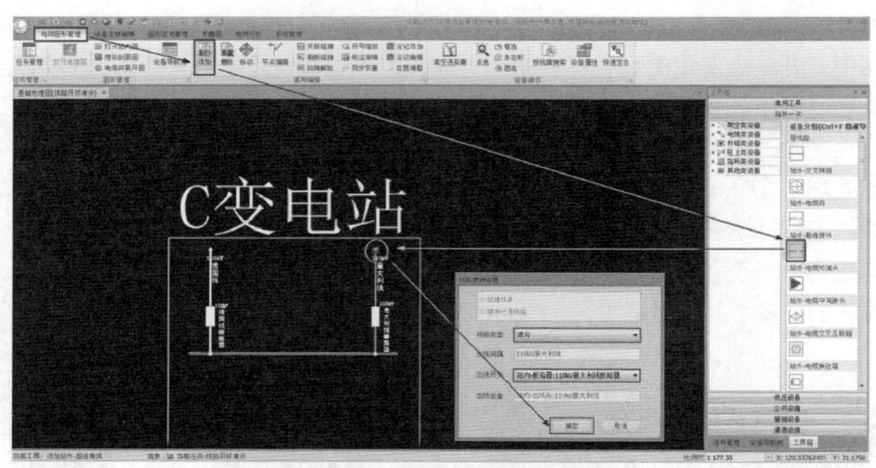

图 20–3–84 新建线路操作流程界面

确定好超链接线的轨迹后，双击【结束绘制】，如图 20–3–85 所示。

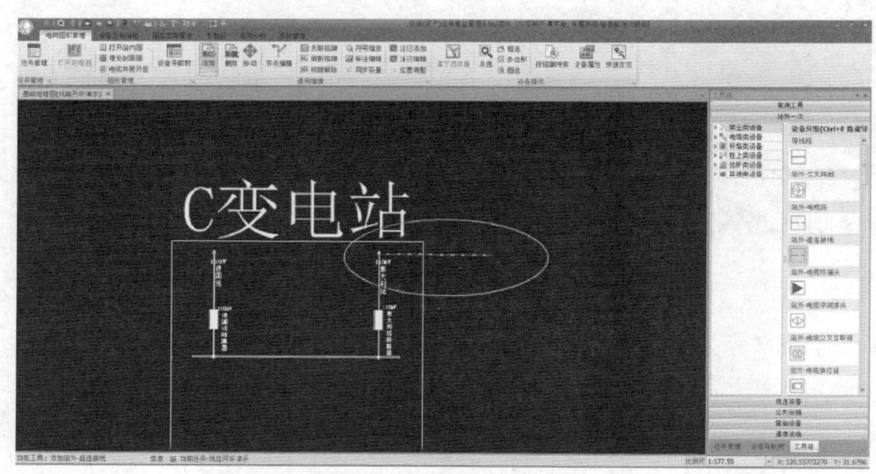

图 20–3–85 超连接线轨迹的确认界面

刷新“设备导航树”，即可看到新增的线路已添加到导航树中，但线路下设备列表为空，因此需要在该线路上添加设备，沿布至“开环点”，如图 20–3–86 所示。

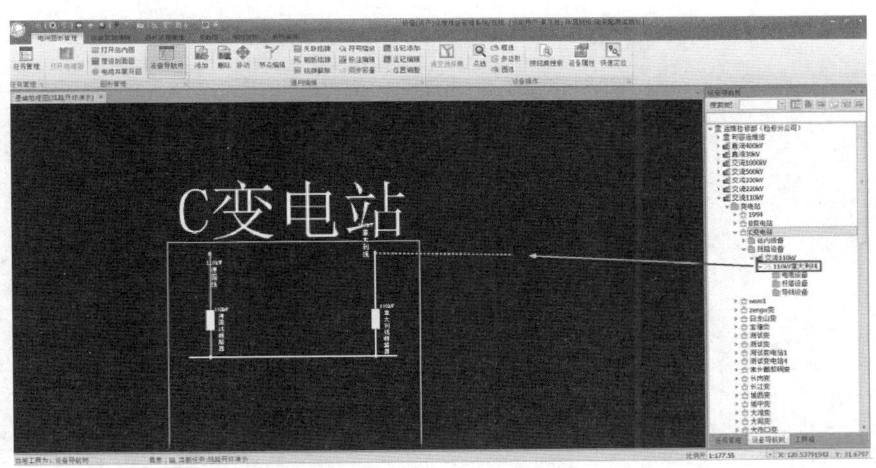

图 20–3–86　设备导航树界面

设备的添加方法，请参照《普通输电线路台账新增》；线路设备添加完成，如图 20–3–87 所示。

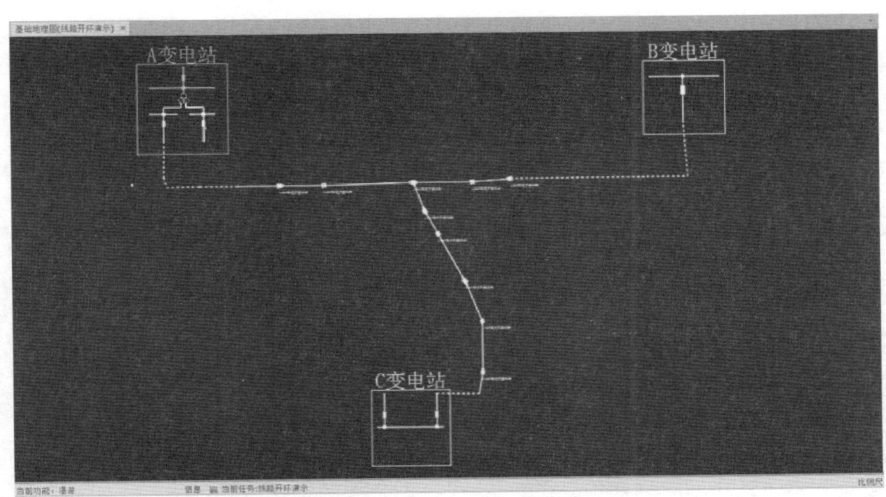

图 20–3–87 “开环”线路添加设备界面

使用【电网图形管理】→【节点编辑】功能将“开环点”左边的导线拉开，如图 20–3–88 所示。

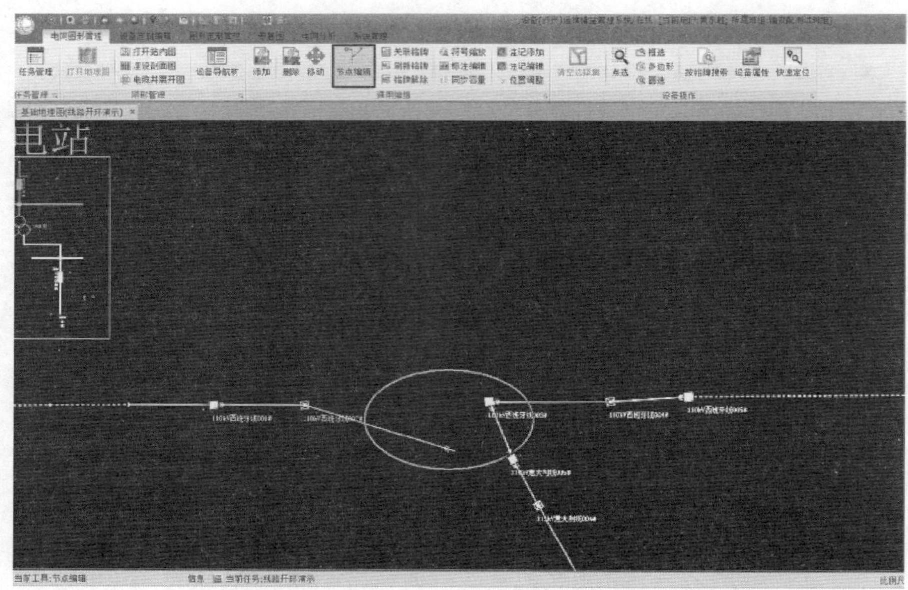

图 20–3–88 “开环”线路开环点的断开界面

在设备导航树中右键【设备定位】该线路，可看到只能定位到新增的设备段，开环点右边的设备没有定位到。这是由于开环点右边的设备，其“所属线路”还属于原来的线路，因此需要使用【线路更新】功能将这些设备更新至新建线路下，如图 20–3–89 所示。

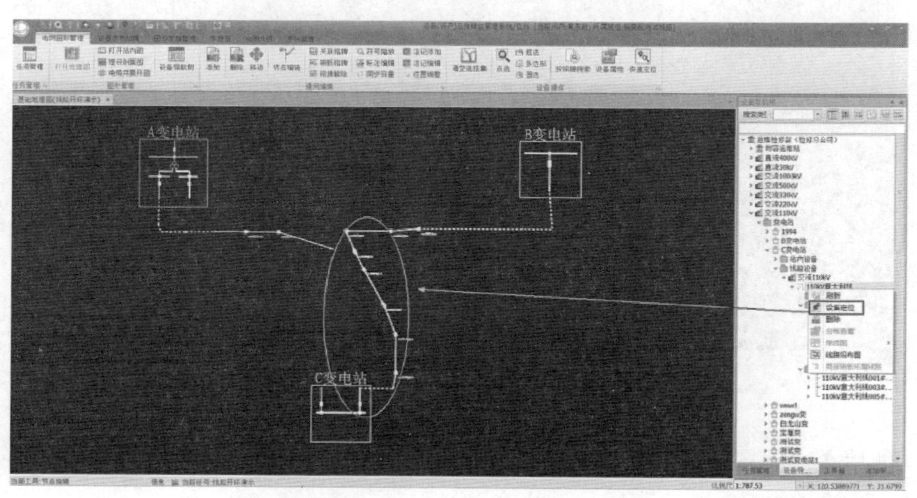

图 20–3–89 被“开环”线路设备定位界面

在【设备定制编辑】菜单中，点选【线路更新】按钮，在屏幕右侧弹出的“线路更新”面板后，需要进行以下操作。

第一步：先选择需要更新的“目标线路”。例如：需要将 A 线上的设备更新到 B 线上，则将 B 线选为目标线路，在本例中的目标线路就是“110kV 意大利线”，点选“110kV 意大利线”上的任意设备，系统会自动设备这个设备的“所属线路”，并将“所属线路”选择为目标线路。

第二步：目标线路选择好了以后，接下来选择“搜索方式”。输电线路的更新建议使用“一点一侧搜索”的搜索方式，选择“一点一侧搜索”的前提是确保需要更新的线路路径上与别的线路不存在任何联通的地方。

第三步：选择搜索路径。点选目标线路的起点设备（一般选择“站外—超链接线”），然后查看搜索方向，也就是点选超链接线后，出现的一个点，那个点若是出现在变电站出线点一侧，则需要将“搜索方向”切换到“2 端子方向”；若那个点出现在变电站出线点另一侧，则不需要切换，如图 20–3–90 所示。

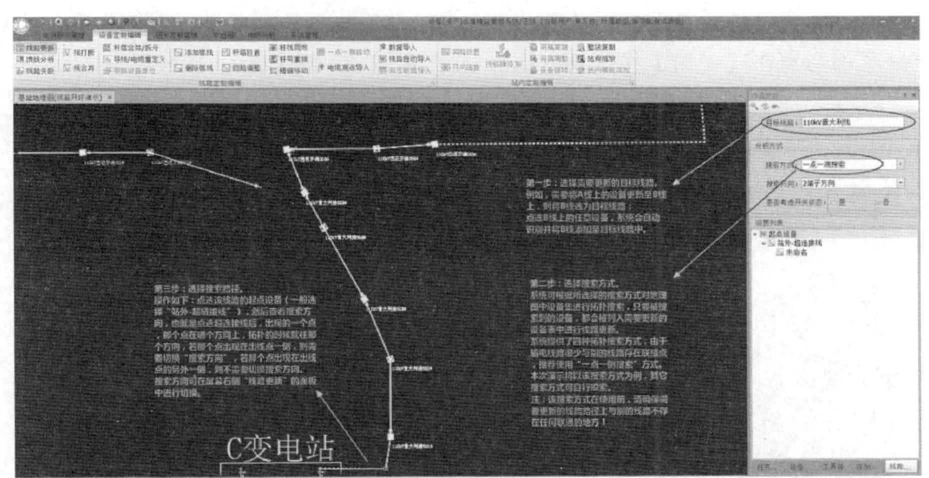

图 20–3–90　设备定制编辑界面

接下来点击【搜索】按钮，系统会自动对所选择起点设备（站外—超链接线）的搜索方向进行拓扑搜索，直到下一个变电站出线点结束，在这个搜索方向上存在联通的设备，都将被搜索到，如果刚才开环点没有使用【节点编辑】断开，那么开环点左边的设备也会被搜索到。搜到的设备将自动添加到屏幕右侧“刷新设备列表”中，刷新设备列表中的所有设备，就是即将要进行线路更新的设备，如图 20–3–91 所示。

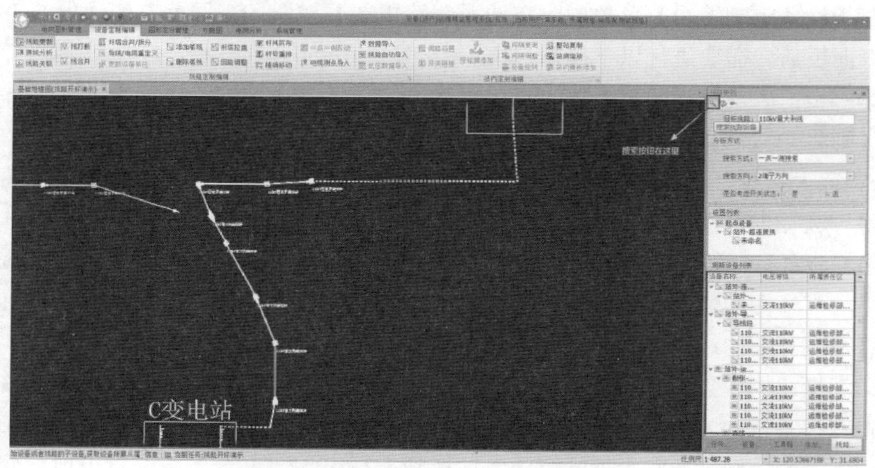

图 20–3–91 “开环”更新界面

查看“刷新设备列表”中的设备，确认这些设备是否是需要进行线路更新的设备，确定好了以后点击【更新】按钮进行更新，如图 20–3–92 所示。

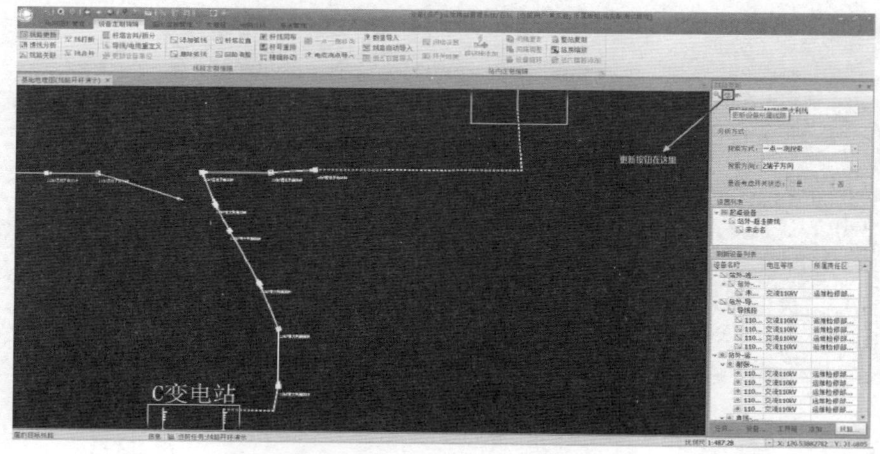

图 20–3–92 “开环”更新查询界面

在弹出的更新提示框中，点击【确定】，完成“线路更新”操作，如图 20–3–93 所示。

更新完成后，刷新设备导航树，可看到“110kV 西班牙线”上开环点右侧的设备都已经被更新到“110kV 意大利线”中，但杆塔的命名不是想要的，可对这些杆塔的杆号进行【杆号重排】操作，如图 20–3–94 所示。

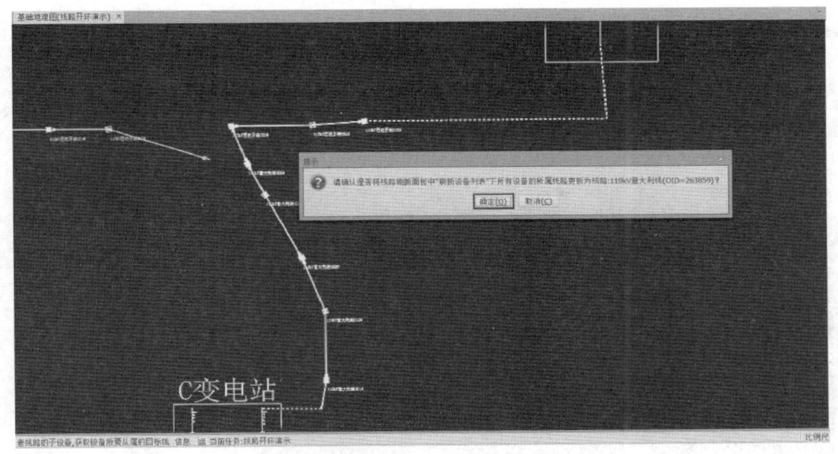

图 20–3–93 “开环”线路台账确认界面

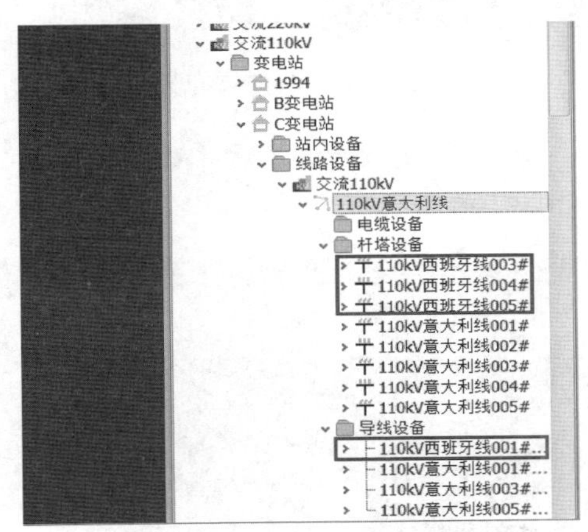

图 20–3–94 杆号重排界面

在【设备定制编辑】菜单中，点击【杆号重排】按钮，在屏幕右侧弹出的“杆号重排设置”面板后，需要进行以下操作：

第一步：点选屏幕右侧“杆号重排设置”面板中的【选择起点】按钮，在地理图中选择需要进行杆号重排的起始杆塔（需要选择“耐张—运行杆塔”），若设备相距过远，可通过“设备导航树”进行【设备定位】后点选进行选择。

第二步：点选屏幕右侧“杆号重排设置”面板中的【选择终点】按钮，在地理图中选择需要进行杆号重排的终点杆塔（需要选择“耐张—运行杆塔”）。

第三步：待系统自动完成对所选择的“起点杆塔—终点杆塔”路径上的所有杆塔和导线拓扑分析，并将分析结果显示在“杆号预览”框中后，接下来就按要求填写杆号规则，这里的杆号规则与【杆线同布】中的规则类似。杆线同布界面如图 20–3–95 所示。

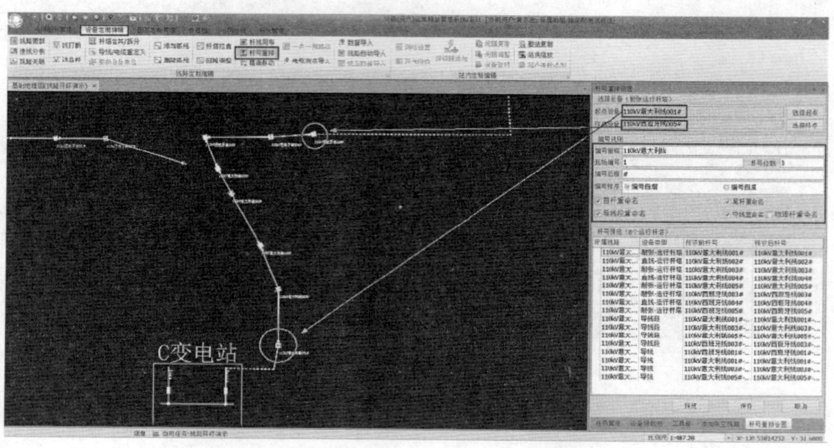

图 20–3–95 杆线同布界面

点击【预览】按钮，即可预览重排后的杆号，确认无误后点击【保存】按钮，完成杆号重排操作，如图 20–3–96 所示。

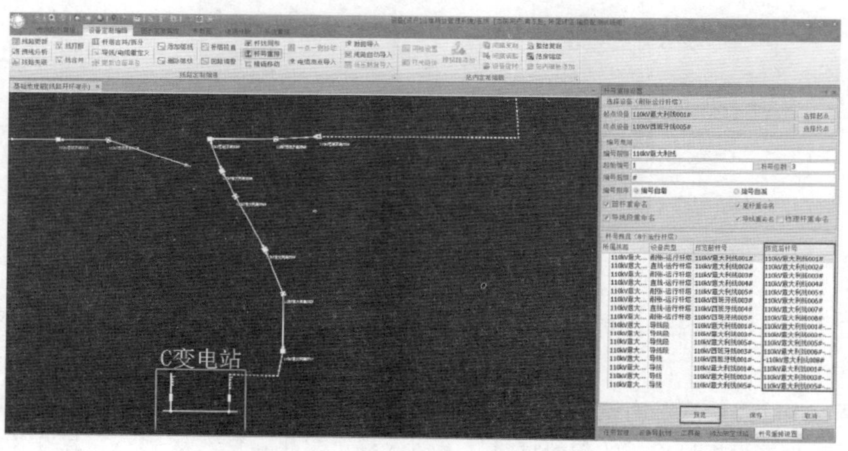

图 20–3–96 杆号重排完整界面

刷新设备导航树，可看到线路下杆塔的杆号已经发生了变化。但导线设备也不是想要的，可对导线进行【导线/电缆重定义】操作，把导线维护成我们需要的结果，具体操作步骤可参照《普通输电线路台账新增》，如图 20–3–97 所示。

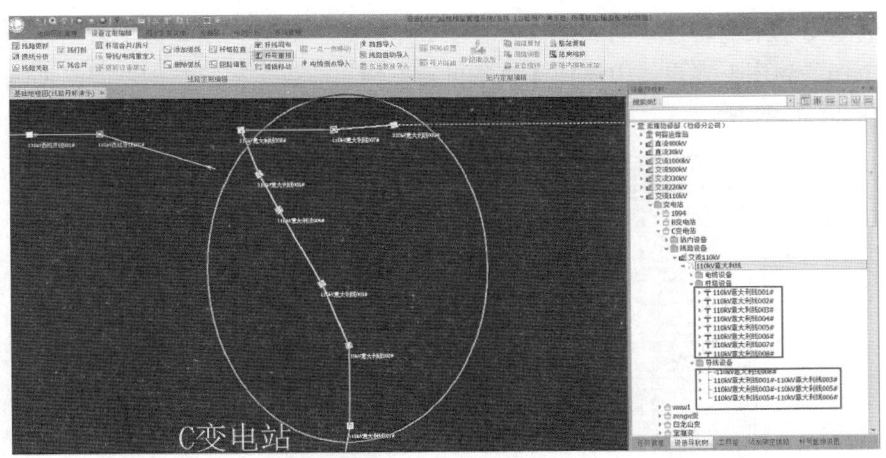

图 20–3–97　导线设备维护界面

完成【导线/电缆重定义】操作后，刷新设备导航树，统计线路下的设备数量是否正确，右键【设备定位】该线路，查看地图高亮的部分是否为需要的线路，确认无误后提交并发布该图形任务，进入“台账维护”流程，具体操作步骤可参照《普通输电线路台账新增》，如图 20–3–98 所示。

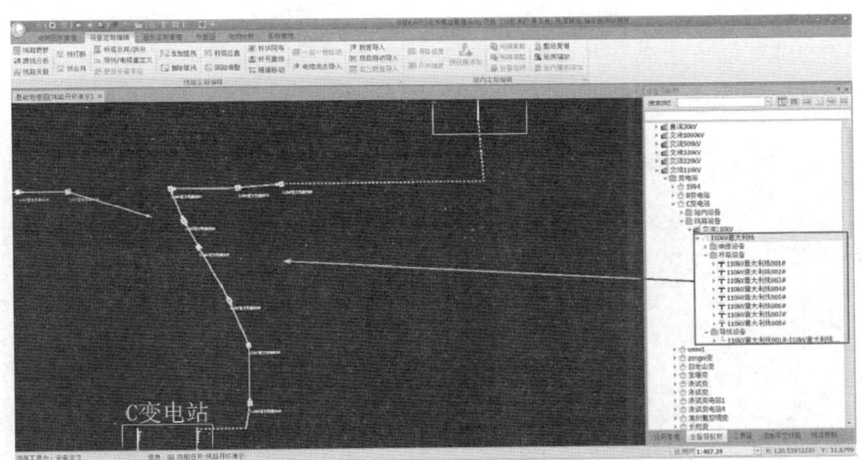

图 20–3–98　设备定位界面

在“台账维护”中，可看到“110kV 意大利线”已在台账中生成，且线路下的设备都已完成了切改和新建。有时候进行【线路更新】后，图形已完成了切改，但台账中部分设备还是未切到新线路上，依然挂在原来的线路下面，出现这样的问题，很大原因是由于未更新过来的那些设备“图数不一致”导致，请完成图数对应后，再走建个任务到图形客户端中进行【线路更新】操作即可。客户端中线路更新操作界面如图 20–3–99 所示。

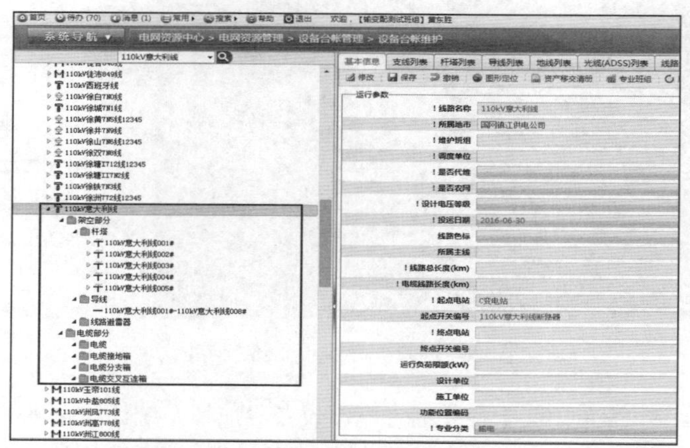

图 20–3–99 客户端中线路更新操作界面

接下来维护好台账并进行台账审核后，发布台账，最后做线路资产同步即可完成该部分开环工作。

将“110kV 西班牙线”更名为“110kV 德国线”，做完了“开环点”右侧的开环操作，接下来对开环点左侧进行开环，如图 20–3–100 所示。

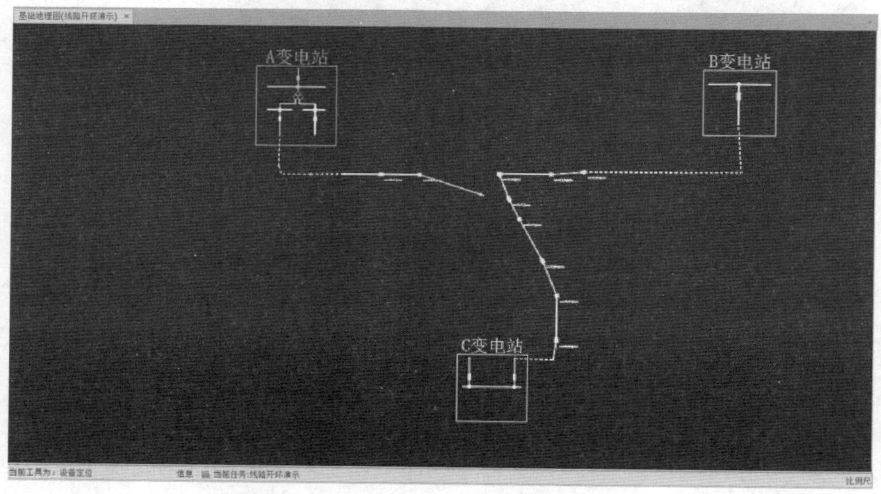

图 20–3–100 “开环”点左侧进行“开环”界面

新建一个“设备新增”设备申请流程，在“图形维护”流程环节，打开图形客户端，点击【任务管理】并打开该任务（设备变更申请流程及注意事项请查看《普通输电线路台账新增》第一章节）。进入任务后，在【电网资源管理】菜单中，点击【添加】按钮，在屏幕右侧弹出的“工具箱”面板中，选择“物理杆”图元，将鼠标放置在需要添加的导线段上，待系统提示“捕捉到了导线段”，单击鼠标左键进行添加，在今后的图形维护中，单独添加杆塔的操作，都可按照这个步骤进行添加，如图 20–3–101 所示。

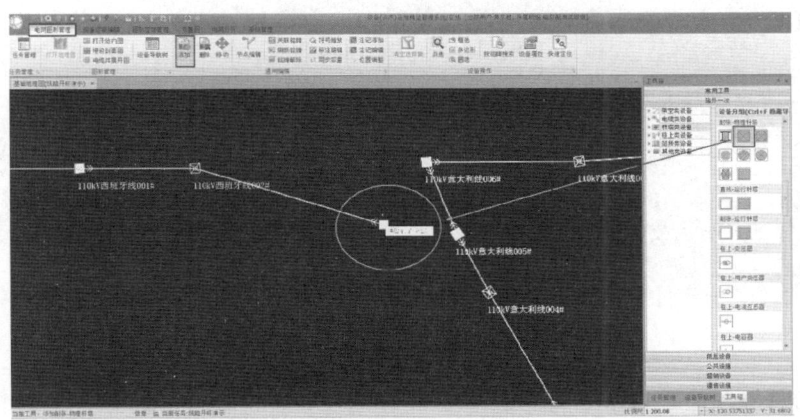

图 20–3–101　导线段添加界面

完成杆塔的添加，但杆塔处于未命名状态，若等下需要进行【杆号重排】操作，则不需要单独对杆塔进行重命名，若不需要进行【杆号重排】，则需要在杆塔（物理杆和运行杆）的【设备属性】中对杆塔重命名，如图 20–3–102 所示。

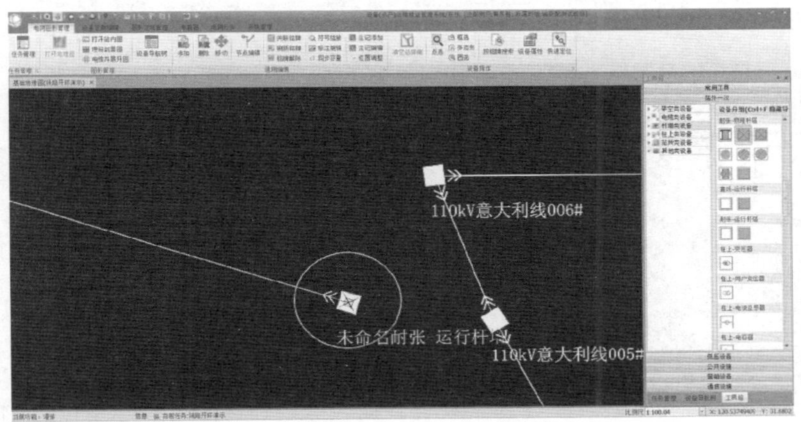

图 20–3–102　物理杆和运行杆操作界面

使用【框选】功能选中杆塔，点击【设备属性】按钮，在屏幕右侧弹出的“设备属性维护”面板中，修改“设备名称”，点击【保存按钮】，即可完成杆塔的命名操作，如图 20–3–103 所示。

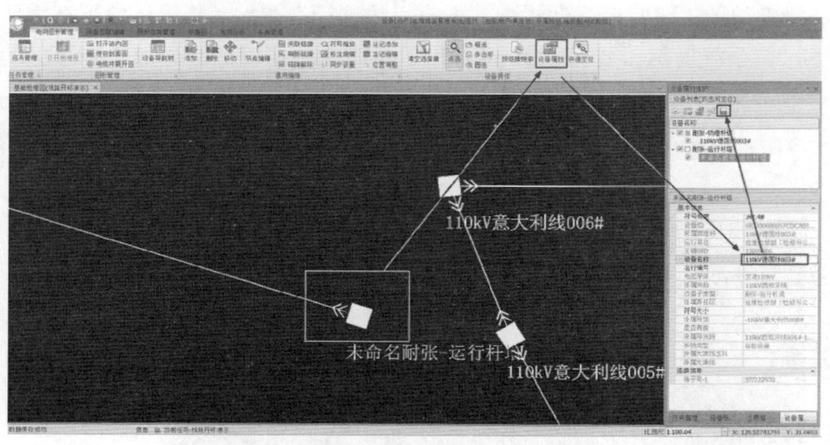

图 20–3–103　杆塔的命名操作

若该杆塔与原杆塔是“同杆架设”，可使用【设备定制编辑】菜单中【杆塔合并/拆分】功能将新增的运行杆拆分到原来的物理杆上。点击【杆塔合并/拆分】按钮，点选需要进行拆分的运行杆，待运行杆和与该运行杆相连的导线段都高亮显示后，点击该运行杆并按住鼠标左键将运行杆拖动至原来的物理杆上，待原来的物理杆也高亮显示后，松开鼠标左键并双击结束，如图 20–3–104 所示。

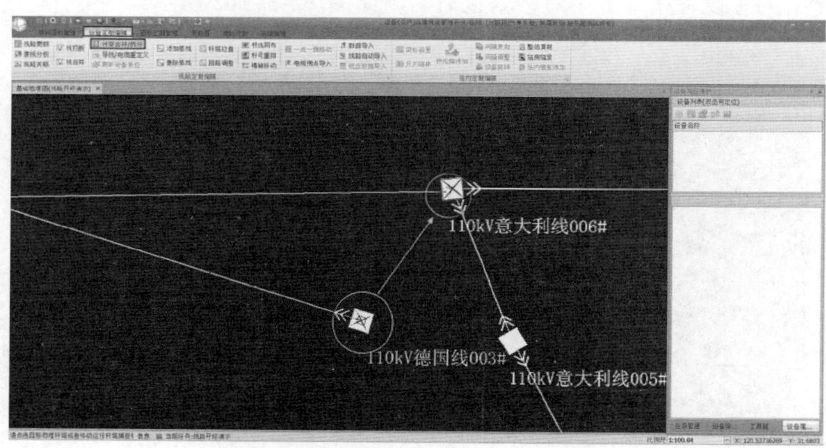

图 20–3–104　杆塔合并/拆分界面

完成杆塔的合并操作，再将新增的运行杆塔删掉即可，如图 20–3–105 所示。

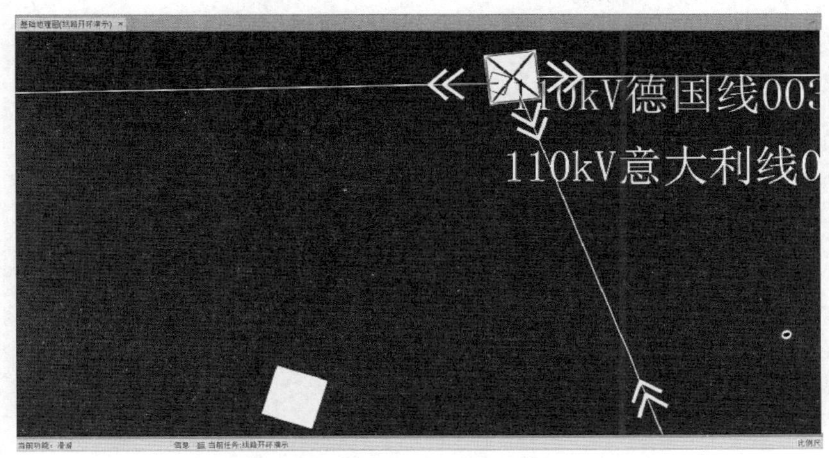

图 20–3–105　新增运行杆塔删除界面

接着原有的设备后面，添加从“开环点–C 变电站”的设备（设备添加方法请参照《普通输电线路台账新增》），如图 20–3–106 所示。

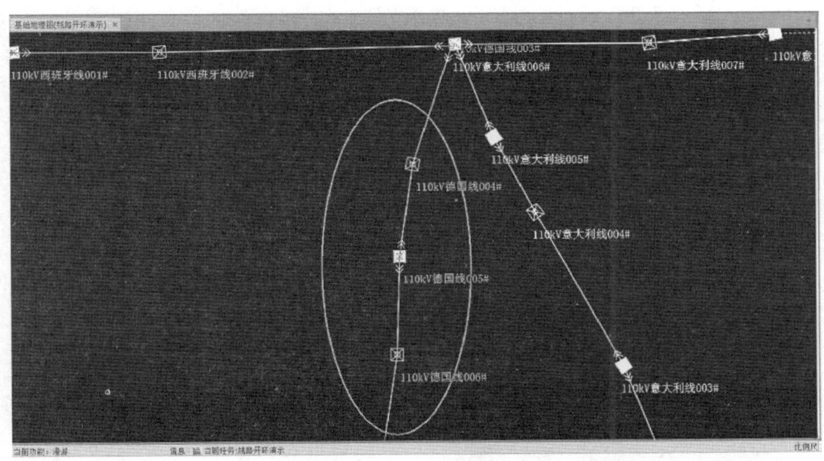

图 20–3–106 “开环点–C 变电站”添加设备界面

需要注意的是，最后一级“站外—超链接线”，需要从“站外→站内”的方向进行添加，否则会产生新线路，如图 20–3–107 所示。

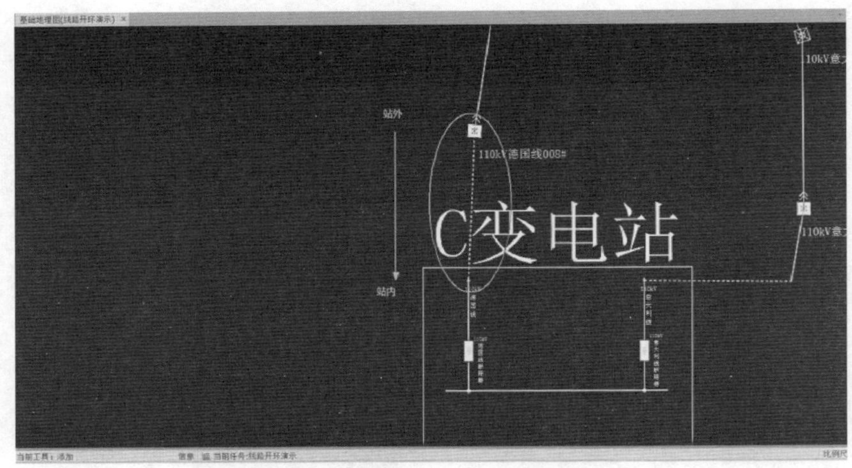

图 20–3–107 “站外—超链接线”界面

完成设备的添加后，刷新设备导航树，可看到设备已经成功添加至线路下，但线路名称、杆塔编号、导线数量明显不符合要求：线路名称需要更名为“110kV 德国线”，杆塔中有两基杆塔还是原来线路的杆塔编号，还有导线的名称和条数也有问题，如图 20–3–108 所示。

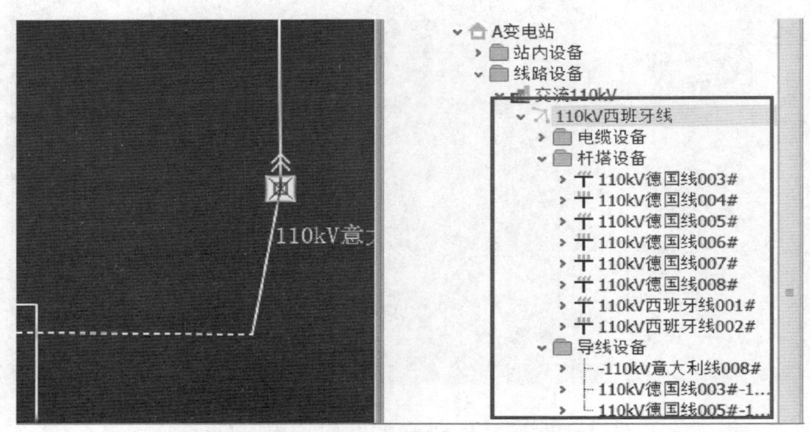

图 20–3–108 错误信息显示界面

在设备导航树中右键定位该线路，如图 20–3–109 所示。

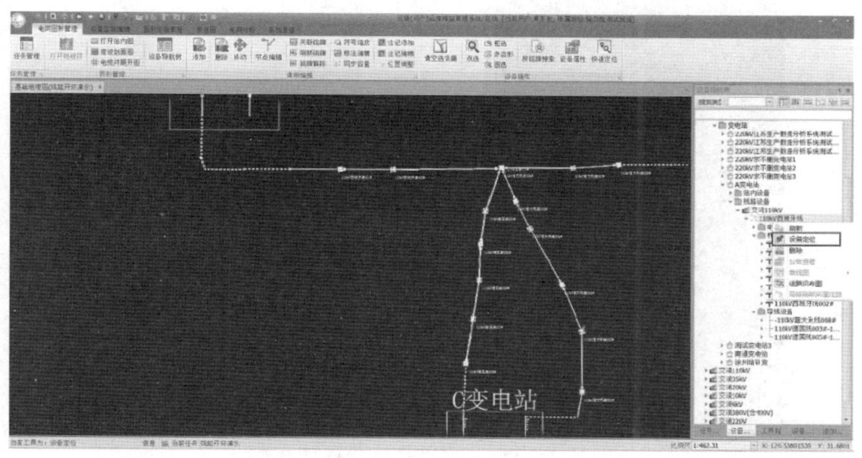

图 20–3–109　右键定位线路界面

定位到线路后，点击【设备属性】按钮，在屏幕右侧弹出的“设备属性维护”面板中，修改“设备名称”，点击【保存按钮】，即可完成线路的更名操作，如图 20–3–110 所示。

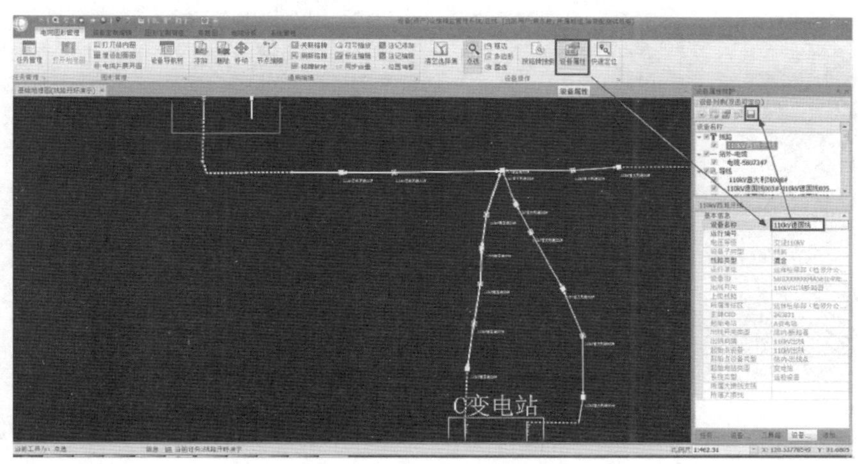

图 20–3–110　线路更名操作界面

刷新设备导航树，线路已成功更名为“110kV 德国线”，但还需要对杆塔和导线进行修改，如图 20–3–111 所示。

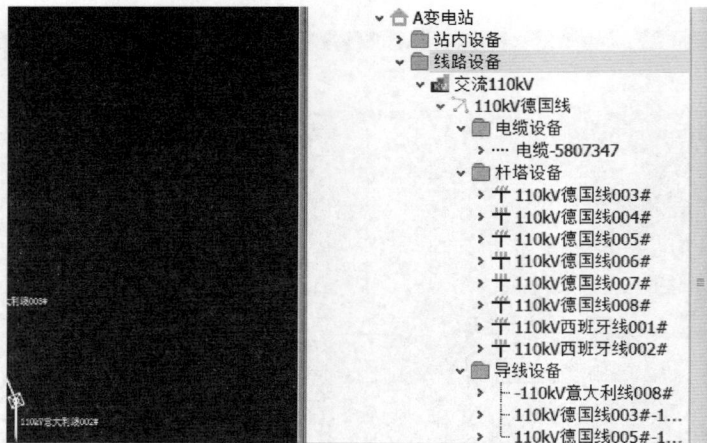

图 20–3–111　杆塔和导线修改界面

使用【杆号重排】功能对杆塔进行杆号重排（具体操作请查看上文），如图 20–3–112 所示。

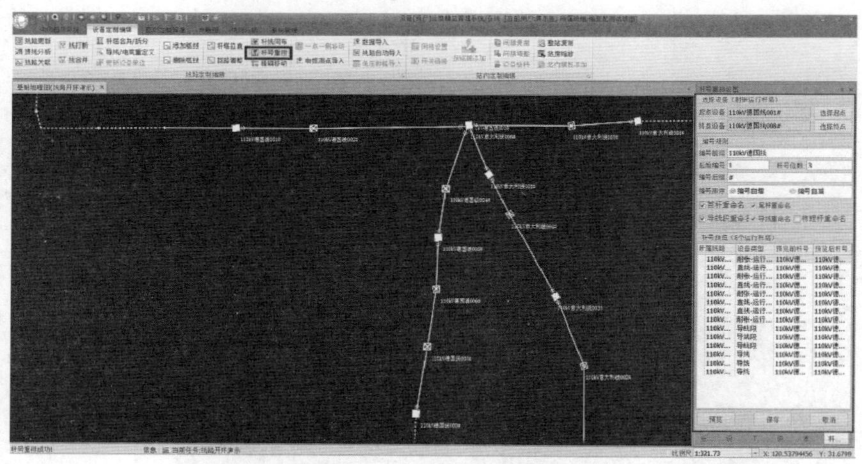

图 20–3–112　杆号重排界面

使用【导线/电缆重定义】功能对导线进行重定义（具体操作请查看上文），如图 20–3–113 所示。

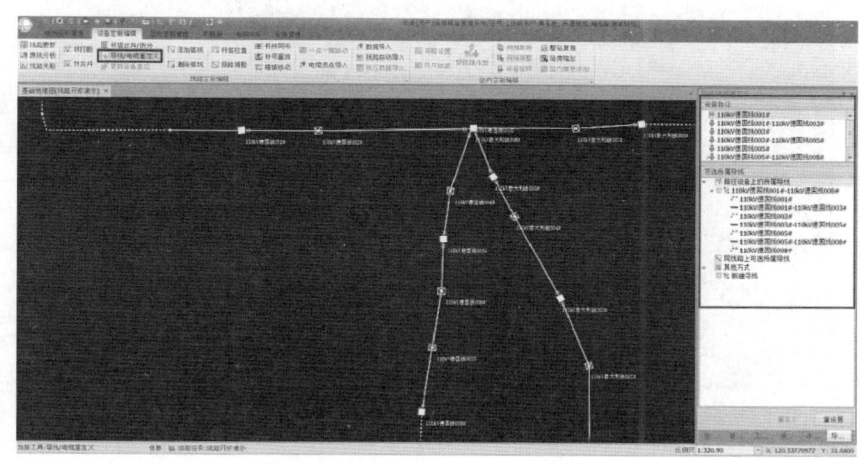

图 20–3–113　导线重定义界面

刷新【设备导航树】，查看线路及设备的各个属性是否正确，如图 20–3–114 所示。

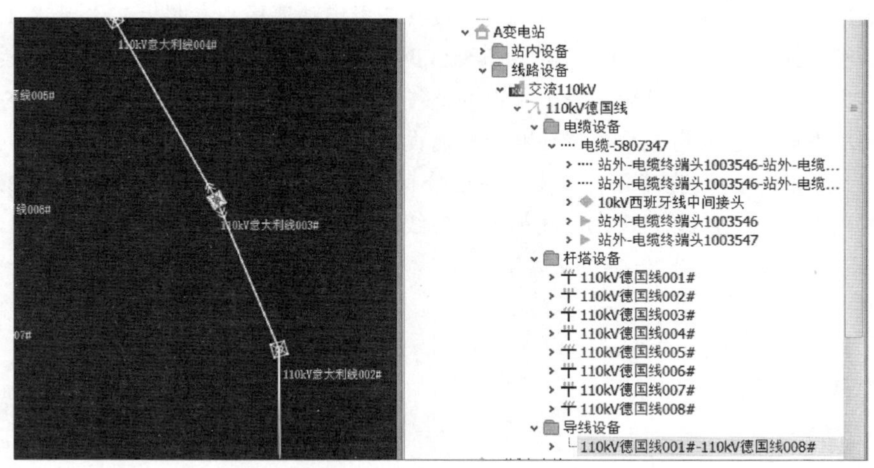

图 20–3–114　线路及设备属性查询界面

完成整个线路的图形开环操作，如图 20–3–115 所示。

确认无误后提交并发布该图形任务，进入“台账维护”流程，具体操作步骤可参照《普通输电线路台账新增》。在“台账维护”中，可看到“110kV 德国线”已完成线路更名，且线路下的设备都已完成了切改和新建。

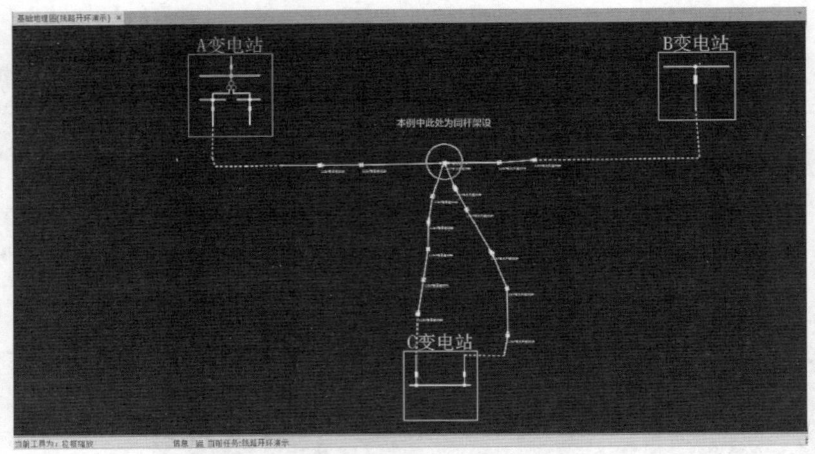

图 20–3–115 线路图形开环操作完整界面

开环后AC线和BC线为新建线路，AB线退役：该部分实际上与上文中“新建110kV意大利线”的操作类似。开环点两侧都要新建新路后再将老线路的设备更新至新线路下，并将老线路从设备导航树中删除后将台账退役掉。

需要走三个流程：两个“设备新增”设备变更申请流程，参照上文“新建 110kV 意大利线”章节分别新建 AC、BC 两条新线路，并将老线路 AB 线的设备更新至新线路下并同步线路资产。最后走一个“设备退役”流程，将老线路 AB 线从图形的设备导航树中删除，进入台账维护将线路台账退役。

（3） 线路合并。在线路合并中，主要分有以下两种类型：开环后 AC/BC 线其中一条线路更名为 AB 线，AC/BC 线另外一条线路退役；开环后 AB 线为新建线路，AC 线和 BC 线退役，如图 20–3–116 所示。

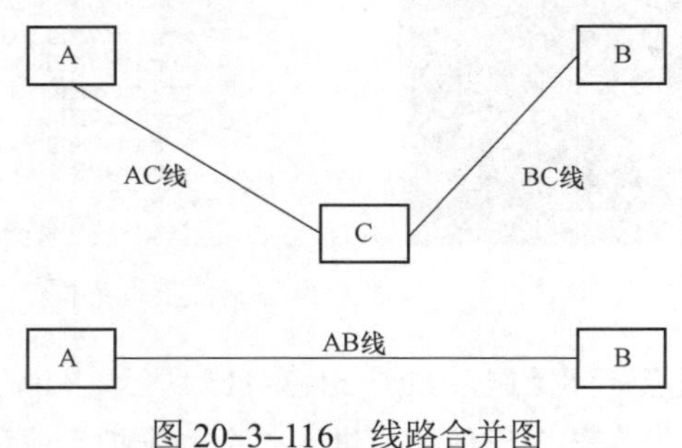

图 20–3–116 线路合并图

开环后 AC/BC 线其中一条线路更名为 AB 线，AC/BC 线另外一条线路退役：先走一个“设备新增”流程，进入图形客户端将两条线路合并在一起，使用【线路更新】

功能将 AC、BC 两条线路刷成一条线路（注意不要刷成资产中要退役掉的那条线路），把这条线路重命名为 AB 线，并使用【导线/电缆重定义】功能将线路上的导线按需要进行重定义，再通过【杆号重排】功能重排线路的杆号，刷新设备导航树确认无误后，提交并发布图形任务，进入台账维护最后同步资产即可（注：两条线路的新建流程要分开走）。

再走一个“设备退役”流程，进入图形客户端将需要进行退役的线路从设备导航树中删除，提交并发布图形任务后，进入台账维护退役该线路，最后做退役设备资产处置即可。

开环后 AB 线为新建线路，AC 线和 BC 线退役：先走一个“设备新增”流程，进入图形客户端，从变电站新建一条线路 AB 线，将 AC、BC 线的设备通过【线路更新】功能更新至 AB 线中，并使用【导线/电缆重定义】功能将线路上的导线按需要进行重定义，再通过【杆号重排】功能重排线路的杆号，刷新设备导航树确认无误后，提交并发布图形任务，进入台账维护最后同步资产即可。

再走两个退役流程，分别进入图形客户端，从设备导航树将 AC、BC 线删除，提交并发布图形任务，进入台账维护退役该线路，最后做退役设备资产处置即可（注：两条线的退役流程一定要分开走）。

三、设备台账退役

1. 功能描述

线路设备台账退役模块提供对线路下方杆塔、导线等设备进行部分设备退役也可以进行将全线及其线路下所有设备整线退役的操作。

2. 操作介绍

（1）部分设备退役。设备变更申请单中“申请类型”为“设备退役”，同时勾选“图形变更”与“台账变更”，填写完成后启动流程发送至审核人处。

登录审核人员账号，审核后选择图形维护与台账维护人员，对维护任务进行发送。

打开图形客户端，登录图形维护人员账户，进入图形维护任务后对所需退役的设备图形如导线、杆塔等进行删除，全部删除完成后，将任务发送至审核人处审核。

审核人员将更改后的图形任务发布并结束图形维护流程。

登录台账维护人员账户，进入设备台账维护模块，对所需退役的设备台账点击“退役”按键。退役操作完成后，将台账维护任务发送给审核人员审核并发布后结束流程。

（2）整线退役。操作流程同上输电线路部分设备退役，区别在于删除图形是线路及线路下所有设备图形一并删除，退役台账线路台账，并且退役线路时线路下所有设备会一并被退役掉。

3. 注意事项

设备退役的前提为该设备台账所对应的图形已经完全删除，已无图形台账与设备台账进行对应。

【思考与练习】

1. 分界杆塔可以解决哪些线路的新增问题？

2. 跨地市、运维站线路主线下未生成分段线路列表的原因是什么？

3. 杆塔、导线设备退役过程中发现设备无法正常退役，可能是因为什么原因？

模块 4 设备台账查询统计（Z05G6004 Ⅰ）

【模块描述】本模块包含线路查询统计、杆塔查询统计、绝缘子查询统计、电缆查询统计、交叉跨越台账查询统计等内容。通过功能描述、操作流程和步骤的介绍，掌握输电线路设备查询系统的功能及应用。

【模块内容】

输电设备查询统计内容主要包括输电设备台账查询以及输电设备台账统计，此外还能对系统中所查询到的设备台账或统计数据根据自己的需求进行导出。

1. 功能菜单

标准中心>>电网资源管理>>设备台账查询统计。设备台账查询统计界面如图 20–4–1 所示。

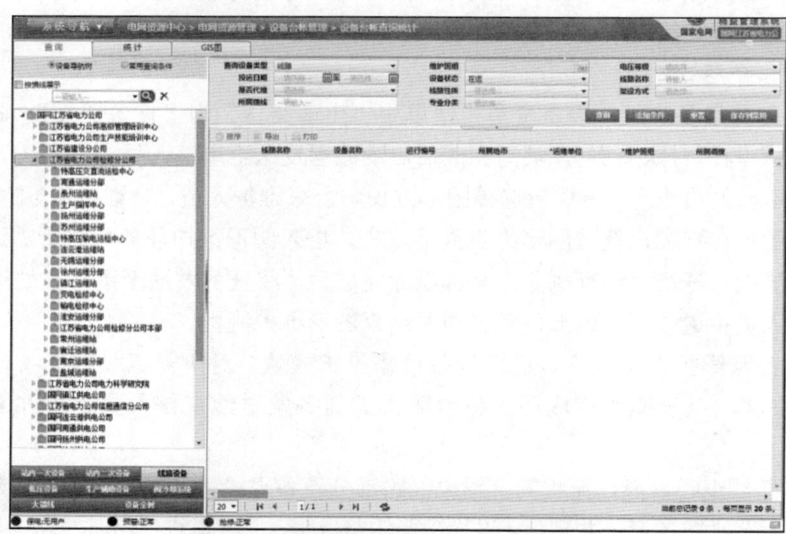

图 20–4–1 设备台账查询统计界面

2. 操作介绍

（1）查询：在左侧的组织导航树中选中所需查询设备的运维单位，在右侧对话框中根据需求通过选择相应的“查询设备类型”“电压等级”“维护班组”“线路名称”等条件从而查询出符合条件的所有设备台账。

（2）统计：在左侧的组织导航树中选中所需统计设备的运维单位，在右侧对话框中根据需求通过选择相应的“查询设备类型”“电压等级”“维护班组”“线路名称”等条件确定所需统计的准确设备信息，在根据各种不同方式进行分类统计。

3. 注意事项

设备台账查询初始界面默认查询的为站内一次设备，进行输电设备查询前应在左下方选择“线路设备”。

一、设备台账查询

1. 功能描述

设备台账查询可以通过各种固有条件或自定义的限制条件对系统后台的所有设备台账数据进行筛选，从而查询出某运维单位下所有符合条件的设备台账。并能够根据需求对所筛选出的台账“obj_id”“设备名称”“所属线路”“所属地市”“运维班组”等信息作为Excel表格导出。

2. 操作介绍

（1）被查询运维单位选择：在设备台账查询界面左侧基准组织树中选择某一节点的运维单位，即后期通过各种条件筛选出的数据均仅为本运维位下的设备台账。

（2）查询设备类型选择：在设备台账查询界面右侧的筛选条件中点击“查询设备类型选择”处的下拉对话框，可以选择交叉跨越台账、线路、电缆线路设备、架空线路设备、在线监测装置等设备类型，如图20–4–2所示。

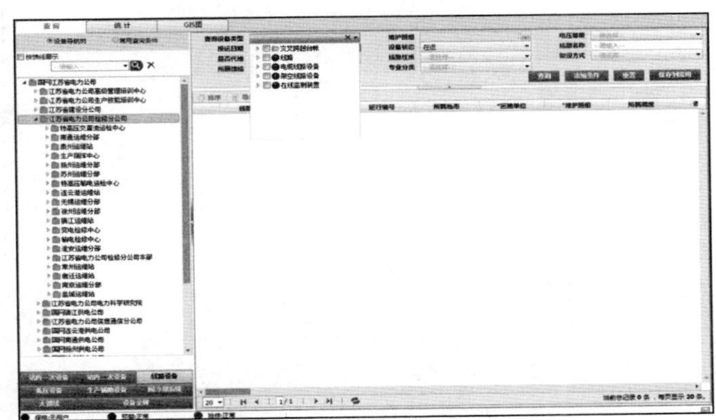

图20–4–2　查询设备类型选择界面

电缆线路设备：在选择电缆线路设备时还可以通过点击下拉列表中的展开按键从而选择电缆线路中的子设备作为查询设备类型，如电缆段、电缆终端、电缆接头、电缆分支箱、阻隔设备、电缆，如图 20–4–3 所示。

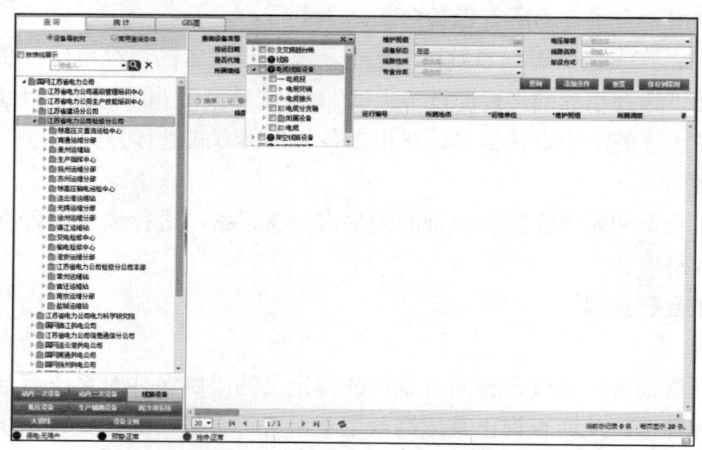

图 20–4–3 电缆线路子设备选择界面

架空线路设备选择：在选择架空线路设备时还可以通过点击下拉列表中的展开按键从而选择架空线路中的子设备作为查询设备类型，如导线、地线、杆塔、光缆、柱上变压器等，如图 20–4–4 所示。

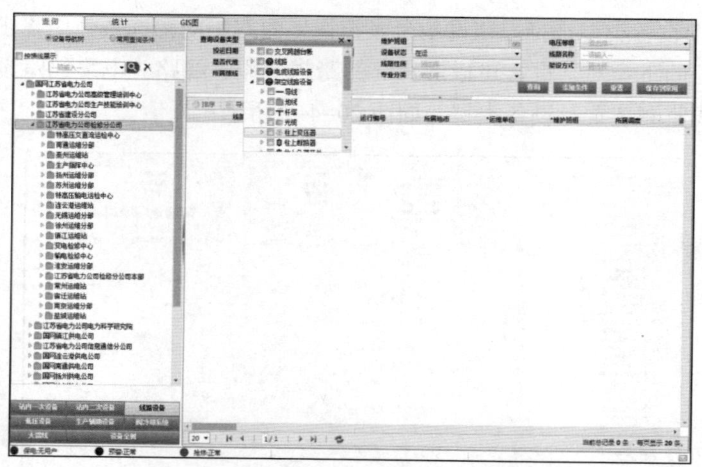

图 20–4–4 架空线路子设备选择界面

（3） 添加条件：当需要对台账进行筛选时可以通过添加相应的筛选条件以进行精

确查询，添加条件又分本次条件与固有条件两种。

本次条件：即仅为本次查询过程中的新增条件，在对话框各类字段列表中选择需要被加入的筛选条件并可以在条件后方选择好筛选预定值，当所有需要新增的条件都已选择完成后即可点击“确定”按键。之后这些条件将在查询界面紧接在初始条件后方出现，如图 20–4–5 所示。

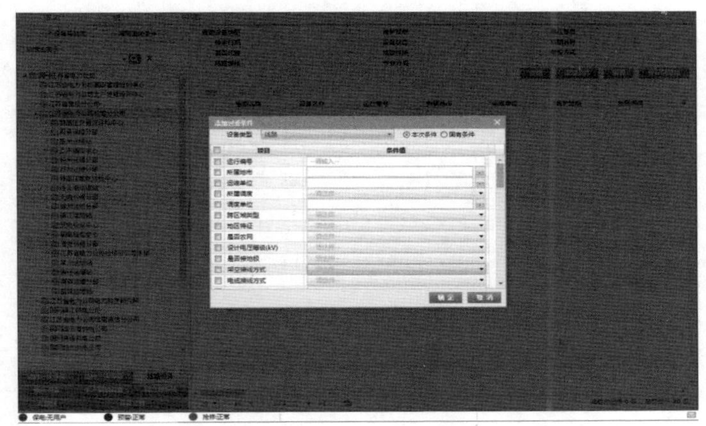

图 20–4–5 添加本次条件操作界面

固有条件：在设备台账查询界面默认的查询条件有“查询设备类型”“维护班组”“电压等级”“投运日期”“线路性质”“线路名称”“是否代维”“设备状态”“架设方式”“所属馈线”以及“专业分类”，这些条件被称之为固有条件，可以根据需求勾选相应需要的条件并确定筛选值后对数据进行查询，如图 20–4–6 所示。

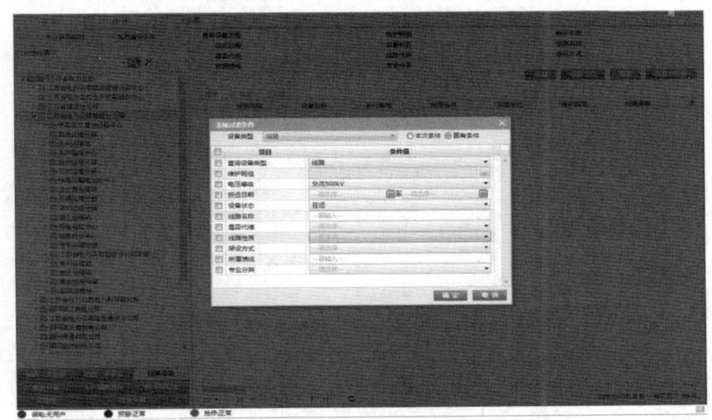

图 20–4–6 添加固有条件操作界面

（4）设备台账查询：在确定了各类筛选条件后点击“查询”按键即可查询出该单位下所有满足条件的设备台账，如图 20–4–7 所示。

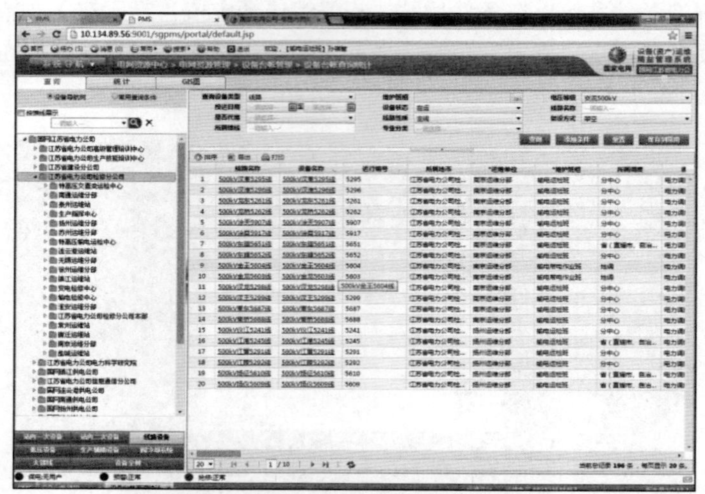

图 20–4–7　设备台账查询后界面

在所查询出的设备台账列表中可以查看各条数据的具体台账，仅需点击台账数据中“设备名称”的超链接即可。

（5）设备台账查询结果导出：当需要对当前条件下所查询出的设备台账结果进行导出时，可以点击查询结果列表的“导出”按键，在弹出的提示对话框中若选择“是”导出符合条件的所有后台数据，选择“否”则仅导出当前页面的数据，如图 20–4–8 所示。

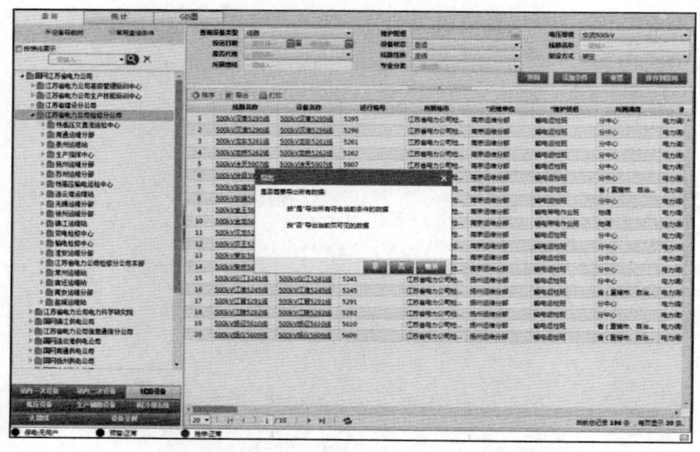

图 20–4–8　设备台账查询结果导出提示对话框

在选择后，将进入具体导出数据字段选择界面，如图 20–4–9 所示。左侧待选项列表中有该类设备台账的所有字段，可根据需求进行选择，选择后点击“＞”即进入已选导出项，“＜”即为将已选项退回至待选项，“≫”为全选，“≪”为全部取消。

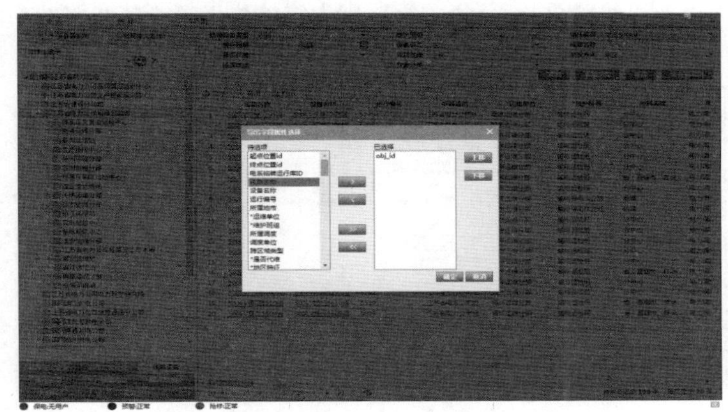

图 20–4–9　设备台账查询结果导出字段属性选择界面

3. 注意事项

（1） 许多设备台账查询结果导出时最重要的字段为“obj_id”，此 ID 数值为每条台账所对应的唯一值，当存在问题数据时可以通过核对此 ID 进行问题数据排查。

（2） 杆塔、导线等设备在架空线路设备节点下，而金具、绝缘子又在杆塔节点下，因此查询过程中应尽可能地通过展开列表中的节点来选择设备类型。

二、设备台账统计

1. 功能描述

设备台账统计可以通过各种固有条件或自定义的限制条件对系统后台的所有设备台账数据进行筛选，从而查询出某运维单位下所有符合条件的设备台账并对其数值按照不同方式进行统计。

2. 操作介绍

（1） 被统计运维单位选择：在设备台账统计界面左侧基准组织树中选择某一节点的运维单位，即后期通过各种条件筛选统计出的数据均仅为本运维位下的设备台账数据。

（2） 被统计设备筛选：为了对被统计的台账数据进行有条件的筛选，可以通过“添加条件”功能限制“查询设备类型”“专业分类”“电压等级”“是否代维”等条件从而对被统计设备进行筛选。同样的“添加条件”分为“本次条件”与“固有条件”两种，整个被统计设备的筛选操作与设备台账查询过程中的操作一致。

（3） 按照不同方式进行数据统计：在设备台账统计初始界面有五种固有的统计方

式，即“按线路统计”“按地市统计”“按电压等级统计”“按资产性质统计”“按投运年限统计”，当然也可以对整个数据的统计格式进行自定义。

按线路统计：该统计方式列内容为“线路名称”“电压等级”“架空线路长度”“电缆线路长度”以及“线路总长”，每一行分别为该单位下每一条线路的相应数据，如图 20–4–10 所示。

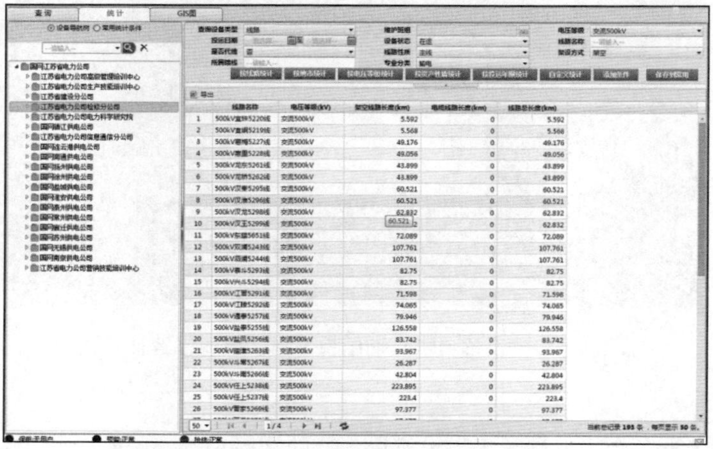

图 20–4–10 按线路统计界面

按地市统计：该统计方式列内容为“所属地市”“架空线路长度”“电缆线路长度”以及“线路总长”，每一行分别为该单位下每一地市的相应数据，如图 20–4–11 所示。

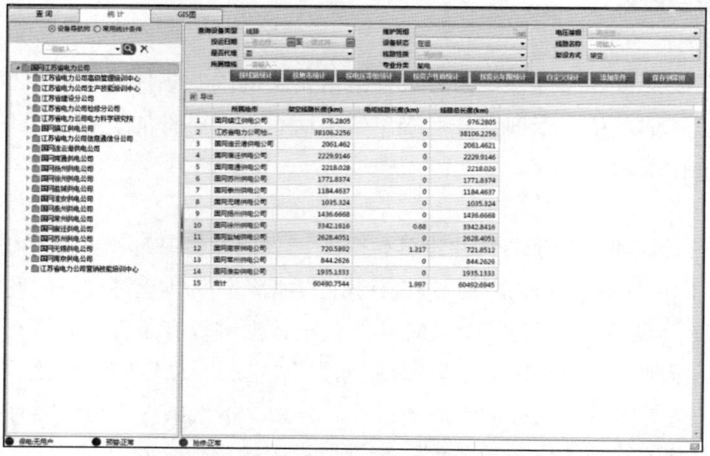

图 20–4–11 按地市统计界面

按电压等级统计：该统计方式列内容为每种电压等级，每一行分别为该单位下每个单位相应电压等级线路的条数，如图 20–4–12 所示。

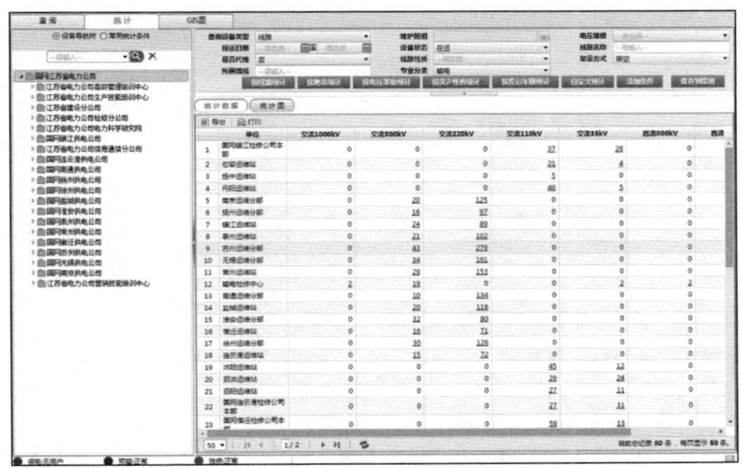

图 20–4–12　按电压等级统计界面

按资产性质统计：该统计方式列内容为每种资产性质，每一行分别为该单位下每个单位相应资产性质的线路条数，如图 20–4–13 所示。

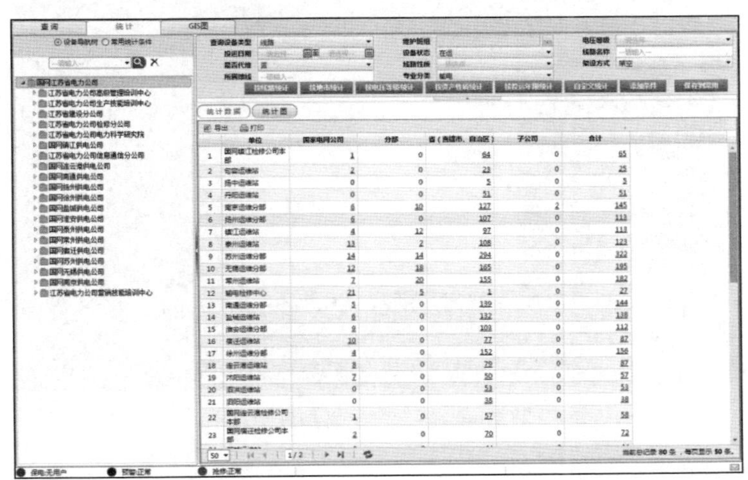

图 20–4–13　按资产性质统计界面

按投运年限统计：该统计方式列内容为每 5 年一个区间的投运年限，每一行分别为该单位下每个投运年限区间内的线路条数，如图 20–4–14 所示。

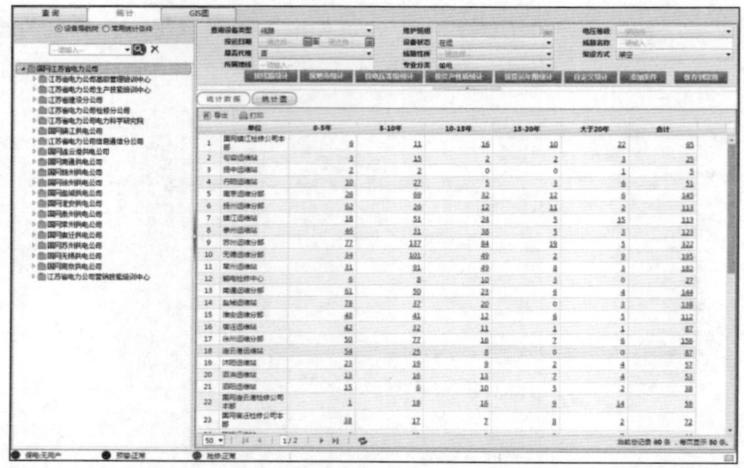

图 20–4–14 按投运年限统计界面

自定义统计：该统计方式中可以自定义每个行标签与列标签，在对话框中选择所需的标签后点击“确定”按键，系统将会根据自定义的行与列标签进行数据统计，如图 20–4–15 所示。

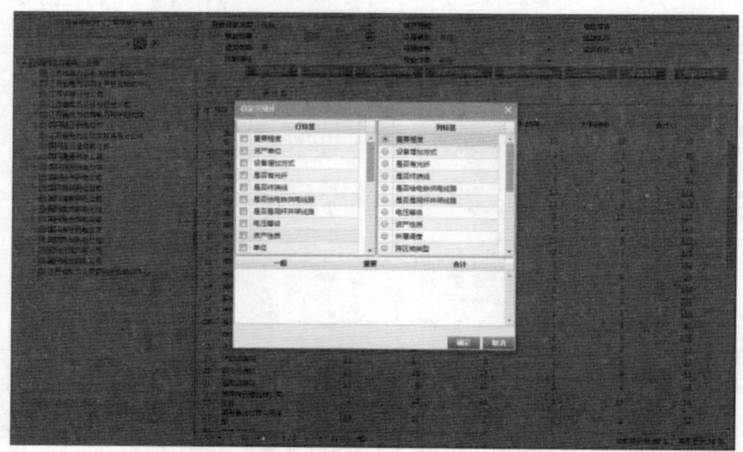

图 20–4–15 自定义统计界面

3. 注意事项

（1） 对于跨区线路的条数进行统计时，若作为整个网省公司进行统计时仅需对“线路性质”为“主线”的线路进行统计即可。而各个被跨区的子单位统计跨区线路条数时应对“线路性质”为“分段线”的线路统计即可。

（2） 按线路统计时，每一行的数据中“线路总长”应为“架空线路长度”与“电力线路长度”之和，若有出入，应查找相应原因并进行治理。

【思考与练习】

1. 进行数据治理时，如何确认问题数据的唯一性？

2. 如何查询线路下的绝缘子以及金具台账？

3. 在对跨区线路条数进行统计时，该如何统计才能确保数据的准确性？

第二十一章

运行、检修管理

模块 1　周期性工作管理（Z05G6005Ⅱ）

【模块描述】本模块包含输电架空线路巡视周期的制订、工作维护和输电架空线路的超周期工作提示、到期工作查询统计等内容。通过要点介绍、图文结合、操作流程及步骤讲解，掌握输电架空线路巡视周期性的管理方法。

【模块内容】

一、输电架空线路巡视周期制订

（一）功能介绍

架空线路巡视周期制订用于设置输电架空线路的巡视周期及初始化最后巡视时间（以后巡视时间由登记巡视记录时自动更新）。

（二）功能菜单

电网运维检修管理>>巡视管理>>巡视周期维护。

（三）操作介绍

1. 查询

在巡视周期维护界面点击“线路巡视周期”TAB 页，进行线路周期维护。

（1）选中电压等级节点，右侧显示线路的运行单位等于选中节点的上级节点，并且线路的电压等级等选中节点线路的巡视周期记录。

（2）选中线路节点，仅显示该线路的巡视周期记录，如图 21-1-1 所示。

电站及设备巡视周期　线路巡视周期　GIS图
线路名称 --请输入--　巡视类型 正常巡视　电压等级 交流500kV　查询
新建　参照状态评价编制　修改　删除　导出　批量修改

电压等级	线路名称	所属大馈线名称	巡视范围	巡视类型	巡视班组名称	巡视周期	周期单位	巡视内容	上次巡视时间
交流500kV	500kV蔡斗5293线		全线	正常巡视	输电运检班	1	月		2017-06-22 16:58:58
交流500kV	500kV山桥5268线	无	全线	正常巡视	输电运检班	1	月		2017-06-22 16:56:11
交流500kV	500kV山浦5232线		全线	正常巡视	输电运检班	1	月		2017-06-22 16:54:49
交流500kV	500kV瓶武5905线	无	全线	正常巡视	输电运检班	1	月		2017-06-22 16:53:48
交流500kV	500kV梅木5275线		全线	正常巡视	输电运检班	1	月		2017-06-22 16:52:41
交流500kV	500kV茅斗5265线		全线	正常巡视	输电运检班	1	月		2017-06-22 16:51:30
交流500kV	500kV陆浦5620线		全线	正常巡视	输电运检班	1	月		2017-06-22 16:50:02
交流500kV	500kV利博5221线		全线	正常巡视	输电运检班	1	月		2017-06-22 16:48:41
交流500kV	500kV星木5276线		全线	正常巡视	输电运检班	1	月		2017-06-22 16:45:48
交流500kV	500kV重霞5269线		全线	正常巡视	输电运检班	1	月		2017-06-22 16:44:31

图 21-1-1　线路巡视周期记录查询界面

2. 设置巡视周期

选中要设置巡视周期的记录，在输入巡视周期编辑框中输入要设置的周期时间，点击“设置周期”按钮，即将所选记录的巡视周期设置为指定值。

3. 设置周期巡视时间

选中要设置上次巡视时间的记录，在输入上次周期巡视时间的编辑框中输入要设置的周期时间，点击“设置周期巡视时间”按钮，即将所选记录的上次周期巡视时间设置为指定的值。同时自动计算 t 和更新到期时间。

（四）注意事项

架空线路的巡视周期维护完成后，在进行架空线路的巡视记录登记（模块为“标准中心>>设备巡视管理>>架空输电线路巡视记录登记”）时，系统会自动提示巡视到期线路，以便根据到期线路自动生成巡视记录。

二、输电架空线路周期工作维护

（一）功能介绍

架空线路周期工作维护用于设置线路周期工作的工作周期、提前报警时间及初始化最后一次工作时间（之后登记检修、检测记录时自动更新）。

（二）功能菜单

标准中心>>电网运维管理管理>>检测管理>>检测周期维护。

（三）操作介绍

1. 查询

登录界面后，页面的左侧显示线路导航树，以线路的电压等级分组。在导航树中选择一个电压等级或具体的线路，右侧的线路周期工作列表中就会显示出符合线路条件的周期工作，更改工作类型的值，同样会执行查询操作，过滤出指定工作类型的线路周期工作。

2. 新建

（1）在“线路检测周期维护”TAB 页，在左侧导航树中选择一条线路，在右侧点击“新建”按钮，如图 21-1-2 所示。

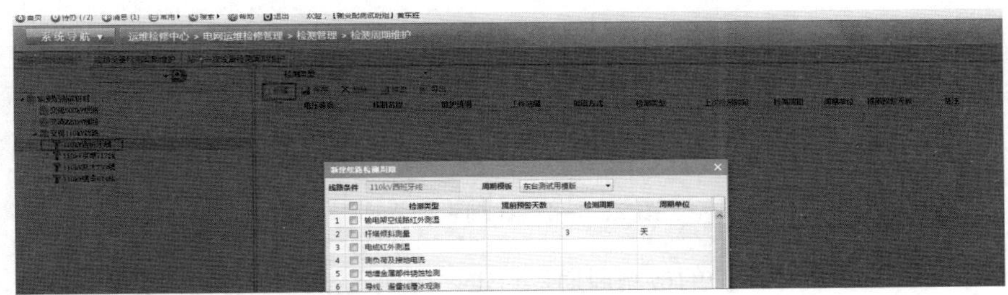

图 21-1-2　新增界面

（2）在“新建线路检测周期”界面，选择相应的周期模板，在此模板下选择检测类型，选择完成后，点击“确认”按钮，如图 21–1–3 所示。

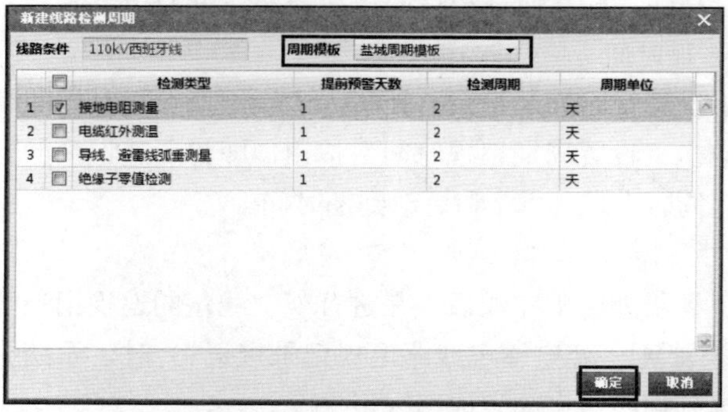

图 21–1–3　模板选择界面

注：周期模板可在运维检修中心>>电网运维检修管理>>标准库管理>>周期模板界面进行周期模板维护。

（3）检测周期维护完成后，打开运维检修中心>>电网运维检修管理>>检测管理>>检测计划编制界面“线路检测计划编制”TAB 页，在默认的“计划编制”页签下点击“按周期新建”按钮，在“检测计划生成”界面查询到上步骤中维护的检测周期，如图 21–1–4 所示。

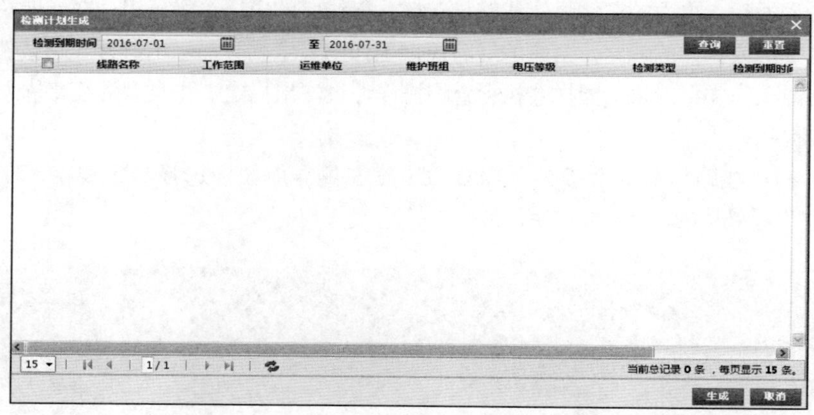

图 21–1–4　计划查询界面

（4）选择上步骤中维护的检测周期，点击“生成”按钮，生成一条检测计划，选择检测计划，点击“发布”按钮，进行检测计划发布，如图 21–1–5 所示。

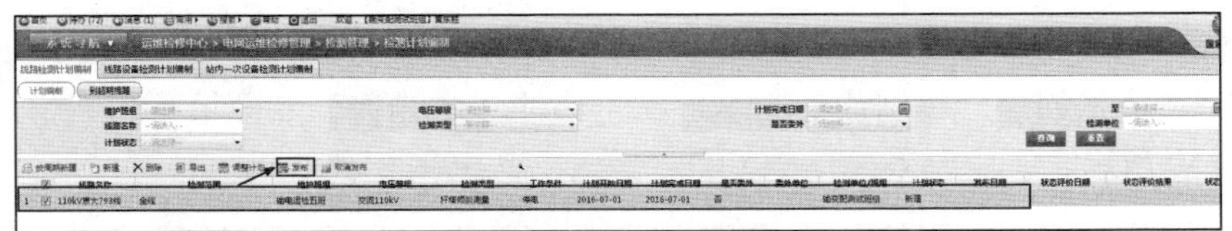

图 21–1–5　发布界面

（5）打开运维检修中心>>电网运维检修管理>>检测管理>>检测记录录入界面“线路检测记录录入”TAB 页，如图 21–1–6 所示。

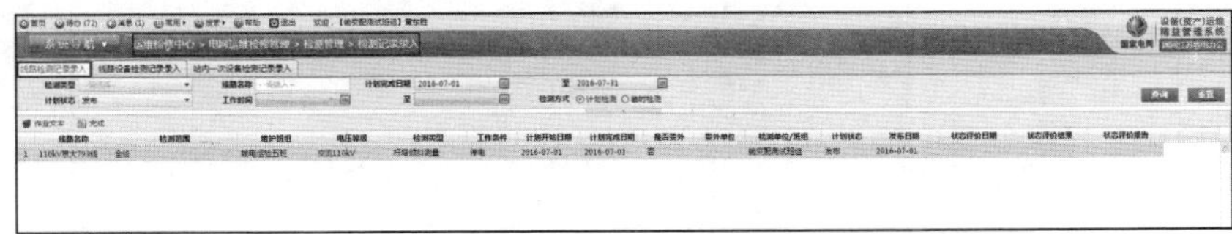

图 21–1–6　选择界面

（6）在检测记录录入界面“线路检测记录录入”TAB 页，选中步骤 6 发布的检测计划，点击“作业文本”按钮，在“作业文本”界面，点击“新建”按钮，进行作业文本编制，如图 21–1–7、图 21–1–8 所示。

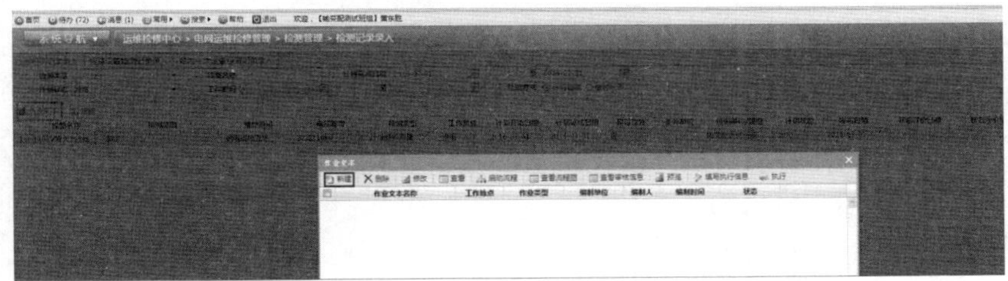

图 21–1–7　文本新建界面

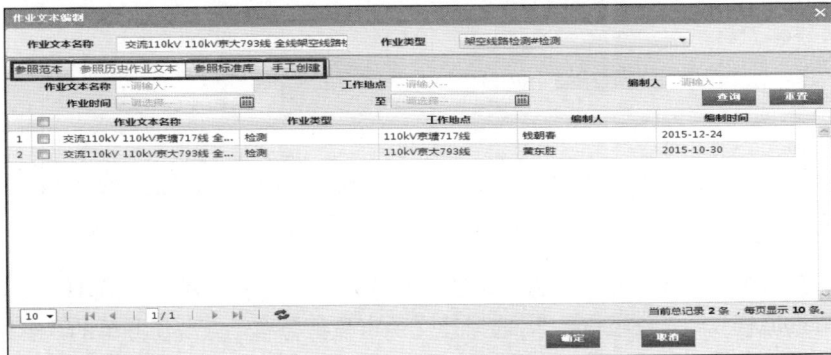

作业文本编制

作业文本名称　交流110kV 110kV京大793线 全线架空线路　作业类型　架空线路检测#检测

参照范本　参照历史作业文本　参照标准库　手工创建

作业文本名称 --请输入--　工作地点 --请输入--　编制人 --请输入--　查询

作业时间 --请选择--　至 --请选择--　重置

		作业文本名称	作业类型	工作地点	编制人	编制时间
1		交流110kV 110kV京塘717线 全...	检测	110kV京塘717线	钱朝春	2015-12-24
2		交流110kV 110kV京大793线 全...	检测	110kV京大793线	董东胜	2015-10-30

10　1/1　当前总记录 2 条，每页显示 10 条。

确定　取消

图 21–1–8　文本选择界面

（7）在“作业文本编制”界面，可根据“参照范本”“参照历史作业文本”“参照标准库”“手工创建”编制作业文本，在“作业文本详情”界面填写相关信息，如图 21-1-9 所示。

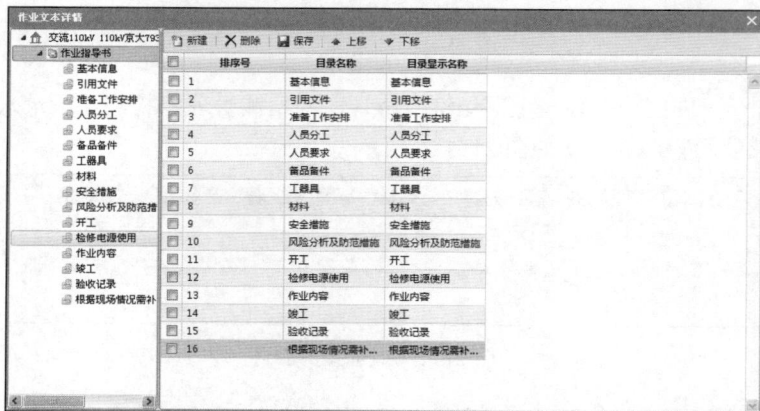

作业文本详情

交流110kV 110kV京大793

作业指导书：基本信息、引用文件、准备工作安排、人员分工、人员要求、备品备件、工器具、材料、安全措施、风险分析及防范措、开工、检修电源使用、作业内容、竣工、验收记录、根据现场情况需补

新建 删除 保存 上移 下移

排序号	目录名称	目录显示名称
1	基本信息	基本信息
2	引用文件	引用文件
3	准备工作安排	准备工作安排
4	人员分工	人员分工
5	人员要求	人员要求
6	备品备件	备品备件
7	工器具	工器具
8	材料	材料
9	安全措施	安全措施
10	风险分析及防范措施	风险分析及防范措施
11	开工	开工
12	检修电源使用	检修电源使用
13	作业内容	作业内容
14	竣工	竣工
15	验收记录	验收记录
16	根据现场情况需补...	根据现场情况需补...

图 21-1-9 文本编辑界面

（8）作业文本编制完成后，在“作业文本”界面，点击“启动流程”按钮，在“发送人”界面选择相应人员，点击确认按钮，如图 21-1-10 所示。

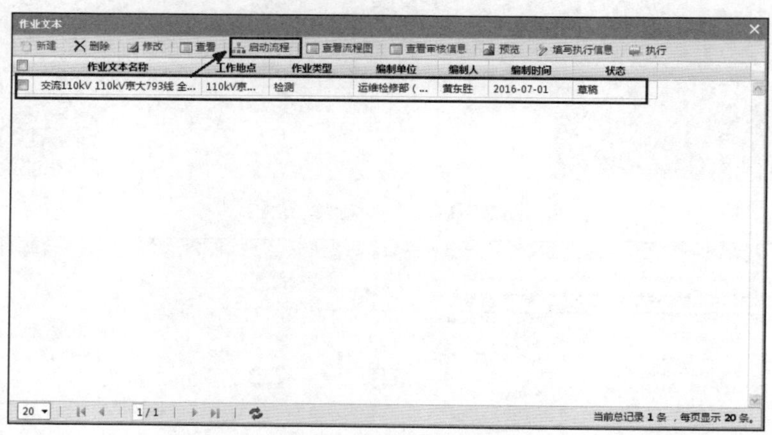

图 21-1-10 启动流程界面

（9）在系统首页中单击“待办”按钮，在待办任务树中选择：“全部任务”>>“作业文本审批流程”>>“班组审核”，选择提交的审核任务单，点击任务单的“任务名称”链接，如图 21-1-11 所示。

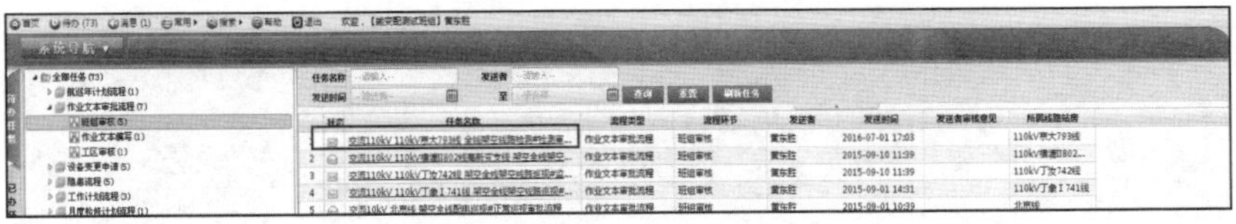

图 21–1–11 审核界面

（10）在“班组审核”界面填写审核意见、审核人，点击“发送”按钮，在“发送人”界面选择发布，结束作业文本流程（也可选择工区审核继续进行流程扭转），如图 21–1–12 所示。

图 21–1–12 发布界面

（11）返回检测记录录入界面“线路检测记录录入”TAB 页，选中上一步骤中的发布的检测计划，点击“作业文本”按钮，填写作业文本执行信息，如图 21–1–13 所示。

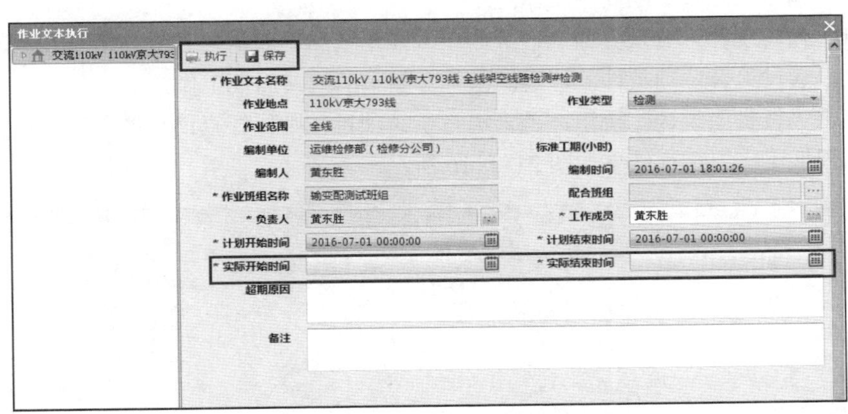

图 21–1–13 执行信息填写界面

（12）执行信息填写完成后，点击“保存”>>“执行”按钮，执行完成后，点击关闭，在检测记录录入界面“线路检测记录录入”TAB 页，选中上步骤中的发布的检测计划，点击“按计划新建”按钮，填写检测记录信息，如图 21–1–14 所示。

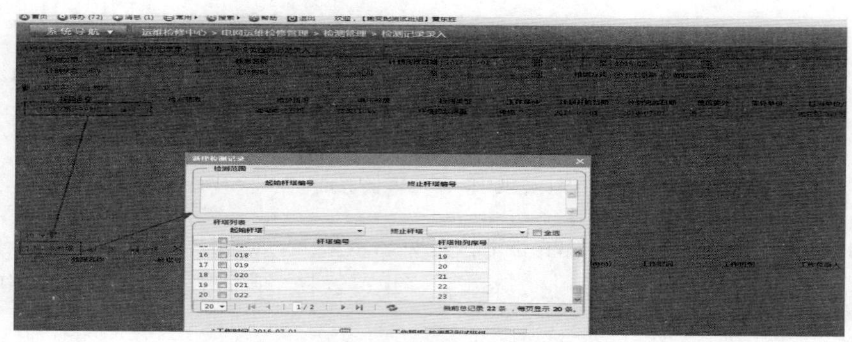

图 21–1–14 新建计划界面

（13）针对临时检测计划，可在检测记录录入界面“线路检测记录录入”TAB 页的条件区选择检测方式>>临时检测，登记临时检测记录，如图 21–1–15 所示。

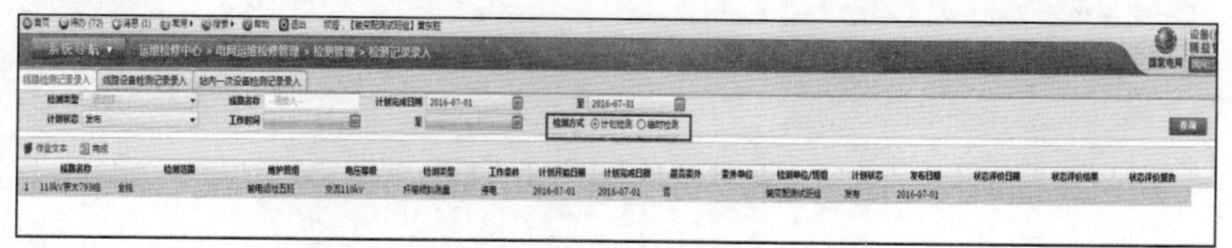

图 21–1–15 临时计划界面

三、输电架空线路超周期工作提示

（1）查询统计。登录界面后，界面左侧显示线路导航树，右侧显示查询条件和查询结果。通过组合各项条件，可过滤出符合要求的线路周期工作。

点击“按类型统计”按钮，若未选择统计项目，则执行查询功能，列出符合条件的线路周期工作。执行结果如图 21–1–16 所示。

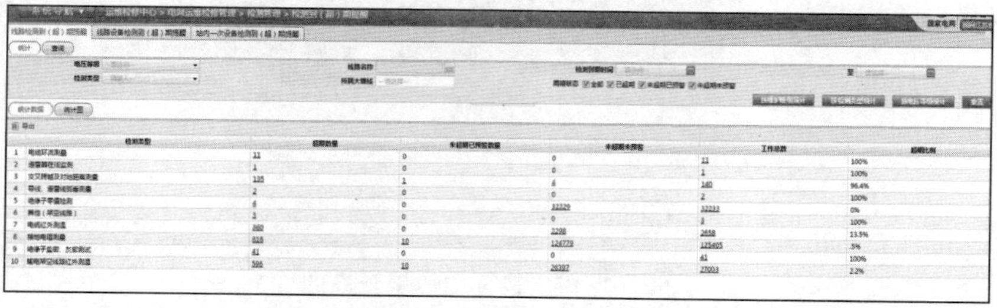

图 21–1–16 查询统计执行结果界面

（2）选择统计项目，则执行统计功能，系统将会显示超周期的具体明细，统计线路超周期工作，执行结果如图 21–1–17 所示。

统计详情

	电压等级	线路名称	工作范围	检测类型	维护班组	上次检测时间	检测周期
1	交流220kV	220kV威东2M84线	全线	电缆环流测量	输电运检一班	2017-04-27	1
2	交流220kV	220kV延和4Y69线	全线	电缆环流测量	输电运检一班	2017-04-27	1
3	交流220kV	220kV张运4Y09线	全线	电缆环流测量	输电运检一班	2017-04-27	1
4	交流220kV	220kV漏和2Y74线	全线	电缆环流测量	输电运检一班	2017-04-27	1
5	交流220kV	220kV延常2595线	全线	电缆环流测量	输电运检一班	2017-04-27	1
6	交流220kV	220kV东奉4Y96线	全线	电缆环流测量	输电运检一班	2017-04-27	1
7	交流220kV	220kV东奉4Y95线	全线	电缆环流测量	输电运检一班	2017-04-27	1
8	交流220kV	220kV张运4Y10线	全线	电缆环流测量	输电运检一班	2017-04-27	1
9	交流220kV	220kV威常2593线	全线	电缆环流测量	输电运检一班	2017-04-27	1
10	交流220kV	220kV威东2M83线	全线	电缆环流测量	输电运检一班	2017-04-27	1
11	交流110kV	110kV三塘7595线	全线	电缆环流测量	电缆运检班	2017-03-08	1

18 | 1/1 | 当前总记录 11 条，每页显示 18 条。

图 21-1-17 超周期工作详情

【思考与练习】

1. 简述输电架空线路巡视周期制订的操作方法。
2. 简述输电架空线路周期工作维护的操作方法。
3. 如何实现管理系统对数据的批量修改？

模块 2 生产运行记录管理（Z05G6006Ⅱ）

【模块描述】本模块包含输电架空线路故障记录的登记、查询统计和输电线路检测记录的登记、查询统计等内容。通过功能介绍、图文结合、操作说明及步骤讲解，掌握输电架空线路生产运行记录的管理方法。

【模块内容】

一、输电线路故障记录的登记、查询统计

（一）输电故障记录登记

1. 功能介绍

该模块提供线路故障记录的登记、删除、修改等功能。登记故障记录时，可以选择关联变电已登记的故障记录，根据变电故障记录生成线路的故障记录，并导入变电登记的保护动作相关信息；当故障是由缺陷引起的时，允许直接登记缺陷并进入缺陷处理流程。

2. 功能菜单

标准中心>>电网运维检修管理>>故障登记。

3. 操作介绍

（1）已维护故障记录查询。输电故障记录登记界面提供了跳闸时间、故障发生地点、故障性质、跳闸原因等查询条件，选择条件后点击“查询”按钮执行查询，不论是否选择线路作为查询条件，查询结果都不是完全依赖线路过滤，而是按故障记录的登记班组过滤，故障记录的主界面如图 21–2–1 所示。

图 21–2–1　已维护故障记录查询

（2）添加故障记录。在图 21–2–1 所示界面中点击左上方的“新建”按钮，出现故障记录登记对话框，如图 21–2–2 所示。

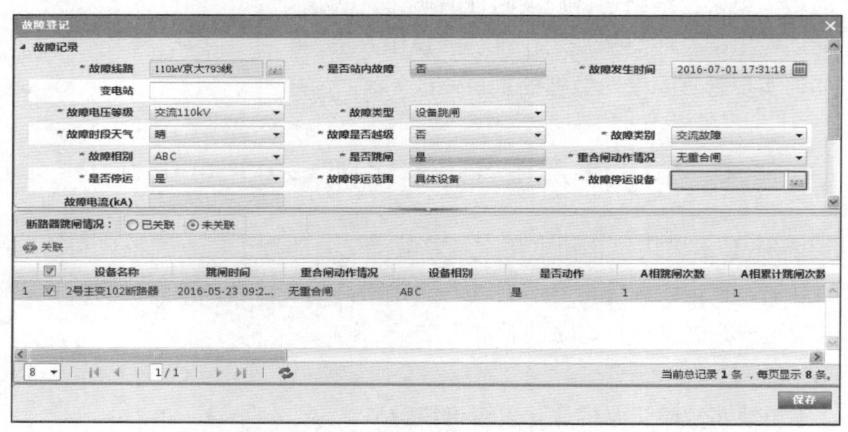

图 21–2–2　添加故障记录界面

（3）导入变电故障记录。在“故障登记”界面，如果需要填写故障停运设备，需注意故障停运设备需要关联了跳闸记录才能维护，线路故障可以关联线路起点变电站或终点变电站的跳闸记录。如果在未关联中没有跳闸记录可以选择，请核实线路的起点变电站或终点变电站是否登记了跳闸记录。系统弹出变电故障记录选择对话框，如图 21–2–3 所示。

在“断路器跳闸情况”侧点击“未关联”，再点击“关联”按钮，关联完成后，点击“已关联”页签，可查看到故障关联变电站跳闸记录，如图 21–2–4 所示。

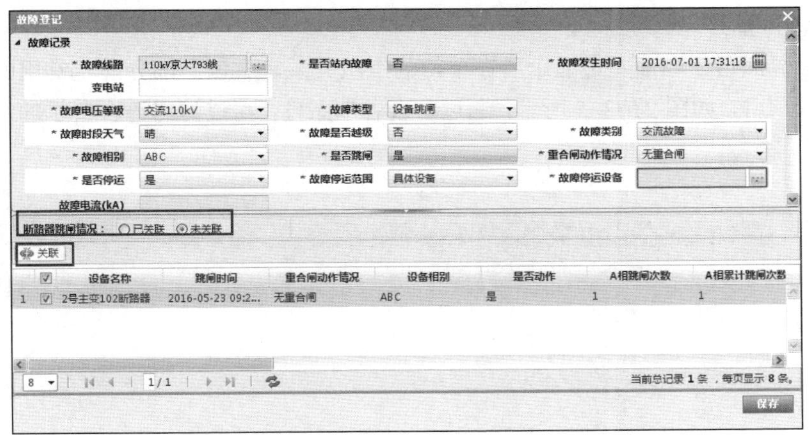

图 21–2–3　关联变电故障记录界面

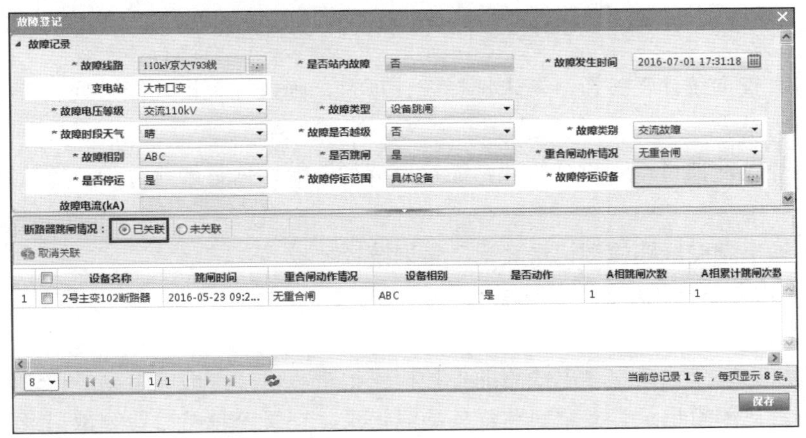

图 21–2–4　管理变动故障对话框

（4）点击“故障停运设备”字段后的 ，在“设备选择窗口”选择故障停运设备。维护故障停运设备等必填项，点击“保存”按钮，完成故障的录入。

（二）输电故障记录查询统计

1. 功能介绍

输电故障记录查询统计模块提供以常用的查询条件和统计项目，查询或统计故障信息等功能，同时可以通过 EXCEL 文本输出查询或统计结果。

2. 功能菜单

标准中心>>电网运维检修管理>>故障管理>>故障查询统计。

3. 操作介绍

登录界面后，界面左边显示所在单位的组织关系，右侧上部分显示常用的查询条件和统计项目，如图 21–2–5 所示。通过组合各项条件，可过滤出符合要求的线路故障记录。

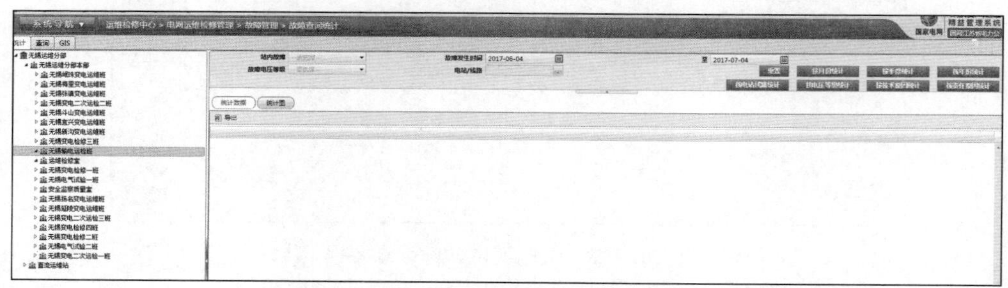

图 21–2–5 查询统计执行结果界面

点击“查询统计”按钮，若未选择统计项目，则执行查询功能，列出符合条件的线路故障记录。

若选择统计项目，则执行统计功能，以选择的统计项目为统计项，统计线路故障记录。

二、输电架空线路检测记录登记、查询统计

（一）输电架空线路检测记录登记

1. 功能介绍

该模块用来登记架空输电线路的各种检测记录，包括接地电阻测量记录、绝缘子盐密（灰密）测量记录、架空线路红外测温记录、交叉跨越及对地测量记录、导地线弧垂测量记录、地埋金属部件锈蚀检测记录、覆冰观测记录、瓷绝缘子零值（玻璃自爆）检测记录、复合绝缘子龟裂老化检查记录、复合绝缘子憎水性丧失检测记录、复合绝缘子机械强度检测记录、杆塔倾斜测量记录、电杆裂纹检测记录、导地线振动舞动观测记录等。

在登记检测记录时，对不合格的记录允许直接登记缺陷，一条检测记录允许登记多条缺陷记录，当缺陷流程未启动时，允许修改及删除检测记录对应的缺陷记录。

保存新登记的检测记录时，如果检测为周期性的，系统将根据新登记检测记录的检测时间刷新对应线路的检测周期，刷新时从系统中找出同一条线路、同一种检测类型检测记录的最大检测时间，刷新线路的最后工作时间，删除检测记录时也会做同样的处理。

2. 功能菜单

标准中心>>电网运维检修管理>>检测管理>>检测周期维护。

3. 操作介绍

（1）已维护检测记录查询。不同工作类型的检测记录，所包含的记录格式不相同，查询已维护的检测记录时，必须首先选择工作类型，然后再选择线路或时间条件，点击“查询”按钮，如图 21–2–6 所示。

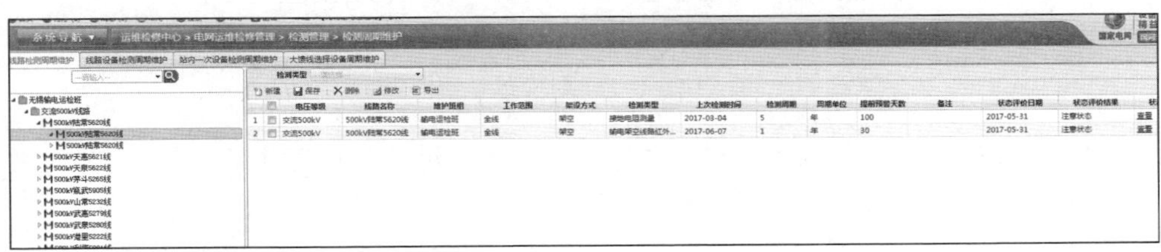

图 21–2–6　已维护检测记录查询

（2）添加检测记录。在“线路检测周期维护”TAB 页，在左侧导航树中选择一条线路，在右侧点击“新建”按钮。在“新建线路检测周期”界面，选择相应的周期模板，在此模板下选择检测类型，选择完成后（注：周期模板可在运维检修中心>>电网运维检修管理>>标准库管理>>周期模板界面进行周期模板维护），点击“确认”按钮具体界面如图 21–2–7 所示。

图 21–2–7　模板选择对话框

（3）检测周期维护完成后，打开运维检修中心>>电网运维检修管理>>检测管理>>检测计划编制界面“线路检测计划编制”TAB 页，在默认的“计划编制”页签下点击“按周期新建”按钮，在“检测计划生成”界面查询到上步骤中维护的检测周期。

1）选择上步骤中维护的检测周期，点击“生成”按钮，生成一条检测计划，选择检测计划，点击“发布”按钮，进行检测计划发布，具体界面如图 21–2–8 所示。

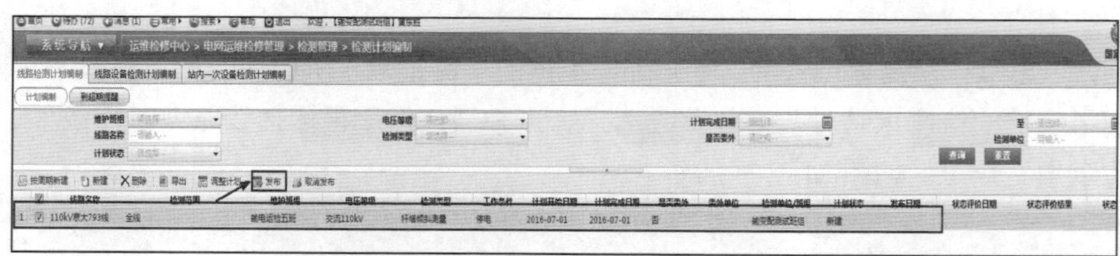

图 21–2–8 计划发布对话框

2）打开运维检修中心>>电网运维检修管理>>检测管理>>检测记录录入界面“线路检测记录录入”TAB 页，如图 21–2–9 所示。

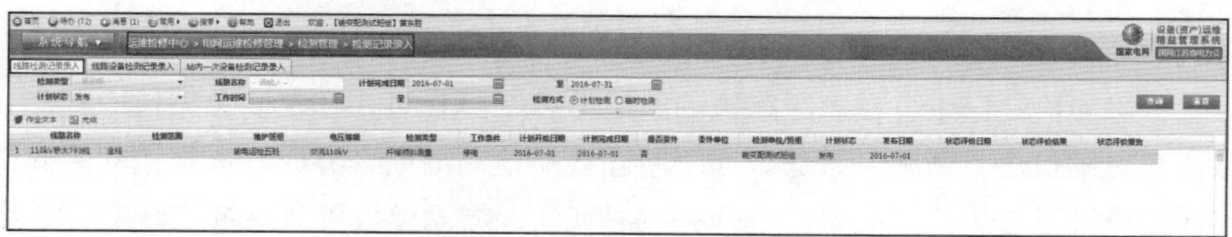

图 21–2–9 记录录入对话框

3）在检测记录录入界面“线路检测记录录入”TAB 页，选中上步骤中发布的检测计划，点击“作业文本”按钮，在“作业文本”界面，点击“新建”按钮，进行作业文本编制，具体界面如图 21–2–10 所示。在“作业文本编制”界面，可根据“参照范本”“参照历史作业文本”“参照标准库”“手工创建”编制作业文本，在“作业文本详情”界面填写相关信息，界面如图 21–2–11 所示。作业文本编制完成后，在“作业文本”界面，点击“启动流程”按钮，在“发送人”界面选择相应人员，点击确认按钮，界面样式如图 21–2–12 所示。

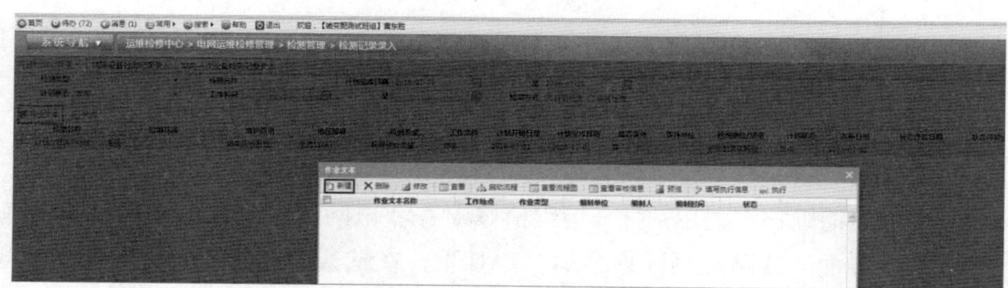

图 21–2–10 作业文本编制对话框

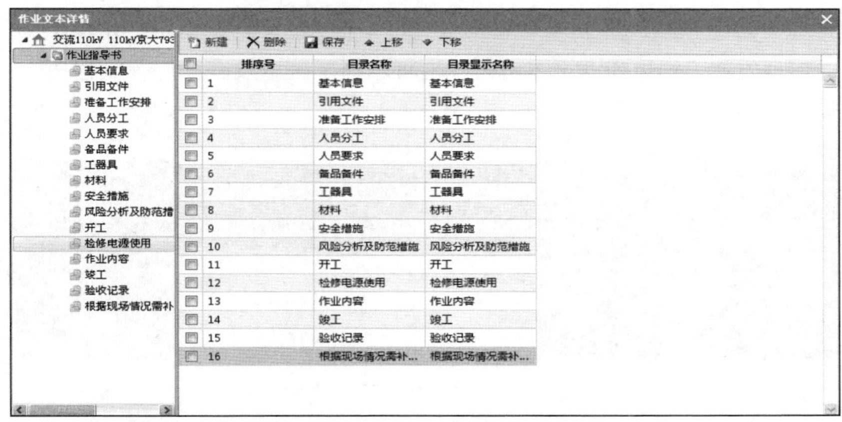

图 21–2–11　作业文本编制界面

4）在系统首页中单击“待办”按钮，在待办任务树中选择：“全部任务”>>“作业文本审批流程”>>“班组审核”，选择提交的审核任务单，点击任务单的“任务名称”链接，如图 21–2–13 所示。

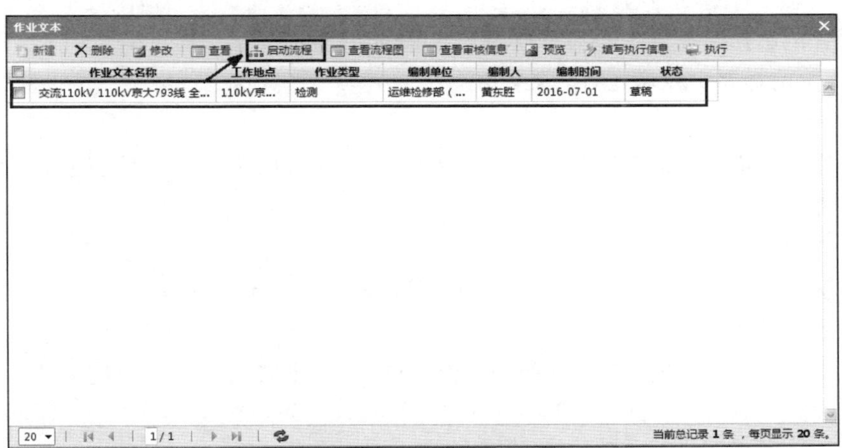

图 21–2–12　作业文本流转界面

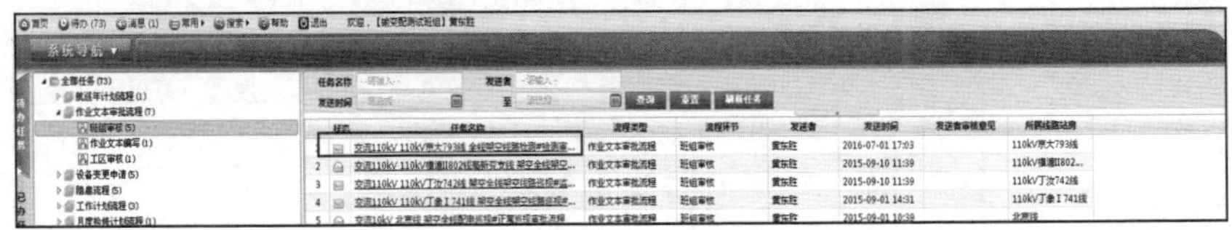

图 21–2–13　作业文本审批流程对话框

（4）在“班组审核”界面填写审核意见、审核人，点击“发送”按钮，在“发送人”界面选择发布，结束作业文本流程（也可选择工区审核继续进行流程扭转），具体界面如图 21–2–14 所示。

图 21–2–14 班组审核界面

返回检测记录录入界面“线路检测记录录入”TAB 页，选中上步骤中发布的检测计划，点击“作业文本”按钮，填写作业文本执行信息；执行信息填写完成后，点击“保存”>>“执行”按钮，执行完成后，点击关闭，在检测记录录入界面“线路检测记录录入”TAB 页，选中上步骤中发布的检测计划，点击“按计划新建”按钮，填写检测记录信息；针对临时检测计划，可在检测记录录入界面“线路检测记录录入”TAB 页的条件区选择检测方式>>临时检测，登记临时检测记录。

（二）输电架空线路检测记录查询统计

1. 功能介绍

架空线路检测记录查询统计模块，提供对各种检测工作类型的检测记录以常用的查询条件和统计项目进行查询和统计。

2. 功能菜单

标准中心>>电网运维检修管理>>检测管理>>检测记录查询统计。

3. 操作介绍

登录界面后，首先选择工作类型的值，指定查询该工作类型的检测记录。界面左侧显示线路导航树，右侧为查询条件和结果显示框，如图 21–2–15 所示。通过组合各项条件，可过滤出符合要求的线路检测记录。

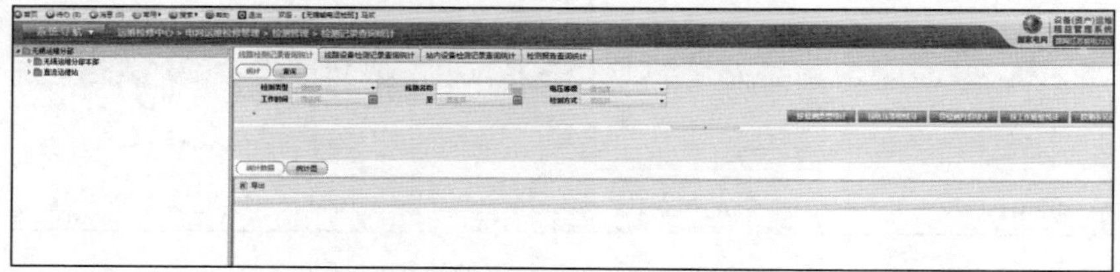

图 21–2–15 查询结果界面

点击“查询统计”按钮，若未选择统计项目，则执行查询功能，列出符合条件的线路检测记录。

【思考与练习】

1. 简述输电架空线路故障记录的登记、查询统计方法。

2. 简述输电架空线路检测记录的登记、查询统计方法。

3. 如何实现架空输电线路的缺陷统计？

◢ 模块 3　设备巡视管理（Z05G6007Ⅱ）

【模块描述】本模块包含输电架空线路故障记录的登记、查询统计和输电线路检测记录的登记、查询统计等内容。通过功能介绍、图文结合、操作说明及步骤讲解，掌握输电架空线路设备巡视的管理方法。

【模块内容】

一、输电架空线路巡视到期提示

1. 功能介绍

该模块提供向输电运行班组人员提示定期巡视到期线路的功能。提示的到期线路为登录人所在班组维护范围内的线路，并以不同的颜色标出超期线路的超周期时间范围。

2. 功能菜单

标准中心>>电网运维检修管理>>巡视管理>>巡视到超期提醒。

3. 操作介绍

登录界面后，选择“线路巡视到超期提醒”，选择查询条件，显示本班组维护范围内、截至当前时间的到期或超期的线路，为了查出今后某个时间哪些线路到期，可更改到期提示上方的“巡视到期时间”查询条件，并点击“查询”按钮，以显示符合条件的到期巡视记录，如图 21–3–1 所示。

4. 注意事项

（1）本模块应只授权给线路的运行班组人员，其他人员不可以授权，否则会导致无内容的提示。

（2）线路的巡视周期，必须预先进行维护，否则无法正常提示。

（3）线路的上次定期巡视时间，是通过巡视记录自动更新的，如果不及时登记巡视记录，将导致不准确的提示。

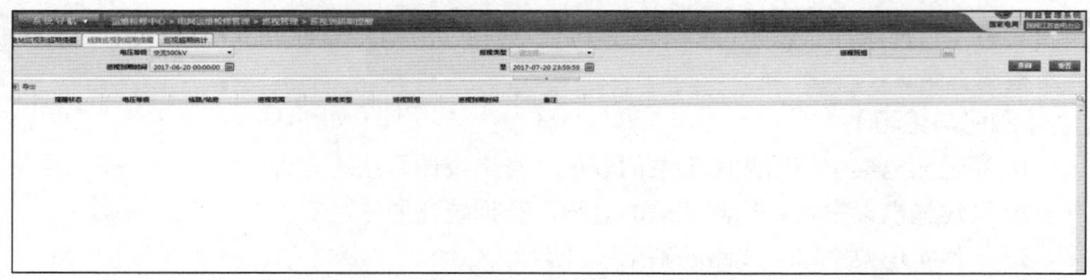

图 21-3-1 输电架空线路巡视到期查询界面

二、输电架空线路巡视记录登记

1. 功能介绍

该模块提供登记架空线路巡视记录、根据巡视到期的线路批量生成定期巡视的巡视记录等功能，若在巡视过程发现缺陷或外部隐患，可直接登记缺陷及外部隐患记录，登记的缺陷及外部隐患记录自动与相应的巡视记录建立关联关系，查询巡视记录时可以直接查看发现的缺陷及外部隐患记录。

登记定期巡视记录时，系统后台将根据该巡视记录的巡视时间，自动更新对应线路的上次周期巡视时间，据此系统进行架空输电线路的巡视到期提示。

2. 功能菜单

标准中心>>电网运维检修管理>>巡视管理>>巡视周期维护界面。

3. 操作介绍

（1）在巡视周期维护界面点击“线路巡视周期”TAB页，进行线路周期维护，如图21-3-2所示。

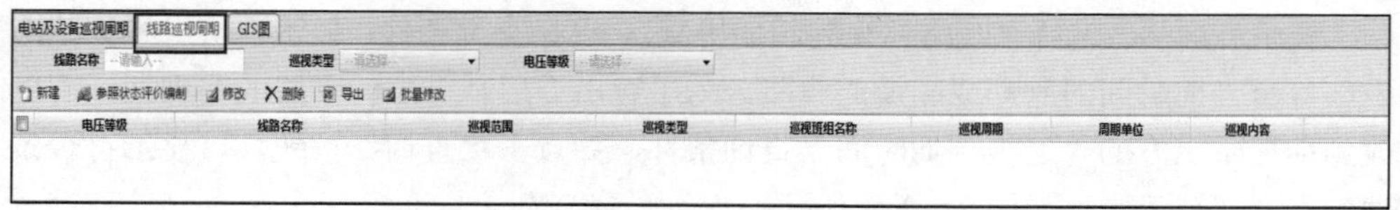

图 21-3-2 周期维护界面

（2）在“线路巡视周期”维护TAB页中点击“新建”按钮，在“巡视周期设置”界面点击“添加设备”按钮，如图21-3-3所示。

（3）在“站外巡视范围选择”界面选择一条线路，点击 V 按钮，选中一条线路，点击“确认”按钮，巡视到期线路的界面如图21-3-4所示。在“巡视周期设置”界面维护该线路巡视周期、周期天气、提前报警天数等必填项，维护完成后，点击“确定”按钮。

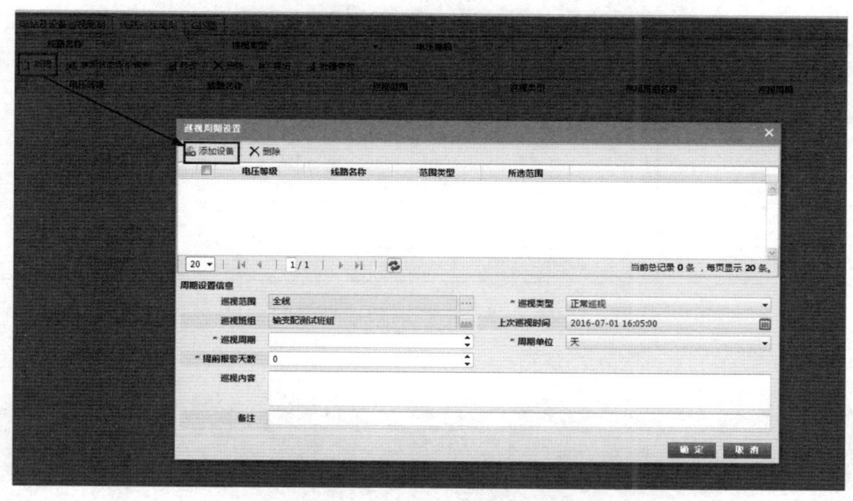

图 21–3–3　新建巡视记录界面

图 21–3–4　巡视到期线路界面

（4）打开运维检修中心>>电网运维检修管理>>巡视管理>>巡视计划编制界面，在“巡视计划编制”>>“线路巡视计划”TAB 页条件区填写“计划巡视时间”“线路名称”，点击“由周期生成”按钮，生成巡视计划；选择一条巡视计划，点击“计划发布”按钮；在“系统提示”界面点击“确认”按钮，将巡视计划发布，界面如图 21–3–5 和图 21–3–6 所示。

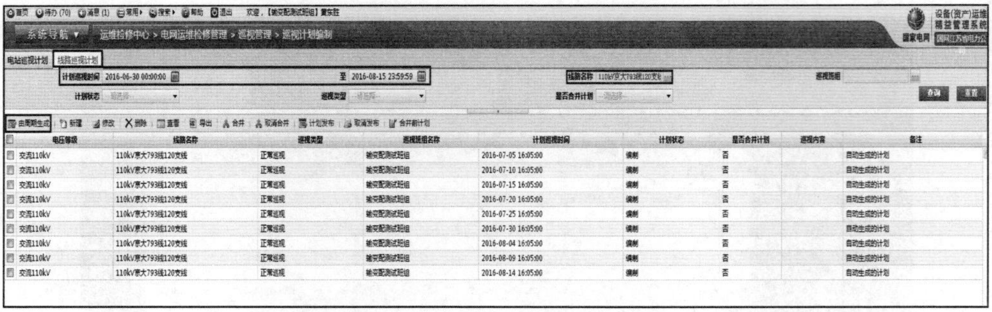

电压等级	线路名称	巡视类型	巡视班组名称	计划巡视时间	计划状态	是否合并计划	巡视内容	备注
交流110kV	110kV京大793线120支线	正常巡视	输变配测试班组	2016-07-05 16:05:00	编制	否		自动生成的计划
交流110kV	110kV京大793线120支线	正常巡视	输变配测试班组	2016-07-10 16:05:00	编制	否		自动生成的计划
交流110kV	110kV京大793线120支线	正常巡视	输变配测试班组	2016-07-15 16:05:00	编制	否		自动生成的计划
交流110kV	110kV京大793线120支线	正常巡视	输变配测试班组	2016-07-20 16:05:00	编制	否		自动生成的计划
交流110kV	110kV京大793线120支线	正常巡视	输变配测试班组	2016-07-25 16:05:00	编制	否		自动生成的计划
交流110kV	110kV京大793线120支线	正常巡视	输变配测试班组	2016-07-30 16:05:00	编制	否		自动生成的计划
交流110kV	110kV京大793线120支线	正常巡视	输变配测试班组	2016-08-04 16:05:00	编制	否		自动生成的计划
交流110kV	110kV京大793线120支线	正常巡视	输变配测试班组	2016-08-09 16:05:00	编制	否		自动生成的计划
交流110kV	110kV京大793线120支线	正常巡视	输变配测试班组	2016-08-14 16:05:00	编制	否		自动生成的计划

图 21–3–5　生产巡线计划界面

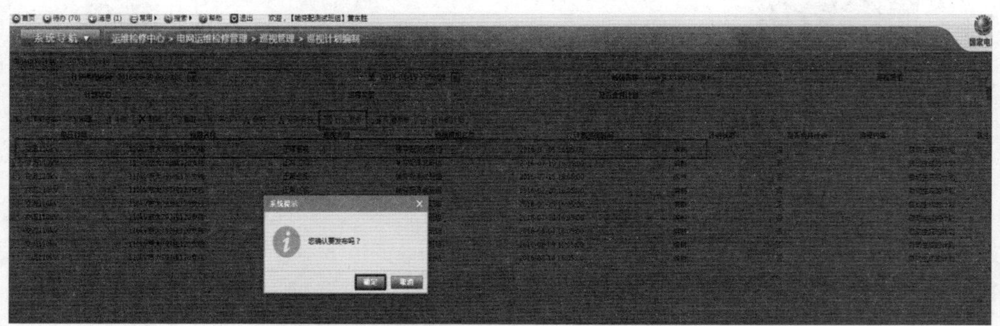

图 21–3–6　计划发布界面

（5）打开运维检修中心>>电网运维检修管理>>巡视管理>>巡视记录登记界面，点击“线路巡视记录登记”TAB 页，可查询到上步骤中发布的巡视计划，如图 21–3–7 所示。

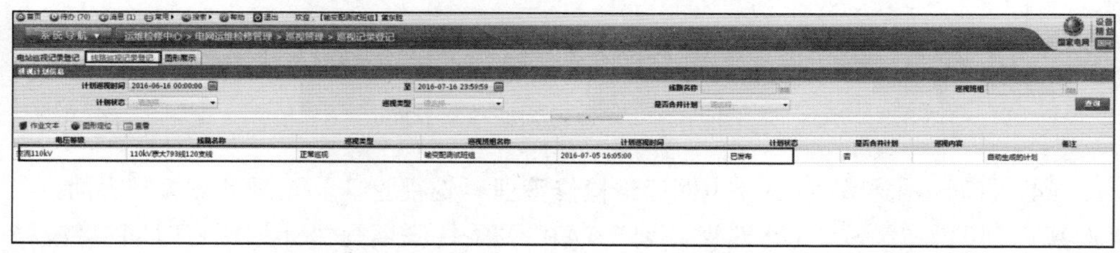

图 21–3–7　记录登记界面

（6）选择发布的线路巡视计划，点击“作业文本”按钮，在“编制作业文本”界面，点击“新建”按钮，进行作业文本编制，如图 21–3–8、如图 21–3–9 所示。

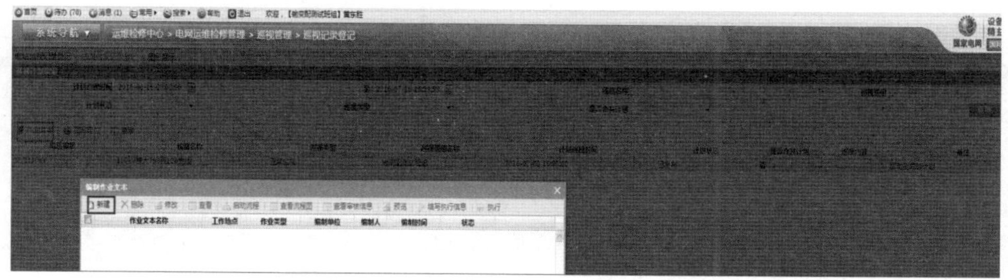

图 21–3–8 作业文本新建界面

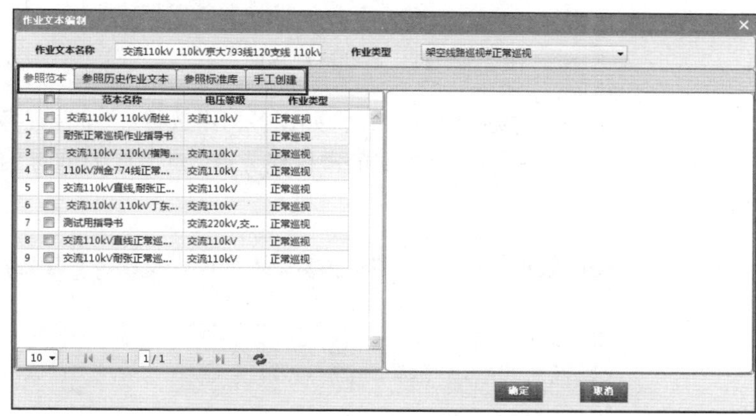

图 21–3–9 选择历史文本界面

（7）在“作业文本编制”界面，可根据“参照范本”“参照历史作业文本”“参照标准库”“手工创建”编制作业文本，在“作业文本详情”界面填写相关信息，如图 21–3–10 所示。

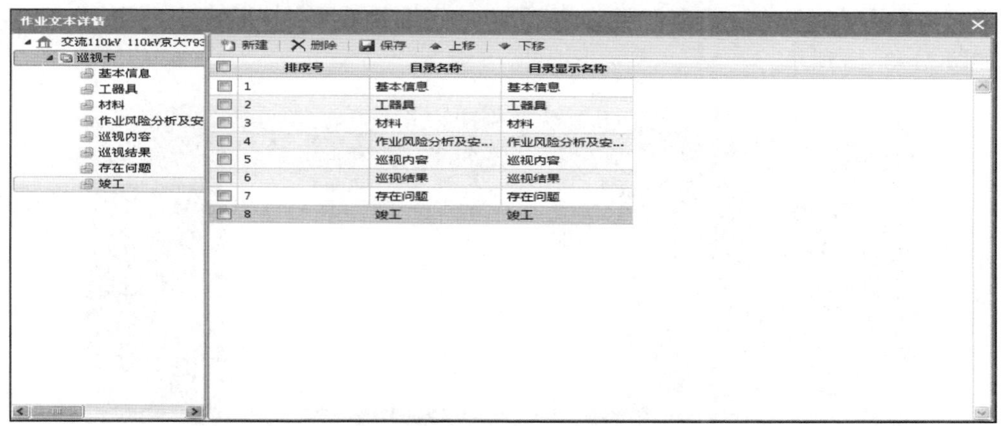

图 21–3–10 文本选择界面

（8）作业文本编制完成后，在“编制作业文本”界面，点击“启动流程”按钮，在“发送人”界面选择相应人员，点击确认按钮，如图 21–3–11 所示。

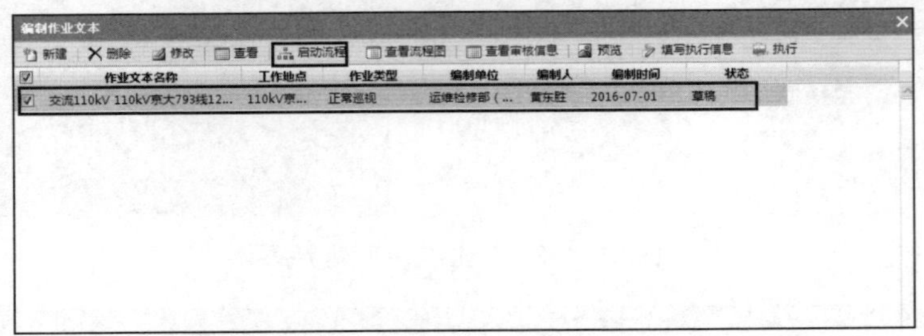

图 21–3–11　启动流程界面

（9）在系统首页中单击“待办”按钮，在待办任务树中选择：“全部任务”>>“作业文本审批流程”>>“班组审核”，选择提交的审核任务单，点击任务单的“任务名称”链接，如图 21–3–12 所示。

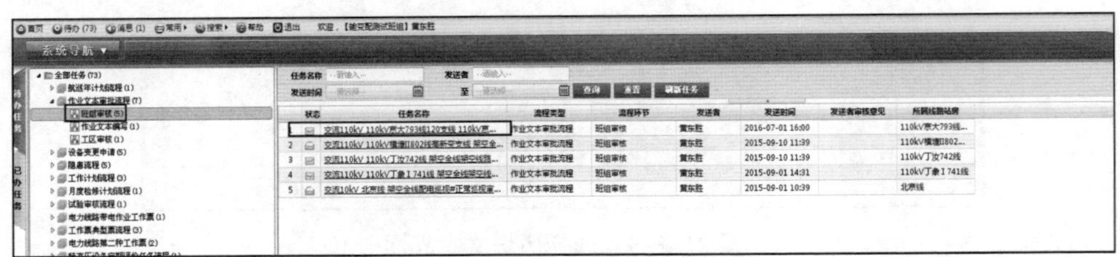

图 21–3–12　代办流程界面

（10）在“班组审核”界面填写审核意见、审核人，点击“发送”按钮，在“发送人”界面选择发布，结束作业文本流程（也可选择工区审核继续进行流程扭转），如图 21–3–13 所示。

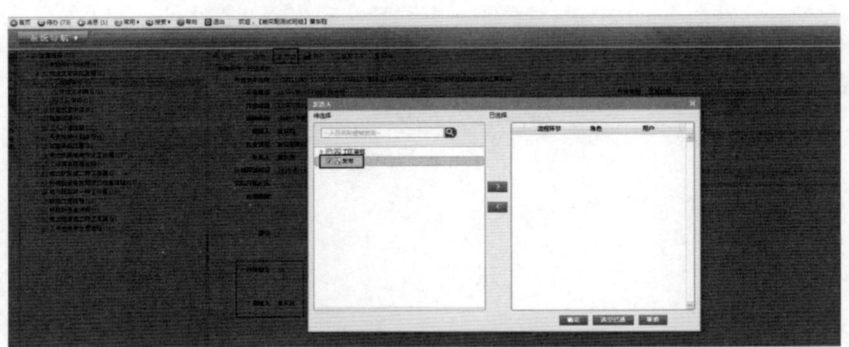

图 21–3–13　班组审核界面

（11）返回“巡视记录登记”>>“线路巡视记录登记”界面，选择步骤 6 中发布的巡视计划，点击“作业文本”按钮，填写作业文本执行信息，如图 21–3–14 所示。

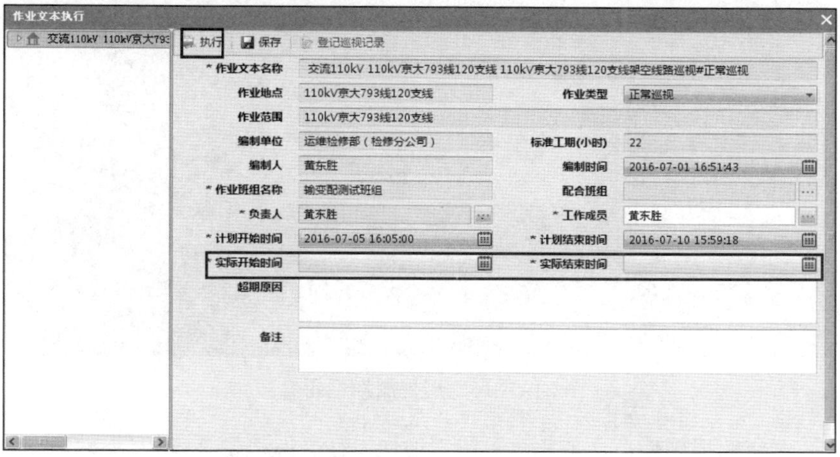

图 21–3–14　执行界面

（12）执行信息填写完成后，点击“保存”>>“执行”按钮，执行完成后，点击“登记巡视记录”按钮，登记巡视记录信息，如图 21–3–15 所示。

图 21–3–15　巡视结果登记界面

（13）在“登记线路巡视记录”界面填写线路巡视信息，填写完成后，点击“保存”按钮，在“系统提示”界面选择是否更新巡视周期，如图 21–3–16 所示。

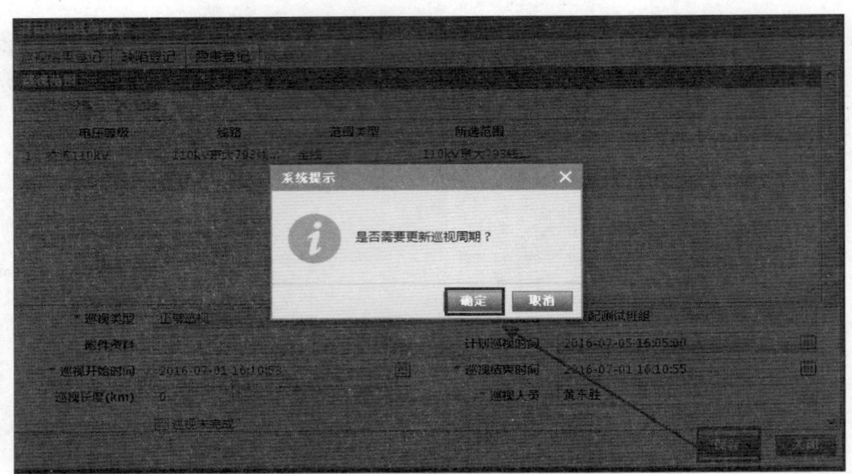

图 21–3–16　巡视周期更新界面

（14）更新巡视周期后，点击“关闭”按钮，在“巡视记录登记”>>“巡视记录信息”下，选择待归档的巡视记录，点击“归档”按钮，如图 21–3–17 所示。

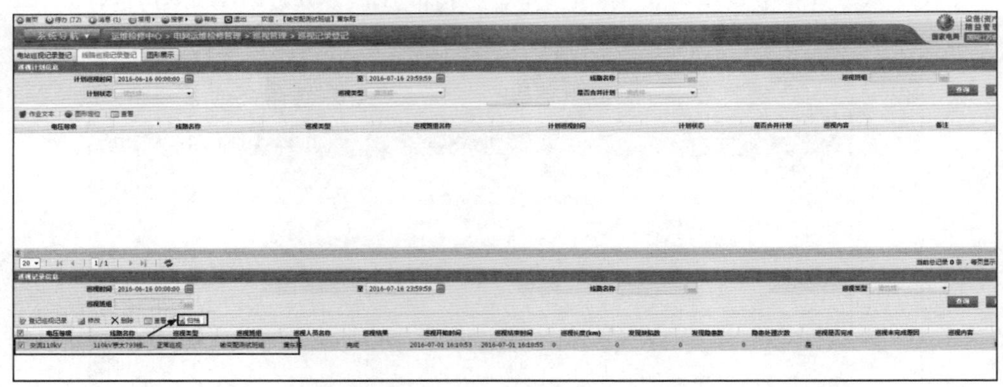

图 21–3–17　归档界面

注：在未归档之前巡视记录都可以修改，归档之后则不能再做修改。

三、输电架空线路巡视记录查询统计

1. 功能说明

该模块提供以常用的查询条件、统计项目对架空线路巡视记录查询和统计等功能。

2. 功能菜单

标准中心>>电网运维检修管理>>巡视管理>>巡视记录查询统计。

3. 操作介绍

登录界面后，界面上部分显示常用的查询条件及统计项目，如图 21–3–18 所示。通过组合各项条件，可过滤出符合要求的巡视记录。

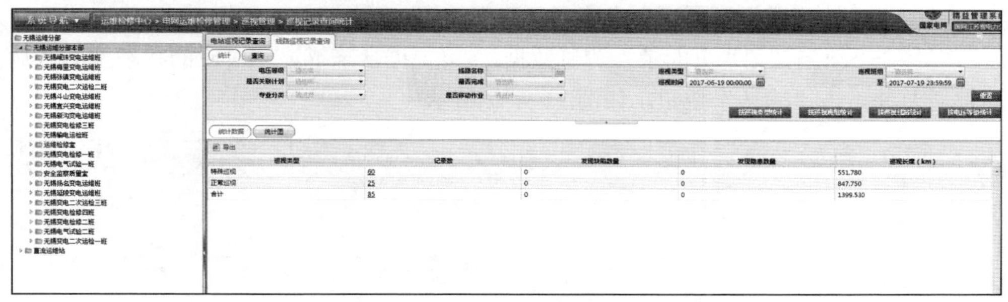

图 21–3–18　输电架空线路巡视记录查询结果界面

点击“查询统计”按钮，若未选择统计项目，则执行查询功能，列出符合条件的线路巡视记录。

若选择统计项目，则执行统计功能，以选择的统计项目为统计项，统计线路巡视记录。

【思考与练习】

1. 简述输电架空线路巡视到期提示操作的注意事项。
2. 简述输电架空线路巡视记录登记和查询统计的操作方法。
3. 输电线路巡视登记必填字段有哪些？

模块 4　缺陷管理（Z05G6008 Ⅱ）

【模块描述】本模块包含输电架空线路缺陷处理流程、缺陷查询统计、缺陷两率统计和外部隐患记录登记、查询统计等内容。通过功能介绍、图文结合、操作说明及步骤讲解，掌握输电架空线路缺陷管理的方法。

【模块内容】

一、缺陷处理

（一）架空线路缺陷登记

1. 功能介绍

该模块提供架空线路缺陷记录的登记、流程启动以及已维护缺陷的查询功能。

2. 功能菜单

标准中心>>电网运维检修管理>>缺陷管理>>缺陷登记。

3. 操作介绍

（1）在首页系统导航下拉菜单中选择：运维检修中心>>“电网运维检修管理”>>“缺陷管理”>>“缺陷登记”。

（2）在“缺陷登记”页面中点击“新建”按钮，如图 21–4–1 所示。

（3）在“缺陷登记”页面录入测试数据，（可根据缺陷描述所对应的状态量确认缺陷性质）并点击“确认”按钮，如图 21–4–2 所示。

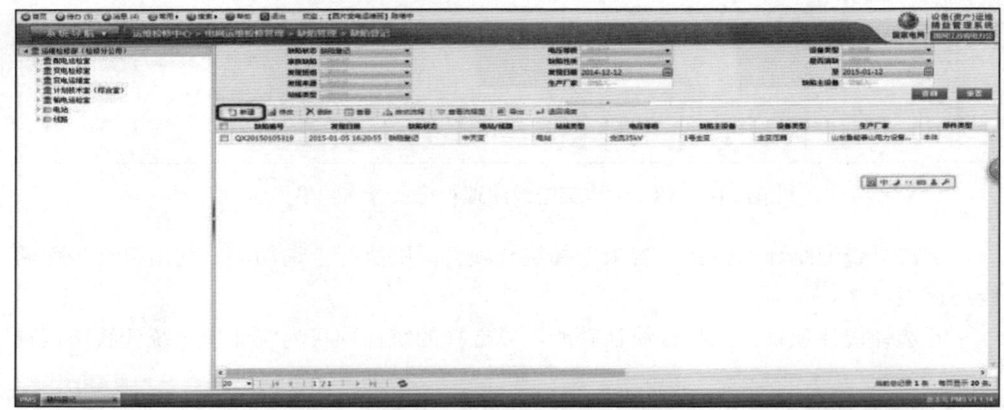

图 21–4–1 缺陷新增界面

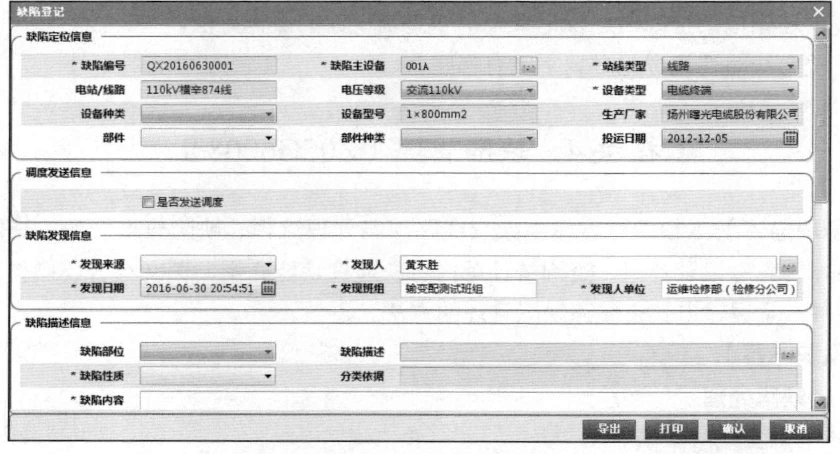

图 21–4–2 缺陷录入界面

（4）选择新建的缺陷数据，点击“启动流程”按钮，在发送人中选择输电运检人员，点击确定，如图 21–4–3 所示。

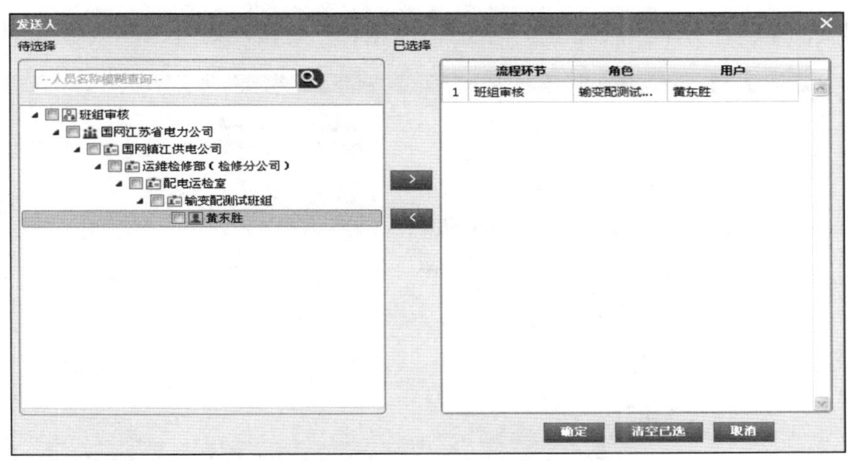

图 21–4–3　启动流程界面

（二）缺陷审核及消缺安排

1. 功能介绍

运行单位专工审核提供对班组上报的缺陷进行缺陷重新定性、将缺陷添加到任务池、继续上报缺陷或直接将缺陷发给班组进行消缺处理等功能。

2. 功能菜单

待办任务列表>>缺陷管理>>缺陷审核。

3. 操作介绍

（1）在系统首页中单击“待办”按钮，在待办任务树中选择：“全部任务”>>“缺陷处理流程”>>“班组审核”，选择提交的审核任务单，点击任务单的“任务名称”链接，如图 21–4–4 所示。

图 21–4–4　审核代办界面

（2）在“班组审核”页面，填写审核意见，点击“发送”按钮。

（3）在“发送人”页面，选择检修专责审核，并点击“确定”按钮，如图 21–4–5 所示。

（4）使用输电检修专责账号登录系统，在系统首页中单击“待办”按钮。

（5）在待办任务树中选择：“全部任务”>>“缺陷处理流程”>>“检修专责审核”，

选择提交的审核任务单，点击任务单的“任务名称”链接，如图21–4–6所示。

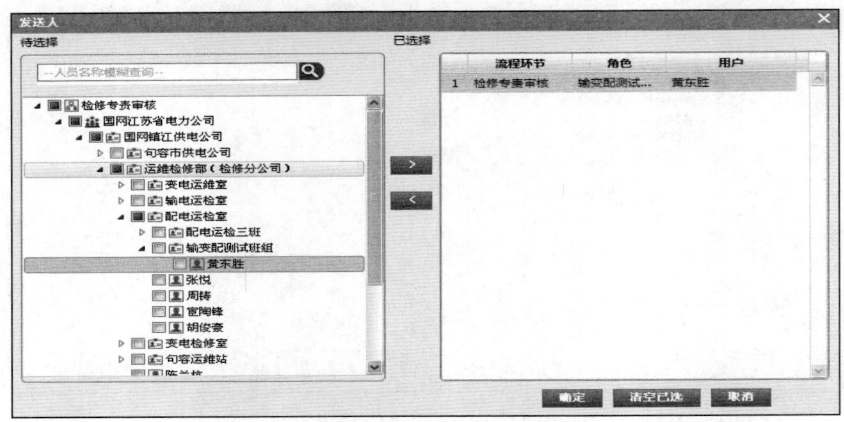

图21–4–5 发送流程界面

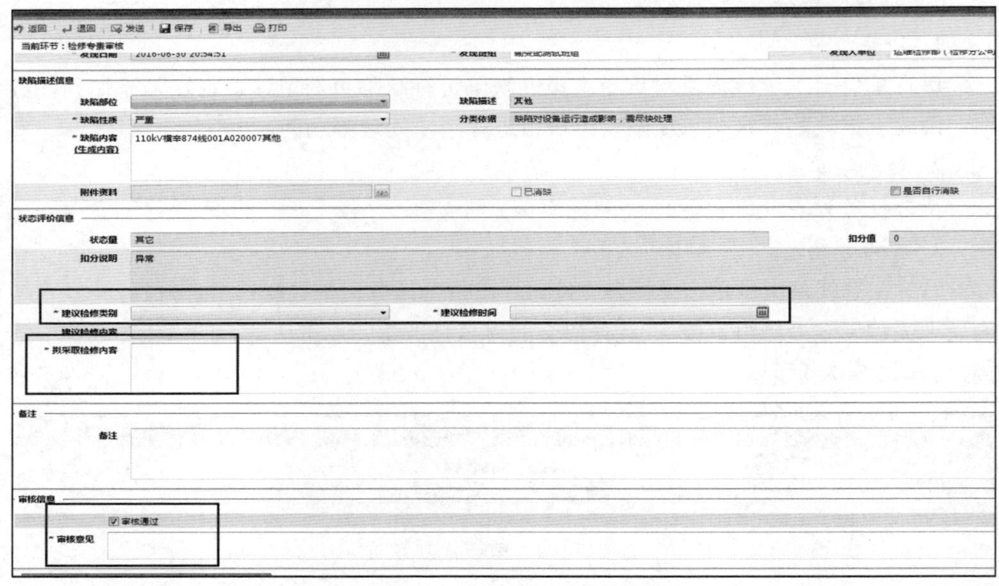

图21–4–6 缺陷审核界面

（6）在“检修专责审核”页面，填写建议检修类别、建议检修时间、拟采取检修内容及审核意见，点击“发送”按钮；在“发送人”>>“消缺安排”页面，选择输电专责，并点击“确定”按钮，如图21–4–7所示。

（7）使用输电检修专责账号登录系统，在系统首页中单击“待办”按钮。

（8）在待办任务树中选择：“全部任务”>>“缺陷处理流程”>>“消缺安排”，选择提交的审核任务单，点击任务单的“任务名称”链接。

（9）在“消缺安排”页面，填写审核意见，点击“保存”按钮。

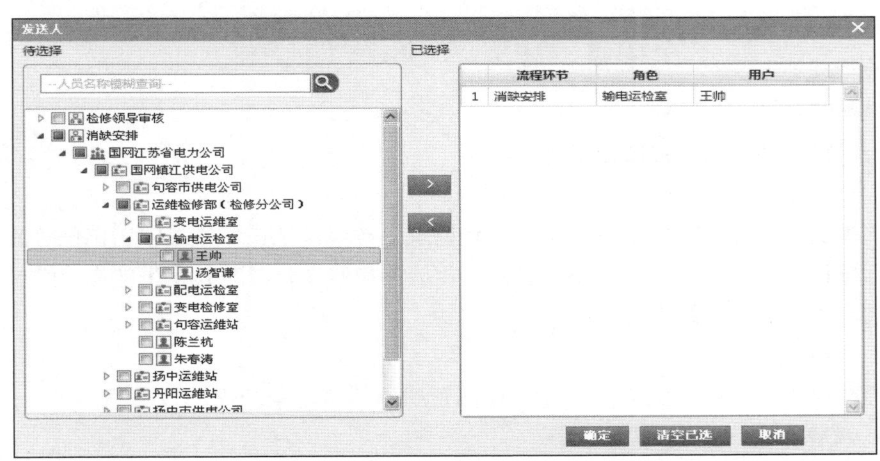

图 21-4-7　审核流程界面

二、输电架空线路缺陷查询统计

1. 功能介绍

架空线路缺陷查询统计提供以常用的查询条件和统计项目，对架空线路缺陷记录进行查询和统计，同时提供以图形显示统计结果的功能。

2. 功能菜单

标准中心>>电网运维检修管理>>缺陷管理>>缺陷查询统计。

3. 操作介绍

登录缺陷查询统计界面后，界面上部分显示常用的查询条件及统计项目。通过组合各项条件，可过滤出符合要求的架空线路缺陷记录。

点击“查询统计”按钮，若未选择统计项目，则执行查询功能，列出符合条件的架空线路缺陷记录；若选择统计项目，则执行统计功能，以选择的统计项目为统计项，统计架空线路缺陷记录。

【思考与练习】

1. 简述输电架空线路缺陷处理关键流程的操作方法。
2. 简述输电架空线路缺陷的查询统计、缺陷两率统计的操作方法。

◢ 模块 5 检修试验管理（Z05G6009Ⅱ）

【模块描述】本模块包含输电架空线路检修记录登记、查询统计及带电作业查询统计等内容。通过功能介绍、图文结合、操作说明及步骤讲解，掌握输电架空线路检修试验管理的方法。

【模块内容】

一、输电架空线路检修记录登记

1. 功能介绍

该模块用来登记输电架空线路的检修记录，检修记录在任务池中工作任务的基础上进行登记，在登记检修记录时可以挂接相应的检修报告，对具有带电作业性质的检修记录，可填写对应的带电作业登记表。

2. 功能菜单

标准中心>>电网运维检修管理>>检修管理>>修试记录验收。

3. 操作介绍

（1）添加检修记录。在班组工作任务列表中选择一条工作任务，点击该任务“检修记录”栏的相应链接进行添加，添加时系统会根据工作任务的内容生成检修记录的部分内容，如线路名称、工作类型、工作范围，一条工作任务可以添加多条检修记录，但如果该工作任务是一项消缺任务，则只允许添加一条检修记录（详见工作票管理模块检修记录编写）。

（2）删除检修记录。删除检修记录时，如果检修记录是根据工作任务添加的，则将工作任务的已登记检修记录数减去删除的记录数；如果检修记录对应的工作任务是消缺任务，则禁止删除检修记录。

（3）登记带电作业。登记检修记录时，可同时登记带电作业，一条检修记录最多只能登记一条带电作业记录。选中如图 21–5–1 所示界面中的检修记录的“是否带电作业”后，在出现的对话框中填写相应的内容并保存。

二、输电架空线路检修记录查询统计

1. 功能介绍

主要提供架空线路检修记录的查询和统计。

2. 功能菜单

标准中心>>电网运维检修管理>>检修管理>>修试记录查询统计。

3. 操作介绍

登录界面后，检修记录主界面显示任务池中的工作任务、已维护检修记录，通过

界面上定义的查询条件来查询记录，如图 21–5–2 所示。

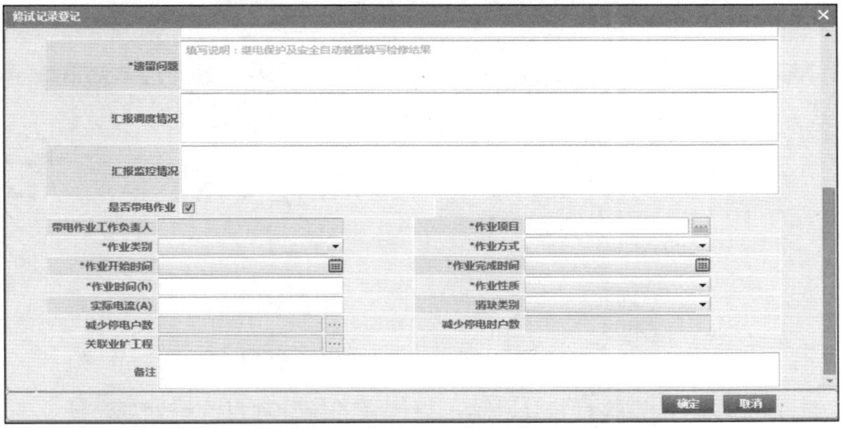

图 21–5–1　带电作业界面

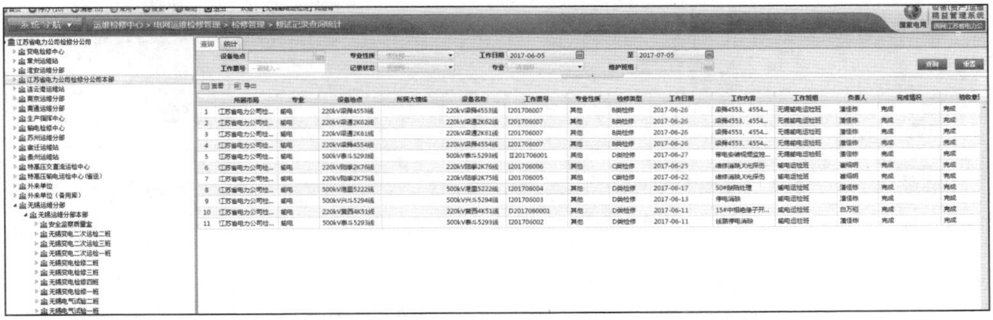

图 21–5–2　检修记录查询统计界面

在两组查询条件中分别选择一些条件，并点击“查询”按钮即可查询对应的记录，其中带电作业是依附检修记录的，即列出的带电作业记录是与查询出的检修记录相关联的记录。

三、输电架空线路带电作业查询统计

1. 功能介绍

架空线路带电作业查询统计模块，用于查询和统计架空线路带电作业情况。

2. 功能菜单

标准中心>>电网运维检修管理>>带电作业管理>>带电作业查询统计。

3. 操作介绍

登录界面后，默认查询出指定时间范围内的带电作业记录，指定的时间范围为截至当前时间一月范围内。界面左侧显示组织关系导航树，切换选中节点作为查询条件，如图21–5–3所示。

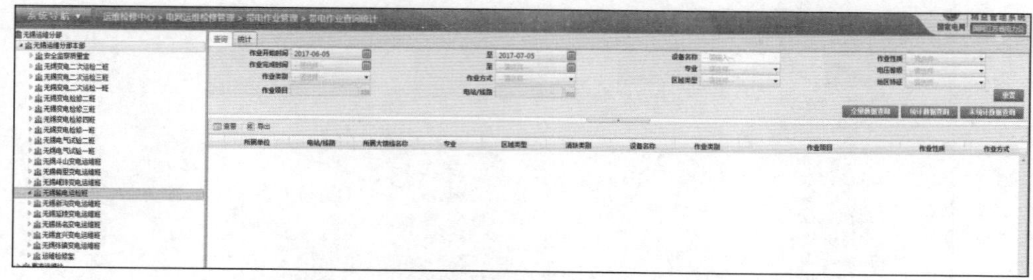

图21–5–3 带电作业查询结果界面

若选择统计项目，则执行统计功能，以选择的统计项目为统计项，统计架空线路带电作业次数的值，如图21–5–4所示。

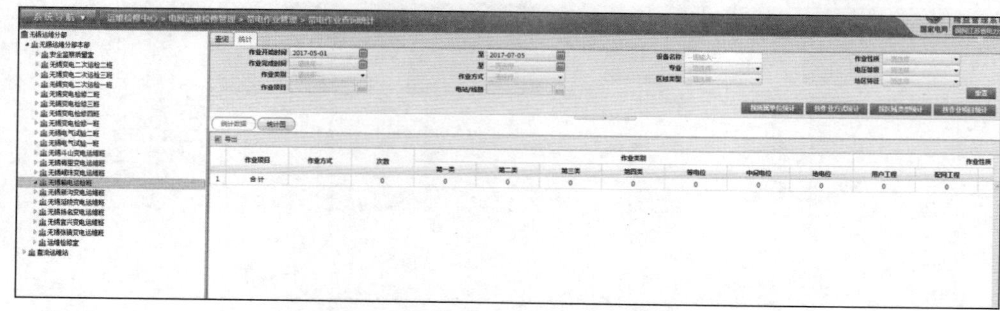

图21–5–4 带电作业统计结果界面

【思考与练习】

1. 简述输电架空线路检修记录登记、查询统计的操作方法。
2. 简述输电架空线路带电作业查询统计的操作方法。
3. 输电架空线路带电作业查询统计分为几个模块？

模块6 工作票管理（Z05G6010Ⅱ）

【模块描述】本模块包含线路工作票管理、工作票查询、工作票统计及工作票日志等内容。通过功能介绍、图文结合、操作说明及步骤讲解，掌握输电架空线路工作票管理的方法。

【模块内容】

一、工作票管理

线路工作票管理的关键流程包括工作票填写、工作票签发、工作票接收打印、工作票终结四个环节，具体处理流程如图 21–6–1 所示。

（一）工作票填写

1. 功能介绍

该模块提供工作负责人或签发人起草工作票功能。

2. 功能菜单

标准中心>>工作票管理>>工作票开票。

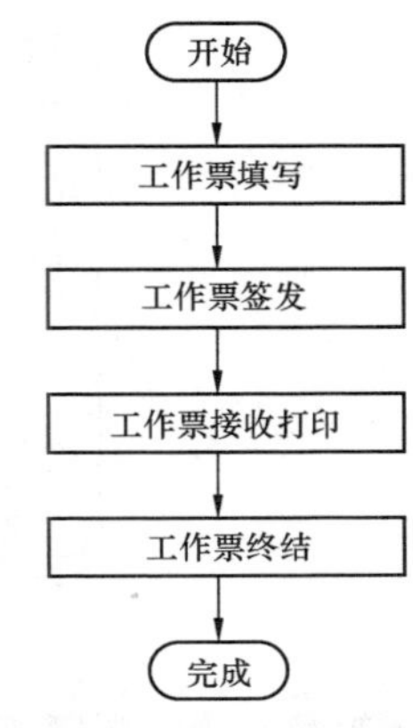

图 21–6–1　线路工作票管理流程

3. 操作介绍（以线路第一种工作票为例）

（1）新建工作票。新建工作票有多个入口，可以通过工作票管理菜单中新建工作票，也可以通过工作任务单模块去新建工作票，下面分别介绍这两种方式。

1）从工作票管理菜单中新建工作票。在主页菜单栏中，选择菜单“标准中心>>工作票管理>>工作票开票”，进入工作票管理界面，如图 21–6–2 所示。

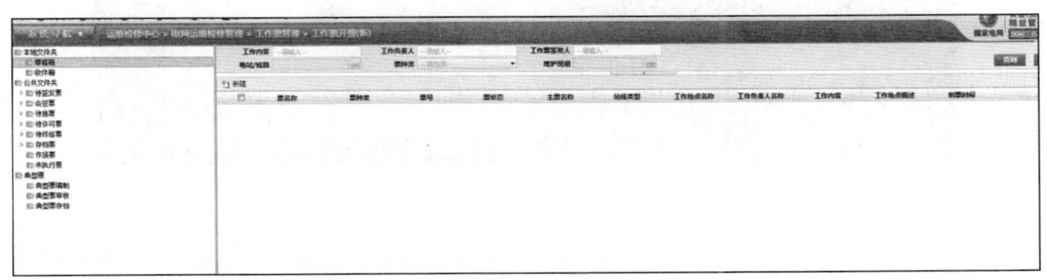

图 21–6–2　工作票管理界面

点击“新建”按钮，在弹出的窗口中选择票类型、线路名称，如图 21–6–3 所示。也可以从工作任务单中取任务进行开票，系统允许没有任务单的工作票。

2）从工作任务单新建工作票，如图 21–6–4 所示，当弹出工作任务单界面后，填写完必要信息后，点击“工作票”按钮，将新建工作票。

（2）利用典型票开票。从工作票的分类树中选择“典型票”节点，系统将典型票显示在右侧列表中。选中想要利用的历史票后，点击“复制”按钮，系统复制一张工作票放到当前登录用户的“草稿箱”中。用户通过点击票分类树的“草稿箱”按钮便可找到新复制出来的工作票。

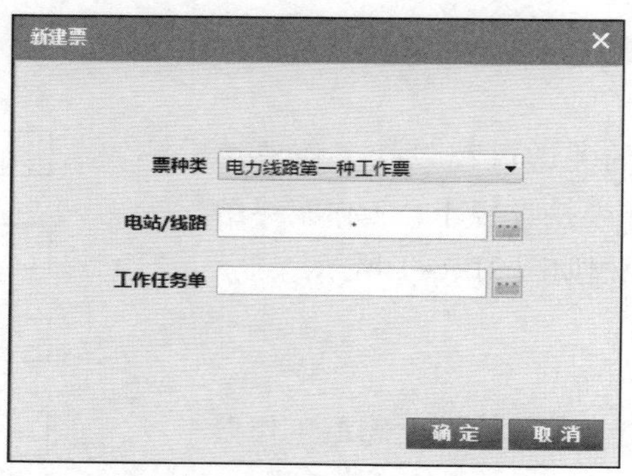

图 21-6-3 新建工作票界面

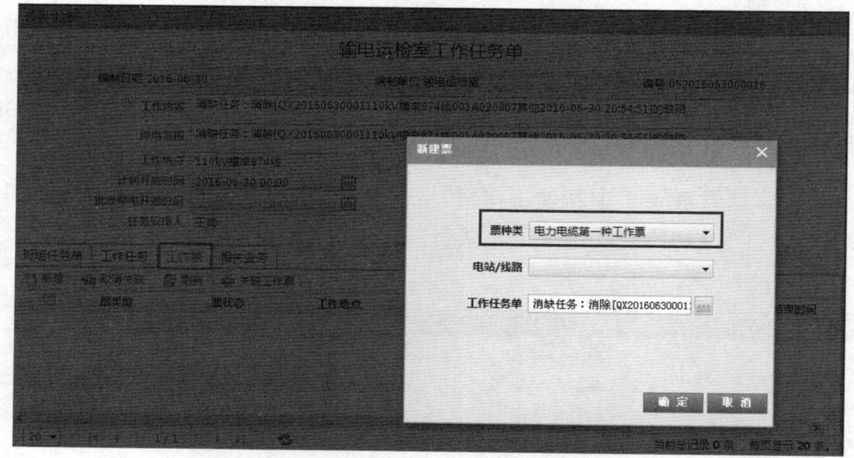

图 21-6-4 从工作任务单新建工作票界面

（3）利用历史票开票。从工作票的分类树中选择“存档票”节点，系统将存档的工作票显示在右侧列表中。选中想要利用的存档票后，点击“复制”按钮，系统复制一张工作票放到当前登录用户的“草稿箱”中。用户通过点击票分类树的“草稿箱”按钮便可找到新复制出来的工作票。系统复制存档票时，只复制历史票中工作负责人填写的内容（工作单位、工作班组、工作班组成员、计划工作时间除外）。

（4）工作票发送。工作负责人或签发人填写完整工作票后，便可点击“发送”按钮，并选择将要发送的签发人，系统将工作票发送给指定的签发人。

（二）工作票签发

1. 功能介绍

该模块提供工作票签发人签发工作票功能。

2. 功能菜单

标准中心>>工作票管理>>工作票管理。

3. 操作介绍

（1）查找待签发工作票。在工作负责人申请签发成功后，工作签发人登录后可以在首页的当前任务中选中该票点击“处理流程”按钮进入该票面操作相应内容；也可以在自己的收件箱中找到该票，双击票名称进入票面完成签发操作。当前任务中也可以通过点击“查看流程图”或“查看日志”按钮，进行流程图或日志的查看。

（2）签发工作票。工作签发人打开工作票，确认工作票内容填写无误后，点击票中“工作票签发人签名”处，系统显示电子签名界面，界面的签名人默认为当前登录人，签发人只需输入正确密码，便可完成工作票的签发操作（签发日期系统自动设置为当前服务器时间）。在签发完后可以点击“发送”按钮将工作票发送给工作负责人。

4. 注意事项

（1）签发人在签票的时候，如果发现票不合格，可以点击“退回”按钮将该票退回给工作负责人，由负责人重新修改好再次申请签发。

（2）签发人签发完发生票时，系统根据规则自动生成票号。

（三）工作票接收打印

1. 功能介绍

该模块提供工作负责人接收工作票并打印的功能。

2. 功能菜单

标准中心>>工作票管理>>工作票管理。

3. 操作介绍

工作签发人在签发完工作票后，工作负责人登录后便可以在当前任务中选择该票，点击“处理流程”按钮打开相应工作票；此时工作负责人可以将该票打印出，带纸票到现场执行。

（四）工作票回填终结

1. 功能介绍

该模块提供将打印后在纸票上填写的信息回填录入到系统中的功能。

2. 功能菜单

标准中心>>工作票管理>>工作票管理。

3. 操作介绍

（1）工作票作废或未执行。若由于工作票填写有问题或天气等其他原因而不能正常开工，导致工作取消或延期执行时，工作许可人可以点击该票上方的“作废”或“未执行”按钮，将该票作废或转成未执行票。

（2）填写修试记录。如果工作票关联了工作任务单，则工作票的工具将会出现“修试记录”按钮。点击“修试记录”按钮，登记修试记录，在下面的检修记录栏中填写检修情况，点击“保存”按钮保存检修记录，如图 21–6–5 所示。

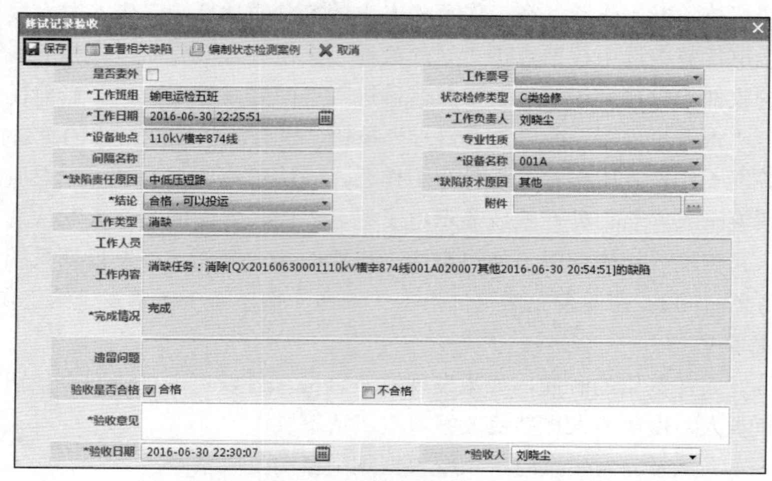

图 21–6–5 修试记录填写界面

（3）工作票回填终结。工作负责人在现场施工完成后，将打印后填写的内容回填录入到系统中，点击“发送”按钮将该票转成存档票，该票整个流程结束，并产生已执行章。回填工作票是为了保证系统中工作票数据的完整性，便于后续工作票审核和查询统计。在“任务处理”页面，工作任务 TAB 页，点击“班组任务单终结”按钮，在弹出的提示框中选择“确定”按钮，如图 21–6–6 所示。

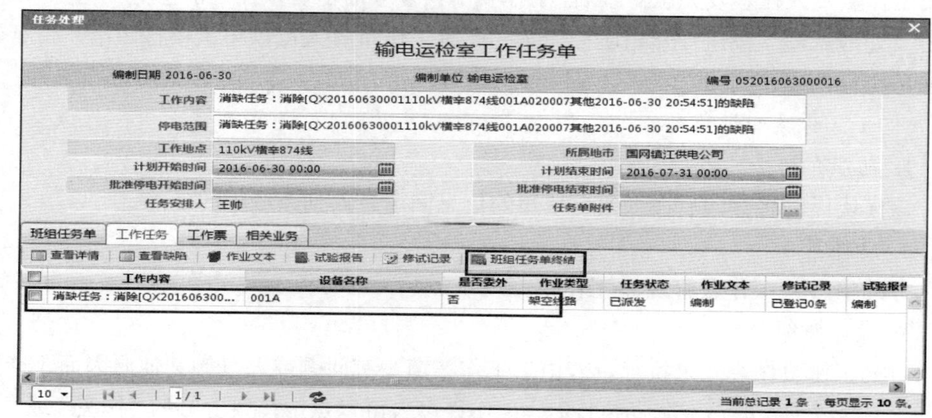

图 21–6–6 工作任务终结

二、工作票查询

1. 功能介绍

该模块提供根据查询条件对工作票进行查询的功能。

2. 功能菜单

标准中心>>工作票管理>>工作票查询统计。

3. 操作介绍

在主界面菜单栏中，进入工作票查询界面，如图 21–6–7 所示。

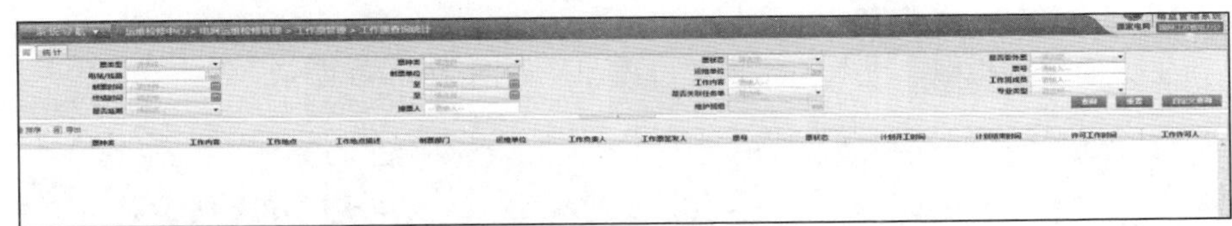

图 21–6–7　工作票查询界面

通过条件区选择查询条件（票类型、票状态、存档单位、制票单位、票名称、线路名称）。对于查询结果，用户可以双击打开后进行浏览；如果当前登录人具有修改票的权限，在查询结果中打开票后还可以修改票内容。也可通过自定义查询，点击“自定义查询”按钮，在页面中选择条件，然后点击“确定”按钮。也可以将经常使用的查询条件保存为查询方案，在以后的查询中直接点击“选择查询方案”按钮，选择具体方案进行查询即可。保存的查询方案为私有，每个用户只能使用自己保存的查询方案。

三、工作票统计

1. 功能介绍

该模块提供根据时间、执行单位对工作票进行统计的功能。

2. 功能菜单

运行工作中心>>工作票管理>>工作票查询统计。

3. 操作介绍

在主界面菜单栏中，进入工作票统计界面，如图 21–6–8 所示。

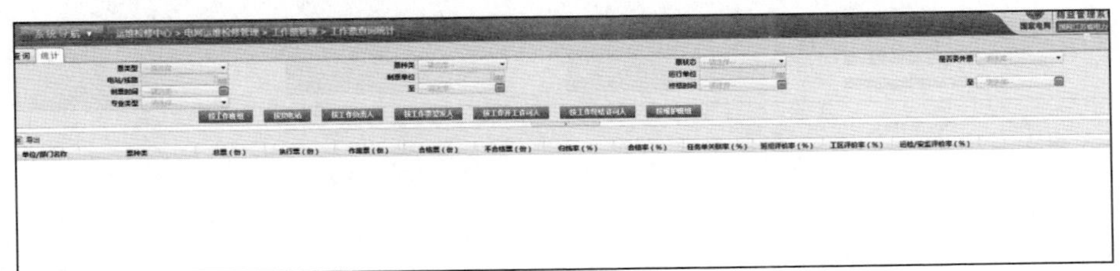

图 21–6–8　工作票统计界面

可根据选择统计时间、执行单位，统计方式，对工作票进行统计，统计结果显示各班组执行票数、作废票数、票总数。

四、工作票评价

1. 功能介绍

根据执行单位评价已执行的工作票。

2. 功能菜单

标准中心>>工作票管理>>工作票评价。

3. 操作介绍

在主界面菜单栏中，进入工作票评价界面，如图 21–6–9 所示。

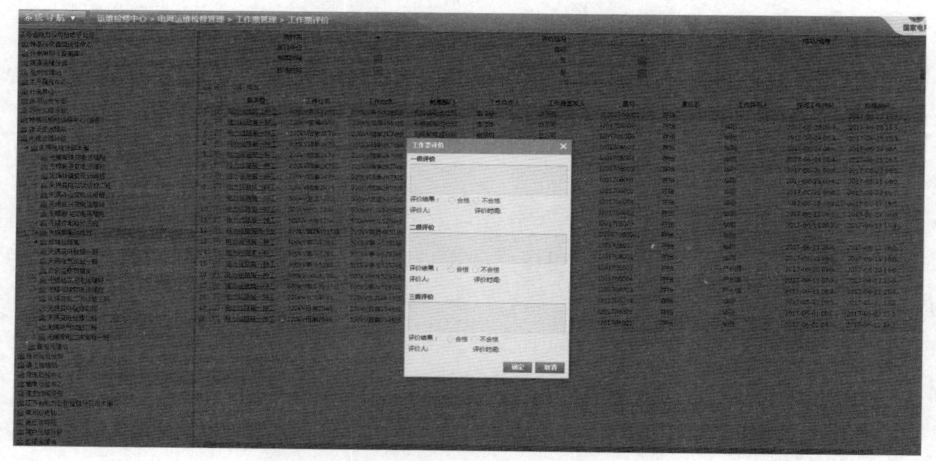

图 21–6–9　工作票评价界面

【思考与练习】

1. 简述线路工作票管理关键流程环节及相应的操作方法。
2. 简述线路工作票查询、工作票统计及工作票日志的操作方法。
3. 如何进行工作票的维护？

第二十二章

参数维护统计报表

模块1　任务池（Z05G6011Ⅲ）

【模块描述】本模块包含输电任务池管理和查询统计。通过功能描述、图形提示、操作过程详细介绍和注意事项，掌握输电任务池管理的应用。

【模块内容】

一、输电任务池管理

1. 功能描述

该模块提供输电检修工作任务的维护功能，可以勾选周期性的工作入池，也可以将未消除缺陷或未完成的工作任务添加入池。

任务池管理模块还提供了下月到期、明年到期任务以及未入池缺陷的入池提示功能，可以直接勾选这些提示的记录加入池中。

2. 功能菜单

标准中心>>电网运维检修管理>>任务池管理。

3. 操作介绍

打开菜单进入输电任务池新建，如图22–1–1所示。

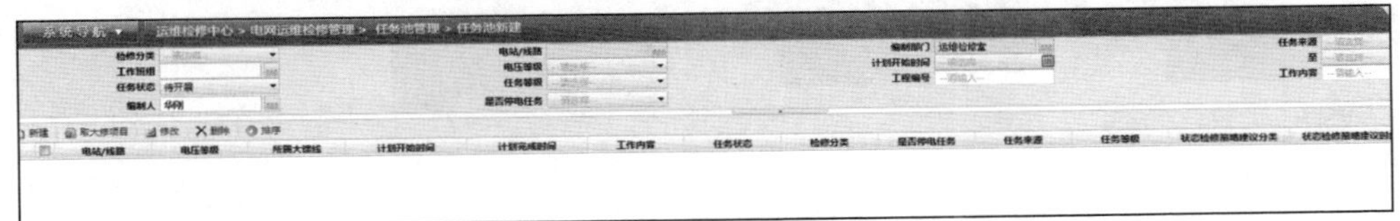

图22–1–1　输电任务池界面

新建。点击“新建”按钮，填写新增任务的相应信息，带有星号的为必填信息，如图22–1–2所示。

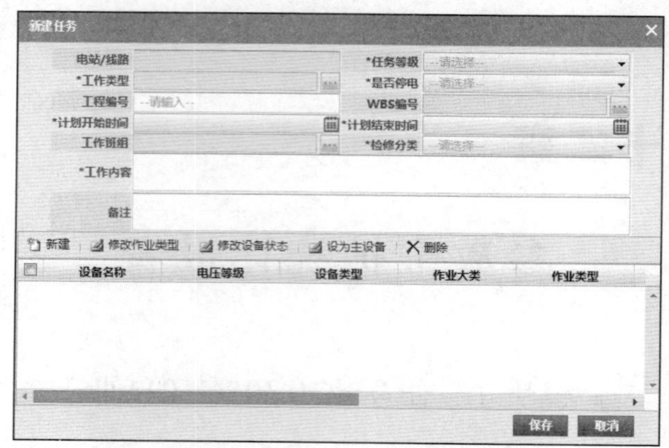

图 22–1–2 新建任务界面

点击新建，选择设备，如图 22–1–3 所示。

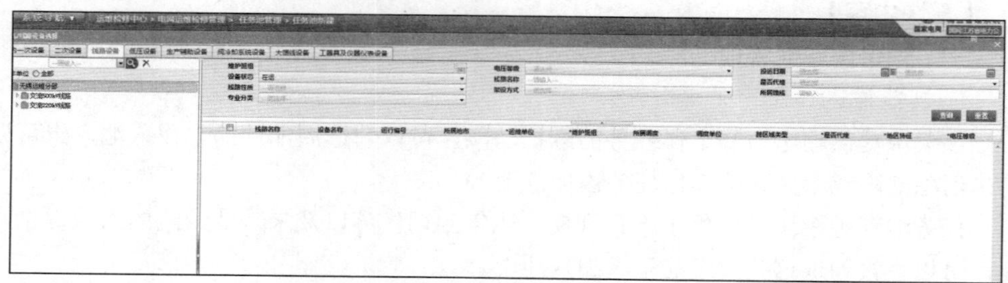

图 22–1–3 选择设备界面

输入线路设备名称，点击查询，选择所需要的设备，点击，确定，如图 22–1–4 所示。

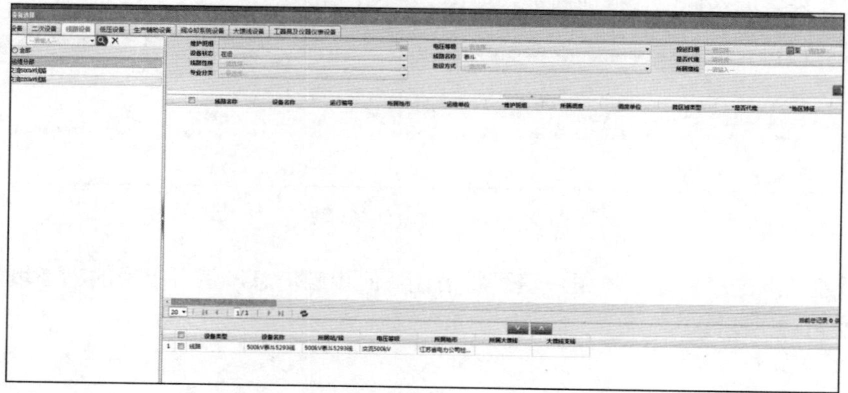

图 22–1–4 设备入池界面

4. 注意事项

（1）模块查询出的已维护工作任务，均为待开展的任务。

（2）模块查询出的已维护工作任务，为该用户所在的单位（地市、工区或县局）的下级单位或部门登记下的所有任务，具体来说，如果用户是班组下的用户，则用户只能查询本班组登记的工作任务记录，如果是工区用户，则用户只能查询本工区下的所有部门登记的工作任务记录，如果用户是地市级用户，则用户只能查询本地市下的所有部门登记的工作任务记录。

（3）通过本模块的“新建”按钮添加的任务，均视为临时工作任务。

（4）任务池任务列表下方的下周到期任务、下月到期任务、明年到期任务、未消除缺陷的提示区域，所提示的记录为该用户所在的单位（地市、工区或县局）管辖范围内线路的到期检修任务或未消除的缺陷，运行（检测）到期任务不包含在内，所谓检修任务，是指工作类型的根类型为“检修”的任务。

（5）任务池下方的下周到期任务、下月到期任务、明年到期任务、未消除缺陷的提示的区域，是动态的，任何一种提示区域无记录，则该提示区域将消失。

（6）任务池下方的未消除缺陷的提示区域所显示的缺陷，为专工已审核但未添加到任务池的缺陷，并且在任务池中至少发现一条同线路的其他工作任务，所谓专工已审核，是指该缺陷已经缺陷流程的专业所专工审核。

（7）无论是缺陷还是周期性检修工作，被添加到任务池后，不能被再次添加。

（8）缺陷流程环节中的也提供了将缺陷添加到任务池的功能，如果在缺陷流程处理时通过这些功能将缺陷添加到任务池，则本模块将不能再次添加，入池提示也不再显示该缺陷记录。

（9）对于临时性任务，可以修改其任何一个属性信息；对于周期检修任务、未完成任务、未消除缺陷任务，只能修改“计划开始时间”“计划结束时间”“工作班组”“备注”等信息。

二、输电任务池查询统计

1. 功能描述

查看输电任务池情况。

2. 功能菜单

标准中心>>电网检修运维管理>>任务池管理>>任务池查询统计。

3. 操作介绍

（1）查询。打开菜单进入输电任务池查询统计界面，如图 22-1-5 所示。

图 22-1-5 输电任务池查询界面

用户可根据工作类型、任务等级、计划工作时间、登记部门、线路名称、任务来源、电压等级、工作班组、工作内容、任务状态等条件选项查询出符合条件的输电任务情况。

（2）统计。也可对任务来源、任务状态、任务等级、工作班组等项作出相应的统计。

（3）导出。点击“导出 EXCEL”按钮，将查询统计出的数据导入到 EXCEL 文档并打印。

【思考与练习】

1. 输电线路任务池添加有哪几种方式？
2. 输电线路任务池管理需注意哪些事项？
3. 可以通过哪些途径实现查询？

模块 2 输电检修计划管理（Z05G6012Ⅲ）

【模块描述】本模块包含输电年度计划管理、输电月计划管理、输电工作计划管理等内容。通过功能描述、图形提示、操作介绍，掌握输电线路检修计划管理的应用。

【模块内容】

一、输电年度计划管理

（一）输电年度检修计划流程

输电年度检修计划流程，如图 22-2-1 所示。

（1）工区生产办人员制订输电年度检修计划。

（2）工区领导审核年度检修计划。

（3）地市公司生技领导审核年度检修计划。

（4）地市调度审核平衡年度检修计划。

（二）输电年度检修计划制订

1. 功能描述

用于输电年度检修计划的制订、修改。

2. 功能菜单

标准中心>>电网运维检修管理>>检修管理>>年度检修计划编制。

3. 操作介绍

（1）新增。点击“新增”按钮，弹出任务选择界面，如图 22–2–2 所示。

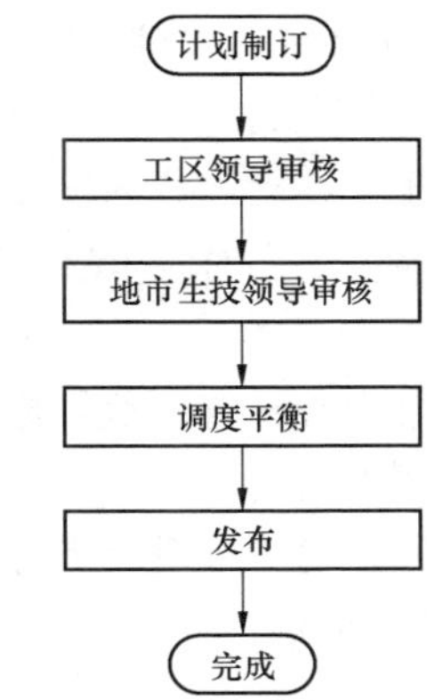

图 22–2–1　输电年度检修计划流程

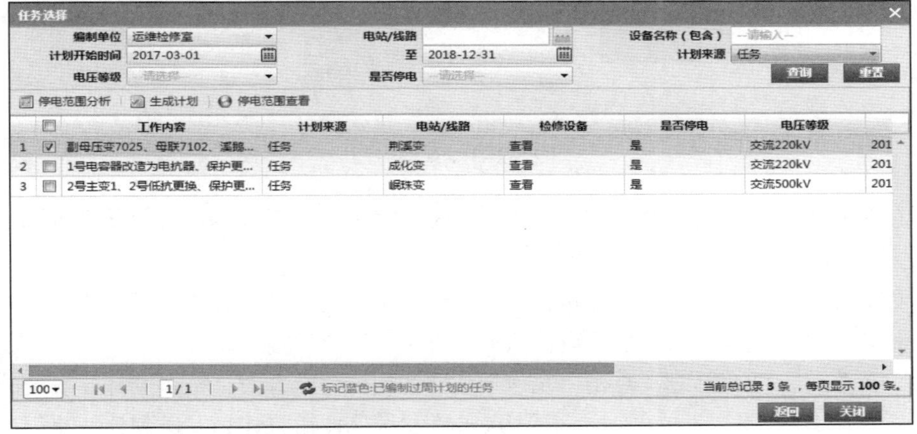

图 22–2–2　输电年度检修计划过滤界面

选择要生成计划的任务，点击“添加到计划”按钮即可。

（2）查看详细。选择计划，点击“ ”查询，可以查看当前计划的详细信息以及相关任务信息；可对处于制定状态的计划信息可进行修改、削减和增加计划相关任务等操作。修改信息后，点击“保存”按钮数据即可。

（3）合并。选择计划，点击“合并”按钮，系统可将相同线路的计划合并为一条新计划并替换所选计划。

（4）发送。选择计划，点击“发送”按钮弹出迁移选择对话框，选择要发送的用户，点击“发送”按钮将计划发送到计划流程下一环节。

（三）年度检修计划审核

1. 功能描述

用于年度检修计划领导审核，提供年度计划的修改、回退、审核、时间平衡、发送等功能；提供对已审核年度计划的查看功能。

2. 功能菜单

标准中心>>电网运维检修管理>>检修管理>>检修计划审核。

3. 操作介绍

（1）查询。按用户所需查询的要求输入跳线，查询时间段内当前用户的计划，如图 22-2-3 所示。

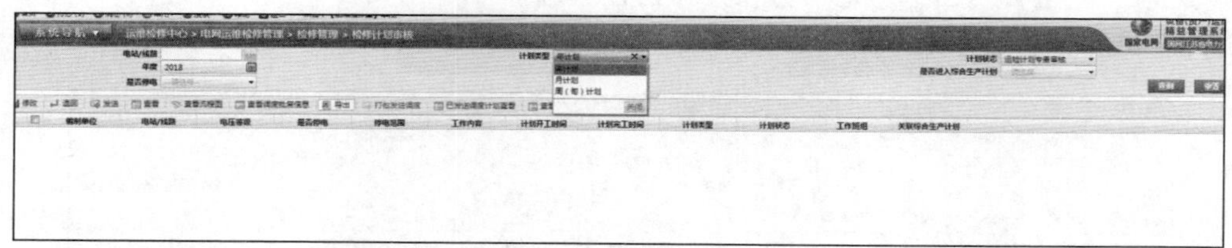

图 22-2-3 查询界面

（2）查看详细。选择“待审核计划”，点击“查询”按钮，弹出计划修改界面，用户可对计划信息修改，填写审核意见。

（3）审核。在年度检修计划审核页面，选择多条待审核的计划，点击“审核”按钮弹出审核意见填写界面，填写审核意见，点击“确定”按钮即可。

（4）发送。选择计划，点击“发送”按钮弹出迁移选择对话框，选择要发送的用户，点击“发送”按钮将计划发送到计划流程下一环节。

（5）回退。选择计划，点击“回退”按钮弹出回退迁移选择对话框，选择要回退的用户，点击“发送”按钮将计划回退到指定流程环节。

二、输电月计划管理

（一）输电月度检修计划流程

输电月度检修计划流程如图 22-2-4 所示。

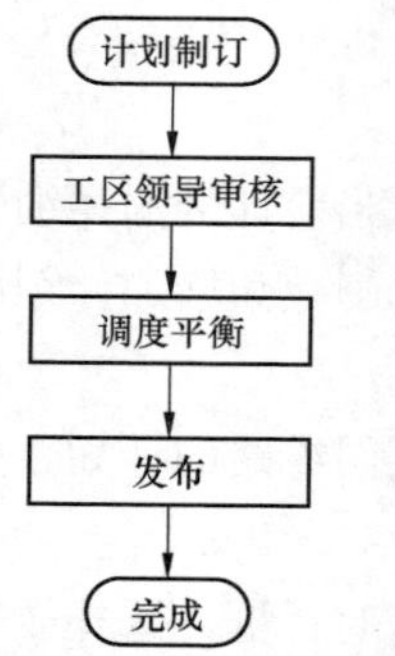

图 22-2-4 输电月度检修计划流程

（1）工区生产办人员制订计划。

（2）工区领导审核月检修计划。

（3）调度审核平衡月检修计划。

（二）输电月度检修计划制订

1. 功能描述

用于输电月度检修计划的制订、修改。

2. 功能菜单

标准中心>>电网运维检修管理>>修管理>>月度检修计划编制。

3. 操作介绍

（1）新建。全年计划：月度计划制订上报与年度计划制订上报流程基本一致，不同的是，月度计划可以取已发布的年计划，点击“全年计划”按钮弹出年计划选择界面，如图 22–2–5 所示。选择年计划，点击“确定”按钮将年计划加入当前月即可。

（2）月度计划的新增、上报流程，与年度计划上报流程基本一致，不再描述。

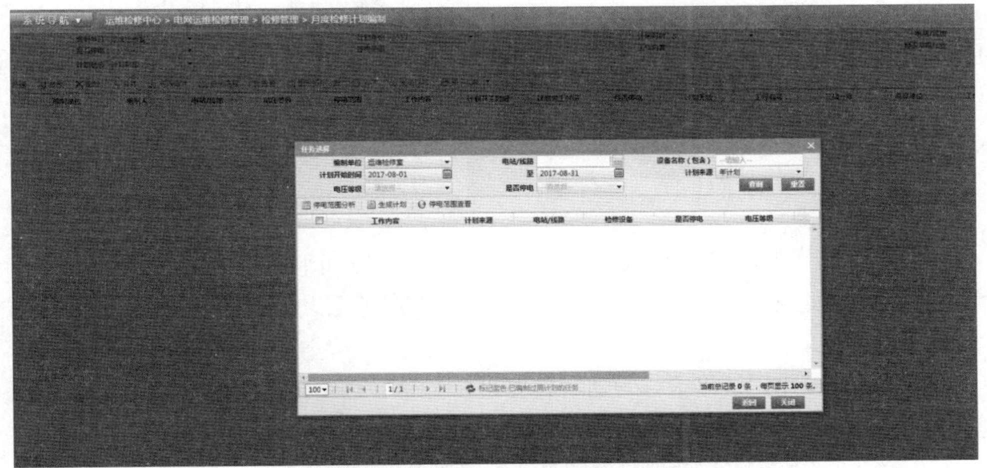

图 22–2–5　全年计划界面

（三）月度检修计划审核

1. 功能描述

用于月度检修计划领导审核，提供月度计划的审核、时间平衡、计划信息的修改、计划回退、计划发送功能，提供对已审核过计划信息的查看功能。

2. 功能菜单

标准中心>>电网运维检修管理>>修管理>>检修计划审核。

3. 操作介绍

具体流程参考年度计划审核。

三、输电工作计划管理

根据地域以及管理方式的不同，工作计划可以作为日计划、周计划、旬计划，具体按各地的实际情况进行调整。

输电工作检修计划流程如图22–2–6所示（当前流程为标准版系统提供流程，用户可通过工作流平台自定义流程环节）。

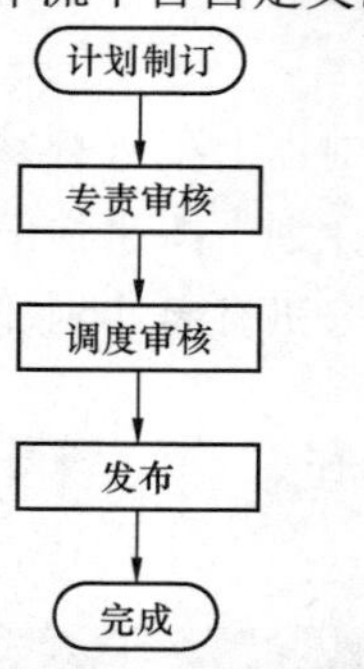

图22–2–6 输电工作检修计划流程

（1）工区生产办人员制订工作检修计划。

（2）工区领导审核工作检修计划。

（3）调度审核平衡工作检修计划。

（一）输电工作计划制订

1. 功能描述

输电工作检修计划的制订、修改。

2. 功能菜单

标准中心>>电网运维检修管理>>检修管理>>周检修计划编制。

3. 操作介绍

具体流程参考月度计划编制。

（二）工作检修计划审核

1. 功能描述

用于工作计划领导审核，提供工作计划的审核、时间平衡、计划信息的修改、计划回退、计划发送功能，提供对已审核过计划信息的查看功能。

2. 功能菜单

标准中心>>电网运维检修管理>>修管理>>检修计划审核。

3. 操作介绍

工作计划的审核流程处理可参考月计划审核。

（三）工作计划调度审核

1. 功能描述

用于工作计划调度审核，提供工作计划的审核、时间平衡功能；提供对已审核过计划信息的查看功能。

2. 功能菜单

标准中心>>电网运维检修管理>>修管理>>检修计划审核。

3. 操作介绍

工作计划的调度审核流程处理可参考年度计划调度审核。

【思考与练习】

1. 简要描述输电线路年度计划的流程。
2. 检修计划的调度审核主要提供哪些功能？
3. 如何将一个工作任务列为季度检修计划？
4. 如何将一个季度检修任务列为年度检修计划？

模块 3　输电停电申请单登记（Z05G6013Ⅲ）

【模块描述】本模块包含输电停电申请单登记、审批等内容。通过操作过程详细介绍，掌握输电停电申请单的应用。

【模块内容】

1. 功能描述

用于输电停电申请单的登记，提供输电停电申请单的登记、审批等功能。

2. 功能菜单

标准中心>>电网运维检修管理>>停电申请单管理。

3. 操作介绍

（1）查询。用户可以设置过滤条件点击“查询”按钮查询停电申请单，如图 22–3–1 所示。

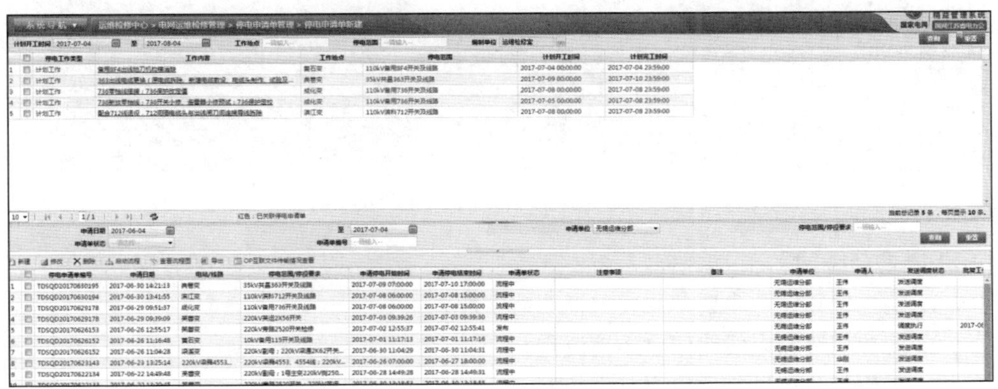

图 22–3–1　停电申请单查询界面

（2）新建。选择所需的检修计划，点击“新建”按钮，进入新建界面，如图 22–3–2 所示。

（3）填写。填写申请单内容，点击保存，点“启动流程”按钮，进入审批流程，系统会将停电申请单自动发送至 OMS 系统，如图 22–3–3 所示。

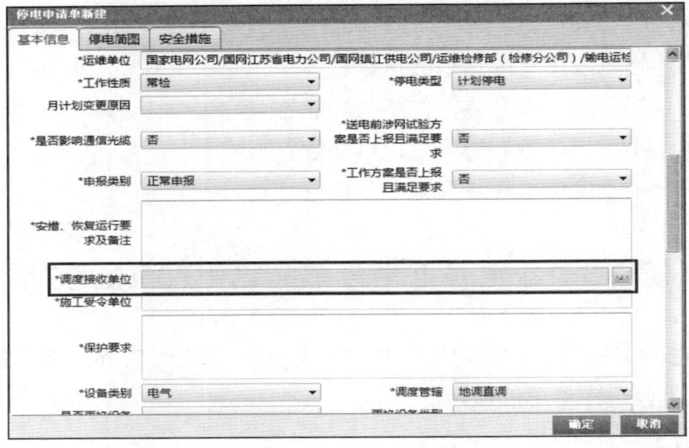

图 22–3–2 新建界面

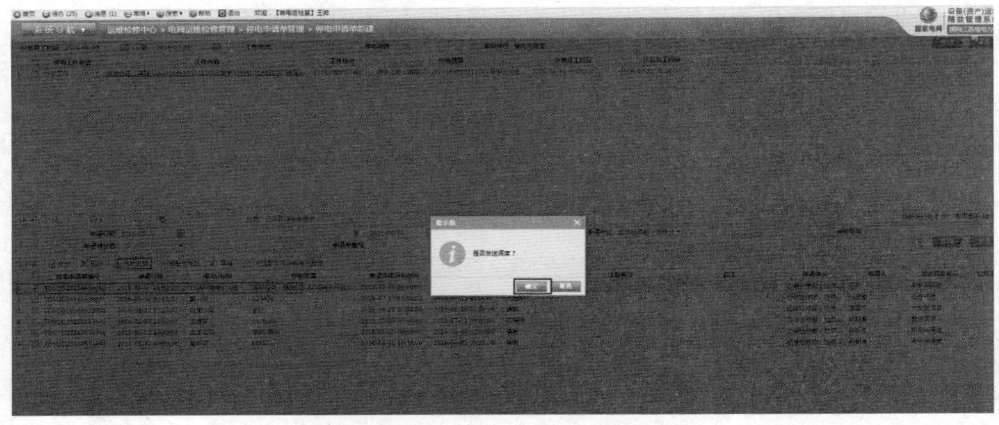

图 22–3–3 申请单审批界面

【思考与练习】

1. 输电线路停电申请单主要包括哪些字段？
2. 简要描述输电线路停电申请流程。
3. 工作任务单批复的内容有哪些？

◢ 模块 4 工作任务单管理（Z05G6014Ⅲ）

【模块描述】本模块包含输电工作任务单分配、班组受理、处理等内容。通过功能描述、操作和注意事项介绍，掌握输电线路工作任务单的管理方法。

【模块内容】

一、工作任务单分配

（一）功能描述

该模块提供输电工作任务单创建及派发功能。创建工作任务单时，首先选择计划任务或临时任务，同时需要指定受理任务的工作班组，一个任务单可以对应多条计划或多条临时任务，在创建工作任务单时可以关联停电申请单或创建停电申请单，也可以开写工作票。

在进行任务单创建时，允许选择的计划任务为周（旬）工作计划（在系统中称为“输电工作计划”，是比月度工作计划更具体的计划），这些输电工作计划必须是调度发布后且尚未开写工作任务单的计划。

（二）功能菜单

标准中心>>电网运维检修管理>>检修管理>>工作任务单编制及派发。

（三）操作介绍

打开菜单进入输电工作任务单分配界面，如图 22–4–1 所示。

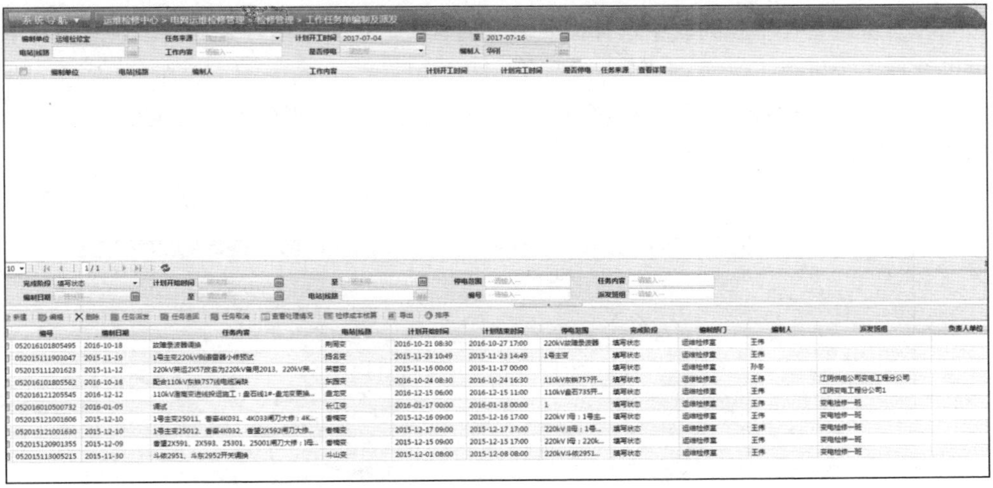

图 22–4–1　输电工作任务单分配界面

1. 新建任务单

在页面上半部分的工作计划或临时任务中选择要建任务单的计划或任务，点击“新建”按钮进入新建界面，如图 22–4–2 所示。

2. 指定任务的受理班组并派发

（1）任务选择。在检修设备列表中选择当前的检修任务。

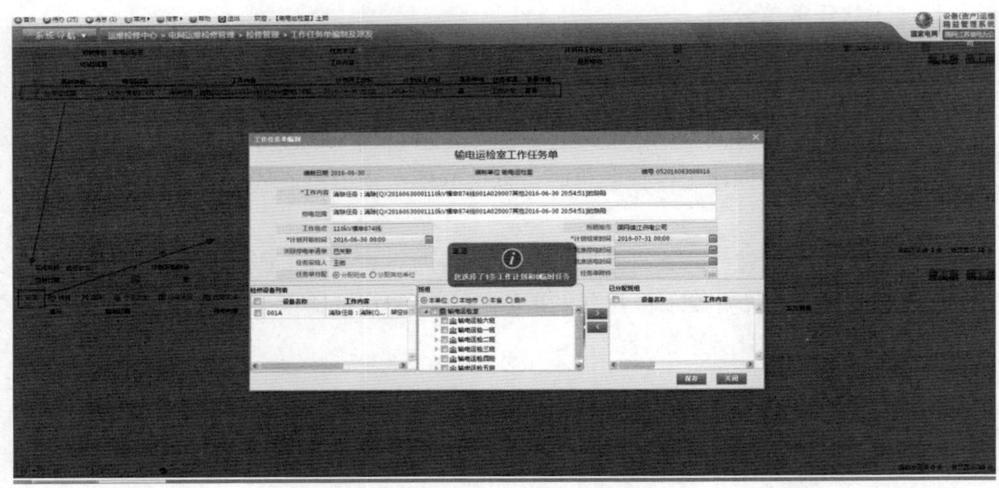

图 22–4–2 新建任务界面

（2）班组。在下拉列表中选择需要派发的班组，也可使用搜索功能。在此步骤中可以选择多个班组。

（3）派发。选择班组后，点击 > 按钮，点击保存，将工作任务派发至相应的班组，如图 22–4–3、图 22–4–4 所示。

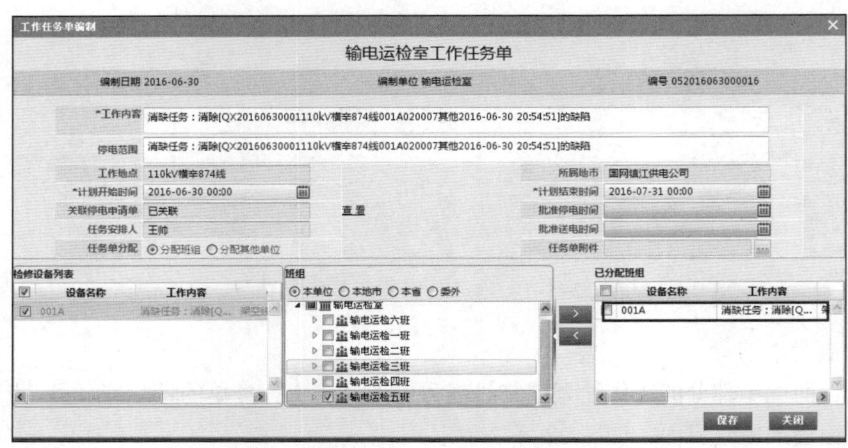

图 22–4–3 指定界面

图 22–4–4　派发界面

3. 招回任务

对于已派发给工作班组的任务，如果这些班组尚未进行接受，可以对任务单执行招回操作，点击图 22–4–1 所示主界面中的“任务追回”，系统提示是否确认追回，用户点击“确定”按钮后执行。

（四）注意事项

（1）模块查询出的工作计划，均为调度发布且未对其开写工作任务单的计划。

（2）模块查询出的临时任务，为待开展的任务，即尚未对其开写工作任务单。

（3）新建任务单选择工作计划或临时任务时，可以选择多条工作计划或多条临时任务，但这些工作计划或临时任务必须是同一条线路的。

（4）在对班组指定受理的工作内容时，同一条工作任务，可以指定给不同的工作班组。

（5）在图 22–4–1 所示主界面上选择工作计划或临时任务新建工作任务单时，工作计划及临时任务可以同时选。

（6）任务单上开写工作票时，必须首先指定工作班组，未指定工作班组的工作任务单禁止开工作票。

（7）不管任务单有多少个工作班组，该任务单只能开写一张工作票，如果需要开多张工作票，任务单发给班组后，由各班组受理任务单后再分别开票。

（8）一张工作任务单只能链接或创建一张停电申请单，链接后的停电申请单，不能再被其他工作任务单链接，可链接的停电申请单，可通过“计划任务中心>>停电申请单>>输电停电申请单登记模块”维护。

（9）任务单追回时，该任务单必须尚未关闭，招回后的工作任务单，不能再进行任何其他操作，即该任务单被封掉，其对应的工作任务被重新放入池中。

二、工作任务单班组受理

1. 功能描述

该模块提供对派发到班组的工作任务单进行受理操作的功能，通过该模块班组可受理专工派发的工作任务单并指定工作负责人，对已安排的工作任务单可提供任务处理功能，在进行任务单的工作任务处理中，还可以开工作票、填写检修记录等。

2. 功能菜单

班组中心>>电网运维检修管理>>检修管理>>工作任务单受理。

3. 操作介绍

使用派发步骤中派发班组人员账号登录系统，在系统首页中单击“待办”按钮，“全部任务”>>“工作任务单处理流程”>>“消缺任务安排”，选择提交的审核任务单，点击任务单的“任务名称”链接，如图 22–4–5 所示。

图 22–4–5　工作任务界面

（1）指派负责人。在工作任务单列表中勾选一条已分配的任务单，点击“指派负责人”按钮，弹出工作负责人选择对话框，选择负责人，点击“确定”按钮即可，如图 22–4–6 所示。

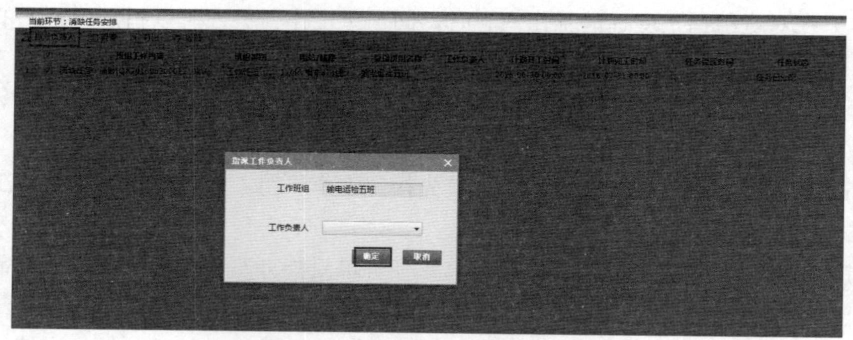

图 22–4–6　指派工作负责人界面

（2）任务处理。在工作任务单列表中勾选一条已安排的工作任务单，点击“任务处理”按钮，系统弹出任务处理界面进行相应操作，如图 22–4–7 所示。

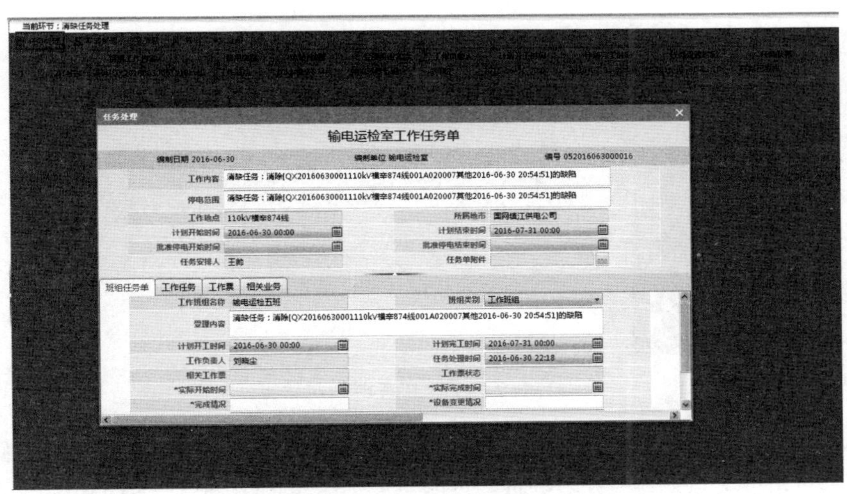

图 22–4–7　工作负责人任务处理界面

（3）开写工作票。在图 22–4–7 所示的任务处理界面中，点击“工作票”按钮，系统弹出工作票新建对话框，系统弹出工作票新建对话框，对话框中选择票的种类（如第一种工作票还是第二种工作票），确定后就可以创建并填写工作票，如图 22–4–8 所示。

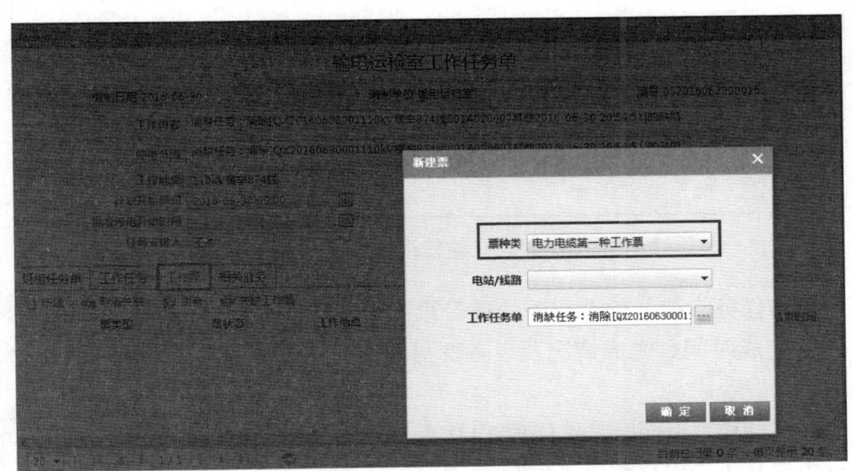

图 22–4–8　新建工作票界面

（4）作业文本编制。在图 22–4–7 所示的任务处理界面中，点击“工作任务”按钮，选择当前任务，点击“作业文本”按钮，在弹出的“作业文本编制”页面可编制作业文本，如图 22–4–9 所示。

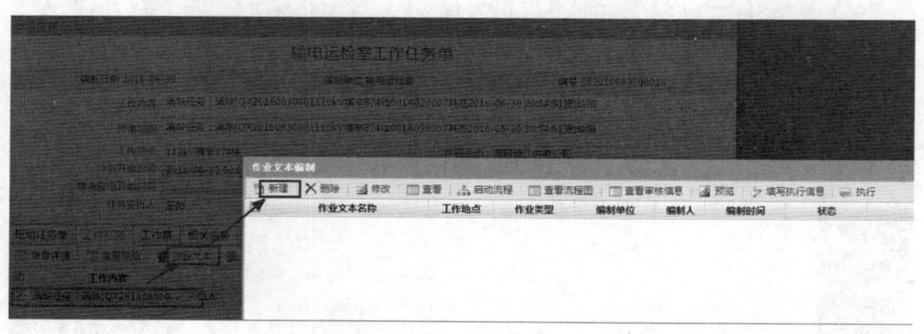

图 22–4–9　作业文本编制对话框

（5）检修记录编制。在标准化作业执行与工作票终结后，可回系统中编制修试记录、终结班组任务单。在“任务处理”页面，工作任务 TAB 页，选择工作任务，点击“修试记录”按钮，在弹出的“修试记录登记”页面维护修试记录信息，并点击“保存并上报验收”按钮，如图 22–4–10 所示。

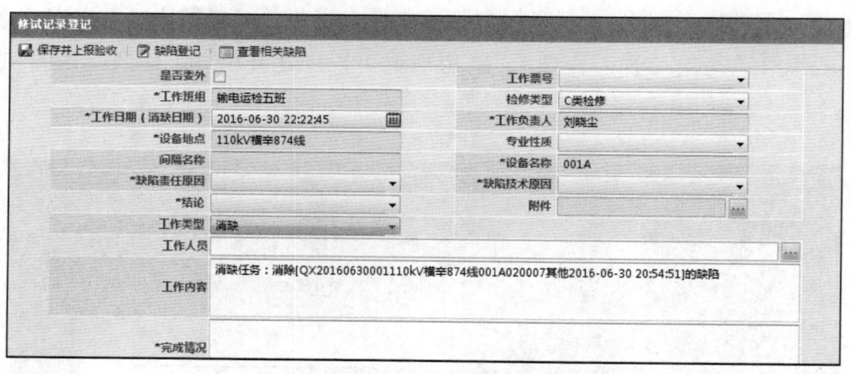

图 22–4–10　检修记录编制对话框

（6）工作任务终结。在“任务处理”页面，班组任务单 TAB 页，填写实际开始时间、实际完成时间、完成情况及设备变更情况，点击“确定”按钮，如图 22–4–11 所示。

在“任务处理”页面，工作任务 TAB 页，点击“班组任务单终结”按钮，在弹出的提示框中选择“确定”按钮，如图 22–4–12 所示。

（7）检修记录验收。在系统首页中单击“待办”按钮，“全部任务”>>“修试记录审核流程”>>“验收”，选择提交的审核任务单，点击任务单的“任务名称”链接，如图 22–4–13 所示。

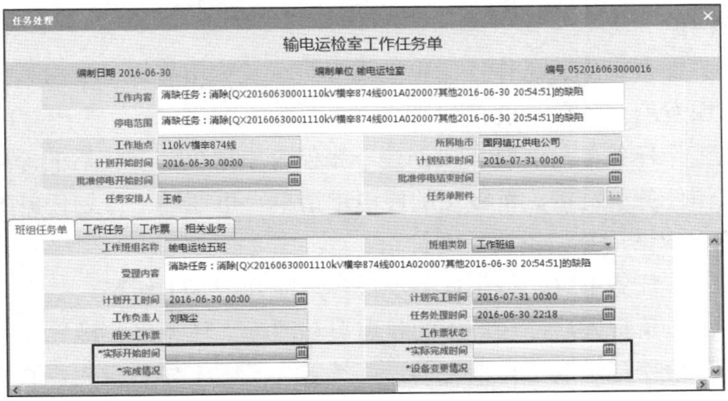

图 22–4–11　填写班组任务单对话框

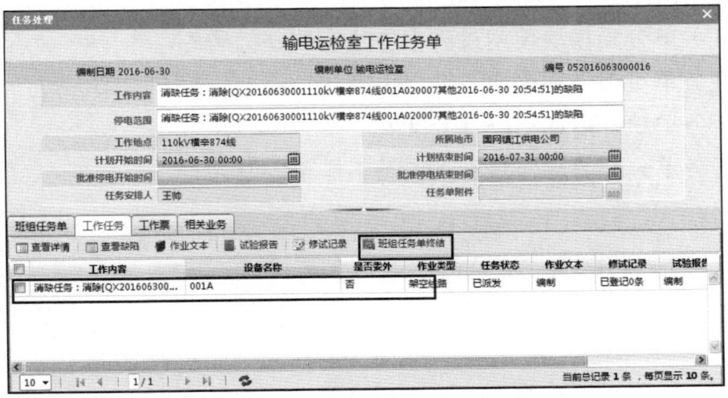

图 22–4–12　班组任务单终结对话框

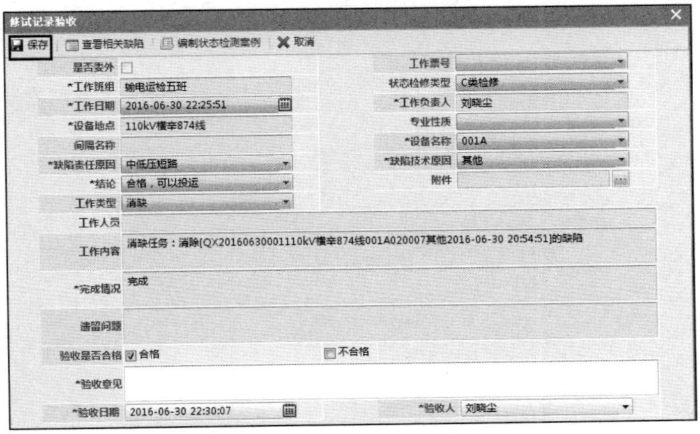

图 22–4–13　检修记录验收对话框

4. 注意事项

（1）在主界面查询出的工作任务单，为专责派发给本班组（登录人所在的班组）的任务单，未派发的任务单不能查到。

（2）一张工作任务单只能链接或创建一张停电申请单，链接后的停电申请单，不能再被其他工作任务单链接，可链接的停电申请单，可通过“计划任务中心>>停电申请单>>输电停电申请单登记模块”维护。

（3）受理工作任务单时，每张任务单最多只能开一张工作票。

（4）指定工作负责人后，任务单的状态自动改为“任务已安排”。

（5）在登记检修记录或工作票之前，必须首先指定工作负责人，否则系统禁止登记检修记录或工作票的操作。

【思考与练习】

1. 工作任务单分配模块使用过程中应注意哪些问题？
2. 工作任务单班组受理模块主要提供哪些功能？
3. 工作任务单填好后如何进行分配？
4. 工作任务单分配给工作负责人还是工作票签发人？

第六部分

输电运检规程规范

第二十三章

规 程 规 范

模块 1 GB 50545—2019《110～750kV 架空送电线路设计规范》（Z05B4001Ⅲ）

【模块描述】本模块包含路径和气象条件、绝缘配合、防雷和接地、杆塔结构等内容。通过概念描述和条文解释，能够掌握输电线路设计对线路的技术要求和标准。

【模块内容】

我国在 20 世纪 50 年代和 60 年代初制定了一批国家和行业标准，其中《高压架空电力线路设计技术规程》于 1959 年由水利水电部颁发。

1972 年起，国家开始对各行各业进行整顿治理，水利水电部以（72）水电电字第 118 号文首先恢复 15 种企业当前必须的安规、运行、检修规程和试验规程，也起草颁发了“全国供用电规则”（试行），以稳定全国电力企业的安全生产，同时组织对该 15 种规程和其他有关规程进行修订或起草，如送电、配电线路设计规程、过电压保护规程、电力设备接地规程、供用电规则等，并于 1976～1977 年间颁发，其中水利电力部颁发执行了 SDJ3—1976《架空送电线路设计技术规程》。

水利电力部组织对 1976 年颁发的规程进行修订，于 1979 年以（79）水电规字第 7 号文颁发执行了 SDJ3—1979《架空送电线路设计技术规程》，以后于 1999 年再次进行了修订。1979 年版规程有总则、路径、气象条件、导线、避雷线和金具、绝缘、防雷和接地、导线布置、杆塔型式、杆塔荷载、杆塔结构、杆塔基础、附属设施、对地距离及交叉跨越 12 个章节及 9 个标准附录和 1 个基本符号组成，适用范围是 35～330kV。

随着技术的进步和从 20 世纪 70 年代末开始建设 500kV 线路，到 1999 年规程颁发时 500kV 线路已超过 10 000km 的实际情况，1999 年国家经贸委颁布执行了 DL/T 5092—1999《110～500kV 架空送电线路设计技术规程》，《设计规程》有范围、引用标准、总则、术语和符号、路径、气象条件、导线和地线、绝缘子和金具、绝缘配合、防雷和接地、导线布置、杆塔型式、杆塔荷载及材料、杆塔结构设计基本规定、杆塔结构、基础、对地距离及交叉跨越、附属设施 17 个章节计 118 条及 7 个标准附录。

2006 年又 DL/T 5092 对组织修订，在送审稿期间发生了 2008 年南方冰灾，修订编写组及时修订编写后，国家电网公司以 Q/GDW 179—2008《110～750kV 架空输电线路设计技术规定》颁发，其中内容多为 DL/T 5092—1999 条文和修订内容，同时增加了部分防范冰灾而提高设计条件的内容。在国网标准的基础上，修订编写组进行了重新修订，以报批稿形式上报给国家标准局。

架空送电线路在运行中能否承受住各种气象条件和荷载的冲击，是对线路设计条件的检验，同时也是对线路运行工作人员的检验。线路运行人员应掌握必要的《线路设计》基础知识，以便在线路扩初审查、竣工验收、运行巡视中及时发现问题，并进行故障分析，依靠专业知识提出技术要求和依据，确保线路安全运行。

国家电网生〔2012〕352 号《国家电网公司十八项电网重大反事故措施》(修订版）中（防止输电线路事故）明确提出：加强设计、基建及运行单位的沟通，充分听取运行单位的意见。条件许可时，运行单位应从设计阶段介入工程。

在 DL/T 741—2019《架空送电线路运行规程》在基本要求中也提出：运行维护单位应参与线路的规划、可行性研究、路径选择、设计审核、杆塔定位、材料设备的选型及招标等生产全过程管理工作，并根据本地区的特点、运行经验和反事故措施，提出要求和建议，使线路设计的成果与安全运行要求协调一致。

一、总则

原为范围章节，本次修订增加为 5 条内容，原《架空送电线路设计技术规程》的设计范围改为 110～500kV，本次扩大到 750kV 电压等级，其中 110～500kV 适用于单、双回及同塔多回路架空线路；750kV 适用单回路线路。

随着社会的进步，标准新提出设计的架空输电线路应符合安全可靠、先进适用、经济合理、资源节约、环境友好型的要求。

实际上输电线路发生倒塔断线的概率很小，但雷击、污闪和鸟害跳闸故障多发。电网发生的故障，其中 80%以上是在输电线路上发生的；而输电线路发生的故障，又有 80%左右是沿绝缘子串发生的，因此输电线路的设计要满足该线路在当地环境下电气方面安全运行的要求，是今后线路设计理念的重中之重。

二、术语和符号

原章节有 9 个术语 11 个符号，基本是机械强度相关的内容，本次修订将术语扩大到 19 个，符号归类为 4 大方面计 69 个。全国已连续多年多地段发生电网大面积污闪跳闸事故，原电力工业部、能源部等推出许多防污闪方面的规定，本次修订中已将盐密值、灰密、采动影响区和防雷保护角作为术语纳入，但没有纳入单片几何爬电距离、绝缘子爬电距离有效系数和悬垂双串污耐压降低等防污闪（外绝缘配置）设计最重要的理念，会造成输电线路因绝缘子形状选择不当、绝缘子串的有效泄漏比距未满足电网污区图的污秽等级要求（未将绝缘子几何爬距按其形状系数换算）或悬垂双串未采取污耐压降低的弥补措施而发生线路污闪事故（线路污闪事故多发生在悬垂双串上）。

三、路径

本章节有 9 条技术要求，由于线路设计要执行资源节约型和环境友好型，同时根据科技发展的实际，线路勘察设计应采用卫片、航片、全数字摄影测量系统及地质遥感技术等，以加快和确保设计质量，提高生产能力。目前运行线路多数是按当时的国民经济情况来考虑工程经济节约，随着国民经济的发展和人民生活水平的不断提高，对电的依赖程度越来越高，一旦发生电网事故，如 2008 年南方大面积冰灾倒塔，对国家正常运行秩序和人民群众的生产生活将会造成极大问题，因此国家电网公司提出了建设坚强电网的运行模式。

其次，规程提出的输电线路设计应通过综合技术经济比较，而现实审查中掌握的技术经济指标主要是工程的钢耗率、混凝土耗比等，这样势必会造成杆塔高度普遍较低，原因是当时线路工程的本体造价约占工程综合造价的 70%～80%，而目前线路工程的本体造价占综合造价的 50%左右，在东部沿海经济发达地区有时只占 20%左右，因此单项控制工程钢耗比，会大大增加通道中树木砍伐、房屋拆迁等赔偿费用；如采用高塔和增加绝缘子片数，虽会增加线路工程的本体造价，但可以减少拆房、砍树的赔偿和杜绝线路污闪事故的发生等，反而会节约大量资金，因此在审查中需进行综合技术经济比较。

经过 2008 年南方电网冰灾倒塔后，国家电网公司提出：跨越铁路、高速公路时，应设置孤立档或小耐张段；输电线路在山区遇档距严重不均匀时，应将直线塔改耐张；当线路覆冰两侧不均匀脱冰时，避免该直线塔因导线不均匀脱冰时的不平衡张力拉垮直线塔等。

四、气象条件

本章节有 14 条技术要求，比原规程增加了一半，主要是大风、覆冰等内容。

4.0.1 条　规定了气象重现期的年份，原规程中的输电线路气象重现期标准取值是比较低，经过 2008 年电网大面积冰灾倒塔，本次对线路设计标准已将 500kV 及以上电压等级统一确定为 50 年，110～330kV 电压等级均按原大跨越标准即 30 年控制。

4.0.2 条　为最大设计风值取值内容，本次修订将原标准统计风速高度 110～330kV 线路离地面 15m、500kV 20m 统一改为所有输电线路均按离地面 10m 取值。

4.0.4 条　对所有输电线路的基本风速进行了降低调整。

4.0.5 和 4.0.6 条　对导地线覆冰设计作了调整，以吸取 2008 年电网大面积冰灾倒塔事故教训。

4.0.10 和 4.0.11 条 对线路设计用的年平均气温和架设安装工况中的风速、覆冰进行了规定。

该 14 条技术要求条文字面明确，均针对线路设计时的规定，平时运行单位大多不关心，但设计采纳的风速，则应按线路途径地区的最大风速，这点运行单位在设计扩初审查时应注意，运行单位在校核档中导线风偏对通道旁的树竹木、建筑物等安全距离时需要考虑，以防止导电。

五、导线和架空地线

本章节有 15 条技术要求，将原规程的 6 条内容进行了整合和细化，由于导、架空地线是线路的重要部件，它必须保证有足够机械强度，同时又必须保证在允许发热的条件下输送额定荷载和不发生电晕，其无线电干扰（可听噪声）应控制在国家标准允许的范围内。

5.0.1 和 5.0.2 条 是原规程 7.0.1 条的细化，分别规定了导线截面在按经济电流密度选择外，还必须按电晕及无线电干扰等条件校验，因绝大部分输电线路均架设在海拔 1000m 高程以下，规程列出了不需验算电晕的最小导线直径，方便各设计单位导线选择和运行单位校对。

5.0.4 和 5.0.5 条 系新增条文，它规定了输电线路无线电干扰和可听噪声限值的要求，同时将各电压等级的限值列表提供。

5.0.6 条 规定了输电线路在验算导线允许载流量时，提出导线发热宜采用 70℃、环境气温为 40℃、风速 0.5m/s、太阳辐射功率密度为 $0.1W/cm^2$，即导线发热温度的控制条件是最大、最残酷的运行工况。如风速的取值对导线载流量的影响是很大的，风速 1m/s 时的载流量要比 0.5m/s 风速增大 15%～20%；风速从 0.5m/s 增大到 1m/s 时，导线表面温度将下降 10℃左右；又如日照强度的取值也对载流量有影响，日照 $100W/m^2$ 时与 $1000W/m^2$ 时相比，导线载流量要提高 15%～30%。首次提出必要时可按 80℃验算，这给老旧线路增加输送容量提供了导线电气、机械强度方面的安全保证，当然针对老旧线路的交叉跨越还是要做好校核工作，从而使电网调度能积极开放线路的合理输送荷载。

世界各国除我国和苏联，对导线输送荷载发热均按 80℃或 90℃控制，例如 LGJ–400/35 的钢芯铝绞线的发热温度，其他运行工况都不变，只将导线发热温度从 70℃提高到 80℃，导线输送负荷可提高 16%左右；其次我国多家运行单位已将导线控制发热温度提高到 80℃运行，其中浙江省电力公司调度按最高环境温度下导线按 80℃发热控制已运行 10 多年，应该说普通钢芯铝绞线按 80℃发热温度控制是成熟的。

5.0.10 和 5.0.12 条 是原规程 7.0.4 条的细化，说明架空地线除具有防雷功能外，若绝缘架设时可减少潜供电流（降低线损）、降低工频过电压、改善对通信设施的干扰影响并作为电网高频载波通道。条文规定了架空地线的电气和机械强度使用条件，所以选择地线应按输电线路遭雷击或近区短路电流值和电流通过的时间计算校核架空地线热稳定工况，同时规程又推出经过计算校核后的镀锌钢绞线与导线配合的参数表，方便线路设计单位在线路设计时的选择。

5.0.11 条 是新增条文，随着光纤复合架空地线在电网中的扩大使用，标准规定了其防雷性能、短路电流等技术要求。

5.0.13 和 5.0.15 条 是原规程 7.0.5 和 7.0.6 条，内容说明导、地线在受力后会产生弹性伸长和塑性伸长，在受长期拉力的累积效应下产生蠕变伸长，所以条文规定了导地线架设后的塑性伸长处理方法，一般在架线过程中采用降温法来弥补导、地线在运行中的弛度。如镀锌钢绞线在架设紧线时，按当时的环境温度，以降低 10℃温度计算地线弧垂；而导线则按它的铝钢截面比数值来确定，规程表格中已给出计算好的所需降温值，方便线路施工单位在导、地线架设时计算弧垂使用。本章节还对导地线防振措施的技术要求进行了规定，由于线路设计已提供导地线防振锤的安装尺寸，因此运行单位对此类技术要求只了解即可。

5.0.14 条 是新增条文，随着全国线路导线舞动事故的不断发生，导线防舞动措施的认识和运行经验得到验证，标准要求线路设计在有可能易发生导线舞动的地区时，应采取或预留导线防舞动措施。

六、绝缘子和金具

本章节有 10 条内容，比修订前增加了 5 条。

6.0.1 条 规定了绝缘子和金具的机械荷载和安全系数，本次修订取消了瓷绝缘子常年荷载状况下安全系数不小于 4.5 的规定，由于瓷件的抗拉、抗击打能力都约为玻璃件的 1/4 左右。根据中国电力科学院和东北电力设计院对 250 万片瓷绝缘子的调查可知：耐张串的劣化率明显大于悬垂串，同时当绝缘子串的常年荷载安全系数小于 4 时，瓷绝缘子劣化率快速增长，这说明瓷绝缘子的劣化率与常年荷载有关系。线路设计时耐张串的常年荷载是绝大多数悬垂串的 1.6～1.8，设计一般将耐张串常年荷载的安全系数取 4.5 及以上，线路悬垂串一般用 70kN，部分压档或大档距则采用双联串，而耐张串则采用 120kN，以确保绝缘子的常年荷载控制在安全系数以上。

当输电线路交跨公路、铁路、电力线路和通信线路时，设计规程为防止瓷绝缘子劣化后遭雷击或污闪、操作过电压，发生短路电流沿绝缘子本体通过造成钢帽炸裂导线掉串的恶性事故，一般均采用双联悬垂串（大档距时按常年荷载安全系数考虑）；目前硅橡胶复合绝缘子因容易发生硅橡胶电蚀穿孔引发芯棒脆断掉串事故，设计也采用双联悬垂串，但对玻璃绝缘子则不需要双联悬垂串，原因是玻璃绝缘子不会发生钢帽炸裂事故，同时劣化自爆后的玻璃绝缘子残余强度必须对于其额定荷载的 80%。

本次修订没有对三种常用绝缘子进行说明。玻璃绝缘子因抗拉、抗击打的能力强，因此玻璃绝缘子不受常年荷载的控制，也就是说玻璃绝缘子的安全系数若常年在 2.7 时，也不会发生劣化率增长现象。另外 DL/T 864—2004《标称电压高于 1000V 交流架空线路用复合绝缘子使用导则》规定：硅橡胶复合绝缘子承受的最大荷载一般宜不大于其额定荷载的 1/3（盘形绝缘子最大使用荷载时安全系数为 2.7）。

6.0.5 条　为架空地线用绝缘子条文，架空地线按绝缘架设时一般均采用瓷绝缘子，而瓷绝缘子易产生劣化（低、零值）现象，在运行中又发现不了哪片绝缘子是低、零值（平时也不检测绝缘电阻），当架空地线遭雷击时，按理是地线绝缘子两端的放电间隙空气击穿下泄雷电流，因地线瓷绝缘子零值，雷电流从钢帽、钢脚间通过，引发钢帽炸裂地线掉串事故，所以规定地线绝缘时宜使用双联绝缘子串。目前已有玻璃绝缘子用作绝缘架空地线的绝缘，由于玻璃绝缘子不会发生钢帽炸裂现象，因此可采用单片。另外自爆后的残锤强度必须达到其额定荷载的 80%以上。

6.0.7 条　是针对与横担连接的第一个金具，即要承受其他金具一样的轴向拉力，还要承受旋转摩擦力，因此要求第一只金具的机械强度提高一个强度等级。

6.0.10 条　主要规定了严重覆冰段的绝缘子串布置方式，以减少绝缘子串冰闪事故的发生。

七、绝缘配合、防雷和接地

本章节有 22 条技术要求，比原规程的 14 条增加了 8 条内容，增加的条文多数是原条文的细化，少量增加是适应线路运行新出现的状况而定。

7.0.1 条　输电线路外绝缘的配置（绝缘子片数选择），一般按满足耐受长期工频电压和操作过电压来确定，对雷过电压除大跨越外一般不作为选择绝缘子片数的决定条件，仅作为校核外绝缘是否满足耐雷水平的要求。

7.0.2 条　规定了几个电压等级线路的外绝缘配置要求，针对耐张串常年荷载较大，瓷绝缘子容易劣化，为补偿因劣化绝缘子存在对操作过电压的影响，要求耐张绝缘子串片数应在悬垂串片数的基础上，110～330kV 线路增加 1 片，延续瓷绝缘子制定的要求。目前线路耐张串多采用瓷或玻璃绝缘子，在输电线路设计中，耐张串均比悬垂串多 1 片，这对玻璃绝缘子是不合适的，玻璃绝缘子劣化后即刻自爆，运行单位可及时更换处理；但对瓷绝缘子，由于瓷件强度低，常年运行易产生隐裂纹而劣化，又因没有有效的瓷绝缘子劣化检测仪器，因此瓷绝缘子耐张串即使存有低零值劣化绝缘子，运行维护单位也难以发现，所以规程应注明两种盘形绝缘子的电气、机械性能，以减少部分不必要的浪费。

另外我国输电线路外绝缘配置，是按悬垂 I 串绝缘子在最大风偏下空气间隙击穿电压与绝缘子串闪络电压的 0.85 配合比设计控制塔头间隙的，从而形成 110kV 等级 I

串配 7 片（146mm 高度）、220kV 配 13 片、330kV 配 17 片和 500kV 配 25 片（155mm 高度）结构高度的设计观念，由于空气间隙击穿电压远大于相应结构高度的 I 串绝缘子的沿面闪络电压，致使输电线路雷击跳闸次数占全部故障 80%左右，同时造成绝缘子串的泄漏比距无法配置到 4.0～5.0cm/kV 等级，只能采用每年停电清扫绝缘子污秽，经统计，我国输电线路沿绝缘子串闪络跳闸与由塔头空气间隙击穿放电的跳闸比在 10:1～12:1。

7.0.3 条　是对高塔的耐雷水平，每增高 10m 多挂一片绝缘子，绝缘子片数增加了，杆塔的耐雷水平也提高了。但因增加了绝缘子串，要求对雷过电压的最小间隙也相应增大则值得商榷（原 SDJ3—1979 没有最小间隙相应增大的规定）。应该说该高塔仍应按该电压等级的雷过电压间距控制，原因是空气间隙击穿电压值远比绝缘子串的闪络电压值大，高塔绝缘子串片数增多后，其耐绕击水平增加了，应该在绝缘子串两端安装金属招弧角，其间距按该电压等级的雷过电压控制计算，在导线受绕击雷时，因本塔绝缘水平增加了，导线上的雷电流会沿导线分流衰减，或在高塔附近的一般杆塔绝缘子串上闪络跳闸。

7.0.4 条　是线路外绝缘配置的污耐压。由于我国的外绝缘配置已成固定的思维模式，通用铁塔的塔（窗）头间隙也基本按表 7.0.2 绝缘子串长设计，因此本条绝缘子串的泄漏比距“适当留有裕度”就不容易执行了。线路外绝缘设计应按经审定的污秽分级图所划定的污秽等级配置线路应耐受的泄漏比距。原因是从 20 世纪 70 年代以来，全国多次发生大面积污闪事故，特别是 1990 年前后，华东、华北、华中和东北电网多数省份的 2.0cm/kV 污区等级多次发生大面积污闪事故。由于条文没有考虑盘形绝缘子的形状系数，绝缘子厂家生产的产品未加大盘径，只增加了单片绝缘子的几何爬电距离，这类深棱防污型绝缘子使耐污闪性能大减；同时绝大部分线路设计人员还是受 7 片/串、13 片/串的节约型设计观念影响，条文也未要求按有效泄漏比距设计线路的外绝缘，造成设计人员在盘形绝缘子爬距配置不够时则一律采用复合绝缘子的现象。

线路设计人员应突破 7 片/串、13 片/串的瓶颈，事实上同等结构高度的 110kV 复合绝缘子可配置 146mm 高度的盘形绝缘子 9 片左右，220kV 线路可配置 15 片左右。由于同等结构高度的复合绝缘子耐雷水平要比盘形绝缘子串低，为此电力工业部在调网〔1997〕93 号《复合绝缘子使用指导性意见》中要求：雷击多发区的线路若使用复合绝缘子，其结构高度应比常规高度长 10%～15%。常规 110kV 复合绝缘子结构高度为 1240mm，雷区线路按要求增加 10%，则为 1364mm，该结构高度可配玻璃绝缘子 9 片多，选择 280mm 盘径、450mm 爬距的玻璃防污绝缘子，此时的泄漏比距为 3.68cm/kV；220kV 复合绝缘子结构高度为 2240mm，增加 10%则为 2464mm，该长度可配玻璃绝缘子约 17 片，泄漏比距为 3.5cm/kV；应该说，设计若按有关防污闪和防雷措施设计线路外绝缘，则线路盘形绝缘子串基本可杜绝清扫污秽，又提高了绝缘子全寿命管理的效果。

7.0.6 条　是针对线路耐张串防污闪的有关规定，“耐张绝缘子串的自洁性较好，在同一污区，其泄漏比距可根据运行经验较悬垂绝缘子串适当减少”是本次修订增加的内容。耐张绝缘子串由于水平放置，容易受雨水冲洗，因此其自洁性较悬垂绝缘子串要好，运行经验也表明，耐张绝缘子串很少污闪。多年来全国多次电网大面积污闪事故，线路污秽闪络跳闸的故障几乎都发生在悬垂串上，且基本是发生在悬垂双串上。有关试验表明：普通型悬式绝缘子串组成的 V 形串，其污闪电压比同一污秽度下的垂直串提高 25%～30%；国外的一些试验进一步证明：各种串形的绝缘子沉积污秽盐密比值随着积污时间的增加而降低。一般情况下，耐张水平串的盐密值是垂直串的 50%左右，而悬垂 V 形串的盐密值是垂直 I 串的 80%左右。

所以按照线路设计规程的要求和国外试验经验及运行线路的实践证明，耐张水平串的泄漏比距可比同条线路的悬垂串低一级左右。特别是目前线路设计中耐张水平串多采用普通玻璃绝缘子，有时按绝缘子串的泄漏比距是小于污秽等级的，运行单位不必刻意地去追求耐张水平串也必须满足污区图中的污秽等级标准。

7.0.7 条　系新增条文，主要是针对复合绝缘子的泄漏比距只能生产 2.8cm/kV 及以下，但新复合绝缘子的憎水性能较好，所以规定在重污区使用复合绝缘子时，其爬电距离不应小于盘形绝缘子最小值的 3/4 和不下于 2.8cm/kV。同时对复合绝缘子的耐雷水平比相同盘形绝缘子串降低现象，提出了注意要求。

7.0.9 条、7.0.10 条、7.0.11 条　规定了各电压等级时的带电作业安全距离、带电部分对杆塔构件的最小间隙和导线相间最小间隙的相关数值，列在几张表格内。

7.0.13 条　规定了输电线路的防雷设计，参照 DL/T 620—1997《交流电气装置的过电压保护和绝缘配合》规程多雷区线路的耐雷水平，110kV 为 60kA；220kV 为 95kA 和 500kV 为 150kA，但线路设计单位几乎难以达到该标准，原因是多雷区几乎在山区，杆塔周围的土壤电阻率较高。如某条新建 220kV 铁塔线路，悬垂串采用 16 片/串，塔头架设双架空地线和在中间架设一根 OPGW 光缆（起分流作用），在山区段的导线下方，架设了约 20km 的耦合地线，经计算杆塔的耐雷水平仍难以达到 95kA（有的塔只有 80 多 kA）。

7.0.14 条　是有关线路架空地线保护角的规定。目前运行单位每年的雷击跳闸居高不下，其原因是线路外绝缘设计的配合比不合理，即绝缘子串无法提高耐绕击雷水平，其次是线路架空地线未设计成小保护角、零保护角或负保护角，无法降低绕击雷的概率。目前多数线路设计单位都已将 500kV 线路的地线保护角控制在 5°以下，许多线路已是 0°或 1°左右，220kV 等级以下也多采用小角度地线保护角。

针对重覆冰区线路，当线路架空地线设计成小保护角、零保护角时，由于运行中架空地线的表面温度要比导线低许多（导线输送荷载中会使导线发热），因此地线结冰也比导线要严重得多，经常是架空地线的弧垂比导线低，当架空地线设计成小保护角、零保护角时，架空地线弧垂下降接近导线而跳闸。

7.0.18 条 系新增条文，主要针对直流输电线路接地极与交流线路接近时，应采取金属防腐蚀的措施。

八、导线布置

本章节为导线布置内容，有 4 条技术要求，均为 1999 年版的内容，比 1999 年版的条文细化了，通读更容易，该章节是成熟的条文，已执行几十年。

九、杆塔型式

本章节为杆塔型式内容，有 5 条技术要求，修订后的规程对杆塔的设计仍然停留在我国早期钢材少，国民经济困难阶段，还是允许采用拉线杆塔和钢筋混凝土电杆，此类杆塔一来占地面积大，妨碍农户种植作业；另外运行维护量大，杆塔稳定全靠拉线维持，不符合目前的社会环境和生产生活方式。虽然标准已允许在城区或市郊线路可采用钢管杆，但 Q/GDW 179—2008《110～750kV 架空输电线路设计技术规定》还规定对树竹木生长期宜按树木自然生长高度，采用高跨杆塔型式设计，充分体现了环境友好型的理念，同时节约了工程综合造价，理顺了电力企业、农户及国家森林法之间的关系。

十、杆塔荷载及材料

本章节是杆塔荷载及材料内容，分杆塔荷载章节 22 条技术要求和结构材料章节 8 条技术要求，比原规程的 2 个章节和 21 条技术要求修订增加较多，主要是根据 2008 年电网大面积冰灾倒塔事故的教训，将原规程规定的多分裂导线的纵向不平衡张力在平地、丘陵和山地时，应分别取不小于一相导线最大使用张力的 15%、20%和 25%，且不得小于 20kN，改为平丘悬垂塔双分裂导线 25%、双分裂以上导线 20%；山地悬垂塔双分裂导线 30%、双分裂以上导线 25%；平丘和山地的耐张塔双分裂及以上导线均为 70%。在 2008 年冰灾倒塔中，发生倒塔的线路几乎均为两分裂导线或多分裂导线线路，单根导线线路发生断线后几乎没有发生倒塔，只是造成横担头受断线冲击力而变形。目前 Q/GDW 179—2008 已将多分裂导线的纵向不平衡张力的百分比提高到 25%、35%和 45%。地线取最大使用张力的 100%；垂直冰荷载取 100%设计覆冰荷载。

针对材料章节，随着我国生产的高强度钢材不断增加，输电线路采用高强度钢对降低工程造价和材料重量效果显著，其他的杆塔受力分析和导地线风荷载的调整、绝缘子串风荷载的计算及杆塔材料、螺栓等强度计算均是成熟的规定，同时该类知识线路设计人员很容易对照执行，运行单位只需了解即可。

十一、杆塔结构

本次修订将原规程中的杆塔结构设计基本规定的 2 个章节和 7 条技术要求与杆塔结构的 9 条技术要求，整合成一个章节，基本计算规定章节有 3 条技术要求；承载能力和正常使用极限状态计算表达式章节有 3 条技术要求；杆塔结构章节有 7 条技术要求。该章节知识属于设计铁塔和电杆人员用，同时工厂已将它们设计制造成产品，线路设计人员只需了解，并不需要他们设计计算，一般线路设计也基本采用套用产品规格即可。

十二、基础

本章节是杆塔基础内容，有 10 条技术要求，比原规程的 8 条技术要求增加了 2 条，本规程的技术要求多数是成熟的技术规定。

12.0.2 条 系新增条文，规定了基础稳定、基础承载力采用荷载的设计值进行计算；地基的不均匀沉降、基础位移等采用荷载的标准值进行计算。

12.0.10 条 系新增条文，规定了转角塔、终端塔的基础应采取预偏措施，预偏后的基础顶面应在同一坡面上。

Q/GDW 179—2008 为创造环境友好型线路工程，规定在地下水较深的黏性土地区可采用淘挖式基础；岩石地区采用锚筋基础或岩石嵌固基础；山区应采用全方位高低腿基础，以保护自然环境，防止水土流失。

十三、对地距离及交叉跨越

本章节为对地距离及交叉跨越内容，有 11 条技术要求，比原规程的 10 条技术要求有所修订。

13.0.6 条 本次修订了原规程线路通过林区需砍伐通道的规定，改为宜采用加高杆塔跨越不砍通道的方案，从而实现了架设输电线路并成为环境友好型工程。

13.0.8 条 修改了原规程 16.0.9 条输电线路对易燃易爆物品安全距离不小于杆塔高度 1.5 倍的规定，随着电网发展快速，线路通道越来越紧张，本次修订为：输电线路与易燃易爆物品的安全距离为本杆塔高度加 3m。

Q/GDW 179—2008 规定了跨越铁路和高速公路的要求，提高了建设标准，采用孤立档架设；对输电线路跨越树木、毛竹林时，宜采用高塔跨越、不砍伐通道的方案。

十四、环境保护

本章节为新增内容，有 6 条技术要求，即有关电磁干扰、噪声污染及杆塔基础建设中的水土保持和尽量不砍伐树竹木而采用高跨方式。

十五、劳动安全和工业卫生

15.0.2 条 规定了高杆塔宜采用高空作业人员的防坠落安全保护措施。

15.0.3 和 15.0.4 条 规定了在线路施工和新建线路附近有其他平行交叉线路时，

应设计有防止感应电伤害的安全措施。

对附属设施和几个标准附录，基本是原规程的成熟规定，只需对应执行即可。

【思考与练习】

1. 架空送电线路设计规程为什么采用高塔跨越树木、毛竹林？

2. 为什么按架空线路设计规程设计的线路，雷击跳闸率仍会超过国家电网的要求？

3. 为什么 500kV 线路的边导线 5m 内要拆房屋？

4. 为什么本规程已提高了 1979 年版分裂导线的不平衡张力，仍出现大面积冰灾倒塔？

◢ 模块 2 GB 50233—2014《110～750kV 架空输电线路施工及验收规范》（Z05B4002Ⅰ）

【模块描述】本模块包含原材料及器材的检验、测量、土石方工程等内容。通过概念描述和条文解释，掌握架空电力线路施工及验收的内容、方法和标准。

【模块内容】

在 20 世纪 50 年代和 60 年代初制定了一批国家和行业标准，其中 DJG—63《电力建设施工及验收暂行技术规范——送电线路篇》由国家基本建设委员会颁发。1972 年起，全国开始对各行各业进行整顿治理，水利水电部以（72）水电电字第 118 号文首先恢复 15 种企业当前必须的安规、运行、检修规程和试验规程，也起草颁发“全国供用电规则”（试行），以稳定全国电力企业的安全生产；同时组织对该 15 种规程和其他有关规程进行修订或起草颁发，如送电、配电线路设计规程、过电压保护规程、电力设备接地规程、供用电规则等，并于 1976～1977 年颁发。《线路施工验收规范》从 1975 年起组织修订，增加了岩石基础、导地线接头爆破压接、钢绞线修补和杆塔螺栓紧固等新技术和新工艺，于 1981 年颁发，以后在 1990 年又进行了修订。

本规范是在 GB 50233—2005《110～500kV 架空送电线路施工及验收规范》和 GB 50389—2006《750kV 架空送电线路施工及验收规范》的基础上修订而成的，GB 50233—2005《110～500kV 架空送电线路施工及验收规范》的主编单位是国网电网公司工程建设部、国电电力建设研究所，参编单位是中国电机工程学会输电线路专业委员会施工技术分会、广西送变电建设公司、浙江省送变电公司、甘肃送变电工程公司、黑龙江省送变电工程公司、中国超高压输变电建设公司，主要起草人员是郑怀清、李庆林、许雄森、马仁洲、李逸白、陈发宇、吴九龄、张会韬、杨逸耘。GB 50389—2006《750kV 架空送电线路施工友验收规范》的主编单位是国网交流建设有限公司、国网电力建设研究院，参编单位是西北电网有限公司、甘肃送变电工程公司、青海送变电工程公司、中国南方电网超高压输电公司、广西送变电建设公司、陕西送变电工程公司、北京送变电公司、江苏省送变电公司、湖南省送变电建设公司、西北电力设计院，主要起草人员是郑怀清、杨逸耘、姜效礼、曹惠潮、陈发宇、李庆林、田子恒、艾肇富、王中、汤志强、杨林、衣立东、刘增胜。

2012 年 7 月 19 日，中国电力企业联合会在北京组织召开《110～750kV 架空输电线路施工及验收规范》标准编制组成立暨第一次工作会议。会议讨论并通过了标准修订大纲、修订计划及起草分工。

2013 年 3 月 14～15 日，标准编制组在北京召开工作会，对本规范修订初稿进行了讨论，会后整理修改形成了标准征求意见稿。

2013 年 4 月 20 日，标准编制组将征求意见稿发送全国有关设计、施工、监理、生产运行等企业并上传住房城乡建设部网站征求意见。后整理汇总返回意见共 108 条，其中采纳 66 条，未采纳 42 条。

2013 年 7 月 17～18 日，标准编制组在哈尔滨召开标准编制组工作会，对本规范征求意见稿返回意见进行了讨论，形成送审稿。

2014 年 9 月，中国电力企业联合会在南京组织召开了本规范送审稿审查会，邀请了 18 名专家组成审查委员会。审查委员会对本规范逐条讨论审查后，一致同意本规范通过审查，并提出了具体的修改意见。会后标准编制组按照审查会纪要对标准送审稿进行了进一步的修改完善，形成标准报批稿。

本规范本次修订的主要技术内容为：

（1）将 GB 50233—2005《110～500kV 架空送电线路施工及验收规范》和 GB 50389—2006《750kV 架空送电线路施工及验收规范》两本标准进行了合并，规范的适用范围为 110～750kV 架空输电线路。

（2）增加了第二章“术语”。

（3）增加了第三章“基本规定”。

（4）对强制性条文进行了修改。

（5）在测量章节中去掉了视距法测距，增加了 GPS 测量。

（6）在现场浇筑基础工程中，试块的养护修订为标准养护。

（7）在架线工程中删除了爆压工艺内容。

为了方便广大设计、施工、科研和学校等单位有关人员在使用本规范时能正确理解和执行条文规定，《110～750kV 架空输电线路施工及验收规范》编制组按章、节、条顺序编制了本规范的条文说明，对条文规定的目的、依据以及执行中需注意的有关事项进行了说明，还着重对强制性条文的强制理由作了解释。但是，本条文说明不具备与标准正文同等的法律效力，仅供使用者作为理解和把握标准规定的参考。

1 总则

1.0.3 本条不直接涉及人民生命财产安全、人身健康、环境保护、能源资源节约和其他公共利益，不再作为强制性条文。

1.0.4 对各项施工的规范性进行规定，保证施工质量。

1.0.5 增加了对新流程、新装备的要求。

3 原材料及器材的检验

3.0.1 本条第1款、第3款不直接涉及人民生命财产安全、人身健康、环境保护、能源资源节约和其他公共利益，不再作为强制性条文。

3.0.5 对用砂范围进行了扩大，由原来预制混凝土构件及现场浇筑混凝土基础所用扩大到工程所用，为此引用了现行国家标准 GB/T 14684《建设用砂》。该标准规定了建设用砂的术语和定义、分类与规格、技术要求、试验方法、检验规则、标志、储存和运输等，适用于建设工程中混凝土及其制品和普通砂浆用砂。某些特殊地区无砂可用或取砂极度困难，也可使用石粉，石粉的质量、用量、技术要求、使用方法等应符合相关规定。

3.0.6 水泥标准升版后名称改为 GB 175《通用硅酸盐水泥》，是输电线路工程的基础水泥一般应符合的规定，该标准规定了水泥的质量、检验、运输及保管等要求。

水泥质量验收按抽取实物试样以其检验结果为依据，也可以水泥厂同编号水泥的检验报告为依据。采取何种方法按照验收合同的约定。

线路施工中一般以水泥厂同编号水泥的检验报告为验收依据。对于通用硅酸盐水泥：在发货前或交货时买方在同编号水泥中抽取试样，双方共同签封后保存三个月，或委托卖方在同编号水泥中抽取试样，签封后保存3个月。在3个月内，买方对水泥质量有疑问时，则买卖双方应将签封的试样送省级或省级以上国家认可的水泥质量监督检验机构进行仲裁检验。

3.0.7 无论是预拌混凝土还是现场搅拌混凝土，水泥进场（厂）时，应根据产品合格证检查其品种、级别等，并有序存放，以免造成混料错批。强度、安定性等是水泥的重要性能指标，进场时应作复验，其质量应符合现行国家标准 GB 175《通用硅酸盐水泥》等的要求。质量证明文件包括产品合格证、有效的型式检验报告、出厂检验报告。

3.0.8 为提高混凝土的施工质量及减少施工对环保的影响，目前输电线路工程基础施工中已大量使用预拌混凝土。现行国家标准 GB/T 14902《预拌混凝土》适用于集中搅拌站生产的混凝土，对预拌混凝土的定义、分类、标记、技术要求、供货量、试验方法、检验规则及订货与交货进行了规定。

预拌混凝土的质量证明文件主要包括混凝土配合比通知单、混凝土质量合格证、强度检验报告、必要的原材料合格检验报告、混凝土运输单以及合同规定的其他资料。由于混凝土的强度试验需要一定的龄期，报告可以在达到确定混凝土强度龄期后提供。

3.0.9 本条结合现行国家标准 GB 50204《混凝土结构工程施工质量验收规范》修订，建设部专门制订有现行行业标准 JGJ 63《混凝土用水标准》，为此本条是直接引用，当前已是按照此标准来进行控制的。该标准中的混凝土用水是混凝土拌和用水和混凝土养护用水的总称，包括：饮用水、地表水、地下水、再生水、混凝土企业设备洗刷水等。

3.0.10 目前在混凝土中掺入外加剂的方法较为普遍，特别是在预拌混凝土中，为此结合现行国家标准 GB 50204《混凝土结构工程施工质量验收规范》增设此条。混凝土外加剂种类较多，且均有相应的质量标准，除了国家标准外，还有较多的行业标准，使用时，混凝土外加剂的质量不仅要符合相关国家标准的规定，也应符合相关行业标准的规定。外加剂的检验应符合相关标准的规定。质量证明文件包括产品合格证、有效的型式检验报告、出厂检验报告。

3.0.11 本条基本沿用原国家标准 GB 50389—2006《750kV 架空送电线路施工与验收规范》的原条文，增加了钢材应符合设计规定的要求及要进行进场检验的要求。

3.0.12 引用了现行国家标准 GB 50204《混凝土结构工程施工质量验收规范》，并对表中的弯曲度依据该规范进行调整，其他未变。

3.0.14 混凝土电杆的铁塔横担无专门的加工标准，其加工质量要求和尺寸误差，套用现行行业标准 GB/T 269《输电线路铁塔制造技术条件》是合适的。抱箍属于简单结构件，不作规定，只要达到设计尺寸要求即可。

3.0.15 现行行业标准 DL/T 646《输变电钢管结构制造技术条件》，内容涵盖钢管杆和钢管塔。

3.0.17 标准修订后，现行国家标准 GB/T 4623《环形混凝土电杆》替代了现行国家标准 GB 396《环形钢筋混凝土电杆》与 GB 4623《环形预应力混凝土电杆》。

3.0.18 针对新型导线的使用，此处增加了 GB/T 20141《型线同心绞架空导线》标准的引用。目前国内生产能力能满足要求，基本不再进口导线，为此取消“进口导线的质量应符合该产品国的国家标准，且不应低于 IEC 标准”，即使采用进口导线，也会在合同中标明执行的标准。

3.0.20 “其他相关的技术标准”指 DL/T 757《耐张线夹》等金具标准。对现场电力金具的验收主要指品种、规格核对和外观质量检查。

3.0.21 本条引用现行行业标准 DL/T 373《电力复合脂技术条件》，所称电力复合脂系指原标准的导电膏。

3.0.22 由于目前绝缘子新标准出版较多，本条主要是针对引用的标准作了修改。

3.0.23 本条对引用标准进行了修订。鉴于防卸螺栓已广泛采用，选择前可征求建设方的意见，正文中不作规定。

3.0.24 目前接地模块、降阻剂等接地降阻材料产品已在山区等自然电阻率较大的地区广泛使用，且已有现行的行业标准出台，因此对接地降阻材料进行了规定。

4 测量

4.0.2 测量用的仪器及量具在保管和运输当中可能受损，在使用前应进行检查。测量用的仪器及量具应做到及时检查校正，加强维护保养，定期检修、检验。

4.0.3 目前 6″级的经绎仪和全站仪已停产，本次修订将经纬仪和全站仪的精度等级提高到不低于 2″级。

由于卫星定位技术的发展和进步，卫星定位系统除 GPS（全球定位系统）外，还有中国的北斗定位系统、俄罗斯的 GLONASS 定位系统、欧洲的 GALILEO 定位系统等，均可用于卫星定位测量。

PDOP 值是卫星定位测量的空间位置精度因子，用于直观地计算并显示所观测卫星的几何分布状况。PDOP 值的大小与观测卫星在空间的几何分布变化有关。观测卫星高度角越小，分布范围越大，PDOP 值越小。实际观测中，为了减弱大气折射的影响，卫星高度角不能过低。在满足 15°高度角的前提下，PDOP 值越小越好；为了保证观测精度，四等及以上等级限定为 PDOP≤6，一、二级限定为 PDOP≤8。

作业过程中，如受外界条件影响，持续出现观测卫星的几何分布图像很差，即 PDOP 值不能满足规范的要求时，则要求暂时中断观测并做好记录；待条件满足要求时，可继续观测；如果经过短时等待，依然无法满足要求时，则需要考虑重新补点。

4.0.4 档距复测时，若采用经纬仪测量，由于视距较长，可能会带来较大的测量误差，为保证测量精度，宜采用全站仪、卫星定位施测。在视距不大于 400m 时，也可使用经纬仪测量。根据现行行业标准 DL/T 5445—2010《电力工程施工测量技术规范》中第 10.2.4 条第 1 款的规定增加了“塔位中心桩与前后方向桩的距离不宜小于 100m”。

4.0.6 增加了第 4 款“转角杆塔中心桩位移未满足设计要求”和第 5 款“塔基断面与设计文件不符”两种需要查明原因并纠正的情况。第 2 款“杆塔位中心桩或直线桩的桩间距离相对设计值的偏差大于 1%”的规定依据于现行行业标准 DL/T 5445《电力工程施工测量技术规范》。

4.0.7 对于地形危险点处的重点复核是非常必要的，特别是地形凸起点及重要跨越物的标高，可能由于测量工作疏漏引起工程完工后再返工，从而造成重大损失。

4.0.9 视距法在实际工程中误差偏大，已不作定位使用，本次修订删除了相关规定。

4.0.10　本条中的附录A以现行国家标准GB 50545《110～750kV架空输电线路设计规范》为依据。

5　土石方工程

5.0.2　本条强调按设计施工，“减少需要开挖以外地面的破坏，合理选择弃土的堆放点”是为了保护自然植被及环境。

5.0.4　机械开挖接近设计坑深时，改用人工开挖可以有效防止坑深超差。

5.0.8、5.0.9　将原国家标准GB 50233—2005《110～500kV架空送电线路施工及验收规范》中第4.0.4条分成两条，将基础分为现浇基础和预制基础两类，分别规定基础坑超深100mm以上时的处理措施。

5.0.13　为保证回填质量，新增“石坑回填应密实，回填过程中石块不得相互叠加，并应将石块间缝隙用碎石或砂土充实”的规定。

6　基础工程

6.1　一般规定

6.1.2　本条作为强制性条文，是因为混凝土建筑物中出现氯离子腐蚀，会降低工程的耐久性，给工程质量带来隐患。

6.1.4　本条增加了“不同厂家、不同标号”，使规定更加明确。本条所指连续浇筑体为：当一个基础腿（桩）独立作用时，则每个基础腿（桩）为一个连续浇筑体；当采用承台或连梁将多个基础腿（桩）连在一起时，则连在一起的整体为一个浇筑体。

6.2　现场浇筑基础

6.2.1　接触混凝土的模板表面采取有效的脱模措施，以保证混凝土表面质量，防止混凝土表面缺陷。

6.2.5　增加“混凝土下料高度超过3m时，应采用溜槽或串筒下料”，以避免混凝土发生离析现象。

6.2.9　输电线路施工现场不可预见的因素很多，有可能存在中断浇制的情况，因此，施工过程中应该有预留施工缝等应急措施。

6.2.12　规定混凝土试块应采用标准养护，与现行国家标准GB 50666《混凝土结构工程施工规范》中的规定一致。

6.2.13　本条文的杆塔类型分类是根据现行国家标准GB 50545—2010《110～750kV架空输电线路设计规范》中第9.0.1条第1款的规定，“杆塔按其受力性质，宜分为悬垂型、耐张型杆塔。悬垂型杆塔宜分为悬垂直线和悬垂转角杆塔；耐张型杆塔宜分为耐张直线、耐张转角和终端杆塔。”

6.6　冬期、高温与雨期施工

6.6.2　根据现行行业标准JGJ/T 104《建筑工程冬期施工规程》对最小水泥用量和

水胶比的数值、对拌和水及骨料最高温度和搅拌混凝土的最短时间进行了修订。

6.6.3 本条根据现行国家标准 GB 50666《混凝土结构工程施工规范》的规定，增加了高温施工的有关内容。

6.6.4 本条根据现行国家标准 GB 50666《混凝土结构工程施工规范》的规定，增加了雨期施工的有关内容。

6.7 多年冻土地区基础施工

本节是近年在青藏联网工程等高海拔地区多年冻土地区施工总结出的规范内容。

7 杆塔工程

7.1 一般规定

7.1.3 对本条第 4 款的说明如下：铁塔连接螺栓的螺纹进入剪切面，会降低螺栓的承载力，因而影响工程质量。

7.1.4 随着多主材塔型的出现，将出现相互干涉无法安装的结果，所以为了便于施工顺利安装和统一安装工艺必须对此进行条文规定。本规范中杆塔的大小号是指设计桩号。螺栓横线路方向穿入时的两侧由内向外，中间由左向右是指面向大桩号。

7.1.6 本条仅对受剪螺栓的紧固扭矩值给出参考值。

7.1.8 将表 7.1.8 中电压等级为 500kV 的“杆塔结构面与横线路方向扭转”的允许偏差由原来的 5%。调整为 4%。在 750kV 铁塔中得到了较好的实施，故 500kV 杆塔完全可以满足。

7.1.9 本条对架线后铁塔“不应”向内角侧倾斜改为“不宜”的理由是：基础底面的地耐力、塔结构的刚度以及受力大小的影响等因素很多；目前虽然有预控倾斜经验或设计数据，但实际施工中仍需调整，较难准确控制。基于偏移的不确定性和目前的国情，在满足设计强度和不影响工艺美观的前提下，不宜作过于严格的规定，但施工时应尽量控制不向内角倾斜。

7.1.10 填补拉线塔相关要求空白。拉线塔与拉线转角杆、终端杆、导线不对称布置的拉线直线单杆，组立时向受力反侧（或轻载侧）的偏斜和架线后拉线点处的杆身受力侧挠倾要求相同。

7.2 铁塔

7.2.1 若基础混凝土的抗压强度未达到设计强度的 70%而进行组立铁塔，会严重影响基础混凝土最终强度，危及整个输电线路的工程质量，因此将此规定作为强制性条文。

7.2.3 在一些工程中发生过钢材规格尺寸不符、镀锌附着力差、锌皮严重脱离等问题，施工时采用喷涂银粉简单处理，运行后出现了严重的“黄水”现象。故组塔前，应按现行国家标准 GB/T 2694《输电线路铁塔制造技术条件》的规定进行塔材检查是有必要的。

7.2.4 部分 500kV 及 750kV 铁塔尺寸较长，如在地面不完成螺栓紧固，组立后人员将无法进行紧固和检查。

7.2.5 钢管塔法兰盘连接螺栓如不作重复对角均匀紧固，会发生螺栓紧固达到了要求，而法兰盘却仍有缝隙的情况，容易出现节点弯曲等现象影响铁塔整体质量。

7.2.6 本条文将原“各相邻节点间主材弯曲度”更改为“相邻主材节点间弯曲度”，即相邻两段主材间的最大弯曲值与上下两段主材长度之和的比值。这个值与单根主材的弯曲度相比偏安全，从工程中出现的节点弯曲案例分析得知，一般发生弯曲点均为两根主材连接的包铁处，造成弯曲的主要原因一是主材孔距加工问题，二是误差累计，三是施工时包铁螺栓紧固不到位，导致主材端部负重后变形。如果是单根主材变形，按修改后的内容依然适用。

7.4 钢管电杆

7.4.4 本条规定直线电杆架线后的倾斜不超过杆高的 5%，主要是考虑钢管杆主要用于城市、市郊及景区内，考虑观感工艺的需求。

8 架线工程

8.1 一般规定

8.1.3 现行行业标准 DL/T 371《架空输电线路放线滑车》中包含了展放导线、地线和光纤复合架空地线放线滑车的选用标准，因此本规范没有具体地指明不同类别放线滑车的选用标准，所有放线滑车都应符合现行行业标准 DL/T 371《架空输电线路放线滑车》的要求。

8.2 张力放线

8.2.3 一次或同次展放是指同一相导线采用多分裂导线时，各子导线通过一个走板与牵引绳连接，展放过程中同步前进。分次展放是指同一相导线采用多分裂导线时，各子导线通过 2 个及以上走板分别与牵引绳连接，展放过程中通过同一断面在时间上存在差异。

8.4 连接

8.4.1 因为线路在运行中导线和地线需要长期承受比较大的拉力，需要可靠连接，不同金属和不同规格的导线、地线用同一个连接管连接很难保证导线、地线不从连接管处断开，这是金属的特性决定的；不同绞制方向的导线在同一耐张段中使用，会造成导线散股，影响到线路的经济、稳定运行，因此本条作为强制性条文。

8.4.4 因为导线、地线的连接质量直接影响着线路的安全稳定运行，为了确保连接件的拉力达到设计和规范要求，试验室的能力和水平至关重要。

8.4.7 因为钢芯稍有损伤就会对导线所能承受的拉力造成很大损失，会威胁到线路长期安全稳定运行，特将此条列为强制性条文。

8.5 紧线

8.5.7 本条中地线是指水平排列的同型号地线。

8.7 光纤复合架空地线（OPGW）架设

8.7.3 由于地形条件限制，单根光纤复合架空地线单独展放有时会出现牵、张场地无法选取的情况，经过多家施工单位的实践经验，两盘光缆连续展放不会对光纤造成损伤，因此取消原国家标准 GB 50389—2006《750k 架空送电线路施工及验收规范》中第 7.6.3 条第 2 款关于光纤复合架空地线架线施工的规定选择放线区段长度应与线盘长度相适应，不宜两盘及以上连放的要求。

8.7.10 光纤复合架空地线在展放过程中出现跳槽、跑线、金钩等情况，会对光纤造成严重损伤，不能保证通信信号的畅通。出现上述情况时应立即测量光纤衰减值，出现异常应更换该根光纤复合架空地线。

9 接地工程

9.0.5 施工锤击垂直接地体时应尽量避免晃动，使完工后的接地体与原装土壤接触密切。

9.0.7 强调接地体外露部分的工艺。

9.0.8 条 文中“所测得的接地电阻值不应大于设计工频接地电阻值”是含季节系数的电阻值。

10 工程验收与移交

10.1 工程验收

10.1.1 “工程验收”包括“隐蔽工程验收”“中间验收”和“竣工验收”3 个方式，其中“隐蔽工程验收”和“中间验收”无先后之分。

10.1.4 强调工程档案资料是竣工验收的内容之一。

10.1.5 给“工程通过验收”作了定义，明确本工程通过验收具备进行竣工试验的技术条件。

10.3 竣工移交

10.3.2 提出“竣工资料的建档、整理、移交”在符合现行国家标准 GB/T 11822《科学技术档案案卷构成的一般要求》的同时，还应符合现行国家标准 GB 50328《建设工程文件归档整理规范》的规定。

【思考与练习】

1. 架空输电线路验收规范为什么要将部分条文列为强制性条文？

2. 规范为什么规定钢芯铝绞线有强度损失和铝截面积受损两个修复、开断重接要求？

3. 导线跳线引流板或并沟线夹采用扭矩扳手紧固设备有什么好处？
4. 对隐蔽工程项目在竣工验收中可采取什么方法核查其施工质量？
5. 工程竣工后应移交哪些资料？

◢ 模块 3　DL/T 741—2019《架空送电线路运行规程》（Z05B4003 Ⅰ）

【模块描述】本模块包含线路运行的基本要求、线路运行的标准、线路巡视等内容。通过概念描述、条文解释，能够掌握线路运行的基本要求、线路运行的标准、线路巡视方法，掌握特殊区段的运行要求以及线路检测、维修的项目和周期。

【模块内容】

DL/T 741《架空送电线路运行规程》（以下简称《规程》）是输电线路运行检修工作人员的工作准则，既是对线路运行状况评价的标准，又是检测、维护和检修的标准依据。线路运行检修人员应认真学习、掌握《规程》，根据《规程》的有关标准和要求来判别线路的运行水准，分析线路存在的缺陷、发生故障的原因和制定、采取防范措施及检修质量的判断标准。

我国在 20 世纪 50 年代和 60 年代初陆续制定了一批国家和行业标准，《高压架空线路运行规程》于 1959 年由水利水电部颁发，指导全国输电线路运行检修单位工作。1972 年全国开始对各行各业进行整顿治理，水利水电部在（72）水电电字第 118 号《关于继续执行 15 种生产管理和运行规程的通知》中指出："两年多来，各地发供电单位都在逐步建立和健全规程制度并已做了很多工作。最近，在我部召开的企业管理座谈会期间，我们征求了与会各单位的意见，认为有些生产技术规程仍需由部作出统一规定。兹选择附表所列 15 种规程（电业安规、线路运行规程等），重申继续执行，并交由水利电力出版社重版，……"水利水电部在稳定全国电力企业安全生产的同时，组织对该 15 种规程和其他相关规程如设计、验收、过电压保护绝缘配合、接地装置等规程进行修订，水利水电部于 1976 年组织起草了《电力线路防护规程》并颁发试行，对电力线路防护工作起到了一定的指导和提高作用。

电力工业部于 1979 年将经过多年修订后的报批稿以（79）电生字第 53 号颁发《架空送电线路运行规程》，1979 版《运规》有 7 个章节计 43 条和 1 个附录"发电厂、变电所和架空送电线路的电瓷绝缘污秽分级暂行规定"。水利电力部对 1976 版《电力线路防护规程》在运行 2 年多后又组织了修订，并以（79）水电规字第 6 号颁发《电力线路防护规程》，该规程有条文 14 条和 1 个附录。

1987 年由国务院颁发了《电力设施保护条例》，该条例有 6 个章节计 35 条（保护条例颁发后架空线路防护规程废除）。这 1 个法规和 2 个部颁规程对不同时期输电线路的安全运行起到了积极有效的作用。

原 1979 年版《架空送电线路运行规程》颁布实施后（早期规程没有编号），原电力工业部于 1986 年组织华北电力集团公司负责成立修编组进行修订，1992 年中电联标准化中心以第 36 项计划任务将《运行规程》列入当年的制、修编计划，1993 年 3 月“修编组”提交了《运行规程》修订初稿，随后因修编组的大部分人员退休，运行规程的修订工作一度搁浅。几年后中电联标准化中心调整了《规程》修编组，于 1999 年 11 月重新成立了《架空送电线路运行规程》的修订小组。修编组将原修订初稿重新进行了修订补充，于 2000 年 6 月形成报批稿，国家经贸委以 DL/T 741—2001 标准号颁发执行，修订后的《运行规程》有 9 个章节计 43 条 16 款和 3 个附录。2007 年，全国架空线路标委会线路运行分委会根据《国家发改委办公厅关于印发 2007 年行业标准修订、制订计划的通知》（发改办工业〔2007〕1415 号）的安排，组织部分单位对 DL/T 741—2001 版进行了修订，以 DL/T 741—2010 颁发执行。

随着生产的发展和科技的进步，规程的许多内容和条文已经不太适应当前的生产工作，由线路运行分技术委员会提出申请对该标准进行修订。国家能源局以国能综通科技〔2017〕52 号文，即“国家能源局综合司关于印发 2017 年能源领域行业标准制（修）订计划及英文版翻译出版计划的通知”，下达了 DL/T 741—2010《架空输电线路运行规程》的修订计划任务，要求标准的修订任务于 2018 年完成。

2017 年 8 月 22 日在北京召开了标准修订起草小组第一次会议，参加会议的有国家电网公司运检部、中国电力科学研究院、国网黑龙江电力、云南电网有限公司等 11 个单位。会议讨论了标准修编原则、章节安排，并对标准的修编工作进行了分工，要求 2017 年 9 月底提出初稿。2019 年 6 月正式以 DL/T 741—2019 标准发布。2019 年 10 月 1 日实施。

一、修编原则

1. 鼓励科技进步

随着社会的发展和科学技术的不断进步，输电线路专业逐年引入和采用了许多新技术、新材料、新产品和新工艺，输电线路的运行维护也引进了许多新的管理理念和方法，尤其是输电线路建设采用的碳纤维复合芯导线技术、大截面导线技术、高吨位绝缘子技术、钢管杆塔技术、新型接地材料技术等，对输电线路运行维护提出了新的课题。随着智能巡检技术的发展，直升机、无人机和机器人技术应用于输电线路的巡检和带电作业，相关的技术标准也陆续出台。随着输电线路运行状态评估技术的日趋完善，基层运维单位已经逐步由计划检修过渡到状态检修。类似于这些输电线路专业的科技进步，不仅是我国输电线路技术开拓性的标志，更重要的是这些新技术已经用于输电线路的建设工程之中，发挥了显著的经济效益。因此，本标准要将这些内容编入其中，以指导各类输电线路的运行维护工作。

2. 规范较为成熟的技术

要遵循我国现行的技术经济政策，注意总结我国输电线路运行维护几十年工作的经验，尤其是经过生产实践证明是成熟的、稳定的各种新方法、新技术、新工艺的精髓，这是本标准编写过程中一直要贯穿始终的。

目前，直升机、无人机巡检和激光扫描输电线路，不仅提供了新的巡检手段，同时也为输电线路安全运行增加了快捷的检测工具。直升机、无人机巡检输电线路已经是常态化的工作任务，技术已经成熟。输电线路运行状态评估和状态检修相关标准已经颁布几年了，也已深入到线路运行维护基层单位，因此本次修订，应将这些内容编入标准之中。

由于本标准为输电线路运行专业的基础标准，其主要重点应围绕如何保障输电线路的安全运行。因此，除规定正常的巡视、检测和维护工作之外，输电线路的“六防”工作应该提到相当重要的位置，因为这是关系到输电线路降低跳闸率，确保输电线路安全运行的重要工作内容，必须结合近年来线路“六防”工作的科研成果、成熟的运行经验，编入规程的相关章节，以带动和指导输电线路的运行维护和管理工作。

3. 与相关标准的一致性

（1）输电专业相关标准的协调。《架空输电线路运行规程》于 2010 年 10 月 1 日实施后，输电专业陆续起草编制了较多的标准，主要标准如下：

1）GB/T 25094—2010《架空输电线路抢修杆塔通用技术条件》。

2）GB/T 25095—2010《架空输电线路运行状态监测系统》。

3）GB/T 32673—2016《架空输电线路故障巡视技术导则》。

4）GB/T 32695—2017《架空输电线路涉鸟故障防治技术导则》。

5）GB/T 32706—2017《电网冰区分布图绘制技术导则》。

6）GB/T 32721—2017《输电线路分布式故障诊断系统》。

7）DL/T 248—2012《输电线路杆塔不锈钢复合材料耐腐蚀接地装置》。

8）DL/T 288—2012《架空输电线路直升机巡视技术导则》。

9）DL/T 289—2012《架空输电线路直升机巡视作业标志》。

10）DL/T 1069—2016《架空输电线路导地线补修导则》。

11）DL/T 1122—2009《架空输电线路外绝缘配置技术导则》。

12）DL/T 1248—2013《架空输电线路状态检修技术导则》。

13）DL/T 1249—2013《架空输电线路运行状态评估技术导则》。

14）DL/T 1345—2014《直升机电力作业安全工作规程》。

15）DL/T 1346—2014《直升机激光扫描输电线路作业技术规程》。

16）DL/T 1367—2014《架空输电线路检测技术导则》。

17）DL/T 1481—2015《架空输电线路故障风险计算导则》。

18）DL/T 1482—2015《架空输电线路无人机巡检作业技术导则》。

19）DL/T 1508—2016《架空输电线路导地线覆冰监测装置》。

20）DL/T 1570—2016《架空输电线路涉鸟故障风险分级及分布图绘制》。

21）DL/T 1578—2016《架空输电线路无人直升机巡检系统》。

22）DL/T 1609—2016《架空输电线路除冰机器人作业导则》。

23）DL/T 1615—2016《碳纤维复合材料芯铝绞线运行维护技术导则》。

24）DL/T 1620—2016《架空输电线路山火预报系统》。

25）DL/T 1722—2017《架空输电线路机器人巡检技术导则。

以上输电线路专业的标准如何与《架空输电线路运行规程》有机结合，形成一个整体，是此次修编中的重要问题。

（2）生产建设标准的协调。GB 50545—2010《110～750kV 架空输电线路设计规范》、GB 50233—2014《110～500kV 架空输电线路施工及验收规范》以及 DL/T 741—2010《架空输电线路运行规程》这是输电线路设计、施工和运行方面的三大标准，标准的互相引用和技术参数的一致性非常重要。另外 GB/T 26218.1—2010《污秽条件下高压绝缘子选用导则　第 1 部分：定义、信息和一般原则》、GB/T《高压电力线路、变电站的工频电场、磁场限值和测量方法》这类的标准也与本标准有相当大的关联。因此，本标准在编制过程中，应密切关注这些标准的编制动态，与这些标准起草单位和起草人进行充分沟通，做到规程协调一致。

二、适用范围

原标准（DL/T 741—2010）适用于交流 110（66）～750kV 架空输电线路，35kV 架空线路及直流架空输电线路可参照执行。

当时确定的电压等级范围，主要考虑到我国架空输电线路的运行维护主要还是以交流架空输电线路为主，而当时直流架空输电线路只有±500kV 一个电压等级，而近些年，我国除±500kV 电压等级之外又陆续建设了±400kV、±660kV、±800kV 直流架空输电线路，而±1100kV 直流架空输电线路也即将建成投产。因此，《架空输电线路运行规程》仅只针对交流架空输电线路，则明显不能满足生产实际的需要，况且直流架空输电线路的运行维护与交流线路大同小异，仅直流接地极和接地极线路是直流线路所特有的，为此，只需增加一章或一节，即可囊括交直流架空输电线路运行维护工作的全部内容。国家电网公司在 2013 年组织编制了国网企标《架空直流输电线路运行规程》，涵盖了±400、±500、±660、±800kV直流架空输电线路，故只需将其中含有直流线路运维特点的内容纳入本标准之中即可。

对于 1000kV 交流特高压架空输电线路，在交流特高压线路投产后即编制了一个专门针对 1000kV 交流特高压架空输电线路的运行规程，即 DL/T 307《1000kV交流特高压架空输电线路运行规程》，但由于种种原因，两个标准并不协调，尤其是“巡视”一章差异较大，使得基层运行维护单位难以适从。为此，此次修编拟将这两个标准整合在一起，将适用范围更改为“本标准适用于交流 110（66）kV、直流±400kV 及以上架空输电线路”。

三、章节安排及新增技术内容

1. 章节安排

本标准在此次修订中，基本保留原有各章节，即范围、规范性引用文件、术语和定义、基本要求、运行标准、巡视、检测、维修、特殊区段的运行要求、线路保护区的运行要求、输电线路的环境保护和技术管理等各章。增加“接地极和接地极线路的运行要求”一章（或一节），放在“特殊区段的运行要求”一章之后。

2. 新增技术内容

（1）“术语和定义”一章增加直流架空输电线路特有的术语及定义。

（2）第 6 章“巡视”，按状态巡视要求改写。尤其应体现智能巡视的内容。其中直升机、无人机、机器人和人工巡视如何协同进行，是本章的重点内容。

（3）第 8 章“维修”，按照状态维修的模式改写。内容应围绕 DL/T 1249—2013《架空输电线路运行》。

状态评估技术导则作出原则性指引：按照 DL/T 1248—2013《架空输电线路状态检修导则》的内容，完善状态检修的相关原则。

（4）运行标准中，删除了导地损伤处理（表 2），具体的导地线补修方法按 DL/T 1069—2016《架空输电线路导地线补修导则》。

（5）第 10 章“线路保护区的运行要求”，将各电压等级直流线路以及 1000kV 交流线路的边线保护区范围补充完善。

（6）保留原附录 A 线路导线对地距离及交叉跨越，增加各直流线路和交流 1000kV 线路的内容，取消原附录 B“绝缘子钢脚腐蚀判据”和原附录 C“采动影响区分级标准与防灾措施”两个附录。

附录 B 改为：“各电压等级线路的最小空气间隙”。

附录 C 改为：“不同型式绝缘子的爬电距离有效系数 K_e 值”。

【思考与练习】

1. 架空送电线路运行规程新增加了哪些新技术？
2. 架空送电线路运行规程引用 2010 年以后哪些主要规程？
3. 架空送电线路运行规程的适用范围是什么？

模块 4《国家电网公司架空输电线路运维管理规定》（Z05B4004Ⅰ）

【模块描述】本模块包含输电线路生产准备及验收、线路巡视、检测及维护、缺陷管理、运行分析与状态评价、专项管理、气象监测、资料管理、人员培训、检查考核等内容。通过要点介绍和条文解释，熟悉架空输电线路运维管理的主要内容、要求和方法。

【模块内容】

在 20 世纪 90 年代，原能源部电力司以电供〔1990〕111 号文颁发了《架空送电线路专业生产工作管理制度》，共计 5 章 40 条，并有 5 个附件；2003 年 7 月国家电网公司组织部分专家起草编写了《架空输电线路管理规范》，11 月 17 日以国家电网生〔2003〕481 号文颁布试行，该规范正文有 9 个章节计 51 条 185 款外加一个附录，附录含 4 个规范性附录和一个资料性附录。通过几年试行，2006 年国家电网公司组织专家对《架空输电线路管理规范（试行）》版进行修订，于 10 月 24 日以国家电网生〔2006〕935 号文颁发《架空输电线路管理规范》，新版《管理规范》分 15 个章节计 121 条外加一个规范性附录，2014 年 6 月 11 日国家电网企管〔2014〕752 号文件，颁布了国网（运检/4）305—2014《国家电网公司架空输电线路运维管理规定》（以下简称本规定）。

输电线路占电网固定资产的 50%以上，且架设在野外，运行环境差，因此输电线路运行单位的管理者们期盼其输电线路专业管理规范化，所以国家电网公司不定期组织广大专业技术人员修订、完善了本规定。

本规定包括总则、职责分工、生产准备及验收、线路巡视、检测及维护、缺陷管理、运行分析与状态评价、专项管理、气象监测、资料管理、人员培训、检查考核、附则等 13 个方面内容。是架空输电线路生产管理的基础性、综合性规范。本规范对线路全过程、全方位安全生产管理工作提出基本要求。输电线路的技术标准、运行规范、检修规范、技术监督规定、评价标准、技术改造指导意见和预防事故措施等均应遵守本规范，并共同组成国家电网公司输电线路管理的制度体系。

一、总则

本章共 3 条，明确为加强架空输电线路（以下简称“线路”）运维管理，提高运维工作的质量和效率，保障电网安全运行，特制定本规定；线路运维管理是指对公司系统 35 千伏及以上电压等级交直流线路开展的运维管理相关工作，主要包括新、改建线路工程（以下简称“工程”）的生产准备、验收；在运线路的巡视、检测、维护、缺陷管理、运行分析、状态评价，以及专项管理、资料管理、人员培训和检查考核等工作；规定适用于公司总（分）部及所属各级单位（含全资单位、控股）的线路运维管理工作。

二、职责分工

本章节有 10 条，它规定了公司线路按分级分片管理的原则，公司运检部、省检修（分）公司运检部、地（市）公司运检部、县公司运检部（以下简称“各级运检部门”）为线路运维管理工作的归口管理部门，国网设备状态评价中心、省设备状态评价中心（以下简称“各级评价中心”）负责线路运维工作的技术支撑，省检修（分）公司运维分部或输电运检中心、地（市）检修分公司、县检修（建设）工区（以下简称“线路运检单位”）负责组织线路运维管理工作，输电运维班负责线路运维工作的具体实施。

三、生产准备及验收

本章节有 12 条，从设计阶段、施工及验收阶段、生产准备阶段等阶段，强调了运行单位在新建线路规划设计阶段就应介入管理，将运行在该区域特别是新建线路临近的运行线路运行经验和已采用的有关反事故措施提供给线路设计人员，使设计人员有针对性地将运行线路上行之有效的各类措施等添加在新建线路上。它避免了有时基建单位为节约少量的工程投资，造成运行单位在线路投运后再投巨资且长时间停电改造（如更换或升高杆塔、绝缘子等）的实际现象，即要求基建、运行两部门同心协力，力争建成符合本线路途径区域运行状况的输电线路，达到新建线路投运后能符合按设备状态开展检修和运行的目标，规定各级运检部门应提前参与可行性研究、设计选线、终勘定位、初步设计评审及技术审查工作，落实技术标准和反措要求，提出书面意见；提前介入工程施工管理；输电运维班参与工程施工质量、设备材料的抽查和中间验收，对发现的问题与缺陷，形成书面材料报上级主管部门和相关单位，并跟踪核实；同时还对生产准备、工程验收、工程的启动、竣工投运、档案、技术资料、生产准备费用形成的实物资产、工程竣工投运后 1 年内出现的质量问题等工作职责、时限要求作了具体规定。

四、线路巡视

本章节有 20 条，这部分内容基本是 DL/T 741—2010《架空送电线路运行规程》内容的细化，规定了运行线路不得出现运行维护的空白点，这主要是为防止由于不同的设备维护单位间、各设备主人对所辖设备分界或区分点的划分不明确，而造成设备漏巡；若两设备主人对某一档距的分界没有明确的文字划分资料，就会发生一人巡视到29号，而另一人负责从30号以后的情况，从而造成29～30号档几百米导线及线路通道的安全运行责任未落实到人，线下树木、毛竹生长和导线风偏距离校核，通道内或通道外对设计风速下的导线风偏安全距离构成威胁的树木、毛竹无人管理的现象；第30条规定了正常巡线、故障巡线、特殊巡线的要求。

第31条是状态巡视。当输电线路运行设备及线路通道状况评价线路是安全的、某些隐患或缺陷在可控时，可以开展状态巡视，明确地规定了开展状态巡视的基本条件；要真实有效地做到设备主人对所管辖的线路设备运行状况基本熟悉和按设备情况进行巡查和处理，首先需要线路巡视人员有较强的责任心和一定专业技术水平；，通过一段时间将所辖线路设备和通道彻底查清运行状况，划分树木毛竹生长区、违章采矿爆破区、易违章建筑区、塔材易盗区、重污区、重冰区、雷击多发区、导线舞动区、车辆易撞杆塔、拉线危险点、鸟害易发区、机械塔吊易碰导线区、漂浮物易发区、洪水冲刷区、滑坡或易被开挖区等不同区段，根据不同情况制定不同的防范措施，以特殊区域确保安全运行的处理方法和程序，具体规定了各状态巡视周期，使输电线路按设备状态开展巡视的管理有据可依；对故障巡视作了细致规定、要求线路运检单位应积极采用直升机、无人机等巡检技术开展线路巡视工作。

五、检测及维护

本章节8条，对检测内容、检测计划、检测设备配备、在线监测运维等作了规定。输电线路检测有多项内容，必须按规范进行。线路设备缺陷有的可能会立刻引发线路停电故障，如导线对地距离严重不足、瓷绝缘子低零值、复合绝缘子硅橡胶护套电蚀穿孔或密封失效、导线跳线连接点严重发热等。有的暂时不至于造成线路停电，如复合绝缘子憎水性下降、绝缘子附盐密值大、绝缘子钢脚锈蚀严重、杆塔接地电阻值、玻璃绝缘子自爆等。线路检测是为了及时发现设备缺陷，首先检测必须按制定的周期结合运行状况落实检测和评价判定；其次对各类检测知识进行培训和实际操作，确定必要的检测人员以确保各类状态量检测数据的准确性，分析讨论有关危险检测数据的“短板”判据，使线路检修有的放矢地修复消缺，提高线路设备的可用率。

六、缺陷管理

本章节有6条，制定缺陷分类（设备缺陷、附属设施缺陷和外部隐患）、分级及缺陷处理程序等相应管理办法。对缺陷管理应按危急、严重和一般三个层次进行，缺陷应及时记录、统计，按设备评价标准分析评价，建立缺陷管理系统，必须实现设备缺陷全过程闭环管理确定采取何种方式消缺，并要求组织验收，以确保消缺工作完整有效。

七、运行分析与状态评价

本章节有6条，明确要求各级运检部门应认真做好月度、季度、年度；行分析和典型故障、缺陷的专题分析制度；根据《架空输电线路状态评价导则》，对线路设备的整体状况开展评价工作。

八、专项管理

本章节有 8 条，即专项技术监督，有防雷、防污闪、防治冰害、防风偏、防外力破坏、、防治鸟害、大跨越段管理、标准化线路等技术监督，应按各个专项编制运行、检测、分析和技术改造的监督流程，使相关的专项技术监督做到可控和能控。

技术监督应由专人负责，坚持科学性和严肃性，即查阅图纸资料、技术标准与对实物进行检查、检测、分析、试验和总结相结合，每次技术监督检查后，工程技术人员必须作出完整、准确的技术结论。对技术监督用的工器具、仪器、仪表及试验设备应符合和满足监督使用要求，对此类设备必须按周期校核。

运行单位必须建立技术监督异常预警制度，当发现设备、材料存有重大质量问题或专项技术监督存有危急或严重缺陷时，应及时发出预警通知。

九、气象监测

本章节有 25 条，对气象监测目的、监测范围、管理职责及监测设备运维等作了规定，本书亦有专门模块解释此内容，利用先进的科学手段，掌握动态的气象变化，制定有效的防范技术措施是输电线路管理重要手段。

十、资料管理

本章节有 2 条，线路运检单位应建立健全线路台账和运维管理技术档案，明确资料清单。

十一、人员培训

本章节有 3 条，企业活动中人是第一动力，随着企业与电网发展不断加快，电网设备装备水平及技术含量不断提高，检测、检修用的仪器越来越先进和精密，企业员工必须不断学习新知识和新技术，既要进行理论培训和考试，也应开展生产技能的学习和培训，使广大员工不断补充新知识，提高员工的生产技能水平。

十二、检查考核、附则

这两章节有 3 条，要求逐级考核；附则对本规定术语作了解释；还附有 7 个附件，对输电线路运维工作的流程、现场规程、检查标准、相关技术表格作了统一、

【思考与练习】

1. 为什么说线路管理规范不是管理工作人员的标准？输电运维班重点掌握哪些内容？

2. 线路专项管理的主要内容有哪些？

3. 输电线路生产管理部门、输电运维班应有的技术资料，需符合哪些要求？

第二十四章

电力安全工作规程

模块 1　Q/GDW 1799.2—2013《电力安全工作规程　线路部分》（Z05A4001 Ⅰ）

【模块描述】本模块包含保证输电线路施工、运行和维护、带电作业、电力电缆施工等工作安全的组织和技术措施，以及施工机具和安全工器具的使用、保管、检查和试验等内容，通过概念描述、条文解释知，掌握《电力安全工作规程　线路部分》的相关内容。

【模块内容】

Q/GDW 1799.2—2013《电力安全工作规程　线路部分》，是在 2009 版国家电网公司“电力安全工作规程（线路部分）基础修编，修改篇幅不大，建议学员结合 200 版安规条文解释理解新版安规，由于输电线路运检范围调整频繁，人员变动快，管理高压线路的人员，在实际工作中也需要掌握特高压线路安规方面的知识（比如各个电压等级的线路相互交叉、穿越、相互工作时的安全要求等），所以这里转达其编制说明，不剔除特高压、直流部分。

2013 年 11 月 12 日，国家电网公司以关于印发《电力安全工作规程　变电部分》《电力安全工作规程　线路部分》2 项标准的通知（国家电网企管〔2013〕1650 号），颁布国家电网公司企业标准，Q/GDW 1799.2—2013《电力安全工作规程　线路部分》。

《电力安全工作规程　线路部分》是为加强电力生产现场管理，规范各类工作人员的行为，保证人身、电网和设备安全而制定的。编制工作说明如下：

一、编制背景

2005 年完成修订出版的《国家电网公司电力安全工作规程（电力线路部分）》（简称 2005 年版《安规》）经过近四年的实践，执行情况良好。但随着电网生产技术快速发展，特别是跨区±500kV 直流工程、±800kV 直流工程、750kV 交流输电工程、1000kV 特高压交流试验示范工程的建设和投入运行，2005 年版《安规》在内容上已经不能满足电力安全工作实际需要。为此，由国家电网公司组织，在 2005 年版《安规》的基础上，进行了完善性修编，形成 2009 版《安规》。为了进一步推进国家电网公司规程标准化工作，对 2009 版《安规》稍作修改后，于 2012 年 5 月修编形成了企标版《电力安全工作规程　线路部分》报审稿。2012 年 6 月通过了国家电网公司专家评审会审查，2012 年 8 月企标版《电力安全工作规程　线路部分》（报批稿）上报。为适应公司“三集五大”体系建设及变电站无人值班等新形势，2013 年 6 月又对部分条文进行了修订及补充，完成企标版《电力安全工作规程　线路部分》（报批稿）。

二、编制主要原则和思路

（1）规范公司系统内各项电力作业流程和人员的行为准则，有效降低电力生产的人身伤亡事故和电网、设备事故的发生。

（2）提出防止人身伤亡及设备事故的管理规定以及技术措施与要求。

三、与其他标准的关系

本标准符合 GB 26859—2011《电力安全工作规程　电力线路部分》要求，并结合国家电网公司工作实际给出了细化安全工作规定。

四、主要工作过程

2008 年 3 月 6 日，国家电网公司安监部下发了“关于委托补充修订《安规》的函”（安监一函〔2008〕12 号）。明确华东公司全面负责修编工作，西北公司补充起草 750kV 交流部分、国网运行公司补充起草高压直流部分，国网武高院补充起草 1000kV 交流有关部分。

2008 年 4 月 15 日，国家电网公司下发了“关于成立《国家电网公司电力安全工作规程》修编组织机构的函”（安监一函〔2008〕21 号），成立了领导小组和工作小组。

2008 年 5 月 11～17 日，“线路”调研小组（安徽）先后赴东北电网公司、河北电力公司、保定供电公司和山西电力公司进行调研。2008 年 5 月 27～31 日，“线路”调研小组（浙江）对内蒙电力公司和河北电力公司进行线路有关部分调研。

2008 年 6 月 12 日在浙江省电力公司召开“安规”线路部分讨论会。

2008 年 7 月 3～4 日，在安徽宣城召开变电、线路统稿会议。

2008 年 7 月 18 日，在上海召开领导小组、工作小组联席会议，修编领导小组和工作小组成员出席会议，会议上，华东电网公司、西北电网公司、国家电网运行公司和国家电网公司武汉高压试验研究所分别汇报了各专业小组前期工作，以及原规程修订部分、高压直流、750kV 和特高压 1000kV 有关部分的修订情况。会议决定：做好试验数据的收集分析工作，加强和电科院的联系，共同做好理论分析工作；做好有关规程修改后续工作，本次修订配电不独立成册，但应做好独立成册修订的前期工作，特高压、释义等后续工作要开展研究；关于通用部分（起重、运输，高处作业，一般安全措施等），原则上将《安规》动力部分中有关内容精简过来。

2008 年 7 月底完成《安规》线路部分初稿。

2008 年 8 月 12～16 日，在青海西宁召开全部工作人员会议，会议对工作小组近期完成的两本规程修订初稿进行了讨论，对 2005 年版规程修改完善部分，以及新增 500kV 直流输电部分、750kV 交流部分、1000kV 交流部分内容进行了重点讨论和确认。

2008 年 10 月 30 日，《国家电网公司电力安全工作规程》修编工作组第二次会议在湖北武汉召开，会议对修编工作组第一次会议（青海会议）以来，各有关单位、工作组成员提出的修改意见及会议需重点讨论的问题进行了讨论。

2008 年 11 月 28 日，国家电网公司建运部、安监部组织召开了 1000kV 特高压交流试验示范工程有关安全距离专题会专项讨论。

2008 年底，《国家电网公司电力安全工作规程（线路部分）》（征求意见稿）全国网征求意见。

2009 年 2 月 17 日，在上海召开《国家电网公司电力安全工作规程（线路部分）》修订征求意见稿讨论会议。

2009 年 3 月 26 日，国家电网公司组织《国家电网公司电力安全工作规程（线路部分）》专家评审会议。

2009 年 4 月 15 日，编写组全体成员在上海召开评审后修改意见讨论会，对专家评审会议上提出的意见、建议进行了认真的讨论、采纳。

2009 年 5 月 8 日《国家电网公司电力安全工作规程（线路部分）》（报批稿）上报国家电网公司。

2009 年 7 月 6 日《国家电网公司电力安全工作规程（线路部分）》颁发。

2009 年 8 月 1 日《国家电网公司电力安全工作规程（线路部分）》起执行。

2012 年 1 月至 2012 年 5 月《电力安全工作规程 线路部分》按国家电网公司企标规范编写并结合 2009 年 8 月《国家电网公司电力安全工作规程（线路部分）》执行至今的情况进行部分内容修改、完善。

2012 年 5 月，完成企标版《电力安全工作规程 线路部分》报审稿。

2012 年 6 月，企标版《电力安全工作规程 线路部分》（报审稿）通过专家评审。

2012 年 8 月，企标版《电力安全工作规程 线路部分》（报批稿）上报。

2013 年 6 月又对部分条文进行了修订及补充，完成企标版《电力安全工作规程 线路部分》报批稿）。

五、标准机构及内容

本部分依据 DL/T 800—2001《电力企业标准编制规则》的编写要求进行了编制。本部分主要结构及内容如下：

5.1 目次。

5.2　前言。

5.3　标准正文共设 16 章：范围、规范性引用文件、术语和定义、总则、保证安全的组织措施、保证安全的技术措施、线路运行和维护、邻近带电导线的工作、线路施工、高处作业、起重与运输、配电设备上的工作、带电作业、施工机具和安全工器具的使用、保管、检查和试验、电力电缆工作、一般安全措施。

5.4　标准设 4 个规范性附录：标示牌式样，绝缘安全工器具试验项目、周期和要求，登高工器具试验标准表，起重机具检查和试验周期、质量参考标准。

5.5　标准设 14 个资料性附录：现场勘察记录格式、电力线路第一种工作票格式、电力电缆第一种工作票格式、电力线路第二种工作票格式、电力电缆第二种工作票格式、电力线路带电作业工作票格式、电力线路事故紧急抢修单格式、电力线路工作任务单格式、电力线路倒闸操作票格式、线路一级动火工作票格式、线路二级动火工作票格式、带电作业高架绝缘斗臂车电气试验标准表、、动火管理级别的划定、紧急救护法。

六、条文说明

6.1　条文中用“应”的条款，表示强制执行，用“宜”或“可”的条款为推荐使用。

6.2　本部分是对 2009 版《安规》稍作修改而形成的，实际执行时，应以本部分为准。各单位可根据现场情况制定本部分补充条款和实施细则，经本单位分管生产的领导（总工程师）批准后执行。

6.3　关于 3.1～3.2 中高、低压的定义的说明。原先，国家法律层面上对高、低电压定义的，仅有《最高人民法院关于审理触电人身损害赔偿案件若干问题的解释》[2000 年 11 月 13 日由最高人民法院审判委员会第 1137 次会议通过法释〔2001〕3 号]。其第一条明确“民法通则第一百二十三所规定的‘高压’包括 1 千伏（kV）及以上电压等级的高压电；1 千伏（kV）以下电压等级为非高压电。”所以，2009 版《安规》采用了此定义。

当前，GB 26859—2011《电力安全工作规程》（电力线路部分）对高、低电压定义如下：

低［电］压 low voltage，LV 用于配电的交流系统中 1000V 及其以下的电压等级［GB/T 2900.50—2008，定义 2.1 中的 601–01–26］

高［电］压 high voltage，HV

① 通常指超过低压的电压等级。

② 特定情况下，指电力系统中输电的电压等级。

［GB/T 2900.50—2008，定义 2.1 中的 601–01–27］

6.4 本部分依据 DL/T 5343—2006 《750kV 架空送电线路张力架线施工工艺导则》5.5.8 规定，删除了 9.4.13.1 中关于“……邻近 750kV 及以上电压等级线路放线时操作人员应站在特制的金属网上，金属网应接地”的内容，并修改为“……操作人员应站在干燥的绝缘垫上。并不得与未站在绝缘垫上的人员接触”。

6.5 本部分删除了 10.10“上述新建线路杆塔必须装设”。

（原文：高处作业人员在作业过程中，应随时检查安全带是否拴牢。高处作业人员在转移作业位置时不准失去安全保护。钢管杆塔、30m 以上杆塔和 220kV 及以上线路杆塔宜设置防止作业人员上下杆塔和杆塔上水平移动的防坠安全保护装置。上述新建线路杆塔必须装设）。

6.6 本部分依据“13 带电作业”的适用范围“13.1.1 本部分适用于在海拔 1000m 及以下交流 10～1000kV、直流±500～±800kV（750kV 为海拔 2000m 及以下值）的高压架空电力线路、变电站（发电厂）电气设备上，采用等电位、中间电位和地电位方式进行的带电作业”。将“13.11 低压带电作业”的内容移至 12.4，并将本节题目修改为“低压不停电工作”。

6.7 为保障±400kV 直流输电系统现场安全生产运检工作需要，在试验研究的基础上，国家电网公司组织制定了《±400kV 直流输电系统生产运行安全距离规定（试行）》（生输电〔2012〕16 号），据此，本部分补充了±400kV 直流输电系统的安全距离及带电作业的安全距离、最小组合间隙等数据。此安全距离只适用于±400kV 柴拉直流输电系统。

6.8 本部分依据《±660kV 同塔双回直流线路带电作业及试验研究》（合同编号：SGKJJSKF〔2008〕657 号）项目的验收意见，补充了±660kV 直流输电系统的安全距离及带电作业的安全距离、最小组合间隙等数据。

6.9 依据 DL/T 966—2005 《送电线路带电作业技术导则》，将表 5 中带电作业时人身与 330kV 带电体间的安全距离由 2.2m 改为 2.6m，将表 9 中 500kV 等电位作业中的最小组合间隙由 4.0m 改为 3.9m。

6.10 表 5 带电作业时人身与带电体的安全距离中，依据 DL/T 1060—2007《750kV 交流输电线路带电作业技术导则》，明确了 750kV 对应数据为直线塔边相或中相值。依据 DL/T 392—2010《1000kV 交流输电线路带电作业技术导则》，表中 1000kV 数值不包括人体占位间隙，作业中需考虑人体占位间隙不得小于 0.5m。

6.11 依据 DL/T 1060—2007《750kV 交流输电线路带电作业技术导则》、DL/T 392—2010《1000kV 交流输电线路带电作业技术导则》《±400kV 柴拉直流输电系统生产运行安全距离规定（试行）》（生输电〔2012〕16 号）、《±660kV 直流输电线路带电作业技术导则（征求意见稿）》、Q/GDW 302—2009《±800kV 直流输电线路带电作业技术导则》，将表 6、表 7、表 8、表 9、表 10 中的数据做了相应补充和修改，并补充了相关说明。

6.12　本部分依据 DL/T 976—2005《带电作业工具、装置和设备预防性试验规程》、DL/T 878—2004《带电作业用绝缘工具试验导则》及相关交（直）流输电线路带电作业技术导则，将 13.11.3.6“带电作业工具的机械试验标准”修改为“带电作业工具的机械预防性试验标准”。内容如下：

静荷重试验：1.2 倍额定工作负荷下持续 1min，工具无变形及损伤者为合格。

动荷重试验：1.0 倍额定工作负荷下操作 3 次，工具灵活、轻便、无卡住现象为合格。

6.13　依据 GB/T 3608—2008《高处作业分级》，将 10.17 条中的“6 级及以上的大风”改为“5 级及以上的大风”。“6 级及以上的大风”是 2009 版《安规》引自 GB/T 3608—1993《高处作业分级》中的相关内容。

6.14　本部分为解决填用电力线路第一种工作票时，工作中需转移接地线的问题，对附录 B 电力线路第一种工作票中的 6.4 应挂的接地线栏增加了挂设时间和拆除时间。

6.15　依据 GB 2894—2008《安全标志及其使用导则》，将附录 J 中禁止类标示牌的字样由“黑字”改为“红底白字”。禁止类标示牌字样为“黑字”的也可继续使用，但在采购新标示牌时，应考虑按新标准逐批更换。

6.16　为适应公司“三集五大”体系建设及变电站无人值班等新形势，本部分参照《国家电网公司关于印发〈国家电网公司电力安全工作规程（变电部分）、线路部分）〉修订补充规定的通知》（国家电网安质〔2013〕945 号）对 2009 版《安规》部分条文进行了修订及补充。

6.17　本部分将“线路双重名称”修改为“线路名称”。将“电缆双重名称”修改为“电缆名称”。

【思考与练习】

1. 修编后的《安规》重点增加了哪些内容？
2. 工作票签发人的安全责任是什么？
3. 本次《安规》修订把 2009 版中的哪些难点做了重点修改、完善？
4. 在电力线路上工作，保证安全的组织措施和技术措施有哪些？

参 考 文 献

[1] 曾昭桂．输配电线路运行和检修［M］．北京：中国电力出版社，2007.
[2] 邢军，刘洋，梅红伟，等．水泥污秽区输电线路绝缘子选型建议［J］．高压电器．2014，50（2）：95-100.
[3] 周泽存，沈其工，方瑜，等．高电压技术［M］．北京：中国电力出版社，2004.
[4] 王川波．高电压技术［M］．北京：水利电力出版社，1994.
[5] 张永昌．输电线路设计基础［M］．北京：水利电力出版社，1985.
[6] 周振山．高压架空送电线路机械计算［M］．北京：水利电力出版社，1984.
[7] 胡国荣．输电线路基础［M］．北京：中国电力出版社，1993.
[8] 张殿生．电力工程高压送电线路设计手册［M］．北京：中国电力出版社，2003.
[9] 李柏．送电线路施工测量［M］．北京：水利电力出版社，1983.
[10] 唐云岩．送电线路测量［M］．北京：中国电力出版社，2004.
[11] 王洪昌．送电线路施工（高级工）［M］．北京：中国电力出版社，1999.
[12] 黄永红，张新华．低压电器［M］．北京：化学工业出版社，2007.
[13] 闫和平．常用低压电器应用手册［M］．北京：机械工业出版社，2005.
[14] 庄绍君．维修电工［M］．北京：化学工业出版社，2008.
[15] 山西省电力工业局．电测仪表［M］．北京：中国电力出版社，2000.
[16] 殷乔民．简明农电工实用手册［M］．北京：中国电力出版社，2000.
[17] 于长顺．发电厂电气设备［M］．北京：中国电力出版社，2008.
[18] 谢珍贵．发电厂电气设备［M］．郑州：黄河水利出版社，2009.
[19] 杨咸华．常用电工测量技术［M］．北京：机械工业出版社，2002.
[20] 申忠如，郭福田，丁晖，等．电气测量技术［M］．北京：科学出版社，2003.
[21] 智强，李淑珍．电工测量与实验［M］．北京：化学工业出版社，2004.
[22] 陶然，熊为群．继电保护自动装置及二次回路［M］．北京：中国电力出版社，2000.
[23] 李火元．电力系统继电保护与自动装置［M］．北京：中国电力出版社，2002.
[24] 曾克娥．电力系统继电保护原理［M］．北京：中国电力出版社，2006.
[25] 罗建华．变电所二次部分［M］．北京：中国电力出版社，2002.
[26] 王清奎．输配电线路运行与检修［M］．北京：中国电力出版社，2007.
[27] 蒋兴良，易辉．输电线路覆冰及防护［M］．北京：中国电力出版社，2002.
[28] 胡毅．输电线路运行故障分析与预防［M］．北京：中国电力出版社，2007.

[29] 阎东，卢明，张柯，等．输电线路用复合绝缘子运行技术及实例分析［M］．北京：中国电力出版社，2008．
[30] 山西省电力工业局．电测仪表［M］．北京：中国电力出版社，2000．
[31] 卢文鹏．发电厂变电站电气设备［M］．北京：中国电力出版社，2002．
[32] 刘笃鹏．电工测量技术［M］．北京：中国电力出版社，2002．
[33] 李庆林．架空送电线路施工手册［M］．北京：中国电力出版社，2002．
[34] 陈昌言，阎善玺．35～220kV 送电线路施工技术［M］．北京：中国电力出版社，2002．
[35] 单中圻，王清葵．送电线路施工［M］．北京：中国电力出版社，2003．
[36] 崔吉峰．架空输电线路作业（危险点、危险因素及预控措施手册）［M］．北京：中国电力出版社，2007．
[37] 陶元忠，包建强．输电线路绝缘子运行技术手册［M］．北京：中国电力出版社，2003．
[38] 应伟国．架空线路状态运行检修技术问答［M］．北京：中国电力出版社，2009．
[39] 岑阿毛．输配电线路施工技术大全［M］．云南：云南科学技术出版社，2004．
[40] 应伟国．架空送电线路状态检修实用技术［M］．北京：中国电力出版社，2004．
[41] 尚大伟．高压架空输电线路施工［M］．北京：中国电力出版社，2007．
[42] 郑州市电业局．供电企业项目作业指导书输电线路运行及检修［M］．北京：中国电力出版社，2005．
[43] 赵建国．110～500kV 送变电工程质量检验及评定标准［M］．北京：中国电力出版社，2007．
[44] 国家电网公司．国家电网公司十八项电网重大反事故措施［M］．北京：中国电力出版社，2013．
[45] 中国电力科学研究院．特高压输电技术直流输电分册［M］．北京：中国电力出版社，2012．
[46] 中国电力科学研究院．特高压输电技术交流输电分册［M］．北京：中国电力出版社，2012．
[47] 中国电力企业联合会．110～750kV 架空输电线路施工及验收规范［M］．北京：中国电力出版社，2014．
[48] 国家电网公司．1000kV 架空输电线路施工及验收规范［M］．北京：中国电力出版社，2008．
[49] 国家电网公司．750kV 架空输电线路施工及验收规范［M］．北京：中国电力出版社，2004．